中国石油石化计量论坛论文集(2022)

中国计量协会石油石化专业委员会　组织编写

中国石化出版社

图书在版编目(CIP)数据

中国石油石化计量论坛论文集. 2022 / 中国计量协会石油石化专业委员会组织编写. —北京: 中国石化出版社, 2023.6
ISBN 978-7-5114-7100-0

Ⅰ. ①中… Ⅱ. ①中… Ⅲ. ①油气-计量-文集 Ⅳ. ①TE863.1-53

中国国家版本馆 CIP 数据核字(2023)第 100327 号

中国石化出版社出版发行

地址:北京市东城区安定门外大街 58 号
邮编:100011 电话:(010)57512500
发行部电话:(010)57512575
http://www.sinopec-press.com
E-mail:press@sinopec.com
北京科信印刷有限公司印刷
全国各地新华书店经销

*

880×1230 毫米 16 开本 43.25 印张 1292 千字
2023 年 7 月第 1 版 2023 年 7 月第 1 次印刷
定价:198.00 元

《中国石油石化计量论坛论文集(2022)》
编 委 会

前言 Preface

为贯彻落实国务院《计量发展规划(2021-2035年)》、促进经济社会高质量发展、引领科学技术进步、服务油气行业数字化建设，中国计量协会石油石化专业委员会组织开展了以“数字时代的计量”为主题的论文征集活动。本次论文征集活动得到了中国石油天然气集团有限公司、中国石油化工集团有限公司和中国海洋石油总公司、国家石油天然气管网集团有限公司(以下简称：“三油一网”)4家石油公司计量主管部门、所属企业的大力支持，得到了高校、科研院所、石油石化计量工作者的积极响应。

本次论文征集活动共收到投稿417篇，经委员会秘书处组织“三油一网”石油公司计量部门初选、联合评审，共评选出107篇征文作为2022年度中国油气计量技术论坛优秀论文。其中，《可控D-D中子源测井孔隙度量值传递及监测仪器设计》等4篇论文获得一等奖；《油气田公司天然气输差管理控制体系建设与实践》等10篇论文获得二等奖；《天然气能量计量技术现状及展望》等16篇论文获得三等奖；《石化企业计量数及集成分析系统的设计与实现》等77篇论文获得优秀奖。所收录论文充分展现了计量工作在油气勘探、开发、炼化、储运销售各环节的科技成果，以及广大计量工作者的业务能力和技术水平。在此，我们向获奖论文作者表示祝贺，向组织论文征集的单位和投稿的论文作者表示衷心的感谢。

限于时间和水平，本书编审中的错误之处，敬请大家指正。

编委会

2023年7月

目 录 Contents

一等奖论文

二等奖论文

三等奖论文

优秀奖

一等奖论文

可控D-D中子源测井孔隙度量值传递及监测仪器设计

鲁保平　秦　力　葛云龙　王江波　郭广鎏

（中国石油集团测井有限公司　陕西西安　710077）

摘　要　可控D-D源中子测井仪与传统补偿中子测井仪相比较彻底解决了放射源的使用所带来的一系列安全环保问题，同时该仪器具有孔隙度灵敏度高、受岩性及井眼影响小等诸多优点，为此在理论计算基础上开发出了多功能的可控D-D中子源测井仪器，并在标准井、岩性校正井、井径校正井及中子寿命井等实体模型井中进行实际验证测量，取得预期结果。该仪器集中子孔隙度测量与中子寿命测量于一体，一次下井既可以测量中子孔隙度，亦可以获得热中子俘获截面参数。

关键词　中子源；测井仪；孔隙度；俘获截面；灵敏度

1　引言

石油工业测井计量站是国内唯一的石油行业测井专用计量站，除拥有行业最高标准中子孔隙度标准(井群)装置外，还建有中子寿命等一系列功能完善的标准刻度井群。为保证井群量值的稳定可靠，依据有关计量工作要求，计量站每季度对各标准井进行一次稳定性监测；每四年对各油田的20多口工作标准井进行量值传递。目前对标准井监测及量值传递仍使用装有同位素放射源的传统补偿中子孔隙度测井仪器。一直以来放射源异地使用的安全环保问题已严重影响了量值传递工作的开展，如何用可控中子源替代化学源进行孔隙度测井是测井工作者迫切想解决的问题。

可控中子源测井可满足安全、绿色、环保要求，符合HSE理念，为用户降低了日常安全、保健和环保费用开支。可控源中子测井仪不仅避免了辐射危害，同时在测量过程中可通过输出产额高低的调节控制有效降低在低孔隙度测量时计数过多而产生的“漏记”影响、在高孔隙度测量时计数过低产生统计涨落过大的不足，以保证在测量精确度分布较均匀的前提下有效地扩展孔隙度测程。

20世纪90年代，各大测井服务公司均推出了一体化的可控源中子测井仪器，一次下井可同时测量多种地层参数。斯伦贝谢公司曾推出了集中子孔隙度和中子寿命测量于一体的中子测井仪APS。Hotwell公司推出通过测量热中子衰减时间谱计算地层含水饱和度和孔隙度仪器。这些仪器均使用D-T中子发生器，D-T源的靶材料为氚核，由于氚核不太稳定容易衰变成惰性气体氦，而氚浓度的稀释会引起中子产额降低，并且一旦仪器在井下发生意外会对地层造成严重的污染。D-D源的靶材料为氘核，虽然D-D源释放的中子能量、反应截面以及中子产额都较低，但由于它的靶材料为氘核，氘核相对比较稳定，所以D-D比D-T源寿命更长且使用更安全。同时其发射中子能量较低，D-D中子能量(2.5MeV)比D-T中子能量(14.1MeV)更接近常用的Am-Be化学中子源能量(4.2MeV)，而中子能量越低，与地层发生俘获反应概率越大，对孔隙度变化越灵敏，具有更高的孔隙度灵敏度。

综上所述，可控D-D源中子测井仪用作测井标准装置的监测及量值传递具有诸多优势。为此设计了专用可控D-D中子源的测井仪器开展标准装置监测及进行量值传递。

2　可控D-D中子源测井仪设计

2.1　理论计算研究

利用氘(D)靶上的D(d，n)^{3}He反应，可提供能量为2.5Mev的单色中子，与传统补偿中子测井类似，用D-D中子发生器替代同位素中子源，在与源距离不同的两个观测点上用热中子探测器测量经地层慢化并散射回井眼中的热中子。离源远的探测器称之为长源距探测器，距离短的为短源距探测器，用两个探测器计数率的比值测定地层孔隙度。基于蒙特卡罗的方法建立可控源中子孔隙度测井仪器的计算模型，仪器主要由氘氚中子管、屏蔽体和近远两个探测器组成，见图1。

近源距设计：在不同孔隙度石灰岩地层中改变仪器源距，模拟不同条件下的中子计数。从图2中可以看出，零源距区为15~25cm，为了使探测器对地层孔隙度具有较好的识别能力，近探测器源距范围应不小于30cm。

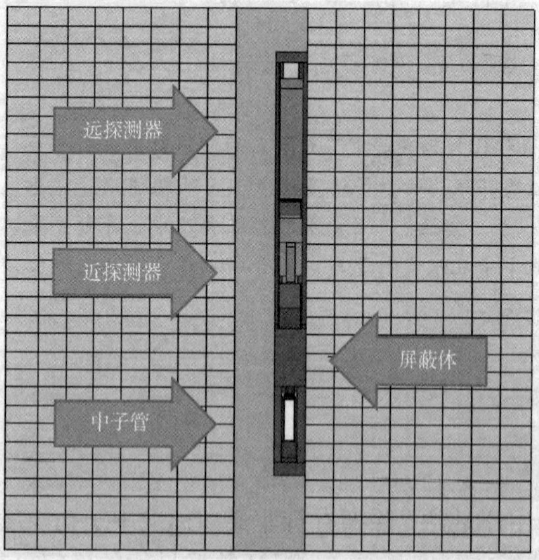

图1 计算模型图

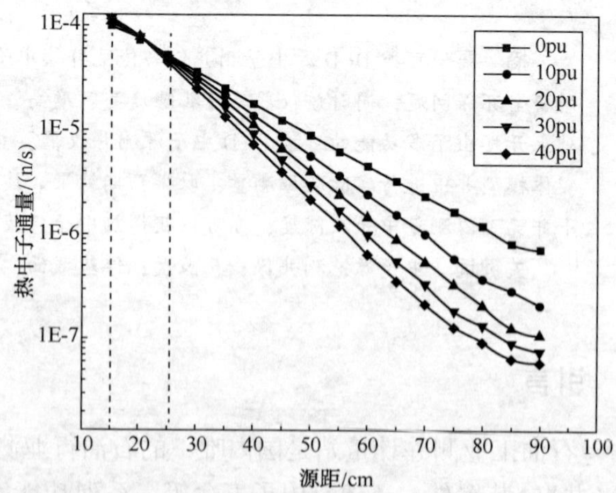

图2 源距与热中子通量关系图

长源距设计：在确定短源距的基础上，仪器的测量误差主要取决于远探测器源距。源距越长，探测器的统计误差越大，见图3。由于统计误差的影响，在源距高于70cm时统计误差大幅增长；中子比在70cm时与孔隙度依然具有良好的相关性。因此，长源距设为70cm左右。

以40p.u饱含水石灰岩计算，设定短源距35cm时，不同长源距条件下远近计数比，屏蔽体厚度分析见图4。

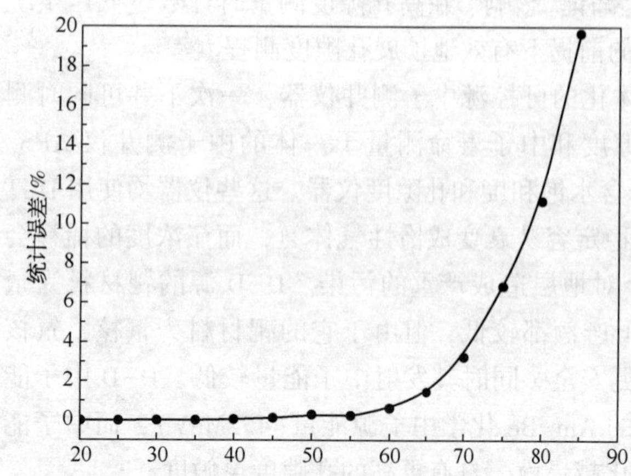

图3 源距与统计误差关系图

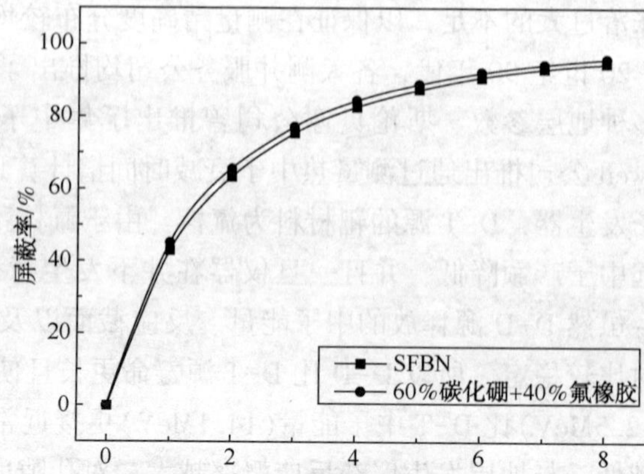

图4 厚度与屏蔽率关系图

屏蔽体材料分别为60%碳化硼加40%氟橡胶和聚四氟乙烯PTFE模压棒料(SFBN)。屏蔽体厚度在4cm左右屏蔽率达到80%，在6cm左右屏蔽率达到90%。因此，对于近探测屏蔽体厚度至少在6cm以上。因此，短源距至少为35cm以上。

2.2 仪器设计研制

在理论分析研究基础上，开展仪器机械结构及电路设计，仪器由采集处理电路和中子发生器2个部分构成，两部分位于同一钢管之中，结构如图5所示。仪器按EILog05机电接口标准及通信协议研制开发，包含2个^{3}He管、采集控制电路、通信协议转换电路、高低压电源模块等。电路设计见图6。

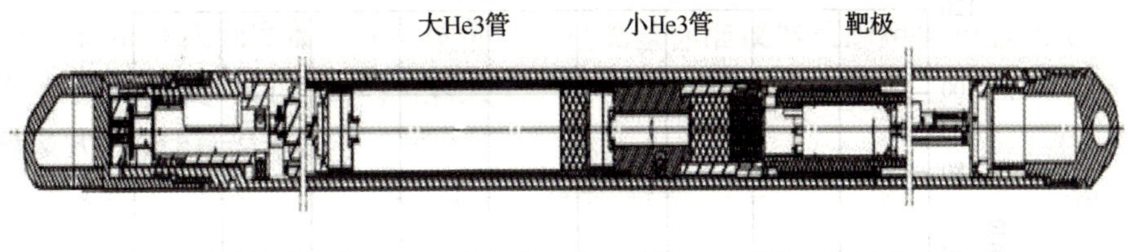

图 5　仪器结构图

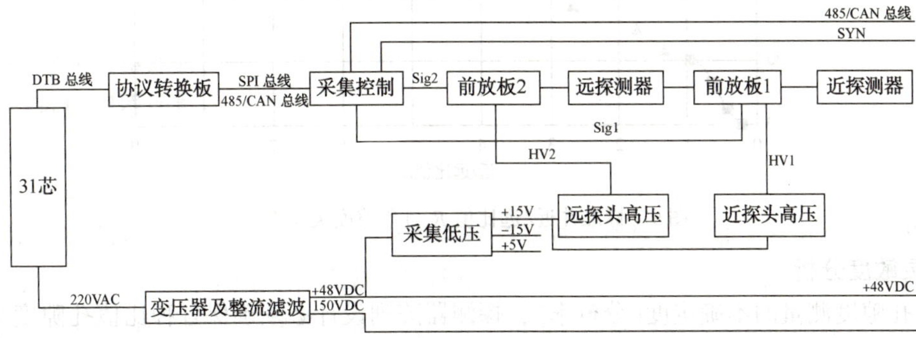

图 6　电路原理框图

中子脉冲发射分为直流及脉冲模式，直流模式主要用于孔隙度测量，其好处是中子发生器控制简单，仪器设计较易实现。其缺点是由于采集时序无法控制，导致所测中子是井眼内及地层中中子无法区分。脉冲发射模式可利用发射时间适当延迟测量，有效避开井眼介质所产生的中子对测量结果影响。中子脉冲阳极脉冲触发信号如图 7 所示。信号幅度+12V±1V，上升时间≤0. 1μs，下降时间≤0. 1μs，驱动能力>3mA。脉宽(TB)：115. 47μs，周期(Tb)：1096. 96μs。

D-D 中子发生器由气密封的发射部分和控制电路两部分组成见图 8，在发射部分的气密封外壳中装有高压倍加器和中子管；在控制电路中有高压倍加器控制驱动电路、离子源控制电路、工作状态控制和监测电路，以及低压电源。高压倍加器为中子管提供靶压，在中子管靶级上加上一定电压(几万伏到十几万伏)，通过改变阳极高压就可获得相应的中子流，即当阳极高压为直流高压时，可获得直流中子流，当阳极高压为脉冲高压时，可获得脉冲中子流。

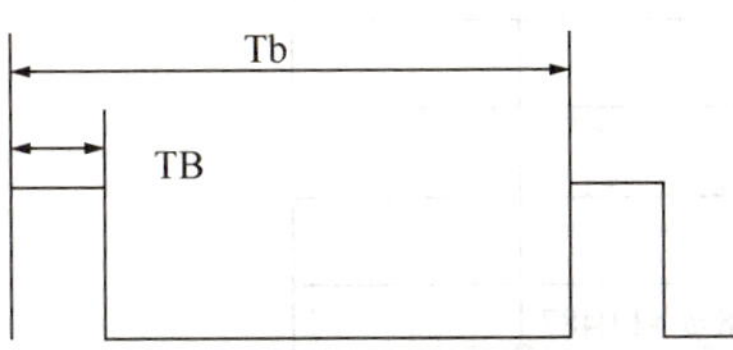

图 7　阳极触发脉冲示意图

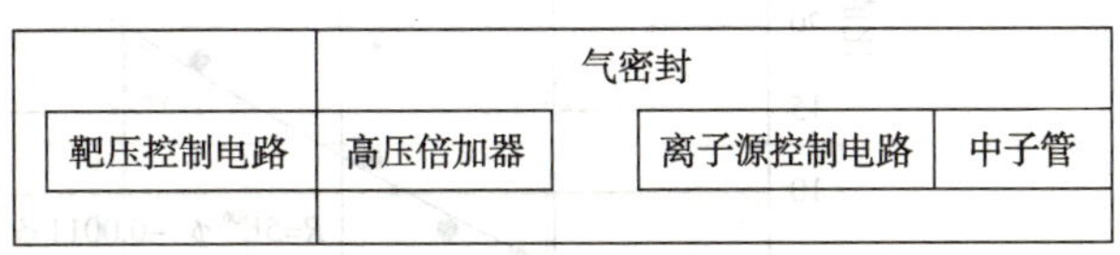

图 8　D-D 中子发生器原理框图

经测试，在室温条件下，当靶压 125kV 时，中子产额到达 1.16×10^{7}n/s。与 D-T 中子发生器相比，D-D 发生器中子产额较低，但考虑量值传递及标准装置监测应用场景，可通过延长测量时间来弥补产额较低的不足。

3　孔隙度标准井刻度

为获得仪器近远探测器计数比值与孔隙度响应关系，确定仪器响应系数，在标准灰岩系列井中进行刻度测量，并进行分段拟合，其响应关系如图 9 所示。

孔隙度—比值响应关系采用二次多项式及三次多项式确定，响应关系，见式(1)，式(2)，即

$$\Phi=-90.206R^{3}+153.12R^{2}-46.93R+3.96 \qquad \Phi<20\text{P.U} \tag{1}$$

$$\Phi=0.0148R^{2}+10.554R+10.025 \qquad \Phi\geqslant20\text{P.U} \tag{2}$$

式中　Φ 为孔隙度；R 为近远探测器计数率比值，它们由标准灰岩刻度井实际测量得到。

3.4 比值孔隙度的井径影响测试

在岩性为灰岩井径分别为150mm、200mm、250mm及300mm，孔隙度范围为：0.1~400(P.U)模型井中进行实际验证测量实测结果如图12所示。

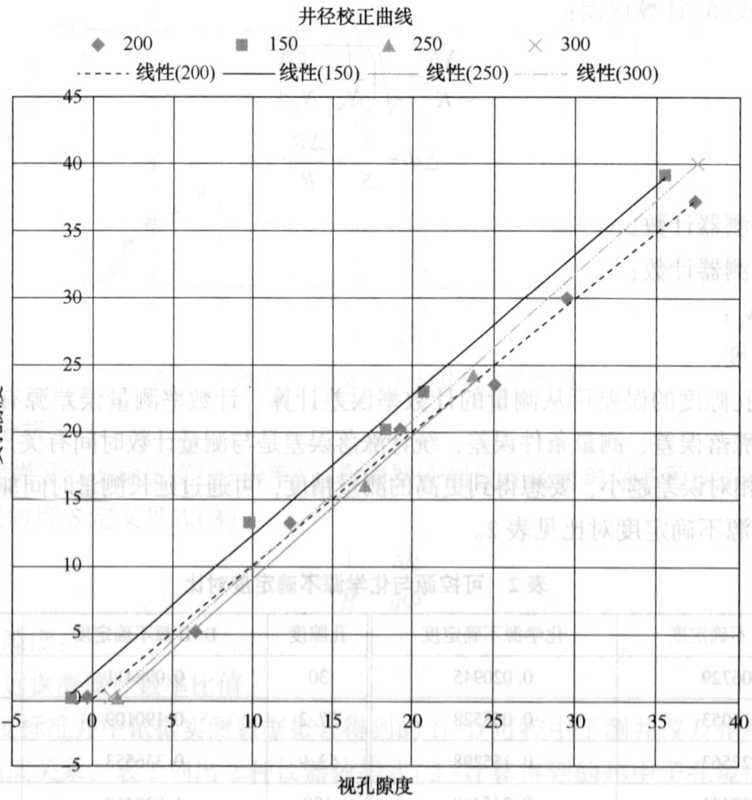

图12 井径影响校正图

从图12可看出，井眼对地层孔隙度测量值影响比传统孔隙度测井仪器要小。

4 标准井热中子寿命参数监测

4.1 测试原理

在无限均匀介质中，由于介质的俘获作用，热中子数随时间按指数规律衰减，见式(6)，使用脉冲中子源，将测得的热中子计数进行时间分析，就可以得到按指数规律衰减的时间谱。但是，在实际地层中，测得的时间谱要复杂得多。

$$n=n_0 e^{-\frac{t}{\tau}} \tag{6}$$

$$\sum = \frac{1}{v\tau} \tag{7}$$

式中 $\sum$——宏观俘获截面；

τ——热中子寿命；

n——热中子计数；

n_0——常数。

若τ(热中子寿命)以μs为单位，并将温度为25℃时热中子速度$v=2.2\times10^5$代入则式(7)变为：

$$\tau = \frac{4550}{\sum}(\mu s) \tag{8}$$

与传统中子寿命测井不同，可控D-D脉冲中子测井是通过对地层中还没有被地层俘获的热中子来进行记录和分析，相对传统的探测伽马方法，不存在本底值影响，同时在低矿化度与低孔隙度地层可产生相对较高的记数率，降低了统计起伏的影响。由于井眼、探测器周围物质的影响，以及扩散效应的影响，实测的热中子衰减时间谱不是简单的单指数形式。但井眼和探测器周围物质的俘获截面值都大于地层俘获截面值，在中子发射结束后的一段时间内，它们引起的衰减就会基本结束，中子发射结束后延迟一段时间，扩散效应的影响也大为降低。通过选取合适的计算起始时间，可使井眼环境影响环境对地层宏观吸收截面影响减小，且不影响通过时间谱确定地层俘获截面求取，因而，在中子发射结束后，延迟足够的时间，热中子时间谱近似为单指数形式，对公式(6)两边取对数，得到式(9)：

$$\ln n=\ln n_0-\lambda t \tag{9}$$

$$\lambda:1/\tau$$

式(9)为线性公式。将热中子计数取对数，对时间进行线性拟合可以求得 τ 和 $\sum$。

4.2 测试结果及误差

为测试可控 D-D 中子源孔隙度测井仪在不同俘获截面介质中的响应及测量精度，在多口标准井中分别进行测试，近探头时间谱实测结果见图 13。

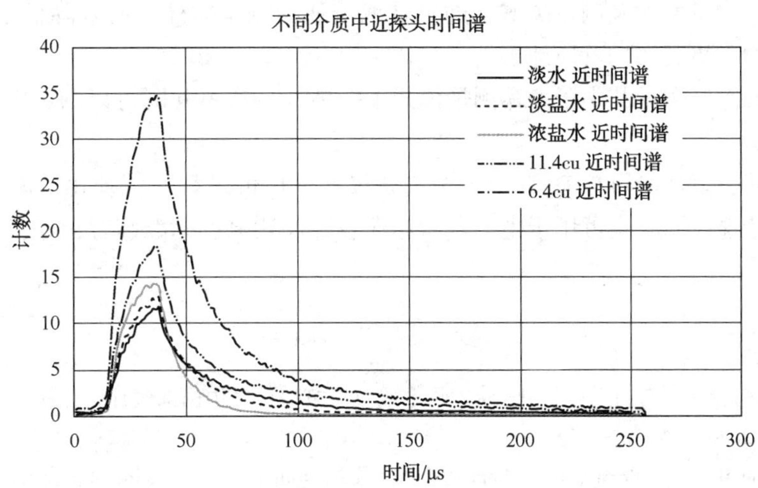

图 13　近探头时间谱对比图

远探头时间谱实测结果见图 14。

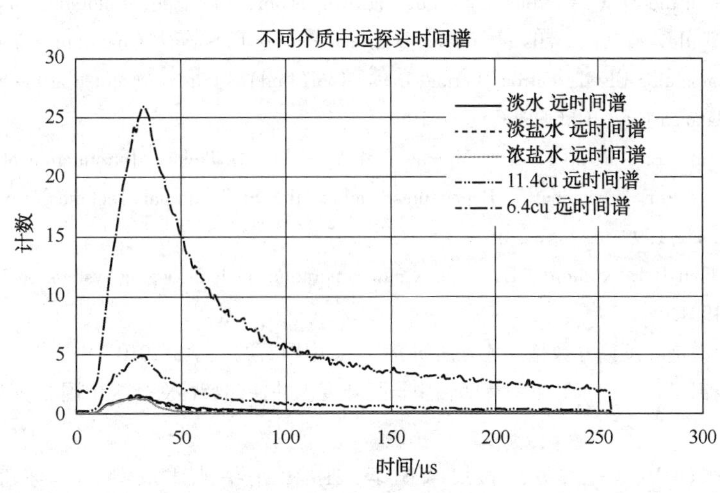

图 14　远探头时间谱对比图

依据上述远近探测器实测时间谱按照公式(8)求得中子寿命(热中子俘获截面)，测试结果见表 3。

按照表3中子寿命标准井测量结果，在淡水、盐水、浓盐水井中测得的 $\sum$ 值与标准值最大误差为1.44%，小于3%的设计指标。

表3　中子寿命标准井测量结果

标称值	22.94	42.21	83.6	11.4	6.4
近探头	23.2	41.8	82.4	11.38	6.37
远探头	23.2	42.77	82.4	11.38	6.37
误差	1.13%	1.33%	-1.44%	-0.18%	-0.47%

5　结论

可控D-D中子源测井仪器与传统化学源补偿中子孔隙度测井仪相比具有诸多优点，采用可控源技术替代化学源，有利于环境保护及辐射防护，同时在作业过程中产生活化伽马少，进一步降低了辐射伤害。其次由于其采用D-D中子管发射技术，产生较低能量中子，对孔隙度具有更高灵敏度，在同等脉冲计数的条件下，有效提高测量精度。

该仪器采用脉冲中子发射及测量方式，通过选取合适的测量时序，有效降低了井眼及环境影响、中子扩散效应的影响，更真实的反应地层信息。

该仪器集中子孔隙度测量与中子寿命测量模式于一体，一次下井既可以测量中子孔隙度，亦可以获得中子俘获截面参数。

标准井测试表明，多功能可控D-D中子源测井仪器不仅可以替代传统化学源补偿中子孔隙度仪器进行孔隙度量值传递，同时也可用于中子寿命标准装置及孔隙度标准装置中俘获截面参数长期稳定性监测。

参 考 文 献

[1] 李长文，王江波，鲁保平．石油测井专用计量发展现状及对策探讨．中国油气计量论坛论文集，(2020)．北京：中国石化出版社，2020.

[2] Plasek R E, Adolph R A, Stoller C, et al. Improved Pulsed Neutron Capture Logging With Slim Carbon-Oxygen Tools: Methodology: SPE Annual Technical Conference and Exhibition [Z]. Dallas, Texas: Society of Petroleum Engineers, 1995.

[3] Jacobson, L. A., Ethridge, R., and G. Simpson. "A New Small-Diameter, High-Performance Reservoir Monitoring Tool." Paper presented at the SPWLA 39th Annual Logging Symposium, Keystone, Colorado, May 1998.

[4] Odom, Richard C., Tittle, C. W., Wilson, Robert D., and Patrick D. Soran. "Quantitative Mse Of Computer Models In Calibration Of The Computalog Ulsed Neutron Thermal Decay Tool(Pnd)." Paper presented at the SPWLA 33rd Annual Logging Symposium, Oklahoma City, Oklahoma, June 1992.

[5] Gilchrist, W. A., Prati, E., Pemper, R., Mickael, M. W., and D. Trcka. "Introduction of a New Through-Tubing Multifunction Pulsed Neutron Instrument." Paper presented at the SPE Annual Technical Conference and Exhibition, Hoμston, Texas, October 1999.

[6] Flanagan W D, Bramblett R L, Galford J E, et al. A new generation nuclear logging system. Society of Petrophysicists and Well-Log Analysts, 1991.

[7] 王新光．脉冲中子全谱饱和度测井数据处理方法研究[D]．中国石油大学，2010.

[8] 于华伟，孙建孟，杨锦舟．氘一氘和氘一氚随钻中子孔隙度测井探测特性对比．中国石油大学学报，No.6，2009.

作者简介：鲁保平(1963—)，男，教授级高工，1991年毕业于成都地质学院应用地球物理，硕士研究生，现就职于中国石油集团测井有限公司，主要从事核测井仪器研发。电话：15349258483，E-mail：lubp@163.com，工作单位：中国石油集团测井有限公司测井技术研究院，通信地址：陕西省西安市锦业二路丈八五路50号，邮编：710077。

数字分析系统在产品水运出厂计量中的应用

祝昌盛　熊思成

（中国石化金陵分公司信息化与计量中心　江苏南京　210033）

摘　要　石油产品水运出厂计量纠纷处理、运行中的质量流量计计量性能实时准确判断等是多数炼厂企业面临的难题。处理不慎，容易造成企业效益流失或者难以保证贸易交接公平公正。本文从流量计运行特点到新系统的构建以及实际应用成效等多方面进行介绍分析，指出了数字分析系统在石油产品水路出厂计量中的重要应用意义和推广价值。

关键词　产品装船；质量流量计；计量纠纷；分析系统

1　引言

国务院在“十四五”市场监管现代化规划中对推进我国市场监管现代化作出了全面部署，提出要构建现代先进测量体系，加强以量子计量为核心的先进测量体系建设，筑牢市场公平公正基础。

随着科氏力质量流量计的技术日益成熟，近年来质量流量计已经逐渐取代人工计量被广泛应用于油品贸易交接中。质量流量计虽然性能较为稳定，但在实际使用中也会受到安装条件、测量场景、通讯传输故障等多种因素影响，其计量特性会出现一定的偏移，由于其过程隐蔽，在缺少有效监视手段下通常难以发现，依然会造成企业效益流失或者难以保证贸易交接公平公正。

在我国发展数字经济，推进数字产业化和产业数字化的背景下，本着“实现功能、定义参数、量化指标、获取最佳设计期望值”的目标，金陵石化公司在成品油水路出厂计量管理中自主开发了集流量计实时检测、远程诊断、实时报警和总分表自动比对、短信推送等多功能的数字分析系统，系统功能完善、实施简单、实用性强，能够较好地保证产品水运出厂贸易交接计量数据的准确性，不但可以有效防范企业效益流失风险，保障企业的经济和社会效益，还可以提高码头周转效益，改善船、岸双方计量关系，以及相应地降低纠纷核查的工作量。

2　系统构建及测量原理

2.1　系统构成

数字分析系统主要由质量流量计计量系统、产品出厂跟踪系统、IFIX 数据采集系统、总分表比对查询系统、计量仪表智能监控系统、计量仪表零点监视系统以及短信推送等系统构成，其系统流程如图 1 所示。

采用多个系统针对发货的数据进行监测和审核，避免设备的故障、解决人员的误动作引起的发货量超差。包括以下几个内容：

ERP 系统将订单传到现场 IFIX 服务器，当发货结束后，储运部通过出厂跟踪系统第一时间审核数据。上位机将发货记录信息包括订单号、船号、计划量、发货时间、结束时间、末端表累积量、总表累积量、温度、密度存到本地 SQL 数据库，计量管理信息系统和 mes 系统通过 SQL 数据库采集现场服务器的记录提供计量部门和销售部门审核。通过三方审核后的数据发送到 ERP 系统结算。

液位监控系统通过液位、罐容计算装船的工况体积量与流量计工况体积量比对，避免因流量计故障引起油品发货超量等问题。

IFIX 组态软件采用通讯总线采集过程数据、报警信息、诊断信息、组态信息以及流量计零点定时存入 SQL 数据库。计量仪表监控系统通过 SQL 数据库实时监控报警信息，保证整个发货过程流量计处于正常状态；计量仪表零位监视系统通过 IFIX 组态软件采用通讯总线监视发货前和发货后的零位是否

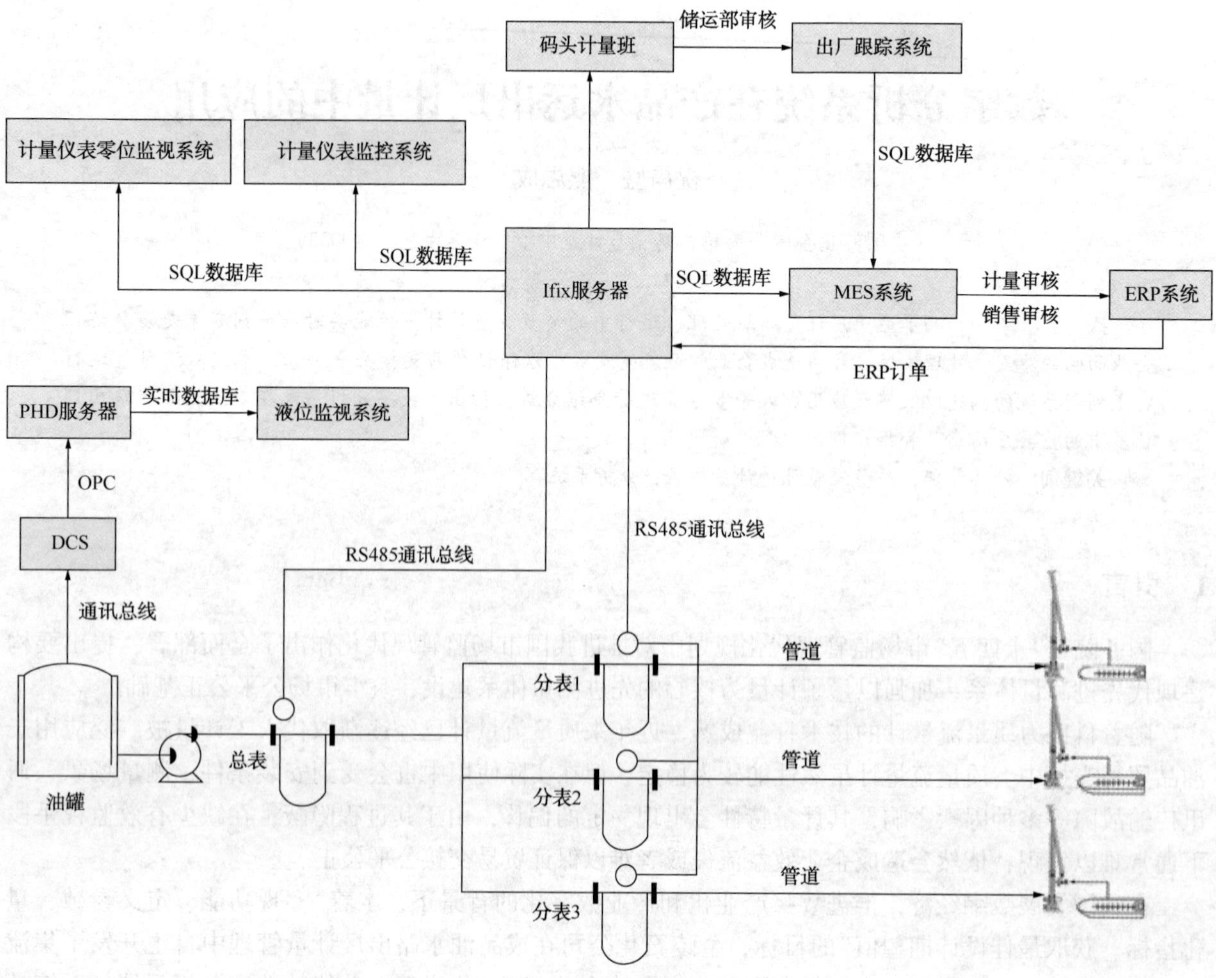

图 1　产品水路出厂数字分析系统

符合要求，保证流量计的测量的可靠性；数据比对系统是自动计算油品发货的末端表与总表数据的相对误差和绝对误差，是产品出厂开票的计量依据。

2.2　质量流量计

科里奥利质量流量计是利用流体在直线运动的同时处于一旋转系中，产生与质量流量成正比的科里奥利力原理制成的一种直接式质量流量仪表。当流体流过流量管产生流量管的扭曲，从而导致两个检测信号的相位差，这一相位差直接正比于流过的质量流量。瞬时质量流量越大，科氏力 F_c 就越大，此时振动管扭曲过中心平面时产生时间也越大，测出该时间差就能换算出质量流量，这就是科里奥利质量流量计的基本工作原理。

根据牛顿第二定律：流量管扭曲量的大小完全与流经流量管的质量流量的大小成正比。

$$F_c = 2\Delta m(\omega \times V) \tag{1}$$

式中　F_c——科里奥利力；

Δm——运动物体的质量；

ω——角速度；

V——流体流速的向量。

2.2.1　准确度主要影响因素及对策

准确度是描述测量仪器给出接近真值的响应的能力，是流量计最主要的技术指标之一。对科氏力质量流量计，JJG 897—1995 中对其规定为：科氏力质量流量计误差应不超过按下式计算误差限，即

$$E_{0i} = \pm(E_0 + |q_0| / q_i \times 100\%) \tag{2}$$

式中　E_{0i}——第 i 点的误差限；

E_0——基本误差；

q_0——零点稳定度；

q_i——第 i 点的质量流量。

且重复性误差不超过基本误差限的1/2。其主要影响因素有：

2.2.1.1　振动的影响

科氏力质量流量计对由于管线振动所引起的仪表振动较为敏感，它影响了仪表的机械结构，而且这样干扰是分散，不可重复和连续的。

为消除振动的影响，尤其短期振动(小于1s)可通过增加阻尼常数和安装可靠的支撑杆来消除或减少振动的影响。

2.2.1.2　安装应力影响

由于科氏质量流量计工作主要依靠振动管的振动，让振动管在自由状态下工作能大大提高仪表的测量精度。因此仪表的安装应在无应力状态下安装，否则由于扭应力产生会影响振动管的测量精度。

仪表安装时工艺管道与法兰正确对准，使之保持同轴可以减小拉应力、剪应力。

2.2.1.3　温度影响

介质温度的变化影响管子的钢性和零点稳定性；环境温度影响科氏仪表的信号处理电路和模拟输出电路。

对于温度的影响不管何种科氏质量流量计都可通过在操作温度下的仪表调零来消除或减小工艺温度、环境温度变化所引起的误差。

2.2.1.4　介质中气体影响

当测量气泡在液体中分布均匀，确实影响很小，但对于大多数介质从液体中析出的气泡都不均匀，因此对测量的影响不可忽视。

意大利计量院对7种型号科氏力质量流量计含气量影响试验表明：含气泡1%时有些型号无影响，有些型号误差为1%~2%，而有些双管直管式的影响高达10%~15%。含气泡10%时，误差普遍增加到15%~20%，个别型号高达80%。

在传感器安装时，为防止传感器内有气体聚集，应避免将传感器安装在工艺管道的高点上。同时传感器中的液体流速不得低于1m/s。

2.3　IFIX数据采集系统

IFIX系统是Intellution公司开发的一款软件，是目前全球最领先的HMI/SCADA自动化监控组态软件，其提供了生产操作的过程可视化、数据采集和数据监控，世界上许多最成功的制造商都依靠该软件来全面监控和分布管理全厂范围的生产数据。

通过IFIX系统，将所有进出厂实时数据包括流量、密度、温度、压力、报警等重要参数组态至电脑客户端。管理人员可随时查看装、卸船舶流量计运行是否正常。由于其运行历史曲线可以长期保存，因此为计量纠纷处理和溯源提供了技术保障。IFIX数据采集系统如图2所示。

2.4　计量仪表零位监视系统

零位漂移是科氏力质量流量计在实际运行中经常遇到的问题，也是影响仪表准确度的主要因素的之一。造成零位漂移因素很多，如传感器的安装应力、测量管结构不对称、被测流体物理特性参数变化以及环境温度的剧烈变化等，尤其是小流量测量时，零位漂移对测量准确度的影响较为明显，因此定期对流量计零位检查，及时分析原因并进行校准尤其重要。

由于出厂流量计数量多，分布广，通过人工检查的方式不仅工作强度大，而且比较滞后容易疏漏。计量仪表零位监视系统通过报警值设置和系统信息提示，能够实时发现流量计的零点漂移问题，及时诊断、处理，可以有效减少产品出厂计量纠纷的发生。

2.5　计量智能监控系统

利用电子地图，采用通过维护协议读取计量表质量流量、零点、驱动增益等运行参数的方式，通过仪表上下限和仪表参数监控，读取流量计内部的多个过程变量，对测量设备进行智能监控，实现对

Eile WorkSpace Windov Help

老线0柴（1号线）	0.00	t/h	64958168	t	835.57	kg/m³	35.06	℃	0.21	MPa
新线0柴（2号线）	0.00	t/h	1707757.	t	832.29	kg/m³	35.13	℃	0.22	MPa
不加剂航煤	0.00	t/h	9977.87	t	803.41	kg/m³	33.14	℃	0.22	MPa
加剂航煤	0.00	t/h	587.61	t	795.06	kg/m³	34.05	℃	0.22	MPa
石脑油	0.00	t/h	89313.23	t	680.49	kg/m³	34.46	℃	0.21	MPa
汽油3号线	0.00	t/h	574633.0	t	725.99	kg/m³	35.17	℃	0.21	MPa
灯油	0.00	t/h	4597.37	t	794.99	kg/m³	34.53	℃	0.21	MPa
重芳烃总表	0.00	t/h	237013.3	t	923.67	kg/m³	35.40	℃	0.21	MPa
油库柴油	240.79	t/h	114396.4	t	826.03	kg/m³	42.12	℃	2.90	MPa
PX总表	0.00	t/h	1953440.4	t	845.77	kg/m³	37.11	℃	0.21	MPa
扬州粗汽油	0.00	t/h	-278278.	t	713.64	kg/m³	34.91	℃	0.22	MPa
10号变压器油总表	0.00	t/h	919239.0	t	829.13	kg/m³	34.86	℃	0.21	MPa
1#甲醇进厂	????	t/h	????	t	????	kg/m³	????	℃	0.22	MPa
去机场航煤	0.00	t/h	66578.16	t	795.52	kg/m³	34.64	℃	23.82	MPa
苏V95#汽油	62.65	t/h	49559.73	t	742.03	kg/m³	33.08	℃	0.21	MPa
燃料油	0.00	t/h	-18156.2	t	895.05	kg/m³	34.99	℃	0.22	MPa
邻二甲苯	0.00	t/h	135521.5	t	867.74	kg/m³	34.35	℃	0.21	MPa
甲苯	156.36	t/h	260138.2	t	854.26	kg/m³	33.26	℃	0.22	MPa
RMG180燃料油	331.14	t/h	1157174.	t	876.51	kg/m³	89.64	℃	0.21	MPa
军用航煤总表	0.00	t/h	9.68	t	792.16	kg/m³	34.48	℃	0.22	MPa

苯类装车	长输管线							白油加氢	7401
原料进厂	中转站原油	扬子氢气	戊烷	2号/清江	新球罐	瓦斯站	铁路装车航煤	铁路装车柴油	加氢互供料
码头1~4	码头6~8	厂西	液硫	中转站	互供料	亨斯迈互供料	铁路装车小品种	铁路装车汽油	苏南管线

图 2　IFIX 数据采集系统

不同设备不同报警级别对应不同人员进行提醒及诊断，管理者能够及时发现仪表故障、提供解决方案、处理故障。

基于计量表智能监控系统的维护管理体系，改变了传统人工现场巡检的维护方式，实现了计量表运行状态的实时动态监测，为生产操作和管理决策提供了准确的数据依据，大大减轻了维护、巡检人员的劳动强度，提升了报警处理的及时性，同时为计量纠纷处理提供了有效依据。如图 3 所示。

图 3　计量仪表智能监控系统

2.6　总分表比对查询系统

对产品出厂数据设定管理控制指标，同一批次同一管线上发货有双计量表计量的要求两表的相对误差<±0.20%方可正常交接。发货结束后，储运部根据"总分表比对查询系统"确认是否存在超差现

象，超出此控制范围的要及时报计量部门，待查明原因再进行数据确认。如图 4 所示。

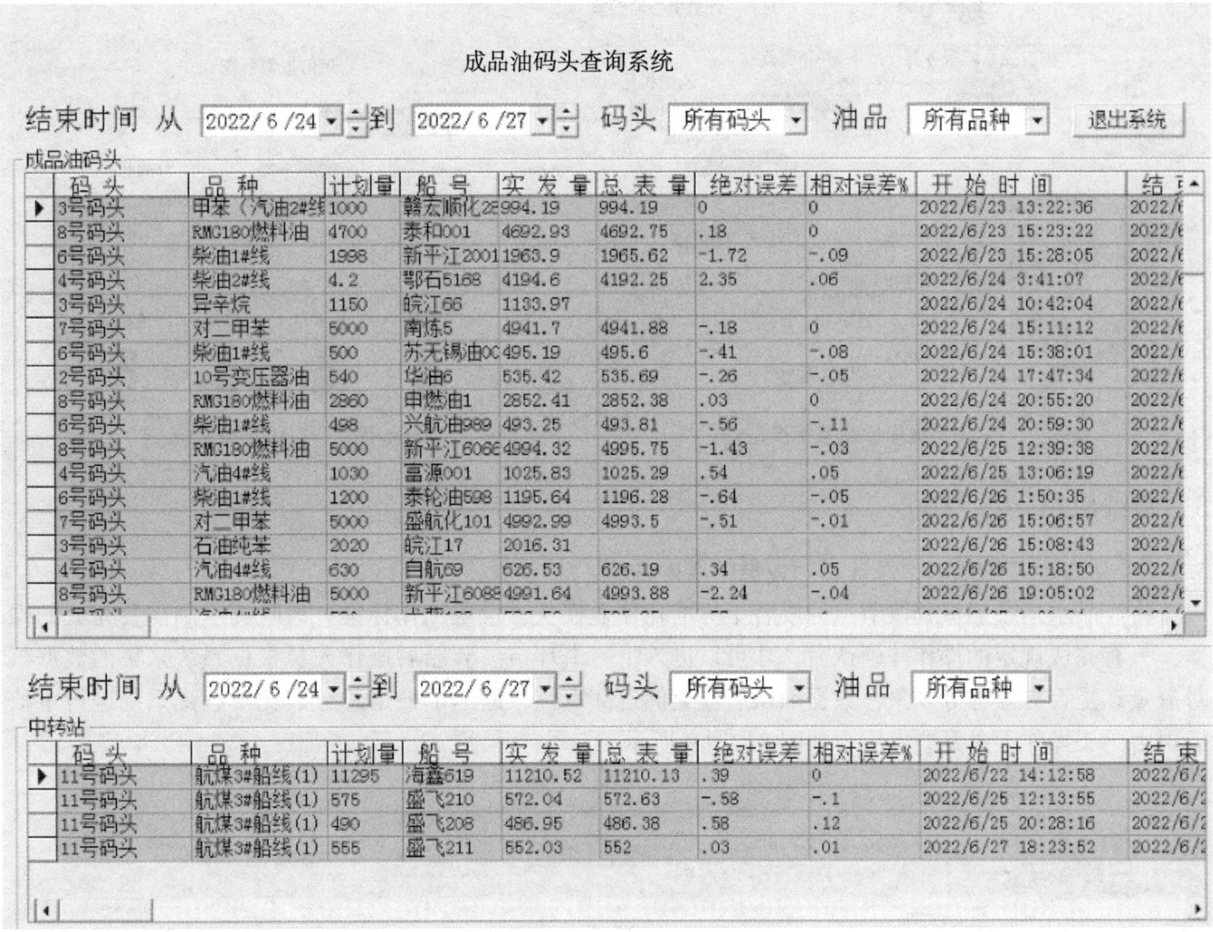

成品油码头查询系统

结束时间 从 2022/6/24 到 2022/6/27 码头 所有码头 油品 所有品种 退出系统

成品油码头

码头	品种	计划量	船号	实发量	总表量	绝对误差	相对误差%	开始时间	结束
3号码头	甲苯（汽油2#线	1000	赣宏顺化2	994.19	994.19	0	0	2022/6/23 13:22:36	2022/6
8号码头	RMG180燃料油	4700	泰和001	4692.93	4692.75	.18	0	2022/6/23 15:23:22	2022/6
6号码头	柴油1#线	1998	新平江2001	1963.9	1965.62	-1.72	-.09	2022/6/23 15:28:05	2022/6
4号码头	柴油2#线	4.2	鄂石5168	4194.6	4192.25	2.35	.06	2022/6/24 3:41:07	2022/6
3号码头	异辛烷	1150	皖江66	1133.97				2022/6/24 10:42:04	2022/6
7号码头	对二甲苯	5000	南炼5	4941.7	4941.88	-.18	0	2022/6/24 15:11:12	2022/6
6号码头	柴油1#线	500	苏无锡油0C	495.19	495.6	-.41	-.08	2022/6/24 15:38:01	2022/6
2号码头	10号变压器油	540	华油6	535.42	535.69	-.26	-.05	2022/6/24 17:47:34	2022/6
8号码头	RMG180燃料油	2860	申燃油1	2852.41	2852.38	.03	0	2022/6/24 20:55:20	2022/6
6号码头	柴油1#线	498	兴航油989	493.25	493.81	-.56	-.11	2022/6/24 20:59:30	2022/6
8号码头	RMG180燃料油	5000	新平江6066	4994.32	4995.75	-1.43	-.03	2022/6/25 12:39:38	2022/6
4号码头	汽油4#线	1030	富源001	1025.83	1025.29	.54	.05	2022/6/25 13:06:19	2022/6
6号码头	柴油1#线	1200	泰轮油598	1195.64	1196.28	-.64	-.05	2022/6/26 1:50:35	2022/6
7号码头	对二甲苯	5000	盛航化101	4992.99	4993.5	-.51	-.01	2022/6/26 15:06:57	2022/6
3号码头	石油纯苯	2020	皖江17	2016.31				2022/6/26 15:08:43	2022/6
4号码头	汽油4#线	630	自航69	626.53	626.19	.34	.05	2022/6/26 15:18:50	2022/6
8号码头	RMG180燃料油	5000	新平江6088	4991.64	4993.88	-2.24	-.04	2022/6/26 19:05:02	2022/6

结束时间 从 2022/6/24 到 2022/6/27 码头 所有码头 油品 所有品种

中转站

码头	品种	计划量	船号	实发量	总表量	绝对误差	相对误差%	开始时间	结束
11号码头	航煤3#船线(1)	11295	海鑫619	11210.52	11210.13	.39	0	2022/6/22 14:12:58	2022/6/2
11号码头	航煤3#船线(1)	575	盛飞210	572.04	572.63	-.58	-.1	2022/6/25 12:13:55	2022/6/2
11号码头	航煤3#船线(1)	490	盛飞208	486.95	486.38	.58	.12	2022/6/25 20:28:16	2022/6/2
11号码头	航煤3#船线(1)	555	盛飞211	552.03	552	.03	.01	2022/6/27 18:23:52	2022/6/2

图 4　总分表比对系统

2.7　远程诊断短信推送系统

系统基于快速的 RS485 数字通讯方式来传输报警、诊断及检测信号，通过 RS485 到 TCP/IP 转换器把流量计的 RS485 串行通讯转换成可长距离快速传输的符合 Modbus TCP/IP 通讯规约的以太网通讯。其多个转换器通过交换机和防火墙接入公用的信息网或公司内部通讯网，用信息网接入到服务器，服务器集成了 MMI 诊断管理软件和专业计算软件，实现对现场每台仪表运行过程进行实时分析，在客户端实现 HMI 功能，负责显示实时和历史趋势、诊断数据、分析饼图及实时报警，实现人机对话功能。如图 5～图 7 所示。

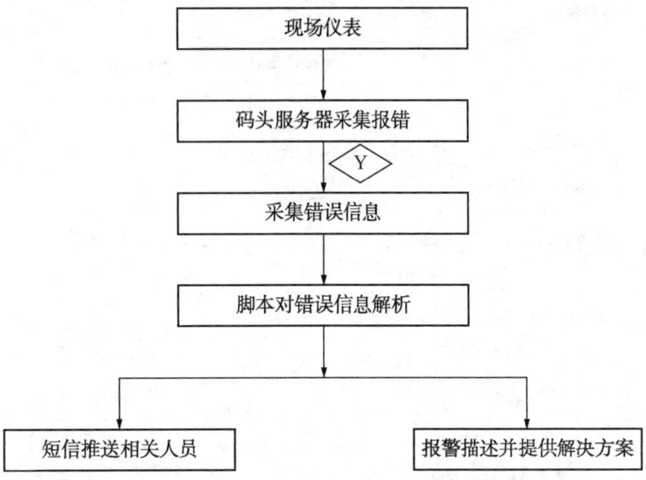

图 5　远程诊断短信推送系统

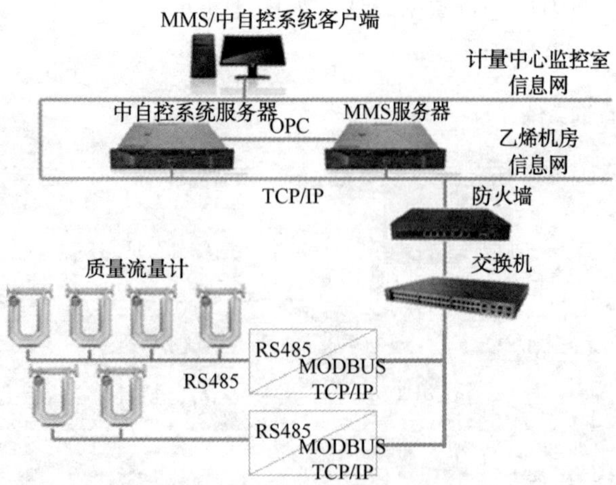

图 6　远程诊断系统模型

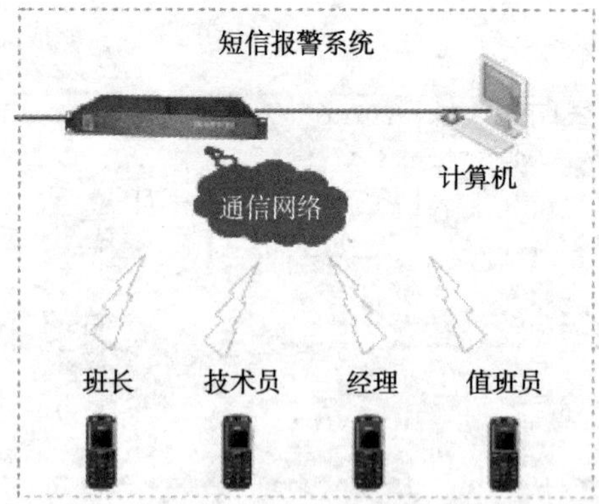

图 7　短信报警系统

3　系统应用

3.1　提高水运装船效率，保证出厂数据的准确性

将产品水运装船流程按节点分成若干标准化作业模块，设置工作标准、风险提示和需要完成的操作，只有完成规定的操作并确认后，才可以进入下一个环节。装船后操作人员根据系统采集的数据核对流量计是否有漂移等现象，数据确认后提交储运部审核，储运部根据总分表比对查询系统进行审核后再由码头操作人员开票出厂。如图 8、图 9 所示。

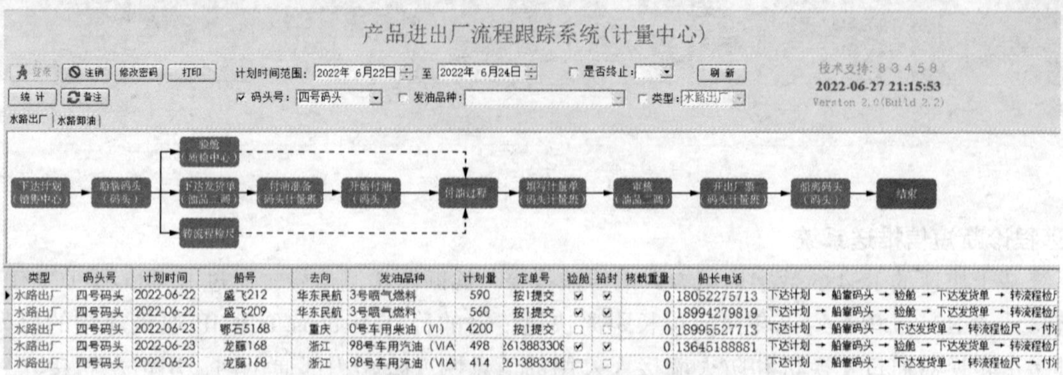

图 8　产品进出厂流程跟踪系统

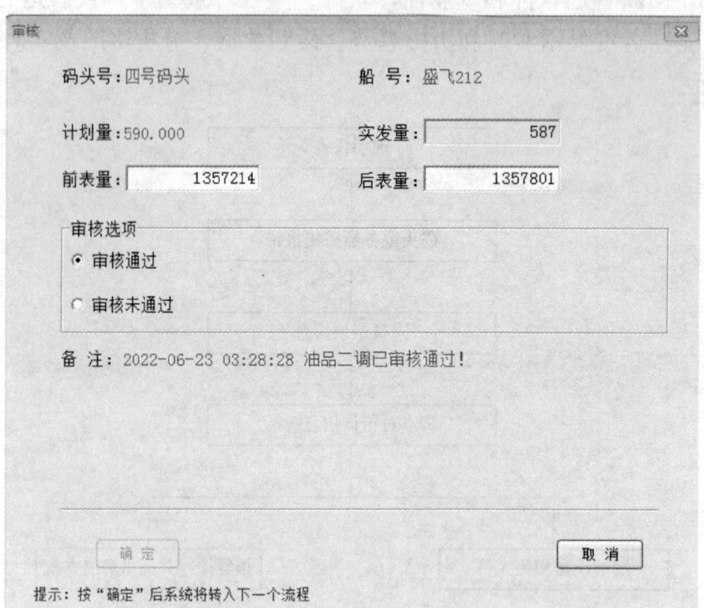

图 9　储运部审核确认流程图

职能部门根据需要统计各模块之间作业时间、码头吞吐量和装船效率，借助信息技术分析原因，制定精准优化措施。如图 10 所示。

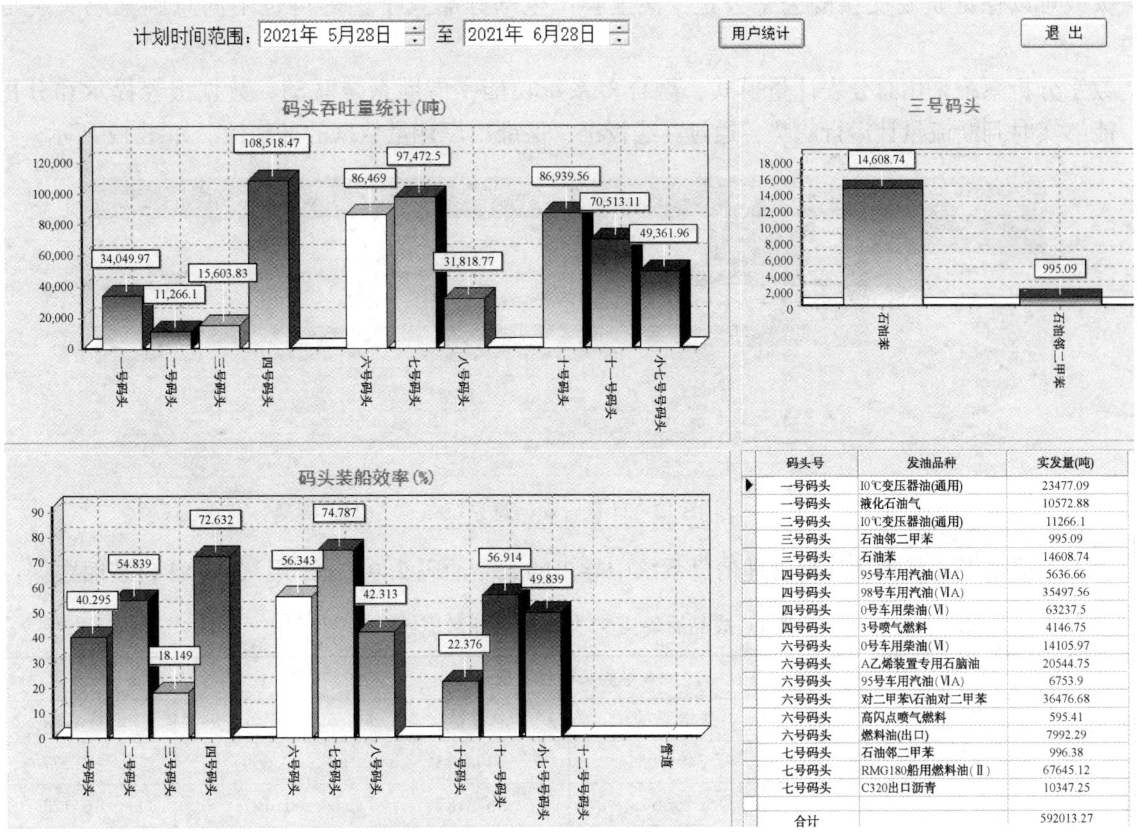

图 10　产品进出厂流程跟踪系统分析统计图

3.2　减少了计量纠纷核查工作量，提高了码头利用效率

为提高出厂效率，炼厂企业中装船、装车、管输作业往往同时进行，在单表计量缺少有效验证手段的情况下，对于水运装船计量纠纷处理难度大、时间长，码头使用效率低。

由于油罐计量的不可复现性、船舶舱容表的不确定性以及人工测量计量误差的存在，无论以何种方式作为结算量都存在一定的风险隐患。采用油罐液位监视，罐量参考、总分表双表计量，同时运用信息技术对计量设备实时诊断的模式，为在出厂末端流量计非正常状态下提供了一种贸易双方认可的计量方式，避免了人为因素影响。计量流程图如图 11 所示。

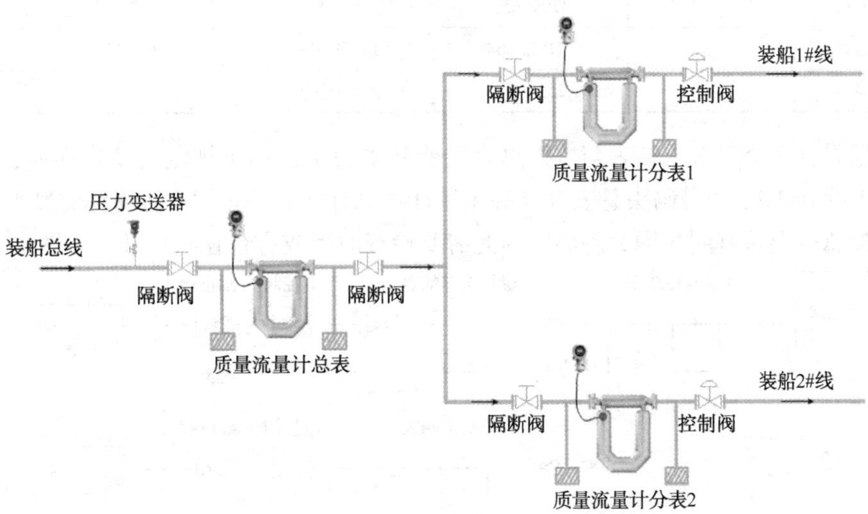

图 11　成品油水运出厂双表监控典型计量流程图

3.3 实时分析流量计运行趋势，实现在线校准

流量计计量特性的少量偏移，由于过程隐蔽，通过常规手段难以及时发现，会造成企业经济效益的流失或难以保证贸易交接的公平公正，甚至会产生部分船只宁愿等待也不同意到某码头装货的现象。

数字分析系统采用总分表计量模式，融合多系统功能，借助系统联动、数据报警提示和分析功能，能够实时判断流量计运行趋势，通过在线校准，保准出厂计量数据的准确性。如图 12 所示。

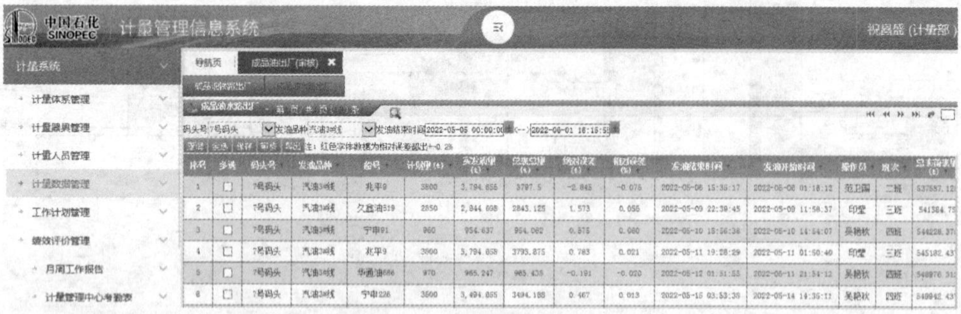

图 12　计量管理信息系统

表 1 为根据发油品种从计量管理信息系统中导出的成品油码头 92 号车用汽油(VIA)装船数据：

表 1　成品油码头 92 号汽油装船数据统计表

序号	日期	船号	末端表量/t	总表量/t	差量/t	差率/%
6 号码头装船数据						
1	5 月 24 日		3496.051	3498.75	-2.699	-0.077
2	5 月 25 日		966	967.187	-1.187	-0.123
3	5 月 28 日		955.47	956	-0.53	-0.055
	合计		5417.521	5421.937	-4.416	-0.082
7 号码头装船数据						
1	5 月 2 日		3794.649	3798	-3.351	-0.088
2	5 月 4 日		954.702	956.25	-1.548	-0.162
3	5 月 4 日		964.665	966.25	-1.585	-0.164
4	5 月 6 日		3794.655	3797.5	-2.845	-0.075
5	5 月 9 日		2844.698	2843.125	1.573	0.055
6	5 月 10 日		954.637	954.062	0.575	0.060
7	5 月 11 日		3794.658	3793.875	0.783	0.021
	合计		17102.664	17109.062	-6.398	-0.037
	累计		22520.185	22530.999	-10.814	-0.007

从上述数据看，两个码头末端表与监控总表误差基本稳定，小于规定的基本误差；6 号码头总表较末端流量计大 0.082%，7 号码头总表较末端流量计大 0.037%，完全满足贸易交接需要；但 7 号码头末端表与监控总表误差有明显增大趋势，因此需要检查原因或进行在线校准。如图 13 所示。

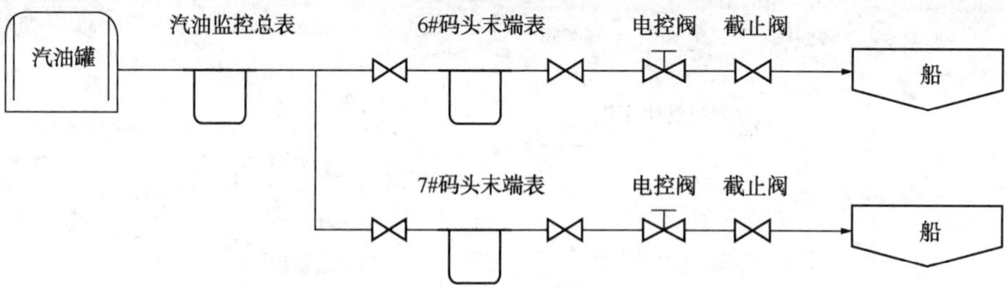

图 13　成品油码头 92#汽油装船流程图

3.4 为计量数据变更提供依据，降低产品出厂计量风险

码头末端表数量是产品水运出厂贸易结算的主要依据，但是实际运行中受工艺管线的变化、测量环境影响或者设备本身故障等影响，流量计计量特性会发生偏移甚至出现计量数据失真。

2022 年 6 月 6 日，某油船在公司 6 号码头装燃料油结束，出厂末端流量计数量 490.69t，监控总表数量 492.176t，误差 1.486t，相对误差 0.30%。

经与储运部证实，本次装船流程在上航次装船结束前 20t 采用停泵自压方式装船，由于油罐液位低并且油罐所处地势较低，而监控总表位置偏高，导致自压后管线压力不足，管线内存油部分回流至低点，造成监控总表带气。为减少带气影响，确保出厂末端流量计正常计量，本次装船前经与储运部商议，采取了压油顶管线的方式对管线内气体进行了置换，置换前监控总表密度为 0.19g/cm^3，置换后监控总表密度为 0.8410g/cm^3，置换量约 10t。如图 14 所示。

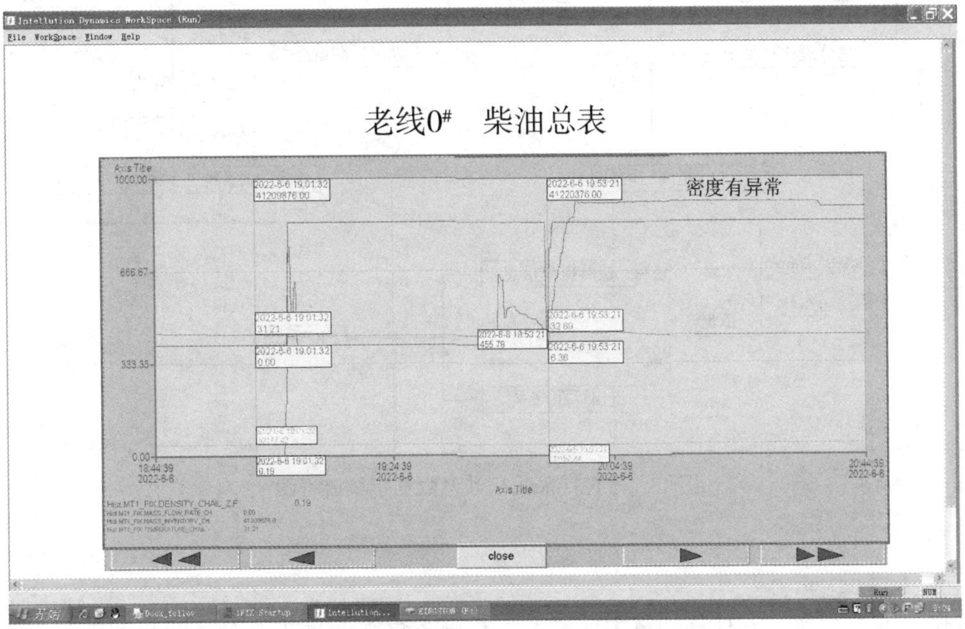

图 14　6 月 6 日油船出厂监控总表历史曲线

尽管对管线进行了置换处理，但仍有部分气体残留在管线内，不能保证监控总表至出厂末端表之间管线完全满管状态，表现为装船过程监控总表有近 2min 带气现象，据此判断监控总表数量应大于实际装船数量。

由于整个装船过程出厂末端流量计运行稳定，装船前后零点正常，无带气现象和相关参数报警记录，因此出厂末端流量计数据准确可信，本次装船燃料油仍按出厂末端流量计数量开票出厂。

为保证贸易交接的公平公正，保护供需双方的共同利益，降低产品出厂计量风险，一般做如下处理：

（1）产品水运出厂原则上按码头末端流量计数量为贸易交接量。

（2）当末端表/监控总表相对误差超过 0.20%时，一般分如下情况处理：

① 末端表、监控总表曲线均正常，按末端表量正常出厂。

② 末端表正常，监控总表零点等参数异常，按末端表量正常出厂。

③ 末端表异常、监控总表正常：在确认工艺管线无特殊变化后，一般按监控总表数量为贸易交接量。

④ 末端表异常、监控总表虽然正常，但经确认装船前末端表至监控总表之间管线处于非满管状态，此时末端表和监控总表均不能代表实际装船量，一般按船板量作为贸易交接量。

⑤ 末端表、监控总表均异常，首选按船板量作为贸易交接量；其次参照罐量作为贸易交接量。

（3）因疫情或其他特殊原因不能登船检测船板量的，原则上按罐量作为贸易交接量。

（4）当末端表/监控总表相对误差小于 0.20%，并且末端表、监控总表运行曲线均正常，相关参数无异常，原则上不变更贸易交接方式；对于船方反映的短量纠纷，由销售中心负责协调解决。

3.5 为计量数据认证提供技术支持，提高了工作效率

产品水运出厂品种多、数量大、作业频繁，数字分析系统的应用保证了出厂计量数据认证的准确性，同时降低了工作强度，减少了出错率，提高了工作效率；储运部、计量、销售三级审核体系认证避免了产品出厂计量风险。如图 15 所示。

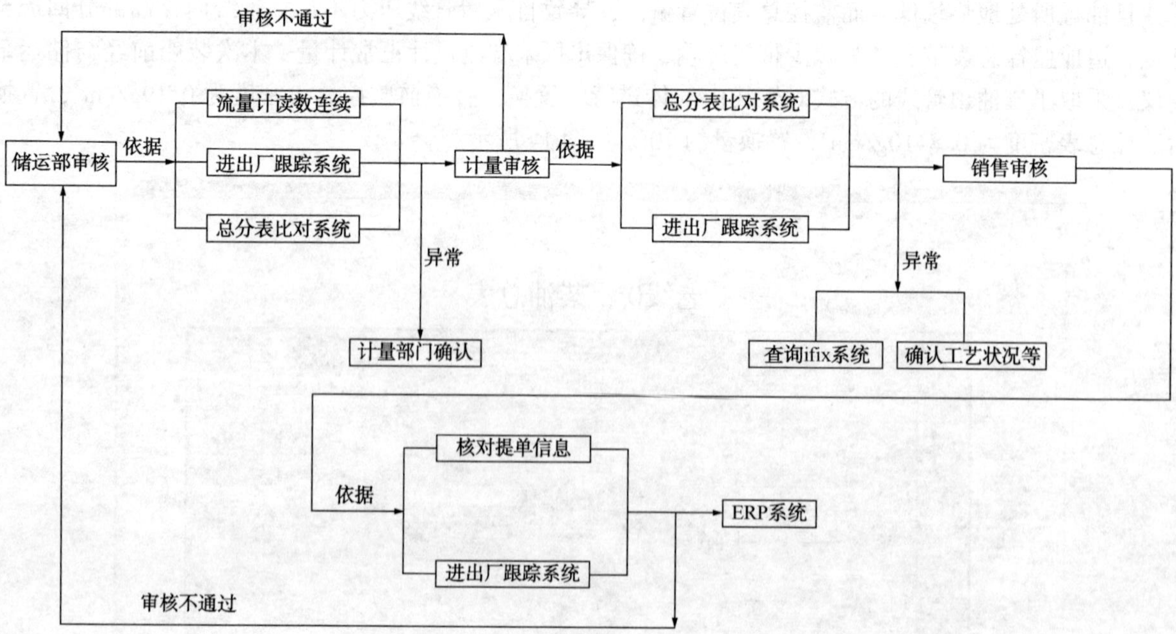

图 15　水运产品出厂计量数据审核流程图

4 结语

从大数据、人工智能、云计算到量子计量，随着科学技术的进步，不觉间我们已经迈步走入数字时代的计量。

计量是企业生产经营的眼睛，是守护企业效益的总闸门，也是维护社会公正的一杆秤。产品出厂计量工作是一门系统性工程，需要综合应用各门学科，通过全流程分析，运用信息技术，建立计量数字化应用服务云平台，打造智慧、便捷、安全、高效的新的计量数字化管理体系；不断创新智慧计量监管模式，探索以远程监管、移动监管、预警防控为特征的非现场监管，加快智能工厂和智慧工厂建设。

参 考 文 献

[1] 潘丕武，等．石油计量技术[M]．北京：2010：375-395.

[2] 肖素琴，等．油品计量员读本[M]．北京：中国石化出版社，2021：174-178.

[3] 王立东，等．计量仪表在线校准规范[M]．北京：中国石化出版社，2022：43-46.

作者简介：祝昌盛(1974—)，男，高级工程师，毕业于南京工业大学，长期从事油品进出厂计量技术管理工作。电话：(025)58984350，邮编：210033，通信地址：南京市栖霞区甘家巷 388 号中国石化金陵分公司信息化与计量中心。

移动式液体小流量标准装置设计及不确定度评定

王维高　孙小东　张翼飞　宋来刚　任春杰　刘晓飞

（海洋石油工程股份有限公司/中国海洋石油集团有限公司计量检测中心　天津　300456）

摘　要　随着流量计量逐渐发展到精细化、数字化时代，流量标准装置在保证流量量值准确传递上发挥着愈发重要的作用。为解决海洋平台工艺生产中小口径流量计存在的送检周期长以及检定条件与实况不符的难题，研制了一种移动式液体小流量标准装置。装置以集装箱为载体，设计油、水两个分区间，分别采用标准体积管法和静态质量法实现微小流量计现场检定功能。借助体积管检定规程、液体流量标准装置检定规程对装置进行试验及不确定度评定，得到其扩展不确定度为0.05%($k=2$)。基于装置展开流量计的实际检定，从而验证了整个装置功能合理，能够胜任对小口径流量计的检定、校准以及检测工作。

关键词　流量计量；移动式液体小流量标准装置；不确定度评定

1　引言

流量计量作为计量科学的重要组成部分，被广泛应用于贸易结算、能源计量、过程控制等领域，推动和支持了国民经济的不断发展。自20世纪70年代发生能源危机到现有的新冠疫情，世界能源供需体系变得更为不稳定和不可预测，能源价格的波动上涨威胁着蓬勃发展却又十分脆弱的经济体系。世界范围内流量计量标准的准确一致成为研究的最主要课题之一，其重要内容就是流量量值的传递。流量标准装置作为能够复现流量量值，最终溯源到基本量的国家基准的试验装置，主要用于对流量计进行校准与性能分析，以保证流量量值的统一和正确传递。流量标准装置的研究、建立及应用是流量计量数字化技术发展的核心环节，引起了计量学者们的普遍重视。

为解决海洋平台工艺生产中小口径流量计存在送检周期较长以及检定条件与实际状况不符的难题，进一步提高水、油流量计量的准确度，本文结合实际情况，研制了一种移动式液体小流量标准装置。所谓移动式是指整个装置依托集装箱建立，能够灵活组装并运输到现场对被检流量计展开实流检定。通过该装置的设计、建立及应用，将使企业油、气、水方面量值溯源体系更加科学合理和统一。建立不同介质、不同范围、不同精度的流量标准装置，也有利于流量计量仪表的准确一致，保证流量仪表的质量。

2　装置方案设计

2.1　装置设计原理

用于检定小口径水、油流量计的装置，现有两种设计方案：一种为建立标准表法液体流量标准装置，它主要由标准液体流量计、试验管路、稳压液源、循环系统、控制设备及数据采集处理系统组成。此方案是将被检流量计与标准流量计串联在同一试验管路上，在同一时间间隔内，液体连续通过标准流量计和被检流量计的质量流量相等，通过比较两者流量值即可得出被检流量计的误差和重复性等指标。其原理相对简单、提升工效，但很大程度受限于标准表的参数指标，流量越小对标准表的准确度和稳定性要求越高，因此标准表法液体流量标准装置大多适用于中大范围流量，场所一般为固定实验室；另一种方案就是建立原始液体流量标准装置，它主要由流量标准器、试验管路、稳压液源、循环系统、换向设备、控制设备及数据采集处理系统组成。此方案是依据流量的基本定义予以实施，进而得到质量流量或体积流量。相比第一种方案，该方案原理更加多样化，对于水、油等不同液体介质，选择不同的检定原理将更具有针对性。同时，原始液体流量标准装置准确度较高，十分适合小口径、小流量仪表的检定、校准和测试，还可装备到移动式实验室，方便多场地进出，缩短送检周期。故决定采用第二种方案来设计用于检定小口径水、油流量计的装置。

2.2 装置设计指标

依据上述设计原理，研制了一种移动式液体小流量标准装置，它是以集装箱为载体，白油、洁净水为检定介质，检定回路按照介质区分为油、水独立的装置，共用一套计算机检定系统。其中油装置按照同类介质防爆要求设计，在集装箱内隔离出独立的检定间(防爆检定间)，水装置和计算机系统保留在余下的空间(安全区检定间)。油装置在全流量段采用标准体积管法，该方法以体积管为标准器，具有成本低、结构简单，工艺合理、操作方便，安全防爆、防止挂壁，容器处于两边压力下不易变形等优点。水装置在全流量段采用静态质量法，该方法以高精度电子秤为标准器，具有可直接输出标准信号，易实现装置自动化，准确度高、复现性好等优点。油装置和水装置的标准器各自独立，避免污染。按照流量计的检定介质，分别夹装到不同介质流量装置的夹具上。

根据工业上常用微小流量计的口径，本装置共设计两条检定管线，口径分别为 *DN*15 与 *DN*25mm，管线采用平铺方式，系统所有管线均为国标 304 不锈钢无缝钢管，管线外表面进行喷砂哑光处理，提升其疲劳强度及耐腐蚀性。根据工业上常用小口径流量计的流量范围，油装置流量范围设计为(0.2~500)L/h，采用两个体积管作为标准器，一个是 100mL 体积管，另一个是 8L 体积管。依据最短测量时间一般不低于 30s 原则，100mL 体积管的流量范围设定为(0.2~8)L/h，8L 体积管的流量范围设定为(7.5~500)L/h；水装置流量范围设计为(0.5~1000)L/h，采用电子秤作为标准器，一个是 3kg 电子秤，另一个是 15kg 电子秤。同理，3kg 电子秤的流量范围设定为(0.5~100)L/h，15kg 电子秤的流量范围设定为(90~1000)L/h。之所以采用不同流量范围的标准器，是为了满足被检表的流量检定点需要；以及满足装置的扩展不确定度优于 0.3%($k=2$)，即满足准确度等级 1.0 级及以下小口径流量计检定的需求。

2.3 装置结构设计

本套液体流量标准装置结构设计为储油箱(储水箱)、稳压系统、流量调节系统、标准称重(体积管)系统、换向设备、配套管路及各种阀门、变频调速系统、动力气线、计量检测计算机控制系统、数据采集运算及管理系统。其主要构成如图 1 所示：水泵产生满足检定条件的循环液体流量源；变频器和稳压罐等设备控制稳定可调的流量；检定管线满足流量计最大前、后直管段的要求；气动夹表机构方便被检流量计的快速装卡；检定流量的切换设备采用智能气动换向器，严格与检定时间、被检表信号(脉冲、电流及多媒体)同步；检定测控系统采用西门子 S7-200 SMART PLC，硬件平台为英特尔 i5-10500 CPU，64 位 Windows 10 系统，软件实现平台为 Microsoft Visual Basic(VB)。

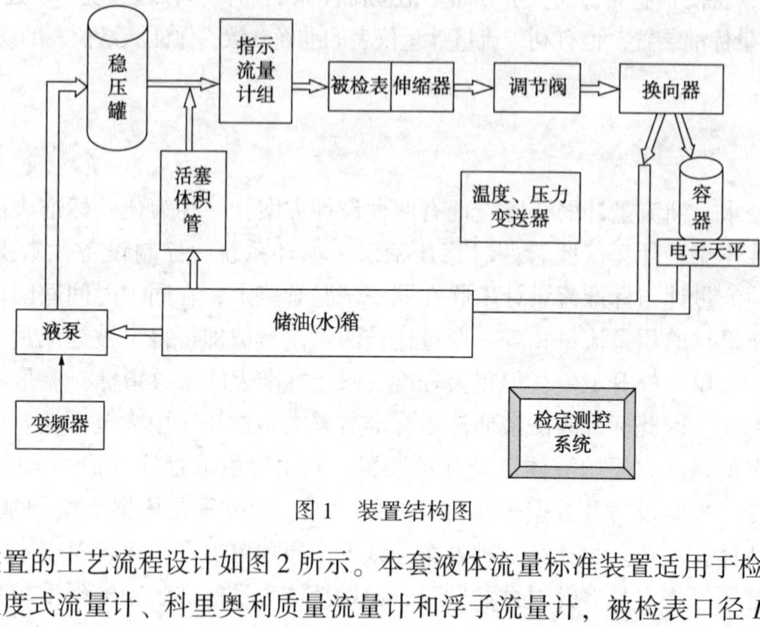

图 1　装置结构图

油装置与水装置的工艺流程设计如图 2 所示。本套液体流量标准装置适用于检定、校准以及检测容积式流量计、速度式流量计、科里奥利质量流量计和浮子流量计，被检表口径 *DN*15~*DN*25；满足脉冲、电流、电压输出信号以及无发讯示值表头流量计，其中被检表的电流、电压输出信号由 FLUKE 8846A 采集，无发讯被检表示值由海康摄像机同步拍摄；计算机数据自动测控检定系统可以进行综合数据测量、控制和运算处理，并根据相应检定规程及版本格式自动生成检定记录。

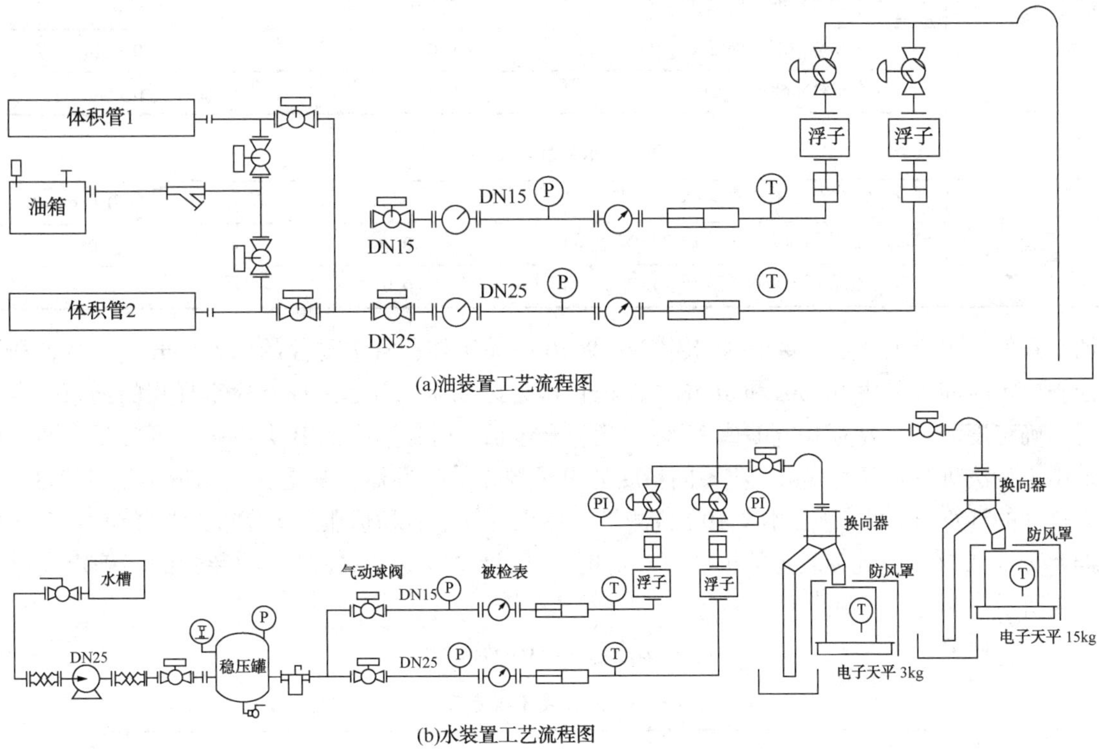

图 2　装置工艺流程图

3　装置不确定度评定

整个装置分为水装置和油装置两个部分，其不确定度评定即分别对水装置和油装置进行不确定度评定，进而比较得出整个装置的扩展不确定度。水装置的不确定度评定主要依据 JJG 164—2000 中关于静态质量法装置不确定度分析的相关内容展开。水装置利用计时器控制检定时间，采用 3kg 和 15kg 两个电子秤作为标准器，通过换向器切换水流通路，因此本文静态质量法水装置的不确定度来源主要为计时器、3kg 或 15kg 电子秤以及换向器等。其中计时器利用符合准确度等级要求的标准流量积算仪接入系统进行重复性测量；电子秤使用 F_2 级的标准砝码进行重复性测量，并考虑分辨力引入的不确定度分量；换向器采用行程差法进行换向的重复性测量，各不确定度分量评定结果见表 1。由于各不确定度分量不相关，根据不确定度传播率可得水装置合成不确定度 u_r 的计算方法为：

$$u_r=(s_1^2+s_2^2+s_5^2+s_6^2+u_1^2+u_2^2+u_4^2+u_s^2+u_F^2)^{1/2} \tag{1}$$

流量计量中，无特殊说明时服从正态分布，一般取置信概率 $p=95\%$，$k=2$，因此水装置的扩展不确定度 U_{rw} 的计算方法见式(2)，水装置的不确定度评定结果如表 2 所示。

$$U_{rw}=(U_w)_{max}=ku_r=2u_r=0.013\%(k=2) \tag{2}$$

表 1　水装置不确定度分量

计时器	A 类相对标准不确定度 s_1/%	0.0003	
	B 类相对标准不确定度 u_1/%	0.0001	
电子秤	可用量程/kg	1~3	5~15
	标准砝码引入的不确定度 u_F/%	0.0016	0.0016
	分辨力引入的不确定度 u_s/%	0.0003	0.0006
	A 类相对标准不确定度 s_2/%	0.0025	0.0041
	B 类相对标准不确定度 u_2/%	0.0023	0.0015

续表

换向器	A类相对标准不确定度 s_5/%	0.0014	0.0009
	A类相对标准不确定度 s_6/%	0.0006	0.0014
	B类相对标准不确定度 u_4/%	0.0017	0.0040

表2 水装置不确定度

水装置	合成不确定度 u_r/%	0.004	0.006
	扩展不确定度 $U_{rw}(k=2)$/%	0.009	0.013
	扩展不确定度 $U_{rw}(k=2)$/%	0.013	

油装置的不确定度评定主要依据JJG 209—2010中关于体积管重复性的内容展开。油装置利用计时器控制检定时间，采用100mL和8L两个体积管作为标准器，考虑到现有检定规程的约束，本文油装置的不确定度分量主要为100mL或8L体积管，未包括计时器引入的B类不确定度分量。两个体积管均采用质量法进行重复性测量，将不同精度的电子秤作为标准器，其重复性测量结果见表3。由体积管重复性的计算可知有限次(本文10次)测量的体积管标准容积值服从 t 分布，取置信概率 $p=95\%$ 时，$k=t_p(v)=2.26$，因此油装置的扩展不确定度 U_{ro} 的计算方法见式(3)，油装置的不确定度评定结果如表3所示。

$$U_{ro}=(E_r)_{max}=0.019\%(k=2) \tag{3}$$

表3 油装置不确定度

	规格	100mL	8L
体积管	标准容积值(20℃，101325Pa)	105.1014mL	8.1111L
	重复性 E_r/%	0.015	0.019
油装置	扩展不确定度 $U_{ro}(k=2)$/%	0.019	

对于整个装置，其不确定度评定结果如表4所示。表中整装置扩展不确定度 U_r 的计算方法为：$U_r=(U_{rw},U_{ro})_{max}=0.019\%(k=2)$。但考虑到原始液体流量标准装置在理论不确定度评定中最高只能给到0.05%($k=2$)这一事实，其很大程度是因为实际不确定度评定无法穷尽所有的不确定度分量，例如在本次不确定度评定中，油装置只考虑了体积管重复性这一不确定度分量影响。所以表中整装置的不确定度评定为：$U_r=0.05\%(k=2)$，但也远远优于装置不确定度为0.3%($k=2$)的最初设计指标。

表4 装置不确定度总表

水装置	扩展不确定度 $U_{rw}(k=2)$/%	0.013
油装置	扩展不确定度 $U_{ro}(k=2)$/%	0.019
整装置	扩展不确定度 $U_r(k=2)$/%	0.05

4 流量计检定实例

移动式液体小流量标准装置经过试验和不确定度评定，已满足装置最初的设计指标，能够胜任对小口径流量计的检定、校准以及检测工作。基于本装置展开浮子流量计和液体容积式流量计这两类流量计的检定，以验证水装置与油装置的实际功能。其中浮子流量计主要基于静态质量法水装置进行检定，根据JJG 257—2007检定规程选择合适的流量检定点，待完成检定后，系统提取的数据报表见图3；液体容积式流量计主要基于标准体积管法油装置进行检定，根据JJG 667—2010检定规程选择合适的流量检定点，待完成检定后，系统提取的数据报表见图4。通过对浮子流量计、液体容积式流量计的检定与数据报表的验证表明水装置和油装置已实现预定功能，效果较好，进而得出整个装置设计合理，功能正常。

<table>
<tr><td colspan="11">浮子流量计(模拟)检定记录</td></tr>
<tr><td colspan="2">证书编号</td><td colspan="2">6</td><td colspan="2">制造厂家:</td><td colspan="2">太原太航流量工程有限公司</td><td>介质压力:</td><td colspan="2">43.2kPa</td></tr>
<tr><td colspan="2">计量器具:</td><td colspan="2">浮子流量计</td><td colspan="2">准确度等级:</td><td colspan="2">1.0 级</td><td>介质温度:</td><td colspan="2">12.2℃</td></tr>
<tr><td colspan="2">型号规格:</td><td colspan="2"></td><td colspan="2">流量范围:</td><td colspan="2">(0~1)m^3/h</td><td>环境温度:</td><td colspan="2">20.0℃</td></tr>
<tr><td colspan="2">出厂编号:</td><td colspan="2">1</td><td colspan="2">送检单位:</td><td colspan="2">计量检测部</td><td>环境湿度:</td><td colspan="2">50%RH</td></tr>
<tr><td colspan="2">装置测量范围:</td><td colspan="2">(0.5~1000)L/h</td><td colspan="2">标准器证书号:</td><td colspan="2">RG112021-22922</td><td>装置出厂编号:</td><td colspan="2">L211302</td></tr>
<tr><td colspan="2">装置规格型号:</td><td colspan="2">LWF-025D</td><td colspan="2">依据的技术规范:</td><td colspan="2">JJG257-2007 浮子流量计</td><td>检定方法:</td><td colspan="2">质量法</td></tr>
<tr><td colspan="2">准确度或不确定度:</td><td colspan="2">0.3%($k=2$)</td><td colspan="2">标准器名称:</td><td colspan="2">水流量标准装置</td><td>装置有效日期:</td><td colspan="2">2024/9/27</td></tr>
<tr><td>流量点 $q_i/(m^3/h)$</td><td>次数</td><td>检定时间 t/s</td><td>标准质量 m/kg</td><td>介质密度 $\rho/(kg/m^2)$</td><td>标准容积 V/L</td><td>标准流量 $(qv)_{ij}/(m^3/h)$</td><td>被检表刻度下的实际流量 $(q_N)/(m^3/h)$</td><td>被检表刻度流量 $(qVS)_{ij}/(m^3/h)$</td><td>引用误差 $E_{ij}/\%$</td><td>回差 $E_h/\%$</td></tr>
<tr><td rowspan="4">0.500</td><td>1 正</td><td>30.060</td><td>4.168</td><td>999.439</td><td>4.170</td><td>0.4994</td><td>0.4993</td><td>0.5001</td><td>0.08</td><td rowspan="4">0.37</td></tr>
<tr><td>2 正</td><td>30.059</td><td>4.097</td><td>999.462</td><td>4.099</td><td>0.4909</td><td>0.4907</td><td>0.5001</td><td>0.93</td></tr>
<tr><td>1 反</td><td>30.059</td><td>4.142</td><td>999.414</td><td>4.144</td><td>0.4963</td><td>0.4961</td><td>0.5001</td><td>0.39</td></tr>
<tr><td>2 反</td><td>30.060</td><td>4.061</td><td>999.450</td><td>4.063</td><td>0.4866</td><td>0.4865</td><td>0.4871</td><td>0.06</td></tr>
<tr><td rowspan="4">1.000</td><td>1 正</td><td>30.060</td><td>8.470</td><td>999.474</td><td>8.475</td><td>1.0150</td><td>1.0147</td><td>1.0088</td><td>-0.59</td><td rowspan="4">0.01</td></tr>
<tr><td>2 正</td><td>30.059</td><td>8.357</td><td>999.450</td><td>8.362</td><td>1.0014</td><td>1.0011</td><td>1.0001</td><td>-0.10</td></tr>
<tr><td>1 反</td><td>30.060</td><td>8.494</td><td>999.439</td><td>8.499</td><td>1.0178</td><td>1.0175</td><td>1.0075</td><td>-1.00</td></tr>
<tr><td>2 反</td><td>30.60</td><td>8.335</td><td>999.450</td><td>8.340</td><td>0.9988</td><td>0.9984</td><td>1.0001</td><td>0.17</td></tr>
<tr><td colspan="3">引用误差 $E/\%$:-1.00</td><td colspan="4">回差 $Eh/\%$:0.37</td><td colspan="4">结论:合格</td></tr>
</table>

图 3 浮子流量计检定数据报表

<table>
<tr><td colspan="10">容积式流量计(脉冲)检定记录</td></tr>
<tr><td>证书编号:</td><td colspan="2">1</td><td>制造厂家:</td><td colspan="3">科洋</td><td colspan="2">介质压力:</td><td>0.0kPa</td></tr>
<tr><td>计量器具:</td><td colspan="2">容积式流量计</td><td>准确度等级:</td><td colspan="3">1.0 级</td><td colspan="2">介质温度:</td><td>12.8℃</td></tr>
<tr><td>型号规格:</td><td colspan="2"></td><td>流量范围:</td><td colspan="3">(0~1)m^3/h</td><td colspan="2">环境温度:</td><td>20.0℃</td></tr>
<tr><td>出厂编号:</td><td colspan="2">1</td><td>送检单位:</td><td colspan="3">中国海洋石油集团有限公司计量检测中心</td><td colspan="2">环境湿度:</td><td>50%RH</td></tr>
<tr><td>装置测量范围:</td><td colspan="2">(0.2~500)L/h</td><td>标准器证书号:</td><td colspan="3">RG112021-22923</td><td colspan="2">装置出厂编号:</td><td>L211301</td></tr>
<tr><td>装置规格型号:</td><td colspan="2">LTD-025D</td><td>依据的技术规范:</td><td colspan="3">JJG 667—2010 液体容积式流量计</td><td colspan="2">检定方法:</td><td>容积法</td></tr>
<tr><td>准确度或不确定度:</td><td colspan="2">0.3%($k=2$)</td><td>标准器名称:</td><td colspan="3">移动式油流量标准装置</td><td colspan="2">装置有效日期:</td><td>2022/9/27</td></tr>
<tr><td>流量点 $q_i(m^3/h)$</td><td>检定时间 t/s</td><td>标准容积 V/L</td><td>被检表脉冲 N_1</td><td>被检表容积 V_1/L</td><td>次仪表系数 $K_{ij}/(P/m^3)$</td><td>次误差 $E_i/\%$</td><td>点仪表系数 K_i</td><td>点误差 $E_i/\%$</td><td>点重复性 $(E_i)/\%$</td></tr>
<tr><td rowspan="3">0.100</td><td>144.160</td><td>4.000</td><td>3982.5</td><td>3.983</td><td>995636.4</td><td>-0.44</td><td rowspan="3">994663.39</td><td rowspan="3">-0.53</td><td rowspan="3">0.114</td></tr>
<tr><td>144.156</td><td>4.000</td><td>3978.6</td><td>3.979</td><td>994644.7</td><td>-0.54</td></tr>
<tr><td>144.164</td><td>4.000</td><td>3974.8</td><td>3.975</td><td>993709.1</td><td>-0.63</td></tr>
<tr><td rowspan="3">0.200</td><td>72.076</td><td>4.000</td><td>3993.7</td><td>3.994</td><td>998424.7</td><td>-0.16</td><td rowspan="3">1004160.54</td><td rowspan="3">0.42</td><td rowspan="3">0.327</td></tr>
<tr><td>72.069</td><td>4.000</td><td>4027.3</td><td>4.028</td><td>1006960.6</td><td>0.70</td></tr>
<tr><td>72.072</td><td>4.000</td><td>4028.4</td><td>4.028</td><td>1007096.3</td><td>0.71</td></tr>
<tr><td rowspan="3">0.400</td><td>36.028</td><td>4.000</td><td>4002.6</td><td>4.003</td><td>1000660.5</td><td>0.07</td><td rowspan="3">1002780.99</td><td rowspan="3">0.28</td><td rowspan="3">0.219</td></tr>
<tr><td>36.039</td><td>4.000</td><td>4013.3</td><td>4.013</td><td>1003313.9</td><td>0.33</td></tr>
<tr><td>36.026</td><td>4.000</td><td>4017.5</td><td>4.017</td><td>1004368.5</td><td>0.44</td></tr>
<tr><td rowspan="3">0.500</td><td>57.733</td><td>8.111</td><td>8015.1</td><td>8.015</td><td>988162.1</td><td>-1.18</td><td rowspan="3">989963.58</td><td rowspan="3">-1.00</td><td rowspan="3">0.276</td></tr>
<tr><td>57.733</td><td>8.095</td><td>8005.2</td><td>8.005</td><td>988903.0</td><td>-1.11</td></tr>
<tr><td>57.731</td><td>8.074</td><td>8016.3</td><td>8.016</td><td>992825.6</td><td>-0.72</td></tr>
<tr><td>示值误差:</td><td>-1.00</td><td colspan="2"></td><td colspan="3">重复性:0.327</td><td colspan="3">结论:合格</td></tr>
</table>

图 4 液体容积式流量计检定数据报表

5 结语

本文结合理论研究和实际生产，设计了一种移动式液体小流量标准装置。装置以集装箱为载体，建立可灵活组装的油、水独立区间，分别采用标准体积管法和静态质量法实现了小口径液体流量计现场检定功能。通过试验对装置进行不确定度评定，评定结果表明该装置不确定度为0.05%($k=2$)，满足口径$DN15\sim DN25$、流量范围(0.2~1000)L/h、准确度等级1.0级及以下流量计的检定需求。基于装置展开浮子流量计和液体容积式流量计这两类流量计的检定，从而验证了整个装置的实际功能。但此过程中仍存在一些缺陷与不足，例如本文在油装置不确定度评定中仅局限于现有规程，应增加计时器的B类不确定度分量；同时应基于装置展开速度式流量计、质量流量计等更多种类流量计的实际检定等。

参 考 文 献

[1] 中国计量测试学会．一级注册计量师基础知识及专业实务[M]．北京：中国质检出版社，2017.
[2] 秦云松，张吉军，林媛媛．天然气流量计量标准装置的工艺流程优化[J]．天然气工业，2017，37(08)：102-107.
[3] 郭爱华．标准表法气体流量标准装置[J]．自动化仪表，2009，30(08)：50-54.
[4] 王池．流量测量不确定度分析[M]．北京：中国计量出版社，2002.
[5] 杨蒙，牛锦皓，伍开成，陈行川．标准表法天然气流量标准装置校准结果验证方法的应用探讨[J]．中国测试，2018，44(S1)：32-36.
[6] 段惠明．液体流量标准装置和标准表法流量标准装置[M]．北京：中国计量出版社，2004.
[7] 液体流量标准装置检定规程：JJG 164—2000[S]．北京：中国标准出版社，2000.
[8] 体积管检定规程：JJG 209—2010[S]．北京：中国标准出版社，2010.
[9] 苏彦勋，梁国伟，盛健．流量计量与测试[M]．北京：中国计量出版社，2007.
[10] 浮子流量计：JJG 257—2007[S]．北京：中国标准出版社，2007.
[11] 液体容积式流量计：JJG 667—2010[S]．北京：中国标准出版社，2010.

作者简介：王维高(1996—)，男，助理工程师，硕士毕业于西安石油大学，现从事计量检测技术和方法研究。电话：18341315282，邮编：300456，通信地址：天津市滨海新区渤海石油路688号特种设备分公司。

基于智能算法的混合气源组分及发热量预测方法研究

刘　喆[1]　苏　怀[2]　李　灿[1]　周　靖[2]　张　平[3]

(1. 国家石油天然气管网集团有限公司西气东输分公司南京计量研究中心　江苏南京　210046

2. 中国石油大学(北京)机械与储运工程学院　北京　102299

3. 国家石油天然气管网集团有限公司西气东输分公司科技信息中心　上海　200122)

摘　要　全国天然气管网气源多样化发展为城市稳定供气用气提供了多重保障，但不同气源组分及气质特性存在着较大差异。本文针对双气源混合管道系统，建立多种机器学习模型，分析发现线性回归、支持向量机模型的预测性能较好，发热量计算偏差均可达到0.04%以下；针对多源动态变化的天然气管道系统，建立了基于时空深度学习技术的多源多汇天然气管线混合气体组分及发热量的智能学习模型，深层卷积神经网络模型的预测性能最好，其对发热量及组分的计算偏差可以达到0.5%以下。

关键词　混合气源；线性回归；支持向量机；深层卷积神经网络；发热量赋值；多时步预测

1　引言

全国天然气管网互联互通，气源多样化发展，目前已形成国产气(陆上气、海洋气、页岩气、煤层气等)、管道进口气以及进口液化天然气(LNG)等多种气源供应的格局。气源多元化为城市稳定供气用气提供了多重保障，但同时由于天然气产地及生产工艺不同，不同气源特别是管输天然气和液化天然气的组分及气质特性存在着较大差异。由于气源差异导致管网输送系统中气质条件的变化会进一步影响管网运营商的输配策略。因此，多种气源进入主干管网时，需要分析管输气体在各分输点处的气质情况—即对天然气进行气质跟踪。

天然气的组分与气质追踪的关键在于准确描述气体在管道内的流动特性、气体扩散以及能量传递过程，而对于天然气管输稳态和非稳态流动特性的相关研究已相对成熟。基于此，气质跟踪模型需要耦合天然气管输的三大控制方程(质量、动量、能量方程)、能量传递方程以及天然气的输送特性进行建模。Maciej Chaczykowski 等研究了基于管道非稳态运行的气质追踪方法，其通过耦合质量、动量、能量和对流传递方程，以能量流量作为管道的边界条件，应用批次跟踪算法跟踪天然气组分。Birkitt 等以管道注氢作为另一气源，提出了输气管道混合气体气质与组分动态追踪方法，分析了混合气在管道内组分随时间的变化情况，但该方法不能处理管道交汇点处气体流动和组分跟踪问题。Giulio Guandalini 等研究注入氢气对天然气管道输量和发热量的影响，建立了基于管道非稳态仿真模型的输气管道混合气体发热量动态预测方法，该方法的技术关键是将传统的天然气管道非稳态仿真模型的气体流量转化为气体“热值量”，并进行迭代求解，进而跟踪分输点处天然气热值和沃泊指数。多种天然气在管网内的混合、输送是具有大时滞特性的复杂动态过程，然而，这些研究成果均以单个进气点、流向不变的短距离管道作为研究对象，且运行场景较为单一，实际天然气管网拓扑复杂，气源情况多样，难以满足管网的实际需求。

随着人工智能与大数据技术的飞速发展，人工智能与数据科学在电网、交通、物流等领域取得了成功应用，其表明大数据分析技术在复杂系统预测预警、智能感知与决策等方面潜力巨大。对于大型复杂的混合气源天然气管网，在对管网内混合气体进行组分与质量分析以及发热量波动规律分析时，可以发展基于智能算法的天然气管网组分及发热量计算方法。

2 基于机器学习的天然气组分及发热量预测方法

两个气源混合后沿一个流动方向的"简单"管道结构，其对于下游分输点的气体组分以及发热量变化情况的分析，关键在于描述混合后混气后的组分及发热量。本文从数据模型两个对双气源混合场景下的天然气组分及发热量计算进行建模，并分析了两种模型的精度及使用场景。如图1所示。

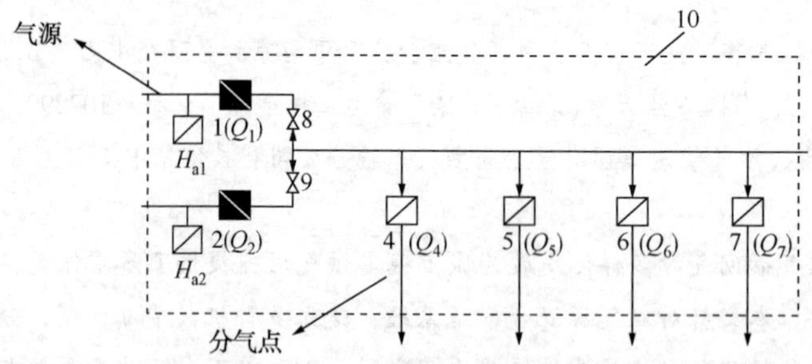

图1 双气源混合的管道结构

针对混合前后的天然气管道运行数据，利用多种机器学习方法分别对其进行建模，建立了基于机器学习的混合气源的组分及发热量计算方法。对于采集的数据，首先按连续时间特征进行重采样以及预处理，并对输入特征进行筛选，基于此进一步划分为研究所用模型的训练数据集与测试数据集。所构建的数据集中，设定混合前不同气源的相对密度、体积流量、各气源的组分值等数据作为特征集(输入)，混合后的组分及发热量数据作为标签(输出)，分别应用上述机器学习方法进行模型的训练并实现预测。所建预测方法的流程图如图2所示。

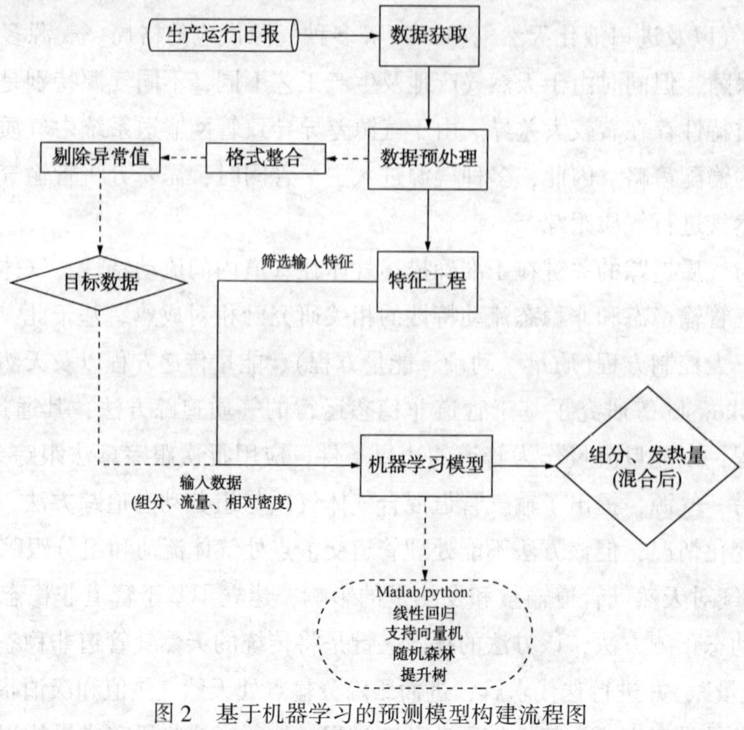

图2 基于机器学习的预测模型构建流程图

以A站+B站→C站为例，选取相关上下游站场气源及运行参数等实测数据进行预测。数据来源及周期如下：

① 气源1：A站→C站；

② 气源2：B站→C站；

③ 混合后：以C站气相色谱仪测定数据作为混合均匀后的验证数据；

④ 计算数据周期：约17d；数据的时间步长为2h，即每间隔2h记录一组数据。

如表1所示。

表 1　部分计算结果及现场数据对比

样本		1	2	3	4	5	6	7	8	9	10
A 站参数采集	C_1	94.5375	94.5472	94.5433	94.5106	94.4420	94.4185	94.1898	94.2222	94.1169	93.9009
	C_2	2.7808	2.7649	2.7719	2.7963	2.8313	2.8383	3.0070	2.9765	3.0461	3.2075
	C_3	0.4427	0.4401	0.4402	0.4438	0.4596	0.4722	0.5190	0.5127	0.5333	0.5743
	iC_4	0.0662	0.0655	0.0660	0.0663	0.0688	0.0704	0.0717	0.0718	0.0732	0.0745
	nC_4	0.0805	0.0797	0.0801	0.0802	0.0837	0.0864	0.0842	0.0853	0.0862	0.0852
	iC_5	0.0256	0.0252	0.0258	0.0256	0.0268	0.0283	0.0248	0.0264	0.0256	0.0240
	nC_5	0.0212	0.0209	0.0216	0.0212	0.0220	0.0239	0.0206	0.0222	0.0215	0.0204
	nC_6	0.0668	0.0630	0.0710	0.0705	0.0697	0.0760	0.0647	0.0677	0.0755	0.0744
	N_2	1.1413	1.1331	1.1168	1.1251	1.1300	1.1372	1.1936	1.1915	1.2172	1.2789
	CO_2	0.8352	0.8584	0.8612	0.8582	0.8638	0.8464	0.8225	0.8216	0.8024	0.7578
B 站反输参数采集	C_1	97.2118	97.2734	97.2730	97.2823	97.2835	97.2667	97.2660	97.2195	97.2189	97.2254
	C_2	0.6417	0.5953	0.5910	0.5932	0.5929	0.6048	0.5956	0.6455	0.6459	0.6384
	C_3	0.0871	0.0797	0.0790	0.0796	0.0800	0.0829	0.0806	0.0875	0.0877	0.0866
	iC_4	0.0114	0.0103	0.0102	0.0102	0.0102	0.0105	0.0103	0.0114	0.0114	0.0113
	nC_4	0.0151	0.0132	0.0131	0.0131	0.0137	0.0141	0.0133	0.0152	0.0152	0.0144
	iC_5	0.0045	0.0041	0.0041	0.0041	0.0041	0.0042	0.0041	0.0046	0.0046	0.0045
	nC_5	0.0039	0.0036	0.0036	0.0035	0.0035	0.0036	0.0036	0.0039	0.0040	0.0039
	nC_6	0.0164	0.0075	0.0139	0.0119	0.0100	0.0110	0.0160	0.0091	0.0124	0.0155
	N_2	0.7580	0.7475	0.7480	0.7464	0.7477	0.7497	0.7493	0.7596	0.7595	0.7572
	CO_2	1.2501	1.2653	1.2643	1.2555	1.2544	1.2523	1.2611	1.2437	1.2404	1.2429
C 站验证参数采集	C_1	95.4152	95.4439	95.5080	95.4996	95.4969	95.5075	95.4770	95.4950	95.5451	95.5847
	C_2	2.0220	1.9990	1.9476	1.9498	1.9490	1.9523	1.9887	1.9730	1.9457	1.9201
	C_3	0.3355	0.3318	0.3257	0.3259	0.3264	0.3284	0.3319	0.3269	0.3174	0.3080
	iC_4	0.0464	0.0465	0.0453	0.0446	0.0454	0.0460	0.0462	0.0461	0.0448	0.0437
	nC_4	0.0548	0.0539	0.0529	0.0523	0.0531	0.0540	0.0537	0.0543	0.0528	0.0520
	iC_5	0.0178	0.0176	0.0169	0.0169	0.0162	0.0163	0.0164	0.0182	0.0176	0.0182
	nC_5	0.0137	0.0140	0.0140	0.0149	0.0129	0.0129	0.0128	0.0151	0.0139	0.0145
	nC_6	0.0361	0.0363	0.0319	0.0370	0.0349	0.0342	0.0362	0.0347	0.0368	0.0360
	N_2	1.0290	1.0235	1.0141	1.0173	1.0191	1.0110	1.0132	1.0119	1.0004	0.9928
	CO_2	1.0295	1.0334	1.0435	1.0416	1.0456	1.0374	1.0238	1.0247	1.0254	1.0298
	发热量/(MJ/m^3)	37.2616	37.2536	37.2260	37.2342	37.2277	37.2354	37.2548	37.2505	37.2405	37.2278

基于上述方法，将采集到的500组数据作为模型构建的数据集并进行划分(训练数据占80%，测试数据占20%)，进而对模型进行训练并实现预测。其预测结果及误差如图3、图4所示。

从图中可以直观地观察到，建立的机器学习模型对混合后天然气组分及发热量的预测效果大部分都较好，能够准确地反映出发热量及组分的变化情况。为了进一步定量分析模型的预测效果，采用实际值与预测值的最大相对误差评价模型的预测性能，发热量及组分具体误差见表2。从表中各模型的具体误差来看，线性回归、支持向量回归模型的预测性能较好，其对混合后天然气发热量计算偏差可以达到0.04%以下，甲烷组分的计算偏差可以达到0.5%以下。

表 2　不同机器学习模型对组分及发热量的预测误差

	线性回归	支持向量回归	随机森林	提升树
发热量	0.039%	0.035%	0.20%	4.41%
CH_4 组分	0.48%	0.41%	1.35%	5.04%

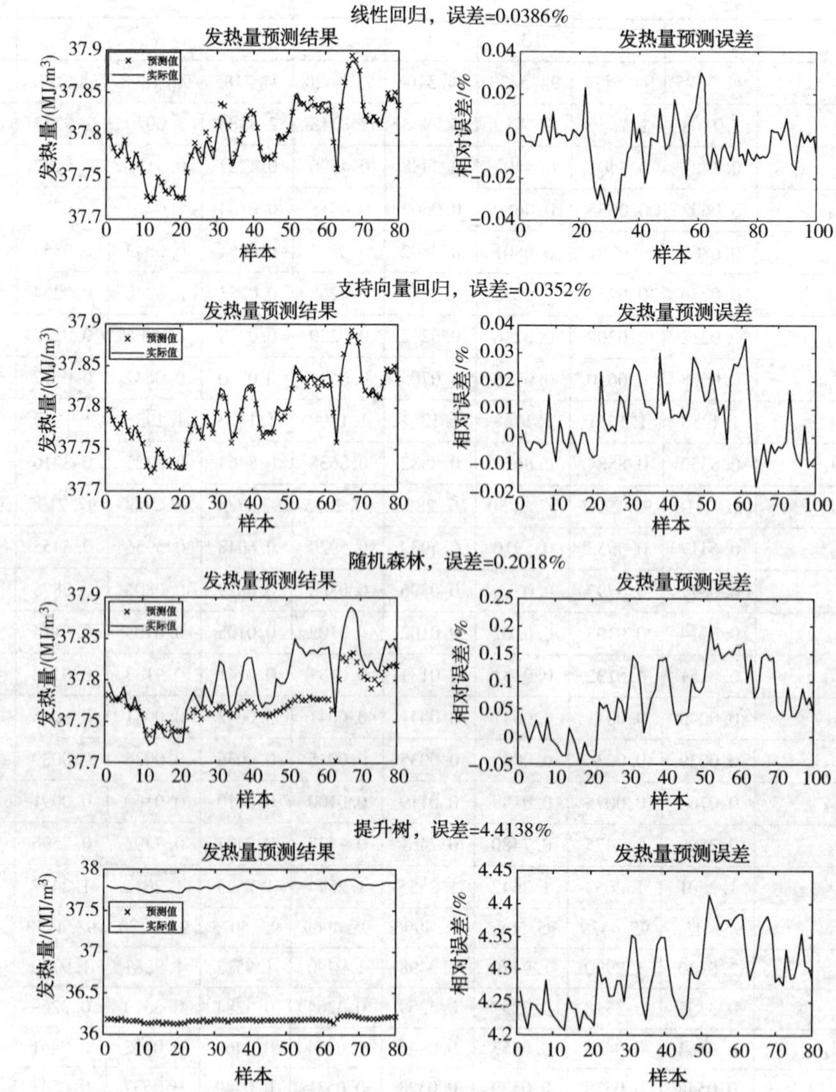

图3 基于四种机器学习模型的发热量预测结果及精度对比

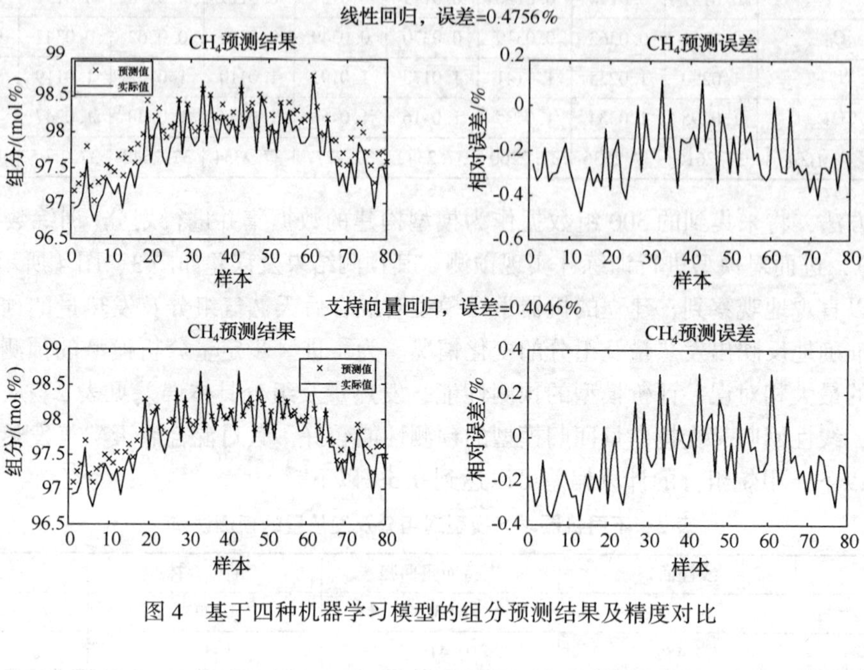

图4 基于四种机器学习模型的组分预测结果及精度对比

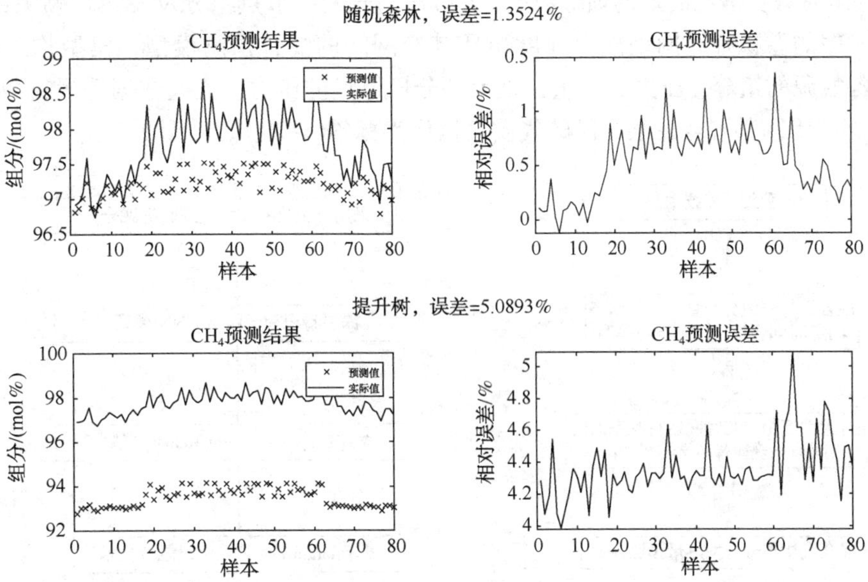

图 4　基于四种机器学习模型的组分预测结果及精度对比(续)

另一方面，模型的预测效果与当前训练所用的数据情况有较大联系。因此，考虑在不同的数据质量(即数据集中组分的波动范围及样本数量)下，对模型的预测效果作了进一步分析，如图 5 所示。

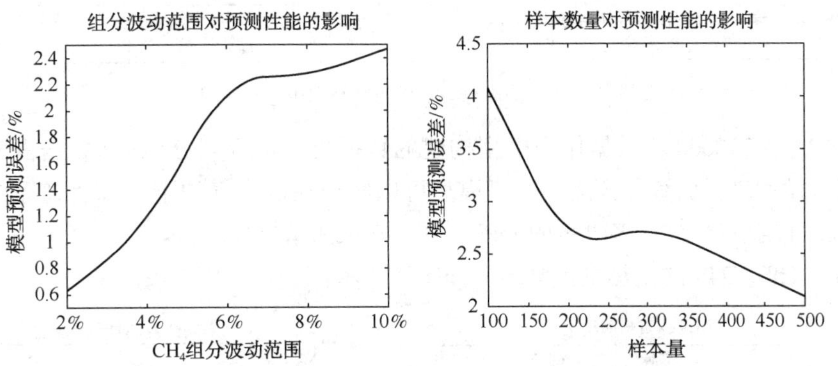

图 5　数据波动范围及数量对预测性能的影响

从图中趋势可以看出，在数据量一定的情况下，数据集中组分波动范围越大，模型的预测性能越差；另一方面，随着数据量的提升，模型的预测性能将有较大改善。因此，鉴于目前模型的训练数据量较少，在现场数据的逐渐积累下，还存在一定的提升空间。

3　局部复杂管网系统组分与发热量智能分析和预测方法

多个气源在不同节点混合后沿不同方向流动的“复杂”管网结构如图 6 所示。利用多融合的深度学习技术可以解决天然气组分、气质追踪问题，基本原理如下：输气管网运行历史数据中隐含天然气管网运行的基本规律，深度学习模型能够通过后向传播算法学习隐含在数据中的运行规律，并“储存”在网络结构中，基于“储存”的管网规律，根据气源组成、管网实时运行参数，预测指定场站在指定时间的天然气组分、发热量。

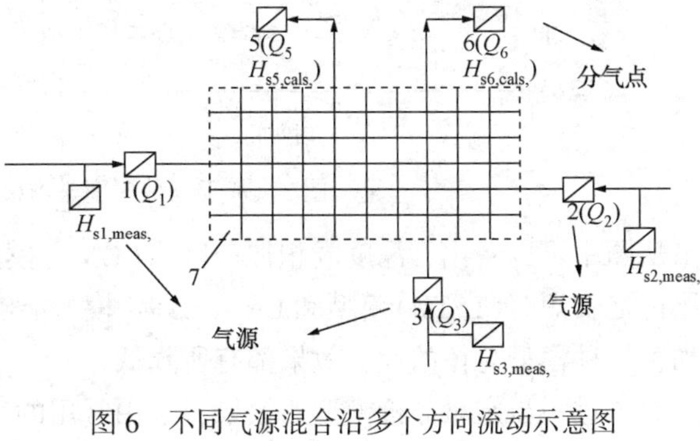

图 6　不同气源混合沿多个方向流动示意图

通过某输气分公司局部管网系统现场采集到的 10000 组运行数据；数据的时间步长为 1h，即每间隔 1h 记录一组数据。这些运行数据被用于两个方面：(1)作为深度学习模型的训练数据；(2)作为管网各节点组分及发热量预测结果的对照组。建立一种基于时序的卷积神经网络融合深度循环神经网络的混合预测模型，模型构建过程如下图所示。模型中将各气源的组分、压力、流量，以及各分输节点的压力、流量数据等运行数据作为特征集(输入)，待预测的管网某节点在某时段的气质数据作为标签(输出)。见图7。

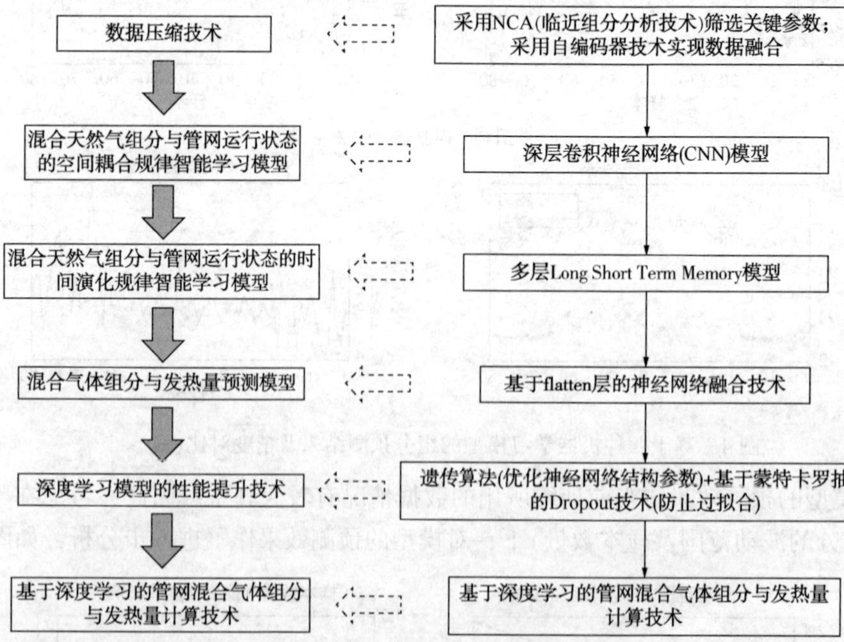

图7　基于深度学习的预测模型构建流程图

基于上述方法，将10000组数据作为模型构建的数据集并进行划分(训练数据占75%，测试数据占25%)，进而对模型进行训练并预测。所建模型可以实现在混合气源下局部管道系统的天然气组分及发热量短时域(日或小时级)、多时步的准确预测，其预测结果如下：

(1) 1h、5h、10h、24h的发热量预测结果如图8所示：

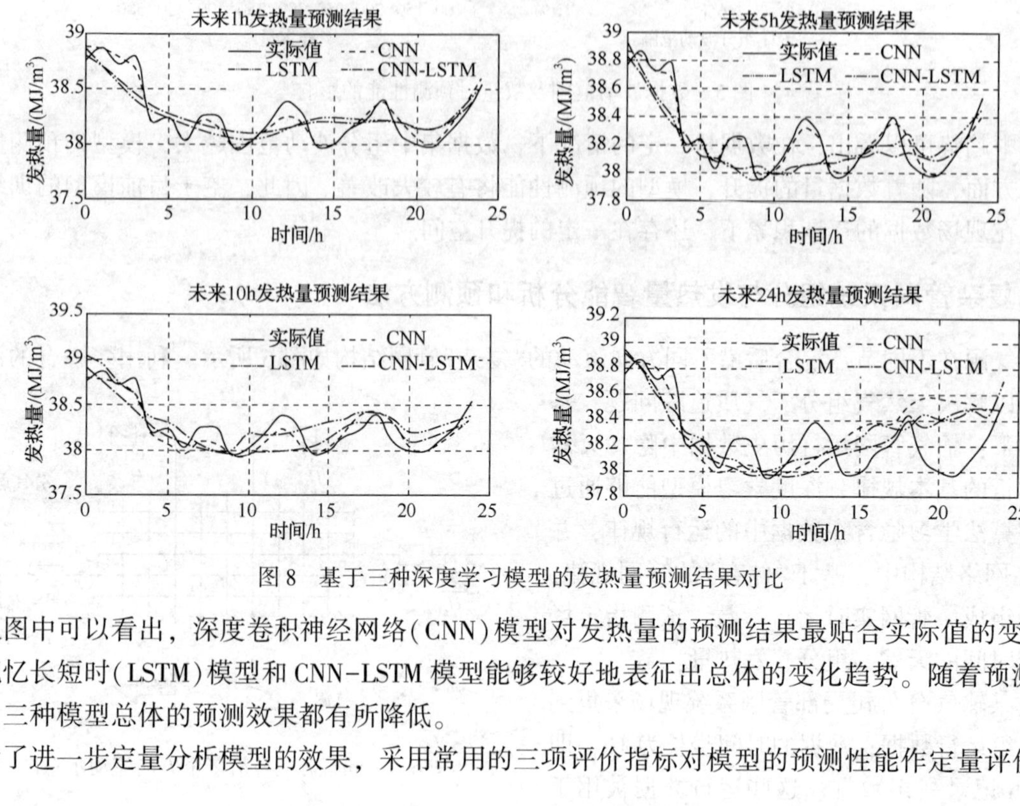

图8　基于三种深度学习模型的发热量预测结果对比

从图中可以看出，深度卷积神经网络(CNN)模型对发热量的预测结果最贴合实际值的变化趋势，多层记忆长短时(LSTM)模型和CNN-LSTM模型能够较好地表征出总体的变化趋势。随着预测时步的增加，三种模型总体的预测效果都有所降低。

为了进一步定量分析模型的效果，采用常用的三项评价指标对模型的预测性能作定量评价，分别为 MAE、MSE 以及 MAPE，下面简述了这些指标的具体含义：

（1）MAE（平均绝对误差）

$$MAE = \frac{1}{n}\sum_{i=1}^{n} |\hat{y}_i - y_i| \tag{1}$$

范围[0，+∞)，当预测值与真实值完全吻合时等于 0，即完美模型；误差越大，该值越大。

（2）MSE（均方误差）

$$MSE = \frac{1}{n}\sum_{i=1}^{n} (\hat{y}_i - y_i)^2 \tag{2}$$

范围[0，+∞)，当预测值与真实值完全吻合时等于 0，即完美模型；误差越大，该值越大。

（3）MAPE（平均绝对百分比误差）

$$MAPE = \frac{100\%}{n}\sum_{i=1}^{n} \left|\frac{\hat{y}_i - y_i}{y_i}\right| \tag{3}$$

范围[0，+∞)，MAPE 为 0%表示完美模型，MAPE 大于 100%则表示劣质模型。

表 3 统计了三种模型对混合气源的天然气发热量的预测性能评价指标，具体误差值见下。由表中可以看出，相比于其他两个模型，CNN 模型的波动更小，预测性能更好，计算偏差可达 0.45%以下。

表 3　三种模型在不同预测时步下的发热量预测性能对比

预测时步	模型	MAE（平均绝对误差）	MSE（均方误差）	MAPE（平均绝对百分比误差）
1h	CNN	0.0551	0.0053	0.14%
	LSTM	0.1119	0.0202	0.29%
	CNN-LSTM	0.0972	0.0154	0.25%
5h	CNN	0.0633	0.0072	0.16%
	LSTM	0.1253	0.0250	0.32%
	CNN-LSTM	0.1057	0.0180	0.27%
10h	CNN	0.0862	0.0130	0.22%
	LSTM	0.1368	0.0300	0.36%
	CNN-LSTM	0.1199	0.0228	0.31%
24h	CNN	0.1727	0.0564	0.45%
	LSTM	0.1932	0.0637	0.50%
	CNN-LSTM	0.1844	0.0604	0.48%

（4）1h、5h、10h、24h 的 CH_4 组分预测结果（图 9）

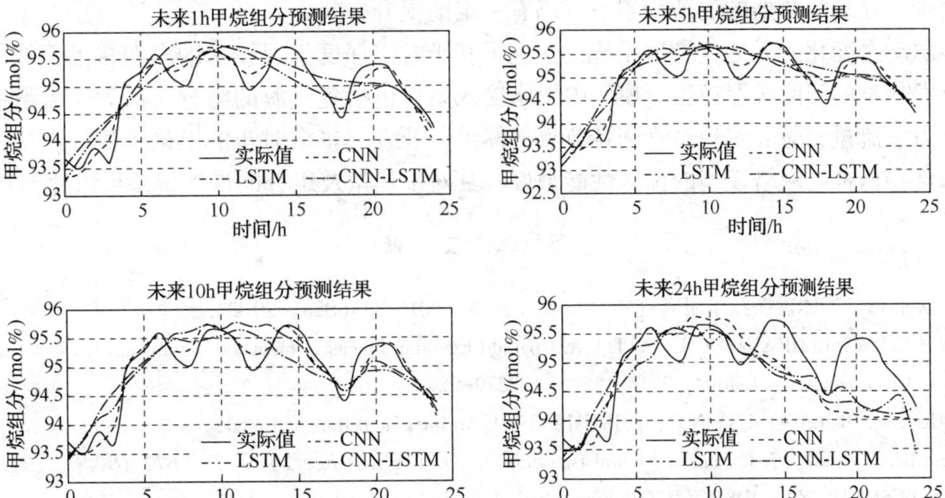

图 9　基于三种深度学习模型的甲烷组分预测结果对比

从图中可以看出，CNN模型对气体中甲烷组分的预测结果最贴合实际值的变化趋势，LSTM模型和CNN-LSTM模型能够较好地表征出总体的变化趋势。随着预测时步的增加，三种模型总体的预测效果都有所降低。

进一步对预测模型作定量评价，表4统计了三种模型对混合气源的天然气甲烷组分的预测性能评价指标，具体误差值见下。由表中可以看出，相比于其他两个模型，CNN模型的波动更小，预测性能更好，计算偏差可达0.49%以上。

表4　三种模型在不同预测时步下的组分预测性能对比

预测时步	模型	MAE(平均绝对误差)	MSE(均方误差)	MAPE(平均绝对百分比误差)
1h	CNN	0.0016	4.47×10^{-6}	0.17%
	LSTM	0.0030	1.40×10^{-5}	0.32%
	CNN-LSTM	0.0027	1.19×10^{-5}	0.29%
5h	CNN	0.0016	4.67×10^{-6}	0.17%
	LSTM	0.0032	1.66×10^{-5}	0.34%
	CNN-LSTM	0.0027	1.17×10^{-5}	0.29%
10h	CNN	0.0017	5.51×10^{-6}	0.19%
	LSTM	0.0033	1.68×10^{-5}	0.35%
	CNN-LSTM	0.0027	1.22×10^{-5}	0.29%
24h	CNN	0.0046	4.35×10^{-5}	0.49%
	LSTM	0.0054	5.14×10^{-5}	0.57%
	CNN-LSTM	0.0050	4.72×10^{-5}	0.54%

4　结语

本文研究从多个角度构建了混合气源的天然气组分及发热量预测方法与分析思路，提出了两种工况条件的解决方案。方案①针对仅考虑不同气源的“简单”混合(混合后沿固定方向流动)，建立基于机器学习的混合气体组分及发热量动态预测方法；方案②针对在多源动态变化(气源情况、转供方式、运行工况、分输气量等动态变化)的“复杂”天然气管网场景下，建立基于深度学习技术的气体组分与管道运行状态的时间与空间演化规律分析和预测方法。

针对简单的混合气源场景，基于机器学习的预测方法中设定输入条件包括各气源的摩尔组成、相对密度以及体积流量。在多种机器学习模型中，线性回归、支持向量机模型的预测性能较好，天然气发热量计算偏差均可达到0.04%以下，甲烷组分的计算偏差可以达到0.5%以下。鉴于目前模型的训练数据量较少，在现场数据的逐渐积累下，仍有一定的提升空间。

针对多源动态变化的天然气管道系统，建立了基于时空深度学习技术的多源多汇天然气管线混合气体组分及发热量的智能学习模型。模型中设定输入条件包括各气源的组分、压力、流量，以及各分输节点的压力、流量，能够实现对管网各节点气体组分及发热量多时步的准确预测。在多种深度学习模型中，深层卷积神经网络模型的预测性能最好，其对发热量及组分的计算偏差可以达到0.5%以下。

参 考 文 献

[1] 张良俊，吴静怡．气体置换技术研究进展[J]．化工进展，2016，35(S2)：20-23.

[2] ELFATTAH S T A，ELDRAINY Y A，ATTIA A. Upgrade Egyptian biogas to meet the natural gas network quality standard [J]. Alexandria Engineering Journal，2016，55(3)：2279-2283.

[3] PAMBOUR K A，BOLADO-LAVIN R，DIJKEMA G P J. An integrated transient model for simulating the operation of natural gas transport systems[J]. Journal of Natural Gas Science and Engineering，2016，28：672-690.

[4] CHACZYKOWSKI M，ZARODKIEWICZ P. Simulation of natural gas quality distribution for pipeline systems[J]. Energy，2017，134：681-698.

[5] GUANDALINI G, COLBERTALDO P, CAMPANARI S. Dynamic Quality Tracking of Natural Gas and Hydrogen Mixture in a Portion of Natural Gas Grid[J]. Energy Procedia, 2015, 75: 1037-1043.
[6] BIRKITT K, LOO-MORREY M, SANCHEZ C, et al. Materials aspects associated with the addition of up to 20 mol% hydrogen into an existing natural gas distribution network[J]. International Journal of Hydrogen Energy, 2020.
[7] GUANDALINI G, COLBERTALDO P, CAMPANARI S. Dynamic modeling of natural gas quality within transport pipelines in presence of hydrogen injections[J]. Applied Energy, 2017, 185: 1712-1723.
[8] 张宗杰，苏怀．干线天然气管道供气可靠性评价方法[J]．油气储运，2014，33(09)：945-949.
[9] 王巨洪，张世斌，王新，等．中俄东线智能管道数据可视化探索与实践[J]．油气储运，2020，39(02)：169-175.
[10] 苏怀，张劲军．天然气管网大数据分析方法及发展建议[J]．油气储运，2020，39(10)：1081-1095.

作者简介：刘喆(1988 年—)，女，二级工程师，高级工程师，硕士毕业于中国计量大学，现主要从事天然气计量相关技术研究工作。地址：江苏省南京市栖霞区学津路 8 号高创中心 B 座西气东输南京计量研究中心，邮编：210046。电话：17805159917，E-mail：liuzhe@pipechina.com.cn。

二等奖论文

油气田公司天然气输差管理控制体系建设与实践

张利华[1]　李万俊[2]　贺文广[1]

（1. 中国石油西南油气田公司重庆气矿　重庆　400021
2. 中国石油西南油气田公司天然气研究院　四川成都　610213）

摘　要　开展天然气输差管理控制有助于企业降本增效，提高核心竞争力。通过对国内外天然气输差管控现状和研究现状分析，借鉴与输差管控流程契合度较高的过程控制、PDCA 质量管理等国内外先进管理方法，构建了天然气输差管理控制体系，对体系的 6 个关键环节 4 个支持要素及节点管控关键点内容进行了详细阐述，体系实践后在“七个一”全链规范化管控机制、降本增效、工作质量和工作效率等取得一定成效。结论认为，管理控制体系的模板化，提升了可复制性和可推广性，可为探索我国油气田公司天然气产业高质量发展路径提供思路。

关键词　天然气；输差管理控制；方法体系；降本增效；管理创新

1　引言

天然气输差是指某一时间输气管道内平衡输气量之差值，即标准参比条件下，在一定统计期内，油气管道输入量与输出量、自用量和正常作业放空量的差。对于一个年产销量上亿立方米规模的天然气企业，输差率增减 0.1%都是影响巨大的，有效管控输差对于企业降本增效意义重大。输差决定天然气企业的运营成本，进而影响企业的市场核心竞争力。

随着国家市场化经济改革推进，油气改革深化，油气田公司的管理理念也发生较大转变，由“粗放化”到“精细化”，再由“精细化”到“精益化”，对输差管控提出了更高要求。国家天然气发展战略规划“全国一张网”建设加快推进，管网互联互通提升加快，用户辐射区域广、气量调配频繁，天然气输差管理区域不断扩展延伸，有效开展天然气输差管理控制变得愈加复杂而有难度，如何提高输差管控水平成为油气田公司所面临的一个重要课题。

影响输差的因素众多复杂，主要有三类：①天然气集输管网泄漏造成非计量漏失的输差；②天然气测量设备设计、选型、安装、操作、环境和天然气多组分多参数测量系统的误差影响天然气计量准确性，造成输差；③人为因素如管理疏忽、统计数据错误或计算失误等引起的输差。在市场经济下，供需双方对输差比较敏感，所有的油气田公司都不同程度面临输差管控问题的困扰。只有科学合理的利用天然气输差管理控制方法，建立输差管理控制体系，才能最大限度地有效管理控制输差，实现企业降本增效和高质量发展。因此，探索天然气输差管理控制体系，提升输差管控水平，赋能天然气产业高质量发展具有重要的意义。

2　天然气输差管理控制现状分析

2.1　我国天然气输差管理控制生产现状

天然气集输管网纵横交错，地理空间跨度大，生产时效性较强，流量计量点多面广且测量具有不可重复性的特点，输差影响因素众多复杂，输差管理控制难度高。与国外天然气成熟市场相比，我国天然气管道完整性管理和天然气计量发展起步较晚，但随着加入世界贸易组织，天然气管道完整性管理技术方面取得很多进展，在保证管网安全运行和降低管网泄漏上取得一定的成效，为有效管控输差提供了基础条件。

我国加入世贸组织后天然气计量也发生了一系列的进步变化，天然气企业在计量仪表的设计选型、安装、气质分析、使用维护、管理等方面做了很多努力工作：随着流量计的研究和开发的深入，计量仪表选型从单一仪表向多元化仪表方向发展，为了建立我国统一的天然气流量参考值，在成都、南京和武汉建立了国家天然气流量原级标准装置，总体水平达到国际先进水平；随着互联网技术和物联网技术的迅速发展，天然气计量也逐步向在线、智能、动态、远程发展，在保证计量准确性上取得了一定的成效，摸索出了一些成熟的经验，并且结合我国具体实际制定了一系列计量标准规范，满足我国天然气计量需求。随着市场经济改革的发展，供需双方对输差也更为敏感，对天然气计量管理的观念也将发生根本性转变，不只停留在对计量器具采购选型、安装使用的管理，还要加强对管理人员素质的管理，加强对实流检定、数据管理和过程控制的全方位质量监督管理，在避免非计量漏失和人为影响输差基础上不断提高计量准确性，防止计量纠纷和提升输差管控水平。

但输差管理控制是一项系统工程，是一项过程控制工作，贯穿生产经营管理各个环节，体现企业综合经营管理水平，在实践中需要建立并完善管理体系，多维度来提高管控水平。目前体系建设尚处于起步阶段，实际管理中存在一些不足：

(1) 输差相关技术及标准规范缺乏。领域内目前缺少天然气输差的相关行业技术标准，已有的行业标准 SY/T 5922—2012《天然气管道运行规范》和企业标准 Q/SY 197—2012《油气管道输送损耗计算方法》仅单纯给出输差计算公式(且公式存在瑕疵和缺陷，随着储气库的建设投运，输差计算公式中未把储气量纳入计算)，未对输差管控工作内容和要求进行规范，无法支撑输差管控工作的实施。

(2) 人力资源共享和优化不足，责任划分不到位。输差和管道泄漏、计量系统误差、人为管理疏忽都有关系，但企业管理层习惯性思维，更多单纯依赖计量管理人员的个人能力和技术素养，没有充分调配管道、工程、生产调度、经营管理及统计、技能工人等人员的积极参与，责任划分不明确。如果业务部门间的工作衔接不好、相互推诿，给输差管控顺利推进会带来较大阻力。

(3) 数据和信息共享不足。计量输差数据和生产运行数据分别独立由计量管理人员和生产调度人员多头重复从井站采集，不仅给一线井站员工增加工作量降低效率，而且如果计量管理人员出差，会造成输差数据及信息采集滞后，发现处理问题滞后，难以适应生产管理需要。

(4) 统计数据重视不够。统计人员每月按照天然气产供储销平衡表核算输差量，用工业产量加上外购量扣除所有的商品量、外供大管线的量、储气量、自耗量、净化损耗和放空量后最后得到的一个函数计算数据，是平衡整个产供储销量的派生数据。因此如果其他数据统计不准确，就直接影响输差计算的准确性，影响输差结果和生产决策。但统计数据非常庞杂，有与销售公司、管道公司、储气库、净化厂等众多公司的交接数据，还有部分估算的自耗和放空量，而且还存在代输代管其他公司天然气，由于数据量庞大、数据来源众多，数据处理很复杂，而统计人员凭借自己的专业能力有时无法甄别专业数据的真伪和对错，况且在月末月初短短的几天时间内，较难发现和追踪数据问题。笔者对某矿各分段输差监控点累加输差量和统计派生计算输差量进行对比，发现统计计算出的输差量比分段实际累加的输差量多 5%~20%。中国能源研究会常务理事专家张抗呼吁重视天然气统计数据。

(5) 管控方法及工具欠缺。输差管控工作标准化和流程化工具不足，造成管理人员“空有想法和结果、无从下手”的现象，更多依赖个人传统经验进行生产决策。而从某油气田公司基层作业区计量管理人员结构分析其中 90%是兼职，其中 30%由操作人员转岗而来，人员的流动年均达到 30%，人员素质参差不齐，给输差管理带来难度。没有输差网络图的梳理及跟踪就容易算错和遗漏输差进出点，影响输差计算的准确性；没有输差监控平台，很难对输差进行动态跟踪监控；没有自动预警就很难及时在众多的输差监控管线、每条输差管线的众多进出点中发现异常和问题；没有可视化的输差趋势走势图不易直观发现异常问题；没有输差系统诊断方法，很难有序开展异常输差的核查和处理。

(6) 闭环管理不足。虽有考核指标，但无法凭借结果指导输差管控工作，工作质量和管理效率不高等，不利于发现工作改进方向。

2.2 国内外天然气输差管理控制研究现状

基于天然气输差的重要性、复杂性，国内外很多学者和专家从不同方面不同角度对天然气输差进行了大量分析和研究。

(1) 国外相关研究

国外主要针对管网泄漏、系统误差进行研究，通过减少管道泄漏、降低计量系统误差、加强计量管理来管控天然气输差。Pal-Stefan Murvay 等通过对管道泄漏检测和定位技术的研究，建议综合利用硬件和软件手段，实时地进行泄漏检测或高精度定位；J. D. da MaTa 针对巴西燃气管网特性开发计量管理数学模型系统，该系统依据气体特性、设备和流量等参数计算测量点不确定度，严格控制计算闭合差；Chen Rui 等研究计量系统误差、管存量和放空量估算误差对输差产生的影响，得出计量系统误差是产生输差的主要原因。Zheng Zijian 重点分析造成输差原因有环境温度、管道杂质和误操作等，通过观察和实验，提出加强专人管理、严格执行计量法规、加强印章管理的解决方案。

(2) 国内相关研究

国内对输差管控方面研究较多，主要集中在分析输差的成因，并根据输差产生的原因提出对应的措施建议。张书丽等通过对天然气输差产生的原因如计量系统误差、管存计算误差等进行分析，提出正确选用测量仪表、加强管理等降低输差的主要途径；李波对输差的定义和计算公式进行了分析，提出天然气长输管道系统输差管理与控制，提高计量系统准确度、减少非计量漏失、提高数据采集及时性及管存计算准确性的措施；肖嵩等对输差的计算方式以及影响输差的因素进行分析，提出了计量管理、泄漏控制及准确统计等有效的解决措施和完善输差管理的相关建议；金勇国提出能量计量下天然气管网输差管控对策，提出增加转供计量节点、实现计量远程诊断、建设智慧管道、布局气分析设备等管控措施。

通过文献梳理结果来看，国内外学者主要针对输差产生的因素，在管网泄漏控制、计量系统误差和计量管理中的具体情况选取几个方面几个角度进行分析和研究，给天然气输差管控提供了一些很好的思路，对天然气输差管控有一定的积极指导作用。但大部分侧重于设备或技术因素或部分管理因素，对天然气输差管理控制的综合性、系统性方法研究相对不足，未形成系统性的管控体系，生产实际应用中缺乏可借鉴的系统理论和实践管理控制体系依据，造成“空有结果和想法、无从下手”的现象，提升整个输差管控水平存在局限。

为此，基于现状问题，探索构建并不断优化天然气输差管理控制的全流程体系，旨在推进天然气输差管理控制高效运行，助力企业降本增效和高质量发展。

3 天然气输差管理控制体系建设与实践

3.1 天然气输差管理控制体系建设思路

结合天然气管道完整性管理和计量管理的法规标准和管理要求，对输差管控进行系统研究分析和分解，输差管控是“过程控制结果”模式，是围绕目标进行一系列的计划、实施、检查和改进的一系列全周期闭环工作过程，因此可以借鉴和融合业务流程契合度较高的过程控制和 PDCA 质量管理等国内外先进成熟方法，利用其系统化、模块化、持续改进的理论框架特点实现输差管控体系的建立和实施。

为此，笔者尝试构建天然气输差管理控制体系(图 1)，通过模块的建设，平台的搭建，破除输差管控环节众多、油公司模式下人员紧缺的技术障碍和管理障碍，突出数据管理、异常问题处置机制两个重要环节，强化全过程闭环管理流程，提升输差管控精细化管理水平。

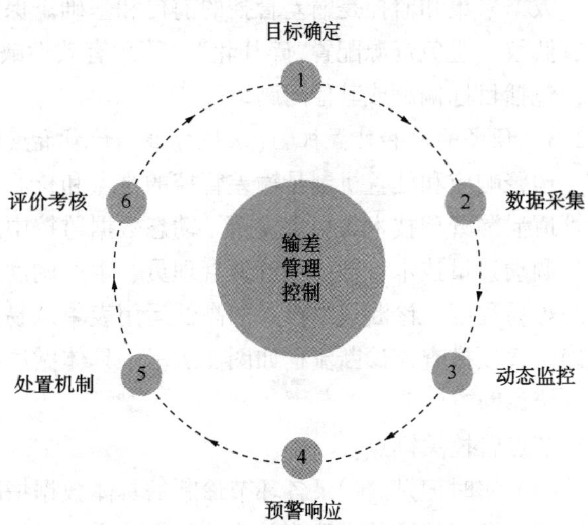

图 1 天然气输差管理控制体系框架示意图

输差管理控制体系主要有目标确定、数据采集、动态监控、预警响应、处置机制和评价考核 6 个关键环节，其中数据采集和处置机制是两个重要环节，数据管理是输差管理控制的基础和前提，强调数据的完整性和准确性；处置机制是输差管理控制的难点和核心，强调处理的流程化。天然气输差管理控制体系工作的落实需要法规标准、管理文件、系统平台、支持技术等4个支持要素：计量和管道相关法规标准；计量管理和管道完整性管理制度与办法；输差监控平台及生产运行平台；计量技术、管道泄漏技术、信息化技术等支持技术来落实输差管理控制工作。

3.2 天然气输差管理控制体系基本内容

3.2.1 目标确认(管理文件提供支持)

依据计量管理和管道管理文件，“三步走”来完成目标确认，分析过去(前三年的历史数据分析)，评估现在(目前生产参数、目前生产技术水平、现行管理要求)，预测未来(未来一年内的工艺改造、流程变化及气量调整)，年初完成对当年度目标细化、量化并分解(分解子目标包含所有气田、站场和管线，不重复不遗漏，保证输差分段监控范围完整)。并保证分解量化和下达的《年度干线、气田、站场输差考核指标》能落地到作业区可执行。

节点管控关键点：

资源配置合理化，目标要量化细化，分析要具体全面，包括人员素质及培训、数据分析、技术成熟度，目标若出现偏离的应对措施，做到计划的可操作性和有效性。

3.2.2 数据采集、动态监控(系统平台提供支持)

依托互联网和输差监控系统平台来开展数据采集、动态监控和异常预警。在这个阶段主要通过三步来完成精准管理。一是创建干线、气田、站场三类计量输差网络图，确定输差监控点上游进气点、下游出气点；二是建立输差日监控系统平台，建立数据溯源进行数据采集及数据质量的审查；三是进行异常输差预警设置，进行数据可视化趋势分析。

(1) 创建输差网络图并梳理输差监控分段的所有进出点：对特殊情况下流程倒换与生产调度、工程技术进行确认，对输差监控段明细核实，确保输差进出点一个不漏。按照工艺流程图标准绘制输差监控段的进气点和出气点、气流方向、计量装置、管线及设备的规格型号及运行情况，并添加图示，包括特殊流程的注解，制作可视化的输差网络图册。

(2) 建立公司-矿级-作业区级三级或矿级-作业区级两级输差监控平台(图2)，运用生产运行系统，共享生产数据，优化调度管控人员资源(充分发挥熟悉流程的生产调度人员的技术优势和24h值班的时间优势介入支持输差管控)，运用电子表格的超级链接功能或应用数据软件建立数据溯源，自动采集进出点气量、自动计算每日的输差量及输差率。

(3) 对超过目标的异常输差进行预警设置，并建立可视化分析趋势图。

节点管控关键点：

数据采集和监控是输差管控的前提和基础。保证数据源头采集，避免数据采集重复、不完整、错误、低效，避免资源配置“碎片化”，管理有效性缺失等问题；加强对过程的全面监控；关注出现的问题，包括目标偏离或其他问题。

3.2.3 预警响应和处置机制(法规标准、计量和管道技术提供支持)

预警响应和处置机制是输差管控的难点和核心，由计量管理和管道管理相关法规标准，计量技术和管道泄漏管理技术等提供支持。动态数据监控中出现异报警，要及时进行原因诊断迅速找到处置方案。调动计量技术管理员、管道管理员、生产调度员、仪表检定员、井站操作员等团队人员，按照诊断的难易程度、诊断成本投入的高低运用表单从易到难按照数据、流程、范围、参数、仪表和环境步步确认逐项排查，诊断流程如图3所示。具体做法参考2022年第8期《石油工业技术监督》“天然气输差系统诊断方法”。

节点管控关键点：

(1) 实时记录。记录各环节诊断的具体数据情况，给解决方案提供证据和分析素材。

(2) 发现问题及时整改并确认补偿的量。对检查过程中如果发现问题应及时明确解决方案，根据问题的严重程度，供需双方进行协商异常时间段内补偿的气量；在新问题的解决过程中同样要进行检查，跟踪纠偏，确保问题可以得到真正解决。

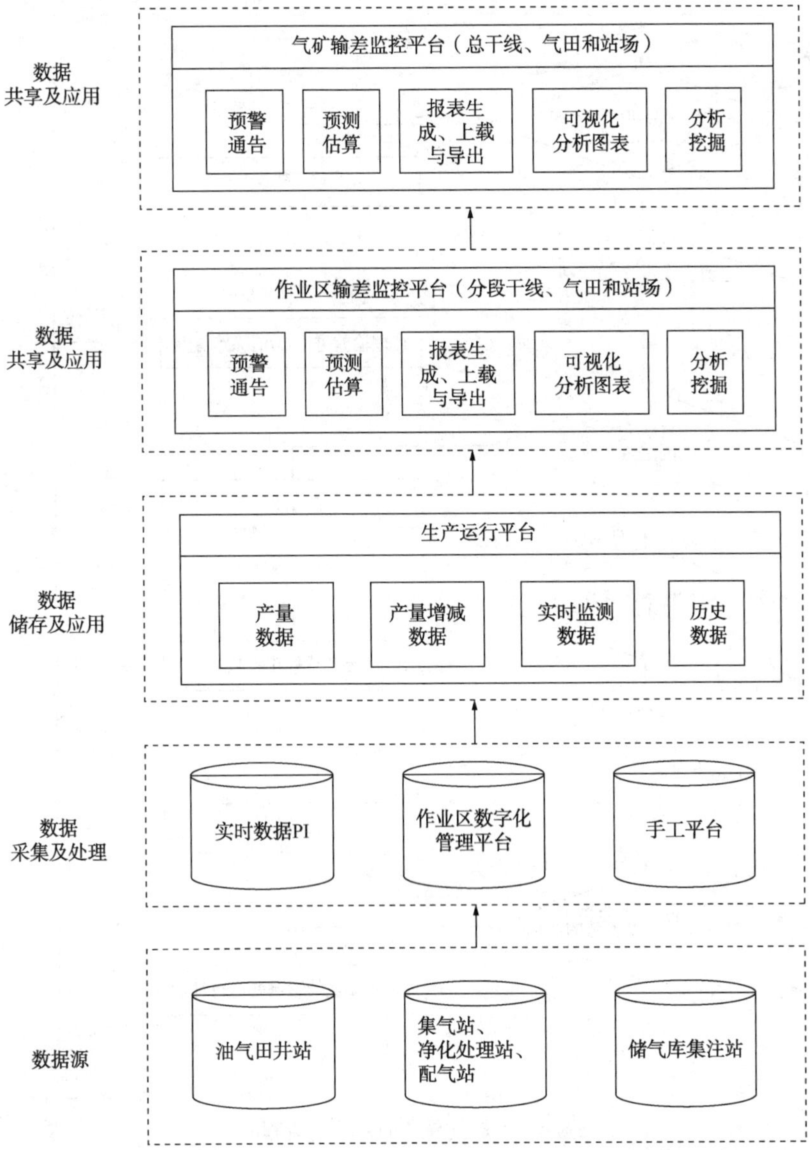

图2　油气田公司天然气输差监控平台结构及框架图

3.2.4　评价考核(管理要求提供支持)

依据计量输差管理要求对标目标完成情况和过程控制执行情况进行量化评价考核。对目标完成情况和过程受控执行情况进行量化考核，强化动态跟踪，强化输差管控与年度计划密切结合，保证输差管控的及时跟进，实现对输差受控管理的有效监督，并用体系实施中的经验教训完善《天然气输差分级管理办法》，指导下一步生产工作开展。

节点管控关键点：

评价周期要适当，不可太短，也不可太长。太短由于输差受到气量调配、设备检修等生产作业的影响，输差的波动较大，不能反映输差的正常生产波动情况。太长纠偏难度高，因为如果半年或年度来评价，发现目标偏离较大，再来进行问题的解决，难度很大，因此建立“季度”评价和“年度”评价考核制最适宜，既可过滤短期波动噪音，又可及时发现问题和改进问题。

4　实践应用效果

某油气田公司某气矿通过五年的不断探索和应用实践，天然气输差管理控制体系在规范化管理、降本增效、工作质量和工作效率上等取得一定的成效，整体输差管控水平得到提升，验证了体系的可

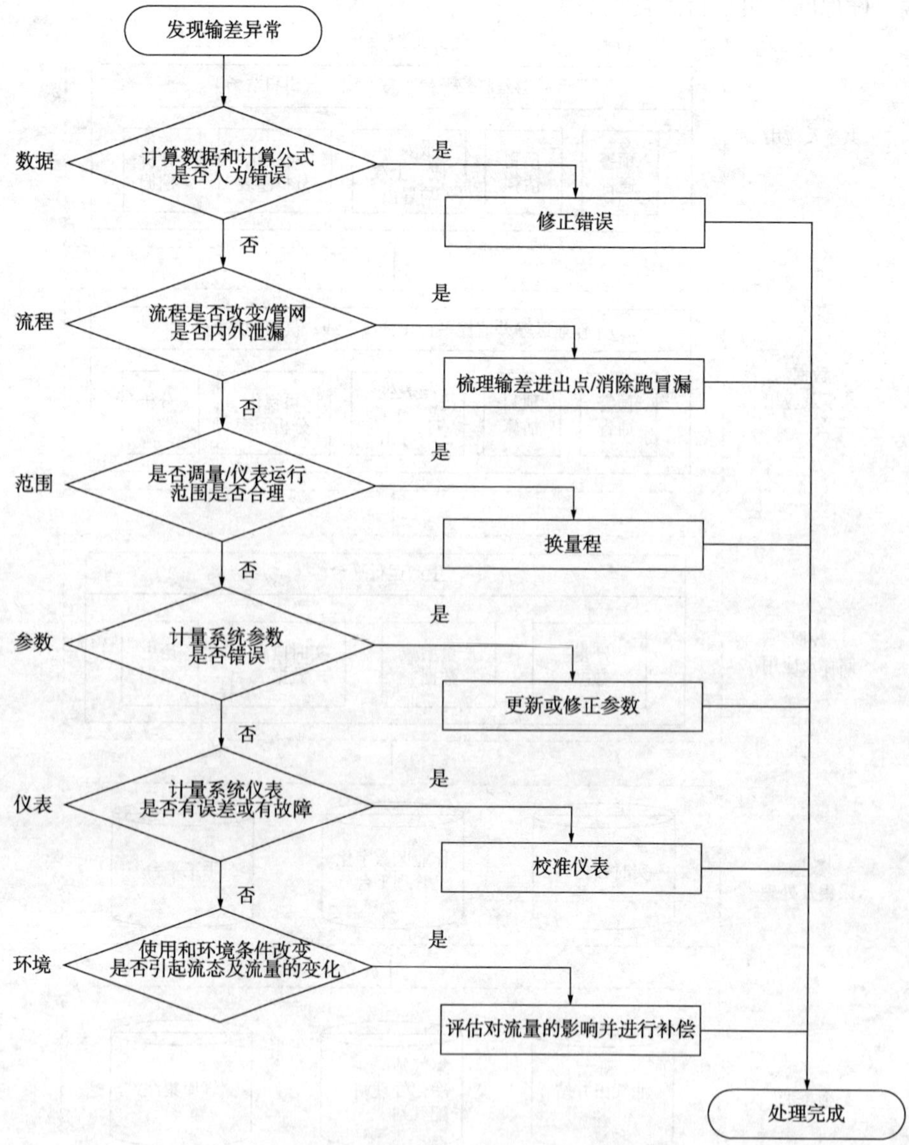

图 3　天然气异常输差诊断流程图

行性和有效性。

4.1　强化了数据资源和人力资源共享，实现了集约化管理目标

输差管理控制体系改变了过去多头数据采集，数据共享；增加生产运行人力资源的协助，改变了过去主要依靠计量管理人员的个人能力、实践经验、技术素养等来保证工作质量的管理模式，充分发挥了团队技术管理资源，实现了“资源共享、集约化、精益化管理”的目标。

4.2　建立了“七个一”全链规范化、精细化管控机制，实现了降本增效

结合生产实际，输差管理控制体系建立了“七个一”为核心内容的全链规范化、精细化管理机制(图 4)：一个目标(KPI 输差指标或 QHSE 输差指标)、一套制度(输差分级管理办法)、一个平台(输差日监控平台)、一套流程(目标确定、数据采集、动态监控、预警响应、处置机制、评价考核)、一套标准和一个表单(异常输差诊断核查标准模板表)、一套考核(年度输差考核指标)。有效提升了天然气输差管理控制的规范化、标准化和精细化管理水平。

在管控体系和机制的运作下，有效及时发现某集输站倒换流程后旁通阀未关闭影响输差量 $8\times10^4m^3/d$；及时发现某集输站检修作业放空阀开启后未完全关闭非正常放空影响输差量 $2\times10^4m^3/d$；及时发现某气田井站 SCADA 系统故障出现无规律间断性掉量影响输差量 $1\times10^4m^3/d$；及时发现某重要配气站管道腐蚀，污物堆积管内影响输差量 $3\times10^4m^3/d$ 等各种异常生产状况，并按体系启动标准化表

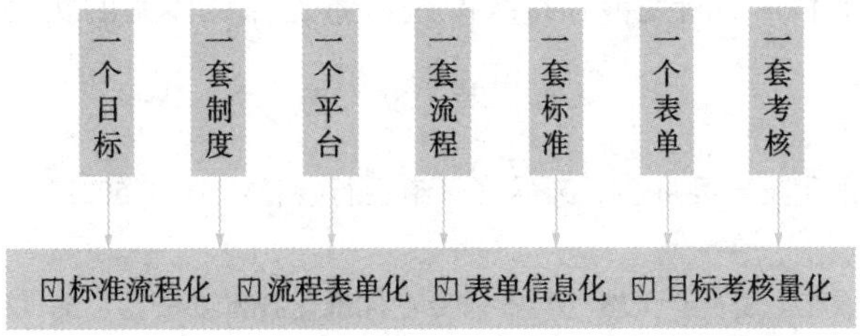

图4 “七个一”全链天然气输差规范化、精细化管理控制机制

单处置机制，为企业挽回经济损失，也避免了计量纠纷。并且体系的运作还改变了原有的“输差一出、仪表先行”的传统经验管理，降低了反复往返于现场盲目地、重复地查找原因，消耗人员、检测设备和车辆等不必要的成本。

实施五年来，实现输差损耗率降幅0.34个百分点(从实施前的1.09%到实践后的五年输差率分别为0.86%、0.67%、0.82%、0.64%、0.74%，年均0.75%)，输差率降幅部分折算成商品量产生降耗经济效益1700万元/年均；减少人力、仪器仪表检测设备及车辆等成本产生的降本经济效益约33万元/年均，五年降耗和降本共创造8665万元经济效益，经济回报显著。

4.3 提升了数据采集质效，提高了生产决策和目标设定的准确性

天然气输差管理体系规范了生产数据流通渠道和方式，确保了生产数据及信息的及时传递。避免了数据“多头”采集，实现从输差报表从“五日报”到“每日报”，输差监控从“周监控”到“日监控”的跨越转变；规范了数据审核报送制度，提高了数据的质量；提高了管理人员生产决策和设定目标的准确性。

4.4 提升了工作质量和工作效率，保障了安全生产及生态环境

提升工作质量和工作效率上：数据采集、数据传递、诊断分析等实行模板化管理，靠系统和体系来确保工作质量和工作效率，很大程度上避免了管理人员因各种原因依赖传统经验工作的现象。依托生产运行及输差监控系统平台，确保了每日天然气气量等生产数据利用；数据源统一、报表管理规范，数据录入工作量减少了三分之二。同时体系的各个环节加强节点管控，可能发生的问题能及时得以控制和解决，确保了工作质量。

保证安全生产及生态环境上：天然气输差管理控制体系间接为生产安全和风险管控加了一双“眼”。通过天然气输差监控平台及时发现了某重要干线穿孔泄漏安全运行事故，及时发现了某集输站场分离器过滤网破裂进入集输管道附在孔板上的风险事件，有力保障安全生产运行，有效降低了突发性安全风险，并降低了天然气资源的浪费和对环境的污染，早日实现“碳中和”宏伟目标。

5 结论与建议

(1) 天然气输差管理控制体系是天然气经营企业实现降本增效、提高工作质量和效率的重要手段，并在实践中取得一定的成效。体系实现了管理控制措施的模板化，提升了可复制性和可推广性，为探索我国油气田公司天然气计量高质量发展路径提供了思路。

(2) 天然气输差管理控制体系内容包括目标确认、数据采集、动态监控、预警响应、处置机制、评价考核等6个关键环节；需要法规标准、管理文件、系统平台、支持技术等4个支持要素进行工作的落实。

(3) 天然气输差管理控制体系弥补了原有的管理模式(数据采集重复滞后、凭经验解决异常问题)存在的缺陷，优化了人力和数据信息资源，创建了输差日监控平台，创新了异常输差诊断标准化流程，实现了全周期闭环运行流程，体现了“用程序和流程控制过程、用过程保障结果”的过程控制管理理念，保障了天然气输差的有效管控，提升了输差整体管控水平。

(4) 天然气输差管理控制是一项系统工程，贯穿生产经营管理各个环节，需要行政管理和技术管理的共同支持，需要管理人员和数据统计人员素质的全面提升，需要管道技术、计量技术、信息化技术的不断突破。对体系的6个关键环节模板，油气田公司可根据自己的短板逐个突破，并融合不断发

展的智能化和数字化信息技术，不断完善和持续改进体系，保证体系的实用性、有效性和先进性。

参考文献

[1] 石油工业油气储运专业标准化技术委员会．天然气管道运行规范：SY/T 5922—2012[S]．北京：中国标准出版社，2012.

[2] 中国石油天然气集团公司标准化委员会天然气与管道专业标准化技术委员会．油气管道输送损耗计算方法：Q/SY 197—2012[S]．北京：石油工业出版社，2012.

[3] 中华人民共和国中央人民政府．关于深化石油天然气体制改革的若干意见[EB/OL]．[2017-5-21]．http：//www. gov. cn/zhengce/2017-05/21/content_5195683. htm.

[4] 国家能源局石油天然气司．中国天然气发展报告(2021)[M]．北京：石油工业出版社，2021.

[5] 刘朝全，姜学峰，吴谋远．2021 年国内外油气行业发展报告[M]．北京：石油工业出版社，2021.

[6] 张抗，张玉银．重视我国天然气商品量的统计研究[J]．天然气技术与经济，2014，8(01)：52-56+79-80.

[7] MURVAY P S，SILEA I. A survey on gas leak detection and localization techniques[J]. Journal of Loss Prevention in the Process Industries，2012，25(6)：966-973.

[8] MATA J D da，How to minimize the flow rate error in a complex gasnetwork[C]. SPE AnnualTechnical Confemice and Exhibition，Society of Petroleum Engineers，1997，Calgary，Alberta，Canada.

[9] CHEN Rui，XING Xiaokai，JIANG Liansheng，et al. Research of gas losses during transportation in gas transmission trunk line[C]. The 10th International Pipeline Conference，September 29-October 3，2014 Calgary，Alberta，Canada.

[10] ZHENG Zijian. Study on Causes and Control for the Transmission Difference of Urban Gas Enterprises[J]. International Journal of Energy and Power Engineering，2019，8(6)：94-96.

[11] 张书丽，尤永建．天然气输差的产生原因及降低途径[J]．天然气与石油，2005(03)：20-22.

[12] 李波．浅谈陕西省天然气长输管道系统输差管理与控制[J]．石油工业技术监督，2007(12)：44-46.

[13] 肖嵩，林铭荣，王彦馨，等．天然气输差控制与管理的探讨[J]．煤气与热力，2009，29(7)：32-36.

[14] 金勇国．能量计量下天然气管网输差管控对策[J]．石化技术，2019，26(03)：60-62.

[15] 张利华．天然气输差系统诊断方法[J]．石油工业技术监督，2022，38(08)：35-41.

作者简介：张利华(1972—)，女，工程师，全国一级注册计量师，毕业于中国石油大学(华东)石油工程专业。现就职于中国石油西南油气田公司重庆气矿从事天然气计量技术、天然气商品率及输差管理工作。通信地址：重庆市江北区大石坝大庆村老气矿，邮编：400021，电话：023-67351810，E-mail：zlihua@ petrochina. com. cn。

商品乙烷气体计量方式的选择与应用

亢 春 索杏兰 晁宏洲 黄明基 邓玉发

（中国石油天然气股份有限公司塔里木油田分公司 新疆库尔勒 841000）

摘 要 从天然气中回收乙烷，既可以提高天然气附加值，又能支持当地经济发展。乙烷气体的准确计量，目前尚无测量方法标准可依，且由于乙烷气体与天然气组分差别很大，不能直接沿用天然气的流量测量方法。文章通过比对体积计量和质量计量方式对测量准确性的影响，推荐采用质量流量计直接测定质量的方式计量商品乙烷气体。针对现场质量方式计量乙烷气体存在的计量争议，通过试验证明不同介质检定质量流量计后计量乙烷气体的差别，得出科里奥利质量流量计使用水介质检定后，不能直接应用于乙烷气体测量；使用天然气实流检定后，可以直接应用于乙烷气体测量。同时对质量流量计测量乙烷气体在流量计选型、检定方式的选择提出合理化建议。

关键词 乙烷气体；计量方式；科里奥利质量流量计；检定方式

1 引言

某油田正处于天然气快速发展阶段，资源丰富，潜力巨大，生产势头强劲。为了进一步提高上下游整体经济效益，将部分较富的天然气 C_2+组分进行回收。乙烷回收既可以提高天然气附加值，也为下游乙烯生产提供充足原料，从而支持地方经济发展。乙烷产品因其饱和蒸汽压较高，有条件以气相状态进行输送。管输乙烷气体的组分、密度等物性参数与天然气差别较大，目前天然气计量技术有现行标准支撑、大量的工艺研究及丰富的经验，而乙烷气体计量技术尚未有专门的技术标准支撑，也鲜有相关的报道。商品乙烷气体交接计量，作为管输销售的最终环节，在计量公平公正的前提下，探讨合适的乙烷气体计量方式，对双方的经济利益至关重要。

2 计量方式比选

2.1 体积计量方式

2.1.1 体积计量原理

若将乙烷气体等同于天然气，依据 GB/T 18603—2014《天然气计量系统技术要求》，结算以温度 293.15K(20℃)、101.325kPa 标准参比条件下的体积量为准。计量系统采集工况流量、压力、温度、气体组分信息，依据气体状态方程进行标况流量的换算。标准参比条件下的瞬时体积流量计算见式(1)。

$$q_n = \frac{q_f \times p_f \times T_n \times Z_n}{p_n \times T_f \times Z_f} \tag{1}$$

式中 q_n——标准参比条件下的瞬时体积流量，m^3/h；

q_f——工作条件下的瞬时体积流量，m^3/h；

p_n——标准参比条件下绝对压力，MPa；

p_f——工作条件下的绝对压力，MPa；

T_n——标准参比条件下的热力学温度，K；

T_f——工作条件下的热力学温度，K；

Z_n——标准参比条件下的压缩因子；

Z_f——工作条件下的压缩因子。

其中 q_f、p_f、T_f 为实测值，Z_n、Z_f 按 GB/T 17747.2—2011《天然气压缩因子的计算 第 2 部分：

用摩尔组成进行计算》计算得出。

2.1.2 存在问题

GB/T 17747.2—2011《天然气压缩因子的计算 第2部分：用摩尔组成进行计算》，规定了天然气、含人工掺合物的天然气和其他类似混合物仅以气体状态存在时的压缩因子计算方法。该计算方法又称为AGA8-92DC计算方法，主要应用于在输气和配气正常进行的压力p和温度T范围内的管输气，计算不确定度约为0.1%；也可在更宽的压力和温度范围内，应用于更宽组成范围的气体，但计算结果的不确定会增加。而实际运行中，乙烷气体的摩尔组分(见表1)较大程度地偏离表2中的应用范围，当乙烷含量超出20%后，计算的压缩因子不确定度≥0.5%，AGA8-92DC算法不适用于乙烷气体压缩因子的计算，体积计量不确定度难以估计。

表1 乙烷气体气质组分

项目名称		乙烷
组分含量/%(体积)	C_1	1.36
	C_2	97.05
	C_3	1.59
	iC_4	0.00
	nC_4	0.00
	CO_2	0.0010
相对密度	1.04	

表2 适用AGA8-92DC计算方法的管输气应用范围及更宽应用范围

管输气应用范围		管输气更宽应用范围	
绝对压力	0MPa≤p≤12MPa	绝对压力	0MPa≤p≤65MPa
热力学温度	263K≤T≤338K	热力学温度	225K≤T≤350K
高位发热量	$30MJ\cdot m^{-3}\leq H_s\leq 45MJ\cdot m^{-3}$	高位发热量	$20MJ\cdot m^{-3}\leq H_s\leq 48MJ\cdot m^{-3}$
相对密度	0.55≤d≤0.80	相对密度	0.55≤d≤0.90
CH_4	$0.7\leq x(CH_4)\leq 1.00$	CH_4	$0.5\leq x(CH_4)\leq 1.00$
N_2	$0\leq x(N_2)\leq 0.20$	N_2	$0\leq x(N_2)\leq 0.50$
CO_2	$0\leq x(CO_2)\leq 0.20$	CO_2	$0\leq x(CO_2)\leq 0.30$
C_2H_6	$0\leq x(C_2H_6)\leq 0.10$	C_2H_6	$0\leq x(C_2H_6)\leq 0.20$
C_3H_8	$0\leq x(C_3H_8)\leq 0.035$	C_3H_8	$0\leq x(C_3H_8)\leq 0.05$
C_4H_{10}	$0\leq x(C_4H_{10})\leq 0.015$	H_2	$0\leq x(H_2)\leq 0.10$
C_5H_{12}	$0\leq x(C_5H_{12})\leq 0.005$	/	/
C_6H_{14}	$0\leq x(C_6H_{14})\leq 0.001$	/	/
C_7H_{16}	$0\leq x(C_7H_{16})\leq 0.0005$	/	/
C_{8+}	$0\leq x(C_{8+})\leq 0.0005$	/	/
H_2	$0\leq x(H_2)\leq 0.10$	/	/
CO	$0\leq x(CO)\leq 0.03$	/	/
He	$0\leq x(He)\leq 0.005$	/	/
H_2O	$0\leq x(H_2O)\leq 0.00015$	/	/
计算不确定度	约为0.1%	计算不确定度	不确定度增加

2.2 质量计量方式

2.2.1 质量计量原理

科里奥利质量流量计是一种利用流体在振动管中流动而产生与质量流量成正比的科里奥利力原理

来直接测量质量流量的仪表，主要由传感器和变送器两部分组成。传感器敏感元件是测量管，测量管的形状有直形管、U 形、Ω 形、S 形等。介质流入传感器后会被平均分成两部分，流入两根测量管中，通过驱动线圈使测量管振动，流体在测量管内产生科氏力，由于测量管进出侧所受的科氏力方向相反，测量管彼此相对扭曲振动，进而产生相位差，通过检测线圈测出流体流过左右检测线圈时产生的时间差。时间差与质量流量成正比，由左右线圈测得的时间差经信号运算处理后可得出质量流量。变送器的功能是把来自传感器的电信号转化为质量流量信号，一般输出与流量成比例的标准电流信号或频率/脉冲信号。科里奥利质量流量计结构如图 1 所示(以 U 形测量管为例)。

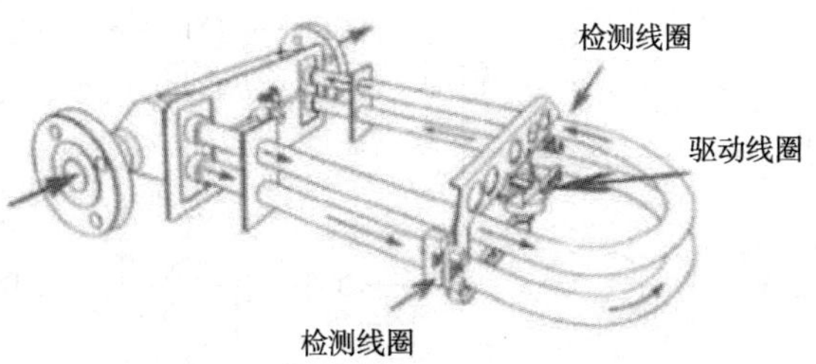

图 1　科里奥利质量流量计结构图

2.2.2　*存在问题*

科里奥利质量流量计可以将被检测的流体质量流量直接体现出来，质量作为物质本身的属性其大小不随温度、压力等参数改变而改变，计量数据可直接用于交接双方计量。在 SY/T 6659—2016《用科里奥利质量流量计测量天然气流量》"范围中"规定：流量计所测量的天然气为单相气体，其真实相对密度为 0.554~0.870，乙烷气体的相对密度较大程度地偏离了以上的规定，该标准不能直接适用于质量流量计测量乙烷气体体积流量。但质量测量方式规避了体积计量方式中的压缩因子和密度这两个物性参数计算的误差，从理论上来讲，是最可行的计量方式。

综上所述，若乙烷气体采用体积计量方式，不能保证压缩因子计算的不确定度，因为 GB/T 17747.2—2011《天然气压缩因子的计算　第 2 部分：用摩尔组成进行计算》不适用于乙烷气体；若在流量计选型过程中避开压缩因子及密度的计算，乙烷气体采用质量计量方式，科里奥利质量流量计是最理想的选择。交接双方协商一致，采用质量流量计计量，以质量方式进行商品乙烷气体贸易交接。

3　质量计量系统应用

3.1　计量现状

某油田采用管道输送气体乙烷，管道长度 122.5km，管径 Φ610mm×7.1mm，输送压力 1.5MPa。依据 SY/T 5398—2017《石油天然气交接计量器具配备规范》，交方按 1 用 1 备的方式配置乙烷气体质量流量计，接方在下游安装 1 路质量流量计进行监督计量，3 台质量流量计均在省级以上计量技术机构水流量标准装置上检定 0.2 级合格。乙烷气体计量状况分布见图 2，流量计配置见表 3，乙烷计量站工艺流程图见图 3，水流量标准装置检定数据见表 4。

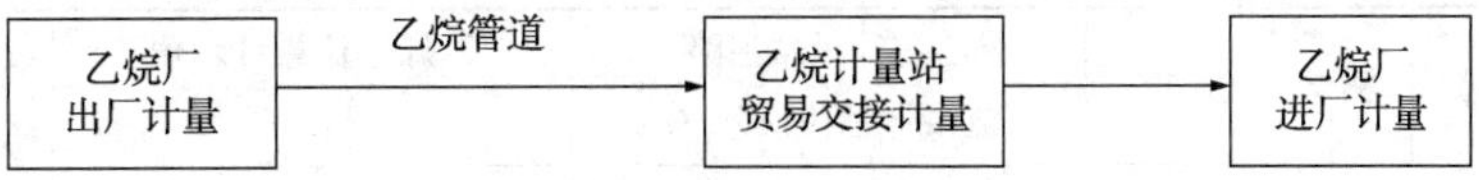

图 2　乙烷气体计量状况分布图

表 3　乙烷计量流量计配置表

序号	计量点	设备名称	参　数	台数	备注
1	乙烷厂	超声流量计	DN250，class 300，1.0 级	1	/
2	乙烷计量站	质量流量计	DN300，class 600，0.2 级	2	一用一备，交方资产
3	乙烯厂	质量流量计	DN250，class 300，0.2 级	1	接方资产

注：乙烷计量站两台质量流量计所属同一品牌，直管型；乙烯厂质量流量计所属另一品牌，弯管型。

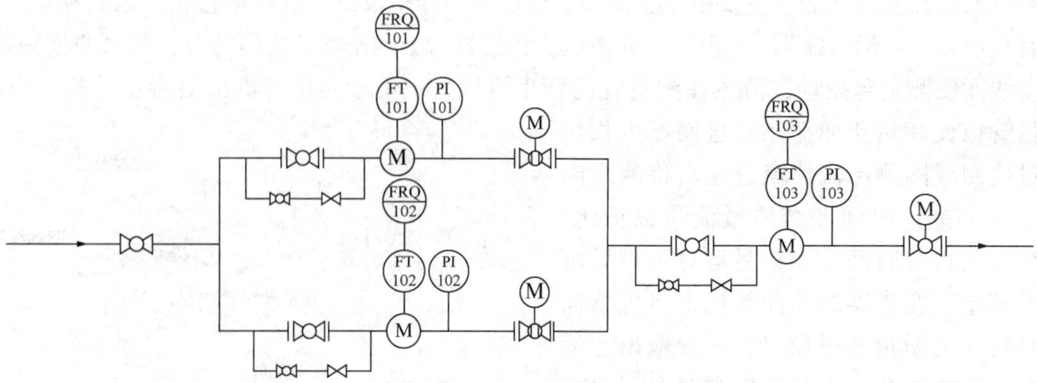

图3　乙烷计量站工艺流程

表4　水流量标准装置检定数据

序号	设备名称	最大示值误差/%	重复性/%	结论
1	乙烷计量站主路质量流量计	-0.14	0.02	0.2级合格
2	乙烷计量站旁路质量流量计	-0.14	0.02	0.2级合格
3	乙烯厂质量流量计	-0.14	0.08	0.2级合格

注：(1)根据JJG 1038—2008检定；(2)检定介质：水，介质温度：(19.2~19.3)℃，介质压力：0.3MPa。

3.2　现场应用及存在问题

乙烷气体管道投产后，交方组织对乙烷计量站主路流量计、下游乙烯厂进厂流量计开展2个月的数据比对，乙烷计量站主路流量计-乙烯厂流量计偏差为6.82%，而两台质量流量计检定误差均不大于±0.2%，现场比对偏差6.82%是乙烷气体贸易交接无法接受的。同时将流量计计量数据与乙烷回收工艺装置设计产量数据开展对照，相较于设计核算日产量，乙烷计量站主路流量计偏差为5.77%，乙烯厂流量计偏差为-1.05%。该乙烷回收工艺装置同时生产LPG、轻烃等其他产品，装置的实际原料天然气消耗量、LPG产量和轻烃产量，都与设计值非常接近，唯独乙烷产品计量值与设计值偏差较大。这个现象引发了交接双方对质量流量计计量乙烷流量准确度的怀疑。

3.3　原因分析

为了查找到质量流量计偏差的原因，交接双方在排除了流量计内置参数设置、计量数据传输、流量计安装(特别是应力)等方面存在问题后，利用就近就地的优势，在某计量分站天然气流量标准装置上开展乙烷计量站主路流量计、下游乙烯厂流量计的天然气实流比对测试，测试结果见表5。

表5　天然气实流比对测试数据

序号	测试流量点/(t/h)	测试压力/MPa	乙烷计量站主路流量计示值误差/%	乙烯厂流量计示值误差/%	乙烷计量站主路流量计—乙烯厂流量计偏差/%
1	60	4.2	2.62	-4.41	7.03
2	80		2.50	-4.45	6.95
3	100		2.49	-4.43	6.92

备注：(1)测试方法依据JJG 1038—2008；(2)测试介质：天然气，介质温度：(7.32~7.69)℃。

在比对测试时，由于该计量分站在线色谱分析仪故障，采用手工取样赋值的方式开展测试。相较于标准流量装置，乙烷计量站主路流量计误差为正偏差趋势，乙烯厂流量计误差为负偏差趋势，乙烷计量站主路流量计—乙烯厂流量计平均误差为6.96%(表5中三个流量点测试偏差的平均值)，与实际比对偏差6.82%非常接近，证明在天然气作为测试介质的流量标准装置上，可以复现出生产现场质量流量计测量乙烷气体流量的真实情况。初步说明，测量乙烷气体质量的质量流量计采用天然气作为介质实流检定是可行的。

综上，在水流量标准装置上称重法检定0.2级合格的科里奥利质量流量计，应用于现场计量乙烷气体，数据无法对应且偏差很大。而在天然气介质的流量标准装置上，则较好地复现出生产现场乙烷气体计量的真实情况，说明检定介质的选择很重要。SY/T 6659—2016《用科里奥利质量流量计测量天然气流量》载明，用于天然气流量测量的科里奥利传感器可以用水进行校准，但当厂家无法验证用液体和气体校准的偏差时，应用气体进行校准；当实际工作压力远超检定水介质的压力时，应考虑流动压力影响补偿，运行条件下压力影响的大小及适用的修正方法应进行置入。而在国际范围内，对科里奥利质量流量计用于乙烷气体计量的研究甚少，没有积累起足够的数据来确定压力补偿修正。从理论上分析得出，由于液体和气体介质的密度差别大(约1000倍)，引起科里奥利质量流量计测量管振动特性差别很大，故使用水介质检定后，不能直接应用于乙烷气体测量，而现场应用数据也证明了这一推断。但从上面的比对测试数据来看，采用天然气作为质量流量计实流检定的介质，量值传递后的流量计计量准确度与实际情况很接近。

4 偏差探究

基于以上认识，交接双方协商一致，对3台质量流量计分批次开展天然气实流检定，检定合格的质量流量计用于乙烷气体的交接计量。

4.1 天然气标准装置

检定地点为国家石油天然气大流量计量站某分站，方法为标准表法。该标准表(涡轮)法气体流量标准装置，体积流量范围为(32~8000)m^3/h。1.5MPa≤p≤2.0MPa下，相对扩展不确定为0.23%(k=2)；2.0MPa≤p≤5.5MPa下，相对扩展不确定为0.21%(k=2)。该装置溯源至本站的临界流文丘里喷嘴法气体流量标准装置。

4.2 流量点设计

为使检定工艺条件尽可能与生产现场接近，在检定站能达到的最低工作压力下，此次检定流量点依次为q_{max}、0.5q_{max}、0.2q_{max}、q_{min}、q_{max}。

4.3 检定保障

三台质量流量计的内置参数不做任何改动，与现场计量保持一致，以确保复现出最真实的实际计量状况。交接双方均到检定现场见证测试过程，流量计生产厂家提供现场服务保障。

4.4 数据分析

三台科里奥利质量流量计检定结果见表6~表8，误差曲线如图4所示。

表6 乙烷计量站主路流量计天然气实流检定结果

序号	检定流量点/(t/h)	检定平均压力/MPa	检定平均温度/℃	示值误差/%	重复性/%
1	150.850	3.18	17.84	3.75	0.03
2	107.020			3.70	0.13
3	75.324			3.94	0.05
4	29.371			4.73	0.00

表7 乙烷计量站旁路流量计天然气实流检定结果

序号	检定流量点/(t/h)	检定平均压力/MPa	检定平均温度/℃	示值误差/%	重复性/%
1	152.862	3.19	17.62	4.17	0.03
2	107.345			4.25	0.00
3	78.783			4.41	0.02
4	29.660			5.69	0.00

表 8 乙烯厂流量计天然气实流检定结果

序号	检定流量点/(t/h)	检定平均压力/MPa	检定平均温度/℃	示值误差/%	重复性/%
1	147.65	3.30	17.41	−2.76	0.04
2	102.49			−2.77	0.03
3	76.039			−2.80	0.01
4	30.245			−2.88	0.04

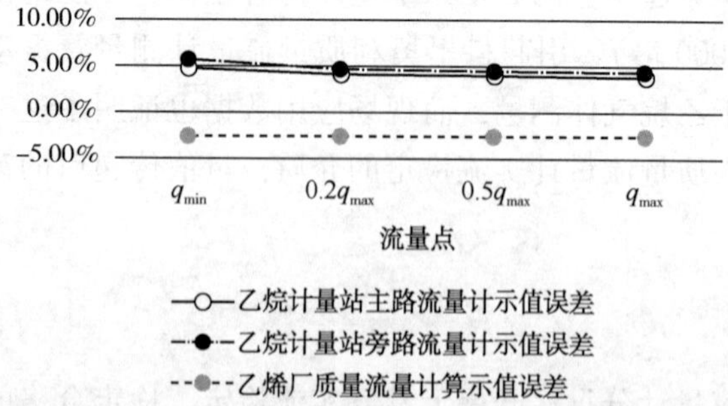

图 4 三台质量流量计示值误差曲线

从以上表格数据和曲线趋势可以看出：

乙烷计量站主路、旁路质量流量计所属同一品牌，表现的误差趋势一致。乙烯厂质量流量计属于另外一个品牌产品，表现出相差较大的计量特性。这说明：同样是水流量标准装置上检定符合 0.2 级的质量流量计，不同品牌的流量计用于乙烷气体计量，表现出不同的计量特性，有的品牌产品在液体和气体介质间差异不大，有的品牌产品则在液体和气体介质间差异显著。

采用内插法，计算出在乙烷回收生产装置设计产量下，天然气实流检定复现出的乙烷计量站主路流量计示值误差为 3.79%，乙烯厂流量计示值误差为−2.78%，乙烷计量站主路—乙烯厂流量计计量偏差为 6.57%。考虑设备安装、天然气组分分析、标准装置流量测量不确定度等因素，可以认为：乙烷计量站主路—乙烯厂流量计天然气实流比对测试偏差 6.96%、天然气实流检定两台流量计偏差 6.57%、现场应用比对偏差 6.82%三组数据非常接近，具有较好的一致性。在不同的天然气流量标准装置上，均能复现出现场质量流量计的偏差特性，证明用于计量乙烷气体的质量流量计，采用天然气作为介质检定是可以接受的。

厂家技术人员分别对 3 台流量计进行修正，开展修正后的检定，3 台质量流量计均达到 1.0 级合格，具备用于生产现场乙烷气体交接计量的条件。

5 实践成效

质量流量计检定合格回装后，收集相关计量数据，具体见表 9。

表 9 质量流量计天然气实流检定后现场应用数据统计表

日期	乙烷厂出厂计量值/t	乙烷计量站主路计量值/t	工艺装置设计核算产量值/t	乙烷厂出厂—乙烷计量主路偏差/%	乙烷计量站主路—设计核算偏差/%
2022 年 7 月 9 日	2009.21	2063.80	2061.55	−2.65	0.11
2022 年 7 月 10 日	1994.70	2053.30	2054.39	−2.85	−0.05
2022 年 7 月 11 日	2026.62	2052.10	2054.09	−1.24	−0.10
2022 年 7 月 12 日	2021.70	2063.30	2059.38	−2.02	0.19
2022 年 7 月 13 日	2033.56	2054.90	2060.54	−1.04	−0.27
2022 年 7 月 14 日	2012.49	2044.30	2050.04	−1.56	−0.28
2022 年 7 月 15 日	2004.04	2026.00	2033.10	−1.08	−0.35
2022 年 7 月 16 日	2002.77	2028.90	2026.03	−1.29	0.14
平均				−1.72	−0.07

从表 9 数据可以看出：

上游乙烷厂采用超声流量计的质量计量值，受压缩因子、密度计算的影响，相较于乙烷计量主路值，平均偏差为−1.72%，从数据上验证了超声流量计测量乙烷气体质量的误差较大，证明对于乙烷气体计量，采用直接法质量流量测量方法是正确的。

相较于乙烷回收工艺装置设计核算值，乙烷计量主路流量计平均偏差为-0.07%，验证了经天然气实流检定后的质量流量计，直接应用于乙烷气体质量测量的可行性。

6 结论及建议

乙烷回收作为提升天然气附加值的重要手段，其计量的准确可靠是企业实现经济效益的根本保障。通过对质量流量计计量商品乙烷气体的应用开展详细分析，优化质量流量计检定方式，解决了计量偏差的问题，效果显著。用质量流量计测量乙烷气体，在流量计选型、检定方式的选择，研究总结及建议如下：

(1) 质量流量计用水标准装置检定合格后，应用到介质、工况压力相差较大的乙烷气体测量，测量管振动特性的变化导致的偏差是不容忽视的。同品牌质量流量计的偏差趋势一致，不同品牌质量流量计的偏差明显。

(2) 用于乙烷气体贸易结算要求测量准确度较高的场合，在条件允许的情况下，建议使用与乙烷气体物性更接近的天然气进行实流检定，以保证检定结果能指导现场准确测量。

(3) 质量流量计测量管的结构形式多样，U 型管流量计相较于直管型流量计在测量乙烷气体上，测量重复性较稳定。为保障测量的准确度，在设计选型时，应考虑质量流量计的结构形式与测量流量的匹配性。

(4) 受测试及检定工况条件、时间的限制，不同口径的科里奥利质量流量计测量乙烷气体的误差变化规律及其他影响因素的分析研究，还需要进一步的测试比对研究。

参 考 文 献

[1] 陈俊文，刘鑫，汤晓勇，等. 气态乙烷管道停输特性探讨[J]. 天然气与石油，2018，10：6-12.

[2] 国家质量监督检验检疫总局. 天然气计量系统技术要求：GB/T 18603—2014[S].

[3] 国家质量监督检验检疫总局. 天然气压缩因子的计算　第 2 部分：用摩尔组成进行计算：GB/T 17747.2—2011[S].

[4] 陈锦聪. 科里奥利质量流量计的测量原理及应用[J]. 青岛科技大学学报，2015，12：236-237.

[5] 肖刚，刘延昌，马宁，张绚. 科里奥利质量流量计在乙烷气体贸易交接中的应用研究[J]. 计量自控，2020，39：73-77.

[6] 国家能源局. 用科里奥利质量流量计测量天然气流量：SY/T 6659—2016[S].

[7] 晁宏洲，方林剑，程会武. 商品乙烷体积交接计量方式评价[J]. 石油工业技术监督，2019，7：39-42.

[8] 国家质量监督检验检疫总局. 科里奥利质量流量计检定规程：JJG1038—2008[S].

[9] 王宏伟，李高峰，史振东. 介质对科氏质量流量计检定结果影响的探讨[J]. 中国计量，2016，12：68-69.

作者简介：索杏兰(1987—)，女，高级工程师，毕业于长江大学油气储运工程专业，现从事油气交接计量管理。电话：15899016715，邮编：841000，通信地址：新疆库尔勒市 77 号信箱。

高含硫原料天然气贸易交接计量方法研究

王　辉　周柳玲　陈晓科

[1. 中国石油天然气股份有限公司西南油气田分公司天然气研究院　陕西商洛　726099
2. 中国石油天然气集团公司天然气质量控制和能量计量重点实验室　安徽鞍山　238101
3. 国家市场监管重点实验室(天然气质量控制和能量计量)　江苏南通　226007]

摘　要　高含硫天然气的开采和生产相比常规天然气具有更大的技术难度，其计量技术方面也存在着更大的技术难度和挑战。目前对于高含硫天然气的计量直接套用了常规天然气的计量方法和标准，大部分使用孔板流量计，频繁地对孔板流量计进行清洗和维护给生产现场带来了更多的安全风险和工作负担。本文在研究国内外相关标准规范的基础上，研究了高含硫原料天然气贸易交接的影响因素，分析了不同压缩因子算法和不同类型流量计在高含硫现场的优缺点，提出了采用孔板流量计与外夹超声流量计串联组合的方式开展高含硫原料天然气贸易交接，以孔板流量计为主，外夹超声流量计为核查。

关键词　高含硫；天然气；交接计量；压缩因子

1　引言

高含硫天然气的开采和生产相比常规天然气具有更大的技术难度，其计量技术方面也存在着更大的技术难度和挑战。目前，对于高含硫天然气的计量还缺少有效的方法和技术手段，在实际生产过程中直接套用了常规天然气的计量方法和标准，大部分使用孔板流量计。由于部分工况下高含硫天然气集输系统中存在硫黄沉积杂志沉积，孔板无法得到及时有效的清洗，导致高含硫气井的原料气计量数据存在较大的偏差。频繁地对孔板流量计进行清洗和维护给生产现场带来了更多的安全风险和工作负担。随着油气田区块开发的深入，不同油气田企业共用管道和净化设备，整合资源是未来的发展趋势，高含硫天然气直接进行贸易结算在将来存在潜在的技术需求。

因此，有必要开展高含硫天然气计量技术研究，优化高含硫天然气计量方法，支撑高含硫天然气计量设备的选型和使用，为高含硫气田区块合作开发的贸易交接计量提供技术储备。本文结合国内某高含硫气田的实际工况，对高含硫原料天然气计量系统影响因素进行了研究，分析了不同压缩因子计算方法和不同类型流量计在高含硫现场的优缺点，推荐高含硫原料天然气贸易结算的交接计量采用孔板流量计与外夹超声流量计串联组合的方式进行。

2　高含硫原料气贸易交接计量现状

在世界范围内，高含硫天然气藏资源储备量巨大且分布地域广泛，主要分布在北美的美国和加拿大，欧洲的德国、法国和俄罗斯。我国高含硫天然气储量也十分丰富，在天然气资源中所占比重很大，基本上占比50%以上。当前，在四川盆地川东北地区，是中石油和中石化天然气勘探开发的重点地区，而从已探明和目前开采的情况来看，该区域绝大部分气田为高含硫气田，如罗家寨气田天然气的 H_2S 含量8.78%~10.49%(体积分数)；渡口河气田天然气的 H_2S 含量16.21%~17.06%(体积分数)，属于典型的高含硫气田。高含硫天然气的开发是油气田企业上产的关键组成部分，部分公司含硫天然气的开发占天然气开发量约65%左右。

高含硫原料气的交接计量主要是采用孔板流量计，部分使用靶式流量计、楔形流量计，随着技术的发展逐步有外夹超声流量计进行试用。由于目前高含硫原料气的交接主要是企业内部的交接计量，很少涉及双方的贸易结算，同时国内外均没有针对高含硫天然气的计量的有效的方法和技术手段，因此，在实际生产过程中，对高含硫天然气的计量一般都是直接参考常规天然气的计量方法和标准，无法保证计量的准确性。由于靶式流量计和楔形流量计本身性能原因，以及内部结构会导致硫沉积等方面的影响，目前现场已在现场停用。而针对大部分使用的孔板流量计，按照要求需定期对孔板进行清洗，以保障其计量准确。对于高含硫天然气的生产而言，频繁地对孔板流量计进行清洗和维护给生产现场带来了更多的安全风险和工作负担。同时，随着生产过程精细化管理的要求，对井口计量的准确性要求越来越高，目前采用的常规体积计量方法，不能满足高含硫体积计量的需求。

近年来，随着气体超声流量计技术的发展，研发出的外夹式气体超声流量计逐步在现场试用。外夹式气体超声流量计只需将流量计夹装在已有管线上即能实现无侵扰非接触测量，无须对被测管道停流截管接入流量传感器，或打孔插入检测换能器，不会直接接触高酸性天然气介质，安装、维护、保养时也都不用打开管线作业。但是，外夹气体超声流量计在现场的试用量比较少，而且其计量准确度还有待进行进一步的研究。

3 高含硫原料气贸易交接影响因素

与净化天然气的流量计量系统相比，影响高含硫原料天然气流量计量系统的主要因素有固液杂质影响、单质硫析出、水合物的影响以及压缩因子计算等几个方面。通过对国内几大高含硫气田计量系统的应用情况分析，工艺流程上均设置了水套炉加热装置、设置了气液分离器，但仍然存在单质硫的析出，部分情况下还存在水合物的影响，导致流量计内部腔体及感测元件被污染，导致流量计的测量原理不能正常复现，导致计量严重失准。

高含硫天然气中单质硫的溶解度主要受温度、压力和 H_2S 含量及其他因素的影响。在 H_2S 含量不变的情况下，高温、高压能溶解更多的单质硫。已有研究表明，高含硫天然气从气田到上游的集输系统，再到下游的输气管道系统的集输过程中难免会遇到一些复杂的流动工况，导致天然气的压力、流速和温度发生强烈的跃变和跳动，而引起天然气内部元素硫溶解度降低，从而析出单质硫。单质硫在天然气流动的过程中不断的生长，硫颗粒与管道内部其他来源的固体颗粒不断碰撞发生聚合，最终形成直径较大的颗粒。在遇到一些典型管件如调节阀、汇管和计量分离器等时，天然气的流动状态发生急剧变化，内部的流场变得更加的紊乱，固体颗粒之间的碰撞和破碎作用加剧，最终导致颗粒在集输系统中的某些位置逐渐沉积下来。固体颗粒的沉积会一方面会导致管道的腐蚀性增加，另一方面集输管道内会因固体颗粒沉积导致管壁附着一层单质硫，甚至引起内部堵塞。

其次是水合物的形成，当前我国高含硫天然气的集输工艺设计通常采用井口湿气加热后保温的输送方式，如渡口河气田、元坝气田等，也就是说在集输管线中气液是共存的。而在高含硫天然气采输过程中，在一定的热力学条件下，乙烷以上的烃类成分天然气水合物主要与集输系统的温度、压力以及烃类成分的含量有关系，如果管线中气和水属于饱和状态，存在着一定的游离水，当压力足够高或温度低到一定程度，就很容易形成天然气的水合物。通常来说，集输管网中一方面随着 H_2S 含量的增高，天然气水合物形成的温度也随之上升；另一方面在一定的输送压力下，温度越低也将导致更容易形成水合物。通常在天然气处理站内存在一定数量的节流设施，不可避免将会引起压力的变化，导致更易形成水合物。

最后，压缩因子的准确计算对高含硫气藏储量计算、管道流量计量至关重要，如果计算出的压缩因子与实际情况差距较大，将会对高含硫气藏储量的计算、气田开发方案的编制以及气藏的动态分析产生不利的影响。由于高含硫气体中富含 H_2S 和 CO_2 等组分，使其物性出现较大偏离，若直接采用常规气体物性参数的计算方法确定高含硫气体的物性则会带来较大误差。

4 高含硫原料气贸易交接计量准确度控制措施

目前高含硫天然气的交接计量主要用于油气田企业的内部交接，很少涉及贸易交接计量。油气田企业的内部交接对于计量系统的准确度要求没有产品气的要求高，而随着不同油气田企业共用管道和净化设备，直接用高含硫原料气进行贸易结算变成了一种趋势。现有的天然气计量技术主要是针对净化天然气，对整个计量系统的性能控制指标提出了具体的要求，而高含硫原料气进行贸易结算的技术比较空缺，国内外均没有可以借鉴的方式，因此，为了适应天然气工业的快速发展，保证计量的准确性，有必要先开展高含硫计量系统研究，再通过建立合适的实验装置开展现场实验来评价整改计量系统的计量性能。

4.1 国内外标准规范分析

不同类型的流量计是否适合高含硫现场直接进行贸易结算的需求，需要国内外标准规范的支持，而国内外目前没有相关的计量标准规范。通过对国内外资料文献进行研究，国内资料主要涉及以下几个方面：酸性气田管道集输，孔板流量计在高含硫计量现场存在的问题与分析，高含硫天然气压缩因子计算，以及外夹超声流量计在现场应用等方面的介绍。国外资料文献则主要以 AGA REPORT 8 PART 2-2017 和 ISO 20765-2：2015Natural gas-Calculation of thermodynamic properties 标准为主，介绍了压缩因子的计算方法。

随着常规天然气需求急剧增长，高含 H_2S 酸性天然气藏开采占有的比重越来越大，如何保证高含硫天然气的计量准确成了计量领域新的难题。目前国内外涉及的天然气流量计量标准对比分析见表 1，国内外高含硫标准主要对高含硫现场安全管理和管道防腐等提出了要求，没有涉及高含硫计量技术要求的相关内容，我国尚无高含硫天然气流量计相关的标准和规范。

表 1 天然气流量计量标准比对分析

	国家标准	行业标准	企业标准及其他标准
天然气流量计量标准	GB/T 18603—2014 天然气计量系统技术要求；GB/T 18604—2014 用气体超声流量计测量天然气流量 GB/T 21446—2008 用标准孔板流量计测量天然气流量等 9 项	SY/T 6045 天然气输送企业计量器具配备规范等 4 项	Q/SY 196 用于天然气贸易计量的流量计选型指南等 12 项
涉及高含硫天然气的各类标准	GB/T 20972. 1—2008 石油天然气工业油气开采中用于含硫化氢环境的材料等 3 项	SY/T 0166 高含硫化氢气田集输管道系统内腐蚀控制要求等 14 项	Q/SY XN2004—2005 高酸性气田地面集输系统设计规范等 18 项 AQ 2012—2007 石油天然气安全规程等 12 项

4.2 压缩因子计算方法

物性参数是天然气研究的重点，而压缩因子是重要的物性参数，其他参数的变化都与之密切相关。压缩因子的准确计算对高含硫气藏储量的计算，管道的流量的计量至关重要，如果计算出的压缩因子与实际情况差距较大，将会对高含硫气藏储量的计算、气田开发方案的编制以及气藏的动态分析产生不利的影响。由于高含硫气体中富含 H_2S 和 CO_2 等组分，使其物性出现较大偏离，若直接采用常规气体物性参数的计算方法确定高含硫气体的物性则会带来较大误差。针对天然气压缩因子的确定方法，国内外众多学者进行了大量研究，但究竟哪种计算模型更适合于高含硫天然气并不特别明确，因此优选出计算高含硫天然气压缩因子的模型是十分必要的。

目前计算压缩因子的方法很多，主要有状态方程法、经验公式法和图版法，但大多用于常规天然气。H_2S 的存在使高含硫天然气的临界参数出现偏差，常用的天然气压缩因子计算方法在计算高含硫天然气压缩因子时须对临界参数进行校正，才能得到比较精确的数据。

目前，国内外计算天然气压缩因子的方法较多，主要分为以下几类。

第一类是图版法。司坦丁和凯茨在 1942 年提出的天然气压缩系数曲线图在石油行业已经使用了几十年。利用对比状态原理查图可得到相应对比温度、对比压力下的全体压缩因子。

第二类是经验公式法。运用经验公式法计算酸性气体偏差系数的方法很多。常用方法主要有 Dranchuk-Abu-Kassem(DAK)法、Knainson-Thomas-Phillips(HTP)法、Drnachku-Puvris-Robinsion(DPR)法、李相方(LXF)法、Hall&Yarborough(HY)计算法、Cranmer 法和 Beg-gs&Bril(BB)法等。

第三类是状态方程法。运用状态方程法计算计算酸性气体偏差系数的方法很多。常见的方法主要有 SRK 状态方程、PR 状态方程、GERG 状态方程。

由于图版法存在人为误差，而且不适用于计算机编程计算，因此工程中计算经常使用经验公式法和状态方程法。

4.3 国内外标准中压缩因子计算

国际标准 ISO 20765-2：2015 中指出，硫化氢含量小于 27%的高含硫天然气压缩因子可以用该标准进行计算，基于我国是 ISO 成员国，可以直接采用该标准来计算压缩因子。国家标准 GB/T 17742.2—2011 明确表述为净化天然气的压缩因子计算方法，不适用于高含硫天然气介质的压缩因子计算，国内外压缩因子计算方法比对分析见表 2。但是，ISO 20765-2：2015 方法没有申明计算方法的不确定度，仅申明密度的不确定度为 0.1%~0.5%，说明其成熟程度还不足，还需要进一步对标分析和实验验证，来确定是否满足现场高含硫计量的要求。

因此，可以建议先直接采用 ISO 20765-2：2015 标准方法，同时与传统应用过的、但尚没有形成标准的 Wichest-Aziz 修正方法，Dranchunk-Purvis-Robinson 修正方法，Dranchunk-Abu-Kassem 修正方法进行比对研究，尽可能降低压缩因子的计算误差。

表 2 国内外压缩因子计算比对研究

序号	主要类别	中国标准 GB/T 17742.2—2011		国际标准 ISO 20765-2—2015	
	摩尔组成类别	管输气	管输气范围扩展	管道质量天然气	中间质量天然气
1	压力范围	0~12	0~65	0~35MPa	0~70MPa
2	热力学温度范围	263~338K	223~350K	90~450K	60~700K
3	CH_4 含量/%	70~100	50~100	70~100	30~100
4	H_2S 含量/%	0~0.02	0~0.02	0~0.02	0~27
5	CO_2 含量/%	0~20	0~20	0~20	0~30
6	密度的不确定度	未明确	未明确	250~450K， ≤35MPa，0.1%	M≤26kg/kmol，≤30MPa，0.1% M≥26kg/kmol，≤30MPa，0.1%~0.3% 60~700K，≤70MPa，0.2%~0.5%
7	计算方法	AGA8-92DC		GERG—2008	
8	压缩因子的 不确定度	≤12MPa，0.1%	250~275K， 13~30MPa， 0.2%~0.5%	未明确	未明确

5 高含硫天然气计量系统选型方式研究

5.1 流量计选型原则

通过国内某大型石油公司数十年天然气流量计量系统的建设和运行维护实际情况，总结出天然气流量计量系统选型至少应满足以下原则，才能保证长期平稳运行，并给出准确的流量计量数据。主要原则为：流量计测量原理可准确复现、流量量值可溯源、流量计量相关数据可追溯。

测量原理可复现：流量计在运行中始终能保持内腔洁净、测量元件不变形、测量条件符合标准要求，则认为流量测量原理能被正常复现。查看流量计的工艺安装条件、被测介质的洁净程度及环境条件，评判测量装置能否复现所选择流量计的测量原理，能否准确获得最原始的流量感测信号。固液杂质污染，对所有原理的流量计均不能正常复现流量计的原理，均难以甚至是不能保证测量的准确性。

计量数据可追溯：查看流量积算仪及其有关仪表中，与流量计量相关的所有数据和信息是否能完整获得、正确获得、及时获得，这是检查评判流量计量是否准确的必要措施。追溯计量数据的完整性：流量计内径、孔板内径、气质参数、工况流量(或差压流量计的差压)、压力、温度、天然气组成数据等流量计运行参数，是否完整获得，若参数不完整，说明计量方法的应用可能有缺陷；追溯计量数据的正确性：若参数未正确获得，可能造成错误应用，导致测量结果偏离预期；追溯计量数据的及时性：确保计量数据能代表当前的工况。流量计算机、流量计量系统均是流量积算仪的一种具体表现形式，是追溯计量数据的重要载体。

量值可溯源：流量计、压力(差压)、温度、组分测量仪器仪表是经检定(校准)合格的，使用中的检查(期间核查)也是合格的，以此来保证量值的准确。当实验室检定校准条件与现场应用条件有较大差异时，还需要更多的现场试验来验证量值的准确性。

不同类型流量计由于原理和结构的不同，以及是否适合高含硫天然气的特殊工况，需要对不同类型流量计是否适合高含硫天然气现场进行综合分析，详见表3。

表3　不同类型流量计高含硫现场对比分析

序号	流量计类型	优　　点	缺　　点	高含硫现场的适应性
1	涡轮流量计	加工精密、性能稳定、计量准确度高	流量感测元件冲击易损，叶轮被污染会导致计量性能快速下降。	不适应
2	腰轮流量计	加工精密、性能稳定、计量准确度高	易被固液杂质卡死、损坏，在复杂工况下计量性能快速下降甚至无法计量	不适应
3	旋进旋涡流量计	价格便宜，民用气计量使用广泛	计量性能不稳定	不适应
4	科里奥利质量流量计	可以直接测量质量	成本较高，压差较大，易受固液杂质影响	不适应
5	靶式流量计	成本低，结构简单	感测元件为插入管道中的靶，易损，在罗家寨气田应用证明效果非常差	不适应
6	外夹超声流量计	无侵扰非接触测量，无机械磨损部件，便于维护和管理	现场应用范围不够，实验数据比较少	适应
7	孔板流量计	技术最成熟，适应性较强	硫黄沉积，频繁清洗影响安全	适应
8	超声流量计	无压损、量程范围宽、测量准确度高	未进行现场应用，状态未知	适应(目前还未开展相关的研究)

通过对不同类型流量计在高含硫现场适应性的对比分析，用于高含硫天然气流量计量的流量计推荐使用外夹式超声流量计、孔板流量计和超声流量计。而由于高含硫现场复杂的工艺条件，单一的采用某一种流量计开展高含硫现场贸易交接计量，会存在着某个方面的不足，因此，可以采用外夹流量计和孔板流量计串联的方式开展开展高含硫现场贸易交接计量，以孔板流量计未主，外夹超声流量计作为核查，这样可以充分利用两种流量计的优点，解决高含硫原料天然气的贸易交接问题。而对于接触式的超声流量计是否适应于高含硫现场贸易交接计量，还需要通过大量的实验研究来进行分析。

5.2　高含硫流量计运行管理

高含硫原料天然气计量系统的主要影响因素为固液杂质影响、单质硫析出、水合物的影响以及压缩因子计算方式等几个方面。通过对不同类型流量计的原理结构以及现场应用情况来分析，目前能用于高含硫天然气介质的流量计推荐使用外夹式超声流量计、孔板流量计和超声流量计，但仍然需要采取一些保全措施才能正常运行。

鉴于当前国内高含硫原料天然气进行贸易结算的实际情况，没有相关标准规范和可靠的计量仪表系统，前期研究只能参考GB/T 18603—2014《天然气计量系统技术要求》、GB/T 18604—2014《用气体超声流量计测量天然气流量》、GB/T 21446—2008《用标准孔板流量计测量天然气流量》等标准规范进行贸易计量管理，投产后双方共同持续跟踪，综合判定孔板流量计、超声流量计测量数据稳定性和可靠性，确定较高准确度流量计作为贸易计量表。

同时，GB 50350—2005《油气集输设计规范》标准中指出，单井计量时，油气水计量应满足的准确度要求为：最大允许误差应在±10%以内，GB/T 18603—2014《天然气计量系统技术要求》中，针对净化天然气的计量系统控制指标进行了详细的描述，一般C级站的准确度等级为3%，因此，高含硫原料气的贸易结算，其计量系统不确定度理论上可以考虑在3%~5%之间，是否满足现场计量的需求还需进行理论和实验的研究。

5.3 高含硫流量计现场实验数据分析

按照前期研究的高含硫原料天然气流量计选型方案，选取了国内某高含硫集气站进行了现场实验。实验共选取了3套*DN*200孔板计量装置和1套外夹超声流量计，外夹超声流量计安装在三路孔板计量汇总后的*DN*300工艺管道上。现场气质为含硫的干气，H_2S摩尔组分含量为15%左右，共测试了7d，实验数据接近3000组，实验数据分析如图1所示。

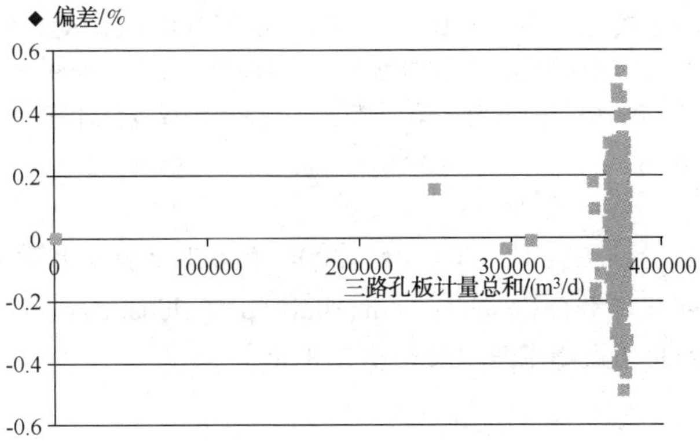

图1 外夹式超声与集气站三列高孔计量总和数据对比

在整个现场实验过程中，外夹超声流量计运行正常，三路孔板计量装置的计量数据总和与外夹超声流量计的计量偏差在0.5%以内。但是，由于现场运行的时间有限，而且涉及的固液杂质影响和压缩因子计算方法等相关研究工作还在进行中，现场实验数据只能表明文中所描述的高含硫流量计选型方案可行，而对于流量计的准确度和现场适应性还需要进行进一步的研究。

6 结论与建议

随着油气田区块开发的深入，不同油气田企业共用管道和净化设备，整合资源是未来的发展趋势，高含硫原料天然气直接进行贸易结算在将来存在潜在的技术需求。考虑到高含硫天然气的特性及大宗贸易计量的特点，为确保高含硫天然气的贸易交接计量准确，推荐采用孔板流量计与外夹超声流量计串联组合的方式开展高含硫原料天然气的贸易交接，以孔板流量计为主，外夹超声流量计作核查。同时，应考虑以下几方面的建议措施。

（1）参考GB/T 18603—2014及GB/T 18604—2014、GB/T 21446—2008开展高含硫流量计量系统设计，设置符合标准的计量直管段的长度和配套的计量设备，计量装置前应设置加热、节流、分离等设备，尽可能优化气质。

（2）高含硫天然气集气站兼贸易计量系统应参考净化天然气中对于A级计量系统的设计要求，其计量装置以外夹超声流量计和孔板流量计串联的方式进行计量，设置二用一备流量计量通道。同时，贸易计量装置应充分利用现有孔板流量计、超声流量计、色谱仪的在线诊断技术，实现在线计量性能诊断评价，降低管理成本。

（3）考虑到实际运行的高含硫流量计量系统存在诸多不确定因素，建议初期将系统不确定度按照3%~5%进行运行管理。通过运行摸索经验，研究并克服面临的问题，有望能将贸易计量误差控制在3%以内。

（4）高含硫原料天然气直接进行贸易结算具备实施的可行性，不同油气田企业共用管道和净化设备，可以大量减少投资成本，整合资源，但是，高含硫天然气的开采和生产相比常规天然气具有更大的技术难度，其计量技术方面存在的技术难度和挑战还需要持续开展研究。

参 考 文 献

[1] GB/T 18603—2014 天然气计量系统技术要求. 中华人民共和国国家标准. 北京：中国标准出版社，2014.
[2] GB/T 18604—2014 用气体超声流量计测量天然气流量. 中华人民共和国国家标准. 北京：中国标准出版社，2014.

[3] GB/T 21446—2008 用标准孔板流量计测量天然气流量．中华人民共和国国家标准．北京：中国标准出版社，2008.

[4] ISO. Natural gas-calculation of thermodynamic properties-Part 2：Single-phase properties(gas，liquid，and dense fluid)for extended ranges of application：ISO 20765-2[S]. Geneva：International Standard Organization，2015.

[5] 方越等．高含硫天然气压缩因子计算模型优选与评价．油气田地面工程，2011，30(7).

[6] 付建民，陈国明，等．高含硫天然气分子量和压缩系数对流量的影响．天然气工业，2009，29(10)：93-95.

[7] 王贵波等．高酸性天然气流量测量的修正方法．天然气工业，2014，34(10)：98-102.

[8] 梁光川等．基于气体组成的天然气压缩因子计算方法．石油与天然气化工，2014，43(10).

[9] 郭绪强，王峰，等．特高压天然气压缩因子的实验测定．石油勘探与开发，1999. 26(6).

[10] GB/T 17747. 2—2011 天然气压缩因子的计算　第 2 部分：用摩尔组成进行计算．中华人民共和国国家标准．北京：中国标准出版社，2012.

作者简介：王辉(1982—)，男，高级工程师，2004 年毕业于长江大学自动化专业，主要从事天然气流量计量和测量技术研发工作。E-mail：wang_hui@ petrochina. com. cn，电话：13880689801，邮编：610213，通信地址：四川省成都市华阳天研路 218 号。

高含水原油交接计量存在问题及量值溯源分析

韩春红　马庆万

（1. 大庆油田设计院有限公司，国家石油天然气大流量计量站　黑龙江大庆　163712

2. 中石油原油及成品油计量检测重点实验室　黑龙江　163712）

摘　要　目前油田内部各区块之间的高含水原油交接计量主要采用质量流量计，通过对其原油含水率测量理论及含水率检测误差的工况影响因素进行分析，得出质量流量计的混合液密度是影响原油含水误差的关键参数。通过编制质量流量计密度参数校准方法，建设不确定度水平行业领先的密度参数校准装置，解决了质量流量计的密度量值溯源难题，通过对密度参数校准前后现场交接计量数据的分析，验证质量流量计密度参数量值溯源的必要性。

关键词　原油含水率；科里奥利质量流量计；含水原油交接计量；混合液密度；量值溯源

1　概述

随着油田开发进入中高含水期，油田开发难度加大，如何确保油田各区块产量稳定，油田开发数据便成了关注的重点，对计量器具计量准确性问题的研究与探索，就显得格外重要。目前，在油田内部厂与厂之间或矿与矿之间的区块计量中，含水原油的在线计量一直是原油计量的难点和重点，混合液含水率的准确与否直接关系到每个油区的经济利益，原油含水率的在线精确测量成为要解决的关键问题。

科里奥利质量流量计属于连续性在线测量仪表，时刻跟踪所测介质的动态变化，不仅能够直接测量含水原油的质量流量，而且能够直接测量含水原油的密度，利用其变送器中的微处理器解算出原油的含水率，这一特点使其在油井原油计量和原油区块外输计量中得以广泛应用。通常油井产出的油、气、水经两相分离器进行气液分离后，液体为油水混合液，在一定条件下，质量流量计可以完成原油计量中体积流量计、密度计、含水分析仪、温度计、压力计等几种配套仪表的功能，从而可以实现一表多用和多功能为一体的测量效果。大庆油田含水原油交接计量主要采用质量流量计，随着油井采出量的逐年递减，综合含水率的逐年递增，对各基层场矿的原油产量精细化计量提出了更高的要求，通过质量流量计测量到含水原油总流量、混液体积量、密度等参数计算得到流体的含水率和纯油流量，但在实际应用中，含水率的波动范围在(30%~90%)之间，因此质量流量计测得的混合液密度的准确与否，将直接影响原油含水率测量的准确性和净油交接计量准确性。

2　原油含水率测量方法的理论分析

利用质量流量计来测量原油含水率。流体在振动管内流动时产生科里奥利力，通过检测振动管两侧的相位差和振动频率分别获得流体介质的质量流量与综合密度。质量流量计的形状分为弯管和直管，在实际使用中，振动周期和密度不完全是线性关系，其线性关系取决于流量管形状，流量管越弯，则线性关系越好。在原油含水测量过程中，体积含水率与各密度的关系式为

$$X=\frac{\rho_L-\rho_o}{\rho_w-\rho_o} \tag{1}$$

式中　X——水的体积与含水原油的总体积之比即为体积含水率，%；

ρ_L——含水原油的混合密度，kg/m^3；

ρ_w——纯水密度，kg/m^3；

ρ_o——纯油密度，kg/m^3。

由式(1)可知，如果不考虑含水原油在测量过程中温度的变化，把水和纯油的密度看作常数，利用质量流量计测得的含水原油的混合密度可计算出混合液的含水率和纯油质量，那么混合液密度的测量准确性直接决定了含水率的测量准确性，混合液密度越大，含水率就越大。

质量流量计通过混合液体积量、体积含水率和纯油密度可计算出纯油质量，即

$$M_o = V_e \cdot (1-X) \cdot \rho_o \tag{2}$$

式中 M_o——纯油质量，kg；

V_e——油水混合液的体积量，m^3；

X——体积含水率，%；

ρ_o——纯油密度，kg/m^3。

由式(2)可知，体积含水率越高，纯油量越少，反之含水率越低，纯油量则越高。

3 原油含水率测量误差及纯油量误差的定量计算

通过上述理论分析可知，对质量流量计而言，含水率误差主要是由于混合液密度的影响，常见影响混合液密度的主要因素有含气、含砂或由于介质内部杂质引起仪器管壁内部结垢。某油田内部原油区块计量现场的油密度为 861.2kg/m³，水密度为 1001.2kg/m³，假设含水为 70%时混合物密度为 959.2kg/m³，通过公式(1)分别定量计算混合物密度、纯油密度、水密度增大 1kg/m³，对体积含水率测量结果的影响见表 1。

表 1　质量流量计测量原油含水率的定量计算

影响因素	混合物密度/(kg/m³)	纯油密度/(kg/m³)	纯水密度/(kg/m³)	含水率/%	含水误差/t	纯油量/t	油量误差/t
正常情况	959.2	861.2	1001.2	70.00		129.2	
混合物密度偏大	960.2	861.2	1001.2	70.71	0.71	126.1	−3.1
纯油密度偏大	959.2	862.2	1001.2	69.78	−0.22	130.3	1.1
纯水密度偏大	959.2	861.2	1002.2	69.50	−0.50	131.3	2.1
含 0.1%沙粒	960.8	861.2	1001.2	71.14	1.14	124.3	−4.9
含 1%游离气体	949.6	861.2	1001.2	63.14	−6.86	158.7	29.5

由表 1 可见，测量介质含游离气体时会造成混合液密度下降，含水率偏低，纯油量偏高，称为“气增油”；测量介质含砂和仪器内部结垢时，会造成混合液密度偏高，含水率增大，纯油量减少，造成“砂吃油”和“垢减油”，这些因素对质量流量计的含水率测量影响很大。

原油区块计量用的质量流量计一般安装在转油站的外输口，原油都经过了消气过滤和油气分离，因此可以忽略游离气体其对计量准确度的影响；针对某一固定采油区块而言，纯油和水的密度变化不大，所以每年化验一次纯油和水密度值输入到质量流量计内部参数中，对计量结果的影响可以忽略；那么表中只有混合液密度是一个持续变化的量，质量流量计测得的混合液密度偏高 1kg/m³，含水误差偏高 0.71%，假设转油站每日管输的油水混合液的体积量 V_e 为 500m³，根据公式(2)可以计算得到交接的纯油量就会减少 3.1t，因此通过质量流量计运行现场的实际工况分析得出，混合液密度值的准确与否直接影响体积含水率的准确性，直接关系到交接计量时纯油的质量，这也是原油区块计量存在输差的关键所在。

4 质量流量计密度量值影响因素及解决对策

通过上述对质量流量计测量含水原油的理论及含水率误差的定量计算可知，混合液密度值的准确性直接影响体积含水率的误差。通过对大庆外围油田厂际和矿际含水原油交接计量现场进行调研分析，影响质量流量计混合液密度测量结果的主要因素包括：安装应力、介质温度压力变化产生溶解气、振动管内壁磨损或结垢、零点校准及周期校准等等。针对混合液密度的主要影响因素，除了在安装设计时避免环境振动和电磁干扰以外，还应采取的解决对策包括以下几个部分：

（1）质量流量计测量密度是依据螺旋管振动频率的变化，因此在现场安装时，工艺流程应尽量满足质量流量计的使用要求，必须保证法兰前后的平行度和同心度，不可受到任何方向的应力。

（2）外输含水原油时应尽量保持稳定的输油温度，避免温度过高产生游离气，必要时在质量流量计前安装消气器。质量流量计前端应尽可能减少三通、弯头和节流元件等管路元件，以减少管路动压损失。

（3）原油区块计量介质工况条件复杂，必要时质量流量计需进行清洗和维护，应尽量避免振动管内壁结垢造成纯油量减少。

（4）要减少含水率测量误差，取样化验纯油和水密度值必须具有代表性，纯油和水密度常数引入时应准确确定其真实密度。

（5）油田生产已进入高含水期，含水率的微小误差将造成非常大的纯油测量误差，为确保原油含水率和纯油量的准确性，建议应定期对质量流量计的密度参数进行周期校准。

近年来，为了解决大庆外围油田高含水原油交接计量中的技术瓶颈，国家石油天然气大流量计量站在密度量值溯源体系完善方面也做了大量的工作，编制了密度参数相关标准，建设密度校准装置，为质量流量计计量性能评价提供了技术手段，最终满足原油内部交接计量的要求。

5 原油含水测量仪表的量值溯源分析

5.1 技术依据

作为原油含水测量中最具有代表性的计量仪表，质量流量计在使用过程中影响原油含水测量的参数主要是质量流量和混合液密度，要保证流量参数和密度参数的准确性，必须对流量参数和密度参数定期进行量值溯源。对于质量流量计流量量值的溯源，有国家质量监督检验检疫总局发布的 JJG 1038—2008《科里奥利质量流量计》检定规程，该标准适用于科里奥利质量流量计的离线检定，规定了用于核算流量测量误差的方法，油田内部每年都定期对质量流量计进行流量量值的溯源。而对于密度参数的溯源，过去一直没有得到足够的重视，虽然国内有 JJG 370—2019《在线振动管液体密度计》检定规程，但该标准只适用于在线振动管式液体密度计的离线检定，2019 年发布的大庆油田企业标准 Q/SY DQ1738—2019《质量流量计密度参数校准方法》，该校准方法适用于原油含水率测量的质量流量计密度参数的实验室校准，为密度参数量值溯源工作的开展提供了技术支持。

5.2 密度校准装置

国家石油天然气大流量计量站的原油及成品油计量检测重点实验室建有动态液体密度计检定装置，装置测量不确定度水平行业领先，扩展不确定度为 0.09kg/m^3（$k=2$），采用标准密度计法、台式振动管密度仪和玻璃密度计法相结合的方法开展量值传递，检定条件与实际使用工况相近，能实现计算机统一控制，集中管理，使检定过程自动化、程序化，保证温控水平和工作效率。动态液体密度计检定装置示意图见图 1，通过标准密度计比较法可以开展质量流量计密度参数的校准，恒温水浴和恒温箱保证循环系统的恒温条件，读取标准密度计的周期和密度值、被检表的密度示值和多通道巡检仪的温度值计算得出密度示值误差。

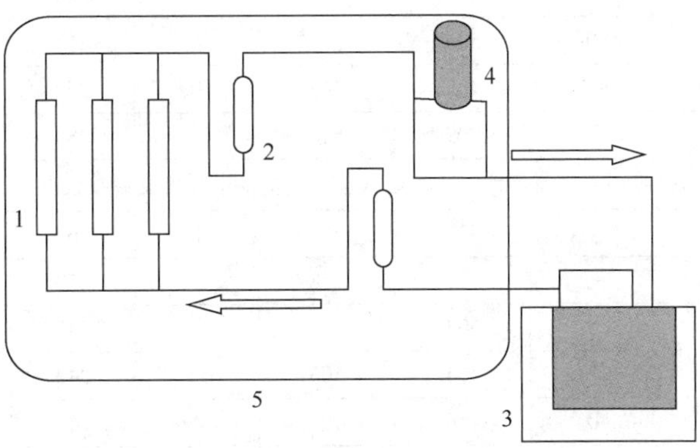

图 1　动态液体密度计检定装置示意图

注：1. 被检表；2. 标准在线密度计；3. 恒温水浴；4. 玻璃密度计测量桶；5. 恒温箱。

6 质量流量计密度参数校准前后内部交接纯油质量对比分析

以某油田内部原油区块交接计量为例，进入油气处理站内的三相介质通过三相分离器把天然气分离，经过加热装置、多级离心泵后采用质量流量计进行外输，为减少离心泵震动对质量流量计计量准确度的影响，同离心泵保持 3~5m 的安装距离，为保证质量流量计内介质为满管流，通常采取垂直安装方式，现场运行条件均满足质量流量计的工况要求。

总外输端采用 E+H 的 83F50 型质量流量计，现场安装位置见图 2，用于计量作业区外输含水原油的总体积量、总质量和纯油交接量，该质量流量计已于 11 月 9 日进行了流量量值的周期检定，流量准确度等级满足 0.2 级。接收端采用 E+H 的 83F40 型质量流量计，还未进行周期检定，现场安装位置见图 3。

图 2 总外输端质量流量计安装位置图

图 3 接收端质量流量计安装位置图

总外输端与接收端纯油交接输差数据见表 2，从 11 月 14 日至 20 日的含水原油交接数据来看，接收混液质量减去总外输混合液质量的差值为正偏差，7d 累计混合液总质量为+28t，平均每天+4t，但是接收纯油质量减去总外输纯油质量其差值均为负偏差，最大差值为 29t/d，7d 累计纯油质量为-147t，平均每天-21t。

表 2 总外输与接收数据对比表

日期	总外输混液体积/m^3	接收混液体积/m^3	混液体积差值/m^3	总外输混液质量/t	接收混液质量/t	混液质量差值/t	总外输纯油/t	接收纯油/t	纯油差值/t	纯油差值合计/t
11 月 14 日	584	584	0	524	531	7	292	265	-27	147
11 月 15 日	546	542	-4	492	494	2	256	246	-10	
11 月 16 日	560	553	-7	503	506	3	269	243	-26	
11 月 17 日	547	543	-4	494	497	3	244	226	-18	
11 月 18 日	559	559	0	504	512	8	264	237	-27	
11 月 19 日	515	508	-7	462	462	0	257	247	-10	
11 月 20 日	568	565	-3	509	514	5	280	251	-29	
接收端质量流量计周期检定，包括流量检定和密度参数校准。										
11 月 30 日	579	582	3	522	528	6	267	272	5	7
12 月 1 日	570	568	-2	517	518	1	250	257	7	
12 月 2 日	556	558	2	503	509	6	248	244	-4	
12 月 3 日	547	554	7	494	505	11	242	250	8	
12 月 4 日	536	536	0	486	490	4	243	235	-8	
12 月 5 日	582	579	-3	529	529	0	256	258	2	
12 月 6 日	587	588	1	531	536	5	265	262	-3	

因此在 11 月 21 日，将接收端在用的质量流量计拆卸清洗后送至计量检定机构进行水流量标定，流量核算误差合格，准确度等级为 0.2 级，接着对该质量流量计的密度参数进行了实验室测试，通过使用纯水溶液和酒精水溶液对质量流量计进行两个密度点的准确性测试，发现密度示值误差远大于密度参数的最大允许误差，因此通过分析密度示值误差对质量流量计密度进行了一点调整，调整后再选择两个密度点进行实验验证，质量流量计密度参数经过校准后其示值误差满足最大允许误差±0.5kg/m^3 要求。

由表 2 中 11 月 30 日~12 月 6 日的含水原油交接数据可以看出，接收端的质量流量计在进行流量参数和密度参数量值溯源后，7d 累计混合液总质量为+33t，平均每天+4.71t，与送检前 7d 数据相比差别不大，但是纯油量差值变为正负偏差交替，7d 累计纯油质量为+7t，平均每天+1t，由此可见，质量流量计密度示值准确与否直接影响原油含水率的计量准确性，进而影响着纯油交接的总质量。因此，质量流量计密度参数的量值溯源对于保证原油区块计量数据的准确性是十分必要的。

7 结语

近年来，随着质量流量计市场应用的成熟、生产技术的成熟、产品性能的成熟，质量流量计在油气、化工、石化领域应用份额进一步提升。同时，随着各大油田数字化、智能化建设的加速推进，质量流量计作为功能强大的智能性仪表，未来将在油田数智化转型中具有更加广阔的应用前景。为保证质量流量计计量性能准确、可靠，应首先保障仪表工况运行条件，即从环境振动、电磁干扰、安装应力、溶解气、管壁损蚀等方面满足仪表安装要求，其次要保证零点校准的准确性，最后在进行流量周期检定的同时也应定期进行密度参数的量值溯源。依据形成的大庆油田企业标准《质量流量计密度参数校准方法》，通过新建的动态液体密度计检定装置对质量流量计密度参数进行校准，为质量流量计在高含水原油交接计量中的应用提供技术保障。

参 考 文 献

[1] 胡爱玲．质量流量计用于原油含水测量中的纯油密度确定．油气田地面工程，2009.6 第 28 卷第 6 期(58-59)．

[2] 秦国昌，李守明．密度对质量流量计测量原油含水率的影响．仪表技术与传感器，2004 年第 9 期(46-47)．

[3] 栾明华．质量流量计在密度测量中的应用．中国仪器仪表，2018 年第 2 期(29-32)．

[4] 王兰栋，张士俊，童冬生．科里奥利质量流量计在油田含水原油计量中的应用．自动化仪表，2000 年 7 月第 21 卷第 7 期(22-25)．

[5] 韩春红，阮增荣．质量流量计密度参数校准方法：Q/SY DQ1738—2019[S]．大庆：中国石油天然气股份有限公司，2019：2-3.

作者简介：韩春红(1981—)，女，高级工程师，毕业于大庆石油学院，现从事计量测试与研究。电话：0459-5902907、13644593649，邮政编码：163712，通信地址：黑龙江省大庆市让胡路区大庆油田设计院计量仪表室。

矿场原油在线化验技术的研究及应用

彭晓英　王　琦　朱玲美　赵海珍　谭　炜

（中国石化胜利油田分公司胜利采油厂　山东东营　257100）

摘　要　矿藏原油含水化验数据是单井、区块等调整的基础，准确计量管理已经贯穿于油田单位开发、生产的全过程。由于单井含水化验涉及取样、样品运送、人工化验、数据录取、数据申报上传等多环节，一直未实现计量数据的自动采集本文基于单井化验存在问题，进行在线含水化验技术探讨。通过单井在线含水数据测定新方法应用，解决操作人员短缺、离线化验环节繁琐、有毒有害气体产生等问题，提高劳动效率和数据的可靠性，实现原油生产一性资料数据的全自动化采集。

关键词　矿藏原油；化验；自动化；数据采集

随着油田管理区改革不断深入的，信息化程度的不断升高，计量管理已经贯穿于管理区开发、生产的全过程，是管理区生产工艺控制、贸易与关联交易、节能减排、安全环保、技术进步和“信息化”建设的基础。原油中水含量的化验普遍采用蒸馏法、离心法，涉及取样、样品运送、人工化验、数据录取、数据申报上传等多环节，整个流程中均为人工操作，而目前单井原油开发数据中除井口原油含水检测外均实现了自动提取，制约了油田矿场原油开发信息化、自动化、标准化水平的提升。通过对三大石油公司进行调研，目前原油中水含量的检测主要分在线和离线化验两种方式。

1　原油含水化验技术剖析

1.1　原油含水人工化验方式

目前油井含水化验主要方法有七种，包括蒸馏法、电容法、电脱法、离心法、法卡尔．费休电位滴定法、射频—短波吸收法以及阻抗法等，后三种在现场使用较少，卡尔费休法主要用于实验室评价。其中人工化验测量方式主要包括：(1)蒸馏法；(2)电容法；(3)离心法；(4)电脱法。

1.1.1　蒸馏法

目前标准有 GB/T 8929—2006《原油水含量的测定蒸馏法》、Q/SH 0582—2014《油田采出液水含量测定法》。

GB/T 8929—2006 主要适用于原油的加工、买卖和运输中，Q/SH 0582—2014 主要适应于油田采出液水含量的测定，两种方法都能够较准确的测定原油中水的含量。但是在化验中，原油和溶剂油易挥发产生烃类和芳香烃类，气味刺鼻，特别是进行捅样和刮水操作时，操作人员易吸入蒸馏过程中产生的大量烃类和芳香烃类，对人体具有伤害，对环境存在污染，并且蒸馏过程需要控制的因素较多，例如馏速、样捅、判断终点等，易造成累计误差。

目前在胜利油田各个采油化验室、联合站、交接室、油气集输公司原油库等采用蒸馏法。

1.1.2　电容法

一是胜利油田技术检测中心研发的接触式电容快速测定法，该方法执行标准为 Q/SH 1020 2272—2014《油田采出液水含量测定法　电容法》。适用于含水率为 60%～95%的油井化验，适用范围受到限制。二是由东营市贝德林石油装备有限公司研发制造的分步非接触式微电容法，该方法测量范围为全量程，是用非金属取样桶取样后，流体稳定后即可放置在设备上读数，现已完成室内试验，尚未进入现场。

电容法无须溶剂油和其他添加剂，测量方法快捷，不存在挥发产生烃类和芳香烃类，对人体无害。

1.1.3 电脱法

该方法执行标准为SY/T 5402—2008《原油含水量的测定电脱法》，适用于油田采油过程中5%以上的含水原油的含水量测定。

该方法不使用溶剂油，也无须蒸馏，安全环保性好，但误差较大，标准给出的重复性水平为2%，就是说实际含水96%的流体，在94%~98%之间均符合该重复性指标，因此适用性差。现场操作存在安全隐患。

该方法2010年以前在原胜采一矿1队一直使用，由于重复性水平不高，误差较大，现场操作安全隐患无法解决，2011年在技术监督科和化验中心的要求下，改成了蒸馏法。现在经调研河口采油厂一矿有5个采油队仍然使用该方法，其余个别采油厂仅用于原油有机氯测试过程中的脱水。

1.1.4 离心法

2012年以前，离心法执行标准为GB/T 6533—1986《离心法含水测试》。该方法不使用溶剂油，也无须蒸馏，安全环保性好；但对油品质量要求较高，杂质多的样品不适合。

目前胜利油田单井原油含水普遍采取这种方式，执行GB/T 6533—2012《原油中水和沉淀物的测定 离心法》等。通过注采化验室的标准化建设，胜利油田实现了所有注采化验室整合、离心法推广、标准化建设，建设的覆盖率、达标率100%，实现了原油化验工作全面优化、全过程规范、全要素提升。

在进行离心法取得蒸馏法过程中，采油厂不断进取，深入研究化验真谛，梳理注采化验标准体系，对涉及的化验标准、操作规程、化验流程、化验节点等进一步剖析，针对劳动效率低、化验室操作时间长易受有毒有害气体影响、数据处理不透明等问题，开发完善了离心法智能化验系统(原油中水和沉淀物测定器)，重点开发了离心化验称重、数据读取、数据计算的全自动处理，满足了注采班站专业化整合、人员创效、成本压减需要。通过二维码实现了单井、样桶、样品、测量数据的有机结合、自动管理和唯一性识别；实现了多组样品称重和多组样品数据读取，并将读取结果自动关联井号信息加密校验码自动上传到电脑；液位读取仪基于光学成像原理对试管中溶液分层比例进行定量分析测量，利用溶液分层比例自动计算出溶液中不同物质的含量，杜绝了人为采集数据误差，并将样品含水信息读取结果自动关联井号信息加密校验码自动上传到电脑。目前已完成了采油管理四区、五区、六区离心智能化改进和安装运行，实现了原油含水化验全过程离心智能化验，解决了化验操作环节有毒有害气体污染、分散化验、劳动强度高等问题，提高了劳动生产率。

原油含水化验过程涉及样桶领取、任务下达、井口取样、样品交接、样品处理、样品化验、数据处理、数据传输、废液收集等九个环节，需要对环节中的工作环境环保质量要求、人员技术要求进行标准确认。同时，在过程中的关键节点包括样桶称重、井口排空、三次取样、样品稀释加热、样品搅拌、倒游离水、称油样、蒸馏加热参数调整、自动捅样或离心旋转(离心参数调整)、数据读取、数据传输和废液处理等12处，执行标准和技术规范20多项，涉及对化验数据的人为干预，数据质量无法保证。以一个采油厂为例，根据目前开采现状，目前开井总数2280口，其中含水在90%以上的油井占总井数的70%，基层班站每天化验正常井数为565口，另外因作业、方案等原因需加密化验的100多井次，总体上化验工作量较大。而且在化验中，原油和溶剂油易挥发产生烃类和芳香烃类，气味刺鼻，特别是进行捅样和刮水操作时，操作人员易吸入蒸馏过程中产生的大量烃类和芳香烃类，对人体具有伤害，对环境存在污染。目前改进的离心化验、离心法智能化验也未从根本上改变取样、送样、化验室样品处置等环节存在的问题。

开发应用单井在线含水数据测定技术，可有效解决操作人员短缺、取样存在的样品质量问题、离线化验环节繁琐、数据处理易造成争议、有毒有害气体产生等问题，提高劳动效率和数据的可靠性，实现原油井口数据的全自动化采集，实现单井原油开发数据的全过程、全要素动态监测。

1.2 原油含水化验在线离线比较

目前，原油含水在线测量技术包括：(1)密度法；(2)微波法；(3)射线法；(4)短波吸收法、超声波法、电磁波法;(5)射频法;(6)电容法等。近年来,胜利油田一直在进行原油含水在线测量技术的研究剖析,主要采用了密度法、射线法、电导法、电容法、微波法等多种方式进行原油含水化验在线和离线的比较研究。通过对在线含水测量技术分析(见表1)和选择油田不同区块、不同含水级别现场试验,取得较多的实验数据,为在线原油含水测量技术在胜利东部油区的推广应用奠定基础。

表1 在线含水测量技术分析表

序 号	测量方式	使用效果
1	密度法	测量结果误差较大;受气体影响大,不适用于含气井
2	射线法	测量精度高;具有放射性,危害员工健康,存在安全隐患
3	电导法	受矿化度影响较大,测量结果误差大
4	电容法	测量范围小,无法实现0%~100%含水测量;受气体影响大;测量误差大
5	微波法	不受矿化度影响,受出砂、结蜡、气体影响小,测量精度高

对在线含水测量技术进行使用效果研究后,选择了适合中高含水级别、安装方便、健康环保无辐射伤害,同时质优价廉的微波法测量技术。

本文探讨微波法原油在线含水测定技术基于高频电磁波的谐振原理,在胜利采油厂管理四区不同开发区块,通过高、中、低原油含水在线检测与人工化验对比,数据较吻合,能够解决在线含水检测问题,打通单井一性资料最后一个数据壁垒。

2 在线原油含水化验技术原理

基于原油和水的介电常数(包括损耗因子)不同,在不同的电磁波作用下,引起的不同的电特性参数变化量是不同的。水的介电常数是:80,油的介电常数是:2,水的损耗因子:29,油的损耗因子:0.004。这样油、水对电磁波的阻抗相差较大,晶振电路产生一频率不变的高频电磁波并进入谐振回路中,当天线置于纯水中时,谐振电路处于谐振状态,检波后的电压值较高;当天线置于无水油中时,回路失谐,检波后的电压值较低;当天线置于含有一定水分的油中时,回路处于既不完全谐振又不完全失谐的中间状态,检波后的电压值也处于上述二者之间。

传感器将这个差异回馈给检测放大电路,该电路即送出一组反映油中含水率的模拟信号。输出的模拟信号经转换模块转换后进入计算机处理、显示。为了保证测量结果的准确度,设备采用分段校准的方式,即每相隔10%左右用原油校准一个点,从而保证了测试结果的误差在更小范围之内。因此,测量检波后的电压值即可确定管线内流体的含水率。测到的原油水含量通过模拟信号或RS485接口远传至显示仪表或用户SCADA(DCS)系统(信号传递如图1所示)。

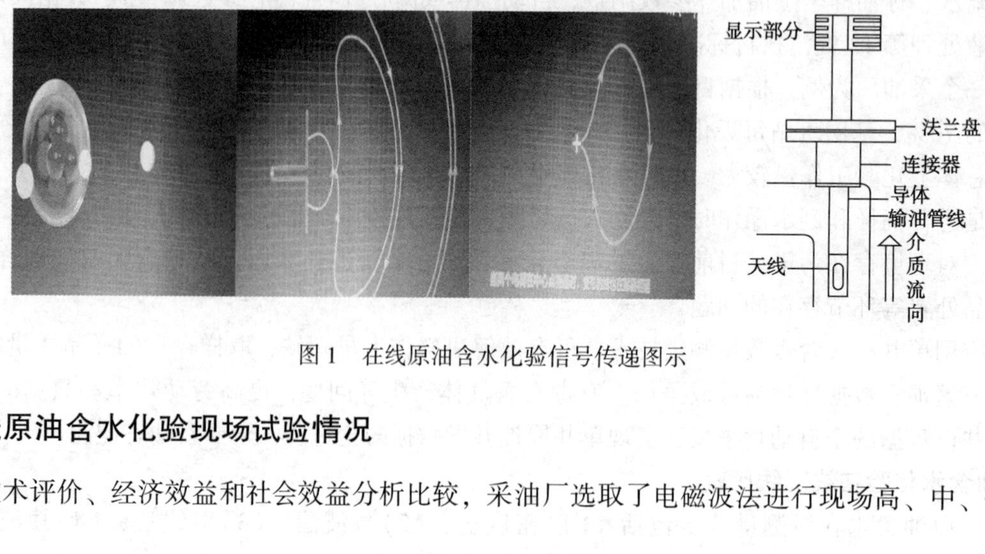

图1 在线原油含水化验信号传递图示

3 在线原油含水化验现场试验情况

经技术评价、经济效益和社会效益分析比较,采油厂选取了电磁波法进行现场高、中、低含水在线检测试验。在采油管理四区 1 号(综合含水 96%)、2 号(综合含水 66.5%)、3 号(综合含水 88%)三口井进行现场试验。

3.1 现场安装要求

2021 年 2 月 19 日，在 1 号油井井口安装在线原油含水分析装置，5 月 8 号在 2 号、3 号油井进行了安装调试，全部实现含水化验在线检测数据上传，实时读取原油含水数值(现场安装图例见图 2)。

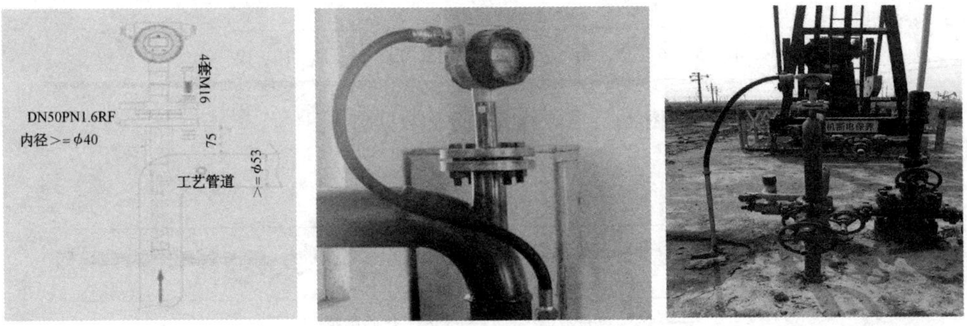

图 2　在线原油含水化验安装图

3.2 现场试验数据分析

在线含水装置安装后，实时数据远传到油气生产指挥系统，测量时间间隔可以设定为最小间隔 1min 到最大 1d，在线查询单井含水数值。

3.2.1　1 号井现场对比情况

在线含水分析装置自动读取数据设定录取间隔为 2h。2 月 19 号到 4 月 13 号历时 53d，1 号井(压力 0.548MPa，黏度 544.8，含砂 0.0269，矿化度 16066，油气比 51，温度 40℃)进行了在线自动含水分析和现场取样人工化验对比，数据汇总查新和统计分析如表 2。

表 2　1 号在线含水分析数据统计表

时间	设备数据/%	人工化验/%	绝对误差/%
2021.2.19	96.22	96.85	−0.63
2021.2.20	96.11	95.89	0.22
2021.2.21	96.98	97.36	−0.38
2021.2.22	95.65	95.55	0.1
2021.2.23	96.83	96.67	0.16
2021.2.24	96.60	95.93	0.67
2021.2.25	96.78	96.89	−0.11
2021.2.26	96.85	96.98	−0.13
2021.2.27	96.75	96.77	−0.02
2021.2.28	96.70	96.72	−0.02
2021.3.1	96.35	95.39	0.96
2021.3.2	96.89	97.03	−0.14
2021.3.3	96.10	95.95	0.15
2021.3.4	96.76	96.74	0.02
2021.3.5	96.65	97.06	−0.41

从图 3 在线含水和化验含水的数值对比曲线上看，两种数值比较吻合，误差在±0.97%，在一性资料录取规范的差值范围内，符合 Q/SH 1020 2348《采油井资料录取规范》要求。

从阶段数据曲线分析，见图 4，吻合性较好：

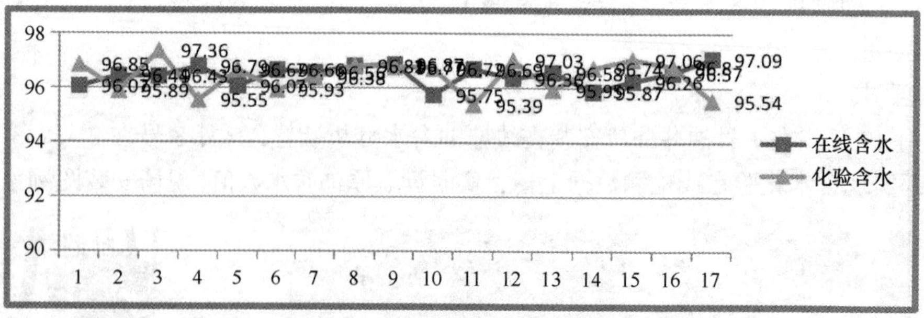

图3　1号在线含水分析数据趋势图

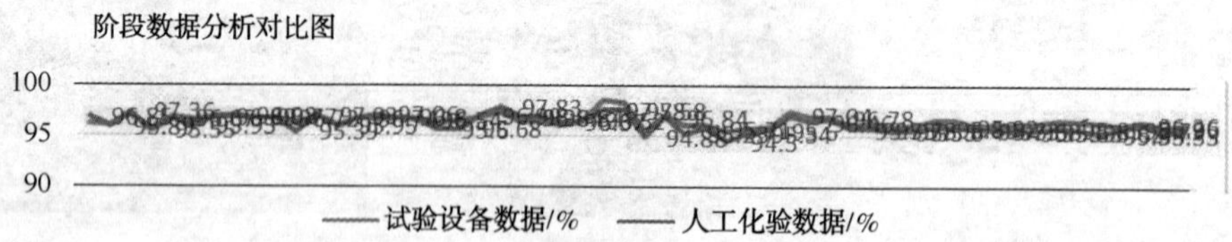

图4　1号阶段数据分析对比图

3.2.2　2号井现场对比情况

在线含水分析装置自动读取数据设定录取间隔为2h。5.8号到6.3号历时25d。数据汇总查新和统计分析如表3所示，2号井在线含水分析数据趋势见图5。

表3　2号井在线含水分析数据统计表

采样时间	试验设备数据/%	人工化验数据/%	采样时间
2021.5.8	88.33	88.95	9：00
2021.5.9	88.98	89.84	9：05
2021.5.10	89.86	91.2	9：00
2021.5.11	88.65	89.84	9：15
2021.5.12	89.85	91.79	9：17
2021.5.13	92.12	93.21	9：20
2021.5.14	93.05	94.44	9：10
2021.5.15	92.02	93.01	9：20
2021.5.16	90.32	91.61	9：15
2021.5.17	92.42	92.47	9：05
2021.5.18	92.12	91.09	9：25
2021.5.19	91.53	90.64	9：10
2021.5.20	91.34	90.64	9：00
2021.5.21	92.27	92.32	9：10
2021.5.22	90.21	89.55	9：15
2021.5.23	88.53	87.12	9：05
2021.5.24	87.02	86.50	9：06
2021.5.25	88.76	88.01	9：12
2021.5.26	89.01	88.80	9：15
2021.5.27	91.12	89.79	9：20
2021.5.28	92.35	90.10	9：18
2021.5.29	92.85	91.30	9：15
2021.5.30	93.17	92.27	9：10

续表

采样时间	试验设备数据/%	人工化验数据/%	采样时间
2021. 5. 31	94. 22	93. 50	9：25
2021. 6. 01	94. 78	94. 69	9：18
2021. 6. 02	93. 66	94. 93	9：10
2021. 6. 03	92. 97	93. 44	9：15

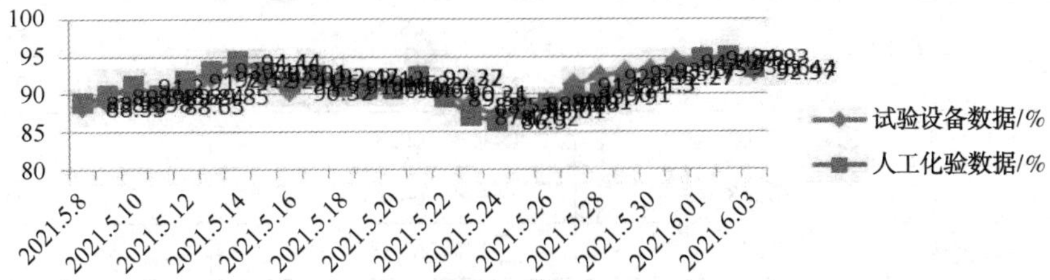

图 5　2 号在线含水分析数据趋势图

从在线含水和化验含水的数值对比曲线上看，两种数值比较吻合，相对误差在±1%，在一性资料录取规范的差值范围内，符合 Q/SH 1020 2348《采油井资料录取规范》要求；数据的趋势一致(2 号井数据误差分析见图 6)。

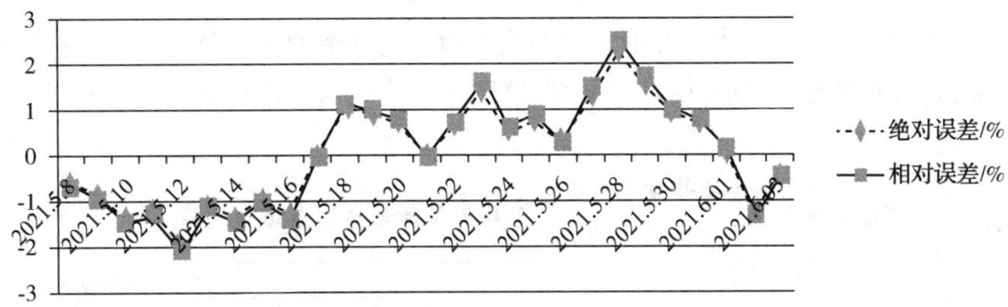

图 6　2 号井数据误差分析

3. 2. 3　3 号井现场对比情况

在线含水分析装置自动读取数据设定录取间隔为 2h。5 月 8 号到 6 月 3 号历时 25d。数据汇总查新和统计分析如表 4。

表 4　3 号井在线含水分析数据统计表

采样时间	试验设备数据/%	人工化验数据/%	采样时间
2021. 5. 8	65. 77	66. 35	9：20
2021. 5. 9	65. 45	66. 24	9：30
2021. 5. 10	66. 86	67. 12	9：25
2021. 5. 11	68. 52	69. 97	9：30
2021. 5. 12	72. 45	72. 48	9：05
2021. 5. 13	74. 76	74. 99	9：05
2021. 5. 14	76. 53	77. 88	9：30
2021. 5. 15	78. 64	79. 03	9：00
2021. 5. 16	80. 45	81. 3	9：00
2021. 5. 17	78. 15	78. 83	9：25
2021. 5. 18	78. 99	80. 71	9：35
2021. 5. 19	78. 85	79. 05	9：25

续表

采样时间	试验设备数据/%	人工化验数据/%	采样时间
2021.5.20	78.45	79.05	9：20
2021.5.21	76.89	76.31	9：10
2021.5.22	72.21	71.74	9：15
2021.5.23	70.25	69.46	9：05
2021.5.24	70.06	69.01	9：06
2021.5.25	69.75	68.50	9：12
2021.5.26	68.02	67.16	9：15
2021.5.27	69.03	66.84	9：00
2021.5.28	67.58	64.23	9：05
2021.5.29	70.55	67.00	9：00
2021.5.30	67.75	64.58	9：30
2021.5.31	70.00	64.99	9：10
2021.6.01	71.02	67.02	9：00
2021.6.02	72.24	69.54	9：28
2021.6.03	71.12	67.38	9：30

从图7、图8在线含水和化验含水的数值对比曲线上看，两种数值比较吻合，在一性资料录取规范的差值范围内，符合Q/SH1020 2348《采油井资料录取规范》要求；在线含水测试方法适合较低含水分析。

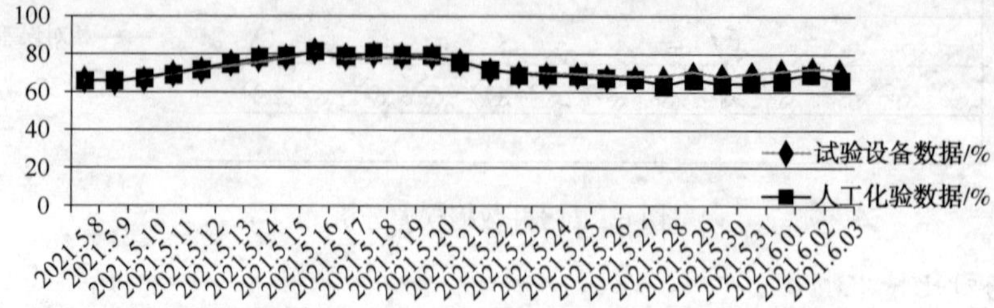

图7　3号在线含水分析数据趋势图

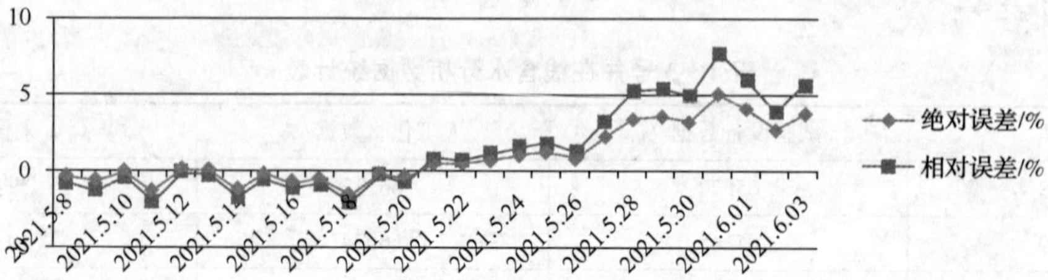

图8　3号井数据误差分析

3.3　点对点数据分析

6月10日到14日上午9：30左右人工化验和在线检测2号、3号含水趋势一致，数据吻合性较好(详见表5、图9、图10)。

表5　2、3号井含水数据统计表

序号	井号	6月10日		6月11日		6月12日		6月13日		6月14日	
		在线	化验	在线	化验	在线	化验	在线	化验	在线	化验
1	2	70.3	71.2	70	70.47	68.72	71.07	69.3	70.19	70.22	67.75
2	3	90.8	95.4	91.17	95.8	91.2	96.7	92.08	95.4	91	93.87

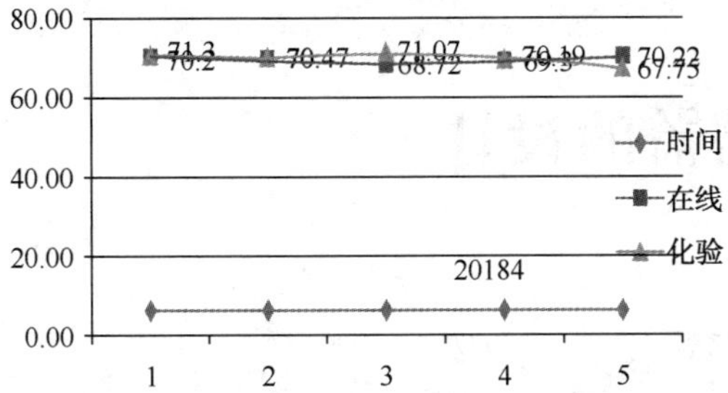

图 9　2 号井含水数据曲线

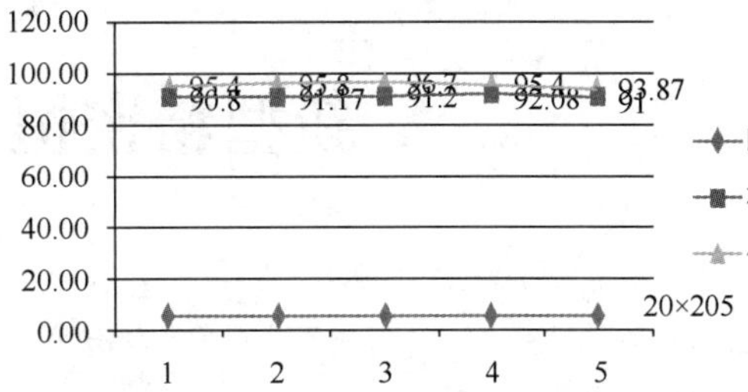

图 10　3 号井含水数据曲线

4　在线原油含水化验现场试验结论和建议

经过现场试验对比，目前在线含水测定数据与人工化验数据的对比误差在 0. 15%以内，符合油田矿场原油含水检测标准要求；管道中的气体对设备的测量值基本无影响；高含水与低含水的环境对设备的测量数据的影响在控制范围内，适合从高到低原油在线含水测量；设备的安装方式对测量数据影响也在正常误差范围，对数据的影响不大。

胜利油田经过 50 多年的开发，大部分采油厂综合含水已经超过 96%，每年花费大量人力、物力进行单井原油含水化验测试。推广原油含水在线电磁波测试技术，实行矿场原油的含水化验分析监督核查离心法+在线检测电磁法，能够解决目前原油含水化验存在样品处置、加热造成有毒有害气体蒸发等问题，减少职业危害。特别对于 90%以上含水采取在线检测，将极大地提高现场职业健康水平，减轻职工劳动强度，实现本质安全生产，同时应用在线含水自动检测技术，将减少 2/3 以上的矿场原油含水检测化验人员，采油厂年均节约人工成本 500 多万元，极大地提高了生产效率、原油采集数据质量，为提升矿场、区块、单元等地质动态分析质量打下坚实的基础，同时有助于矿场计量大数据平台建设和生产建设提质增效。

作者简介：彭晓英(1968—)，女，高级工程师，毕业于中国石油大学(华东)，现从事石油开发单位计量、标准化管理工作。电话：18954627266，邮编：257000，通信地址：山东省东营市东营区胜利采油厂安全(QHSE)管理部。

新型精密恒温槽盖的设计

黄亚辉

（中石化股份天津分公司化验计量部　天津　300271）

摘　要　玻璃液体温度计检定中，误差主要出现在温度计读数过程中。而恒温槽盖设计缺陷带来的影响又占了大部分。温度量值传递准确性直接关系到人身、设施、环境的安全和产品质量。本文尝试对恒温槽盖的结构进行重新设计，并通过温场测试和实际应用对其进行论证。该方案设计完成后经过长达一年时间的实践、改进，目前的应用效果良好。为计量行业提高玻璃液体温度计检定的准确性和效率提供借鉴和参考。

关键词　玻璃液体温度计；检定；误差；恒温槽盖；结构设计；应用

1　引言

玻璃液体温度计是用于温度测量的重要工具，广泛使用在石油化工行业的化验、试验、分析等部门，为石化产品的性能和质量提供最基本保障。所以温度计准确与否就显得尤为重要，这就对温度计的检定提出了很高的要求。其检定结果的及时准确是有效保证生产顺利运行的必要条件，近几年随着石化企业的装置改造和新产品开发的逐年递增，对企业温度计检定工作准确性、及时性提出了挑战。如何及时高效地完成温度计的检定任务成为亟待解决的一个难题。

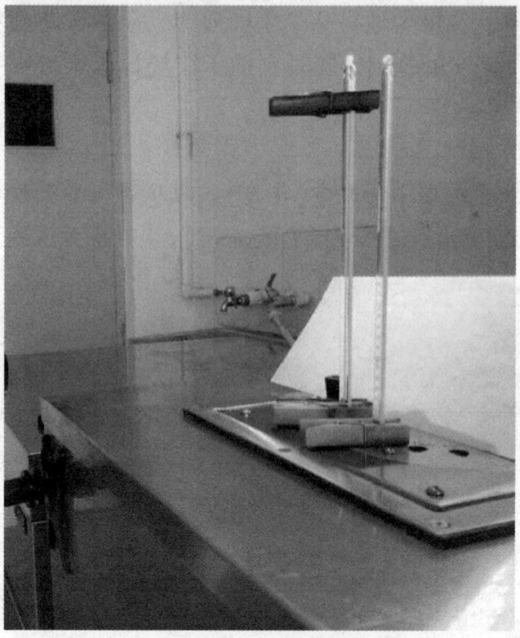

图 1　玻璃液体温度计的检定

玻璃液体温度计的检定，是将标准温度计和被检玻璃液体温度计同时插在精密恒温槽中，按照检定规程要求设定需检定的温度点，待恒温槽达到所需温度并稳定后，检定人员使用读数望远镜分别读取标准和被检温度计示值。经过数据处理后，给出被检温度计相应温度点的修正值。

玻璃液体温度计检定中，经验表明使用读数望远镜读数是影响检定效率和出现误差主要步骤，而恒温设计缺陷带来的影响又占了大部分。且现在的槽盖设计使得检定人员必须现场读数，恒温槽内的介质经过加热后产生的油烟对人员身体也会产生不利的影响。如图 1 所示。

本文提出了新型的恒温槽盖设计方案，基于现有的平台，依据 JJG 130—2011《工作用玻璃液体温度计检定规程》中对恒温槽温场均匀性、波动性的要求，修改并新增了部分功能，解决了玻璃液体温度计检定过程中存在的一系列影响检定准确性、影响工作效率的问题。

2　方案设计的原因及架构

根据工作经验，原恒温槽盖的设计在玻璃液体温度计检定工作中存在如下几个方面的问题：第一，恒温槽盖的两层隔板间距过大。对于大部分温度计来说没有什么影响，但有的温度计很短，插入恒温槽并且到达读数位置后，感温泡并未到达下层隔板。这样带来的结果就是温度计插入恒温槽后不能直立，只能倾斜放置。虽然检定人员尽量使其正对读数望远镜，但难免会带来读数误差。第二，恒温槽盖两层隔板间的弹簧片设计过于鸡肋。弹簧片太紧，温度计插入、拔出时太用力，容易出现温度计断裂、水银泄露的问题。弹簧片太松，又会出现温度计滑落，掉入恒温槽内的情况。最后的结果往往是温度计插入恒温槽后，还要再夹一个夹子进行固定，来确保万无一失。第三，增加夹子进行固定后，温度计露出液面距离很难满足检定规程不超过 10mm 的要求。第四，当检定的温度过高时，固定温度计用的夹子很烫，检定人员操作温度计时非常不便且容易烫伤。第五，恒温槽盖上的插孔是圆形布置，使用望远镜读数时，每支温度计到望远镜的距离都不相同。所以用望远镜读数时，每一支温度计都要重新调整望远镜焦距，才能看清温度计示值。影响检定工作效率。第六，由于每一支温度计读数时都需要调整焦距，所以检定人员只能在现场读数。当恒温槽内温度较高时，挥发出的油烟对人员身体也会产生一定危害。

基于以上原因，本文重新设计了新型的恒温槽盖结构，合理规避了部分问题，如图 2 所示。下面详细介绍新型恒温槽盖结构设计部分功能。

图 2　精密恒温槽盖

2.1　恒温槽盖的两层隔板间距过大

对于大部分玻璃液体温度计，感温泡到最低温度刻线距离较长。温度计插入恒温槽到达最低温度刻线后，它的感温泡已经穿过恒温槽盖的下层隔板。在这种情况下，温度计才会在恒温槽中直立。这时用读数望远镜来读取温度计示值才是准确的。但个别的温度计很短，它的感温泡到最低温度刻线的距离就更短。将其插入恒温槽并且到达最低温度刻线后，感温泡并未到达下层隔板。这样带来的结果就是温度计插入恒温槽后不能直立，只能夹上夹子固定后倾斜放置。虽然检定人员尽量使其正对读数望远镜，但难免会带来读数误差。

新设计的恒温槽盖根据最短温度计的尺寸，缩短了两层隔板间的距离，使最短的温度计也在恒温槽中也可以很好地直立。完美地解决了温度计倾斜带来的读数误差问题。

2.2　恒温槽盖两层隔板间的弹簧片设计缺陷

恒温槽盖两层隔板间的弹簧片设计其实是非常好的，但由于以下两个原因使得这个设计变得很鸡肋。

（1）弹簧片的硬度必须选择的非常合适。太软就不足以夹住温度计，导致温度计下滑；太硬，温度计就不能很顺利地插入恒温槽。极端情况下还有可能折断温度计，产生水银泄露。

（2）即便选择了硬度合适的弹簧片，随着恒温槽温度的升高，它的弹性也会出现变化。当温度到达一定高度，弹簧片弹性不足以夹住温度计时，就会出现温度计滑入恒温槽的事件。

（3）随着时间的流逝，温度计反复插入也会带来弹簧片的位置和弹性变化，产生温度计滑入恒温槽的风险。

新设计的恒温槽盖取消了弹簧片设计，并根据本单位玻璃液体温度计检定经验，缩小了恒温槽盖上插孔的直径。使得即便没有弹簧片的夹持，温度计也可以在恒温槽内直立。在恒温槽盖的上部又增加了一层隔板，进一步保证了插入恒温槽的温度计直立。如图 3 所示。

2.3　温度计露出液面距离不能满足规程要求

不管恒温槽盖有无弹簧片设计，为保证检定安全，都要在温度计的温度刻线下方夹一个夹子来固定温度计。根据长期工作经验竹夹子最合适。它的夹持力度大小、软硬程度、隔热性能和使用持久性等方面都能满足温度计检定需求。但是它也有两个缺点：

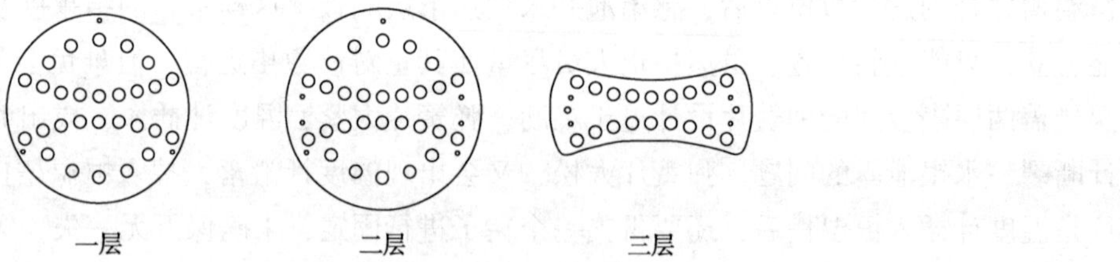

图3　新型恒温槽盖的三层结构图

(1) 检定温度超过200℃以上时，它的隔热性能就基本不起作用了。当一个温度点检定完成，要升温检定下一个温度点时，检定人员要取下夹子，把温度计向下插入恒温槽，到达要检定的温度刻线，再夹上夹子。这时就会产生烫伤风险。

(2) 市场上最薄的竹夹子的厚度一般在12mm左右。把它夹在温度计需要检定的温度刻线下方，然后把它们插在恒温槽盖上。为了便于观察，温度刻线还要高出夹子一定距离。最后，温度刻线离开恒温槽内加热介质的液面已经达到了15mm左右。这就不符合JJG 130—2011 工作用玻璃液体温度计检定规程中“全浸式温度计露出液柱高度不超过10mm”的规定。虽然只有5mm的偏差，但根据试验：200℃以上，0.1分度的玻璃液体温度计在相同温度下，插入深度相差5mm的两次温度测量，结果相差在0.02℃以上，这种误差对于精密测温、实验室比对等工作是不能接受的。而且随着温度的升高，误差会越来越大。在这种情况下，继续使用竹夹子来固定温度计就会有很大风险。

鉴于以上情况，新设计的恒温槽盖在原槽盖的基础上增加了一层“蝴蝶型”异型隔板。将固定温度计的夹子直接放置在上层隔板上，需要检定的温度计刻线在夹子的下方。这样就可以很好地控制温度计的露出液柱高度。固定温度计的夹子因远离高温热源，也不存在烫手的问题。从而完美地解决了“露出液柱”和“烫手”问题。如图4所示。

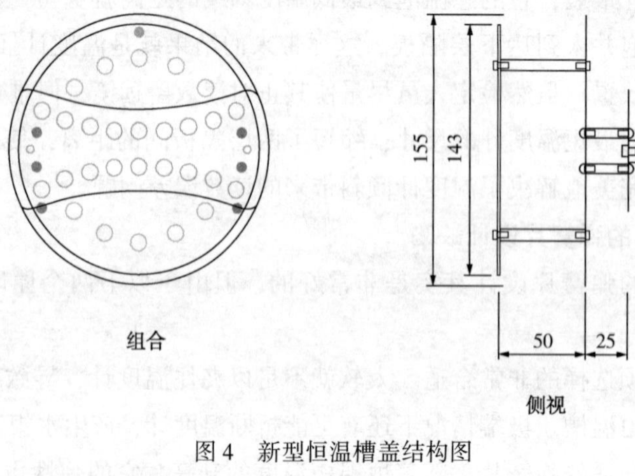

图4　新型恒温槽盖结构图

2.4　恒温槽盖上的温度计插孔布局问题

因为考虑到恒温槽的温场均匀性，原来的恒温槽盖上温度计插孔的布局基本上都是以恒温槽盖中心为圆心的圆形。前几年恒温槽的温场均匀性不容易达到检定规程的要求，原来的槽盖上温度计插孔的布局，因为每一个插孔与恒温槽加热丝的距离都相同，确实能够很好地解决恒温槽的温场均匀性问题。但是会带来如下问题：

(1) 使用望远镜读数时，每支被检温度计到望远镜的距离都不相同。所以用望远镜读取每一支温度计的示值，都要重新调整望远镜焦距。在这种情况下，即便是能够熟练操作读数望远镜，也会影响检定工作效率。

(2) 当恒温槽内温度较高时，挥发出的油烟对人员身体也会产生一定危害。之前曾经考虑过使用摄像头代替读数望远镜，检定人员可以远程读数。但是由于每一支温度计读数时都需要调整焦距，所以检定人员又必须在现场调整。这一直是一个矛盾。

现在新制造的恒温槽由于技术的不断发展，温场均匀性、波动性已经可以做的非常小，在整个恒温槽的工作区域已经完全能够满足 JJG 130—2011《工作用玻璃液体温度计检定规程》的要求。

新型恒温槽盖上温度计插孔的布局在原有的基础上增加了两列。这两列插孔的布局近似圆弧，但圆弧的圆心不是恒温槽盖的中心，而是读数望远镜的目镜。这样设计以后，每支温度计到达读数望远镜的距离都是一样的，所以只有在第一支温度计读数时才需要调整读数望远镜焦距，其他的温度计可以直接读数。这样可以极大地降低劳动强度，提高工作效率。而且正因为这种设计，为使用摄像头远程读取温度计数值提供了可能。如图 5 所示。

图 5　使用摄像头进行温度计读数

3　方案设计的合理性检验

新恒温槽盖的设计理念很好，但是毕竟属于创新。新的结构设计是否能够符合 JJG 130—2011《工作用玻璃液体温度计检定规程》对恒温槽温场均匀性、波动性的要求，这才是关键。

本文对参照 JJF 1030—2010《恒温槽技术性能测试规范》，对新型恒温槽盖所带来的温场均匀性、波动性变化进行了对比测试。如图 6 所示。

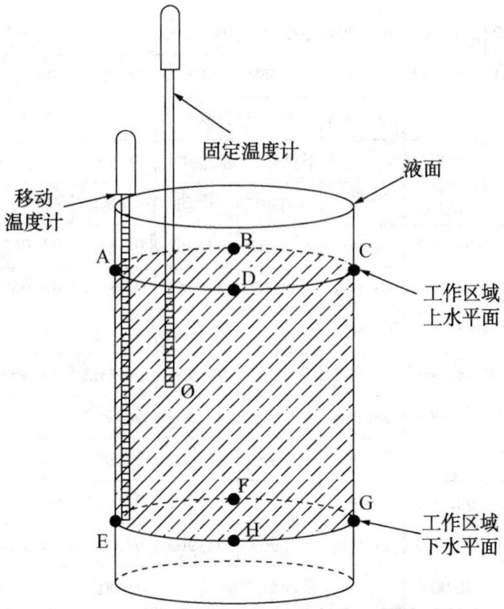

图 6　恒温槽工作区域温场均匀性测试示意图

表 1～表 4 分别是恒温槽使用原来的槽盖与使用新型槽盖时，恒温槽内工作区域的温场均匀性、波动性测试。

表1　原恒温槽校准记录

编码：TJSH-T6. HJJD. 00. 024. 2020　　　　编号：RHS2022-0018

仪器名称	恒温油槽	测量范围	(95~300)℃	温度	18.0℃	证书编号	RHS2022-0018
委托单位	化验计量部	规格型号	PR511-300	湿度	25%RH	任务单号	67056
制造单位	泰安磐然测控科技有限公司	出厂编号	0510121276	地点	检定楼401室		单位:℃
校准依据	参照JJF 1030—2010《恒温槽技术性能测试技术规范》					接收日期	2022-3-15

			1min	2min	3min	4min	5min	6min	7min	8min	9min	10min	
波动性校准	上限	1	299.993	299.995	299.997	299.999	300.000	300.002	300.000	299.998	299.996	299.995	最大值
		2	299.993	299.995	299.997	299.999	300.000	300.002	300.000	299.998	299.996	299.995	300.002
		3	299.994	299.996	299.998	299.999	300.001	300.001	299.999	299.997	299.996	299.995	最小值
		4	299.994	299.996	299.998	300.000	300.001	300.001	299.999	299.997	299.995	299.994	299.993
		5	299.994	299.996	299.998	300.000	300.001	300.001	299.999	299.997	299.995	299.994	波动性
		6	299.995	299.997	299.999	300.000	300.002	300.000	299.998	299.996	299.995	299.994	0.009
			设定值	300.0	显示值	300.0	实际值	—	扩展不确定度(波动性)：0.008℃，$k=2$				
	下限	1	94.962	94.963	94.964	94.965	94.966	94.967	94.966	94.965	94.964	94.963	最大值
		2	94.962	94.963	94.964	94.965	94.966	94.967	94.966	94.965	94.964	94.963	94.967
		3	94.962	94.963	94.964	94.965	94.966	94.967	94.966	94.965	94.964	94.963	最小值
		4	94.963	94.964	94.965	94.966	94.967	94.966	94.965	94.964	94.963	94.962	94.962
		5	94.963	94.964	94.965	94.966	94.967	94.966	94.965	94.964	94.963	94.962	波动性
		6	94.963	94.964	94.965	94.966	94.967	94.966	94.965	94.964	94.963	94.962	0.005
			设定值	95.0	显示值	95.0	实际值	—	扩展不确定度(均匀性)：0.006℃，$k=2$				
均匀性校准			固定	移动	移动	固定	固定	移动	移动	固定	固定均值	移动均值	差值
	上限	O-A	299.994	299.995	299.995	299.994	299.994	299.995	299.995	299.994	299.994	299.995	0.001
		O-B	299.994	299.996	299.996	299.994	299.994	299.996	299.996	299.994	299.994	299.996	0.002
		O-C	299.994	299.998	299.998	299.994	299.994	299.998	299.998	299.994	299.994	299.998	0.004
		O-D	299.994	299.995	299.995	299.994	299.994	299.995	299.995	299.994	299.994	299.995	0.001
		O-E	299.994	299.994	299.994	299.994	299.994	299.994	299.994	299.994	299.994	299.994	0.000
		O-F	299.994	299.992	299.992	299.994	299.994	299.992	299.992	299.994	299.994	299.992	−0.002
		O-G	299.994	299.991	299.991	299.994	299.994	299.991	299.991	299.994	299.994	299.991	−0.003
		O-H	299.995	299.993	299.993	299.995	299.995	299.993	299.993	299.995	299.995	299.993	−0.002
		上水平面最大温差			0.003	下水平面最大温差			0.003	工作区域最大温差			0.007
			固定	移动	移动	固定	固定	移动	移动	固定	固定均值	移动均值	差值
	下限	O-A	94.962	94.962	94.962	94.962	94.962	94.962	94.962	94.962	94.962	94.962	0.000
		O-B	94.962	94.963	94.963	94.962	94.962	94.963	94.963	94.962	94.962	94.963	0.001
		O-C	94.962	94.965	94.965	94.962	94.962	94.965	94.965	94.962	94.962	94.965	0.003
		O-D	94.962	94.962	94.962	94.962	94.962	94.962	94.962	94.962	94.962	94.962	0.000
		O-E	94.963	94.963	94.963	94.963	94.963	94.963	94.963	94.963	94.963	94.963	0.000
		O-F	94.963	94.962	94.962	94.963	94.963	94.962	94.962	94.963	94.963	94.962	−0.001
		O-G	94.963	94.961	94.961	94.963	94.963	94.961	94.961	94.963	94.963	94.961	−0.002
		O-H	94.963	94.963	94.963	94.963	94.963	94.963	94.963	94.963	94.963	94.963	0.000
		上水平面最大温差			0.003	下水平面最大温差			0.002	工作区域最大温差			0.005

主标准器	标准铂电阻温度计	(−200~419.527)℃	二等	中国计量科学研究院	RGjc2020-03532	2022-8-5
	标准铂电阻温度计	(−200~419.527)℃	二等	中国计量科学研究院	RGjc2020-03533	2022-8-5

表 2　按照新设计恒温槽盖位置进行的校准记录

仪器名称		恒温油槽			测量范围		(95~300)℃		温度	18.3℃	证书编号		—
委托单位		化验计量部			规格型号		PR511-300		湿度	25%RH	任务单号		—
制造单位		泰安磐然测控科技有限公司			出厂编号		0510121276		地点	检定楼 401 室			单位:℃
校准依据		参照 JJF 1030—2010《恒温槽技术性能测试技术规范》									接收日期		2022-3-15
波动性校准			1min	2min	3min	4min	5min	6min	7min	8min	9min	10min	
	上限	1	299.988	299.990	299.992	299.994	299.996	299.998	299.996	299.994	299.992	299.990	最大值
		2	299.988	299.990	299.992	299.994	299.996	299.998	299.996	299.994	299.992	299.990	299.998
		3	299.989	299.991	299.993	299.995	299.997	299.997	299.995	299.993	299.991	299.989	最小值
		4	299.989	299.991	299.993	299.995	299.997	299.997	299.995	299.993	299.991	299.989	299.988
		5	299.989	299.991	299.993	299.995	299.997	299.997	299.995	299.993	299.991	299.989	波动性
		6	299.990	299.992	299.994	299.996	299.998	299.996	299.994	299.992	299.990	299.988	0.010
			设定值	300.0	显示值	300.0	实际值	—	扩展不确定度(波动性)：0.008℃，$k=2$				
	下限	1	94.998	94.999	95.000	95.000	95.001	95.002	95.001	95.000	95.000	94.999	最大值
		2	94.998	94.999	95.000	95.000	95.001	95.002	95.001	95.000	95.000	94.999	95.002
		3	94.998	94.999	95.000	95.000	95.001	95.002	95.001	95.000	95.000	94.999	最小值
		4	94.999	95.000	95.000	95.001	95.002	95.001	95.000	95.000	94.999	94.998	94.998
		5	94.999	95.000	95.000	95.001	95.002	95.001	95.000	95.000	94.999	94.998	波动性
		6	94.999	95.000	95.000	95.001	95.002	95.001	95.000	95.000	94.999	94.998	0.004
			设定值	95.0	显示值	95.0	实际值	—	扩展不确定度(均匀性)：0.006℃，$k=2$				
均匀性校准			固定	移动	移动	固定	固定	移动	移动	固定	固定均值	移动均值	差值
	上限	O-A	299.989	299.989	299.989	299.989	299.989	299.989	299.989	299.989	299.989	299.989	0.000
		O-B	299.989	299.990	299.990	299.989	299.989	299.990	299.990	299.989	299.989	299.990	0.001
		O-C	299.989	299.992	299.992	299.989	299.989	299.992	299.992	299.989	299.989	299.992	0.003
		O-D	299.989	299.992	299.992	299.989	299.989	299.992	299.992	299.989	299.989	299.992	0.003
		O-E	299.989	299.990	299.990	299.989	299.989	299.990	299.990	299.989	299.989	299.990	0.001
		O-F	299.989	299.987	299.987	299.989	299.989	299.987	299.987	299.989	299.989	299.987	-0.002
		O-G	299.989	299.988	299.988	299.989	299.989	299.988	299.988	299.989	299.989	299.988	-0.001
		O-H	299.990	299.987	299.987	299.990	299.990	299.987	299.987	299.990	299.990	299.987	-0.003
		上水平面最大温差			0.003	下水平面最大温差			0.004	工作区域最大温差			0.006
			固定	移动	移动	固定	固定	移动	移动	固定	固定均值	移动均值	差值
	下限	O-A	94.998	94.998	94.998	94.998	94.998	94.998	94.998	94.998	94.998	94.998	0.000
		O-B	94.998	94.999	94.999	94.998	94.998	94.999	94.999	94.998	94.998	94.999	0.001
		O-C	94.998	95.000	95.000	94.998	94.998	95.000	95.000	94.998	94.998	95.000	0.002
		O-D	94.998	94.999	94.999	94.998	94.998	94.999	94.999	94.998	94.998	94.999	0.001
		O-E	94.999	94.998	94.998	94.999	94.999	94.998	94.998	94.999	94.999	94.998	-0.001
		O-F	94.998	94.997	94.997	94.998	94.998	94.997	94.997	94.998	94.998	94.997	-0.001
		O-G	94.999	94.997	94.997	94.999	94.999	94.997	94.997	94.999	94.999	94.997	-0.002
		O-H	94.998	94.997	94.997	94.998	94.998	94.997	94.997	94.998	94.998	94.997	-0.001
		上水平面最大温差			0.002	下水平面最大温差			0.001	工作区域最大温差			0.004
主标准器	标准铂电阻温度计		(-200~419.527)℃			二等	中国计量科学研究院			RGjc2020-03532			2022-8-5
	标准铂电阻温度计		(-200~419.527)℃			二等	中国计量科学研究院			RGjc2020-03533			2022-8-5

表 3 使用原来恒温槽盖的恒温槽温场均匀性、波动性总结

校准温度	水平温差	最大温差	温度波动性	扩展不确定度	$k=2$
300.0℃	0.003℃	0.007℃	0.009℃/10min	均匀性：	0.006℃
				波动性：	0.008℃
95.0℃	0.003℃	0.005℃	0.005℃/10min	均匀性：	0.006℃
				波动性：	0.008℃

表 4 使用新型恒温槽盖的恒温槽温场均匀性、波动性总结

校准温度	水平温差	最大温差	温度波动性	扩展不确定度	$k=2$
300.0℃	0.004℃	0.006℃	0.010℃/10min	均匀性：	0.006℃
				波动性：	0.008℃
95.0℃	0.002℃	0.004℃	0.004℃/10min	均匀性：	0.006℃
				波动性：	0.008℃

经过两次比对测试，结果显示：新型恒温槽盖与原恒温槽盖在相同恒温槽中不同温度点的温场均匀性和波动性的最大偏差为0.001℃，几乎可以忽略不计。完全符合JJG 130—2011工作用玻璃液体温度计检定规程对恒温槽的要求。

4 结语

新型恒温槽盖合理地解决了短型温度计的检定、弹簧片设计鸡肋、露出液柱不符合要求、高温烫伤、频繁调整读数望远镜焦距和无法远程读数等问题。最大限度地减轻了检定人员的工作量，提高了检定的工作效率和准确性。

参 考 文 献

[1] 国家质量监督检验检疫总局. JJG 130—2011工作用玻璃液体温度计检定规程. 北京：中国计量出版社，2011.
[2] 国家质量监督检验检疫总局. JJF 1030—2010恒温槽技术性能测试规范. 北京：中国计量出版社，2010.
[3] 国家质量监督检验检疫总局. JJF1908—2021双金属温度计校准规范. 北京：中国计量出版社，2011.
[4] 国家质量监督检验检疫总局. JJG 229—2010工业铂铜热电阻检定规程. 北京：中国计量出版社，2010.
[5] 国家质量监督检验检疫总局. JJF 1183—2007温度变送器校准规范. 北京：中国计量出版社，2007.

作者简介：黄亚辉(1973—)男，助理工程师，中央广播电视大学，现从事温度计量工作。电话：022-63804169，邮编：300271，通信地址：天津市滨海新区大港中石化天津分公司化验计量部。

车用尿素溶液加注机检定研究与应用

曾勇昭[1]　李　铭[2]　何家惠[1]

（1. 中国石化销售股份有限公司广西石油分公司　广西南宁　530021
2. 广西壮族自治区计量检测研究院　广西南宁　530200）

摘　要　为解决车用尿素溶液加注机检定技术问题，合理合法开展检定，保障消费者和经营企业合法利益，通过了解车用尿素溶液加注机结构、工作原理、计量性能以及车用尿素溶液的物理特性，选择适合开展检定的计量标准装置，确定检定项目、检定方法、数据处理方法。试验确定车用尿素溶液体积膨胀系数、加注机示值误差和付费金额误差。编制车用尿素溶液加注机地方检定规程，并取得实际应用效果。

关键词　车用尿素溶液；加注机；检定；体积膨胀系数

随着我国对环境治理的力度不断加大，对柴油汽车尾气排放治理问题的重视和治理手段的推广，从国Ⅳ排放标准开始，规定柴油汽车必须加装尾气净化系统（SCR）以将尾气中的氮氧化物转化为氮气和水等无害物质，而车用尿素溶液就是该系统必要的添加剂。随着更严格排放标准的推广和汽车生产厂家的跟进，车用尿素溶液使用量逐年激增，车用尿素溶液加注机在市场上的应用数量逐渐加大，随之而来的问题就是相关计量管理规范的缺失，车用尿素溶液加注机检定无相关检定规程可依。笔者所在单位积极与广西壮族自治区计量检测研究院沟通合作，开展车用尿素溶液加注机的广西地方检定规程的研究和编制。双方利用各自资源和技术优势，对车用尿素溶液加注机的计量性能等方面进行专项调研、开展必要试验，制定符合地方需求和特点的检定规程，让计量监督有据可依，合理合法开展检定，以保障消费者和经营企业的合法利益。

1　技术要点及难点

1.1　技术要点

了解车用尿素溶液加注机结构、工作原理、计量性能以及车用尿素溶液的物理特性，选择适合开展检定的计量标准装置，确定检定项目、检定方法、数据处理方法、检定周期等。

1.2　技术难点

由于尿素溶液的体膨胀系数无法通过资料准确查到，需通过对尿素溶液试验测定其体膨胀系数。其次，需研究确定合理的操作程序，尽可能避免检定过程中车用尿素溶液被污染，造成不必要的资源浪费。

2　概述

2.1　车用尿素溶液加注机结构

车用尿素溶液加注机是为安装有 SCR 尾气处理系统的柴油车添加车用尿素溶液的一种加注设备。该设备采用吨桶做溶液储罐，可以自动、准确、快速地计量和显示所加注的车用尿素溶液体积，同时具有加注预置、联网通讯、IC 卡支付、小票打印、语音提示等功能。车用尿素溶液加注机一般由储液罐、流量测量变换器、编码器、泵及电机、电磁阀、加注枪、输液软管、控制系统、补液系统、液位传感器、温度传感器等构成。

2.2　车用尿素溶液加注机工作原理

车用尿素溶液加注机流量测量变换器工作原理为活塞往复运动将固定容积的介质排出并通过编码器转换为脉冲信号，经电脑处理数据进行显示和储存。工作流程为车用尿素溶液加注机自吸泵（或潜泵）由电机驱动，将储液罐中的车用尿素溶液经流量测量变换器、输液管、加注枪输送至柴油车尾气净化液储液罐内，见图 1。

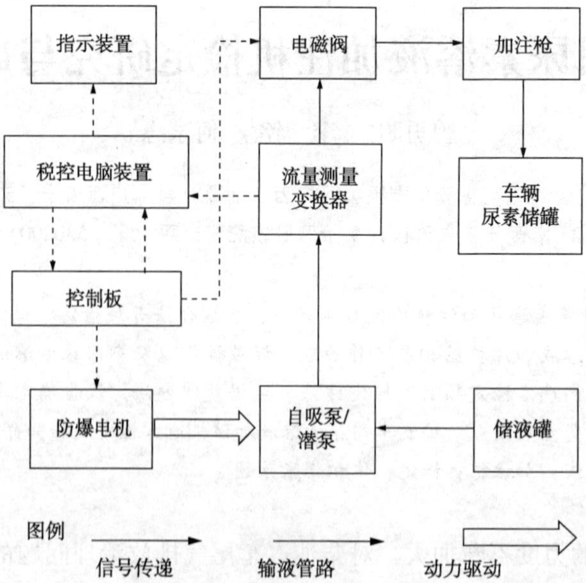

图 1　车用尿素溶液加注机工作原理

2.3　车用尿素溶液加注机计量性能要求

查阅车用尿素溶液加注机生产厂家技术资料了解到，车用尿素溶液加注机的最大允许误差为±0.30%；重复性不超过 0.10%。车用尿素溶液加注机付费金额误差为付费金额应不大于单价和体积计算的付费金额，且两者之差的绝对值应不超过最小付费金额变量。

2.4　车用尿素溶液特性

车用尿素溶液为无色透明、非易燃易爆液体，但对铁、铜、铝等金属有腐蚀性。当温度低于-11.5℃时，车用尿素溶液会发生冻结，冻结后的体积膨胀约 7%~9%；当温度高于 35℃时，车用尿素溶液开始出现分解。车用尿素溶液对污染物，尤其是金属离子非常敏感。被污染的车用尿素溶液轻者失效，重者会对柴油车上的 SCR 尾气处理装置造成损坏。因此，车用尿素溶液在生产、运输、储存、加注和使用过程中须保持高度清洁。

3　车用尿素溶液体积膨胀系数试验

3.1　试验方法

由于车用尿素溶液的体积膨胀系数无法通过资料查到，为此专门对车用尿素溶液通过试验测定其体膨胀系数。采用安东帕 DMA5000A 台式密度仪对车用尿素溶液进行不同温度下的密度测量，从 5~35℃之间每隔 5℃测定一个密度值ρ_i，由于注入密度仪的溶液质量 m 是不变的，根据液体不同温度体积变化公式可计算出车用尿素溶液的平均体膨胀系数β_i。

$$V_i = V_{i-1}[1+\beta_i \cdot \Delta t] \tag{1}$$

由公式(1)推导可得公式(2)

$$\beta_i = \frac{V_i - V_{i-1}}{\Delta t \cdot V_{i-1}} \tag{2}$$

$$\rho_{\mathrm{i}} = \frac{m}{V_{\mathrm{i}}} \tag{3}$$

由公式(2)和公式(3)可推导得当前温度的体膨胀系数

$$\beta_i = (\rho_{i-1} - \rho_i)/(\Delta t \cdot \rho_i) \tag{4}$$

式中　V_i——当前测量温度的体积，mL；

V_{i-1}——上一个测量温度的体积，mL；

β_i——当前测量温度的平均体膨胀系数,℃$^{-1}$;

Δt——温度变化量,℃;

ρ_i——当前测量温度测得的车用尿素溶液密度，g/cm^3;

ρ_{i-1}——上一个测量温度测得的车用尿素溶液密度，g/cm^3。

3.2 试验数据

试验所用介质为由32.5%的专用尿素与67.5%的去离子水配制而成的车用尿素溶液(AUS 32)。根据2010~2019年广西大部分地区温度介于20.50~21.50℃之间，选取20℃对应的45×10^{-5}℃$^{-1}$作为车用尿素溶液体积膨胀系数用于检定计算。试验数据详见表1。

表1 车用尿素溶液体积膨胀系数试验数据

测量次序	温度 t/℃	密度 ρ_i/(g/cm^3)	平均体膨胀系数 β_i/℃$^{-1}$	
			试验数据	试验结果(修约值)
1	5	1.095695	0.0003957	40×10^{-5}
2	10	1.093439	0.0004126	41×10^{-5}
3	15	1.091089	0.0004308	43×10^{-5}
4	20	1.088638	0.0004503	45×10^{-5}
5	25	1.086089	0.0004694	47×10^{-5}
6	30	1.083453	0.0004866	49×10^{-5}
7	35	1.080730	0.0005039	50×10^{-5}

4 示值误差检定

4.1 流量点的选择

车用尿素溶液加注机的首次检定和后续检定应在下列 $Q(1)$、$Q(2)$ 两个流量点各进行3次检定，各流量点的示值误差和重复性应符合车用尿素溶液加注机计量性能要求。由于车用尿素溶液加注机实际加注过程基本在中高速流速下加注，不考虑过低流速流量点的检定。

$$0.90Q_{max} \leqslant Q(1) \leqslant 1.0Q_{max}$$

$$0.36Q_{max} \leqslant Q(2) \leqslant 0.44Q_{max}$$

注：Q_{max}为加注机铭牌标注的最大流量，或现场所能达到的最大流量。

4.2 标准器和配套设备

试验使用的主标准器为三等标准金属量器，配套设备主要有温度计、秒表。设备技术要求见表2。根据车用尿素溶液特性，量器必须为专项使用并保持清洁，不可混用其他介质。

表2 主标准器和配套设备

序号	设备名称	技术要求
1	标准金属量器	最大允许误差不超过±0.05%，容积不小于加注机最小体积变量的1000倍，且不小于检定流量下1min的加注量。如低温下使用应有保温设计或措施。量器主体材质应为不锈钢。 注：量器必须为专项使用并保持清洁，不可混用其他介质。
2	温度计	测量范围满足-10℃~+50℃，最小分度值不大于0.2℃
3	秒表	分度值不大于0.1s
4	检定作用POS机	—

4.3 操作方法

将量器放置在稳定的位置，将量器进行调平，并保证量器排液阀门已关闭。进行试运行，将加注枪插入量器注液口，将加注枪开启到最大流量，用秒表计时并确定现场所能达到的最大流量。量器注满后，加注枪停止加注并放回托架，按量器检定证书规定的排液时间将量器内的液体排净，关闭量器排液阀门。提起加注枪插入量器注液口，启动加注机，将加注枪调整至检定流量向量器内加注；同时用温度计测量加注枪出口处液体温度，待温度计读数稳定后再记录液体温度。当液面升至量器计量颈指定刻度时，关闭加注枪放回托架，读取并记录加注机显示的累积体积量和付费金额。待量器中液面稳定且无气泡后，读出并记录量器的示值，测量并记录量器内的液体温度，随后排空量器内的液体，关闭阀门，准备进行下次检定。重复上述步骤，按要求完成各流量点的检定。

4.4 付费金额检定

在示值误差检定的同时记录付费金额数据，其付费金额误差的平均值应符合加注机的付费金额误差的要求。

5 计算公式

5.1 检定温度下金属量器的实际体积值计算

$$V_{Bt}=V_B[1+\beta_Y(t_J-t_B)+\beta_B(t_B-20)] \tag{5}$$

式中 V_{Bt}——量器中 t_J 下给出的实际体积值，L；

V_B——量器中20℃下标准容积，L；

β_Y、β_B——分别为检定介质和量器材质的体膨胀系数,℃$^{-1}$；

t_J、t_B——分别为加注枪出口处液温和量器内的介质温度,℃。

5.2 示值误差计算

$$E_V=\frac{V_J-V_{Bt}}{V_{Bt}}\times100\% \tag{6}$$

式中 E_V——加注机的体积相对误差,%；

V_J——加注机在 t_J 下指示的体积值，L。

5.3 重复性计算

$$E_n=\frac{E_{Vmax}-E_{Vmin}}{d_n} \tag{7}$$

式中 E_n——重复性,%；

E_{Vmax}、E_{Vmin}——分别为检定流量下的示值误差最大值和最小值,%；

d_n——极差系数；3次测量 d_n 取1.69。

5.4 流量计算

$$Q_V=\frac{60V_t}{t} \tag{8}$$

式中 Q_V——瞬时流量，L/min；

V_t——测量时间 t 内加注机显示的体积值，L；

t——测量时间，s。

5.5 付费金额计算

$$P_C=P_U\times V_J \tag{9}$$

式中 P_C——付费金额，元；

P_U——车用尿素溶液的单价，元/升。

5.6 付费金额误差计算

$$E_P=|P_C-P_J| \tag{10}$$

式中 E_P——付费金额误差，元；

P_J——加注机显示的付费金额，元。

6 试验数据

6.1 示值误差试验数据

在广西桂中、桂北、桂南、桂东、桂西等区域分别选取1座加油站进行车用尿素溶液加注机示值误差试验，根据操作方法和示值误差计算公式进行测试，共测试5台车用尿素溶液加注机，共5支加注枪。

6.1.1 小流量示值误差测试数据

小流量示值误差测试采用20L不锈钢标准金属量器，加注枪出口液体温度和标准金属量器内液体温度采用防爆电子温度计计量，时间采用秒表计时。标准金属量器、防爆电子温度计、秒表均检定合格并在有效期内使用。经测试，不同区域的5支加注枪示值误差和重复性均满足计量性能要求。测试数据详见表3。

表3 车用尿素溶液加注机小流量示值误差测试数据

标准金属量器编号：1036　　防爆电子温度计编号：09202955

量器20L对应高度：75mm　　计量颈分度容量：1.56ml/mm

区域	加油站	加注枪	流量/(L/min)	加注量/L	加注机出口温度/℃	标准金属量器			示值误差	重复性
						液位/mm	温度/℃	计量体积/L		
桂中	A加油站	1号	16.66	19.99	23.6	68.56	23.2	19.997	-0.03%	0.04%
			16.01	20.01	23.5	78.36	23.2	20.011	-0.01%	
			16.22	20.00	23.5	66.78	23.1	19.994	0.03%	
桂北	B加油站	1号	16.88	19.98	21.7	56.38	21.4	19.975	0.02%	0.03%
			16.43	19.99	21.7	59.22	21.3	19.980	0.05%	
			16.23	20.02	21.5	75.26	21.2	20.004	0.08%	
桂南	C加油站	1号	15.38	20.00	24.2	85.66	23.9	20.023	-0.12%	0.02%
			15.79	20.00	24.1	81.58	23.9	20.016	-0.08%	
			15.01	20.01	24.1	92.34	23.8	20.034	-0.12%	
桂东	D加油站	1号	15.17	19.98	22.9	52.38	22.7	19.969	0.05%	0.03%
			15.01	20.01	22.9	64.22	22.6	19.988	0.11%	
			15.38	20.00	22.8	61.58	22.6	19.983	0.08%	
桂西	E加油站	1号	15.58	20.00	22.3	78.46	22.0	20.010	-0.05%	0.04%
			16.02	20.02	22.2	83.54	22.0	20.017	0.01%	
			15.80	20.01	22.1	81.88	21.8	20.015	-0.03%	

6.1.2 大流量示值误差测试数据

大流量示值误差测试采用50L不锈钢标准金属量器，加注枪出口液体温度和标准金属量器内液体温度采用防爆电子温度计计量，时间采用秒表计时。标准金属量器、防爆电子温度计、秒表均检定合格并在有效期内使用。经测试，不同区域的5支加注枪示值误差和重复性均满足计量性能要求。测试数据详见表4。

表4 车用尿素溶液加注机大流量示值误差测试数据

标准金属量器编号：706　　防爆电子温度计编号：09202955

量器20L对应高度：71mm　　计量颈分度容量：1.9ml/mm

区域	加油站	加注枪	流量/(L/min)	加注量/L	加注机出口温度/℃	标准金属量器			示值误差	重复性
						液位/mm	温度/℃	计量体积/L		
桂中	A加油站	1号	37.04	50.01	23.5	82.36	23.1	50.038	-0.06%	0.01%
			37.50	50.00	23.5	72.38	23.0	50.021	-0.04%	
			37.99	50.02	23.4	83.66	23.0	50.041	-0.04%	

续表

区域	加油站	加注枪	流量/(L/min)	加注量/L	加注机出口温度/℃	标准金属量器			示值误差	重复性
						液位/mm	温度/℃	计量体积/L		
桂北	B 加油站	1 号	38.45	49.99	21.6	58.56	21.3	49.986	0.01%	0.03%
			38.96	50.00	21.5	77.36	21.3	50.020	-0.04%	
			37.97	49.99	21.6	67.24	21.2	50.005	-0.03%	
桂南	C 加油站	1 号	38.47	50.01	24.1	85.76	23.8	50.044	-0.07%	0.03%
			37.98	50.01	24.0	81.38	23.7	50.036	-0.05%	
			37.49	49.99	24.1	62.58	23.7	50.002	-0.02%	
桂东	D 加油站	1 号	37.96	49.98	22.8	49.44	22.6	49.970	0.02%	0.02%
			37.50	50.00	22.7	56.88	22.4	49.986	0.03%	
			37.01	49.97	22.7	34.28	22.5	49.941	0.06%	
桂西	E 加油站	1 号	38.98	50.02	22.1	78.46	21.9	50.023	-0.01%	0.03%
			37.96	49.98	22.0	51.38	21.9	49.970	0.02%	
			37.49	49.99	22.0	48.76	21.7	49.969	0.04%	

6.2 付费金额误差测试数据

经测试，不同区域的 5 支加注枪付费金额误差均满足计量性能要求。测试数据详见表 5。

表 5 付费金额误差测试数据

区域	加油站	单价/(元/L)	加注量/L	计算金额/元	显示金额/元	计算金额与显示金额差值的绝对值/元	最小金额变量/元
桂中	A 加油站	2.40	19.99	47.976	47.97	0.006	0.024
桂北	B 加油站	2.40	19.98	47.952	47.95	0.002	0.024
桂南	C 加油站	2.40	20.01	48.024	48.02	0.004	0.024
桂东	D 加油站	2.40	19.98	47.952	47.95	0.002	0.024
桂西	E 加油站	2.40	20.01	48.024	48.02	0.004	0.024

7 应用案例

根据研究成果编制的广西地方计量检定规程 JJG(桂)78-2020《车用尿素溶液加注机》经专家评审，由广西壮族自治区市场监督管理局于 2020 年 9 月 11 日批准发布，并自 2020 年 11 月 1 日起施行。该地方检定规程发布施行后，广西多家法定计量检定单位依据该地方检定规程完成计量标准建立并获得计量授权。经 1 年多法定检定机构开展检定和企业自校情况来看，加油站在用的车用尿素溶液加注机法定检定和企业自校结果均满足该地方检定规程计量性能要求，有效解决车用尿素溶液加注机检定的技术问题，服务于地方经济发展和环境保护。

8 结语

通过对车用尿素溶液加注机结构、工作原理、计量性能，车用尿素溶液特性等的了解，选择适合检定的计量标准装置，确定检定项目、检定方法、数据处理方法、检定周期等内容。经试验测试，结合地方实际情况选取 $45\times10^{-5}℃^{-1}$ 作为车用尿素溶液体积膨胀系数编制地方检定规程。经对广西不同区域 5 支车用尿素溶液加注枪进行现场测试，示值误差和付费金额误差试验结果均满足车用尿素溶液加注机计量性能要求，证明所研究的检定方法可有效适用于车用尿素溶液加注机检定工作。JJG(桂)78-2020《车用尿素溶液加注机》检定规程有效解决广西区内车用尿素溶液加注机检定的计量监管难题，为正常的市场经营秩序创造良好的技术支持。

参 考 文 献

[1] 全国内燃机标准化技术委员会．柴油机选择性催化还原(SCR)系统用尿素溶液加注装置：JB/T 13050—2017[S]．北京：中国标准出版社，2017.

[2] 全国石油产品和润滑剂标准化技术委员会石油燃料和润滑剂分技术委员会．柴油发动机氮氧化物还原剂 尿素水溶液(AUS 32)：GB 29518—2013[S]．北京：中国标准出版社，2013.

[3] 郑雪梅．用流体静力称衡法测定液体的膨胀系数[J]．赣南师范学院学报，2000，2000(6)：89-90.

[4] 谢贤胜，王升，闫妍，胡宝清，等．广西西江流域近50年气温和降水变化趋势及突变分析[J]．水力发电，2020，46(12)：19-25.

[5] 全国流量容量计量技术委员会．燃油加油机检定规程：JJG 443—2015[S]．北京：中国质检出版社，2015.

作者简介：曾勇昭(1967—)，男，首席专家，北京科技大学，现从事油品数质量管理、节能低碳管理、科技创新管理。电话：0771-6757958，邮编：530021，通信地址：广西南宁市青秀区桃源路67号石油大厦。

扩容《石油计量表》提高催化油浆罐量计算准确性

冯胜权　林海安

（中国石油化工股份有限公司茂名分公司仪控计量部　广东茂名　525011）

摘　要　某企业催化油浆密度大，超出了《石油计量表》中石油产品对应的密度编表范围，严重影响罐量计算准确性。本文以ISO91-1《石油计量表—第1部分：以15℃和60℉为标准温度的表》中石油体积膨胀系数表的数据为参考，通过合理的数学模型和逻辑演算，对原油，润滑油，石油产品如燃料油、柴油、煤油、汽油等分别编制Excel表格及公式，实现GB/T1885-1998《石油计量表》的自动换算功能，快速获得以20℃为标准温度的密度和体积修正系数，解决了《石油计量表》高密度区间体积修正系数缺失的问题，提高了催化油浆罐量计算的准确性。

关键词　石油计量表；标准密度；体积修正系数

1　引言

2022年3月份，某企业催化油浆中转业务出现盘亏，从2021年7月21日至2022年3月14日，期间累计输送27批次，储罐检尺输送量36215.171t，管输流量计计量36091.973t，以流量计量作为交接量。检尺与流量计两种计量方式相差123.198t，差率0.34%，超过交接允差（≤±0.2%），由于罐表比对数据差异较大，因此核准催化油浆输送量迫在眉睫。

2　原因分析

由于催化油浆重组分含量高，具有密度大、黏度高、流动性差的特点，影响其计量准确性的因素较多。通过对流量计组态参数、运行工况进行检查，以及流量计拆送计量检定0.2级合格，均表明流量计投用以来运行平稳、计量数据是准确的。

计量人员在MES进行催化油浆罐量计算过程中，发现该系统使用的石油产品体积修正系数表，对应催化油浆密度区间的20℃体积修正系数VCF_{20}值是不正确的，其结果严重影响罐量计算准确性，是导致储罐检尺计量数据失准，造成与流量计计量比对超差的主要原因。

GB/T 1885—1998《石油计量表》是石油产品计量过程中必须遵守的国家标准，是石油贸易交接计量的重要依据。计量人员根据油品的视密度、试验温度、计量温度，通过查表的方式，计算出石油的标准密度和体积修正系数，从而完成石油产品的体积计量和质量计量。其核心内容就是获得石油产品在标准温度20℃下的密度ρ_{20}和体积修正系数VCF_{20}，以及20℃下的密度ρ_{20}与15℃下的密度ρ_{15}之间的换算。对应油品的查表数据范围如表1。

表1　《石油计量表》查表数据的编表范围

序号	石油种类	密度范围/(kg/m³)	温度范围/℃
1	原油	610~778	-18~95
		778~824	-18~125
		824~1075	-18~150
2	石油产品	653~778	-18~95
		778~824	-18~125
		824~1075	-18~150

续表

序号	石油种类	密度范围/(kg/m³)	温度范围/℃
3	润滑油	800~824	-18~125
		824~1164	-18~150

外购催化油浆质检测定标准密度为 1079.5~1118.2kg/m³，远大于《石油计量表》中石油产品对应的密度编表范围 653~1075kg/m³，因此，《石油计量表》对于高密度区间的查表数据是缺失的，催化油浆无法通过查表获得相应正确的 VCF_{20} 值，也就无法准确计算催化油浆储罐收付及库存的体积和质量。

从以上的分析可以看出，石油计量表高密度区间查表数据缺失，导致催化油浆 MES 罐量计算失准。

3 解决措施

3.1 用迭代法实现石油计量表自动换算

3.1.1 引用标准

迭代法最早由英国石油协会(IP)于 1980 年 10 月发布，它根据标准温度为 15℃时 VCF_{15} 的标准算法，提出以标准温度为 20℃的 VCF_{20} 的计算方法。从我国现行标准 GB/T 1885—1998《石油计量表》附录 B 石油计量表计算流程简图中的描述可以看出，《石油计量表》采用了迭代法建立数据表。

通过对《石油计量表》计算流程钻研攻关，依据 ISO91-1《石油计量表—第 1 部分：以 15℃和 60℉为标准温度的表》中石油体积膨胀系数经验值公式，经过反复逻辑推导和数据演算，以 Excel 软件为平台用迭代法编制了 1 套用于原油，润滑油，石油产品如燃料油、柴油、煤油、汽油等 ρ_{15}、ρ_{20}、VCF_{20} 数据自动换算的表格，快速获得以 20℃为标准温度的密度和体积修正系数，既能代替人工查表，有效地减少人为错误，又能解决《石油计量表》高密度区间体积修正系数缺失的问题，提高数据准确度和计量管理水平，更好地把石油计量相关国家标准落实到位。

3.1.2 公式推导

在 ISO91-1 中，对原油，润滑油，石油产品如燃料油、柴油、煤油、汽油等，按照石油产品标准密度的区间划分了体积膨胀系数中 K_0、K_1、A 的值，如表 2 所示。

表 2 石油产品体积膨胀系数表

石油种类	15℃密度/(kg/m³)	K_0	K_1	A
原油	610.6~1163.5	613.9723		
汽油	610.6~770.3	346.4228	0.4388	
过渡区	770.3~787.5	2680.3210		-0.00336312
航煤	787.5~838.3	594.5418		
柴油燃油	838.3~1163.5	186.9696	0.4862	
润滑油	800.9~1163.5		0.6278	

标准温度为 15℃的体积修正系数如下：

$$VCF_{15}=\mathrm{e}^{-\alpha_{15}\Delta t(1+0.8\alpha_{15}\Delta t)} \tag{1}$$

标准温度为 15℃的体积膨胀系数如下：

$$\alpha_{15}=\frac{K_0}{\rho_{15}^2}+\frac{K_1}{\rho_{15}}+A \tag{2}$$

根据实际密度 ρ_t=视密度 ρ'×视密度补偿系数，得到：

$$\rho_t=\rho'\times[1-2.3\times10^{-5}(t-20)-2\times10^{-8}(t-20)^2] \tag{3}$$

$$VCF_{15}=\frac{\rho_t}{\rho_{15}} \tag{4}$$

根据公式(3)、公式(4)得到：

$$\rho_{15}=\frac{\rho'\times(1-2.3\times10^{-5}(t-20)-2\times10^{-8}(t-20)^2)}{e^{-\alpha_{15}\Delta t(1+0.8\alpha_{15}\Delta t)}} \tag{5}$$

假设ρ'的值赋给ρ_{15}，求出的值再赋给ρ_{15}'(通过循环引用得到的ρ_{15}新值)，通过迭代使ρ_{15}与ρ_{15}'差值的绝对值小于给定的收敛精度，求出ρ_{15}的真值。

根据$VCF_{15}=\frac{\rho_{20}}{\rho_{15}}$，得到：

$$\rho_{20}=\rho_{15}\times e^{-\alpha_{15}\Delta t(1+0.8\alpha_{15}\Delta t)} \tag{6}$$

根据$VCF_{20}=\frac{\rho_t}{\rho_{20}}=\frac{\rho_{15}\times VCF_{15}}{\rho_{20}}$，得到：

$$VCF_{20}=\frac{\rho_{15}\times e^{-\alpha_{15}\Delta t(1+0.8\alpha_{15}\Delta t)}}{\rho_{20}} \tag{7}$$

式中 e——自然对数的底数，无量纲；

Δt——计量温度t与15℃的差值,℃；

α_{15}——标准温度15℃的石油体积膨胀系数，m/K；

t——计量温度,℃。

K_0——常数；

K_1——常数；

A——常数；

ρ_t——实际密度，kg/m^3；

ρ'——视密度，kg/m^3；

ρ_{15}——石油15℃的密度，kg/m^3。

ρ_{20}——石油20℃的密度，kg/m^3；

VCF_{15}——标准温度为15℃的体积修正系数；

VCF_{20}——标准温度为20℃的体积修正系数。

3.2 以Excel为平台编制数据换算表格

3.2.1 迭代功能设置

选择Excel功能栏的“文件”→“选项”→“公式”→“计算选项”，在“工作簿计算”选择“自动重算”，勾选“启用迭代计算”，最多迭代次数设为99，最大误差(收敛精度)为0.000001，点击“确定”，如图1所示。

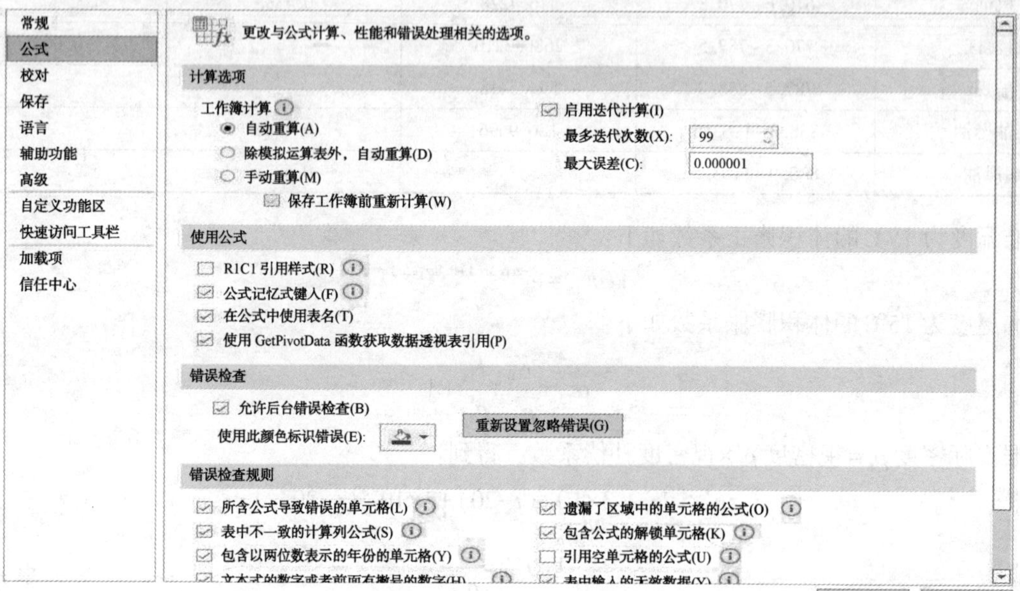

图1 Excel迭代功能设置

3.2.2 Excel 制表

建立一个名为“石油计量表”的 Excel 工作表，该表格使用 7 行 9 列，如图 2 所示。

	A	B	C	D	E	F	G	H	I
1	石油种类/(kg/m³)	视密度/(kg/m³)	试验温度/℃	计量温度/℃	待求值	15℃标准密度/(kg/m³)	20℃标准密度/(kg/m³)	VCF_{20}	待求值ρ_{20}
2	原油（610.6~1163.5）								
3	汽油（610.6~770.3）								
4	石油产品（770.3~787.5）								
5	航煤（787.5~838.3）								
6	柴油燃油（838.3~1163.5）								
7	润滑油（800.9~1163.5）								

石油计量表

图 2 “石油计量表”Excel 工作表

3.2.3 制作算法

（1）在图 2“石油计量表”中 F 列的“15℃标准密度”栏 F2～F7 单元格分别输入以下计算公式(5)，如图 3 所示。

石油种类	15℃标准密度
原油	B2*(1−2.3*10^−5*(C2−15)−2*10^−8*(C2−15)^2)/EXP(−(613.9723/(E2)^2)*(C2−15)*(1+0. 8*(C2−15)*(613. 9723/(E2)^2)))
汽油	B3*(1−2.3*10^−5*(C3− 15)−2*10^−8*(C3− 15)^2)/EXP(−(346.4228/(E3)^2+0.4388/E3)*(C3−15)*(1+0.8*(C3−15)*(346.4228/(E3)^2+0.4388/E3)))
过渡区	B4*(1−2.3*10^−5*(C4−15)−2* 10^−8*(C4−15)^2)/EXP(−(2680.321/(E4)^2−0.00336312)*(C4−15)*(1+0.8*(C4−15)* (2680.321/(E4)^2−0.00336312)))
航煤	B5*(1−2.3*10^−5*(C5−15)−2*10^−8*(C5−15)^2)/EXP(−(594. 5418/(E5)^2)*(C5−15)*(1+0.8*(C5−15)*(594. 5418/(E5)^2)))
柴油燃油	B6*(1−2.3*10^−5*(C6−15)−2*10^−8*(C6−15)^2)/EXP(−(186.9696/(E6)^2+0.4862/E6)*(C6−15)*(1+0.8*(C6−15)*(186.9696/(E6)^2+0.4862/E6)))
润滑油	B7*(1−2.3*10^−5*(C7−15)−2*10^−8*(C7−15)^2)/EXP(−(0.6278/E7)*(C7−15)*(1+0.8*(C7−15)* (0.6278/E7)))

图 3 15℃标准密度栏计算公式

（2）在图 2“石油计量表”中 I 列的“待求值 ρ_{20}”栏 I2～I7 单元格分别输入以下计算公式(6)，如图 4 所示。

石油种类	待求值ρ_{20}
原油	F2*EXP(−(613.9723/(F2)^2)*(20−15)*(1+0.8*(20−15)*(613.9723/(F2)^2)))
汽油	F3* EXP(−(346.4228/(F3)^2+0.4388/F3)*(20−15)*(1+0.8*(20−15)*(346.4228/(F3)^2+0.4388/F3)))
过渡区	F4*EXP(−(2680.321/(F4)^2−0.00336312)*(20−15)*(1+0.8*(20−15)*(2680.321/(F4)^2−0.00336312)))
航煤	F5*EXP(−(594.5418/(F5)^2)*(20−15)*(1+0.8*(20−15)*(594.5418/(F5)^2)))
柴油燃油	F6*EXP(−(186.9696/(F6)^2+0.4862/F6)*(20−15)*(1+0.8*(20−15)*(186.9696/(F6)^2+0.4862/F6)))
润滑油	F7*EXP(−(0.6278/F7)*(20−15)*(1+0.8*(20−15)*(0.6278/F7)))

图 4 待求值 ρ_{20} 栏计算公式

（3）在图 2“石油计量表”中 G 列的“20℃标准密度”栏 G2～G7 单元格分别输入以下计算公式(3)，如图 5 所示。

（4）在图 2“石油计量表”中 H 列的“VCF_{20}”栏 H2～H7 单元格分别输入以下计算公式(7)，如图 6 所示。

3.2.4 计算步骤

以原油为例，填写数据的顺序必须依次为：ρ_{15}、ρ_{20}、VCF_{20}，否则会出错。

（1）步骤一：依次在“视密度”“试验温度”“计量温度”栏输入对应计量单位的数值，例如 888、26、55，如图 7 所示。

石油种类	20℃标准密度
原油	I2*(1–2.3*10^–5*(15–20)–2*10^–8*(15–20)^2)
汽油	I3*(1–2.3*10^–5*(15–20)–2*10^–8*(15–20)^2)
过渡区	I4*(1–2.3*10^–5*(15–20)–2*10^–8*(15–20)^2)
航煤	I5*(1–2.3*10^–5*(15–20)–2*10^–8*(15–20)^2)
柴油燃油	I6*(1–2.3*10^–5*(15–20)–2*10^–8*(15–20)^2)
润滑油	I7*(1–2.3*10^–5*(15–20)–2*10^–8*(15–20)^2)

图 5　20℃标准密度栏计算公式

石油种类	VCF_{20}
原油	F2*EXP(–(613.9723/(F2)^2)*(D2–15)*(1+0.8*(D2–15)*(613. 9723/(F2)^2)))/I2
汽油	F3*EXP(–(346.4228/(F3)^2+0. 4388/F3)*(D3–15)*(1+0.8*(D3–15)* (346.4228/(F3)^2+0. 4388/F3)))/I3
过渡区	F4* EXP(–(2680.321/(F4)^2–0.00336312)*(D4–15)*(1+0.8*(D4–15)* (2680.321/(F4)^2–0.00336312)))/I4
航煤	F5*EXP(–(594. 5418/(F5)^2)*(D5–15)*(1+0.8* (D5–15)*(594.5418/(F5)^2)))/I5
柴油燃油	F6* EXP(–(186.9696/(F6)^2+0.4862/F6)*(D6–15)*(1+0.8*(D6–15)*(186.9696/(F6)^2+0.4862/F6)))/I6
润滑油	F7*EXP(–(0.6278/F7)*(D7–15)*(1+0.8*(D7–15)*(0. 6278/F7)))/I7

图 6　VCF_{20}栏计算公式

	A	B	C	D	E	F	G	H
1	油品种类/(kg/m³)	视密度/(kg/m³)	试验温度/℃	计量温度/℃	待求值	15℃标准密度/(kg/m³)	20℃标准密度/(kg/m³)	VCF_{20}
2	原油（610.6~1163.5）	888.0	26.0	55.0		#DIV/0!	#DIV/0!	#DIV/0!
3	汽油（610.6~770.3）							
4	石油产品（770.3~787.5）							
5	航煤（787.5~838.3）							
6	柴油燃油（838.3~1163.5）							
7	润滑油（800.9~1163.5）							

石油计量表

图 7　石油计量表计算步骤一

（2）步骤二：将“待求值”栏数值设为与“视密度”栏数值相等(即 $En=Bn$)，如图 8 所示。

	A	B	C	D	E	F	G	H
1	油品种类/(kg/m³)	视密度/(kg/m³)	试验温度/℃	计量温度/℃	待求值	15℃标准密度/(kg/m³)	20℃标准密度/(kg/m³)	VCF_{20}
2	原油（610.6~1163.5）	888.0	26.0	55.0	888.0	895.5	892.1	0.9728
3	汽油（610.6~770.3）							
4	石油产品（770.3~787.5）							
5	航煤（787.5~838.3）							
6	柴油燃油（838.3~1163.5）							
7	润滑油（800.9~1163.5）							

石油计量表

图 8　石油计量表计算步骤二

（3）步骤三：再将“待求值”栏数值设为与“15℃标密”栏数值相等（即 $En=Fn$），经 Excel 软件自动迭代计算后即可得到ρ_{15}、ρ_{20}、VCF_{20}的真值，如图 9 所示。

油品种类/(kg/m³)	视密度/(kg/m³)	试验温度/℃	计量温度/℃	待求值	15℃标准密度/(kg/m³)	20℃标准密度/(kg/m³)	VCF_{20}
原油（610.6~1163.5）	888.0	26.0	55.0	895.3	895.5	892.0	0.9728
汽油（610.6~770.3）							
石油产品（770.3~787.5）							
航煤（787.5~838.3）							
柴油燃油（838.3~1163.5）							
润滑油（800.9~1163.5）							

图 9　石油计量表计算步骤三

4　应用效果

4.1　填补《石油计量表》高密度区间查表数据

运用自主编制的《石油计量表》Excel 自动换算表格，可实现对《石油计量表》编表范围之外查表数据的自动计算，从而获得正确的石油产品在标准温度 20℃下的密度ρ_{20}和体积修正系数VCF_{20}，以及 20℃下的密度ρ_{20}与 15℃下的密度ρ_{15}之间的准确换算，完美的解决高密度区间石油体积计量和质量计量的问题，如图 10 所示。

油品种类/(kg/m³)	视密度/(kg/m³)	试验温度/℃	计量温度/℃	待求值	15℃标准密度/(kg/m³)	20℃标准密度/(kg/m³)	VCF_{20}
原油（610.6~1163.5）	888.0	33.0	55.0	900.0	900.0	896.6	0.9731
汽油（610.6~770.3）	666.0	33.0	55.0	682.9	682.9	678.2	0.9504
石油产品（770.3~787.5）	777.0	33.0	55.0	790.0	790.0	786.4	0.9669
航煤（787.5~838.3）	800.0	33.0	55.0	812.9	812.9	809.3	0.9680
柴油燃油（838.3~1163.5）	999.0	33.0	55.0	1010.7	1010.7	1007.5	0.9765
润滑油（800.9~1163.5）	999.0	33.0	55.0	1009.9	1009.9	1006.9	0.9780

图 10　《石油计量表》自动换算表

4.2　核准催化油浆中转储罐收付计量数据

某企业应用石油计量表自动换算，对 2021 年 7 月 21 日~2022 年 3 月 14 日共 27 批次催化油浆储罐检尺付出量重新进行罐量计算，核准储罐检尺实际输送量 36148.747t，与管输流量计计量 36091.973t 相比，检尺与流量计两种计量方式相差 56.774t，差率由 0.34%降至 0.16%，在交接允差（≤±0.2%）内，罐量计算数据精度提高 0.18%，实现催化油浆中转计量过程管控准确可靠，如表 3 和图 11 所示。

表 3　催化油浆检尺计量与流量计计量数据比对表

序号	输送时间	罐号	流量计量/t	标准密度/(kg/m³)	MES 罐量计量			标准 VCF_{20}罐量计算		
					MES 罐付量/t	MES 罐表差量/t	MES 罐表差率/%	实际罐付量/t	实际罐表差量/t	实际罐表差率/%
1	2021/7/21	703	1728.567	1097.3	1726.768	−1.799	−0.10	1726.030	−2.537	−0.15
2	2021/7/22	704	1981.933	1099.6	1986.692	4.759	0.24	1985.312	3.379	0.17
3	2021/7/23	705	1966.380	1105.5	1992.239	25.859	1.32	1994.786	28.406	1.44

续表

<table>
<tr><th rowspan="2">序号</th><th rowspan="2">输送时间</th><th rowspan="2">罐号</th><th rowspan="2">流量计量/t</th><th rowspan="2">标准密度/(kg/m³)</th><th colspan="3">MES 罐量计量</th><th colspan="3">标准 VCF20罐量计算</th></tr>
<tr><th>MES 罐付量/t</th><th>MES 罐表差量/t</th><th>MES 罐表差率/%</th><th>实际罐付量/t</th><th>实际罐表差量/t</th><th>实际罐表差率/%</th></tr>
<tr><td>4</td><td>2021/7/29</td><td>703</td><td>2019.073</td><td>1113.9</td><td>2059.008</td><td>39.935</td><td>1.98</td><td>2058.179</td><td>39.106</td><td>1.94</td></tr>
<tr><td>5</td><td>2021/8/3</td><td>704</td><td>1920.434</td><td>1114.8</td><td>1946.113</td><td>25.679</td><td>1.34</td><td>1943.683</td><td>23.249</td><td>1.21</td></tr>
<tr><td>6</td><td>2021/8/9</td><td>703</td><td>2067.727</td><td>1108.8</td><td>2067.702</td><td>−0.025</td><td>0.00</td><td>2066.547</td><td>−1.180</td><td>−0.06</td></tr>
<tr><td>7</td><td>2021/8/14</td><td>704</td><td>2049.784</td><td>1109.7</td><td>2051.299</td><td>1.515</td><td>0.07</td><td>2050.331</td><td>0.547</td><td>0.03</td></tr>
<tr><td>8</td><td>2021/9/1</td><td>704</td><td>1977.222</td><td>1112.0</td><td>1999.948</td><td>22.726</td><td>1.15</td><td>1999.284</td><td>22.062</td><td>1.12</td></tr>
<tr><td>9</td><td>2021/9/17</td><td>703</td><td>1847.154</td><td>1092.2</td><td>1849.574</td><td>2.420</td><td>0.13</td><td>1847.831</td><td>0.677</td><td>0.04</td></tr>
<tr><td>10</td><td>2021/10/29</td><td>705</td><td>1926.211</td><td>1079.5</td><td>1931.842</td><td>5.631</td><td>0.29</td><td>1930.671</td><td>4.460</td><td>0.23</td></tr>
<tr><td>11</td><td>2021/12/14</td><td>704</td><td>2015.323</td><td>1085.6</td><td>2025.536</td><td>10.213</td><td>0.51</td><td>2025.401</td><td>10.078</td><td>0.50</td></tr>
<tr><td>12</td><td>2022/1/1</td><td>703</td><td>1320.324</td><td>1092.2</td><td>1326.889</td><td>6.565</td><td>0.50</td><td>1321.832</td><td>1.508</td><td>0.11</td></tr>
<tr><td>13</td><td>2022/1/2</td><td>703</td><td rowspan="3">221.641</td><td>1099.3</td><td>41.370</td><td rowspan="3">12.299</td><td rowspan="3">5.55</td><td>29.851</td><td rowspan="3">−11.945</td><td rowspan="3">−5.39</td></tr>
<tr><td>14</td><td>2022/1/3</td><td>703</td><td>1099.3</td><td>31.917</td><td>19.233</td></tr>
<tr><td>15</td><td>2022/1/4</td><td>703</td><td>1099.3</td><td>160.653</td><td>160.612</td></tr>
<tr><td>16</td><td>2022/1/5</td><td>703</td><td rowspan="2">100.787</td><td>1099.3</td><td>49.672</td><td rowspan="2">−3.266</td><td rowspan="2">−3.24</td><td>36.844</td><td rowspan="2">−28.618</td><td rowspan="2">−28.39</td></tr>
<tr><td>17</td><td>2022/1/5</td><td>703</td><td>1095.1</td><td>47.849</td><td>35.325</td></tr>
<tr><td>18</td><td>2022/2/7</td><td>706</td><td>165.200</td><td>1105.3</td><td>168.224</td><td>3.024</td><td>1.83</td><td>167.450</td><td>2.250</td><td>1.36</td></tr>
<tr><td>19</td><td>2022/2/10</td><td>706</td><td rowspan="2">3531.234</td><td>1105.3</td><td>1608.553</td><td rowspan="2">−4.704</td><td rowspan="2">−0.13</td><td>1607.947</td><td rowspan="2">−5.218</td><td rowspan="2">−0.15</td></tr>
<tr><td>20</td><td>2022/2/13</td><td>706</td><td>1105.5</td><td>1917.977</td><td>1918.069</td></tr>
<tr><td>21</td><td>2022/2/14</td><td>705</td><td rowspan="2">3539.528</td><td>1109.3</td><td>2049.641</td><td rowspan="2">6.323</td><td rowspan="2">0.18</td><td>2048.145</td><td rowspan="2">4.344</td><td rowspan="2">0.12</td></tr>
<tr><td>22</td><td>2022/2/16</td><td>704</td><td>1118.2</td><td>1496.210</td><td>1494.727</td></tr>
<tr><td>23</td><td>2022/2/17</td><td>703</td><td>322.399</td><td>1118.2</td><td>321.875</td><td>−0.524</td><td>−0.16</td><td>320.410</td><td>−1.989</td><td>−0.62</td></tr>
<tr><td>24</td><td>2022/2/28</td><td>705</td><td>1019.830</td><td>1095.4</td><td>1002.187</td><td>−17.643</td><td>−1.73</td><td>1001.971</td><td>−17.859</td><td>−1.75</td></tr>
<tr><td>25</td><td>2022/3/10</td><td>705</td><td>2072.136</td><td>1095.9</td><td>2065.061</td><td>−7.075</td><td>−0.34</td><td>2065.012</td><td>−7.124</td><td>−0.34</td></tr>
<tr><td>26</td><td>2022/3/13</td><td>705</td><td>291.805</td><td>1095.9</td><td>289.639</td><td>−2.166</td><td>−0.74</td><td>291.281</td><td>−0.524</td><td>−0.18</td></tr>
<tr><td>27</td><td>2022/3/14</td><td>705</td><td>2007.281</td><td>1097.9</td><td>2000.733</td><td>−6.548</td><td>−0.33</td><td>2000.983</td><td>−6.298</td><td>−0.31</td></tr>
<tr><td colspan="3">汇总</td><td>36091.973</td><td>1101.9</td><td>36215.171</td><td>123.198</td><td>0.34</td><td>36148.747</td><td>56.774</td><td>0.16</td></tr>
</table>

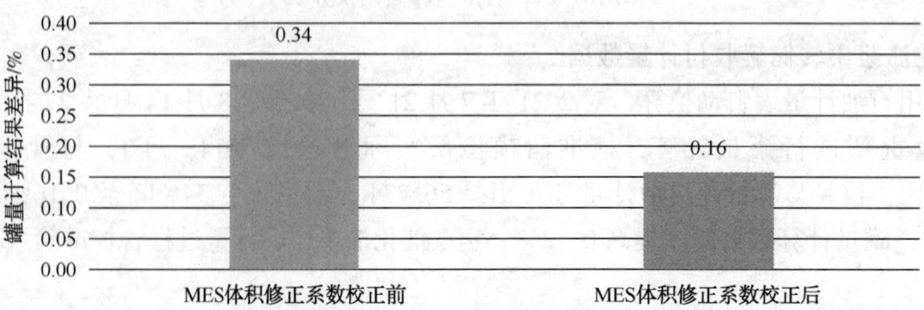

图 11 催化油浆 MES 体积修正系数校正前后罐量计算结果变化趋势

5 结论

本文编制的 Excel 版《石油计量表》自动换算表，界面清晰、操作简单、运算快速，只需将油品的视密度、试验温度、计量温度填入指定区域即可直接求出 ρ_{15}、ρ_{20}、VCF_{20}的值。计算结果已经在催化油浆、基础油等油品计量中验证，数据准确，其查表范围和数据精确位数均优于《石油计量表》所提供的数据。在某企业计量班组推广应用于储罐、铁路罐车、油船的油品计量并已获得了使用人员的认可，真正做到“一键出结果”，避免人工计算的复杂和失误，提高了石油产品贸易计量的准确度与工作效率。

参 考 文 献

[1] 李德湘，宋海勇，陈新萍，李智敏．石油计量表计算机辅助应用的实现[J]．石油化工自动化，2003.3：59-61.

[2] 陈晓东，程博琛．实现石油产品体积修正系数自动计算的方法[J]．科技创新与应用，2012.6：1-3.

[3] 汪楚尧．用迭代法实现《石油计量表》转换 EXCEL 上的应用[J]．当代化工，2014.43(6)：1103-1105.

[4]《石油计量表》GB/T 1885—1998.

[5]《石油计量表》产品部分(GB/T 1885—1998 专用)，中国标准出版社．

作者简介：冯胜权(1973—)，男，技术员，华东理工大学工业自动化仪表专业，现从事计量运行管理工作。电话：13809767343，邮编：525000，通信地址：广东省茂名市茂南区厂前西路 15 号。

关于海上原油平台外输数字化计量检定方式的研究

潘迁伟　刘复峰

（中海油能源发展股份有限公司销售服务分公司　山东滨州　256655）

摘　要　为了实现国内增储上产的目标，践行“七年行动计划”，海洋油气开采不断提升数字化能力，其中海洋原油外输数字化计量是重要方面。数字化计量关键是流量计的检定，但由于海上平台作业的特殊性无法对流量计进行拆卸送检或在线检定，本文通过研究，以海上移动式平台“海洋石油162”进行原油中转计量的方式可实现海上平台流量计的检定工作。

关键词　海上原油外输；数字化；外输计量；流量计检定

1　引言

当前，我国油气生产与消费间缺口持续扩大、油气对外依存度持续攀高，为了实现国内增储上产的目标，践行“七年行动计划”，海洋油气开采是国内增储上产的主要方向，数字化是推动海洋油气发展的重要推动力。进入“十四五”时期，油气行业数字化转型不断加速，在高质量发展要求下，海上原油数字化外输计量应尽快实现转型升级，替换传统的手工计量方式，打通海洋油气开采至终端用户的数字化发展链条。本文主要分析研究实现海上平台原油外输数字化计量涉及的流量计标定方式。

2　海上原油外输计量模式

2.1　海上原油外输数字化计量现状

通过海上油气田数字化的不断发展，已初步形成海上原油平台生产外输至FPSO、FPSO原油储存和外输提油船舶的基本数字化外输模式。其中涉及原油外输计量分为流量计计量和手工计量，在海上原油平台和FPSO外输中均设有流量计，目前主要为质量流量计，可直观读取原油外输数据。FPSO中原油外输至提油船舶后，在提油船舶中进行手工计量，以手工计量数据作为该船原油贸易的结算数量。

2.2　质量流量计的工作原理

质量流量计的优点是其他体积流量计所不具备的。在一定的条件下，它不会受温度、黏度、压力、密度的影响。因此，质量流量计的应用范围是比较广泛的。科里奥利质量流量计是一种直接式质量流量仪表，是利用流体在振动管中流动时产生的与质量流量成正比的科里奥利力原理。这种流量计可以测量单相流体，也可用以测量气液两相流和液固两相流体的流量，但在测气体流量时误差较大。

2.3　质量流量计相比手工计量的优势

2.3.1　计量准确度高

由于质量流量计利用科里奥利力效应直接测量质量流量计算油品交接质量，不受油品密度和温度的影响，其单表测量水介质的准确度可以达到0.1%，测量不确定度可以达到0.5%。而传统手工计量需要通过测量油品液位高度、油品温度和船舶吃水差，并通过舱容表计算得到油品体积，再乘以油品密度最后得到油品质量，影响计量结果因素较多，实际计量过程中由于人为因素导致的计量结果偏差较大。质量流量计避免了人为操作因素的影响，在测量准确度和稳定性方面优于传统手工计量。

2.3.2　计量交接时间短

当使用质量流量计计量油品数量时，海上原油外输后即可通过流量计读数，双方签署完成提单后即可完成外输计量过程。使用传统手工计量方法，在原油装船外输结束后，商检人员需到提油船舶上测量船舶各货油舱内油品液位高度、油品温度和船舶吃水差等，并对照船舶舱容表进行计算，后续计量和计算过程大概需要 2h。通过质量流量计计量相比传统手工计量方法可以提高计量效率，节约外输计量时间成本，提高船舶的周转率。

2.3.3　计量交接过程透明

质量流量计系统电脑记载的外输数据和外输流量曲线图可以完整地记录和表征整个外输计量过程的实际情况，包括原油外输过程中的油品温度、密度、质量流量等的实时变化情况，并且不存在人为影响因素，有利于过程追溯，进而使整个外输计量过程更加透明。

3　海上平台原油外输数字化计量存在的问题

海上原油开采至外输至终端用户已基本实现全流程流量计的配备，随着数字化油田进程的发展，将实现全流程海上生产原油数据至终端外输贸易计量数据的全部收集和数字化数据处理，这对海上油气田开发和生产动态、油藏信息、油品品质变化、贸易结算计量核准等具有十分重要意义。但在此过程中，由于海上原油作业的特殊性，流量计无法及时进行检定。根据中国计量法的要求，质量流量计如作为原油贸易交接的计量器具，质量流量计需要定期检定。但是，海上原油外输质量流量计检定难度较大。一是海上原油生产外输作业的特殊性，国内计量机构无法实现海上质量流量计的现场检定；二是拆表送检的检定模式对于海上平台难度较大，检定周期长，增加了质量流量计运输损坏风险，质量流量计检定可执行性较低。因而目前原油贸易计量仍采用外输结束后在提油船舶上手工计量的方式，极大地制约了海上原油外输数字化计量的发展。

4　海上原油平台流量计检定方式研究

4.1　海上移动式平台“海洋石油 162”

海上可移动式平台“海洋石油 162”是目前世界上功能较为完善的海上移动式平台，“海洋石油 162”型长 62m，型宽 37m，作业水深 40m，设计使用寿命 25 年，入级中国船级社。

4.2　检定实施方案和原理

“海洋石油 162”作为海上可移动式平台，其本身具有原油外输流量计和原油储存、外输能力，则根据其可移动的便利条件，可按时在计量机构完成自身流量标定工作，在海上平台外输流量计需标定时，“海洋石油 162”到达对应海上平台，将海上平台原油通过流量计外输至“海洋石油 162”空舱进行储存，进行手工计量，然后“海洋石油 162”通过其自身已检定流量计返输原油回海上平台，以“海洋石油 162”手工计量原油外输量和已检定的流量计外输量数值对应检定海上平台外输流量计计量数值。

4.3　具体案例实施展示

4.3.1　案例基本情况

秦皇岛 33-1S WHPA 平台位于渤海中部海域，为核验平台流量计计量数据的准确程度。将秦皇岛 33-1S WHPA 平台生产液通过管线连接输送到海洋石油 162 平台，经过海洋石油 162 平台工艺处理、储存及计量后，再返输回秦皇岛 33-1S WHPA 平台，通过临时增压泵输送到现有海管。如图 1 所示。

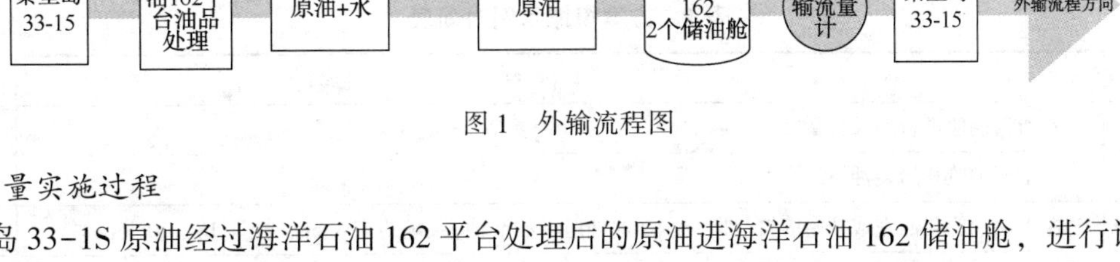

图 1　外输流程图

4.3.2　计量实施过程

秦皇岛 33-1S 原油经过海洋石油 162 平台处理后的原油进海洋石油 162 储油舱，进行计量及取样工作，计量及取样结束后返输回秦皇岛 33-1S WHPA 平台，返输过程经过海洋石油 162 外输流量计，处理后的水通过污水泵返回秦皇岛 33-1S 平台进入闭排系统。如图 2 所示。

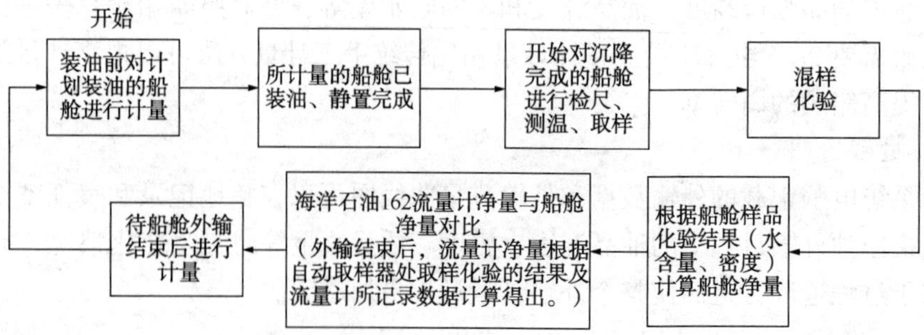

图 2　计量流程示意图

秦皇岛 33-1S 平台原油外输前对海洋石油 162 计划装油的船舱进行计量，原油外输至海洋石油 162 后，静置完成后进行液位(明水+原油)、油温计量及取样，并对船舱油样进行品质检测，进而计算船舱净量。然后海洋石油 162 将船舱中原油返输秦皇岛 33-1S 平台，在返输完成后，对海洋石油 162 船舱剩余底油进行手工计量，再对海洋石油 162 自动取样器处所取油样进行品质检测，并通过流量计数据、自动取样器所取样品的品质检测结果，计算流量计通过的原油净量，以此共获得返输前手工计量“海洋石油 162”船舱净量、返输完成后手工计量“海洋石油 162”船舱底油净量和“海洋石油 162”流量计净量数据，通过计算与秦皇岛 33-1S 平台外输流量计数据进行对比。

计量次数根据标准严格执行，并做好记录，如有必要可进行多次舱室计量并保存记录；另水含量包括底部明水和原油中含水两部分，底部明水通过 UTI 尺计量，原油中含水通过取样化验所得。如使用 UTI 尺计量无法确定底部明水界面，则涂抹试水膏进行测量。

秦皇岛 33-1S 原油日产量约 1170m^3(含水约 18%)，经“海洋石油 162”处理后每日入舱原油约 960m^3，入舱原油流量约 40m^3/h，外输流量约 55m^3/h，“海洋石油 162”共计 5 个外输舱，2 个污油舱，本方案选取 2 个外输舱，1 个备用舱。如图 3 所示。

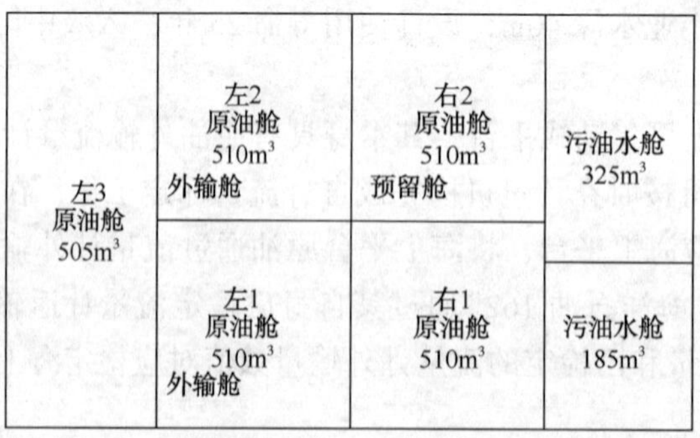

图 3　海洋石油 162 船舱布局示意图

“秦皇岛 33-1S”原油经处理后先进左 1 原油舱，左 1 原油舱装满后静置、计量、数据汇总，与此同时左 2 原油舱进行装油工作，左 1 原油舱计量结束后返输回秦皇岛 33-1S WHPA 平台，返输结束后计量左 1 原油舱底油；左 2 原油舱装满后静置、计量、数据汇总，与此同时左 1 原油舱开始装油工作，左 2 原油舱计量结束后返输回秦皇岛 33-1S WHPA 平台，返输结束后计量左 2 原油舱底油，左 1 与左 2 原油舱反复装油、计量、返输、计量，至核验结束。方案模拟示例时间表如表 1 所示。

表 1　方案模拟示例时间表

时间	工作内容	所需时间
0：00	对所需船舱进行前尺计量④	1h
1：00	左 1 原油舱开始装油	8.5h
9：30	左 1 原油舱装油完成开始静置，同时左 2 原油舱开始装油(装满约需 8.5h，预计 18：00 装满)	1h⑤
10：30	左 1 原油舱静置完成，开始计量检尺(后尺)，船舱满载时液位约 3.5~3.7m，按照标准采取 2 点测温和取样⑥(船舱温度较高，测温稳定时间较长)	0.5h

续表

时间	工作内容	所需时间
11：00	左1原油舱油品品质检测，检尺数据计算，向平台报告计量数据及品质结果(不影响外输)	2h
11：00	左1原油舱开始外输工作	6.2h
17：10	左1外输完成，读取流量计数据，底油测量，提取自动取样器油样	0.5h
17：40	左1可以进油 化验及数据计算不影响左1进油	
18：00	左2原油舱装满开始静置 左1原油舱开始进油(预计次日02：30装满)	1h
19：00	左2原油舱静置完成，开始计量检尺(后尺)，船舱满载时液位约3.5~3.7m，按照标准采取2点测温和取样⑥(船舱温度较高，测温稳定时间较长)	0.5h
19：30	左2原油舱油品品质检测，检尺数据计算，向平台报告计量数据及品质结果(不影响外输)	2h
19：30	左2原油舱开始外输工作	6.2h
次日01：40	左2外输完成，读取流量计数据，底油测量，提取自动取样器油样	0.5h
次日02：10	左2可以进油 化验及数据计算不影响左2进油	
次日02：30	左1原油舱装满开始静置 左2原油舱开始进油(预计次日11：00装满)	1h
后续工作按上述操作依此类推		

在计量船舱舱容表规定的计量口，已经检定合格的器具测量船舱中石油液态产品的深度或空距以及温度，然后按舱容表求得油液在测量温度下的总计量体积，经各项修正后，计算出该计量船舱内油液的重量(质量)。

秦皇岛33-1S外输原油流量计计量：(1)通过秦皇岛33-1S外输原油流量计进行读数计量；(2)根据相关公式换算标准量；利用品质检测得到油品密度及含水率，根据相关公式计算出流量计净量。

秦皇岛33-1S外输结束后海洋石油162船舱计量：(1)通对每个船舱在外输开始前分别进行OBQ计量；(2)在装油结束后进行液位计量；(3)根据舱容表计算体积量，并换算标准体积；(4)利用品质检测得到油品密度及含水率，根据相关公式计算出船舱净量。

海洋石油162原油返输秦皇岛33-1S后船舱底油计量：(1)结束后进行液位计量；(2)根据舱容表计算体积量，并换算标准体积；(3)利用品质检测得到油品密度及含水率，根据之前OBQ计量结果和相关公式计算出船舱净量。

海洋石油162流量计计量：(1)通过海洋石油162外输原油流量计进行读数计量；(2)根据相关公式换算标准量；利用品质检测得到油品密度及含水率，根据相关公式计算出流量计净量。

上述4个计量数据为一组。

为确保计量结果的准确和严谨性，重复上述计量实施过程3次，即进行秦皇岛33-1S原油输送海洋石油162再返输平台校验工作3次，得到3组数据。

将3组数据填入表2数据采集表。

表2 数据采集表

		净量 公吨/mt		
		第一组	第二组	第三组
秦皇岛33-1S	流量计	1343.374	1334.365	1341.811
海洋石油162	外输后船舱	1344.469	1341.304	1352.483
	返输后船舱底油	7.014	1.521	-1.893
	流量计	1324.325	1320.347	1323.001

4.3.3 校验结果计算

对3组数据进行计算对比，分析其外输计量数据差异率(见表3)。

表3 计量结果统计对照表

<table>
<tr><td rowspan="3" colspan="2"></td><td colspan="3">净量
公吨/mt</td></tr>
<tr></tr>
<tr><td>第一组</td><td>第二组</td><td>第三组</td></tr>
<tr><td>秦皇岛 33-1S</td><td>流量计</td><td>1343.374</td><td>1334.365</td><td>1341.811</td></tr>
<tr><td rowspan="3">海洋石油 162</td><td>外输后船舱</td><td>1344.469</td><td>1341.304</td><td>1352.483</td></tr>
<tr><td>返输后船舱底油</td><td>7.014</td><td>1.521</td><td>-1.893</td></tr>
<tr><td>流量计</td><td>1324.325</td><td>1320.347</td><td>1323.001</td></tr>
<tr><td rowspan="3">计算</td><td>修正后海洋石油 162 流量计数据
(海洋石油 162 流量计数+返输后船舱底油数)</td><td>1331.339</td><td>1321.868</td><td>1321.108</td></tr>
<tr><td>秦皇岛 33-1S 流量计与外输后船舱数据差异率</td><td>0.60%</td><td>0.63%</td><td>0.65%</td></tr>
<tr><td>秦皇岛 33-1S 流量计与修正后海洋石油 162 流量计数据差异率</td><td>0.90%</td><td>0.94%</td><td>1.54%</td></tr>
</table>

通过对上述3组数据进行计算对比，外输后海洋石油162船舱进油量与秦皇岛33-1S流量计数据相比差异均在1%以内，由于海洋石油162船舱内原油返输秦皇岛33-1S平台无法全部外输，存有底油，故用底油手工测量数据(均扣除OBQ)修正海洋石油162外输流量计数据，发现除第三组数据以外，经计算修正后海洋石油162流量计数据与秦皇岛33-1S流量计数据相比差异均在1%以内。按照项目最初与秦皇岛33-1S生产方约定，秦皇岛33-1S流量计数据在1%以内即认为符合要求。

5 结论与认识

通过可移动式平台“海洋石油162”对海上平台原油外输流量计进行数据核对，可解决海上平台无法对流量计进行检定问题，使海上原油外输数字化计量得到计量数据准确性的保证，进而可推动原油贸易外输计量以流量计计量数据为准，减少提油船舶手工计量存在的误差，使原油贸易计量更快、更准确和更透明。并且可实现海上平台原油生产数据、平台外输数据、FPSO储存数据、中转外输数据、贸易外输数据等原油外输全流程计量数据的连通和数字化信息分析，为建设海洋石油数字化油田奠定计量数据基础。

参考文献

[1] 贾玉光，杨风艳，崔鹏，郭雪丰，程兆欣．海洋石油无人驻守平台计量技术研究[J]．石油和化工设备，2022，25(05)：142-144.

[2] 高鸿博．利用数字化计量方式开启船舶低硫燃油计量新时代[J]．中国远洋海运，2019(05)：76-77.

[3] 王娇妮．国内首座海上移动式试采平台“海洋石油162”交付[J]．船舶工程，2017，39(02)：108.

[4] 邹凌川．原油计量技术的研究[D]．西安石油大学，2014.

[5] 郭子学，邹国红，王澍虹．海洋石油平台上常用流量计的选型及使用[C]．2013年中国海洋工程技术年会论文集，2013：376-381.

作者简介：潘迁伟(1991—)，男，中级经济师，天津大学硕士研究生，现从事中海油能源发展股份有限公司销售服务分公司原油与天然气外输协调工作。电话：18602641773，邮编：300450，通信地址：天津市滨海新区渤海石油路688号海洋石油大厦A座。

最小二乘法回归分析在计量标准量值溯源中的应用

刘译文[1]　伍开成[1]　周　建[1]

（国家石油天然气管网集团有限公司西气东输分公司　上海　200122）

摘　要　本文介绍了某天然气计量站临界流文丘里喷嘴标准装置和涡轮标准装置的实流校准及结果，探讨了校准数据的最小二乘法回归使用和量值溯源不确定度评定方法。并通过与 ISO 9300 中的标准数据进行比较、重新校准、计量比对的方式进行了验证。

关键词　实流校准；最小二乘法回归；量值溯源；不确定度评定；验证

1　引言

最小二乘法是一种经典的数学优化技术，广泛应用在现今系统辨识和参数估计领域中，在实际应用中，大量的测试数据常需要进行后期处理，拟合这种数据处理方式便是其中重要的一种。对于天然气流量标准装置的校准系数使用及不确定度评定通常采用线性插值的方式，在校准范围内可以较好地保证量值溯源的准确可靠，但对于校准范围外、数据量较多以及基于多项式计算原理的计量标准装置的修正及不确定度评定，通常需要采用最小二乘法回归的方式。

天然气计量站 A 站建有临界流文丘里喷嘴标准装置(以下简称喷嘴标准装置)和涡轮流量计标准装置(以下简称涡轮标准装置)。天然气计量站 A 站的喷嘴标准装置是本站的最高计量标准，定期溯源到天然气计量站 B 站的 mt 法原级标准装置，同时定期对本站的涡轮标准装置进行量值传递。天然气计量站 A 站喷嘴标准装置的校准压力范围为 6.5~7.8MPa，涡轮标准装置的校准压力分别为 5.5MPa、7.0MPa 和 8.0MPa，而实际运行压力范围为 4.5~10MPa，对于超出校准压力范围使用的情况，采用最小二乘法回归的方法确保量值溯源的准确可靠。

2　量值溯源方法

2.1　校准系数使用方法

雷诺数是流速、压力(介质的密度和黏度)和口径(喉部或管道直径)的函数，而流量只是一个压力下的流速和口径的函数。根据广州分站可变工作压力的实际情况，选择雷诺数为校准系数对应的量值。

通常的校准系数有示值误差、流量计系数和仪表系数/流出系数 3 种，它们可以相互换算。为了使用方便，喷嘴标准装置采用雷诺数—流出系数修正方式，涡轮标准装置采用雷诺数-仪表系数修正方式。

通过算术或加权平均计算固定校准系数进行修正只适用于流量和压力变化的场合。对于流量和压力变化范围比较大的流量标准装置将引入较大的不确定度，常采用校准系数与对应量值(流量或雷诺数)的插值或最小二乘法回归公式修正方式。采用最小二乘法进行数据拟合，通过最小化误差的平方和寻找数据的最佳函数匹配，简便地求得未知的数据，并使得这些求得的数据与实际数据之间误差的平方和为最小。

综上所述，天然气计量站 A 站的喷嘴标准装置使用喉部雷诺数-流出系数回归公式修正的方式，涡轮标准装置使用入口管道雷诺数—仪表系数回归公式修正的方式。

2.2　校准系数回归公式不确定度评定

不确定度评定是按国家计量技术规范《测量不确定度评定与表示》(JJF 1059.1—2012)规定的方法进行的，完成 A 类和 B 类标准不确定度评定后，再合成并扩展。由于流量与相关的量值都是比较简单的关系式，为了计算公式简洁，采用相对不确定度进行计算。除校准证书规定外，相关量值的包含因子规定如下：

(1)频率、长度、流量、流出系数、仪表系数、压缩因子、摩尔质量、临界流函数：$k=2$；

(2)温度、压力：$k=\sqrt{3}$。

当采用回归公式计算校准系数时，回归公式附加 A 类标准不确定度采用回归校准标准偏差数值，即：

$$u_{A,r}(y)=\frac{S(\bar{y})}{\bar{y}}\times 100\% \tag{1}$$

式中 $S(\bar{y})$——校准系数回归相对标准偏差,%；

$\bar{y}$——回归校准系数平均值。

喷嘴或涡轮流量计校准后，使用回归公式计算校准系数时，回归公式的不确定度可由系数校准不确定度 B 类不确定度，回归标准偏差 A 类标准不确定度计算，计算公式为：

$$U_r(y)=\sqrt{U_r^2(y_0)+4u_{A,r}^2(y)} \tag{2}$$

式中 $U_r(y)$——回归公式计算校准系数的相对扩展不确定度,%；

$U_r(y_0)$——校准系数校准时的相对扩展不确定度,%；

$u_{A,r}(y)$——回归公式引入的校准系数 A 类标准不确定度，由式(1)计算/%。

3 喷嘴标准装置

3.1 喷嘴校准

天然气计量站 A 站的喷嘴标准装置出厂前，在德国 PigSar 进行了几何检定，结果符合国家计量检定规程《临界流文丘里喷嘴》(JJG 620—2008)精确加工的要求。喷嘴标准装置在天然气计量站 B 站的实流校准压力范围为(6.0~7.3)MPa，对应的雷诺数范围为：3.09×10^6~2.89×10^7，天然气计量站 A 站的实际工作压力范围为(4.5~10)MPa，对应的雷诺数范围为：2.17×10^6~3.63×10^7，流出系数相对扩展不确定度 $U_{rel}(C_d)$为 0.15%($k=2$)。

在国家计量检定规程《临界流文丘里喷嘴》(JJG 620—2008)，喷嘴经过几何检定，符合普通或精确加工的要求后，就可使用相应公式计算具有相应不确定度的流出系数。使用 JJG 620—2008 中式(16)计算 12 支喷嘴 48 个校准流量点对应雷诺数的普通加工和精确加工喷嘴的流出系数，并与对应校准流出系数比较，结果绘于图 1。

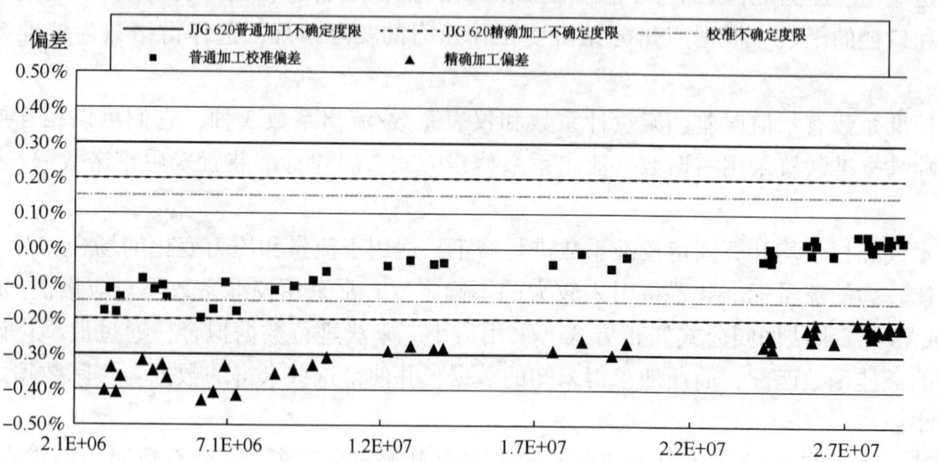

图 1 临界流文丘里喷嘴流出系数校准数据与 JJG 620 方法计算数据比较图

从图 1 数据可见：

(1) 与 JJG 620—2008 中普通加工喷嘴的流出系数比较，偏差范围为 0.04%~-0.20%，其中：除最小流量 12 号喷嘴的 2 个数据（都为 0.18%）和第三小流量的 10 号喷嘴 3 个数据（分别为 0.17%、0.18%和 0.20%）的偏差超出流出系数校准不确定度 0.15%外，其余 43 个数据都在 0.15%内；普通加工喷嘴的流出系数不确定度为 0.3%，流出系数校准不确定度为 0.15%，48 个数据的偏差都在 0.2%内，此数据验证了几何检定和实流校准是准确的；

（2）与 JJG 620 中精确加工喷嘴的流出系数比较，偏差范围为-0.21%～-0.43%，超出精确加工喷嘴的流出系数不确定度为 0.2%和流出系数校准不确定度为 0.15%的范围，其原因是校准雷诺数范围（3.09×10^6～2.89×10^7）超出精确加工喷嘴雷诺数使用范围（2.10×10^4～1.4×10^6）；

（3）偏差随雷诺数（流量）的增加而减小。这符合小雷诺数（流量）测量不确定度大、大雷诺数（流量）测量不确定度小的通用原则。

3.2 流出系数回归处理

根据表 1 中喷嘴校准结果，选用 JJG 620—2008 中普通加工喷嘴流出系数计算公式作为回归公式，即：

$$C_{\rm d}=a-bRe_{\rm d}^{-0.5} \tag{3}$$

式中 a、b——回归系数；

$Re_{\rm d}$——喷嘴喉部雷诺数；

$C_{\rm d}$——喷嘴的流出系数。

对每支喷嘴的 4 组雷诺数 $Re_{\rm d}$ 与流出系数 $C_{\rm d}$ 数据和 12 支喷嘴共 48 组雷诺数 $Re_{\rm d}$ 与流出系数 $C_{\rm d}$ 数据，使用最小二乘法按式（3）对校准数据进行回归处理，并计算回归公式计算流出系数不确定度，结果列于表 1。

表 1 临界流文丘里喷嘴流出系数回归结果

数据源		回归系数		$u_{\rm rel,A}(C_{\rm d})/\%$	$U_{\rm rel}(C_{\rm d})/\%$
		a	b		
单支喷嘴	1(448)	1.000545	26.11886	0.0070	0.15
	2(448)	1.002797	37.34534	0.0087	0.15
	3(448)	0.999324	19.73087	0.0206	0.16
	4(448)	0.996647	6.10914	0.0115	0.15
	5(448)	1.004395	46.25035	0.0133	0.15
	6(448)	1.004515	47.53451	0.0114	0.15
	7(224)	0.996276	5.87721	0.0235	0.16
	8(112)	0.996478	6.37963	0.0066	0.15
	9(56)	1.000155	18.77330	0.0080	0.15
	10(28)	0.999162	15.45349	0.0485	0.18
	11(14)	0.990134	-7.40862	0.0172	0.15
	12(7)	0.996948	7.47662	0.0390	0.17
全部喷嘴		0.996915	7.94415	0.0327	0.16

从表 1 数据可见：使用单支喷嘴数据回归时，标准偏差范围为 0.007%～0.049%，回归公式不确度范围为 0.15%～0.18%；使用全部喷嘴数据回归时，标准偏差为 0.033%，回归公式不确定度为 0.16%，在单支喷嘴数据之间。

综合考虑单支喷嘴校准范围和全部喷嘴校准范围，以及它们的回归公式计算流出系数不确定度（表 1），选择全部喷嘴数据回归公式作为喷嘴标准装置全部喷嘴的流出系数计算公式，其优点为：

（1）延长了校准雷诺数范围，最大雷诺数是最大喷嘴的最大值，最小雷诺数是最小喷嘴的最小值，即：3.09×10^6～2.89×10^7；

（2）缩短了使用外延范围，即：低外延范围：2.17×10^6～3.09×10^6，高外延范围：2.89×10^7～

3. 63×10^{7}；

(3) 回归公式流出系数计算不确定度在单支喷嘴校准数据回归结果之间，可以接受，即：$U_{rel}(C_d)=0.16\%$；

(4) 回归数据从4个增加到48个，提高的回归公式的可靠性。

3.3 喷嘴流量不确定度评定及验证

3.3.1 喷嘴流量不确定度评定

根据喷嘴相关参数的测量设备和计算方法的不确定度，工作条件下的体积流量不确定度计算公式见式(4)，不确定评定结果列于表2。

$$U_r(q_v)=2\sqrt{4u_r^2(d)+u_r^2(C_d)+u_r^2(C_*)+u_r^2(Z_0)+\frac{1}{4}[u_r^2(T_0)+u_r^2(M)]} \tag{4}$$

式中 $U_r(q_m)$——喷嘴流量计质量流量相对扩展不确定度,%；

$u_r(d)$——喷嘴流量计滞止条件下喉部直径相对标准不确定度,%；

$u_r(C_d)$——喷嘴流量计流出系数相对标准不确定度,%；

$u_r(C_*)$——临界流函数相对标准不确定度,%；

$u_r(p_0)$——滞止压力相对标准不确定度,%；

$u_r(M)$——天然气摩尔质量相对标准不确定度,%；

$u_r(T_0)$——滞止温度相对标准不确定度,%；

$u_r(Z_0)$——滞止条件下压缩因子相对标准不确定度,%；

$U_r(q_v)$——喷嘴流量计滞止条件下体积流量相对扩展不确定度,%。

表2 临界流文丘里喷嘴法流量标准体积流量不确定度评定结果

序　号	符　号	灵敏系数	相对不确定度
1	A	1.0	0%
2	C_*	1.0	0%
3	C_d	1.0	0.0750%
4	p_0	0.5	0.0029%
5	ρ	-0.5	0.0588%
6	p	-1	0.0115%
7	T	1	0.0098%
8	Z	1	0
体积流量相对扩展不确定度，$U_{rel}(q_v)$			0.164%

3.3.2 喷嘴流量不确定度验证

对于喷嘴流量不确定度的验证一般使用与JJG 620中的标准数据比较、重新校准验证、比对方法验证三种方法，以下重点介绍与JJG 620中的标准数据比较的方法和结果。

使用JJG 620普通加工喷嘴流出系数计算公式，按国家计量技术规范《计量标准考核规范》(JJF 1033-2016) C.4.2.1传递比较法验证喷嘴流出系数回归公式不确定度。

由JJG620可知普通加工喷嘴流出系数计算公式不确定度为0.30%，即：$U_{r,ref}(C_d)=0.30\%$，回归公式流出系数计算不确定度为0.16%，即：$U_{r,lab}(C_d)=0.16\%$，控制限为：$\sqrt{U_{r,lab}^2(C_d)+U_{r,ref}^2(C_d)}=\sqrt{0.16\%^2+0.30\%^2}=0.34\%$。

在喷嘴使用雷诺数范围内，分别使用JJG 620普通加工喷嘴流出系数计算公式和喷嘴回归公式计算相同雷诺数的流出系数后，再计算对应的流出系数相对偏差，以雷诺数为横坐标，相对偏差为纵坐标，绘于图2。

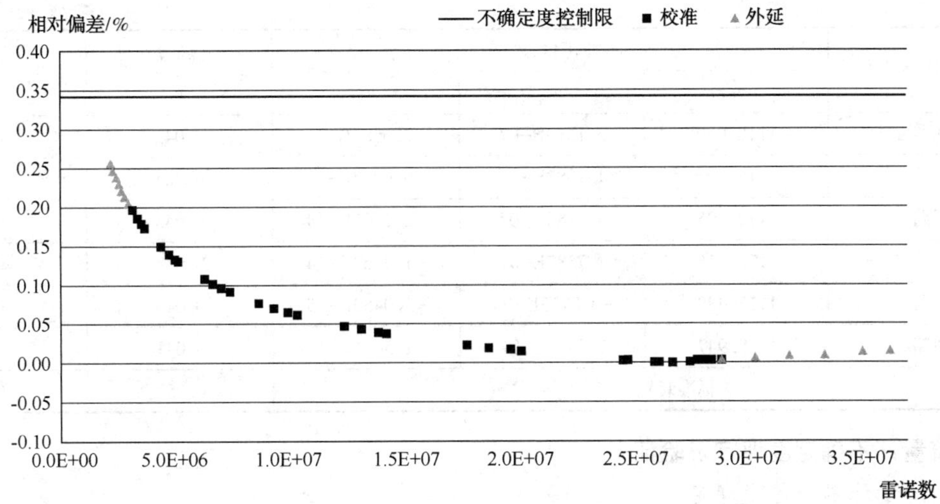

图 2　JJG 620 普通加工临界流文丘里喷嘴流出系数验证结果

由图 2 可见：

（1）所有雷诺数对应的流出系数相对偏差都在控制限内，符合 JJF 1033—2016 式(C.3)的要求，验证了回归公式不确定度评定方法和结果的正确性。

（2）校准范围内的 48 个验证点，随雷诺数的增加，偏差变小，为 0.00%~0.20%。

（3）外延范围内的 15 个验证点，随外延量增大，偏差变大，高雷诺数外延为 0.004%~0.015%，低雷诺数外延为 0.20%~0.26%。

4　涡轮标准装置

4.1　涡轮流量计校准

涡轮标准装置中的涡轮标准流量计是使用喷嘴标准装置在线进行校准，结果给出仪表系数、仪表系数不确定度、雷诺数、重复性、流量和校准压力等数据，具体校准要求如下：

（1）确保使用流量范围的全面覆盖，即：DN80 涡轮流量计(第一回路)为涡轮标准装置中最小的流量计，要求全量程校准；DN150 涡轮流量计(第二回路)的小流量可使用 DN80 涡轮流量计，校准量程是 10%q_{max}及以上；6 台 DN250 涡轮流量计(第三至第八回路)的小流量可使用 DN150 涡轮流量计，校准量程是 20%q_{max}及以上。

（2）校准压力为：5.5MPa、7.0MPa 和 8.0MPa。

（3）3 个压力校准 15 个流量点，流量在压力点上分布以雷诺数均衡分布为原则。

4.2　涡轮流量计仪表系数回归处理

常用的回归公式是多项式，故选择涡轮流量计仪表系数回归公式为：

$$k=a_0+a_1Re_D+a_2Re_D^2 \tag{5}$$

式中　a_0、a_1、a_2——回归系数；

Re_D——涡轮流量计入口管道雷诺数；

k——涡轮流量计的仪表系数，$1/m^3$。

对每台涡轮流量计 15 组涡轮流量计入口管道雷诺数 Re_D 与仪表系数 k 的数据使用最小二乘法按式(5)对校准结果进行回归处理，结果列于表 3。

表 3　各回路标准涡轮流量计校准数据回归结果

流量计回路	回归系数			$s(k)/k$/%	$U_{rel}(K_R)$/%
	a_0	a_1	a_2		
第一回路	27768.136	1.1219E-04	-1.7745E-11	0.048	0.232
第二回路	3848.022	1.8736E-06	-1.3335E-13	0.052	0.234

续表

流量计回路	回归系数			$s(k)/k/$%	$U_{rel}(K_R)/$%
	a_0	a_1	a_2		
第三回路	1118.050	5.1519E-07	-2.6583E-14	0.042	0.225
第四回路	1118.795	1.1082E-07	-9.0267E-15	0.024	0.213
第五回路	1112.795	4.3280E-07	-2.2201E-14	0.043	0.229
第六回路	1120.016	1.7587E-07	-1.2267E-14	0.038	0.224
第七回路	1117.488	-3.8713E-08	-2.0459E-15	0.046	0.228
第八回路	1118.947	2.9231E-07	-1.5661E-14	0.041	0.224
标准装置				0.052	0.234

4.3 涡轮流量计不确定度评定及验证

4.3.1 涡轮流量计不确定度评定

涡轮流量计校准时仪表系数相对扩展不确定度计算公式如下：

$$U_r(k_C)=2\sqrt{u_{A,r}^2(k_C)+u_{B,r}^2(k_C)}=2\sqrt{E_r^2+u_r^2(f)+u_r^2(q_{s,m})} \tag{6}$$

式中 $U_r(k_C)$——涡轮流量计仪表系数相对扩展不确定度,%；

E_r——涡轮校准时的重复性,%。

涡轮流量计校准时，被校流量计(涡轮)条件下标准体积流量计算公式如下：

$$q_{s,m}=q_{s,s}\frac{p_sT_mZ_m}{P_mT_sZ_s} \tag{7}$$

推导出被校流量计(涡轮)条件下标准体积流量不确定度计算公式为：

$$u_r(q_{s,m})=\sqrt{u_r^2(q_{s,s})+u_r^2(p_s)+u_r^2(T_m)+u_r^2(Z_m)+u_r^2(p_m)+u_r^2(T_s)+u_r^2(Z_s)} \tag{8}$$

式中 $u_r(q_{s,m})$——标准流量计(喷嘴)条件下标准体积流量相对标准不确定度,%；

$u_r(p_s)$——标准流量计(喷嘴)压力相对标准不确定度,%；

$u_r(T_m)$——被校流量计(涡轮)温度相对标准不确定度,%；

$u_r(Z_m)$——被校流量计(涡轮)条件下压缩因子相对标准不确定度,%；

$u_r(p_m)$——被校流量计(涡轮)压力相对标准不确定度,%；

$u_r(T_s)$——标准流量计(喷嘴)温度相对标准不确定度,%；

$u_r(Z_s)$——标准流量计(喷嘴)条件下压缩因子相对标准不确定度,%。

根据喷嘴标准装置和被校涡轮流量计相关参数的测量设备和计算方法的不确定度，以及量值溯源过程中的相关性评定采纳系数，计算被校流量计(涡轮)条件下标准体积流量相对标准不确定度，结果列于表4。

表4 涡轮标准装置标准流量不确定度评定结果

序号	项　目	符号	$U_{rel}/\%$	k_i	$C_{r,i}$	$C_{T,i}$	$u_{rel}/\%$
1	标准表流量	$q_{s,s}$	0.18	2.0	1.0	1.0	0.09
2	标准表压力	p_s	0.05	$\sqrt{3}$	1.0	0.0	0.00
4	标准表温度	T_s	0.02	2.0	1.0	0.0	0.00
3	标准表压缩因子	Z_s	0.10	2.0	1.0	0.0	0.00
5	被校表压力	P_f	0.05	$\sqrt{3}$	1.0	1.0	0.029
6	被校表温度	T_f	0.02	2.0	1.0	1.0	0.01
7	被校表压缩因子	Z_f	0.10	2.0	1.0	1.0	0.05
相对扩展不确定度，$U_{rel}/\%$					0.21		

由表 3 与表 4 可知，涡轮流量计仪表系数校准的相对扩展不确定度为 0. 21%(取 8 个回路中的最大值)；涡轮流量计使用回归公式计算仪表系数时的相对扩展不确定度为 0. 23%(取 8 个回路中的最大值)。

4. 3. 2 涡轮流量计不确定度验证

为评价不确定度评定的结果，采用重复校准的方法进行验证。基于涡轮流量计再次校准的数据，按 JJF 1033—2016 C. 4. 2. 1 传递比较法验证涡轮仪表系数回归公式不确定度。

涡轮流量计仪表系数校准的相对扩展不确定度为 0. 21%(取 8 个回路中的最大值)，即：$U_{r,ref}(k)=0.21\%$；涡轮流量计使用回归公式计算仪表系数时的相对扩展不确定度为 0. 23%(取 8 个回路中的最大值)，即：$U_{r,lab}(k)=0.23\%$；故控制限为：

$$\sqrt{U_{r,ref}^2(k)+U_{r,lab}^2(k)}=\sqrt{0.21\%^2+0.23\%^2}=0.31\%$$

在涡轮使用雷诺数(流量和压力)范围内，分别用 8 台涡轮流量计 2 次校准的雷诺数，用式(5)及表 3 中对应回归系数计算回归仪表系数，再计算对应的校准仪表系数相对偏差，以雷诺数为横坐标，相对偏差为纵坐标，绘于图 3。

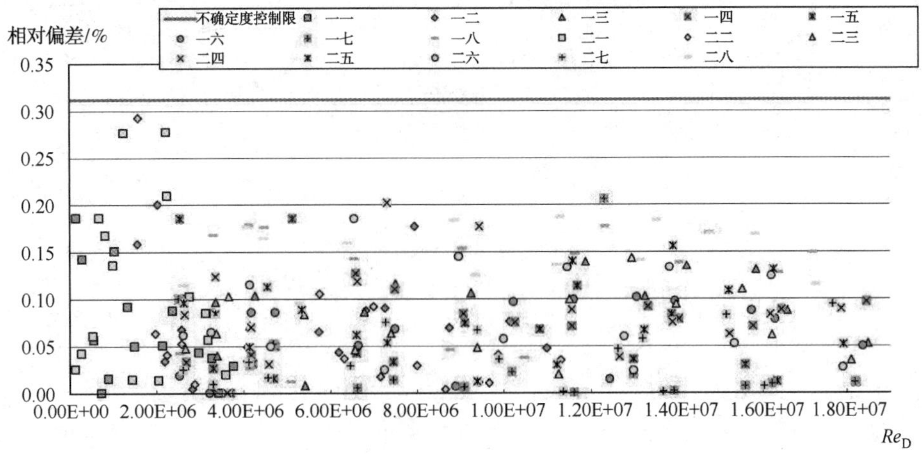

图 3 涡轮流量计重新校准验证结果

由图 3 可见，所有雷诺数对应的仪表系数相对偏差都在控制限内，符合 JJF 1033—2016 中 C. 4. 2. 1 传递比较法验证的式(C. 3)要求。即，验证了使用回归公式评定不确定度方法和结果正确性。

5 结语

本文中喷嘴标准装置采用 JJG 620 普通加工喷嘴流出系数计算公式作为回归公式，分别对单支(4 组数据)和全部喷嘴(48 组数据)雷诺数—流出系数的校准数据进行回归处理。经比较研究，全部喷嘴校准数据回归结果比单支喷嘴校准数据回归结果在扩大校准范围以及回归公式可靠性上都要好；整套喷嘴标准装置中所有喷嘴的校准数据一并回归，使用一个回归公式计算流出系数的方法具有一定的推广意义。涡轮标准装置采用雷诺数—仪表系数的二次方多项式对涡轮流量计校准数据进行回归处理，采用该方法计算的仪表系数计算的涡轮标准装置不确定度为国内较高水平。同时，采用雷诺数—校准系数使用回归公式对校准数据按最小二乘法进行回归处理，较好地解决校准系数流量和压力非定点使用和外延使用问题。

建议标准装置应该根据本身的技术指标和使用条件选择溯源的标准装置，流量布点时，应该考虑在标准装置工作范围内，尽量保证使用流量和压力的覆盖。以此增加最小二乘法回归基础数据的数量和范围，减小回归公式引入的不确定度，进一步保障计量标准装置量值溯源的准确可靠。

参考文献

[1] 刘译文，李振林，张福元，陈行川，蒋兴鹏．喷嘴标准装置校准数据分析探讨[J]．工业计量．2015，25(S2)．
[2] 刘喆，蒋兴鹏，刘译文，张瑛琦，高冰华．基于线性回归的涡轮标准装置不确定度研究[J]．计量技术．2019，(04)．
[3] 莫小琴．基于最小二乘法的线性与非线性拟合[J]．无线互联科技．2019，16(04)．
[4] 李春辉，李鹏．作为标准表非定点使用的涡轮流量计评定方法探析[J]．计量学报．2015，36(06)．
[5] JJF 1059.1：2012，测量不确定度评定与表示．
[6] JJF 1033—2016，计量标准考核规范．
[7] JJG620—2008，临界流文丘里喷嘴检定规程．

作者简介：刘译文(1990—)，男，职务/职称：检定室副主任/工程师，毕业院校：西南交通大学，现从事工作：天然气计量。电话：021-58847770、18002283649，邮编：510940，通信地址：广东省广州市从化区鳌头镇下西村西气东输广州计量检定室。

三等奖论文

天然气能量计量技术现状及展望

周 理[1,2,3] 陈 辰[1,2,3] 张 镨[1,2,3]

[1. 国家市场监管重点实验室(天然气质量控制和能量计量) 江苏南通 226007
2. 中国石油天然气股份有限公司西南油气田分公司天然气研究院 陕西商洛 726099
3. 中国石油天然气集团有限公司天然气质量控制和能量计量重点实验室 四川成都 610213]

摘 要 “十三五”以来，我国已在天然气能量计量溯源技术、测量技术等方面得到了显著提升，为我国实施能量计量提供技术保障。为此，分析了天然气流量量值技术、发热量测试技术、能量测量技术和能量计量关键设备国产化技术现状，介绍了国内在能量计量运行管理方面已成功实施的典型案例。结果表明：①我国天然气能量计量溯源体系及测量技术基本满足实施天然气能量计量的要求；②能量计量配套仪器仪表已基本实现国产化，但与国际先进水平尚存在差距。结论认为，持续提升我国天然气能量计量溯源技术水平，继续加大国产化智能计量仪器仪表研发力度，积累管网能量计量管理运行经验，展望能量计量技术发展方向。

关键词 天然气；能量计量；量值溯源；国产设备；典型案例

1 引言

近年来，随着我国经济的快速发展、能源结构的优化调整、环境保护的大力推进，天然气在一次能源结构中的比例不断上升，其需求量逐年攀升，从而使得我国天然气工业进入了一个蓬勃发展的时期。目前我国天然气贸易主要采用体积计量，并以体积流量值结算，广泛应用于天然气的产运储销各个环节；车用压缩天然气和部分海上生产天然气采用质量计量，换算为体积流量值进行结算；进口液化天然气和部分国际贸易计量采用了能量计量和能量值结算方式。

2021 年 12 月 31 日，国务院印发《计量发展规划(2021~2035 年)》，其中发展目标中明确提出：“攻克一批关键计量测试技术，研制一批具有原创性成果的计量标准装置、仪器仪表和标准物质。”以及国家四部委联合发布了《油气管网设施公平开放监管办法》的通知，明确提出：国家推行天然气能量计量计价，建立天然气能量计量计价体系。在该监管办法的指导下，在我国推行天然气的能量计量与计价已迫在眉睫，中国石油西南油气田公司制定了实施天然气能量计量行动计划和实施方案，已在川渝管网 13 个计量站实施适应性改造。

“十三五”以来，我国已形成天然气流量量值溯源技术及天然气分析溯源技术，保障我国天然气流量量值和天然气组成分析数据的准确可靠；形成天然气流量测量及发热量测定技术，在国内管网、长输管线、国家专业计量站等现场得到广泛应用和验证，可确保计量设备正常运行，确保现场计量数据真实合理有效。以下将重点介绍上述天然气能量计量主要技术现状和典型应用案例，展望我国能量计量技术主要发展方向，为进一步推进天然气能量计量技术水平提供参考。

2 天然气能量计量溯源技术现状

2.1 天然气流量量值溯源技术现状

随着我国天然气工业的发展和天然气输送管网的不断完善，以及天然气国际贸易的发展，高准确度计量需求日益增加。为消除天然气国际贸易壁垒，我国持续提升技术水平和能力，建成了较为完整的高水平天然气量值传递溯源体系。

天然气流量量值是保障天然气计量技术准确可靠的基础。欧美发达国家自 20 世纪末以来为提高天然气贸易计量准确度，降低贸易风险，建立了大流量、高压力、高准确度的天然气量传溯源体系，

已经实现 $DN600$ 流量计检定校准，并实现了量值统一。我国现有天然气流量原级标准装置的不确定度水平在(0.05%~0.07%)($k=2$)范围内，并建成了天然气环道涡轮标准表法工作标准，不确定度为(0.22%~0.24%)($k=2$)。

国内外现有主要天然气原级标准装置技术水平和能力见表1。

表1　国内外主要天然气实流校准技术机构原级标准装置技术水平和能力

机构名称	流量标准名称	工作压力范围/MPa	流量范围/(m^3/h)	扩展不确定度/%($k=2$)	建成时间	工艺特点
成都分站	*mt* 法原级标准	0.4~6.0	(0.002~5.4)kg/s	0.05~0.07	2017	直排
南京分站	*mt* 法原级标准	5.5~8.0	(0.1~8.0)kg/s	0.05	2019	直排
武汉分站	HPPP 法原级标准	2.5~10	20~480	0.07	2017	直排
美国西南研究院气体研究所 SwRI GRI	*mt* 法原级标准	0.4~1.4	≤680m^3/h	≤0.1	20世纪90年代	环道
德国国家物理研究院 Pigsar	HPPP 法原级标准	1.5~6.0	≤480m^3/h	0.064	2000	直排
丹麦国家计量院 FORCE	液压驱动双 HPPP 法原级标准	≤10.0	1~400	0.05	2013	环道
荷兰国家计量院 NMi	天然气替换油的 HPPP 法原级标准	0.1~6.0	1~120	0.07	20世纪90年代末	环道

从表1可以看出，在2000年以前国外原级标准装置扩展不确定度($k=2$)就达到了0.1%以内，压力范围覆盖高中低压，主要工艺特点以环道式为主。我国在“十三五”期间，采用自主研发及技术引进使原级标准装置技术水平达到国际领先，工艺特点为直排式。

在天然气流量原级标准量值溯源技术提升方面，通过自主研发，针对天然气流量量值原级标准中气体质量和时间准确测量的难题，形成了基于充气减码替代法的双罐等臂电磁天平称量技术和基于毫秒级自动延时控制的时间测量技术。

2.2　天然气发热量测试溯源技术现状

对于天然气发热量的直接测定，美国、德国、英国等发达国家基于 Rossini 原理，从1930年开始，已先后建成 ISO 15971：2008 规定的不确定度0级水平的发热量测试装置，形成了比较完备的天然气发热量直接测量溯源链。国内中国计量科学研究院于20世纪90年代建立了水流式发热量测定仪，其不确定度为1.0%($k=2$)，自主搭建的 Rossini 热量计测量甲烷发热量的不确定度估计为0.2%。中国石油西南油气田分公司于2006年形成了 Cutler-Hammer 发热量直接测定技术及装置，其不确定度为0.17%($k=2$)；达到了 ISO 15971：2008 规定的1级水平。

对于天然气发热量的间接测定用气体标准物质，德国、美国、英国、荷兰等生产的基准气体标准物质不确定度往往优于0.1%。国内从20世纪90年代初开始进行气体标准物质的研究，建立了质量比较仪等高准确度标准物质制造系统、烃类多组分标准气制备系统，目前已取得国家一级标准物质证书5种、二级标准物质证书13种，其中国家一级气体标准物质 GBW06340 的发热量的扩展不确定度($k=2$)优于0.5%，可基本保证获得准确的天然气发热量、压缩因子数值，基本满足发热量溯源和争议仲裁等要求。

3　天然气能量测量技术现状

3.1　天然气能量测量技术发展概述

20世纪70年代，国外就开始对天然气流量测量技术展开研究，当时欧美等发达国家已经开始将孔板流量计和气体涡轮流量计作为天然气计量的主要计量器具。到了20世纪90年代，超声流量计在天然气计量中的应用显著增加。相比于国外天然气流量测量技术，我国自20世纪70年代开始，在借鉴国外的标准和成果基础上，形成了满足我国天然气贸易计量要求的流量测量技术，并研发出具有自主知识产权的天然气计量仪器仪表。目前国内外天然气贸易中以孔板流量计、涡轮流量计以及超声流量计为主。

20世纪90年代以前，天然气发热量一般采用直接测定方式；随着气相色谱技术的兴起，发热量间接测定成为主流技术。目前，发热量基本采用在线气相色谱和累计取样器测定，或者使用其他站点的组成数据采用赋值方法后计算获得以及公告发热量。此外，一些采用物性关联技术的天然气发热量测试设备也有望在天然气能量计量中得到应用。

欧美等发达国家早在20世纪80年代就开始进行天然气能量计量测量技术研究，形成了完善的测量技术及标准。我国于21世纪初开始研究天然气能量计量测量技术，目前已基本建立天然气能量计量的技术体系。已颁布和实施的天然气能量计量相关标准90余项。这些标准包括通用基础、产品、取样、分析、计量、物性参数计算等，均已在天然气产、运、储、销以及质量控制方面得到广泛的应用和实施，总体达到国际先进水平。

3.2 能量计量设备技术现状

3.2.1 国产化流量计量设备技术现状

实施能量计量的关键仪器仪表如流量计、气体组分分析仪、压力变送器、温度变送器及流量计算机等已实现国产化。与国外先进计量仪表相比存在一定差距。

以国产超声流量计研发为代表，2005年研制了第一台用于燃气领域的气体超声流量计。通过系列技术攻关，围绕表体结构、换能器结构和信号处理技术等方面持续提升气体超声流量计计量性能。在计量准确性、环境适应性、长期稳定性等方面满足天然气贸易计量需求，国产超声流量计现阶段技术水平见表2。

表2 国产超声流量计现阶段技术水平

内容	现阶段	内容	现阶段
表体	锻造件	信号处理	宽频连续波检测加编码
换能器	一体成型自适应频率	技术水平	示值误差0.5%~2%，重复性0.1%~0.5%

目前，已研制出8声道气体超声流量计，其更能真实反映现场复杂管路中被测气体介质的流场分布情况，可降低对现场安装条件的要求。对称位置同向声道的增加可以有效降低气体涡流的影响，多声道设计提高了流量计自诊断技术水平，并在个别声道出现故障时提供了更加有效的保障。流量计的量程比、准确度、重复性和稳定性等计量性能得到较大提升，8声道流量计DN100/DN400检定测试数据见图1。

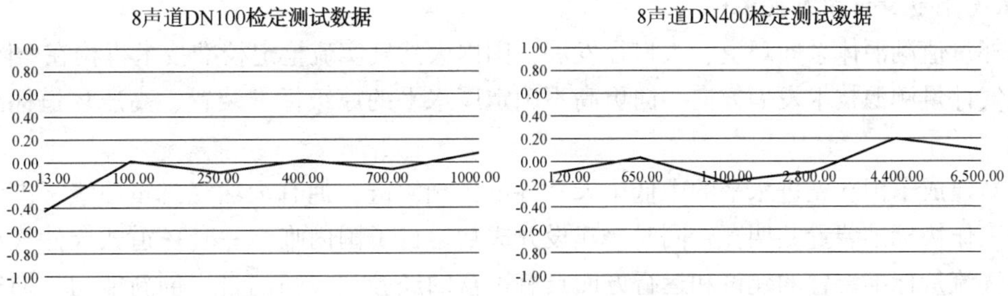

图1 8声道DN100/DN400检定测试数据

3.2.2 发热量测试设备技术现状

通过在线气相色谱分析天然气组成，再通过间接方法计算天然气发热量是天然气能量计量中将采取的主流方式。目前，绝大部分计量场站天然气组成分析用在线气相色谱仪均采用TCD检测器，以氦气为载气，分析天然气中10种常见组成，不同在线色谱产品的进样分析周期大约在(3~6)min之间，组成分析结果结合GB/T 11062计算得到发热量。目前在线色谱主要以进口产品为主，普遍存在分析周期与超声流量计不匹配、购置费用较高、运行维护成本大等问题；目前出现了个别国产化在线色谱生产厂家，但其产品还在试用测试中。

配备在线累积取样器进行能量计量主要具有全压取得有代表性的样品和留样核查、争议仲裁的优势。目前技术成熟累计取样器主要为的国外品牌，普遍存在成本高、维护难度大、维修时间长等问题；目前国内在用的累积取系统大多采用时间模式取样，不适应气质变化大、流量波动剧烈场景，对于已建成的天然气计量站，还需进行一部分技术改造和设备功能升级才能实现以流量模式进行累计取样。

随着能量计量实施工作的不断推进，业内出现了一些采用 GB/T 22723 推荐的物性关联技术进行天然气发热量、相对密度等参数在线测定的仪器和装备超声~可见光关联法的测试原理主要基于天然气发热量分别与可见光折射率和声波传播速度呈线性关系，分别通过光学传感器和声速传感器测定天然气的折射率和声波传播速度，最终测定其发热量。国内激光法发热量测定技术基于激光吸收的朗伯比尔定律和光声效应，实现了天然气发热量以及二氧化碳含量和相对密度的同时在线测量。该类仪器设备可结合 GB/T 17747.3 中推荐的物性值法计算天然气压缩因子，以一种不依赖色谱分析的详细组成数据实现天然气能量计量。

3.3 天然气能量计量典型案例

某液化天然气有限公司经营 LNG 的购买(进口)、储存、运输、销售业务，在 LNG 购买及销售中均采用能量计量进行贸易交接，并签署天然气购销期货合同。

该公司在购买 LNG 时，采用质量流量计计量 LNG 液体质量、累计取样器采样，当一船混合 LNG 累积采样完成，送至实验室采用三种在线/离线色谱进行组分比对分析，结果满足 GPA 2261-13《天然气组分分析-GC 法》中重复性和再现性要求，算术平均后确定为 LNG 的高位质量发热量，计算得到能量值，最终结果与卖方互认。

在销售天然气给下游用户时，该公司气源高位发热量在(39.8~41.8)MJ/m^3 之间波动，采用在线色谱仪、流量计算机、超声流量计、温度压力变送器等构成的能量计量系统与用户能量计量贸易交接。采用前一次组分分析得到的高位体积发热量与色谱分析周期内的累积体积流量进行计算得到能量值，以累积能量值进行结算。

贸易交接双方约定天然气体积流量输差控制范围，核查双方流量计、在线色谱及配套仪表工作状态。如上游流量计故障，采用下游核查流量数据进行能量计算；如在线色谱数据异常，采用相邻站点组分数据进行计算。

4 天然气能量计量技术发展展望

4.1 天然气能量计量溯源技术

4.1.1 天然气流量量值溯源技术

随着国外量值溯源体系向环道、大口径发展，国内天然气实流检定校准技术机构在“十四五”期间也紧跟天然气计量溯源技术发展方向，向更高不确定度水平的原级标准装置、高压环道标准装置等进行技术攻关。

成都分站建成了国际先进水平的中低压天然气量传溯源链，拥有天然气流量原级标准装置、次级标准装置和工作级标准装置共四套。同时，建设并成功运行了国内唯一一套环道式天然气流量标准装置，在天然气流量标准装置的建设和运行方面具有丰富的经验和较强的自主创新能力。期望利用区域公司管网优势及特点，就地或异地建设一套高压环道式天然气流量工作标准装置及配套系统。主要技术指标达到：工作压力(2.5~10)MPa、工况流量范围(32~22000)m^3/h，体积流量测量不确定度优于 0.25%(k=2)，满足 DN500 流量计溯源需求。

4.1.2 天然气发热量量值溯源技术

能量计量用标准物质不确定度水平提升。能量计量工作的不断推进，对大型贸易交接站点需要配备不确定水平更高的标准物质提出了新要求。因而，需研发实现更准确地原料气杂质分析，更稳定的仪器长期工作性能，更稳定的进样方式(流量、温度、压力)，并更为广泛、密集开展标准气体稳定性分析，系统性形成一批发热量不确定水平分别优于 0.25%和 0.5%的一级和二级标准物质。

0 级水平天然气发热量直接测定装置建设。我国天然气发热量直接测定技术较欧美先进水平还有一定差距，发热量测定溯源链尚不完善。建议基于 Rossini 热量计的测量原理，通过实验与数值模拟结合的手段改进优化燃料气体称量系统、气体燃烧系统、热容标定系统、温度场控制系统、温度测量系统和燃烧尾气分析系统，争取早日建成达到国际先进水平的 0 级发热量直接测定装置，保障天然气能量计量实施的公平公正和我国在天然气计量领域的国际话语权。

4.2 天然气能量测量技术

4.2.1 国产化流量计量设备

目前，在国家“双碳”战略背景下，天然气掺氢提上研究日程，其优点主要有：一是可以改变天然气的燃烧特性，增加燃烧值；二是可以利用天然气管道等基础设施，对现阶段氢气运输、氢能的广泛及规模运用开拓更多的可能性；三是可以大大降低二氧化碳的排放。

天然气掺氢也为国产化流量计量设备提出了新的挑战，对探头材料、换能器、信号处理及防爆要求等都需要进行相应提升，以满足不同比列特别是超过 25%的掺氢天然气的计量。

4.2.2 国产化发热量测试设备

在线气相色谱、累积取样器国产化水平提升。当前，天然气分析用在线气相色谱及累计取样器主要依赖进口产品，国产化水平较低，普遍存在成本较高、维护难度大、维修时间较长的问题；在线气相色谱主要需要克服核心检测器性能问题，并同时具备防爆、精简小巧、模块化及算法智能化功能；当前国产累积取样器产品成熟度相对较低，还需通过各种复杂工况的适应性测试，对取样泵、控制器等关键部件进行技术改进，提高产品成熟度。此类产品实现国产化后，采购成本与进口产品相比，约可降低 30%~50%。

天然气发热量测试关联技术可靠性论证。超声-可见光关联法和激光吸收法测试天然气发热量技术，普遍具有响应快、操作简单、无耗材和维护量小的特点，当前开展的部分实验验证工作表明此类技术的发热量和相对密度测量的相对偏差在 0.5%以内，基本满足 GB/T 18603 中对计量站发热量准确度的要求，但尚需开展更为系统的实验验证工作以论证其准确性、可靠性，经论证后，该类技术有望成为现有天然气能量计量技术的有益补充。

5 结论

通过对我国天然气能量计量溯源及测量技术的研究，结合国内外天然气贸易交接能量计量运行经验，得到以下结论及认识：

(1) 在天然气能量计量溯源技术方面，我国质量时间(mt)法天然气原级标准技术达到国际领先水平；发热量直接、间接测量溯源技术达到国内领先水平，具备完善的能量计量溯源链，满足国内实施能量计量的量值溯源需求。

(2) 在天然气能量测量技术方面，国产智能计量仪器仪表技术水平有较大提升，并已形成多声道、高测量稳定性气体超声流量计，基本满足国内能量计量实施需求。

(3) 在能量计量运行管理方面，国内已有成功实施能量计量贸易交接案例，运行管理模式可为我国实施能量计量提供参考。

(4) 持续提升我国天然气能量计量溯源技术水平，紧跟天然气能量计量溯源技术发展方向，致力建成 0 级水平天然气发热量直接测定装置、高水平的天然气流量原级标准装置和高压环道标准装置。

(5) 继续加大国产化智能仪表研发力度，进一步提高天然气能量计量仪器仪表计量性能，满足复杂气质及流态下的适应性。

参 考 文 献

[1] 黄维和，段继芹，常宏岗，等. 中国天然气能量计量体系建设探讨[J]. 天然气工业，2021，41(8)：186~193.

[2] 隆国强，马新华，金之均，等. 国务院发展研究中心，中国天然气高质量发展报告[R]. 北京：石油工业出版社有限公司，2020.

[3] 黄维和．能源革命推动能源安全保障战略研究．上海：2019 年天然气标准化年会，2019 年．
[4] 徐孝轩，李奇，荆栋．多气源天然气输配管网的能量计量方法[J]．天然气工业，2018，38(1)：116~122.
[5] 黄维和，罗勤，黄黎明，等．天然气能量计量体系在中国的建设和发展[J]．石油与天然气化工，2011，40(2)：103~108.
[6] 国务院《计量发展规划(2021-2035 年)》[R]．2021
[7] ISO 15971：2008《Natural gas-Measurement of properties-Calorific value and Wobbe index》.
[8] 黄和，宋德琦，段继芹，等．GB/T 18603 天然气计量系统技术要求[S]．北京：中国标准出版社，2014.
[9] 黄黎明，张福元，郭绪明，等，等．天然气能量测定：GB/T 22723—2008[S]．北京：中国标准出版社，2008.
[10] 黄维和，唐蒙，常宏岗，等．GB 17820 天然气[S]．北京：中国标准出版社，2018.
[11] 常宏岗，段继芹．中国天然气计量技术及展望[J]．天然气工业，2020，40(1)：110~118
[12] 李克，罗勤．GB/T 11062—2020 天然气　发热量、密度、相对密度和沃泊指数的计算方法[S]．北京：中国标准出版社，2020.
[13] 曾文平，唐蒙，迟永杰．GB/T 13610—2020 天然气的组成分析　气相色谱法[S]．北京：中国标准出版社，2020
[14] 马康，赵敏，盖良京，等．JJG 1055—2009 在线气相色谱仪[S]．北京：中国标准出版社，2009.
[15] 段继芹，任佳，陈荟宇．国内外天然气计量技术比较分析[J]．计测技术．2013，vol33(增刊)：20~23.
[16] 罗勤，李克，姜进田，等．GB/T 28766—2018 天然气　在线分析系统性能评价[S]．北京：中国标准出版社，2017.

作者简介：周理(1981—)，男，高级工程师，现就职于中国石油天然气股份有限公司西南油气田分公司天然气研究院，主要从事天然气分析、计量及标准化方面的研究和管理工作。电话：028-85604188，邮编：610213，通信地址：四川省成都市天府新区天研路 218 号。

基于高温的腐蚀测厚变送器设计

窦磊磊　张广祥　于　文

（中国石油天然气股份有限公司吉林石化分公司电仪中心　吉林吉林　132022）

摘　要　文章分析了腐蚀测厚变送器测量误差产生的原因，并给出了一种不同温度下误差校正补偿算法，实现从-40℃到500℃对测厚数据进行温度补偿。为实现高温易腐蚀设备和管线的在线测厚，给出了超声波在线实时测厚技术和实现此技术的硬件、软件方案。根据此方案设计的腐蚀测厚变送器厚度检测精度高、运行稳定，在腐蚀测厚领域具有极高的应用价值。

关键词　测厚变送器；分段线性逼近法；高温腐蚀

1　引言

高硫、高酸值原油在炼制过程中，往往会产生苛刻的腐蚀环境，造成炼油设备的严重腐蚀。尤其是在高温部位，设备一旦产生腐蚀泄漏，就会引发火灾事故，造成巨大的人员伤亡和财产损失。有鉴于此，腐蚀监测作为腐蚀防护的基础工作受到了企业的关注和重视。因此，研制一款能实时在线监测管线或设备腐蚀程度，评估装置、管道、设备预期寿命的高温腐蚀测厚系统就显得尤为必要。

国内外常用的测厚技术有如下几种：机械接触式测厚技术、X 射线测厚技术、涡流测厚技术、超声波测厚技术，高温腐蚀测厚变送器采用超声波测厚技术进行易腐蚀设备和材料的厚度测量。虽然超声测厚已获得广泛应用，但在高温下由于受检介质传输声波特点不同，给测厚带来诸多问题。第一个问题是，传统用于声耦合的油、油脂在高温下将会被分解、液化甚至蒸发掉，使声耦合无法实施，这就需要考虑选用合适的耦合介质来完成声传输的问题；第二个问题是超声波声速是温度的函数。一般来说，固体介质的声速将随温度的升高而降低，若不针对各种材料找出声速与温度之间的关系，并加以修正，势必影响测厚精度；第三个是测厚变送器如何有效避免信号采集、转换及传输过程中带来的误差的问题。正因为高温测厚有以上技术困难，国内未见有类似研究报道，但国外已有类似产品。

针对以上问题，本文探讨了高温腐蚀测厚变送器测量误差产生的原因及补偿办法，给出了高温条件下腐蚀厚度测量方法、以及高温腐蚀测厚变送器的软、硬件设计方案。

2　测厚变送器误差补偿

2.1　误差分析

在高温下进行超声波厚度测量时不可避免地存在测量误差。误差原因一是温度变化引起的一般固体材料中的声速变化，有试验数据表明，热态材料每增加 100℃，声速下降 1%；二是探头温度变化引起的零点漂移；三是测量仪器、测量方式引起的误差。

图 1 是常低温环境下以调节声速(5900m/s)测得的三个试件不同温度下的厚度记录曲线。图 2 是高温环境下以调节声速(5900m/s)测得的三个试件不同温度下的厚度记录曲线。

从图中可以看出，测量值与实际值呈非线性变化，而且以 100℃为界，测量结果受温度影响变化趋势是不一样的，必须采用合适的补偿方法进行温度补偿，才能产生精确的结果。

2.2　补偿方法

从测厚变送器的误差分析，可以看到在较小的温度范围内厚度的变化近似于一条直线，因此可以采用分段线性逼近法进行温度补偿。具体算法为按照测量材质，以 40℃为步进值，分别采集不同标准厚度试块的-40~500℃的相应温度下的厚度值，然后将这些温度及对应的厚度值存储在一个数据表中，形式如下：$\{S_0, t_0, D_0; S_0, t_1, D_0; S_0, t_2, D_0; \cdots S_k, t_n, D_k\}$，每种材质都分别生成这个表，然后将其永久存储在 Flash 存储器中，形成补偿数据表。其中，$S_0 \sim S_k$：代表试块标准厚度值；$D_0 \sim D_k$：代表试块采集厚度值；$t_0 \sim t_n$：代表温度值；材质和标准试块的数量根据需要进行扩充。

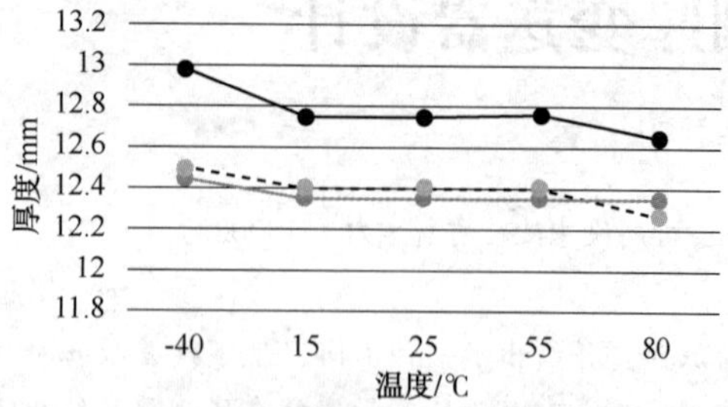

图 1　常低温下厚度测量值

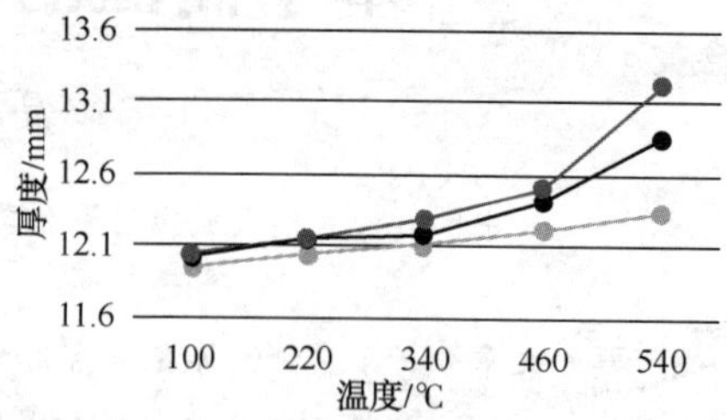

图 2　高温下厚度测量值

有了这个表，MCU 通过测定温度实时计算出当前温度下的厚度值。具体方法是首先确定厚度采样值和标准试块厚度值最接近的数据表，按照当前温度找出两个最接近所求点的系数[(t_m, D_m)和(t_n, D_n)]，然后在这两个点之间进行线性插值，来解出厚度值。线性方程形式如下：

$$D\text{lin}(t)=D-D_s+D_m-(t-t_m)\times\frac{D_n-D_m}{t_n-t_m}$$

$$D\text{lin}(t)=A\times t+B$$

其中 A 和 B 为常量。(t_m, t_n)的实际线性插值公式为：

$$D\text{lin}(t)=D-D_s+D_m-(t-t_m)\times\frac{D_n-D_m}{t_n-t_m}$$

其中 D_s 为试块标准厚度值。这种分段线性逼近法产生的总误差，取决于分段的数量和总的温度范围，选的段数越多，温度范围越小，精度越高。此种方法可以有效克服温度和电路带来的测量误差。见表 1。

表 1　12mm 样块部分温度下补偿标定数据

温度/℃	−40	0	40	80
厚度/mm	12.19	12.35	12.53	12.64

表 1 是−40~80℃ 12mm 碳钢标准试块的标定补偿数据。以温度 65℃、厚度采样值 12.59mm 说明计算过程。温度 65℃在 40~80℃之间，将 40℃和 80℃下的补偿标定值代入公式，计算得到温度 65℃、厚度采样值 12.59mm 的补偿后厚度值为 11.991mm。

3　测厚变送器硬件设计

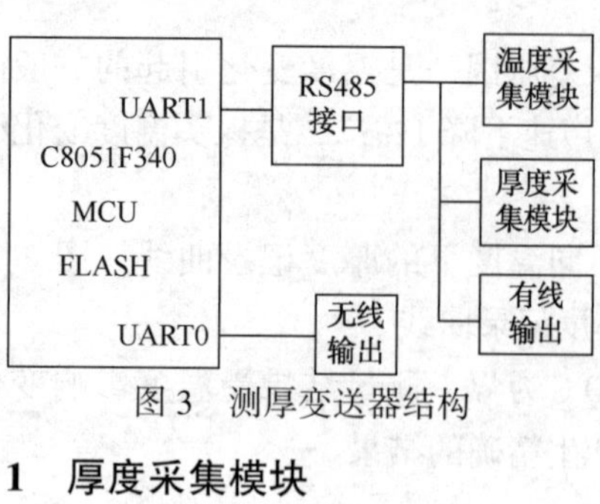

图 3　测厚变送器结构

测厚变送器采用模块化的设计方法，变送器主要由高温测厚传感器、温度采集模块、MCU、无线输出模块和有线数据输出模块组成。整机结构如图 3 所示。

MCU 通过串口 UART0 与无线通信输出模块连接，通过 UART1、RS485 接口电路与超声波测厚数据采集模块、温度信号采集模块和有线数据输出模块组成 RS485 网络，实现数据交互功能。

3.1　厚度采集模块

厚度采集模块由高温测厚传感器、信号激励和信号输出电路组成。高温测厚传感器是产生和接收超声波的通用元件，是高温测厚变送器的核心部件，其性能的优劣直接影响厚度测量质量。比较常用的产生超声波的方式是利用压电材料把电能转换成机械能，其核心部分为一个压电晶片。利用压电晶片受到电脉冲激励后产生的逆压电效应和正压电效应进行超声波的发射与接收。高温测厚探头是标准的 PZT 型高温测厚传感器，为了使探头的极限工作温度达到 600℃，在保护膜和压电晶片之间设置高温延迟块，以延缓晶片温度上升速率，从而使低居里点的 PZT 传感器可以工作在极高环境温度条件下。高温测厚传感器由保护膜、高温延迟块、压电晶堆、吸声背衬、环氧树脂套、不锈钢外壳及热手柄等组成。实际应用中，高温测厚传感器测得的厚度信号通过线路激励器传递到信号转换器，信号转换器将超声波信号转换为数字量，通过 RS485 接口定时输出。

3.2 温度采集模块

管线或设备的表面温度采用热电偶变送器进行接触式温度测量，这主要是因为热电偶具有较宽的测温范围。较小的测量端，能够测“点”的温度并且还具有较高的测温准确度。热电偶与被测表面的接触形式基本上有下列四种：点接触、片接触、等温线接触、分离接触，具体的接触方式可根据现场工况进行确定。

3.3 MCU

测厚变送器采用 C8051F340 单片机作为主控 CPU。包括 4 个 16 位计数器/定时器、2 个具有扩展波特率配置的全双工 UART 口、多达 4352 字节的内部 RAM、64KB 的 FLASH 程序存储器及多达 40 个 I/O 引脚。主控制器 MCU 如图 4 所示。

3.4 输入信号接口

UART1 与 RS485 接口芯片 AD483E 组成输入信号接口电路，电路如图 3 所示。MCU 作为主设备，通过此接口定时向超声波测厚数据采集模块、温度信号采集模块请求厚度和温度数据，同时作为从设备，接受其他主设备的数据请求。

3.5 输出信号接口

腐蚀测厚变送器的输出可以采用有线方式，也可以采用无线输出方式。当采用无线输出方式时，腐蚀测厚变送器与无线模块通过 UART 和两条控制线连接。无线输出模块是符合 HART7.4 协议的无线通信模块。模块通过串口与腐蚀测厚变送器进行通讯，用于组合成完整的 WirelessHART 现场设备。无线输出模块的典型结构图如图 5 所示。其中：

TX：串口数据输出端口。无线模块利用这个端口发送请求数据到腐蚀变送器。

RX：串口数据接收端口。腐蚀测厚变送器利用该端口发送响应数据给无线模块。

RTS：腐蚀测厚变送器请求数据发送指示，由高到低有效。腐蚀测厚变送器向无线模块发送数据前，将该端口信号由高拉低，直到信号发送完毕。由于模块可能处于深度睡眠状态，在腐蚀测厚变送器发送数据前必须提前将 RTS 拉低。

CD：无线模块请求数据发送指示，由高到低有效。模块利用该端口指示它将数据发送到腐蚀测厚变送器，如果没有数据发送，CD 将保持高电平。无线模块向腐蚀测厚变送器发送数据前，将该端口信号拉低，直到数据发送完毕。

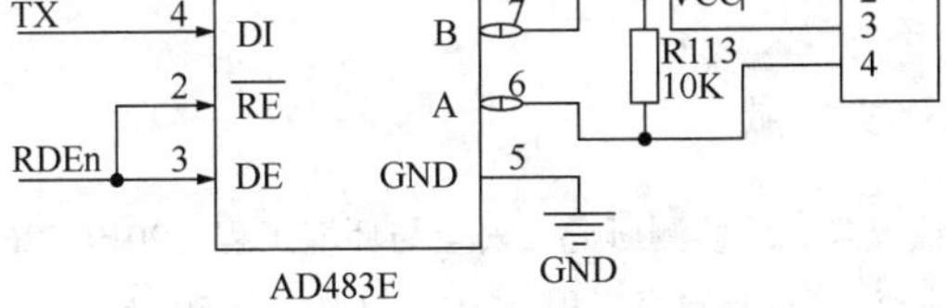

图 4 输入信号接口电路

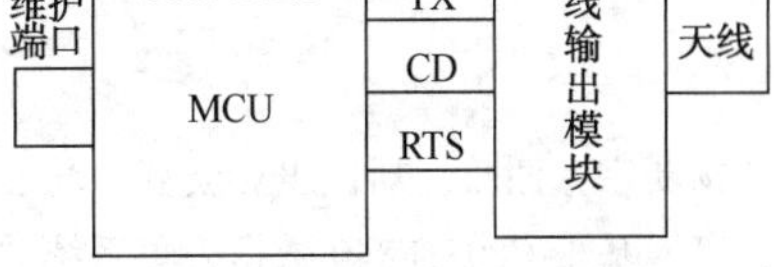

图 5 无线输出典型结构图

4 测厚变送器软件设计

软件采用模块化的设计方法，程序根据组态设定运行，实现各种功能。主程序流程图见图 6。设备上电后，首先需要通过上位机工具软件对程序运行的必要参数进行设定，包括 UART0、UART1 的串口参数设定，采集周期设定；温度采集模块、厚度采集模块及本机设备通信地址设定及测定数据输

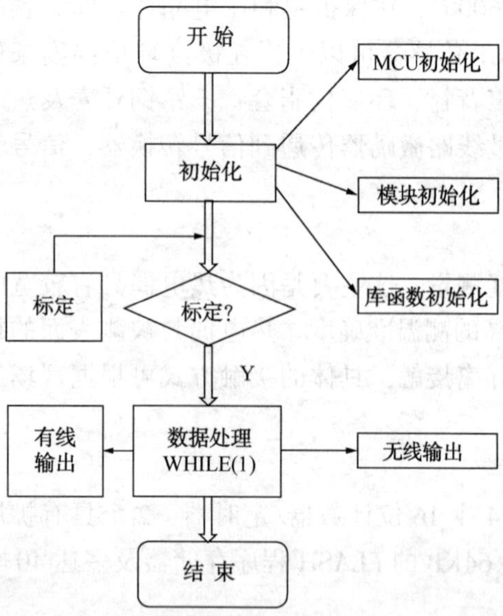

图 6 主程序流程

出方式设定等。程序初始化后，需要进行测厚变送器温度补偿标定。如果采用无线输出方式，还需要对无线输出模块进行设定。

各种模块之间采用 MODBUS-RTU 协议进行数据通信，协议支持 MODBUS 03、MODBUS 04、MODBUS 06 以及 16 四种功能码。在补偿标定工作模式下，测厚变送器采集未经补偿的厚度数据和温度数据，送到相应寄存器单元，测厚变送器响应上位机 3#命令，将厚度和温度数据传递到上位机，补偿结束后，测厚变送器响应上位机 16#命令，将厚度和温度补偿标定数据存储到测厚变送器存储单元。在正式运行工作模式下，测厚变送器实时采集装置厚度数据和温度数据，根据补偿标定数据进行补偿运算，运算后的数据送到相应寄存器单元。测厚变送器响应主控机 3#命令，将补偿后的厚度和温度数据传递到主控机。在无线输出方式下，无线模块作为主设备通过 UART0 向 MCU 请求测厚数据，同时作为从设备，采用 33#Hart 命令实时响应无线路由器、网关和网络管理器的数据请求。

表 2 是 12mm 碳钢标准试块不同温度下的补偿效果对比表，从表 2 可以看出，经过分段线性逼近法补偿，高温测厚变送器全温度范围内满足±0. 5%的误差要求，有效提高了测厚变送器的测量精度。

表 2 补偿效果对比表

厚度/mm 温度/℃	补偿前输出值	补偿后输出值	补偿后误差
13	12. 37	11. 96	-0. 30%
55	12. 56	11. 99	-0. 08%
150	12. 82	12. 05	0. 41%
490	13. 79	12. 04	0. 33%

5 结语

本文提出的高温在线腐蚀测厚技术，运用了超声波厚度测量、高温表面温度测量、无线传输等最新技术，实现了对温度-20~500℃，高温腐蚀厚度实时在线测量，并可进行远程传输。高温腐蚀测厚变送器与其他检测仪表一起形成监测网络，在硬件和软件平台的支持下，可以实现腐蚀诊断与监测的远程自动化。监测到的数据存储到数据库服务器中形成历史数据，为腐蚀分析诊断，提供数据支持。管理人员足不出户就可以通过该系统随时观测到设备腐蚀状况，收集环境、介质、设备腐蚀速率等信息，为装置和设备的稳定运行提供安全保障。

参 考 文 献

[1] 郭明乐，杨新宇，谢政，刘佳琪. 极端工况下管道腐蚀风险在线监测研究，安全与环境工程，2019，26(1)：162.
[2] 尹杰君，等. 基于 C8051F340 数据采集系统的设计[J]. 计算机与数字工程，2010，(10)：159-161.
[3] 赵孝文，闫海霞，范庆丽. PS 核子物位计手持智能终端设计，自动化技术与应用，2017，36(6)：155-156.

作者简介：窦磊磊(1983—)，男，工程师，空军工程大学，主要从事自动化仪表、电子电路技术等领域的研究。电话：13944690171，邮编：132022，通信地址：吉林市龙潭区郑州路 1 号。

可控震源智能计量技术的探讨

马红伟　党卫中　王春强　张显桂

（中国石油东方地球物理公司装备服务处　河北涿州　072751）

摘　要　在数字时代，传统的“有形、静态”计量已无法适应新时代设备计量，“无形、在线”的智能化计量将成为未来计量趋势。作为地震勘探重要的绿色人工激发设备的可控震源，其计量技术也影响激发地震波质量，进而影响着地震资料的品质。本文介绍了可控震源计量的现状，梳理了地震勘探对可控震源计量的需求，结合地震队智能化发展形势下，提出了可控震源智能计量发展思路，并在智能化地震队框架下，对可控震源关键信息进行智能化计量的尝试。

关键词　数字时代；可控震源；智能计量

1　引言

可控震源是地震勘探重要的人工激发设备，其激发器激发的地震波频率、能量可人为控制，激发器搭载在高通过性专用底盘上，灵活机动。近年来，可控震源因其绿色环保，机动高效的特点，在陆地勘探激发中应用越来越广泛。可控震源是集机、电、气、液一体的特种激发设备，为保证设备激发信号质量，设备运行安全可靠，需要对其关键参数进行准确计量，更需要对计量数据管理分析，指导设备使用维修，控制激发信号质量，促进生产作业。当前地震勘探逐渐迈向数字时代，如何对可控震源参数进行计量，使可控震源数据满足“FAIR”原则，即可发现（Findable）、可获取（Accessible）、可互用（Inter-operable）、可复用（Reusable），是势在必行的工作。

2　可控震源参数计量现状

当前陆上地震勘探应用的可控震源是液压可控震源，是20世纪70年代发明的可控震源模式，如图1（a）。液压可控震源激振器是液压伺服控制的反作用振动力输出装置，其搭载在野外通过能力强的专用特种底盘上，反作用质量体俗称重锤，反作用力输出体俗称平板。要确保激振器激振力满足地震勘探要求，需要对重锤加速度、平板加速度、重锤位移、伺服阀阀位移4个物理参数进行计量，如图1（b），并结合4个物理参数与激振器大地模型预测出其他需要的状态变量，通过实测值与模型计算值比对，优化闭环控制的增益，实现激振器振动出力满足地震要求。可控震源每次振动扫描时，控制系统会记录下结合4个物理参量与激振器大地模型得出的震源输出特性（出力、相位、畸变、警告），地表属性信息（地表刚性、黏性），同时也记录下导航设备的GPS信息，控制系统时效信息（扫描开始时间、扫描时间），索引信息（炮点号、震源号）用于可控震源质量控制、数据管理。

(a)可控震源

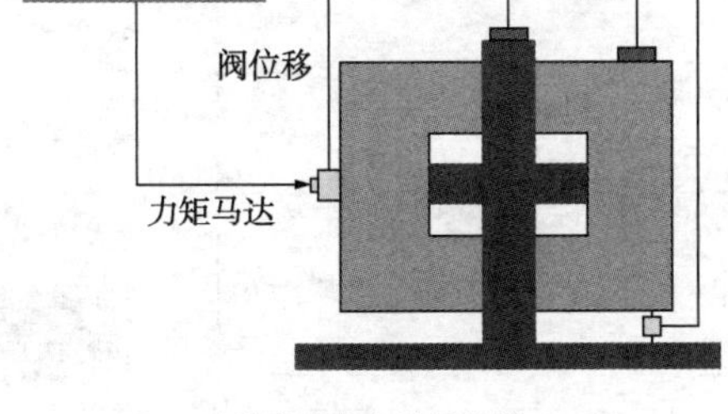

(b)激发器状态计量控制

图1

表 1 是当前可控震源计量主要参数，参数计量后传送到电控箱体，通过电控箱体程序运算形成表 2 可控震源电控箱体记录的数据，这些数据是可控震源作业中需要关注的数据。传统以采集仪器为中心的有线地震数据采集系统，数据文件会通过电台传给仪器，仪器自带的实时监控功能对可控震源进行质控，但仪器自带实时监控功只能满足常规地震采集实时质控，无法满足高效采集的实时质控，独立质控软件通过 FTP 读取仪器服务器中文件进行高效采集实时质控是目前一种解决方法。图 2 是根据计量参数生成与振动性能相关监测数据曲线。

表 1　可控震源计量参数

计量参数	振动性能参数				
	重锤加速度	平板加速度	重锤位移	阀位移	阀电流
	$4m/s^2$	$3m/s^2$	8mm	1mm	20mA

表 2　可控震源电控箱体记录数

序号	列	内　容	序号	列	内　容	序号	列	内　容
1	1~1	Record identification 记录标识	16	56~64	Vib. position easting 经度	31	102~102	Plate 3 Warning 平板 3 报警
2	2~17	Line name 线号	17	65~74	Vib. position northing 纬度	32	103~103	Plate 4 Warning 平板 4 报警
3	18~25	Point number 点号	18	75~80	Vib. position elevation 高程	33	104~104	Plate 5 Warning 平板 5 报警
4	26~26	Point index 点索引	19	82~86	Shot Nb 激发号	34	105~105	Plate 6 Warning 平板 6 报警
5	27~27	Vibrator Group 震源组号	20	87~88	Acquisition Nb. 采集号	35	106~106	Force Overload 出力过载
6	28~29	Vibrator id. 震源号	21	89~89	Fleet Nb. 组号	36	107~107	Pressure Overload 压力过载
7	30~32	Vibrator drive lever 震源出力	22	91~92	Vibro，Status Code 震源状态码	37	108~108	Mass Overload 重锤过载
8	33~36	Average phase 平均相位	23	94~94	Mass 1 Warning 重锤 1 报警	38	109~109	Valve Overload 阀过载
9	37~40	Peak phase 峰值相位	24	95~95	Mass 2 Warning 重锤 2 报警	39	110~110	Excitation Overload 励磁电流过载
10	41~42	Average distortion 平均畸变	25	96~96	Mass 3 Warning 重锤 3 报警	40	111~112	Stacking Fold 叠加数
11	43~44	Peak distortion 峰值畸变	26	97~97	not used 空	41	113~113	Computation Domain 计算域
12	45~46	Avlerage force 平均出力	27	98~98	not used 空	42	114~117	Ve432 Version 版本号
13	47~49	Peak force	28	99~99	not used 空	43	118~120	Day of Year
14	50~52	Average ground viscosity 平均地面黏度	29	100~100	Plate 1 Warning 平板 1 报警	44	121~126	Time hhmmss 时间
15	53~55	Average ground stiffness 平均地面刚度	30	101~101	Plate 2 Warning 平板 2 报警	45	127~130	Horizontal Accuracy 水平精度

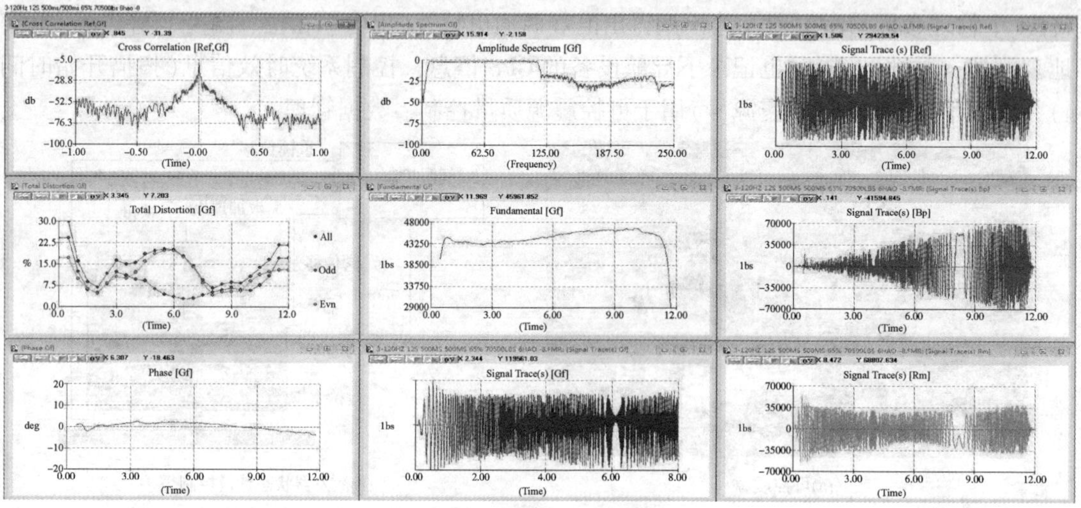

图 2　可控震源振动性能曲线

目前可控震源计量参数主要用于激发振动性能质控，其次由于振动性能与可控震源本身存在一定联系，设备使用人员也尝试用振动性能数据分析可控震源故障原因，但可控震源故障仅是影响振动性能一个因素，因此很难准确预判可控震源故障。

3 勘探技术发展对可控震源计量的新需求

地震勘探技术不断发展，节点仪器的普及打破了传统的以仪器为中心的地震数据采集模式，基于数字电台、公共网络(4G、5G)、MESH 自组网电台等多种通讯方式开发的可控震源激发生产管理系统促使以震源为中心的采集模式成为现实。可控震源激发生产管理系统(VPM)大数据通信带宽为传输其他数据提供了基础，另外技术进步促使了 PLUS+1 工业计算机、CAN 总线、数字仪表等计量新手段在可控震源上的应用使可控震源技术参数的数字化、保存、传输成为可能。新的地震数据采集的效率由原来受采集仪器制约转化了受可控震源激发效率制约，为了保证地震数据采集效率，需要新的可控震源计量方法，需要将计量数据与可控震源故障预判及诊断结合起来。但是计量哪些数据才能满足勘探生产要求，数据如何保存，所占存储空间小，调用快捷高效，如何传输数据才能准确及时？如何管理数据才能满足实时作业，事后分析，科研人员都在进行不断探索。

目前可控震源信息计量状况大体如下：1. 振动属性信息计量，管理相对完善；2. 液压系统部分状态信息实现了数字化计量、传输、储存；3. 发动机信息实现了数字化计量、传输、储存；目前可控震源参数计量与当前生产管理要求还有一定的距离，需要逐步完善升级。

数字时代，地震勘探对可控震源参数计量主要需求如下：

(1) 效率方面：便于管理人员了解可控震源应用情况；

(2) 质量方面：便于质量控制人员快速判断可控震源振动性能质量是否满足施工要求；

(3) 设备保障方面：便于设备保障人员快速判断可控震源故障，及时维护保养设备。

4 可控震源智能计量的方向

在数字时代，传统的“有形、静态”计量已无法适应新时代可控震源的计量，“无形、在线”的智能化计量应用将成为未来可控震源计量趋势。智慧化算法+数字化传感器的计量方法应用领域不断广泛，能够深度学习的人工智能算法和数字化的传感器成为智能计量精确与否的关键。数字化的嵌入式新式传感器完成原始数据的计量，物联网、4G、5G、芯片、人工智能技术让智能计量大数据传输、分析、管理能够实现。

在传统的计量中，设备计量大部分是静态的，而且计量时，被计量对象是离线的(非工作状态)，而不是在线计量(工作状态)。随着社会经济发展来到大数据、网络化、智能化的数字时代，传统计量方式已经不能满足社会经济的发展。在线的智能化计量可以降低消耗、减少成本、提高效率、增加效益，而且其计量结果更符合实际情况，更可靠。智能化计量将成为未来计量发展的趋势。

可控震源的计量属于在线计量领域，如何发展可控震源的智能在线计量，更好助力油气勘探生产，值得每个石油计量人认真思考。

针对可控震源的计量需求，笔者认为可控震源智能计量发展思路如下。

4.1 基于智能化地震队的可控震源智能计量

可控震源是地震队重要激发设备，但完成地震队勘探生产还需要其他设备，因此可控震源智能计量要纳入智能化地震队中整体发展中考虑，目前智能化地震队按图 3 架构发展，以“云服务”为中心，地震勘探的地理信息(GIS)，激发设备可控震源，接收设备节点仪器，辅助设备推土机、维修车等设备运行数字信息通过网络通信(4G、5G、北斗、MESH 网络)将数据存储在云服务器上，基于云服务的大数

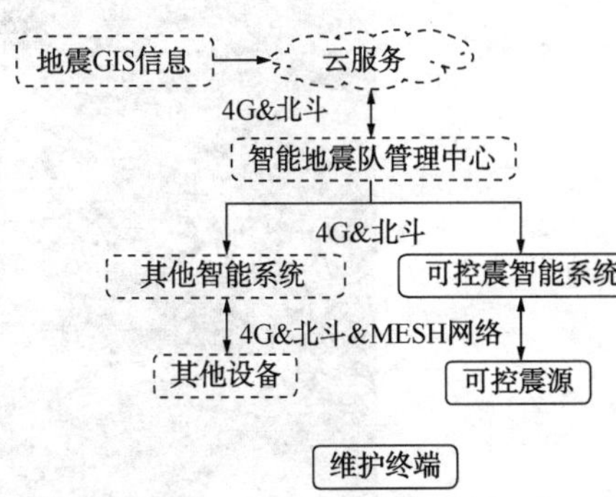

图 3 智能化地震队架构

据，通过功能细分的智能化数据处理系统实现数据分析应用，达到地震队安全高效运作目的。

4.2　可控震源生产效率方面

智能化地震队管理中心基于可控震源计量的参数，通过统计分析，将可控震源得作业时间、待机时间、维修时间、保养时间、路线轨迹、消耗燃油、更换备件等信息通过直观图表提供给生产管理人员，便于生产管理人员对可控震源生产效率的监控。

4.3　可控震源质量控制方面

可控震源智能系统基于可控震源振动参数的计量，按照可控震源质量控制标准生成质量人员关注的可控震源振动性能指标：基值出力、峰值出力、相位、谐波畸变、相关子波、时频曲线等，关键性能指标超标后，系统自动弹出报警信息，便于质控人员实时质量控制。对于多台、多次可控震源关键性能指标，系统可以进行选定性能指标的统计对比分析，便于数据分析人员对特定指标的质控分析。

4.4　可控震源维护保障方面

认真梳理可控震源野外作业主要故障类型，研究判断此类故障的直接因素，增加此类因素的数字化计量手段，比如蓄能器压力在线计量，特定液压部件油温计量，振动平板形变的计量等可以直接判断故障参数的计量。可控震源智能系统根据计量数据得出可控震源系统故障代码、保养代码，通过网络及时将故障代码、保养代码发送到设备保障人员个人终端上。指导设备保障人员维护、保养可控震源，提高可控震震源保障效率，提升地震勘探作业效率。

5　可控震源智能计量应用

东方物探基于图3所示的智能化地震队架构，开发了智能化地震队，实现地震队设备数据的数字化采集，智能化管理如图4所示。地震队的可控震源、采集仪器、测量、排列等相关设备计量参数以及GIS信息上传到云服务，管理中心调用管理。

为了适应节点仪器的不断应用，同时克服对国外技术的依赖，东方物探开发了更加适应智能化地震队的可控震源激发管理系统(VPM)，VPM基于公网(4G、5G)或者数字电台组网依据TCP/IP协议进行通讯，将可控震源计量参数进行传输、管理。图5为智能化地震队对可控震源作业状态的计量示例。

图4　智能化地震队

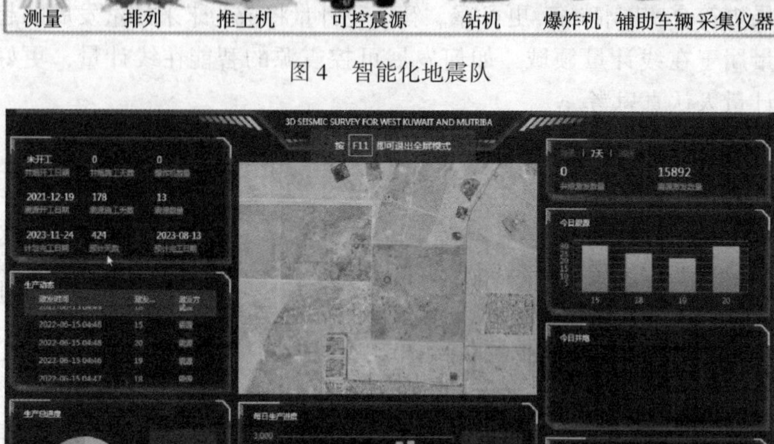

图5　智能化对可控震源作业状态计量

相较传统可控震源计量参数，目前可控震源智能计量将数字控制系统集成到震源车，以实现对括油料、胎压、气囊压力、平板高度、重锤状态、碰撞警告、等车辆状态和信息的计量及预警；并且可以通过手机 APP 实现对震源车工作状态的远程监控。智能计量关键数据如下。

(1) 可控震源电控箱体计量的表 1 的参数，程序根据表 1 计量参数生成的表 2 数据，表 2 是发送到可控震源激发管理系统的存储的数据。

(2) 可控震源计量了表 3 的发动机参数，发动机电子控制模块(ECM)通过计量传感器拾取表 3 的计量参量，通过 ECM 实施对发动机、喷油、点火、燃烧、运行、排污等的自动控制。ECM 通过 CAN 总线与可控震源主控制器相连，将驾驶员关注的参量及故障图像化实时显示。故障代码可以通过网络通信自动发送到个人终端。

(3) 可控震源计量了表 4 中液压系统参数，通过 CAN 总线传输震源主控制器。显示器实时图形化显示驾驶员关注的参量，每个一定时间将生成结果曲线通过网络发送到云服务器上，对于异常的状态量程序会分析判断后，将故障码实时发送到维修保障人员的个人终端上。

表 3　可控震源发动机计量参数

计量参数	发动机状态量				
	进气温度	燃油温度	机油压力	运转时间	冷却液温度
	19℃	60℃	75psi	24h	80℃
	燃油压力	燃油温度	转速	瞬时油耗	机械负载比
	0. 1psi	62℃	1800r/min	7. 5L/h	13%

表 4　可控震源液压系统计量参数

计量参数	液压系统状态量						
	振动高压	振动低压	前驱高压	前驱低压	后驱高压	后驱低压	提升压力
	3250psi	165psi	3800psi	290psi	3850psi	298psi	2150psi
	前驱油温	后驱油温	振动油温	刹车压力	制动压力	补油压力	电瓶电压
	30℃	32℃	45℃	1450psi	435psi	180psi	23. 5V
	24L 蓄能器压力	3L 蓄能器压力	24L 蓄能器压力	3L 蓄能器压力			
	1500psi	1550psi	281psi	280psi			

可控震源智能计量通过智能地震队管理中心可以随时查看可控震源生产效率，通过可控震源智能系统实现可控震源质量控制，质控报警信息也能自动同步发送到质控人员终端，可控震源关键状态信息可以实时通过显示界面显示，图 6 为东方物探控股公司可控震源智能计量的数字化显示界面。而可控震源故障信息、维护信息可自动发送到保障人员个人终端。

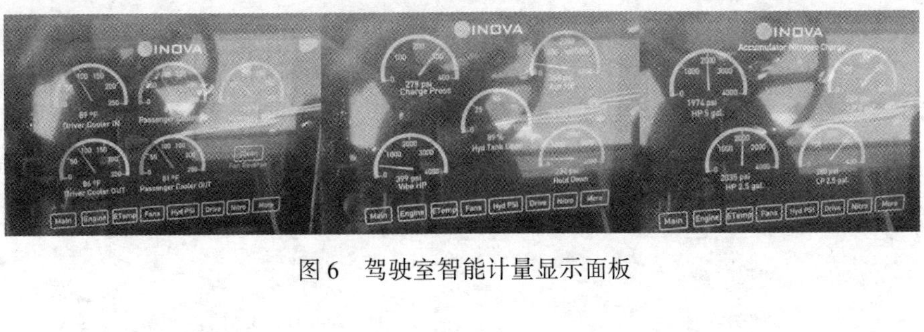

图 6　驾驶室智能计量显示面板

6　结论

可控震源智能计量是设备智能化发展的必然之路，东方物探基于智能化技术搭建开发智能化地震队，细化可控震源智能计量的功能，可控震源智能计量的应用实现激发地震子波质量，激发时间、激发位置的精确管理，可控震源作业效率、作业轨迹管理，可控震源维护、保养智能管理。实现了可控震源安全、高效、便捷的管理，提升了可控震源管理效率，助力了地震队作业效率。

参 考 文 献

[1] 陶知非，傅德莲，王先春，等．可控震源实用技术上册[M]．震源技术丛书，157-158.
[2] 刘志刚，王世鹏，王荣，等．充分利用可控震源控制系统产生的文件上[J]．物探装备，2012，22(2)，131-135.
[3] 王秋成，门哲，任艳永，等．Sercel_428XL 采集仪器系统可控震源实时质控新方法[J]．石油工业技术监督，2017，33(7)，7-10.
[4] 段昌平，赵晓源，赵楠，等．实时监控 428XL 系统全部震源状态的新方法[J]．物探装备，2016，26(2)，80-83.
[5] 刘志刚，王世鹏，王荣，等．充分利用可控震源控制系统产生的文件下[J]．物探装备，2012，22(3)，197-203.
[6] 法炜，郑云亮，万郑，等．节点仪器采集时可控震源无中心化管理的设想[J]．物探装备，2020，30(1)，53-55.
[7] 王楠，刘小峰，王世鹏，等．可控震源激发生产管理系统概述与应用[J]．物探装备，2021，31(6)，373-375.
[8] 王楠，郝磊，马铁荣，等．基于 FTP 的可控震源状态数据文件传输[J]．物探装备，2019，29(2)，121-123.
[9] 郝磊，陶知非，黄玉峰，等．EV56 可控震源运行技术数据分析及其方法[J]．物探装备，2018，28(5)：295-299.
[10] 张永刚，陈军胜．可控震源液压系统故障诊断状态特征分析[J]．物探装备，2016，26(2)，93-96.
[11] 李红远，王井富，肖虎，等．一种可控震源工作状态分析和质控方法[C]．SPG/SEG 南京 2020 年国际地球物理会议，2020，1412-1415.
[12] 秦宜智．拥抱数字时代加快计量发展[N]．中国市场监管报，2022.
[13] 数字时代的计量[N]．齐鲁晚报，2022.
[14] 易昌华，韩善峰，李春芬，等．信息化地震队系统设计与实现[J]．物探装备，2022，30(4)，211-213.

作者简介：马红伟(1976—)，男，高级工程师，毕业于西南石油学院，现在中国石油东方地球物理勘探有限责任公司装备研究中心从事装备研究工作。联系电话：0312-3822624、13785271680，邮编：072751，通信地址：河北省涿州市范阳西路 189 号装备研究中心。

高静压下差压变送器性能及天然气计量影响研究

吴贝贝

（新疆油田分公司实验检测研究院　新疆克拉玛依　834000）

摘　要　为研究高静压对差压变送器及天然气计量的影响，利用 ConST821+ConST822 现场全自动压力校验仪，研制一套高静压差压检定装置，对多类差压变送器在不同静压下的性能进行试验研究。通过试验发现：采用该套实验装置进行检定可符合现场实际工况，且误差会随静压的增加而增大；静压的引入导致差压值变化，从而影响流量测量值发生变化。

关键词　差压变送器；高静压；天然气计量

1　引言

在工业生产过程中，凡是涉及流体的工业控制，都与压力的测量和检测有关。差压变送器是工业过程控制中常用的一种基础自动化仪表，广泛应用于电力、化工和医药等行业中，这些仪表往往涉及工业安全和贸易结算等，因此，客观科学的评价它们的性能，确保计量性能的准确性和可靠性是非常重要的。

在流量计量中，差压变送器是节流式流量计最重要的部件，生产现场中，差压变送器的高低压端分别连接在节流装置的前后端，通过测量节流装置两端压差即可换算出流量。张强等人采用差压活塞式压力计对多型差压变送器在不同静压下的特征曲线进行了实验研究，提出高静压下差压变送器计量误差会反向偏大，这会导致流量计量偏小。

现有的差压器件的校准通常只能在静压为大气压的条件下进行校准，而高静压差压校准装置及方法目前并不普及，双活塞式或三活塞分压式高静压差压活塞目前应用较好，并可以达到很高的准确度的一种方法，但由于活塞式高静压压差活塞操作过程比较复杂，使其应用受到一定限制。蔡绯等人针对静压会对差压变送器的测量准确度产生显著影响的问题，研制了一种新型的静压跟随式差压变送器在线检测装置。李群等人重点介绍了双活塞方式差压校准及分压方式高静压差压校准方法，并结合试验数据对高静压差压传感器静压影响进行了分析。

本文设计一种高静压下差压器件的校准装置，通过压力通断阀的连通断开状态控制，消除由于测量器件的固有测量精度导致的输出压力大小不同的问题，进一步提高了校准精度，并避免了降压过程中由于高静压差压器件两端压力差过大导致高静压差压器件损坏。

通过实验发现，在高静压影响下差压变送器计量性能的研究能通过还原实际工况，得到更加符合现场使用要求的差压误差，且能掌握不同差压误差对天然气计量的影响，从而提高天然气流量计量准确度。

2　研制一种高静压下差压校准装置

2.1　装置设计方案

为探究高静压下对差压测量的影响，设计方案如下：该套装置包括第一压力控制器、第二压力控制器、压力通断阀和主控单元。通过主控单元控制第一压力控制器、第二压力控制器和压力通断阀实现对高静压差压器件的自动校准，通过压力通断阀的连通断开状态控制消除由于测量器件的固有测量精度导致的输出压力大小不同的问题，进一步提高了校准精度，并避免了降压过程中由于高静压差压器件两端压力差过大导致高静压差压器件损坏，本设计方法采用主控单元控制两个压力控制器自动提供差压，其操作简易、使用方便。

2.2 差压稳定性实验

工作压力(静压)会影响差压的指标，会同时影响灵敏度和零点。

以横河 EJA110 差压变送器为例，静压影响如表 1 所示：

表 1 差压稳定性实验

FS/kPa		最高工作压力/MPa	稳定性/(%FS)	静压影响	
				FS 漂移	ZERO 漂移
L	10	3.5 16	0.2%/1 年	0.122%FS/3.4MPa	0.072%FS/3.4MPa
M	100	16	0.1%/5 年	0.128%FS/6.9MPa	0.028%FS/6.9MPa
H	500	16	0.1%/5 年	0.1056%FS/6.9MPa	0.028%FS/6.9MPa

通过实验发现，当静压较高时，其带来的影响甚至可以超过稳定性指标，静压对零点的影响，可以通过高静压下清零解决，静压对灵敏度的影响，国内目前没有理想的解决方案。

2.3 装置工作步骤

(1) 连接：图 1 为气路原理图，将变送器高压口连接到系统的 Hi 出口，变送器低压口连接到系统的 Ref 端口；并将变送器的电气输出连接到智能控制器的相应电测接口。

(2) 差压检定：首先将 Hi 和 Ref 端口内部通大气，这时差压为零，记录内部压力模块的读数和变送器输出信号；然后对 Hi 口控压(正反行程)，各个点控制稳定后记录内部压力模块的读数和变送器输出信号。

(3) 传感器组自修正：Hi 和 Ref 端口内部连通，假设目标静压点为 P_{STATIC}，变送器满量程为 P_{FS}；控制器 ConST822-A 用外接模块 CDP-A 控压，控制器 ConST822-B 用外接模块 CDP-B 启动测量模式；达到 P_{STATIC}，判定控压稳定后，记录 CDP-A 压力值 $P_{(A,ZERO)}$，CDP-B 压力值 $P_{(B,ZERO)}$；继续控压 $P_{STATIC}+P_{FS}$，判定控压稳定后，记录 CDP-A 压力值 $P_{(A,FS)}$，CDP-B 压力值 $P_{(B,FS)}$；将传感器 CDP-B 示值[$P_{(B,ZERO)}$，$P_{(B,FS)}$]修正为 CDP-A 的示值[$P_{(A,FS)}$，$P_{(A,ZERO)}$]。

(4) 高静压下差压指标评测：Hi 和 Ref 端口内部连通，ConST822-A 控压 PSTATIC，记录变送器零点数据；断开 Hi 和 Ref 端口的内部连接，ConST822-A 连接 Hi 出口，ConST820-B 连接 Ref 端口；ConST822-B 控压 PSTATIC，ConST822-A 控压 PSTATIC+Pi(Pi 为差压检定点)，同时记录差压变送器测量值 P_j；获取数据后，Hi 和 Ref 端口内部再次连通，ConST822-A 控压 PSTATIC，控压稳定后，再次记录变送器零点数据，同时检查 CDP-A 与 CDP-B 的压力值是否一致。

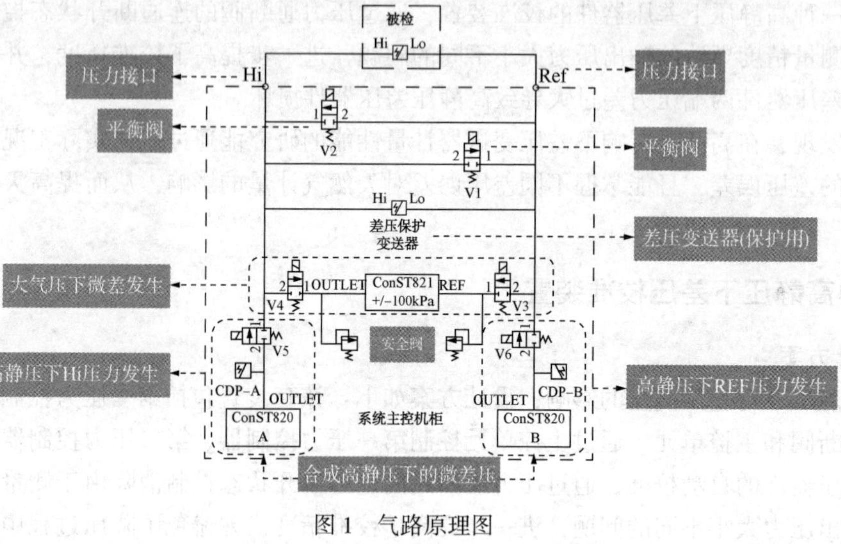

图 1 气路原理图

3 装置不确定度评定

该装置利用两只 25MPa 的 ConST822 压力控制器在高静压下合成高精度微差压，量程：±(10~2000)kPa。

装置的系统不确定度，主要出如下几个方面的因素构成：合成微差压传感器(小偏差线性度、分辨率、温漂、长期稳定性等)；标准器量传误差(增量误差)；引压管(引压管密度差$(\rho_1-\rho_2)gh$，可修正减小)；控制器波动度(可通过增加控压时间，对标准传感器和被检多次采样平均来减小其影响)。

3.1 合成微差压传感器不确定度(表 2)

表 2 传感器不确定度评定

评定项目	评定结果	包含因子	备 注
线性度(a_1)	10Pa	2.23	自由度 $v=10$
分辨力(a_2)	1Pa	$\sqrt{3}$	
温度影响(a_3)	2Pa	2.23	自由度 $v=10$
稳定性(a_4)	15Pa	2.23	自由度 $v=10$

标准不确定度为：

$$u_c=\sqrt{(a_1/k_1)^2+(a_2/k_2)^2+(a_3/k_3)^2+(a_4/k_4)^2}=8.15\text{Pa}$$

置信概率 p 取 95%，包含因子服从 t 分布，即 $k_p=t_p(v_{\text{eff}})=t_{95}(10)=2.23$，扩展不确定度 $U_{95}=k_p\times u_c=18.18\text{Pa}$。

3.2 标准器量传误差不确定度

活塞的砝码按照一定的编码规则，经过温度、面积、空气密度和重力加速度等参数的修正后，组合出不同的示值压力，其扩展不确定度为 3.3Pa。

3.3 引压管不确定度

高静压下，差压变送器的参考口和正压口气体密度存在差异，内标准传感器与差压变送器的水平高度不一致，会带来如下误差：$\Delta P=(\rho_1-\rho_2)gh$，取环境温度 20℃，干燥空气密度差$(\rho_1-\rho_2)\approx 1.17\text{kg/m}^3$，高度 h 取 20cm，重力加速度 $g\approx 9.8\text{N/kg}$，$\Delta P\approx 2.3\text{Pa}$。

3.4 控制器波动度不确定度

控制器控压 25MPa，用 25MPa 的高精度模块以 1Hz 速度采样，10min 内波动峰值为 5Pa。见表 3。

表 3 装置系统不确定度评定

评定项目	扩展不确定度	包含因子	备 注
传感器($U1$)	18.18Pa	2.23	在目标静压点附近±100kPa
标准器($U2$)	3.3Pa	2	标准器小砝码微小增量不确定度
气柱密度差($U3$)	2.3Pa	$\sqrt{3}$	可以手动输入气柱高度自动修正
控压波动度($U4$)	5Pa	$\sqrt{3}$	可以增加阻尼时间或大量数据平均降低

标准不确定度为：

$$u_c=\sqrt{(U_1/k_1)^2+(U_2/k_2)^2+(U_3/k_3)^2+(U_4/k_4)^2}=8.90\text{Pa}$$

置信概率 p 取 95%，包含因子服从 t 分布，即 $k_p=t_p(v_{\text{eff}})=t_{95}(10)=2.23$，扩展不确定度 $U_{95}=k_p\times u_c=19.86\text{Pa}$。

经过不确定度评定，按最小的被检表允差进行计算，可得：MPEV = 0.2%×30kPa = 0.06kPa = 60Pa，则满足 $U_{95}\leqslant(1/3)$MPEV，符合标准仪器及配套设备的技术要求。

4 不同静压下差压变送器的特性

为进一步验证量值溯源的可靠性和准确性，对 4 个差压变送器进行检定实验，累计检定 272 个压力点的差压值。进而对数据进行统计分析，评估天然气流量计量在不同型号差压变送器的差压误差下所产生的影响。

试验中所选取的差压变送器信息如表 4 所示。

表 4　差压变送器信息

代号	型号	编号	最大工作压力/MPa	差压范围/kPa	准确度等级
A	3051CD3	7430361	25	0~160	0.2 级
B	3051CD3	7430365	25	0~160	0.2 级
C	3051CD4	6444373	25	0~2000	0.2 级
D	3051CD4	6138523	25	0~2000	0.2 级

4.1　常规检定方式试验结果(表 5)

表 5　常规检定方式测量结果

ΔP/kPa	变送器 *A*	变送器 *B*	MPEV/kPa
80	−0.1	0.14	±0.16
160	0.24	0.04	±0.32
ΔP/kPa	变送器 *C*	变送器 *D*	MPEV/kPa
1000	0.8	1.4	±2
2000	1.7	1.2	±4

由上表可知：通过实验发现，采用低压端通大气的检定方式，其差压误差值均在允许误差内，未出现超差，说明以上四个变送器性能良好。

4.2　不同静压下对差压变送器性能的影响(图 2)

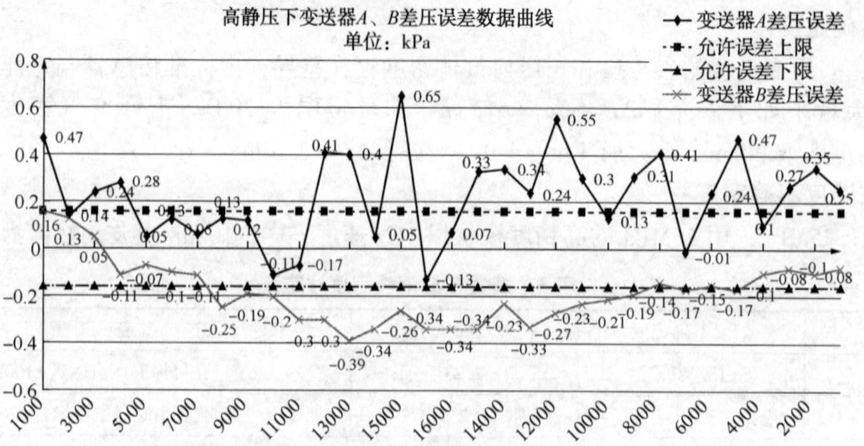

(a)变送器*A*、*B*在(0～16)MPa静压下的80kPa差压误差对比图(Δ=±0.16kPa)

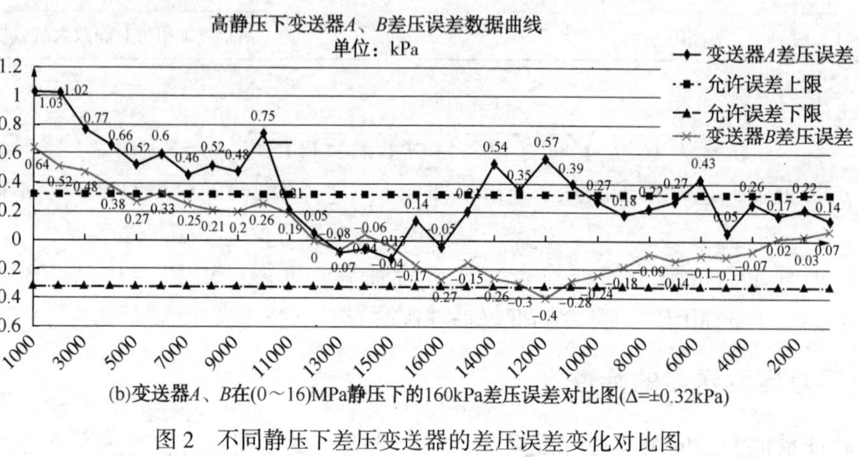

(b)变送器*A*、*B*在(0～16)MPa静压下的160kPa差压误差对比图(Δ=±0.32kPa)

图 2　不同静压下差压变送器的差压误差变化对比图

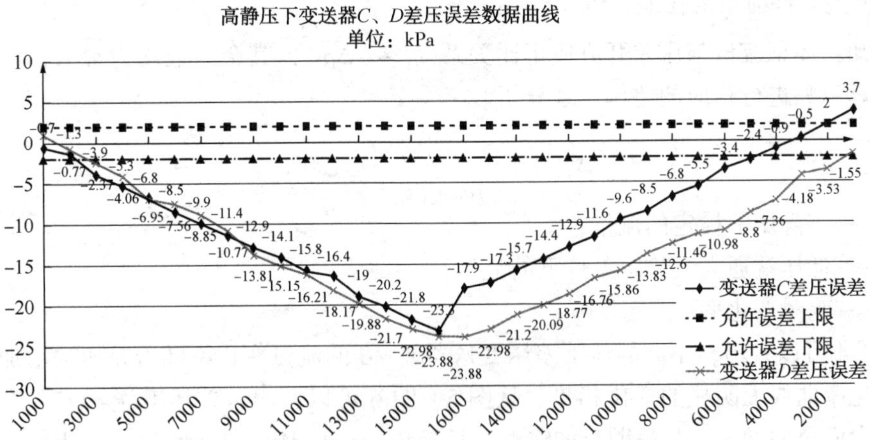

(c)变送器C、D在(0～16)MPa静压下的1000kPa差压误差对比图(Δ=±2kPa)

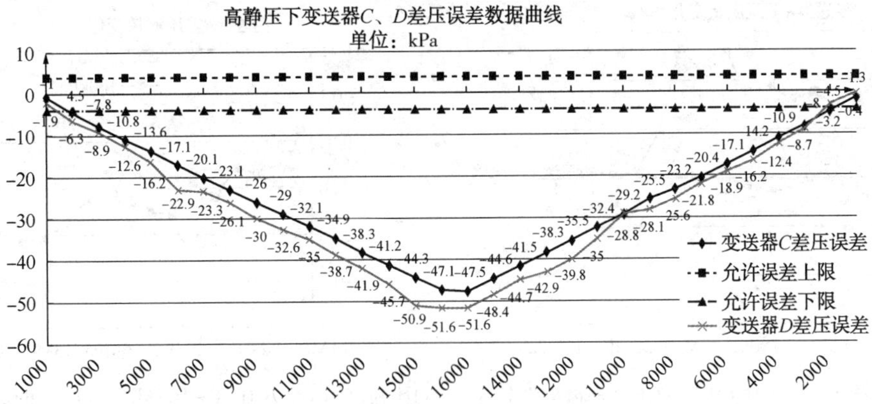

(d)变送器C、D在(0～16)MPa静压下的2000kPa差压误差对比图(Δ=±4kPa)

图 2　不同静压下差压变送器的差压误差变化对比图(续)

从图 2 中可以看出，变送器 A、B 在满量程和半量程下的差压误差随着静压的增加无明显的一致性变化规律，其差压误差值出现超差现象，且差压越大超差越严重；变送器 C、D 在满量程和半量程下的差压误差随着静压的增加呈负向增长的趋势。因此，通过实验发现，不同差压下的差压变送器差压示值误差随差压变化的规律不同，且由于静压的引入，差压变送器误差绝对值与常规检定方式相比，其示值误差绝对值主要呈增大趋势，通过实验进一步验证了高静压会对差压变送器的差压误差带来影响。

4.3　不同静压下对差压变送器流量计量的影响

当天然气在通过节流设备时，流束在孔板中会产生局部收缩现象，使流速加快，且静压力减小，在孔板的前后端会带来差压，孔板前后产生的差压会随着气流的流速的增大而变大，这样就可以通过测量差压变送器的压差来计算流经节流设备的天然气流量。

基本体积流量方程式：

$$q_v = \frac{C}{\sqrt{1+\beta^2}} \varepsilon \frac{\pi}{4} d^2 \sqrt{\frac{2\Delta p}{\rho}} \tag{1}$$

式中　q_v——体积流量，m^3/s；

C——流出系数；

ε——可膨胀性系数；

β——直径比；

d——节流元件开孔直径，m；

D——上游测量管到的内径，m；

ρ——节流装置前的流体密度，kg/m^3；

Δp——节流元件前后的压差，Pa。

从式中可知：体积流量与压差开方成正比关系($q_v \propto \sqrt{\Delta p}$)，其余参数均为常数，因此在后续对比分析中不做计算，只进行相应的比例关系分析。

$$\Delta q_v = \frac{q_{v高静压} - q_{v低通大气}}{q_{v低通大气}} \times 100\% \tag{2}$$

式中 $q_{v高静压}$——高静压下检定的流量；

$q_{v低通大气}$——低压端通大气检定条件下的流量；

Δq_v——流量变化率。

从图3、图4可以看出，不同静压下差压变送器A、B的流量变化率随着差压的增加而增大，由于差压较小，变化率曲线无明显的变化趋势。从图5、图6可以看出，差压变送器C、D的流量变化率随着静压的增大而负向增大，且呈明显的线性增长趋势，在16MPa静压时流量变化率达到最大值。

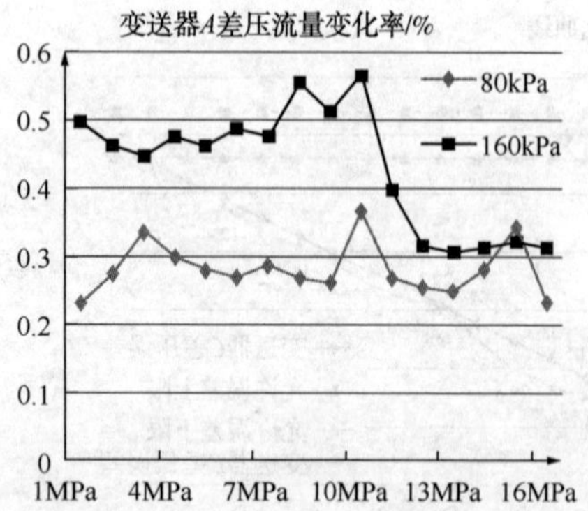

图3 变送器A在(0~16)MPa静压下的流量变化率

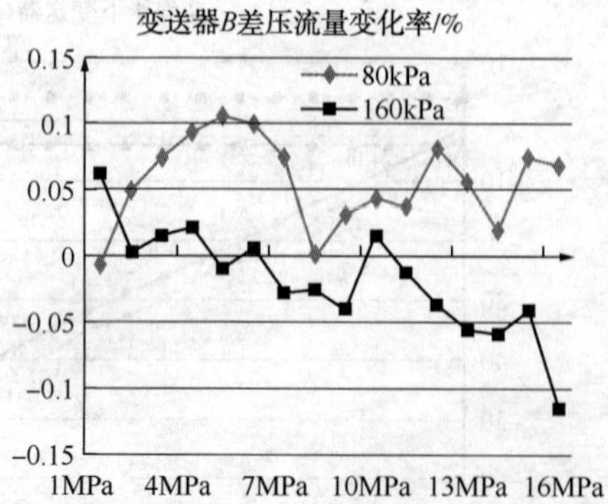

图4 变送器B在(0~16)MPa静压下的流量变化率

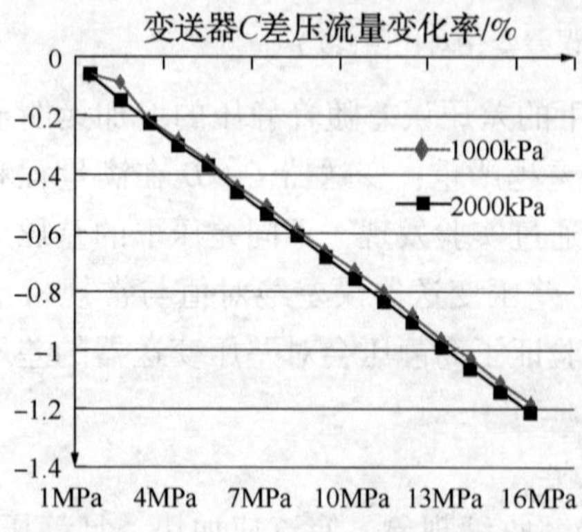

图5 变送器C在(0~16)MPa静压下的流量变化率

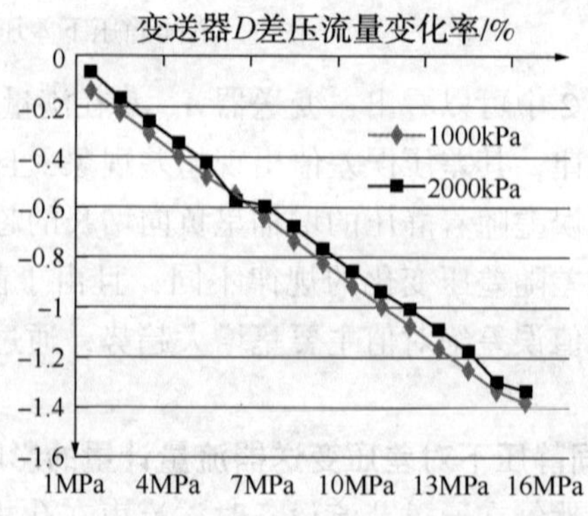

图6 变送器D在(0~16)MPa静压下的流量变化率

因此，通过实验发现：高静压会对差压误差产生影响，而且对流量变化率会带来较大的影响，在油气交接时会带来计量不准确的问题，因此为提高计量数据的准确性，采用高静压下的差压检定方式是非常有必要的。

5 结语

本文设计了一种高静压下差压变送器检定装置，对多种差压变送器在不同静压条件下产生的差压示值误差进行了试验，并绘制了差压误差曲线图。通过实验说明，差压变送器会随静压的变化而变化，不同种类的差压变送器其误差变化规律不同，且各类差压变送器在试验静压下均出现超出规程中规定的最大允许误差现象。因此，在后续检定中应当采用高静压的校准方法，以减少因差压误差造成在交接过程中带来的损失。

参 考 文 献

[1] JJG 882—2019，压力变送器.

[2] 张强，何亚洲，彭刚，Malte Kloefkorn. 静压对差压变送器性能影响的研究[J]. 计量技术，2018(02)：33-35.

[3] 郭小瑜. 智能差压变送器标定系统的设计与实现[D]. 南京理工大学，2006.

[4] 郑兆雄. 工作用差压计测量装置的研究[J]. 河南科技，2017(15)：82-83.

[5] 蔡绯，程静，张和平. 静压跟随式差压变送器在线检测装置的研究[J]. 工业仪表与自动化装置，2019(01)：111-114.

[6] 李群，李鑫武. 高静压差压校准方法分析比较[J]. 计测技术，2016，36(03)：44-47.

[7] GB/T 21446—2008，用标准孔板流量计测量天然气流量.

作者简介：吴贝贝(1994—)，女，助理工程师，新疆大学硕士，现从事计量检定/校准工作。电话：13639926648，邮编：834000，通信地址：新疆克拉玛依市友谊路100号。

多相流量计量值溯源及评价技术分析

王秋红　陈　亮

（大庆油田设计院有限公司国家石油天然气大流量计计量站　黑龙江大庆　163712）

摘　要　多相流量计能够在气液不分离的条件下在线、实时计量油气水流量及含水率，满足数字化油田矿场计量以及页岩油、页岩气等非常规油气开发计量的需求，逐步得到国内油田及技术机构的关注。多相计量技术属于国际前沿技术，其量值溯源、测试评价及选型应用都具有特殊性。本文概述了多相流量计技术优点及发展趋势，说明了多相流量计实液测试的重要性，通过国内外多相流量计测试装置技术分析，给出了典型测试装置的分类及组成，为搭建国内多相流量计实液测试装置提供技术支持，同时借鉴国外标准结合大庆油气水多相流量计测试装置的测试经验，阐述了多相流量计测试评价环节应重点考虑的问题，并利用该测试评价方法完成了10台国内典型多相流量计的测试评价，验证了国内多相流量计整体技术水平，为形成统一的多相流量计测试评价方法，编制多相流量计国家校准规范提供理论依据。

1　引言

油井产液量和含水率是油田产量计量和生产管理的重要基础数据，是油田动态分析、潜力预测和措施制定的重要依据，产液量和含水率准确计量，对促进油田精准开发，推进生产精耕细作和实现油田可持续发展都具有十分重要的意义。目前，油井产液量和含水率计量主要采用分离器量油和人工化验含水的方式，存在人工取样、化验工作量大、计量实时性差、计量误差大的问题，不满足数字化油田油井产液量和含水率在线、实时计量需求，随着多相计量技术不断发展，使用多相流量计实现油井自动计量成为数字化油田油井计量的潜力技术。

随着集团公司数字化油田建设的快速推进以及页岩油、页岩气非常规油气田开发力度的加大，油气水多相流量计的应用数量逐年递增。多相计量属于国际前沿计量技术，目前国内多相流量计量值溯源体系及测试评价方法不完善，一些没有达到设计使用要求的多相流量计的性能缺陷无法充分暴露，在投入生产应用后，给部分油田造成了一定的经济损失。迫切需求建立油气水多相流量计测试装置，形成统一的多相流量计测试评价方法，用于监督指导多相流量计在油气田开发生产中的选型、应用。

2　多相计量发展现状

油气田矿场计量涉及很多油、气、水混合输送的管道计量，如在井口计量和分配计量中大量应用的分离计量装置或不分离计量装置(多相流量计)。分离计量装置带有大小不同的气液或油气水计量分离器，通过重力沉降或旋流实现混合介质的分离，再通过单相流量计或其他量器进行计量，具有计量工况条件好、准确度高、易于检修维护等特点，但整套装置体积笨重，占地空间大，控制系统复杂，需要界面控制，维护成本较高。不分离计量装置(多相流量计)相对于分离计量装置的技术优势是没有气液或油气水分离器及其界面控制系统，对被测混合物不经过相分离直接计量，工艺简洁，结构紧凑，占地空间小，可实现实时连续计量，整体投资和维护费用较低，在海上油田、沙漠油田、陆上新开发的经济型边际油田、非常规油气开发具有很好的应用前景。

近年来，多相计量技术在改变传统计量方法、实现油藏优化配置方面的技术优势，逐步得到各大石油公司的重视和认可。随着多相计量技术的不断发展和进步，许多不同结构原理的多相流量计已在油田井口计量、油藏动态监测、储量优化配置过程中得到应用，在部分新油田的开发中，越来越多的多相流量计被作为油井首选的计量技术。据2016年《多相流量计全球市场》(The World Market for Multiphase Flowmeters)提供的数据，2016 年全球新增多相流量计 1076 台，在用多相流量计超过 8000 余台，并且预测每年复合增长率为 11.4%，截至 2020 年多相流量计的使用数量已达到 12000 余台。日益增长的多相流量计数量，迫切需求构建多相流量计量值溯源及测试评价体系，用于监督指导多相流量计在油气田开发生产中的选型、应用，保证多相流量计计量数据准确可靠。

3 多相流量计量值溯源技术分析

多相流量计能够在油气水混相的条件下实现流量和含水率的实时、在线计量，它不同于传统的单相流量计，它的量值溯源具有特殊性，不能利用油气水单相测试装置评价多相流量计性能，研究分析多相流量计量值溯源技术，建立多相流量计测试装置，保证多相流量计计量数据准确可靠具有重要意义。下面对多相流量计量值溯源技术进行简要分析。

3.1 测试装置分类

利用多相流量计测试装置对多相流量计进行性能评价是国际公认的方法，根据测试介质的不同，多相流量计测试装置分为两大类：一类是采用模拟介质(空气、氮气、水等)，主要用于多相流量计的原理性试验和模拟测试。这类装置一般建在室内，规模小，安全性要求低，投资低(一般不超过 300 万元)，生产运行成本低，但模拟测试装置的缺点是其介质与实际应用现场的流体物性差异较大，在使用模拟介质校准后的多相流量计用在实液计量上系统误差相对较大，直接影响了量值传递的准确性。另一类是采用实液测试介质(完全实液介质或部分实液介质)(天然气、原油、凝析油、水等)，其测试结果更接近流量计工况条件，与油井采出液近似，校准后的多相流量计数据更接近于真实值，量值传递准确性高，而缺点是此类装置介质需依托油气集输站场，如果气路测试介质为天然气，还需建设天然气压缩装置等，投资规模大，生产运行费较高，配套设施要求齐全，安全性需求高，保温、防爆等性能要求严格。

3.2 测试装置组成

测试装置通常由 6 部分组成：

(1) 介质源系统，主要包括两相或三相分离器，油、水储罐等设备；

(2) 介质调配系统，主要有油、水泵，天然气压缩机，气稳压缓冲罐，流量调节阀等设备；

(3) 单相计量、混合系统，主要包括油、气、水流量计，含水分析仪，压力变送器，温度变送器，气液混合器等设备；

(4) 流型发展段，主要有水平、垂直直管段以及透明管段加摄像机；

(5) 测试管段，主要包括水平、垂直测试段以及持液率测试段等；

(6) 控制系统，主要由工控机完成数据的采集、处理、计算、显示、打印、存储以及对油泵、水泵、天然气压缩机、调节阀和电动阀的操作控制。

3.3 测试装置技术现状

3.3.1 典型测试装置介绍

目前，API 推荐的多相流量计、湿气流量计的测试装置共有 8 套，它们主要集中在美国和欧洲，其中较具影响力、发表研究成果较多的是英国工程国立实验室(NEL)、美国科罗拉多工程实验室(CEESI)和挪威船级社(DNV)，典型国内外多相流和湿气计量测试装置见表 1。

表 1 国内外多相流和湿气计量测试装置

装置名称	液相/气相测试能力	压力/温度	测试介质
美国科罗拉多工程实验室 CEESI/湿气 美国	工况：25m^3/h； 工况：650m^3/h	7.5MPa； 38℃	癸烷/水/天然气
英国国家工程实验室 NEL/多相流 苏格兰	工况：550m^3/h； 工况：3000m^3/h	14MPa； 40℃	煤油/水/氮气

续表

装置名称	液相/气相测试能力	压力/温度	测试介质
英国国家工程实验室 NEL/湿气 苏格兰	工况：2000m³/h	6MPa； 常温	氮气/Crownsol D75
K-Lab/湿气 挪威	标况：(40~2000)m³/h	(2~14.6)MPa	天然气/水/凝析液
美国西南研究院 SWRI/多相流 美国	工况：132.5m³/h； 标况：353962m³/h	24.8MPa； (4~49)℃	原油/水/天然气
Porsgrunn/多相流 挪威	工况：60m³/h； 标况：224176m³/h	11MPa； 140℃	天然气/原油/油井分离水
阜尔根大学多相流测试实验室 CMR/多相流	工况：80m³/h； 标况：200m³/h	0.2MPa； 25℃	空气/水/柴油
大庆油田设计院油气水多相流 量计测试装置	工况：50m³/h； 标况：1170m³/h	1.6MPa； 80℃	净化原油/含油污水/天然气

3.3.2　大庆油气水多相流量计测试装置介绍

实液测试方式是目前国内外公认的评价多相流量计的最佳方案，实液测试最符合准确性、一致性、溯源性和实验性等计量特点，它能够以净化原油、油田分离水、天然气为介质模拟现场实际工况条件，科学合理、全面准确地评价仪表的计量性能。

大庆油田设计院“油气水多相流量计实液测试装置”是目前亚洲唯一的采用实液测试方式的多相流量计测试装置，该装置通过了中国计量科学研究院的测试认证，是 API《多相流量计计量》技术报告中推荐的 8 个多相流量计测试装置之一，是阿曼国家石油公司(PDO)和马来西亚国家石油公司(Petronas)指定的多相流量计第三方测试装置。实液测试装置由介质接收处理系统、介质调配系统、计量测试单元和用后介质外输系统构成，其工艺原理流程见图 1。

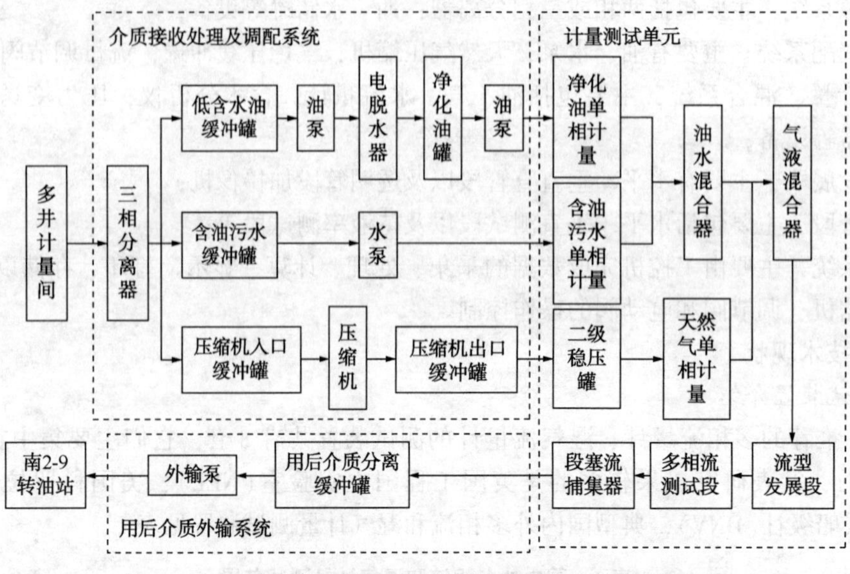

图 1　大庆油田设计院多相流量计测试装置工艺原理流程图

(1) 介质接收处理系统——主要接收和处理油井产出的油气水混合物；

(2) 介质调配系统——主要提供净化原油、含油污水和油田气三种测试介质；

(3) 计量测试单元——主要进行油、气、水单相流量计量并配成一定含气率及含水率的油气水混合物，建立稳定的油气水三相流动工况，对多相流量计进行测试。装置采用标准表法，油、水、气单相流量计的准确度等级分别为 0.2 级、0.2 级和 1.0 级，测试装置采用单相仪表溯源的方式，油气水单相标准表定期送往法定计量检定机构按标准表法检定规程进行量值溯源；

(4) 用后介质外输系统——主要用来分离处理和输送由计量测试单元排出的油气水混合物。

4 多相流量计测试评价分析

多相流量计不同于传统的单相流量计，它通常内置有多个测量传感器和专用软件程序，其计量性能的测试评价具有特殊性和复杂性，目前国内还没有统一的多相流量计测试评价方法，存在多相流量计厂家性能指标表达方式不统一，用户无法直接比较仪表计量性能；计量误差表述方法不统一，无法科学合理表征标准仪表性能，有效分析多相流量计影响因素。我们以多年来在大庆油气水多相流量计测试装置上开展的流量计测试经验为基础，借鉴国外多相流量计实验室的评价方法，制定了油气水多相流量计测试评价方法，下面将对该方法中性能指标的确定和计量误差表述两方面进行简要说明。

4.1 技术指标确定

4.1.1 性能指标

性能指标是测试和评价多相流量计的主要依据。目前，国内多相流量计性能指标的表述方法不统一，大多数厂家延用油、气、水的流量测量准确度来表示多相流量计性能，而油流量测量误差是与含水率正相关的变量，这种表述方法不利于流量计性能评价及流量计选型。

我们通过研究分析国际多相流量计相关技术报告，借鉴国际上成熟多相流量计厂家的性能指标表述方法，结合国内流量计实际情况，确定了多相流量计的性能指标表述方法，即液流量、气流量和含水率三个参数的测量误差作为流量计的性能指标。

现有多相流量计工作原理都是先测量总量和相分率，然后推导出油、水、气的量。这就使得多相流量计在高含水率条件下，油量的测量误差较大。我们按照油流量测量误差计算公式(1)，绘制了不同含水率条件下油流量测量误差分布图见图2。

$$e(Q_o) = \sqrt{e^2(Q_L) + \frac{e^2(\beta)}{(1-\beta)^2}} \tag{1}$$

式中 $e(Q_o)$——油流量相对误差；

$e(Q_L)$——液流量相对误差；

$e(\beta)$——含水率误差；

β——含水率。

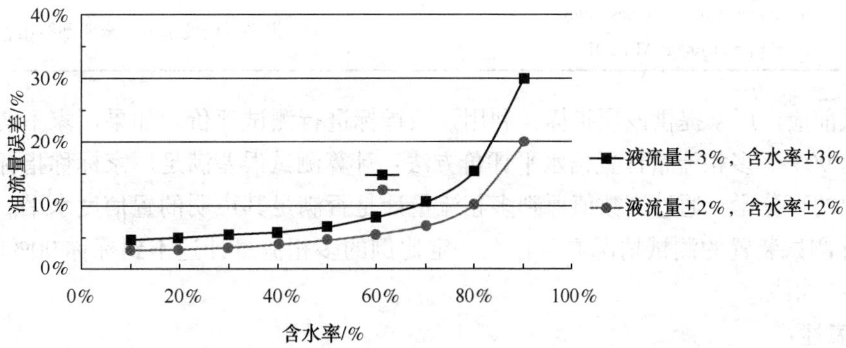

图2 不同含水率条件下油流量测量误差分布图

从图中可以看出，多相流量计的油流量测量误差和含水率正相关，它随着含水率的增加而增大，油流量测量误差不是固定值，在高含水计量条件下测量误差很大。假设1台多相流量计的技术指标满足液流量±3%和含水率±3%的常规技术要求，当含水率大于90%时，它的油流量测量误差将大于30%；即使它能够满足液流量±2%、含水率±2%这种高准确度要求，在含水率大于90%的条件下，它的油流量测量误差仍将达到20%。所以使用油流量测量准确度作为技术指标是不合理的。

多相流量计的技术性能是随着含气率，气液流速和气液物理性质(即气液单相密度、气液密度、液体黏度、表面张力等)的变化而改变的，其中含气率是主要影响因素，也是常用的性能指标分段依据。

目前，多相流量计没有国家产品标准，流量计准确度等级没有统一分类方法，我们根据 10 台有代表性的多相流量计在大庆油田测试装置上的测试结果，借鉴国内外多相流量计基本性能情况，确定使用液流量和含水率测量误差±5%，气流量测量误差±10%作为基本指标参数，含气率作为指标分段划分依据的描述方法较合理，多相流量计性能指标例子见表 2。此方法主要用于厂家标称指标的描述，它的优点是能够直观体现多相流量计性能。

表 2　多相流量计性能指标分段表示表

<table>
<tr><td>含气率范围/%</td><td>25~60</td><td>60~70</td><td>70~85</td><td>85~90</td><td>90~95</td></tr>
<tr><td>液流量测量误差/%</td><td>3</td><td colspan="2">5</td><td colspan="2">10</td></tr>
<tr><td>气流量测量误差/%</td><td colspan="5">10</td></tr>
<tr><td>含水率测量误差/%</td><td colspan="2">3</td><td colspan="2">4</td><td>5</td></tr>
</table>

4.1.2　置信度水平

现行单相流量计检定规程中，给出流量计测量准确度，要求单相流量计所有检定点都满足仪表准确度要求，不能存在检定点超差的情况。多相流量计从严格意义上讲，并不是一台传统意义上的流量计，而是一套用于测量多种不同介质的组合装置，评价多相流量计计量性能的测试点属于多维度评价矩阵，具有数据量大、耦合关系复杂的特点，无法做到所有测试点都在单相流量计检定规程要求的准确度内，因此用单相流量计的标准来要求多相流量计既不现实也不科学，必须提供一个适用的置信水平来评价多相流量计计量性能。

目前，国内大多数流量计用户没有充分关注该项指标，流量计厂家也没有标称该项指标。国外用户对此项指标比较关注，通常要求厂家提供的流量计的置信水平要满足 90%的基本要求，国际上多相流量计相关技术报告对于流量计置信水平的要求见表 3。

表 3　置信度水平要求

技术报告	置信水平要求
Principles of Multiphase Measurements《多相流计量原理》，AOGCC 2004	达到 90%
Handbook of Multiphase Flow Metering《多相流计量手册》，NFOGM 2005	提供置信度水平，未明确给出，默认值 95%
Measurement of Multiphase Flow 《多相流计量》，API 2013	提供置信度水平，未明确给出，默认值 95%

流量计测试前应由厂家提供该项指标，利用该项指标进行测试评价。如果厂家不明确给出置信水平，其默认值为 90%。多相流量计置信水平评价方法：计算测试误差满足厂家标称指标要求的测试点数占测试总点数的百分比，通过该数值评判多相流量计是否满足其声明的置信度水平。从近几年大庆油田多相流量计测试装置的测试情况看，存在一定比例的多相流量计达不到标称 90%的置信度水平，所以应该规范该项指标。

4.2　计量误差表述

4.2.1　占比率统计法

多相流量计的液体流量、气体流量和含水率占比率按公式(2)计算。通常情况下，流量计的上述占比率一般不小于 90%。

$$p = \frac{n_i}{n} \times 100\% \tag{2}$$

式中　P——占比率,%；

n_i——校准误差满足厂家标称指标要求的校准点数量，个；

n——校准总点数，个。

为了综合评判国内多相流量计的技术现状，我们选取了国内 8 个厂家生产的 10 台典型多相流量计测试数据进行了占比率统计分析，我们根据目前国内多相流量计的技术水平和生产实际需求，设定了统一的评判标准：液流量、气流量、含水率测量误差分别为±5%、±10%、±3%。按此评判标准分别计算出每台多相流量计在不同工作条件下满足液流量、气流量和含水率误差要求的测试数据点占其总测试数据点的百分比。图 3~图 5 中多相流量计编号 1~10 与 10 台多相流量计 *A*、*B*、*C*、*D*、*E*、*F*、*G*、*H*、*I*、*J* 依次对应。

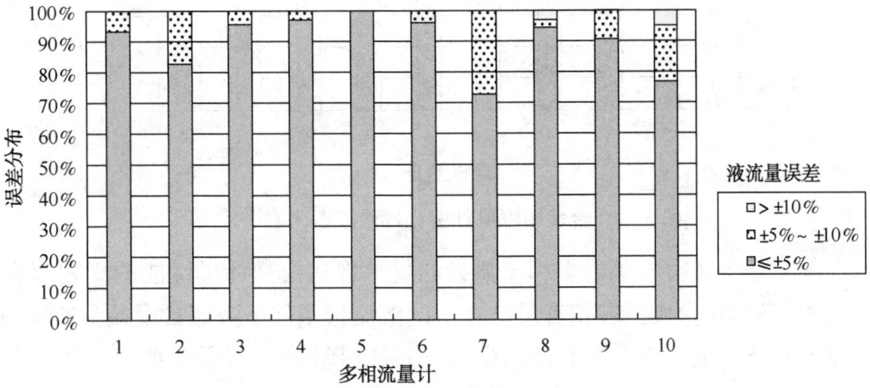

图 3　10 台多相流量计液流量误差占比率统计图

从图 3 中可以看出，10 台多相流量计中有 7 台多相流量计的含水率测量误差满足±3%要求的数据占总测试数据的百分比能达到 90%，它们分别为流量计 *A*、*B*、*E*、*F*、*G*、*I*、*J*。8 台流量计的含水率测量误差满足±10%要求的数据占总测试数据的百分比能达到 80%，它们分别为流量计 *A*、*B*、*D*、*E*、*F*、*G*、*I*、*J*。

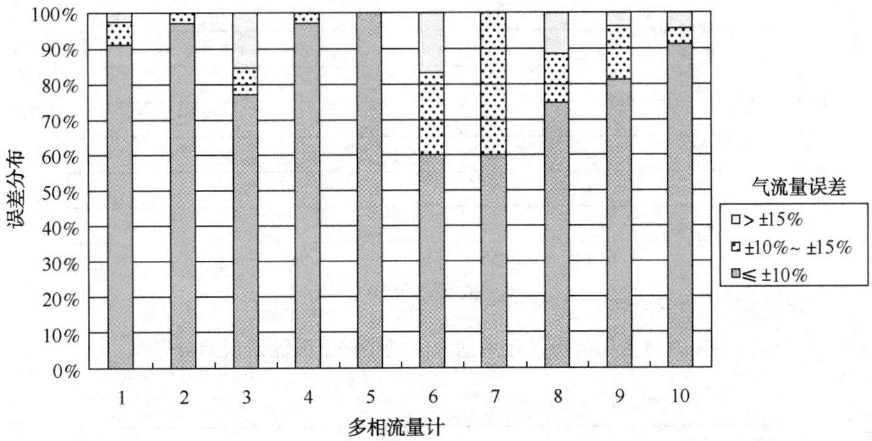

图 4　10 台多相流量计液流量误差占比率统计图

从图 4 中可以看出，10 台多相流量计中有 5 台多相流量计的气流量测量误差满足±10%要求的数据占总测试数据的百分比能达到 90%，它们分别为流量计 *A*、*B*、*E*、*F*、*J*。6 台流量计的气流量测量误差满足±10%要求的数据占总测试数据的百分比能达到 80%，它们分别为流量计 *A*、*B*、*E*、*F*、*I*、*J*。

从图 5 中可以看出，10 台多相流量计中有 7 台多相流量计的液流量测量误差满足±5%要求的数据占总测试数据的百分比能达到 90%，它们分别为流量计 *A*、*C*、*D*、*E*、*F*、*H*、*I*。8 台流量计的液流量测量误差满足±10%要求的数据占总测试数据的百分比能达到 80%，它们分别为流量计 *A*、*B*、*C*、*D*、*E*、*F*、*H*、*I*。

4.2.2　图示分析法

图示分析法是将多相流量计的液流量、气流量、含水率测量误差绘制成误差分布图，以便在不同测量条件(液量、含水率、含气率)下直观观察多相流量计的测量误差分布，帮助用户充分了解多相流

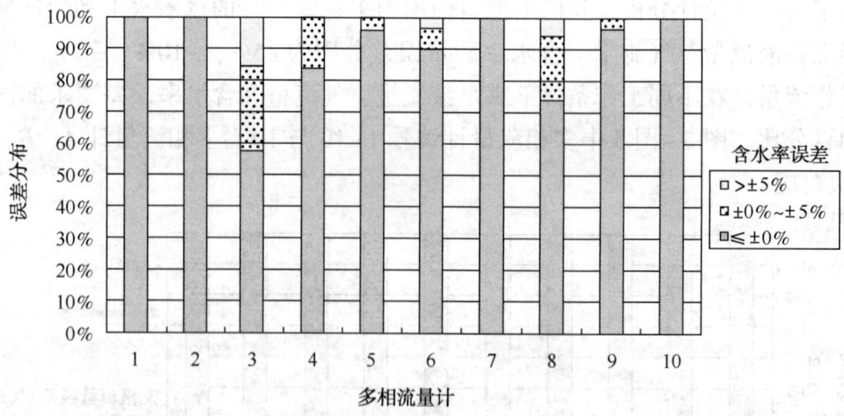

图 5　10 台多相流量计液流量误差占比率统计图

量计的测试性能。为了进一步分析国内多相流量计的技术现状及其计量性能的影响因素，我们分别绘制了国内 8 个厂家生产的 10 台典型多相流量计在不同液流量条件下液流量误差分布图(图 6)，多相流量计在不同含气率条件下气流量误差分布图(图 7)，多相流量计在不同含水率条件下含水率误差分布图(图 8)。

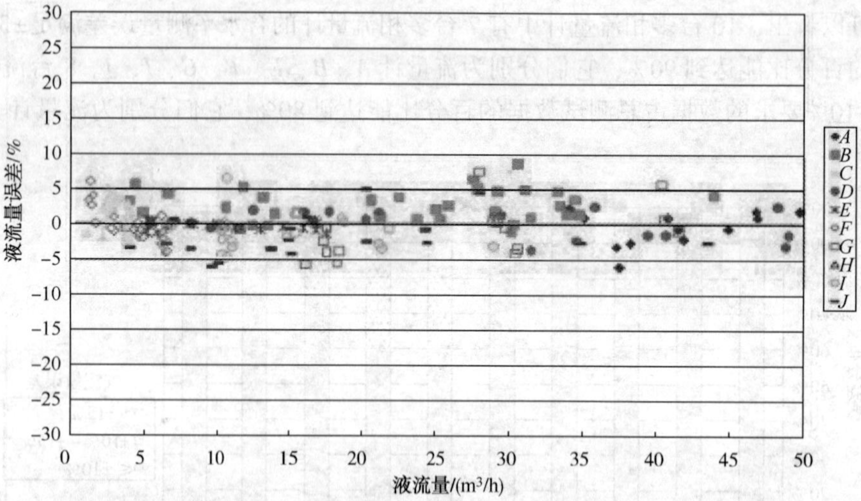

图 6　10 台多相流量计在不同液流量条件下液流量误差分布图

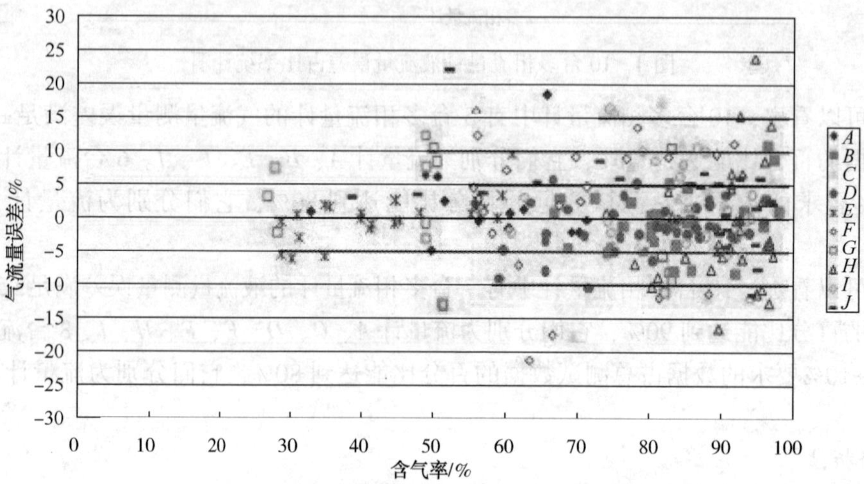

图 7　10 台多相流量计在不同含气率条件下气流量误差分布图

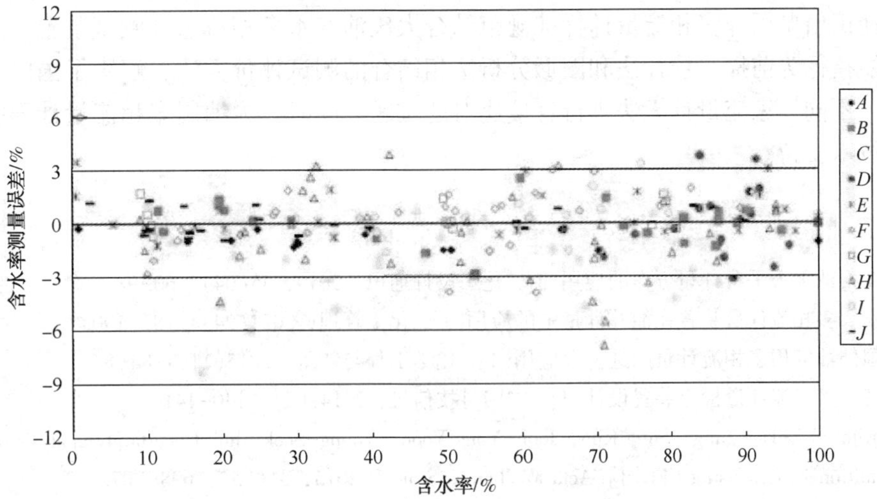

图 8　10 台多相流量计在不同含水率条件下含水率误差分布图

从图 6 中可以看出，多相流量计 *D* 和 *E* 的液流量计量性能最佳，所有测试点的液流量误差都在±5%的误差带内。多相流量计 *B*、*G* 和 *J* 的液流量误差超差点较多，分别有 6 个、4 个、4 个，误差最大值分别为 8. 54%、7. 58%、−12. 65%。多相流量计 *J* 有 3 个液流量超差点都发生在液流量为 $10m^3/h$ 左右的条件下。

从图 7 中可以看出，多相流量计 *D* 和 *E* 的气流量计量性能最佳，所有测试点的气流量误差都在±10%的误差带内。多相流量计 *F* 和 *H* 的气流量误差超差点较多，分别有 10 个、9 个，误差最大值分别为 36. 76%、−38. 19%。其中多相流量计 *H* 的气流量计量性能受含气率影响明显，有随着含气率的升高而增大的趋势。对于多相流量计 *B*，两个气流量超差点都发生在含气率高于 95%的情况。

从图 8 中可以看出多相流量计 *A*、*B* 和 *J* 的含水率计量性能最佳，所有的测试点都满足±3%的误差带要求。多相流量计 *C* 和 *H* 的气流量误差超差点较多，分别有 10 个、9 个，误差最大值分别为−8. 28%、−6. 92%。含水率对于多相流量计 *D* 的含水率计量性能有影响，它的 3 个含水率超差点都发生在含水率 82%~92%的高含水情况。

5　结论

（1）多相流量计以其具备测量多参数及智能化的特点，已在数字化油田井口计量、计量间计量以及页岩油、页岩气等非常规油气开发计量中得到应用，国内多相流量计的应用数量已超过 600 台，在部分新边际油田的开发中，越来越多的多相流量计被作为油井首选的计量技术，为保证其测量结果准确可靠，更好地为油田生产服务，多相流量计应定期进行量值溯源。

（2）多相流量计量值溯源应采用实液测试装置进行测试，实液测试最符合准确性、一致性、溯源性和实验性等计量特点，它能够以净化原油、油田分离水、天然气为介质模拟现场工况条件，使测量结果更加符合实际，测试结论更具有说服性。

（3）大庆油气水多相流量计实液测试装置，由英国国家工程实验室（NEL）概念设计，目前已完成国内外近百台多相流量计的实液测试。非常规油气开发多相流量计及水下多相流量计是多相流计量未来发展方向，为适应多相流量计未来发展趋势，测试评价其计量性能，国外测试装置已向高压、大流量和高准确度方向发展，建议国内多相流量计测试机构在搭建多相流量计测试装置时充分考虑装置高压、大流量的技术特点。

（4）近年来多相流量计技术能力逐步成熟，国内应逐步形成统一的多相流量计测试评价方法，大庆油田根据多年测试经验，在考虑多相流量计不确定度水平的同时，结合占比率统计和图示分析相结合的方法科学、有效的分析多相流量计计量性能，解决了国内多相流量计评价方法不统一，不同厂家流量计无法进行比较的难题。

(5) 大庆油田借鉴国外多相流量计标准规范结合大庆油气水多相流量计测试装置的测试经验，形成了以统一性能指标为前提，统计法和图形分析法相结合的测试评价方法，解决了国内多相流量计评价方法不统一，不同厂家流量计无法进行直接比对的难题。同时，为编制多相流量计国家校准规范提供测试数据和技术支持。

参 考 文 献

[1] 刘清峰. 海洋石油无人平台计量方案的应用[J]. 化工设计通讯，2019，45(04)：60-98.

[2] 余海，贺公安. 多相流计量装置在油井计量中的应用[J]. 化工管理，2021(24)：189-190.

[3] 苏洋. 浅谈国外油气田多相流计量的选型及应用[J]. 化学工程与装备，2015(11)：84-85.

[4] 李广富. 油气水多相流计量检定装置设计[J]. 中国科技信息，2014(02)：140-141.

[5] Joon-Hyung Kim，Uk-Hee Jung，Sung Kim，Joon-Yong Yoon，Young-Seok Choi. Uncertainty analysis of flow rate measurement for multiphase flow using CFD[J]. Acta Mechanica Sinica，2015，31(05)：698-707.

作者简介：王秋红(1993—)，女，工程师，毕业于哈尔滨理工大学，现从事计量测试与研究工作。电话：18345981575，邮编：163712，通信地址：黑龙江省大庆市让胡路区西苑街42号。

温度变送器(带传感器)现场检测影响因素探讨

明 红 李家乐 石文康

(中原油田分公司技术监测中心 河南濮阳 457001)

摘 要 本文针对温度变送器(带传感器)现场校准的影响因素，从恒温设备的温场、校准环境条件和感温端插入温场深度等方面进行实验室校准和现场校准试验，通过试验获取数据并进行分析，提出了温度变送器(带传感器)现场校准合适的环境条件、感温端插入温场深度的要求和恒温设备温场介质选择，为温度变送器(带传感器)现场校准提供了依据和参考，有利于提高温度变送器(带传感器)现场校准的准确度和可靠性。

关键词 温度变送器(带传感器)；现场检测；标准铂电阻温度计；影响因素

1 概述

温度变送器(带传感器)是一种将温度变量转换为可传送的标准化输出信号的仪表，温度变送器分为带传感器和不带传感器两种。现在各试验测试中的采集系统、控制系统均以电流、电压信号为主。在实际测试工作中，为了采集更加方便、准确，需配置与之前端传感器相应分度号和量程的变送器来进行信号的变送输出。目前由传感器与变送器配套组合而成使用的相对较多，现阶段校准均对其传感器和变送器进行整体校准。目前温度变送器校准方式以实验室校准为主，此种量值溯源方式已不能完全满足现场需求。因此，温度变送器校准就需要采取在使用现场校准的方式进行。本文对温度传感器(带传感器)进行现场校准，并对其影响校准结果的因素进行分析，从而得出最佳的现场校准结果。

2 检测方法

依据 JJF 1183—2007《温度变送器校准规范》和 Q/SH 1025 1122—2021《温度变送器现场校准方法》对温度变送器(带传感器)进行校准，前者主要适用于实验室校准，后者主要适用于现场校准。按温度变送器温度(带传感器)范围均匀分布选择校准点，一般包括上限值、下限值和量程 50%附近在内不少于 5 个点，也可以根据温度变送器(带传感器)现场实际测量温度来选择校准点。

带传感器的温度变送器(带传感器)在校准时，将温度变送器(带传感器)的感温端和标准铂电阻温度计一同插入恒温设备温场中，在每个校准点上轮流对标准铂电阻温度计的示值和温度变送器(带传感器)的输出进行反复 6 次读数，分别计算算术平均值，得到标准铂电阻温度计和被校温度变送器的示值。

3 检测影响因素试验

根据检测实际情况，针对现场影响因素，从温场、环境条件和插入深度等方面进行试验，通过试验获取数据并进行分析。

3.1 试验方法

试验采用直接比较法。将标准铂电阻温度计和温度变送器感温端一同插入恒温设备中。在每个校准点轮流对标准温度计的示值和温度变送器的输出读取 6 组数据，分别计算算术平均值，计算出被校温度变送器的示值误差。

3.2 影响因素试验

3.2.1 温场影响试验

3.2.1.1 温场影响试验设备

温场影响试验采用的标准器及配套设备。现有实验室检测装置一套，便携式干式校验槽 2 套。在环境条件相同的情况下，使用不同的检测装置，进行测量误差对比试验。

实验室检测装置(装置一)：包括标准器及配套设备(表1，图1、图2)。

表1　标准器及配套设备

仪器名称	型号	测量范围	技术参数	工作介质	用途
标准铂电阻温度计	WZPB-Ⅱ	0~419.527℃	准确度等级：二等	—	标准器
制冷恒温设备	RTS-40A	-40~90℃	水平温场≤0.01℃，垂直温场≤0.02℃，10min变化不大于0.04℃	无水乙醇	恒温设备
标准水槽	CS503F	R.T+20~95℃	温度波动度：±0.01℃/15min	蒸馏水	恒温设备
恒温油槽	HTS-300A	90~300℃	水平温场≤0.01℃，垂直温场≤0.02℃，10min变化不大于0.04℃	硅油	恒温设备
绝缘电阻表	ZC25-3	0~500MΩ	准确度等级：10级	—	带传感器的变送器测量绝缘电阻
热工仪表校验仪	CA71	0~100mV	准确度等级：0.02级	—	测量输出电流

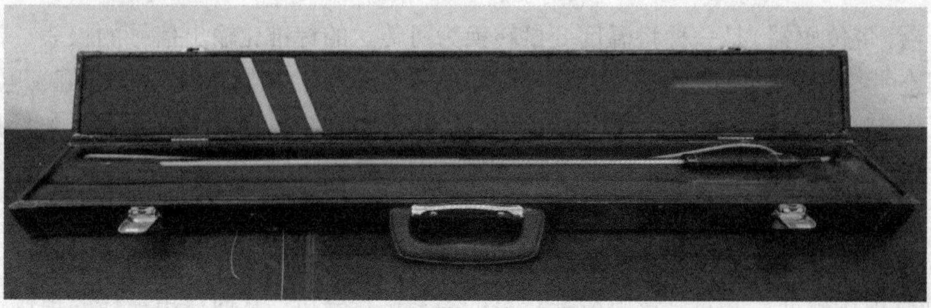

图1　标准铂电阻温度计

图2　配套设备图

便携温度校验仪(装置二)：主要包括标准铂电阻温度计、便携温度校验仪(表2，图3、图4)。

表2　标准器及配套设备

仪器名称	型号	测量范围	技术参数	工作介质	用途
标准铂电阻温度计	WZPB-Ⅱ	0~419.527℃	准确度等级：二等	—	标准器
便携温度校验仪	CST6002	-20~125℃	水平温场≤0.05℃，垂直温场≤0.3℃，显示准确度±0.15℃	空气	恒温设备
绝缘电阻表	ZC25-3	0~500MΩ	准确度等级：10级	—	测量绝缘电阻
热工仪表校验仪	CA71	0~100mV	准确度等级：0.02级	—	测量输出电流

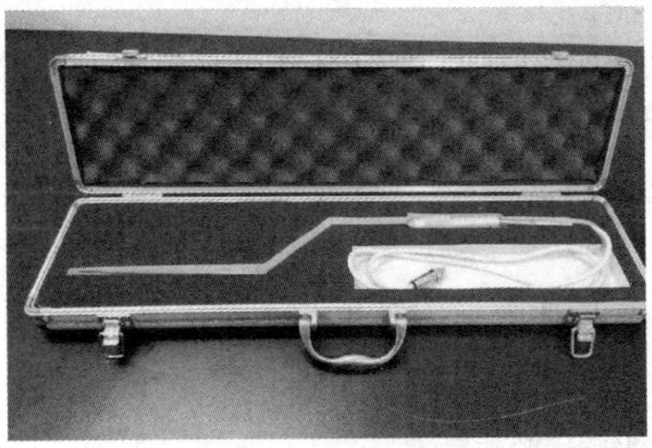

图3 标准铂电阻温度计

图4 便携温度校验仪

干式温度校验槽(装置三)：主要包括标准铂电阻温度计、便携干式温度校验槽(表3，图5、图6)。

表3 标准器及配套设备

仪器名称	型号	测量范围	技术参数	工作介质	用途
标准铂电阻温度计	WZPB-Ⅱ	0~419.527℃	准确度等级：二等	—	标准器
干式温度校验槽	DBC150TC	-20~150℃	水平温场≤0.03℃，垂直温场≤0.2℃，显示准确度±0.10℃	空气	恒温设备
绝缘电阻表	ZC25-3	0~500MΩ	准确度等级：10级	—	测量绝缘电阻
热工仪表校验仪	CA71	0~100mV	准确度等级：0.02级	—	测量输出电流

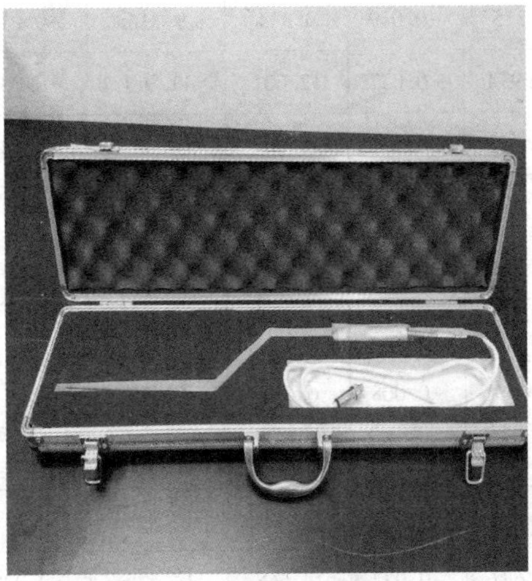

图5 标准铂电阻温度计

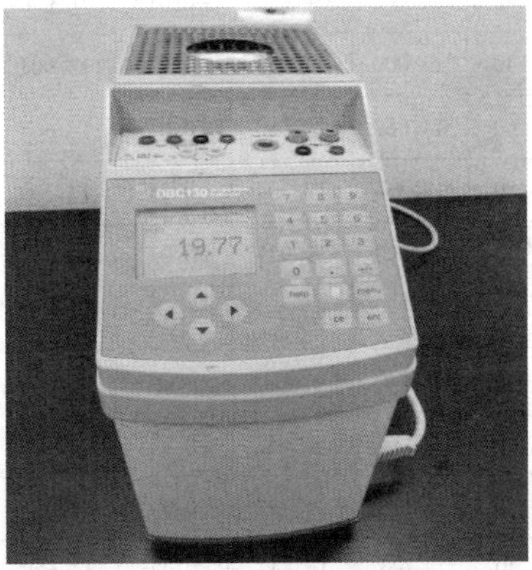

图6 干式温度校验槽

3.2.1.2 温场影响试验步骤

在环境温度20℃，相对湿度50%，感温端插入深度200mm，进行试验，试验步骤如下：

(1) 开启试验室通风换气设备，30min。

(2) 控制试验室温度、相对湿度。

(3) 填写温湿度记录、设备运行记录，查看设备运转是否正常。

(4) 根据被校温度变送器量程选择相应测量范围的标准器和配套设备。

(5) 检查各恒温装置槽体内介质液面，低于规定液面高度应及时进行补充。

(6) 启动恒温装置，按温度变送器校准规范选择恒温设备，开机设定温度值。

(7) 将标准铂电阻温度计和被校温度变送器按规定浸没方式垂直插入恒温设备中，与槽中介质共同达到温度平衡。

(8) 以标准铂电阻温度计为准，恒温设备恒定温度偏离检定点不超过0.20℃。操作恒温设备温控仪表，取得校准所需恒定温度点温场。

(9) 按校准规范选择校准点。温度变送器的校准点的选择按量程均匀分布，包括上限值、下限值在内5个点。在每个校准点上轮流对标准铂电阻温度计的示值和温度变送器的输出进行反复6次读数，分别计算算术平均值，计算被校温度变送器的示值误差。

3.2.1.3 温场影响试验结果及其对比分析

通过试验得到温场影响试验部分试验数据见表4。温场影响试验结果及其对比分析柱状图见图7~图10。

表4 温度变送器温场影响试验结果

编号及测温范围/℃	被校点/℃	装置一校准结果			装置二校准结果			装置三校准结果			三次校准误差最大差值绝对值/mA
		理论输出值/mA	实际输出平均值/mA	误差/mA	理论输出值/mA	实际输出平均值/mA	误差/mA	理论输出值/mA	实际输出平均值/mA	误差/mA	
4177352 (0~100)	40	10.400	10.390	−0.010	10.400	10.368	−0.032	10.400	10.365	−0.035	0.025
	60	13.600	13.590	−0.010	13.600	13.578	−0.022	13.600	13.565	−0.035	0.025
	80	16.800	16.786	−0.014	16.800	16.766	−0.034	16.800	16.762	−0.038	0.024
	100	20.000	19.952	−0.048	20.000	19.946	−0.054	20.000	19.930	−0.070	0.022
4177834 (−20~100)	−20	4.000	4.002	0.002	4.000	4.003	0.003	4.000	4.005	0.005	0.003
	0	6.667	6.662	−0.005	6.667	6.652	−0.015	6.667	6.683	−0.016	0.011
	20	9.334	9.322	−0.012	9.334	9.315	−0.019	9.334	9.315	−0.019	0.007
	40	12.001	11.955	−0.006	12.001	11.974	−0.027	12.001	11.971	−0.030	0.024
	60	14.667	14.650	−0.017	14.667	14.628	−0.039	14.667	14.627	−0.040	0.023
	80	17.334	17.304	−0.030	17.334	17.291	−0.043	17.334	17.286	−0.048	0.018
	100	20.000	19.977	−0.023	20.000	19.956	−0.044	20.000	19.955	−0.045	0.022
…	…	…	…	…	…	…	…	…	…	…	…
4244796 (−40~80)	−20	6.667	6.664	−0.003	6.667	6.659	−0.008	6.667	6.656	−0.011	0.008
	0	9.334	9.319	−0.015	9.334	9.322	−0.012	9.334	9.321	−0.013	0.003
	20	12.001	11.997	−0.004	12.001	11.990	−0.011	12.001	11.988	−0.013	0.009
	40	14.668	14.643	−0.025	14.668	14.641	−0.027	14.668	14.639	−0.029	0.004
	60	17.335	17.327	−0.008	17.335	17.324	−0.011	17.335	17.304	−0.031	0.023
	80	20.000	19.935	−0.065	20.000	19.934	−0.066	20.000	19.930	−0.070	0.005
16110051 (−20~100)	−20	4.000	3.986	−0.014	4.000	3.960	−0.040	4.000	3.960	−0.040	0.026
	0	6.667	6.667	0.000	6.667	6.667	0.000	6.667	6.692	0.025	0.025
	20	9.334	9.321	−0.013	9.334	9.307	−0.027	9.334	9.305	−0.029	0.016
	40	12.001	11.988	−0.013	12.001	11.974	−0.027	12.001	11.965	−0.036	0.023
	60	14.667	14.648	−0.019	14.667	14.641	−0.027	14.667	14.628	−0.040	0.021
	80	17.335	17.335	0.000	17.335	17.322	−0.013	17.334	17.322	−0.013	0.013
	100	20.000	19.973	−0.027	20.000	19.973	−0.027	20.000	19.960	−0.040	0.013

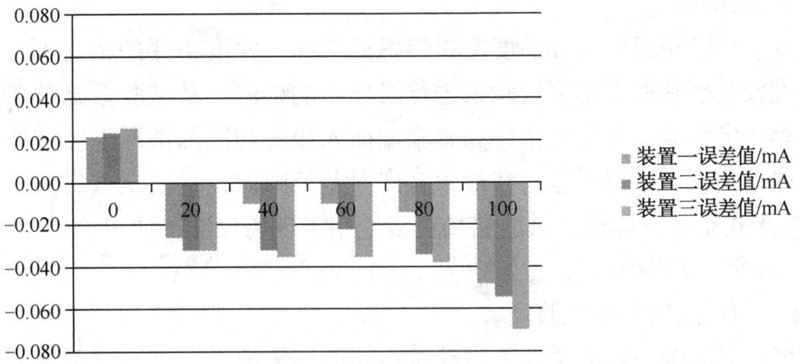

图 7　NO. 4177352 温度变送器温场影响测量误差对比分析图

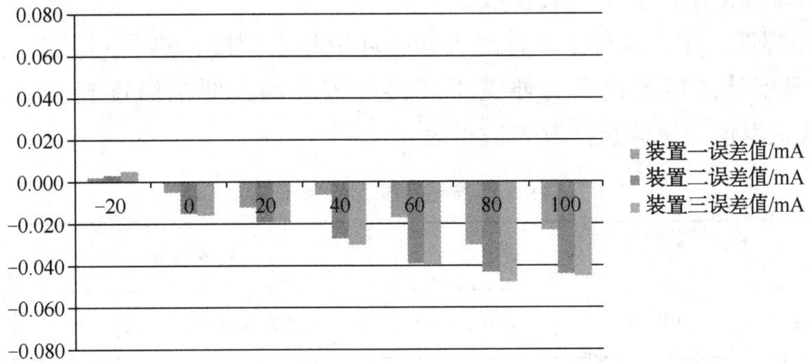

图 8　NO. 4177834 温度变送器温场影响测量误差对比分析图

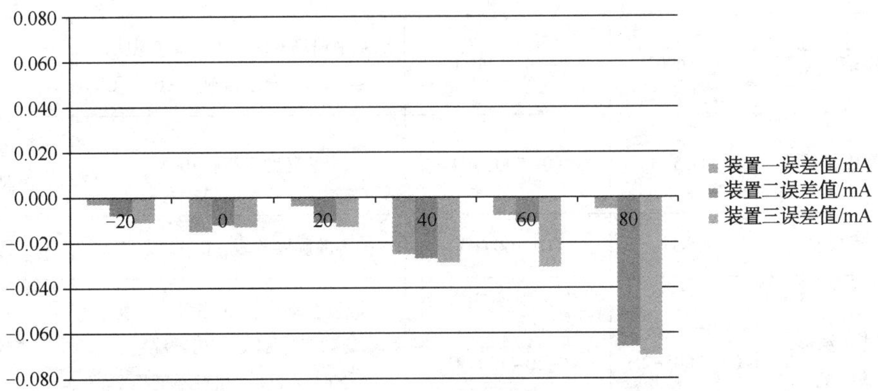

图 9　NO. 4244796 温度变送器温场影响测量误差对比分析图

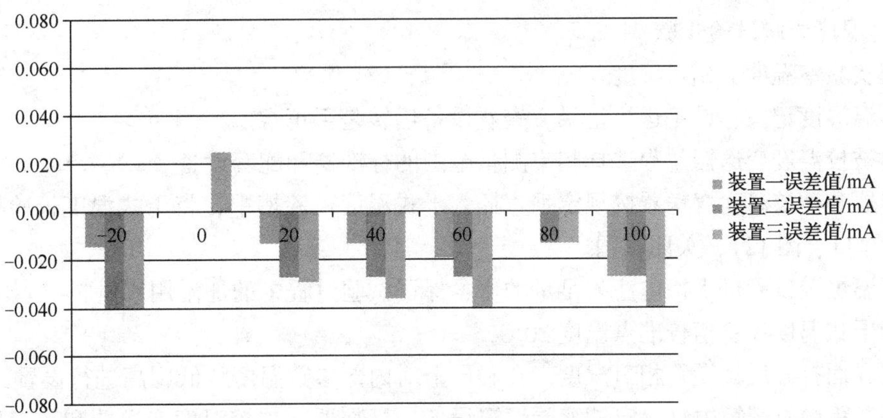

图 10　NO. 16110051 温度变送器温场影响测量误差对比分析图

3.2.1.4 温场影响试验结论

在保持环境温度、环境相对湿度和温度变送器感温端插入深度不变的情况下，分别用实验室液体恒温设备、干式温度校验槽和便携温度校验仪进行温场影响试验。从试验数据分析得知，温场对温度变送器的示值误差有一定影响。在环境条件和感温端插入深度相同的情况下，液体恒温设备比干式温度校验槽测量示值误差小，但示值误差均在最大允许误差范围内，示值误差最大差值的绝对值小于最大允许误差的1/3。干式温度校验槽提供的温场更多地用于现场校准，便于携带。

3.2.2 环境温度、相对湿度影响试验

3.2.2.1 环境温度、相对湿度影响试验设备

试验一：在环境相对湿度一定的条件下，针对不同的环境温度，进行测量误差对比实验。采用标准器为标准铂电阻温度计；恒温设备为便携干式温度校验槽，便携温度校验仪；恒温恒湿设备为GT-7005-2M单段式恒温恒湿试验机。其参数见表5。

试验二：在环境温度一定的条件下，针对不同的环境相对湿度，进行测量误差对比实验。采用标准器为标准铂电阻温度计；恒温设备为便携干式温度校验槽，便携温度校验仪；恒温恒湿设备为GT-7005-2M单段式恒温恒湿试验机。其参数见表5。

表5 标准器及配套设备参数

序号	名称	型号	测量范围	技术参数	用途
1	标准铂电阻温度计	WZPB-Ⅱ	(0~419.527)℃	准确度等级：二等	标准器
2	干式温度校验槽	DBC150TC	(-20~150)℃	水平温场≤0.03℃，垂直温场≤0.2℃，显示准确度±0.10℃	恒温设备
3	便携温度校验仪	CST6002	(-20~125)℃	水平温场≤0.05℃，垂直温场≤0.3℃，显示准确度±0.15℃	恒温设备
4	绝缘电阻表	ZC25-3	(0~500)MΩ	准确度等级：10级	带传感器的温度变送器测量绝缘电阻
5	热工仪表校验仪	CA71	(0~100)mV	准确度等级：0.02级	测量输出电流
6	单段式恒温恒湿试验机	GT-7005-2M	(-20~100)℃	温度波动度：±0.5℃；温度均匀度：±1℃；相对湿度：20%~98%；相对湿度稳定度：±2.5%。	控制环境温度和相对湿度

3.2.2.2 环境温度影响试验步骤

（1）控制实验室温度、相对湿度。

（2）填写温湿度记录、设备运行记录，查看设备运转是否正常。

（3）根据被校温度变送器量程选择相应测量范围的标准器和配套设备。

（4）标准器和被校温度变送器按规定垂直插入干式温度校验槽中，将干式温度校验槽放入恒温恒湿试验机内(图11、图12)，关闭箱门。

（5）在恒温恒湿试验机水槽内注入足量的水，保证试验过程中的加湿用水量。

（6）设置干式温度校验槽校准点温度20℃。

（7）人机界面打开后，设置相对湿度，在触屏上对内部参数温度从低到高进行设置，开始测试。

（8）测试过程中打开箱内灯，定期察看恒温设备、标准器、被校温度变送器和热工仪表显示仪数值变化。

图 11　单段式恒温恒湿试验机

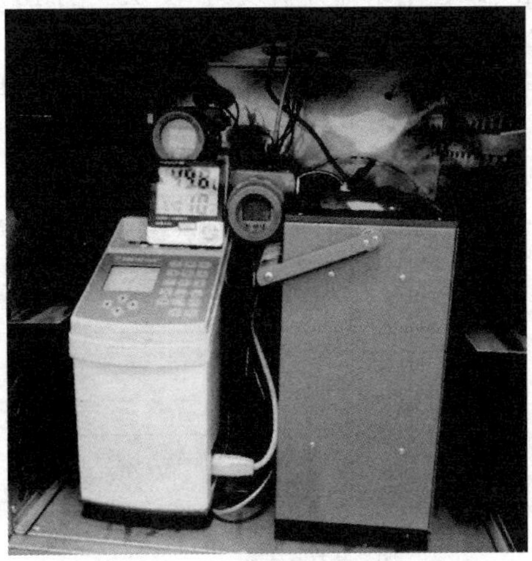

图 12　环境温度影响试验

(9) 在温度校准点上应轮流对标准铂电阻温度计的示值和温度变送器的输出进行反复 6 次读数，分别计算算术平均值，计算示值误差。

(10) 环境温度每变化 10℃，重复操作(7)~(9)步骤。

3.2.2.3　环境温度试验结果及对比分析

通过实验得到环境温度试验数据及对比分析折线图。部分数据见表 6。

表 6　温度变送器环境温度试验结果

编号	环境温度/℃	-10	0	10	20	30	40	50
17080251	标准器对应的输出/mA	9.600	9.600	9.600	9.600	9.600	9.600	9.600
	变送器输出平均值/mA	9.596	9.601	9.602	9.600	9.597	9.594	9.594
	误差/mA	-0.004	0.001	0.002	0.000	-0.003	-0.006	-0.006
17080238	标准器对应的输出/mA	9.600	9.600	9.600	9.600	9.600	9.600	9.600
	变送器输出平均值/mA	9.579	9.594	9.594	9.601	9.597	9.594	9.594
	误差/mA	-0.021	-0.006	-0.006	0.001	-0.003	-0.006	-0.006
…	…	…	…	…	…	…	…	…
17080169	标准器对应的输出/mA	9.600	9.600	9.600	9.600	9.600	9.600	9.600
	变送器输出平均值/mA	9.584	9.594	9.596	9.600	9.596	9.595	9.594
	误差/mA	-0.016	-0.006	-0.004	0.000	-0.004	-0.005	-0.006
17080271	标准器对应的输出/mA	9.600	9.600	9.600	9.600	9.600	9.600	9.600
	变送器输出平均值/mA	9.570	9.584	9.597	9.600	9.596	9.595	9.594
	误差/mA	-0.030	-0.016	-0.003	0.000	-0.004	-0.005	-0.006

环境温度试验结果部分折线图(图 13~图 16)。

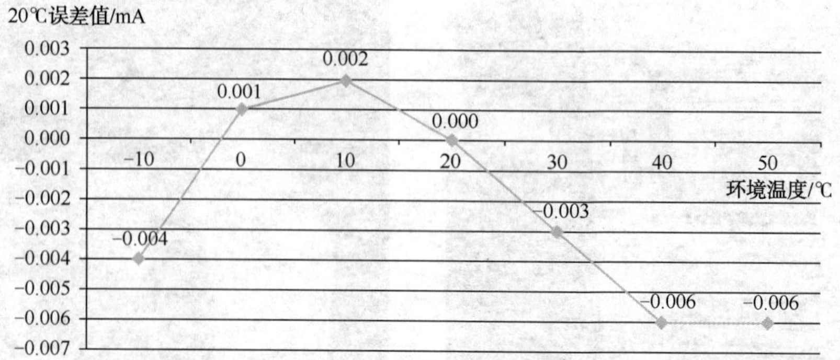

图 13　测量误差对比

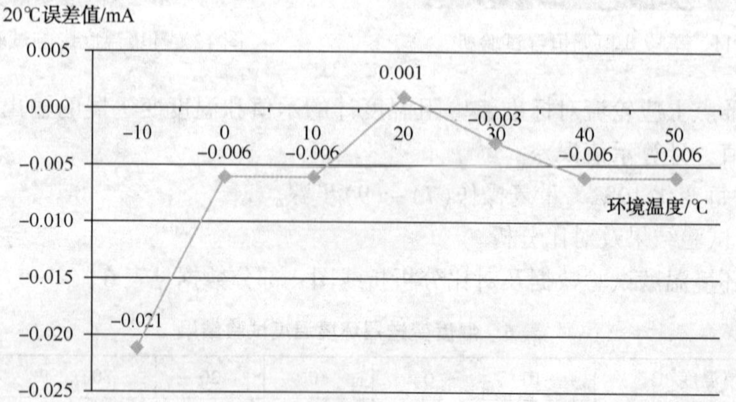

图 14　测量误差对比

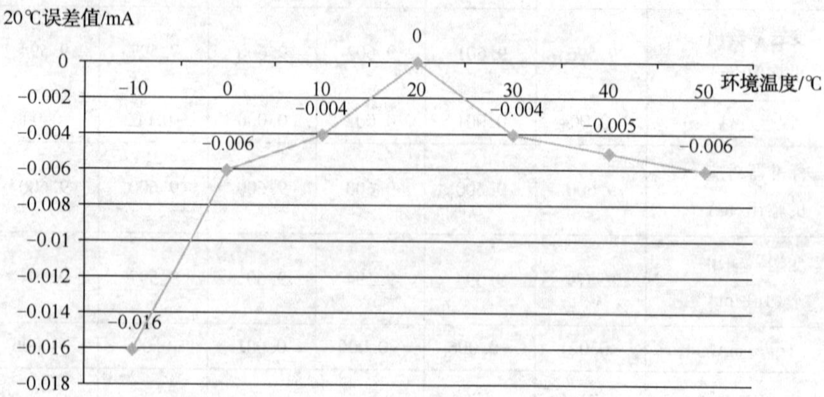

图 15　测量误差对比

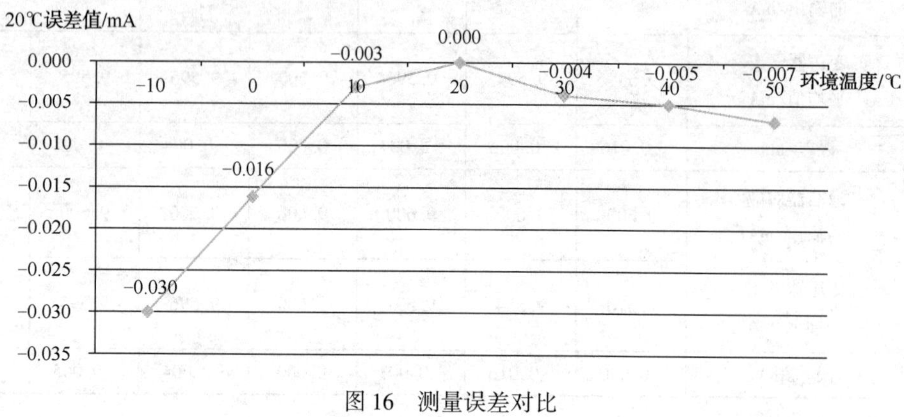

图 16　测量误差对比

3.2.2.4　环境温度影响试验结论

在保持环境相对湿度不变的情况下，通过 GT-7005-2M 恒温恒湿试验机做不同环境温度对比试验。从实验数据分析得知，环境温度对温度变送器的示值误差有影响，环境温度越接近 20℃，温度变送器读数越稳定，示值误差越小。开展现场校准时，环境温度最好控制在(0~40)℃。

3.2.2.5　环境相对湿度影响试验步骤

(1) 控制实验室温度、相对湿度。

(2) 填写温湿度记录、设备运行记录，查看设备运转是否正常。

(3) 根据被校温度变送器量程选择相应测量范围的标准器和配套设备。

(4) 标准铂电阻温度计和被校温度变送器按规定垂直插入便携式恒温设备中，将便携式恒温设备放入恒温恒湿试验机内(图 17)，关闭箱门。

图 17　环境相对湿度影响试验

(5) 在恒温恒湿试验机水槽内注入足量的水，保证试验中加湿用水量。

(6) 设置便携式恒温设备校准点温度 20℃。

(7) 人机界面打开后，设置环境温度，在触屏上对内部参数相对湿度从低到高进行设置，开始测试。

(8) 测试过程中打开箱内灯，定期察看恒温设备、标准铂电阻温度计、被校温度变送器和热工仪表显示仪数值变化。

(9) 在温度校准点上应轮流对标准铂电阻温度计的示值和温度变送器的输出进行反复 6 次读数，分别计算算术平均值，计算示值误差。

(10) 环境相对湿度每变化 10%，重复操作(7)~(9)步骤。

3.2.2.6　环境相对湿度影响试验结果对比分析

通过试验得到环境相对湿度试验数据及对比分析折线图。数据及对比分析折线图(表 7、图 18~图 21)。

表 7　温度变送器环境相对湿度试验结果

编号	环境相对湿度	20%	30%	40%	50%	60%	70%	80%
17080001	标准器对应的输出值/mA	9.600	9.600	9.600	9.600	9.600	9.600	9.600
	变送器输出平均值/mA	9.601	9.601	9.600	9.600	9.601	9.600	9.601
	误差/mA	0.001	0.001	0.000	0.000	0.001	0.000	0.001

续表

编号	环境相对湿度	20%	30%	40%	50%	60%	70%	80%
17080002	标准器对应的输出值/mA	9.600	9.600	9.600	9.600	9.600	9.600	9.600
	变送器输出平均值/mA	9.604	9.604	9.604	9.603	9.603	9.603	9.603
	误差/mA	0.004	0.004	0.004	0.003	0.003	0.003	0.003
…	…	…	…	…	…	…	…	…
17080003	标准器对应的输出值/mA	9.600	9.600	9.600	9.600	9.600	9.600	9.600
	变送器输出平均值/mA	9.602	9.602	9.601	9.600	9.599	9.599	9.599
	误差/mA	0.002	0.002	0.001	0.000	-0.001	-0.001	-0.001
17080004	标准器对应的输出值/mA	9.600	9.600	9.600	9.600	9.600	9.600	9.600
	变送器输出平均值/mA	9.601	9.601	9.601	9.600	9.599	9.599	9.599
	误差/mA	0.001	0.001	0.001	0.000	-0.001	-0.001	-0.001

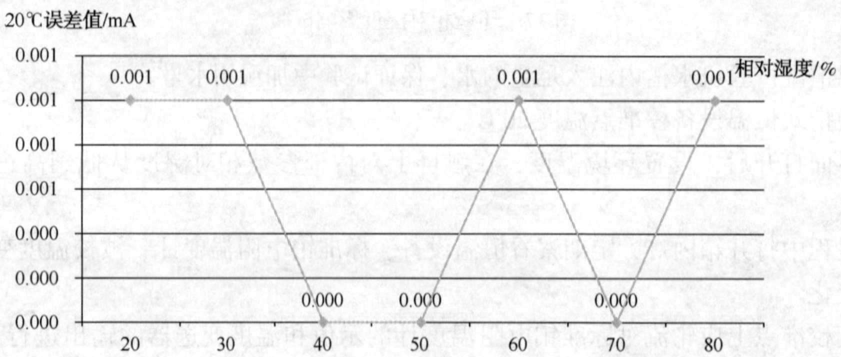

图 18　测量误差对比

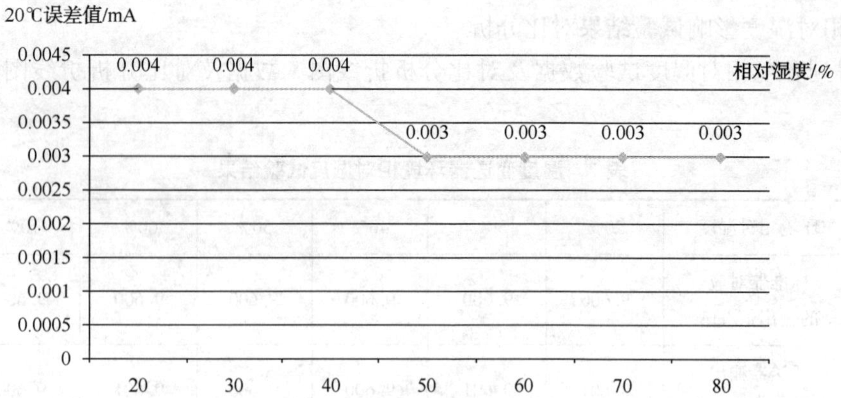

图 19　测量误差对比

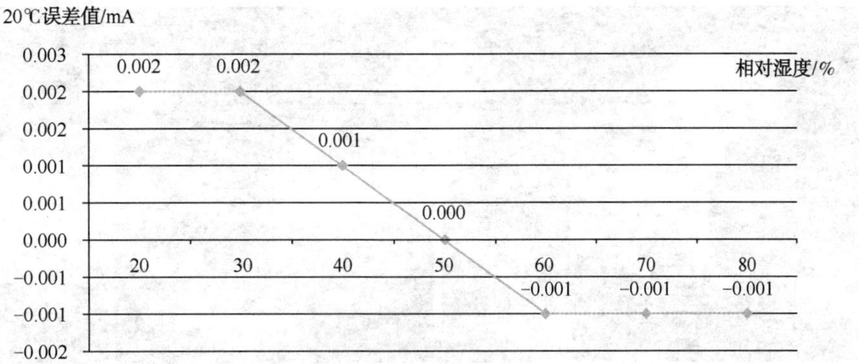

图 20　测量误差对比

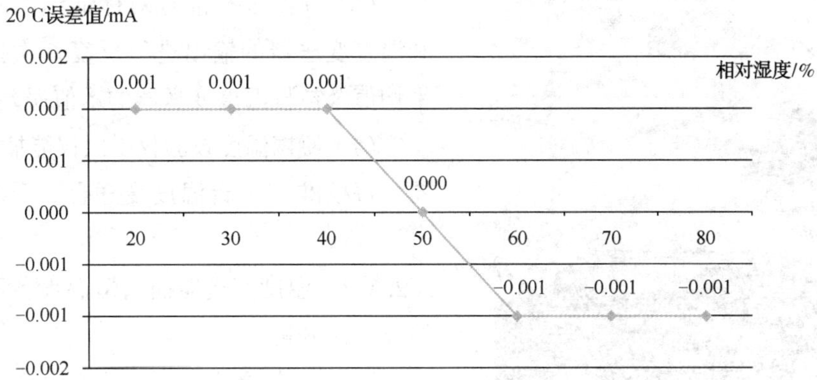

图 21　测量误差对比

3.2.2.7　环境相对湿度影响结论

在保持环境温度不变的情况下，通过 GT-7005-2M 恒温恒湿试验机做不同环境相对湿度对比试验。从实验数据分析得知，环境相对湿度对温度变送器示值误差有影响较小。开展现场校准时，环境相对湿度不大于 80%。

3.2.3　温度变送器插入恒温设备不同深度影响试验

3.2.3.1　温度变送器插入恒温设备不同深度试验设备

温度变送器感温端插入均热块不同深度试验采用的标准器及配套设备。在环境条件相同的情况下，针对感温端插入均热块的不同深度，进行测量误差对比实验。试验设备包括标准器和配套设备（表 8）。

表 8　标准器及配套设备

仪器名称	型号	测量范围	技术参数	用途
标准铂电阻温度计	WZPB-Ⅱ	0~419.527℃	准确度等级：二等	标准器
便携温度校验仪	CST6002	-20~125℃	水平温场≤0.05℃，垂直温场≤0.3℃，显示准确度±0.15℃	恒温设备
绝缘电阻表	ZC25-3	0~500MΩ	准确度等级：10 级	测量绝缘电阻
热工仪表校验仪	CA71	0~100mV	准确度等级：0.02 级	测量输出电流

3.2.3.2　温度变送器插入恒温设备不同深度试验步骤

（1）控制实验室温度、相对湿度。

（2）填写温湿度记录、设备运行记录，查看设备运转是否正常。

（3）根据被校温度变送器量程选择相应测量范围的标准器和配套设备。

（4）标准器按规定垂直插入便携式恒温设备中。设置便携温度校验仪校准点温度 20℃。

（5）选取感温端长度不同的温度变送器（图 22）。

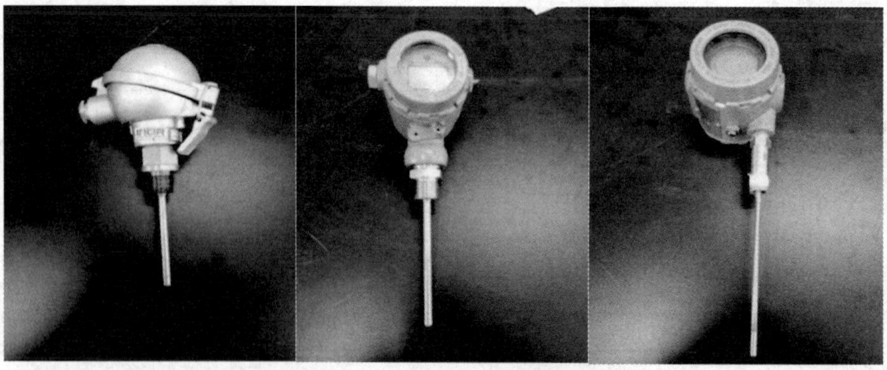

图 22　感温端不同长度的温度变送器

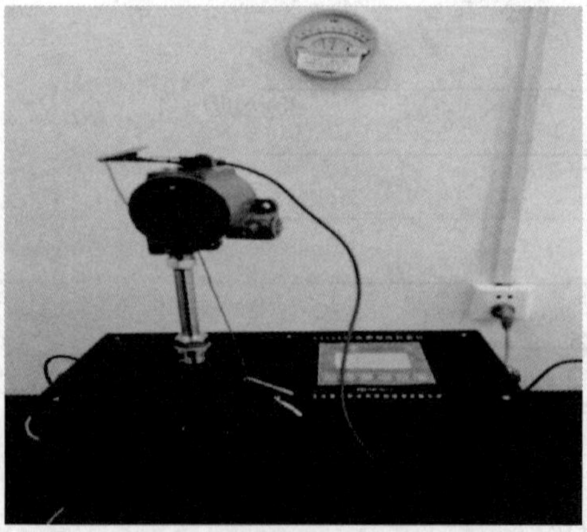

图 23　温度变送器感温端插入便携式恒温设备不同深度影响试验

(6) 在温度校准点对标准铂电阻温度计的示值和温度变送器的输出进行反复 6 次读数，计算算术平均值及被校温度变送器的示值误差。

(7) 便携温度校验仪 1 次仅能插入 1 台温度变送器。每校准完 1 台温度变送器，重复操作步骤(6)(图 23)。

3.2.3.3　温度变送器插入恒温设备不同深度试验结果及对比分析

通过试验得到感温端插入均热块深度试验数据及对比分析。部分数据及对比折线图(表 9、图 24~图 27)。

表 9　温度变送器感温端插入均热块深度试验结果

编号	感温端顶部与均热块底部距离/mm	0	20	40	60	80	100	120
17080005	标准器对应的输出值/mA	9.600	9.600	9.600	9.600	9.600	9.600	9.600
	变送器输出平均值/mA	9.600	9.600	9.599	9.597	9.595	9.591	9.589
	误差/mA	0.000	0.000	-0.001	-0.003	-0.005	-0.009	-0.011
17080006	标准器对应的输出值/mA	9.600	9.600	9.600	9.600	9.600	9.600	9.600
	变送器输出平均值/mA	9.599	9.599	9.599	9.598	9.593	9.589	9.586
	误差/mA	-0.001	-0.001	-0.001	-0.002	-0.007	-0.011	-0.014
…	…	…	…	…	…	…	…	…
17080007	标准器对应的输出值/mA	9.600	9.600	9.600	9.600	9.600	9.600	9.600
	变送器输出平均值/mA	9.600	9.600	9.600	9.598	9.592	9.586	9.582
	误差/mA	0.000	0.000	0.000	-0.002	-0.008	-0.014	-0.018

续表

编号	感温端顶部与均热块底部距离/mm	0	20	40	60	80	100	120
17080008	标准器对应的输出值/mA	9.600	9.600	9.600	9.600	9.600	9.600	9.600
	变送器输出平均值/mA	9.600	9.600	9.600	9.599	9.590	9.584	9.579
	误差/mA	0.000	0.000	0.000	-0.001	-0.010	-0.016	-0.021

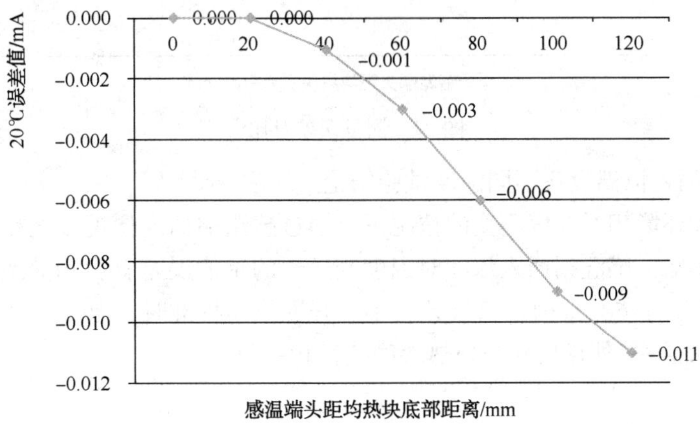

图 24 测量误差对比

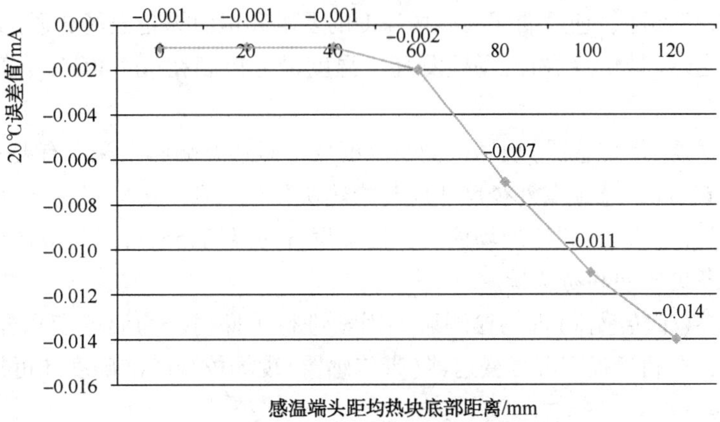

图 25 测量误差对比

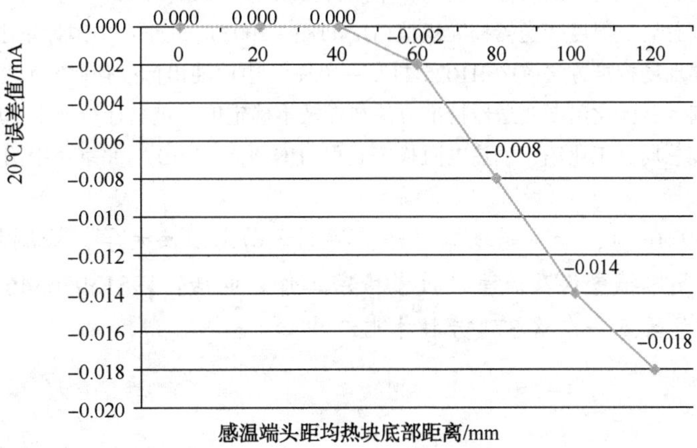

图 26 测量误差对比

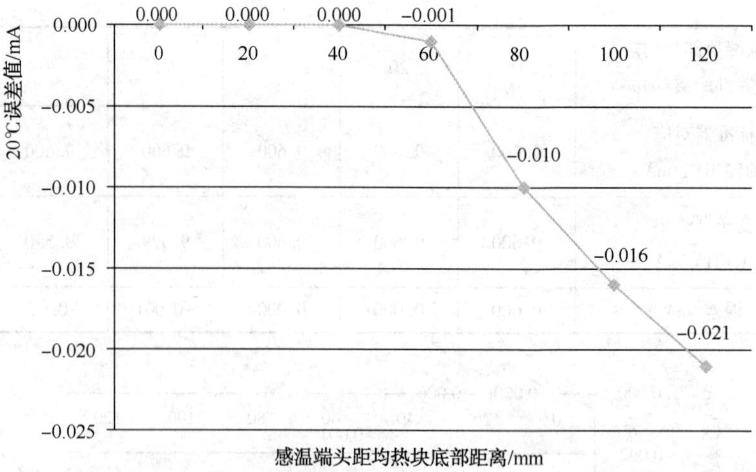

图 27　测量误差对比

3.2.3.4　温度变送器插入恒温设备不同深度试验结论

在保持环境温度和环境相对湿度不变的情况下，通过感温端插入便携温度校验仪均热块中不同深度。从实验数据分析得知，感温端插入深度对温度变送器的示值误差有影响。温度变送器感温端顶部与均热块底部的距离不大于 60mm 时示值误差较小。开展现场校准时，温度变送器感温端顶部与均热块底部距离不大于 60mm，其外径尺寸与均热块的孔径相一致。

4　结语

通过对温度变送器(带传感器)检测影响因素进行分析和现场试验，提出了温度变送器(带传感器)现场校准合适的环境条件、感温端插入温场深度的要求和恒温设备温场介质选择：

(1) 开展温度变送器(带传感器)现场检测环境温度最好控制在(0~40)℃、环境相对湿度不大于 80%范围内。

(2) 开展温度变送器(带传感器)现场检测时温度变送器感温端插入深度有要求，感温端与均热块底部的距离应不大于 60mm；感温端外径尺寸应与均热块孔径一致。

(3) 开展温度变送器(带传感器)现场检测，恒温设备的温场介质可以是液体或空气，现场检测多用空气介质，恒温设备更轻便和易携带。

本文对温度变送器(带传感器)现场检测影响因素进行了探讨，为温度变送器(带传感器)现场校准提供了依据和参考，有利于提高温度变送器(带传感器)现场校准的准确度和可靠性。

参　考　文　献

[1] 韩丽丽．关于温度变送器的现场校准及数据处理．中国科技纵横，2014(23).

[2] 国家质量监督检验检疫总局．温度变送器校准规范(JJF 1183—2007). 北京：中国计量出版社，2007.

[3] 中原油田．温度变送器现场校准方法(Q/SH1025 1122—2021). 中原油田标准化研究所 2021.

[4] 戚晓红，郭沈辉，李莉．一体化温度变送器校准方法初探及不确定度评定．计量技术 2007. NO 12.

[5] 国家质量监督检验检疫总局．工业铂、铜热电阻检定规程(JJG 229—2010). 北京：中国计量出版社，2010.

作者简介：明红(1971—)，女，高级工程师，毕业于西南石油大学，检测技术与仪器专业。现从事温度、电量、压力、气体报警仪及流量计计量检定工作。电话：13513936346，邮编：457001，通信地址：河南省濮阳市华龙区五一东路 371 号技术监测中心。

推导式变组分气体质量流量计的原理与现场验证

宋文其　刘晓云

（扬子石油化工有限公司　江苏南京　210048）

摘　要　干气是石化行业重要的物料，对其进行准确计量具有重要意义。但其是典型的变组分气体，不能采用恒定组分气体质量流量的测量方法。推导式气体质量流量计，用涡街流量传感器测量工况条件下的体积流量，用旋涡发生体前后的压差计算流量计出口侧气体密度，经计算得到质量流量，从而解决了变组分气体质量流量测量难题。文中阐述了测量管内气体雷诺数影响校正、可膨胀性补偿，以及设计计算、计量检定方法和安装调试。实践表明，这种方法简单可靠，相比科氏力质量流量计可显著节省投资。

关键词　干气；气体质量流量计；上限流速；雷诺数校正；可膨胀性补偿；密度验证

1　引言

石化等行业的干气，交接点处流量往往达到每小时几十吨，对其进行准确计量具有重要意义。但其组分每时每刻都是在变化的，不能采用恒定组分气体质量流量的测量方法，例如带温压补偿的标准孔板流量计或涡街流量计。最好采用科氏力质量流量计，可达到±0.5%的准确度。但是科氏力质量流量计价格太贵，尤其是大管径的，而且在流体静压较低时也不宜选用。涡街-差压组合型推导式变组分气体质量流量计(以下简称“推导式质量流量计”)，解决了这一难题。

在推导式质量流量计中，用涡街流量传感器测量传感器出口处的工况条件下的体积流量，用旋涡发生体前后压差，计算流量计出口侧的气体密度，经计算得到质量流量。这一方法不仅简单可靠，且可测流速范围大，准确度也较高。

2　工作原理

2.1　仪表结构

推导式质量流量计由传感器和流量计算机(二次表)组成，其中传感器由涡街流量传感器和测量旋涡发生体前后压差的智能差压变送器两部分组成，差压变送器具有 HART 通信能力。

2.2　基本关系式

用式(1)计算传感器出口侧工况条件下的体积流量 q_{vf}，即

$$q_{vf}=3.6f/K_t \tag{1}$$

式中　f——涡街流量传感器输出频率，l/s；

K_t——工况条件下流量系数，1/L。

因旋涡发生体前后的压差与发生体出口处的流体密度成正比，即

$$\Delta P=k\rho_f V^2 \tag{2}$$

式中　ΔP——旋涡发生体前后的差压，Pa；

k——系数，由实流标定得到，纯数；

v——测量管内气体流速，m/s。

将式(2)整理可得

$$\rho_f=\Delta P/(kV^2) \tag{3}$$

从定义可导出测量管内气体流速与体积流量的关系。

$$V_f=q_{vf}/A \tag{4}$$

式中 V_f——测量管内气体流速，m/s；

A——测量管流通截面积，m^2。

将式(1)代入式(4)得

$$V_f=\frac{3.6f}{K_tA} \tag{5}$$

将式(5)代入式(3)并整理得

$$\rho_f=\Delta P/k\left(\frac{3.6f}{K_tA}\right)^2 \tag{6}$$

将式(1)与式(6)相乘就得质量流量 q_m

$$\begin{aligned} q_m &= q_{vf}\rho_f \\ &= \frac{3.6f}{K_t}\cdot\Delta P/k\left(\frac{3.6f}{K_tA}\right)^2 \\ &= \frac{K_tA^2}{3.6k}\cdot\frac{\Delta P}{f} \end{aligned} \tag{7}$$

2.3 非线性校正

从式(7)可看出，q_m 和 ΔP 之间以及 q_m 与 f 之间都是线性关系，这对提高系统准确度是有好处的，如果 K_t 和 K 都真正是一个常数，那系统准确度就可以做得很高。实际上，K_t 和 K 并不是理想的常数。实验表明，式(1)中的 K_t 要受到流过测量管的流体雷诺数影响，如果不对这种影响进行校正，涡街流量传感器只能达到 0.75%～1.0% 的线性度，可在计算机中按照实际标定值或经验模型进行校正。

在式(3)和式(7)中，系数 k 的非线性主要是受气体的可膨胀性影响。因为气体流过旋涡发生体时，在发生体前后产生的差压 ΔP 是在变化的，所以要产生永久性压损，这就使得传感器出口处的流体静压 P_2 比进口处静压 P_1 要低一些，此处流体静压的降低导致气体膨胀，从而引起 k 随着流速 V 的增大而有些许增大，增大的幅值与气体的等熵指数 k 以及压损比 $\Delta P/P_1$ 有关，此项补偿也在流量计算机中按照经验公式进行补偿。其中 ΔP 由差压变送器测得；P_1 由流量计算机用 HART 通信的方法去智能差压变送器读取。

上面的两项补偿所依据的模型要做到完全准确是困难的，产生的偏差会传导引起流量测量误差。在流量计在出厂前进行实流校准，可将校准暴露出来的误差用多段折线法进行修正，从而使整机准确度提高到±0.5%MV 左右。

2.4 信号传送方法

我们知道，流量传感器、变送器与流量计算机之间传送信号，如果采用模拟信号传送方式，就会损失大约 0.1%FS 的精度；而如果采用数字通信的方法传送，就完全不损失精度，采用频率信号传送，也不损失精度。推导式质量流量计，采用 HART 通信的方法传送差压信号，采用脉冲计数的方法接受涡街传感器送出的代表流速的脉冲信号，从而做到完全不损失精度。

3 选型与计算

推导式质量流量计选型的主要内容是确定其公称通径。此项工作有其重要的经济意义和技术意义。因为仪表通径选的太大，不仅使投资显著增加，而且使可测最小流量显著增大，不利于小流量的测量。而若通径选得太小，则在最大流量条件下，流过流量传感器的气体流速就有可能大于允许的上限流速，从而使误差陡然增大。

通常情况下，对于采用涡街流量传感器作为流速测量部件的推导式质量流量计，因其最高流速允许达到 80m/s，其公称通径可比工艺管道公称通径小一档到二档甚至三档。

下面以实际对象为例说明设计计算方法。

有一干气测量对象，工艺管道 DN400，最大流量为 27000Nm³/h，常用温度为 20℃，常用压力为

0.4MPa G，最低压力 0.25MPa G，据设计院介绍，流量计安装在用气方，出现最大流量时，仪表安装处出现最低压力，所以，工况条件下的最大体积流量 q_{vfmax} 计算以 q_{vnmax}、t 和 $P_{\min}$ 为条件。令压缩系数 $Z=1$，则

$$q_{\mathrm{vfmax}}=\frac{P_{\mathrm{n}}\cdot(273.16+t)}{P_{\min}\cdot(273.16+20)}q_{\mathrm{vnmax}} \tag{8}$$

$$=\frac{0.101325\cdot(273.16+20)}{(0.25+0.101325)\times 293.16}\cdot 27000$$

$$=7787\mathrm{m^3/h}$$

式中 q_{vfmax}——工况条件最大流量，m/h；

P_{n}——标准大气压，MPa；

$P_{\min}$——最小工作压力，MPa G；

t——流体温度,℃；

q_{vnmax}——最大流量，$\mathrm{Nm^3/h}$。

计算 80m/s 流速条件下对应的测量管内径。

$$\because \quad q_{\mathrm{vfmax}}/\frac{\pi}{4}D^2=80 \tag{9}$$

$$\therefore \quad D=\left(q_{\mathrm{vfmax}}/\frac{\pi}{4}\times 80\right)\frac{1}{2} \tag{10}$$

$$=\left(\frac{7787}{3600}/\frac{\pi}{4}\times 80\right)\frac{1}{2}$$

$$=0.185\mathrm{m}$$

显然，选用 DN200 仪表是合适的。在这个实例中，涡街流量传感器的公称通径比工艺管道公称通径小三档。

另外，对于过程压力较低的测量对象，压力损失也是需要关注的。在本例中，工艺专业提供的标准状态气体密度常用值为 $0.72\mathrm{kg/m^3}$，在 $p=p_{\min}$ 时，$\rho_{\mathrm{f}}=2.496\mathrm{kg/m^3}$。在式(2)中，$k=1.08$(横河公司提供)。最高流速以 80m/s 计，则按式(2)计算可得：$\Delta p=17.25\mathrm{kPa}$。再考虑气体流出流量传感器后，静压会有一定程度的恢复，所以永久压降应小于 17.25kPa。

4 检定(校准)

推导式质量流量计在安装投运前，一般都要进行计量检定，所依据的是气体质量流量计计量检定规程。检定的工况参数应尽量与实际使用的条件接近。检定的目的一是满足计量管理的需要，另一是对制造厂出厂校验(校准)结果进行验证。流体密度在一定范围内变化，质量流量示值不应超差。

由于每一套气体流量标准装置都有误差，而且检定时的工况条件与出厂校验时也会有差异，故检定得到的误差数据与出厂校验结果会有差异，但最终结果不能超差。

由于推导式质量流量计具有流体可膨胀性自动补偿功能。而补偿幅值又与流过传感器的气体等熵指数 k 以及相对压降 $\Delta P/P_1$ 有关，所以检定时应将流量计算机菜单中相应项目按实际情况予以设定。例如在空气流量标准装置上检定，常用压力为 0.6MPa，则可将菜单中的 k 值设定为 1.4，而 P_1 值设定为 0.6MPa。检定完毕，再将 k 和 P_1 值恢复出厂设置。

上述选型与计算例中所提到的一台推导式流量计，出厂校准记录如图 1 所示。用户所做的检定，最大误差为 0.48%，所以基本相符。

有时，受限于气体流量标准装置的上限流通能力所限，检定中试验点的最大流量只能达到流量计满刻度的一半甚至更小，此时要保证测量难度更高的量程低段得到校验。

5 安装与调试

推导式质量流量计的传感器主要涡街流量传感器和差压变送器组成，而这两种仪表均具有良好的

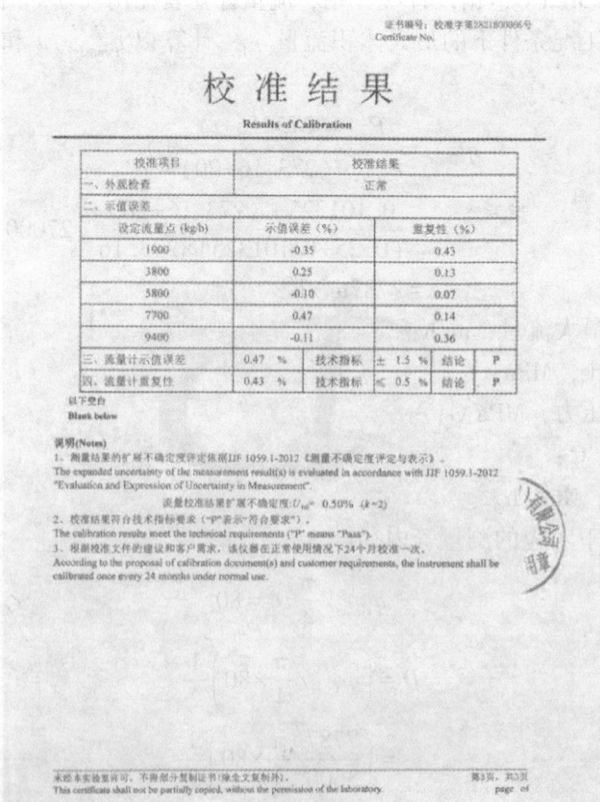

证书编号：校准字第2821800066号
Certificate No.

校 准 结 果

Results of Calibration

校准项目	校准结果				
一、外观检查	正常				
二、示值误差					
设定流量点 (kg/h)	示值误差（%）		重复性（%）		
1900	-0.35		0.43		
3800	0.25		0.13		
5800	-0.10		0.07		
7700	0.47		0.14		
9400	-0.11		0.36		
三、流量计示值误差	0.47 %	技术指标	± 1.5 %	结论	P
四、流量计重复性	0.43 %	技术指标	≤ 0.5 %	结论	P

以下空白
Blank below

说明(Notes)

1、测量结果的扩展不确定度评定依据JJF 1059.1-2012《测量不确定度评定与表示》。
The expanded uncertainty of the measurement result(s) is evaluated in accordance with JJF 1059.1-2012 "Evaluation and Expression of Uncertainty in Measurement".

流量校准结果扩展不确定度：U_{rel}= 0.50% (k=2)

2、校准结果符合技术指标要求（"P"表示"符合要求"）。
The calibration results meet the technical requirements ("P" means "Pass").

3、根据校准文件的建议和客户需求，该仪器在正常使用情况下24个月校准一次。
According to the proposal of calibration document(s) and customer requirements, the instrument shall be calibrated once every 24 months under normal use.

未经本实验室许可，不得部分复制证书(除全文复制外)。
This certificate shall not be partially copied, without the permission of the laboratory.

第3页，共3页
page of

图1　出厂检定(校准)结果

耐振性，所以安装管道允许有轻度振动，振动加速度2g时不影响正常测量。

推导式质量流量计最好安装在水平管上，差压变送器置于水平管道的上方。这时，流体中即使含有悬浮在气体中的微小液滴，也不会引起导压管堵塞，从而影响正常测量。

仪表安装完毕，就可对差压变送器校零，然后开表投运。读出流量计算机原始数据画面中的来自涡街流量传感器的脉冲频率，除以流量系数 K_t，得工况条件下的体积流量，二次表显示的体积流量值应与计算值一字不差。二次表显示的差压值，应与差压变送器液晶表头显示的差压值一字不差。

用户最关心的是质量流量示值究竟准不准。要回答这个问题，首先要对二次表上工况条件下的气体密度示值的准确与否进行判断。从式(7)知 $q_m=\rho_f\cdot q_{vf}$，而 q_{vf} 的准确度前面已经作了验证，所以，只要 ρ_f 也是准的，则 q_m 就是准的。

验证 ρ_f 示值的准确度，简单易行的方法是对当前的混合气进行取样分析，然后按式(11)计算混合气标准状态密度，再根据取样时的气体温度压力按式(13)计算 ρ_f。取样的同时，记录仪表显示的混合气密度，然后进行比对。

$$\rho_n=X_1\rho_1+X_2\rho_2+\cdots\cdots+X_{m-1}\rho_{m-1}+X_m\rho_m \tag{11}$$

式中　ρ_n——标准状态混合气体密度，kg/m³；

$X_1\cdots\cdots X_m$——各组分的含量(V/V)；

$$X_1+X_2+\cdots\cdots+X_{m-1}+X_m=100\% \tag{12}$$

$\rho_1\cdots\cdots\rho_m$——标准状态各组分密度，kg/m³。

工作状态下混合气体理论密度 ρ_f 在忽略压缩系数影响后为：

$$\rho_f=\frac{P_f\cdot T_n}{P_n\cdot T_f}\cdot\rho_n \tag{13}$$

式中　P_f——涡街流量传感器出口绝对压力，MPa；

P_n——标准状态绝对压力，0.101325MPa；

T_n——标准状态热力学温度，K；

T_f——工况条件下流体热力学温度，K。

6 现场验证

扬子石化公司对工艺管径超过200mm或者经选型计算需要使用DN100及以上科氏力质量流量计进行计量的干气(燃料气)管线，原则上都使用推导式质量流量计。经现场与科氏力质量流量计比对，推导式质量流量计测量结果令人满意。图2是今年装置检修后新投用的一台测量燃料气的推导式质量流量计与串接在同一管线上的科氏力质量流量计运行记录(红色的是推导式，黄色的是科氏力)，可以看出，瞬时流量最大偏差不到2%，累计值偏差只有1.13%，证明其完全可替代价格昂贵的大口径科氏力质量流量计。现用于对比的科氏力质量流量计已移作他用。

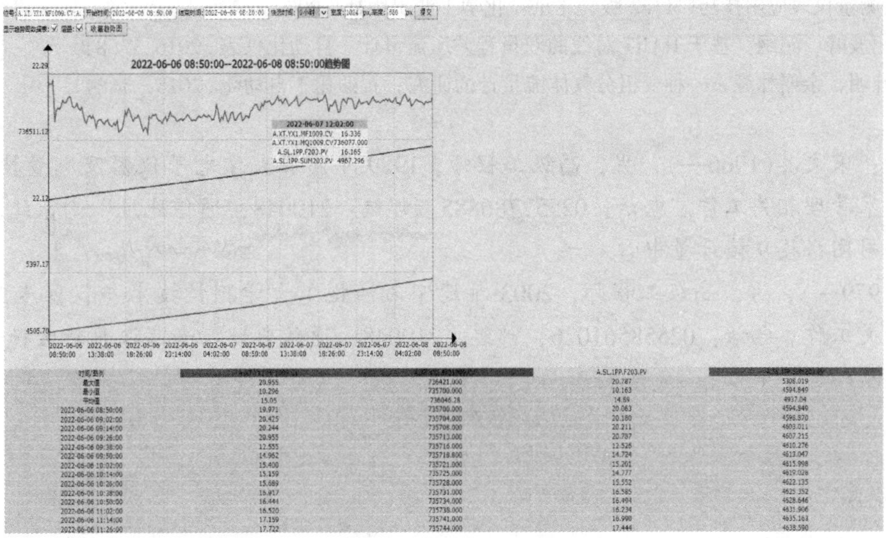

图2 现场比对记录

7 结语

石化等行业的干气、燃料气等，其组分每时每刻都是在变化的，不能采用恒定组分气体质量流量的测量方法。过去由于认知所限，以所谓的“平均密度”为依据，选用标准差压式流量计或速度式流量计，实际测量结果偏差很大，无法满足生产经营需求。近年随着科氏力质量流量计的应用，变组分气体的测量难题得以攻克，但高昂的价格(特别是大口径)是其大规模应用的障碍，且其在静压较低的场合运行效果也不理想，如若缩径太大，产生的压损也是工艺难以接受的。速度-差压组合推导式变组分气体质量流量计，在准确性与性价比之间取得了非常好的平衡，在变组分气体质量流量测量方面取得了创新突破，在石化行业具有较高的推广价值。

测量管内流体雷诺数Re_D对涡街流量传感器的流量系数线性度有一定影响。气体的可膨胀性也会引起流量测量误差。通过在流量二次表中对这两种影响均按数学模型进行补偿，并在出厂前的实流校准中，用多段折线法进行修正，可使仪表质量流量测量整体准确度大幅提高。

由于涡街流量传感器量程比大，从而使得推导式质量流量计也具有较大的量程比。涡街流量传感器测量管内气体流速，最高允许80m/s，设计选型时，一般可将仪表的公称通径缩小一档到二档甚至三档(按上限流速选定)，从而节省投资。

由于涡街流量计的永久压损较小，推导式质量流量计在微静压对象中也能正常测量；且因为涡街流量传感器耐振性能最高优于2g，所以安装现场有轻度振动，也不影响正常测量；此外，通过安装位置及方向的正确选择，即便被测气体带有微量液滴，也不影响正常测量。

参 考 文 献

[1] 纪纲，纪波峰．流量测量系统远程诊断集锦[M]．北京：化学工业出版社，2012.

[2] 肖素琴，韩厚义，质量流量计[M]．北京：中国石化出版社，1999：14-15.

[3] 姜仲霞，姜川涛，刘桂芳．涡街流量计[M]．北京：中国石化出版社，2006.

[4] 中国石化化工事业部等组织编写．企业能源计量常见难题解析及对策[M]．北京：中国石化出版社，2017.

[5] 王池，王自和，张宝珠，孙淮清．流量测量技术全书．北京：化学工业出版社，2012.

[6] GB/T 624—2006 用安装在圆形截面管道中的差压装置测量满管流体流量[S]．北京：中国标准出版社，2007.

[7] 许文达，张涛，毕英，等．气体可膨胀性对涡街流量计计量性能影响分析[J]．电子测量与仪器学报．2013，27(09)：797-802.

[8] 孙江平，戴铮，蔡方明，纪纲，纪波峰．气体的膨胀性对流量测量的影响及对策研究[J]．石油化工自动化，2018，54(5)：58~61.

[9] 纪纲．流量测量仪表应用技巧[M]．2 版．北京：化学工业出版社，2009.

[10] 张宝良，纪波峰，纪纲．基于HART总线的双量程差压流量计．自动化仪表．2016. 37(8).

[11] 宋文其，叶明，余厚林等．一种变组分气体流量计的研究，石油化工自动化．2018，54(4).

作者简介：宋文其(1966—)，男，高级工程师，1989 年同济大学电子仪器及测量技术专业毕业，现从事计量技术管理相关工作。电话：02557786885，邮编：210048，通信地址：南京江北新区扬子石油化工有限公司团拼楼 9 楼计量中心。

刘晓云(1979—)，男，高级工程师，2003 年辽宁石油化工大学测控技术与仪器专业毕业，现从事计量管理相关工作。电话：02558561026，邮编：210048，通信地址：南京江北新区扬子石油化工有限公司团拼楼 9 楼计量中心。

提高小配注量分注井计量精度对策研究

彭太祥

（江苏油田石油工程技术研究院　江苏扬州　225001）

摘　要　针对影响测试精度的技术因素，研制了多功能测调型配水器，通过桥式通道、防返吐设计，减少座测引起的压力波动对测试精度的影响，在不影响测试精度的前提下实现常规测调一体化测调同步，提高现场效率；针对油田小排量注水的特点，优选最大标定排量为 80m^3/d 的电磁流量计，设计了流量计检验系统，实现小排量流量计二次标效，并对测试密封段进行结构优化，提高小排量注水测试精度和可靠性。室内和现场试验表明，基于油田注入水的流量计检验系统对流量计二次标定，可提高流量计在排量<20m^3/d 时的测试精度 1%～2%，采用测调型配水器与小排量电磁流量计，座测与悬挂式测试相对误差较小，基本在 ±5%以内。

关键词　小排量；流量测试；测试精度；配水器；动态模拟

1　引言

分层注水，目的是通过控制各层注入量以缓解层间矛盾，提高水驱效率。随着油田含水上升，油田稳步推进“水驱精细挖潜”，对分层注水提出更高的要求，既要注上水，也要注有效水，因此，对分层注水井测调精度提出了更高的要求，只有准确可靠的分层注水量资料，才能搞好动油藏态调整，实现注有效水，对缓解层间矛盾、保持低渗透油藏长期稳产具有重要意义。

随着分注工艺及配套测调技术的发展，层段合格率不断提高，但由于分层注水测试受诸多因素影响，距离“精细注水”还有一定的差距，分层调配精度还有提高的空间。因此，开展了小配水量分注井提高测试精度对策研究，从测试仪器精度提升、测试方法与井下配水工具匹配性优化两个方面进行优化，旨在减少分注工艺及配套测试技术自身缺陷所导致的误差。

2　分注井测试精度影响因素分析

影响分注井测试计量精度的因素众多，大体可以分为以下三类：

（1）测试环境影响

流量计通常采用清水作为介质，在具有光滑内壁的模拟井筒中进行室内标定。在实际计量时，注入水中含有大量的油污、铁屑、气泡等杂质，且井壁粗糙，覆有油污、蜡、垢等杂质，甚至出现变径等，对流量计的计量精度都存在影响。

（2）流量计影响

江苏油田平均单井日注 30m^3/d，分注井全井注入量基本低于 100m^3/d，单层配注量一般低于 60m^3/d，其中 70%层段配注量≤20m^3/d(5m^3/d 占比 10%，10m^3/d 占比 29%)；目前油田流量计量程一般为 250～350m^3/d，标称误差±2%，按照计量仪器规定，其合理计量下限范围应为 50～70m^3/d，远高于实际需测试范围，导致流量计在低流量下的计量误差偏大。油田测试仪器存在“大马拉小车”的现象，影响计量的精度。

（3）测试工艺影响

目前测试包括座测和悬挂式测试两种方式。座测时，流量计与测试密封段配合，座于配水器主体，注入水通过计量通道再经配水器出水孔流入地层(如图 1 所示)。座测方法需与具有桥式通道的配水器配合，直接测单层，消除了递减法带来的误差，并消除计量位置变化引起的误差。存在问题：测试密封段易卡和损坏等问题。

悬挂式测试方法，测试时将流量计从最下一级配水器开始自下而上依次下在配水器之上 4～5m 处，稳定一段时间测量水量，然后上提，最后用递减法折算出各层的实际注入量(如图 2 所示)。

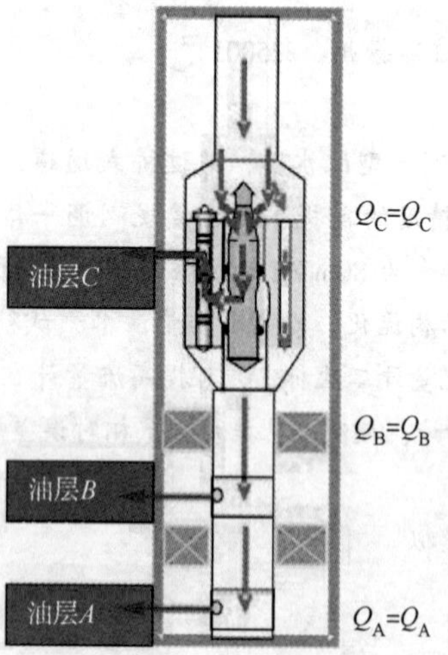

图 1　座测示意图

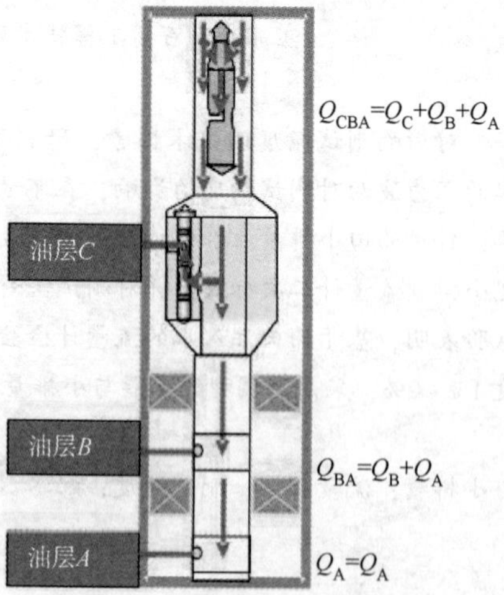

图 2　悬挂式测试示意图

存在问题：悬挂测试时，计量位置、时间都可能发生变化，受注入水质、井筒状况差异影响，计量值偏移明显，且用递减法计算单层流量导致最终计量误差进一步加大。

江苏油田目前以悬挂式测试方法为主，分层流量通过递减法得到，计量误差大。对于测调一体化工艺，由于油田目前井下配水器缺乏桥式通道，计量与调配是分步进行，若计量与调配同步，受节流影响计量误差会更大，因此研制了一种多功能测调型配水器和基于座测方式的小排量流量计，实现流量计自身与测试工艺局限性两方面改进，提高测试精度。

3　一种多功能测调型配水器研制

3.1　常规偏心配水器动态模拟分析

以常规配水器和测调仪尺寸参数作为模型设计的依据(如图 3 所示)，配水器正常内通径为 46mm，测调仪外径 42mm，配水出口距上接头顶端距离 400mm，以测调仪机械臂与配水器内可调堵塞器对接状态下(如图 4 所示)水流变化为模拟分析对象。配水器内通径结垢、油污等原因导致缩径问题，采用等效内通径描述，分别建立内通径为 46mm、45mm 和 44mm 情况下的 3 个测调简化模型，测调仪外径及配水出口距上接头顶端距离参数不变。流速按 10～60m³/d 计算，基于 SW 软件对测调仪入座后的流态进行模拟。

图 3　常规配水器主体示意图

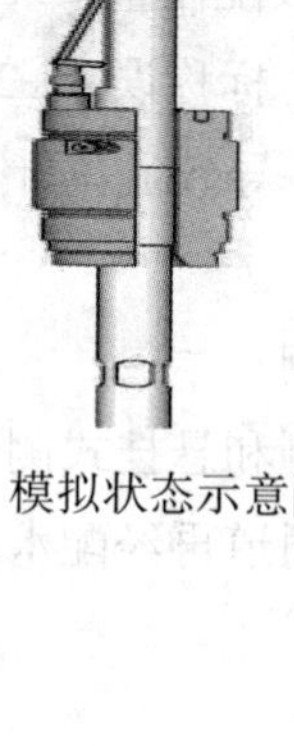

图 4　模拟状态示意图

模拟结果如表 1 和图 5 所示。

表 1　常规配水器不同有效内通径、不同流量下结论损失

节流损失/Pa		日注水量/(m³/d)					
		10	20	30	40	50	60
有效内通径	46mm	566.08	1704.19	3483.17	6129.43	9733.39	14342.12
	45mm	1155.87	3525.43	7443.57	12921.46	20446.56	30053.2
	44mm	4142.38	11012.76	21198.76	36789.41	60836.9	93272.29

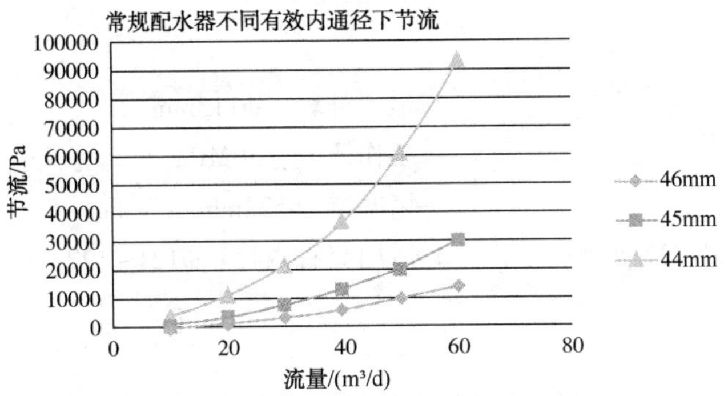

图 5　常规偏心配水器动态模拟结果

从模拟结果可以看出：

(1) 同一流量下，有效内通径越小，测试仪器入座节流损失越大，即压力波动越厉害；(2) 同一有效内通径下，流量越大，测试仪器入座节流损失越大，因此对于分层注水井而言，测调最上一层时压力波动最大，测调可靠性最低；(3) 流量越大、内通径约小，压力波动越大，测调精度越低。注水压力波动最终引起注入量的变化。

3.2　一种多功能测调型配水器结构设计

为减少配水器内通径变化对测调精度的影响，研制了具有桥式通道的多功能测调型配水器。

3.2.1　结构组成

多功能测调型配水器结构如图 6 所示，偏心配水工作筒由上接头、上外管、定位筒、偏心主体、下外管、下接头和固定环等构成；定位导向机构由上导向和下导向组成，上导向包括上导向托架、上导向套、螺钉，下导向包括下导向托架、下导向套、螺钉。将可调堵塞器投入其偏孔即多功能测调型配水器。

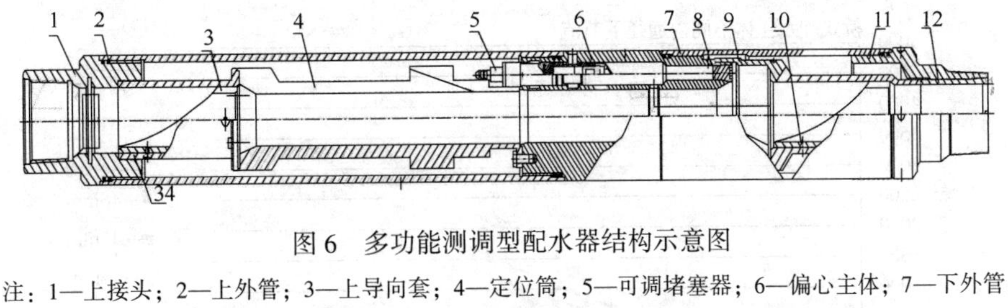

图 6　多功能测调型配水器结构示意图

注：1—上接头；2—上外管；3—上导向套；4—定位筒；5—可调堵塞器；6—偏心主体；7—下外管；8—死堵；9—下导向托架；10—下导向套；11—下接头；12—固定环。

配水主体上设有与中心孔平行的辅助通道，即桥式通道，如图 7 所示。其目的在于当测试仪器下入中心通道后，水流经桥式通道保证下面的偏心配水器能正常配水，不产生大的压力波动；配水主体上出水口设有单流阀(图 8)，停注后，在地层压力下迅速关闭，防止地层通过配水器向井筒内返吐。

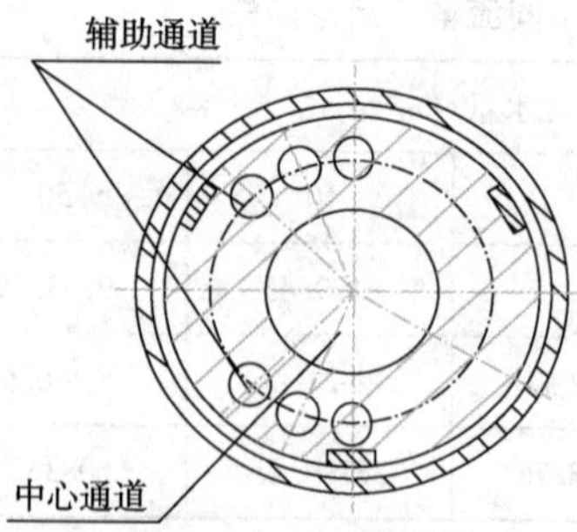

图 7　桥式通道示意图

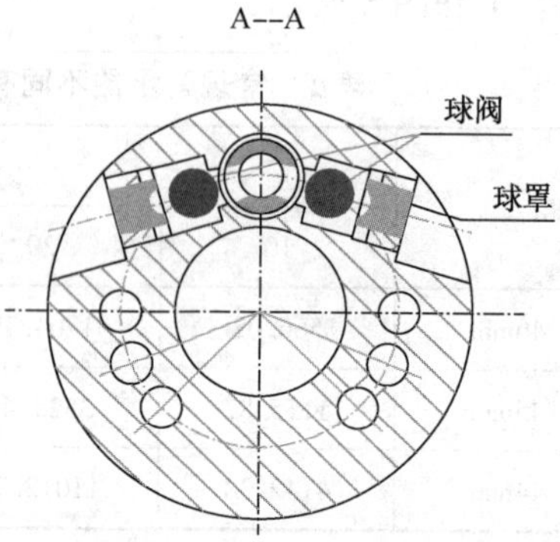

图 8　出口单流阀结构示意图

3.2.2　主要技术参数

总长：1360mm　　最大外径：ϕ115mm

最小通径：ϕ46mm　　工作压差：30MPa

适用温度：≤125℃　　堵塞器：ϕ22mm×178mm

两端联接螺纹：21/2"(27/8")　　适用套管内径：ϕ121～127mm

井斜：≤50°

3.2.3　技术特点

(1) 桥式偏心主体设计可减少测调期间压力波动，提高测调精度；

(2) 采用上、下双导向结构设计，提高投捞、测调时与可调堵塞器的对接成功率，进一步提高工具井斜适应性；

(3) 出水口单向流动设计，减少了停注后地层向井筒内返吐，降低砂堵、油堵概率，提高测调的成功率和精度。

3.3　多功能测调型配水器动态模拟分析

同样以测调型配水器和测调仪尺寸参数作为模型设计的依据，以测调仪机械臂与配水器内可调堵塞器对接状态下水流变化为模拟分析对象。分别建立等效内通径为46mm、45mm 和 44mm 情况下的 3 个测调简化模型，测调仪外径及配水出口距上接头顶端距离参数不变。流速按 10～60m^3/d 计算，基于 SW 软件对测调仪入座后的流态进行模拟，并与常规配水器进行了对比分析。

从图 9、图 10 可以看出，相比常规偏心配水器配水主体，配水主体采用桥式辅助通道后，内通径 46mm 时，测调时节流只有常规配水主体的 1/5；内通径 45mm 时，测调时节流只有常规配水主体的 1/8；内通径 44mm 时，测调时节流只有常规配水主体的 1/18。

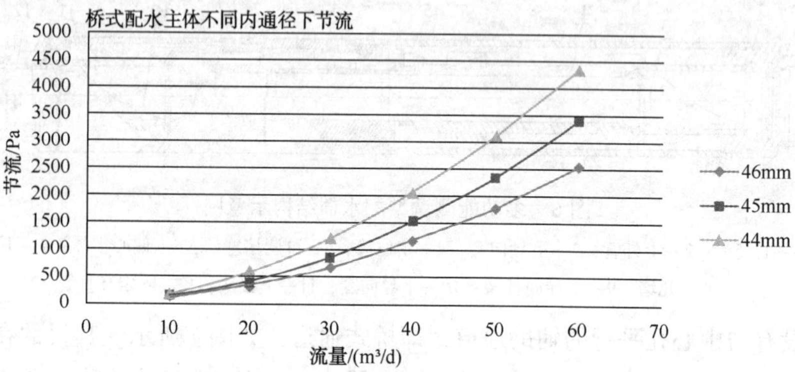

图 9　测调型配水器流体动态模拟

从流体动态模拟分析结果可以看出，采用桥式配水主体在测调期间所产生的压力波动显著小于常规配水主体，尤其是长时间注水后，有效内通径因结垢、油污的影响缩小，采用常规配水主体所带来的压力波动对测调精度的影响进一步加剧，而采用桥式配水主体则相对较小。

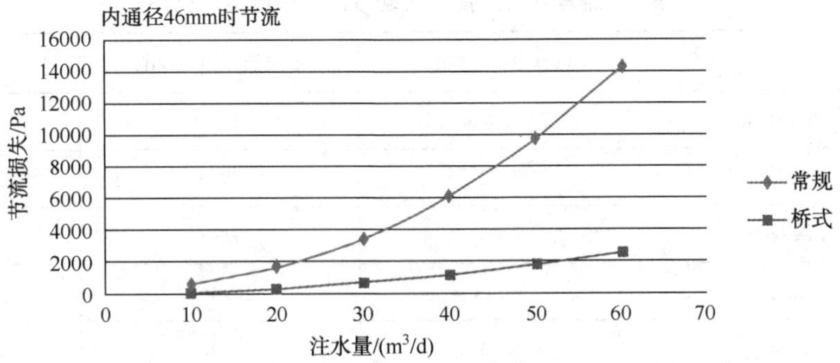

图 10　正常状态下常规配水主体与桥式配水主体动态模拟

4　小排量流量计选型与参数设计优化

4.1　油田流量计应用现状

国内油田应用于井下注水测试的流量计主要包括差压式流量计、超声波流量计和电磁流量计。差压式流量计具有结构简单、性能可靠，使用寿命长等优点，缺点是测量精度低、范围度窄，一般仅为 3∶1~4∶1，压损大；超声波流量计优点是可做非接触式测量，无压力损失，可测量非导电性液体，缺点是结构复杂，对于小流量测量困难，300m^3/d 量程测试精度±1%，启动流量 3~6m^3/d；电磁流量计优点是无运动部件，无压力损失，可测量非导电性液体，精度高，300m^3/d 量程测试精度±0.5%，启动流量 0.6~1.5m^3/d，缺点是结构复杂，油污影响大。

4.2　小排量流量计选型

不同流量计计量原理不同，量程、测试精度、启动排量亦不相同，对于小排量而言，上述 3 种常用井下流量计中，电磁流量计因启动排量只有 0.6~1.5m^3/d，相对于其他流量计，在计量 5~10m^3/d 小排量层段配注量时具有更高的精度。由于江苏油田配注量相对较小，单层配注量 5~10m^3/d 占比近 40%，因此，在不考虑测试环境中油污、气泡等外部因素的影响下，选用电磁流量计作为小排量计量仪器。

4.3　流量计参数设计

在实际应用中，刻度数据标定的上下偏差值范围囊括标准检定时的上下偏差值范围，能够有效地提高检定效率。江苏油田目前超过 90%分注井的全井配注量低于 60m^3/d，按照流量计最佳计量范围在满量程的 20%~80%计算，得出小排量流量的最大排量为 80m^3/d，0~20m^3/d 加密标定。

4.4　流量计检验

流量计出厂前标定，确定合理矫正系数后方可投入现场应用。但目前流量计厂商所采用的标定流体一般是自来水，与现场注入水有较大的差别，含油、杂质等都会对其测试精度产生影响，因此研制了一套基于油田注入水的流量计检验系统，重新对出厂流量计进行二次矫正，提高测试精度。

4.4.1　流量计检验系统

流量计检验系统主要由模拟井筒、分水循环及地面计量系统、控制调配系统以及其他一些附件组成。所采用的流体为油田注入水，模拟井筒为井下一级两段管柱结构，地面计量采用 3 台电磁流量计分别计量总流量、上层流量和下层流量，电磁流量计已通过高精度质量流量计作为标准表、注入水为介质精心校对。

4.4.2　流量计检测标效

从表2可以看出，流量越大，流量计与地面计量系统误差越小，流量越小，流量计与地面计量系统误差越大，在5m^3/d时，平均误差超过10%，而且流量计曲线不平稳。

表2　流量计检定前与检验系统测试流量对比

		总流量/(m^3/d)	上层流量/(m^3/d)	下层流量/(m^3/d)
1	地面计量	80.888	31.768	49.576
	流量计	75.2	29.3	45.6
	误差/%	7.03	7.77	8.02
2	地面计量	60.48	10.464	50.496
	流量计	58.3	9.8	48.1
	误差/%	3.60	6.35	4.74
3	地面计量	55.48	4.92	50.504
	流量计	53.3	4.4	48.8
	误差/%	3.93	10.57	3.37
4	地面计量	50.53	10.02	40.88
	流量计	48.1	9.4	37.5
	误差/%	4.81	6.19	8.27

根据检验结果，对流量计重新优化标定系数，尤其是在0~20m^3/d范围内加密测试点，并进行曲线拟合，重新写入流量计程序，并重新开展检测试验，检验结果如表3所示，流量计与地面计量系统误差相对变小，但对于80m^3/d量程的流量计，其合理计量量程>20m^3/d，对于流量<20m^3/d，受油、杂质等因素影响，流量计误差还是有8%左右。而在实际注水井中工况可能更恶劣，误差可能进一步拉大。

表3　流量计检定后与检验系统测试流量对比

		总流量/(m^3/d)	上层流量/(m^3/d)	下层流量/(m^3/d)
1	地面计量	55.22	4.92	50.64
	流量计	53	4.5	48.8
	误差/%	4.02	8.54	3.63
2	地面计量	60.18	10.18	50.2
	流量计	58.2	9.3	48.1
	误差/%	3.29	8.64	4.18
3	地面计量	55.24	20.836	25.04
	流量计	53.2	19.5	23.8
	误差/%	3.69	6.41	4.95
4	地面计量	80.64	15.22	65.28
	流量计	76.1	13.9	62.6
	误差/%	5.63	8.67	4.11

4.5 流量计验封密封段优化

集流式座试方法所采用的测试密封段普遍采用过盈式配合，即密封皮碗外径略大于配注主体最小内径，测试密封段在配水主体存在易卡和损坏等问题，因此研制了自封式负过盈测试密封段(如图11所示)，密封皮碗外径与仪器钢体外径一致，钢体上设有与胶圈内腔连通的导压孔，仪器到位产生节流，密封胶圈在导压孔的作用下，内外产生压差，皮碗撑开，实现测试层段密封分隔。

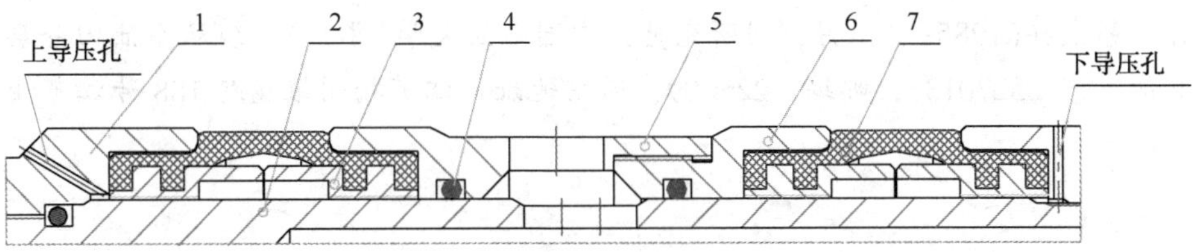

图11 密封段改进优化设计

5 现场应用及效果

在陈3-67、陈3-108、韦11-4、高6-119等6口井中进行了应用和测试精度对比试验，具体如表4所示。测试结果表明，采用测调型配水器时，座测与悬挂式测试相对误差较小，基本在±5%以内。

表4 测调型配水器座测与悬挂式测试计量对比

井号	悬测/(m^3/d)	座测/(m^3/d)	误差/(m^3/d)	误差百分比
陈3-67	61.5	62	-0.5	-0.81%
陈3-108	30	29	1	3.33%
陈3-118	47.8	50.5	-2.7	-5.65%
沙20-56	39.3	41.6	-2.3	-5.85%
韦11-4	52.6	53.5	-0.9	-1.71%
高6-119	40.5	40	0.5	1.23%

6 结论

通过对影响注水井分层测调精度的因素进行分析，找出制约测调精度制约因素。重点针对油田常用配水器引起的流量测试工艺局限性对精度的影响，设计了一种多功能测调型配水器，模拟分析和现场试验均表明测调型配水器悬测和座测时压力波动小，测调精度得以提升，可有效提升当前测调一体化工艺的效率；同时针对油田小排量注水特点，完成了小排量流量计优选和基于油田注入水的二次检验标效，在一定程度上提高了流量计的精度，并优化了集流式座测密封，有效减少集流式座测存在的遇阻、遇卡问题。流量计自身与测试工艺局限性

参考文献

[1] 邹光艳．影响注水井测试准确性因素分析与对策研究[J]．科学管理，2018，3(7)：213.
[2] 周广艳．现阶段实现精细测试的几点做法[J]．内蒙古石油化工，2014，7(1)：68—70.
[3] 马雪．提高分层注水井注水量精度[J]．内蒙古石油化工，2014，19(6)：74—76.
[4] 谷亚贞，王昌昊，安龙，等．力学分析确定非集流式流量计分层测试停测深度[J]．石油工业技术监督，2007，(9)：54-56.
[5] 邱庆文．存储式超声流量计在配注井分层流量测试中的应用[J]．测井技术，2004，28(3)，231-233.
[6] 孟令伟，孟德旭，孟莉珍，等．超声波流量计在注水井测试中的应用[J]．云南化工，2018，45(3)，227.

[7] 刘勇，李爱华，苏绍文．井下连续流量计分层注水技术在百口泉油田的应用[J]．新疆石油学院学报，2004，16(3)：60-69.
[8] 李爱玲，弓永华，赵飞，等．井下电子流量计标定装置改进[J]．内江科技，2013，(2)：124.
[9] 井洪泉．井下电磁流量计的测量环境校正[J]．技术与应用[J]，2005，(5)：20-22.
[10] 张秋平．边测边调井下流量计检定影响因素[J]．石油化工应用[J]，2012，31(6)：42-46.

作者简介：彭太祥(1985—)，男，副研究员，中国石油大学(华东)，现从事油田分层注水工艺研究与应用。电话：17705270135，邮编：225009，通信地址：江苏扬州维扬路188号江苏油田石油工程技术研究院。

GB/T 21451 罐(舱)自动计量系列标准应用解析

孙 岩[1] 毕海鹏[2]

(1. 中石化石油化工科学研究院有限公司 北京 100083
2. 中国石化科技部 北京 100728)

摘 要 准确可靠的液位和温度数据在油量静态计量中不可缺少。罐区在自动化及信息化建设过程中已投入大量固定式油罐液位计和温度计，但使用时缺乏有效指导，致使液位计和温度计未发挥理想计量效果。GB/T 21451 罐(舱)自动计量系列标准在准确度、校准、安装及检验等方面对固定式自动液位计和温度计的技术参数及应用提出要求，对于该系列标准重点技术内容的理解可有效指导计量人员使用液位计和温度计获取准确的液位及温度数据，进而完成高质量的库存管理及交接计量。

关键词 液位；温度；计量；标准

1 标准制定背景

石油及液体石油产品(简称"油品")作为大宗能源商品，其油量计量具有较高的计量准确度需求，无论是库存管理或贸易交接，高准确度的计量技术不仅可以为企业及社会带来直接经济效益，同时也可避免因交接差量所引起的贸易纠纷。

油量计量根据计量形式通常可分为动态和静态计量。两种计量形式各有特点，适用于不同场景，静态计量一般指罐(舱)计量，通过测得的罐(舱)参数及液位等油品参数计算罐(舱)内油品的体积或质量。

基于体积的静态油量计算：

$$V_{ns}=\{[(V_{to}-V_{fw})\times CTSh]-V_{frd}\}\times VCF\times CSW \tag{1}$$

式中 V_{ns}——净标准体积，m^3；

V_{to}——总计量体积，m^3；

V_{fw}——游离水体积，m^3；

$CTSh$——罐壁温度修正系数，--；

V_{frd}——浮顶排液体积，m^3；

VCF——体积修正系数，--；

CSW——沉淀物和水的修正系数，--。

基于质量的静态油量计算：

$$m_n=\{\{[(V_{to}-V_{fw})\times CTSh]\times VCF\times WCF\}-m_{fr}\}\times CSW \tag{2}$$

式中 m_n——净表观质量，kg；

V_{to}——总计量体积，m^3；

V_{fw}——游离水体积，m^3；

$CTSh$——罐壁温度修正系数，--；

m_{fr}——浮顶的表观质量，kg；

VCF——体积修正系数，--；

WCF——表观质量换算系数，kg/m^3；

CSW——沉淀物和水的修正系数，--。

公式(1)、公式(2)中计量体积由液位读数查询罐(舱)容表获得，同时在对比体积或质量变化时需要将计量状态(计量温度)换算成标准状态(通常为20℃)，因此取得准确可靠的液位、温度数据在静态油量计量中十分重要，GB/T 21451 系列标准给出了罐(舱)内油品液位及温度的自动测量方法。

2 计量技术发展现状

液位和温度数据作为静态计量关注指标，从传统的手工计量到当前的自动计量再到未来的数字计量，其计量技术在不断发展进步。

罐(舱)自动计量设备的应用技术主要见于相关标准。罐(舱)自动计量标准起步于国外，技术相对全面、成熟的标准分别是国际标准(ISO)及美国石油学会石油计量标准手册(API MPMS)。

ISO 4266-1994 给出了使用自动液位计和温度计测量罐(舱)内液位和温度的方法，涉及自动液位计(ALG，automatic level gauge)和温度计(ATT，automatic tank temperature)的校准、安装、检验及维护要求，在液位计的选择上仅有浮式液位计(通过液位升降带动浮子移动进而测量液位变化)一种类型。2002 年 ISO 4266：1994 进行修订并形成 ISO 4266：2002，与 1994 版相比，新版标准在编写结构上由单一标准变为由计量指标(温度和液位)及储罐类型(常压罐、带压罐及油船舱)划分成的 6 部系列标准，技术内容层面，新版标准在安装、检验及准确度要求上均有不同程度的更新完善，特别是液位自动测量，提供了非浸入式液位计(如雷达式液位计)作为选择。

API MPMS 在 chapter 3.1B、3.3、3.4 及 7.3 同样给出了罐(舱)内液位及温度自动测量方法，相比于 ISO 4266：2002 系列标准，除标准编写结构不同及部分技术内容的细微差别，自动测量技术及相应实施路线与 ISO 4266：2002 给出的内容基本一致。

相较外部标准，我国自动计量相关标准起步较晚，虽然自动计量设备(ALG 与 ATT)很早得到应用，但使用方法主要来自设备制造商提供的产品手册及技术指导，未有统一、规范的国家标准可以依据，致使自动计量设备虽然广泛投用，但并未发挥应有的计量效果，浪费了产品的计量能力。

根据我国优先采用国际标准的采标原则，2008 年起，依次修改采用 ISO 4266：2002 系列标准中的各项标准，并于 2019 年完成对该系列标准的全面转化，形成国家标准 GB/T 21451 自动计量系列标准。相比 ISO 标准，二者在主体技术内容上基本一致。

3 GB/T 21451 标准重点技术内容解析

GB/T 21451.1~GB/T 21451.3 分别给出了在常压罐、带压罐及油船舱中的液位自动测量方法，GB/T 21451.4~GB/T 21451.6 则给出了对应三种储罐(舱)的温度自动测量方法。

3.1 液位自动计量

使用 ALG 进行液位测量的准确度受多因素影响，其测量结果的不确定度包括仪器标准不确定度分量和外部因素(安装及运行条件)引入的标准不确定度分量。同时，为衡量 ALG 的测量结果的准确度，通常使用手工检尺复现的量值作为约定真值或“自检”(借助 ALG 制造商预置的参考高度)对比 ALG 测量结果进行检验。

根据 ALG 的计量特点，标准中“准确度要求”“ALG 的安装”及“ALG 设置检验”相关技术内容会显著影响 ALG 的实际工作性能。

“准确度要求”对包括仪器不确定度、外部因素引入的不确定度以及测量结果的不确定度提出要求。

伴随 ALG 制造水平的提高，计量级 ALG 的仪器测量不确定度通常很小，对于常压罐及带压罐液位计量，标准要求仪器测量不确定度不超过 1mm，由于油船舱液位计量为动平台计量，其测量结果的准确度要明显低于陆地罐液位计量结果，因此标准对于油船舱液位计量的仪器测量不确定度进行适当放宽到 3mm。

ALG 安装及运行条件引入的标准不确定度是测量结果不确定度中的主要分量。储罐(舱)收、发油期间，ALG 安装点的位移以及实际运行条件区别于参考条件而带来的附加误差显著影响 ALG 测量结果的准确度，这一影响通常难以避免，ALG 在安装和运行时应予以关注。对于常压罐及带压罐，标准要求外部因素引入的不确定度不超过 3mm，对于油船舱，ALG 运行条件波动不定，由外部因素引入的不确定度难以进行量化。

ALG 测量结果的“真实”准确度通常难以测定，因为 ALG 工作条件是不断变化的测量条件以及难以找到合适的计量标准去评价 ALG 的测量结果。标准中提出通过手工检尺读数或预设的参考距离对比 ALG 的相应示值，将该差量称为“允差”并给出数值要求(见表 1)。

表 1　液位计量的准确度要求

准确度要求标准号	GB/T 21451. 1	GB/T 21451. 2	GB/T 21451. 3
仪器的测量不确定度/mm	1	1	3
安装及运行条件引入的不确定度/mm	3	3	—
测量结果的允差/mm	4	4	6

对于非计量级 ALG(库存管理或监控用途)，ALG 的准确度要求可适当放宽。

“ALG 的安装”是 ALG 投用前的重要环节。正确的安装位置有助于提高 ALG 测量结果的准确度。

ALG 的安装位置应尽量稳定，运行条件下，保证最小的垂向位移。对于常压罐及带压罐，ALG 通常安装在经适当固定保持垂直方向并打过孔的稳液管(计量管)上，以减小装液高度等因素造成的 ALG 安装位置的变化，注意稳液管应根据油品特性设计通孔间距及大小，以保证稳液管内外液位一致。对于油船舱，ALG 直接固定在油船甲板上，因为油船摆动及海上其他不利工况，船舱形变易对稳液管带来安全隐患。同时，对于船用 ALG，通常使用非浸入式 ALG 以避免油船摆动对于液位感应元件的影响。

对于不同油罐(舱)ALG 的安装还应进行专有技术的考虑。例如，对于带压罐测量，ALG 应尽量靠近罐体垂向中心线位置安装，使 ALG 可以测量液位零点(编表零点)；对于油船舱测量，将 ALG 安装在长方体船舱的几何中心可免于进行液位的横、纵倾修正，若是非对称船舱，如艏艉边舱，ALG 应靠近内侧舱壁安装，以扩大 ALG 的测量范围。

ALG 的安装位置通常在罐(舱)设计时给出，因此设计单位在设计之初需充分考虑 ALG 的计量需求，从而减小安装对 ALG 测量结果准确度的影响。

“ALG 设置检验”中设置与检验操作原理相近，均是通过“参考距离”与 ALG 读数进行比较，前者是将参考距离设置给 ALG，而后者则是用比较结果来判断 ALG 的计量稳定性。

“参考距离”可以通过手工检尺读数获得，或将 ALG 厂家提供的若干参考点的高度作为“参考距离”。

当使用手工检尺设置检验 ALG 时，手工检尺点与 ALG 应尽量接近，以保证二者具有相同的垂向位移。设置检验可通过手工参比空高或参比实高进行。当按手工参比空高设置检验时，首先使用量油尺进行罐总高测量，并将测量值与罐容表标定值进行比较，当二者相差在 2mm 以内，继续测量液体空高，并使用测得的总高减去空高获得等效实高，将该等效实高与 ALG 读数进行比较，如果二者不一致，在“设置”环节，将等效实高读数设置给 ALG。在“检验”环节，将二者之差与表 1 中给出的允差之进行比较，如在允差值以内，可认为 ALG 符合计量要求，如超出允差，则对 ALG 安装等可能影响 ALG 测量准确度的因素进行综合核查。当按手工参比实高设置检验时，手工检尺实高值直接与 ALG 读数进行比较，后续操作与按手工参比空高设置检验一致。

当手工检尺设置检验 ALG 难以实施(例如带压罐)，可以使用预设的参照点高度进行该操作。ALG 的设置是将参照点高度匹配给 ALG，参照点可以是 ALG 校准室内的参照点、隔离阀的顶部或检验针的安置点，也可以是储罐基准版。对于浸入式 ALG，选择合适参照点，将 ALG 液位感应元件移动到参照点高度并将参照点的高度值设置给 ALG；对于非浸入式 ALG，将检验针位置的参考值设置给 ALG。当采用参照点高度对 ALG 进行检验时，在参照点处读取 ALG 示值并将该值与参照高度比较，如果两者差值小于表 1 中给出的允差，可认为 ALG 满足计量要求，如果超出允差，对 ALG 进行调试设置，并全面检查影响 ALG 测量结果的因素。

3.2 温度自动计量

温度计量的目的是获取罐(舱)内具有代表性的产品温度。与液位计量相似，影响 ATT 实际使用效果的主要因素包括“准确度要求”“ATT 的安装”及“ATT 检验”三部分内容。

“准确度要求”对 ATT 的仪器不确定度及测量结果的不确定度提出要求。

仪器的标准不确定度通常为 ATT 温度测量结果不确定度的主要分量。标准中给出的罐(舱) ATT 系统由两部分组成，分别是电阻式温度传感器(RTD)及变送器，当进行分开(组件)校准时，RTD 的仪器不确定度不超过 0.2℃，变送器的仪器不确定度不超过 0.15℃，当进行组合(系统)校准时，ATT 的仪器不确定度不超过 0.25℃。

ATT 安装后，为判断 ATT 的计量效果，使用手持式便携电子温度计按 GB/T 8927 操作获得 ATT 感温元件附近的温度值作为“约定真值”对比 ATT 测量结果，并给出二者的允差作为 ATT 测量结果的不确定度要求(见表 2)。与校准相似，检验同样按组件或系统进行。

表 2 温度计量的允差要求

准确度要求标准号	GB/T 21451.4	GB/T 21451.5	GB/T 21451.6
RTD 的允差/℃	0.4	0.75	0.4
变送器的允差/℃	0.25	0.25	0.25
ATT 测量结果的允差/℃	0.5	1	0.5

ATT 的感温元件通常安装在穿入罐(舱)内一定深度的温度套管内，注意感温元件距离罐壁或罐底 1m 以上，以保证感温元件不受大气温度的影响。同时在选择感温元件的安装位置时，注意感温元件不受其他运行条件的影响。

ATT 的安装类型可选择单点(单感温元件) ATT 或多点(多感温元件) ATT。当罐(舱)内单一测温点的温度可代表罐(舱)内产品温度时，选择单点 ATT；当罐(舱)内产品存在温度分层或温度梯度时，通过间隔放置的多感温元件获得罐(舱)内产品的温度分布情况并计算平均温度。

在使用手工测温对 ATT 测量结果进行检验时，手工测温位置应尽可能接近 ATT，以减少水平温度梯度的影响。与 ATT 安装前的校准相似，可按组件进行检验或按系统进行检验。当对多点 ATT 进行系统检验时，需比较手持便携式电子温度计的测量的平均温度与 ATT 的平均温度。在检验 ATT 时，允差应满足表 2 给出的要求。

4 结语

罐(舱)液位及温度计量是一项系统性工作，由数据发现，虽然自动计量器具具有很小的固有误差，但是实际测量中 ALG 或 ATT 参比手工测量结果仍难以满足允差要求，这一现象通常使计量人员落入 ALG 或 ATT 计量结果“不准”或“不稳定”的误区，然而造成这一现象的主要原因是不当的安装位置及设置检验。

ALG 和 ATT 的安装位置应保持稳定并免受环境条件的影响。罐(舱)在设计时应充分考虑其本身作为计量器具的计量属性，并给予 ALG 及 ATT 合理的安装位置。

计量器具的计量性能不会始终不变，因温度、压力、湿度等变化影响，仪器漂移现象可能会发生，定期的设置检验有助于对计量器具的稳定性进行判断。当采用手工参比进行检验时，注意手工计量器具与 ALG 或 ATT 的距离，以避免不同的垂向位移或温度梯度造成测量结果的差异。对于有“自检”功能的 ALG，建议使用 ALG 预设的参照点进行设置检验，因为手工测量结果往往会带来较大的随机误差，将手工测量结果作为“约定真值”检验 ALG 的测量结果可能是不准确的。

GB/T 21451 系列标准全面给出了 ALG 和 ATT 应用的标准方法，为使用 ALG 及 ATT 获得准确可靠的计量数据提供有力保障。

参 考 文 献

[1] 全国石油产品和润滑剂标准化技术委员会石油静态和轻烃计量分技术委员会．石油和液体　石油产品油量计算　静态计量：GB/T 19779—2005[S]．北京：中国标准出版社，2005.

[2] 全国石油产品和润滑剂标准化技术委员会石油静态和轻烃计量分技术委员会．石油和液体石油产品　储罐中液位和温度自动测量法　第 1 部分：常压罐中的液位测量：GB/T 21451. 1—2015[S]．北京：中国标准出版社，2015.

[3] 全国石油产品和润滑剂标准化技术委员会石油静态和轻烃计量分技术委员会．石油和液体石油产品　储罐中液位和温度自动测量法　第 2 部分：油船舱中的液位测量：GB/T 21451. 2—2019[S]．北京：中国标准出版社，2019.

[4] 全国石油产品和润滑剂标准化技术委员会石油静态和轻烃计量分技术委员会．石油和液体石油产品　储罐中液位和温度自动测量法　第 3 部分：带压罐(非冷冻)中的液位测量：GB/T 21451. 3—2017[S]．北京：中国标准出版社，2017.

[5] 全国石油产品和润滑剂标准化技术委员会石油静态和轻烃计量分技术委员会．石油和液体石油产品　储罐液位和温度自动测量法　第 4 部分：常压罐中的温度测量：GB/T 21451. 4—2008[S]．北京：中国标准出版社，2008.

[6] 全国石油产品和润滑剂标准化技术委员会石油静态和轻烃计量分技术委员会．石油和液体石油产品　储罐液位和温度自动测量法　第 5 部分：油船舱中的液位测量：GB/T 21451. 5—2019[S]．北京：中国标准出版社，2019.

[7] 全国石油产品和润滑剂标准化技术委员会石油静态和轻烃计量分技术委员会．石油和液体石油产品　储罐液位和温度自动测量法　第 6 部分：带压罐(非冷冻)中的温度测量：GB/T 21451. 6—2019[S]．北京：中国标准出版社，2017.

[8] Petroleum and related products, fuels and lubricants from natural or synthetic sources, Measurement of petroleum and related products. Petroleum and liquid petroleum products-Measurement of temperature and level in storage tanks-Automatic methods：ISO 4266：1994[S].

[9] Petroleum and related products, fuels and lubricants from natural or synthetic sources, Measurement of petroleum and related products. Petroleum and liquid petroleum products-Measurement of level and temperature in storage tanks by automatic methods-Part 1：Measurement of level in atmospheric tanks：ISO 4266-1：2002[S].

[10] Petroleum and related products, fuels and lubricants from natural or synthetic sources, Measurement of petroleum and related products. Petroleum and liquid petroleum products-Measurement of level and temperature in storage tanks by automatic methods-Part 2：Measurement of level in marine vessels：ISO 4266-2：2002[S].

[11] Petroleum and related products, fuels and lubricants from natural or synthetic sources, Measurement of petroleum and related products. Petroleum and liquid petroleum products-Measurement of level and temperature in storage tanks by automatic methods-Part 3：Measurement of level in pressurized storage tanks(non-refrigerated)：ISO 4266-3：2002[S].

[12] Petroleum and related products, fuels and lubricants from natural or synthetic sources, Measurement of petroleum and related products. Petroleum and liquid petroleum products-Measurement of level and temperature in storage tanks by automatic methods-Part 4：Measurement of temperature in atmospheric tanks：ISO 4266-4：2002[S].

[13] Petroleum and related products, fuels and lubricants from natural or synthetic sources, Measurement of petroleum and related products. Petroleum and liquid petroleum products-Measurement of level and temperature in storage tanks by automatic methods-Part 5：Measurement of temperature in marine vessels：ISO 4266-5：2002[S].

[14] Petroleum and related products, fuels and lubricants from natural or synthetic sources, Measurement of petroleum and related products. Petroleum and liquid petroleum products-Measurement of level and temperature in storage tanks by automatic methods-Part 6：Measurement of temperature in pressurized storage tanks(non-refrigerated)：ISO 4266-6：2002[S].

[15] Committee on liquid measurement. Standard Practice for Level Measurement of Liquid Hydrocarbons in Stationary Tanks by Automatic Tank Gauging：API MPMS Chapter 3. 1B[S].

[16] Committee on liquid measurement. Standard Practice for Level Measurement of Liquid Hydrocarbons in Stationary Pressurized Storage Tanks by Automatic Tank Gauging：API MPMS Chapter 3. 3[S].

[17] Committee on liquid measurement. Standard Practice for Level Measurement of Liquid Hydrocarbons on Marine Vessels by Automatic Tank Gauging. API MPMS Chapter 3. 4[S].

[18] Committee on measurement quality. Fixed Automatic Tank Temperature Systems. API MPMS Chapter 7. 3[S].

[19] 全国石油产品和润滑剂标准化技术委员会石油静态和轻烃计量分技术委员会．石油和液体石油产品液位测量法

（手工法）：GB/T 13894—1992[S]. 北京：中国标准出版社，1992.

[20] 全国石油产品和润滑剂标准化技术委员会石油静态和轻烃计量分技术委员会. 石油和液体石油产品　储罐液位手工测量设备：GB/T 13236—2011[S]. 北京：中国标准出版社，2011.

[21] 全国石油产品和润滑剂标准化技术委员会石油静态和轻烃计量分技术委员会. 石油和液体石油产品温度测量　手工法：GB/T 8927：2008[S]. 北京：中国标准出版社，2008.

作者简介：孙岩(1989—)，男，助理研究员，中国石油大学(北京)，从事静态计量相关标准制修订工作。电话：15810077817，邮编：100083，通信地址：北京市海淀区学院路18号。

油田回注水水质在线监测技术应用研究与探讨

王新华　李　剑　康换苗

（胜利油田分公司河口采油厂安全环保质量管理部　山东东营　257000）

摘　要　油田注水的目的是通过一系列注水管网、注水设备及注水井将水注入进层，弥补原油采出后所造成的地下亏空，补充地层能量，通过注入井将水注入油层，保持油层压力，提高采油速度和原油采收率。为防止回注水在地面管道中和注入地层时水质发生变化而采取杀菌、防腐蚀等水处理措施。油田回注水经处理后回注，既避免了环境污染，又达到了注水保压的目的，避免不合格的注入水引起集输系统和井筒的腐蚀与结垢，降低注水效果。为避免和减少不合格的注入水，必须对注入水的水质进行及时评定，按照标准定时对水质指标进行化验，水质的检测评价是“水市场”运行机制正常运转的重要环节，但在实验室化验过程中存在诸多人为因素，开展油田回注水水质在线监测技术的应用研究，可大幅提高注水水质化验的工作效率。

关键词　油田回注水水质；悬浮物；水中油含量

1　引言

2019年9月份开始，河口采油厂完成了“水市场运营模式”内部市场化机制建设，每月根据注水水质情况通过采油厂内部劳务结算平台进行结算。即把管理区和集输大队（油气集输管理中心）的业务关系转变为甲乙方市场经营关系。管理区作为市场甲方向集输大队输送采出液，集输大队作为乙方接收处理采出液，按照“分质分价、异品异价”的原则谈判确定结算价格，确定集输业务内部市场化运行机制。管理区是油田的“原料生产厂”，集输是油田的“产品加工厂”。

通过两年的运行，带来了明显的效果，倒逼采油厂集输大队抓质量求生存，提升“水产品”质量，倒逼管理区优化生产过程，控量降本增效，最终实现“价值同向、利益同向”“水市场”引导管理区、集输大队聚焦油田高质量开发，形成管理区“强管理优化产液控成本”、集输大队“重质量优质服务创效益”的良性互动。油田回注水水质在线监测技术的探索和研究将助力“水市场运营模式”的运行。

2　注水水质的主要指标和基本要求

2.1　悬浮固体

通常是指在水中不溶解而又存在于水中不能通过过滤器的物质。在测定其含量时，由于所用的过滤器的孔径不同，对测定的结果影响很大。

2.2　水中含油

在酸性条件下，水中可以被汽油或石油醚萃取出的石油类物质，称为水中含油。

2.3　注水水质基本要求

水质的主要控制指标已达到注水要求，可以不考虑辅助性指标；如果达不到要求，为查其原因可进一步检测辅助性检测项目及指标。注水水质基本要求如下：

1. 水质稳定，与油层水相混不产生明显沉淀；
2. 水中不得携带大量悬浮物；
3. 对注水设施腐蚀性小。

3　实验室检测和在线监测方法的比较

本次研究和探讨水质检测主要是两个项目：水中油含量和水中悬浮物含量。目前注入水水质检测执行 SY/T 5329—2012《碎屑岩油藏注水水质指标及分析方法》标准，标准中对于水中油含量、水中悬浮物含量等的实验室检测方法做了详细的阐述。

3.1 实验室检测方法

虽然检测结果准确，但只是反映某个时段、点的注水水质情况，而且还存在着取样代表性差、取样水质不稳定、操作程序繁琐、人为误差等问题，影响因素具体如下。

3.1.1 取样规范性

“取样前应将闸门打开，使流速达到最大，畅流(1~3)min，冲走弯管、闸门处的杂质，之后关小闸门，降低流速，使水流呈光滑水柱”。(油、气、水井和油、水泵站采样方法 Q/SH 1020 0614—2018 第 6.2.1 条款)

目的：放掉取样管及附近的死水，冲掉取样管线及阀门处的腐蚀产物，以保证取样的代表性。若未按标准要求操作，所取样品将不具有代表性，数据将会比真实值偏大。见表 1。

表 1 直接取样和标准取样数据对比表(单位：mg/L)

序号	直接取样	标准取样	悬浮物增加率
1	13.0	11.5	+13.0%
2	6.0	4.5	+33.3%
3	8.6	7.8	+10.2%
4	22.4	19.0	+17.9%

3.1.2 水质稳定性

取样瓶保持干燥、洁净，取样体积 500mL 为宜，取“悬浮固体”和“粒径中值”的取样瓶应事先加入适量水质稳定剂。

(a) 影响水质变化的因素—水性的影响

亚铁与溶解氧的影响(要因，如图 1)；

亚铁与 SRB 菌、硫离子的影响(如图 1)；

成垢离子的影响。

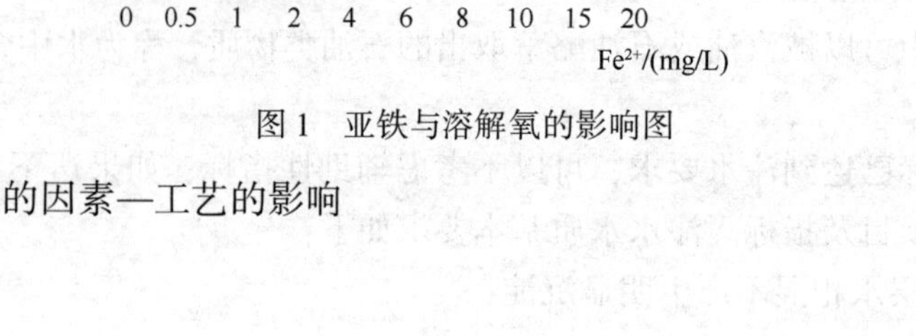

图 1 亚铁与溶解氧的影响图

(b) 影响水质变化的因素—工艺的影响

处理工艺的影响；

清污不及时；

杀菌剂投加方式。

3.1.3 滤膜质量

进口滤膜材质均匀，质量稳定，不会出现国产滤膜打卷、易开裂等问题，可有效保障数据的平行性。不同质量滤膜对测试结果稳定性的影响。见图 2、表 2、图 3。

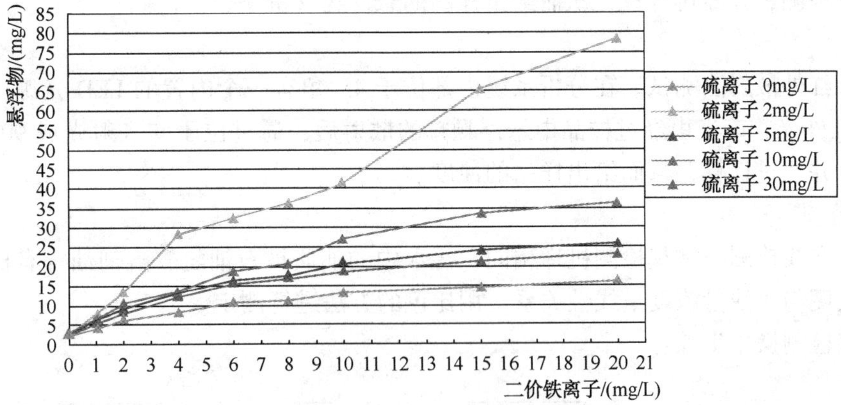

图 2　亚铁与 SRB 菌、硫离子的影响图

表 2　滤膜测试指标对照表

序号	测试指标	试验材质	使用单位	特点
1	悬浮固体含量	滤膜(millipore HA)	等一级检测部门	材质均匀，质量稳定，数据平行性好
		滤膜(国产)	各单位检测部门	质地较脆、易开裂，烘干打卷，质量损失大

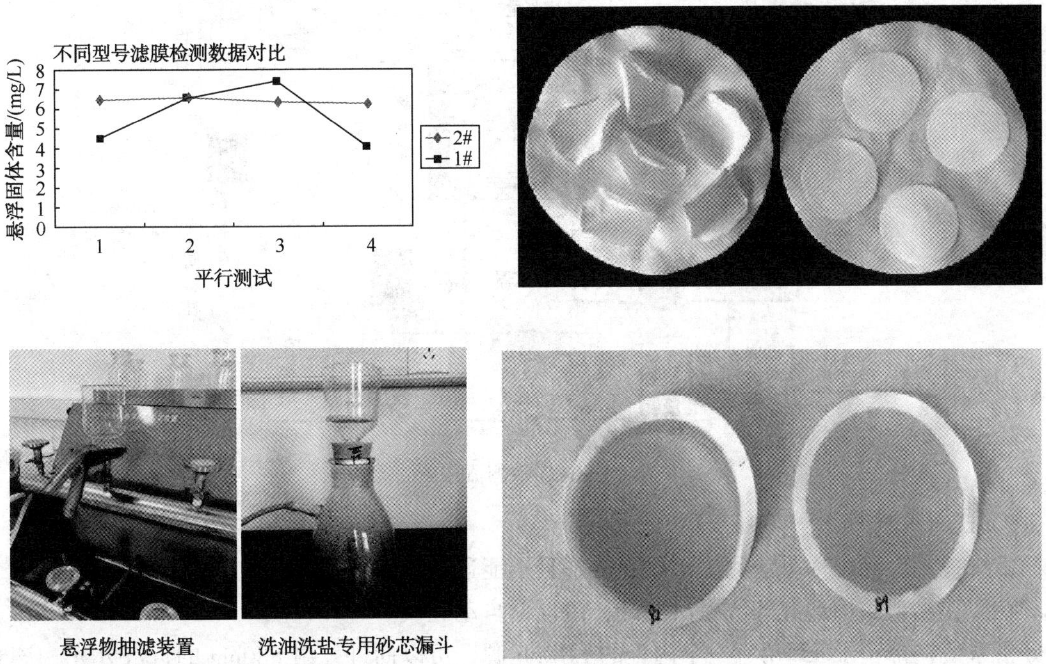

图 3 不同滤膜试验情况图

3.1.4　操作过程

标准规定“在抽滤完成后，要将滤膜从夹持器中取出，放到砂芯漏斗中进行洗油和洗盐的操作”。若直接用抽滤装置洗油洗盐，造成滤膜边缘被夹住部分清洗不到，使悬浮固体含量数据偏高。

洗油过程后，需要用蒸馏水再次清洗滤膜，直至滤液滴入 0.01mol/L 的 $AgNO_3$ 溶液中无白色沉淀。这一条是为保证洗盐过程充分，消除无机盐成分对悬浮固体含量的影响。

3.2　在线监测的原理和方法

3.2.1　悬浮物含量

悬浮物含量采用近红外散射法测试。在分析系统内部位于 45°角有一个内置的 LED 光源，可以向样品发射 880nm 的近红外光，该光束经过样品中悬浮颗粒的散射后，通过位于与入射光成 140°角的散射光检测器进行检测，并经过计算，从而给出样品的悬浮物含量。

3.2.2　浊度

浊度采用近红外散射法测试。在分析系统内部位于45°角有一个内置的LED光源，可以向样品发射880nm的近红外光，该光束经过样品中悬浮颗粒的散射后，通过位于与入射光成90°角的散射光检测器进行检测，并经过计算，从而给出样品的浊度。

3.2.3　水中油含量

水中油含量在线检测与常规检测机理相同：污水中的油质被石油醚、溶剂油等有机溶剂提取，提取液的颜色深浅度与含油量浓度呈线性关系，用比色的方法进行测定。

常规实验室检测操作步骤：

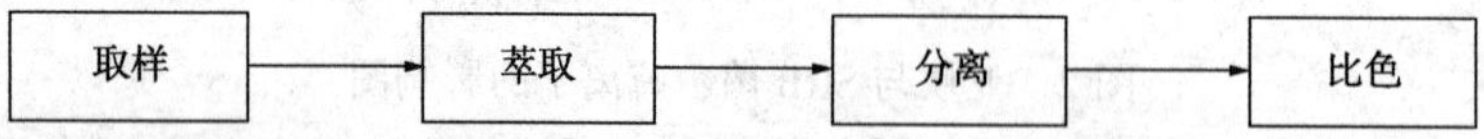

在线检测操作步骤：与常规检测相同，但由仪器自动完成(图4)。

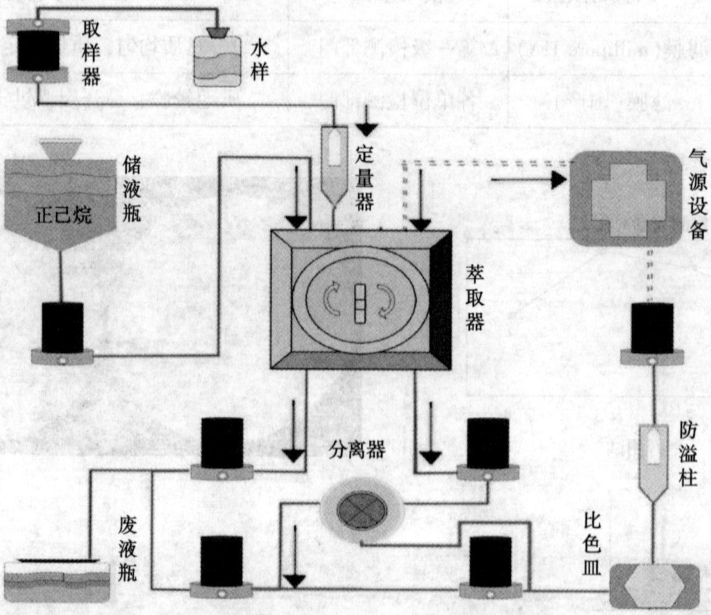

图4　在线检测流程图

3.2.4　在线监测机理

(1)常规检测：利用称重法测定水中不溶解且不能通过0.45μm孔径的物质；

(2)在线检测：采用近红外散射法测试，由仪器自动完成。

在分析系统内部位于45°角有一个内置的LED光源，可以向外发射880nm的近红外光，该光束经过水中悬浮颗粒的散射后，位于与入射光成90°角的散射光由相应的前检测器检测，位于与入射光成140°角的散射光由相应的后检测器检测，然后通过计算前、后检测器检测到的信号强度，从而给出悬浮物含量。

4　现场应用分析研究

河口采油厂在经过充分调研和现场论证的基础上，率先在注采65#站开展现场试验，取得了较好的试验效果。在此基础上，河口采油厂扩大应用规模，引入了山东昱晟石油技术有限公司4套水质在线检测系统装置。现场选取了河口采油厂首站、义和站、埕东站、渤三站外输端作为监测点，对几处外输端的水质进行了实时监测和比对。在线检测结果为水质在线检测系统装置测试数据，人工检测结果为化验室人工测试数据。见表3。

表 3　采出水水质在线监测点情况统计

监测点	安装位置	温度/℃	监测介质	备注
1	河口首站	40℃	外输水	悬浮物浓度和油含量相对稳定
2	河口义和站	50℃	外输水	悬浮物浓度和油含量相对稳定
3	河口埕东站	53℃	外输水	悬浮物浓度和油含量波动较大
4	河口渤三站	38℃	外输水	悬浮物浓度和油含量相对稳定

4.1　水中油含量在线监测的应用

各个站点的水中油处理方式比较一致，并且油含量的趋势相对悬浮物来说比较稳定。以下为首站水中油含量检测情况对比：

首站每天 4：00 和 16：00 开始进行反冲洗，每台过滤器反洗时间为(15~20)min，8 台过滤器依次进行反洗。从右图曲线中不难看出，水中油含量在 16：00~19：00 会有明显上升。经过分析，在滤罐反洗过程中，滤料的压实状态被破坏，而在一个滤罐反洗结束后就开始进行过滤操作，滤罐中的滤料重新恢复压实状态需要一段时间，而这段时间油的过滤效果较差，也就导致在反洗过程中会出现一段时间的峰值。见图 5。

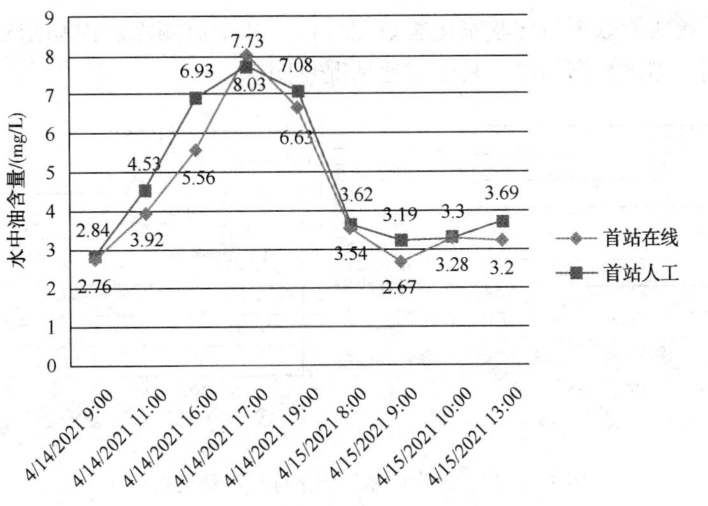

河口首站水中油含量检测结果对比

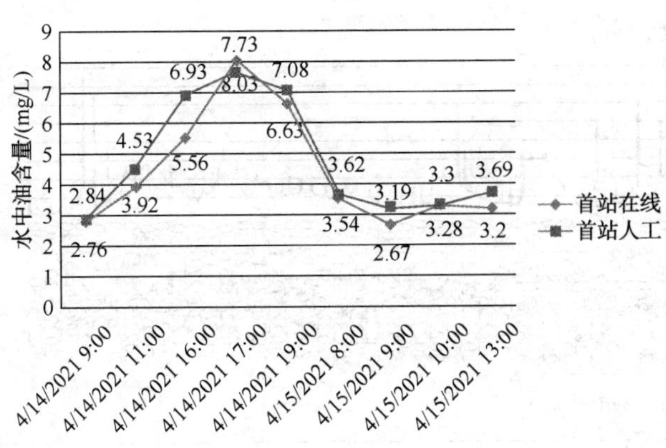

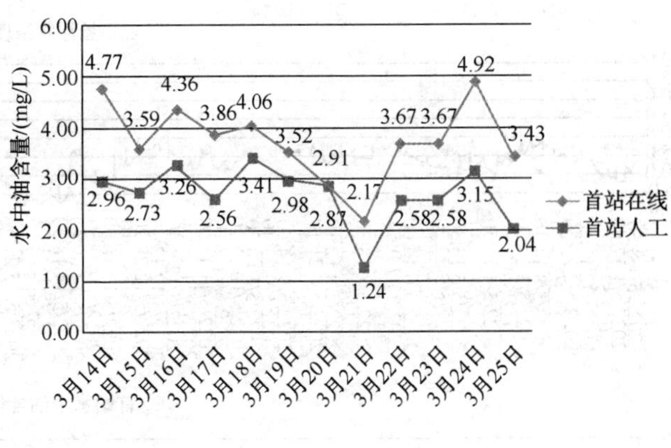

图 5　水中油含量检测结果图

4.2　水中悬浮物含量在线监测的应用

首站每天 4：00 和 16：00 开始进行反冲洗，每台过滤器反洗时间为 15~20min，8 台过滤器依次进行反洗。从上图曲线中不难看出，悬浮物浓度在 4：30~7：30 及 16：30~19：30 两个时间段会有明显上升。经过分析，在滤罐反洗过程中，滤料的压实状态被破坏，同时一部分悬浮物被挡在滤料反洗进口一侧或滤料中间，而在一个滤罐反洗结束后就开始进行过滤操作，滤罐中的滤料重新恢复压实状态需要一段时间，而这段时间悬浮物的过滤效果较差，也就导致在反洗过程中会出现一段时间的峰值。见图6。

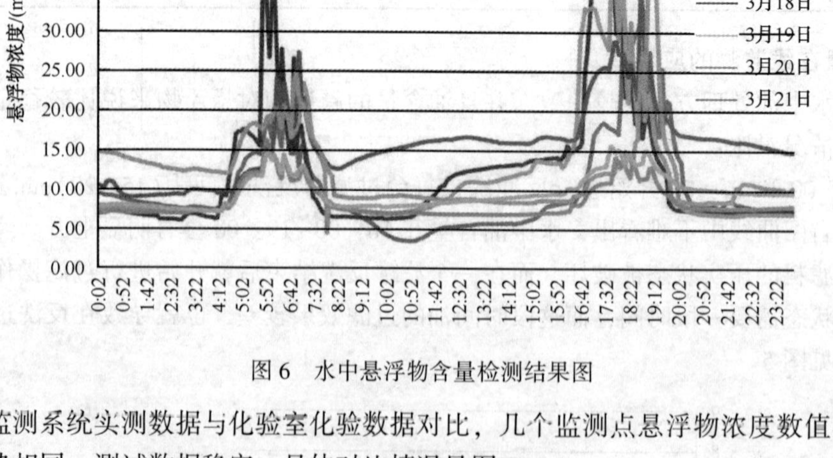

图6　水中悬浮物含量检测结果图

根据在线监测系统实测数据与化验室化验数据对比，几个监测点悬浮物浓度数值与化验分析数值数据接近、趋势相同，测试数据稳定。具体对比情况见图7：

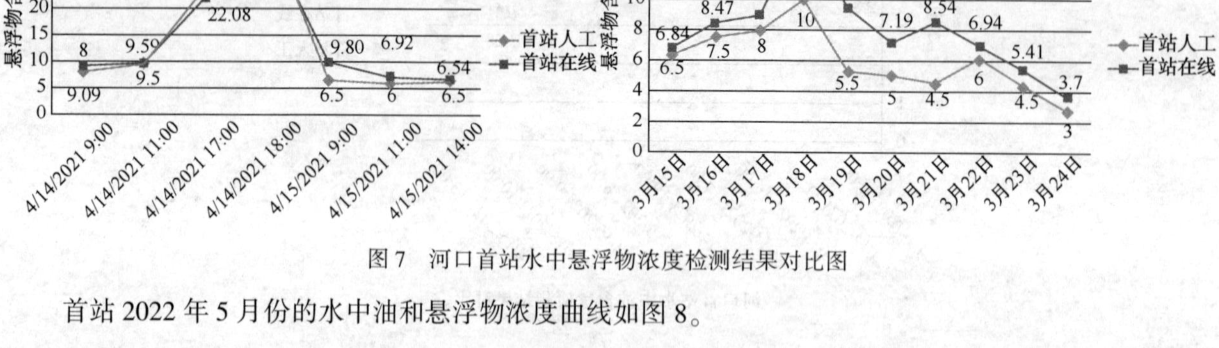

图7　河口首站水中悬浮物浓度检测结果对比图

首站2022年5月份的水中油和悬浮物浓度曲线如图8。

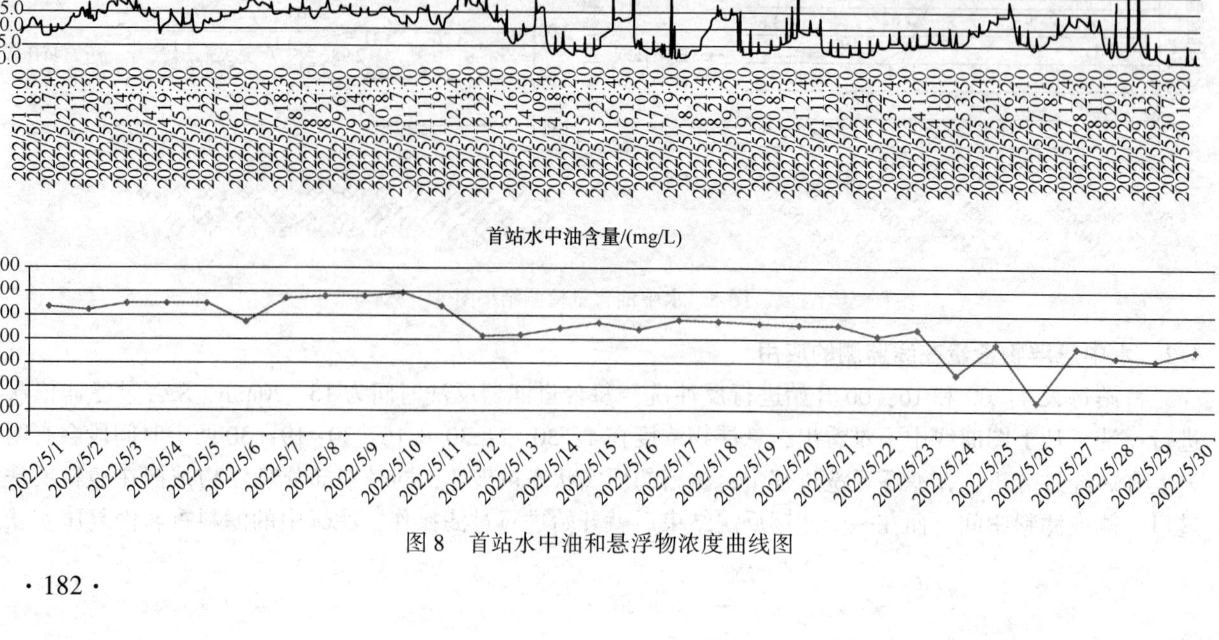

图8　首站水中油和悬浮物浓度曲线图

4.3 数据上线情况

数据实时上传至油田内网，可以随时监控水质变化情况，及时采取水质提升措施；还可以为“水市场”交易提供准确的数据支撑。见图 9。

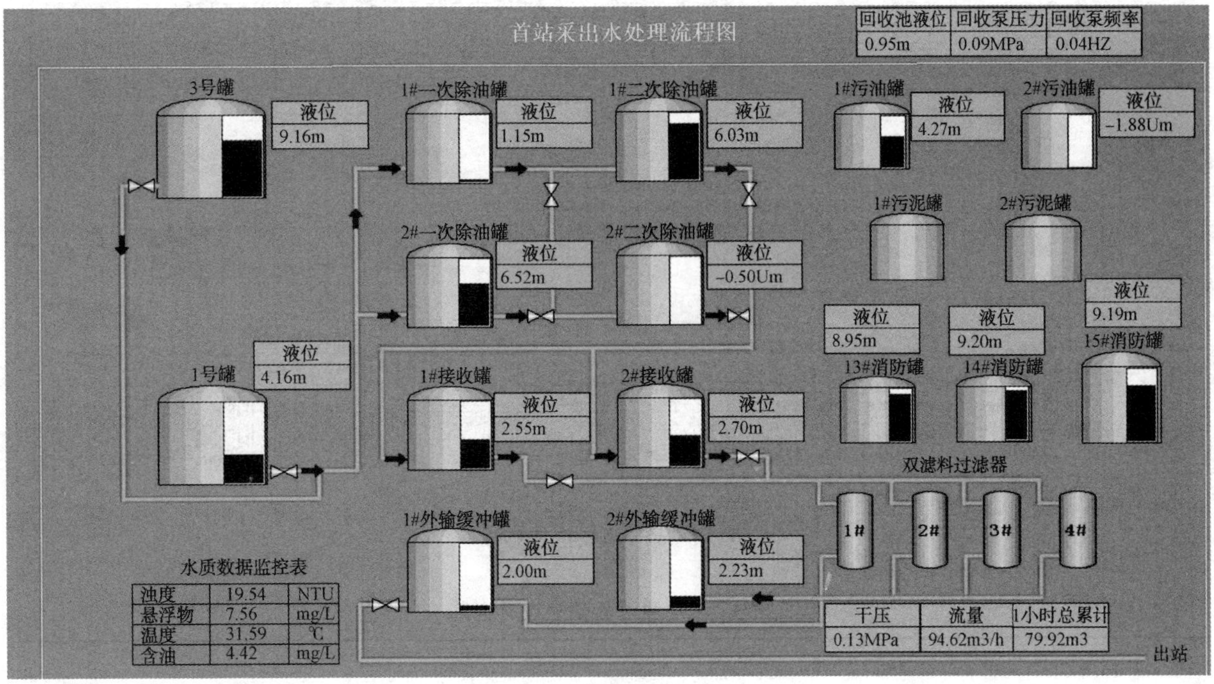

图 9　首站采出水处理流程图

4.4 常规检测与在线监测方法比较

该系统装置安装方便，容易维护，可以快捷并准确地检测水中油含量，同时能够实时反映水中悬浮物浓度的变化趋势，为加强采出水处理过程中的节点控制提供了有力的数据支撑，水中油检测两种方法优缺点对比如表 4。

表 4　水中油两种优缺点对比表

项目	检测方法	优　点	缺　点
水中油	在线方法	1. 测试准确度高、稳定性好； 2. 自动化程度高、数据可远传至油田内网； 3. 检测频率可调，可根据数据变化趋势，加强节点控制； 4. 适应户外环境	1. 没有成熟的应用经验； 2. 缺少行业标准
	常规方法	1. 认可度高； 2. 标准化程度高	1. 操作程序繁琐、检测频率有限； 2. 存在人为误差，平行样测试结果不稳定； 3. 有机溶剂对人的健康有一定的损害

埕东站和义和站 2022 年 5 月份的悬浮物浓度曲线如图 10。

水中悬浮物检测两种方法优缺点对比如表 5 所示。

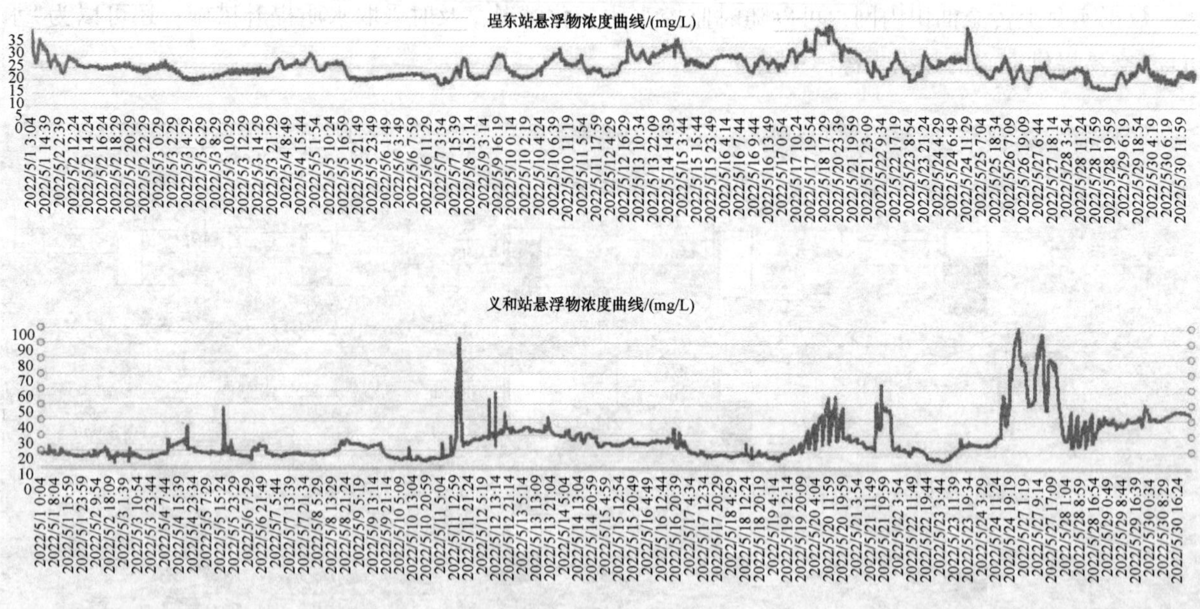

图 10　悬浮物浓度曲线图

表 5　水中悬浮物优缺点对比表

项目	检测方法	优　点	缺　点
水中悬浮物	在线方法	(1) 数据稳定，重复性测量误差小，趋势一致性好； (2) 自动完成分析测试，数据可远传至油田内网； (3) 实时监测，可根据数据变化趋势，加强节点控制； (4) 检测过程无耗材； (5) 适应户外环境	(1) 没有成熟的应用经验，缺少行业标准； (2) 数据需要阶段性校准
	常规方法	认可度高，标准化程度高	(1) 操作程序繁琐，检测频率有限； (2) 存在人为误差，平行样测试结果部稳定； (3) 只能检测粒径>0.45μm 的悬浮物含量； (4) 检测过程有耗材； (5) 无法实时监测

5　结论及下一步工作建议

通过回注水水质监测系统与人工化验数据的对比表明，该监测系统测试数据与化验数据趋势一致性好，准确度高。该在线监测系统安装方便，容易维护，能够实时反映水中悬浮物浓度的变化趋势，为加强节点控制提供有力的数据支撑，进而有效地提升油田回注水的水质。

化验室化验存在人为操作误差，同时有机溶剂对化验人员的健康有一定的损害，在线监测系统无须人员接触有机溶剂，能够自动完成进样、萃取、分离、比色、排废过程，能够保证操作过程的稳定性和准确性，建议强化水质在线监测技术与人工比对的评价研究。

在线监测系统可以整体安装到户外环境中，可以设定一定的频率，数据可以同时上传至油田内网，测试准确度高、稳定性好，建议推广使用，并尽快制定水质自动监测方法的操作标准和自动水质评价标准，为全面推广应用奠定基础。

参 考 文 献

[1] SY/T 5329—2012 碎屑岩油藏注水水质指标及分析方法.
[2] Q/SH1020 1860 碎屑岩油藏注水水质指标及分析方法.

作者简介：王新华(1973—)，男，高级工程师，毕业于西北大学地质系岩石地球化学专业，现任河口采油厂质量管理高级主管。电话：8675198，邮编：257200，通信地址：山东省东营市胜利油田分公司河口采油厂机关。

温度变送器校准热电阻导线误差分析

刘　潇　王宏峰

（中海石油技术检测有限公司　天津　300452）

摘　要　热电阻式温度变送器按照连接导线接入型式分为二线制、三线制和四线制。本文通过比对性试验，探讨不同线制下热电阻式温度变送器现场校准时：不同线制连接时误差引入的比较及来源；标准电阻箱与变送器的导线连接最佳型式；及温度变送器现场校准数据的结果判定。

关键词　热电阻；线制；误差；校准；不确定度

1　引言

热电阻式温度变送器的传感器为温度敏感元件，一般为 Pt100，然后通过导线与变送模块相连。从热电阻测温原理可知，被测温度的变化是通过热电阻阻值的变化来测量的，因此，与热电阻连接导线电阻的变化会给温度测量带来误差。为了消除导线电阻误差，满足测温的精度要求，温度变送器设计多种前置电路，所以就有了多种接线制的方法。

热电阻测量仪表（温度指示仪、温度变送器等）比较常见的前置电路有 3 线制电桥、四线制测量法和恒流源法等。导线引入误差可消除 70%~90%。

2　校准导线误差形式

热电阻式温度变送器的校准通过外接标准电阻箱作为温度变送器的输入信号。通过不同的接线形式，可以设计不同的形式以减少导线电阻引入的误差。如 2 线制时，可通过测量得到导线的阻值，然后在标准电阻箱选取阻值时减去导线阻值进行输入信号修正。因校准时试验环境稳定，环境温度变化引起的标准电阻箱和导线电阻的温度变化引起的电阻波动可忽略。但是如上文所述，温度变送器在 3/4 线制时，前置电路对导线引入误差进行了修正。校准温度变送器时按照 3/4 线制接线，如仍按 2 线制时进行阻值修正，必然导致阻值修正过多。那么在温度变送器按 3/4 线制校准时，应如何进行导线误差修正？

3　校准试验设计

按照实验室间不同技术方法比对设计实验，对温度变送器按 3/4 线制方式（不进行导线修正）校准。以 2 线制校准，在对校准时接入导线修正时作为对照组，即 2 线制校准数据为标准参考值。按 2 线制连接标准电阻与温度变送器进行校准，则电阻模拟信号不进入变送器前置电路，即温度变送器不参与对连接导线的修正。此种情况下，通过测量连接导线电阻阻值人工在标准电阻箱减去相应阻值，对输入温度变送器输入热电阻模拟阻值进行修正。故修正后的 2 线制校准可以认为是 3/4 线制校准的标准参考值。

实验具体程序：

（1）选取一台热电阻式温度变送器（仅变送部分，不含传感器），罗斯蒙特 644HART 型，0.2 级，可通过智能协议改变接线方式。

（2）选取标准电阻箱作为热电阻阻值模拟输入仪器。直流电阻箱：（0.01~11111.11）Ω，0.02 级。

（3）选取 3 组连接导线，每组 4 根，作为电阻箱连接导线。每组 4 根导线规格相同，阻值相同。3 组导线阻值不同。

（4）按 3/4 线制接线方式连接标准电阻箱与温度变送器，按标准流程校准温度变送器。

(5) 按 2 线制接线方式连接标准电阻箱与温度变送器，按修正后的阻值校准温度变送器。

为了表述清晰，相关数据简化，表 1 仅列出一个校准点的相关数据。

表 1　校准结果数据表

项目	试验结果	测量不确定度($K=2$)
4 线试验 1	11.999	0.005
4 线试验 2	11.999	0.005
4 线试验 3	12.000	0.005
3 线试验 1	12.001	0.005
3 线试验 2	12.001	0.005
3 线试验 3	12.000	0.005
2 线试验	11.989	0.005

4　试验数据分析

依据 CNAS—GL002：2018《能力验证结果的统计处理和能力评价指南》，定量结果统计量 Z 比分数法对试验结果进行统计，计算及评判(指南中有多种评价方法，本文选取 Z 比分数法，选取原因本文不做深入探讨)。

Z 比分数由公式(1)计算：

$$Z=(x-X)/\delta \tag{1}$$

式中　x——参加者结果，本例为 4 线试验结果；

X——指定值，本例为 2 线试验结果；

δ——能力评定标准差，本例通过温度变送器相关规范及厂家规格书确定。0.2 级温度变送器评定标准差为 0.018。

通过公式(1)，带入表 1 中数据，得到表 2：Z 比分数表。

表 2　Z 比分数表

$Z41$	$Z42$	$Z43$	$Z31$	$Z32$	$Z33$
0.56	0.56	0.61	0.67	0.67	0.61

依据判定公式 $|Z| \leq 2$，“表明结果满意，无须采取进一步措施”。

由 Z 比分数法判定表明，温度变送器 3/4 线制导线直接校准结果与 2 线制修正后校准结果数据基本相当，具有相同结论，即 3/4 线导线连接方式下校准结果误差可忽略不计。同时由表 1 数据与实际理想实验结果 12.000 比较可知，3/4 线制校准结果更加符合校准预期结果。2 线制校准结果误差更大，具体原因为虽然在校准时修正了 2 根导线的阻值，此阻值修正仍存在较大误差，同时连接点阻值误差仍未修正。所以实际校准效果，2 线制由于导线误差的引入，即使人工阻值修正，反而不如 3/4 线制直接校准的效果。当然在 3/4 线制直接校准时，连接点的连接误差仍然存在。

5　结语

温度变送器校准时，热电阻接入导线的误差已通过变送器的修正模块加以修正。通过试验数据分析，接入导线消除误差后引入的误差及不确定度可忽略不计。在温度变送器校准时，可直接按 3/4 线制方式直接接入导线，然后按照实际的温度对应电阻值由标准电阻箱模拟输入电阻，而不需对标准电阻进行修正。为了校准的准确度及前置电路的特性要求，建议校准接入导线选取阻值相同，且规格形式相同的导线。同时应尽量减少导线的数量，避免导线连接引入误差；亦即在 3/4 线制方式均可校准时，尽量按照 3 线制型式连接校准。

参 考 文 献

[1] 姚爱琴，等．热敏电阻测量法的比较研究，2002，华北工学院测试技术学报.
[2] JJF 1183—2007 温度变送器校准规范.
[3] CNAS-GL002：2018 能力验证结果的统计处理和能力评价指南

作者简介：刘潇(1982—)，女，中级工程师，山东科技大学，计量工程师。电话：18622578990，邮编：300452，通信地址：天津滨海新区东沽石油新村钻井路仪表分公司。

王宏峰(1977—)，男，高级工程师，天津大学，计量工程师。电话：13820204294，邮编：300452，通信地址：天津滨海新区东沽石油新村仪表分公司。

基于 GUM 法对油轮静态计量不确定度的研究

朱晓明

（宁波中海油船务有限公司　天津　300450）

摘　要　油轮静态计量广泛应用于原油及成品油贸易交接，鉴于此，将不确定度的概念引入到油轮静态计量中，通过 GUM 法分别评定计量温度下的油品体积、体积修正系数和油品计重密度 3 个分量的相对标准不确定度，合成得到油轮静态计量的不确定度，理清各影响因素所占的比重，为提高计量结果的准确度提供了理论上的数据依据与支持。

关键词　不确定度；静态计量；GUM 法；灵敏系数；A 类评定；B 类评定

随着海上原油贸易的不断增多，油品计量方式的准确性越来越受到重视和关注。油品计量直接影响到企业的经济效益，也关系到贸易交接能否顺利进行。

提油轮作为海上原油运输的主要工具，无论在装港、卸港、还是过驳期间，提油轮油品重量的计量都尤为重要。目前主要采用静态计量的方式，也就是装(卸)货完毕后，人工对每个装货舱进行量舱，然后通过查舱容表、计算、修正，累加各装货舱数据得到油品的总量。研究油轮静态计量的不确定度，也是为了提高计量结果的准确度，更好地服务于买卖双方。

1　不确定度与 GUM 法

不确定度是与测量结果相联系的参数，表征被测量值的分散性。不确定度恒为正值，可定量表达测量结果的质量，测量结果的可用性取决于测量不确定度的大小，测量不确定度越小，测量结果的质量水平越高使用价值也越高。

在实际的计量中我们引入不确定度，将有可能引起测量结果不确定度的分量进行统计，经过计算后通过合成和拓展，得到95%置信水平下的不确定度，以便人们对测量数据的可靠性和分散程度进行评判。

不确定度的评定方法应根据 JJF 1059 进行，该规范现分为两部分：JJF 1059. 1—2012《测量不确定度评定与表示》，又称 GUM 评定方法或 GUM 法；JJF 1059. 2—2012《用蒙特卡洛法评定测量不确定度》，又称 MCM 评定法。在计量检定工作中，对不确定度的评定一般选用 GUM 法。

GUM 法评定步骤，见图 1。

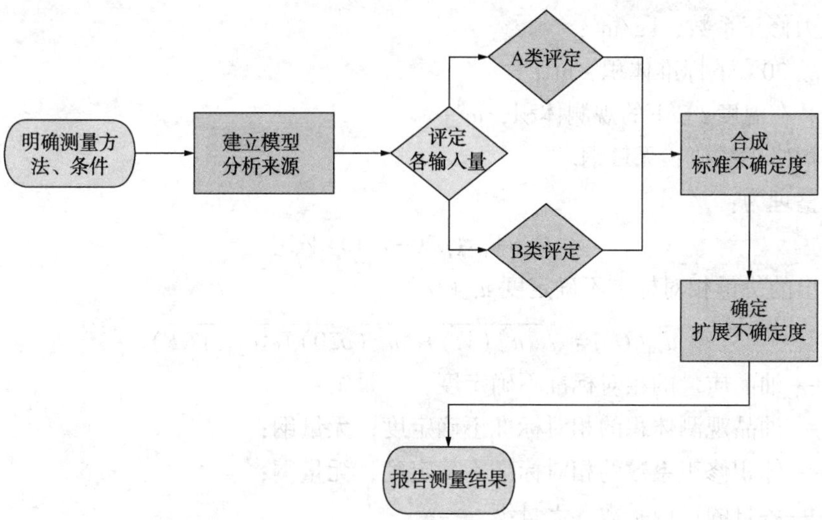

图 1　GUM 法评定步骤

输入量的标准不确定度评定分为A类评定和B类评定。

1.1 A类评定

是指对规定测量条件下测得的量值，用统计分析的方法进行测量不确定度分量的评定，其中规定测量条件包括重复性测量条件、期间精密度测量条件或复现性测量条件。

1.2 B类评定

是借助于一切可利用的有关信息进行科学判断得到估计的标准偏差。通常是根据校准证书、准确度等级等有关信息或根据人员经验推断的极限值等，判断被测量值的可能区间。

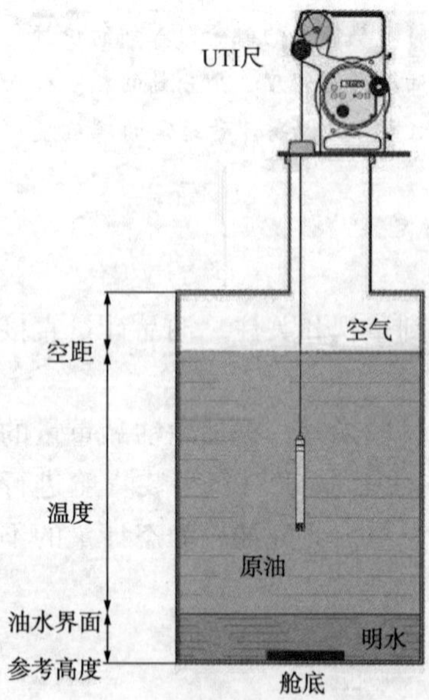

图2 船舱容重计量示意图

2 船舱容重计量

计量人员通过查看船舶的纵倾、横倾，根据舱容表上规定的计量基准位置，用经检定的测深尺、温度计等设备分别测量船舱内液体的空距、液温。测定其液体的密度，根据舱容表计算其在测量温度下的总观测体积，经相关修正后，计算出舱内液体的重量。

测量过程中一般是使用便携式油水界面仪(UTI尺)，可同时测量空距和液温。示例见图2。

3 计量不确定度分析

待计量船舶载重量为7×10^4t，装货时为1-6(P/S)12个舱平均分配，每个舱装货高度约为16m，无纵倾横倾，计量时油品界面稳定。在海况良好的情况下，参照规定条件，测量人员用UTI尺对该船舶进行量舱，重复测量10次，然后根据舱容表，计算得出该船舶油品的标准体积，通过实验测得油品密度，进而得出油品的重量。

3.1 建立数学模型

船舶的货量Q_s计算公式如下：

$$Q_s=V20\times\rho \tag{1}$$

$$\rho=(\rho20-1.1) \tag{2}$$

$$V20=V_t\times VCF \tag{3}$$

式中 Q_s——油品的标准质量，kg；

ρ——油品在20℃下空气中的密度，kg/m^3；

ρ20——油品在20℃下真空中的密度，kg/m^3；

1.1-空气浮力修正系数，kg/m^3；

$V20$——油品20℃下标准体积，m^3；

V_t——油品在温度t℃下的观测体积，m^3；

VCF——体积修正系数，无量纲。

将上述公式整理为：

$$Q_s=V_t\times(\rho20-1.1)\times VCF \tag{4}$$

根据此式推出的货量相对标准不确定度$u_{rel}(Q_s)$

$$u_{rel}(Q_s)=\sqrt{c_1^2u_{rel}^2(Vt)+c_2^2u_{rel}^2(\rho20)+c_3^2u_{rel}^2(VCF)} \tag{5}$$

式中 $u_{rel}(Q_s)$——油品质量的相对标准不确定度，无量纲；

$u_{rel}(V_t)$——油品观测体积的相对标准不确定度，无量纲；

$u_{rel}(VCF)$——体积修正系数的相对标准不确定度，无量纲；

c_1，c_2，c_3——各自的灵敏系数，无量纲。

其中 V_t 不受 $\rho20$ 和 VCF 变化的影响，$\rho20$ 也不受 V_t 和 VCF 变化的影响，故灵敏系数

$c_1=1$，$c_2=1$；

由于 $\rho20$ 变化时，对 VCF 有影响，因无法得到可靠数学表达式，在保持其余各输入量不变的条件下将所考虑的输入量 $\rho20$ 变化一个"小量"，并同时测量被测量 VCF 的变化程度，后者与前者的比值即为灵敏系数。

当密度 $\rho20$ 变化区间为 922.0～923.0kg/m^3，在平均温度为 60℃下，VCF 变化区间为 0.9709～0.9710，$\delta\rho20=923.0-922.0=1.0$kg/m^3，$\delta_{VCF}=0.9710-0.9709=0.0001$

$$c_3=\left(\frac{\delta_{VCF}}{\delta\rho20}\right)\Big/\left(\frac{\delta\rho20}{\rho20}\right)=\left(\frac{0.0001}{0.9709}\right)\Big/\left(\frac{1}{922.0}\right)\approx0.1$$

上式(5)简化为：

$$u_{rel}(Q_s)=\sqrt{u_{rel}^2(V_t)+u_{rel}^2(\rho20)+0.001\times u_{rel}^2(VCF)} \tag{6}$$

其中 V_t 由计量人员用 UTI 尺测得的舱内油品高度经过舱容表修正计算得出；密度 $\rho20$ 为使用密度计分辨力 ρ_1 查表修正得到，VCF 根据油品的温度和密度经过查表得出，将 Q_s 的不确定度分解为 V_t、$\rho20$ 和 VCF 的不确定度。

3.2 各分量的不确定度计算

为使测量结果不确定度评定过程更具逻辑性，采用分步的方式开始计算。

3.2.1 V_t 不确定度的计算

(1) V_t 不确定度来源分析：

V_t 不确定度来源分为舱容表不确定度，UTI 尺的不确定度和测量重复性引起的不确定度，具体分量见图 3。

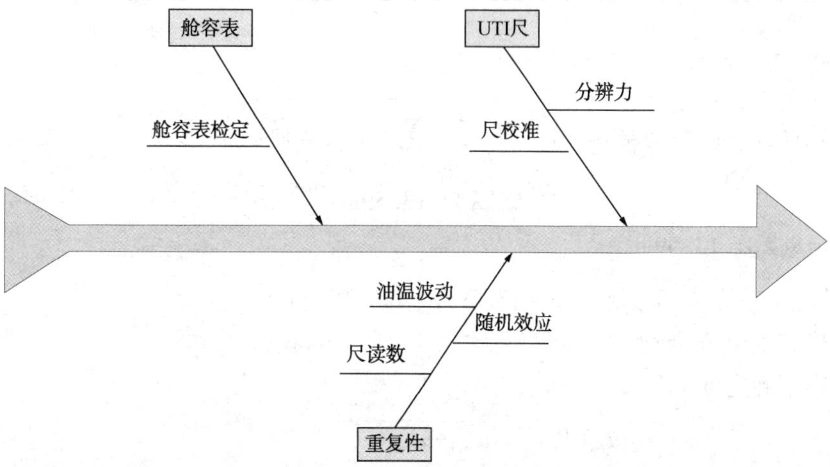

图 3　V_t 的不确定度来源分析

舱容表不确定度分量 u_1，可由检定证书得出，属于 B 类不确定度；UTI 尺的不确定度分量 u_2 由 UTI 尺的校准、分辨力、尺读数的重复性构成，其中 UTI 尺校准、尺的分辨力均属于 B 类不确定度，尺读数的重复性可在总重复性中体现；测量重复性引起的不确定度分量 u_3。测量过程中(包括操作人员和海况)的随机效应、尺读数的重复性、被检油品的非均匀性和流动性等均体现在测量重复性的不确定度 u_3 上，属于 A 类不确定度。

(2) 舱容表不确定度分量 u_1

舱容表校准证书提供的相对扩展不确定度 $U_{rel}=0.30\%$，所以由舱容表引入的相对标准不确定度为：

$$u_{1rel}=\mathrm{U}/2=1.5\times10^{-3}$$

(3) UTI 尺的不确定度分量 u_2

① 校准：UTI 尺校准证书提供的精确度 $\mu=\pm2$mm，为均匀分布，故 $k=\sqrt{3}$，所以由 UTI 尺校准引

入的不确定度为：

$$u_{2校}=2/\sqrt{3}\,\text{mm}=1.155\text{mm}$$

② 分辨力：UTI 尺的最小精度为 1mm，分辨力为 1/2mm，为均匀分布，故 $k=\sqrt{3}$，所以由 UTI 尺分辨力引入的不确定度为：

$$u_{2分}=1/2\sqrt{3}\,\text{mm}=0.289\text{mm}$$

③ 合成 UTI 尺的不确定度分量

$$u_{2单}=\sqrt{u_{2校}^2+u_{2分}^2}=\sqrt{1.155^2+0.289^2}=1.19\text{mm}=1.19\times10^{-3}\text{m}$$

舱内油高为 16m，所以 $u_{2单rel}=\dfrac{1.19\times10^{-3}}{16}=7.44\times10^{-5}$

由于一共 12 个舱，共读 UTI 尺 12 次，

$$u_{2rel}=\sqrt{12}\times u_{2单rel}=\sqrt{12}\times7.44\times10^{-5}=2.58\times10^{-4}$$

(4) 重复性的不确定度 u_3

为了更好地验证计量的重复性，同一时间计量船舱货量 10 次，总观测体积数据见表 1 所示：

表 1 船舱计量观测体积数据表

序号	1	2	3	4	5
测量视体积/m^3	68902.600	68928.740	68897.370	68904.330	68901.100
序号	6	7	8	9	10
测量视体积/m^3	68934.250	68903.770	68895.900	68888.740	68910.420

其中 $\overline{X}=68906.722\text{m}^3$。

用贝塞尔公式计算，标准偏差 $S(X)=\sqrt{\dfrac{1}{n-1}\sum_{i=1}^{n}(X_i-\overline{X})^2}$

$$S(X)=13.59\text{m}^3$$

不确定度 $u_3=S(X)=13.59\text{m}^3$

$$u_{3rel}=u_3/\overline{X}=13.59/68906.722=1.97\times10^{-4}$$

(5) 合成不确定度 V_t 的评价

合成相对标准不确定度

$$u_{rel}(V_t)=\sqrt{u_{1rel}^2+u_{2rel}^2+u_{3rel}^2}$$
$$=\sqrt{(1.5\times10^{-3})^2+(2.58\times10^{-4})^2+(1.97\times10^{-4})^2}=1.53\times10^{-3}$$

3.2.2 $\rho20$ 不确定度的计算

(1) $\rho20$ 不确定度来源分析：

$\rho20$ 不确定度来源分为密度计的不确定度、温度计的不确定度和测量重复性引起的不确定度，具体分量见图 4。

密度计的不确定度 u_4，由校准带来的不确定度 $u_{4(校)}$ 和分辨力带来的不确定度 $u_{4(分)}$ 合成，均属于 B 类不确定度；温度计的不确定度 u_5，由校准带来的不确定度 $u_{5(校)}$ 和分辨力带来的不确定度 $u_{5(分)}$ 合成，均属于 B 类不确定度；重复性引起的不确定度 u_6，包含密度计倾斜、油温变化等因素，属于 A 类不确定度。

(2) 密度计引起的不确定度 u_4

① 校准的不确定度 $u_{4(校)}$

校准证书提供的扩展不确定度 $U=0.4\text{kg/m}^3$，$k=2$，由密度计校准引入的不确定度为

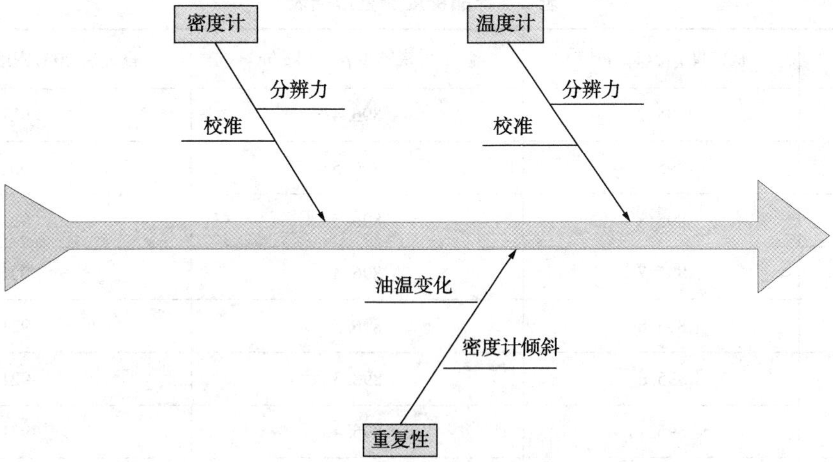

图4　ρ20的不确定度来源分析

$$u_{4(校)}=\frac{0.4}{2}=0.2\text{kg/m}^3$$

② 分辨力的不确定度 $u_{4(分)}$

密度计的分度值为0.5kg/m³，分辨力为$\frac{0.5}{2}$kg/m³，为均匀分布，故$k=\sqrt{3}$，分辨力引起的不确定度为

$$u_{4(分)}=\frac{0.5}{2\sqrt{3}}=0.144\text{kg/m}^3$$

③ 合成密度计的不确定度 u_4

$$u_4=\sqrt{u_{4(校)}^2+u_{4(分)}^2}=\sqrt{0.2^2+0.144^2}=0.247\text{kg/m}^3。$$

$$u_{4rel}=0.247/921.5=2.68\times10^{-4}$$

（3）温度计引起的不确定度 u_5

① 校准的不确定度 $u_{5(校)}$

校准证书提供的扩展不确定度U=0.11℃，$k=2$，由温度计校准引入的不确定度为

$$u_{5(校)}=0.11/2=0.055℃$$

② 分辨力的不确定度 $u_{5(分)}$

温度计的分度值为0.1℃，分辨力为$\frac{0.1}{2}$℃，为均匀分布，故$k=\sqrt{3}$，分辨力引起的不确定度为

$$u_{5(分)}=\frac{0.1}{2\sqrt{3}}=0.0289℃$$

③ 合成温度计的不确定度 $u_{5温}$

$$u_{5温}=\sqrt{u_{5(校)}^2+u_{5(读)}^2}=\sqrt{0.055^2+0.0289^2}=0.0621℃$$

$$U_{5温}=k\times u_5=0.124℃,\ k=2$$

查GB/T 1885—1998的59A表可知，由温度变化引起的密度变化为0.06kg/m³，为均匀分布。

$$u_5=\frac{0.06}{\sqrt{3}}=0.0346\text{kg/m}^3$$

$$u_{5rel}=0.0346/921.5=3.75\times10^{-5}$$

（4）重复性的不确定度 u_6

对同一样品重复分析10次，利用测量值的标准偏差计算密度实验重复性的不确定度，测定结果见表2。

表 2　样品密度测量数据表

n	温度/℃	视密度 ρ_1/(kg/m^3)	修正后视密度 ρ'_1/(kg/m^3)	查表后 20℃密度 $\rho20$/(kg/m^3)
1	58.5	895.7	896.4	921.3
2	58.5	895.8	896.5	921.4
3	58.5	895.8	896.5	921.4
4	58.5	895.7	896.4	921.3
5	58.5	895.8	896.5	921.4
6	59.0	895.6	896.3	921.5
7	59.0	895.7	896.4	921.6
8	59.0	895.6	896.3	921.5
9	59.0	895.8	896.5	921.7
10	59.0	895.7	896.4	921.6

注：$\overline{X}$ =921.5kg/m^3。

由贝塞尔公式单次测量的标准偏差为 $S(X)=\sqrt{\frac{1}{n-1}\sum_{i=1}^{n}(X_i-\overline{X})^2}=0.40\text{kg/m}^3$。

每次测量两次后取平均值，所以由测量重复性产生的 A 类不确定分量

$$u_6=\frac{S}{\sqrt{2}}=0.28\text{kg/m}^3$$

$$u_{6\text{rel}}=0.28/921.5=3.04\times10^{-4}$$

(5) 合成 $\rho20$ 的标准不确定度 $u(\rho20)$

合成标准不确定度 $u(\rho20)$

$$u(\rho20)=\sqrt{u_4^2+u_5^2+u_6^2}=\sqrt{0.247^2+0.0346^2+0.28^2}=0.375\text{kg/m}^3$$

取包含因子 $k=2$，则扩展不确定度为：

$$U(\rho20)=k\times u(\rho20)=2\times0.4\text{kg/m}^3=0.75\text{kg/m}^3$$

$$u_{\text{rel}}(\rho20)=0.375/921.5=4.07\times10^{-4}$$

3.2.3　*VCF* 不确定度的计算

体积修正系数依据油品的标准密度($\rho20$)和计量温度(t)，查 GB/T 1885—1998 表 60A，得到体积修正系数 *VCF*。

(1) *VCF* 不确定度来源为：油品温度分量的不确定度 u_7；油品密度分量的不确定度 u_8。

① 油品温度测量引入的标准不确定度 u_7。

UTI 尺的数字温度计最小分度为 0.1℃，分辨误差为 0.1/2，按均匀分布，其引入标准不确定度 u_t为：

$$u_t=\frac{0.1}{2\sqrt{3}}=0.029℃$$

扩展不确定度 U_t = 0.058℃，查 GB/T 1885—1998 表 60A 得到由此引入的体积系数变化最大为 0.0001，为均匀分布。因此

$$u_7=\frac{0.0001}{\sqrt{3}}=0.000058$$

② 标准密度测量引入的标准不确定度 u_8。

根据上述计算，标准密度的扩展不确定度为 0.8kg/m^3。查 GB/T 1885—1998 表 60A 得到由此引入

的体积系数变化最大为 0.0001，为均匀分布。因此

$$u_8=\frac{0.0001}{\sqrt{3}}=0.000058$$

③ 合成标准不确定度 $u(VCF)$，计算结果如下

$$u(VCF)=\sqrt{u_7^2+u_8^2}=0.000082$$

$$u_{\mathrm{rel}}(VCF)=\frac{u(VCF)}{VCF}=\frac{0.000082}{0.9645}=8.5\times10^{-5}$$

3.3 最终合成 Q_s 的不确定度

将 $u_{\mathrm{rel}}(V_t)$、$u_{\mathrm{rel}}(\rho20)$ 和 $u_{\mathrm{rel}}(VCF)$ 的结果带入(6)式中：

$$u_{\mathrm{rel}}(Q_s)=\sqrt{u_{\mathrm{rel}}^2(V_t)+u_{\mathrm{rel}}^2(\rho20)+0.001\times u_{\mathrm{rel}}^2(VCF)}$$

$$=\sqrt{(1.53\times10^{-3})^2+(4.07\times10^{-4})^2+0.001\times(8.5\times10^{-5})^2}=0.0016$$

$$U_{\mathrm{rel}}(Q_s)=k\times u_{\mathrm{rel}}(Q_s)=2\times0.0016=0.0032$$

3.4 报告

取包含因子 $k=2$，油轮静态计量的相对扩展不确定度结果为：$U_{\mathrm{rel}}(Q_s)=0.32\%$（置信水平为 95%）。

4 结论

将油轮静态计量不确定度的各影响因素数据进行整理后见表 3。

表 3 油轮静态计量不确定度各影响因素评价表

序号	来源	不确定度	评定类型	相对标准不确定度数据	影响评价
1	观测体积	舱容表	B 类	1.5×10^{-3}	高
2	观测体积	UTI 尺	B 类	2.58×10^{-4}	中
3	观测体积	重复性	A 类	1.97×10^{-4}	中
4	标准密度	密度计	B 类	2.68×10^{-4}	中
5	标准密度	温度计	B 类	3.75×10^{-5}	低
6	标准密度	重复性	A 类	3.04×10^{-4}	中
7	*VCF*	油品温度	B 类	5.8×10^{-5}	低
8	*VCF*	油品密度	B 类	5.8×10^{-5}	低

由此可知：

（1）在对主要不确定度源采取了严格的控制措施的前提下，影响船舶计量不确定度的主要因素为设备校准，其次为重复试验偏差包括量舱和油品密度，*VCF* 影响的不确定度分量可忽略。

（2）在船舶计量中，开展重复试验可以有效降低测量不确定度。

（3）在单次重复测量中，测量重复性的不确定度分量为主要因素，随着测量次数的增加，当重复测量的不确定度分量减小到不占主要影响因素时，降低不确定度则需要考虑更换精度更高的测量设备、减少环境对测量系统的影响等其他措施。

参考文献

[1] 中华人民共和国国家质量监督检验检疫总局．测量不确定度评定与表示：JJF 1059.1—2012[S]．北京：中国标准出版社，2012.

[2] 中华人民共和国海关总署．进出口商品容量计重规程 第 17 部分：船舱静态计重通则：SN/T2389.17—2021[S]．北京：中国标准出版社，2022.

[3] 中华人民共和国国家质量监督检验检疫总局．进出口商品容器计重规程 第 13 部分：石油及其液态产品船舱静态

计重：SN/T 2389.13-2013[S]. 北京：中国标准出版社，2014.
[4] 中国合格评定国家认可委员会. 石油石化领域理化检测测量不确定度评估指南及实例[M]. 北京：中国计量出版社，2010.
[5] 黄智渊. 油库质量流量计现场检定测量不确定度评定[J]. 石油工业技术监督，2018，34(3)：46-49.
[6] 班琦，李耕雨，王燕. 极差法和贝塞尔法在检测实验室评定 A 类不确定度中的应用[J]. 质量与认证，2021(4)：3.
[7] 中国石油化工总公司石油化工科学研究院. 石油计量表：GB/T 1885—1998[S]. 北京：中国标准出版社，2004.
[8] 韩春红. 玻璃浮计型密度标准装置的不确定度评定[J]. 油气田地面工程，2016，35(1)：2.

作者简介：朱晓明(1984.10—)，性别：男，助理工程师，毕业于南开大学化学院，现就职于宁波中海油船务有限公司，任协调员。电话：18522566032，邮编：300450，通信地址：天津市滨海新区大沽街海洋石油大厦 A 座 1009 室。

圆形液体管道压力损失分析与计算

张海鹏

（中海石油技术检测有限公司　天津　300452）

摘　要　本文分析了圆形液体管道内的压力损失的主要来源，包括静压力损失、速度压力损失以及管道摩擦压力损失。着重分析了最重要的压力损失来源：管道摩擦压力损失，以及影响摩擦压力损失的两个主要变量：摩擦压力系数和当量长度。文章的最后总结了常用的压力损失来源的计算方法与步骤来指导工程计算应用。

关键词　管道压力损失；雷诺数；摩擦压力系数；当量长度

1　引言

在石油石化生产过程中，圆形管道是传送压力与介质必不可少的部分。在设计设备之间连接的工艺管道的过程中，压力损失计算是必不可少的过程，通过压力计算，使整个压力传到过程中的总压力损失控制在一定的范围内，以此为基础可以进行各种设备的选择，包括设备进出口尺寸、管道尺寸、泵的参数选择等。如果管道选型出现问题，会导致系统出现腐蚀与噪音、设备浪费和严重能耗等不可预知的严重情况。

2　雷诺数与流体形态

依据著名的雷诺实验(实验装置示意图如图 1 所示)，容器 E 及玻璃管 F 中是有色的水，容器 A 中为无色的水。打开阀门 C 并打开小管 F 的阀门 G，当管道内的水流速较小时，可以看到颜色水呈一条鲜明的直线，这说明管道内的水流质点互不参杂，做平行于管轴的前进运动，成为层流。当逐渐加大阀门 C 开度使管道 B 内流速逐渐增大，有色直线将出现摆动、弯曲，但仍能连城一条直线，当继续增大流速直到某个临界点时，平衡将被打破，有色直线将无法继续维持直线流动，会破散并向四周扩散，有色直线不复存在，这种流动形态称之为湍流。

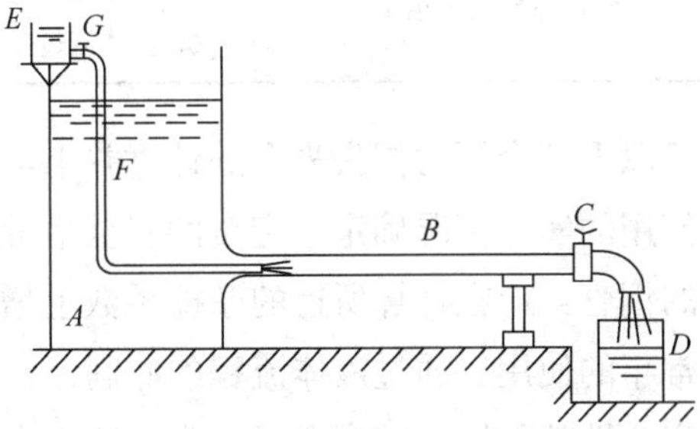

图 1　雷诺实验装置示意图

把从层流与湍流互相转换的临界点流速称为临界流速，从层流转换到湍流的雷诺数称作上临界雷诺数，用符号 R'_{ec} 表示，经大量实验测得 $R'_{ec}=4000$。从湍流转换成层流时的雷诺数称作下临界雷诺数，用符号 R_{ec} 表示，经大量实验测得 $R_{ec}=2300$。当实际雷诺数 $R_e<2300$ 时只可能为层流，当 $R_e>4000$ 时只可能是湍流，当 $2300<R_e<4000$ 时，两种流动形态均有可能，称为过渡状态，在这种形态下层流很不稳定，稍有扰动就会变成湍流。在实际工程技术中，由于湍流时阻力较大，因此圆形管道内流动的雷诺数只要满足 $R_e>2300$ 时，即可按照湍流来计算。不同液体密度、黏度、流速或管径条件下的两种流动，如果雷诺数相同，那么他们的流速场分布、压力场分布等动力学性质也是相似的，这就是雷诺相似准则。

3　管道分类

工业管道一般分为简单管道、并联管道和树状管道三种类型。

凡是没有分支的管道均称为简单管道，包括管径不变的通径管道也包括不同管径的管段通过串联而成的变径管道，流体在这种管道内流动始终保持流量不变，对于液体来说，$Q_f=Q_{f1}=Q_{f2}=Q_{f3}=\cdots$，整个管道的压力损失等于各管段压力损失之和，即 $\Delta p=\Delta p_1+\Delta p_2+\Delta p_3+\cdots$。

在主管某处分支，然后又汇合成为一根主管的管道称为并联管道。并联管道与简单管道恰好相反，各支管压力损失相等，即 $\Delta p=\Delta p_1=\Delta p_2=\Delta p_3=\cdots$，基于以上特性，因此在计算整体管道压力损失时，仅需任选其中一条管线计算即可。而各支管流量之和等于主管流量，即 $Q_f=Q_{f1}+Q_{f2}+Q_{f3}+\cdots$。

从主管某处分出支管或支管上再分出支管而不汇合成一根主管的管道称为树状管道。分析树状管道的分析一般遵循三个原则：

(1) 汇流管道的流量等于与之汇流的各个支路的流量之和；

(2) 支路管道流通所需的能量，按照最大能耗的支路管道计算；

(3) 对于比较繁杂的树状管路图，可以依据树状管道的典型分支节点分成多个简单管路或并联管路，再按照简单管路或并联管路进行压力损失分析计算。

4 管道压力损失计算

管道压力损失主要由静压力损失(Δp_s)、速度压力损失(Δp_N)以及管道摩擦压力损失(Δp_f)三者之和组成。三者的主要来源如表 1：

表 1 三种压力损失来源

名称	主 要 来 源
静压力损失	由管道首端或者末端的静态压力引起静态压力差，不因管道内流体流速变化而变化
速度压力损失	管道首端和末端的流体的流速不同而折算得到的压力损失
管道摩擦压力损失	① 流体流过直管段、弯头与三通、阀门等的固有压力损失； ② 流体流过变径(扩径或缩径)、管道进出口等的局部压力损失

以上三个压力损失来源的计算并未留有安全余量，在实际计算过程中，应按照习惯做法或根据现场使用的实际情况确定一定量的安全余量，以保证计算结果的安全性。通常情况下，对使用期十年以内的钢管，应在计算所得的摩擦系数上增加至少 25%以保证计算的安全性；超过十年使用期的钢管，因常年的使用，通过液体流程的冲刷，管道内壁的粗糙程度已经趋于稳定，因此增加 15%的系数以保证安全性就足够。综合考虑，为保证安全性，规定对摩擦压力损失计算的结果按 1.15 倍系数来确定系统的摩擦压力损失，但对静压力损失和其他压力损失因不涉及液体流动，因此无须此系数。因此管道压力损失公式如下：

$$\Delta p=\Delta p_s+\Delta p_N+1.15\Delta p_f$$

4.1 管道静压力损失分析

由于管道或系统的进口和出口的断面绝对高度的不同，从而引起了的压力损失称为静压力损失。其计算式如下：

$$\Delta p_s=\rho g(H_2-H_1)=\rho g\Delta H$$

4.2 管道速度压力损失分析

由于管道或系统的进口和出口的横截面积不相同，但是管道或系统的总流量不变，因此会引起进口和出口的流速变化，使流体流速变化所产生的压差称为速度压力损失。其计算式如下：

$$\Delta p_N=\rho\cdot\frac{u_2^2-u_1^2}{2}$$

4.3 管道摩擦压力损失分析

管道摩擦压力损失作为管道压力损失的重要组成部分，主要由管壁粗糙度引起。对不可压缩液体在一段水平直管内做定态流动时流速相等，则满足伯努利平衡过程的方程式可化简为：

$$\Delta p_f=p_1-p_2=\rho h_f$$

流体以一定速度在圆形管道内流动时，受到方向相反的两个力的作用：推动力$(p_1-p_2)\pi d^2/4$，其方向与流动方向一致；另一个是流体摩擦阻力$\tau \cdot \pi dl$，其方向与流动方向相反，当这两个力达到平衡时，流体做定态流动。列公式并化简整理如下：

$$\frac{(p_1-p_2)\pi d^2}{4}=\tau \cdot \pi dl$$

$$\Delta p_f=p_1-p_2=\frac{4\tau \cdot l}{d}=\rho g h_f$$

$$h_f=\frac{4\tau \cdot l}{\rho g d}=\frac{8\tau}{\rho u^2}\cdot\frac{l}{gd}\cdot\frac{u^2}{2}$$

令$\lambda=8\tau/\rho u^2$，则h_f及Δp_f整理得达西—魏斯巴赫公式如下：

$$h_f=\lambda \cdot \frac{l}{gd}\cdot\frac{u^2}{2}$$

$$\Delta p_f=\rho g h_f=\lambda \cdot \frac{\rho l}{gd}\cdot\frac{u^2}{2}$$

上述两式中，h_f单位为米，Δp_f的单位为帕斯卡，前者常常被称为管道水头损失，后者被称为管道的摩擦压力损失，本质上是一致的。在上述二式的几个变量中，液体密度ρ、管道直径d、介质流速u、重力加速度g通过测量或查表均可轻易获取，只有摩擦系数λ、管道等效长度l需进一步探讨，只要确定这两个参数，则管道摩擦压力损失即可计算得出。

4.3.1 摩擦系数λ

在层流时，管道内流体速度分布满足哈根—泊肃叶定律。因此可以引入哈根—泊肃叶公式：

$$2u=u_{max}=\frac{\Delta p_f}{4\mu l}\cdot R^2=\frac{\Delta p_f}{4\mu l}\cdot\left(\frac{d}{2}\right)^2=\frac{d^2\cdot\Delta p_f}{16\mu l}$$

$$\therefore\ \Delta p_f=\frac{32\mu l u}{d^2}$$

结合达西—魏斯巴赫公式$\Delta p_f=\lambda \cdot \frac{\rho l}{gd}\cdot\frac{u^2}{2}$，比较两式后可得：

$$\lambda=\frac{64\mu}{du\rho}=\frac{64}{\frac{du\rho}{\mu}}=\frac{64}{Re}$$

从公式可知，在液体介质层流时，摩擦系数与绝对粗糙度(ε)和相对粗糙度(ε/d)无关，仅与雷诺数成反比例关系。

对于湍流时，管道内流体速度分布不再满足哈根-泊肃叶定律，而是更趋于复杂，主要影响因数除了雷诺数外，还受相对粗糙度(ε/d)的影响。对于不同工业管道的绝对粗糙度见表2所示。

表2　不同工业管道的绝对粗糙度

	管道类型	绝对粗糙度 ε/mm		管道类型	绝对粗糙度 ε/mm
金属管道	无缝黄铜管、铜管及铅管	0.01~0.05	非金属管道	干净玻璃管	0.0015~0.01
	具有一定腐蚀量的无缝钢管	0.2~0.3		橡皮软管	0.01~0.03
	新的无缝钢管或镀锌铁管	0.1~0.2		木管道	0.25~1.25
	具有严重腐蚀量的无缝钢管	0.5以上		陶土排水管	0.45~6.0
	新铸铁管	0.25~0.42		接头平整的水泥管	0.33
	旧铸铁管	0.85以上		石棉水泥管	0.03~0.8
	钢板制管	0.33		/	/

依据湍流状态得流体运动方程，由量纲分析法可得 $\lambda=\phi(Re,\ \varepsilon/d)$。摩擦系数 λ 是由相对粗糙度（ε/d）和雷诺数 Re 影响的二元函数。依据不同的雷诺数和相对粗糙度，通过实验测定摩擦系数绘制成图 2，通过查图即可轻松获得摩擦系数，为工程设计与计算带来方便。

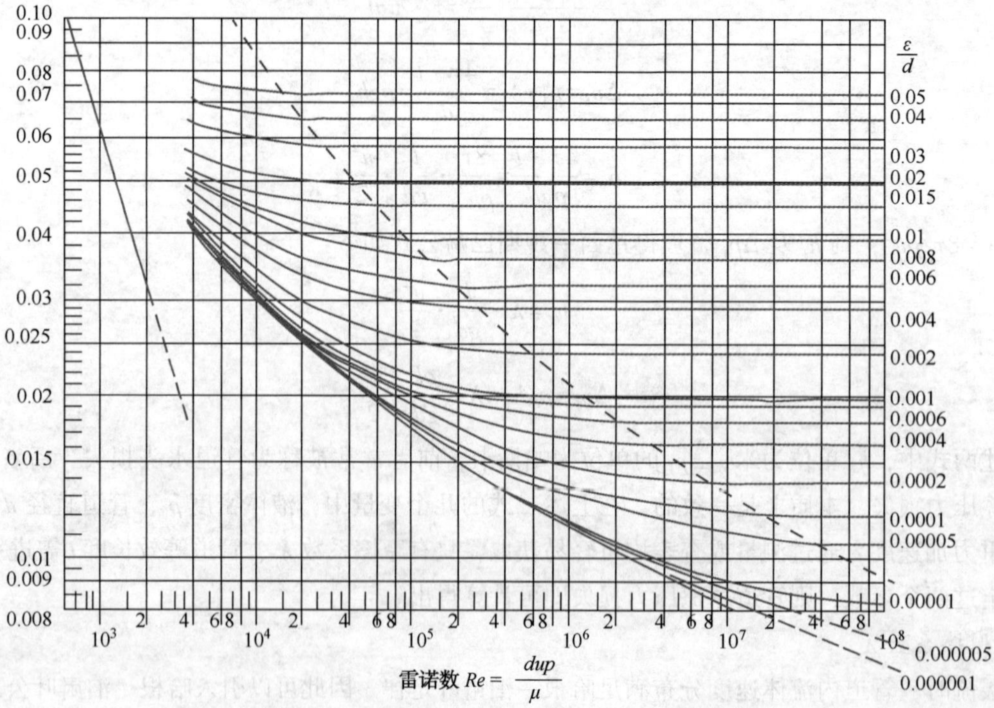

图 2　不同雷诺数与摩擦系数和相对粗糙度的关系图

除了以上的查图方法外，还有四个比较常用的经验公式如下，推荐使用哈兰德公式或刘德忠公式，适用范围比较宽。

布拉修斯光滑管公式，适用于 $Re=2.5\times10^3\sim1\times10^5$

$$\lambda=\frac{0.3164}{Re^{0.25}}$$

考莱布鲁克公式，适用于光滑管、粗糙管，直至完全湍流区：

$$\frac{1}{\sqrt{\lambda}}=-2\log\left(\frac{\varepsilon/d}{3.7}+\frac{2.51}{Re\sqrt{\lambda}}\right)$$

为了克服考莱布鲁克公式隐式迭代计算的缺陷，哈兰德提出了具有显式优点的摩擦系数计算公式：

$$\frac{1}{\sqrt{\lambda}}=-1.81\log\left[\left(\frac{\varepsilon/d}{3.7}\right)^{1.11}+\frac{6.9}{Re}\right]$$

刘德忠提出了另一个容易求解的显函数公式：

$$\lambda=\frac{1.33036}{\left[\ln\left(\frac{\varepsilon/d}{3.7}+\frac{5.7385}{Re^{0.9}}\right)\right]^2}$$

4.3.2　等效长度 l

将管道、弯头三通和阀门等部件通过一定的方法折算成等效的长直管道长度，此等效长度称为管件的当量长度。应当以直管长度与各种折算后的当量长度相加作为等效长度 l，带入达西—魏斯巴赫公式即可计算得到总摩擦压力损失。常见管件的当量长度如表 3 所示。

表 3 常见管件的当量长度

<table>
<tr><th>名称</th><th colspan="9">说明</th><th colspan="4">当量长度</th></tr>
<tr><td>闸阀
(全开)</td><td colspan="9">楔形盘、双圆盘、栓状圆盘等</td><td colspan="4">$L_e = 8D$</td></tr>
<tr><td rowspan="2">截止阀
(全开)</td><td colspan="9">阀座为栓状、平面或倾斜，阀杆与流体垂直。</td><td colspan="4">$L_e = 340D$</td></tr>
<tr><td colspan="9">Y 型</td><td colspan="4">$L_e = 55D$</td></tr>
<tr><td rowspan="2">角阀
(全开)</td><td colspan="9">圆盘、栓状圆盘等单座阀</td><td colspan="4">$L_e = 150D$</td></tr>
<tr><td colspan="9">封堵式旋钮阀</td><td colspan="4">$L_e = 55D$</td></tr>
<tr><td rowspan="2">止逆阀
(全开)</td><td colspan="9">旋启式(倾斜/垂直)</td><td colspan="4">$L_e = 100D/50D$</td></tr>
<tr><td colspan="9">升降式(水平/倾斜)</td><td colspan="4">$L_e = 600D/55D$</td></tr>
<tr><td rowspan="2">带滤网底阀
(全开)</td><td colspan="9">升降式</td><td colspan="4">$L_e = 420D$</td></tr>
<tr><td colspan="9">合页式</td><td colspan="4">$L_e = 75D$</td></tr>
<tr><td>球阀(全开)</td><td colspan="9">/</td><td colspan="4">$L_e = 30D$</td></tr>
<tr><td>蝶阀(全开)</td><td colspan="9">DN50~200/DN250~350/DN400~600</td><td colspan="4">$L_e = 45D/35D/25D$</td></tr>
<tr><td>45°标准弯头</td><td colspan="9">/</td><td colspan="4">$L_e = 16D$</td></tr>
<tr><td>90°标准弯头</td><td colspan="9">/</td><td colspan="4">$L_e = 30D$</td></tr>
<tr><td rowspan="2">焊接弯头或 90°法兰</td><td>r/d</td><td>1</td><td>2</td><td>3</td><td>4</td><td>6</td><td>8</td><td>10</td><td>12</td><td>14</td><td>16</td><td>18</td><td>20</td></tr>
<tr><td>L_e</td><td>20D</td><td>12D</td><td>12D</td><td>14D</td><td>17D</td><td>24D</td><td>30D</td><td>34D</td><td>38D</td><td>42D</td><td>46D</td><td>50D</td></tr>
<tr><td>标准三通</td><td colspan="9">直通/分支</td><td colspan="4">$L_e = 20D/60D$</td></tr>
<tr><td>异径接头(变径)</td><td colspan="13">当入口直径提高一级而出口直径不变时，其当量长度应增加 50%；
提高二级或二级以上时，其当量长度应增加 100%。</td></tr>
</table>

上表中所列的当量长度计算方法，是在流体流型为完全湍流条件下，以全新清洁的不锈钢管道求得的，其中管道的绝对粗糙度取 0.046mm，实际使用时应根据实际管道的材质、清洁度、使用年限等进行调整。

5 管道压力损失计算步骤

5.1 已知管径和流量求管道压力损失

1. 确定流体类型：计算流体雷诺数，并根据雷诺数判断时层流或湍流；

2. 根据管件类型确定管壁绝对粗糙度，并计算相对粗糙度，查图或使用经验公式计算管道摩擦系数；

3. 计算单位长度的管道压力损失；

4. 确定各种管件的当量长度和长直管道的长度；

5. 求出 Δp_s、Δp_N 和 Δp_f，依据公式计算圆形管道的总压力损失。

5.2 已知流量和最大允许压力损失求管径

1. 按照已知的流量和合理的流速估算管道的管径；

2. 依据已知流量和估算的管径计算雷诺数，根据雷诺数来确定流体类型；

3. 根据管件类型确定管壁绝对粗糙度，并计算相对粗糙度，查图或使用经验公式计算管道摩擦系数；

4. 求单位长度的管道压力损失并确定确定各种管件的当量长度和长直管道的长度；

5. 求出 Δp_s、Δp_N 和 Δp_f，依据公式计算圆形管道的总压力损失；

通过以上步骤的计算得到总压力损失后，应根据能级损耗的情况进行压力损失平衡计算并核算管径的合理性。通过核算的管径与当初计算时估算的管径是否一致，来判断计算结果是否合理。如若不符，则应重新估算管径并重新开始 1~5 步的计算，直到估算管径与核算管径保持一致为止，此方法主要是用来确定管路的管径使用。

参 考 文 献

[1] 潘家祯．管路手册[M]．化学工业出版社，2011. 09.
[2] 罗惕乾．流体力学 第 4 版[M]．机械工业出版社，2017. 03.
[3] 王池，王自和，张莹珠，孙淮清．流量测量技术全书[M]．化学工业出版社，2012. 06.
[4] 高凤泉，杨晓辉．汽轮机润滑油系统设计的流体力学分析[J]．机械工程师期刊，2012.

作者简介：张海鹏(1984—)，男，资深工程师，毕业于天津大学。现就职中海石油技术检测有限公司，从事计量资质维护、流量计量技术应用、评估评价技术研究等工作，电话：15822888635，邮编：300452，通信地址：天津市滨海新区东沽石油新村 554 信箱

天然气流量计检定流量智能化调节技术研究

刘 喆 吴 岩 周 雷 王新喨

（国家管网集团西气东输公司南京计量研究中心 江苏南京 210049）

摘 要 天然气流量计实流检定对于流量快速、稳定、准确调节提出了明确要求，本文研究基于水力仿真模型与三维激光扫描与BIM建筑信息模型对计量检定工艺场站进行数字还原的数字孪生技术，同时搭建系统参数辨识与神经元网络复合算法构建的流量调节智能控制器，开发形成了一套适用于大压差条件下的天然气计量智能检定系统，通过流量智能调节的创新性研究实现了国内工作级流量计检定的智能化、高效化、安全化和精准化，提升了检定效率和检定质量控制水平。

关键词 天然气计量；智能控制；水力仿真；数字孪生平台；同生共长

1 引言

随着天然气在国内能源消耗份额的逐年增加，流量计作为天然气计量贸易交接仪表得到广泛应用，随之而来流量计检定需求的逐年攀升。我国相继建成和升级了13家国家石油天然气大流量计量检定站及其分站，天然气计量检定站与贸易交接计量站场工艺不同，其流程复杂，包括进出站阀组、过滤分离设备、稳压调节阀组、原级/次级/工作级计量标准装置、被检流量计安装台位、流量调节阀组等多个核心单元。站内各部分工艺管线相互联通，形成全套水力系统。具体操作流程涉及出站阀组导通、稳压调节、计量标准装置管路切换、流量组合开度调节、检定过程稳态控制、检定过程结果及证书结果的判断与处理等，日常这些操作均需要检定人员逐步完成，尤其压力、流量调节需要检定人员凭借多年的工作经验进行调节阀动作控制。随着检定人员通过手动操作DCS系统调节检定参数熟练程度的提升空间越来越小，且检定过程对流量调节精准控制要求极高，有必要借助智能化手段提升系统的检定速度与准确度，进一步保障现场安全运行、缓解检定压力，特别是提升检定过程控制精度确保计量准确。

本文积极探索将人工智能、大数据分析等技术引入天然气计量检定领域，建立了天然气流量计检定流量智能化调节方法，解决了现有技术中工艺流程切换、人工检定操作及流量调节过程多次动作阀门调节开度逐步逼近目标流量耗时久的技术问题。

2 天然气计量智能检定系统

原有检定过程涉及的工控和数据处理系统相互独立，各系统产生数据无法互通连锁，成为数据孤岛。通过开发天然气计量智能检定系统，打破不同系统间通讯障碍，实现多系统数据与指令的泛在感知、融合互联。

天然气计量智能检定系统主要包括智能控制器、数字孪生体、检定操作系统和DCS安全连锁逻辑等核心部分。能够克服数据与指令交互受原有物理组态限制，打破不同系统间通讯障碍，建立数据采集与处理系统、站控系统、检定操作系统、智能控制器、数字孪生体之间连锁逻辑，实现多系统数据与指令的泛在感知、融合互联。数据采集与处理系统用于获取计量检定标准装置、检定台位处设备实时信息；站控系统用于获取工艺系统各类阀门、变送器等设备实时参数；检定操作系统用于获取被检流量计技术参数。智能检定系统接收站控系统、数据采集与处理系统传递数据，作为智能控制器模型与数字孪生体输入参数，智能控制器运算策略反馈智能检定系统，通过智能控制器与数字孪生体模拟双重验证后，智能检定系统将智能检定方案下达控制指令至已部署安全连锁逻辑的站控系统启动流程自动切换，完成后接到站控系统反馈，启动检定操作系统判定工况稳定状态，系统根据检定任务向外发送工作指令，并协调原有数据采集系统将互为独立的各类数据信息汇入数据池，该系统可向决策层的智能控制器进行数据提供，并将最新形成的策略结果纳入数据库保存，扩充数据库知识和经验值，该软件实现了感知数字化、传输数字化及决策数字化，如图1所示。

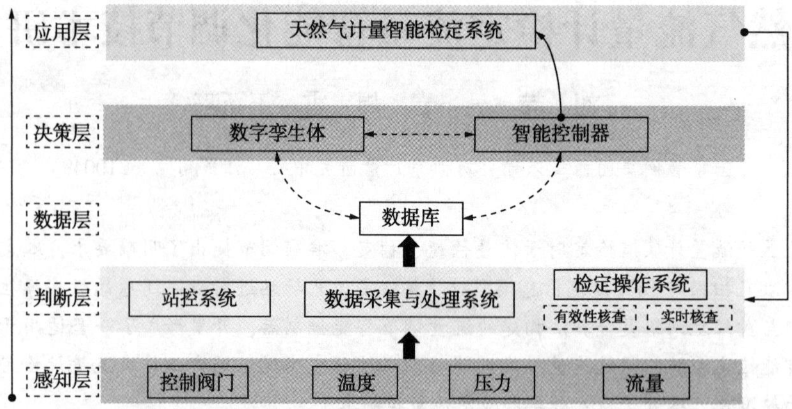

图1　天然气计量智能检定系统融合互联多系统数据与指令架构图

3　数字孪生体

3.1　检定工况水力仿真

由于天然气流量计检定机构站内工艺管道结构复杂且高度集成，不同口径的被检流量计对应不同的检定工艺流程和被检流量点，结合现场检定流程，通过设定两端定压的边界条件进行模拟，通过调节水力仿真模型调节阀门的开度与球阀的开关，进行现场流量到达被检流量点后的工况进行水力模拟，掌握不同口径被检流量计的检定流程、阀门开度与被检流量点水力特点。

3.1.1　水力仿真模型

对于站内的管道，按照天然气计量站功能划分为进站过滤调压区、标准装置区、检定台位区与流量调节阀组区之后，将各个区域等效为不同的分区模型来处理。将进站过滤调压区、标准装置区和检定台位区统一成为一个分区，作用为流程的切换。对于调节阀的区域，作为另一个子分区，作用为调节通过检定台位的流量。通过这两个分区的并联连接构成整个水力模拟的简化模型。对于各个子分区，为使简化模型达到计算的快速性的同时满足计算精度要求，需要按照各区域工艺流程特点对各区域中的管道和阀进行合并处理。见图2。

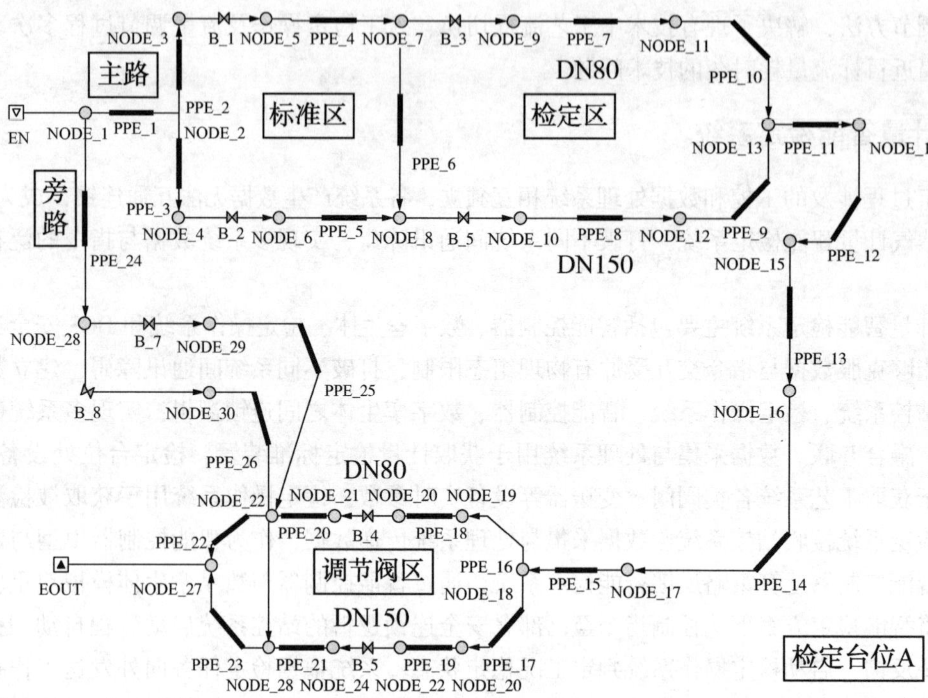

图2　流量计检定工况的水力仿真

对现场已有的历史数据，通过关键阀门的开关状态记录已有的标准流量计与检定台位的流程，并通过计算各个不同流程下的摩阻系数，对计算出的流量实时的与现场流量进行比对，若是超过一定的值或是之前未记录该种工况流程，采用直接实时计算摩阻系数并储存方式，以提高在线仿真的准确性。

除了直接修正参数，研究也有先对管道进行分类或者进行灵敏度分析，减少需要修正的量，再分组修正从而使得模型的仿真更为精确。利用摩阻系数灵敏度系数法得出对校正节点压力或流量较为“敏感”的管道，通过调整敏感管道的摩阻系数，按一定规则对管道摩阻系数进行分组校正的方法，可以大大减少优化变量的个数，使大范围工况变动的在线仿真成为可能。

根据质量守恒方程、动量守恒方程与能量守恒方程，建立起用来描述天然气在检定站场的管道的流动的流速、密度、温度、压力和高程等量之间的相互关系，按式(1)计算：

$$\begin{gathered}\frac{\partial\rho}{\partial t}+\frac{\partial(\rho u_x)}{\partial x}+\frac{\partial(\rho u_y)}{\partial y}+\frac{\partial(\rho u_z)}{\partial z}=0\\ \frac{D}{Dt}\iiint\limits_{\tau_0}\rho v\mathrm{d}\tau_0=\iiint\limits_{\tau_0}\rho f\mathrm{d}\tau_0+\iint\limits_{A_0}p_{\mathrm{n}}\mathrm{d}A_0\\ \left(\frac{\partial h}{\partial T}\right)_{\mathrm{P}}\frac{\mathrm{d}_{\mathrm{T}}}{\mathrm{d}_x}+\left(\frac{\partial h}{\partial p}\right)_{\mathrm{T}}\frac{\mathrm{d}_P}{\mathrm{d}_x}+v\frac{\mathrm{d}_v}{\mathrm{d}_x}+g\frac{\mathrm{d}_s}{\mathrm{d}_x}=-\frac{\mathrm{d}_Q}{\mathrm{d}_x}\end{gathered}\tag{1}$$

为了方便建立计算等效管道摩阻系数的模型，做以下假设：①筛选 DCS 系统所采集的流量点，以在现场设备不动作的前提下，一段时间内流量变化微小的流量作为稳态点，即天然气在检定站内管道中稳定流动，管路中流量与压力只是位置的函数，不随时间的变化而改变；②由于天然气检定站场一般面积不大，且有遮光棚，假设天然气在管道的流动为等温流动；③管道起伏小，假定为水平管道，即 $\mathrm{d}_s=0$。在标准参比条件下，将气体状态方程 $P=\rho ZRT$ 代入上面方程组，可简化反算摩阻系数：

$$Q=C_0\sqrt{\frac{(p_{\mathrm{Q}}^2-p_{\mathrm{Z}}^2)D^5}{\lambda Z\Delta_* TL}}\tag{2}$$

式中 Q——工作参比条件(压力 $p_0=1.01325\times10^5\mathrm{Pa}$，温度 $T_0=293.15\mathrm{K}$)下的体积流量，$\mathrm{m^3/s}$；

p_Q——进口压力，Pa；

p_Z——出口压力，Pa；

D——管道内径，m；

λ——水力摩阻系数；

Z——天然气管输条件下的压缩因子；

Δ_*——天然气的相对密度；

T——输气温度，$T=273.15+t$，为输气管的平均温度，℃；

L——管段的长度，m。

在对天然气流量计检定站各个区域等效时，采用威莫斯公式与水平输气管的流量基本计算公式来推导：

$$\lambda=\frac{0.009407}{\sqrt[3]{D}}\tag{3}$$

3.1.2 多阀并联流通系数的辨识

阀门流通系数是衡量调节阀流通能力的指标，作为选用调节阀的口径以及研究阀门的内部结构、判断影响阀门稳定性的因素。为了建模仿真出与能匹配现场工况的模型，阀门的流通系数是阀门工艺仿真的关键参数。对于含有调节阀的站内流量控制管路，在仿真模拟时，调节阀可以作为一个局部阻力元件处理，因此对于调节阀流通系数的辨识，转化为辨识出局部摩阻，从而提高仿真的准确性。

从阀的流通系数出发，运用最小二乘拟合多阀并联情况下，总流量与各个并联阀之间开度的关系，从其中辨识出各个调节阀的流通系数。然后，将辨识出的流通系数带入水力仿真模型，来检验辨识出的流通系数的准确性。

对于特性为等百分比的调节阀门，不同开度下阀门的流通系数按式(4)计算：

$$C_v(x)=\frac{C_{v0}}{e^{3.488}-1}e^{3.488x}-\frac{C_{v0}}{e^{3.488}-1} \tag{4}$$

对于气体的过阀流量，按式(5)、式(6)计算：

$$Q=Q_1+Q_2+Q_3=(k_1C_{v1}+k_2C_{v2}+k_3C_{v3})N\sqrt{\frac{(p_1^2-p_2^2)}{ZGT}} \tag{5}$$

$$\frac{Q}{N\sqrt{(p_1^2-p_2^2)/ZGT}}=A_1e^{3.488FR1}+A_2e^{3.488FR2}+A_3e^{3.488FR3}+B \tag{6}$$

式中 Q——标准状态下流经并联阀门总的体积流量；

Z——上游温度和平均压力下的压缩系数；

G——天然气相对于空气的比重；

T——上游的温度，K；

p_1——进口压力；

p_2——出口压力；

N——单位转换系数，此单位下取值为0.0346。

C_v——全开时的流通系数。

用建立模型来获取公式拟合所需要的进出阀的压力、标准状态下的流量、阀门进口的温度、压缩因子与相对密度。并对于获取到的数据，按照以上公式采用最小二乘法进行拟合，从而来辨识出多个调节阀在全开时的流通系数，并将拟合求得的流通系数给到水力仿真模型中调节阀门的物性参数进行计算。在这里以三个调节阀门为例，建立的水力仿真模型(三个阀门全开时的流通系数，从上到下依次为100、200和300)与水力仿真模型计算的流量与实际的流量以及辨识的各个阀门全开时的流通系数如表1。

表1 各个阀实际的流通系数与拟合出来的流通系数

调节阀	实际的流通系数	公式拟合的流通系数	误差
FV1	100	100.1436	0.1%
FV2	200	202.1789	1.08%
FV3	300	303.2987	1.09%

从水力仿真中提取出的数据用公式直接拟合阀的流通系数，所计算出的流量与水力仿真计算出的基本一致，拟合的流通系数与实际设置的流通系数误差在1%左右。

3.2 数字孪生平台

数字孪生是以数字化方式创建物理实体的虚拟模型，借助数据模拟物理实体在现实环境中的行为，通过虚实交互反馈、数据融合分析、决策迭代优化等手段，为物理实体增加或扩展新的能力。智能检定系统依据工艺管线布局、设备技术参数与运行数据，建立了等比例计量检定工艺系统“数字孪生平台”，伴随实体工艺系统生命周期，不断进行自动的数据更新与迭代优化，已实现形影相随、同生共长。从数据和业务场景两个维度，同步动态映射实体工艺系统流动形态与控制状态，集中动态展现计量检定工艺系统的核心要素，直观形象地对检定站运行机理进行数字化模拟。

数字孪生体是智能控制器模型策略模拟运行与辅助优化的重要工具，智能控制器给出的控制策略首先下达至数字孪生体进行模拟仿真验证，若仿真输出结果符合预期，则该策略作为控制指令下发至站控系统；若输出结果不满足要求，智能控制器将进一步开展迭代优化运算，重复以上流程至最优解。准确实时甚至超前反馈现场行为，可通过后期的运行数据，如不同类型阀门在不同压差下开关的特性，各管段的实际压力损失等等不断进行修正，实现模拟精度的持续优化，也可用于发现工艺系统出现的微小偏差，促使技术人员进行原因核查，如图3所示。

在智能检定系统中设置了“智能检定”与“人工检定”两种操作模式可快速切换。在“智能检定”模式下设置了超限、超速、超压、阀门互锁、控制、压差及防流程异常中断等系列安全逻辑，有力保障了智能检定过程工艺系统的安全平稳运行。

图 3　数字孪生平台展示检定流量计工况图

4　基于神经网络的智能控制器

检定过程需要的流量调节，其对稳定性和准确性的要求较高，计量检定工艺系统具有“三高两低”的特点，即水力耦合性高、系统工况复杂度高、流量调节精度高、控制自由度低、常规优化空间低。手动调整耗时长且需要丰富的调节经验才能实现，智能控制器的投用将这一过程完全自动化智能化，有效缩短流量调整时间，确保检定数据采集过程的系统稳定性。

为实现各种流量的不同调节要求，通过研究 BP 神经网络智能算法，建立工艺流程、流量计口径、目标流量点、进出站压力与调节阀门开度等参数之间复杂组合关系的智能控制器。基于系统参数辨识与神经元网络复合智能算法，建立工艺流程、被检流量计口径、目标流量点、进站压力及出站压力等输入参数，与检定与旁通调节阀门的开度等输出参数之间的复杂智能控制器模型，通过历史数据池中样本数据的训练，以 15000 组检定流量点数据为基础，将其中的 70%用于模型训练，获取模型结构与参数；15%用于模型验证；后 15%开展模型测试，通过改变各中间层权重和阈值不断修正模型。计量检定智能控制器模型结构如图 4 所示。

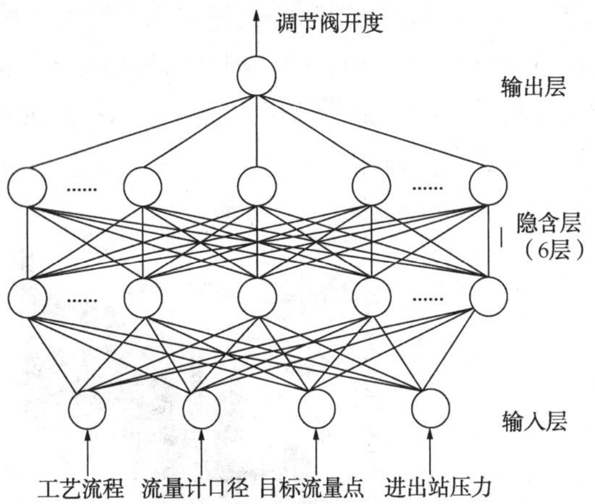

图 4　计量检定智能控制器模型结构示意图

设智能控制器模型输入层有 n 个节点，隐含层有 1 个节点，输出有 m 个节点。输入层、隐含层间权重值为 w_{ik}，隐含层、输出层间权重值为 w_{kj}。隐含层传递函数 f_1，输出层传递函数 f_2，隐含层节点的输出为：

$$h_k = f_1\left(\sum_{i=1}^{n} w_{ik} x_i\right) \quad k = 1, 2, 3, \cdots, l \tag{7}$$

输出层节点输出为：

$$y_j = f_2\left(\sum_{k=1}^{l} w_{kj} h_k\right) \quad j = 1, 2, 3, \cdots, m \tag{8}$$

若得不到期望输出，设有 p 个学习样本 X_1，X_2，…，X_q，…，X_p，$X^q = [x_1^q, x_2^q, \cdots, x_n^q]$，将第 q 个样本 X^q 代入模型后得到输出 Y^q，$Y^q = [y_1^q, y_2^q, \cdots, y_m^q]$。采用误差函数，得到第 q 个样本的误差 E_q：

$$E_q = \frac{1}{2}\sum_{j=1}^{m}(t_j^q - y_j^q)^2 \tag{9}$$

式中　t_j^q——期望输出，对 p 个学习样本，全局误差为：

$$E = \frac{1}{2}\sum_{q=1}^{p}\sum_{j=1}^{m}(t_j^q - y_j^q)^2 = \sum_{q=1}^{p} E_q \tag{10}$$

采用累计误差算法调整权重值 w_{kj}，减小全局误差 E，即：

$$\Delta w_{kj} = -\eta \frac{\partial E}{\partial w_{kj}} = -\eta \frac{\partial}{\partial w_{kj}}\left(\sum_{q=1}^{p} E_q\right) = \sum_{q=1}^{p}\left(-\eta \frac{\partial E_q}{\partial w_{kj}}\right) \tag{11}$$

式中 η——学习率，误差信号 δ_{yj} 为：

$$\delta_{yj} = -\frac{\partial E_q}{\partial S_j} = -\frac{\partial E_q}{\partial y_j}\frac{\partial y_j}{\partial S_j}$$

$$\frac{\partial E_q}{\partial y_j} = \frac{\partial}{\partial y_j}\left[\frac{1}{2}\sum_{j=1}^{m}(t_j^q - y_j^q)^2\right] = -\sum_{j=1}^{m}(t_j^q - y_j^q) \tag{12}$$

$$\frac{\partial y_j}{\partial S_j} = f'_2(S_j)$$

式中 S_j——净输入。

由上式可得权重值 w_{kj} 调整公式为：

$$\Delta w_{kj} = \sum_{q=1}^{p}\sum_{j=1}^{m}\eta(t_j^q - y_j^q)f'_2(S_j) \tag{13}$$

权重值 w_{ik} 调整同 w_{kj}，调整公式为：

$$\Delta w_{ik} = \sum_{q=1}^{p}\sum_{j=1}^{m}\eta(t_j^q - y_j^q)f'_2(S_j)w_{kj}f'_1(S_k)x_i \tag{14}$$

对检定历史样本进行处理后，选取 70%作为训练数据，15%作为验证数据，剩余 15%作为测试数据进行 BP 神经网络训练。通过训练及修正，确定神经元网络结构为 6 层，其中隐层 4 层的神经元个数分别为 20、50、40、10。训练结果如图 5，花费时间 6 分 19 秒。该神经元网络 R 值为 0.96117，说明拟合效果较好。证明基于系统辨识与神经元网络复合算法的智能控制器在天然气计量检定系统智能调节方面是充分适用的。

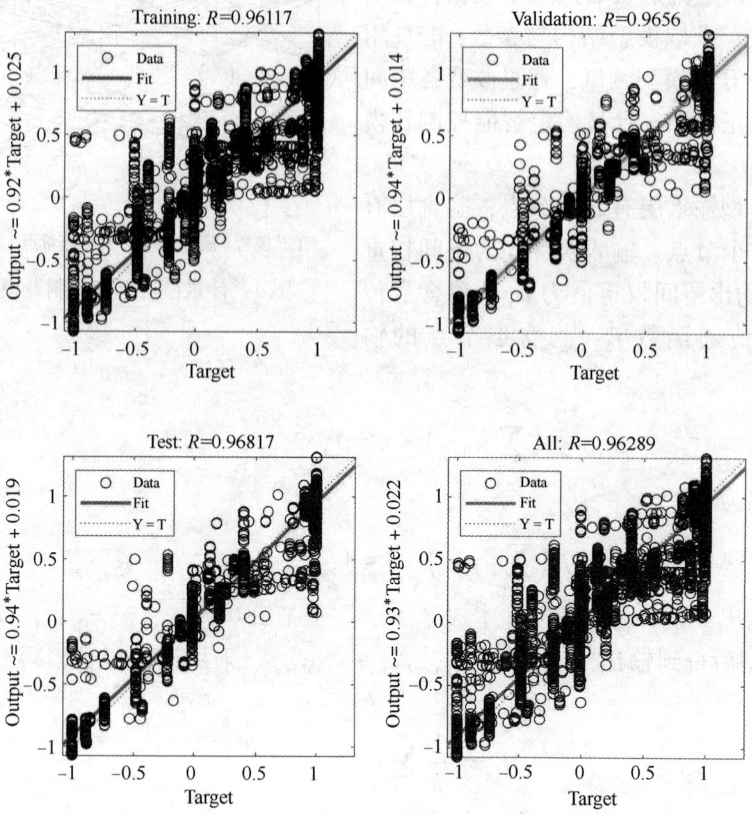

图 5 控制神经网络训练回归系数

5 测试验证

在现场部署智能检定系统后，收集了当天程序运行日志，完整独立检定记录 14 次，智能控制器控制下的阀门开合度、流量与时间的关系见图 6。

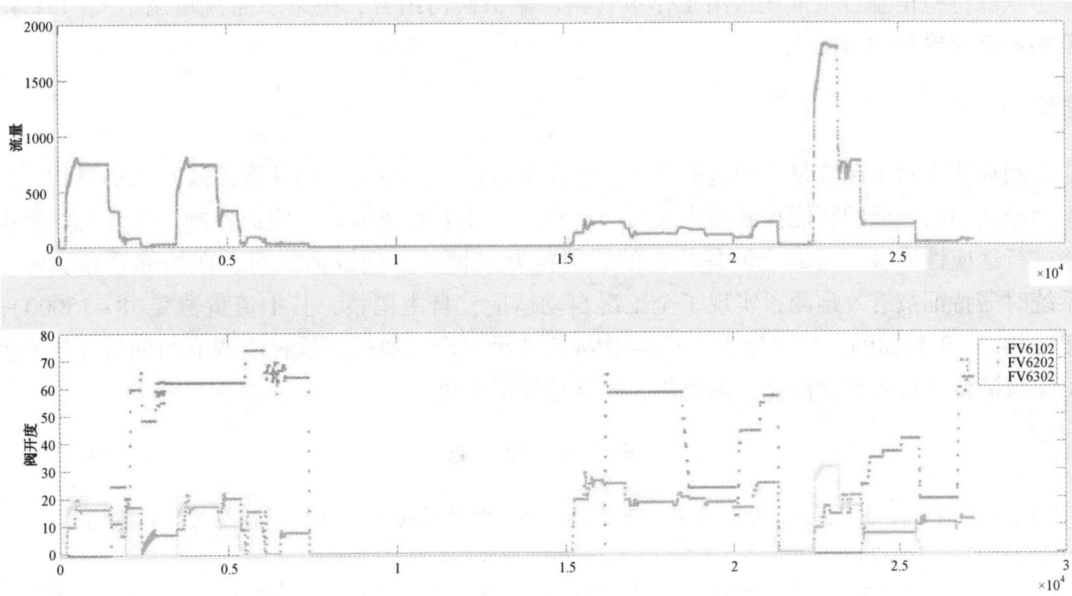

图 6 智能检定流量调节阀位和流量图

其中：上图为流量与时间的关系，下图为流量调节阀开度与时间的关系，横坐标为当天的记录时间(单位：s)。从图 6 可以得出以下结论：①智能检定系统控制流量调节阀组调节流量时，阀门开度会以较快的速度变化，流量也随之发生较大变化。在调节初期流量几乎以竖线的形式上升；②由于实际控制对象存在较大管存和上游站场调压阀随动现象，流量调节存在滞后性和反弹特性；③在目标流量较小时，需要较长时间来稳定流量。计算调节过程中，改变流量时调节阀所用时间及调节后的流量偏差如表 2 所示。

表 2 智能检定现场测试结果统计

流量点/(m^3/h)	阀组调节流量用时/s	流量点调节偏差
0~750	379	0
0~1800	498	-1.5%
30~750	474	-3.3%
70~200	379	0
1800~750	378	0.4%
750~330	221	-5%
750~320	65	1.6%
750~180	114	2.2%
330~90	200	2.8%
320~80	308	-0.2%
210~105	421	0
180~30	188	1%
90~30	819	-3.4%
80~30	788	-2%

目前，智能检定系统能够根据需要输入被检流量计信息，根据运行工况生成调节方案，在 Q_t 分界流量以上，无论调节流量跨度大小，均可 500s 内完成调节工作，随着训练次数增加响应更加迅速；在分界流量以下调节时间相对更长；在绝大多数情况下调节目标流量与实际流量偏差都可控制在检定规程允许范围内。智能检定系统已覆盖现场多种工况条件，能够根据输入参数变化进行自适应、自调整，基于获取待检信息自主推理选用工作级管路与调节阀门组合，决策多路流量调节阀门开度组合，反馈策略不断使模型学习优化。

6 结论

在控制算法中对工况流量点的超前计算，结合水力仿真模型与多阀并联流通系数的辨识计算结果和基于神经元网络构建的智能控制器生成阀门动作组合并下发现场设备完成控制，结合现场数据和专家经验进行适应性升级，完成全流程检定的智能控制和调节。经数据比对、现场部署和实际应用测试，系统时滞特征被有效预测，实现了全工况自动适应、自主调整，其中流量覆盖(8~15000)m^3/h，压力覆盖(4.5~9.8)MPa，口径覆盖 DN50~DN400 八种口径，通过流量智能调节的创新性研究实现了国内工作级流量计检定的智能化、高效化、安全化和精准化。

参 考 文 献

[1] 蔡永军，蒋红艳，王继方，王潇潇，李莉，陈国群，等．智慧管道总体架构设计及关键技术[J]．油气储运，2019，38(2)：121-129.

[2] 刘喆，王多才，蒋兴鹏，吴岩，谭梓琦，钱星．天然气计量检定智能化研究与实践[J]．工业计量，2020，30(2)：9-11.

[3] 郑宏伟，刘喆，吴岩．天然气计量检定智能化技术探索与展望[J]．油气储运，2021，39(3)：287-292，318.

[4] 温凯，韩旭，李灿，牛锦皓，周雷，徐洪涛．基于神经网络的天然气流量计检定工艺智能控制系统[J]．天然气工业，2021，41(07)：124-133.

[5] 苏怀，张劲军．天然气管网大数据分析方法及发展建议[J]．油气储运，2020，39(10)：1081-1095.

[6] 韩小明，苗绘，王哲．基于大数据和神经网络的管道完整性预测方法[J]．油气储运，2015，34(10)：1042-1046.

[7] SU H，ZIO E，ZHANG J J，CHI L X，LI X Y，ZHANG Z J. A systematic data-driven demand side management method for smart natural gas supply systems[J]. Energy Conversion and Management，2019，185：368-383.

作者简介：刘喆(1988—)，女，二级工程师，高级工程师，硕士毕业于中国计量大学，现主要从事天然气计量相关技术研究工作。地址：江苏省南京市栖霞区学津路 8 号高创中心 B 座西气东输南京计量研究中心，邮编：210046，电话：17805159917，Email：liuzhe@pipechina.com.cn。

天然气管道气质分析取样位置设置分析

张盖世

（国家管网集团广东运维中心　广东广州　510710）

摘　要　在线色谱分析仪是天然气能量计量的核心设备，选取具备代表性样气是分析准确的源头保障，而取样位置合理设置则是考虑的重要环节。本文共论述两个观点，一是通过对不同类型计量站场取样口位置设置的合理性分析，说明不同取样位置对实际生产的影响情况；二是通过对同一站场多上载点多分输用户各取样点实时色谱分析数据的声速计算和统计分析，说明在同一站场不同分输点设置取样口的必要性，以期为新建和改扩建能量计量站场提供可参考建议。

关键词　混气输送；计量站场；取样口位置；取样设置；声速核查

1　引言

天然气能量计量是可以准确地计算出天然气燃烧后所释放的热能，很好地反映出天然气作为燃料的商品价值。2019 年 5 月国家发展改革委、国家能源局、住房城乡建设部、市场监管总局四部门联合下发《油气管网设施公平开放监管办法》，要求两年内建立天然气能量计量计价体系，标志着我国在稳定市场的前提下正采取循序渐进、分步推进天然气能量办法的实施。目前，天然气计量站场获取发热量的方式是通过在线气相色谱仪实时对采集到的样气进行分析并得到组分数据，再依据相关标准计算其发热量。而要获得准确可靠的天然气发热量，除了对天然气在线气相色谱仪计量性能有较高的要求外，选取具有代表性的样气则是分析起点的源头保障。广东省内天然气气源多元化，主要有番禺/惠州海气、珠海 LNG、荔湾海气、中亚气、中缅气、粤东 LNG、深圳 LNG、广西 LNG 等十几种气源。受各上载气点上载气量、上载气时间、气源切换时间、下游用户提气量和提气时间等多重因素影响，输气干线内天然气流向不确定，每座计量站场天然气常处于混合气状态。本文根据对在线取样系统和在线色谱分析仪近十年的实际使用情况，说明不同取样位置对实际生产的影响情况和在同一站场不同分输点设置取样口的必要性，以期为新建和改扩建能量计量站场提供可参考建议。

2　输气管道取样系统标准解读

输气管道取样系统设计主要参考国标《天然气取样导则》（GB/T 13609—2017）和《天然气自动取样方法》（GB/T 30490—2014）部分章节内容，现对取样口设置要求相关条款一一解读。

2.1 《天然气取样导则》（GB/T 13609—2017）中关于取样口设置条款的解读

该标准适用于混气输送的贸易交接计量系统，表压压力可高达 15MPa；该标准包括连续取样系统且考虑了天然气中总硫、硫化氢及二氧化碳含量；通过该标准规定的取样步骤得到的天然气样气可用于色谱分析仪计算该样气天然气高低位发热量，同时可鉴定天然气中气体组分是否满足《天然气》（GB 17820—2018）中一类气的气质要求。该标准对取样点定义为“能够从其中采集到有代表性样品的气流内的一个部位，取样的主要作用是获得足够量的有代表性的气体样品”。取样主要分为直接取样和间接取样，直接取样方法中，样品直接从气源输送到分析单元；间接取样方法中，样品在转移到分析单元之前被贮存在容器内。

2.1.1　管道内流动特性描述

该标准对管道内的流动特性描述为管道内流动的天然气可能是层流，也可能是紊流。然而，在取样系统中应避免层流出现。层流可以是单相或多相的。大多数气流是单相紊流。层流、紊流特点如下：

(1) 层流在通常情况下不会在气体管道内出现，因为气体的低黏度和高流速足以保证不会产生层流。然而，取样系统的设计应避免层流的产生。

(2) 紊流通常出现在气体管道内，在取样系统和气体管道内，紊流是有利的，因为紊流可使流体混合均匀。

2.1.2 取样探头的安装位置

该标准认为，取样探头位置的确定 ISO 10715—1997 内容不可完全采纳，“如：探头应直接定位在气流当中以消除尘雾干扰问题。推荐探头位置在阻流元件的下游至少 20 倍管径处，阻流元件包括弯管、集管、阀和 T 型管等”的描述。”对此推荐，在业界实际生产中是存在一定疑问的。20 倍管径的管段可保证管中流体的流态稳定，这是适用于流量测量的要求。取样则要求气体充分均匀，在取样系统中应避免层流出现；在取样系统，除安全、安装和操作方便外，不存在直管段长度要求。实践中，对于直径大于 1m 输气管道的，不易实现将取样探头的位置设在阻流元件的下游至少 20 倍管径处的要求。

2.1.3 取样探头不同安装位置的试验

该标准选取试验为天然气输气管道的直径 d 为 300mm，取样探头取上游汇管的距离分别为 5d、8d 和 20d，取样探头插入管直径 1/3 处，天然气在工况下的流量约为 1000m^3/h，压力为 2.8MPa。试验结果表明，对于试验的单相无凝析的天然气，取样探头距离在 5 - 20d 的范围内，天然气各个组分的分析结果均满足 GB/T 13610—2014 的再现性要求，说明天然气的组成分析结果无显著性差异。见表 1。

表 1 不同取样位置的分析结果

组分	5d 取样口 y/%	8d 取样口 y/%	20d 取样口 y/%	极差 y/%	GB/T 13610 再现性 y/%
He	0.01	0.01	0.02	0.00	0.02
H	0.00	0.00	0.00	0.00	0.02
o:	0.00	0.00	0.00	0.00	0.02
N:	0.62	0.62	0.61	0.01	0.02
co:	1.28	1.32	1.33	0.05	0.10
CH,	97.44	97.39	97.39	0.05	0.30
CHs	0.47	0.48	0.47	0.00	0.07
CHs	0.12	0.12	0.12	0.00	0.07
*i*CHo	0.02	0.02	0.02	0.00	0.02
*n*C. H。	0.02	0.02	0.02	0.00	0.02
*i*C；Hz	0.01	0.01	0.01	0.00	0.02
*n*CHz	0.00	0.00	0.00	0.00	0.02
C；+	0.01	0.01	0.01	0.00	0.02
物性参数	计算结果	计算结果	计算结果	极差	相对偏差/%
发热量 H/(MJ/m^3)	36.66	36.65	36.64	0.02	0.055
密度 p/(kg/m^3)	0.6916	0.6921	0.6920	0.0005	0.072
相对密度 d	0.5742	0.5746	0.5746	0.0004	0.070

注：表中 y 为摩尔分数，其单位为%。

2.2 《天然气自动取样方法》(GB/T 30490—2014) 中关于取样口设置条款解读

取样位置设置要求

(1) 不应安装在，如图 1 的 1 和 2 处：

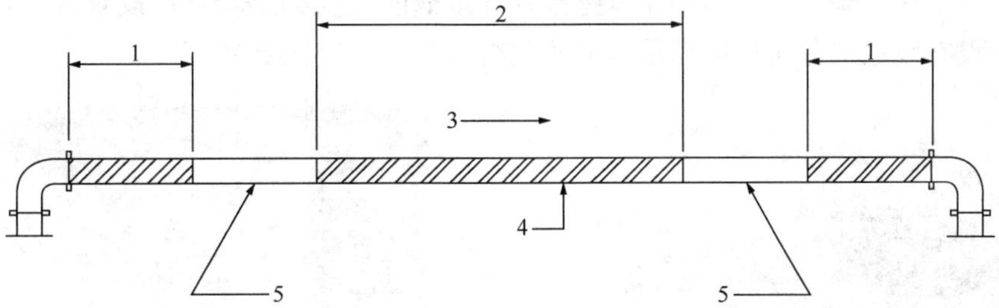

图 1　取样位置设置要求

注：1—取样探头禁区；2—计量管道；3—气流方向；4—流量计打孔处；5—取样探头最佳位置。

（2）取样探头应远离任何可能引起气溶胶和极大压降的设备（比如孔板、温度计、弯头等），最小为管道直径 5 倍的距离。

2.3　两个标准间的差异比对（表 2）

表 2　两个标准检的差异比对

比对项	GB/T 13609—2017	GB/T 30490—2014
适用流体范围	单相气体	单相气体
适用流体状态	紊流	未提及
探头插入深度	（1）插到管直径 1/3 处，且对于大孔径管道（≥*DN*300）插入深度应不超过 125mm； （2）考虑频率和共振影响	（1）水平管道的垂直方向安装； （2）插到管直径 1/3 处； （3）探头尖端与水平中心线相切； （4）考虑频率和共振影响
安装位置	最小为管道直径 5~20 倍的距离	远离气溶胶和极大压力降的设备，且最小为管道直径 5 倍的距离

3　计量站场取样位置现状及其合理性分析

3.1　计量站场取样位置常用设计原则

取样位置设置常用设计原则：

一是建议开口位置设置在进气管线上；

二是建议距离上游设置有在线色谱分析仪站场间隔 800km 以上的计量站，分析数据可应用于本站的多个计量系统。

3.2　常用设计原则在实际生产中不适宜之处

原则一未考虑计量系统设备对固体颗粒物的要求。计量系统中超声流量计探头对固体颗粒物的要求是小于 5μm，而取样探头及分析仪表对固体颗粒物要求更高为 2μm，虽然取样预处理系统配有过滤器（如图 3），但其仅有曲别针大小过滤能力极其有限，无法应对输气干线运行期间及定期内检测、清管时随天然气一并进入计量站场的大量粉尘、铁粉（如图 2）。如按原则一把取样口设置在进站管线上未经过过滤分离器，管道内杂质将肆无忌惮地对取样探头及分析仪表等精密仪器造成较严重损坏，不但增加维修维护备件及人工成本，还会影响计量系统计量准确性等生产运行期各类问题。

原则二未考虑用户用气非连续性的情况，目前下游用户以电厂用户、工业用户和城燃企业为主，用气情况受气价、发电量及其用户端需求等原因影响，存在不提气情况。如设置取样口用户不提气，那么在线色谱分析仪所分析的气体为该计量橇前端封存天然气，不满足取样气体具备流动性、代表性的要求，影响相邻计量站场计量系统准确性。

3.3　不同类型计量站场现场取样口设置的建议

3.3.1　仅有上载气点无分输计量站场取样系统数量及开口位置设置的建议

上载气点作为接收上游天然气计量站场均有配置在线色谱分析仪，取样点设置在过滤分离器后计量橇前管线上，对于多上载点计量站场在每座接气计量橇前(过滤分离器后)设置取样点，如各取样点距离较长，可增设在线色谱分析仪以满足对天然气组分和质量监视要求。

图2　站场定期更换过滤分离器的脏污

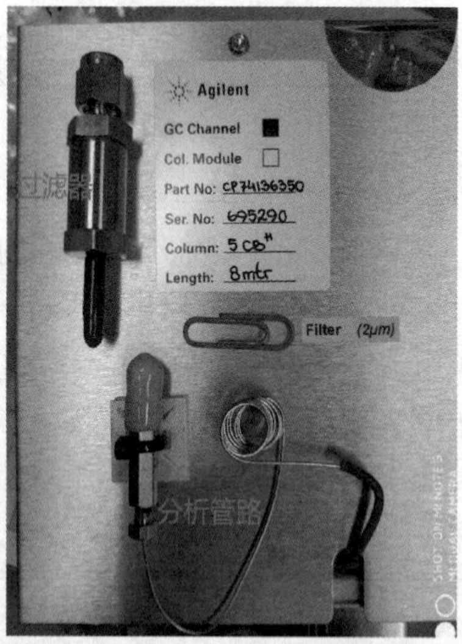

图3　ELSTER 色谱分析仪过滤器和核心部件

3.3.2　单一或多用户分输计量站场取样系统数量及开口位置设置的建议

单一或多用户分输计量站场取样点设置应在每座计量橇前过滤分离器后。单一用户计量站场建议配置在线色谱分析仪；多用户分输站场建议在每个分输计量橇前设置取样口，但如因取样管线长度过长或多路分析周期等待时间过长等原因，对于小口径计量橇也不设取样口，该计量橇组分数据可参考同站较大口径取样分析结果或来气方向计量站色谱数据。

3.3.3　多上载气点且多分输用户计量站场取样系统数量及开口位置设置的建议

多上载气点且多分输用户计量站场因未设置站内混气装置，每日输接气时间段和气量变化基本没有规律，站内气体走向和混气情况犹如黑洞无法掌握，目前在各计量橇前过滤分离器后均设有取样口，但如果各取样点距离较长，还会增设在线色谱分析仪，以满足贸易计量系统准确性要求。

4　同一站场多上载点多分输用户不同取样点设置的必要性分析

为论证同一站场多上载点多分输用户每个计量橇取样口设置的必要性，即多上载气点且多分输用户计量站是否可以由一个分输用户取样分析结果赋值给其他分输用户参与流量计量。本次选取三个气源的某分输计量站实时组分数据，通过声速核查计算方法比对理论声速和实际声速之间的声速偏差情况，以说明取样口设置在每路计量橇前的必要性。

首先介绍一下《气体超声流量计使用中检验声速检验法》(GB/T 30500—2014)中提到的声速核查方法及其技术要求。

声速检验法原理：

通过测量流体的温度、压力和气体组成，利用声速计算软件计算得到工况条件下介质中的计算声速，与在同一条件下流量计的测量声速进行比较，就可以检验流量计测量声速是否准确，从而对流量计测量的声波传播时间进行验证，对流量计的计量性能进行评价。

由原理可知，该方法通过测量温度、压力和气体组成可计算出实际声速。所以当赋值其他计量橇组分参与计算时，其计算出的实际声速和理论声速的偏差范围变化可判断选取的其他计量橇采样组分分析数据对计量系统计算稳定性的影响程度，声速偏差允许范围为±0.2%。为进一步说明“取样口仅可设置在每路计量橇前”的实际使用要求，现对实际站场工况具体分析过程如下：

选用站场实际色谱分析仪分析数据进行分析：

选取站场：某分输计量站；

气源情况：三个方向来气；

用户用气情况：城燃用户24h用气；电厂用户24h用气；

选取数据时间段：2020年5月9日8：00~5月10日8：00，共计24h；

选取数据时间间隔：1min；

选取数据组：分析一支路甲烷、乙烷组分数据；分析二支路甲烷、乙烷组分数据；一组4个数据；

选取数据组数量：共计1440组；

数据分析结果：经筛选分析甲烷含量无偏差的数据仅有20组，具体数据见表3。

表3　两路分析支路甲烷含量偏差数据表

偏差范围(A)	A=0	0.1%≤A<0.2%	0.1%≤A<0.2%	0.2%≤A<0.5%	0.5%≤A<1.0%	1.0%≤A
数据组数	20	394	455	495	66	10
占比	1.4%	27.3%	31.6%	34.4%	4.6%	0.7%

甲烷、乙烷含量微变对在线声速核查的影响见表4。

表4　组分微变对在线声速核查的影响

组分	组分含量1	组分含量2	组分含量3	组分含量4	组分含量5	备注
	正常组分含量	甲烷偏差-0.1%	甲烷偏差-0.2%	甲烷偏差-0.5%	甲烷偏差+0.5%	
甲烷	93.0247	92.9247	92.8247	92.5247	93.5247	含量微变
乙烷	4.5168	4.6168	4.7168	5.0168	4.0168	
氮气	0.4736	0.4736	0.4736	0.4736	0.4736	含量不变
二氧化碳	1.3169	1.3169	1.3169	1.3169	1.3169	
乙烷	4.5168	4.6168	4.7168	5.0168	4.0168	
丙烷	0.5041	0.5041	0.5041	0.5041	0.5041	
异丁烷	0.0709	0.0709	0.0709	0.0709	0.0709	
正丁烷	0.0776	0.0776	0.0776	0.0776	0.0776	
异戊烷	0.0091	0.0091	0.0091	0.0091	0.0091	
声速核查结果	0.10%	0.16%	0.22%	0.41%	-0.20%	结果差异很大
	通过		不通过			

由上述数据可知，甲烷含量偏差大于±0.2%时，会影响声速核查结果，该数据共计571组，占总分析数据的39.7%。换算成时间，即表示一天24h中大概有近10h存在声速核查结果偏差超范围的情况，影响计量系统计算稳定性。

5　结论和建议

5.1　结论

（1）在线色谱分析仪取样系统取样口应设置在计量橇前、过滤分离器后。

（2）单一气源并不是组分固定不变的，而是在一个范围内变化，从能量计量准确性的角度来看，建议每座计量站场均需配置在线色谱分析仪。

（3）多气源混气输送时，应在每座计量站场配置在线色谱分析仪。

（4）多用户分输计量站场各计量橇前均应设有取样口，如取样口距分析仪距离较长，或多路分析周期等待时间过长时，还应增设在线色谱分析仪，以满足能量计量准确性要求。

（5）从工程建设投资角度考虑，多用户分输计量站场小口径计量橇可不设取样口（该计量橇组分数据建议参考同站较大口径取样分析结果或相邻计量站场色谱分析数据）。

5.2 建议

(1) 在未设置在线气相色谱分析仪的计量站，应预留取样接口。

(2) 在线色谱分析仪的取样口应确保取样的代表性，当样气通过取样系统后不应引起组分和含量的变化。

(3) 取样口应设置在易于拆卸的位置，并易于维护人员接近、便于维护维修之处。

(4) 取样口应设置在流体紊流段。取样口不应设在无天然气流动的死角。

(5) 取样管线应配有电伴热。

(6) 未设置在线色谱分析仪的计量站，其计量所需的天然气组分数据应向计量系统赋值的方式。其数据来源应具有代表性，并能根据气体组分的变化率及时予以修正，以保证计量系统的不确定度在允许的范围内。

(7) 典型的数据来源可是与其相邻的站场或其上游进气点的数据。同时应按上述“气相色谱分析仪的设置原则”在此类站场的合适位置预留取样口。该取样口可用于人工取样，亦可在需要时加装在线气相色谱仪。在线色谱分析仪宜安装在预制的分析小屋内，小屋内温度应满足设备运行要求。

(8) 取样管路应尽量短，使滞后时间最小．样品输送系统的滞后时间不宜大于60s。

(9) 取样管材质应采用不锈钢，且不应导致气样组分的改变。

(10) 取样点宜设置在过滤分离器下游。

(11) 同时对于同—站场多分输回路和同—站场即接气又分输的情况应根据需求设多个取样口。

(12) 多气源接入时，取样点与计量系统的管线距离应考虑取样点气样的充分混合。

(13) 取样探头应设置在水平管道的上部，插入深度宜为1/3D，对于DN300口径及以上，插入深度应不超过125mm。高流速、大管径等场合宜设置加强管保护，应核算振动频率避免高速气流引起测温套管的共振。

(14) 导压管与气体分析的取样导管不能共用。

参 考 文 献

[1] 技术标准：全国天然气标准化技术委员会．天然气取样导则．GB/T 13609—2017[S]．北京：中国标准出版社，2018年．

[2] 技术标准：全国天然气标准化技术委员会．天然气自动取样方法．GB/T 30490—2014[S]．北京：中国标准出版社，2014年．

[3] 技术标准：全国石油天然气标准化技术委员会．气体超声流量计使用中检验声速检验法．GB/T 30500—2014[S]．北京：中国标准出版社，2014年．

[4] 谢跃辉．长输管道天然气取样现状及问题分析[J]．石油工业技术监督．2022年，第2期．

[5] 邹伟．长输管道天然气取样现状及问题分析[J]．计量科学与技术．2021年，第7期

作者简介：张盖世(1981—)，女，高级工程师，毕业于中国石油大学(北京)自动化专业，现从事天然气输气站场计量管理工作。电话：15099993318，邮编510710，地址：广州市黄浦区黄埔大道东844号。

基于浙江省天然气流量计实流检定站的控制算法选择及功能设计

苏祥伟[1]　张　宇[1]　沈国良[1]　杨照林[1]

(1. 浙江浙能天然气运行有限公司　浙江杭州　310052)

摘　要　浙江省天然气流量计实流检定站的调试与运行，依托于浙江省级天然气管网。检定站控制系统研究和建设过程中，为实现三级压力流量控制系统精确调节，站控 PLC 与标准装置 PLC 协调控制以及大流量检定点结束造成供气负荷剧烈变化时，快速恢复下游供气流量，本文以浙江省天然气管网成熟的模糊 PI 控制器为基础，结合检定站工况特点，改进模糊算法。调试结果表明：①在实际计量检定过程中，检定系统完全满足检定站顺控检定的压力流量要求，检定点切换稳定可靠；②大流量检定点结束后，控制系统可快速恢复下游正常供气，超调量小。

关键词　功能设计；计量检定；模糊算法

1　引言

浙江天然气省级管网控制系统中，针对压力和流量的控制已完成从传统 PID 控制到模糊增量型 PI 控制的转型。此次，浙江省天然气流量计实流检定站对压力和流量控制精度和稳定性提出了更高的要求。为此，以实流检定站三级调节系统为研究对象，借鉴省级管网成熟的模糊增量型 PI 控制器，在总结各级调节系统被控量特性和调节要求的基础上进行控制算法重新设计和逻辑调整。经过两个月调试，各级调节系统能较好地配合标准装置完成检定作业，符合检定规程要求。

2　浙江省天然气实流检定站概述

2.1　检定站三级调节系统概述

浙江省天然气实流检定站的建设与运行依托于浙江省级管网的春晓站。

春晓站共 7 条 LNG 调压支路，从其一、二、三支路调压阀后取气，依次经过检定台位、标准装置，最后分别从汇管出口阀门返回杭甬线及甬台温线。气源为中海油 LNG 来气，出站排气管线有两条：①杭甬线、②甬台温线。

检定站采用施耐德 MODICON 系列 eH586040 型控制器进行检定中流量压力控制。工艺区设有第一级压力（PV201441、PV201442、PV201443）流量（PV299401）调节系统、第二级压力（PV299101、PV299102）流量（PV299403、PV299404、PV299405）调节系统、第三级流量（PV299502、PV299504、PV299506、PV299508）调节系统和背压（PV299601）调节系统，见图 1。

检定站 PLC 控制第一级压力流量调节、第二级压力流量调节系统。标准装置 PLC 控制第三级流量调节系统。当执行检定作业时，第二级流量调节控制权限由检定站 PLC 切至标准装置 PLC，第二、三级流量调节系统联合完成检定流量精细调节。

其中，检定站利用春晓站 LNG 调压一、二、三支路调阀作为第一级压力调节。日常运行时由春晓站控制，当需要执行检定任务时，控制权限由春晓站切至检定站。

调节功能设计时，根据各级调节要求，以增量型 *PI* 控制为基础，采用模糊算法得出的修正值或修正因子进行 K_p、K_i 参数修正。见图 1。

2.2　上下游气源特性

在 SCADA 系统历史趋势中查询上游中海油 LNG 进站压力，见图 2 和图 3。

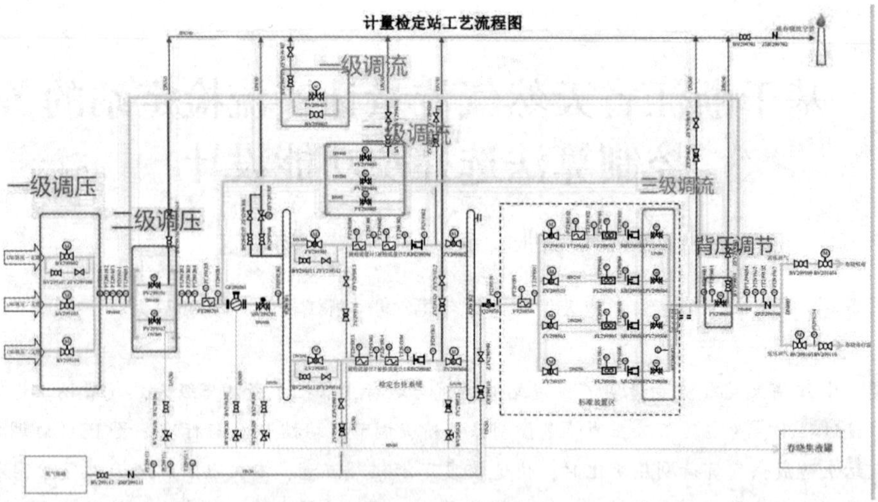

图1　计量检定站工艺流程图

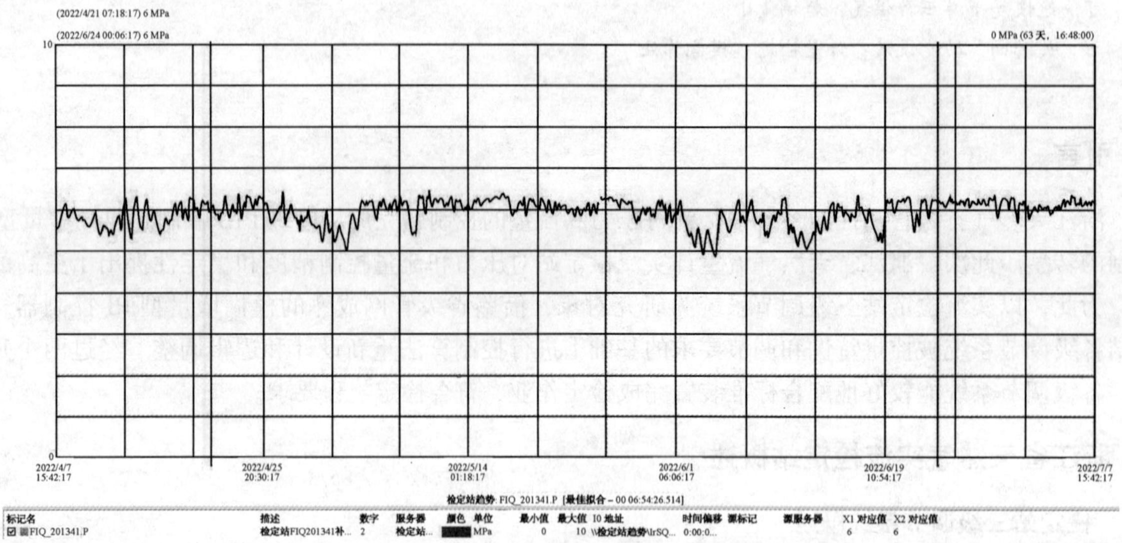

图2　近三月上游 LNG 气源进站压力

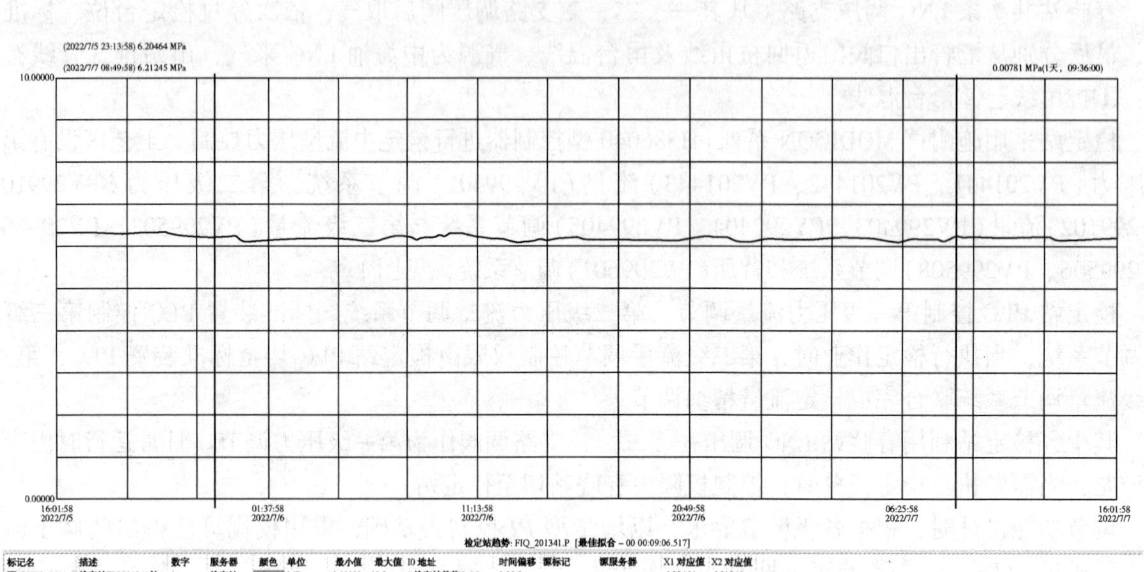

图3　近三日上游 LNG 气源进站压力

对图 2 和图 3 结果进行分析，LNG 气源压力波动范围主要在 5.8~6.3MPa 之间，且波动缓慢。以单台流量计检定 45min 计算，可近似认为检定期间 LNG 压力恒定。由于杭甬线天然气转输流量大，可满足大流量检定需求。目前检定站下游排气选择杭甬线，杭甬线管容量极大，可认为检定过程中，排气压力恒定。

为维持浙江省级管网安全运行，浙江省天然气调度中心控制杭甬线运行压力不得低于 5.6MPa。故检定站前后差压可调区间较小。检定站第一级压力调节和第二级压力调节系统对进入检定台位前压力进行微调修正，尽可能保持较高检定差压。

2.3 检定控制流程概述

执行检定任务时，检定控制流程分以下几步进行：

(1) 检定系统根据检定人员预设的检定压力流量值，自动控制第一、二级调节系统，稳定进入检定台位前压力，调节流量至设定值。

(2) 开始检定，第二级流量调节系统改由标准装置 PLC 控制。标准装置 PLC 开启第三级流量调节阀至 80%开度。根据当前检定点流量，调整第二级流量调节系统，使经标准装置流量略大于当前检定点流量后，调节第三级流量调节阀，精调至检定流量。

(3) 固定第一、二级调节系统阀位，开始检定预跑，直至完成当前检定点。

(4) 标准装置 PLC 选择合适的检定支路组合，继续下一检定点。

(5) 标准装置完成所有检定点后，缓慢关闭第三级流量调阀，交还第二级流量调节系统控制权。检定系统调节第一二级调节系统，恢复下游正常供气压力和流量。

3 各级控制算法的选择与功能设计

3.1 基本模糊算法设计

除第二、三级流量调节外，均选择基本模糊算法为基础进行设计。

根据各调节级实际情况将输入误差 *ER* 分为正大(*PB*)、正中(*PM*)、正小(*PS*)、零(*ZO*)、负小(*NS*)、负中(*NM*)、负大(*NB*)7 个模糊集，输入误差变化值 *EC* 分为正大(*PB*)、零(*ZO*)、负大(*NB*)3 个模糊集。将输出值(K_p、K_i 参数变化量)划分为正大(*PB*)、正中(*PM*)、正小(*PS*)、零(*ZO*)、负小(*NS*)、负中(*NM*)、负大(*NB*)7 个模糊集。

选用如下三角形隶属函数实现 *ER*、*EC* 的模糊化。

$$\mu_{ER}=\begin{cases}\mu_{NB}(x)=-0.5x-0.5, & -3\leqslant x\leqslant -1\\ \mu_{NM}(x)=\begin{cases}x+3, & -3\leqslant x\leqslant -2\\ -0.5x, & -2\leqslant x\leqslant 0\end{cases}\\ \mu_{NS}(x)=\begin{cases}0.5x+1.5, & -3\leqslant x\leqslant -1\\ -0.5x+0.5, & -1\leqslant x\leqslant 1\end{cases}\\ \mu_{ZO}(x)=\begin{cases}0.5x+1, & -2\leqslant x\leqslant 0\\ -0.5x+1, & 0\leqslant x\leqslant 2\end{cases}\\ \mu_{PS}(x)=\begin{cases}0.5x+0.5, & -1\leqslant x\leqslant 1\\ -0.5x+1.5, & 1\leqslant x\leqslant 3\end{cases}\\ \mu_{PM}(x)=\begin{cases}0.5x, & 0\leqslant x\leqslant 2\\ -x+3, & 2\leqslant x\leqslant 3\end{cases}\\ \mu_{PB}(x)=0.5x+0.5, & 1\leqslant x\leqslant 3\end{cases} \tag{1}$$

$$\mu_{EC}=\begin{cases}\mu_{NB}(y)=-y, & -1\leqslant y\leqslant 1\\ \mu_{ZO}(y)=\begin{cases}y+1, & -1\leqslant y\leqslant 0\\ -y+1, & 0\leqslant y\leqslant 1\end{cases}\\ \mu_{PB}(y)=y,\ 0\leqslant y\leqslant 1\end{cases} \tag{2}$$

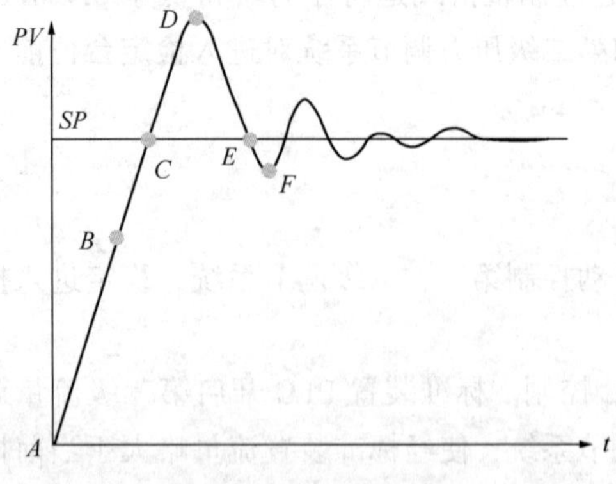

图4　模糊规则示例图

根据省级管网压力流量调试经验设计模糊规则，模糊规则设计标准见图4。

A-B 段：积分小，比例大，靠比例过渡；*B-C* 段：积分大，比例中，快速将积分累积到调节目标位，并通过比例的收敛作用，应对超调；*C-D* 段：积分小，比例大，降低欠调，通过比例过度；*D-E* 段：比例中至小，积分中至大，快速消除静差；*E-F* 段：比例中，积分中，稳定、消差、快速响应。对于压力和流量控制目标和特性，分别制定相应的模糊规则 PLC 控制器计算时，其中模糊推理分以下几步进行：

(1) 将当前 *ER* 和 *EC* 分别代入所属的隶属度函数，求出相应的隶属度。

(2) 根据求得的隶属度，匹配并触发模糊规则。

(3) 将触发的模糊规则进行“与”运算，输出推理结果的并集。

推理结果需要进行反模糊化，才能得到精准的推理结果。常用的反模糊化有3种：最大隶属度法、重心法、加权平均法。本检定站在去模糊化过程中，采用重心法，计算隶属度函数曲线与横坐标围城面积重心作为模糊推理的最终输出值。

$$v_0=\frac{\int_V v\mu_v(v)\,\mathrm{d}v}{\int_V \mu_v(v)\,\mathrm{d}v} \tag{3}$$

最后通过得到修正值，对 PI 参数分别进行修正，得到最终参数：

$$K_p=K_{p0}+\Delta K_p \tag{4}$$

$$K_i=K_{i0}+\Delta K_i \tag{5}$$

式(3)中 V 为论域，$v\in V$，$\mu_v(v)$ 为隶属度函数，v_0 为重心在 x 轴上的坐标；式(4)~式(5)中 K_{P0} 为比例系数基础值，ΔK_p 为比例系数修正值，K_{i0} 为积分系数基础值，ΔK_i 为积分系数修正值。

3.2　调压控制器模糊算法调整

通过1.2上下游气源特性分析，检定站在检定过程中，气源压力与排气压力波动缓慢，基本稳定。为保持较高的检定差压，第一、二级压力调节系统对进入检定台位前压力进行微调修正，尽可能保持较高检定差压。调试中，对 PI 曲线的实际追踪过程中，发现误差和相应的误差变化率常处于正小、零和负小，对应图4中 *D-E-F* 段。此时，控制比例中至小，积分中至大，主要靠积分作用消除静差。

当误差为正小时，若误差变化为负，这时误差有减小趋势，系统趋于稳态，为保持稳态，控制量取正小并逐渐趋于0，若误差变化为正，这时误差有增大趋势，系统将进入超调阶段，控制量由正小向负小转变。当误差为负小时，若误差变化为负，这时误差有减小趋势，系统趋于稳态，为保持稳态，控制量取负小并逐渐趋于0，若误差变化为正，这时误差有增大趋势，系统将进入超调阶段，控制量由负小向正小转变。

经过多次测试，仅保留压力调节控制器中 K_i 模糊推理部分，取消了 K_p 计算部分，并将模糊推理结果以修正系数形式给出，比例修正系数取积分修正系数的平方。

$$K_i=K_{i0}\times K_{ki} \tag{6}$$

$$K_{pi}=K_{ki}^{2} \tag{7}$$

$$K_{p}=K_{p0}\times K_{pi} \tag{8}$$

式(6)~式(8)中，K_{ki}为积分修正系数，K_{pi}为比例修正系数。

3.3 第二级流量调节功能设计

第二级流量调节系统由三个不同口径(DN400、DN200、DN80)调节阀组成。非检定状态时，由检定站站控 PLC 控制，调节下游供气流量；执行检定作业时，由标准装置 PLC 控制，与第三级流量调节系统协调控制检定流量。故设计该级调节算法时，需考虑以下两方面：①检定结束后，迅速恢复下游供气流量；②配合三级调流精调至当前检定点流量。

第二级的流量调节采用区间划分法结合步进-阻尼进行控制，根据不同的工况选择不同口径的阀门参与调节，其次对每个阀门设定有一组参数，用于其自身进行调节，满足特定工况需求。根据识别不同 PLC 指令，计算流量误差范围，控制器中设置了不同步进速率。例如，完成大流量检定点后，流量误差超过高限，控制器选择 DN400 调节阀快开，应对欠调；检定过程中，控制器计算误差值，选择适合口径调节阀和步进速率，稳步调节检定流量，减少超调。

3.4 第三级流量调节功能设计

第三级的流量调节采用传统的 PID 控制。同时使用区间划分法选择相应检定支路组合。流量范围被划分为(0~250)m^3/h，(250~2700)m^3/h，(2700~5400)m^3/h，(5400~8000)m^3/h 四个区间，根据不同检定点，自动选择 DN250 和 DN80 检定支路组合参与检定。流量计检定规程规定，检定过程中流量波动范围不得超过 5%。检定开始后，为保证检定流量的稳定性，固定三级调节系统所有调节阀阀位，同时故给予第三级流量调节系统±3%死区，减少调节阀动作频率以及检定过程中阀位变化引入的扰动。

检定结束后，缓慢关闭第三级流量调节阀，给予第二级流量调节足够调整时间，快速恢复下游供气流量。

4 实际应用测试

2022 年 3 月将全套控制系统投入检定场后，从检定顺控流程、大流量检定点结束后支路切换抗扰动性 2 个实际需求方向进行应用和分析。

检定顺控测试结果如图 5 所示。第二级流量调节系统粗调至目标检定点流量，由第三级流量调节负责精调。检定过程中，流量稳定，较好地满足了检定规程要求。

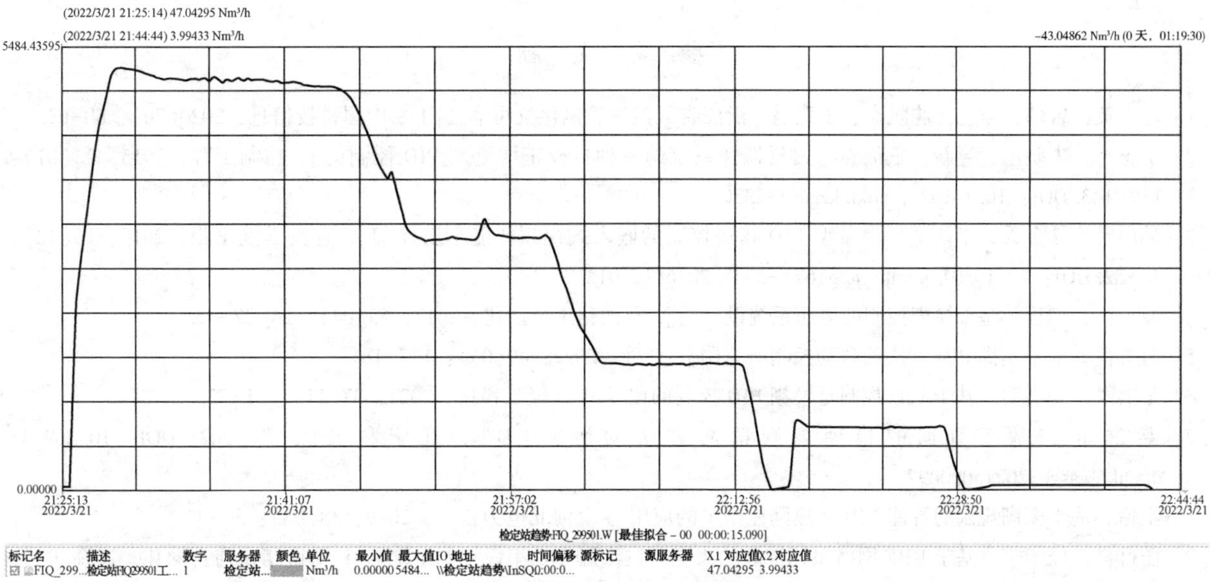

图 5 检定顺控效果图

大流量检定点结束后，关闭第三级流量调节阀，开启第二级流量调节阀过程，实际是二级调流支路对检定支路进行调节补偿。实际测试，在进行 5000m³/h 检定点时，二级调流阀均为关闭状态，测试结果见图 6。分析图 6 可知，在 *T*1 时刻，三级流量调节阀开始关闭，二级流量调节阀开始开启，受限于管容、二级流量调节阀开阀速度等因素供气总流量不可避免地进入欠调状态。经过 5470m³/h 的最大欠调，128s 的调整，到 *T*2 时刻，二级调流支路基本恢复了对下游正常供气流量，且最大超调控制在 12%左右，实现了下游供气的平稳切换。

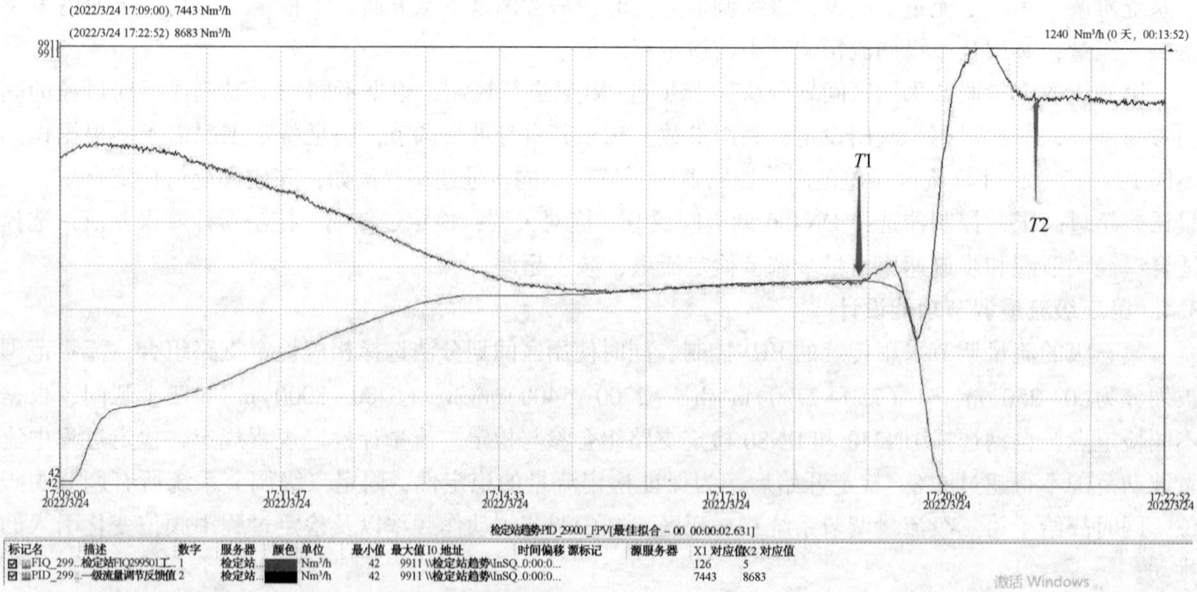

图 6　大流量检定点结束恢复供气效果图

5　结语

通过将省级管网压力流量调节经验转化成模糊控制器，应用于天然气流量计实流检定过程中，提高了压力稳定，流量调节的效率。对检定站上下游气源进行分析，考虑各级调节系统承担的任务和调节目标，设计了适用于检定实践，同时保障省级管网安全运行的三级调节系统控制器。整个检定过程全自动调节压力、流量、数据采集和计算，不仅减轻了人工调节强度、缩短了检定周期，还简化了操作流程，提高了检定效率和可靠性。

参　考　文　献

[1] 韩士英，曾伟，章艺，沈凯杰，王武昌．浙江省天然气管网供气可靠性[J]．中国科技信息，2020(20)：60-62.

[2] 王志杰，朱晓星，寻新，王伯春．迟延惯性系统的一种自校正增量型 PID 控制[J]．控制工程，2015，22(01)：139-143. DOI：10. 14107/j. cnki. kzgc. 132330.

[3] 吴房胜，徐金秀，李如平．增量型 PID 算法控制的嵌入式视频智能车设计[J]．宜宾学院学报，2016，16(12)：48-52. DOI：10. 19504/j. cnki. issn1671-5365. 2016. 12. 012.

[4] 谭小路，谭程．基于模糊控制的调压系统设计[J]．石油化工自动化，2017，53(04)：26-27+32.

[5] 何昕雷．基于模糊 PID 算法的自动控制研究[J]．粘接，2022，49(03)：177-181.

[6] 张洪凯，姜明明．基于 PID 控制与模糊 PID 控制的比较[J]．轻工科技，2021，37(11)：71-73.

[7] 聂琳琳．基于数据的模糊规则精简方法的研究[D]．辽宁科技大学，2021. DOI：10. 26923/d. cnki. gasgc. 2021. 000097.

[8] 张怡．基于模糊规则的智能 PID 在热网控制中的应用[J]．河北电力技术，2019，38(03)：30-33.

[9] 杨科科，任宁宁．基于 RBF 网络模糊推理的火电厂主汽温 PID 串级控制系统[J]．精密制造与自动化，2021(04)：22-26. DOI：10. 16371/j. cnki. issn1009-962x. 2021. 04. 006.

[10] 智德．机器人关节驱动器变物理阻尼控制方法研究[D]．天津工业大学，2019.

[11] 王树祺，姜念琛，闫峰，赵晓鹰，王健，张舒，高小永，殷卫兵．基于前馈—反馈控制的天然气分输站场控制及前馈控制率自适应方法[J]．计算机测量与控制，2020，28(06)：66-69+75. DOI：10.16526/j.cnki.11-4762/tp.2020.06.014.

[12] 周函，黄芳渔．天然气长输管道调压系统控制优化探讨[J]．中国石油和化工标准与质量，2020，40(10)：30-31.

[13] 刘功银，葛芸芸，严小永．西气东输二线天然气分输控制的探讨与优化[J]．仪器仪表用户，2016，23(10)：31-33.

作者简介：苏祥伟(1986—)，男，计量中心负责人，研究生毕业于浙江大学电工理论与新技术专业，现从事天然气计量管理工作。电话：18968007009，邮编：310051，通信地址：浙江省杭州市滨盛路1751号浙能第二大厦。

优秀奖

石化企业计量数据集成分析系统的设计与实现

于小帆　侯士超

（昆仑数智科技有限责任公司　北京　102200）

摘　要　石化企业的计量点一般孤立分散、自成一体，且计量数据的采集、处理、统计、存档等大多仍是手工操作，造成数据采集困难、传送不及时、数据准确率低及数据不完整等问题，使计量管理人员不能及时准确地分析处理计量数据，很难为企业管理层及时发现问题并优化生产提供依据。本文针对石化企业计量管理业务涉及的汽车、火车、轨道衡等各个计量子系统各自独立，数据不共享的问题提出了计量数据集成分析系统的总体设计思路，并提出了功能模块和应用系统的设计方案。该应用系统打破了企业各个计量业务系统之间“数据孤岛”的状态，挖掘计量业务数据价值，促进企业计量管理业务的数字化发展。

关键词　计量数据；数采；集成；分析

1　引言

计量管理业务是石化企业生产管理诸多环节当中，一个重要的组成部分。计量产生的各项数据，是企业进行优化生产管理、实现物料平衡的基础。但是长期以来，我国石化企业计量数据的采集、处理、传送、统计、存档等环节，很多仍然是采用手工抄写或计算机单机录入的操作模式，且企业生产厂的计量点基本上都是孤立分散、自成一体的，这就造成数据传送困难、不及时，数据准确率低、不完整等问题。其中的共用数据需要调度、协调或以票据形式传递，月底对当月发生的进出厂票据进行核实，然后再对数据汇总完成各式报表，同时，能耗管理和库存管理也同样要处理大量数据。完成所需的日月报表，耗费了大量的时间和人工，大大地影响了企业劳动效率，最终影响了企业的运营效率与总体效益。比如在前期调研中发现计量业务系统这块内容中石油集团公司炼化板块没有统建项目统一规划建设过，下属的各家炼化企业都是早期自建系统来支撑业务运行，早期建设的系统都是分散独立的，没有一个统一的集成平台。

因此，石化企业需要建设统一的计量数据管理平台，多角度展现计量数据情况，提供计量数据的预警、对比和分析，实现计量数据报表的一键生成和打印，满足公司计量业务规范管理的要求，实现计量数据的标准化管理，为生产经营管理提供准确、及时、翔实的计量数据，进一步完善计量手段，提高企业效益。

2　总体架构设计及功能实现

2.1　总体设计思路

计量数据集成分析系统将石化企业计量工作的数据采集、处理、储存、传输、统计、报表等各个管理环节有机地整合在一起，综合考虑计量业务的效益关键点，设计出相关功能模块。计量数据集成分析系统以石化企业计量业务数据为核心，通过安全可靠的数采网络，搭建统一的计量业务数据集成平台，充分挖掘计量业务数据价值，指导生产经营。

2.2　总体架构设计

整体系统共分为两层进行建设（见图 1），上层为办公网层的计量数据集成分析系统，为 B/S 模式，采用微服务 SpringBoot 架构。

下层为生产网的数采系统，数采对象包括汽车定量装车系统、智能称重系统、大鹤管定量装车系统、小鹤管定量装车系统、轨道衡称重系统等。办公网层的计量数据集成分析系统和生产网的各系统之间通过网闸实现数据的安全采集。

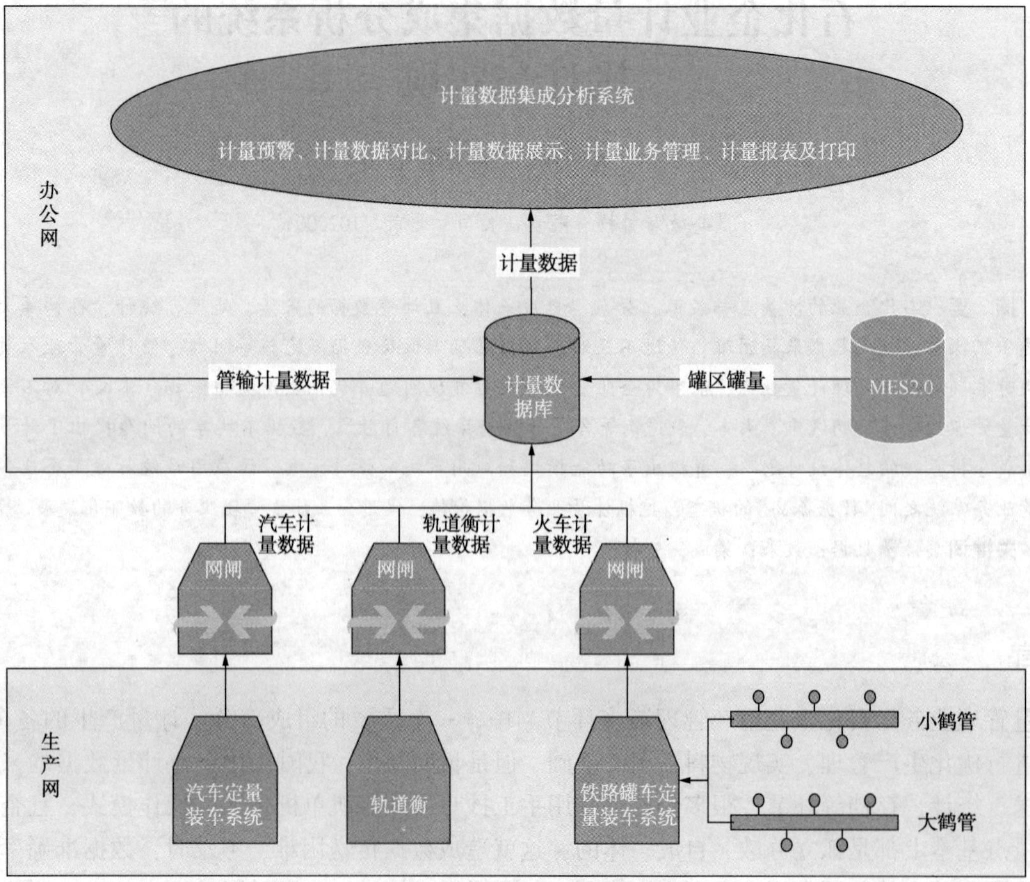

图1　计量数据集成分析系统总体架构

2.3　功能实现

计量数集成分析系统主要完成对计量数据的统一集成、展示、分析比对、预警等，充分挖掘计量数据价值，为企业经营管理者提供及时准确的计量数据及分析预警，为生产经营提供决策依据。企业计量管理需要集成的计量数据包括：

轨道衡系统：集成轨道衡的过衡时间、车号、过衡速度和皮重等信息。

汽车定量装车系统：集成汽车定量装车系统中的计量信息数据，包含汽车衡空车秤、重车秤、定量装车计量数据。

销售信息平台：根据用户提供数据获取销售信息平台的计量结算数据信息。

铁路罐车定量装车系统：大、小鹤管的上位机数据库装车业务数据信息接入并集成至计量数据集成分析系统。

管输进出厂信息：管输信息包含原油及天然气管输进厂信息以及成品油(汽油、柴油等管输)出厂信息。

总体功能构成如图2所示。

下面分别对管输进出厂管理、汽车装车预警、火车装车预警、轨道衡计量数据比对、汽车装车计量仪表分析、铁路罐车装车数据比对、铁路罐车装车计量仪表分析等13项核心功能实现进行说明。

(1) 管输进出厂管理功能

对石化企业现有管输进出厂数据进行管理，涵盖企业原油、天然气等管输进厂数据及成品油(汽油、柴油等管输)出厂信息。原油管输进厂及天然气进厂数据自动采集或者系统提供数据录入及维护通道，并提供对计算量的维护及确认管理业务。

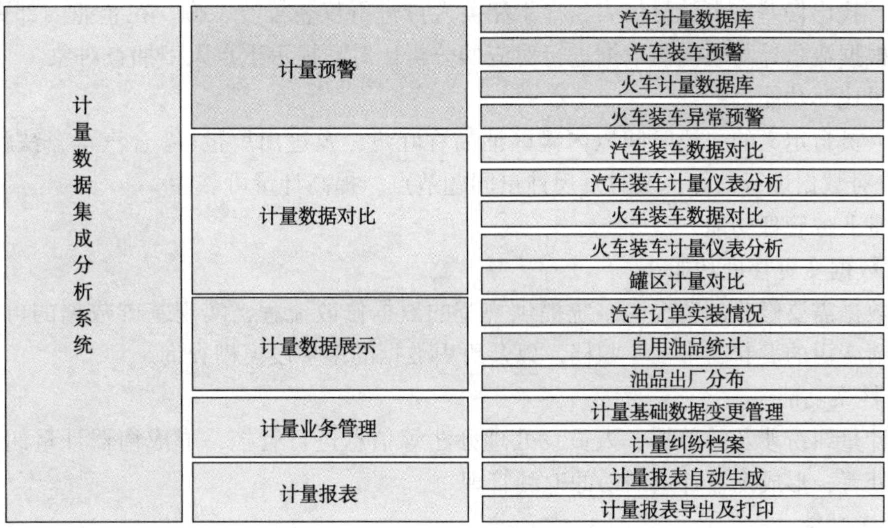

图 2 计量数据集成分析系统功能构成

(2) 汽车装车预警功能

对有违规记录的车辆进行预警提醒，汽车定量装车数据与衡器计量数据差异报警、汽车预装量与实际量差异预警。对销售信息平台中已存车辆违规具备管理功能，从销售信息平台系统中获取违规车辆信息，支撑违规车辆报警功能，对于有违规记录的车辆进行入厂时，系统需要提示报警信息，提醒装车人员重点关注。系统对汽车衡单车预装量超一定限额的车辆进行提示，对于流量计与装车量数据偏差较大的车辆同样进行提示。

(3) 火车装车预警功能

对罐车车号、车型、标记载重、标记容积等静态数据生成数据库，系统支持对数据库的维护及查询。通过轨道衡过衡生成的关系数据，与铁路罐车数据库数据进行对比分析，对车号扫描标记载重异常的数据提出报警，提醒装车人员，防止预装量超出标准值发生溢油事故。

通过对车型的比对，对轨道衡测量的罐车皮重数据进行检测，对于超出正常范围质量的数据进行提示预警，提示装车人员对罐车进行开关注，防止罐中原剩余油品对产品形成污染或超出预装量造成事故。对容易出现计量纠纷的罐车再次出现时，进行预警，提醒操作人员重点关注。

(4) 轨道衡计量数据比对功能

通过轨道衡过衡生成的关系数据，与铁路罐车数据库数据进行对比分析，对车号扫描标记载重及标记容积异常的数据提出报警，提醒装车人员，防止预装量超出标准值发生溢油事故。对于超出正常范围质量的数据进行提示预警(系统支持预设预警阈值)，提示装车人员对罐车进行关注，防止罐中原剩余油品对产品形成污染或超出预装量造成事故。对容易出现计量纠纷的罐车再次出现时，进行预警，提醒操作人员重点关注。

(5) 汽车装车计量仪表分析功能

以汽车衡比对数据为准，对一段时间内相应装车流量计的仪表进行统计，对仪表剂量偏差较大的仪表，提示仪表是否需要校准。

(6) 铁路罐车装车数据比对功能

系统对轨道衡数据、人员检尺数据、鹤位流量计数据，三方数据进行自动比较，找出人工检尺的异常值进行提示，操作人员根据实际情况决定是否进行开罐及确认测量。系统支持对比阈值可调。例如：其中一方数据为零(小于某个阈值就可以认为是零，这个阈值可以根据实际在系统中由系统管理员设定)，取消其他两方数据与之比对，减少不必要的报警。其中人员检尺数据录入系统后，计量管理系统进行罐量计算，将取得的结果自动带入衡器数据库系统进行比对分析。

(7) 铁路罐车装车计量仪表分析功能

综合轨道衡数据、人员检尺数据、鹤位流量计数据三方数据，系统对一段时间的各鹤位装车流量计数据进行分析，找出偏差较大计量仪表，提示相关人员进行仪表校验工作。在企业内部更新结算标准后，系统主要根据流量计与轨道衡数据进行对应的分析比对，提示重点人工抽查对象。

(8) 罐区计量比对功能

系统对现场人员自定义的一段时间以内罐区油品吞吐量，及进出厂量(综合汽车、铁路罐车及管输量)进行比对，对数据进行核算，及时发现计量问题节点，提高计量可靠性。

(9) 衡器计量业务管理功能

① 计量基础数据变更管理功能

对于已结算数据需要修改的情况，系统提供规范的数据修改流程，实现基础数据的可追溯管理，系统实现对该申请变更的发起、审批、归档，以及历史数据的多字段模糊查询。

② 计量纠纷档案功能

对于有衡器计量纠纷涉及的单据、人员、处理办法等信息进行管控，形成衡器计量纠纷档案库，指导后续纠纷的处置，形成衡器计量纠纷的追溯管理。

(10) 计量报表功能

系统按用户要求自动生成各种所需的报表。系统维护人员可以使用系统报表工具对报表的内容和格式进行调整。报表自动生成功能：可以配置数据获取逻辑函数，一键生成数据报表。数据存储：报表生成后，报表数据存储在服务器上，供业务人员查询访问。报表包括衡器统计报表、汽车成品油发货计量单、铁路罐车计量单等报表。

(11) 用户权限管理功能

限制用户对系统的功能菜单具有不同的访问权限和数据权限。

(12) 计量数据汇总功能

在计量数据集成分析系统中实现系统相关计量业务数据的统计与展示，结合图形化手段直观展示主要进出厂业务数据。出厂数据的汇总需要筛除自用油品。同时，有关系统计量业务的人工录入数也需要在系统中进行集中录入。

(13) 计量数据对外发布

计量数据集成分析系统中，预留支持外部系统接口，对企业其他必要应用公布进出厂计量数据，以标准的形式对外发布。

3 数据采集及网络安全设计与实现

3.1 数据采集

数据采集主要使用数采工业网闸，数采网闸使用产品为力控华康 psafetylink v3.0 PSL-A1082，其主要功能及参数指标如下。机架型，“2+1”双主机架构，内网与外网各 4 个千兆自适应业务接口，支持软件、硬件看门狗，支持电源冗余，支持双机热备；支持 MySQL、Oracle、SQLServer 等数据库，支持同种数据库同步、异种数据库同步；控制侧提供标准 OPCclient，信息侧提供标准 OPCserver，能够同时采集 2～4 套 OPC 数据；支持通用工业协议，OPC、Modbus、CDT、IEC101/104、DLT645、DNP3，支持西门子、三菱、GE、AB、欧姆龙等主流控制系统厂商协议；支持 HTTP/SMTP/TELNET/POP3 等网络协议操作控制、关键字控制。

根据企业现场实际情况，需要进行数据采集的系统包含：铁路罐车定量装车系统数据，轨道衡系统数据以及汽车衡三部分数据。并且此三部分系统地理分布位置一般较为分散，设计方案计划通过带数采功能的工业网闸，对铁路罐车定量装车系统数据库、轨道衡数据库以及汽车定量装车系统数据库进行数据同步，将数据同步至计量数据集成分析系统数据库中，作为基础数据进行管理。通过工业网闸，可以实现对三个系统关系型数据的单向采集，实现石化公司生产网与办公网的物理隔离要求，提高现场系统安全防护能力。

3.2 网络安全

网络安全方面采用工业网闸，工业网闸与防火墙等网络安全设备本质不同的地方是它阻断网络的直接连接，只完成特定工业应用数据的交换。由于没有了网络的连接，攻击就没有了载体，如同网络的“物理隔离”。由于目前的安全技术，无论防火墙、UTM 等防护系统都不能保证攻击的一定阻断，入侵检测等监控系统也不能保证入侵行为完全捕获，所以最安全的方式就是物理的分开。

工业网闸通过内部的双独立主机系统，分别接入到控制网络和信息网络，双主机之间通过专用硬件装置连接，从物理层上断开了控制网和办公网的直接网络连接。见图 3。

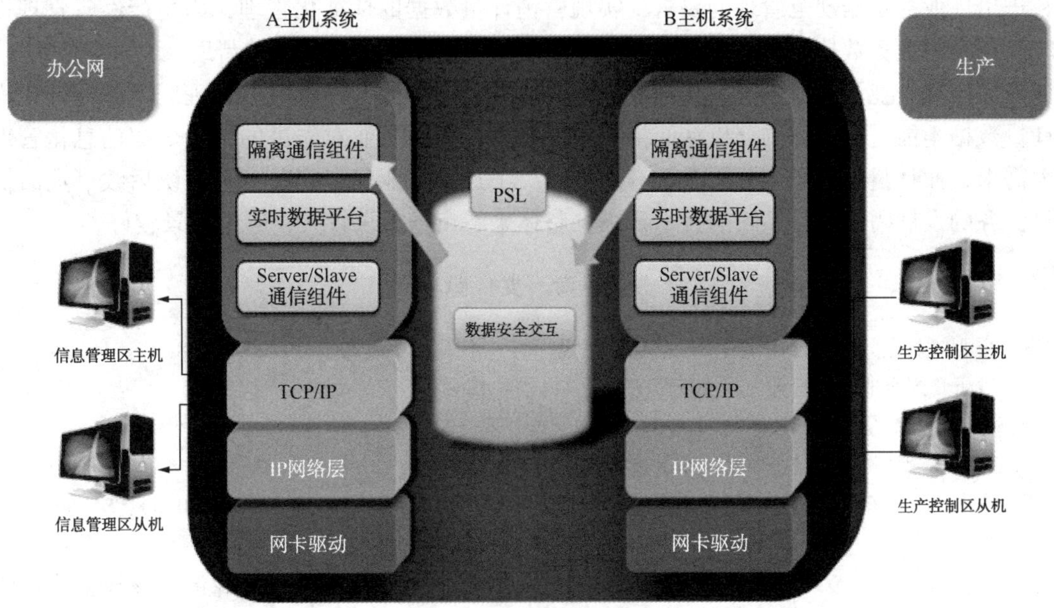

图 3　工业网闸网络结构图

4　应用情况

计量业务数据集成分析系统实现了公司的计量数据的集中统一、网络信息化管理，提高了计量及时性和准确性，为公司计量精细化管理提供有力支撑。该系统相较于市场上同类系统，将管输业务、公路业务、铁路业务的计量数据进行标准化处理，统一标准发布，做到数出一家，在一个集成系统上集中展示和统计分析，打破了原先各个计量业务系统数据孤岛的状态，避免了因数据标准不一致导致的计量纠纷问题，对提高企业计量业务运行效率，促进企业精细化管理意义重大，实实在在解决了以下企业计量业务管理过程中的痛点：

(1) 计量管理很多业务还需要线下传递纸质单据，人工抄录数据，容易出错，人员劳动强度大。

(2) 汽车、火车、轨道衡等各个装车系统及计量业务系统各自独立，数据计量口径和标准不一，同时存在数据孤岛现象，数据无法集成共享，发挥数据价值。

(3) 计量业务数据存在数据准确性差、统一性差。同时人为干预环节多，容易造成管理上的漏洞。

在系统实际应用过程中，宁夏石化根据计量业务发展需要建设计量数据集成分析系统，系统上线应用一年多以来实现了公司管输、公路、铁路业务计量数据的集成分析，实现计量数据的统一标准化管理，为生产经营管理提供准确、及时、翔实的业务数据；实现计量业务系统各个流程环节的有效对接，打破数据孤岛状态，数据互通互联；进行计量数据全面融合统计分析，积累数据资产，挖掘数据价值从而指导生产经营，极大地促进了公司计量管理的数字化发展。

5 结论

计量业务数据集成分析系统通过为企业搭建计量业务数据的数采网络，将各个计量业务环节产生的计量数据进行集成管理，标准化处理，统一发布，彻底解决了线下或者分散统计各个计量业务数据的问题，极大降低人员劳动强度和重复劳动，实现了企业所有计量业务数据可在一个集成系统上进行查询、统计展示、分析、对比，并对计量业务数据进行智能化分析，将分析结果用以对计量业务运行的预警提醒，帮助计量业务管理人员快速找到问题所在，立即决策；并且满足企业对计量、营销、产品、原料进出厂业务数据规范管理的要求，实现营销计量数据的标准化管理，为生产经营管理提供准确、及时、翔实的业务数据，提高企业效益，为生产运营决策提供了极大的帮助。

目前国内石化企业计量业务现状普遍存在计量业务数据分散，计量数据管理线上化标准化程度不高，对计量数据不能进行很好的分析从而指导生产经营，因此企业对先进的计量数据信息化管理系统有着较大需求，而计量数据集成分析系统有效地解决了这一企业痛点问题，且系统后续可灵活快捷的根据计量业务的发展需求进行不断的技术升级，整体来看市场需求较大，应用前景较好。

参 考 文 献

[1] 李宝安. 企业效益点分析与石化计量管理信息系统设计[J]. 计算机工程与设计，2007，28(2)：440-442.
[2] 任金生. 浅析我国企业计量管理[J]. 知识经济，2011(7)：156.
[3] 张海青. 浅析企业计量管理的改革与创新[J]. 机械管理开发，2011(4)：145-146.
[4] 王珂，邵瑾. 浅谈计量管理在企业发展中的重要性[J]. 科技与创新，2017(14)：2.
[5] 柴成博，李湛. 兰州石化计量信息管理平台的设计与应用[J]. 中国管理信息化，2017，20(5)：84-86.

作者简介：于小帆(1991—)，男，助理工程师，陕西科技大学，现从事石化企业计量管理业务的数字化转型研究工作。电话：15029946087，邮编：102200，通信地址：北京市昌平区沙河镇西沙屯中国石油创新基地 A12-B1 座 1012 室。

卡光杆式综合测试仪载荷校准误差影响因素分析

刘立　宁爽

（大庆油田有限责任公司测试技术服务分公司　黑龙江大庆　163414）

摘　要　针对卡光杆式综合测试仪载荷校准过程中，仪器校准位置选定及标准光杆采样体选择不合理而造成的校准不合格问题，采取“两点法”标定、极差计算法，在25.4mm、28mm、32mm三种直径的标准光杆的五个不同位置，统计分析标准光杆直径形变量ΔD的校准误差影响因素，生成正比例函数标定（刻度）方程；采取“多点法”检定、相对误差计算法，统计分析三种标准光杆直径D的校准误差影响因素，生成检定方程，通过标定方程与检定方程的误差修正，以达到理想校准结果。统计分析结果表明三种直径的标准光杆形变量ΔD在光杆中点处，所测绝对误差最大，线性分布最好，采集值稳定；直径为25.4mm的标准光杆，所测载荷准确度最高，是最优参照采集体。通过优选综合测试仪卡光杆位置及标准光杆规格型号，有效减少光杆材质、光杆直径对光杆直径形变量的影响，为保证卡光杆式综合测试仪测量结果的稳定性、准确性，提供可参考依据。

关键词　卡光杆式综合测试仪；标准光杆；载荷；校准；误差

1　引言

抽油机井综合测试仪是主要用于示功图测试的仪器，目前主要有卡光杆式综合测试仪和压载式综合测试仪。由于压载式综合测试仪现场操作繁琐，安全性低，因此，卡光杆式综合测试仪逐渐取代压载式综合测试仪。卡光杆式综合测试仪校准装置标准光杆作为载荷形变量的采集体，而被校准综合测试仪载荷传感器载荷误差影响因素与所选用标准光杆的材质、直径、直径形变量有关。卡光杆式综合测试仪载荷传感器在实际校准过程中，由于人为因素，所选卡光杆的位置不同及所选取的标准光杆直径不同，极大影响测量结果的稳定性及准确性。为了有效减少被校准综合测试仪卡光杆位置及标准光杆直径选定对载荷量值传递结果的影响，有必要开展相关试验及验证，对提高卡光杆式综合测试仪载荷测量结果稳定性、准确性有着至关重要的意义。

2　综合测试仪载荷测量原理

卡光杆式综合测试仪载荷传感器用于测量光杆负荷的变化。当抽油机工作时，抽油杆受力，抽油杆直径发生变化，会造成抽油杆形变，导致载荷传感器产生伸缩，从而造成载荷传感器电阻阻值的变化，利用抽油杆横向线性应变所产生的电信号，即可测试抽油杆载荷大小，其原理公式见式(1)。

$$F=\frac{\Delta D\cdot S\cdot E}{D\cdot \nu}=\frac{\pi\cdot\Delta D\cdot D\cdot E}{4\nu}\tag{1}$$

式中　F——垂直作用在抽油杆横截面上的载荷，kN；

ΔD——抽油杆形变量，m；

S——抽油杆横截面面积，m^2；

E——杨氏模量，Pa；

D——抽油杆直径，m；

ν——泊松比，无量纲。

根据综合测试仪的测量原理，采用电桥结构测量载荷值。载荷值是整个抽油杆两端通过载荷传感器产生电信号的电压差，也是综合测试仪前端传感器的电压。在载荷测量过程中，首先通过机械放大，再通过电路放大，将电信号转为数字信号，并将载荷数字化且在主机中用AD值表示出来。综合测试仪校准装置载荷校准单元通过设定载荷和已加载标准载荷相比较，得到控制误差，控制误差输入主机进行分析处理、修正，直到控制误差小于门限误差，最终使标准载荷等于设定载荷。经过几组测试后，将这一系列的数据转换为载荷的系数，此时记录实测载荷示值，与相应的标准载荷值对比，计算出实际的载荷误差，来确定载荷传感器是否能正常工作。

3 综合测试仪载荷校准误差影响因素分析

卡光杆式综合测试仪(以下简称综合测试仪)在校准过程中，当标准光杆材质与抽油杆材质相同时，与光杆材质相关的杨氏模量 E 和泊松比 v 就是一定的，见式(1)。因此，综合测试仪载荷传感器载荷校准误差影响因素主要取决于标准光杆的直径形变量 ΔD 和直径 D 。

3.1 综合测试仪采集体形变量 ΔD 的误差分析

在综合测试仪校准时，目前载荷校准单元所采用的标准光杆具有 25.4mm、28mm、32mm 三种直径。在相同环境下，分别选定一种型号规格的标准光杆，测试综合测试仪卡光杆不同位置对载荷测量准确度的影响。将一定长度的标准光杆的中点设为“ *0*”点，并以“ *0*”点为基准，向上 5cm、10cm 以及向下 5cm、10cm 处作为综合测试仪所卡光杆位置，每个位置做三个循环的测试。综合测试仪实际校准过程中，采用“两点法”标定，即在仪器载荷校准范围内，选取最小载荷值及最大载荷值两个设定值，在不同卡光杆位置分别加载这两个设定值，观察实测 *AD* 值的变化。以 25.4mm 标准光杆为例，选取 20kN、140kN 两个设定载荷值，进行标定，其实测 *AD* 值，见表 1。

表 1 综合测试仪“两点法”载荷标定实测 *AD* 值统计表(25.4mm 标准光杆)

卡光杆位置	标准载荷值	第一循环		第二循环		第三循环			
		上行	下行	上行	下行	上行	下行	上行平均值	下行平均值
+10cm	20kN	1432	1442	1436	1442	1436	1444	1435	1443
	140kN	2370	2370	2374	2370	2372	2372	2372	2371
+5cm	20kN	1352	1370	1364	1374	1336	1374	1351	1373
	140kN	2290	2290	2298	2298	2298	2298	2295	2295
0cm	20kN	1336	1346	1342	1346	1342	1344	1340	1345
	140kN	2272	2272	2274	2274	2274	2274	2273	2273
-5cm	20kN	1416	1428	1416	1428	1416	1426	1416	1427
	140kN	2346	2346	2354	2350	2350	2350	2350	2349
-10cm	20kN	1372	1392	1386	1398	1392	1402	1383	1397
	140kN	2318	2318	2326	2326	2330	2330	2325	2325

由表 1 可以得到 25.4mm 标准光杆在分别加载 20kN、140kN 两个设定值时，其实测 *AD* 值对比图，如图 1、图 2 所示。

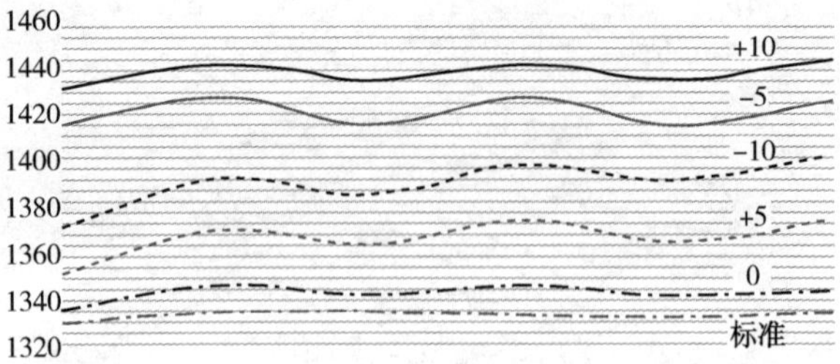

图 1 25.4mm 标准光杆加载 20kN 载荷实测 *AD* 值对比图

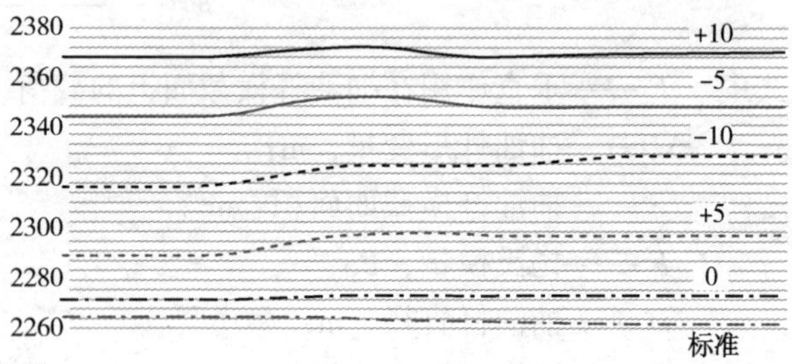

图 2 25.4mm 标准光杆加载 140kN 载荷实测 *AD* 值对比图

按表 1、图 1、图 2 的统计方法，分别在直径为 28mm、32mm 标准光杆的五个不同位置，也采用“两点法”标定，这两种不同直径标准光杆所测载荷标定数据的规律及趋势图，均与 25.4mm 标准光杆所呈现的表 1、图 1、图 2 类似。

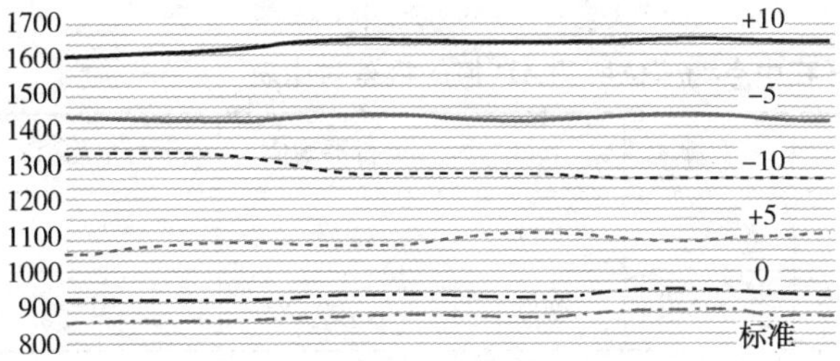

图 3　28mm 标准光杆加载 20kN 载荷实测 *AD* 值对比图

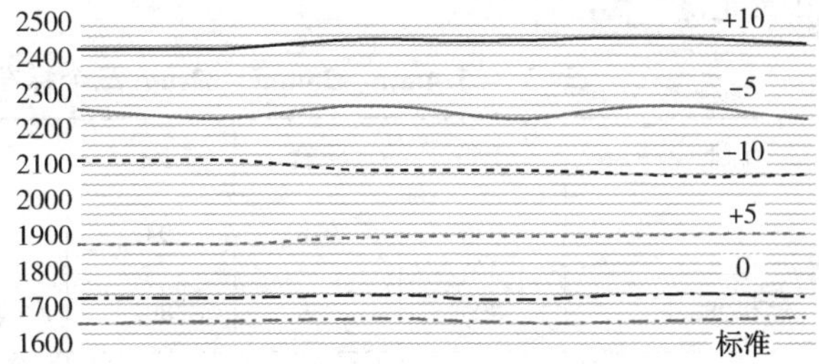

图 4　28mm 标准光杆加载 140kN 载荷实测 *AD* 值对比图

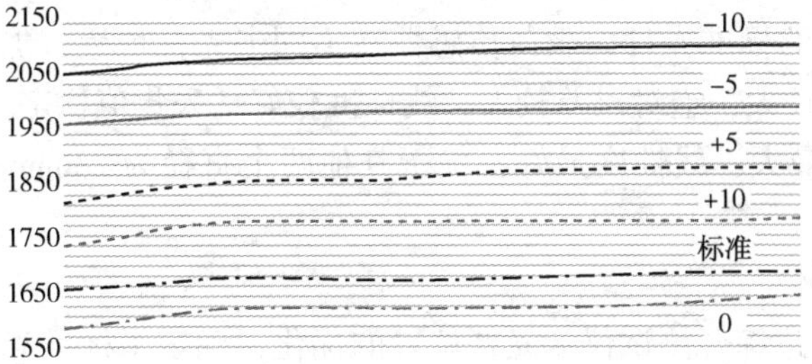

图 5　32mm 标准光杆加载 20kN 载荷实测 *AD* 值对比图

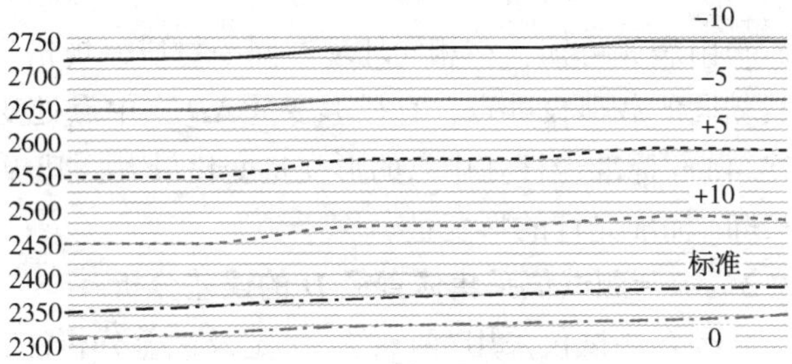

图 6　32mm 标准光杆加载 140kN 载荷实测 *AD* 值对比图

从上述三个不同直径标准光杆的实测 *AD* 示值可以看出，相同直径的光杆在不同卡光杆位置，仪器所测载荷 *AD* 值是有区别的，位于标准光杆中点以上及以下的仪器标定 *AD* 值变化均大于标准光杆中点的变化，位于标准光杆中点以上(靠近载荷校准装置固定横梁一侧)的仪器标定 *AD* 值变化趋近于标准光杆中点的变化，而在标准光杆中点所测载荷 *AD* 值变化最趋向或接近于标准载荷值对应的 *AD* 值，因此选用在标准光杆中点作为综合测试仪卡光杆位置，实测 *AD* 值曲线变化平稳，如图 1~图 6 所示。

为了减少综合测试仪卡光杆位置不同导致的仪器 *AD* 值变化，而影响综合测试仪测试结果，标定方程中采用 20kN、140kN 仪器示值之差，即极差方法，计算每千牛载荷值所导致的光杆直径变化，以电桥结构输出的电压值的形式来标定(刻度)仪器，生成标定(刻度)方程做比较的过程，可以减少了杨氏模量(材质)、泊松比(材质)、直径、所卡光杆位置等影响因素，保证了综合测试仪测量结果的准确性，因此这个标定(刻度)方程，形如式(2)，为一个正比例函数的变形方程。

$$f(x)=\frac{\Delta y}{\Delta x}x \tag{2}$$

式中　$f(x)$——载荷计算工程值，kN；

Δy——载荷标准值差值，kN；

Δx——仪器输出 *AD* 值差值，无量纲；

x——仪器输出 *AD* 值，无量纲。

将表 1 中的 20kN 与 140kN 两个设定载荷值所对应的 *AD* 值计算出的极差，见表 2。

表 2　综合测试仪载荷加载 20kN 与 140kN 载荷实测 *AD* 值极差统计表(25.4mm 标准光杆)

卡光杆位置	第一循环		第二循环		第三循环			
	上行	下行	上行	下行	上行	下行	上行平均值	下行平均值
+10cm	938	928	938	928	936	928	937	928
+5cm	938	920	934	924	962	924	945	923
0cm	936	926	932	928	932	930	933	928
−5cm	930	918	938	922	934	924	934	921
−10cm	946	926	940	928	938	928	941	927

按表1、表2的统计方法，分别计算直径为28mm、32mm标准光杆在中点位置所测*AD*值的极差，见表3。

表3　25.4mm、28mm、32mm三个标准光杆在中点“*0*”位所测*AD*值的极差对比表

标准光杆	上行	下行	上行	下行	上行	下行	上行平均值	下行平均值
25.4mm	936	926	932	928	932	930	933	928
28mm	803	779	802	795	793	800	799	791
32mm	725	698	706	710	714	700	715	703

由表3可知，在相同环境，同一材质、规格型号的标准光杆，载荷传感器在不同卡光杆位置，加载相同的载荷校准点，直径形变量ΔD在中点处变化较大，绝对误差较大，线性度较好，采集值稳定。25.4mm标准光杆在中点的形变量变化最大，其极差最大，线性度最好，优于其他两个直径为28mm、32mm标准光杆的形变量。

3.2　综合测试仪采集体直径*D*的误差分析

综合测试仪采用“两点法”标定及极差分析法，通过综合测试仪卡光杆位置的优化，确定了标准光杆中点，其直径形变量ΔD对测量结果的影响显著。现采用“多点法”检定来分析综合测试仪载荷测量的另一个影响因素，即标准光杆直径*D*的测试与优选。以25.4mm标准光杆为例，综合测试仪采用“多点法”进行检定，其在标准光杆中点实测*AD*值，见表4。

表4　综合测试仪载荷实测*AD*值统计表(25.4mm标准光杆中点)

序号	标准载荷值/kN	第一循环		第二循环		第三循环		平均值	
		上行	下行	上行	下行	上行	下行	上行	下行
1	0	1190	1196	1196	1194	1194	1194	1193	1195
2	20	1336	1350	1342	1350	1342	1342	1340	1347
3	40	1492	1506	1498	1508	1498	1508	1496	1507
4	60	1650	1664	1654	1666	1654	1666	1653	1665
5	80	1806	1820	1810	1822	1810	1822	1809	1821
6	100	1960	1974	1966	1976	1966	1976	1964	1975
7	120	2116	2124	2120	2126	2120	2126	2119	2125
8	140	2272	2272	2274	2274	2274	2274	2273	2273

由表4可知，25.4mm标准光杆采用“多点法”载荷检定，实测*AD*值对比图，如图7、图8所示。

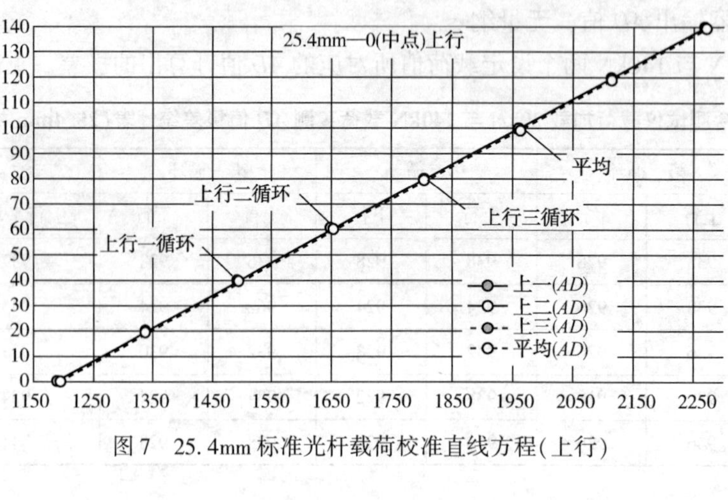

图7　25.4mm标准光杆载荷校准直线方程(上行)

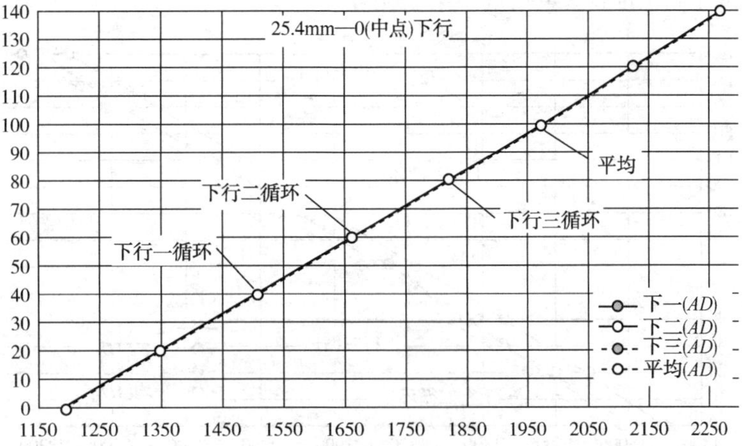

图 8　25. 4mm 标准光杆载荷校准直线方程(下行)

从图 7~图 8 可以看出，25. 4mm 标准光杆载荷检定直线中，不论加载荷(上行)检定，还是减载荷(下行)检定，即标准光杆在拉伸或压缩时，其平均载荷检定直线与三个循环载荷检定直线均基本重合。

按表 4、图 7、图 8 的统计方法，分别对直径为 28mm、32mm 标准光杆，也采用“多点法”检定，观察这两种不同直径标准光杆所测载荷检定数据的规律及趋势图，如图 9~图 12 所示。

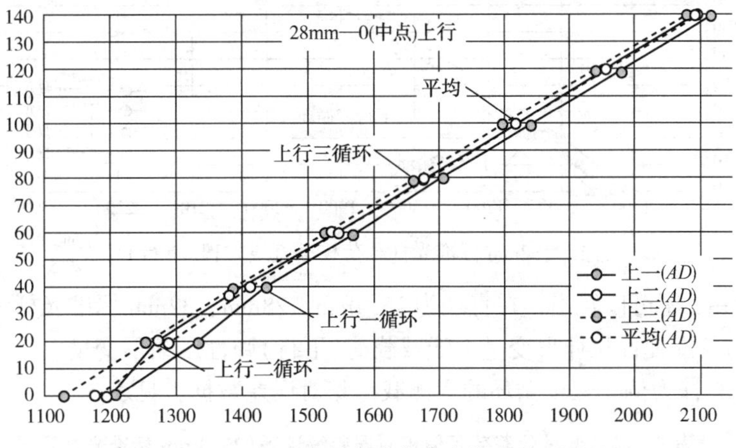

图 9　28mm 标准光杆载荷校准直线方程(上行)

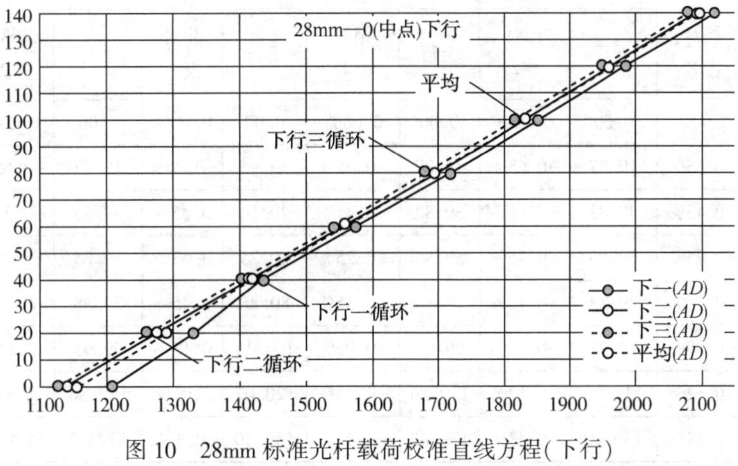

图 10　28mm 标准光杆载荷校准直线方程(下行)

对比图 7~图 8 与图 9~图 12 可以看出，直径为 25. 4mm 标准光杆，其三个循环的形变量均趋近于均值，三个循环的直线方程与平均值所在的直线方程吻合度最高，线性度最好。直径分别为 28mm、32mm 标准光杆，在第一循环(上行或下行)的形变量最大，第二循环(上行或下行)的形变量趋于均值，第三循环(上行或下行)的形变量接近于第二循环。

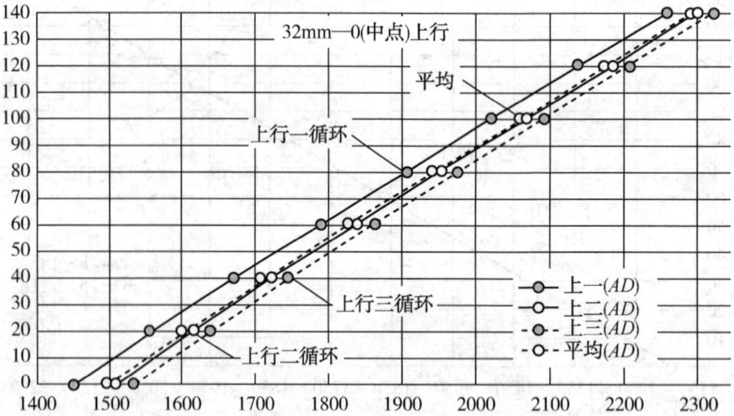

图 11　32mm 标准光杆载荷校准直线方程(上行)

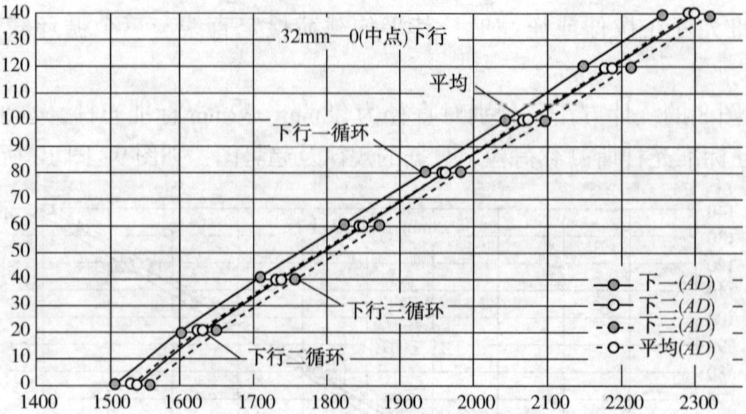

图 12　32mm 标准光杆载荷校准直线方程(下行)

从表 4、图 7~图 12 还可以看出，在直径为 25.4mm、28mm、32mm 标准光杆整个三个循环载荷测试中，加载荷(上行)校准弹性拉伸形变量大于减载荷(下行)弹性压缩形变量。

以 25.4mm 标准光杆为例，三个循环的实测载荷相对误差数据，见表 5。

表 5　综合测试仪载荷示值相对误差统计表(25.4mm 标准光杆)

序号	标准载荷值/kN	第一循环				第二循环				第三循环			
		上行	相对误差	下行	相对误差	上行	相对误差	下行	相对误差	上行	相对误差	下行	相对误差
1	0	0.00	0.00%	0.00	0.00%	0.00	0.00%	0.00	0.00%	0.00	0.00%	0.00	0.00%
2	20	19.87	-0.65%	19.87	-0.65%	19.87	-0.65%	19.95	-0.25%	19.87	-0.65%	20.03	0.15%
3	40	39.82	-0.45%	39.82	-0.45%	39.82	-0.45%	40.14	0.35%	39.85	-0.37%	40.14	0.35%
4	60	59.85	-0.25%	59.85	-0.25%	59.85	-0.25%	60.25	0.42%	59.85	-0.25%	60.25	0.42%
5	80	79.88	-0.15%	79.88	-0.15%	79.88	-0.15%	80.28	0.35%	79.88	-0.15%	80.28	0.35%
6	100	99.91	-0.09%	99.91	-0.09%	99.91	-0.09%	100.15	0.15%	99.91	-0.09%	100.23	0.23%
7	120	119.86	-0.12%	119.86	-0.12%	119.86	-0.12%	120.02	0.02%	119.86	-0.12%	120.02	0.02%
8	140	139.40	-0.43%	139.40	-0.43%	139.40	-0.43%	139.40	-0.43%	139.32	-0.49%	139.32	-0.49%

按表 5 的统计方法，分别统计 28mm、32mm 标准光杆的实测载荷相对误差数据，将各个校准点分别计算相对误差，按一定相对误差区间统计，见表 6。

表6　综合测试仪载荷示值相对误差统计表(25.4mm、28mm、32mm标准光杆)

相对误差区间	25.4mm	28mm	32mm
0%~1.0%	48	44	28
1.0%~2.0%	0	3	7
2.0%~3.0%	0	1	5
3.0%以上	0	0	8

由表6可知，每个标准光杆作为采集体进行三个循环检定所检测的载荷示值，三个循环共计48个校准点均计算对应的相对误差。其中直径为25.4mm标准光杆所呈现的相对误差在0%~1.0%区间内点数最多，占整个48个校准点的100.0%，其测量准确度最高；其次是直径为28mm标准光杆，占91.9%；再次就是直径为32mm标准光杆，占58.3%，说明直径为32mm标准光杆，其测量准确度相对较低。可见，综合测试仪以直径为25.4mm标准光杆作为校准参照采集体，能够较好地呈现测量的准确性。

4　结语

卡光杆式综合测试仪载荷校准时，合理、有效地选定仪器卡光杆位置及标准光杆采样体规格型号是保证综合测试仪载荷校准合格的关键所在。通过开展综合测试仪载荷校准相关试验及数据分析，验证了在25.4mm、28mm、32mm三种不同直径标准光杆的中点位置，综合测试仪载荷所测光杆形变量较大且稳定性较好，极差最大，测量准确度最高；选择与实际抽油机井抽油杆材质相同、直径相同的标准光杆进行综合测试仪载荷校准时，可以减少杨氏模量(材质)、泊松比(材质)、光杆外径等影响因素，保证了综合测试仪测量结果的稳定性；验证了在25.4mm、28mm、32mm三种标准光杆中，选择直径为25.4mm标准光杆为参照采样体，其综合测试仪所测的形变量极差最大，相对误差最小，准确度最高。同时，也得出了综合测试仪在25.4mm、28mm、32mm三种标准光杆多循环载荷测试中，加载荷(上行)校准弹性拉伸形变量均大于减载荷(下行)弹性压缩形变量。

在卡光杆式综合测试仪载荷校准过程中，选定标准光杆中点位置、选择与实际抽油杆相同规格型号的标准光杆，可以确保综合测试仪载荷量值的有效传递，可以确保综合测试仪载荷校准结果的稳定性及准确性，对于计量实验室或计量检定室及其计量操作人员规范、优化计量数据采集与处理流程，提供了可靠的数据支撑及可借鉴的校准方法。

参　考　文　献

[1] 刘益江，张学臣，李伟，等．抽油井示功图综合解释[J]．油气田地面工程，2007，26(8)：3-5.

[2] 高国华，梁书娟．有杆抽油井泵示功图的定量分析方法[J]．石油学报，1993，14(4)：80-110.

[3] 唐建东，吴利文，刘松林．无线监测示功仪的研制与应用[J]．石油机械，2003，34(9)：63-65.

[4] 牟海维，王永涛，成国库．油井抽油机示功仪的研制[J]．电测与仪表，2000，32(1)：39.

[5] 国家能源局石油工业标准化技术委员会石油专用计量器具校准规范直属工作组．抽油机井综合测试仪校准方法：SY/T 7080—2016[S]．北京：石油工业出版社，2016.5.

作者简介：刘立(1970—)，男，测井、测试工程师，质量工程师，安全工程师，哈尔滨工程大学，现主要从事油田计量、质量、标准化及测试技术管理工作。联系电话：15304698291、0459-5295949，邮编：163414，通信地址：黑龙江省大庆市红岗区图强东街7号。

电子式井下压力计校准存在问题及解决对策

霍　珊

（大庆油田试油试采分公司　黑龙江大庆　163513）

摘　要　为了提高电子式井下压力计的校准精度和校准效率，经统计电子式井下压力计校准主要存在校准标准不完善、仪器标准化不统一、校准装置问题，针对存在的问题提出相应的解决措施。刻度解决对策是修订SY/T 6640—2012增加温度、压力刻度规定。电子式井下压力计标准化统一问题解决对策是编制电子式井下压力计机加零件图、通信协议、软件技术标准。压力传感器迟滞性和传压介质压缩性问题解决对策是延长压力稳定时间，多取点取平均值。校准装置排空问题的解决对策是多次排空和增加预压泵改进校准装置。结果表明，相应的解决措施有效提高了电子式井下压力计的校准精度和校准效率。

关键词　精度；仪器标准化；刻度；预压系统；校准

1　引言

电子式井下压力计被广泛用于油、气、水井井下压力测试，依据校准标准对其进行周期校准能够有效保证其量值的有效传递，使所测的数据更加准确。经调查统计影响电子式井下压力计校准精度和效率的主要问题有校准标准不完善问题、仪器标准化不统一问题、校准装置问题，解决这些问题有助于提高提高电子式井下压力计校准精度和效率。

1　校准标准不完善问题及解决对策

目前电子式井下压力计校准执行的校准标准是SY/T 6640—2012，2012版相比2005版，主要增加了回程误差这一校准项目，参考文献探讨了增加回程误差是必要的，尽管回程误差只考核电子式井下压力计的性能，但是也能反映校准装置标准器的一些性能。通过现场校准发现标准SY/T6640—2012不完善，存在二个问题：一是缺少刻度规定；二是最大引用误差计算公式中 p_{FS} 的取值有待修改标准重新定义。

1.1　电子式井下压力计刻度问题及解决对策

1.1.1　增加刻度规定的理由

（1）标准要求

2007年发布的《国际计量学词汇-基础通用的概念和相关术语》和标准JJF 1001—2012对校准的定义一致：在规定条件下，为确定计量器具示值误差的一组操作。其第一步是确定由测量标准提供的量值与相应示值之间的关系，第二步则是用此信息确定由示值获得测量结果的关系，这里测量标准提供的量值与相应示值都具有测量不确定度”。针对以上定义可以理解为第一步是刻度；第二步验证刻度是否准确，即求误差。而标准SY/T 6640—2012只涉及第二步，作为标准没有第一步，与JJF 1001—2012要求不符。

（2）仪器本身的要求

虽然电子式井下压力计出厂时厂家已给出刻度，但是随着使用，电路板和压力传感器性能发生变化，刻度方程也随之发生变化。当仪器发生故障时，维修时更换温度、压力传感器或电路板(关键电子元件)，刻度方程必然发生变化。

综上所述，标准SY/T 6640—2012增加刻度规定是必要的。

1.1.2　刻度方法

由表1可知，电子式井下压力计压力的输出频率随着温度的升高而增加，为了消除温度的影响，刻度使用多次函数叠加对压力进行温度补偿刻度。但是针对不同准确度、不同用途的电子式井下压力计都采用多次函数叠加对压力进行温度补偿刻度效率降低，因此按准确度等级分类使用不同的刻度模型对电子式井下压力计刻度。

现场测试要求：用于试井压力降落、压力恢复测试的 0.1 级、0.05 级存储式电子压力计要求精度最高；其次是用于中心通道验封测试的 0.2 级验封压力计、直读验封仪；用于流量、测调、测井测试的 0.5 级压力计要求精度最低。见表 2。

表 1　存储式电子井下压力计 235008 的刻度数据

压力 MPa	0	6	12	18	24	30
20℃						
正行程压力频率	16471	21493	26601	31738	36902	42097
正行程温度频率	26240	26240	26240	26240	26240	26240
反行程压力频率	16434	21496	26605	31742	36905	42097
反行程温度频率	26240	26240	26240	26240	26240	26240
40℃						
正行程压力频率	16525	21538	26642	31774	36932	42118
正行程温度频率	30272	30272	30272	30272	30272	30272
反行程压力频率	16520	21539	26644	31776	36933	42118
反行程温度频率	30272	30272	30272	30272	30272	30272
60℃						
正行程压力频率	16576	21602	26710	31844	37003	42186
正行程温度频率	35478	35478	35478	35478	35478	35478
反行程压力频率	16576	21610	26713	31902	37008	42905
反行程温度频率	35478	35478	35478	35478	35478	35478
80℃						
正行程压力频率	16621	21666	26778	31914	37074	42254
正行程温度频率	35960	35960	35960	35960	35960	35960
反行程压力频率	16629	21669	26805	31919	37084	42263
反行程温度频率	35960	35960	35960	35960	35960	35960

表 2　目前常用的电子式井下压力

压力计名称	准确度等级	用途	备注
存储式电子压力计	0.2 级、0.1 级、0.05 级及以上	试井压力降落、压力恢复测试	
存储式验封压力计、直读验封仪	0.2 级	中心通道验封	
存储式流量计的压力计	0.5 级	流量测试时测试压力	
测井仪的压力计	0.5 级	测井时测试压力	
测调仪的压力计	0.5 级	测调时测试压力	

(1) 0.1 级、0.05 级刻度模型

温度按式(1)校准(刻度)，压力按式(2)~式(7)进行校准(刻度)。

$$T = b_0 + k_0 f_t + k_1 f_t^2 \tag{1}$$

式(1)中　T——电子式井下压力计的温度示值,℃；

f_t——电子式井下压力计的温度频率，Hz；

b_0、k_0、k_1——待定系数。

$$p = G + HF + IF^2 + JF^3 + KF^4 \tag{2}$$

式(2)中　p ——电子式井下压力计 T_i ℃时压力示值，MPa；

F ——电子式井下压力计在压力 p 作用下的压力频率，Hz；

G 、H 、I 、J 、K 系数分别是温度补偿系数，按式(3)~式(7)计算。

$$G = G_0 + G_1T + G_2T^2 + G_3T^3 \tag{3}$$

$$H = H_0 + H_1T + H_2T^2 + H_3T^3 \tag{4}$$

$$I = I_0 + I_1T + I_2T^2 + I_3T^3 \tag{5}$$

$$J = J_0 + J_1T + J_2T^2 + J_3T^3 \tag{6}$$

$$K = K_0 + K_1T + K_2T^2 + K_3T^3 \tag{7}$$

式(3)~式(7)中　T ——单位为℃；

$G_0 \sim G_3$ 、$H_0 \sim H_3$ 、$I_0 \sim I_3$ 、$J_0 \sim J_3$ 、$K_0 \sim K_3$ ——温度补偿系数。

(2) 0.2 级刻度模型

压力刻度采用分段拟合法将整个测量范围一般为 3~5 段，温度按(8)式校准(刻度)，压力按式(9)~式(11)进行校准(刻度)。

$$T = b + k \times f_t \tag{8}$$

式(8)中　T ——电子式井下压力计的温度示值,℃；

f_t——电子式井下压力计的温度频率，Hz；

b 、k ——待定系数。

$$P_c = k_0 + k_1 * F_P \tag{9}$$

$$k_0 = b_0 + b_1 * F_T \tag{10}$$

$$k_1 = c_0 + c_1 * F_T \tag{11}$$

式(9)~式(11)中　P_c——电子式井下压力计的压力示值，MPa；

F_T——电子式井下压力计的温度频率，Hz；

F_P——电子式井下压力计的压力频率，Hz；

b_0 、b_1 、c_0 、c_1 ——待定系数。

两个模型的区别在于模型 1 待定系数太多，模型 1 温度补偿采用工程值，模型 2 温度补偿采用原始值。

(3) 0.5 级刻度模型

温度按(8)式校准(刻度)，压力按式(12)~式(13)进行校准(刻度)。

$$F_{P_i} = (F_{P_{i1}} + F_{P_{i2}})/2 \tag{12}$$

$$P = K_P F_{P_i} + P_0 \tag{13}$$

式(12)~式(13)中　P ——电子式压力计的压力示值，MPa；

F_{P_i}——电子式压力计的压力输出值的平均值，Hz；

$F_{P_{i1}}$——电子式压力计升压压力输出值，Hz；

$F_{P_{i2}}$——电子式压力计降压压力输出值，Hz；

K_P——待定系数，1/MPa；

P_0 ——待定系数，MPa。

准确度等级模型 1 优于模型 2，模型 2 优于模型 3；刻度效率模型 3 优于模型 2，模型 2 优于模型 3。为了提高刻度精度和效率，按准确度等级分类使用不同的刻度模型对电子式井下压力计刻度，不仅消除了温度影响，满足了准确度要求，而且提高了刻度效率。因此刻度解决对策是修订 SY/T 6640—2012 增加温度、压力刻度规定。

1.2　引用误差约定值问题及解决对策

标准 SY/T 6640—2012 中规定电子式井下压力计压力最大引用误差按式(14)计算。

$$\delta = \frac{\Delta_{max}}{p_{FS}} \times 100 \tag{14}$$

式(14)中　δ——电子压力计压力最大引用误差,%;

Δ_{max}——电子式井下压力计压力校准点压力示值误差绝对值最大的示值误差，MPa;

p_{FS}——电子式井下压力计压力量程上限值，MPa。

$$\text{引用误差}=\frac{\text{示值误差}}{\text{特定值}}\times 100\% \tag{15}$$

由式(14)可知压力示值误差采用引用误差评判，大小主要 Δ_{max} 与 p_{FS} 有关。标准 SY/T 6640—2012 式(14)中特定值[见式(15)] p_{FS} 取仪器的量程上限值，但某油田油层中部实际压力不大于 30MPa，在实际校准时，为了提高校准精度，只校准至30MPa。若 p_{FS} 使用校准上限值30MPa，不使用量程上限值60MPa，误差将减小1/2，因此解决对策是修订SY/T 6640—2012 计算校准引用误差时 p_{FS} 使用校准压力上限值。

2　仪器标准化不统一问题及解决对策

目前，电子式井下压力计标准化不统一，严重影响了其校准效率。目前标准化只做到了仪器外径标准统一，仍需要统一绳帽、电池筒、主体、传压筒之间连接螺纹和密封圈的尺寸；统一雷莫插头规格和定义；统一电池尺寸和容量。

以偏心电子式井下压力计主体与传压筒之间的连接螺纹为例，如表3所示，四个厂家都不一样。井下电子压力计校准装置的校准接头为 M20×2 的内螺纹(图1)，而四个厂家的电子压力计的校准部分的螺纹不是 M20×2 的外螺纹，中间至少通过一个转换接头才能连接(图2)。这样不仅降低了校准效率，更主要的是存在质量隐患，校准接头越多，造成校准接头空间存储的变传压介质就越多，造成重力和温度的影响误差增大，同时校准转换接头越多，连接处传压介质外渗概率增大导致稳压效果不好。

表3　井下电子压力计校准接头情况

生产厂家	校准装置接头	转换接头	压力计螺纹
厂家1	M20×2(内)	1个 M20×2(外)→16.88×1(外)	16.88×1(内)
厂家2	M20×2(内)	2个 M20×2(外)→30×2(内) M30×2(外)→18×1(内) 1个 M20×2(外)→18.24×2(内)	18×1(外) 18.24×2(外)
厂家3	M20×2(内)	2个 M20×2(外)→30×2(内) M30×2(外)→17.86×1(内)	17.86×1(外)
厂家4	M20×2(内)	2个 M20×2(外)→30×2(内) M30×2(外)→17.5×1(内)	17.5×1(外)

图1　校准装置固定接头

图2　某厂家中间转换接头

如果试井行业执行统一标准，硬性规定校准装置的校准固定接头 M20×2(内)，压力计部分的校准部分螺纹为18×1(外)，中间只通过一个转换接头(为了保护校准装置的校准接头)就可以实现压力计连接，避免不同厂家同类压力计校准更换中间转换接头。如果对校准接头和中间接头再进行改进，固定接头改为双层星状分布(图3)，中间接头改为树枝状(图4)，1次校准的电子式井下压力计由4支增加到16支。

图3　星状校准装置固定接头

图4　树枝状中间转换接头

解决对策：电子式井下压力计标准化统一，编制电子式井下压力计机加零件图、通信协议、软件技术标准，制造、招标严格执行技术标准，便于电子式井下压力计校准，校准同类压力计只需要1种加压工装，年节省机加费用1万元，校准一次节省时间20min；便于电池电压测量，只需要1种电压测试仪；方便数据回放软件标准化。

3　校准装置存在问题及解决对策

由电子式井下压力计校准原理可知，校准误差除了与仪器本身有关，还与校准装置有关。目前校准电子式井下压力计的校准装置:；压力传感器式井下压力计校准装置(甲压力计校准装置)标准器为0.002级压力传感器，校准传压介质为变压器油。活塞式井下压力计校准装置(乙压力计校准装置)标准器为0.002级活塞式压力计，校准传压介质为癸二酸二异辛酯(癸二酸二脂)

电子式压力计精度为±0.05%，校准压力上限30MPa，最大允许误差±0.015MPa。校准环境：温度25℃、湿度30%RH。校准温度点：20℃、80℃；校准压力点设置：0MPa、6.4MPa、12.5MPa、18.6MPa、24.5MPa、30MPa。

3.1　压力传感器迟滞性和传压介质压缩性问题及解决对策

使用不同的井下压力校准装置在相同校准环境下校准同1支电子式井下压力计。如图5所示，示值误差都小于0.015MPa合格，但是活塞式井下压力计校准装置校准的示值误差相对较低；如图6所示，回程误差使用活塞式井下压力校准装置校准都小于0.015MPa合格，但是压力传感器式井下压力校准装置在第三循环20℃、24.5MPa校准点的回程误差大于0.015MPa不合格。分析原因其主要由0.002级压力传感器的迟滞性造成的，当压力传感器敏感元件和传感元件的作用力消失或加载后，敏感元件和传感元件稳定需要一定的时间，一般情况下，升压行程的标准压力值小于设置值，降压行程的标准压力值大于设置值；其次由于变压器油的黏度大、压缩性小造成的。因此，活塞式井下压力计校准装置校准电子式井下压力计的精度优于压力传感器式井下压力计校准装置，建议优先使用活塞式井下压力计校准装置进行电子式井下压力计校准。关于压力传感器迟滞性和传压介质压缩性问题解决对策是延长压力稳定时间，多取点取平均值。

3.2　校准装置排空问题及解决措施

使用活塞式井下压力校准装置在相同校准环境下校准同1支电子式井下压力计。如图7所示，常规排空条件下，20℃、80℃，24.5MPa时，电子式井下压力计回程误差大于0.015MPa不合格；在常规排空的基础上增加排空次数，回程误差小于0.015MPa合格，随着排空次数的增加，回程误差

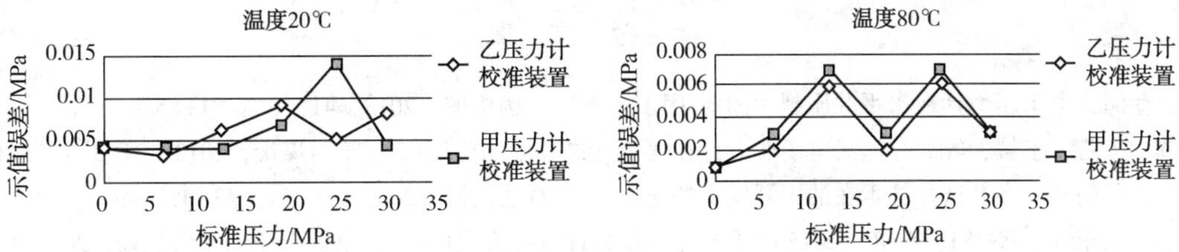

图 5　同 1 支电子式井下压力计不同井下压力计校准装置上的示值误差

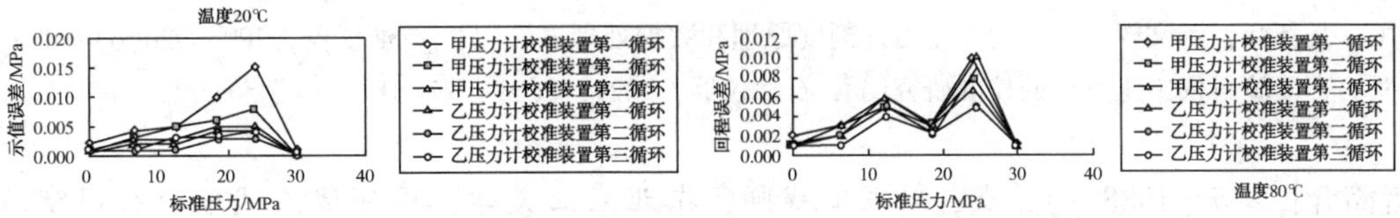

图 6　同 1 支电子式井下压力计不同井下压力计校准装置上的回程误差

减小。

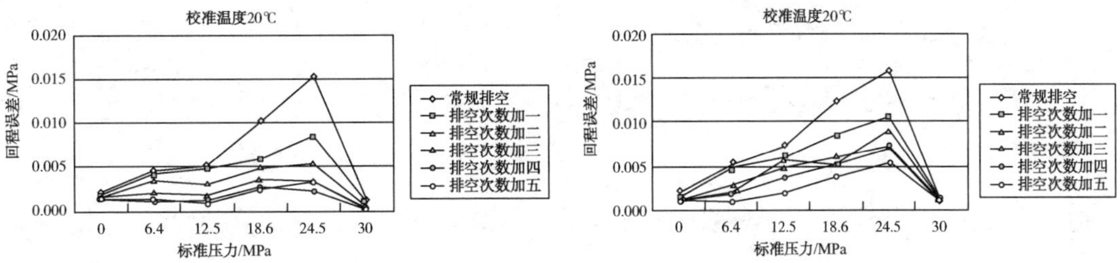

图 7　活塞式井下压力计校准装置回程误差对比(常规排空、多次排空)

为了充分排空，提高加压效率，活塞式井下压力校准装置增加气液增压泵预压系统。安装仪器后将预压设置为 1MPa，将管线中未排净的空气可压缩到 1/1000。如图 8 所示，增加预压排空之前，活塞式校准装置 20℃、80℃，24. 5MPa 时回程误差大于 0. 015MPa 不合格；增加预压排空之后，北京永旭校准装置首次回程误差校准均小于 0. 015MPa 合格，且回程误差数值大小较稳定。因此，预压系统解决了管线中空气没有排干净的问题。故校准装置排空问题的解决对策是多次排空和增加预压泵改进校准装置。

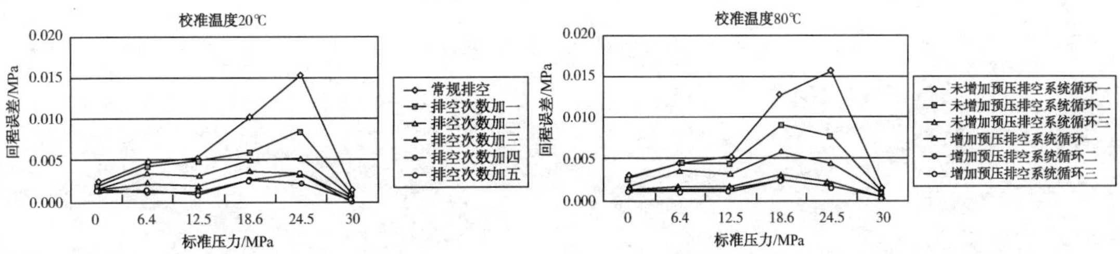

图 8　活塞式井下压力计校准装置回程误差对比(未增加预压排空系统、增加预压排空系统)

4　结语

电子式井下压力计校准过程，影响电子式井下压力计校准精度和效率的主要问题有标准不完善、仪器标准化不统一、校准设备问题。针对存在问题，按准确度等级分类使用不同的刻度模型刻度电子式井下压力计消除校准温度影响；使用校准上限压力值计算校准误差提高校准精度；强化仪器标准化能够有效提高校准效率，节省成本；优先使用活塞式井下压力计校准装置校准电子式井下压力计降低校准介质和标准器的影响；增加预压系统解决排空难题。这些解决措施实施的意义是有效提高了电子式井下压力计校准精度和效率。

参 考 文 献

[1] 张毅．存储式电子压力计在水平井压裂中的应用[J]．石油矿场机械，2012，41(10)：81-85.
[2] 杨新辉，王盼，王晨，等．存储式电子压力计在煤层气试井中的应用[J]．陕西煤炭，2012，31(3)：67-68、78.
[3] 刘淑芬，张同义．多井试井技术在油田开发中的应用[J]．石油仪器，2002，16(6)：43-46、49.
[4] 张振军、王东红，等．ST/T6640—2012 电子式井下压力计校准方法[S]．北京：石油工业出版社，2012 年．
[5] 张永奎、李广发，等．ST/T6640-2005 电子式井下压力计校准方法[S]．北京：石油工业出版社，2005 年．
[6] 姜大伟．井下电子压力计校准回程误差影响因素分析[J]．石油管材与仪器，2018，4(1)：91-93.
[7] 刘永民，张新江，鲍文辉，等．测井压力计刻度原理和数据处理方法[J]．石油仪器，2006，20(6)：41-44.
[8] 韩建龙．直读验封仪中压力计的校准研究[J]．石油仪器，2021，7(2)：77-81.

作者简介：霍珊(1988—)，女，助理工程师，东北石油大学，现任试油试采分公司试验大队调度，从事生产调度，电话：0459-5680744，邮编：163000，通信地址：黑龙江省大庆市试油试采分公司试验大队调度室。

原油试验温度变化对交接计量影响分析与对策

汪楚尧

（中国石油天然气股份有限公司抚顺石化分公司　辽宁抚顺　113008）

摘　要　本文主要探索原油标准密度变化与试验温度变化之间的关系。通过大量的实验分析数据建立来逻辑关系趋势图，从而进一步分析数据的变化规律。实验表明原油试验温度的变化的确对原油标准密度造成影响，并且这种影响并非随着温度变化的区别呈现出不同的规律。最后，通过有关技术规范的指导，结合实验结论给出应用建议，进一步提升了交接计量工作的科学性。

关键词　试验温度；标准密度；倾点；拐点区间温度

1　引言

原油的标准密度是原油计量交接过程中的一项极为重要的过程参数，主要原因在于原油标准密度值在测量过程中受试验温度的影响不同，其修正值分布会呈现出一种近似于“U 型”的特征曲线。根据曲线表象得知，拐点区间温度的出现，使得标准密度随温度变化的规律会出现两种趋势，即试验温度落在“U 型”特征曲线的右侧与左侧，标准密度受其变化影响的趋势存在不同。而不同类型的油品，其拐点区间温度也是不同的。因此，试验温度的选择与交接计量的科学性直接相关。

2　研究背景

2.1　科学依据

19 世纪末期，由于贸易交接需求，美国率先建立起一个石油计量的基准条件。在当时，只是把石油产品体积及密度随温度的变化定义为一种简单的线性关系。后来，美国石油学会（API）、英国石油学会（IP）和美国材料与试验协会（ASTM）合作开发了石油计量表，其明确指出石油产品各个类别在基准温度下其膨胀系数与基准温度下的密度之间存在的数学模型并不是一种简单的线性关系。这些标准演变转化得到了国际标准 ISO-91/1 的支持。中国国家标准 GB/T 1885—1998《石油计量表》引用国际标准 ISO-91/1 石油计量表第一部分为基础，采用 20℃作为标准温度，通过数学模型导出 20℃标准密度，主要包括标准密度表和体积修正系数表两部分。通过石油计量表中的数据变化可以初步判断，原油标准密度随温度变化的数学模型已被探索并验证，即视密度、标准密度随温度变化是存在一定客观规律的。

2.2　市场价值

以石油加工产业最典型的业务往来为例，原油从油田开采出并输转至生产加工企业，一般会发生以下形式的大宗原油交接计量：一是油田公司与管道公司进行交接计量，二是，管道公司与炼化公司进行交接计量，三是，油田公司与炼化公司进行交接计量。原油通过管道进行输送是比较常见的运输及交接方式（船运方式不在本文列举，但标准密度变化规律分析原理相同，可供参考），这种方式优点是运送效率高，输送量大，成本较低，因此双方交接通常情况下位于管道界面，而管道输送通常采用的是动态计量法（受工艺参数影响，原油多采用体积式流量计）进行油量计量。这种动态计量方式最终需要得到原油的交接质量，因此，原油在测量得到标准体积后，需要将原油标准密度换算成原油质量再进行交接计量。在整个计量过程中，原油标准密度值的变化规律及代表性就显得至关重要，它直接影响着交接双方的生产经营效益。

3 实验方向

3.1 品类选取

我国原油出产量较大的油区集中在大庆、胜利、长庆、辽河、吉林、塔里木、大港、华北等，其中大庆原油属于石蜡基原油，含蜡高，凝点高，其性质相对比较稳定，本次样品选取交接量、加工量较大的大庆原油作为实验对象。

3.2 样品筹备

3.2.1 取样点确定

为保证实验数据的科学性、代表性，首先确定在某管道公司与某炼化公司的原油输油站的交接计量间管道流量计交接界面处进行管线手工取样。

3.2.2 取样方案

按照采样周期不同，分为两组不同周期在管道上进行采样。样本分为两组(每组 3000ml，共计 6000ml)。一是，采样时间与管道公司采样周期保持一致，为 10：00、12：00。(混合样为 3000ml，确定为样本一)。二是，采样时间与管道公司采样周期偏离半周期，为 9：00、11：00。(混合样为 3000ml，确定为样本二)

3.2.3 分析方案

分析大庆原油的凝点、倾点、不同试验温度下的标准密度。一是，第一组混合样标准密度(10：00、12：00)，以倾点温度+3℃为起点，每升 1℃做一次，做到 45℃次。此后每 2℃做 1 次，做 5 次，或遇到拐点区间温度(当密度随温度的变化突然减小或反方向偏移时，即该温度为拐点温度)出现后，每 1℃做 1 次，做 3 次后终止。二是，第二组混合样标准密度(9：00、11：00)，以倾点温度+3℃为起点，每升 1℃做一次，做到 45℃次。此后每 2℃做 1 次，做 5 次，或遇到拐点区间温度出现后，每 1℃做 1 次，做 3 次后终止。

3.2.4 执行标准

整个原油样品从制取到分析过程中，按以下标准执行：GB/T 4756—2015《石油液体手工取样法》、GB/T 1884—2000《原油和液体石油产品密度实验室测定法(密度计法)》、GB/T 510-83《石油凝点测定法》、GB/T 3535《石油产品倾点测定法》、GB/T 1885—1998《石油计量表》、GB/T 8927—2008《石油和液体石油产品温度测量 手工法》。

4 问题研判

4.1 实验数据

4.1.1 第一组实验数据表采集

实测两组样本数据，为尽可能使样本数据具有批次代表性，第一组样本与采样周期同步。查 GB/T 1885 石油计量表。见表 1。

表 1 同步采样周期的原油数据分析表

大庆原油样品	凝点/℃	32	
	倾点/℃	35	
序列	视密度/(kg/m^3)	试验温度/℃	标准密度/(kg/m^3)
1	851.2	38	863.7
2	849.8	39	863
3	849.1	40	863
4	848.2	41	862.8
5	847.4	42	862.7

续表

大庆原油样品	凝点/℃	32	
	倾点/℃	35	
序列	视密度/(kg/m³)	试验温度/℃	标准密度/(kg/m³)
6	846.6	43	862.6
7	845.8	44	862.5
8	845.1	45	862.5
9	843.7	47	862.5
10	842.3	49	862.5
11	840.8	51	862.4
12	839.6	53	862.6
13	839.4	54	863.1
14	838.4	55	862.8
15	837.9	56	863

4.1.2 第二组实验数据表采集

实测两组样本数据，为尽可能使样本数据具有批次代表性，第二组样本偏离半个采样周期。查GB/T 1885 石油计量表。见表2。

表2 偏离半个采样周期的原油数据分析表

大庆原油样品	凝点/℃	32	
	倾点/℃	35	
序列	视密度/(kg/m³)	试验温度/℃	标准密度/(kg/m³)
1	850.8	38	863.3
2	849.8	39	863
3	849.1	40	863
4	848.4	41	863
5	847.5	42	862.8
6	846.6	43	862.6
7	846.1	44	862.8
8	845.4	45	862.8
9	843.8	47	862.6
10	842.4	49	862.6
11	841.0	51	862.6
12	839.6	53	862.6
13	839.2	54	862.9
14	838.4	55	862.8
15	837.9	56	863

4.2 特征曲线

4.2.1 第一组实验数据图绘制

样本数据统计后，我们根据密度数据随温度的变化轴，建立了第一组数据特征曲线图。见图1。

4.2.2 第二组实验数据图采集(图2)

样本数据统计后，我们根据密度数据随温度的变化轴，建立了第二组数据特征曲线图。

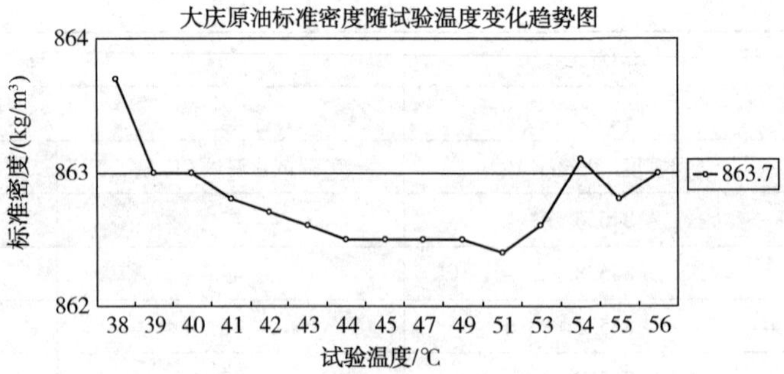

图 1　同步采样周期的原油数据拟合图

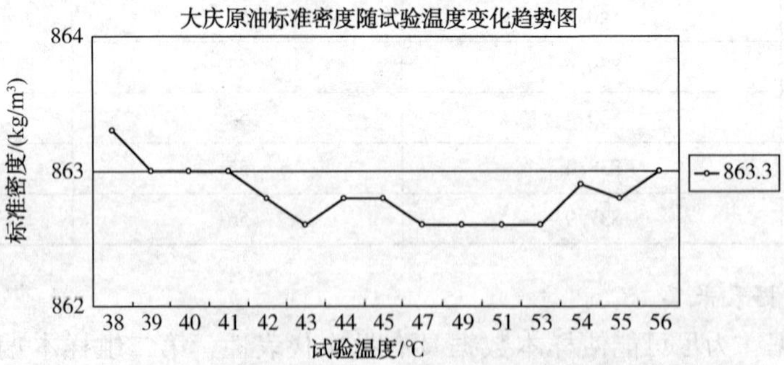

图 2　偏离半个采样周期的原油数据拟合图

4.3　数据分析

4.3.1　试验温度

对于含蜡原油，如果原油的倾点高于 10℃或浊点高于 15℃，在混合样品前，要加热到高于倾点 9℃以上，或高于浊点 3℃以上。对含水或沉淀物的挥发性原油在对样品均化或加热过程中，可能会发生轻组分损失。

4.3.2　数据结论

我们对两组样品的分析数据进行了核验，两次分析结果是样品大庆原油倾点温度均为 35℃。按照 GB/T 1884—2000 中的规定，“对原油样品，试验温度应高于倾点 9℃以上。”即试验温度应最低达到 44℃。依据《中国炼油技术》收录的大庆原油平均倾点温度 33℃为准，试验温度最低应达到 42℃。因此原油交接计量采用的试验温度应该是基于原油试验数据的倾点基础之上，并加以规范修正。如果长期采用某一个固定值作为试验温度并参与交接计量过程显然是不科学的，因为原油品质的变化影响着试验温度的变化，而试验温度的变化影响着标准密度的变化，进而影响交接双方的权益。

4.3.3　差值推算

按照原油油量计算基本公式：

$$M_a = V_t M_F V_{CF20} \rho_{20} F_a C_{plm} C_w \tag{1}$$

式中　M_a——原油在空气中的质量，t；

ρ_{20}——原油在标准温度(20℃)时的密度值，g/cm^3；

其他本文不引用(略)。

根据公式(1)我们可以看到，当标准密度发生变化时，它的变化值与原油油量成正比。第一种情况是当前试验温度 42℃对比 40℃的标准密度变化情况。第一组分析数据 42℃时的标准密度为 862.7kg/m^3，40℃的标准密度为 863kg/m^3，影响量值偏差为+0.035%。按照大庆原油进厂量 8000000t/a，影响油量最大可达 2800t/a，折合经济效益约 1400 万元。第二组分析数据 42℃时的标准密度为 862.8kg/m^3，40℃的标准密度为 863kg/m^3，影响量值偏差为+0.023%。按照大庆原油进厂量 8000000t/a，影响油量最大可达 1840t/a，折合经济效益约 920 万元。第二种情况是按照国家标准以 44℃作为试验温度对比 40℃的标准密度变化情况。第一组分析数据 44℃时的标准密度为 862.5kg/m^3，

40℃的标准密度为863kg/m³，影响量值偏差为+0.058%。按照大庆原油进厂量8000000t/a，影响油量最大可达4640t/a，折合经济效益约2320万元。第二组分析数据44℃时的标准密度为862.8kg/m³，40℃的标准密度为863kg/m³，影响量值偏差为+0.023%。按照大庆原油进厂量8000000t/a，影响油量最大可达1840t/a，折合经济效益约920万元。

4.3.4 变化规律

通过对两组样本的数据分析可以看出，因为标准密度的实验结果不同，以本文举例参考，最大可影响交接油量4640t，折合经济效益为2320万元。样品大庆原油标准密度在倾点温度35℃为前提下，其随试验温度变化曲线特征与“U型”曲线基本相符，即在44℃拐点区间温度以下，其标准密度随着试验温度的下降呈现出增大的趋势，在47℃拐点区间温度以上，其标准密度随着试验温度的上升同样也呈现出增大的趋势。数据显示，实验原油交接使用的试验温度落在“U型”曲线的左侧，即标准密度随着试验温度的下降呈现出增大的趋势。可见，实测数据得到的实验结论与特征曲线的预测趋势是完全一致的，这个结果是科学并具有说服力的，这一现象应当引起高度关注。

5 解决对策

5.1 科学应对

5.1.1 研判规范

计量是法制管理的产物，选择适用、有效、全面的相关标准及技术规范，是科学应对原油交接计量工作难点、焦点的重要基础。接下来对GB/T 4756—2015《石油液体手工取样法》、GB/T 1884—2000《原油和液体石油产品密度实验室测定法(密度计法)》、GB/T 510-83《石油凝点测定法》、GB/T 3535《石油产品倾点测定法》、GB/T 1885—1998《石油计量表》、GB/T 8927—2008《石油和液体石油产品温度测量 手工法》等相关技术规范的深度解读也至关重要，要探索标准及规范中的技术要点，指标、方法，并建立一套有实用性的标准化与差异化相结合的管控原则，来指导原油交接计量工作。

5.1.2 法律约束

原油交接计量过程中，交接双方有必要签订交接计量协议，并对各自权益进行维护保运。协议应对交接双方的职责分工、交接界面、计量质量要求、争议处理、违约责任进行约定，尤其是需要双方共同遵守执行的标准、规范及管控盲区，将其约定在协议中是必要的。以本文为例，原油密度的国家标准GB/T 1884—2000中，“对原油样品，试验温度应高于倾点9℃以上。”试验温度在高于倾点9℃以上后，密度大小的变化方向不尽相同，即同样符合标准的实验操作可能会出现不同的结果，进而影响交接双方的权利。因此，交接双方可以针对标准密度的变化规律进一步确定试验温度的标准值，并约定在协议中，避免纠纷出现。

5.1.3 加强监督

事后监督是原油交接计量工作的日常管控手段。明确规范，签订协议后，接下来就是按照商定原则开展交接计量工作。一是，加强对计量人员的操作能力考评，及时修正不规范的操作行为。二是，定期开展警示教育，树立诚信交接计量文化，避免主观行为影响交接计量数据的科学性。三是，做好交接计量设施维护工作，确保数据准确、可靠。四是，建立良好沟通机制，交接双方应当对原油品质的变化给予高度关注，适当确定密度分析周期频次，当倾点温度发生变化时，及时调整试验温度并做好数据分析，动态调整交接计量标准，确保数据的有效性、真实性。

5.2 提升优化

随着国内原油资源的日益枯竭和劣质化，未来将有更多品质的进口原油进入市场，复杂多变的原油品质将对原油交接计量的管理水平、科学性将提出更严峻的要求与挑战。利用在线仪器仪表技术、计算机技术的有效结合实现对原油性质的在线监测、评价，将帮助我们实现对原油的科学分析及计量决策，确保交接计量工作真正做到公开、公平、公正。

5.3 实践成果

某炼化公司与某管道公司开展原油交接计量工作期间，出现了一起因试验温度不规范导致的计量纠纷。在未征得炼化公司意见的前提下，管道公司将双方交接大庆原油的试验温度由 42℃下调至 40℃，根据对原油交接计量技术的研究及判断，2℃的变化值将直接影响到交接原油量发生变化。炼化公司随即对原油计量数据展开评价，得出原油进厂量发生虚增的结论。炼化公司反应迅速，应对科学，第一时间阻止了事件的影响扩大，在与管道公司沟通后，对本次试验温度调整操作取消，其次，对试验温度调整期间造成的原油进厂虚增量进行差量退补，总计 258t，折合经济效益百万余元，为企业挽回的经济损失。

6 结语

本文对原油交接计量过程中标准密度变化规律进行探索，得出标准密度随试验温度变化的“U 型”特征曲线规律。在日常工作中，一些管理者往往忽视了《石油计量表》密度换算与油品试验过程中轻组分挥发对标准密度大小的影响。也正是这种客观差异化的存在，出现了交接计量过程中一些不公平、不公正的行为出现。文中最后引用了一起典型案例，在案例中，炼化公司利用对技术指标变化的准确判断，据理力争，取得回报，具有警示意义。当前原油交接的国内市场量巨大，原油计量过程中任何一个环节的细微变化都可能对企业的生产经营效益造成巨大的影响。作为交接技术指标的重要参数，试验温度的确定一定要在国家标准、技术规范等相关科学依据的指导下做得更加细致规范。其次，根据原油品质的变化及时调整试验温度，从而得到有代表性的标准密度是保证原油交接双方权益的有效举措。

参 考 文 献

[1] 汪楚尧．用迭代法实现《石油计量表》转换 EXCEL 上的应用[J]．当代化工，2014，43，1103-1108.

[2] 石油静态和轻烃计量标准化技术归口单位．石油计量表：GB/T 1885—1998[S]．北京：中国标准出版社，1999.

[3] 肖素琴．油品计量员读本[M]．北京：中国石化出版社．2016.

[4] 侯芙生．中国炼油技术[M]．北京：中国石化出版社．2011.

[5] 潘丕武．石油计量技术[M]．北京：中国计量出版社．2009.

作者简介：汪楚尧(1983—)，男，计量科科长，高级工程师，辽宁石油化工大学，现任中国石油天然气股份有限公司抚顺石化分公司计量管理工作。电话：13304135955，邮编：113008，通信地址：辽宁省抚顺市新抚区凤翔路 45 号。

氢气质量流量计在聚乙烯中试装置的应用

翟昌休

（中国石油天然气股份有限公司石油化工研究院大庆化工研究中心　黑龙江大庆　163714）

摘　要　对于聚乙烯生产装置而言，持续、稳定与精确可控的氢气进料工况，是影响催化剂的聚合活性和有效地调控聚合产品的分子量的关键条件，也是生产具有高附加值、高性能与功能化的高端聚乙烯产品的重要因素。与之匹配的某进口品牌型号的氢气质量流量计具有高精度、测量流体范围广、现场适应性强等优点，同时能够兼容工业仪表，操作简便，可以满足聚乙烯中试装置对催化剂聚合评价、新产品开发、聚合反应工程研究与生产过程控制等要求，在聚乙烯中试装置上的应用获得了认可。

关键词　氢气质量流量计；催化剂；聚乙烯；测量

1　氢气质量流量计的选型

聚乙烯中试装置采用气相流化床反应器，聚合压力为30bar左右。界区氢气输送压力为3.0MPa，经减压后由质量流量计给定流量数值进入反应器，氢气进料工艺流程如图1所示。聚乙烯中试装置原始应用的氢气计量流量计为进口某计量器械公司生产的质量流量计，在装置连续生产运行数月后，流量计出现计量数值指示不准确，且在调控氢气进料流量时，一定时间内数值波动较大，尤其是对于要求氢气进料为(0~20)g/h时，存在较大精度误差现象，严重影响了目标聚乙烯产品的合格率。针对这一问题，装置现场更改了与之匹配的进料管线管径，问题还是没有解决。为解决这一问题，考察了国内外数家公司生产的质量流量计并结合现场实际应用情况，最终选用A公司进口质量流量计作为氢气流量的测量与监控。

该型号质量流量计用于氢气的精密测量与自动控制气体的质量流量，采用标准输入输出信号，不需配置温度、压力变送器，也不需要进行温度、压力的补偿就能直接测量氢气的质量流量和流量累积，配有时间轴记录测量变化、操作变化和配置变化的功能，记录数据的读入和分析工具，现场数据记录与故障分析参数输出至DCS系统中集中控制，这样基本实现了精准匹配聚合工艺参数及优化化学反应过程。该质量流量计具有不受限于安装场地、零点稳定、精度高与抗震性能好等优点。在聚乙烯中试装置中用于氢气的进料计量，调试结果如表1所示。

结合聚乙烯实际生产工况条件下，在(0~1)g/h、(0~100)g/h与(0~800)g/h量程范围内，分别给定流量计开度0%、20%、50%、80%、100%，装置现场测定了流量计实际输出流量与理论流量值偏差。计量结果如表1所示，设备计量误差值满足±0.5%要求，符合质量流量计计量使用标准，满足氢气精确计量进料要求。

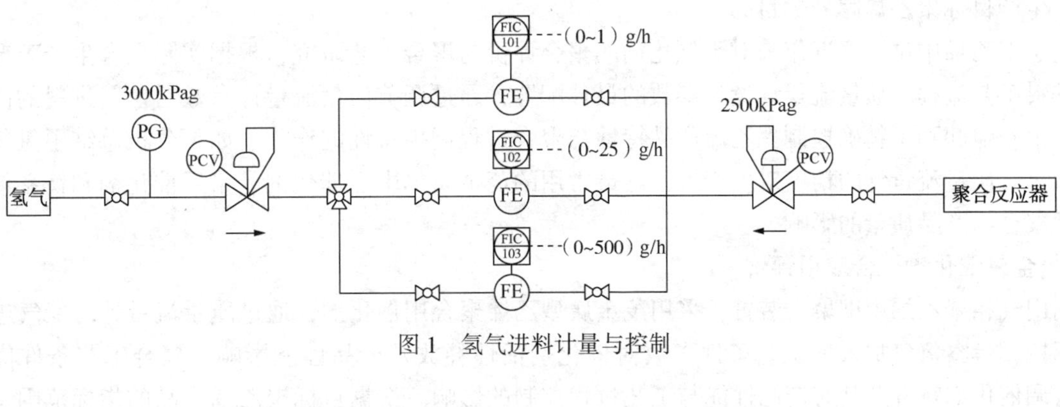

图1　氢气进料计量与控制

表1　氢气质量流量计精度调试结果

设定值	输出值	实际流量(0~1)g/h	实际流量(0~25)g/h	实际流量(0~500)g/h
0.00	-0.01	0.00	0.00	0.00
20.00	20.00	0.22	5.03	100.04
50.00	50.00	0.51	12.51	250.02
80.00	80.00	0.81	20.01	400.03
100.00	100.00	0.99	25.00	500.00
50	50	0.49	12.50	250.01
0.00	-0.12	-0.02	0.00	0.00

2　氢气质量流量计的应用性

目前，国内外聚乙烯应用市场对于高流动性和多峰聚乙烯产品的需求量在不断增加，氢调敏感性高的催化剂也越来越受到产业界的青睐。氢气加入量是聚乙烯生产过程中的重要控制变量。氢气在气相流化床反应器中的作用是聚合过程中的链转移剂，也就是分子量调节剂，其在反应器中浓度响应的准确性对催化剂活性释放和聚乙烯产物的分子量的影响很大，其直接影响了聚乙烯产物的熔体流动速率、分子量及其分布与加工性等性能。在实际聚乙烯生产过程中，常规有效的调节氢气进料参数的方式是通过质量流量计直接监控测量氢气的进料流量，并结合色谱中氢气浓度，合理的控制氢气进料量。气相流化床反应器的聚合反应温度范围为80~110℃，聚合反应压力不低于2.0MPa，给定乙烯进料量，根据聚乙烯产品生产要求所给定的氢气/乙烯浓度比值，结合气相色谱仪对反应器中氢浓度分析，调节氢气质量流量计的进料数值参数，可以快速有效地调控聚乙烯产品熔融指数和密度，得到目标聚乙烯产品。

气相流化床聚乙烯聚合生产工艺是连续聚合反应，针对某一牌号的聚乙烯产品的生产反应条件较为苛刻，尤其是对质量流量计在聚乙烯生产中对于氢气进料流量的控制应用，进入聚合反应釜的氢气的流量属于关键控制点之一，氢气能否持续、稳定、精准计量后进入聚合反应器，直接影响催化剂的聚合评价和聚合反应工程研究，以及目标聚乙烯产品的质量。为了能够长期稳定的生产过程控制和高性能化聚乙烯新产品研发，氢气质量流量计必须满足高精度下持续稳定测量，且在正常工况下要能够真实地反映氢气流量值，尤其对于(0~25)g/h中试装置所需微量氢气进料调控的条件下。

3　氢气质量流量计的应用评价

针对气相法聚乙烯生产装置所使用的催化剂情况来说，氢气进料流量参数的调节范围较大，茂金属等单中心催化剂的氢调敏感性较好，铬催化剂的氢调敏感性较低，齐格勒—纳塔催化剂的氢调敏感性介于两者之间。根据催化剂的使用类型或聚乙烯产品牌号的切换，调控该催化剂体系聚合所需的氢气进料量，也就是改变气相流化床反应器中的氢气浓度，可以明显地改变聚乙烯产物的结构与分子量组成，生产目标聚乙烯牌号的目的。

鉴于聚乙烯中试装置近年来对于催化剂的聚合评价与聚合工艺研究，根据实际聚合生产工况中的氢气进料工艺流程和质量流量计设备参数的最佳配置，通过调节质量流量计参数对氢气进料的高精度响应，很好地起到了精确控制聚乙烯产品特性与聚合过程调控特性的作用。如下分析总结了氢气进料参数和氢气质量流量计的精度对生产聚乙烯最常用的茂金属单中心催化剂、铬系催化剂和钛系催化剂体系及聚合物产品质量的影响。

3.1　茂金属催化剂聚合应用评价

利用气相聚乙烯中试聚合装置，采用茂金属型乙烯聚合用催化剂，通过质量流量计对氢气进料的计量调控，考察氢气加入量工艺条件参数对催化剂活性释放及产品性能影响、聚合工艺条件优化研究、氢调催化剂特性及其对产品性能与工艺过程控制的影响。根据目标聚乙烯产品的指标范围，调整氢气/乙烯比的配比工艺参数，确定最佳的氢气进料条件范围，成功生产熔融指数和密度指标范围内的聚乙烯产品。

气相流化床反应器内组分调整完成和加入催化剂后，应微幅调整氢气注入量，达到反应所需的氢浓度值。茂金属催化剂氢调敏感性高，氢气的波动会导致流化床飞温事故，因此需密切观察氢气质量流量计的流量值，避免因流量大幅度波动引起的反应器超温导致结块事故发生。目标聚乙烯产品所要求的氢气进料量范围为(0~1)g/h，氢气流量时间轴测量记录数据如图2所示，从流量监控数据图可以看出，给定氢气进料量为0.60g/h时，质量流量计所测得的流量值为0.595g/h，流量波动范围极小，满足氢气加入量工艺条件参数要求，符合中试生产工艺操作条件。氢气质量流量计的精度对聚乙烯产品质量的影响如表2所示。

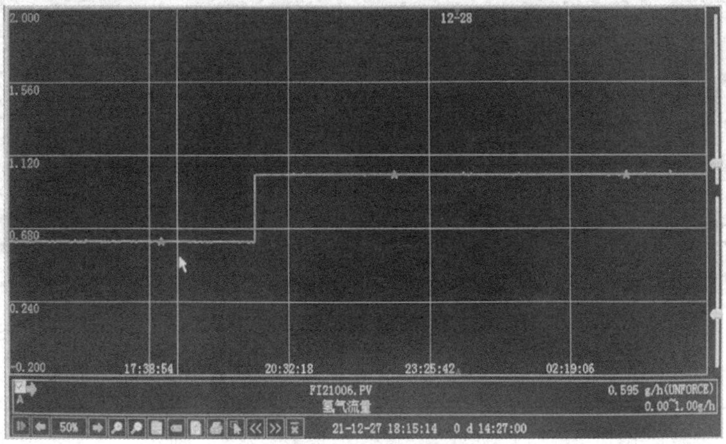

图2 氢气流量时间轴测量记录

表2 氢气对聚乙烯产品性能的影响

氢气量/(g/h)	偏差/%	Cat活性/(g/KgPE)	熔融指数/(g/10min)	密度/(g/cm^3)	堆密/(g/cm^3)	静电/kV	>200目/%
0.198	0.09	6534	2.14(21.6kg)	0.9438	0.368	1V	0.98
0.406	0.06	9655	4.85(21.6kg)	0.9488	0.345	2V	0.9
0.595	0.05	9853	4.97(21.6kg)	0.9460	0.356	1V	0.85
0.798	0.02	10232	5.38(21.6kg)	0.9481	0.333	2V	0.76
1.011	0.01	10842	6.74(21.6kg)	0.9441	0.368	2V	17.86

3.2 钛系催化剂聚合应用评价

氢气是最常用且有效的链转移剂用于钛系催化剂的气相流化床聚合反应器中。氢气的加入一般会同时影响催化剂的活性及聚合产物的分子量，通过质量流量计计量进入反应器的氢气流量数值，流量计高精度下，进料稳定有利于对考察氢气对聚合反应控制和聚乙烯分子量调控具有重要影响，在氢气的影响下，气相法聚乙烯中试装置通过改变氢气进料量，进一步针对钛系催化剂对气相流化床全密度聚乙烯工艺装置的适应性考察，并通过(0~25)g/h质量流量计计量氢气的加入量，分析氢气对钛系催化剂活性释放、聚合工艺条件参数与产品性能影响。同时满足对钛系催化剂综合性能的评价，包括催化剂活性、氢调敏感性和共聚合性能等，也考察了使用某牌号钛系催化剂时，氢气加入量对聚乙烯产品粉料的筛分分布情况。分析得出的结论是氢气在钛系催化剂在聚乙烯中试装置长周期运行过程中，对于产品熔指、密度与堆积密度、颗粒粒径分布、催化剂活性差等关键参数的有着重要调控作用。

根据聚乙烯产品指标要求，目标氢气进料流量参数范围为(10~25)g/h，梯度增加氢气的进料流量数值，以(25±0.2)g/h氢气进料量为区间调节参数，质量流量计对氢气进料的时间轴测量记录如图

3所示，可以看出，在一定时间内，氢气流量持续稳定输出为25g/h，其他流量控制点也无波动现象，这归因于质量流量计对氢气进料起到了精确控制作用，在该氢气进料的工况下，可以得到目标聚乙烯产品的过渡时间短，这对中试装置调控聚乙烯产品熔指与密度、结构与分子量、过程条件(温度、压力氢气/乙烯比等)之间的相应关系是非常有利的。氢气质量流量计的精度对聚乙烯产品质量的影响如表3所示。

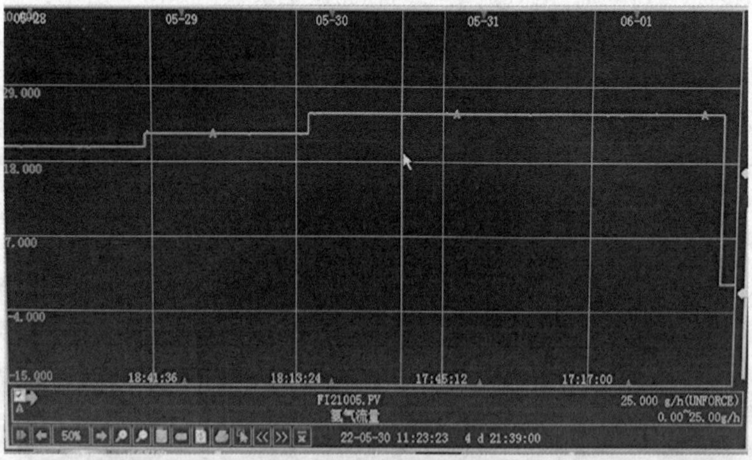

图3 氢气流量时间轴测量记录

表3 氢气对聚乙烯产品性能的影响

氢气量/(g/h)	偏差/%	Cat活性/(g/KgPE)	指数/(g/10min)	密度/(g/cm³)	堆密/(g/cm³)	35~120目/%	>200目/%
10	0.08	16232	1.55(2.16kg)	0.9368	0.468	71.86	0.23
15	0.016	11235	1.58(2.16kg)	0.9362	0.445	77.61	0.09
20	0.015	10362	1.54(2.16kg)	0.9381	0.427	77.60	0.18
22	0.012	8421	1.52(2.16kg)	0.9396	0.427	78.82	0.76
25	0.012	7526	1.71(2.16kg)	0.9339	0.431	72.38	1.02

3.3 铬系催化剂聚合应用评价

针对气相流化床聚乙烯中试装置，通过选取高效的铬系催化剂体系，通过调节氢气/乙烯比或乙烯/共聚单体比，获取目标密度聚乙烯产品。在平稳聚合的工况下，通过改变氢气的进料量参数，确定最佳的氢气进料条件，形成目标熔指聚乙烯产品。

铬系催化剂具有多种活性中心，不同的活性中心体现不相同的链转移速率常数，铬系催化剂用于聚乙烯生产的应用中，可以通过调节流化床反应器内的氢气浓度，从而实现获得具有目标分子量大小及分布的聚乙烯产品，以某牌号的铬系催化剂在聚乙烯中试装置应用为例，在各项聚合工艺参数满足要求(反应温度、反应压力、乙烯浓度等)下，通过调整氢气/乙烯比反应条件，稳定生产熔融指数为(12~14)g/10min(21.6kg)、密度(0.940~0.942)g/cm³ 的聚乙烯产品。不同于茂金属催化剂和钛系催化剂，铬系催化剂对氢气的敏感性较差，氢气进料流量点数量多且跨度较宽。目标聚乙烯产品要求的氢气进料量范围为(10~120)g/h，氢气流量时间轴测量记录数据如图4所示，从流量监控数据图可以看出多次改变氢气进料流量的数值，流量基本可以实现稳定输出，无流量变化波动，给定氢气进料量为110g/h时，质量流量计所测得的24h流量值均为110.0g/h，氢气质量流量计的精确控制，为聚乙烯生产提供技术数据支撑，氢气质量流量计的精度对聚乙烯产品质量的影响如表4所示。

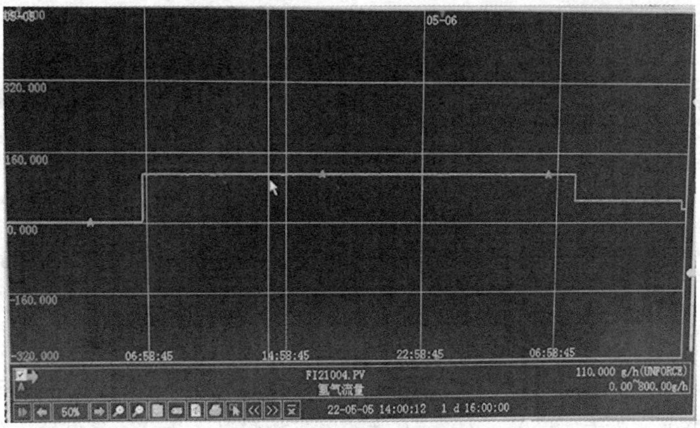

图 4 氢气流量时间轴测量记录

表 4 氢气对聚乙烯产品性能的影响

氢气量/(g/h)	偏差/%	Cat 活性/(g/KgPE)	指数/(g/10min)	密度/(g/cm^3)	堆密/(g/cm^3)	静电/KV	200 目/%	>200 目/%
70	0.007	18542	39.69(21.6kg)	0.9497	0.415	1V	2.78	1.20
110	0.001	95213	38.84(21.6kg)	0.9504	0.408	2V	3.15	2.74
90	0.001	15435	37.87(21.6kg)	0.9502	0.410	2V	2.2	0.85
85	0.001	15223	40.14(21.6kg)	0.9515	0.414	2V	1.91	0.76
80	0.008	14965	40.76(21.6kg)	0.9526	0.416	2V	2.25	1.86

4 结论

在聚乙烯生产过程中，氢气能够持续稳定的精准计量是必要的，氢气作为分子量调节剂，决定了催化剂活性高低和聚乙烯产物的分子量的大小，与之匹配的质量流量计作为一种高精度流量测量仪表，在乙烯聚合工艺对于氢气进料量的控制过程，显现的尤为重要。氢气质量流量计应具备在长时间使用过程满足高精度计量的要求，随着高速信号处理技术、数字驱动技术、振动控制技术、软件算法等技术的发展，质量流量计产品性能正在不断地完善提升。宽量程比使质量流量计适应工艺条件变化的能力进一步增强，测量稳定性持续提升，气体测量、小流量测量准确度大幅提高，可以满足聚乙烯中试装置对催化剂聚合评价、新产品开发、聚合反应工程研究与生产过程控制等要求。

参 考 文 献

[1] 刘旸. 质量流量计产品分析及发展研究[J]. 自动化仪表，2020，41(8)：15-19.

[2] 张琳琳. 质量流量计在聚丙烯工艺中的选型[J]. 仪器仪表用户，2013，20(4)：87-88.

[3] 张磊，王世波，吕新平等. 高活性高氢调性能乙烯聚合用 Ziegler-Natta 催化剂[J]. 石油化工，2016，45(08)：936-939.

[4] 魏莎，杨榕. Unipol 气相法聚乙烯工艺的分析与思考[J]. 2021(2019-19)：213-214.

[5] 李刚健，周子淳，胡琳等. 聚乙烯催化剂研究现状[J]. 合成材料老化与应用，2021，50(02)：151-154.

作者简介：翟昌休(1990—)，男，工程师，东北石油大学化学工程与技术专业，研究方向为烯烃的功能化改性及聚烯烃催化剂的研发与应用。邮编：163714，电话：13039811573，通信地址：黑龙江省大庆市大庆化工研究中心。

井斜仪传感器高温旋转标定装置的研制与应用

李　楠　田海霞　孙伟莉

（中国石油集团渤海钻探工程有限公司定向井技术服务分公司　天津　300280）

摘　要　传感器是石油钻井行业中随钻测量时使用的无线随钻测斜仪的核心部件，传感器标定装置主要用于测斜仪传感器在维修和标定过程中使用的一种计量校准工具。本文介绍了一种新型传感器标定装置，它可实现井斜角0°~180°、磁方位角0°~360°的任意姿态下的常温、升温过程中的各种数据采集和补偿工作，提高传感器校准过程中采集数据的准确性和稳定性，解决现场应用问题及传感器维修校准需求。

关键词　传感器；校准；井斜角；磁方位角；工具面角；温度；旋转

1　引言

为改变传感器测量参数超出最大允许误差后需国外维修的现状，针对传感器校准过程繁琐与现场需求不适应的难题，2013年引进了APS公司传感器标定的方法和装置，其方法是将每一个传感器加温至目标温度后，靠手动摆放各个姿态采集参数，生成校准后的参数重新写入传感器。APS传感器校准方法及装置自投入使用后，显现出温度降低带来的重新加温，加温时间过长，而且手动采集数据过程中出现传感器采集数据的不准确性等问题，导致修复传感器效率低且质量不能保证，传感器精度的准确性及稳定性是保证测斜仪正常工作的关键，通过升级改造现有传感器标定装置，达到提高传感器校准精度，缩短传感器维修时间的目的。

传感器高温旋转标定装置主要是将旋转采集数据校验架及加温装置两部分技术整合。校验架由磁方位角0°~360°可旋转底盘和井斜角0°~180°旋转及工具面角0°~360°旋转装置组成，加温装置内置传感器采集数据无须拆装，只要断电即可旋转采集数据，为采集数据的准确性提供了可靠保证。

2　老式传感器标定装置原理与缺陷分析

2.1　原理分析

无线随钻测斜仪是井下随钻测量中最重要的仪器，其中传感器是它核心的部件。利用传感器标定装置对传感器进行温度校验、参数标定和数据补偿，标定完成后传感器与测斜仪电路骨架相连，组成无线随钻测斜仪，使其能在井下定向过程中精准测量井斜角、磁方位角、工具面角等工程参数并准确实时传输。

2.2　结构组成

老式传感器标定装置由传感器固定架、45°三角支撑架、加温筒和磁场线圈组成。

2.3　主要缺陷

2.3.1　井斜角、磁方位角校准和温度补偿分开

由于老式传感器标定装置在结构上是由四种不同功能的装置组成，对传感器进行井斜角校准、磁方位角校准和温度补偿也是需要分别进行，校准过程中需要工作人员根据校准要求转换校准架，不但校准时间较长，而且校准采集数据误差大。

2.3.2　井斜角校准姿态受限

井斜角校准是使用一个长方体传感器固定架和一个45°三角支撑架组成，因为支撑架姿态固定，所以只能对井斜角0°、45°和90°进行数据收集和校准。

2.3.3 测量数据采集需手动操作

在井斜角、磁方位角数据采集和温度补偿过程中全部为手动操作，其重要缺陷是人工安装方法、固定力度大小、方位摆放角度等过程中存在明显的误差，这也导致了采集数据的准确性不能保证，测量误差频繁出现。

2.3.4 升温过程缓慢、效率低

传感器加温后需要对多个温度点进行数据采集，例如：750 型 150℃传感器要进行 7 次温度补偿；850 型 175℃传感器要进行 9 次温度补偿，传感器每到达一个规定的温度段时都要进行数据采集。由于传感器加温筒结构简单，其保温性能差，需要在加温筒外进行保温处理，达不到目标温度值就要对传感器进行重复加温，才能完成整套温度补偿工作，费时又费力。

2.4 标定数据测量误差统计、分析

2019 年初，对老式传感器标定装置测量误差进行了统计，测量误差统计见表 1，传感器在高温状态下测量参数比常温状态下测量参数误差明显增大。

表 1 传感器标定装置 2019 年度测量误差统计表

项目名称		测量最大值/°	标准值/°	最大误差/°
常温	井斜角	30.08	30.00	0.08
	磁方位角	91.0	90.0	1.0
	磁性工具面角	180.9	180.0	0.9
高温	井斜角	10.12	10.00	0.12
	磁方位角	91.0	90.00	1.0
	磁性工具面角	91.1	90.00	1.1

3 研制目标与方向

基于原有标定装置的原理和程序，需要设计一体式可旋转可加温的传感器标定装置，在满足传感器标定工作的基础上，简化校准流程，提高采集数据准确度，确保校准后的传感器测量误差在允许误差范围内，缩短传感器维修周期。校准后传感器测量误差见表 2。

表 2 校准后传感器测量误差

测量参数	温度/℃	允许误差	温度/℃	允许误差
井斜角	0~150	±0.1°	150~175	±0.2°
磁方位角		±1.0°		±1.5°
磁性工具面角		±1.0		±1.0

4 传感器高温旋转标定装置结构

传感器高温旋转标定装置由井斜角调整锁紧组件、工具面角调整锁紧组件、磁方位角调整锁紧组件和高温加热组件 4 个部分组成。

4.1 井斜角调整锁紧组件

井斜角调整锁紧组件主要由井斜角分度轮、锁紧柱塞、调整螺丝组成(见图 1)。

目标：实现通过脱开柱塞使主轴旋转，达到预定角度后按压柱塞锁紧将主轴锁紧，防止主轴转动。

功能：调整井斜角时将锁紧柱塞松开，翻转传感器高温加热装置，井斜角调整指定角度后，将锁紧柱塞锁紧，采集井斜角数据(0°/45°/90°/135°/180°/225°/270°/315°)。

实施效果：工作时，先将标定传感器使用拆装工具装入高温加热筒中，松开锁紧柱塞调整井斜角

到标定位置，按下柱塞固定在井斜角分度轮位置。

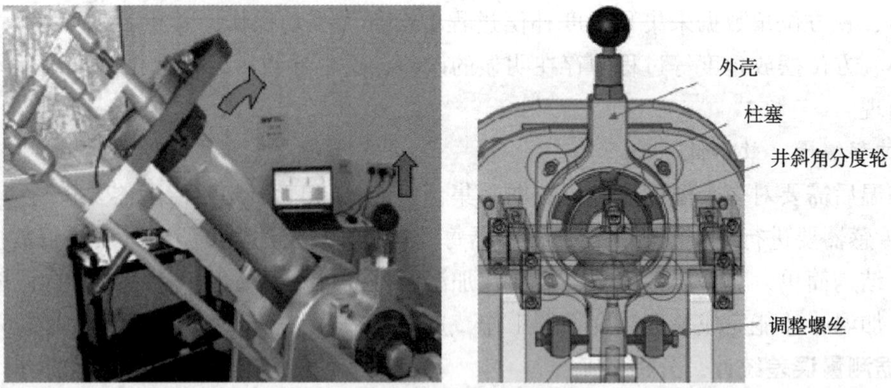

图1 井斜角调整锁紧组件

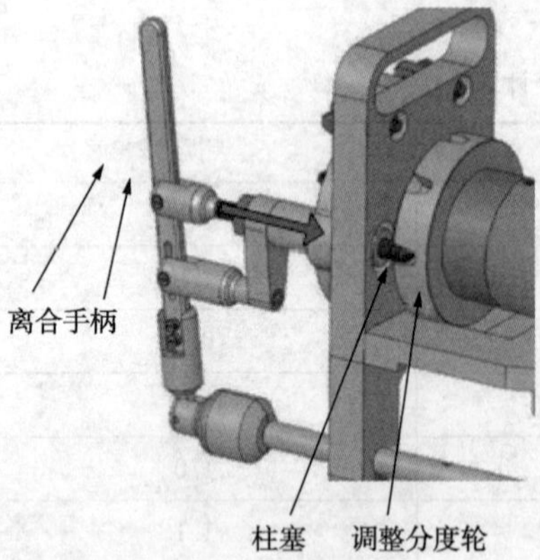

图2 工具面角调整锁紧组件

4.2 工具面角调整锁紧组件

工具面角调整锁紧组件主要由离合装置、手轮、离合手柄、调整分度轮组成(见图2)。

目标：实现通过脱开离合柱塞使加温装置快速旋转，达到预定角度后合上离合柱塞。

功能：在使用时通过脱开离合手动转动分度轮进行旋转，达到预定角度后合上离合手柄，柱塞卡住分度轮卡槽，锁紧姿态，达到工具面角调整角度的采集数据的目的(0°/45°/90°/135°/180°/225°/270°/315°)。

实施效果：使用离合手柄进行工具面角度的调整，通过离合手柄固定工具面角采集数据的位置，卡槽固定准确，使用方便、快捷，操作安全可靠。

4.3 磁方位角调整锁紧组件

磁方位角调整锁紧组件主要由离合手柄、齿轮传动机构、底部刻度槽、旋转主轴、电刷组件、编码器组成(图3)。

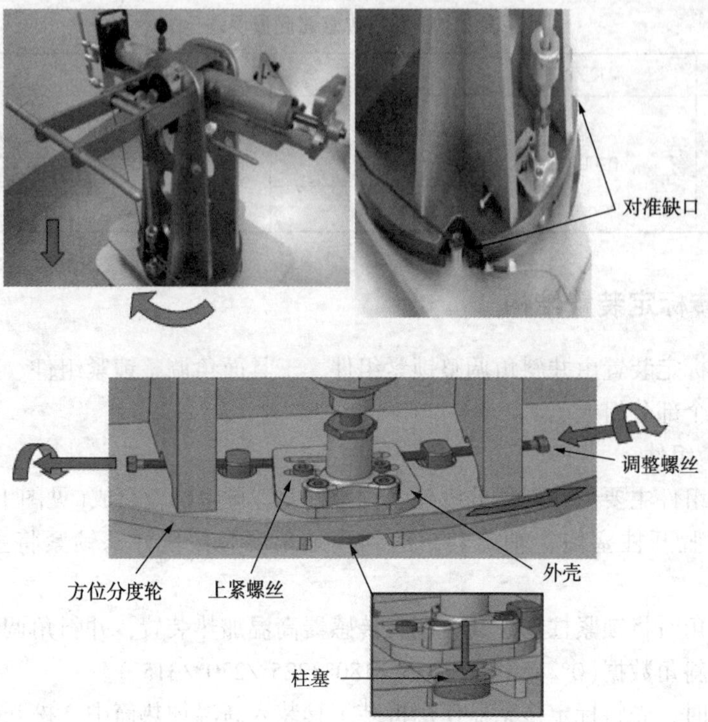

图3 磁方位角调整锁紧组件

目标：实现将测量后采集的各种数据通过电刷头转换为电子数据信号，再传输到工程控制计算机上。

功能：(1)通过旋转离合手柄，使底部小齿轮带动齿圈旋转，旋转主轴对准缺口卡槽，固定各姿态，采集磁方位角数据(0°/90°/180°/270°)；(2) 完成机械式锁紧机构的装配。

实施效果：利用离合手柄旋转底座进行磁方位角度改变，电刷组件将磁方位角编码器的数据传递到导电环上并通过电刷头在转换为电信号，并传输到工程控制计算机上。

4.4 高温加热组件

高温加热组件由高温加热保温筒和拆装传感器端口两个结构组成(图4)。高温加热保温筒主要由保温材料、加温组件及温度传感器组成；拆装传感器端口由固定传感器装置及拆装传感器工具组成。

目标：实现传感器的高温加热数据采集(最高加温温度为175℃)。

功能：传感器利用拆装工具装入保温筒后，对升温和降温的温度经温度传感器传送至温度控制器及校准软件，过程中可随时改变传感器姿态，采集传感器井斜角、磁方位角和工具面角数据。采用降温采集法，传感器由175℃降至25℃的过程很快，缩短采集数据的时间。

实施效果：在测斜仪角度微调后通过锁紧手轮将主轴锁紧，防止主轴转动。编码器将井斜角的角度数据测量出来并传输给底部的电刷组件。

图4 高温加热组件

5 总装调试及试验

5.1 安装方法

首先要对弱磁校准实验室的磁场分布进行测量，根据测量出的磁场数据，绘制磁场分布图，在磁场分布图中选定磁场分布均匀性较好的位置：西北角，确定标定装置的中心点；然后将底座中心与中心点重合后固定在中心点处，再装入有编码器的底盘与底座锁紧固定；然后要对底盘进行水平测试，根据测试得出的结论去调试底座，将其调至旋转水平上下波动范围在±0.05mm内；最后组装标定装置，固定后连接计算机传感器校准软件对磁方位角和井斜角进行检测及调试，校准0°方位和各角度井斜。组装后的底座组件及支架见图5，传感器高温旋转标定装置成品见图6。

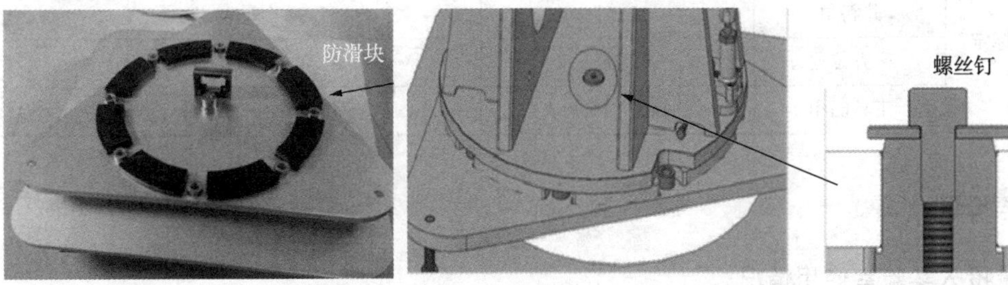

图5 组装后的底座组件及支架

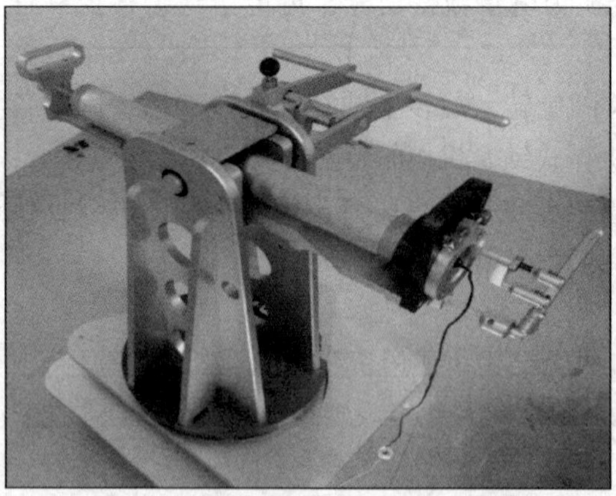

图6 传感器高温旋转标定装置成品

5.2 标定装置性能测试

5.2.1 材料磁性测试：

(1) 测试目的：确定材料磁性参数。

(2) 测试方法：将磁力仪置于无磁工作台上，将标定装置所有制造材料的样本，在磁力仪上放翻转、滑动，记录磁力仪外接显示器屏的磁性读数。

(3) 测试结果：钛合金、硬铝、铸铝、黄铜、铍青铜材料测量值均在 0.1°~2.3nT 之间，磁性较弱，完全符合标定装置材料要求。

5.2.2 标定装置性能测试

(1) 测试内容：

① 标定装置安装固定测试；

② 标定装置井斜角、磁方位角及工具面角调试。

(2) 测试方法：

① 标定装置安装固定测试：标定装置安装固定后，将水平仪放置底盘上读取数据后拿开然后整体进行正反 360°旋转，检查是否出现晃动，不稳现象，再将水平仪放置底盘上读取数据，最后比较两次数据偏差，判定底盘和架体固定情况；松开井斜平台离合，上下晃动，查看对比晃动前后校准软件井斜数据是否有偏差以判定井斜平台固定精度。

② 标定装置井斜角、磁方位角及工具面角调试：利用精度高的传感器装入高温加热保温筒，传感器连接测试线至计算机，打开传感器校准软件，显示传感器精度与标定装置精度，测试标定装置井斜角、磁方位角及工具面角与传感器的井斜角、磁方位角及工具面角的偏离度。

5.2.3 安装测试结果：

安装后对井斜角、磁方位角和工具面角进行校准，校准结果符合技术要求，测量最大允许误差记录见表 3，计量标准测量重复性试验结果记录见表 4。

表 3 测量最大允许误差记录表

测量参数	测量范围	最大允许误差
井斜角	0°~±180°	±2′
磁方位角	0°~360°	±20′
工具面角	0°/90°/180°/270°	±40′

表 4 计量标准测量重复性试验结果记录

序号	仪器名称		测量重复性试验结果	测量不确定度分析中引用的重复性测量结果	结论
1	标准磁方位仪		0.005°	0.007°	合格
2	传感器标定装置	井斜角	2.5″	5.94″	合格
		磁方位角	0.000°	33.8″(0.009°)	合格
		工具面角	0.003°(10.8″)	12.6″	合格

6 应用效果验证

6.1 标定装置投入实验室使用情况

维修、校验进口传感器 32 支，全部组装到无线随钻测斜仪中，交付现场使用，测量数据准确，未发现任何故障。维修、校验指标完成情况统计见表 5。

表 5 维修、校验指标完成情况统计表

序号	计划指标	实际指标	完成结果
1	0℃～150℃ 井斜角：±0.1° 150℃～175℃ 井斜角：±0.2°	32 支传感器井斜角全部到达此项计划指标	√
2	0℃～150℃ 磁方位角：±1.0° 150℃～175℃ 磁方位角：±1.5°	32 支传感器磁方位角精度均到达此项计划指标	√
3	0℃～150℃ 工具面角：±1.0° 150℃～175℃ 工具面角：±1.0°	32 支传感器工具面角精度均到达此项计划指标	√
4	维修和校验周期 20 个工作日	每支维修和校验周期在 3 个工作日左右	√
5	申报专利 1 项	已提交国家授权	√
6	维修和校验 20 支	维修、校验合格传感器 32 支，比计划指标多完成 12 支	√

6.2 现场试验效果

选取两支维修后的传感器组装测斜仪，经常温校准、高温、振动试验，其校准结果均满足石油天然气行业标准 SY/T 6587《电子式井斜仪校准方法》中的校准技术要求。

（1）试验进口传感编号：4421TGN；

仪器类型：DSP 测斜仪 S 系列，测斜仪编号：S104；

传感器故障：CPU 板数据不稳定；

维修内容：更换 232 集成电路，重新温度补偿标定，检验合格后组装测斜仪 S104 经高温和振动、校准测试交于仪器现场试验。校准记录见表 6。

表 6 S104 校准记录表

<table>
<tr><td colspan="4">仪器类型：DSP</td><td colspan="4">仪器编号：S104</td></tr>
<tr><td colspan="8">校 准 记 录 (单位:°)</td></tr>
<tr><td>井斜角设定值</td><td>0°</td><td>3°</td><td>10°</td><td>30°</td><td>45°</td><td>90°</td><td>90°</td></tr>
<tr><td>工具面角/磁方位角设定值</td><td colspan="2">0°</td><td colspan="2">90°</td><td colspan="2">180°</td><td>270°</td></tr>
<tr><td>测量参数</td><td colspan="3">井斜角/(°)</td><td colspan="2">磁方位角/(°)</td><td colspan="2">工具面角/(°)</td></tr>
<tr><td>最大测量误差</td><td colspan="3">0.08</td><td colspan="2">0.9</td><td colspan="2">1.1</td></tr>
<tr><td>高温试验数据变化量</td><td colspan="3">0.07</td><td colspan="2">0.4</td><td colspan="2">0.7</td></tr>
<tr><td>振动前后试验数据变化量</td><td colspan="3">0.08</td><td colspan="2">0.5</td><td colspan="2">0.0</td></tr>
<tr><td>振动过程中试验数据变化量</td><td colspan="3">0.00</td><td colspan="2">0.1</td><td colspan="2">0.1</td></tr>
</table>

（2）试验进口传感编号：1904DH；

仪器类型：DSP 测斜仪 H 系列，测斜仪编号：H032；

传感器故障：传感器不通信；

维修内容：串口电路损坏，换 74LX1G0STR 电路，做常温标定，检验合格后组装测斜仪 H032，经高温和振动、精度测试交于仪器现场试验。校准记录见表 7。

表 7 校准记录表

<table>
<tr><td colspan="4">仪器类型：DSP</td><td colspan="4">仪器编号：H032</td></tr>
<tr><td colspan="8">校 准 记 录 (单位:°)</td></tr>
<tr><td>井斜角设定值</td><td>0°</td><td>3°</td><td>10°</td><td>30°</td><td>45°</td><td>90°</td><td>90°</td></tr>
<tr><td>工具面角/磁方位角设定值</td><td colspan="2">0°</td><td colspan="2">90°</td><td colspan="2">180°</td><td>270°</td></tr>
<tr><td>测量参数</td><td colspan="3">井斜角/(°)</td><td colspan="2">磁方位角/(°)</td><td colspan="2">工具面角/(°)</td></tr>
<tr><td>最大测量误差</td><td colspan="3">0.09</td><td colspan="2">1.1</td><td colspan="2">1.4</td></tr>
</table>

续表

仪器类型：DSP		仪器编号：H032	
高温试验数据变化量	0.02	0.2	0.1
振动前后试验数据变化量	0.01	0.4	0.1
振动过程中试验数据变化量	0.00	0.2	0.1

7 应用前景

传感器高温旋转标定装置是保证校准传感器过程中采集数据的准确性、稳定性的重要工具，通过对现有的校验架及加温装置的高度整合，达到多功能一体，不仅提高传感器维修校准工作效率，还将校准精度大幅提升。该标定装置属于国内领先水平，可为进口传感器及国产传感器提供专业维修校准服务。

传感器高温旋转标定装置在维修校准服务中推广应用后，有助于打破依靠国外维修和校准传感器的垄断地位，缩短维修周期，提高维修质量，提高标定准确率，将产生可观的经济效益和社会效益，同时也是定向测斜仪井下测量准确性的一次质的飞跃，也会为研发制造传感器打下坚实基础。

参 考 文 献

[1] 刘丽鸿．公差配合与技术测量．北京：石油工业出版社，2009.

[2] 鲁绍曾．现代计量学概论[M]．北京：中国计量出版社，1987.

[3] 周静，白莎，刘道勇．随钻测量中加速度传感器的标定分析．仪表技术与传感器，2012. 1.

[4] 张玉波，孟耀华，魏春明．随钻测斜仪中传感器信号处理技术研究．昆明理工大学学报，2010. 2.

[5] 罗学东，刘翌尧，王丽．一种新型随钻测井方位传感器的研究．石油石化节能，2009. 7.

作者简介：李楠，工程师。现就职于中国石油渤海钻探工程有限公司定向井公司，从事仪器研发工作，单位地处天津市大港油田，邮政编码：300280。

田海霞，工程师。现就职于中国石油渤海钻探工程有限公司定向井公司，从事仪器制造维修校验工作，单位地处天津市大港油田，邮政编码：300280。

孙伟莉，工程师。现就职于中国石油渤海钻探工程有限公司定向井公司，从事仪器制造维修校验工作，单位地处天津市大港油田，邮政编码：300280。

ERP 销售模块与计量信息管理平台的集成功能应用

刘 微 刘 仁 王宏建

（兰州石化公司计量部 兰州 730060）

摘 要 为集成整合公司 ERP 与计量信息管理平台系统，实现企业应用系统的互联和计量数据共享，利用大型关系型数据库(Oracle)、主流软件开发技术(Aspen. Net)和网络通信等先进的信息化技术完成公司 ERP 销售模块与计量信息管理平台的集成，销售订单数据和计量单数据闭环流转，实现计量与销售业务信息深度融合，保证相关业务数据及时、准确、完整及共享，满足销售业务全流程运营管控的需求。

关键词 ERP 销售模块；计量信息管理平台；产销协同；数据流

1 现状分析

近年来，随着公司的信息化发展，相继完成了 ERP、MES、计量信息管理平台等信息系统的建设。销售模块作为 ERP 系统的一个子模块，主要实现产品销售的订单管理、销售提货、销售结算和生产厂库存录入、查询和相关财务结算等业务，是企业销售人员及时掌控产品订货、销售情况的重要管理模块。计量信息管理平台是公司内部计量专业管理的专有平台，涵盖计量数据管理、计量监控管理、计量设备管理、计量衡管理等四个方面的公司级计量信息管理平台，为公司计量业务管理提供有力支持。目前公司 ERP 销售模块和计量信息管理平台相互独立，由销售人员在 ERP 系统生成订单或提货单，客户拿纸质订单或提货单到现场进行装车计量，生成的纸质计量单再流转到销售人员手中，人工将计量数据录入 ERP 系统中，人工生成交货单并逐条过账，数据没有实现共享，系统管理使用过程中手工录入工作量大，信息不一致问题频繁，工作效率受到极大限制。

2 解决方法

为彻底解决计量信息管理平台与 ERP 销售模块之间的信息孤岛和数据共享问题，提出在现有的计量信息管理平台和电子交接系统的基础上，梳理 ERP 系统销售流程，制定基础数据编码与 ERP 销售模块编码对照使其标准化，开发 ERP 系统和计量信息管理平台的接口，实现将 ERP 系统开具的提货单、订单等相关信息自动导入到计量信息管理平台，再将现场生成的计量单等相关数据自动推送到 ERP 系统，实现数据对应无差异，数据的唯一性、准确性提高，从而大大提高工作效率。在减少信息孤岛的同时，实现信息共享，形成销售、计量业务的线上闭环管理，解决产销协同，使生产执行过程与销售执行过程紧密联动。

3 集成系统整体思路

该集成系统目标为实现 ERP 销售模块和计量信息管理平台之间计量数据的闭环流转，保证相关业务数据及时、准确、完整及共享，满足销售业务全流程运营管控的需要。该系统以计量信息管理平台为核心，充分利用其可适应性、重构性、集成性的特点，运用关系型数据库和实时数据库建模及优化技术等进行二次开发，建立标准的 SOAP(Simple Object Access Protocol 简单对象访问协议)中间件集成接口，将公司内部管输、公路、铁路进出厂原料、产品等所涉及的各基层计量点(中航油航煤管线系统、油品储运 TMIS(铁路运输管理信息系统)系统、化工储运 TMIS(铁路运输管理信息系统)系统等)的计量数据集中推送到计量信息管理平台，系统根据对应的编码对照等信息匹配计量单订单号，ERP 销售模块再通过订单号自动调取计量单数据信息，实现计量信息管理平台与 ERP 销售模块的数据交互，完成发货过账，避免计量单与销售单据信息的不一致，最终实现销售订单、提货单的下达到计量结算数据回传的闭环流程。系统整体数据流如图 1 所示。

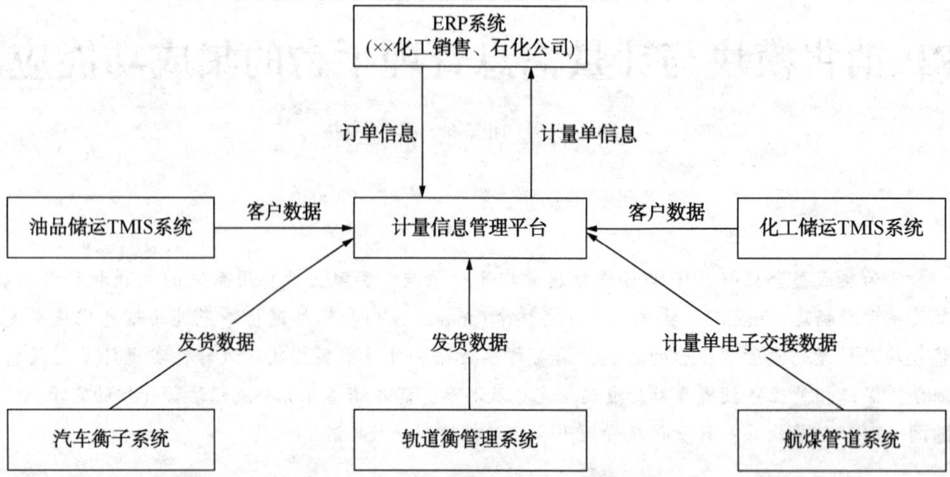

图 1　系统集成整体数据流图

公司 ERP 销售模块与计量信息管理平台充分利用企业内部的网络资源，使数据的传递更加安全、完整、高效。采用了目前较为流行的 Web 服务技术作为与 ERP 系统的数据共享方案。集成方案实施通过企业服务总线 OSB 做集成，WebService 服务调用，通过系统配置和 ABAP(Advanced Business Application Programming)语言程序开发实现，计量信息管理平台按数据接口规范模型调用方法集。接口标准技术采用前后端分离开发模式，实现真正的前后端解耦，即使需要独立部署在不同服务器，也能保证系统的正常使用。见图 2。

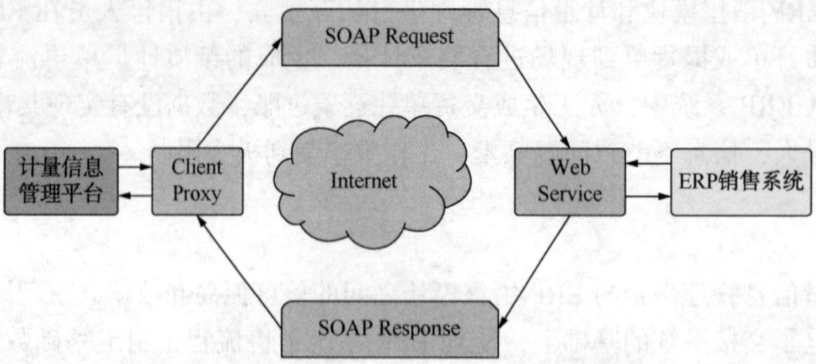

图 2　计量信息管理平台与 ERP 销售模块集成图

4　集成功能应用实践

系统集成功能主要包括 ERP 销售订单的创建、推送、作废、查询，计量管理平台调用 XX 化工销售提货单数据信息、计量数据回传 ERP 销售模块、自动生成交货单等应用。因公司销售业务目前存在非产销协同和产销协同两种模式，其流程和部分功能存在一定差异。

4.1　非产销协同业务

4.1.1　工作流程

非产销协同业务指的是生产企业自己组织销售的产品，在企业内部生产、销售、结算等各个环节流转，与各大区销售公司无业务对接。客户端通过 ERP 销售模块提前创建销售订单推送给计量信息管理平台，计量信息管理平台接收销售订单信息后按照销售订单数据进行提货与发货，出具计量单，并将计量数据信息自动回传给 ERP 销售模块，ERP 销售模块接收到数据信息后自动生成交货单，使用批量过账事务码“ZR11CXXJ013-集中发货过账”进行发货过账。业务流程如图 3 所示。

4.1.2　ERP 销售订单的生成

销售订单的配置见图 4 所示，包括订单号、售达方(结算单位)、送达方(收货单位)、物料品名、

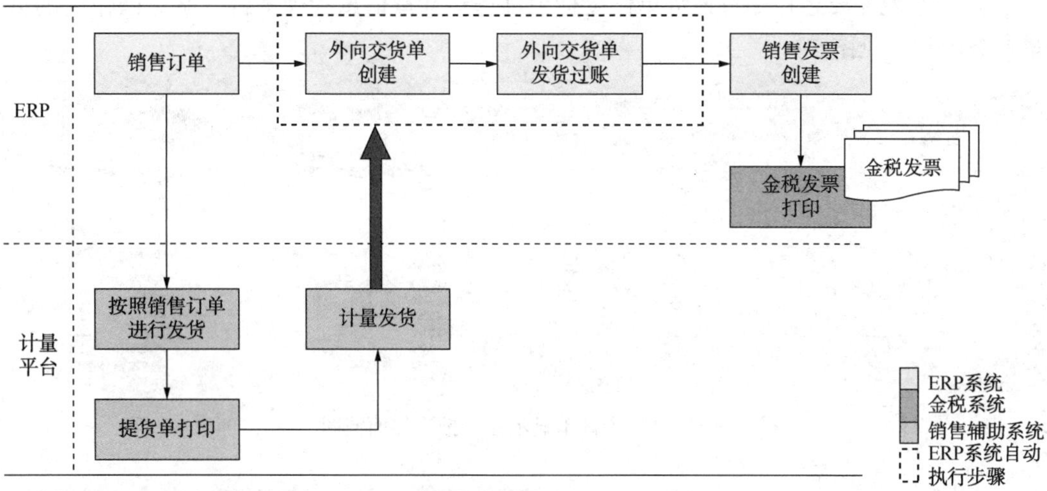

图 3　非产销协同工作流程图

订单数量、运输类型等信息的录入和选择。

4.1.3　ZC29SDIF507——订单数据推送

销售订单配置完成后显示在“ZC29SDIF507——订单数据推送”待推送的订单里，同时必须根据订单的实际情况完成下面 5 个条件后进行 ERP 销售订单的生成与推送。

（1）订单销售组织：7550；

分销渠道 A0 对应的订单类型 ZA01、ZA09；

分销渠道 A1 对应的订单类型 ZA02、ZA09；

分销渠道 A6 对应的订单类型 ZA18、ZA51。

（ZA01：配置销售订单；ZA02：自营销售订单；ZA09：免费订单；ZA18：内供销售订单；ZA51：内供销售订单。）

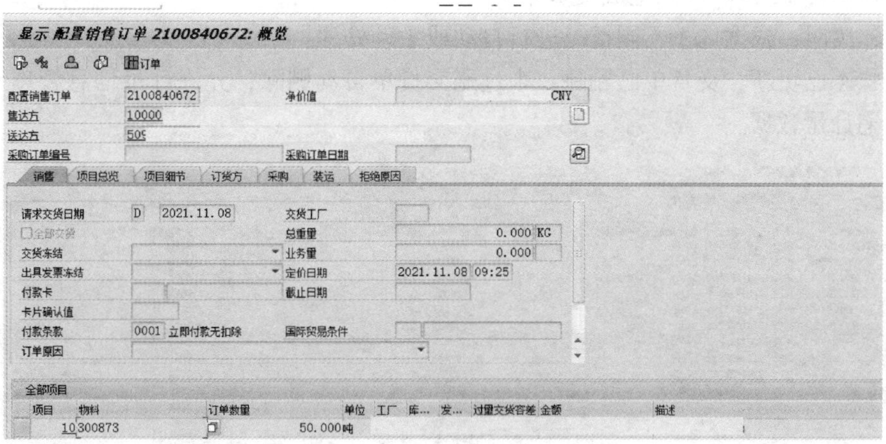

图 4　ERP 销售订单配置信息截图

（2）订单审批通过；

（3）订单没有生成后续交货单；

（4）订单抬头“文本”中为空；（这类订单是用户在 ERP 里手工创建订单、交货单，不用推到计量信息管理平台进行计量。）

（5）订单未做拒绝。（对于超过提货期限的订单，客户端批量拒绝。）

4.1.4　ERP 销售订单作废

在销售订单已被成功推送，同时计量信息管理平台的数据信息未回传的情况下，如果订单被做拒绝，此订单会再次被显示在“ZC29SDIF507——订单数据推送”待推送界面，订单里“删除标识”显示为

“已作废”，这种情况需要客户端将该订单作废标识推送给计量信息管理平台，避免已作废的订单号被用于计量业务流程。见图5。

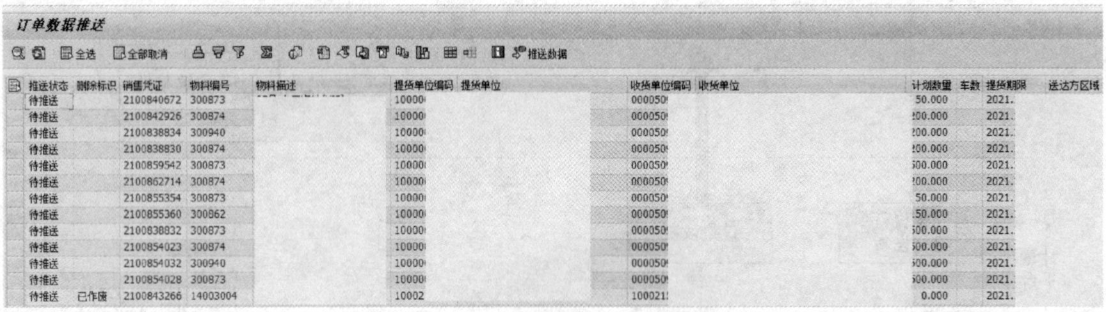

图5 已作废订单显示在待推送界面截图

4.1.5 ERP销售订单查询

推送成功的订单可以通过物料编码、提货单位、收货单位、订单号、推送人员、推送日期等信息查询，查询条件见图6。

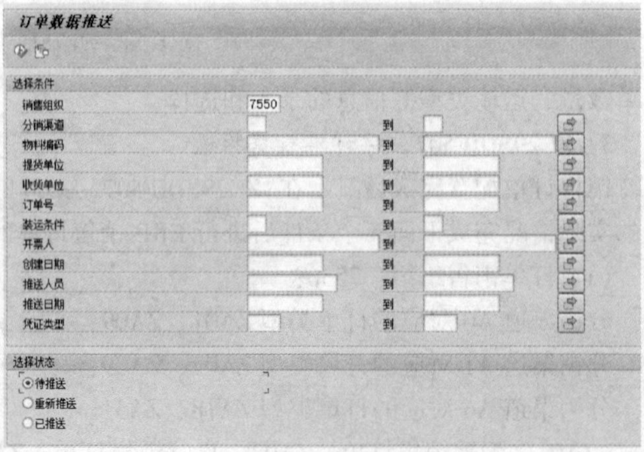

图6 销售订单数据查询截图

4.1.6 计量数据回传ERP销售模块、自动生成交货单

计量信息管理平台与对应的ERP销售订单关联生成计量单后，将计量单上相关信息如发货日期、发货数量等字段回传给ERP销售模块，自动生成交货单，一张计量单对应一张交货单。回传的计量数据和交货单信息在表ZC29SDIF509中查看。见图7。

在计量数据回传ERP模块并生成交货单后计量单存在作废时，根据以下不同情况进行自动或手动处理：

(1) 作废状态已更新，交货单已删除：未过账交货单自动删除，允许计量信息管理平台针对这张订单再回传一笔计量数据。

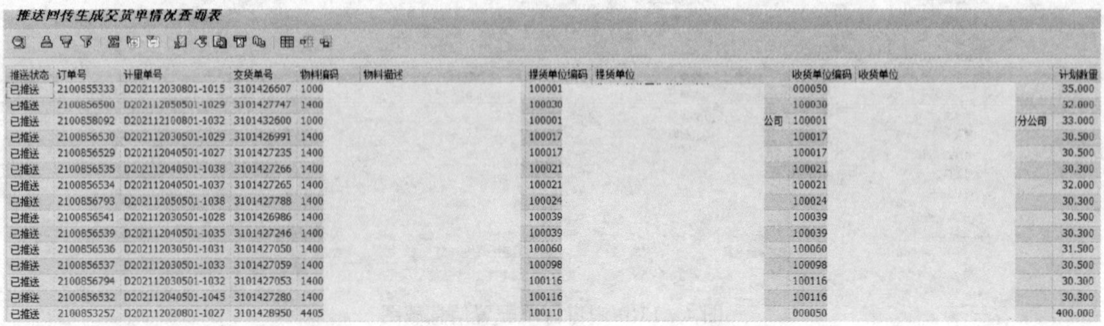

图7 计量信息管理平台推送回传生成交货单情况查询表

(2) 作废状态已更新，交货单需手工处理：交货单已过账，客户端需根据计量信息管理平台回传的作废原因自己手工做后续处理，不允许计量信息管理平台针对这张订单再回传计量数据。

(3) 作废状态已更新，但其他报错原因：除(1)、(2)的客户端需根据计量信息管理平台回传的作废原因自己手工做后续处理，不允许计量信息管理平台针对这张订单再回传计量数据。

4.2 产销协同业务

4.2.1 工作流程

产销协同主要指公司(生产企业)ERP系统与大区销售公司之间的工作衔接，主要涉及统销协作类业务。XX 化工销售按照库存情况安排销售进度创建提货单，客户拆分提货单生成小提货单到场提货，在计量人员验单无误后安排货物发运，同时系统将实际发货信息发送给 XX 化工销售，XX 化工销售确认实际发货数据后双方同时进行过帐处理；客户端出具销售发票并将发票信息传递给 XX 化工销售供其进行采购发票校验业务的处理，工作流程如图 8 所示。

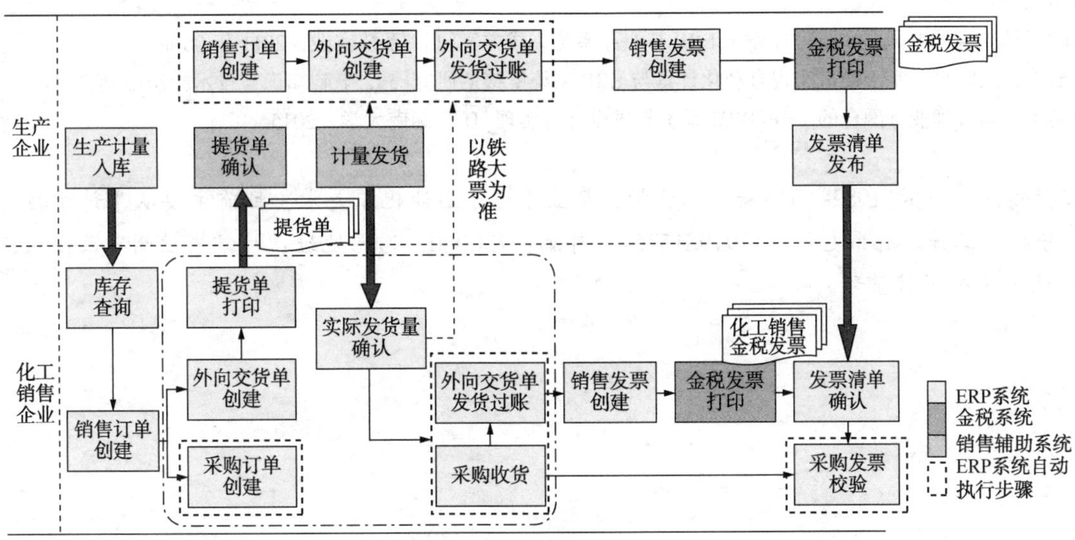

图 8　产销协同工作流程图

4. 2. 2　销售订单创建

XX 化工销售在其 ERP 系统中创建提货单后，计量信息管理平台从 XX 化工销售 ERP 系统中调用提货单信息进行现场计量，并将每笔实发量等计量数据回传至公司 ERP 销售模块，在 ERP 销售模块中自动生成公司销售订单与交货单。

4. 2. 3　计量信息管理平台调用 XX 化工销售提货单信息并回写计量数据至公司 ERP 销售模块

计量信息管理平台在生成计量单之前需要根据客户小提货单号调用 XX 化工销售 ERP 系统提货单信息(提货单号、物料信息、来源、去向等)，获取之后计量信息管理平台根据信息和现场实际计量情况生成相关计量单，同时将计量单上相关计量数据回写到公司 ERP 销售模块。见图 9。

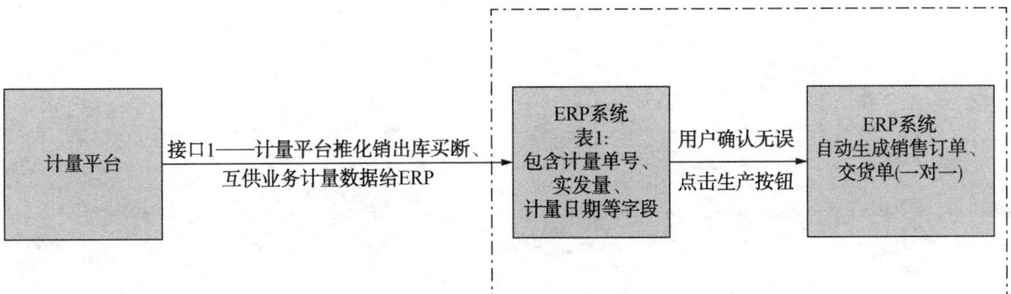

图 9　计量信息管理平台回写计量数据给 ERP 销售模块示意图

5　结语

计量信息管理平台与 ERP 销售模块集成系统自 2021 年 9 月 1 日正式上线以来，运行良好，5700 多个销售订单自动推送到计量信息管理平台，15000 多条计量数据自动回传到 ERP 销售模块，涉及用户 300 余个。集成系统的运行，优化了销售流程，实现了计量单数据与 ERP 系统订单、提货单数据的关联，实现了销售数据和计量数据的自动传送和对照，减少了因人工录入造成的数据错误，提高了数据传输的准确性和实效性，使销售业务自动化程度和业务效率进一步提高，为销售系统数字化转型发挥重要作用。实现物流、资金流和信息流的“三流”合一，新型企业管理模式的企业资源集成平台逐步建立。同时消除了信息孤岛，为消除“部门墙”奠定技术基础和示范作用。

参 考 文 献

[1] 孙小石．石油销售企业 ERP 与外围系统的集成方案研究[J]. 兰州石化职业技术学院学报，2011 年 03 期．

[2] 张影．在 ASP. NET 中如何使用 web. config 文件配置数据库连接[J]．电脑知识与技术，2013，000(011)：2536-2537.

[3] 席欣，马兴涛．中国石油销售分公司 ERP 与业务系统集成方案[J]. 系统实践，2011 年 08 期．

[4] 王云锦，王晓丹．基于接口实现自动化计量与 ERP 系统链接的研究[J]. 电脑知识与技术，2012 年 20 期．

[5] 面向生产与管理业务融合的 ERP/BPM 系统集成设计与实现[D]. 湖南大学，2015.

作者简介：刘徽(1982—)，女，工程师，毕业于辽宁石油化工大学，目前主要从事计量技术管理与数据分析等工作。联系电话：13919815764，邮编：730060，通信地址：甘肃省兰州市西固区玉门街10 号兰州石化公司计量部。

计量技术机构在油田数字化建设中的探索与实践

王秀男　李　博

（大庆油田技术监督中心　黑龙江大庆　163453）

摘　要　随着油田数字化建设和国有企业改革不断深入，油田内部计量技术机构面临工作方式转变和技术能力提升双重挑战，本文介绍了油田企业计量技术机构的业务现状，分析了将面临的新形势新挑战，以及未来发展可能要应对的风险，通过大庆油田技术监督中心在油田数字化建设中开展的探索实践，总结出了计量技术机构在油田数字化建设中转型发展的方法。

关键词　计量；机构；数字化；转型；实践

1　引言

在油田生产过程中，油气水的处理、集输等工艺流程中要涉及大量的流量、压力、温度、电力等相关数据的计量，随着油田数字化建设的不断推进，数字化仪表大量普及，这些仪表种类复杂，数量巨大。在管理方面，如何对这些仪表进行分类溯源，既保障高效准确又能够让这些仪表采集的数据真正应用于油田生产各个环节，使得计量技术机构必须调整开展工作的方式；在技术方面，由于数字化仪表具有地址化信息，不得随意改变安装位置，且具备数据传输功能，需要应用在线校准技术和对数据传输部分进行检测。这两方面都对油田计量技术机构提出了巨大的挑战。本文以大庆油田技术监督中心为例介绍计量技术机构在油田数字化建设中实现转型发展的探索与实践。

2　油田企业计量技术机构业务现状

随着《中华人民共和国计量法实施细则（2021 修订）》的颁布，国家对计量行业的要求越来越规范和严格，计量行业将逐步向市场化、社会化方向发展。近年来，集团公司对所属单位计量技术机构提出了做大做强的明确要求。长庆油田有技术监测中心，包含了原长庆采油采气装备质量监督检验中心、石油天然气长庆工程质量监督站，实行“一套机构三块牌子”运行模式；辽河油田有安全环保技术监督中心，包含安全环保处、质量节能管理部、工程服务中心和钻采工艺研究院等多个机构的部分职能；新疆油田有西北油田节能监测中心，包含原质量节能部、检测中心及勘探开发研究院的部分机构。大庆油田有技术监督中心，包含计量、质检、节能监测和标准化等方面业务。

大庆油田技术监督中心是大庆油田保障油气生产和产能建设的技术服务型单位，下设计量检定测试所、油气水计量检定站和数字化仪器仪表检测所三家从事计量工作的单位，主要承担大庆油田计量器具的检定、校准工作，同时负责研究建立计量标准，起草制定石油专用计量器具的技术规范，以及协助计量主管部门进行计量监督。目前，技术监督中心计量业务存在下述问题。

2.1　计量业务全而不精

技术监督中心共建立计量标准 92 项；涉及几何量、温度、力学、电磁学、无线电电子学、时间频率、化学等七大类计量，基本满足油田生产各个方面的计量需求，但由于大而全，很难做到专精，与外部专业计量技术机构相比只在原油流量计和压力仪表检定方面具有较强优势。

2.2　设备自动化智能化程度低

技术监督中心成立较早，很多仪器设备老化比较明显，近几年更新的设备虽然在自动化方面有了较大提高，但整体自动化水平仍较低，无法满足未来数字化仪表检定校准需求，在智能化方面也还处于起步探索阶段。

2.3 与油田生产缺少联系

传统计量主要关注计量器具本身，技术监督中心的业务重点也是集中在如何保障计量器具的准确性，不关注这些计量器具在油田生产中的作用和意义，再由于计量技术机构在油田内部属于辅助性服务型机构，对于油田数字化建设过程没有发言权，只能被动地对已经建成的工艺流程上的仪表进行检定校准，无法将通过检定校准计量器具得到的信息全部应用于油田生产和管理的相关环节，没有体现出油田内部计量技术机构的特殊性。

3 面临的新形势新挑战

2021年10月，国家发布了《计量法》征求意见稿，新修订的内容将计量工作的整体思路完全转变。在一定程度上，我国现行的《计量法》是一部“计量器具法”，只停留在对计量器具的管理层面，且部门监管色彩浓厚，管的过多、过严，而新修订的内容以“管对、管少、管好”为基本原则，实现市场调节和政府管理的有机结合。新法施行后，将全面取消部门和企事业单位最高计量标准的建标考核，对国家计量标准和社会公用计量标准的申请单位予以开放，这将对计量技术机构未来发展产生根本性影响。

3.1 市场竞争将加剧

随着国家对计量标准申请单位的放开，可以预见大量的民营资本将进入计量行业。同时，大庆油田将市场机制引入油田内部，油田公司对所属单位之间发生的交易行为进行市场化管理，逐步有序放开一定比例的内部市场，并坚定不移地推动市场化价格向市场价格过渡。届时，油田内部计量技术机构虽然具有资质和质量优势，但失去原有的内部企业优先被选择权和内部关联交易价格的保护后，如何在与外部计量技术机构的竞争中保持住现有市场占有率，将是计量技术机构面临的极大挑战。

3.2 检定工作量将下降

近几年，国家层面对计量行业一直在简政放权，减轻企业的计量负担。随着新《计量法》的即将颁布实施，总体要求将从“生产涉及的计量仪表按照规程规范要做到‘应检尽检’”逐渐变为“根据实际生产需要做到‘检好检对’”。同时，油田公司明确规定：“所属单位可对使用频率低、性能稳定及量值不易改变的B、C类计量器具延长检定(校准)周期。”因此，如何把过去“依靠单一的检定工作量增加促进经济效益增长”这一传统模式，转化为“通过业务转型和提档升级实现新的效益增长”这一新的发展模式，将是计量技术机构面临的又一大挑战。

3.3 计量工作方式将转型

在市场、价格、工作量失去原有保护的情况下，原有的针对仪器仪表开展检定校准然后出具证书的单一、传统、低效的计量业务工作方式，势必受到严重冲击，进而严重影响油田内部计量技术机构经济收入。如何及时响应委托单位提出的难点痛点计量问题，将通过检定校准计量器具得到的信息应用于指导油田生产和管理的相关环节，开展定制化、系统化、个性化服务，将是计量技术机构面临的新挑战。

4 发展中要应对的风险

大庆油田计量仪器仪表数量庞大，已达到约100万台件，随着油田数字化建设加速推进，将增加80万台件，及时将各种仪器仪表的溯源信息、溯源能力、溯源可靠性及各供应商产品质量优劣等信息传递给各使用单位、油田各级计量管理部门和物资采购部门，实现从计量器具购入、计量器具使用安装、计量器具周期检测、计量器具维修和计量器具报废的闭环管理，保障各级管理人员和部门实时掌控计量器具的出厂参数、技术参数、安装、检定等动静态信息以及工作状态信息等成为油田计量技术机构工作的重中之重，在面对庞大工作量的同时，油田计量技术机构还要考虑应对如下风险。

4.1 行业竞争压力大

随着国家关于计量检测机构资质逐渐开放，社会计量技术机构及油田内部、外部计量技术机构加入市场竞争，油田企业纷纷新建、扩建计量标准，导致同行业间竞争愈加激烈，市场竞争压力逐年加大，风险加大。

4.2 业务需求减少

受疫情和油价起伏不定等因素造成油田各企业成本紧缩，计量检测费用随之减少。外部市场也由于开发难度大、检测工期长、检测成本高等因素导致市场开拓进退维谷，因此油田计量技术机构将面临业务量缩减的风险。

4.3 行业发展变化快

随着数字化油田的全面推进，油田逐步向智能油田、智慧油田转变。加之企业体制改革逐步深化，经济发展水平越来越高，行业的发展、环境的变化都可能给计量技术机构在转型过程中带来不确定因素，必将对油田计量技术机构的工作产生风险。

5 在数字化转型中的探索与实践

结合集团公司《计量管理办法》和《大庆油田振兴发展纲要》的要求，持续不断提升计量检测能力，提高计量管理水平，改进服务环境和服务质量，确保计量数据的准确可靠，计量技术机构需要在自动化、数字化、信息化、智能化发面持续发力，努力建设成为专业领域广、综合实力强、服务品牌优、价值链条长，面向石油石化行业的高水平高效益的计量技术机构，主要可以从以下几个方面着重进行。

5.1 做优：以“数字化、智能化、智慧化”计量为目标，打造数智化计量检测平台

根据国家、集团公司、油田公司数智化发展的形式，充分运用互联网+、云计算、大数据等现代科技手段，从计量器具制造企业、使用单位、计量机构、监管部门四方入手，打造计量器具的全流程管理平台，实现计量全过程信息化。目前，大庆油田技术监督中心已通过计量业务系统平台开展业务，在上市部分使用电子证书和计量器具二维码身份标识，建立各类计量器具身份档案，统一各单位的器具台账，完善器具属性库，完善数据库，截至 2022 年 5 月已入库 50 万台件，占油田计量器具总数的 50%，预计到 2022 年底将全部实现数据库管理；同时，技术监督中心与大庆油田第一采油厂通力合作，到 2025 年将完善计量器具制造企业模块，严格按油田实际工况制造计量器具，实现从计量器具购入、使用安装、周期检测、维修报废的闭环管理，实时掌控计量器具的出厂参数、技术参数、安装、检定等动态、静态信息及工作状态，同时将系统平台推广到未上市企业，全面服务于仪表使用单位；到 2030 年要完善计量监督模块，开始大数据监督管理，发挥大数据优势、加强大数据分析利用，让大数据服务于油田各级计量管理部门和物资采购部门；到 2035 年形成制造、检测、使用、监督环环相扣的一体化管理平台。

5.2 做强：以“新形势、新要求、新发展”现状为基础，发展好数智仪表检测实验室

紧跟数字化油田建设步伐，探索研发数字化油田仪器仪表计量检测新模式、新技术和新标准，全面开展数字化油田仪器仪表检测业务，逐步完善和建成一批国内领先，行业独有，专业化、智能化的检验检测实验室，努力在数智化油田检测新领域取得发展优势。2021 年大庆油田技术监督中心起草发布的《数字化油田无线仪表校准方法》作为中石油第一份无线仪表校准方法，改变了以往使用有线仪表计量标准检定无线仪表的现状。另外，技术监督中心的无线温度变送器校准装置等 4 项无线仪表计量标准顺利通过建标考核获得计量标准考核证书，成为中石油第一家拥有无线仪表校准资质的机构，率先在中石油实现了无线仪表的全场景无差别校准；技术监督中心到 2025 年还要针对规模较大的数字化仪表，制定检测方法和标准；到 2030 年要完成大部分数字化仪表实验室检测技术和现场在线检测方法研究、标准制定；到 2035 年，形成成熟的、覆盖油田各类数字化仪表的检测实验室。

5.3 做专：以现场校准为方向，完善现场校准标准发布以及现场检测装置集成研发

油田生产中的各种计量仪器仪表因不易拆装、运输困难，多倾向于进行现场校准。油田计量技术机构应从标准和设备两方面推进现场校准工作。大庆油田技术监督中心 2021 年已开展现场校准团体标准科研项目，2022 年将发布 4 项现场校准团体标准；到 2025 年要对油气田其他常用的计量仪器仪

表发布现场校准团体标准；到 2030 年对数字化仪表现场检测发布团体标准；到 2035 年对油气田在用的计量仪器仪表基本实现现场校准团体标准发布，形成系列标准。

技术监督中心同时进行现场标准装置集成研发，截至 2022 年已研发并建立计量检定计算机系统检定装置、电气动调节阀执行机构测试装置、高压电能校准装置、电量采集模块校准装置、无线温度变送器校准装置、无线压力变送器校准装置、示功仪校准装置和车载式体积管流量标准装置等 8 套现场标准装置；到 2025 年将开发能够满足现场要求的压力温度的便携式、批量式、带有自动化功能的校准设备和水流量计现场校准装置(撬装)；到 2030 年，研究开发压力、温度和化学标准装置的集成，建立车载实验室，同时利用原有高压电能车载实验室，增加电学其他校准项目；研究提高便携式液体超声流量计现场校准准确度和开发气体流量计现场校准装置(撬装)；到 2035 年实现远程校准和在线校准等新型量值溯源形式。

5.4 做精：以新能源为落脚点，积极开展新能源检验检测评价实验室

2021 年大庆油田技术监督中心已开展对光热技术、太阳能发电传输系统、风电场运行指标与评价的研究，2022 年已初步试水建立了热能表校准装置，研究传统计量仪表与新能源计量仪表计量方式的差异性和可迁移性。未来将聚焦新能源行业计量测试需求、测量技术难题、量值控制手段缺失等问题，开展计量测试技术科研攻关，加快数智技术、远程测试技术和在线测量技术等计量技术的研究与应用，开展现场计量、实时计量以及复杂量、动态量、多参数综合参量等相关测试方法研究，围绕新能源领域中“测不了、测不全、测不准、测不快”的计量痛点难点，结合新能源行业发展，打造计量检测智能化、测量数据数字化、数据管理网络化、数据应用平台智能化的新计量检测评价体系。

5.5 做特：以现有技术资质为平台，打造计量检测行业新业态。

大庆油田技术监督中心拥有国内唯一的原油流量计实液检定装置，能够真实模拟油气生产现场使用情况。近年，气体流量检定在原有工艺管线基础上新增 DN250、DN300、DN350、DN400 口径工艺管线，装置检定能力由原 4013m^3/h 增加至 10000m^3/h 以上，在东北地区最大。技术监督中心在 2022 年将全面建成数字化仪表检测实验室，建成数字化仪表互联互通测试重点实验室，建成示功图一体化检测实验室，还将争取与集团公司物联网重点实验室开展合作，推动数字化仪表的质量抽检工作。未来，技术监督中心将发挥现有石油行业专业 CMA、CNAS 技术资质优势，转变原有对仪器仪表单一计量检定校准服务方式，向仪表综合性能检验、应用效果评价、计量检测技术实用性审核、专项仪表审计、现场适用性等业务拓展，提升计量服务附加值。对油田应用的计量新技术，计量新仪器开展计量性能综合性评价，为油田计量应用管理提供专业技术服务；区别于原有单台单参数计量仪器仪表的检定校准，通过对油气生产流程、整体场站、成套装置设备进行计量整体检测服务，将多种类多参数计量仪器仪表以系统联动角度进行检测，为生产运行管理提供更直观更精准的计量检测服务。

6 结论

随着油田数字化建设全面推进和国有企业体制改革逐步深化，油田内部计量技术机构面临挑战日益严峻，必须将原本只关注计量器具溯源准确性转变为关注计量器具在生产中的全生命周期状况，利用计量器具的计量数据和性能可靠性等数据反哺生产过程控制乃至生产建设中的仪表选型、供应商控制等工作，真正发挥出“内部”计量技术机构的特殊性，必须坚持技术研发技术创新，用技术能力说话，做优做强做专做精做特，占领行业制高点，才能顺利转型，在各种挑战中立于不败之地。

参 考 文 献

[1]《计量法》(2021 年 10 月征求意见稿).

[2]《大庆油田振兴发展纲要》.

[3] 中油质安〔2019〕41 号《中国石油天然气集团有限公司计量管理办法》.

[4] 庆油发〔2021〕126 号《大庆油田有限责任公司计量与测控系统管理办法》.

[5] 大庆油田有限责任公司计量与自动化专业标准化技术委员会．数字化油田无线仪表校准方法：Q/SY DQ1854—2021[S]. 大庆：大庆油田有限责任公司，2021.

作者简介：王秀男(1984—)，女，工程师，大庆石油学院，计量质量管理。电话：13845920783，邮编：163453，通信地址：黑龙江省大庆市让胡路区西宾路 552 号。

李博(1984—)，男，副主任，长江大学，技术监督中心副主任。电话：13936793896，邮编：163453，通信地址：黑龙江省大庆市让胡路区西宾路 552 号。

炼化企业贸易交接计量数据信息化管理与应用

刘　倩　耿建平　朱红强

（中国石油宁夏石化公司　宁夏银川　750026）

摘　要　本文结合中国石油宁夏石化公司利用高精度科里奥利质量流量计与公司内部数字信息网络平台，对汽煤柴成品油及化工产品进出厂计量方式进行全流程技术改造，实现汽煤柴成品油及化工产品进出厂贸易交接数据的计量、储存、传递，同时实现科里奥利质量流量计计量数据比对、计量误差分析、设备故障判断，提升汽煤柴成品油及化工产品进出厂计量精度，降低计量误差，减少企业效益流失，为公司提质增效提供精准计量保障。

关键词　质量流量计；数字信息网络平台；贸易交接；精准计量

1　引言

宁夏石化公司主要生产装置为 500×10^4t 炼油及 80×10^4t 化肥生产装置，物料进出厂运输形式主要通过管道、公路及铁路，其中进厂物料主要有原油、天然气等，计量方式为管输流量计计量；出厂物料主要有成品油、化工物料、液化气、尿素、聚丙烯等，原计量方式为：①公路出厂以电子汽车衡称重计量；②铁路出厂以人工检尺计量；③尿素、聚丙烯以定量包装计量。

每年通过铁路、公路出厂的成品油约 400×10^4t，在检尺计量或者电子汽车衡称重计量过程中，由于人员操作、计量设备、工况等因素影响计量数据的准确性，造成企业效益流失；计量数据通过人工的方式进行传递、统计分析，工作效率低、人工成本高。

为满足公司计量业务信息化管理的要求，为生产经营管理提供更加准确、及时、可靠的计量数据，实现计量数据的数字化管理，杜绝各个环节中的漏洞，降低计量误差，减少企业效益流失，为公司提质增效提供精准计量保障。同时随着科技发展进步，计量设备、技术的全面提升，采用高精度科里奥利质量流量计进行自动化计量、借助数字信息网络平台管理成为必然趋势。

2　公司计量业务存在问题

2.1　铁路、公路出厂计量管理模式落后

铁路出厂计量业务主要包括汽柴油、石油苯等，其占铁路装车总量的90%以上，自炼油500万吨装置2011年建成以来，一直以手工检尺出厂结算。从铁路罐车现场计量检尺、人工录入、手工出具计量单，整个工作流程耗时长、效率低；因计量设备、人员操作、环境因素等影响，铁路出厂计量数据误差大；每年检尺计量产生的计量纠纷10~20起左右，给计量管理工作带来很多不便。

公路出厂业务以电子汽车衡进行出厂结算，主要产品为汽煤柴、液化气、液氨、化工物料等，其中汽柴油车辆占汽车出厂量的80%以上。平均每天装车业务量在200车以上，车辆排队、厂内拥堵情况突出，公路进出厂受两台不同衡器分开称重的计量条件限制，综合计量精度比单一结算精度低，误差在±(0.2%~0.35%)；随着2021年西北销售银川油库停运，每天装车任务量激增，最多时达400辆左右，而全部通过汽车衡结算，车辆滞留等待时间长，安全隐患大。

2.2　计量业务分散，工作效率低

2.2.1　铁路计量管理系统业务分散，相互独立

铁路罐车装车主要产品为汽煤柴等产品，原装车系统是2011年由两家开发公司为适应当时大、小鹤管成品油分别计量管理需求而开发的独立装车系统，仅具备装车、现场监控、防止成品油罐车装

车溢流，所有的贸易交接计量数据依靠人工检尺。

轨道衡设一套独立的动态称重计量系统，对过衡的空重罐车进行称重计量，生成计量报表，但不具备网络数据共享功能，所有的计量数据靠人工手动传递。

2.2.2 公路计量管理工作效率低、存在隐患

公路电子汽车衡出厂计量系统由汽车装车称重系统（汽车称重单元和现场装车单元）、销售系统两套系统组成，两套系统之间硬件和软件相对独立。

电子汽车衡岗位操作人员需按两个系统的不同操作功能进行多台面操作，易导致岗位操作人员误操作，发生数据遗漏，工作效率低；装车系统2/3的流量计数据无法稳定读取，计量员现场抄录流量计数据与衡器比对分析，时间成本高；汽车装车系统工控机使用的WindowsXP系统，软件不支持当前主流操作系统，一旦系统出现问题将影响装车和称重计量。公司进出物料系统详情见图1。

计量业务	物料名称	系统名称	网络类型	是否联网
流量计管输	原油/天然气进厂	销售公司系统,人工录入MES	管理网	是
汽车衡	成品油等物料出厂	汽车装车系统	生产网	否
	化工物料出厂	汽车衡销售平台	管理网	是
铁路罐车装车	汽油出厂	大鹤管装车系统	生产网	否
	柴油、石油苯出厂	小鹤管装车系统	生产网	否
轨道衡	重油出厂	轨道衡计量管理软件	生产网	否
定量包装	尿素、聚丙烯出厂	人工录入	生产网	否

图1 公司进出厂物料系统详情

2.2.3 原料进厂数据人工核实录入

天然气、原油通过厂外管输进厂，每天计量员去现场核实抄送数据，并人工填写报表录入MES，未对数据进行统一管理。

2.2.4 定量包装出厂数据线下管理

尿素和聚丙烯出厂通过定量包装计量，数据人工核实后上报，对于出厂的数据比对监管存在滞后性。

3 计量业务需求分析

3.1 采用高精准计量设备，提升计量准确性

随着公司未来发展需求，通过采用高精准计量设备，提升出厂贸易结算计量准确性，为公司带来实在的效益，同时为计量自动化管理打下基础。

3.2 应用自动化技术，提高计量工作效率

随着销售公司银川油库关停，成品油管输业务负荷转移至公路、铁路运输上，随着业务量成倍增加，现有效率低下的计量管理模式，无法满足未来业务需求。

公司人员老龄化，未来五年退休的人员增多，在岗位不增补人员的情况下，迫切需要提升现场计量业务自动化水平，利用自动计量技术提高现场工作效率，确保计量工作的顺利开展。

3.3 借助数字信息网络平台，实现计量自动化管理

计量数据管理是企业生产经营管理诸多环节中重要的基础之一。实时、准确、可靠的计量数据，是企业优化生产安排、经济指标考核、进出厂贸易交接及内部物料互供的依据。

公司现场计量业务分散且系统之间相互独立，迫切需要数字信息网络平台，将现场计量数据

进行整合，建立统一的计量管理系统，为公司各项工作提供良好的数据支撑，减少企业效益的流失。

4 计量业务整合总体设计

改变现有公路、铁路出厂计量方式，应用高精准科里奥利质量流量计，提升现有计量准确度，出厂贸易交接精准计量，同时借助数字信息网络平台，实现计量业务自动化管理。

4.1 铁路、公路装车改用质量流量计贸易交接

4.1.1 确定质量流量计具备贸易交接条件

铁路大鹤管(汽油)使用的是艾默生 CMF 质量流量计，小鹤管(柴油)使用的是艾默生 F300 质量流量计，经检定合格，设备选型具备 0.2 级的贸易交接条件。

公路成品油(汽柴油)使用的是科隆 OPTIMASS1300C 质量流量计，经离线检定误差在±0.5%左右，且零点不稳定，无法达到贸易交接条件。因此需要重新选型，经流量计应用及同行交流经验，最终确定更换为艾默生 0.1 级 CMF 高精准质量流量计。

4.1.2 为质量流量计精准计量创造条件

(1) 分析质量流量计精准计量需要具备的条件，对影响流量计精准计量的因素进行确认，安装时注意应力、管线振动、电磁干扰等对流量计计量产生的影响。

(2) 铁路大鹤管汽油装车流量计安装在装车平台高点，装车时无法保证满管状态，将大鹤管流量计由二层平台移位至地面，使流量计具备满管计量条件。

(3) 公路现场装车存在压力不稳定的问题，装车泵增加变频稳定装车鹤管压力，压力稳定在 0.4MPa，压力波动控制在小数点第三位，为流量计精准计量创造条件。

(4) 公路/铁路部分电液阀密封不严，造成成品油出厂计量损耗。及时分析发生漏量的原因，更换电液阀的阀座密封环，定期实施装车电液阀维护，确保装车计量准确。

(5) 定期对质量流量计进行零点核查，累积量清零等维护措施，保证质量流量计精准计量。

4.1.3 升级现有汽车衡现场设施，实现自动称重计量

对于公路出厂除了汽、柴油以外的产品依然采用汽车衡进行称重计量，占比全厂公路出车量的 20%。完善现场设备，汽车衡增加现场红外对射、车号识别、道闸及 LED 显示屏等控制模块，实现自动称重计量。

4.2 装车系统升级改造

4.2.1 建立统一的铁路罐车计量装车系统

大鹤管与小鹤管装车系统升级，使用统一的管理软件将计量数据集中管理，根据现场装车业务管理中的实际需求，优化现有装车管理、车号录入、流量计数据生成、历史趋势等功能，提升现有装车效率，同时为铁路流量计贸易结算打下基础。

4.2.2 升级改造公路装车系统

将衡器称重系统从原有汽车装车系统中分离出来，分别建立汽车装车系统和衡器称重系统，同时解决原系统约 2/3 的数据未获取到流量计数据，实现衡器与流量计数据自动比对。

4.3 计量管理平台的功能开发应用

4.3.1 整体思路

在完成现场计量设施改造，系统架构搭建完成的基础上，现场业务满足自动计量的条件下，基于全厂的计量业务流程以及物料产品销售结算流程，借助数字信息网络平台，将计量、销售业务一体化整合，油品从发运、预约、放量、销售制卡、进厂、排队、装车、计量、出厂、结算、计量数据统计分析的全流程自动化管理，提高全厂物料产品进出厂贸易结算效率，为公司构建智能化、高效的计量管理体系。(整体架构见图 2)

计量营销一体化平台的建设计划分两期实施，一期主要是将铁路出厂计量业务整合，二期是将公路计量、销售业务及全厂计量业务整合。

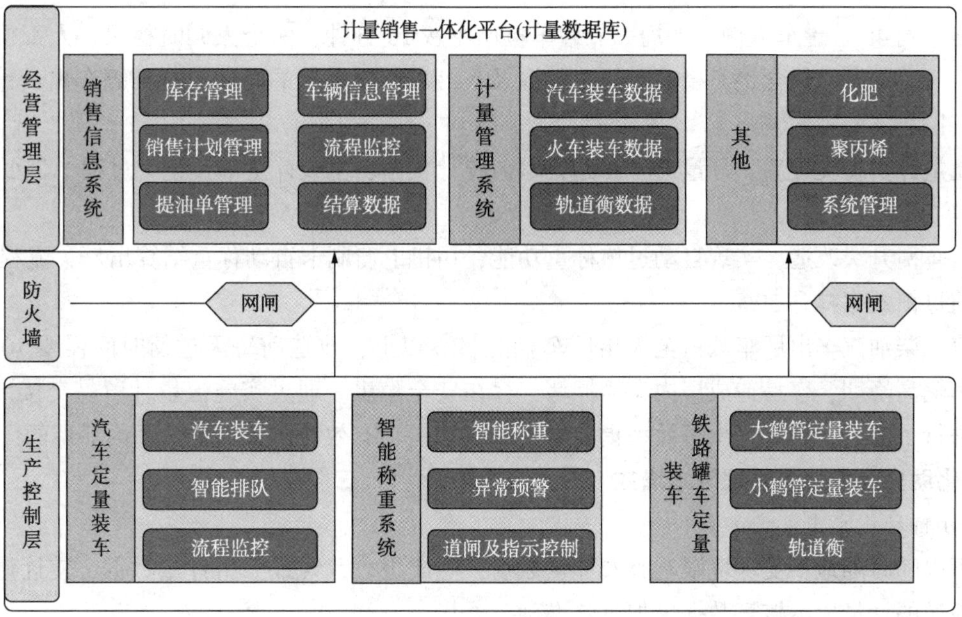

图2　计量销售一体化平台建设架构

4.3.2　网络技术架构

通过数字信息网络平台，将原油、天然气进厂、成品油、化工产品出厂计量业务连通。分为两层进行建设，上层为管理网层的计量销售一体化平台，Browser/Server 模式。下层为控制网的汽车定量装车系统、智能称重系统、大鹤管定量装车系统、小鹤管定量装车系统、轨道衡称重系统，均采用 Client/Server 模式。

4.3.3　网络安全

网络安全方面采用工业网闸，通过内部的双独立主机系统，分别接入到控制网络和信息网络，双主机之间通过专用硬件装置连接，从物理层上断开了控制网和管理网的直接网络连接。

4.3.4　计量及销售业务应用开发

计量业务经过一期改造主要包括汽车定量装车数据、火车大小鹤管定量装车数据、轨道衡称重数据等各计量系统的数据集成，以及对计量数据的直观展示、统计分析、差值预警等。

通过二期改造对系统数据再次整合，原料(天然气、原油)管输、公路定量装车数据、定量包装产品(聚丙烯、尿素)数据集成计量销售一体化平台，开发功能包括数据展示查询、计量业务管理、数据比对、统计分析；并将原有销售部分业务合并至计量销售一体化平台，主要包含制卡管理、车辆调配、销售计划、装车流程监控、提油单管理等。

5　应用效果

5.1　经济效益

铁路罐车流量计交接替代手工检尺计量，计量准确度从±0.7%的人工检尺误差降低到了±0.2%的流量计误差。高精准计量设备提升计量准确性；数字信息网络平台的应用，消除人为因素带来的测量误差，保守估计每年可为公司增效2000余万元。随着计量准确性的提升，投用流量计后2021年计量纠纷减少至5起。

公路应用0.1级高精准质量流量计，通过现场设备、系统升级改造，公路汽柴油出厂由质量流量计替代汽车衡进行贸易结算，计量误差降低至±0.15%以内，保守估计每年可为公司增效1000余万元。

5.2 提升铁路、公路出厂效率

5.2.1 铁路出厂效率

以铁路一列 48 节罐车为例，平均一节罐车检尺花费 10 分钟，两个人同时检尺，人工检尺花费时间约 4 个小时。这期间包含罐车稳油时间，数据录入，出具计量单的时间，一列罐车出具计量单需要 5 个小时以上。

实现流量计贸易交接后，计量员坐在办公室内统计数据，生成计量单，整个过程 1 个小时足以。

5.2.2 公路出厂效率

电子汽车衡升级改造，实现自动过衡称重功能，司机上衡刷卡自动称重结算出厂，流程需 1 分 30 秒，较之前过衡效率提升 50%。

每天汽、柴油汽车出厂车数占全天出厂车辆的 80%以上，改造前每天过衡时间需要 10 个小时以上，遇到车辆高峰期，容易造成厂内车辆拥堵，存在安全隐患。通过实施流量计贸易交接，对汽车衡结算车辆进行了分流，整体进出厂效率提高至少 60%以上，有效缓解车辆排队厂内滞留的压力。

5.3 信息化助力企业计量管理降本增效

5.3.1 提升自动化水平

(1) 可以随时随地不受环境限制查看计量数据，生成报表，统计分析计量数据，使计量部向公司相关单位报送的计量成本核算数据更加有效准确。

(2) 实现汽车、火车、轨道衡系统数据的安全传输和集成，消除信息孤岛，将各方数据关联起来，实现计量数据自动化管理。

(3) 铁路/公路油品发运流程自动化取代了之前人工传送纸质业务单据，人工数据统计的繁琐作业，同时也避免了录入、数据统计出错造成的不良影响。

5.3.2 数据分析挖掘效益

(1) 实时监控质量流量计贸易交接数据，实现数字信息网络平台功能应用开发，进行计量数据自动比对(地磅/检尺-流量计，前车后表数-后车前表数，预装量-实装量等)，辅助判断流量计运行稳定性，设备故障判断，及时发现异常数据车辆，避免引起计量纠纷。

(2) 通过天然气末站提供的数据报表，实现进厂原料的成分分析以及趋势对比，辅助工艺人员调整工况，降低损耗，帮助计量员贸易结算分析数据，挖掘效益。功能展示见图 3。

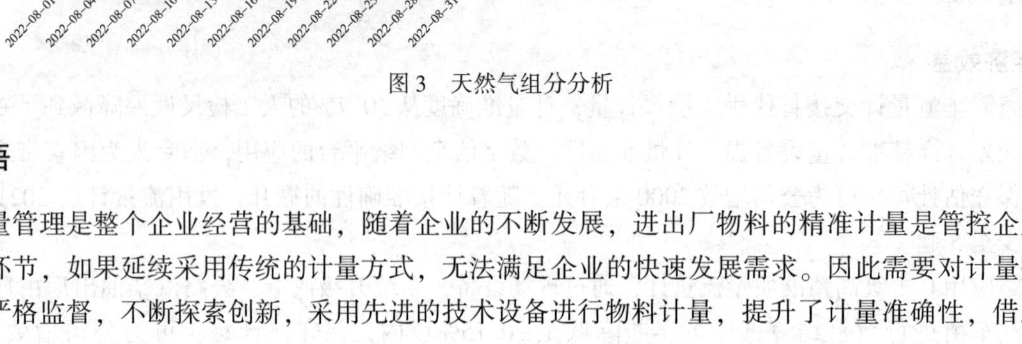

图 3 天然气组分分析

6 结语

计量管理是整个企业经营的基础，随着企业的不断发展，进出厂物料的精准计量是管控企业效益的重要环节，如果延续采用传统的计量方式，无法满足企业的快速发展需求。因此需要对计量数据管理进行严格监督，不断探索创新，采用先进的技术设备进行物料计量，提升了计量准确性，借助数字信息网络平台，提供科学的数据统计分析，有效降低经济成本，提高生产效率，为各部门计量工作带来便利，为公司决策提供可靠的数据支撑。

参 考 文 献

[1] 中国石油天然气股份有限公司 . 能源计量器具配备规范 Q/SY 1212—2009[S]. 北京：石油工业出版社，2009.
[2] 国家发展和改革委员会 . 用科里奥利流量计测量液态烃流量 SY/T 6682—2007[S]. 北京：石油工业出版社，2008.
[3] 洪生伟 . 计量管理[M]. 北京 . 中国质检出版社/中国标准出版社 . 2018.
[4] 王猛 . 信息化技术在计量方面的应用[J]. 中国化工贸易，2013，5(12)：1.
[5] 吴德贵 . 质量流量计在交接计量使用中应注意的几个问题[J]. 石油工业技术监督(9)：26-28.

作者简介：刘倩(1984—)，性别：女，职务职称：计量管理/高级工程师，毕业院校：宁夏大学，现从事工作：中国石油宁夏石化公司计量管理工作。电话：13519200503，邮编：750026，通信地址：宁夏银川市文昌南路中国石油宁夏石化公司。

数字化转型计量管理模式探索

曹万秋　李晓雷　马　双

（大庆油田第一采油厂数字化运维中心　黑龙江大庆　163111）

摘　要　随着信息化技术快速发展，根据集团公司建设国际一流能源公司的工作目标，中国石油“十四五”信息技术总体规划中明确提出了“数字化转型、智能化发展”的建设目标。推进油田数字化建设和管理，构建现代化油田计量管理模式，是油田企业持续推进计量管理由传统向现代化、精细化转变，提高管理效率的重要手段。本文基于采油厂的数字化转型计量管理模式展开分析和研究，围绕着现状中存在的问题，构建新型运维模式、建立新型人才培养机制、开发统一计量监管平台，使采油厂在信息化时代实现可持续发展。

关键词　信息化时代；数字化转型计量管理模式；探索

1　引言

计量管理是指计量部门围绕着所有测量方式和方法的测量结果进行有效管理，最终的目的就是为保障计量的精确性。在信息化时代，通过信息化所开展的计量管理，可以帮助计量管理实现进一步的发展，通过对相关信息资源的合理利用，做好数据的安全传输。通过数字化的网络计量管理，还能进一步减轻工作人员的工作量，提高数据的准确性、安全性，避免因为人为因素所造成的数据错误。当前计量管理中存在的突出问题是计量管理应用平台性能单一、网络化建设程度较低。我国的计量管理和国外相比起步较晚，但近几年的发展非常迅速，不过性能单一，系统功能较少，就造成了计量管理的作用无法得到有效的发挥。另外信息化时代的网络建设程度较低，无法充分的利用信息化网络技术来推动计量管理的发展。最主要的是当前的计量管理中智能化水平较低，这样就无法给人们提供便利，无法让计量管理达到智能化水平，影响计量管理的效率和质量提升。

2　信息化时代数字化建设现状

随着经济化的飞速发展，采油厂在资源消耗、生产效率、经济核算等方面都取得突出成效，但也存在着一些问题，主要包括计量检定效率不高；管理数据手工汇总、数据存在不准、不及时、失真等影响决策的科学性；仪器仪表设备出现的问题无法进行更深层次的数据挖掘分析，故障原因与故障严重程度无法做出有效诊断，无法实现定期养护、快速维修等，制约了计量管理和应用水平，无法支撑油田数字化转型升级。

现今油田高度关注数字化转型发展，数字化建设取得突出的成效，近年来采油厂通过数字化站场网络，实施生产指挥平台建设，让整个生产运行的分析更加准确，生产更加高效，生产管理水平持续增高。通过装置集中监控改造的工作完成整体数字化站场建设，这样的数字化站场，优化了生产组织模式，提高了本质安全能力，进一步提升了现代化管理水平。围绕着油气加工装置和计量防控装置改造达到了事前预警、事后追踪、实时显示等功能，为安全生产提供有力的保障。在这样的宏观背景下，计量管理也需要不断地发展完善，通过以工业互联网平台为载体，以仪器仪表智能运维技术为核心，以仪器仪表数据集为着力点，来搭建仪器仪表与云端系统的数据桥梁，整合状态监测、故障诊断、在线测试等关键环节，通过仪器仪表的高实时状态感知和性能评测，将仪器仪表数据在线上、线下进行协同分析，实现仪器仪表运行状态的快速感知和线上分析，推动数字化油田智能化转型升级。

3　信息化时代计量管理数字化建设存在的问题

结合前文的相关研究；能够发现数字化背景下转型计量管理模式创新与实践的必要性以及相关的

方向。再针对当前的数字化建设中存在的问题进行分析，能够发现，虽然现阶段信息化时代背景下的采油厂在计量管理、数字化建设过程中都给予充足的重视，然而在具体落实的过程中还存在着一些问题，这些问题主要存在于运维模式的转变、网络设施建设、计量管理平台建设几个方面，这些层面存在的问题就无法推动数字化转型计量管理模式的发展创新。

3.1 运维方式亟待转变

数字化油田建成后，仪器仪表及测控系统数量将大幅增加，同时自动化与信息化的快速融合，使故障原因日趋复杂，故障类型也由硬件向软件、单机向网络、现场仪表向成套设备发生转变，除此之外，关键设备在运行过程中的智能化监测和分析预警仅仅是应用到研究阶段，并没有投入到使用生产过程中所涉及的系统，包含了诸多厂家和多个型号，控制系统相对老旧，不能迎合现阶段信息化时代发展的需要，维护难度进一步加大。突出表现在三个方面：

一是专业技术人员减少、设备老化短缺与工作量激增的矛盾：根据油田开发规划及数字化油田建设技术改造总体安排，我厂仪表数量将进一步大幅度增加，预计至 2025 年，我厂现场仪表数量及年检定仪表数量与现在相比，分别增加 165.6%和 163.3%，详见表 1。

表 1　2025 年全厂仪表检定数量预测统计表

仪表类别	现场仪表数量			预计 2025 年仪表检定数量		
	目前数量	2025 年数量	增加幅度/%	年检定数量	增加幅度/%	检定装置负荷率/%
油流量计	117	137	17.1	137	17.1	91.3
气体流量计	405	481	18.8	481	18.8	56.6
水表	13981	23248	66.3	11624	45.3	145.3
电流表 电压表	12328	22160	79.7	11080	38.5	138.5
电能表	2345	2677	14.2	892	4.9	59.5
压力类仪表	20705	39825	92.3	39825	92.3	189.6
温度类仪表	28361	41025	44.7	41025	44.7	91.2
合计	78242	129553	165.6	105064	163.3	

二是人员的技能素质单一、仪表种类繁杂与数智化油田建设需求的矛盾：由于各种原因使得油田安装的仪表成为“万国牌”，仅压力变送器在我厂就有 50 多个厂家，不同厂家的技术参数、电路设置等都不尽相同，给后期的维修维护带来很大困难，同时，数字化油田建设安装的新型仪表种类多数量大，对维修维护技术要求更高。

三是传统的劳动组织形式、生产管理方式与新型数字化保障模式的矛盾：在职责和权限划分方面没有采取分层、分级的管理模式，没有充分发挥使用单位的自主管理作用，各业务部门在建设、运维等环节的协同处理能力还有待加强。

3.2 网络设施建设

采油厂涉及很多分部门，分部门的网络分布范围非常广泛，在网络链接铺设过程中也涉及复杂的环境，在这样的情况下，网络完善难度极大。由于部分的网络设备老旧，不具备远程管理功能，这样就无法满足采油厂总部对接分部门的相关需要，在信息传递的过程中也存在着信息泄露的安全隐患。同时在当前大部分采油厂的分公司采取的生产装置都是以电信级交换机为主，这样的机械稳定性、可靠性都非常的不足，这样的网络设施无法满足信息化时代采油厂的数字化建设发展。

3.3 缺少统一的计量监管平台

目前，油田在用仪表 20 大类 100 余万台，各单位管理方式各不相同，至今未建立起统一的业务管理模式，无法实现对仪器仪表精细、精准、精益的一体化管理。随着智能油田建设的加速推进，仪器仪表将新增 40 万台以上，实时数据量将出现数量级增长，直接冲击当前仪表管理模式，突破现有承载能力，将阻碍智能化转型升级。同时，针对仪器仪表多源异构数据接入、油田复杂环境下仪器仪表的故障特征在线识别困难、油气生产环境下仪器仪表可靠性数据匮乏难以进行可靠性分析等问题，亟须构建自上而下的分层分级管理新体系，统一运管模式、提升运维效率、确保运行质量。

4　数字化转型计量管理的发展设想

面对愈发激烈的市场形势，采油厂对计量管理的探索也没有停止。围绕着业务实际需要，开始完善相关的规章制度，而后抓紧源头管理，优化提升效益，关注重点环节，通过构建新型运维模式、建立新型人才培养机制以及搭建计量监管平台，让整体的计量管理工作朝着优化方向迈进。

4.1　构建新型运维模式

要准确把握数字油田建设将呈现的“两化、两分、两变”三个趋势，精准施策，生产模式上推行“复合化分区域承包”管理。优化现有劳动组织形式，精简岗位设置，组建“复合化大班组”，通过职能的复合实现减少用工投入，提高维保效率的效果；按照“工作量均衡、就近管理”的原则，划分区域承包管理，每个区域的维护队伍配备专用的工程维护车辆、手提电脑、手持远程视频终端等专业设备，打造支装备精良、反应迅速的新型联动数字油田保障班组；在检定方式上围绕保障数字油田生产数据准确的目标，立足低成本、专业化和资源共享原则，分级分层分类开展仪表检测，按照“以油气生产单位为主、公司级检测为辅”的思路，无线仪表以在线检测为主，离线检测为辅，有线仪表，以实验室检测为主，现场检测为辅，加强现场快速检测能力建设，保证生产连续运行，不断挖掘油气生产单位的检测能力，在保障仪表数据准确的条件下，适当延长仪表的检定周期，缓解仪表检测工作量大幅增加和检定能力不足的矛盾。同时，加强与高校、高科技企业间的合作，深入建设数智化运维生态圈和协同育才机制，聚焦数字油田建设中的难点、堵点，按照“共享共建”的思路，积极与高校、企业展开有效合作，充分利用校企人才、技术、设施等优势，实现数字化管理、个性化定制、服务化延伸，由平台化转型到生态化，做精以 RTU 为核心的“井间数据采集层”，做强以 PLC 系统为核心的“站所现场控制层”，做优以数据分析为核心的“平台应用层”，实现全过程管控、全链条融合、全方位运维，最终打造辐射各井、间、站的校企合作数字化运维生态圈。

4.2　建立新型人才培养机制

以数字油田发展建设需求为导向，建立一套科学有效、运转灵活的“四级四步”数字化人才培养机制，对于领军人才，打破知识壁垒，使其具备复合和交叉知识体系，不断提升科研攻关能力，激发培训师内在活力，持续发挥头雁效应；对专业技术人才，深入融合数字化技能和专业领域知识，提升解决生产难题的能力，不断充实培训师队伍，持续发挥辐射作用；对于作业区运维骨干，侧重数据采集、集成、预测与分析能力的培养，逐步提升适应数字环境和解决生产常见问题的能力；对于作业区岗位员工，侧重加强智能环境认知度的培训，有效提升智能设备操控能力，确保生产安全运行。

4.3　网络设施的改造

对于网络设施的改造是整个改造中的重点内容。数字化转型背景下计量管理模式要实现创新，就需要高度关注网络设施。在网络设施改造过程中，主要涉及了数据采集系统的提升，在数据采集方面，通过升级或新增数据采集计算机来增加数据传输网络安全的防护设备，对公司现有的数据系统做好升级优化。让管理人员能随时的掌握生产情况。另外，生产网络建设，在采油厂中涉及了很多分部门，通过采油厂对分部门的生产网络、传输、路由、数据流量等情况进行充分调研，制定改造建设方案，通过有线、无线、5G 和 6G 等多种方式的融合来优化整个生产网。路由结构的建设达到高安全性、高可靠性的最终结果。通过建设之后，让分部门的生产网络覆盖更加全面，页面更加的清晰可控，将各种数据传递到采油厂内部，便于集中化的管理。

4.4　计量监管平台建设

按公司、作业区、中心站场、小型站场等四级场景，构建计量监管平台，统一配置、分级授权、分别应用。运用 PC 端、移动端和大屏端结合的方式，以基础信息台账为支撑，建设涵盖检定测试、维修维护、故障预警和证书管理在内的八大类业务管理内容，实现仪器仪表运维监管可视化、流程化、智能化。

全面接管油田各类仪器仪表，按需规划、分类施策。一是传统存量仪表，以静态信息管理为主，校准、补全各类信息数据，纳入身份档案管理；二是新增数字化仪表，要采取动静结合的管理方式，在静态信息完善的基础上，接入实时数据，实现远程监测与故障告警等智能化应用。

统一编码规则，建立“一表一码”身份标识。对油田仪器仪表进行统一编码，建立唯一标识，确保每台设备编码在油田范围内的唯一性。充分考虑计量器具的特点，满足计量器具使用、管理等方面的可持续化需求。

统一业务流程，规范业务标准化运行。建立统一的仪器仪表运维流程，提高大体量运维效率。综合各采油厂现行仪器仪表管理流程，经过梳理、整合、精简与优化，统一油田业务运行，实现线上流程再造。

采用多终端共建共用模式，提供全场景协同一体化支撑。移动端侧重于平台功能向现场的延伸，支持检定及运维工作的现场调档与需求上报；PC 端侧重于后端数据分析与管理，提供全面的信息化平台管理功能；大屏端侧重于集中决策指挥、远程调度，提供仪表运行状况的实时监控。

通过构建计量监管平台，建立精简、完整、统一的线上业务流程，提供智能化辅助决策手段，将管理向现场一线延伸、向调度指挥拓展，将运维由被动维护向预测性维护转变，实现 PC、移动和大屏端联合共用，仪表管理全覆盖、设备运行全监管、故障运维全受控的“三全”应用效果。

5 结语

全面推动“数字化转型、智能化发展”的战鼓已经擂响。对于我们来说，既是挑战、也是机遇，关键是能否在危机中育先机、在变局中开新局。通过“四位一体”即：构建一个模式、建立一套机制、搭建一个网络、建设一个平台，从而实现运维方面一套资源协同调配；人才方面一套机制培养不同层级；数据方面一次采集多端共用；平台方面一套平台多层支撑，在智能油田建设的大背景下，持续推动业务与管理模式创新，建立全过程服务保障模式，全链条技术服务体系，全方位复合人才梯队，全域运维生态圈，最终实现“平台+数据+运维+生态”一体化协同发展。

参考文献

[1] 万鹏，周峰，胡浩亮，曾非同，白静芬，王忠东．面向智能变电站的数字化计量标准进展与分析[J]．供用电，2021，38(07)：34-39.

[2] 刘仁，高飞青，王宏建，刘微，王新辉，郑邠．兰州石化计量数字化转型探索与实践[J]．化工自动化及仪表，2021，48(02)：180-184.

[3] 孟令莹．大庆油田计量间数字化建设模式探讨[J]．化学工程与装备，2021(02)：108-109.

[4] 杨宝山，油田信息化建设中大数据技术的应用探索[J]．中国石油大学胜利学院学报，2021，35(04)：81-83

[5] 李剑峰 肖波 肖莉景帅．智能油田[M]．北京：中国石化出版社，2020.

作者简介：曹万秋(1973—)，女，1994 年 7 月 1 日毕业于大庆广播电视大学，工业电气自动化，现主要从事计量、质量及标准化管理工作。通信地址：黑龙江省大庆市萨尔图区。工作单位：大庆油田第一采油厂数字化运维中心综合管理室。联系电话：13845976833，电子邮箱：caowanqiu@petrochina.com.cn。

无人值守智能化原油计量交接系统应用

梁　磊　李　顺　王金龙

（中国石油长庆油田第八采油厂　陕西西安　710000）

摘　要　原油的计量可分为体积计量和质量计量。国际原油贸易计量中一般都采用体积计量，计量的标准参比压力是101.325kPa、标准参比温度是60℉，单位为桶，而国内原油计量采用质量计量，计量的标准参比压力是101.325kPa、标准参比温度是20℃，单位为t。二者相比，存在一个转换参数——密度。

本文主要介绍在长庆油田现有的原油动态计量交接系统的基础上增加原油密度在线测量功能，将现有的人工参与的原油计量交接系统升级为无人值守的智能化原油计量交接系统。

关键词　原油计量；无人值守；计量交接；密度

1　技术背景

1.1　原油计量的意义及分类

1.1.1　原油计量的意义

原油的计量是测量出原油的体积(质量)、温度、压力、密度、含水率等参数，用测量的参数换算为标准条件下的不含水原油数量，用于指导生产、交接和贸易结算等，所以原油的计量对于各方的经营管理有着举足轻重的作用。

1.1.2　原油计量分类

原油的计量可分为体积计量和质量计量。国际原油贸易计量中一般都采用体积计量，计量的标准参比压力是101.325kPa、标准参比温度是60℉，单位为桶，而国内原油计量采用质量计量，计量的标准参比压力是101.325kPa、标准参比温度是20℃，单位为t。

1.1.3　原油计量交接系统分类

原油的交接系统式可分为静态计量交接系统和动态计量交接系统。

静态计量交接系统以大罐(包括金属储罐、铁路罐车、汽车罐车、油船等)为基础，首先通过检尺或者称重取得原油的体积或者重量，然后通过取样测量原油的密度和含水率，同时测温、测压，最后换算为标准条件下的不含水原油数量。原油静态计量交接系统如图1所示。

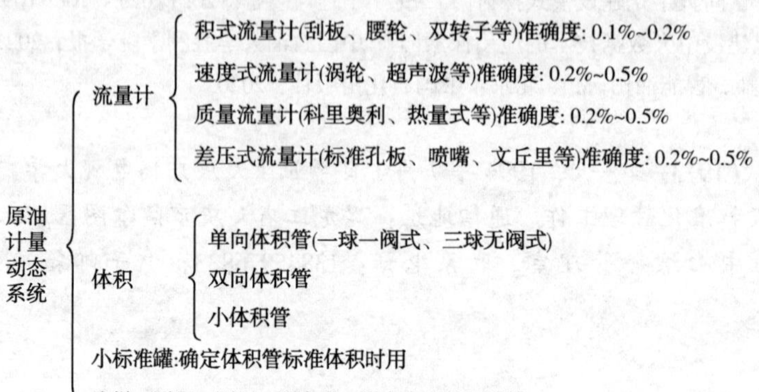

图1　原油静态计量交接系统图

动态计量交接系统以输油管线为基础，用流量计计量原油的体积或者质量，同时测量原油的温度、压力、含水率和密度，换算为标准条件下的不含水原油数量。原油动态计量交接系统如图2所示。

原油计量动态系统
- 流量计
  - 积式流量计(刮板、腰轮、双转子等)准确度: 0.1%~0.2%
  - 速度式流量计(涡轮、超声波等)准确度: 0.2%~0.5%
  - 质量流量计(科里奥利、热量式等)准确度: 0.2%~0.5%
  - 差压式流量计(标准孔板、喷嘴、文丘里等)准确度: 0.2%~0.5%
- 体积
  - 单向体积管(一球一阀式、三球无阀式)
  - 双向体积管
  - 小体积管
- 小标准罐:确定体积管标准体积时用
- 取样、测温、测压、测密度、测含水和油量计算

图 2　原油动态计量交接系统图

1.2　长庆油田原油计量交接现状

1.2.1　原油计量交接方式

长庆油田目前原油计量交接以动态计量交接为主，静态计量交接为辅，原油计量采用质量计量。

1.2.2　原油动态计量交接系统现状

长庆油田现有的原油动态计量交接方式为：“流量计测体积流量+含水仪测油品含水率+温变/压变补偿修正+化验室人工测定原油密度”，根据上述测量参数来计算交接的不含水原油重量。现有动态原油计量交接系统流程如图 3 所示。

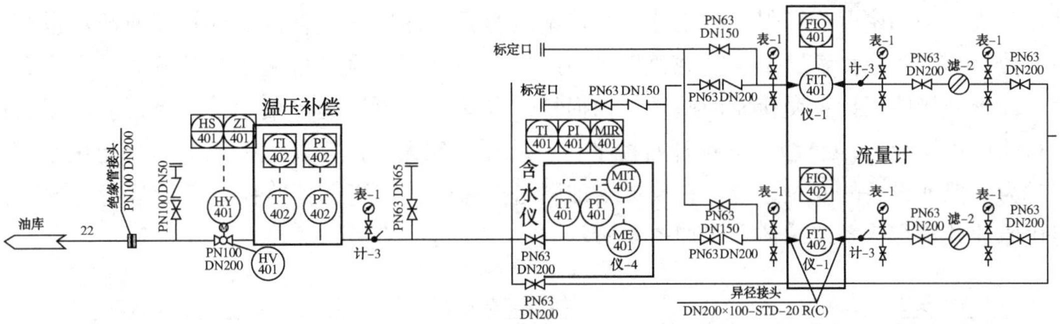

图 3　现有动态原油计量交接系统流程

目前流量、含水、温度、压力等参数均已实现在线自动化测量采集，并能生成体积计量的小时产量报表、班产量报表和日产量报表，只有密度任需要人工取样化验测定，未实现智能化自动测量采集。

1.2.3　现有系统缺陷

由于目前长庆油田现有的原油动态计量交接系统采用的原油密度由人工取样化验测定，导致整个原油计量交接系统需投入大量的人力、物力，原油计量交接工作效率低下，且受人工操作的诸多不确定性因素的影响，导致计量交接误差比率高，原油计量交接争议大，所以现有的原油动态计量交接系统存在以下若干缺陷：

(1) 油品密度需要取样后人工化验测定，每个计量交接口单方常驻交接人员共计 6 人，双方为 12 人，仅此一项需要消耗大量人力、物力以及配套资源。现有原油动态计量交接系统交接岗人员配置及工作量如表 1 所示。

(2) 人工测定密度受人、机、料、法、环等因素的干扰，计量准确性以及管控难度大，数据误差比例高。

(3) 交接双方由于持不同立场，围绕人工取样化验操作容易产生争议，引起内部矛盾，给计量交接工作带来了诸多问题。

(4) 频繁的人工取样化验导致操作员工存在一定的安全风险，并且存在油品资源浪费、设备物资损耗、环保污染隐患等。

表 1　现有原油动态计量交接系统交接岗人员配置及工作量

单方交接人员配置	倒班时间	流量底数抄录时间	原油密度打密时间	原油温度抄录时间	原油压力抄录时间	原油含水率取样时间
配置 6 人 每班 2 人 轮休 2 人	当日 8：00 ~ 次日 8：00	2h 一次	发生高含水时重新打密、原则上每天一次	以实际温度为准，超出标定温度需要重新校准温度	观察压力表是否超出测量范围，以微机压力报警为提示	以原油含水分析仪测量值为准，含水率有波动的情况下需要做样对比

1.3　无人值守智能化原油计量交接系统意义

为了解决长庆油田现有的原油动态计量交接系统存在缺陷，基于无人值守的智能化原油计量交接系统应运而生。该系统在现有的原油动态计量交接系统的基础上增加在线原油密度自动测量功能，充分利用已建设施，自动录取相关数据，减少交接人为干预，实现无人值守的原油计量交接。

2　技术方案

2.1　总体方案

无人值守智能化原油计量交接系统是在充分利用现有设备设施的基础，对在线原油含水率自动监测仪进行升级，增加密度积算仪，利用计量交接站内的原油计量交接软件实现管输原油计量交接的五大核心参数“流量”“含水率”“温度”“密度”“压力”的自动录取。根据自动采集的五大核心参数，结合原油动态计量交接协议计算交接原油质量、扣损量，自动生成原油交接报表，并将报表数据通过计量数据发布软件传输至厂(处)级数据统计监控平台，从而实现无人值守管理模式下的智能化原油计量交接。同时为了保证设备的安全运行，在现场增加网络摄像机，实施远程监控设备的运行情况。无人值守智能化原油计量交接系统总体方案如图 4 所示。

图 4　无人值守智能化原油计量交接系统总体方案图

无人值守智能化原油计量交接系统按照设备设施的安装地点和功能可以细分为三个层次：

第一层次是基础数据层。设备安装在交接站点计量间内，主要功能是，采集原油动态计量交接的五大核心参数；

第二层次是数据处理层。设备安装在交接站点机房内，主要功能是利用原油计量交接软件自动录取原油动态计量交接的五大核心参数和现场视频，根据五大核心参数和原油动态计量交接协议计算交接原油质量、扣损量，自动生产原油交接报表；

第三层次是远程监控层。服务器安装厂(处)级机房内，建立数据库，通过计量数据发布软件将计量交接站点的报表数据传输至服务器存储。

2.2 分层方案

2.2.1 基础数据层

2.2.1.1 完善现有设备

完善“流量”“含水率”“温度”“压力”四项参数的在线计量设备及信号传输设施。现有设备完善方案如图5所示：

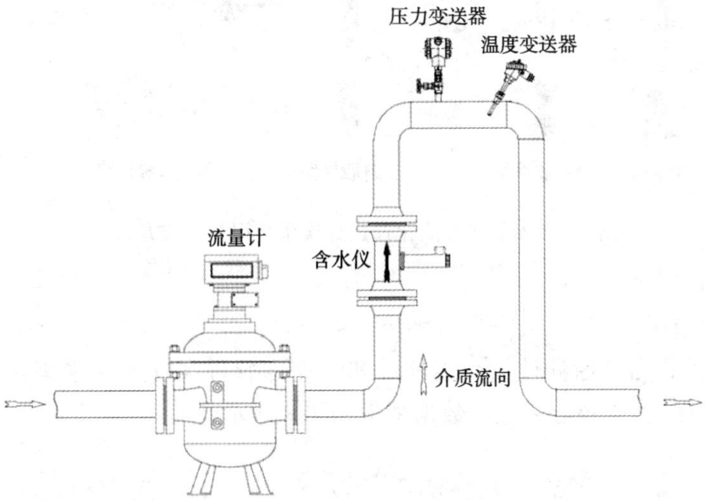

图5 现有设备完善方案图

2.2.1.2 升级在线原油含水率自动监测仪

在线原油含水率自动监测仪增加密度积算仪，使在线原油含水率自动监测仪在测量原油含水率的同时实现视密度在线自动测量。视密度是以原油体积含水率、温度、压力、标况下油水基准密度等参数为基础，根据温度、压力进行查表，对标况下油水基准密度进行修正后，以体积含水率为基础计算得出，从而实现对管线原油密度的在线测量。在线原油含水率自动监测仪升级方案如图6所示：

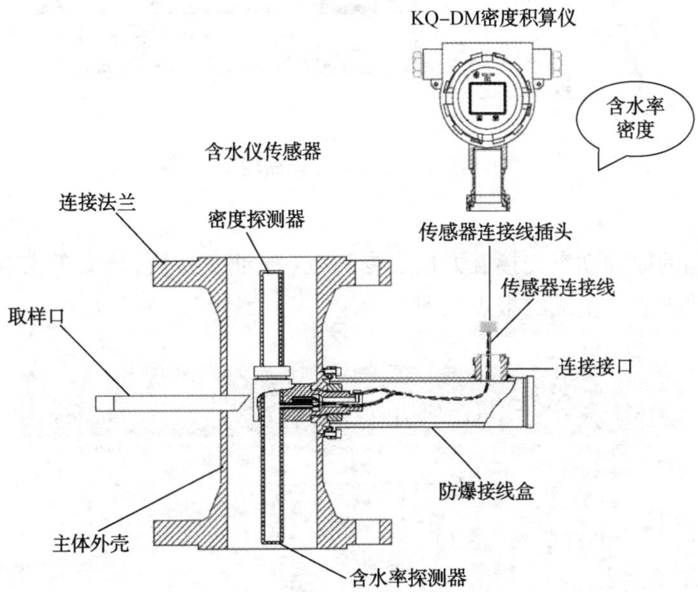

图6 在线原油含水率自动监测仪增加密度积算仪方案图

2.2.1.3 视频监控

计量现场安设双摄像机，连接到计量站点和厂(处)级机房的视频采集服务器，实时监控计量交接现场区域，防止计量交接系统出现问题故障，保证仪表稳定可靠运行，确保计量交接各项数据准确无误。视频监控方案如图7所示：

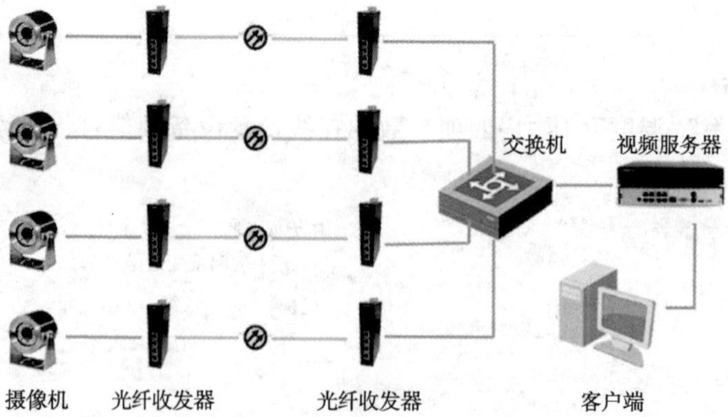

图7 无人值守智能化计量交接系统视频监控方案图

2.2.2 数据处理层

2.2.2.1 数据采集存储

通过PLC数据采集设备、原油计量交接软件和数据库软件实现自动采集及存储的“流量”“含水率”“温度”“压力”“密度”五大核心参数。数据采集如图8所示：

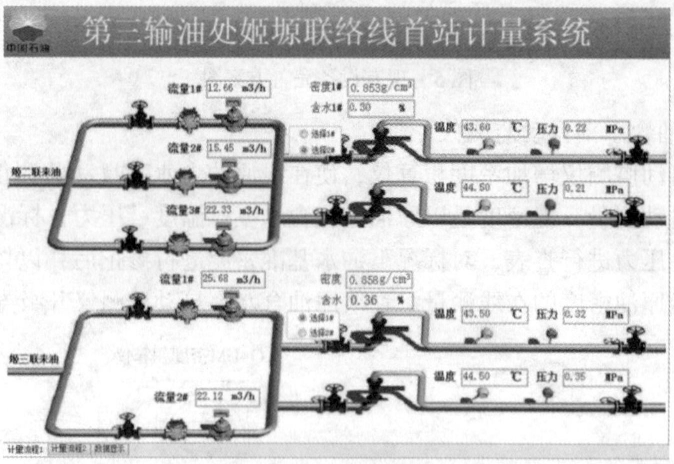

图8 数据采集存储图

2.2.2.2 报表生成

利用自动采集存储的原油动态交接五大核心参数及《原油交接协议》计算交接原油质量、扣损量，自动生成原油计量交接报表。生成的报表如图9所示：

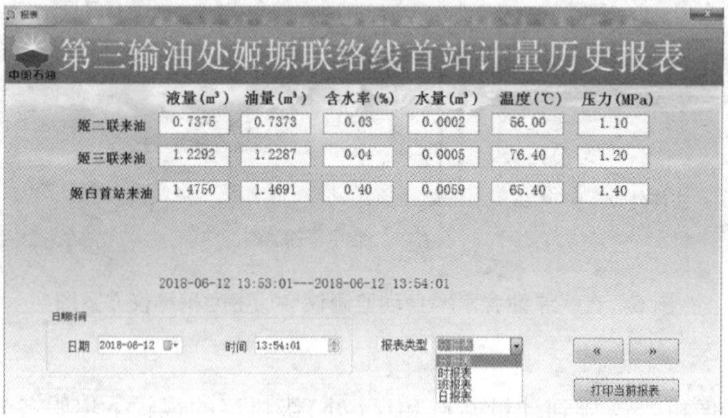

图9 无人值守智能化原油计量交接系统生成原油交接报表图

2.2.3 异常数据处理

记录及存储超标含水运行时间和超标含水时间段内的流量、含水、温度、压力、密度等参数数据，为扣损提供依据。

2.2.4 远程监测层

在厂部架设服务器及数据库，远程采集数据及存储数据，并建立基于JAVA WEB技术的厂级智能化原油计量交接数据监控及存储系统。该系统是通过内部局域网实现数据传输，具有设置权限，分级查看功能，能实现厂(处)级平台实时监控现场设备运行状态，掌控计量交接参数及阶段性统计数据，进行电子会签等功能。厂级智能化原油计量交接数据监控及存储系统如图10所示：

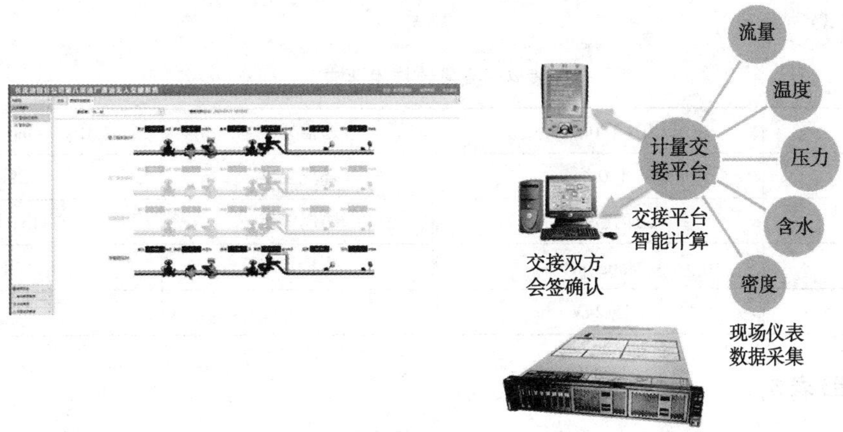

图10 厂级智能化原油计量交接数据监控及存储系统图

2.3 人工参与

无人值守智能化原油计量交接系统虽然在原油的动态计量交接上实现了无人化操作，但是在一些特殊情况下还需要人工参与，主要表现在以下几个方面。

2.3.1 密度标定

"视密度"变化较大时，必须人工现场取样测密，对密度积算仪进行标定。

2.3.2 流量计定期标定

流量计必须根据管理规定进行定期标定。

2.3.3 在线原油含水率自动监测仪标定

当含水率有变较大化时，需要人工对在线原油含水率自动监测仪进行标定。

2.3.4 温度校准

温度变送器必须定期进行人工校准。

2.3.5 压力校准

压力变送器必须定期进行人工校准。

3 技术要求

3.1 在线原油含水率自动监测仪(表2)

表2 在线原油含水率自动监测仪技术要求

含水率测量范围	0%~3%	工作电源	DC24V(范围：18~28V)
含水率瞬时误差	0.1%	介质温度	原油凝点~80℃
检测介质	净化原油、凝析油	环境温度	-30~60℃
防爆等级	Ex ia ⅡC T6 Gb	材质	304不锈钢
输出信号	Modbus 485		

3.2 密度积算仪(表3)

表3 密度积算仪技术要求

测量范围	$0.7\sim1.06g/cm^3$	通信方式	RS485 modbus for RTU
精度	±0.001g	环境温度	-30~60℃
分辨率	$0.0005g/cm^3$	防爆等级	ExdⅡBT4
检测介质	净化原油	防护等级	IP65
工作电源	DC24V		

3.3 流量计(表4)

表4 流量计技术要求

测量范围	$10\sim100m^3/h$	通信方式	RS485 modbus for RTU
精度	1.0级	环境温度	-29~75℃
检测介质	净化原油	防爆等级	ExdⅡBT4
介质密度	$850g/m^3$	防护等级	IP65
工作电源	DC24V		

3.4 压力变送器(表5)

表5 压力变送器技术要求

测量范围	0~6MPa	输出信号	4~20mA 二线制
精度	0.5级	环境温度	-29~75℃
检测介质	净化原油	防爆等级	ExdⅡBT4
工作电源	DC24V	防护等级	IP65

3.5 温度变送器(表6)

表6 温度变送器技术要求

测量范围	0~100℃	输出信号	4~20mA 二线制
精度	0.5级	环境温度	-29~75℃
检测介质	净化原油	防爆等级	ExdⅡBT4
分度号	Pt100	防护等级	IP65
工作电源	DC24V		

3.6 PLC数据采集器(表7)

表7 PLC数据采集器技术要求

产品品牌	西门子	电缆	1套
模拟量输入AI	4-20MA：18	CPU模块2DP	1块
模拟量输出AO	8路	存储卡-64K	1张
数字量输入DI	16路	鼎实总线桥	2块
以太网接口	1路	DBBUS连接器	3个
机架	1套	网络接口设备(包含交换机)	1套
电源	24VDC 3A 1套	机柜尺寸	2000×800×600

3.7 微型高清摄像机(表8)

表8 微型高清摄像机技术要求

产品名称	微型防爆摄像机
防爆标志	Ex dⅡC T6 Gb/ Ex tD A21 IP68 T80℃
防护等级	IP68
产品材质	优质304不锈钢
电气连接	复合电缆输出
图像传感器	200万像素1/2.9英寸IMX307黑光CMOS
主处理器	海思方案，高性能DSP
照度	彩色0.0001Lux，黑白0.0001Lux(低于1Lux红外灯开启)
红外距离	20m左右
红外开关	自动开启
网络协议	标准HTTP、TCP/IP、ICMP、RTSP、RTP、UDP、SMTP、FTP、DHCP、DNS、DDNS、PPPOE等
接入协议	支持ONVIF等传输协议，可提供SDK开发包

3.8 工控机(表9)

表9 工控机技术要求

产品名称	研华工控机	硬盘	1T
型号	IPC-610L	网卡	双
CPU	i5 6500	串口	双
内存	8G	系统	win7以上

3.9 服务器(表10)

表10 服务器技术要求

产品名称	服务器
具体参数	ThinkSystem SR650，1×金牌5118，2.3GHZ，12核，64GB DDR4，8×2.5"盘位，3×1.2TB 10K SAS，730-8i 1G缓存，Raid0.1.5. 1×750W白金
Windows2012	标准版
Sqlserver2012	标准版

3.10 视频服务器(表11)

表11 视频服务器技术要求

产品名称	视频服务器
技术参数	1U 380小机箱
	8路H.265、H.264混合接入
	80M接入/80M存储/80M转发
	1个HDMI、1个VGA，同源输出，HDMI支
	持4K，VGA支持2K显示
	4路1080P解码
	1个千兆网口/2个USB2.0
备注	配套光纤收发器、八口交换机、10个4T硬盘(八个200万像素摄像机一周存储量)

4 试运行

4.1 现场改造

无人值守智能化原油计量交接系统于2020年7月在长庆油田第八采油厂铁一联合站进行了首次现场试运行。

4.1.1 完善升级现场仪表

铁一联合站来油及外输管线现有的流量、含水、温度、压力四大核心参数采集仪表进行了改进升级，给在线原油含水率监测仪增加了密度积算仪，实现了原油视密度的在线实时测量及采集。仪表升级如图11所示。

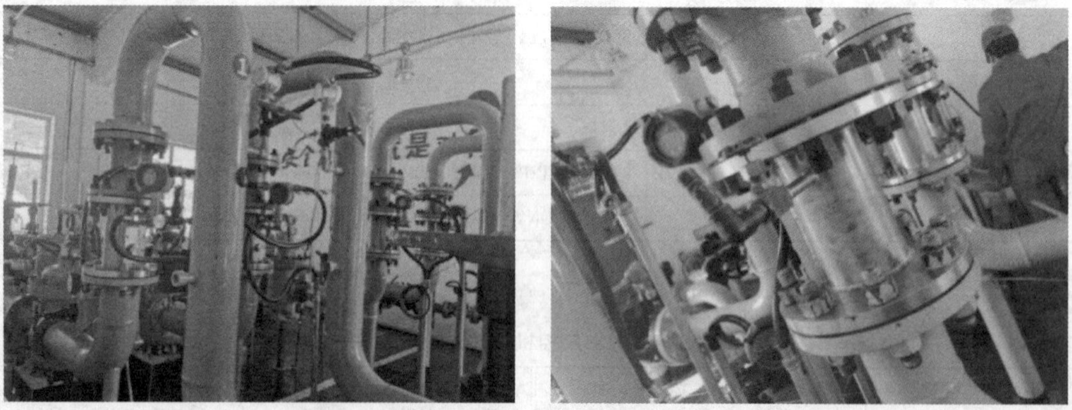

图11 铁一联合站现场仪表升级图

4.1.2 现场计量系统升级

铁一联现场计量交接软件进行了技术升级，使计量数据更加准确。根据原油计量交协议，并结合原油流量、含水率、温度、压力、密度五大核心参数，计算交接原油质量、扣损量，自动生成原油交接报表，并存入本地数据库。铁一联现场计量系统如图12所示。

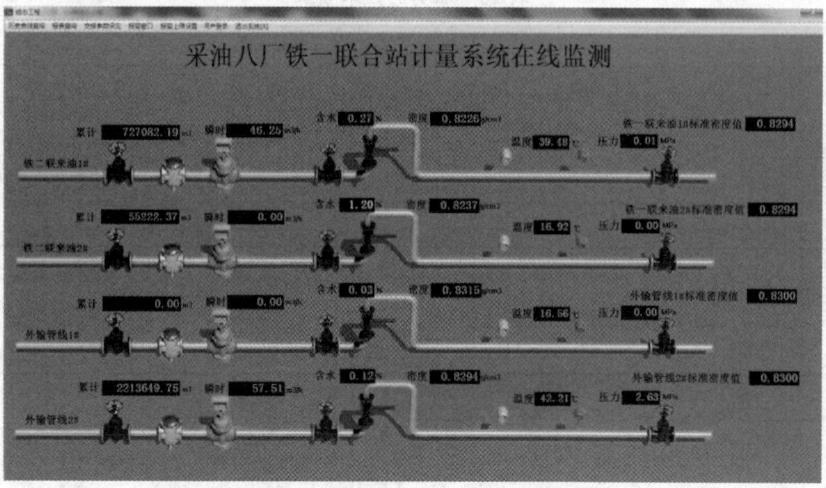

图12 铁一联合站计量系统图

4.1.3 远程监测

将报表数据传输至厂级数据统计监控平台，实现无人值守管理模式下的智能化原油计量交接。采油八厂智能化原油计量交接数据监控平台如图13所示。

4.2 现场试用

无人值守智能化原油计量交接系统连续试运行。根据现场试用情况及对比数据，对系统部分不完善的地方进行修改。对五大核心参数对计算结果的影响进行验证。按照《原油交接析仪》，现场计量系

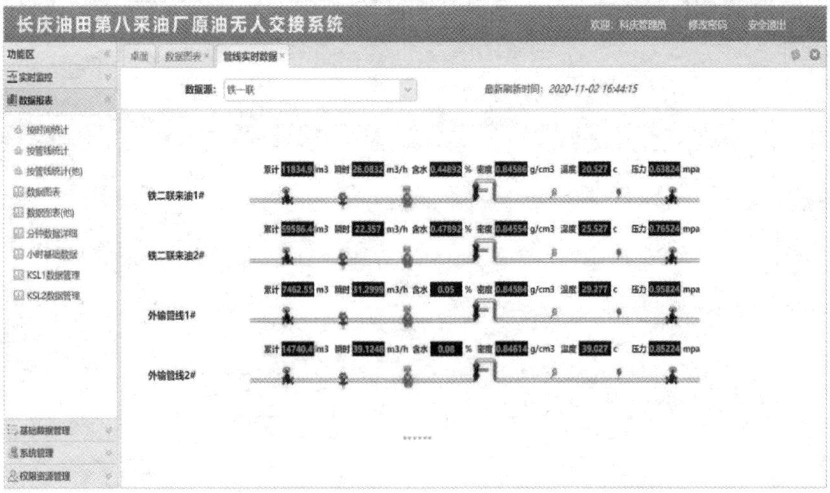

图 13 采油八厂智能化原油计量交接数据监控平台

统对各种计量报表的计算公式及超标含水状态处理进行优化。现场监控视频连接到现场值班室与厂信息中心。

4.2.1 密度积算仪测量的在线原油密度与人工测量密度对比

如表 12 所示：

表 12 密度积算仪测量的在线原油密度与人工测量密度对比

时间	密度积算仪在线测量密度			人工测量密度		
	视密度	温度	标密	视密度	温度	标密
12-01 10：00	0.8353	34.74	0.8457	0.8353	34.20	0.8453
12-01 15：00	0.8354	34.89	0.8459	0.8353	34.20	0.8453
12-07 11：00	0.8331	37.83	0.8456	0.8336	37.50	0.8459
12-07 15：00	0.8326	38.50	0.8457	0.8328	38.50	0.8459
12-08 08：00	0.8327	38.40	0.8458	0.8324	38.20	0.8453
12-12 09：00	0.8316	39.93	0.8457	0.8316	39.60	0.8454
12-12 14：00	0.8317	39.84	0.8456	0.8316	39.60	0.8454
12-24 10：00	0.8318	40.10	0.8459	0.8318	40.00	0.8459
12-24 16：00	0.8315	40.72	0.8461	0.8318	40.20	0.8461
12-24 19：00	0.8322	39.73	0.8462	0.8322	39.40	0.846
12-27 11：00	0.8288	44.15	0.846	0.8294	44.00	0.8463
12-27 16：00	0.8325	39.20	0.8461	0.8326	39.10	0.8461

4.2.2 现场计量系统结果与厂级智能化原油计量交接数据监控及存储系统结果对比

如图 14 所示。

4.2.3 无人值守智能化原油计量交接系统自动生成的原油交接报表与人工计算的原油交接报表对比

如图 15 所示。

5 总结

无人值守智能化原油计量交接系统在长庆采油八厂铁一联合站经过长达三个月的试运行，系统运行稳定，数据传输可靠，与现有的原油动态计量交接系统对比，有优势也有不足。二者对比如表 13 所示。

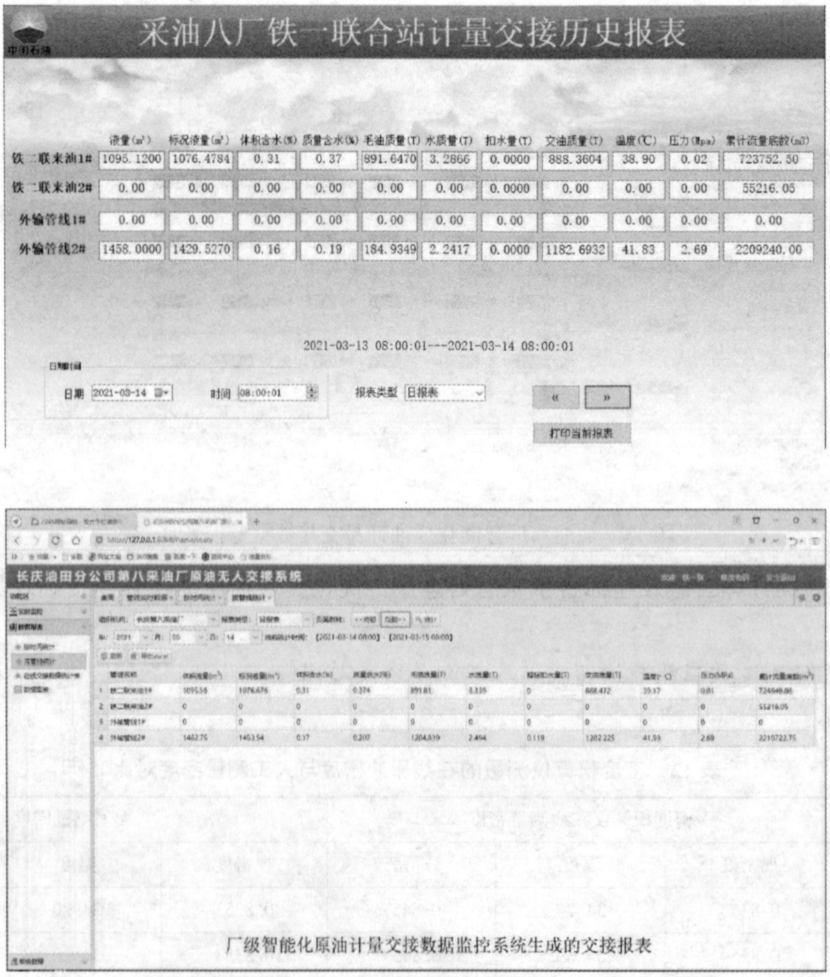

图 14　铁一联合站计量系统与厂级智能化原油计量交接数据监控系统对比图

采油八厂铁一联合站计量交接统计报表

日期	管线	班次	流量计前读数	流量计后读数	流量 (m³)	视密	标密	温度 (℃)	K值	体积含水	质量含水	表标况体积(m³)	毛油 (T)	水量 (T)	时段高含水扣损 (T)	合计扣水 (T)	纯油量 (T)	机杂百分比 (%)	机杂扣损 (T)	交接纯油量 (T)
2021/9/14	铁二联来油1#	一班	754700	754700	0	0	0.835	0	0.9956	0	0	0	0	0	0	0	0	0.5	0	0
		二班	754700	754700	0	0	0.835	0	0.9956	0	0	0	0	0	0	0	0	0.5	0	0
		三班	754700	754700	0	0	0.835	0	0.9956	0	0	0	0	0	0	0	0	0.5	0	0
		合计	754700	754700	0	0	0.835	0	0.9956	0	0	0	0	0	0	0	0	0	0	0
	铁二联来油2#	一班	226290.06	226607.8	317.74	0.8332	0.835	37.65	0.9843	0.147	0.176	312.766	260.847	0.459	0	0.459	260.388	0.7	2.734	257.654
		二班	226607.8	226916.05	308.25	0.8335	0.835	37.27	0.9848	0.141	0.169	303.55	253.161	0.429	0	0.429	252.732	0.7	2.654	250.078
		三班	226916.05	227223.06	307.01	0.8334	0.835	37.33	0.9848	0.101	0.121	302.329	252.142	0.305	0	0.305	251.837	0.7	2.644	249.193
		合计	226290.06	227223.06	933	0.8334	0.835	37.42	0.9845	0.13	0.156	918.645	766.15	1.193	0	1.193	764.957	1.05	8.032	756.925
	铁二联来油	总计			933							918.645	766.15	1.193	0	1.193	764.957	1.05	8.032	756.925
	外输管线1#	一班	405.51	405.51	0	0	0.83	0	0.9955	0	0	0	0	0	0	0	0	0	0	0
		二班	405.51	405.51	0	0	0.83	0	0.9955	0	0	0	0	0	0	0	0	0	0	0
		三班	405.51	405.51	0	0	0.83	0	0.9955	0	0	0	0	0	0	0	0	0	0	0
		合计	405.51	405.51	0	0	0.83	0	0.9955	0	0	0	0	0	0	0	0	0	0	0
	外输管线2#	一班	217781.16	218191.16	410	0.8298	0.83	42.63	0.9796	0.136	0.163	401.636	332.916	0.544	0	0.544	332.372	0	0	332.372
		二班	218191.16	218584.42	393.26	0.8299	0.83	42.63	0.9796	0.169	0.204	385.237	319.323	0.651	0	0.651	318.672	0	0	318.672
		三班	218584.42	218958.72	374.3	0.8301	0.83	42.63	0.9796	0.283	0.34	366.664	303.928	1.035	0	1.035	302.893	0	0	302.893
		合计	217781.16	218958.72	1177.56	0.8299	0.83	42.63	0.9796	0.194	0.233	1153.537	956.167	2.23	0	2.23	953.937	0	0	953.937
	外输管线	总计			1177.56							1153.537	956.167	2.23	0	2.23	953.937	0	0	953.937

图 15　无人值守智能化原油计量交接系统自动生成原油交接报表与人工计算原油交接报表对比图

表 13 无人值守智能化原油计量交接系统与原油动态计量交接系统优缺点对比

	无人值守智能化原油计量交接系统		现有原油动态计量交接系统
计量方法	流量、压力、温度参数	仪表法	仪表法
	含水率计量原理	电容法、射线法	蒸馏法或离心法
	原油密度	积算法	密度计法
计量方式	在线连续实时计量		人工取样计量
报表生成方式	自动生成报表、交接方打印		需手工填写、产量换算
数据查询	厂级远程查询		现场资料查询
人为影响因素	无		交接双方主管人为因素直接影响计量结果
环境风险	设备校验调校过程中短期有污染环境风险		取样过程及化验过程有污染环境风险； 化验后样品，处理不当、污染环境的风险
投入成本	设备投入成本及维护成本		化验设备、场地投入成本； 人员工资、福利成本； 化验试剂等材料成本等

通过无人值守智能化原油计量交接系统生成的原油交接报表数据与人工原油交接报表数据的对比，无人值守智能化原油计量交接系统生成的报表与人工原油交接报表数据相差无几，实现了无人值守智能化原油交接系统原定技术要求和管理目标，克服了现有的原油动态计量交接系统的缺陷，可以完全替代人工，在线完成原油的计量交接。

美中不足的是在现场仪表的标定和视频监控发现现场异常的情况下还需要人工参与处理，无人值守智能化原油计量交接系统无法实现自我故障处理。

参 考 文 献

[1] 程晶．原油贸易计量交接方法转换研究[D]．哈尔滨：哈尔滨工业大学，2008.

作者简介：李顺(1976—)，男，地面建设和油气储运助理工程师，毕业于东北财经大学，现从事长庆油田分公司第八采油厂质量监督站计量监督岗。电话：13772373519，邮编：710000，通信地址：陕西省榆林市定边县西环路长庆油田定边生产基地。

常用玻璃量器计量比对参考值确定方法探讨

邓 鹏 何 山 李福睿

（中国石油独山子石化分公司 新疆独山子 833699）

摘 要 参考值通常是主导实验室赋予传递标准的值或者其他方法约定采用的值，是计量比对结果分析和得出比对结论的“标准”，其确定方法对比对结果有重大影响。无论采用什么方法，参考值的确定都应充分考虑计量比对的项目特点、计量标准、环境条件、人员水平、检测方法等因素，确保其合理性。本文通过具体案例对常用玻璃量器计量比对参考值的确定方法进行分析，探索合适参考值确定方法，对开展常用玻璃量器计量比对工作具有指导意义。

关键词 计量比对；参考值；不确定度；常用玻璃量器

1 引言

计量比对是在规定的条件下，在相同量的计量基准、计量标准所复现或保持的量值之间进行比较、分析和评价的过程，简称比对。它是计量行政部门考核实验室能力的有效手段之一，可以对实验室计量标准、环境条件、人员水平、检测方法、数据处理、管理能力等方面的实际水平和能力进行全方位的考察。

常用玻璃量器计量比对结果不满意率居高不下，除了该项目本身人员水平差异大、影响因素多以外，参考值确定方法的合理性也是重要原因之一。下面，我们通过对常见参考值确定方法进行分析，来探索适合常用玻璃量器的参考值确定方法。

2 常见的参考值确定方法

参考值的来源通常有两个：一是以权威实验室的量值作为参考值；二是由多个参比实验室的量值得到参考值。

使用权威实验室的量值作为参考值一定要体现其量值传递上的权威性，而不是机构地位上的权威性；一旦具备量值传递上权威性的量值时，应优先选用该量值作为参考值。在寻求公认的更高水平实验室的量值作为参考值途径时，应充分考虑时效性、成本、运输等可能对参考值产生影响的因素，同时在参考值不确定度分析中应考虑这些因素。

若不具备量值传递上权威性的量值，则可由多个参比实验室的量值来得到参考值，此时需要充分考虑各实验室量值的相关性、量值及其不确定度的合理性，可使用格拉布斯准则对测量结果异常值进行判别和剔除。当然，这种剔除只在确定参考值时使用，而在计量比对结果评价中这种异常值不应作为比对结果不合格的依据。

2.1 采用主导实验室对传递标准的校准值作为参考值

由主导实验室提供传递标准，当其标准考核证书上的测量不确定度及自己分析的校准传递标准的校准值的不确定度明显小于(笔者认为至少小于 1/2)参比实验室测量结果的不确定度时，可采用主导实验室传递标准的校准值作为参考值。此时参考值的不确定度为主导实验室测量结果的不确定度。主导实验室应在比对报告中给出参考值的来源及其测量不确定度的分析过程。

2.2 使用各参比实验室测量结果的算术平均值作为参考值

当参与参考值计算的各实验室量值的不确定度接近时，可采用算术平均值计算参考值；当各实验室量值的测量不确定度可靠性不能被确认且实验室数量较多时，为体现权益上的“平等”，算术平均值法也常被采用。参考值 Y 由式(1)求得：

$$Y = \frac{1}{n}\sum_{i=1}^{n} x_{\mathrm{i}} \tag{1}$$

式中 i——参与参考值计算的实验室序号；

n——参与参考值计算的实验室数量；

x_i——第 i 个实验室的测量结果；

若各实验室的不确定度之间完全不相关，且比对实验中传递标准引入的不确定度的影响可以忽略，参考值 Y 的不确定度 u_{Y} 由式(2)求得：

$$u_{\mathrm{Y}} = \frac{1}{n}\sqrt{\sum_{i=1}^{n} u_{\mathrm{i}}^{2}} \tag{2}$$

式中 u_i——第 i 个实验室的测量结果标准不确定度。

2.3 使用各参比实验室测量结果的加权平均值作为参考值

当参与参考值计算的各个实验室量值的测量不确定度可靠性可被确认而且有显著差异时，可采用加权平均法计算参考值。若比对实验中传递标准引入的不确定度的影响可以忽略，则权重与各实验室宣称不确定度平方成反比。参考值 Z 由式(3)求得：

$$Z = \frac{\sum_{i=1}^{n} \frac{x_{\mathrm{i}}}{u_{\mathrm{i}}^{2}}}{\sum_{i=1}^{n} \frac{1}{u_{\mathrm{i}}^{2}}} \tag{3}$$

式中 i——参与参考值计算的实验室序号；

n——参与参考值计算的实验室数量；

u_{i}——第 i 个实验室的测量结果标准不确定度；

此时参考值 Z 的不确定度 u_{Z} 由式(4)求得：

$$u_{\mathrm{Z}} = \sqrt{\frac{1}{\sum_{i=1}^{n} \frac{1}{u_{\mathrm{i}}^{2}}}} \tag{4}$$

使用加权平均值作为参考值表述里有不确定度存在显著差异这个条件，实际上，加权平均值是更加科学合理的平均值，当不确定度相同时，加权平均值就等于平均值，所以不管不确定度是否存在显著差异，均可使用加权平均值作为参考值。

2.4 使用各参比实验室测量结果的中位值作为参考值

为了避免使用平均值结果中过大或过小的离散值对指定值的影响，往往采用一些受离散值影响较小的统计量如中位值来代替诸如平均值、加权平均值等易受离散值影响的统计量。

将各参比实验室测量结果(x_{i})按从小到大(或从大到小)的顺序排列：

当实验室数量 n 为奇数时，参考值 T 由式(5)求得：

$$T = x_{\frac{n+1}{2}} \tag{5}$$

对应的参考值标准不确定度 u_{T} 由式(6)求得：

$$u_{\mathrm{T}} = u_{\frac{n+1}{2}} \tag{6}$$

当实验室数量 n 为偶数时，参考值 T 由式(7)求得：

$$T = \frac{x_{\frac{n}{2}} + x_{\frac{n}{2}+1}}{2} \tag{7}$$

对应的参考值标准不确定度 u_{T} 由式(8)求得：

$$u_{\mathrm{T}} = \frac{u_{\frac{n}{2}} + u_{\frac{n}{2}+1}}{2} \tag{8}$$

3 常用玻璃量器计量比对参考值确定方法分析

常用玻璃量器检校工作主要有衡量法和容量比较法，通常采用衡量法，使用电子天平作为标准器，相对常用玻璃量器，电子天平精度较高。在常用玻璃量器测量结果不确定度评定中，电子天平引入的标准不确定度分量非常小，而测量不重复性引入的标准不确定度分量较大，是合成标准不确定度的主要贡献量。在常用玻璃量器计量比对实施过程中，应充分考虑其检测设备、检测人员、检测方法的特殊性，合理确定参考值，确保比对结果真实反映测量水平。下面以某地某次单标线吸量管计量比对为例，对参考值确定方法进行分析。

3.1 单标线吸量管计量比对实例概况

3.1.1 参考值的确定

该次单标线吸量管(10ml)计量比对共9家单位参加，采用环式比对方式，参考值由主导实验室确定，具体方法是主导实验室使用玻璃量器检定装置在比对开始和比对结束以后对传递标准单标线吸量管各进行一次测量，取两次测量结果的平均值作为参考值，见表1。

表1 参考值及其不确定度一览表

比对点/ml	偏差/ml		u_{sta}/ml	参考值/ml	不确定度/ml
	比对开始时 A	比对结束时 B			
10	-0.022	-0.017	0.0015	-0.020	0.006

u_{sta}为由比对样品的稳定性引入的不确定度分量，按式(9)计算：

$$u_{sta}=\frac{|A-B|}{2\sqrt{3}} \tag{9}$$

3.1.2 比对结果的评价方法

比对结果的有效性采用归一化偏差 E_n 进行评价：

$$E_n=\frac{x-X}{\sqrt{U_{lab}^2+U_{ref}^2+U_{sta}^2}} \tag{10}$$

式中 x——参比实验室的测量结果，ml；

X——主导实验室提供的参考值，ml；

U_{lab}——参比实验室测量结果的扩展不确定度($k=2$)，ml；

U_{ref}——主导实验室参考值的扩展不确定度($k=2$)，ml；

U_{sta}——传递标准不稳定性的影响($k=2$)，即 $2u_{sta}$，ml；

$|E_n|\leqslant1$ 则参比实验室比对结果为满意；$|E_n|>1$ 则参比实验室比对结果为不满意。

3.1.3 比对结果

各实验室测量结果由3次测量数据取平均值得到，不确定度评定中用极差法计算示值重复性。各参比实验室测量结果及比对结果评价见表2，ZD为主导实验室。

表2 单标线吸量管测量结果及比对结果评价

实验室代码	x/ml	U_{lab}/ml	X/ml	U_{ref}/ml	U_{sta}	$\|E_n\|$
ZD	-0.020	0.006	-0.020	0.006	0.003	0
S1	-0.018	0.004	-0.020	0.006	0.003	0.26
S2	-0.012	0.004	-0.020	0.006	0.003	1.02
S3	-0.019	0.006	-0.020	0.006	0.003	0.11
S4	-0.001	0.001	-0.020	0.006	0.003	2.80

续表

实验室代码	x/ml	U_{lab}/ml	X/ml	U_{ref}/ml	U_{sta}	$\|E_n\|$
S5	0.005	0.007	−0.020	0.006	0.003	2.58
S6	−0.004	0.006	−0.020	0.006	0.003	1.78
S7	0.002	0.006	−0.020	0.006	0.003	2.44
S8	−0.015	0.006	−0.020	0.006	0.003	0.56
S9	−0.019	0.004	−0.020	0.006	0.003	0.13

为清晰地表示各参比实验室的结果，将各参比实验室的结果与参考值的差值 $x-X$(实验室偏差估计值)及其测量不确定度用图形表示如图 1 所示。其中实验室偏差估计值用“●”表示，其向上和向下延伸的线段代表参比实验室报告的不确定度、参考值不确定度及不稳定性引入的不确定度合成的测量不确定度。见图 1。

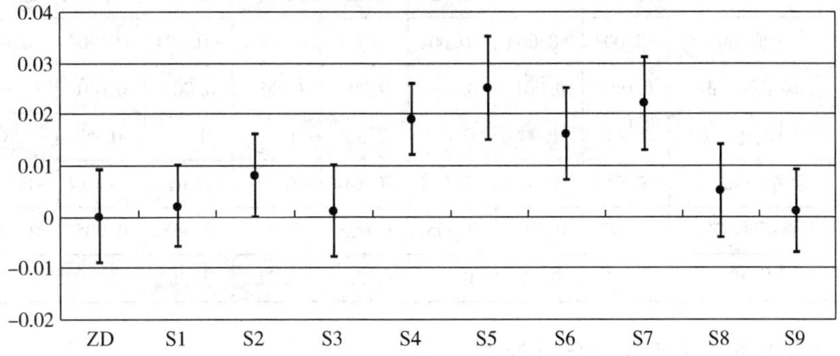

图 1　比对结果数据分布图

3.1.4　比对结果分析

从上例计量比对合格数量看，9 个参比实验室仅 4 个合格，比对情况并不理想；从比对结果数据分布图看，各实验室数据分散性达到 0.010ml，远大于各实验室公布的测量结果不确定度；参比实验室测量结果均单向偏离参考值，参考值确定方法是否合适有待商榷；实验室 S4 其测量结果的不确定度为 0.001ml，远小于其余实验室，其评定过程的合理性需要重点关注；实验室 S4～S7(地域接近、测量时间接近、互相交接传递标准)均不合格，需要考虑地域、时间对比对结果的影响，还需要考虑数据串通的可能性。

3.2　采用不同的参考值确定方法对上例数据进行比较

上例是采用主导实验室对传递标准的校准值作为参考值，使用该方法的前提条件是主导实验室计量标准装置测量不确定度及传递标准的校准值不确定度要明显小于其他参比实验室。上例中主导实验室显然不满足这两个条件：其一，主导实验室公布的传递标准的校准值扩展不确定度为 0.005ml，在参比实验室中只能处于中间水平；其二，从主导实验室在比对报告中给出的参考值测量不确定度分析过程中，其最大标准不确定度分量来源是电子天平，最大允许误差为±0.005g，在参比实验室中只能处于中间水平。

实际上，大多实验室用衡量法测量常用玻璃量器使用的都是①级电子天平，标准器引入的误差较小，其测量结果不确定度最大贡献来自测量不重复性，这其中人员控制液面和读数的不确定性又起决定作用，从上例各实验室测量结果分散性如此大也可印证，这一特点决定了常用玻璃量器计量比对参考值很难通过权威数据得到。

因此，采用主导实验室对传递标准的校准值作为参考值不适合常用玻璃量器。

3.2.1　采用不同的参考值确定方法的比对结果

首先使用格拉布斯准则对各实验室测量结果进行判别，没有发现异常值。为便于比较各种方法的差异，特将上例中主导实验室数据作为参比实验室纳入计算。各种参考值确定方法比对结果见表 3。

注意：表中主导实验室校准值作为参考值时，各实验室比对结果与参考值的差值的不确定度中有比对样品的稳定性引入的不确定度分量，其余几种方法确定的参考值没有该不确定度分量。

表3　各种参考值确定方法比较数据

实验室信息 \ 参考值	实验室代码	S1	S2	S3	S4	S5	S6	S7	S8	S9	ZD
	x/ml	-0.018	-0.012	-0.019	-0.001	0.005	-0.004	0.002	-0.015	-0.019	-0.020
	不确定度/ml	0.004	0.004	0.006	0.001	0.007	0.006	0.006	0.006	0.004	0.006
主导实验室校准值	参考值/ml	-0.020	-0.020	-0.020	-0.020	-0.020	-0.020	-0.020	-0.020	-0.020	-0.020
	不确定度/ml	0.006	0.006	0.006	0.006	0.006	0.006	0.006	0.006	0.006	0.006
	$\|E_n\|$	0.26	1.02	0.11	2.80	2.58	1.78	2.44	0.56	0.13	0.00
算术平均值	参考值/ml	-0.010	-0.010	-0.010	-0.010	-0.010	-0.010	-0.010	-0.010	-0.010	-0.010
	不确定度/ml	0.002	0.002	0.002	0.002	0.002	0.002	0.002	0.002	0.002	0.002
	$\|E_n\|$	1.79	0.45	1.42	4.02	2.06	0.95	1.90	0.79	2.01	1.58
加权平均值	参考值/ml	-0.004	-0.004	-0.004	-0.004	-0.004	-0.004	-0.004	-0.004	-0.004	-0.004
	不确定度/ml	0.001	0.001	0.001	0.001	0.001	0.001	0.001	0.001	0.001	0.001
	$\|E_n\|$	3.40	1.94	2.47	2.12	1.27	0.00	0.99	1.81	3.64	2.63
中位值	参考值/ml	-0.014	-0.014	-0.014	-0.014	-0.014	-0.014	-0.014	-0.014	-0.014	-0.014
	不确定度/ml	0.005	0.005	0.005	0.005	0.005	0.005	0.005	0.005	0.005	0.005
	$\|E_n\|$	0.62	0.31	0.64	2.55	2.21	1.28	2.05	0.13	0.78	0.77

3.2.2　采用不同的参考值确定方法的比对结果分析

(1) 各种方法比较。主导实验室校准值作为参考值前文已阐述不适合常用玻璃量器。算术平均值法和加权平均值法，其比对结果不满意实验室更多，主要原因在于这两种方法得到的参考值不确定度非常小，尤其是加权平均值法，受S4实验室不确定度为0.001ml的影响有8个实验室比对结果不满意，1个实验室E_n处于临界值，不适合常用玻璃量器计量比对参考值的确定。中位值法受离散值影响较小，适合常用玻璃量器这种各实验室测量结果分散性较大的项目。

(2) 各参比实验室数据分析。S4、S5实验室无论采用什么方法，其比对结果均不满意，尤其是S4实验室，不确定度评定过小；S7实验室仅使用加权平均值法时结果为满意，但已处于临界值；这三个实验室不确定度评定比较合理，主要原因是测量结果偏离较大。S2、S8实验室仅采用加权平均值法时结果为不满意，主要原因是使用该方法后S4实验室权重过大，若加权平均值法中不考虑S4实验室，其E_n仅分别为0.24和0.32，比对结果满意。事实上，S2、S8实验室数据正是中位值法确定参考值及其不确定度的数据来源。

3.3　常用玻璃量器计量比对参考值确定方法选择

使用各参比实验室测量结果的中位值作为参考值，具有受离散值影响较小，参考值不确定度评定适中等优点，适合各实验室测量结果分散性较大的常用玻璃量器项目计量比对。

4　结语

计量比对是计量行政部门实施计量监督的有效手段，是计量标准装置有效运行的重要证据，只有综合考虑项目特点、计量标准、环境条件、人员水平、检测方法等因素，制定适当的比对程序，确定合理的判别标准，才能做到不误判、不漏判、如实的反应实验室真实水平。

参考文献

[1] 全国法制计量管理计量技术委员会．计量标准考核规范实施指南：JJF1033—2016[S]．北京：中国质检出版社，2017.

[2] 全国法制计量管理计量技术委员会. 法定计量检定机构考核规范实施指南：JJF1069—2012[S]. 北京：中国质检出版社，2012.
[3] 全国法制计量管理计量技术委员会. 计量比对：JJF1117—2010[S]. 北京：中国计量出版社，2010.
[4] 许航. 计量比对结果评估[J]. 计量与测试技术，2010，37(4)：10-11.
[5] 石红，舒晓莲. 计量比对组织与实施中需关注的问题[J]. 上海计量测试，2016，43(03)：60-61.

作者简介：邓鹏(1982—)，男，工程师，哈尔滨理工大学，计量检定。电话：13095080417，邮编：833699，通信地址：新疆克拉玛依市独山子区成都路2号。

何山(1971—)，男，技师，上海金山石化中专，计量检定。电话：13809920600，邮编：833699，通信地址：新疆克拉玛依市独山子区成都路2号。

李福睿(1988—)，男，助理工程师，华北科技学院，计量检定。电话：18699220299，邮编：833699，通信地址：新疆克拉玛依市独山子区成都路2号。

浅谈石油石化行业计量检定技术发展趋势

姜 波

（中国石油大连石化公司 辽宁大连 116032）

摘 要 智能计量检测仪表的准确性、高稳定性是石油石化行业生产经营和节能减排等重要的技术数据基础，而其准确与否须有科学计量检定或校准手段予以核查确定。近年来随着智能仪表和数字网路技术的发展，计量检定工作应与时俱进，量值溯源要大力创新管理思路和工作方法。本文从石油石化行业智能计量仪表应用发展情况，剖析其应用存在的量值溯源瓶颈，提出未来计量检定（校准）技术发展方向和应用前景。

关键词 计量检测；检定；数字网络技术

计量工作是石油石化行业一项非常重要基础技术工作，计量检测是量化管控企业资源数据流手段，计量检测技术贯穿于企业业务每一链条，计量检测仪表既要监控生产工艺和安全环保参数、还要检测评价产品质量、统计核算物料收率、能源成本消耗和产销经济效益。

近年来石油石化行业又大力推进智能工厂数字化建设，即充分运用物联网、大数据、云计算等信息技术，全面提升企业提质增效、优化控制、物耗能耗成本分析和经营效益核算能力。即通过生产过程优化控制，提升装置收率、降低化工原材料消耗和装置稳态操作能力；通过能源产耗在线优化，优化匹配炼化能源消耗结构，进一步提高节能减排水平；通过对危险化学品物质存储、移动平衡以及废气、废水等污染物排放自动监控、自动报警，提升安全环保水平；通过对进出厂界区原料和产品实时监控，提高资源配置和物流管控水平；通过关键设备参数监控和综合分析，对设备运行监控和预防性维修，提高设备全生命周期管控水平……这些管理工作的基础数据都来源于现场计量检测数据。

可见计量检测仪表和计量检测数据是石油石化行业不可或缺的技术管理基础，但如何保证整体计量检测过程可控、数据准确可靠稳定，就必须依靠先进的计量检定或校准手段和其科学的测量管理体系。计量结果准确性和稳定性性能评价、计量的数字化和数字的计量化工作研究是计量检定技术人员当仁不让的首要工作。

1 石油石化行业计量检测仪表发展特点

随着全球石油石化产业持续向大型化、联合化、一体化、价值链高端化发展，企业面临的计量检测问题愈来愈得到管理高层和技术人员的关注。同时随着传感器和智能技术的发展，石油石化行业大量采用的智能计量检测仪表以其高稳定性和高可靠性等特点得到广泛应用，而传统的机械计量，逐渐被无可动部件和全数字化的智能计量检测仪表代替，各种先进的温度、压力、流量和液位检测等技术都得到大量应用，如数字式温度传感器、超声流量计、电磁流量计、无磁传感器等都广泛应用于计量基表设计和使用中，以此技术开发的基表结构简单，真正实现了稳定可靠、无机械传动、长寿命、压力损失小、量程广、双向实时通信等优点，以此提升计量检测数据准确能力。

具体呈现以下八个应用特点：

1.1 智能数字化

目前行业在用的温度、压力、流量、液位、安全环保监测和在线分析仪表很多都采用智能通讯和数字信号传输，其设备的可靠性和故障率大大降低，很多设备都具备自诊断功能，也可以开展自校。

1.2 量程大型化

随着炼油化工规模的扩大，流量口径已扩大到现有供货厂商的极限，大口径流量表很多没有经历实践应用检验，理论上可行，但实际应用效果如何考证也带来使用上的问题？如原油计量要求瞬时流量达到 1500 标 m^3/h、公用工程所需的循环水、淡水、海水等流量计有的口径也达到了口径 DN1200mm 左右。

1.3 全链条热料输送化

因节能和生产优化需要，炼油化工装置逐步采用口对口热料供应，有的计量检测设备需要长时间工作在高温、高压、工艺腐蚀、振动等恶劣环境运行条件，因此单纯离线溯源手段又无法复现复杂的环境条件影响。

1.4 多参数智能检测一体化

不管是能源计量和物料计量，还是贸易计量场合，炼化企业已不在采用仅满足于以前那种单参数的计量手段，而大量采用可以满足多参数测量的计量检测手段。

1.5 在线应用长周期化

随着工艺设备等技术的成熟，再加上控制手段的提高，企业已全面采用长周期运行模式，常规采用的四年一检，甚至4+1 长周期运行模式，这种生产经营模式一定程度上要求计量检测设施不但要长周期运行，还要保证性能稳定、检测精准。

1.6 计量和控制一体化

企业为了减少投资，对一些控制参数不高的场合通常采用计量和控制一体计量设施，如提运环节的铁路和海运定量装车船系统等。

1.7 测量介质多样化

企业不但要重视常规的液体和固体等石油石化原料和产品的计量，同时考虑到环保达标排放和双碳目标需要，也要精准做好污水、烟气等计量，一定程度上还要满足气液两项、半管等状态的测量。

1.8 高精准化

近年来炼化企业的控制和计量手段日益精准，测量准确性越来越高，而化工企业的精确度要求更严。如炼油装置的物料计量精度已由以前的 0.5 级提高到 0.2 级，电能表计量精度已由以前的 1.0 级提高到 0.5 级以上等。

2 面临的检定或校准瓶颈制约

目前石油石化企业的计量检测仪表种类繁多、数量大，企业已建立的量值溯源体系通常仅对单一检测仪表或器具采用以离线检定或校准为主、在线校准为辅的管理模式。实际工作中可能因诸多客观因素影响(工艺、环境、设备本身、集成测量系统等)，有的计量检测设备无法得到及时科学溯源，其在线使用的测量准确性和稳定性究竟为多少无法给出一个准确的评价。

具体有以下四个瓶颈：

第一、无国家检定规程或校准规范，或国家现行检定规程或规范无法涵盖其范围。国家部分检定技术规程或规范滞后无法满足测量设备的量值溯源需要，此类器具主要有液位测量、在线分析仪表和高温高压智能测量设备等。

第二、大型和长周期运行、无侧线、高精密等应用特点，带来了不易拆卸或禁止搬动等弊端，也就无法应用常规的离线手段实现逐级基准比对原理完成量值传递和计量仪表准确性评定。如原油的质量流量计量表口径达到 DN300、重约 0.5t；测量海水、循环水和火炬气等流量计口径大、安装无复线和拆卸不便等原因，不但离线检定困难，即使采用在线测量的手段也因需要几倍的直管段而无法实现在线检定。

第三、目前石油石化行业量值溯源方法还是以计量检测仪表的检定或校准为主要的量传溯源方式，且大都以实验室检定为主。但这种方式有较大的弊端，即使检测仪表量值准确了，不等于测量数据就准确了，另外仪表的送检也影响了设备的使用，也可能因运输不当等原因导致其失准情况的发生。

第四、多参数与多功能一体的智能化计量仪表离线检定时，仍采用常规的模拟信号传输、单一检测参数测定等。如很多流量计检定站大部分还采用模拟或频率信号对流量计信号进行采集，日常检定工作只对流量信号进行检测，而忽略了其密度、温度等参数的计量性能测试。

3 石油石化行业计量检定技术发展趋势

随着计量检测传感技术和测量方法的不断发展及石油石化自身发展需要，检定或校准工作须与生产同步，即在正常生产过程中或生产现场即时完成，要大力推行在线校准技术的应用创新，同时可充分利用现场提供环境条件全方位评价测量设备工况条件下的准确性和高稳定性；与预知维修同步，即在检定或校准工作同步完成智能计量设备自身的软硬件性能测试评估或测量，为预知维修提供权威的技术分析报告，以此拓展检定工作生命力；须与测量设备自校测试同步，即充分利用智能数字仪表内附软件、基准信号源等自动校正、自动调节零点及存储的历史数据建模修正，实现远程联网分析判断其误差数据和性能等，由此可以预见未来的石油石化行业如要精确测量，其量值溯源方法也必将走向在线、基准、自校和远程网络等计量方向，那种单纯依靠离线逐级量值溯源或比对的方法必将逐渐淘汰，专业检定机构也须转变观念、创新检定思路和延展检定业务工作生命力。

3.1 采用在线检定或校准方法开展量值溯源(在线量值溯源法)

基于石油石化行业现状，未来的量值溯源法必将采用以在线的检定或校准方法为主、以离线检定或校准为辅的工作模式，在线检定或校准方法是解决炼化企业离线检定难题的必由之路。此方法严格按照国家现行的计量检定规程或校准规范执行，量值溯源的工作地点由实验室变为实际工作现场。例如：目前炼化企业和专业检定机构研究使用的质量流量计在线检定技术就是结合石油石化企业质量流量计应用特点而采取在线检定方式，此技术现得到很多企业的认可，解决了很多离线检定的困难，此法不但复现了质量流量计各种应用参数的性能评价，还可以对设备所受的环境影响进行性能评价，应该说是一种比较权威的实液检定，实际工作常用的标准体积管加密度计修正法，克服了离线检定的致命弱点，实现了真正意义上的在线检定质量流量计，此外利用标准表法开展质量流量计的在线检定或校准等方法应用也较广泛。

3.2 采用测量过程控制对测量结果进行监视和评价法(期间核查标准法)

目前世界各国广泛提倡测试和校准实验室建立测量数据的比对，即在测量设备的检定或校准期间，通过采用“测量过程控制”手段对测量设备的测量结果进行监视和评价，具体可以通过期间核查标准等方法，对每一个测量结果进行经常性的监视和控制，它特别适用于关键的复杂的测量系统，如安全质量环保在线分析监控类测量设备或实验室品质检验类分析仪表，此类测量设备通常采用国家或地方或企业自编的校准规范对其测量准确性进行周期性性能评价。目前现行的校准或检定是在标准实验室条件下，通过计量标准确定测量仪表的计量性能，而期间核查时在两次校准或检定之间且在实际工作环境现场下，对预先选定的同一核查标准进行定期或不定期的测量，以此考察测量数据的变化，如果能够通过足够多个周期的核查数据证明某台或某类测量仪器的测量结果始终受控，就可以适当延长该台或该类仪器校准间隔，既降低了检定成本，又保证了设备周期内的测量示值准确可靠。

3.3 采用在线测量等方法对计量检测工作原理的物理参量或几何尺寸测量法(干标法)

通常计量检测仪表包含传感检测部分和信号转换部分，此法就是基于对计量检测工作原理主要物理参量变化和信号转换系统误差分别进行测试，即现场测量其固定物理参量测量值与设计值间的变化量，进而分析变化量对整体测量值的影响并加以修正调整，同时对其信号转换系统也进行一个功能测试，即测量设备模拟给定一个测量信号经过系统采样、转换和给出测量值后与系统内置的固定模拟信号曲线或误差进行对比，得出其电子器件转换部分的误差并进行修正，此法适用于阻值类、超声类和电磁类等检测设备。以电磁流量计为例，先对其励磁线圈阻值进行测量，通过查看其阻值的变化评价其励磁线圈的计量性能，再通过一定的技术方法评价其信号转换部分的性能，二者综合起来就可以解决大口径电磁类流量计的量值溯源问题。

3.4 采用测量仪器内部的自校准功能实现计量性能评价法(自校法)

采用自校准的方式就是将“校准”的要求通过测量仪器内部单片机控制系统自动实现，这要求在电测仪器中集成相应的校准参考值及校准控制电路，并将校准得到的修正系数用单片机及其他控制系统对实际测量值进行修正，测量标准值可以系统内置或外部提供(如外部提供需要溯源到上级标准)。自校准功能技术是未来智能计量检测仪表必备功能之一，其在现代仪器的设计制造中有着很重要意义，应用该技术可提高产品或系统的性能，简化校准过程，又大大改善产品或系统的可维护性，也可以利用软件编程将实时校准和自补偿法相结合，对传感器的输出数据在不用标准激励或校准传感器的情况下，对传感器的输出数据进行综合修正，减少温漂、时漂及传感器参数的变化给测量结果带来的误差。此方法特别适用于电测类、工具类和分析类计量检测仪表。

3.5 应用大数据、互联网实行远程网络校准法(远程网络法)

网络远程校准法是以当前传统的现场计量校准为依托，再利用现代通信技术、大数据计算及网络可视技术为工具进行现场辅助校准。此法充分利用智能计量检测仪表自身网络接口，互联到计量检定授权机构，由其网络提供标准的信号源进行远程性能测试，通过回归或对比分析其测量结果与标准源信号间误差，进而评价其理论误差曲线。此方法技术要求智能计量检测仪表具备双向通讯功能，需要与现代数字技术、网络技术以及产业数字化计量检定远程交互平台联动，适用于时钟类、变送器类计量检测仪表的校准。远程网络校准法的实现，是未来网络量值溯源的趋势，不但可以直接溯源到国家最高计量基准和提升基层计量技术机构的校准和能力水平，还能大大降低检定成本。

4 结语

石油石化行业的计量检定技术发展道路任重道远，其会随着测量传感器技术、工业化应用技术、网络技术和管理创新等多方面同步发展，同时需要企业、行业、政府和国际机构等共同努力，政府和行业主管部门不但要对计量检定技术做好系统规划，还要协同仪器仪表行业对计量检定技术嵌入产品研发中，逐步建立嵌入式、芯片级、小型化的计量基础标准，逐步完善计量检测仪表的现场实时在线自校；专业计量技术机构要依靠其专业的技术力量打破传统的逐级量值溯源和实验室检定观念，创新管理思路，研究提出科学的在线量值溯源方法、建立规范和标准，进一步提升计量技术机构服务市场的能力和水平，同时要加强环境因素对在线测量结果影响的研究，通过理论计算消除其带来的误差影响；企业要结合自身计量测量特点，针对复杂环境、实时工况环境和极端环境的计量需求，与科研院所或专业计量检定技术机构研究新型量值传递溯源方法，解决综合参量的准确测量难题，同时延展计量检定工作的生命力。

参 考 文 献

[1] 中国石油化工股份有限公司化工事业部、中国计量协会能源计控工作委员会组织编写. 计量仪表在线校准规范. 北京：中国石化出版社，2022.3.

[2] 崔伟群. 数字计量——数字时代、数字中国、数字质量的先行者[J]. 中国计量，2022，5：7-10.

[3] 金贵新，徐振方. 中国(郑州)智慧传感谷建设对策眼界[J]. 中国计量，2021，7：40-42.

[4] 徐英华，杨有涛. 流量及分析仪表[M]. 北京：中国计量出版社，2008.5.

[5] 陆志方. 计量管理基础[M]. 北京：中国计量出版社，2007.4.

作者简介：姜波(1968年—)，男，主任/高级工程师，大连理工大学，现从事企业计量专业管理工作。电话：13998682992，邮编：116032，通信地址：辽宁省大连市甘井子区山中街1号。

天然气孔板流量计计量系统信号采集数字化可行性分析

唐刚 罗涵

（西南油气田分公司川西北气矿 四川省江油市 621700）

摘 要 孔板流量计是一种用于测量气体流量的常见仪表，在天然气流量测量领域应用十分广泛。川渝地区是国内用孔板流量计计量系统测量天然气流量的最早区域，经过川渝油气行业从业人员的长期摸索，积累了丰富的使用经验和技术积淀，并形成了一系列的行业标准和国家标准。同时，标准孔板本身结构简单、性能稳定和可在线维护，配套使用的二次配套仪表技术成熟稳定，目前在四川天然气生产上游业务的流量计量领域，孔板流量计计量系统仍是主力军。本文就天然气孔板流量计计量系统的信号采集方式进行简述，侧重分析了数字信号通讯方式较模拟信号通讯方式的优势，得出孔板流量计计量系统采用现场总线通讯是可行的结论。

关键词 孔板流量计；计量系统；模拟信号通讯；数字信号通讯；现场总线

1 天然气孔板流量计量系统信号采集方式

模拟信号通讯方式

现场变送器(压力、差压和温度)将被测物理量检测后，自动处理形成标准模拟电流信号(4~20) mA. DC，通过信号线缆输送到控制室内系统机柜，如图1所示。

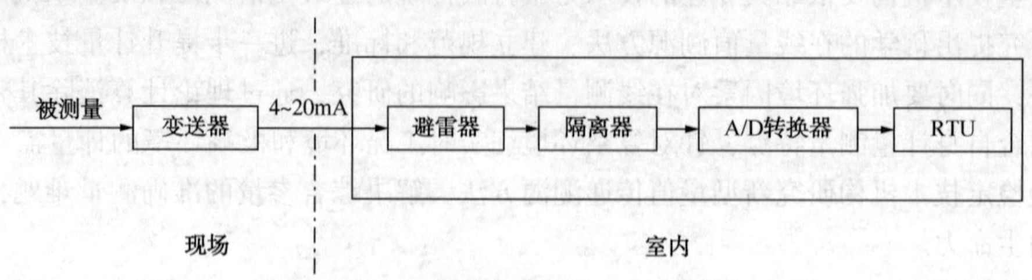

图1 系统模拟信号采集示意图

备注：(4~20) mA. DC 信号制是国际电工委员会(IEC)过程控制系统用模拟信号标准，我国从DDZ-Ⅲ型电动仪表开始采用这一国际标准信号制。

2 数字信号通讯方式，即现场总线通讯方式

现场变送(压力、差压和温度)将被测物理量检测后，直接自动处理成数字信号，通过现场总线输送到室内机柜，如图2所示。

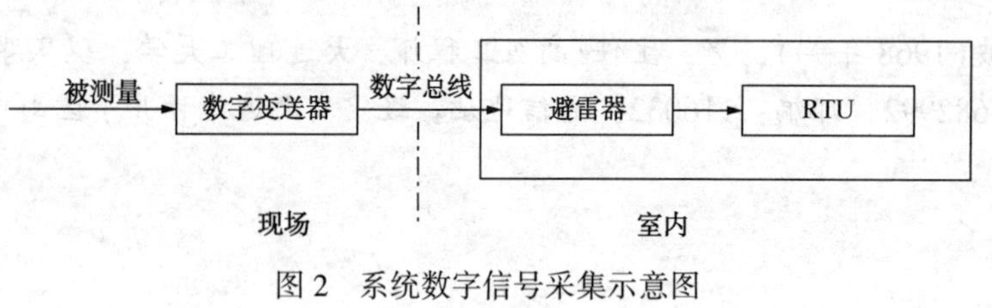

图2 系统数字信号采集示意图

3 现场总线

3.1 简介

现场总线(Fieldbus)是20世纪80年代末、90年代初国际上发展形成的，用于现场总线技术过程

自动化、制造自动化、楼宇自动化等领域的现场智能设备互连通信网络。它作为工厂数字通信网络的基础，沟通了生产过程现场及控制设备之间及其与更高控制管理层次之间的联系。它不仅是一个基层网络，而且还是一种开放式、新型全分布控制系统。这项以智能传感、控制、计算机、数字通讯等技术为主要内容的综合技术，已经受到世界范围的关注，成为自动化技术发展的热点，并将导致自动化系统结构与设备的深刻变革。其主要特点如下：

全数字化通信；现场设备的智能化；系统结构的高度分散性；对现场环境的适应性强；一对双绞线上可挂接多个控制设备，便于节省安装费用；节省维护开销；提高了系统的可靠性；为用户提供了更为灵活的系统集成主动权。

3.2 主要总线简介

3.2.1 HART 总线

HART 协议采用基于 Bell202 标准的 FSK 频移键控信号，是在现有(4~20)mA. DC 模拟信号传输线上实现数字信号通信，属于模拟系统向数字系统转变过程中过渡性产品。但由于 HART 传输速率太低，不能满足天然气计量系统数据采集传输速率的要求，HART 协议只作为变送器参数配置等低频数据的传输使用，实时数据的传输仍采用(4~20)mA. DC 模拟信号。

3.2.2 CAN 总线

CAN 即控制器局域网络，属于工业现场总线的范畴。CAN 总线主要应用于汽车领域，用于实现汽车内部控制系统与各检测和执行机构间的数据通信。由于其性能高、高可靠性，已经在汽车行业、航空业、工业控制、安全防护等领域中得到广泛应用。在天然气流量计量生产现场，具备 CAN 总线协议的数字仪表应用较少，仍处于探索和起步阶段。

3.2.3 PROFIBUS 总线

PROFIBUS 是过程现场总线(Process Field Bus)的缩写，于 1989 年正式成为现场总线的国际标准。PROFIBUS 由三个兼容部分组成，即 PROFIBUS-DP、PROFIBUS-PA、PROFIBUS-FMS，其中 PROFIBUS-PA 是专为过程控制系统应用而设计，通俗理解就是它取代了过程控制中传统的(4~20)mA. DC 标准信号。

在 PROFIBUS-PA 中，从它的通讯模型、通信协议和行规里都体现了适用于过程控制要求的特点，它使用总线供电，引入了现场总线本质安全概念(FISCO)，使其可以方便的应用于存在爆炸危险的场合。PROFIBUS-PA 完全符合要求最严格的化学工业过程控制的需求，同时也在石化、污水处理、电力等过程控制的行业得到广泛应用。

4 天然气孔板流量计量系统信号采集数字化的必要性分析

4.1 天然气计量数字化转型要求

在中国石油推动数字化转型的大背景下，有必要优化现场仪表选型和计量系统配置，使用准确度高、成熟可靠的数字化温度和压力仪表替代传统模拟量输出仪表，实现信号的“采集”“传输”和“处理”真正统一和协同，改变传统的天然气场站布线方式和信息处理技术，节约大量现场布线，减少数模转换的中间环节，提高系统处理效率和可靠性，解决现场仪表最后一公里的数字化问题，减少生产建设成本和维护工作量。

4.2 现场总线通信方式相对模拟信号通信方式的优势分析

现场总线专为工业现场智能仪表、设备互连通讯而设计。相对于传统的采用(4~20)mA. DC 模拟信号的系统，现场总线除具有可靠性高、不受环境温湿度影响、抗干扰能力强、系统结构简单等优点外，还有以下重要优势：

4.2.1 现场总线通信方式相对模拟信号通信方式，可以提高计量系统计量准确性，减小计量系统测量误差

从前述图 1 与图 2 可以看出，数字信号采集方式相对模拟信号采集方式，信号回路中直接没有隔离器和 AD 转换器。

而对模拟信号采集方式，隔离器与A/D转换器是必不可少的，隔离器的作用是使信号与电源隔离，防止电流信号受到浪涌电流干扰而失真，确保系统接收到的信号与现场仪表输出信号一致；A/D转换器的作用是将模拟信号转换成数字信号，计量系统才能识别并进行数据处理。但这两个模块的输出信号时，不能对输入信号全部再现，即本身存在误差，从而增加了整个计量系统总体误差。

在目前使用的计量系统中，测量回路误差来源主要有：变送器引入的误差、隔离器引入的误差和A/D转换器引入的误差，按照《天然气计量系统技术要求》(GB/T 18603—2014)要求，为保证计量系统不确定度满足要求，参照企业标准规范，我们在实际操作中，对计量系统的压力和差压的测量回路进行校准时，最大允许误差(MPE)均为±0.35%。其中，隔离器和A/D转换器引入的回路最大允许误差(MPE)均为±0.28%，可见其对计量系统的测量误差影响是不容忽视的。

4.2.2 采用现场总线通讯比采用模拟信号通讯，可以大量节约电缆

传统模拟信号系统中，现场仪表与控制室采用星型连接方式(即每个现场仪表均需单独通过一组电缆连接到控制室/机柜，一个孔板流量计测量回路有差压、压力和温度三个现场仪表，共需电缆3组共计7根)，而总线型连接方式只需一组总线(2根电缆)连接到控制室/机柜，现场所有仪表均就近连接到总线，相对于传统模拟通信系统，总线型连接方式可大大减小电缆的用量及电缆敷设工作量。四川某气矿现有贸易交接孔板流量计119台，涉及计量系统26套，按前述计算，模拟信号通讯需要电缆数量为2499根，而现场总线通讯需要电缆数量为66根，即采用现场总线通讯方式可以减少大约97%的电缆用量及电缆敷设工作量。

4.2.3 采用现场总线通讯比采用模拟信号通讯，可以减少维护工作量

模拟信号通讯方式，必须使用隔离器与A/D转换器，它们受外界条件干扰以及使用时间导致性能下降带来都会增加系统误差，这类误差只能通过定期维护来消除或减小。而现场总线通讯方式不存在这类附加系统误差，不需要定期维护。

按照目前国家技术标准要求和现有技术条件，隔离器可以在使用现场进行定期校准来消除或减小其误差，而对A/D转换器在现场不具备直接校准条件，只能通过测量回路联合校准来评估是否满足技术规范要求。

备注：测量回路联合校准，即在系统机柜信号(压力、差压、温度)端子，利用标准器输入标准信号，在系统的显示终端(显示器)观测数据，所得数据与标准值的差值需满足技术要求，否则需进行调校或维修。

基于上述情况，根据国家技术规程、行业技术规范和企业规章制度的要求，四川某气矿对孔板流量计的运维管理模式为：隔离器由各单位仪表人员每年定期现场校准；压力、差压和温度测量回路每三个月进行定期现场联合校准。按该气矿现有贸易交接孔板流量119台计算，共有357个隔离器需要每年定期校准，共有357个测量回路需要每三个月定期联合校准。这119台孔板流量计分布站三个作业区共计26个场站，按每次3人(含1名司机)，平均每个站完成校准工作0.5天估算，全年工作量约为195人/天，假设差旅费每人每天平均400元，全年预计人工费近8万元。

4.2.4 采用现场总线通讯比采用模拟信号通讯，可以避免仪表超使用量程而漏失计量，从而解决超使用量程问题带来的管理难问题

四川某气矿在用天然气孔板流量计在实际运行过程中，需要根据计量对象的实际工况流量情况，设置相对合适的差压使用量程，以满足差压在合理的符合标准要求的区间运行。但由于气候变化、用户用气性质、流程调节不当等因素，导致供气量在短期内呈周期性波动范围大，导致实际差压值频繁超出使用量程而致使计量偏低的情况发生，这给计量管理带来了较大困难。

该气矿目前现场使用的差压变送器，其额定测量范围均为(0~100)kPa，在实际使用中，在孔板孔径选定情况下，往往会差压变送器设置使用量程Hmax，如20kPa、40kPa、60kPa、80kPa、100kPa等，差压变送器对应使用量程输出的电流值均为(4~20)mA. DC。其函数关系为：

$$I_x=16(H_x/H_{max})+4 \tag{1}$$

式中 I_x——差压变送器的输出电流值，mA；

H_x——差压变送器的输入压力值，kPa；

H_{max}——差压变送器实际使用的测量上限值，即使用量程，其值不大于额定测量上限，kPa。

当差压变送器检测的压力值和其输出给计量系统的电流值满足公式(1)时，才能确保计量准确可靠，反之会导致计量失准。在差压变送器的额定测量范围内，其输出给计量系统的电流值范围为(4~20)mA. DC，从公式(1)可知：

当现场无流量，即工况差压 $H_x=0$ 时，变送器输出电流 $I_x=4$mA；

当现场工况流量足够大使工况差压 $H_x=H_{max}$ 时，变送器输差电流 $I_x=20$mA。

横河 EJA 变送器过载超限上限测量值设计余量一般为测量上限的 110%，即现场工况差压值达到设计余量的上限，即 $H_x=1.1H_{max}$ 时，其输出电流为 21. 6mA，仍然满足公式(1)要求。我们通过实验室对横河 EJA 变送器进行试验，当在 $H_x=1.1H_{max}$ 过载情况下，短时间内变送器输差的电流值能够保证准确度，长时间过载会导致传感器疲劳失准，不能满足准确度要求。同时试验发现，现场工况差压值超过设计余量的上限值，即 $H_x>1.1H_{max}$ 后，变送器输出电流保持在 21. 6mA 不再增加，从而导致计量系统获得的差压值比现场实际工况值低，会导致计量偏低。

为杜绝超量程情况发生，传统模拟信号系统只能采取更换孔板降低使用量程，或不换孔板而增大变送器使用量程的方式来杜绝出现超量程情况。但对于在供气波动频繁的场合，往往两种方式都不能奏效，给管理带来了极大困难。

如果采用现场总线通讯，计量系统直接利用变送器输出数字信号，而不再通过电流信号利用函数式(1)关系解析所测量的工况差压值，从而避免了超使用量程情况的发生。

4.2.5 现场总线通讯具备系统自诊断功能，提高系统可靠性

采用现场总线通讯方式，要求现场仪表和室内计量系统均需智能化、数字化，所以可以在系统内嵌入故障诊断软件，实现现场仪表和室内系统自我诊断，能够快速自动发现故障部位，方便及时处理。传统模拟信号系统出现故障，只能通过故障现象人为查找原因，费力费时。

4.2.6 现场总线通信系统与模拟信号通讯系统的投资对比

通过调研，现有模拟信号通讯的流量计算机系统基础价约为 22. 5 万元/套，站场每增加一路孔板计量回路，系统中需增加压力、差压及温度信号回路中的信号隔离器及浪涌保护器，费用增加约 1 万元；总线通讯的数字流量计算机系统基础价为 26 万元/套，由于信号回路中不存在信号隔离器及浪涌保护器，增加孔板计量回路，系统硬件不发生变化，费用不变，详见表 1。

表 1 现用模拟信号计量系统与总线数字计量系统投资对比 单位：万元

孔板路数	模拟信号系统	总线数字系统
0	22. 5	26
1	23. 5	26
2	24. 5	26
3	25. 5	26
4	26. 5	26
5	27. 5	26

从表 1 可知，现场孔板路数超过 3 路的场站，总线数字系统比现用的模拟信号计量系统投资更节约。四川某气矿现有计量系统的场站计量回路均在 2 路以上，且系统中至少需要备用 1 路信号通道模块，即系统实际配置均为满足 3 路孔板计量以上，因此将来在计量系统改造或新建计量系统，总线数字系统总体上更为节约。

5 现场总线数字式天然气孔板流量计量系统试用情况

2021 年 5 月，在四川某气矿生产场站安装了一套新型数字流量计量系统与在用计量系统进行对

比。数字系统核心模块流量计算机(RTU)型号规格与原在用系统一致，均属于同一厂家生产，采用 PROFIBUS 现场总线采集数据。在被测对象取源相同、参数设置相同和零位检查及孔板清洗周期相同，以及原系统每季度按期进行信号回路联合校准(而数字系统无须信号回路联合校准)条件下，计量结果见表 2。

表 2　数字系统与模拟系统计量结果对比

供气对象	月份	月供气量/Nm^3		误差/%
		原模拟系统	数字化系统	
用户 1	2021.6	125137	125518	0.30
	2021.7	89712	90245	0.59
	2021.8	103792	104270	0.46
	2021.9	113188	113771	0.52
	合计	432829	433804	0.46

从表 2 可知，在实际对比中发现，由于现场总线信号采集比模拟信号(4~20)mA. DC 采集的信号回路中，减少了影响信号测量精度的浪涌保护器和信号隔离器，使得整个测量结果的准确度提高，通过现场实际对比，2021 年 6 月~9 月期间，该配气站“用户 1”用数字化系统与原模拟系统计量结果偏差为 0.46%。参考《天然气计量系统技术要求》等相关标准对计量结果最大允许误差的要求，测量系统中信号采集、传输数字化是基于成熟的现场总线技术，较模拟信号(4~20)mA. DC 通讯机制具有独特的优势。

6　结语

通过以上优势分析，以及从现场试用与传统模拟系统对比结果来看，认为天然气孔板流量计量系统采集现场测量信号使用现场总线技术进行数字化通讯是可行的。

但同时也应认识到，虽然现场总线技术有它独特的优势，但由于其在天然气流量计量领域应用较少(至少川渝地区尚未推广)，其数据采集长期可靠性和稳定性有待进一步摸索。其主要风险为：由于现场总线的特殊通讯结构，现场所有仪表需通过其总线适配器与流量计算机相连，总线适配器的作用是集中供电和数据采集，其一旦出现故障，可能导致整个系统崩溃。因此在实际应用时，可考虑采用热冗余总线适配器，以提高数据采集系统的可靠性。特别是在计量流程数量较多的场合，可采用多个总线适配器进行数据采集，以降低风险。

参 考 文 献

[1] 王哲蓓，李卓，卢海松，凌刚，徐卫峰，蔡丹，石祥建. 通信网络典型现场总线协议综述[J]. 工业控制计算机，2021，34(11)：5-8+11.

[2] 李彭，李欢，叶苗，崔跃. CAN 总线在天然气场站应用的可行性分析[J]. 自动化应用，2020(07)：75-78. DOI：10. 19769/j. zdhy. 2020. 07. 028.

[3] 宋海英，范劲松，江明，陈祥. 数字化仪表在天然气场站应用的效果评价[J]. 自动化应用，2021(06)：51-54. DOI：10. 19769/j. zdhy. 2021. 06. 016.

[4] 范劲松. 天然气测量仪表数字化的研究与实现[C]. 第 32 届全国天然气学术年会(2020)论文集. 2020：2648-2656. DOI：10. 26914/c. cnkihy. 2020. 065169.

[5] GB/T 18603—2014，天然气计量系统技术要求[S].

作者简介：唐刚(1981—)，男，高级工程师，西南石油大学，现从事计量管理工作。电话：13890112026，邮编：621700，通信地址：四川省江油市李白大道南一段 517 号；

罗涵(1994—)，男，工程师，中国石油大学(北京)，现从事计量管理工作。电话：15928102747，邮编：621700，通信地址：四川省江油市李白大道南一段 517 号。

煤层气气体计量系统设计与应用

陈勇智[1]　梅永贵[1]　韩俊叶[1]　彭　波[1]　石媛丽[2]

（1. 华北油田山西煤层气分公司　山西晋城　048000
2. 华北油田公司质量健康安全环保部　河北任丘　062550）

摘　要　通过对煤层气生产过程中煤粉、含水等规律的分析，确定了含水是影响计量准确度的主要因素。针对不同阶段含水情况，对比不同类型流量计的性能，选择适合从单井、集气站到处理中心的计量仪表，保证了煤层气计量系统的准确性。应用自动化技术对计量系统实现全面监控，实现了输差的有效控制。煤层气分公司应用该计量系统以来，整体输差控制在±3%左右，达到了较好的管理目标。

关键词　煤层气；计量；自动化；湿气

1　煤层气集输系统特点

与常规天然气井降压开采工艺不同，煤层气开发是逐步增压外输，从井口 0.05~0.2MPa 经集气站增压到 1.0MPa 左右输送到处理中心，在处理中心经增压、除尘、脱水后外输压力达到 4.0~6.0MPa，向下游管道及 LNG 工厂供气。见图 1。

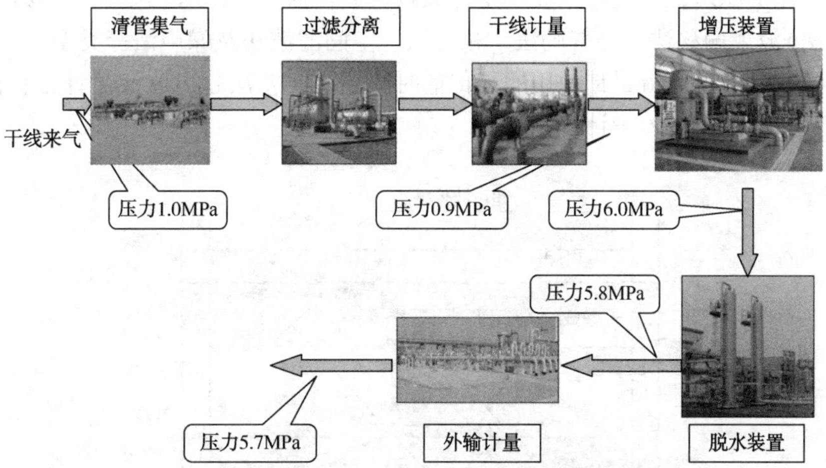

图 1　煤层气处理中心集输工艺流程

在此集输工艺过程中，对各级计量结果影响较大的主要是煤层气中携带的煤粉和水。煤层气的开采主要是排出煤层中的水，降低煤层压力，使吸附在煤中的天然气解吸。在这个生产过程中，微量的采出水和煤粉会随着气体的流动被从井筒带到地面，进入单井计量管线，在最终被处理成干气之前，煤粉和水会一直存在于集输系统中，使计量过程中的被测介质的成分不稳定，从而对计量器具的测试精度产生影响。因此分析集输各阶段煤粉和水变化的规律和数值范围，是煤层气计量系统仪表选配的重要依据。

1.1　煤粉变化规律

通过精密粉尘捕集装置，对单井、集气站出口的煤层气进行粉尘测量。根据现场试验数据，煤层气井口煤粉含量一般在 0~30mg/m^3，集气站增压后外输粉尘含量没有明显变化，经处理中心除尘后，粉尘含量才达标外输。现场测试数据表明，粉尘粒径基本在 5μm 左右，以 2~5μm 为主，粒径较小。

通过上述数据可以看出，煤层气中虽然含有煤粉，但煤粉的含量与粒径都较小，不足以对计量准确度产生较大的影响，因此对大部分计量器具而言不需要增加预处理装置。对于一部分粉尘含量较高、粒径较大的单井可适当考虑增加井口过滤设备，延长流量计的使用寿命。

1.2 含水变化的规律

通过对煤层气开采过程中井口气含水测试，一般气井含水量在1.0%以内，不同区块含水量差异比较大，最小约为3g/m^3，最大不超过20g/m^3。受到冬夏环境温度影响，冬季游离水析出较多，夏季游离水含量较少。

由于集气站外输管线采取保温措施，且外输气进行了温度控制，基本上维持了集气站外输温度稳定在30±5℃，经过增压后，集气站外输气含水一般稳定在0.5%左右，最大不超过0.7%，呈现饱和状态，游离水很少。管输至处理中心过程中部分游离水再次析出，经处理中心脱水后外输干气含水低于200ppm。

因此从井口到处理中心，煤层气的含水呈现逐步下降的趋势。按含水率不同可将煤层气划分为两个状态，井口和集气站可归为湿气计量，处理中心外输为干气计量。

通过对煤层气中煤粉和水含量的测量，可以看出在煤层气计量过程中，水对计量准确度的影响超过粉尘的影响，因此在选择流量计的时候优先选择对水或密度影响较小的仪表。

2 流量计选型

根据煤层气从井口到集气站，再到处理中心的工艺流程，尤其是含水、含煤粉的变化情况，选择几种常见的流量计进行对比。

2.1 超声波流量计

根据对信号检测的原理，目前超声波流量计大致可分传播速度差法(包括：直接时差法、时差法、相位差法、频差法)波束偏移法、多普勒法、相关法、空间滤波法及噪声法等类型。

用于气体流量测量的超声流量计使用的是传播时间法。时差法超声波流量计是目前被认证的唯一可作为贸易交接计量的超声波流量计。见图2。

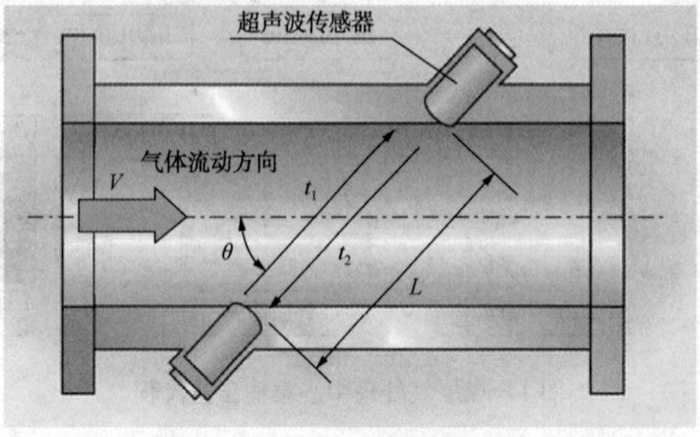

图2 超声波流量计原理示意图

在管壁两边安装一对斜角为φ的超声换能器，两个换能器同时或定时向对方发射和接收对方的超声信号。此时顺流和逆流的接收时间为：

$$t_D=\frac{L}{C+V\cos\varphi}$$

$$t_U=\frac{L}{C-V\cos\varphi}$$

式中 t_D——超声波从上游换能器传至下游换能器所需要的时间；

t_U——超声波从下游换能器传至上游换能器所需要的时间；

L——上下游换能器之间的距离；

C——超声波声速；

V——流体沿管径方向的流速；

φ——超声换能器与管径方向的安装角度。

由上述两式推导出流体流速和流量的计算公式如下：

$$V=\frac{L}{2\cos\varphi}\left(\frac{1}{t_d}-\frac{1}{t_u}\right)$$

$$q=V\cdot A$$

式中 q——流体在管道中的工况流量；

A——管道横截面积。

目前超声波流量计在计量门站、长输管道应用较为广泛，是适合以干气为主的计量仪表，是贸易交接的主流流量计。

2.2 旋进旋涡流量计(图3)

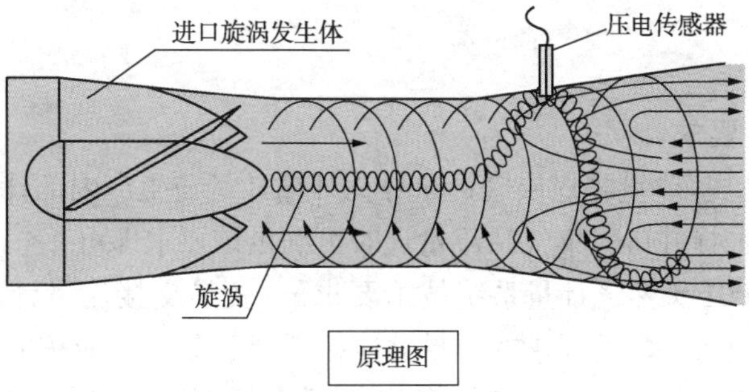

图3 旋进旋涡流量计结构图

旋进旋涡流量计采用流体的强迫振荡原理产生旋涡，压电传感器检测到微弱的脉冲信号，经放大电路、计算单元等处理后，就地显示或远传流量。

旋进旋涡流量计因其结构简单、计量准确在油气田应用较多，主要以计量地产、自用气为主，部分应用于交接计量。

2.3 孔板流量计

孔板流量计是一类历史悠久，用量最大的流量计。以节流装置作为检测件的孔板流量计，则是其中最广泛应用的一类流量计，我们称之为节孔板流量计。节流式孔板流量计是依据流体通过节流装置，使部分压力能转变为动能产生差压信号的原理而工作的。流量的平方与产生的差压呈线性关系，通过测量差压即求得流量。

标准孔板流量计由节流装置、信号引线和二次仪表系统所组成。其二次检测仪表包括：差压计、压力计、温度计和相关参数检测仪器。

孔板流量计结构相对复杂，但因其计量性能稳定，在湿气条件下可修正等优点，在天然气计量上应用较多。见图4。

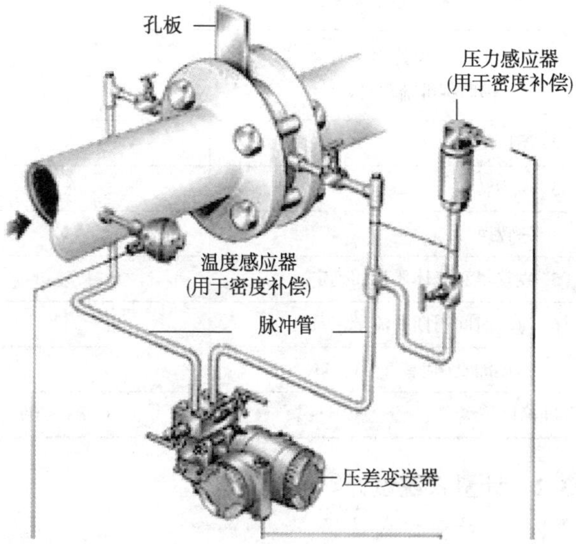

图4 孔板计量系统

2.4 涡轮流量计

涡轮流量计是速度式流量计中的主要种类，当被测流体流过涡轮流量计传感器时，在流体的作用下，叶轮受力旋转，其转速与管道平均流速成正比，同时，叶片周期性地切割电磁铁产生的磁力线，改变线圈的磁通量，根据电磁感应原理，在线圈内将感应出脉动的电势信号，即电脉冲信号，此电脉动信号的频率与被测流体的流量成正比。

在检定单位、贸易交接点，涡轮流量计应用量基本与超声波流量计相同，是贸易交接的主要仪表。其计量曲线线性好，重复性好，计量误差相对较小。

通过对目前国内气体计量应用较为广泛的 4 种仪表原理分析，并进行简单性能对比如表 1：

表 1　4 种流量计性能对比

项目	孔板流量计	涡轮流量计	超声波流量计	旋进旋涡流量计
量程比	1 : 3(5)	1 : 50	1 : 100	1 : 20
压降	大	中	无	中
双向流计量	否	否	能	否
脏污或湿气测量	不可以	不可以	可以	不可以
管道维护	不方便	不方便	方便	不方便

可以看出，每种仪表都有不同的性能，选择适合的流量计主要考虑的还是被测介质本身的特点。

3　计量系统设计

3.1　不同阶段计量准确度要求

根据《煤层气集输设计规范》可将煤层气计量分为外输计量与生产内部计量。生产内部计量准确度要求在±5%以内，因此在选择井口、集气站流量计时可满足该要求即可。

根据《GB/T 18603—2001 天然气计量系统技术要求》，贸易交接流量计从井口低压交接到外输高压交接计量器具的选择都应有一定的要求的，单井应按 C 级、集气站应按 B 级、处理中心应按 A 级进行配备。在实际采购过程中，处理中心等交接点按 A 级进行配置，单井、集气站按优于 B 级进行配置。这里面的计量系统等级是指进行贸易交接的系统，在煤层气生产过程中会涉及不同企业之间的贸易问题，不同的压力条件、不同的交接气量对应不同的计量器具配备要求。见表 2。

表 2　不同等级的计量系统

设计能力 q_{mV}/(m^3/h) (标准参比条件)	$q_{mV}\geqslant 500$	$5000\leqslant q_{mV}\leqslant 50000$	$q_{mV}\geqslant 50000$
1. 用于测量的校验用系统 例如：串联标准流量计			√
2. 温度转换	√	√	√
3. 压力转换	√	√	√
4. Z-转换	√	√	√
5. 发热量和气体质量的确定			√
6. 每一时间周期的流量记录		√	√
7. 密度测量(代替 2、3、4)			√
准确度等级	C 级(3.0)	B 级(2.0)	A 级(1.0)

3.2　计量系统设计

3.2.1　计量方式选择

煤层气计量一般常规认为可采用轮换计量和单井计量两种方式，但是从对煤层气井的生产特点来看，单井计量方式更加适合气井的开发。主要有以下几个原因：一是单井生产过程中气量变化较大，尤其是刚产气时需要相对精确的气量调整，并要连续监控避免单井大幅波动，显然轮换计量方式不满足连续监控的需要；二是同一井组内单井气量差异大，轮换计量用流量计经常会出现低于或高于量程范围运行，计量偏差较大；三是轮换计量阀本身价格不菲，用在井数较少的阀组，其投资高于单井计量。

3.2.2 计量仪表选择

通过对几种流量计的性能对比，确定旋进旋涡流量计、一体化孔板、超声波流量计作为煤层气计量系统的基本仪表。

单井产气计量选择普通旋进旋涡流量计+温度变送器+压力变送器的模式，主要是兼顾自动化数据采集和投资考虑，经过计算这种组合方式基本可保证计量不确定度在2%以内，可以满足需要。

集气站作为各作业区产量配置和生产管理的主要单元，其外输计量采用智能旋进旋涡流量计，由于具备温压补偿，可以保证准确度等级在2%以内。

处理中心等贸易交接采用6声道超声波流量计，辅以在线色谱分析仪等在线检测仪表，保证系统准确度等级在1%以内。

3.3 计量过程监控

在常规的计量系统设计完成的基础上，根据对产量、商品量的连续监控的要求，依靠自动化系统完善从单井、集气站到处理中心的全生产过程监控。利用软件实现单井产量分析、区块输差分析、商品量输差分析。

增加计量过程监控，可以及时发现计量仪表、生产工艺、管线集输等方面的问题，进一步保障了计量系统运行的可靠性。

4 现场应用

4.1 单井温度补偿

煤层气山区的冬夏温差在-15°~40°之间，在计算地产气量过程中，经常出现地产和商品量之间的差值随季节的变化而改变的情况。经过分析发现，主要原因是环境温度变化引起的。

一是在煤层气单井安装的普通旋进旋涡流量计，没有温度、压力补偿。温度值一般采用固定数，虽然井底的温度基本上恒定的，但在井口的计量阀组由于保温效果不好，实际温度受到外界影响较大。通过采集安装有智能流量计的单井的温度值，进行补偿。在程序中修改单井产气量计算公式，现公式为：

$$气量=24\times瞬时\times(管压\times10+1)\times293.15/(273.15+流量计温度)$$

二是环境温度对智能流量计产生影响。虽然有温压补偿功能，但环境温度与输气温度存在的较大差异，也使流量计本体传递了外界温度，影响到气体温度测量的准确性。

经过温压补偿之后，单井地产、商品量差值由7%下降到2%以内，输差控制属于国内最低。既减少了单井建设投资，又保证了计量准确性。

4.2 集输系统输差分析

国内首次引入了三维地理信息系统(3D-GIS)平台与自动化数据相结合，煤层气所有单井、采气(集气)线、集气站、煤层气处理中心等自动化生产信息实现了与3D-GIS系统结合，关联自动系统的数据库，在三维GIS平台上可查询井、站的压力、流量、电流、电压等各种数据。生产信息已通过地图信息存储到计算机中，不但能够直观的展示基础资料、实时数据、视频监视、历史趋势、安全报警等生产监控系统自身产生的信息，还加载了输气管网调度等专业化应用，在信息管理的基础上，面向勘探、开发、地面建设、储运销售以及企业管理等各生产环节，建立多专业的综合业务管理体系，可辅助规划设计、生产运行管理、生产指挥、地面工程、矿权宗地管理等，为企业的经营管理提供良好的信息支撑环境，实现资产利用的最优化和确保运营安全。

利用管网仿真技术，加载实时生产数据，分析管网运行情况。在关键节点、阀组加装压力变送器，并实现数据远传。目前已在118座阀组上安装压力变送器，其中樊庄58座，郑庄60座。通过关键节点安装压力变送器，实现从单井生产至处理中心外销的各个生产环节实时监测、运行可控，以便掌握集输每一个子单元的运行状态。同时发现异常情况，能够精细分析，明确集输系统不适应因素是由单井采气管线还是阀组采气干线。见图5和图6。

系统管理人员通过3D-GIS信息平台，把各方面数据信息协同起来，随时采集、拥有和使用，实现煤层气生产的动态优化和及时调整。通过集气输差分析软件及时发现计量系统问题，及时处理。

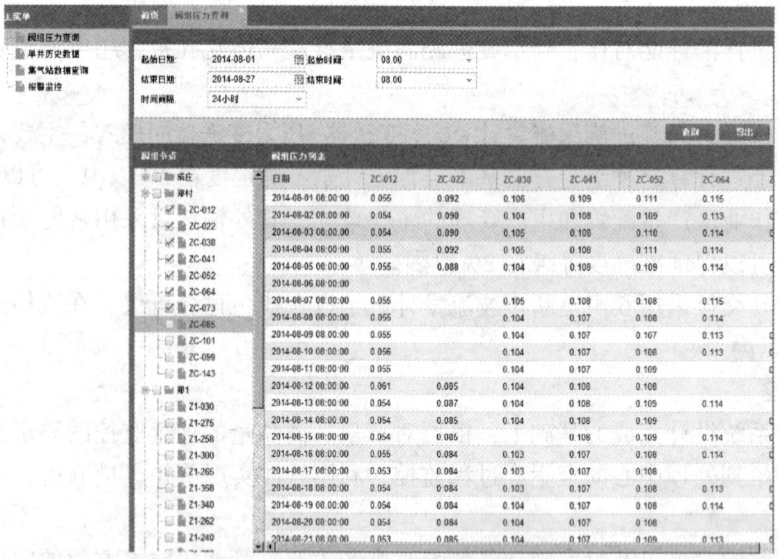

图5 阀组压力监控应用系统

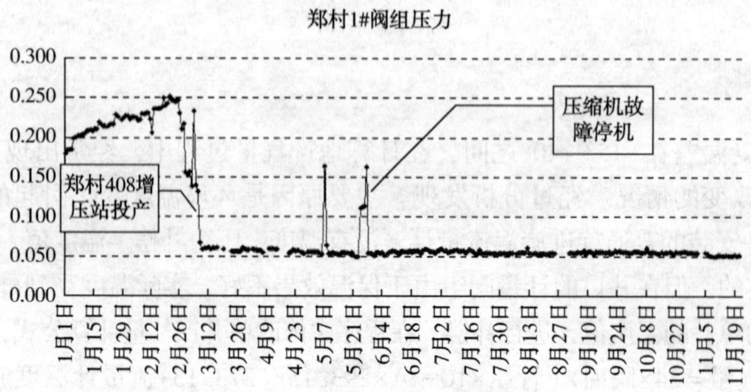

图6 郑村阀组压力监控

5 结语

煤层气的计量既有其独特性，也有普遍适用性。其独特性在于全过程中水对于计量器具和计量输差都会产生一定的影响，是影响计量误差的主要因素。普遍性在于仪表是常见仪表，配备遵循常规技术要求。

之所以可以较好地控制整体计量输差主要做好以下几点：

1. 全生产过程中介质变化规律分析清晰，尤其是含水变化率的量化为仪表选型和输差分析提供了基础数据。

2. 依靠自动化系统实现计量系统的全面监控，保障了整体计量过程的准确度。

参考文献

[1] 陶永，王红霞，郑欣，等．沁水盆地煤层气田地面工程建设的优化与实践．[J]煤气与热力．2015，35(5)：B28-34.

[2] 郭简，梅永贵，王景悦，等．沁水盆地煤层气集输管网粉尘监测分析．[J]天然气工业．2014，34(8)：118-122.

[3] 何军州，惠熙祥，巴玺立，等．煤层气集气管道计算影响因素分析．[J]石油规划设计．2015，6(6)：43-45.

[4] 王荧光，裴红，刘文伟，等．低压、低产煤层气田井口集输工艺技术．[J]石油工程建设．2010，36(6)：1-5.

作者简介：陈勇智(1972—)，男，硕士，高工，2007年毕业于西南石油大学，现从事自动化仪表及智慧气田建设，邮编：048000，手机：13934317340，通信地址：山西省晋城市文博路969号。

原油自动交接技术在数字化油田建设中的应用

艾 鹏 张 帆 刘 瑞

（中国石油天然气集团有限公司大港油田分公司　河北沧州　061103）

摘　要　随着数字化油田的建设与发展，自动化、智能化相关技术已经成为石油行业中的重要管理手段。原油自动交接技术是一种实现原油精准化计量、数字化管理的有效手段，传统的人工交接模式工作效率低、时效性差，人工化验过程较长，误差率大，难以准确反映原油交接的实际情况。本文着重分析了原油自动化交接系统的研究与设计，并对原油自动交接系统的实验过程与效果进行了深入的分析，为提升数字化油田管理水平提供参考和建议。

关键词　数字化；原油交接；智能分析；撬装设备

1　原油自动化交接技术现状及需求

1.1　原油自动交接技术现状

近年来，我国经济持续发展，石油行业的技术水平在不断进步，石油的交接方式与交接技术也在逐步完善。传统的人工原油盘库交接工作占用大量的人力资源，工作内容单一、重复，自动化程度较低，测量与计算也易产生误差，造成交接双方不必要的争议问题，已经无法满足当前原油行业自动化、智能化发展的实际需求，与现代化企业形象不符。为保证原油交接量的准确性、安全性、稳定性，应当借助数字化、智能化手段，实现原油的在线含水率以及油水混合物的流量总量的实时监测与计算。

1.2　采油厂交接油管理需求

目前大港油田采油二厂原油交接点共有三座(南一联合站、庄一联合站、南三站)，站内都具备生产数据采集子系统，但没有原油自动盘库及交接油系统。厂级之间各交接点均采用体积流量计动态质量计量交接方式，原油含水和密度均采用人工化验(蒸馏法化验含水，玻璃浮子密度计测量密度)，取样和化验过程由交接双方共同完成。数据存储采用纸质报表保存，人工每天填写交接油票据。工作量大，工作效率低，资料存储方式不利于实时查询分析，人力资源配置有待进一步优化，工作模式需要进一步变革。

2　原油自动交接技术的研究与实践

2.1　研究思路

随着信息化技术的不断进步，需要寻找一种新的原油交接模式，改变传统的人工交接方式，达到降低用工成本，提高工作效率的最终目标。其中在线含水监测是实现自动交接的关键技术。原油在线含水率的检测，相对比较复杂，受各种变量因素的影响较大，只有综合考虑管道尺寸、仪表安装方式、温度变化、流量大小对原油密度进行在线实时的密度修正，才能得到一个可靠的、精确的在线含水率读数。根据人工原油交接工作所需要的相关数据进行归类，针对流量、压力、温度、密度、含水以及取样等关键技术开展深入研究，通过相关参数的自动采集，实现原油自动补偿计算，同时利用PLC组态技术，将人工交接计量算法进行自动计算。除了保障数据采集之外，还应增加视频监控功能，确保双方交接工作安全可控。将原油自动交接系统作为推广B/S架构下的网页版进行开发，实现远程监测等功能。

2.2　技术特点

原油计量首先要对原油密度和体积进行测量，而原油的密度和体积与原油所承受的压力及温度有关。因此在原油交接计量时，需要将原油的密度和体积修正到标准参比条件(温度 20℃，压力 101.325kPa)来进行量油计算。现场采用的双转子流量计、温度传感器以及压力变送器的精度均符合实验标准。通过调研检索，对密度计和含水分析仪在精度等级、仪表类型、安装方式等方面进行对比选型。

通过对比，从精度上科氏力式密度计精度较音叉式更高，同时自带温度补偿，且满足标准要求，因此选用科氏力式在线密度计，密度计测量精度为±0.5kg/m³，安装方式为管道式安装。当原油含水率在 1%以内时，微波法和电容法两种类型的含水分析仪均能够满足国标规定的±0.1%的要求，从安装方式上管道式安装能够更全面的感知流体且自带温度补偿，因此选用微波法管段式安装含水分析仪。

2.3 设计方案简述

原油自动交接系统主要由三部分组成，工艺流程示意图见图 1，包括各类检测仪表集成的橇装系统、智能数据采集系统和主管道上的毂辐式多点采样器。

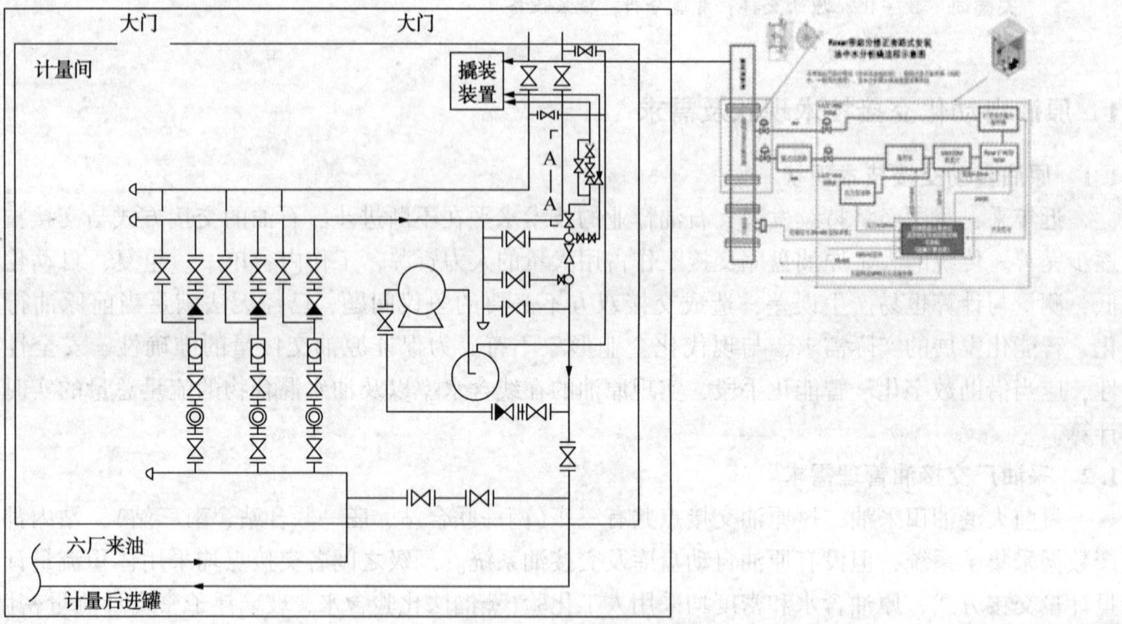

图 1 原油自动交接系统工艺流程图

2.3.1 毂辐式多点采样器

由于现场主管道尺寸留有余量并且其中油水混合物的流速较低，很难保证管道内的油水混合物在低流速下有较好的混合。若管道内油水混合物的混合状态不理想，就无法取出具有代表性的样本，分析出的含水数值就无法作为参照来和在线含水的读值进行比对和校准。通过使用毂辐式多点取样器在主管道内迎面截流，在不同的半径位置上均匀取样，可以使取出的样本在最大限度补偿和提升油水混合状态。

2.3.2 在线含水分析仪

本系统采用的在线含水分析仪，是一种基于微波共振原理设计的管道式含水分析设备，利用微波探头和自动调零功能，配合在线密度计，就可以实现对原油混合物中的各个成分(组分)变化后的测量精度自动修正。微波探头中的针状传感器通过同轴电缆与电子单元相连接。探针有外保护层可不直接接液，所以传感器不受结垢、结蜡、异物吸附、磨损等影响，提高测量数值的可靠性。

2.3.3 密度计

密度计用来实时测量管道中流经的油水混合密度，修正含水仪纯油介电常数的变化，使出游介电常数随着原油混合物中所有成分的变化而变化，保证含水分析仪测量结果的准确性。

2.3.4 智能采集分析系统

原油自动交接系统综合含水分析与流量计量的采集数据，并将信号引入撬装系统中的智能数据采集单元，通过橇装的数据采集系统，实现对油水混合物的液量及在线含水率的计算，同时将流量与在线含水率的输出信号输出到上位机中，在上位机中实现相关数据的计算、实时数据展示、历史数据查询以及管理报表的导出等功能。

2.3.5 其他

原油自动交接系统中的取样泵主要是用来保障撬座系统中油水混合物的流速达到符合含水分析仪测量最佳条件的标准，促进油水充分混合。为确保设备发生故障时的应急处理，可采用双泵流程或准备一个备用泵。

在由于线含水分析仪的测量数值受现场实际工况影响变化比较大，在含水仪附近的人工取样口取样化验，用化验结果来对仪表进行调零校准。试验阶段通过人工取样与设备读值进行分析对比，可以判断设备检测数值的准确性和可靠性。

3 原油自动交接系统相关功能模块

原油自动交接系统主要目的是为基层生产服务，降低工人劳动强度，减少手工交接可能造成的人为误差，提高原油交接准确性以及管理的自动化水平。基于以上需求，开发了软件相应的功能，主要包括：数据实时监测、相关参数的录入和修改、油量自动计算、历史数据的查询和分析、视频监控以及其他管理方面的功能。

3.1 原油交接动态数据实时监测

在系统的工艺流程示意图中，展示了现场流量计的工作运行情况，显示了具体的流量数据，同时可以判断各个仪表功能模块的运行状况。原油自动交接系统能够实时刷新累积流量、瞬时流量以及温度、压力等被检测参数。系统中开发了异常报警功能，可根据实际的输油情况设置报警阈值，所有的采集信号都要经过可信度分析及超限检查，一旦发现异常立即报警，并记录报警信息，并将报警信息推送至电脑和手机，方便操作人员进行检查和处理。同时配备视频监控功能，保障原油交接过程中交接双方行为安全可控。

3.2 关键数据自动采集计算

油量与综合含水的自动计算作为软件的核心功能，是开发原油自动交接系统的主要目的。系统根据现场采集的温度、压力、流量、密度等相关参数，实现原油自动补偿计算，提高了原油交接的数字化水平。含水、温度、压力、流量、密度等相关参数全部实现了自动化采集和计算，降低了员工劳动强度，减少了人为交接和化验产生的误差，提高了交接数据精确度和数字化管理水平。

3.3 数据历史查询和分析

为了能够对原油含水及交接等历史数据进行统计分析，方便生产管理人员分析和掌握原油交接的第一手数据材料，原油自动交接系统对原油交接的温度、压力、瞬时流量、累积流量、原油密度、原油含水率、标准体积量、纯油量等与原油交接管理关系紧密的历史数据进行存储，以便随时查询或将数据导出。同时，还可以对阶段时间不同数据的采集情况进行统计分析，从而对原油自动交接系统中相关仪表的性能进行校准。

4 原油自动交接系统的实践

第二采油厂原油自动交接系统工程在南一联合站落地实施，试验的目的是通过对交接油生产运行数据(流量、温度、压力、含水、密度等)开展自动采集、计算、存储、查询和工况报警，实现原油自动化交接，具备数据动态管理、高精度计量、网络查询等功能，进一步实现减员增效，提升原油储运系统信息化、数字化管理水平。

4.1 自动交接油系统工艺及系统流程设计

采油六厂来液经过流量计后进入取样流程，先过人工取样口后进撬装设备，进入撬装设备后在磁力泵的作用下依次经过压力监测、密度、流量、温度、含水分析仪后回到主管道。

数据通过设备自带 PLC 系统传输至值班室二次仪表箱，由上位机组态读取仪表箱数据后，集中展示在电脑显示屏上。显示内容包括计量间内的视频图像、撬装设备读值、主管道温度压力值、流量读值等。同时上位机具备数据展示查询、曲线展示查询、报警阈值设定及报警、报表自动生成功能以及试验期间的数据对比等。见图 2。

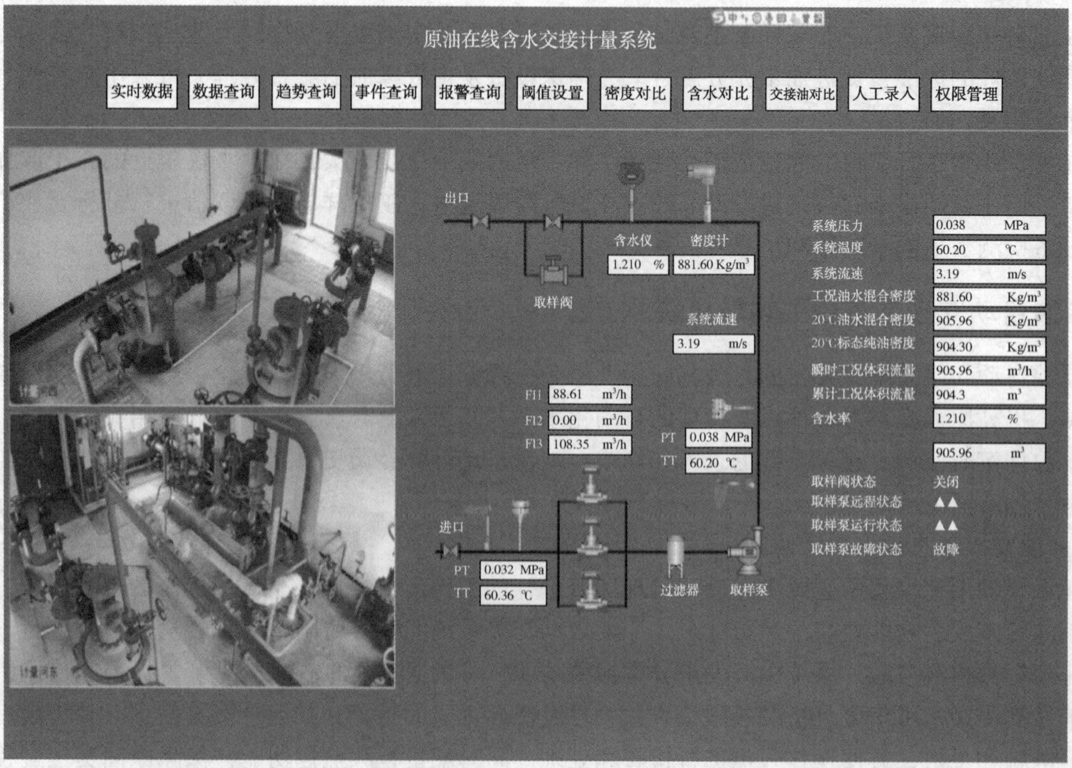

图 2　原油自动交接系统流程图

4.2　计量方式

GB/T 9109.5《石油和液体石油产品动态计量　第 5 部分：油量计算》中，规定：目前国内以油品在空气中的重量作为结算依据。其中自动计量应用体积流量计计量方式、质量计量方式，由于体积流量计便于标定而被普遍使用。结合目前计量方式，设计采用体积流量计计量方式——配套体积流量计+密度计+含水仪。见图 3。

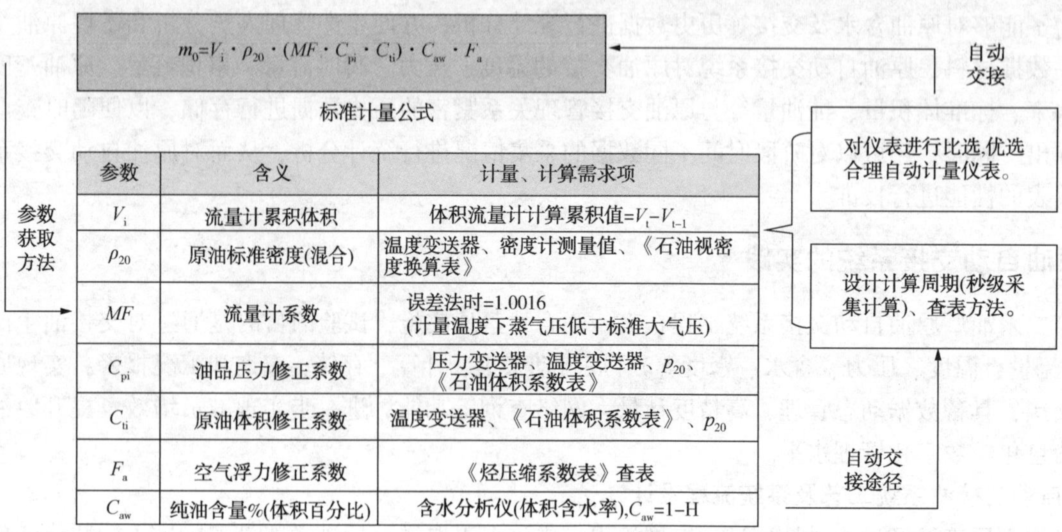

参数	含义	计量、计算需求项
V_i	流量计累积体积	体积流量计计算累积值$=V_t-V_{t-1}$
ρ_{20}	原油标准密度(混合)	温度变送器、密度计测量值、《石油视密度换算表》
MF	流量计系数	误差法时=1.0016 (计量温度下蒸气压低于标准大气压)
C_{pi}	油品压力修正系数	压力变送器、温度变送器、p_{20}、《石油体积系数表》
C_{ti}	原油体积修正系数	温度变送器、《石油体积系数表》、p_{20}
F_a	空气浮力修正系数	《烃压缩系数表》查表
C_{aw}	纯油含量%(体积百分比)	含水分析仪(体积含水率),C_{aw}=1−H

图 3　原油自动交接计量方式

4.3 试验阶段

4.3.1 验证取样口的一致性

原油自动交接实验过程中，操作人员按规定每天三次取样化验并与撬装设备中采集的数据进行分析比对，当出现含水异常情况时，安排操作人员随即抽样化验。首先开展了为期 40 天的第一阶段试验，验证含水仪、密度计的精度，设备稳定性等。期间设备共出现 2 次故障，正常工作 27 天，获取有效数据 78 组(异常数据 1 组)。用这 77 组有效数据，针对样品的代表性、油品视密度值、含水率和交接净油量进行了自动采集值与人工化验值对比分析。通过曲线对比可以看出，多毂式取样器与人工取样存在偏差，但偏差不大。理论上认为多毂式取样器的样品更具有代表性，其适应性也一直在观察。见图 4。

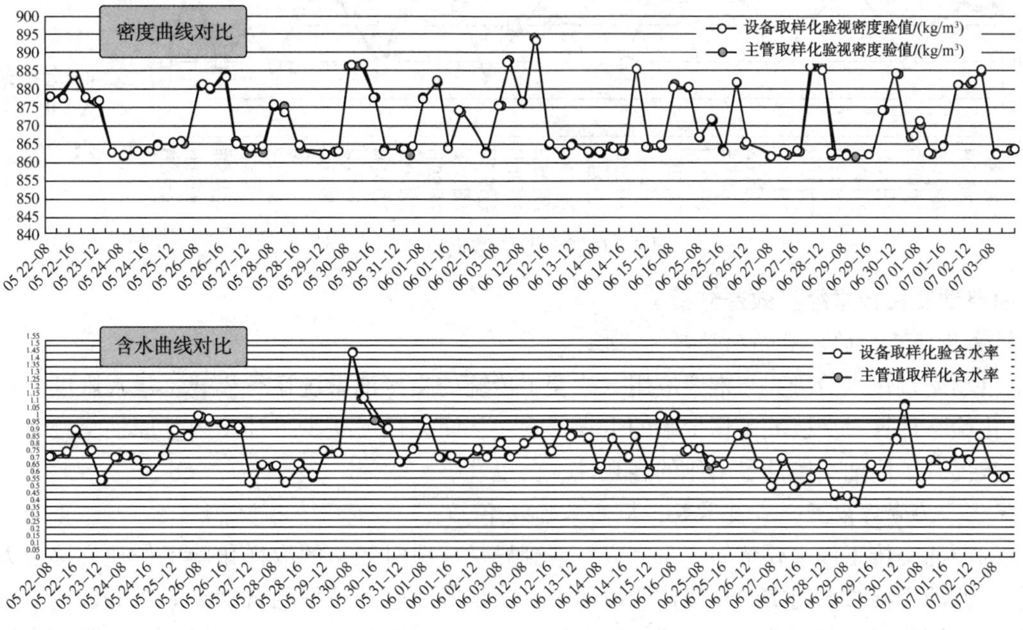

图 4　试验一阶段数据对比曲线

4.3.2 验证产量数据的精准性

在第一轮试验结束后，根据设备运行情况，我们提出了缺少备用机泵、电源、双流程、过滤器滤网过密及撬装设备仪表校检等问题。由于验证了取样口一致性，第二轮试验工作有针对性地将人工化验值和设备自动采集的数据进行对比，对比内容包括密度、含水、交接油量，每天随机取样一次(共 31 组样品)。由采油二厂、六厂值班人员共同取样，二厂员工负责化验。通过两轮的对比试验，依据对比数据分析结果。原油自动交接撬装设备所采集的数据与人工化验对比数据偏差不大，满足国标要求，可以替代人工化验。见图 5。

4.3.3 验证冬季生产数据的稳定性

经过两个轮次的数据对比后，撬装设备进入辅助运行阶段，为进一步验证设备的冬季运行情况及量产情况，我们自发地开展了第三轮的对比分析。受上游频繁停泵、输高含水、电脑故障等因素影响，部分数据丢失。通过对有效数据的对比分析，含水误差：0.012%，密度误差：1.02kg/m^3，交接油量对比日偏差-1.7t。在现场设备与软件完全正常后，我们再次对交接油量进行了对比，人工交接与电脑自动计量误差-9.007t，占比总交接油量的 0.008%，数据稳定，冬季生产数据的稳定性得到验证。

经过三个阶段的人工取样化验与设备读值进行对比实验，设备运行情况稳定且实验效果良好，通过几轮数据对比分析，人工与自动交接各项试验数据对比，标密平均绝对误差为 1.07kg/m^3，含水率平均绝对误差为 0.061%，累积交接油量相对误差 0.023%，各项数据分析对比误差均低于国标对油田内部原油交接量误差 1%的要求，说明该系统具有较好的计算精度与实际应用价值。

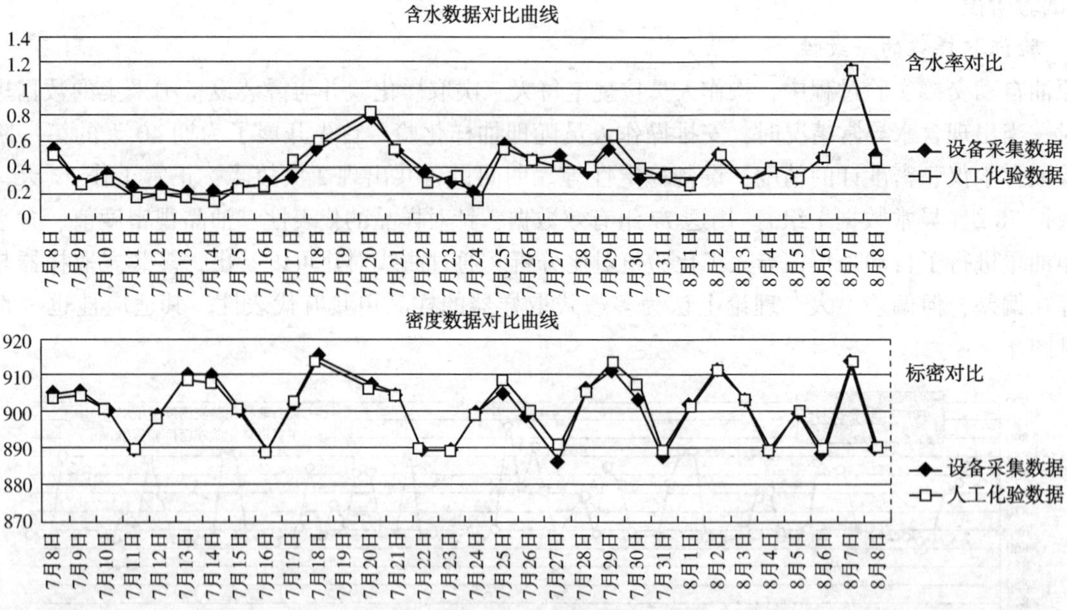

图 5　试验二阶段数据对比曲线

4.4　原油自动交接技术经济效益分析

4.4.1　提高原油交接的计量精确性与客观性

原油自动交接技术的研究与推广应用，改变了传统的交接油系统运行模式，最大限度地消除了人工取样、化验、计算对交接油工作带来的主观影响，从而大幅度减少了油田内部原油交接计量中的纠纷，进一步提升了原油交接计量工作的客观性、公正性。

4.4.2　优化人力资源配置，减员增效，提高工作效率

传统的原油交接工作主要依靠人工完成，遇到异常工况时频繁的取样化验工作让交接工人非常辛苦。目前，原油交接参数的实时在线监测取代了人工定时化验，数据的自动采集存储取代了人工填写报表，系统的智能分析预警功能取代了人工定期巡查工作。原油自动化交接系统可以进一步解放生产力，实验成功后预计可优化用工 12 人，年直接节约用工成本 216 万余元，同时降低工作强度，提高工作效率，助力减员增效。

4.4.3　提升数字化管理水平，智能分析，安全可控

原油自动交接系统实现了原油自动交接，并对采集数据和交接过程实时智能监控分析，在交接过程中没有人为因素的干扰，减少了人为误差，为管理人员提供及时、准确的动态数据。极大地提高了生产管理中的数字化管理水平，并在油田范围内具有很高的推广价值。

4.4.4　积累经验，形成可复制推广模式

作为首家试点单位，通过原油自动交接项目建设和应用，努力验证原油自动交接无人值守模式的安全性、稳定性和准确性，探索可复制的标准化建设模板，为原油自动交接在油田公司内的稳步推广提供宝贵的经验。

5　技术展望

当前我国原油交接方式主要运用人工交接方式为主，但随着石油技术的不断进步，未来手工交接方式必然将会被原油自动化交接等数字化技术手段所取代。随着智能化技术、自动化技术及仪表的不断更新与发展，智能化数据采集分析必将逐步取代传统人工交接油模式。在自动化智能化交接技术发展的过程中，必须在严格做好仪表种类型号的优选工作，充分考虑分析仪表适应性特征。在满足原油交接基础需求的同时，要严格遵守国家质量管理规范标准，尽可能提高精度。并结合未来原油交接技术发展趋势，让整个原油自动交接模式具有系统可优化、模块可整合、设备可升级等特点。本项技术主要应用于油气田内部原油交接参考使用，仍需操作人员定期抽样对比。

参 考 文 献

[1] 任桂山，赵智．大港油田原油自动化盘库与交接技术研究[J]．中国石油化工．2011，1，45~47.
[2] 丁也．原油交接计量中配套仪表的应用[J]．油气田地面工程，2003，22(7)：36~37.
[3] 曲艺等．油田联合站自动盘库计量技术研究[J]．计量技术．2005，5，18~20.
[4] GB/T 9109. 5—2009《石油和液体石油产品油量计算：动态计量》.
[5] 石油工业计量测试研究所．SY/T5317—2006 石油液体管道自动取样法[S]．北京：石油工业出版社，2006.

作者简介：艾鹏(1980—)，男，西安石油大学，毕业学位：工学学士，工作单位：中国石油天然气集团有限公司大港油田分公司第二采油厂信息档案室，职务职称：主任，工程师。从事学科研究方向：油田数字化建设，通信地址：河北沧州黄骅南大港大港油田第二采油厂信息档案室，邮编：061103，电话：022-25949126、13513027373，E-mail：aipeng@ petrochina. com. cn。

浅析井斜仪测量参数溯源体系的建立与运行

田海霞　孙伟莉

（中国石油渤海钻探工程公司定向井技术服务分公司　天津　300280）

摘　要　井斜仪是石油钻井控制井眼轨迹和石油测井测量井眼数据的仪器。实验室井斜仪测量参数溯源体系的建立与运行，为石油行业的井斜仪校准工作规范化，确保井斜仪测量参数的准确性、一致性提供科学手段，为现场施工中精确控制井眼轨迹保证井眼质量提供更优质的服务。

关键词　井斜仪；井斜角；磁方位角；工具面角；溯源；传递；校准

随着现代石油工业的发展，自20世纪80年代后期开始，我国引入大批定向钻井仪器，采用定向钻井技术，以降低成本，提高综合效益。此类仪器用于石油工程井眼轨迹控制与测量，通常称为“井斜仪”。主要测量参数为井斜角、磁方位角和工具面角。为了发挥计量校准资源指导现场施工的作用，保证井斜仪量值的统一和准确可靠，对实验室的建立提出了需求。实验室开展了井斜仪校准参数溯源体系的研究工作，通过多年的研究、实验，对井斜仪校准装置的井斜角、磁方位角和工具面角确立了完整的溯源系统，并且保持了溯源系统的正常应用运行。

1　井斜仪现场使用状况分析

1.1　井斜仪按用途分类

一种是控制井眼轨迹的定向井专业井斜仪器；另一种是测量井眼参数的测井连续测量仪。

定向井专业测量仪器是一种在钻井施工过程中对井眼轨迹进行控制与测量的仪器，仪器测量的主要参数为井眼轨迹井斜角、方位角和装置面角即工具面角。测井连续测量仪是在原测井仪器测量地层参数的基础上发展而来的，它是一种在钻井施工后对井眼裸眼段进行测量的仪器，测量参数为井眼井斜角和方位角。

1.2　井斜仪现场使用状况

同一类型的仪器在使用过程中，由于使用环境、组件老化等因素影响，会出现测量参数的偏差，偏差的结果直接影响井身质量，应采取定期对井斜仪进行校准的工作；对于不同类型仪器同样在对同一口定向井测量过程中，会发生定向井专用测量仪器和测井连续井斜仪测量结果不一致的情况。理论上，井眼轨迹是指井眼中心线，而实际测量得到的井眼轨迹只是一条接近井眼中心线的轨迹。定向井专业井斜仪器是在钻柱内测量，仪器基本与井眼中心线重合，测得结果能够反映井眼轨迹的实际情况；而测井连续井斜仪器是在裸眼内测量，仪器贴在下井壁，在同一测量的井段内，裸眼井段有时会出现键槽、扩眼、缩径等不规则的井壁。由于没有一套完整的实验室井斜仪参数溯源体系，当两种测量结果相差较多时，矛盾便会产生。

2　实验室井斜仪校验设备现状分析

1998年，测斜仪校准实验室建成，开始进行测斜参数量值溯源方法的研究，经不断探索，于2003年底建立了一套完整的井斜仪主要测量参数的溯源系统，完成了井斜仪校准装置的研制。井斜仪校准装置按照JJF1033—2003《计量标准考核规范》要求，自2004年井斜仪校准装置通过国家质量检验检疫总局的计量标准装置考核后，于2009年、2013年、2017年和2021年四次通过国家质量检验检疫总局的计量标准装置复查考核，2005年，井斜仪校准系统被中国石油天然气集团公司批准为“工作计量标准装置”，成为中国石油天然气集团公司唯一一家被授权的专业测斜仪校准实验室，此项成果也填补了石油行业的空白。

井斜仪测量参数溯源系统以测斜仪校准实验室为依托，利用井斜仪校准装置，完成了石油钻井行业三个主要测斜参数：井斜角、磁方位角、工具面角的量值溯源问题。测斜仪校准实验室整体布局图见图1。

图1 测斜仪校准实验室整体布局图

2.1 校验及测试设备

2.1.1 校验设备

按其用途不同分为罗盘校验架、井斜仪校验架、QA测斜仪校验架、传感器校验架、陀螺测试架、HALLIBURTON仪器测试架等校验设备，其中实验室目前使用的井斜仪校验架见图2，QA校验架见图3，传感器校验架见图4。

设备功能:

该校验架需工具面检测装置、计算机及相关软件配合使用;将井斜仪固定在校验架上,通过转动校验架的井斜角0°~180°、磁方位角0°~360°、工具面角0°~360°来检测井斜仪的各项参数是否符合要求。

图2 井斜仪校验架

设备功能:

该校验架井斜角和磁方位角为固定姿态,将井斜仪固定在校验架上,通过校验架的井斜角0°/45°/90°、磁方位角90°/270°和工具面角0°/90°/180°/270°来检测井斜仪的各项参数是否符合要求。

图3 QA校验架

设备功能:

该校验架对井斜仪关键部件传感器进行高温旋转测试,需加温装置、计算机及相关软件配合使用;校验架由0°~360°方位可旋转底盘和0°~180°井斜及工具面0°~360°旋转装置组成,加温装置内置传感器采集数据无须拆装,只要断电即可旋转采集数据对于采集数据的准确性提供了可靠保证。

图4 传感器校验架

2.1.2 辅助测试设备

在校准仪器过程中，需要对加表和磁通门参数进行调整，实验室配备有霍尔姆兹线圈见图5，三轴人工磁场线圈见图6，检验仪器高温振动性能配备有高温控制综合试验箱，脉冲发生器工作台，驱动器测试工作台、振动台等设备。

图5 霍尔姆兹线圈一个

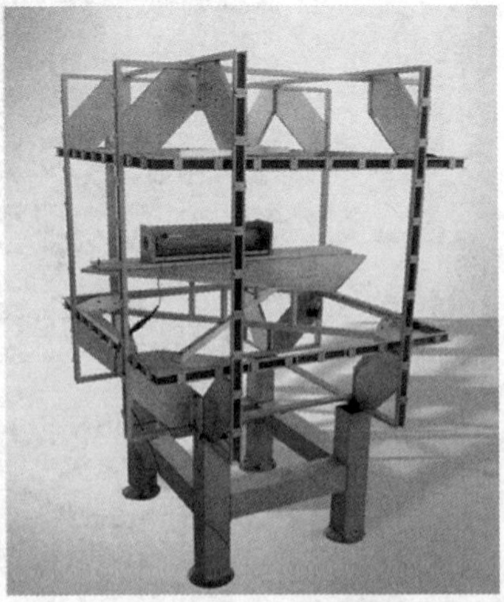

图6 三轴人工磁场线圈

2.2 校验设备测量范围

通过井斜仪校验架(以下简称：校验架)，实现井斜仪井斜角、磁方位角和工具面角的校准，校验架测量范围及用途对比见表1。

表1 校验架测量范围及用途

校验架	技术参数			用途
	井斜角	磁方位角	工具面角	
QA 校验架	0°/45°/90°	90°/270°	0°/90°/180°/270°	井斜仪
传感器校验架	0°~360°	0°/90°/180°/270°	0°~360°	传感器
HALLIBURTON 测试架	45°	270°	/	井斜仪
陀螺仪器校验架	0°/15°	0°~360°	0°/90°/180°/270°	陀螺
井斜仪校验架	0°~180°	0°~360°	0°~360°	井斜仪

3 实验室建立井斜仪测量参数溯源方案

3.1 建立溯源体系配套仪器介绍

完整的溯源体系建立过程中使用的配套仪器：光学象限仪、磁力仪、标准磁方位仪、磁方位仪校验架、工具面检测装置等，配套仪器示意图见图7。

3.2 井斜角的溯源系统的建立

井斜角是井眼轴线上某点沿钻进方向的切线与该点重力线之间的夹角，又称倾斜角。在定向钻井施工中，对井斜角的精度要求最高，它是控制定向井中靶的重要参数。

井斜仪井斜角的溯源路线：

井斜仪→井斜仪校准装置→光学象限仪→中国计量科学研究院计量标准

井斜仪井斜角量值溯源至井斜仪校准装置井斜角，井斜仪校准装置井斜角量值溯源至国家基准，由实验室校准人员对井斜仪校验架的井斜角用光学象限仪，配合标准圆棒完成校准。光学象限仪和标准圆棒由中国计量科学研究院检定，要求光学象限仪测量误差不大于30″，按照三分之一的参数溯源与传递关系，井斜角量值溯源系统的技术指标见表2。

光学象限仪

磁方位仪校验架

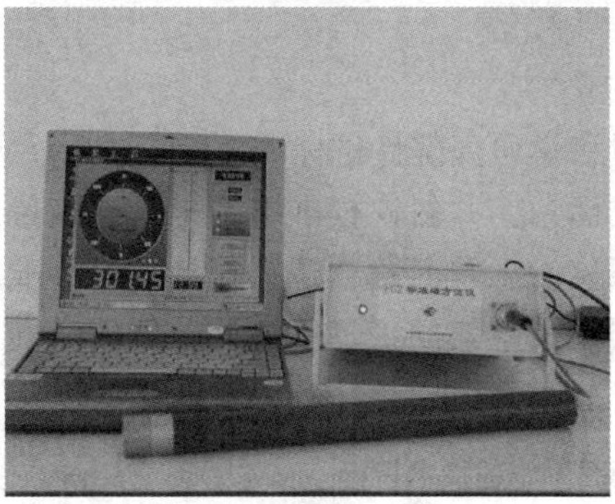

标准磁方位仪

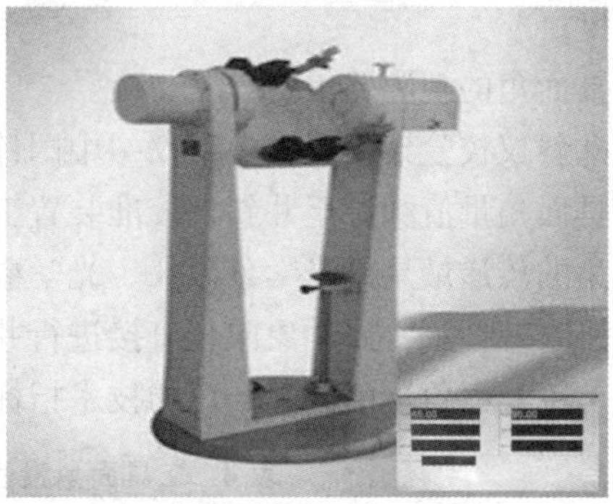

井斜仪校验架

图7 配套设备示意图

表2 井斜角角量值溯源系统的技术指标

井斜角最大允许误差	井斜仪	井斜仪校准装置	光学象限仪
	±0.1°	±2′	±30″

3.3 磁方位角的溯源系统的建立

常用的方位角有两种：磁方位角和地理方位角。石油井斜仪器只能测量井眼轨迹的磁方位角，所以方位角的溯源即指对磁方位角的溯源。磁方位角是以磁北方位线为始边，顺时针旋转至测点处井眼方位线在水平面上的投影线，由此所转过的角度。

磁方位角的溯源工作面临很大的困难，通过对磁方位角的溯源方法的多次研究和反复论证，对其中两种磁方位角的溯源方法进行介绍，优选一种方法科学、易于实现的方法进行磁方位角的溯源。

方法一：利用三分量磁强计作为量值传递器具进行磁方位角的溯源；

方法二：利用高精度磁方位仪作为量值传递器具进行磁方位角的溯源。

在第一个方法中，用三分量磁强计来传递磁方位参数，在参数的溯源与传递过程中，量值不统一，并且磁分量的大小受到当地磁场强度与磁倾角的影响，磁分量与磁方位的测量精度还需要换算，所以这种方法不适用。在第二个方法中，高精度磁方位仪用作磁方位角量值传递器具，在参数的溯源与传递过程中，可保证量值的统一。故选择第二个方法，利用高精度磁方位仪作为量值传递器具进行磁方位角溯源。

井斜仪磁方位角的溯源路线：

井斜仪→井斜仪校验架→标准磁方位仪→磁力仪→中国计量科学研究院计量标准

井斜仪磁方位角量值溯源至井斜仪校准装置磁方位角，井斜仪校准装置磁方位角量值溯源至国家基准，磁方位角的传递量具是标准磁方位仪和磁力仪。确立以磁力仪为主要计量器具的磁方位角溯源方案，同时研制高精度的磁方位仪和配套的辅助测量设备进行磁方位角的传递。磁力仪由中国计量科学研究院校准，标准磁方位仪及校验架为自主研发，校准标准磁方位仪依据 Q/CNPC-DG 1845《标准磁方位仪校准方法》执行，按照三分之一的参数溯源与传递关系，磁方位角量值溯源系统的技术指标见表3。

表3　磁方位角量值溯源系统的技术指标

磁方位角最大允许误差	井斜仪	井斜仪校准装置	标准磁方位仪	磁力仪
	±1.0°	±0.33°	±0.11°	±2′

3.4　工具面角的溯源系统的建立

在现场施工过程中，根据井斜角的大小，采用两种工具面角反映装置的姿态。磁性工具面角是以磁北方位线为始边，顺时针水平旋转至工具基准在水平面上的投影线，由此所转过的角度。重力工具面角是俯视工具圆形截面，以圆心与圆周最高点的连线为始边，顺时针旋转至工具基准在截面上投影线所转过的角度。

井斜仪工具面角的溯源路线：

井斜仪→井斜仪校验架→光学象限仪→中国计量科学研究院计量标准

井斜仪工具面角量值溯源至井斜仪校准装置工具面角，井斜仪校准装置工具面角量值溯源至国家基准，工具面角的传递量具是光学象限仪。光学象限仪为工具面角溯源系统的计量标准器具，定期由中国计量科学研究院检定，光学象限仪直接进行井斜仪校验架的工具面检测装置的校准，工具面检测装置自主研发。工具面角量值溯源系统的技术指标见表4。

表4　工具面角量值溯源系统的技术指标

工具面角最大允许误差	井斜仪	井斜仪校准装置	光学象限仪
	±2.0°	±40′	±30″

4　实验室井斜仪测量参数溯源体系运行

2002年10月底井斜仪测量参数量值溯源系统正式建立，11月溯源系统开始在实验室试运行，依照溯源系统所确立的方法，开展了一系列的工作，首先从磁方位角的溯源入手，对磁方位基准、标准磁方位仪进行测试，随后对各井斜仪校验架进行校准，最后利用校准过的井斜仪校验架开展井斜仪校准工作。

井斜仪测量参数量值溯源系统通过试运行，系统能够正常运作，且系统运作方法简单，便于操作，达到预期的效果。

4.1　井斜仪校准过程描述

通过将井斜仪固定在井斜仪校准装置上，以井斜仪校准装置的示值为标准值，通过设置、调节井斜仪校准装置的不同状态，把被校准的井斜仪的测量值与井斜仪校准装置的标准值进行比较，得到被校准井斜仪的测量误差。

4.2　校准过程中技术要求

目前实验室校准井斜仪的种类很多，普遍使用的仪器有电子单多点仪器、有线随钻和无线随钻等仪器。校准过程中井斜仪校准装置的允许误差应不大于被校井斜仪允许误差的1/3。井斜仪校准装置和井斜仪技术指标参考SY/T 6587《电子式井斜仪校准方法》，校准用井斜仪校准装置技术指标见表5，被校井斜仪测量范围和允许误差见表6。

表5　校准用井斜仪校准装置

名称	测量参数	测量范围	允许误差
井斜仪校准装置	井斜角/(°)	0~180	±0.06
	磁方位角/(°)	0~360	±0.5
	工具面角/(°)	0~360	±0.6

表 6　井斜仪测量范围和允许误差

参数	测量范围	允许误差
井斜角/(°)	0~180	±0.20
磁方位角/(°)	0~360	±2.0
工具面角/(°)	0~360	±2.0

注：磁性工具面角和高边工具面角，统称为工具面角。

4.3　校准参数量值传递：

4.3.1　井斜角的传递过程

中国计量科学研究院计量标准→光学象限仪→井斜仪校验架→井斜仪井斜角

4.3.2　磁方位角的传递过程

中国计量科学研究院计量标准→磁力仪→标准磁方位仪→井斜仪校验架→井斜仪磁方位角

4.3.3　工具面角的传递过程

中国计量科学研究院计量标准→光学象限仪→仪器校验架→井斜仪工具面角

4.4　计量器具的测量重复性、稳定性考核及运行检查

4.4.1　计量器具测量重复性考核

校准结果的重复性通常是校准结果不确定度来源之一，在实验室计量标准考核合格后，每年对计量标准中的标准磁方位仪和井斜仪校验架进行重复性核查。例如：标准磁方位仪 2015 年至 2021 年重复性核查数据测得的重复性不大于新建计量标准时测得的重复性，因此重复性试验符合要求，数据见表 7；标准磁方位仪重复性核查柱状图见图 8。

表 7　标准磁方位仪测量结果重复性核查数据

标准磁方位仪	核查数据/(°)						
	2015 年	2016 年	2017 年	2018 年	2019 年	2020 年	2021 年
平均值 $\bar{x}$	90.214	90.134	89.896	89.964	89.955	90.055	90.095
实验标准差 $s(x_i)$	0.004°(14.4″)	0.004°(14.4″)	0.005°(18″)	0.005°(18″)	0.005°(18″)	0.005°(18″)	0.005°(18″)
不确定度分量	4.55″	4.55″	5.69″	5.69″	5.69″	5.69″	5.69″
建标由校准结果的重复性引入的不确定度分量为：6.69″							

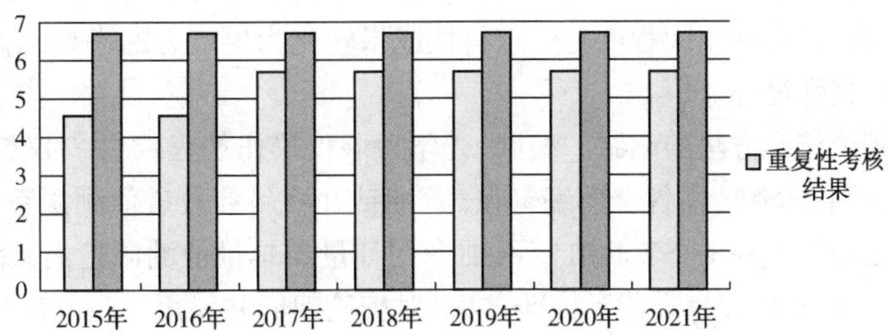

图 8　标准磁方位仪重复性核查柱状图

根据表中的试验数据按照公式(1)计算出平均值 $\bar{x}$。

$$\bar{x}=\frac{1}{n}\sum_{i=1}^{n}x_i \tag{1}$$

式中　$\bar{x}$——n 个测得值的算术平均值,°；

n——重复测量次数，一般不少于 10 次；

x_i——在重复测量条件下得到的测量值,°。

按照公式(2)计算出重复性核查的实验标准差是$s(x_i)$

$$S(x_i)=\sqrt{\frac{1}{n-1}\sum_{i=1}^{n}(x_i-\bar{x})^2} \tag{2}$$

式中　$s(x_i)$——实验标准差。

由校准结果的重复性引入的不确定度分量$s(y)$按公式(3)计算：

$$s(y)=\frac{s_{(xi)}}{\sqrt{n}} \tag{3}$$

式中　$s(y)$——由校准结果的重复性引入的不确定度分量。

4.4.2　计量标准的稳定性核查

计量标准的稳定性是指计量标准保持其计量特性随时间恒定的能力。实验室对计量标准所包含的计量标准器和主要配套设备：光学象限仪、磁方位仪校验架，磁力仪、标准磁方位仪和井斜仪校验架进行稳定性考核，考核方法采用高等级的计量标准对被考核的计量标准器和主要配套设备进行测量，以相邻两年的测得值之差作为该时间段内该器具或设备的稳定性考核结果。

4.4.3　计量标准的运行检查

实验室的计量标准可开展的校准项目为井斜仪校准，为了确保计量井斜仪校准结果的准确可靠，须保证井斜仪校验架不偏离校准状态，因此在井斜仪校验架每个校准周期中间对其进行运行检查，井斜仪校验架井斜角、磁方位角的运行检查数据记录及每次运行检查的最大偏差值，将最大偏差值与最大允许误差相比均符合要求，井斜仪校验架井斜角、磁方位角未偏离校准状态，可正常开展校准项目。

4.5　检定或校准结果的不确定度评定

实验室的计量标准考核时对校准结果不确定度评定主要对井斜仪校准装置井斜角、磁方位角和工具面角的校准不确定度评定。

测量不确定度具体评定方法分两部分，一是光学象限仪、磁力仪和磁方位仪校验架的测量不确定度直接引用上级计量检定部门的检定结果。二是标准磁方位仪、井斜仪校验架的测量不确定度从仪器设备引起的不确定度、环境引起的不确定度、随机因素引起的不确定度和方法引起的不确定度四方面进行评定。

5　建立实验室井斜仪测量参数溯源体系的基础

溯源体系的建立既是反映当前社会生产力的水平，为科技水平的提高服务，同时也是将科技成果转化为生产力的重要途径，也在很大程度上促进科技成果转化为生产力的进程，促进科学技术水平提高与生产力水平提高的良性循环。

亮点一：操作规程及校准方法的编制。编制《光学象限仪操作规程》《井斜仪校验架操作规程》《标准磁方位仪校准方法》等技术作业文件全部编辑在《石油钻井测斜参数量值溯源系统技术手册》中；实验室井斜仪测量参数溯源体系在 Q/SY 14015《石油专用计量器具量值溯源指南》中汇编；井斜仪校验架的校准依据 SY/T 6704《井斜仪校准装置校准方法》对校验架的井斜角、磁方位角、工具面角进行校准；井斜仪依据 SY/T6587《电子式井斜仪校准方法》进行校准，该行业标准是实验室起草发布，经两次修订，一直在井斜仪校准工作中担负着重要的指导作用。

亮点二：磁方位基准的建立、磁方位校验架和标准磁方位仪校准。磁方位角溯源方法具有国内领先水平，磁力仪为磁方位基准建立的计量标准器具，由中国计量科学研究院进行校准，校准后作为标准进行数据传递。由于磁力仪所确立的磁方位基准无法直接传递到井斜仪校验架上，因此需要由标准磁方位仪进行中间的传递工作。磁方位校验架和标准磁方位仪都是实验室研制的专门用于测量磁方位角的仪器，工作性能稳定，主要性能指标达到国内同类仪器先进水平。

建立运行实验室井斜仪参数溯源体系，可实现量值准确统一，杜绝现场施工中数据不统一造成的矛盾，并为进一步开拓国际市场打下基础，为井斜仪国产化提供溯源依据，并保证其质量。

参 考 文 献

[1] 中国石油天然气集团有限公司标准化委员会计量专业标准化技术委员会．石油专用计量器具量值溯源指南：Q/SY 14015—2021[S]．北京：石油工业出版社，2022年2月．

[2 石油专用计量器具校准规范直属工作组．井斜仪校准装置校准方法：SY/T 6704—2019[S]．北京：石油工业出版社，2019年11月．

[3]石油工业标准化委员会石油专用计量器具校准规范直属工作组．电子式井斜仪校准方法：SY/T 6587—2021[S]．北京：石油工业出版社，2022年1月．

[4]李楠．工具面检测装置[P]：3513311，2014年4月16日．

[5]全国法制计量管理计量技术委员会．计量标准考核规范：JJF JJF1033—2016. 北京：中国质检出版社，2016.

[6]全国法制计量管理计量技术委员会．测量不确定度评定与表示：JJF 1059. 1—2012. 北京：中国质检出版社，2012.

作者简介：田海霞(1972—)，女，工程师，中国石油大学(华东)，现就职于中国石油渤海钻探工程公司定向井技术服务分公司，从事仪器制造维修校验工作，电话：13602163493，邮政编码：300280，通信地址：天津市大港油田定向井公司。

缆式导波液位计在含油污水池中的故障分析

杜希仁　付怀玲

（大庆石化公司设备维修中心化工区仪表一车　黑龙江大庆　163000）

摘　要　分析使用导波雷达液位计测量含油污水池液位时，仪表经常出现假指示的故障原因，提出了“基于连通器原理，实现油水隔绝，确保污水池液位的精确测量”的解决方法。使得污水池液位表在正常工况下运行，满足测量值的准确度要求，对安全生产和环境保护具有较大的参考价值。

关键词　缆式导波雷达液位计；连通器；液位；测量

1　现状分析

乙烯装置，含油污水池 ES-3721（10m×5m×5.9m）的液位测量，设计采用艾默生公司一体化顶装导波缆式雷达液位检测仪表，自投用以来故障率居高不下。经分析主要原因是该液位计测量原理的局限性，及测量环境不良等因素，综合作用所致。

1.1　仪表测量原理及其局限性分析

导波雷达液位计是依据时域反射原理，通过探头发出的高频脉冲电磁波，沿着导波缆绳传播，当雷达波遇到被测介质时，由于介电常数发生突变，引起部分脉冲波反射，介电常数越大，反射越强，反射回来的脉冲电磁波返回到雷达液位计的接收器。反射的脉冲信号沿缆绳传导至仪表电子线路部分，微处理器对此信号进行处理，识别出微波在物料表面所产生的回波，正常的回波依赖识别同智能软件完成。由于雷达波的传输速度是恒定的，最后液位计通过雷达波的往返时间计算出液位高度。

由于仪表的上述测量原理，决定了导波雷达液位计仅适合应用于测量黏度≤500cst，而且不容易产生黏附的介质。同时液位相对平静即无浪涌。

1.2　不良的测量环境分析（如图 1）

（1）由于所测介质为含油污水，经常还出现重油，致使导波线缆经常附着厚厚的油污，影响雷达信号的正常传播，造成仪表假指示。

（2）由于池内设有两台含油污水提升泵 EP-3721A/S，及一台撇油器 EU-3721，设备的频繁运行使得池内出现不同程度的浪涌，雷达液位表的导波线缆在浪涌的作用下飘浮不定，满足不了仪表正常测量所需的工况条件，仪表指示故障频发。

（3）污水池内雾气过重，导波缆上常附着水滴或冰霜，尤其冬季最为突出，造成仪表假指示。

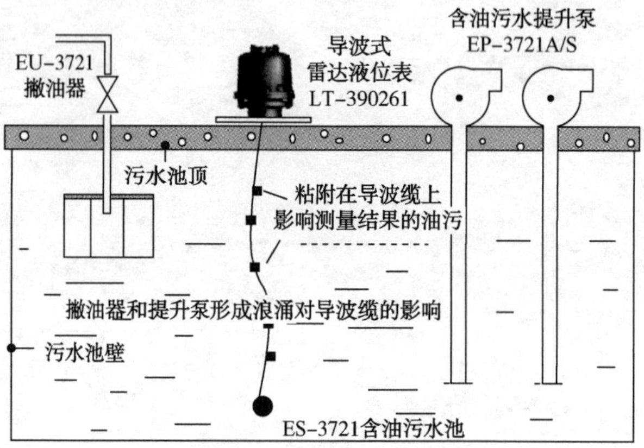

图 1　原始的测量环境

1.3　测量误差产生与计算

不良的测量环境造成导波缆绳在污水池内漂浮摆动；或是上面附着和粘连有异物，缆绳表面结疤而影响测量结果。

当雷达液位计发射器发出脉冲信号，遇到缆绳上的油污、水滴或冰霜引起部分脉冲波反射，反射回来的脉冲电磁波到雷达液位计的接收器，形成假值。

当导波缆绳受提升泵及撇油器的影响漂浮或摆动时，由于回波信号不稳定会造成雷达液位计输出波动。

测量误差的求得与计算。液位从下限开始平稳地上升，输入信号对应各测量点(至少五点)，读取并记录输出值直至上限；然后反方向平稳下降，读取并记录输出值直至下限，这为一次循环。如此进行三个循环的测量。

测量误差的计算：

雷达液位计的测量误差按公式(1)计算。

$$\Delta = Ad - As \tag{1}$$

式中　Δ——雷达液位计各测量点的测量误差，mm；

Ad——雷达液位计上行程或下行程各测量点的实际输出值，mm；

As——压力变送器各检定点的理论输出值，mm。

判断雷达液位计测量结果是否合格：

$$\Delta \leqslant 0.2\%(\text{雷达液位计准确度等级})\times 6000\text{mm}(\text{量程})$$

回程误差的计算：

$$\Delta = |Ad1 - Ad2| \tag{2}$$

式中　Δ——压力变送器的回差，mm；

$Ad1$、$Ad2$——雷达液位计上行程及下行程各测量点的实际输出值，mm。

判断雷达液位计测量结果是否合格以：

$$\Delta \leqslant 0.2\%(\text{雷达液位计准确度等级})\times 6000\text{mm}(\text{量程})$$

2　解决方法

结合仪表测量原理和所处现场的实际情况，我们确定目前使用缆式雷达液位计对污水池进行液位测量，是最好的选择。所以下一步我们本着为测量仪表建立良好测量环境的原则，消除故障产生的诱因。我们利用连通器原理(如图2)，考虑为雷达液位仪表的导波缆加装特殊结构形式的防护管罩。目的是为了实现仪表的测量元件导波缆绳周围的油水隔绝，同时确保浪涌形成的外力不影响雷达表缆绳，为测量元件建立一个洁净平和的测量环境(如图3)。

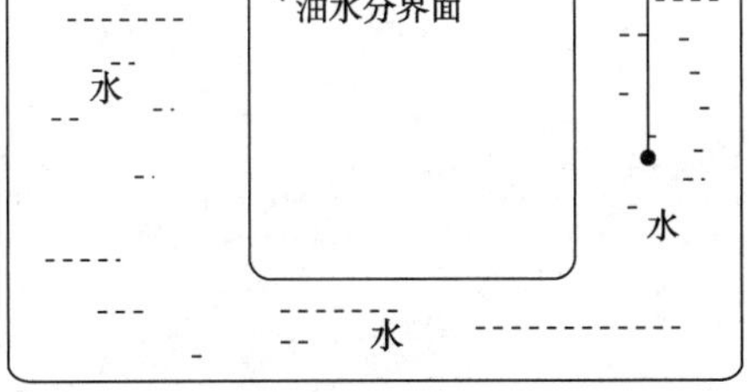

图2　连通器原理图

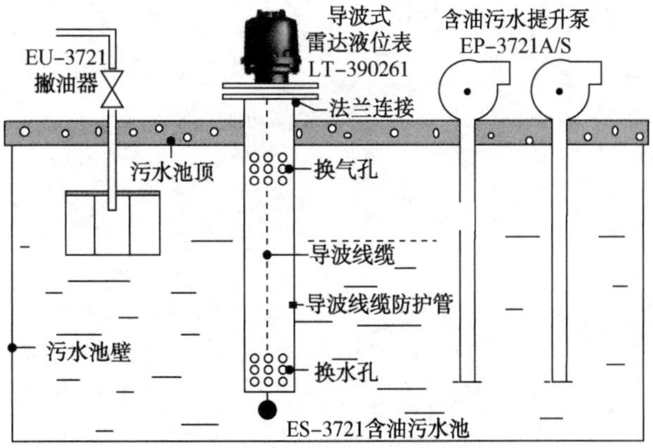

图3　加装导波缆防护管后的测量环境

导波雷达液位计导波缆防护管罩的结构说明：

导波缆防护管规格尺寸：$\phi=200$mm，$L=5500$mm，防护管上端下端500mm范围内均匀分布$\phi=50$mm圆孔各15个。上端圆孔是换气孔，下端圆孔为换水孔。换气孔的选取位置确保在污水池的液位上限以上，即污水池的气相段上部；换水孔的位置选取要保证在油水分界面的下方临近池底，确保在池底淤泥上方。

换气孔与换水孔的如此分布，实现了导波缆防护管内部为无油污环境。同时防护管上端通过法兰连接与污水池上盖固定，牢固可靠的安装方式保证了雷达表导波线缆不受浪涌的影响。见图3。

3 效果

为雷达液位测量仪表增加导波线缆防护管，使得雷达液位仪表的测量环境得到根本改善，满足了雷达液位测量仪表的工况条件。确保含油污水池(ES-3721)对雷达液位仪表高可靠性、高精度的测量要求。

现场改造、安装、调试完成后，通过长时间的观察发现仪表运行非常稳定，没有再发生测量故障，证明其具有极高的可靠性，完全满足了安全环保对于该表的特殊使用要求，运行状况稳定可靠。

通过此次对导波雷达液位计测量含油污水池液位的成功改造，为今后污水池尤其是含油污水池的液位测量积累了经验，具有推广和示范作用。

4 结语

导波缆式雷达液位检测仪表运用先进的雷达测量技术，以其优越的性能、低故障率、免维护，在化工生产的液位测量中发挥越来越重要的作用。但前提是一定要对使用场所深入了解，对雷达技术有一定的掌握。只有这样才能正确地应用，合理地发挥其应有的性能，真正实现其高精度、高可靠性，低运行成本的特点，保证生产设备的稳定运行。

参考文献

[1] ISBN 7-80164-613-4. 石油化工设备维护检修规程(第七册　仪表)[M]. 北京：中国石化出版社出版，2004年.

[2] JJF 1001—2011. 通用计量术语及定义[S]. 北京：中国质检出版社出版发行，2012年.

[3] DL/T 774—2004. 中华人民共和国电力行业标准. 热工自动化系统检修运行维护规程[S]. 北京：中国电力出版社，2005.

[4] DLT 5190. 5—2004 电力建设施工及验收技术规范第5部分：热工自动化[S]. 北京：中国电力出版社，2004.

[5] ISBN 7-5026-1409-5. 常用测量不确定度评定方法及应用实例[M]. 北京：中国计量出版社，2000.

作者简介：杜希仁(1965—)，男，大庆石化公司设备维修中心仪表维护工作。电话：13845951302，邮编：163714，通信地址：大庆石化公司设备维修中心化工区仪表一车间。

浅谈质量流量计的数字化管理

刘鹏荣　赵　征　王　超

（中国石油天然气股份有限公司广西石化分公司　广西南宁　530025）

摘　要　科氏力质量流量计是当前油品批发贸易交接场合重要的计量设备，具备精度高、效率高的优点。同时，它也易于受客观环境的影响，在某一个计量过程中产生额外偏差。利用信息化、数字化技术将贸易交接质量流量计群相关数据充分管理起来，使其不再作为一个个单一设备。组成的物联网数字化平台一方面作为贸易交接流量计运行状态的佐证，另一方面节省了流量计系统的运维人力成本，协助使用者在贸易计量过程中分析并解决计量问题，可理解为一种远程专家系统。

关键词　质量流量计；数字化；物联网；远程专家系统

1　炼化企业质量流量计使用现状及问题

1.1　现状概述

近年来，由于科氏力质量流量计产品发展日臻成熟，精度高、免维护、直接输出质量流量的特点使其在炼化行业油品计量环节迅速得到普及。尤其是国产化带动流量计成本的降低，时至今日在高价值介质、高精度要求的应用环节已基本替代了其他形式的流量计。

科氏力质量流量计的测量过程能够达到0.2%及以上的精度水平。传统的人工检尺+罐容表+密度对油品数量测量的综合不确定度在0.35%；从误差大小角度来看，质量流量计优于人工检尺计量；基本等同于电子衡器计量，但计量作业效率远较衡器为高。因此，行业普遍认可以质量流量计测量数据作为油品贸易交接的优先手段。然而，科氏力质量流量计的先进性在很多场合并没有立即体现出来。因各种使用环境客观因素的影响，导致很多后续增加成本进行进一步整改的案例。

1.2　典型问题

公司2010年投产开工以来，主要油品贸易交接点均配备有科氏力质量流量计。计量管理部门在贸易交接场合建立了不同计量方式的量值比对机制，通过对相关差率的长期观察，发现部分质量流量计在使用中并不如其标称的准确。这是贸易交接场合典型的问题现象：即质量流量计在没有明显故障提示的情况下，输出计量数据的比对仍然超差。这种情况究竟是安装应力引起的，还是振动干扰了设备？是参与数据比对的其他计量方法的问题？还是有人篡改了流量计关键系数？技术人员在调查问题原因的过程中，缺乏有效地、系统分析的方法工具。尤其当技术人员倾向于实施某种技术改造时，因所秉持的理由不充分而不足以说服决策者支出相应的成本。

由于流量计贸易计量是一个动态持续的时间过程，如果不能完整监控整个计量过程，则事后的分析推论往往不够准确。在公司码头装船计量工况，从开始到结束需要花费几十个小时，这对使用方或是供货方技术人员的持续观察和分析工作均造成困难。另一方面，贸易交接场合产生的计量超差，往往伴随着交接双方的计量争议，因争议处理而产生的交通工具滞期费用和时间成本，也是双方不可接受的。上述争议处理的时效性，也对于质量流量计的使用管理有着更高要求。

本文拟解决的核心问题是，如何证明一个计量过程中质量流量计数据始终保持准确可靠以及如何防止数据产生偏差的问题。

2　质量流量计数字化管理理念的形成及实施方案

2.1　科氏力质量流量计工作原理及特点

2.1.1　科氏力质量流量计工作原理

如图1所示，截取一支管，此时管处于以角速度 ω 旋转的系统之中，同时流体在管内以速度 V 从 A 流向 B。设旋转轴为 X，与管的交点为 O，则管内流体质点在轴向以速度 V、在径向以角速度 ω 运动。此时流体质点会受到一个切向作用力：科氏力 F_c。这个力传递在管壁上，在 O 点两边大小相同，方向相反，为：$F_c=2\omega Vm$。

因此，直接或间接测量在旋转管道中流动的流体所产生的科氏力就可以测得质量流量。这就是科里奥利质量流量计的基本原理。

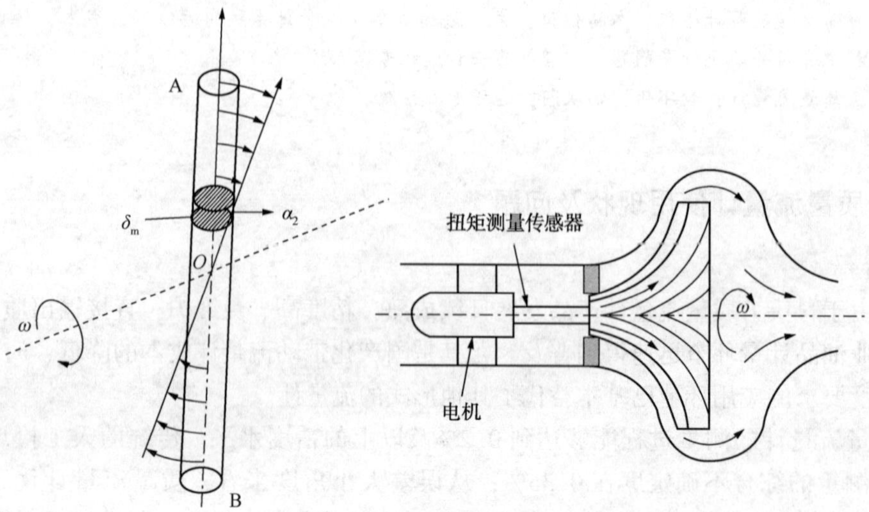

图1　质量流量计原理示意图

2.1.2　结构

早期试验用的科氏力质量流量计采用简单的结构，在一旋转系统中送入自由流动流体的管道，由安装在转轴上的扭矩传感器来完成质量流量的测量。

在商品化产品设计中，将系统旋转直接测量产生的科氏力是不现实的。为了同样实现科氏力对测量管的作用，采用测量管振动的方式替代旋转是一个可行的方法。由于测量管的两端是固定的，而作用在测量管上各点的力是不同的，所引起的位移也各不相同，因此在测量管上形成一个附加的扭曲。测量这个扭曲的过程在不同点上的相位差，就可得到流过测量管的流体的质量流量。见图2。

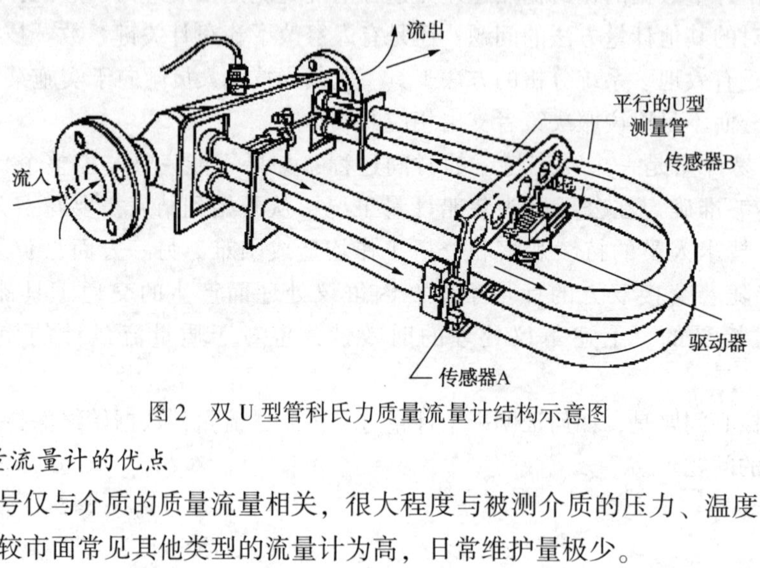

图2　双U型管科氏力质量流量计结构示意图

2.1.3　科氏力质量流量计的优点

流量计输出信号仅与介质的质量流量相关，很大程度与被测介质的压力、温度、黏度等物理特性无关。其综合精度较市面常见其他类型的流量计为高，日常维护量极少。

2.1.4 科氏力质量流量计的先天性缺点

（1）零位漂移

科氏力质量流量计的工作及结构原理，决定了流量计零位不是一个固定值，而是在一定范围内波动的值："活零点"。零点稳定性是检查流量系统是否正确安装或正确应用的一个指标，反之，安装应力、温度压力、流体介质不均匀等因素也会造成零点稳定性差或产生零位便宜偏置，造成流量计数据的偏差。(零位漂移可发生在两次检定间隔之间，所以检定合格无法完全保证其在整个使用周期内的准确) 见图 3。

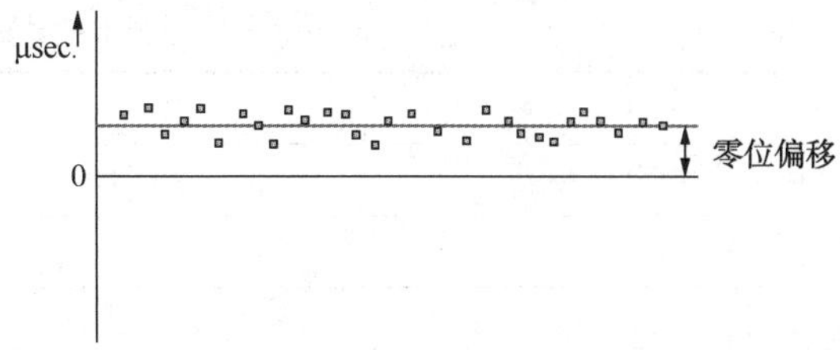

图 3 零位偏移示意图

（2）科氏力的工作原理，要求质量流量计内部各类微小的电气信号处理点较多；需要工作频率稳定的振动芯片，带动测量管周期振动以获得准确的相位差信号；电气元件的老化以及电磁干扰，会对流量计准确性产生影响。

（3）双测量管结构对机械加工时的对称性和刚性要求很高，很容易受到现场安装应力的影响而产生偏置，同时长期使用过程中，管壁变薄会带来的流量计物理性质改变。这些都影响流量计准确性。

由此可见，科氏力质量流量计对现场工作环境要求较高，影响流量计数据的因素较多，一旦发生异常，不容易判断造成问题的真实原因。在油气贸易交接场合，想要获得高精度、稳定性好的工作状态，需要为质量流量计本体提供尽量好的客观条件，最大程度减少安装应力与电磁干扰，使其工作在最佳状态。

2.2 利用数字化技术解决问题的思路

在公司油气贸易交接场合，典型的情况是计量数据争议总是发生在该次计量过程之后。此时展开调查，无法对流量计整个计量过程进行有效说明，无法定量分析流量计是否准确。流量计经离线检定合格不能构成流量计数据持续准确的充分条件。

为解决上述问题，一些流量计使用者与供应商开始尝试采集、记录一部分工艺数据，利用科氏力质量流量计传感器输出参数多的优点，连续记录计量过程中的流量计输出工艺参数(温度、压力、密度等)，为事后分析提供数据，收到了一定的效果。但上述方法缺少对流量计自身物理状态的判断，也不能随时记录报警的发生时间，说明采集的数据不够全面。

近年来，随着相关软硬件技术的成熟，公司计量技术管理部门酝酿建立一个参数采集更全面、准确，且具备自动分析能力的贸易交接质量流量计群数字化管理平台。所收集的参数不仅包含温度、压力、流量等已经通过流量计处理、转换、输出的工艺参数，还要收集流量计的全部准确度系数和报警信息；最后还要收集支撑质量流量计工作的各项电气参数，最终将所有数据按使用需求统一展示出来。

上述三类参数，包含了流量计在整个工作过程中的各个方面要素，能够形成一个较为完整的数据论证链：工艺参数关联流量计使用工况和介质状态；准确度类参数关联仪表校准结果和防作弊行为；电气参数关联设备自身的物理性质。在平台上可任意选定某一个具体的计量过程，系统将量化后的经验数据加以整合计算，智能判断上述三个方面数据是否在正常范围，则得出流量计在该次计量过程输出数据准确这一结论。

所建立的数据管理平台须实现以下基本功能：

（1）全部流量计参数的实时监控；

（2）关键参数的跟踪管理(防篡改)；

（3）数据分析及运行状态预测；

（4）在线远程诊断；

（5）主动维护提示。

2.3 数字化平台的实施

2.3.1 物理组网方案

公司重要的贸易交接质量流量计分布在10×10⁴t码头，厂内汽车装车、火车装车及管廊。见表1。

表1 贸易交接质量流量计分布表

10×10^4t码头	汽车装车	火车装车	厂内管廊
15台	18台	12台	4台
合计：49台			

利用质量流量计标配485通讯串口，分别将距离较近的流量计组成Modbus节点网络；再将节点网络集成后，统一实现RS485网络转换为TCP/IP网络协议。组网完成后，数据平台主要功能在公司局域网内部实现。

为满足数据交换、存储及使用需要，分别在10×10^4t码头库区、汽车装车办公楼设置数据服务器及客户端；在交换节点处分别设置工业交换机。

系统网络拓扑如图4：

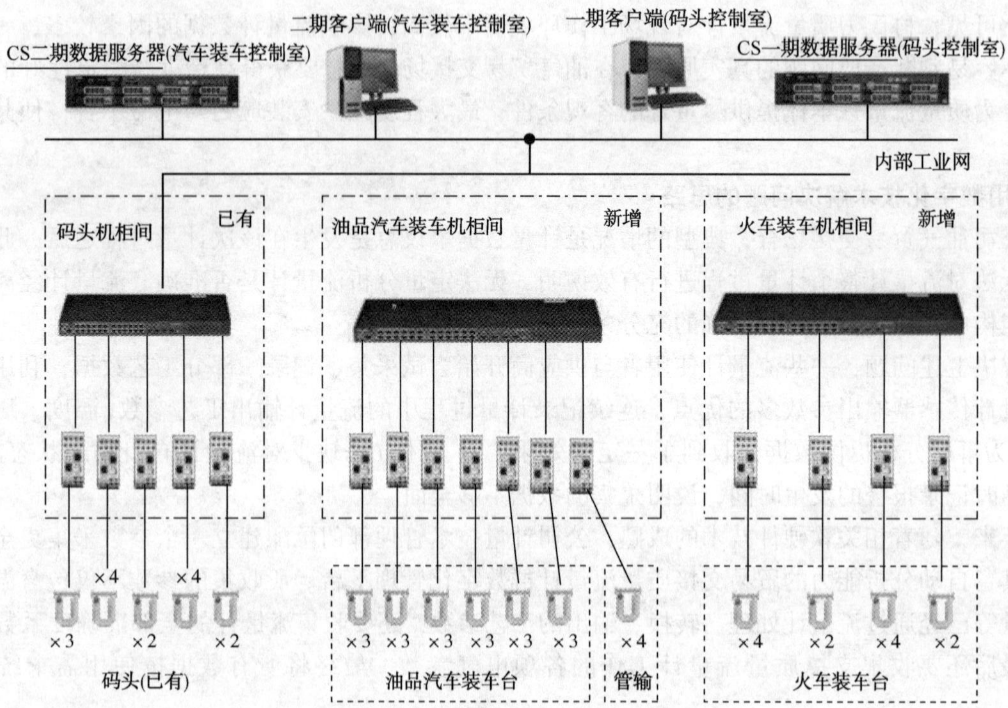

图4 系统组网拓扑图

2.3.2 采集参数的选定及实现功能

2.3.2.1 参数的采集和存储

(1) 报警监视及报警处理

系统监控流量计的96个关键警报指标。所有报警事件可以存储在SQL数据库中作为历史记录供用户查询。系统至少可保存最近3个月的报警事件或最近10000条历史报警记录。

(2) 实时运行数据监视

系统持续监视流量计的10个关键运行指标，并对其保存历史数据，如表2所示。

(3) 关键参数变化监控

系统可实时监视流量计的各个关键参数，如流量计系数、密度系数等，并保存其历史数据变化事件。

表 2　关键参数表

项目	参数描述	采样周期	项目	参数描述	采样周期
1	质量流量	1～5s	6	质量累积量	1～5s
2	密度	1～5s	7	体积累积量	1～5s
3	温度	1～5s	8	左检测线圈电压	1～5s
4	体积流量	1～5s	9	右检测线圈电压	1～5s
5	压力	1～5s	10	驱动增益	1～5s

（4）历史数据采集和分析

设计保存 10 个流量计关键运行指标的历史数据，历史数据保存时间间隔为 5s，可以通过历史数据文件转存方式保存数据，防止历史数据丢失。

2.3.2.2　实现功能

（1）实时监控

系统对质量流量计运行参数、诊断参数、关键参数提供了实时监控功能，确保其每时每刻健康运行。提供实时报警，生成相关报警处理意见。

（2）跟踪管理

实时记录关键参数变化，防止未授权修改；并对报警信息产生和恢复做跟踪记录，为预测性维护提供了详尽依据。

（3）流量计数据智能分析及运行状态预测

系统实时跟踪和记录计量系统历史运行数据，形成重要参数历史记录曲线及统计分析数据。依据曲线图和统计分析数据，可以预测系统各个部件磨损状态，为预测性维护提供参数化的技术数据。专业技术人员依据统计分析数据，提供专业诊断服务，协助解决质量流量计计量相关问题，提出解决相关计量问题方案。对质量流量计全运行生命周期过程数据分析，包括仪表长期稳定性、零点稳定分析评估、确认。对流量计一段时间内“运行健康状态”全面诊断、分析。

（4）在线诊断

系统实时在线诊断功能，对不良生产工艺的快速优化和对设备故障的快速处理提供了保障，提高计量设备运行的稳定性和无故障时间，减少处理滞后带来的损失。

（5）主动系统维护

内置故障处理数据库，便于维护人员有效维护流量计运行，将危害降到最低。

2.4　方案实施

在公司局域网中搭建组成本系统专网，包括将 10×10^4t 码头部分与厂内部分并网；组态现场质量流量计、通信协议转换器，与数据服务器及客户端形成物联网络；软硬件联合调试成功后投入运行。

3　使用效果

质量流量计数字化管理平台系统投用以来，已完全融入公司日常贸易计量管理活动，并在使用中实现了全部预期功能。其作用主要体现在以下几点：

（1）如同汽车安装“行车记录仪”，本系统的日常基本功能即为质量流量计的“过程运行记录仪”，实现过程数据、报警全记录，同时防止对流量计系数及其他关键参数的篡改。通过实时监控，使用者可随时发现计量过程中的问题；而保存的历史数据，可作为贸易交接强有力的过程佐证和问题分析的客观依据。如图 5 所示。

（2）利用制造厂家对于自身设备运行状态的大数据，在系统中配置质量流量计计量过程智能分析功能，可对过去任意可选时间段内的计量过程自动量化分析并给出结论，作为判断流量计数据在一段时间内可靠程度的有力依据。此项功能不仅大大节省了人工分析问题时间，也是数字化管理平台核心目标功能所在。如图 6 所示。

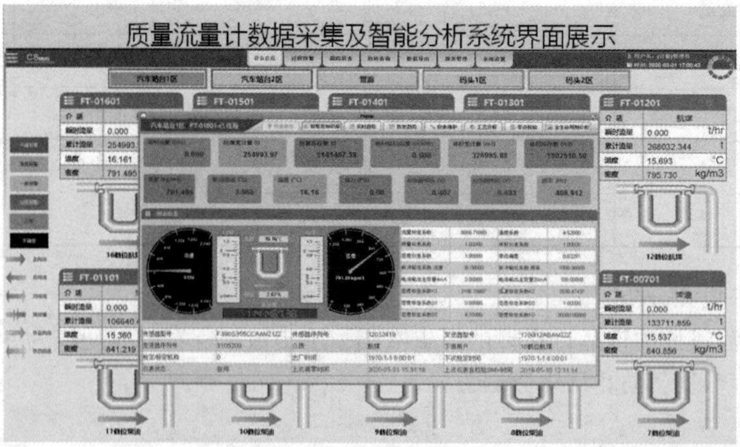

图 5　质量流量计要素一览图

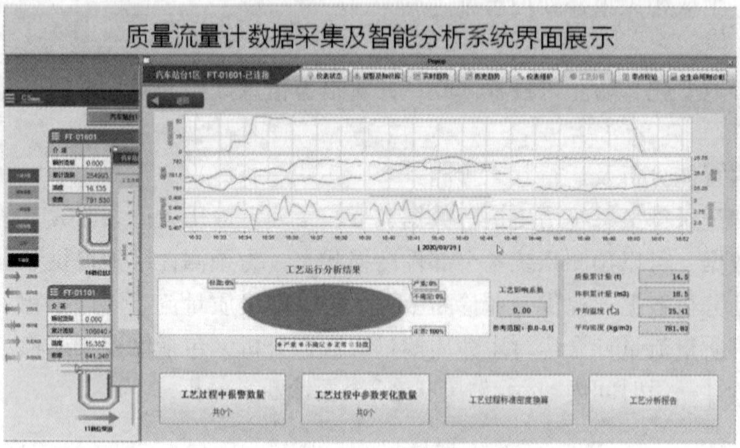

图 6　计量过程智能分析示意图

（3）通过对流量计关键参数的数字化管理，可实现流量计远程组态、电气故障分析、传感器使用寿命分析及智能仪表自校验(SMV)功能；将原本在现场的操作过程全部搬至系统端完成，节省维护人员以及制造商服务人力成本，显著提升工作效率。如图 7、图 8 所示。

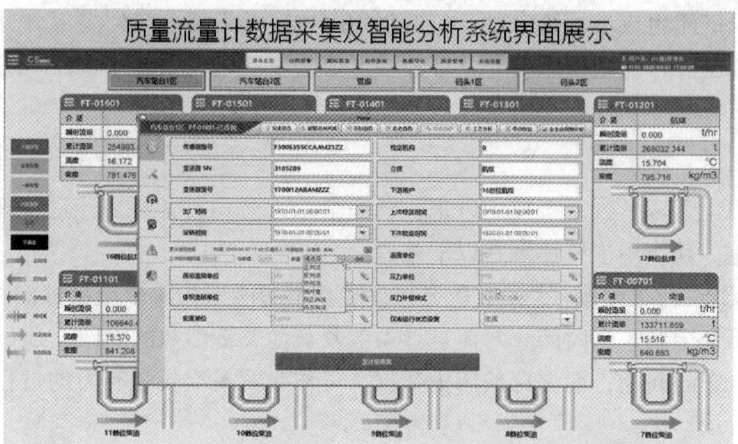

图 7　远程组态示意图

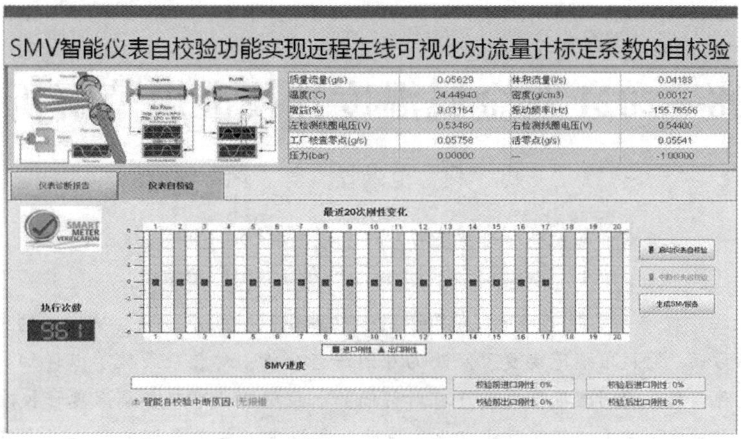

图 8　流量计自校验诊断图

4　应用总结

本项目实践了全新的交接计量设备(质量流量计)的数字化管理理念，利用物联网技术，将科氏力质量流量计全部一次、二次工作参数，不间断保存并合理利用，形成设备群组“大数据”，支撑质量流量计工艺过程数据准确性的“自证”，以及流量计自身物理性质的“自动诊断”。数字化系统平台作为计量人员与设备的一个高效交互手段，降低了之前流量计分析调试依靠供应商现场服务人员的门槛，促使计量技术人员对于质量流量计这一当前核心计量器具从“使用”到“全面管理”观念的转变。

系统平台的投运为公司贸易交接质量流量计运行积累了大量数据。通过对数据的分析，陆续确定了公司贸易交接点长期存在问题的原因，结束了对于改造方案的争议以及成本的疑虑。计量技术管理部门先后对码头及汽车装车流量计的安装实施针对性改造、对码头卸船流量计实施消气改造等，并取得了预期的效果，为长期、稳定地投用质量流量计交接计量创造了条件。

参　考　文　献

[1] 赵宏图. 浅谈如何实现质量流量计远程诊断[J]. 工业 A，2020. 1.

[2] 周有平. 科氏力质量流量计的使用和维护[J]. 化工自动化及仪表，2004.

[3] 庞怡，刘希威. 常用仪表工程设计软件浅析[J]. 中国新技术新产品，2017[23].

[4] 全国工业过程测量和控制标准化技术委员会. 科里奥利质量流量计：GB/T 31130—2014. 北京：中国标准出版社，2015.

[5] 油气计量及分析方法专业标准化技术委员会. 用科里奥利流量计测量液态烃流量：SY/T 6682—2007. 北京：石油工业出版社，2008.

作者简介：刘鹏荣(1982—)，男，高级工程师，毕业于兰州理工大学，2013 年获中国石油大学(华东)工业工程硕士学位。现从事炼化企业计量技术管理工作。

JJF 1908—2021 双金属温度计校准规范解析与应用

冉 莉 范劲松 陈 芮

（西南油气田分公司重庆气矿计量检测中心 重庆 400021）

摘 要 为使温度校准人员能更好地理解和执行双金属温度计校准规范，从内容的主要变化、对校准过程产生的影响等方面，对校准规范变更、修改的原因进行分析，对相应条款予以详细剖析，希望在遵守规范规定和解决具体问题方面对温度校准人员有所帮助，也希望给从事双金属温度计校准的人员在理解规范的过程中以有益的启发。只有理解了这些变化的原因，掌握了不确定度评定方法，才能让校准人员快速熟悉和掌握校准规范，才能快速开展双金属温度计校准工作，保证校准数据的准确可靠。

关键词 JJF 1908—2021；双金属；温度计；校准规范解析

1 引言

双金属温度计是一种适合中、低温测量的计量仪表，具有防水、耐震动、易读数、无汞害、价格低廉等优点。电接点双金属温度计具有超温报警和自动控制的功能，而且安全性能较高。因此，该种温度计在油气计量、工业生产和科研部门有广泛的应用价值。

JJG 226—2001《双金属温度计》检定规程至今已经实施20年。随着工业制造和计量技术水平的不断发展，规程中的很多内容都发生了改变，需要改进和完善，通过进行修订，使双金属温度计的计量溯源适于工业发展的需要。根据国家质量监督检验检疫总局国质检量函(2017)25号文件要求，全国温度计量技术委员会于2017年6月下达了《双金属温度计校准规范》的修订任务，由天津市计量监督检测科学研究院负责起草。2021年8月4日，国家市场监管总局2021年第30号文发布了JJF 1908—2021《双金属温度计校准规范》，代替了JJG 226—2001《双金属温度计》检定规程，实施日期为2022年1月28日。

作废JJG 226—2001《双金属温度计》检定规程，实施JJF 1908—2021《双金属温度计校准规范》，双金属温度计的溯源工作也从检定变成了校准，校准所用标准器变化了，校准方法也进行了改进和简化，规范内容有很大变动，并且还增加了不确定度评定。本文从新校准规范的主要变化、对设备和仪表产生的影响等方面对JJF 1908—2021《双金属温度计新校准规》进行详细解析。希望在遵守规范规定和解决具体问题方面对温度校准人员有所帮助，也希望给从事双金属温度计校准的人员在理解规范的过程中以有益的启发。

2 JJF 1908—2021 主要变化

2.1 概述的变化

新版校准规范概述，增加了对双金属温度计的介绍“双金属温度计是一种适合中、低温测量的仪表”，同时还增加了对双金属温度计结构介绍“双金属温度计感温元件的外部装有保护套管，且标度盘呈圆形”，和对双金属温度计进行分类(按主要功能分类、按指示装置与感温元件的连接位置分类)。对双金属温度计适用范围和分类进行了陈述，并给出了不同类型双金属温度计的结构示意图，便于设计人员通过查询规范能正确选择使用双金属温度计。

2.2 校准用标准器和配套设备的修改

2.2.1 根据现行规程，更新标准器名称。

JJG 161—2010《标准水银温度计》检定规程自2011年3月份开始实施，规程中取消了“一等标准水银温度计”和“二等标准水银温度计”的分级，统称为标准水银温度计。JJG 161—2010中规定温度计的测量范围为(-60~300)℃，测温介质包括汞基合金和水银，所以标准汞基温度计属于标准水银温度计，不做单独区分。因此，在旧规程 JJG 226—2001 中检定用的标准器——二等水银温度计和标准汞基温度计，统一更新名称为“标准水银温度计”。

2.2.2 取消“标准铜-铜镍热电偶”作为标准器。

原规程中检定用的标准器可以选用标准铜-铜镍热电偶，根据市场调研和计量技术部门的意见反馈，目前标准铜-铜镍热电偶的使用频率很低，所以取消原规程中标准铜-铜镍热电偶作为标准器，相应地去掉了 0.02 级低电势直流电位差计。

因此，新校准规范中，标准器由原来的二等标准水银温度计、标准汞基温度计、标准铜—铜镍热电偶和二等标准铂电阻温度计共四种标准器，变为标准水银温度计和标准铂电阻温度计(二等及以上)两种标准器。

2.2.3 从“检定”到“校准”，标准器及配套设备选用原则改变。

由于“双金属温度计检定规程”更改为“双金属温度计校准规范”，溯源工作也从“检定”变为了“校准”。检定需要出具检定结果“合格”或“不合格”，而校准需要出具不确定度。因此，对校准选用的标准器和配套设备的选用原则，也从原来的“等级”要求改为“不确定度”要求：“校准时由标准器及配套设备引入的扩展不确定度 $U(k=2)$ 应尽可能小，以满足校准工作的要求。”

2.2.4 对恒温槽的技术指标做出更新和细化。

JJF 1030—2011《恒温槽技术性能测试规范》自 2011 年实施，规范对恒温槽的计量术语和性能指标有了新的规定，“温度均匀性”和“温度波动性”是衡量温槽的主要指标，而原规程中对恒温槽的波动性没有具体的要求，造成配套设备指标的不完善。随着计量技术的发展，恒温槽的性能指标有了很大的提升。为了提高双金属温度计的计量准确性，结合目前市场标准恒温槽的普遍水平，对恒温设备的技术指标进行了更新，具体指标变化如表 1 所示。

表 1 恒温设备的技术指标变化比对

温度范围/℃		温度均匀性/℃				新增加
		工作区域水平温差		工作区域最大温差		温度波动性/(℃/10min)
旧规程	新规范	旧规程	新规范	旧规程	新规范	
-80~室温	-80~0	0.15	0.15	0.3	0.30	0.10
室温~95	0~95	0.05	0.05	0.1	0.10	0.10
95~300	95~300	0.1	0.10	0.2	0.20	0.10
300~500	300~500	0.2	0.20	0.4	0.40	0.50

2.3 校准方法的改进和简化

2.3.1 取消“重复性”“切换重复性”和“热稳定性”的校准要求

根据行业标准 JB/T 8803—2015《双金属温度计》的规定，双金属温度计在出厂检验的时，需要考察“重复性”“切换重复性”和“热稳定性”方面的性能指标，JJG 226—2001《双金属温度计》检定规程对这三个计量特性要求首次检定必须进行，后续可以不检定。根据计量技术部门的意见反馈，这三个特性需在出厂前检验，因此，在新发布的 JJF 1908—2021《双金属温度计校准规范》中，去除了对该三个计量特性的要求和校准方法的描述。

2.3.2 缩小校准过程中恒温槽实际温度偏离校准点的程度

恒温槽偏离校准点的温度过大，会削弱校准点选择的意义，降低校准数据的应用价值。原检定规程中，要求“在读数时，槽温偏离检定点温度不得超过±2.0℃”。结合市场上恒温槽的控温精度，新校准规范优化了校准方法，缩小校准过程中恒温槽实际温度偏离校准点的程度，修改为“读数的时候，恒温槽的实际温度偏离校准点的温度不得超过±0.5℃”。

2.3.3 简化设定点误差的校准要求

电接点双金属温度计在工业控制中的应用十分广泛，其设定点误差的校准是该类仪表重要的考核指标之一。在原检定规程中规定，首次检定的设定点误差在量程的 10%、50%和 90%的设定点上进行三个循环的试验，后续检定的双金属温度计允许只在一个温度点上进行正、反一个行程的试验。根据计量检定部门的反馈，在检定过程中，设定点误差的校准需要缓慢控制恒温槽的升、降温，工作效率极低。为了提高工作效率，体现校准规范的灵活性，同时保证设定点误差校准的可靠性，新的校准规范简化了电接点温度计设定点误差的校准方法，规定设定点应在主刻度线上，也可根据客户的要求选择需要校准的设定点误差。

2.3.4 修改在进行电接点双金属温度计设定点误差校准时，恒温槽温度变化要求

原检定规程要求在进行电接点双金属温度计设定点误差时，恒温槽温度变化不大于 1℃/min。在实际检定工作中发现，双金属温度计的热响应时间较大，恒温槽的温度变化太快时，双金属温度计无法及时准确的感应出所处介质的温度变化，电接点装置也无法及时发生动作，影响设定点误差的测量数据。通过大量试验证明，0.5℃/min 和 1℃/min 的控温速率对切换差的测量结果都会造成很大的影响。为了使测量的数据更加接近真值，同时兼顾到工作效率的问题，新校准规范确定恒温槽温度变化不超过 0.6℃/min。

2.4 计算公式的修改完善

在双金属温度计检定过程中使用的计算公式，原检定规程未给出电接点温度计设定点误差计算公式，也未给出以标准铂电阻温度计为标准器时示值误差的计算公式，并且给出的以标准水银温度计为标准器时示值误差计算公式为文字描述，容易使检定人员在实际操作中对规程理解不到位，导致计算结果出现较大误差的现象。

新的校准规范，给出了电接点温度计设定点误差计算公式，还分别给出了以标准水银温度计和以标准铂电阻温度计为标准器时的示值误差计算公式，便于校准人员正确对校准数据进行处理和计算。

2.5 校准结果表达的增加

原检定规程对于检定结果的处理，只给出：“经检定合格的温度计发给检定证书；经检定不合格的温度计发给检定结果通知书，并注明不合格项目”，未对检定证书给出的信息进行规定，有可能导致检定人员在填写检定证书或检定结果通知书时给出的信息不完整，不便于客户对检定证书上信息的使用。

新版校准规范对于校准证书的信息给出了非常详细的规定，包括了证书标题、实验室名称和地址、进行校准的地点、证书唯一性标识等 16 项信息，并进一步对“本次校准所用的测量标准的溯源性及有效说明”“校准结果及其测量不确定度的说明”两项信息进行了详细描述。新版校准规范对校准结果的表达，更有利于客户在双金属温度计的使用中对校准证书上信息的分析和使用。

2.6 复校时间间隔要求的改变

作废 JJG 226—2001《双金属温度计》检定规程，实施 JJF 1908—2021《双金属温度计校准规范》，双金属温度计的溯源工作也从检定变成了校准，溯源性质发生了改变。

检定属于强制性的执法行为，属法制计量管理的范畴，检定的周期必须按检定规程的规定进行，组织不能自行确定，检定周期属于强制性约束的内容；校准不具有强制性，属于组织自愿的溯源行为，校准周期由组织根据使用计量器具的需要自行确定，可以进行定期校准，也可以不定期校准，或在使用前校准。

按照 JJG 226—2001《双金属温度计》检定规程进行检定的双金属温度计，检定周期规定为一年，检定证书超出一年使用，则视为超期使用，是违法行为；按照 JJF 1908—2021《双金属温度计校准规范》进行校准，送校单位可以根据实际情况自主决定复校时间间隔，建议复校时间间隔为 1 年，校准证书超出 1 年使用，不属于超期使用，不算非法行为。

2.7 新旧版本检定/校准项目变化的比较

为便于校准人员对新校准规范的理解，将 JJG 226—2001《双金属温度计》检定规程和 JJF 1908—2021《双金属温度计校准规》中涉及的检定/校准项目对比列出，如表 2 所示。

表 2　JJG 226—2001 与 JJF 1908—2021 检定/校准项目对比

序号	检定/校准项目	JJG 226—2001《双金属温度计》检定规程	JJF 1908—2021《双金属温度计校准规范》
1	外观	有	有
2	示值误差	有	有
3	角度调整误差	有	有
4	回差	有	无
5	重复性	有(首检)	无
6	设定点误差	有	有
7	切换差	有	有
8	切换重复性	有(首检)	无
9	热稳定性	有(首检)	无
10	绝缘电阻	有	有

3　JJF 1908—2021 计量性能要求

3.1　示值误差(表 3)

表 3　双金属温度计的最大允许误差

准确度等级	1.0	1.5	2.0	2.5	4.0
最大允许误差	±1.0%FS	±1.5%FS	±2.0%FS	±2.5%FS	±4.0%FS

注：FS——双金属温度计的量程，℃。

3.2　角度调整误差

因角度调整引起的示值误差变化应不超过其量程的 1.0%。

3.3　设定点误差

应不超过最大允许误差的 1.5 倍。

3.4　切换差

应不大于最大允许误差绝对值的 1.5 倍。

3.5　绝缘电阻(表 4)

表 4　绝缘电阻要求

额定电压	直流试验电压/V	绝缘电阻/MΩ
24VDC	100	7
220VAC	500	20

4　不确定度评定示例(300℃校准点)

被校准双金属温度计的测量范围为(0～300)℃，准确度等级为 1.5 级，分度值为 5.0℃。依据本规范中示值误差的方法，将标准水银温度计和被校双金属温度计同时置于恒温槽中，采用比较法进行校准，以 300℃校准点为例进行不确定度分析。以下仅列出用不同标准器校准的数学模型与不确定度的来源，省略了具体计算步骤。

4.1　以标准水银温度计为标准器

4.1.1　校准数学模型

$$y=t-(T+A) \tag{1}$$

式中　y——双金属温度计在 300℃的示值误差；

t——双金属温度计在测量时的示值；

T——标准水银温度计的示值；

A——标准水银温度计在300℃的修正值。

4.1.2 不确定度评定(表5)

表5 标准不确定度分量一览表

标准不确定度分量		灵敏系数	不确定度来源	数值/℃
$u(t)$	$u(t_1)$	1	被检示值估读引入的标准不确定度	0.15
	$u(t_2)$		被检示值重复性引入的标准不确定度	0.12
$u(T)$	$u(T_1)$	−1	恒温槽温度波动引入的不确定度	0.03
	$u(T_2)$		恒温槽温场不均匀引入的不确定度	0.06
$u(A)$	$u(A_1)$	1	水银温度计修正值引入的不确定度	0.03
	$u(A_2)$		水银温度计不做零位修正引入的不确定度	0.04

注：合成标准不确定度：$u_c=0.21$℃；

扩展不确定度：$U=0.5$℃，$k=2$。

4.2 以标准铂电阻温度计为标准器

4.2.1 校准数学模型

$$y=t-T \tag{2}$$

式中 y——双金属温度计在300℃的示值误差；

t——双金属温度计在测量时的示值；

T——标准铂电阻温度计的示值。

4.2.2 不确定度评定(表6)

表6 标准不确定度分量一览表

标准不确定度分量		灵敏系数	不确定度来源	数值/℃
$u(t)$	$u(t_1)$	1	被检示值估读引入的标准不确定度	0.06
	$u(t_2)$		被检示值重复性引入的标准不确定度	0.06
$u(T)$	$u(T_1)$	−1	标准铂电阻配套电测设备引入的不确定度	0.02
	$u(T_2)$		恒温槽温度波动引入的不确定度	0.03
	$u(T_3)$		恒温槽温场不均匀引入的不确定度	0.09

注：合成标准不确定度：$u_c=0.14$℃；

扩展不确定度：$U=0.3$℃，$k=2$。

5 结论与建议

JJF 1908—2021《双金属温度计校准规范》从2022年1月28日实施至今已有5个多月了，本次改版较JJG 226—2001《双金属温度计》检定规程内容变化较多，不仅修改了校准用标准器和配套设备，还对校准方法进行了改进和简化，并且增加了不确定度的评定。正因为新校准规范较原检定规程内容改变较大，需要校准人员理解规程修改的原因和具体指标的变化及其原因，掌握不确定度评定的数学模型和不确定度来源。只有理解了这些变化的原因，掌握了不确定度评定方法，才能让校准人员快速熟悉和掌握新校准规范，才能快速开展双金属温度计校准工作，保证校准数据的准确可靠。

参考文献

[1] 国家市场监督管理总局．双金属温度计校准规范：JJF 1908—2021[S]．北京：中国质检出版社，2021年．

[2] 国家质量监督检验检疫总局．恒温槽技术性能测试规范：JJF 1030—2011[S]．北京：中国计量出版社，2010年．

[3] 中华人民共和国工业和信息化部 . 双金属温度计：JB/T 8803—2015[S]. 北京：机械工业出版社，2016 年 .
[4] 国家质量监督检验检疫总局 . 双金属温度计：JJG 226—2001[S]. 北京：中国计量出版社，2011 年 .
[5] 林晓霞 . 计量校准与计量检定区别辨识[J]. 中国质量技术监督，2016(01)：66-67.

作者简介：冉莉(1972—)，女，高级工程师，中国石油大学，计量技术。电话：023-67315818、13983851131，邮编：400021，通信地址：重庆市江北区大庆村重庆气矿计量检测中心。

数字化实验室在天然气计量中的探索与应用

郑 静 胡雪斌 李 彭

（重庆气矿计量检测中心 重庆 400021）

摘 要 当前，以大数据、云计算、人工智能等为代表的新一代数字技术日新月异，“量子技术+互联网技术”的发展模式，也在天然气行业中掀起“数字化气田、智能化气田”的建设热潮，作为天然气经济效益“一杆秤”的计量也面临着数字化转型，建设数字化计量实验室也迎来了新的发展机遇，为油气田新一代信息技术变革提供了有效技术支撑。

关键词 数字化转型；天然气计量；实验室

1 引言

在天然气生产过程中，各矿区计量实验室承担着承上启下的量值溯源和传递、气田仪器仪表的入库检定/校准、质量检测、计量监督、输差管理、计量技术支撑等一系列重要工作，维护着企业的合法经济权益。近年来随着天然气气田智能化、数字化进程的不断推进，各种自动化数字仪器仪表及测量技术也逐步取代了传统的人工、机械、模拟等方式。数字化实验室是一般由传感器、数据采集器、计算机及相关数据处理软件等构成的测量、采集、处理和与之配套的相应的实验仪器装备组成的实验室，是信息技术与传统实验整合的重要载体。本文在分析油气田计量检测机构数字化转型背景的基础上，摸索在数字化转型工作中的实践与应用。

2 气田计量实验室数字化转型

2.1 数字化转型背景

当前，数字技术(人工智能、区块链、云计算、大数据、5G 等)的飞速发展给天然气行业提供了技术基础和平台。数字技术又称数码技术，其核心内容就是把一系列连续的信息(模拟信号)数字化，或者说是不连续化(数字信号)，更方便信息处理、传输、存贮和应用。数字技术起源于数字电路的发明，伴随着数字集成电路技术的发展而发展，逐步应用于数字计算机、通信系统、工业控制系统、交通控制系统等。随着计算机技术及通信技术的迅猛发展，数字技术应用更普及，甚至改变一个时代，即所谓的“数字时代”。

数字化转型业已成为国内外主要油气企业的共识，中石油提出充分认识数字化转型的重要性和紧迫性，做好总体设计，分层分步实施，推进数字化转型、智能化转型；中石化提出加快数字化、智能化转型，探索建设智慧能源系统。由此可见，将数字技术融入上游勘探生产开发中，是目前油气企业数字化转型的一大重点方向。

计量技术是信息化的基础，计量技术也需要数字技术来实现质的飞跃。数字技术应用正在为世界带来一场革命，给计量工作带来挑战的同时，也带来很多新机遇。而作为天然气经济效益“一杆秤”的气田计量技术也亟待数字技术来实现“求精准、衡公平、高质量发展”的目标。

随着智能化、数字化气田的建设进度，天然气企业计量实验室也急需顺应时代的发展，数字化转型亦为大势所趋，也必然会经历较长时间的设计改造及优化，必须结合企业当前自身的发展需求，从局部规划设计向全局规划和顶层设计转变，从自动化检测、业务流程简化和计量管理升级等多个维度逐步推进，将技术、管理及人才三个要素逐渐深化结合，充分发挥数字化实验室的技术服务和支撑作用。

2.2 数字化转型面临的问题

转型带来机遇的同时，也会出现很多困难及问题，主要体现在观念、技术、资金和管理等几个方面：

（1）缺乏长远规划的顶层设计；

（2）数字架构受气田数字化、智能化发展进程的限制；

（3）传统计量模式和数字化转型进程的矛盾及阻碍；

（4）虽然建立了一些自动化检测标准和信息系统，但在标准设备及配套设施的配置管理、智能化程度、信息化管理方面仍然存在着很多不足；

（5）数字化技术应用普及度及专业人才的储备还有所欠缺。

3 建设先进测量实验室

随着检测技术与前沿技术相融合，数字化、智能化检测不断快速发展，要加强油气田企业计量检测基础条件和能力建设，首先必须要推动自动化检测体系、科学测量等测量技术基础平台的建设，积极推进测量仪器设备智能化、网络化，保证测量结果的准确性、一致性及有效性。

计量实验室自动化检测系统主要包括标准装置及配套设备、计算机和检测人员等，分别完成被检测对象的检定、校准与测试、数据的收集与判断、对检测结果进行判断等任务，实现测量数据采集自动化，原始记录、校验证书的电子化。

目前，智能检测已经有一定的基础，但覆盖面还远远不够。现有铂电阻、热电偶、压力类检定装置等多种自动化检测标准设备已经进入到气田的各实验室，逐步取代了大部分人工检定、校准工作，不仅提高了检测效率，还减少了人工误操作和数据冗余，以下以某气田计量检测机构建设的温度及压力实验室为例：

温度实验室配置了如下温度自动检测系统，该系统分为仪表检定子系统、仪表管理子系统、校检任务管理子系统。每一个子系统又下设更多功能系统。见图 1 和图 2。

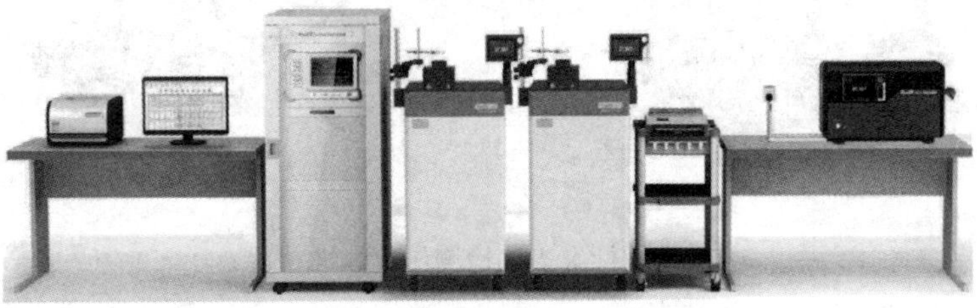

图 1　温度自动检测系统

而最新引入的智能恒温槽电测能力优于 6 位半的数字多用表，可以直接链接标准器给出智能槽的标准温度，无须修正。在检定玻璃温度计、数字温度计、双金属温度计等无源温度仪表时，不需要再如传统槽那样外接电测仪表，不仅避免了人工校测误差，还降低了成本，工作效率更高。其拓展功能还可以支持手机远程控制。见图 3。

在压力实验室引入压力自动检定系统前，用标准表法人工检定一块压力表，需要两个检测人员配合(一人检定，一人复核)，从检定到出具证书至少需要 0. 5 个工时。见图 4。

新引入的压力全自动校准系统采用全智能压力控制，可快速准确输出设定的压力值，可帮助检测人员快速、高效地完成指针类压力仪表、压力变送器、压力传感器、数字压力计等仪表的测试、检定工作。引入自动检定系统后，一次可以自动检测 4~8 块压力表，自动检定采集数据到完成证书出具平均下来只需要 0. 2 个工时，节约下来的人力可以更多地服务到生产现场中去。

而对于仍然无法实现的自动检测项目，后期可以考虑引入 AI 机器人等智能装置，摒弃纸质记录，直接在移动终端记录原始数据，生成电子证书报告。

智能化实验室的打造离不开科技的发展，“人工到智能”还有相当长的一段路，在合理成本的基础上提升智能化检测设备的配置，打造先进的实验室测量体系在企业的长远发展中也起着举足轻重的作用。

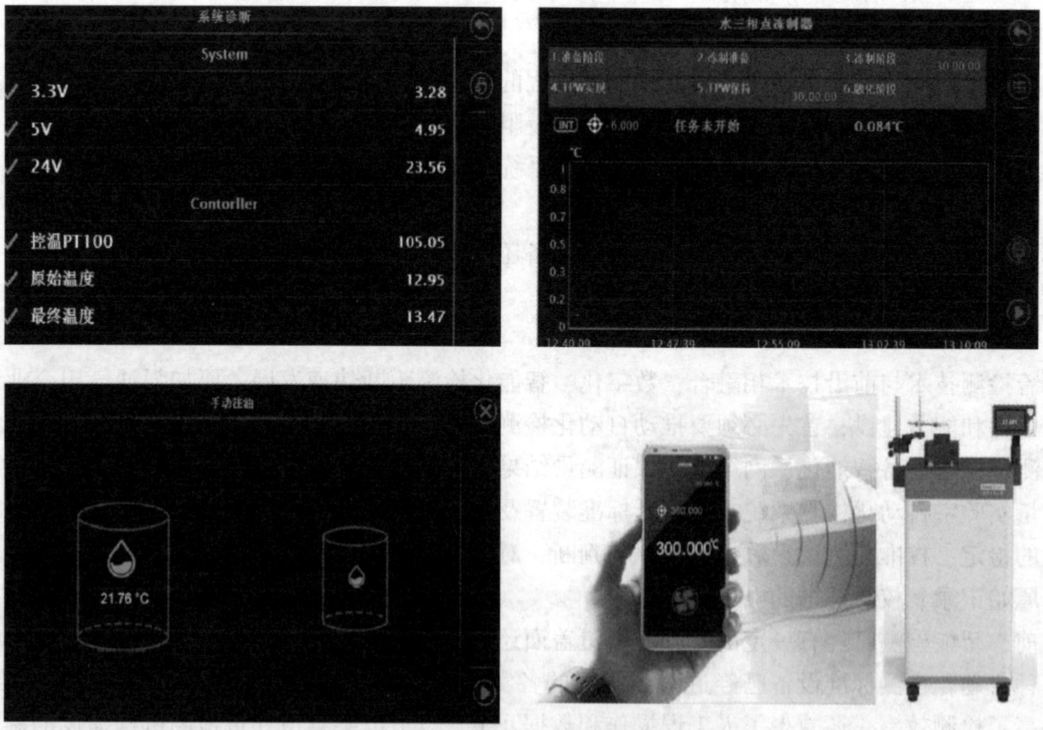

特色功能界面

图 2　温度自动检测界面及可拓展功能

图 3　用标准表法检测压力标准装置

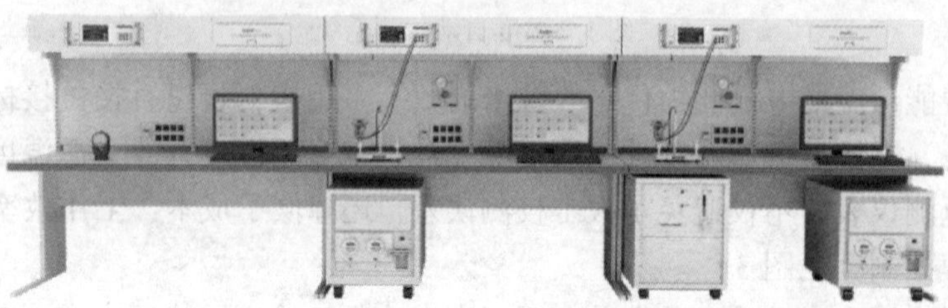

图 4　压力全自动校准系统

4　信息系统优化升级管理

在合理配置智能检测设备的同时，还必须实现与之相平衡计量信息系统的优化升级。目前，计量检测实验室实现信息系统优化升级可搭建入各气田统一中心数据库，基于 SOA 架构建设统一权限、统一门户、主数据和服务管控平台，现有或新建的应用系统均可接入到融合平台进行统一的系统管理。以打造“气田计量大脑”为目标，探索新的创新管理模式，以数字化平台和技术为支撑，在原有框架稳定的情况下全力推进计量数字化转型升级，打造数字化综合信息平台。

4.1　现有信息系统现状分析

以下以某气田计量检测机构信息系统管理平台为例，目前该系统已无法满足数字化信息的业务需求，主要体现在以下几个方面：

(1) 系统兼容性较差：系统封装性太强，控制不灵活，部分功能只能在较老版本 Windows 上运行，大量系统问题没有补丁程序；

(2) 系统运行风险高：对外部环境依赖度较高，系统报错、访问超时、报表错误变成了常态化的问题；

(3) 功能不完善：大量新增业务需求有待增加或完善，由于系统逻辑复杂，无法在现有功能基础上进行快速迭代开发。

(4) 系统操作复杂：部分功能(如检定过程的数据录入)所需录入的数据项过多，一张最简单的检定单的录入需要多个步骤才能完成。

(5) 缺乏人性化设计：系统设计是根据几年前流行的操作习惯以及页面风格设计的，因此系统的操作的便捷性以及页面的设计风格已经远远地落后于互联网技术的发展。

(6) 运维效率低：由于采用了封装性太强的技术框架，系统出现报错问题时的处理效率以及新需求的开发响应速度都不够理想。

(7) 系统的可扩展性低：随着油气企业数字化气田战略的不断实施，在信息服务方面的工作也将不断产生新的需求，现有系统的可扩展性已经不能适应新的发展需要。

因此，对现有系统的升级重构充分反映了业务部门希望借助信息系统提升业务管理的迫切程度，为数字化信息系统建设规划提供强有力的支撑依据。

4.2 系统升级重构建设

系统建设既要考虑到目前的信息化需求，又要考虑未来系统组成变化和与业务发展相适应的原则，在现有计量系统基础上进行升级重构，实现规范化、流程化、无纸化、可溯源的检测管理。

4.2.1 技术架构(图 5)

该系统可搭建在企业现有办公网上，采用 Web(B/S)网络版+单机版+PAD 版实现。

(1) Web(B/S)网络版：服务端基于 JAVA 平台；用户展示层采用 AJAX(异步 JavaScript)异步通信和浏览器脚本技术，页面和后台执行数据交换操作时无刷新；后台数据库采用 Sql Server；

(2) 单机版：运行在 Windows7 及以上操作系统中。基于 JAVA 平台+H5 进行开发；

(3) Android 版：开发 APP 程序，运行在 Android 环境中。

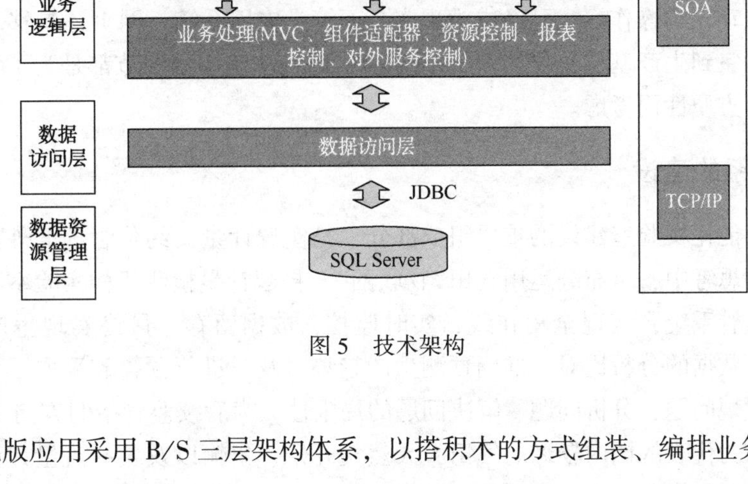

图 5 技术架构

4.2.2 总体架构

网络版和单机版应用采用 B/S 三层架构体系，以搭积木的方式组装、编排业务功能，实现业务应用。见图 6。

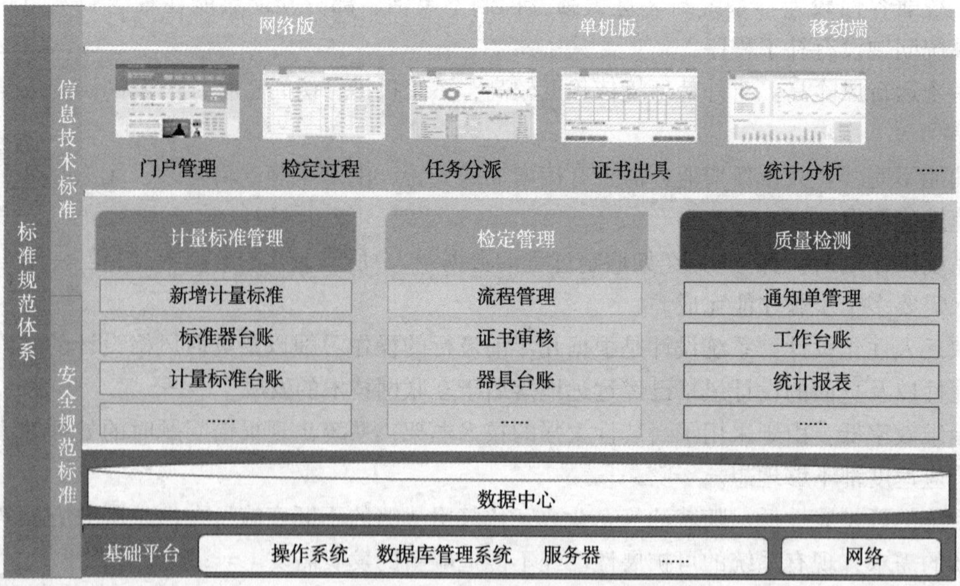

图6 总体架构

(1) 数据层：该层用于存储系统相关的数据，存储方式主要为磁盘文件存储方式、数据库存储方式；

(2) 服务层：包含该层为整个系统架构的核心层。集成了各种业务逻辑规则；服务层由服务组成，主要分为粗粒度服务和细粒度服务，并按功能的不同将它们分成四类提供给不同的用户使用。主要包括：登录认证服务、用户注册服务、能力测试服务、查询服务等。在该层通过业务服务总线完成细粒度服务到粗粒度服务的整合，从而实现系统的整体功能；

(3) 应用层：基于浏览器或移动端 APP，通过 Rest 风格的接口服务实现与业务逻辑层中提供服务，实现与用户进行交互。

4.2.3 功能优化升级设计

优化升级后系统共分三个子系统，一是通过办公网访问服务器使用的网络版，二是本地 PC 上运行的单机版，三是在 PAD 上运行的 APP，APP 与办公网上的服务器交换数据。见图7。

升级优化后的内容不仅涵盖了实验室检测流程、作业区检测流程、质量检测及统计、计量标准管理、系统设置及管理，还融入了考试、考试资源中心等知识技能提升特色功能。

而搭建了支撑实验室业务全覆盖的管理系统，则实现了功能组件化、服务个性化、应用移动化，消除了地域、环境限制，消除了岗位间的重复工作，极大提升了内部管理水平与工作效率，对外提高了服务能力，加强了企业的核心竞争力。

越来越便捷、自动化的操作方式已经成为现实，不管是应用系统、网页还是移动 APP，不仅打破了计量检测机构实验室到生产基层单位的"信息壁垒"，而且从整体到细节都是为了实现数据和信息及时性、共享性、使用方便性而考虑。

5 智慧化监管体系的建设

智慧监管也是智能化实验室建设的重要组成部分，是实现计量集约化管理的外在表现。在气田的计量监管体系建设的思考中，可充分运用气田"物联网"，搭建计量检测机构实验室与生产现场信息有效建立链接的智慧监管系统，实现全程在线，实时监控，数据留存，最终实现生产需要。通过全局性、系统性的谋划，数据的分析比对，准确预测生产趋势，及时进行预警和采取干涉措施，突破传统计量管理不能及时发现问题、分析问题、解决问题的局限性，为后续监管指明方向。

目前以某油气田为代表的国内较老的气田，天然气开采、集输以及贸易流量计量，均以孔板流量计的应用为主，现阶段数字化仪表、远程智能诊断控制技术日趋成熟也逐步开始在各气田生产站场推

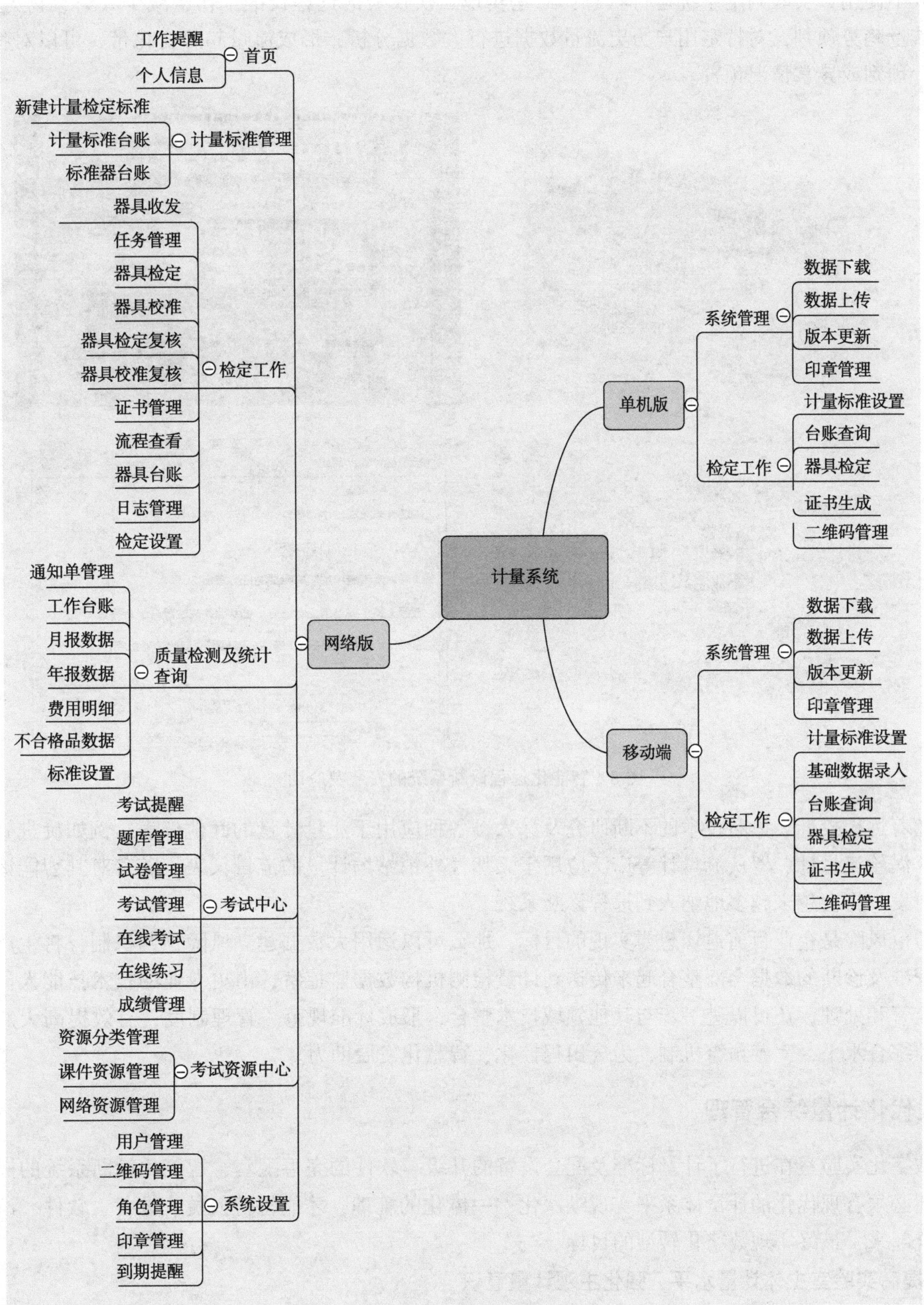

图7　功能结构图

广应用，预警诊断将更加依赖于云计算、大数据和人工智能的综合运用。那么如何实现天然气计量智能远程监管将成为实验室未来功能整合的一大探索目标。见图8。

现孔板流量计远程诊断系统正在公司下属各矿区生产站场逐步实现推广应用，该技术采用“互联网+计量”的技术思路，利用现有的站场计量系统结合信息化工程建成的通信系统，获取现有计量系统中的仪器仪表设置参数、事件记录和测量数据等基础数据，对其进行在线核查、分析和评价，快速诊断计量系统的实时运行状态。现已实现三大功能：一是对计量系统各个管控环节进行远程诊断，有效减少人工使用，实时判定系统运行状态；二是实现二次仪表的远程校准工作，减少人力、物力消耗；三是流量趋势预判，对特定用户历史流量数据进行大数据分析，形成流量趋势变化带，可以对将来趋势进行预判或异常情况预警。

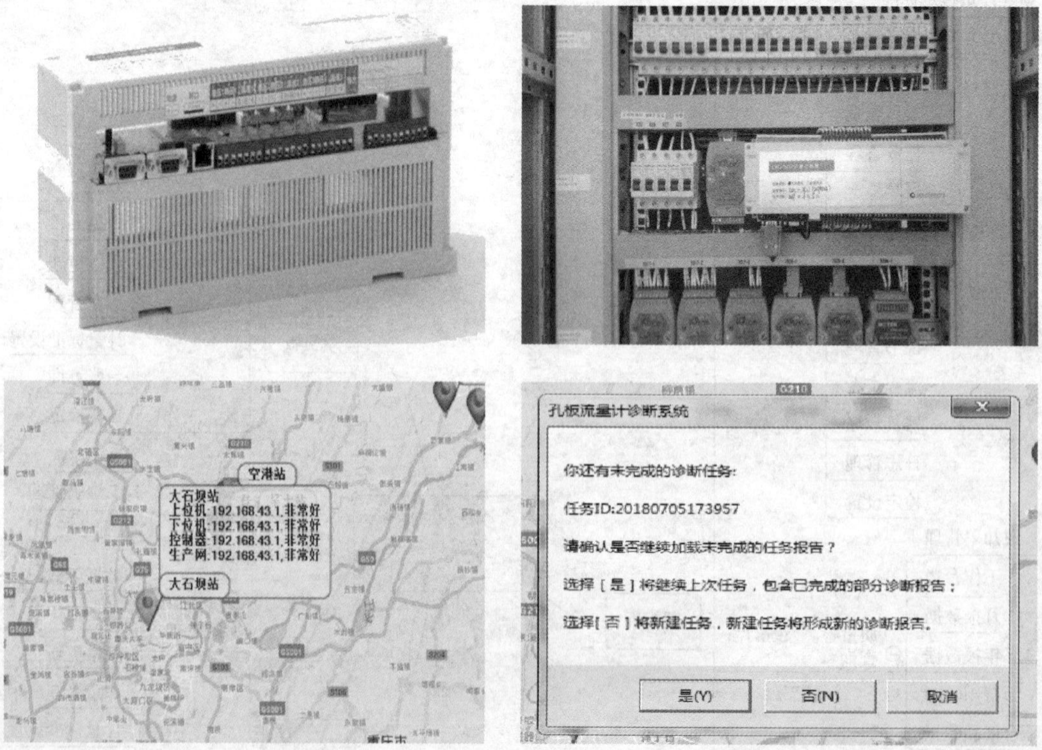

图 8　智能化远程诊断系统的安装及应用

随着远程校准、诊断技术的不断研究及深入，各种应用于流量计量的其他仪表，例如旋进旋涡流量计、涡轮流量计、罗茨流量计等广泛应用于天然气外销站场计量的流量仪表，随着对其智能诊断系统的研发，将会越来越多地纳入到远程诊断系统。

防范风险是企业目前迫切想要实现的目标，那么可以运用大数据建立风险预判机制，将生产现场远程校准及诊断的数据全部整合起来传送到计量检测机构数据监控室，由更专业的技术技能人员进行实时监管和处理，还可以进一步与其他领域技术整合，形成标准规范、管理制度，有效提高天然气计量管控综合水平，完善预警机制，为气田程控化、智慧化发展助力。

6　现代化计量综合管理

数字化实验室在进行了计量标准及配套设备的升级、软件的完善配套、智能化诊断系统的嵌入之后，还必须有现代化的计量体系来实现纵深化、一体化的管理，才能将把人员、设备、软件、诊断系统融合起来，最终实现数字化转型的目标。

6.1　提高实验室主体计量水平，强化主观计量意识

我们的企业计量即效益，定位于“科学计量、精准计量”，要形成习惯和意识的培养，从“要我计量”转型到“我要计量”，机构到个人都要从意识到形态上积极主动不断提升计量水平。不仅要确保生产一线计量仪器仪表在校检周期内正常准确的运转，保证计量标准器的量值溯源，入库仪器仪表、管材等质量检测，还要将从现场反馈的问题积极采用现代化、创新化的手段进行规范有效的解决。

6.2　拓宽计量检测及闭环管理思路

近年来，随着在线动态检测、多参数综合检测、智能检测等需求的不断涌现，油气企业计量检测需求也发生了新的变化。为适应新的检测需求，必须要不断地拓展新的思路，一是在生产现场开展远程校准技术、多参量综合检测技术的创新研究；二是建设移动检测平台，在外检测时可通过移动检测

设备实时记录数据，通过网络传送回服务器，提高现场检测效率；三是从生产现场到计量检测机构检测管理体系、日常管理等流程中逐渐实现无纸化，将线下流程转为线上流程进行动态管理，实现闭环控制，提升质量管控能力。

6.3 加强检测人员整体能力提升

随着“四新”技术的不断发展，需要机构持续提升人员的综合素质能力，通过单位自陪和外送培训相结合、关键岗位重点培训和一般岗位普通培训等多种模式相结合，通过技术研讨、专业技术培训、跨单位交流等多种模式，掌握数字化信息发展的趋势及新技术、新方法、新工艺、新知识，充分发挥关键技术岗位人员的技术引领作用，最终实现以点带面、检测技术核心力量的总体提升，更加有利于机构的数字化长远发展。

7 结语

气田企业计量检测机构实验室的数字化转型不仅是应科技更迭所驱，更符合油气企业“数字化气田、智能化气田”发展的大方向。但是这项工作并非一朝一夕即可实现，而是需要在随着企业的发展变化中不断摸索、积累，唯有深刻认识到数字化转型对油气计量未来发展的重要意义，积极向顶层设计理念不断发展完善、认真践行，才能为油气田计量检测工作实现高质量的发展、数字化转型贡献新的力量！

参 考 文 献

[1] 钟新明．智慧计量与经济社会发展[J]．中国计量，2021，9：9-13.
[2] 李建，陈超，方瑜，等．利用主题教育成果促进国家物联网感知装备产业计量测试中心发展[J]．中国计量，2021，3：33-36.
[3] 邹晓川．计量检测机构数字化转型的探索与实践[J]．中国计量，2021，8：13-14.
[4] 韩建书，卫蔚，岩君芳，等．浅析现代先进测量体系的构建[J]．中国计量，2021，8：10-12.
[5] 位志鹏．计量在服务企业发展中的思考[J]．中国计量，2022，2：56-57.

作者简介：郑静(1976—)，女，首席技师，重庆石油高等专科学校，采输气仪表检定。联系电话：023-67351654，邮编：400021，通信地址：重庆市江北区大石坝红石路265号。

数字化油田单井计量技术的研究与实践

刘 畅 孙文剑 张 莹 姚毅立

（大庆油田第五采油厂数字化运维中心 黑龙江大庆 163000）

摘 要 随着数字化转型的持续深入，传统的计量方法已经不能满足数字化油田的发展需求，成为制约油田稳产上产的不利因素。本文立足计量现状和生产实际，围绕数字化油田新兴计量需求展开研究，初步形成适用于老区油田的单井计量数字化转型思路，基于原有计量方式进行技术改造，实现单井自动连续计量，结合WIA-PA技术建设井场数据采集网络，搭建生产管控平台，实现了油井测量参数实时分析和生产运行状态实时监测的功能，提高了油井生产时率和管控水平，为油田精细化管理奠定了基础。

关键词 单井；计量数字化；连续计量；WIA-PA

1 引言

油井产量的计量是油田产能分析和勘探开发过程中一项重要的基础性工作，通过对单井计量数据的动态监测，为区块的勘探开发和组织运行提供准确可靠的基础数据和科学依据。近几年，随着大庆油田数字化建设的不断推进，现代化油田管理模式的构建对单井计量技术提出了更高要求，而单井计量的自动化程度直接影响油田的数字化发展进程，w采油厂积极探索老区油田的新型工业化发展模式，针对单井计量现状和发展需求，立足提高单井自动化程度，在现有量油方式基础上对自动化计量技术进行深入研究，形成了适用于w采油厂生产实际的改造思路并进行实践总结，为油田单井计量自动化改造提供了技术参考。

2 基本生产需求分析

2.1 改造前单井计量状况

w采油厂集输工艺主要采用“油井-计量间-转油站-联合站”三级布站方式，计量间负责单井油气集输和井口产液量计量，共采用5种油井计量方式，分别是玻璃管、U型管、自动计量装置、称重式、软件量油，w采油厂共有油井5948口，其中计量间玻璃管量油使用范围最广，占油井总数68.5%；自动计量装置所辖井133口，占油井总数2.2%；称重式计量所辖井54口，占油井总数0.9%；U型管计量所辖井91口，占油井总数1.5%；软件量油所辖井1594口，占油井总数26.9%。

2.2 存在问题分析

（1）传统计量方式不适应数字化发展需求

w采油厂油井计量均为人工操作，聚驱措施井连续计量五天，采油井每周分批次计量两次。传统的玻璃管量油方式人工劳动强度大，进油后需要持续观测玻璃管液位变化，记录液面上升的高度和所需时间，所得数据的准确性取决于单井量油操作的规范性，且计量数据需要进一步人工整理，存在人工读数误差；其次，玻璃管量油方式的测量误差与油井产液情况有关，对于低产液或来液波动较大的井计量不确定度高，结合以上几点，传统计量方法无法实现连续计量，不能满足数字化油田生产精细管理的需求。

（2）缺乏持续的油井动态跟踪监测

油井计量方法的自动化程度亟待提升，油井生产期间无法实现数据的远程采集传输，缺乏持续的油井状态和产量数据监测，不能满足油井动态分析的需要，一定程度上制约了开发效果。

（3）数据信息共享协同的路径有待研究

为避免和消除油田数字化建设进程中的信息孤岛现象，需要探索新型数据管理模式，进一步构建数据资源整合共享平台。

3 井场自动计量技术及测控网络研究

充分考虑生产现状和数字化发展趋势，摸索出符合老区采油厂的改造路线，单井采用远程启停、参数高频采集、雷达视频巡井的模式；计量间采用人工选井、自动计量、掺水人工调节的模式；阀组间采用功图量油、掺水人工调节的模式，通过改造逐步实现“井站一体、电子巡护、远程监控”的智能化管理目标。

3.1 油田数字化建设中计量方式的选择

（1）玻璃管计量

玻璃管量油是基于计量分离器量油的一种，根据分离器内液位由低到高的上升时间，折算出油井产液量，取 3 次量油结果平均值折算油井产量。

（2）称重式计量

根据翻斗容积、翻动次数与计量时间，折算油井日产液量，实现在线不间断自动计量

（3）U 型管积算仪连续量油装置

主要由积算仪、磁翻转液位计，电动执行器，RTU 等组成，分为油气分离和计量两大功能，利用积算仪配合磁翻转液位计，进行计量数据的自动采集和传输，通过 RTU 控制电动执行器，实现连续自动量油的功能，改进了以往人工记录液面上升时间、人工折算产液量的计量方法。

（4）自动计量装置

油井来液在离心力、重力及浮力作用下实现初步分离，分离的气、液进入平衡控制器实现再次分离并计量，浮子调节阀使漩涡气液界面上下压力平衡，实现控制器内液位和压差的自动控制。

（5）软件量油法

软件量油方式有两种，液面恢复法量油是指利用油井停机时段液面上升恢复速度来计算油井产出液量。功图法量油是指油井在一个冲次过程中，通过测量载荷位移变化得到地面示功图，再转换为泵功图，结合结蜡、气的影响、漏失、摩擦阻力、柱塞有效冲程等分析计算，得出油井单井产量。

对比以上几种计量方式，明确计量技术的主要优势和不足，结合数字化建设进行适应性分析，结果见表 1。

结合表 1，可以看出玻璃管量油人工劳动强度大，计量精度低，不能自动连续计量，因此无法满足数字油田精细化的管理需求，其余几种计量方式均能实现自动连续计量。综合考虑分离器体积、占地面积以及控制投资等因素，规划计量间基于现有量油方式上进行改造，阀组间新增连续计量装置，实现人工手动倒井自动连续计量。

表 1 油井计量技术在数字化建设中的适应性分析

计量技术	主要优点	主要缺点	数字油田的适应性分析
玻璃管量油	装置简单，经济耐用	操作复杂，人工读数，产液量波动大的井误差较大	自动化水平低，不能满足数字化转型的需求
自动量油	体积小，占地面积小	投资较高，流量计内部结垢影响计量精度	可实现在线连续自动计量，计量准确性较好，计量过程连续平稳，能够满足数字化转型的需求
称重式量油	计量、管理方便	长期工作易出现原油挂壁，维护成本高	可实现自动连续计量，能够满足数字化转型的需求
液面恢复法量油	计量方便	受液面恢复规律影响，人为因素影响较大	可实现自动连续计量，能够满足数字化转型的需求

续表

计量技术		主要优点	主要缺点	数字油田的适应性分析
功图法量油		计量、操作、管理方便	油井实际工况对产液量影响较大，维护成本高	可实现连续计量，自动化控制，能够满足数字化转型的需求
U 型管量油	分离器+倒 U 型管	改造简单，计量量程宽	计量筒污油挂壁影响计量准确性，投资成本高	可实现自动计量，能够满足数字化转型的需求
	分离器+刮板流量计	结构简单紧凑	计量范围受刮板流量计的量程限制	可实现连续平稳计量，能够满足数字化转型的需求
	分离器+翻斗流量计	结构简单紧凑	长期工作出现结蜡现象影响计量精度	可实现连续平稳计量，技术较为成熟，能够满足数字化转型的需求

3.2 基于 WIA-PA 技术的油井远程测控网络研究

通过使用基于 WIA-PA 技术的无线设备采集油井工况数据，通过近距离无线通信方式，发送至远程 RTU 再将数据传输给 WIA-PA 网关，最后至转油站数据服务器，实现了油井工况的自动监测，生产数据的采集传输，为数字油田生产精细化管理提供有效技术支撑。见图 1。

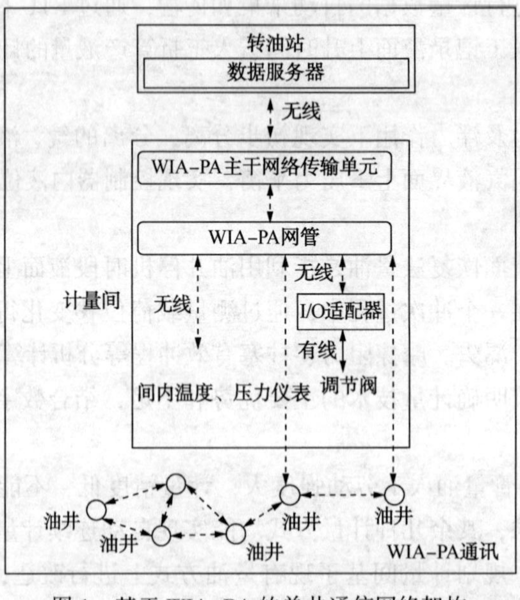

图 1　基于 WIA-PA 的单井通信网络架构

通过 WIA-PA 技术与采油生产工艺流程的融合，实现电参、油压、回油温度、冲程、冲次、载荷以及功图等生产参数的计量远传，根据监测数据综合分析油井工况，在无人值守情况下能够及时掌握单井运行状态的变化情况，提高了单井生产管理水平，大幅度降低了巡井工人的劳动强度。

4 数字化油田单井自动计量系统关键技术

单井自动计量系统的构建主要包括单井计量装置自动化改造、井间数字化建设和管控平台搭建三个方面，利用该系统实现电子巡井、电子执勤，数据传输共享的功能。

4.1 单井计量自动化

W 采油厂计量间的 4 种计量方式中，U 型管和自动计量装置可实现手动倒井自动量油，称重式计量装置通过多通阀实现了自动倒井自动计量，仅玻璃管量油不能实现自动计量。因此，在其原有量油方式基础上进行改造，主要改造思路为：将计量分离器上玻璃管液位计更换为磁翻转液位计，出口增加倒 U 型管线，积算仪的液位变送器通过夹子与液位计紧密接触并固定，分离器出气管线增加电动阀门，RTU 通过有线方式与积算仪和电动执行器等连接，实现人工倒井，自动量油的功能。

阀组间采用U型管计量、自动计量装置两种方式均可满足量油需要，U型管计量方式是目前油田标准化计量间在用的计量方式，自动计量装置目前未在油田公司大规模应用，若实现自动倒井，需安装电动阀门进行远程操控。主要改造思路为：新建RTU设备和计量流程，将油井自动计量装置安装在阀组间内，通过有线方式与RTU连接，单井或集油环来液通过计量汇管进入油井自动计量装置完成产液、产气量的计量。见图2。

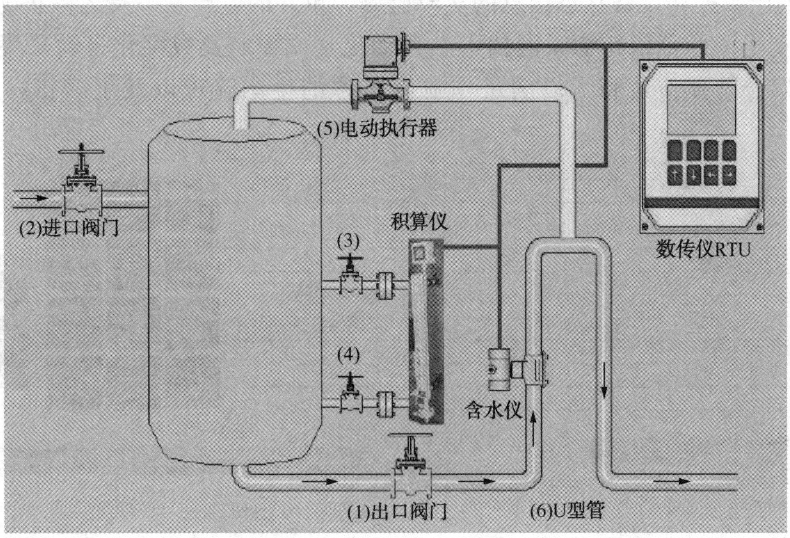

图2 U型管自动量油装置

4.2 井间数字化建设

抽油机井通过安装以下7种设备，实现油压、功图、电参的自动采集上传和远程启停井等功能。见图3。

(1) 井口RTU：配合应用井口扩音喇叭、电子眼等设备，实现抽油机井的自动启停，同时实现各类数据上传，加装金属安全护栏，保证启停机更具安全性。

(2) 抽油机停井报警仪：通过电子信号报警及时发现停机井，同时配合图片信号判断停机原因，为管理人员现场故障排查给予针对性提示。

(3) 电参采集器：该采集器可实时收集电流、功率数据，以此实时反应抽油机运转状态，方便制定平衡调整方案，检测用电情况，同时还可以实时监察油井盗电情况。电参变化还可以反应抽油机井的工况变化，配合功图进行井下工况异常判断分析，便于及时排查异常井。

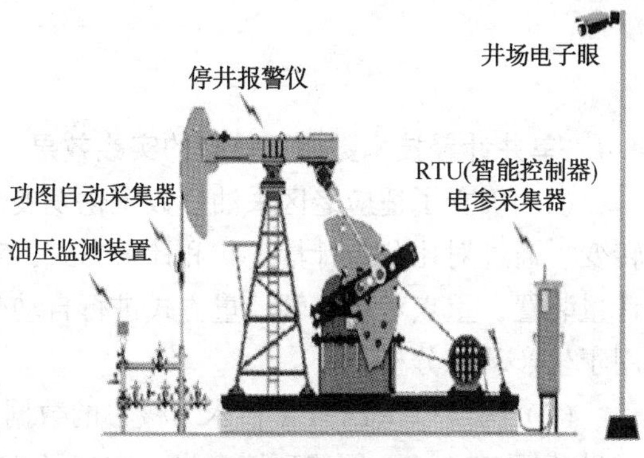

图3 抽油机井数字化设备布置图

(4) 井场电子眼：与抽油机井报警仪和智能控制器配合使用，起到巡查和安全防护作用，实现井场远程电子巡井，及时发现井口漏油、皮带烧等故障，提高管理水平。

(5) 功图自动采集器：通过功图实时采集直接反应井下工况变化，配合电参数变化等方式，可实时进行井下工况诊断。

(6) 井口动液面测试仪：按时自动测试动液面情况，实时监测生产能力，彻底解放低压测试班组。

(7) 油压监测装置：实时监测井口套压，干线回油压力，可反映井底结蜡情况、干线流通情况，保证油井正常生产。

计量(阀组)间通过增加WIA-PA无线温度变送器、WIA-PA无线压力变送器、WIA-PA智能远程自动采集与控制终端单元、防爆高清网络摄像机、WIA-PA 智能无线工业物联网关，实现单井回油温度、集油掺水汇管温度压力、视频信息自动采集上传。

4.3 数字化生产管控平台建设

按照总体设计、分步实施、基础先行、示范引领、迭代优化的原则，以满足生产监控需求为主要目标，打造集调度运行、生产预警、生产监控、智能分析于一体的综合性、数字化管控平台，实现了对油井区域生产数据和设备状态信息的实时监测、单井的生产状态及运行状况的实时管理，推进了计量结果的应用，平台依托物联网技术、自动化集成控制及数字化自动采集技术，便于作业区日常生产经营综合管控，达到了以满足作业区基本的生产管理以及生产指挥的阶段目标。见图 4。

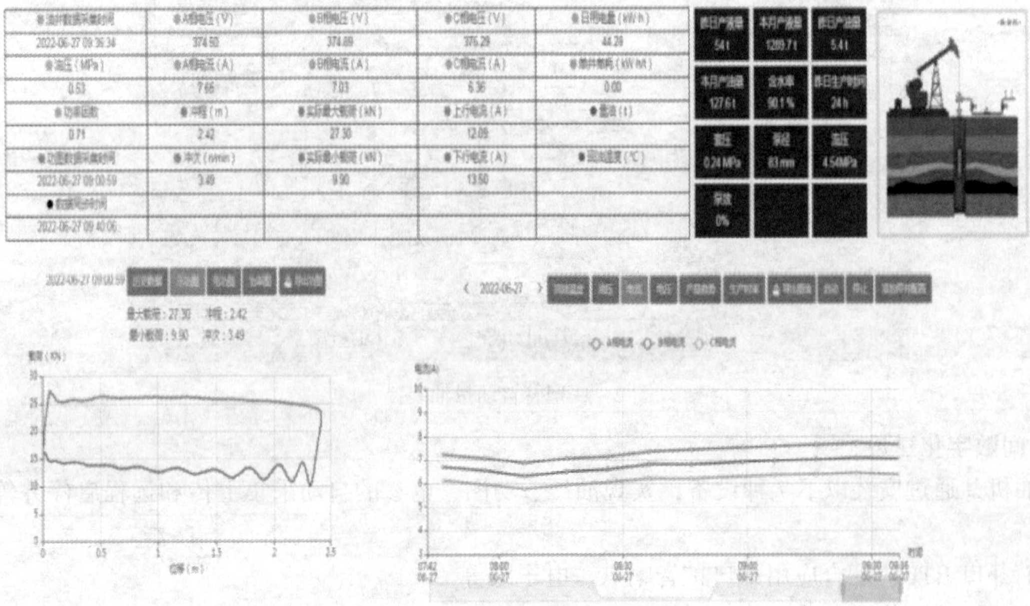

图 4　数字化生产管控平台

4.4 单井计量技术数字化转型的实践效果

(1) 确立了适应老区采油厂数字化发展需求的计量方式，推进了油井计量工作从人工化向自动化转变。通过对比分析计量现状和计量方式，对人工操作的计量间工艺流程进行改造，阀组间加装自动计量装置，重点对玻璃管计量方式进行自动化改造，从而实现单井产量的自动连续计量，计量结果应用于生产动态分析。

(2) 构建以 WIA-PA 技术为核心的数据采集控制系统，实现单井远程工况监测与实时数据采集。通过井场 WIA-PA 网络环境建设，实现了 4577 口油井数字化全覆盖，油井上线率达到 83.8%，系统的应用有效降低能耗和人工成本，提高油井生产故障预警能力，满足生产精细计量、快速反馈分析的需求，为生产经营提供准确、可靠、高质量的数据支撑。

(3) 通过搭建生产管控平台实现可视化管理和生产数据共享，规划集成 7 大模块功能，管控平台目前已汇集 4072 口油水井的动态监测信息，实现了粗放式管理向精细化管理的转变，为单井运行情况管理提供重要的决策参考。

5 结论

在数字油田建设的大背景下，随着生产精细管理和数据协同需求的不断增长，使得传统计量方式的不适应性日益凸显，计量技术的数字化转型是数字油田产量计量体系建设的前提和基础，本文通过分析数字化生产模式下的单井生产管理需求，形成单井计量改造思路，通过改造实现了生产参数自动化计量，抽油机井数字化管理，为老区油田数字化创新提供高效的数据支撑。

参 考 文 献

[1] 杨巍．单井计量技术的现状及发展[J]油气田地面工程，2009，28(9)：49-50.
[2] 张健，张岳峰，李秋莲，等．U 型管积算仪连续量油装置[J]仪表电气，2014，33(7)：84-84.
[3] 刘刚．工业无线网络协议的 WIA-PA 网络研究[J]技术应用与研究，2017(3)：14-15.
[4] 曹万岩，王庆伟．大庆油田计量间数字化建设模式探讨[J]石油规划设计，2019(6)：0032-0032.
[5] 高圣宏．大庆外围油田数字化建设模式探讨[J]中国石油和化工标准与质量，2018(1)：277-277.

作者简介：刘畅（1991—），女，工程师，东北石油大学，现从事仪表维护工作。电话：18246942323，邮编：163000，通信地址：黑龙江省大庆市第五采油厂数字化运维中心。

外夹式超声波流量计在大口径管线计量的应用

齐丽萍　陈　颖　杨　艳

（长庆油田（榆林）油气有限公司　陕西榆林　719000）

摘　要　上古天然气处理总厂设4套1500万方/天天然气处理主装置，装置设4路DN800取气管线，3路DN800还气管线，由于管线口径较大，综合技术经济比对，采用外夹式超声波流量计进行取还气计量，流量计运行整体平稳，但与上游计量比对存在较大的偏差。本文重点对流量计选型依据、运行情况进行了介绍，同时对引起计量偏差的原因进行了分析并提出了相对应的解决方案。

关键词　外夹式超声波流量计；压缩因子；计量偏差

1　引言

长庆油田上古天然气处理总厂依托长庆油田上古气藏天然气资源，采用深冷分离技术回收天然气中乙烷及以上轻烃组分。厂区占地面积850亩，主装置区设4套1500万方/天处理装置，由于总气量大，为减少占地，单路计量工艺管路设置也较大，目前国内还无应用DN600及以上涡轮、超声等大量程流量计，DN600及以上阀式孔板节流装置极少使用，投资成本高、运行检定困难；若按常规口径DN300考虑，一进一出400亿规模，超声/涡轮将至少使用26-30路，占地将增加3倍，投资高。

同时本工程采用“膨胀制冷”主体工艺，需尽可能减小上游压损，提高乙烷回收率。选用孔板等差压流量计正常计量时压损达将达到60kPa，经核算系统能耗需增加588kW/h，单套装置年运行费用增加235万元，四列装置年运行费用增加约940万，最终工艺进一步优化为4路DN800计量管路分别进4列主装置，3路DN800计量管路进行还气计量，计量设备采用外夹式超声波流量计。

2　选型依据

2.1　依据规范

根据GB/T 50349—2015《气田集输规范》，天然气输量计量系统准确度的要求应根据计量等级确定：一级计量应用于气田外输气的贸易交接计量，系统准确度根据天然气的输量范围不应低于表1的规定；二级计量应用于气田内部集气过程的生产计量，计量系统的允许偏差应为±5.0%；三级计量应用于气田内部生产和生活计量，计量系统的允许偏差应为±7.0%。

表1　一级计量系统的准确度等级

设计能力 q_n/(m³/h)（标准参比条件）	q_n<1000	1000<q_n<10000	10000<q_n<100000	q_n>100000
准确度等级	C(3%)	B(2%)	B(2%)或A(1%)	A(1%)

上古天然气处理总厂取还气计量，隶属于气田内部集气过程的生产计量，属于二级计量。进厂计量主要是对4列主装置的处理量进行分配计量与控制，出厂计量主要是进行总量校核。

按照GB/T 50349—2015《气田集输规范》规定，二级计量系统可参照GB/T 18603—2014《天然气计量系统技术要求》B级(2.0%)确定配套仪表准确度，流量计最大允许误差1.2%，系统最大允许误差2.0%。计量系统配套仪表准确度见表2。

表 2 计量系统配套仪表准确度

参数测量	最大允许误差		
	A 级	B 级	C 级
温度	0.5℃(注)	0.5℃	1.0℃
压力	0.2%	0.5%	1.0%
密度	0.35%	0.7%	1.0%
压缩因子	0.3%	0.3%	0.5%
在线发热量	0.5%	1.0%	1.0%
离线或赋值发热量	0.6%	1.25%	2.0%
工作条件下体积流量	0.7%	1.2%	1.5%
计量结果	1.0%	2.0%	3.0%

2.2 选型比对

取还气管线流量计的选择既要满足每年 200 亿方的处理量要求，又要满足费用投资合理的要求，结合国内大流量天然气计量流量计的应用，考虑采用四种流量计进行计量。

2.2.1 阀式孔板流量计

阀式孔板流量计通过间接测量流过孔板的天然气压力、差压和温度等参数②按经验公式计算出天然气体积流量。孔板流量计常用口径为 DN50～DN500，准确度等级为 1.0%～1.5%，允许误差范围内典型量程比为 3∶1。孔板流量计安装要求严格，安装不好易造成附加误差，且孔板需定期检查清洁或更换。

以 400 亿方年处理量进行配置方案，DN500 口径需要安装 18 台，处理量为 600 万方/天；DN400 口径需要安装 22 台，处理量为 400 万方/天。包含前后阀门及配套管路，预估投资费用为 1600 万，

2.2.2 气体涡轮流量计

气体涡轮流量计是根据涡轮转动角速度与气体流速成正比的关系进行测量的，常用口径为 DN50 至 DN400，准确度等级≤0.5%，允许误差范围内典型量程比为 30∶1。如果天然气中夹带液体，可能会有腐蚀、结垢，润滑油被稀释，转子出现不平衡。

以 400 亿方年处理量进行配置方案，DN400 口径需要安装 26 台，处理量为 500 万方/天；DN300 口径需要安装 42 台，处理量为 300 万方/天。包含前后阀门及配套管路，预估投资费用为 3900 万。

2.2.3 管道式超声波流量计

管道式超声波流量计是根据超声脉冲在顺逆流条件下传播时间差与流量成正比的关系进行测量的，常用口径为 DN100～DN400，准确度等级≤0.5%，允许误差范围内典型量程比为 30∶1。超声波流量计为法兰连接、安装简单，且维护量小。

管道式超声波流量计需要配置流量计算机，流量计算机通过采集现场压力、温度以及色谱分析仪测得的天然气组分数据，计算气体压缩因子，再通过与工况体积流量进行精确修正，从而得到标况体积流量。

以 400 亿方年处理量进行配置方案，DN400 口径需要安装 16 台，处理量为 900 万方/天；DN300 口径需要安装 26 台，处理量为 500 万方/天。预估投资费用为 2400 万，包含前后阀门及配套管路。

2.2.4 外夹式超声波流量计

外夹式超声波流量计测量原理与管道式超声波流量计一致，常用口径为 DN100 至 DN1600，准确度等级为 1.0%～1.5%，允许误差范围内典型量程比为 30∶41。外夹式超声波流量计通过检测超声波信号的变化来获取流量信息，能够实现快速、准确计量流量，但其安装要求严格，安装不好会使得信号失真，导致计量误差较大。

以 400 亿方年处理量进行配置方案，按工艺管路划分需要 8 台，不分口径。预估投资费用为 300 万。

2.2.5 比对小结

经以上4种管道常用流量计技术经济对比，上古天然气处理总厂取还气管线计量采用了外夹式超声波流量计。外夹式超声波流量计一是计量精度满足二级计量技术指标；二是不受计量管径限制且可减少工艺管路降低成本低；三是量程比大且具有无压损、维护工作量低等优点。为了最大限度提高计量精度、减少纠纷，流量计采用双声道，计量精度±1%，以提高流量计对流态的适应性及气体流速测量的准确性。

3 流量计的应用情况

外夹式超声波流量计具有非接触计量、低压损、测量宽等优点，自上古天然气处理总厂2020年10月投产至今，在装置运行正常时，流量计运行整体平稳，且每日的消耗气量和液烃产量都较为稳定，如图1所示。

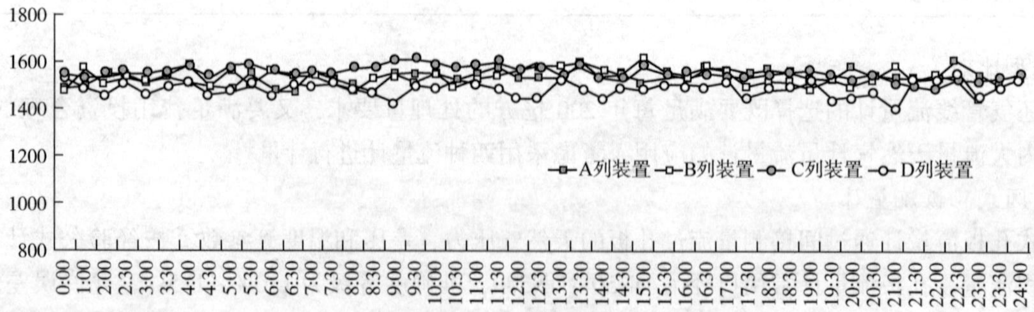

图1 四列主装置外夹式超声波流量计24h运行曲线

上古天然气处理总厂主要采用外夹式超声波流量计作为交接计量器具，以取气、还气量以及上古天然气处理总厂自用气、下游单位燃料气量的差值作为日交接气量。气量签认每日一次，每日早8：00为签认时点，日交接气量为自北京时间当日上午8：00整开始，到下一日上午8：00整结束，24h的取气量减去还气量。

目前上古天然气处理总厂交接气量对比上游供气方计量交接气量存在较大的偏差，表3是2021年上古天然气处理总厂与上游供气方气量损耗月度对比表，从表中可以看出上游供气方气量损耗始终大于下游上古天然气处理总厂气量消耗，双方损耗偏差平均33.39万方/天，对此产生了一定的争议。见图2。

表3 上古天然气处理总厂与上游供气方气量损耗月度数据对比(单位：万方/天)

时间	供气方取气	供气方还气	供气方损耗	用气方取气	用气方还气	用气方损耗	供气方—用气方损耗偏差
2021年1月	6354.52	6269.89	84.64	5857.51	5806.35	51.16	33.48
2021年2月	6302.12	6215.84	86.28	6218.47	6161.35	57.11	29.17
2021年3月	6338.46	6209.46	129.00	6174.65	6083.62	91.03	37.97
2021年4月	6274.58	6126.78	147.80	6202.59	6088.24	114.35	33.45
2021年5月	6129.93	5961.42	168.52	6062.44	5930.94	131.49	37.02
2021年6月	6134.35	5989.01	145.34	5571.55	5443.25	128.30	17.04
2021年7月	5527.50	5356.82	170.68	5415.35	5287.50	127.85	42.82
2021年8月	4906.21	4662.49	243.72	4661.31	4445.32	215.99	27.73
2021年9月	4841.19	4593.43	247.77	4908.58	4694.05	214.52	33.24
2021年10月	4622.99	4369.25	253.74	4935.75	4688.02	247.73	6.01
2021年11月	5739.60	5451.06	288.54	5755.32	5493.63	261.69	26.85
2021年12月	6133.03	5767.57	365.46	6071.96	5773.71	298.25	67.21

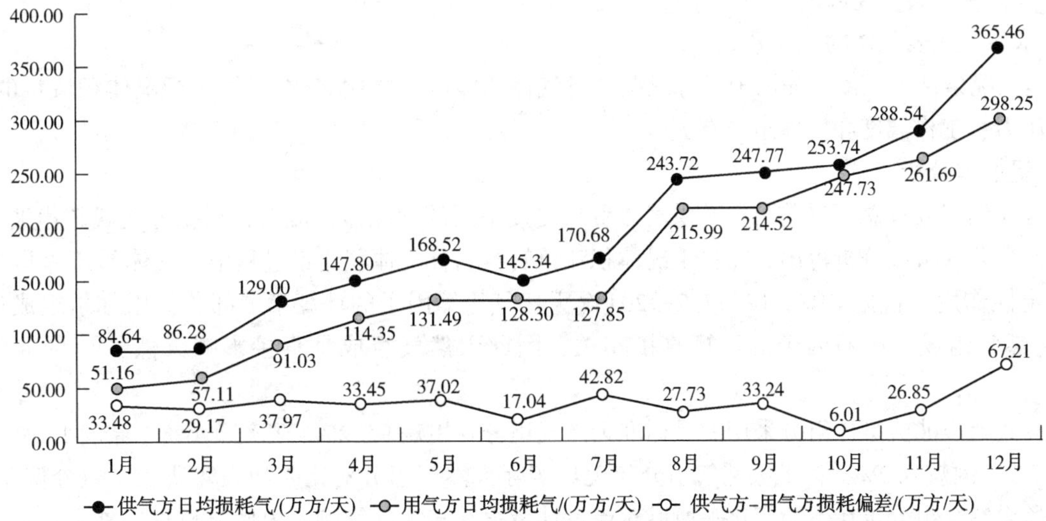

图 2　上古天然气处理总厂与上游供气方气量损耗月度数据对比

4　计量偏差分析

4.1　超声波流量计原理概述(图 3)

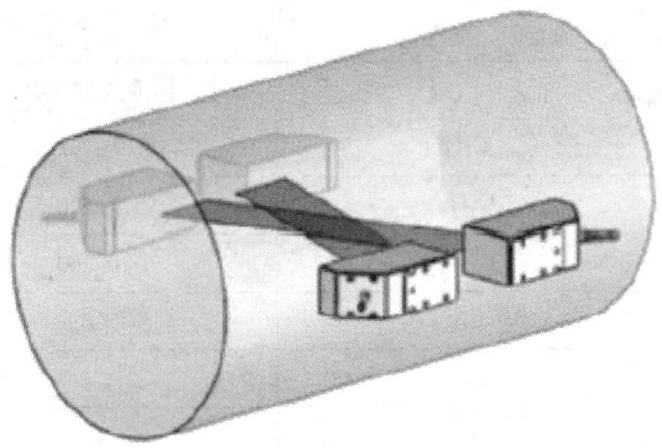

图 3　外夹式超声波工作原理图

外夹式超声波流量计利用传播时差相关原理测量介质的流速。流量计通过两对换能器发送和接受声波信号，如果介质移动，在介质中传播的信号就会随着流动而移位。这个位移导致信号在流动方向上的距离减小，而信号在接收传感器的楔状内的流动方向上的距离增加，这导致了运输时间的改变。信号在流动方向上的传播时间比逆流动方向的时间短，这个传播时间差与平均流速成正比，介质的流速计算如下：

$$v=k_{\mathrm{Re}}\cdot k_{\mathrm{a}}\cdot\frac{\Delta t}{2t_{\mathrm{fl}}}\tag{1}$$

式中　v——介质的流速；

k_{Re}——流体力学校正系数；

k_{a}——声音校正因子；

Δt——传播时间差；

t_{fl}——介质中的传播时间。

工况体积流量是由流速 v 和管道截面积 A 的乘积，公式如下：

$$\dot{V}=v\cdot A\tag{2}$$

式中　$\dot{V}$——代表工况体积流量，m^3/h。

在计量过程中，温度和压力对天然气的体积流量有很大的影响。现场通过压变和温变将测量实际值，传输至流量计表头进行计算，将工况体积流量转换为标况体积流量：

$$\dot{V}_{\mathrm{N}}=\dot{V}\cdot\frac{P}{P_{\mathrm{N}}}\cdot\frac{T_{\mathrm{N}}}{T}\cdot\frac{1}{K}\tag{3}$$

式中　$\dot{V}_{\mathrm{N}}$——标况体积流量(压力为 101. 325kPa，温度为 293. 15K)体积流量，m^3/h；

P_{N}——标况压力，MPa；

T_{N}——标况温度，K；

P——代表工况压力，MPa；

T——代表工况温度，K；

K——代表气体的压缩系数。

K 是工况条件下气体压缩因子与标况条件下气体压缩因子之比 Z/Z_N。用于标况体积流量的计算，与工作压力、工作温度和气体组分有关。

4.2 计量偏差分析

上古天然气处理总厂目前与上游供气方贸易交接采用的标况体积流量，根据外夹式超声波的工作原理及计算公式可以分析得出，在将工况体积流量转换为标况体积流量过程中，气体的压缩压缩因子起着决定性作用。根据 GB/T 17747.2—2011《天然气压缩因子的计算第二部分：用摩尔组成进行计算》，天然气组成与压缩因子的计算直接相关，因此天然气组成是直接影响天然气计量准确性的因素。

外夹式超声波流量计组分采用的是标准天然气组分：甲烷 95.2%、乙烷 2.6%、氮气 1.3%，二氧化碳 0.7%、丙烷 0.2%，标准天然气组分与现场实际天然气组分对比表如表 4 所示，组分偏差较大，而且现场天然气组分也在不断变化，所以对流量计量存在较大的影响，由此分析得出外夹式超声波流量计在上古天然气处理总厂应用的过程中，计量偏差主要来源于天然气的组分。

表 4 标准天然气与实际天然气组分对比表

大然气组分	标准天然气组分	实际天然气取气组分	实际天然气还气组分
CH_4	95.200	92.240	97.546
C_2H_6	2.600	4.513	0.347
C_3H_8	0.200	0.904	/
iC_4	/	0.160	/
nC_4	/	0.137	/
iC_5	/	0.067	/
nC_5	/	0.027	/
C_6	/	0.011	/
C_7	/	/	/
He	/	0.050	0.048
H_2	/	0.014	0.015
N_2	1.300	0.839	0.873
CO_2	0.700	1.040	1.171
硫化氢含量/(mg/m^3)	/	/	/
汞含量/(ng/m^3)	/	/	/

上古天然气处理总厂 2021 年 1 月份取气压力为 4.39MPa，温度为 14.34℃，还气压力为 4.41MPa，温度为 30℃。根据 GB/T 17747.2—2011《天然气压缩因子的计算第二部分：用摩尔组成进行计算》，并依据当前月份化验分析的天然气组分，可以计算得出当前工况与标况下气体压缩因子，如表 5 所示：

表 5 不同天然气组分对应的压缩因子

样品名称	采用标准天然气组分		采用实际天然气组分	
	取气	还气	取气	还气
工况压缩因子 Z	0.9103	0.9355	0.9003	0.9308
标况压缩因子 Z_N	0.9980	0.9980	0.9978	0.9981

上古天然气处理总厂2021年1月份取气量平均为5857.51万方/天，还气量平均为5806.35万方/天，对压缩因子进行修正后可以计算得出，修正后的取气量平均为5921.39万方/天，还气量平均为5836.26万方/天。修正后，供气方损耗与上古处理厂用气量偏差由33.48万方/天降至-0.49万方/天，详见表6。

表6　修正压缩因子后双方气量损耗对比

压缩因子修正	上古取气	上古还气	上古用气量	上游供气方损耗	供气方损耗—上古用气
修正前	5857.51	5806.35	51.16	84.64	33.48
修正后	5921.39	5836.26	85.13		-0.49

从上述可以看出，在大流量天然气计量过程中，不同的天然气组分对计量存在较大的影响。

5　计量偏差修正

针对以上情况，建议采取以下措施，可以有限的修正计量偏差：

（1）修正天然气压缩因子

天然气组分是流量计算的重要参数，不同的天然气组分可以引起较大的计量偏差，对此采取在上位系统增加流量积算仪，将外夹式超声波流量计的工况瞬流作为输入值，通过定期录入化验分析得出的天然气组分，计算得出天然气压缩因子，最终计算出标况瞬流，可以有效修正计量偏差。

（2）修正流量计系数

以较为准确的上、下游计量数据作为参考标准，并根据GB/T 17747.2—2011计算的压缩因子，可以计算出标况体积流量的修正系数，通过定期将流量修正系数录入计算机系统，可达到消减计量偏差的目的。

（3）加强流量计维护

外夹式超声流量计的安装调整对计量系统的准确性有较大影响，流量计在正常工作期间，根据生产工艺定期、不定期开展切换支线流程开展流量比对测试以及计量系统维护工作，以确保计量系统的准确、稳定运行。

6　结论

从流量计目前在上古天然气处理总厂的应用情况来看，外夹式超声波流量计可以应用于大口径流量的监测计量，且运行比较平稳，但不适宜应用到贸易计量。虽然可以通过修正压缩因子系数等措施，缩小计量偏差，但大口径外夹式超声波流量计的检定无法得到保证，不能做到真正意义上的贸易计量准确和公平公正。

目前，国内各石油天然气大流量计量站均无法标定DN800管径的流量计，最大只能标定DN400管径，DN300~DN400管径的气体双通道外夹式流量计的实流检定费用每台近12万元，且等待检定时间较长。上古天然气处理总厂外夹式超声波流量计最终采用的空气在DN300管径上进行的校准，但在DN300的管径上做校准后，安装在DN800管径上使用，无法保障校准质量和精度。

参　考　文　献

［1］雷励，赵普俊，刘伟．天然气流量计系统的检定和校准[J]．天然气工业，2002，22(4)：73~75.

［2］GB/T 18603—2014天然气计量系统技术要求．

［3］张根才．超声波流量计在天然气战场运行中计量输差分析[J]．中国石油和化工标准与质量，2021，12：130~131.

［4］王浩．超声波流量计工作原理及减小计量误差方法[J]．科学技术创新，2020，28：33~35.

［5］苏祥伟．组分分发管理系统在天然气计量的应用[J]．煤气与热力，2021，12(41)：37~39.

作者简介：齐丽萍(1988—)，女，中级工程师，毕业于中国石油大学(华东)，现从事计量工作。电话：14727820532，邮编：719000，通信地址：陕西省榆林市榆阳区芹河镇马家峁西红墩村。

油田开发前端含水分析技术研究与应用

刘 辉 郭绍忠 王奋寿

（长庆油田分公司第十采油厂 甘肃庆阳 745100）

摘 要 目前长庆油田缺少适用于单井、井组原油含水在线分析计量手段，单井原油含水方法都是传统的蒸馏法和离心法，二者存在操作过程复杂、人为影响因素多、分析效率低，测定结果需手动录入，数字化管理程度低，造成人员紧张、劳动强度大。本文结合实际，研发一套油田开发前端含水分析系统，实现井口油样含水检测在线取样、自动分析、数据实时传输，便于生产单位掌握油田产量状况，对制定下步生产方案具有实际意义。

关键词 单井；原油含水自动分析

1 引言

目前，国内外分析测量原油含水率的常用方法有：蒸馏法、离心法、电脱水法、密度计法、γ射线分析法、射频导纳、短波法等分析方法，前两种分析原油含水的方法都因其固有的缺陷而不适宜此项目的研究应用。电脱水法需要用到高压发生器、且测定时间长；密度计法受油井产纯油和矿化水的密度取值、温度补偿、密度计结垢等影响较大；γ射线分析法由于γ射线对人体有伤害不适宜应用；射频导纳分析法只能对混合均匀的中底含水原油进行较精确测量，各类检测技术相对成熟，且在油田规模应用，但以上分析方法适合实验室、现场临时分析，不能做到井口实时监测，鉴于此，我们开展了油田开发前端含水分析技术研究，设计了一套油田开发前端含水分析系统，根据不同油井的生产情况，在油井井口开展全量程快速准确测量原油含水，数据自动检测、远传，单井、井组按需切换测定原油含水，可以在第一时间为油田开发部门提供准确、及时、可靠的油藏工程资料，同时降低岗位工人的劳动强度，提升油田的生产管理水平。

1.1 油田开发前端含水分析技术概述

油田开发前端含水分析技术运用介质截留、自动加热和切换、短波分层扫描检测技术，利用绿色环保、对人体无辐射的短波在油、水和空气中介电常数不同，吸收的能量也不同的原理进行原油含水率检测，并利用控件进行端口通讯编程，以实现数据采集系统与智能检测系统之间的通讯，具备含水分析数据、单位、日期、层位等相关信息的自动上传并保存在数据库。

1.1.1 装置组成

该装置由测量管道、加热系统、检测探头、旁通管道、电动控制单元组成(图1、图2)：

测量管道：测量时，根据设置截留静置；不测量时，进出口阀门联通测量管道，被测液体从测量管段中流通，循环进入生产管线。

加热系统：加热分层，实现油、水、气分层。

检测探头：40个探头对油、水、气三层进行逐层扫描，精确计算含水率，自动分析气液比。

旁通管道：介质通过的与主管线并联的管道，方便维修、应急。

电动控制单元：实现含水检测过程中的截留、加热和切换。

1.1.2 检测原理

油田开发前端含水分析仪总体上由两段互为旁通的管段组成，其中一个管段中设有测量探头，称为测量管段，另外一段没有测量探头，称为旁通管段。测量管段和旁通管段自动切换。测量过程由以下几个步骤组成：切换取样，初步测量分析，加热分层，含水率分层扫描测量，计算综合含水。液流通道切换到旁通管段的同时，原来流经测量管段的介质被截留，可按设定的任意时间间隔静置、加

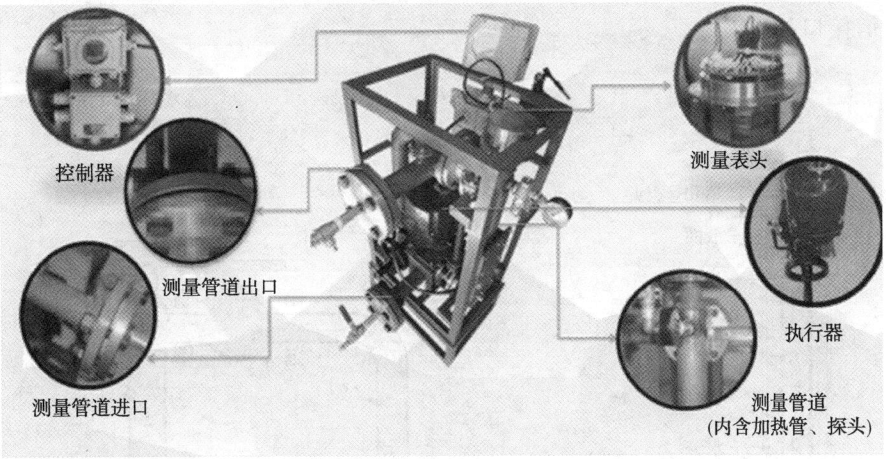

图 1 油田开发前端含水分析仪内部结构图

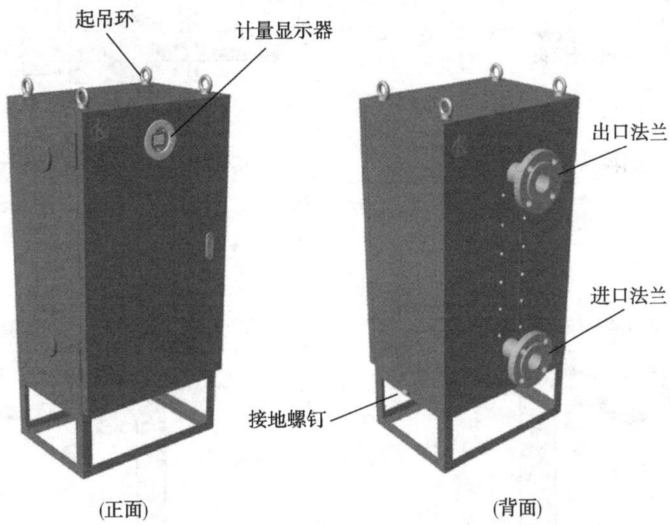

图 2 油田开发前端含水分析仪外部结构图

热、分层、扫描测量。由于具备了相对静态的测量环境，气液及杂质分层时间可根据实际需要设置，同时伴有加热辅助，因此可以取得很好的测量环境。根据油况不同，一天可取 30~60 组含水数据。

1.1.3 主要计量设备

检测探头：利用绿色环保、对人体无辐射的短波在油、水和空气中介电常数不同，吸收的能量也不同的原理进行原油含水率检测。传感器由多个以 10mm 为一独立单元的单点发射极串联组成，其规格是 ϕ38×550mm(其结构见图 3~图 6)。

1.1.4 井组切换功能

油田开发前端含水分析仪可以安装在多通阀工艺流程的后面，完成对多路单井来液的含水率测量。多通阀控制系统给出位置信号到仪表，仪表获取该位置信号并自动切换参数，以适应不同的单井，多通阀控制系统与含水仪之间通过 6 芯或 5 芯信号电缆连接。

油田开发前端含水分析仪与多通阀控制系统可以通过 RS485 通信和编码器两种方式实现通道切换信号反馈，RS485 通信采用 MODBUS_RTU 协议，编码器通过 4 路状态信号(S1~S4)连接，4 路高低(或通断)状态总共可以表示 1~16 个多通阀位置号。

1.1.5 数据采集系统

数据采集系统采用 32 位 ARM Cortex-M3 核心的主控 MCU 来完成信号采集、运算、存储、人机信息交互、显示驱动、控制输出、数据传输等工作，主频为 72MHz，显示采用 5 寸分辨率 800×480 的

65K 彩色 TFT 液晶显示屏，采用低功耗技术设计，温度特性较好，可适用于-20～70℃的环境。采集、控制输出及通信接口如表 1。

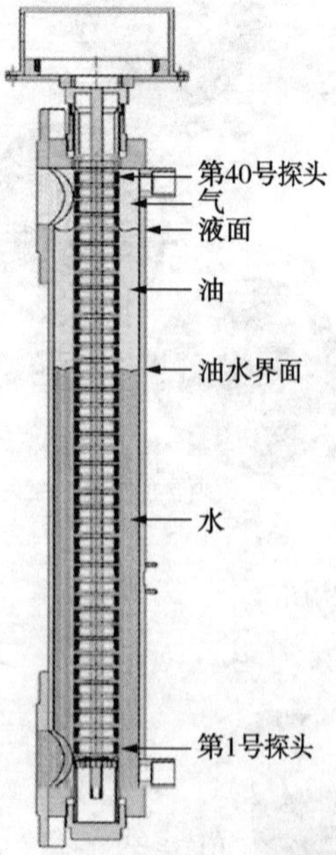

图 3　检测探头图

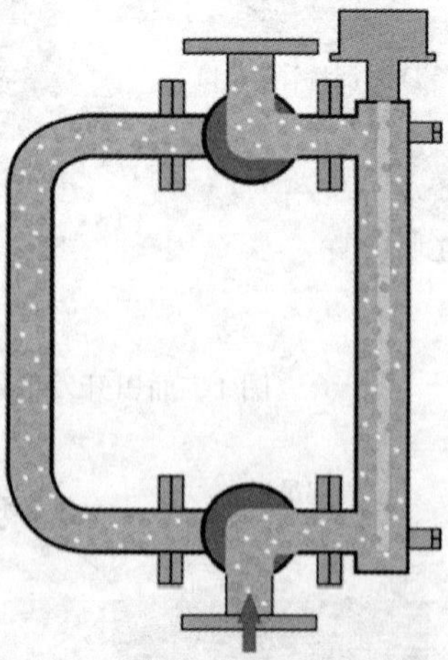

图 4　介质流经测量管道示意图

注：不测量时，进出口阀门联通测量管道，被测液体从测量管段中流通，循环进入生产管线。

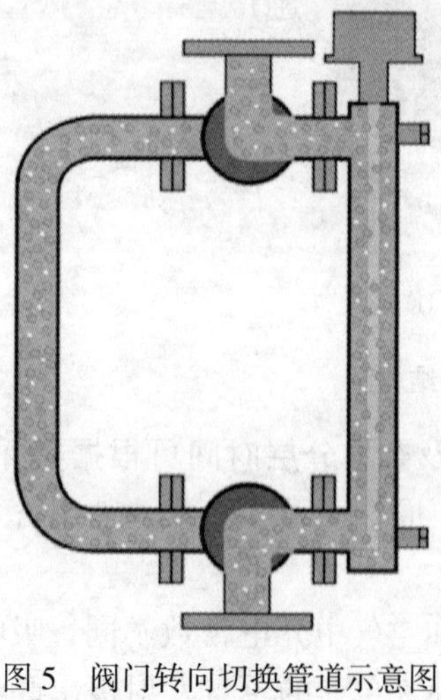

图 5　阀门转向切换管道示意图

注：进行测量前，自动转换阀门，联通旁通管道，被测量液体从旁通管道循环进入生产管线，不影响生产运行。

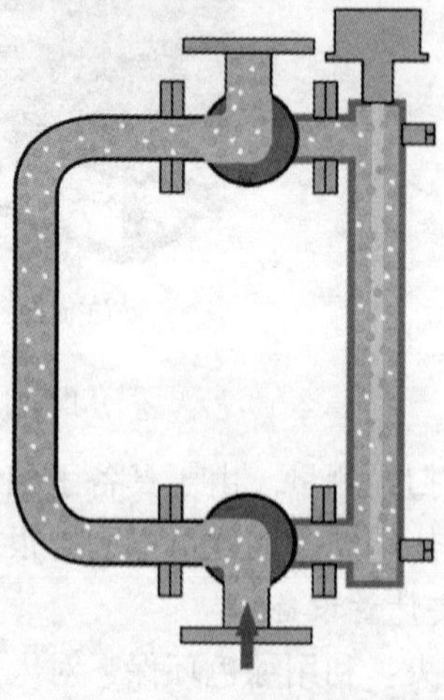

图 6　截留取样加热分层检测示意图

注：被测量液体从旁通管道循环进入生产管线，不影响生产运行，而测量管段中截留的液体会被自动加热分层，传感器分层扫描测量，结果更精确。

表 1　采集、控制输出及通信接口表

	信号类型	名称	参数	信号处理方式
输入	数字信号(2 路)	流量	0～10v 方波	调理后计数
	模拟量(4 路)		4～20mA	I-V 转换后进行 A/D 转换
输出	数字信号(1 路)	控制输出	0～10v 电平	
通信	差动信号(3 路)	RS485(3)	通信协议	标准 Modbus 协议及相关设备通信协议

1.1.6 主要技术指标

流量范围：0%~100%；

含水率相对误差：≤±3%；

环境温度：(-40~65)℃；

额定压力：2.5MPa；

耐压试验压力：4.0MPa；

供电：220VAC±15；

信号输出：(4~20)mA。

2 室内实验

2.1 标样分析(表2)

标样试验：

油样：联合站净化油；

水样：油田采出水混合样；

试验方法：配兑含水(体积比)为10%、20%、30%、40%、50%、60%、70%和80%的标准样，乳化混匀后，分别采取蒸馏法、离心法和油田开发前端含水分析仪进行含水测定，对比确定不同方法的测定结果。

表2 标样对比分析

样品	配兑比例			蒸馏法		离心法		油田开发前端含水分析仪	
	净化油/mL	采出水/mL	理论含水/%	含水率/%	误差/%	含水率/%	误差/%	含水率/%	误差/%
1	450	50	10.0	9.6	-0.4	9.5	-0.5	10.6	0.6
2	400	100	20.0	21.0	1.0	17.6	-2.4	22.0	2.0
3	350	150	30.0	31.0	1.0	28.0	-2.0	31.2	1.2
4	300	200	40.0	40.5	0.5	37.0	-3.0	40.9	0.9
5	250	250	50.0	52.4	2.4	48.0	-2.0	50.5	0.5
6	200	300	60.0	61.0	1.0	58.0	-2.0	61.6	1.6
7	150	350	70.0	71.4	1.4	69.0	-1.0	70.8	0.8
8	100	400	80.0	82.3	2.3	80.8	0.8	81.5	1.5
误差平均值					1.2		-1.5		1.1

经测定后可以看出，蒸馏法测出的含水率较标准样偏高，误差在-0.4%~2.4%之间，分析其原因应该是净化油内未脱出低含水导致；离心法测出的含水率较标准样偏低，误差范围在-3.5%~0.8%之间；油田开发前端含水分析仪测出的含水率较标准样略偏高，但测定过程中仪器测定性能保持稳定，误差范围在0.5%~2.0%之间，可以通过仪器校准满足含水测定要求。

2.2 原油含水稳定性实验

选取采油厂各作业区油样20口，验证油田开发前端含水分析仪稳定性，结果见表3。

表3 原油含水稳定性实验

序号	井号	测定结果/%					波动范围
		第一次	第二次	第三次	第四次	第五次	
1	元A-1	12.1	12.1	12.1	12.1	12.0	0.1
2	怀A-2	6.0	5.8	5.6	5.8	5.8	0.0
3	元东A-3	36.2	36.5	36.4	36.8	37.0	-0.2

续表

序号	井号	测定结果/%					波动范围
		第一次	第二次	第三次	第四次	第五次	
4	怀 A-5	48.1	48.0	48.1	48.0	48.1	-0.1
5	怀 A-6	70.4	70.7	70.9	70.8	70.8	0.0
6	元 A-7	68.4	68.8	68.7	68.7	68.7	0.0
7	元 A-8	93.7	93.7	93.7	93.7	93.8	-0.1
8	元 A-9	56.1	56.6	56.6	56.5	56.6	-0.1
9	元 A-10	15.6	15.7	15.1	15.3	15.1	0.2
10	元 A-11	28.3	28.2	28.2	28.4	28.3	0.1
11	怀 A-12	47.0	47.1	46.4	46.7	46.3	0.4
12	庆平 A-13	19.0	19.2	19.2	19.2	19.0	0.2
13	元 A-14	8.4	8.4	8.4	8.3	8.4	-0.1
14	白 A-15	26.6	26.5	26.7	26.5	26.6	-0.1
15	元西 A-16	33.5	32.8	32.6	32.4	32.8	-0.4
16	元 A-17	54.2	54.2	53.9	54.1	54.1	0.0
17	白 A-18	67.0	67.5	67.4	67.5	67.4	0.1
18	元 A-19	72.2	72.1	72.0	72.2	72.1	0.1
19	元 A-20	81.2	81.2	81.2	81.7	81.2	0.5
20	元 A-21	91.2	91.3	91.3	90.9	91.2	-0.3
平均值							0.2

从实验结果可以看出，油田开发前端含水分析仪在测量低含水时，测量结果波动范围稍小于高含水的测量波动范围，但测量结果总体在1%以内波动，平均波动为0.2%，可以断定稳定性较好，符合测量稳定性要求。

2.3 室内实验结果分析

(1) 通过数据分析，绝大部分数据<2%，该技术具备油田前端含水检测能力，对油田单井和井组含水情况都能及时捕捉、跟踪，实现油田开发前端含水测量。

(2) 含水测量误差在2%以内，是由于采用油水静态分离后，测量探头对油水界面和油气界面测量精度造成的。

3 现场试验

采用油田开发前端含水分析仪和离心法分别对作业区不同区块单井油样进行对比检测、分析，结果见表4。

表4 油田开发前端含水分析仪和离心法检测数据对比

序号	井号	含水率/%		误差/%	序号	井号	含水率/%		误差/%
		离心法	油田开发前端含水分析仪				离心法	油田开发前端含水分析仪	
1	白 B-1	9.0	7.5	-1.5	19	元西 B-19	29.4	32.8	3.4
2	元 B-2	17.4	20.5	3.1	20	白 B-20	23.7	25.0	1.3
3	元 B-3	28.6	27.3	-1.3	21	白 B-21	38.3	37.1	-1.2
4	元 B-4	48.9	50.6	1.7	22	白 B-22	46.7	48.2	1.5

续表

序号	井号	含水率/%		误差/%	序号	井号	含水率/%		误差/%
		离心法	油田开发前端含水分析仪				离心法	油田开发前端含水分析仪	
5	白 B-5	78.8	77.2	-1.6	23	白 B-23	79.4	81.3	1.9
6	元 B-6	75.8	76.5	0.7	24	白 B-24	98.0	96.7	-1.3
7	元 B-7	92.9	92.7	-0.2	25	白 B-25	92.4	93.5	1.1
8	元西 B-8	92.4	93.5	1.1	26	白 B-26	95.2	96.6	1.4
9	怀 B-9	7.6	5.9	-1.7	27	白 B-27	94.7	93.7	-1.0
10	怀平 B-10	8.8	10.4	1.6	28	白 B-28	78.9	78.2	-0.7
11	元 B-11	25.6	27.5	1.9	29	白 B-29	63.4	63.5	0.1
12	元 B-12	35.1	37.0	1.9	30	白 B-30	56.2	57.6	1.4
13	里平 B-13	57.4	57.1	-0.3	31	元东 B-31	32.5	30.8	-1.7
14	怀 B-14	75.8	75.6	-0.2	32	元东 B-32	74.3	75.3	1.0
15	元 B-15	86.8	86.8	0.0	33	元东 B-33	29.7	28.3	-1.4
16	怀 B-16	92.3	92.0	-0.3	34	庆 B-34	41.4	39.6	-1.8
17	元 B-17	11.6	13.6	2.0	35	庆 B-35	62.3	63.4	1.1
18	元 B-18	9.6	8.1	-1.5	36	元东 B-36	38.8	36.9	-1.9

数据分析如下：

（1）在选取的36组具有代表性的对比数据中，两种方法结果的差值小于1.5%的有20个，占全部油样的比例是55.6%；差值在1.5%至2%之间的有14个，占全部油样的比例是38.9%；差值大于2%的有2个，占全部油样的比例是5.6%。

（2）系统检测结果高于离心法的有19个，低于离心法的有17个，而两种方法平均误差仅1.41%。

（3）在中高含水段即井口单井取样检测含水时用油田开发前端含水分析仪检测比用离心检测更符合实际情况，即更准确。

4 经济效益评价(表5)

表5 油田开发前端含水分析与常规分析方法对比表

分析方法	设备	人员	分析时间/min	轻质油用量/(kg/年)	操作步骤/个	适用范围	环境污染风险	成本/(万元/年)
常规分析	原油含水分析仪1台；循环水冷却仪1台；恒温水浴仪1台；玻璃仪器若干	专职化验员	40	2050	12	化验室	中	27.3
油田开发前端含水分析系统	油田开发前端含水分析仪1台	专兼职人员	3	无	3	采油现场	无	10.0

常规分析方法：化验室配备离心法原油含水分析仪1台，费用7万元；配备循环水冷却仪1台，费用1.5万元；配备恒温水浴仪1台，费用0.4万元；各类玻璃分析仪器，费用0.2万元；轻质油费用0.2万元；配备1名工作人员，人工成本：1人×18万元/年/人=18万元/年；合计27.3万元。

油田开发前端含水分析系统：配备该仪器1台在线校准装置，费用10.0万元/；由井区、站点技术员或大班岗位兼职分析，不需配备专职化验员。

单套节省费用：27.3-10.0=17.3(万元)，降本增效效果明显。

5 结论与认识

油田开发前端含水分析系统的自动化程度高、节约人力物力、消除了安全隐患、减轻了劳动强度；由于是全样品检测，无须进行摇匀和二次取样，不存在过程误差及二次取样误差；不存在离心法中离心不充分的问题；不受油水分布状态影响；油田开发前端含水分析仪是针对油水混合物不均匀易分层的性质，提出的分层检测理论；传感器有40节，传感器插入含水仪表量筒内，逐点检测原油样品的含水率，最后以40个数据的平均含水作为所测样品的含水率，从而使检测出的单井含水更接近真实值；油田开发前端含水分析仪安装在单井井口，与油田的数据库对接，可以上传含水分析结果、井号、取样日期、取样单位等信息至数据库，供各级管理人员查阅，可减少中间环节及人为误差，更适合大规模井口油样含水数字化分析工作。

参 考 文 献

[1] 王辉．原油含水化验分析计量方法的探讨与研究《中国化工贸易》，2015，33(20)：275-275.

[2] 于海丽．原油含水测量中含水分析仪的应用研究[J].《中国市场》，2016(2)：52-53.

[3] 高淑琴．质原油含水检测分析研究[J].《化工管理》，2014(32)：49-49.

[4] 李云翱．油井含水在线监测与计产一体特种油气藏 第17卷增刊 2010年12月．

[5] 化王金水 油井自动计产、含水在线监测技术研究与应用 中国石油化工标准与质量，2012 32(6).

作者简介：刘辉(1984—)，男，第十采油厂采油工艺研究所油田化学室主任，毕业于西安石油大学，现主要从事油田计量技术管理工作，电话：13679346083，邮编：745100，通信地址：甘肃省庆阳市庆城县。

检定标准体积管过程中的误差来源

刘鹏云　任婧开　宋保玲

（中国石油乌鲁木齐石化公司计控部　新疆乌鲁木齐市　830019）

摘　要　体积管检定时，在检定过程中会带来误差，这些误差会造成被检流量计误差增加，从而导致流量计的准确度等级降低，满足不了用户的需求，为了满足用户需求，现分析检定过程中误差来源，提出一些改进措施，减少误差来源，从而提高检定结果的准确性和可靠性。

关键词　体积管；检定；误差来源

1　引言

在动态计量交接中，国内大多数用容积式流量计作为原油交接计量器具，为了保证流量计测量的准确性，在使用过程中对流量计进行定期检定，其检定标准器为标准体积管，在其使用过程中，体积管带来的误差会传递给被检流量计，所以检定标准体积管过程带来的误差将对被检流量计的检定及计量交接造成很大的影响。消除标准体积管检定过程中误差产生的因素，才能有效地提高其检定结果的准确性和可靠性。

2　体积管检定的工作原理

体积管检定前的准备工作：首先开启水标泵，让水在整个检定系统循环起来，并开启液压站让检定球在体积管中运动，排净整个检定系统中的气体。使检定系统中的介质温度达到平衡后开始检定工作。

体积管的检定过程如图 1 所示：

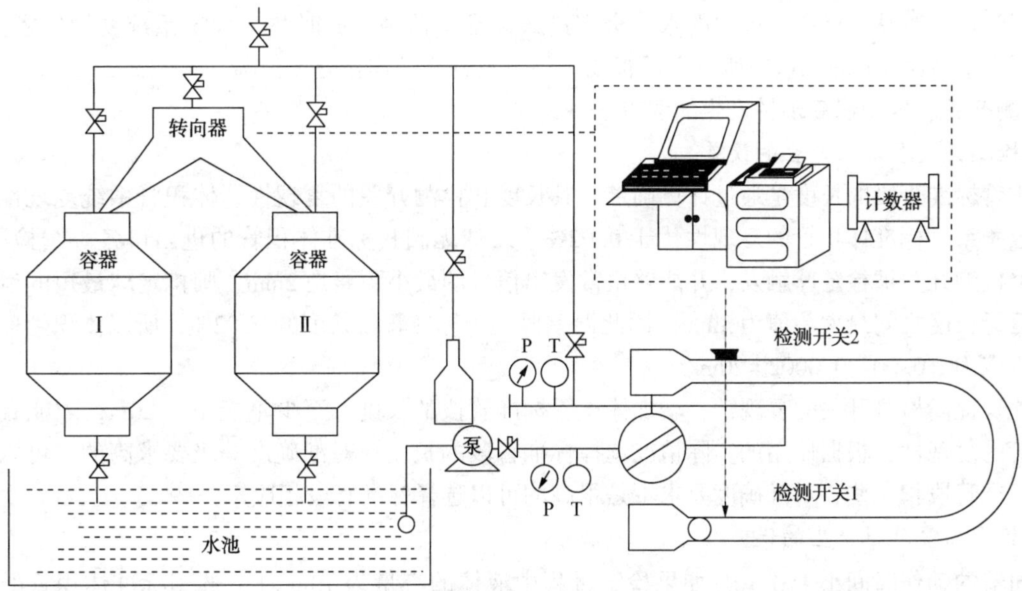

图 1　体积管的检定过程

水池中的水由水表泵抽至体积管的进口，推动检定球触发体积管入口检测开关 1，同时换向器动作，使系统中的水流入标准容器 I（本文标准容积 500L），当标准容器 I 的水到达容器颈部玻璃管标尺处，并能有效读数时，立即手动切换换向器至标准容器Ⅱ，在容器Ⅱ注水的过程中，要读取容器Ⅰ的有效读数、测温、放水并控制滴流的时间，关闭容器放水阀。当容器Ⅱ的水到达容器颈部玻璃管标尺处，并能有效读数时，再次手动切换换向器至容器Ⅰ，同时读数、测温、放水并控制滴流的时间和上次一致，关闭容器放水阀，直至检定球触发检测开关2，读取最后的容器有效读数，即一次检定过程完成。

3 体积管检定结果的影响因素

3.1 检定介质携带气体产生的误差

检定标准体积管时，为了使体积管检定结果准确可靠，必须保证体积管检定系统无气体存在，同时要使标准管段中的水全部进入标准量器；如果体积管中有气体进入，会使标准体积管段内实际测得液体容积值减小，而带来负误差，如果有液体泄漏划过检定球进入标准管段会使实际液体增加，产生附加正误差，使得体积管的检定结果误差增大。

3.1.1 体积管检定系统中空气的来源

(1) 检定开始之前，没有对检定系统排空气，或者气体没有排干净。

(2) 水标泵工作时，泵的入口管线离水面太近，造成吸入口形成漩涡而带入空气；泵的入口管线连接不严密，也会造成空气进入。

(3) 液体内部产生的气体。当检定系统压力不稳定造成局部有低压带时，液流中将产生大量的小气泡。

3.1.2 消除体积管检定系统中空气的措施

(1) 体积管检定系统投入运行后必须进行排气，配备消气器和选择正确的排气点，同时进行发球，使得检定介质在整个系统中循环，以便快速排出气体。

(2) 水泵的入口应深入到水池的最底部，同时尽量保持水池满水位，检查泵的入口管线是否严密。

(3) 整个检定系统保持压力稳定，一般高于液体的饱和蒸气压，出口要有一定的背压，检定水温在(5~30)℃范围内。

3.2 液体泄漏产生的误差

体积管检定时整个标准管段中的水要全部进入标准量器中，此时整个检定系统要做气密性试验，在检定压力下持续10min，检查所有旁通管线、阀门及各法兰连接处无泄漏。

3.3 检测开关、换向器复现性产生的误差

3.3.1 检测开关复现性产生的误差

体积管标准管段的长度是通过计算确定。其长度和检测开关的复现性、体积管系统复现性呈现一定的函数关系。标准体积管的复现性优于0.02%。一球无阀式标准体积管的进出口各一个检测开关，假设每个检测开关被检定球触发，并能够正常发出信号的最小距离是2mm，则检定球最短的运行长度和最长运行长度之间最大差值为4mm。因此误差要小于标准管段长度的0.02%，所以体积管标准管段的长度应该为：0.004/0.0002=20m。

因此．提高检测开关的复现性，增加体积管标准管段的长度，至少不能小于20m，才能有效地提高体积管的复现性，根据使用的实际情况选择标准管段的长度，对准确度等级要求高的，可以选择体积管的标准管段长一些，对准确度要求不是很高的可以选择标准管段相应短一些。

3.3.2 换向器复现性产生的误差

换向器的动作时间小于0.1s，如果检定过程中液体的流量为$10m^3/h$，选用标准体积管的容积值为1500L，则最大误差为：$[(10/3600)m^3/s\times0.1]/1.5m^3\times100\%=0.02\%$

由上式可知：减小换向器复现性的影响的途径还有：一是使用响应时间短的换向器；二是选择复现性高的换向器。三是减小检定用液体的流量(即置换器在两个检测开关之间的运行时间不小于5min，以减少换向造成的误差)。

3.3 体积管内壁结垢

3.3.1 体积管内壁结垢引起的误差分析

本文采用-10号柴油作为检定介质，当体积管检定流量计时，所检流量计大多为容积式流量计，其介质大多为黏度大的介质，随着环境温度和油品温度及油品物理性质的变化管壁上会形成一层污垢。造成体积管实际内径减小，即体积管的标准容积值减小，导致被检流量计产生附加误差。即，被检流量计的实际误差如公式(1)：

$$\delta=\delta_t+\delta_s \tag{1}$$

式中 δ——为流量计的测量误差，L；

δ_t——为流量计的真实误差，L；

δ_s——附加误差，L。

表1是以体积管标准容积值为：1500L，内径为：250mm，标准管段长度L=30.57m为例，计算出不同的结垢厚度对体积管标准容积值及准确度的影响。

表1 根据不同结垢厚度计算相应体积管标准容积值及准确度

序号	结垢厚度(假设值)/mm	体积管内径/mm	实际值 $V_S=\pi R^2L$	误差/%
1	0	250	1500.000	0
2	0.1	249.8	1497.441	-0.17
3	0.2	249.6	1495.045	-0.33
4	0.3	249.4	1492.650	-0.49

3.3.2 体积管内壁结垢过程分析

(1) 检定介质黏度的影响。因被检表实际使用介质不一定是柴油，检定时被检表中各种残留介质对检定介质黏度有影响；检定装置的检定介质长期使用不按周期更换，导致检定介质的黏度变化；检定过程中温度或低或高时的变化会使体积管管壁上形成结垢现象。

(2) 介质含水的影响。检定介质中含水增多时，大量的Ca、Mg离子，会造成体积管内壁结垢。

3.3.3 防止体积管内壁结垢的措施

(1) 按周期更换检定介质，定期对检定介质的黏度和含水量进行化验分析，也可适当提高检定介质的温度和管线的温度，减少结垢。

(2) 冬季不定期发球运行体积管，保证室温及检定介质的温度不能太低，以至于介质温度过低结晶挂壁，同时流量计检定前应增加投球次数。目的是将沉积在体积管壁上的污垢刮下来，防止进一步沉积。

3.4 其他因素的影响

3.4.1 体积管内壁或检定球不完好

因检定球变形或者球的直径小于标准管段内径的2%，以及检定球长期运行造成磨损，使其表面有严重的划痕、凹槽等损伤情况，或者体积管内壁长期腐蚀造成涂层大面积的脱落，使检定球与体积管内壁接触不严密，导致检定液体滑过检定球的情况。

为防止这一情况出现，体积管检定前必须检查检定球。检查有无严重划痕，用球规测量检定球的尺寸，确保检定球直径比体积管标准管段内径大2%~4%，同时检查球的圆度及充压情况、定期检查体积管内壁涂层的完好情况。不符合要求的，应及时处理。

3.4.2 检定用压力表、温度计的准确度及读取数值时产生的误差

因体积管检定过程中的压力、温度都参与计算，压力表、温度计的准确度等级对测量结果影响很大。所以两金属罐按规定湿润内壁，读取体积管进、出口的温度，取其平均值作为检定时的平均温度；并保证使用准确度符合要求的温度计、压力表；同时应保证温度、压力的读数准确。

3.4.3 标准罐容积值人为读数产生的误差

标准罐水位达到罐体颈部标尺某一处时，应使该罐静止一会，水中无气泡上升，在读取标尺，并

要求同一次检定过程采用同一人读取数值；水中若有气泡读取数值会造成容积值减小产生负误差；而同一过程不同人读数的数值会有差别，就会产生误差。

4 结论

体积管检定时带来误差的影响因素很多，检定过程的每一个环节都有可能带来误差，影响检定结果的准确性，因此，检定时我们应该对每一个能带来误差的环节进行认真的检查，只有把控好每一个环节才能使检定结果更准确可靠。

参 考 文 献

[1] 中国国家标准化管理委员会．体积管：JJG 209—2010[S]．北京：中国计量出版社，2010.
[2] 潘丕武．石油计量技术基础[M]．北京：海洋出版社，2001.
[3] 中国国家标准化管理委员会．液体流量标准装置：JJG 164—2000[S]．北京：中国计量出版社，2000.
[4] 国家质量监督检验检疫总局．液体容积式流量计：JJG 667—2010[S]．北京：中国标准出版社，2011.
[5] 中国国家标准化管理委员会．原油动态计量一般原则：GB/T 9109. 1—2010[S]．北京：中国标准出版社，2010.

作者简介：刘鹏云(1986—)，男，工程师，北京工业大学，现任中国石油乌鲁木齐石化公司计控部计量测试站检定技术员。电话：15276859091，邮编：830019，通信地址：新疆乌鲁木齐市米东区大庆路乌石化公司计控部计量测试站。

高精度检波器测振系统不确定度分析

慕 艳 田 磊 王庆禹

（东方地球物理公司装备服务处石油物探计量中心 河北涿州 072751）

摘 要 本文分析了高精度检波器测振系统测量不确定度的主要来源，按照GB/T 20485.11—2006和JJF 1059.1—2012，对其灵敏度进行了不确定度分析，为今后参加国内比对和量值的传递提供了参考依据。

关键词 高精度检波器测振系统；不确定度分析；标准不确定度；相对扩展不确定度

1 引言

对地震检波器质检实验室的建立来说，高精度检波器测振系统的准确性和有效性不但影响该项目合格的判定，而且影响其所测产品的相关指标的符合性判定，尤其是在检测被检产品性能的极限值时，只有给出结果的不确定度才能对被测产品进行正确的判定。本文旨在对高精度检波器测振系统的测量不确定度进行评定。该不确定的评定不仅是对系统自身的评定，更是为以后参加国内实验室乃至国际实验室间的比对和量值的传递提供参考依据。

2 系统描述

高精度检波器测振系统主要由振动系统、激光干涉测振系统、采集系统等组成。其中，振动系统用于实现水平以及垂直向振动，包括水平向振动台和垂直向振动台、程控低失真功率放大器；激光干涉测振系统用于实现对振动台水平和垂直方向的标准信号输出；采集系统主要完成对标准信号以及输出信号的采集。

本文采用“条纹计数法”，通过激光干涉测振系统精确控制振动位移量，同时连续读取电压输出值，计算在所需振动频率和加速度幅值下的测振系统灵敏度。

读取振动的电压输出值 u 和加速度 a。测振系统灵敏度公式为：

$$s=\frac{u}{a} \quad [\text{单位：V/(m·s}^{-2})] \tag{1}$$

本文使用BK高精度传感器对高精度检波器测振系统进行灵敏度测量不确定度分析。

3 建立数学模型

振动测量中被测量 Y 不能直接测得，而是通过先直接测量与之有关的其他量 X_1，X_2，…，X_N，然后通过函数关系式

$$Y=f(X_1,\ X_2,\ \cdots,\ X_N) \tag{2}$$

来确定。应用测量不确定度的传播律，得到被测量的估计值 y 的不确定度为

$$u^2(y)=\left[\frac{\partial f}{\partial x_1}\right]^2 u^2(x_1)+\left[\frac{\partial f}{\partial x_2}\right]^2 u^2(x_2)+\cdots+\left[\frac{\partial f}{\partial x_N}\right]^2 u^2(x_N)+2\sum_{i=1}^{N-1}\sum_{j=i+1}^{N}\left[\frac{\partial f}{\partial x_i}\right]\left[\frac{\partial f}{\partial x_j}\right] r(x_i x_j)u(x_j)u(x_j) \tag{3}$$

其中 $\frac{\partial f}{\partial x_i}$ 称为灵敏系数 c_i。

各输入量之间不相关，即 $r(x_i,\ x_j)=0$，则：

$$u_{c,\ rel}^{2}(S)=\frac{u_{c}\ (S)^{2}}{S^{2}}=\sum_{i=1}^{N}\left(\frac{\partial f}{\partial\ x_{i}}\right)^{2}u_{rel,\ i}^{2}(x_{i})\tag{4}$$

4　参考条件下灵敏度幅值测量不确定度$u_{1rel}(S)$

在选定频率、加速度、放大器增益和截止频率的条件下，各标准不确定度分量为：

4.1　激光干涉测振系统对灵敏度影响的标准不确定度$u_{rel,1}$

通过证书与仪器说明书查得，激光干涉测振系统对灵敏度影响的标准不确定度为$u_{rel,1}=0.0798\%$，并且其对水平振动和垂直振动的影响是相同的。

4.2　振动台谐波失真对灵敏度影响的标准不确定度$u_{rel,2}$

振动台在实际使用中存在谐波失真及噪声影响。在参考条件下其影响量实测值如下：垂直振动台实测值为±0.19%；水平振动台实测值为±0.42%。

取均匀分布，则：$u_{垂直台rel,2}=\frac{0.19\%}{\sqrt{3}}=0.1097\%$

$$u_{水平台rel,2}=\frac{0.42\%}{\sqrt{3}}=0.2425\%$$

4.3　振动台横向、摇摆和弯曲加速度对灵敏度影响的标准不确定度$u_{rel,3}$

在横向、摇摆和弯曲加速度对横向灵敏度的影响是最大的。在160Hz处垂直振动台实测值为±1.42%；水平振动台实测值为±2.21%。

设影响量呈矩形分布，则

$$\sigma^{2}=\frac{1}{3}S_{v}^{2}\times\frac{1}{3}a_{T}^{2}=\frac{1}{9}S_{v}^{2}a_{T}^{2}\tag{5}$$

由横向振动引入灵敏度的不确定度为：

$$u_{垂直台rel,3}=\sqrt{\frac{1.2^{2}\times1.42^{2}}{9}}=0.0057\%$$

$$u_{水平台rel,3}=\sqrt{\frac{1.2^{2}\times2.21^{2}}{9}}=0.0088\%$$

4.4　振动台台面振动不均匀度对灵敏度影响的标准不确定度$u_{rel,4}$

标准加速度计的安装位置基本上都是在振动台的中心部位，因此振动台台面振动不均匀度对灵敏度的影响可以忽略不计。

4.5　振动频率测量引入的标准不确定度分量

本系统信号源为HP3325B，频率准确度为5×10^{-6}。取影响量为0.04%，均匀分布$k=\sqrt{3}$，

$$u_{rel,5}=\frac{0.04\%}{\sqrt{3}}=0.023\%$$

对垂直台和水平台的影响是相同的。

4.6　测量重复性对灵敏度测量影响引入的标准不确定度分量

分别对垂直台和水平台在参考条件下进行重复测量，使用贝塞尔公式计算重复性：

垂直台：$s(x)=0.0030\%$，水平台：$s'(x)=0.00188\%$，取$k=\sqrt{3}$，垂直台测量重复性引入的标准不确定度分量：

$$u_{垂直台rel,6}=\frac{0.0030\%}{\sqrt{3}}=0.00173\%$$

水平台测量重复性引入的标准不确定度分量

$$u_{水平台rel,6}=\frac{0.00188\%}{\sqrt{3}}=0.00109\%$$

4.7 参考条件下灵敏度幅值测量的标准不确定度分量$u_{rel,i}(x)$和相对扩展不确定度$U_{rel}(S)$(表1)

表1 参考条件灵敏度幅值测量的标准不确定度分量和相对扩展不确定度

序号	不确定度来源	分布		灵敏系数 c_i	相对标准不确定度分量/%，$u_{rel,i}(x)$	
					垂直台	水平台
1	激光干涉测振系统的影响	均匀	$\sqrt{3}$	1	0.0798	0.0798
2	振动台总谐波失真的影响	均匀	$\sqrt{3}$	1	0.1097	0.2425
3	振动台横向、摇摆和弯曲加速度的影响	正态	$\sqrt{3}$	1	0.0057	0.0088
4	振动台台面振动不均匀度的影响	均匀	$\sqrt{3}$	1	0	0
5	振动频率测量的影响	均匀	$\sqrt{3}$	1	0.023	0.023
6	测量重复性的影响	均匀	$\sqrt{3}$	1	0.00173	0.00109
相对合成标准不确定度 $u_{c,rel}(S)$					0.137	0.256
参考条件下灵敏度幅值相对扩展不确定度 $U_{rel}(S)(k=2)$					0.274	0.512

5 非参考条件的灵敏度幅值相对扩展不确定度 $U_{rel}(S_t)$

5.1 参考条件下灵敏度幅值不确定度分量 $u_{rel,1}$

$$u_{垂直台rel,1}=0.140\%,\qquad u_{水平台rel,1}=0.258\%。$$

5.2 适配放大器增益误差引入的标准不确定度分量 $u_{rel,2}$

适配放大器增益输入和输出均为20dB，测得最大增益误差为0.3%，取 $k=\sqrt{3}$，$u_{rel,2}=\dfrac{0.3\%}{\sqrt{3}}=$ 0.173%，其对垂直台和水平台的影响是相同的。

5.3 由装置固有的幅频特性(频响误差)偏差引入的标准不确定度分量 $u_{rel,3}$

分别在垂直台和水平台进行频率响应测量，通过实验数据得到以下结果：

垂直台：

在非参考条件所引入的加速度计灵敏度测量误差小于0.40%，取 $k=\sqrt{3}$。

$$u_{垂直台rel,3}=\frac{0.40\%}{\sqrt{3}}=0.23\%$$

水平台：

在非参考条件所引入的加速度计灵敏度测量误差小于0.57%，取 $k=\sqrt{3}$。

$$u_{水平台rel,3}=\frac{0.57\%}{\sqrt{\sqrt{3}}}=0.329\%$$

5.4 振幅引入的标准不确定度分量 $u_{rel,4}$

垂直台：

非参考条件下，振动台振幅引入误差为0.15%，取 $k=\sqrt{3}$。

$$u_{垂直台rel,4}=\frac{0.15\%}{\sqrt{3}}=0.086\%$$

水平台：

非参考条件下，振动台振幅引入的误差为0.30%，取 $k=\sqrt{3}$。

$$u_{垂直台rel,4}=\frac{0.30\%}{\sqrt{\sqrt{3}}}=0.173\%$$

5.5 系统稳定性引入的不确定度分量 $u_{rel,5}$

查证书稳定性为0.2%，取 $k=3$，正态分布，则：$u_{rel,5}=\frac{0.2\%}{3}=0.115\%$，其对垂直台和水平台的影响是相同的。

5.6 环境对测振系统灵敏度幅值的影响不确定度分量 $u_{rel,6}$

环境对测振系统灵敏度幅值影响小于0.05%，取 $k=\sqrt{3}$，

$u_{rel,6}=\frac{0.05\%}{\sqrt{3}}=0.0289\%$，其对垂直台和水平台的影响是相同的。

5.7 非参考条件灵敏度幅值标准不确定度分量 $u_{rel,i}(x)$ 和相对扩展不确定度 $U_{rel}(St)$（表2）

表2 非参考条件的标准不确定度分量 $u_{rel,i}(x)$ 和相对扩展不确定度 $U_{rel}(St)$

序号	不确定度来源	分布		灵敏系数 c_i	相对标准不确定度分量/%，$u_{rel,i}(x)$	
					垂直台	水平台
1	在参考条件下灵敏度不确定度	正态	2	1	0.140	0.258
2	适配放大器增益	均匀	$\sqrt{3}$	1	0.173	0.173
3	装置固有的幅值-频率特性	均匀	$\sqrt{3}$	1	0.23	0.329
4	振幅影响	均匀	$\sqrt{3}$	1	0.086	0.173
5	稳定性	正态	3	1	0.115	0.115
6	环境影响	均匀	$\sqrt{3}$	1	0.0289	0.0289
相对合成标准不确定度 $u_{c,rel}(S_t)$					0.352	0.498
非参考条件的灵敏度幅值测量的相对扩展不确定度 $U_{rel}(S_t)$ $(k=2)$					0.704	0.997

6 结语

本实验室垂直振动台测振系统灵敏度幅值扩展不确定度($k=2$)为：0.274%(参考条件)；0.704%(非参考条件)。

本实验室水平振动台测振系统灵敏度幅值扩展不确定度($k=2$)为：0.512%(参考条件)；0.997%(非参考条件)。

实验室测得的不确定度优于国家标准GB/T 20485.11—2006中关于灵敏度幅值测量结果的不确定度0.5%(参考条件)和小于1%(非参考条件)的要求。

参 考 文 献

[1] 全国机械振动与冲击标准化技术委员会．振动与冲击传感器校准方法第11部分：激光干涉发振动绝对校准：GB/T 20485.11—2006[S]．北京：中国标准出版社，2007.

[2] 全国法制计量管理计量技术委员会．测量不确定度评定与表示：JJF 1059.1—2012[S]．北京，中国标准出版社，2012.

[3] 李金海．误差理论与测量不确定度评定[M]．北京：中国计量出版社，2007.

[4] 油气计量及分析方法专业标准化技术委员会．地震检波器校准方法：SY/T 6661—2012[S]．北京，石油工业出版社，2012.

[5] 全国法制计量管理计量技术委员会．计量标准考核规范：JJF 1033—2016[S]．北京，中国质检出版社，2016.

作者简介：慕艳(1981—)，女，工程师。2004年毕业于长江大学江汉石油学院自动化专业，现从事计量工作。电话：13831220618，邮编：072750，通信地址：河北省涿州市范阳西路189号小科技楼。

油水井自动计量技术的应用

刘金海　刘政轩　刘忠玮

（中国石油大港油田公司　天津　300280）

摘　要　多年来，石油生产基本采用人工巡检、人工数据采集，单井计量采用进站集中计量的管理模式，由于油井分布分散，环境复杂，传统的管理模式不仅难以保证一线生产设备的正常运转和生产数据的有效收集，并且集中计量需要大量的地面管线投资。为降低石油生产成本，提高油井的管理水平，我们应用了油水井生产参数采集系统，以实现对油井运行状态的自动化监测和生产基础数据的自动化采集。

关键词　油水井自动计量；采集系统；自动化监测和采集

1　油水井生产参数采集系统简介

1.1　生产参数采集系统现场主要装置

（1）测控主机（RTU）：可以设置不同类型油水井，接收并执行控制中心指令，管理载荷、压力变送器和智能流量控制器设备，完成载荷、压力、流量数据的采集、存储、显示、转发及远程水量调控。带就地显示功能。具有 GPRS 和无线局域网传输协议，同时可以提供串口通信方式传输数据。见图 1。

（2）微功耗无线载荷变送器（见图 2）：安装在抽油机井的悬绳器上，用来对抽油机井进行功图数据采集，是抽油机井进行故障诊断、产液量计算的一个重要设备。

（3）微功耗无线压力变送器（见图 3）：安装在采油树的上，具有数字显示功能，便于现场观察及校准，可以在现场设定采集间隔、数据发送间隔、报警上下限等参数。

（4）智能流量控制器（见图 4）：安装在注水井上，其采用了先进的磨轮调节技术，在高压下实现低扭矩，高安全性和密封性，可输出流量脉冲信号及调节阀开度 4~20mA 反馈信号并通过电子宽屏液晶显示。

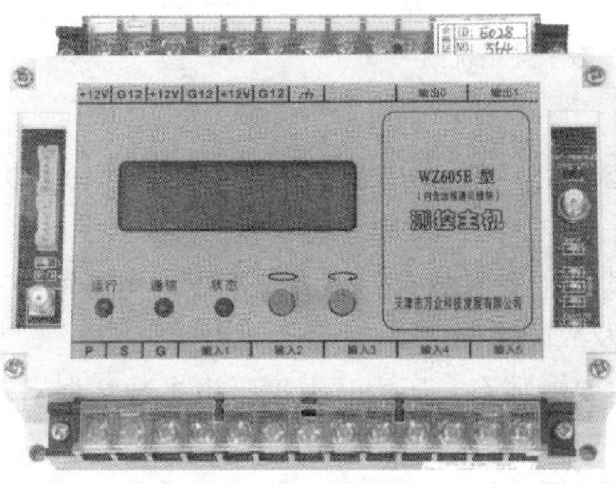

图 1　测控主机

图 2　微功耗无线载荷变送器

1.2　油水井生产参数采集系统原理

油水井井口数据靠现场安装的载荷、压力、智能流量控制器、流量计等传感器来采集数据，并以短距离无线通信方式发送给 RTU（测控主机），RTU 将数据打包处理后，通过 GPRS 网络上传到互联网，进入大港油田公司数据网关。而后数据经由内部局域网，进入系统服务器被接收、解析、存储和发布，同时提交给油田公司公共数据平台。用户通过展示平台查询相关数据。见图 5。

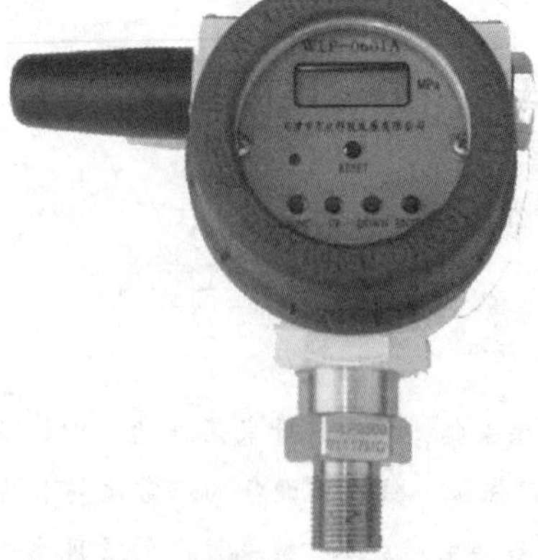

图 3　微功耗无线压力变送器

图 4　智能流量控制器

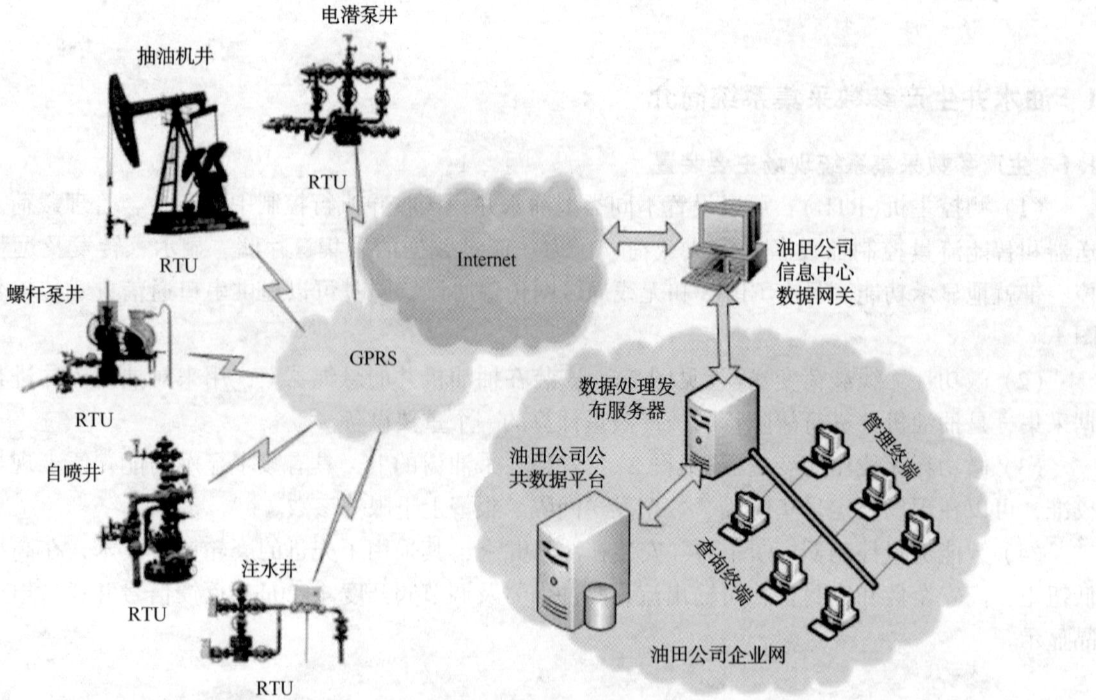

图 5　油水井生产参数采集系统图

1.3　油水井计量原理

(1) 抽油机井是利用功图法进行量油的。主要参数有：地面示功图、压力、温度、电参数数据，后台液量计算、泵效分析，并有异常报警及故障诊断。

(2) 电潜泵井和自喷井是利用压差法进行量油的。主要参数有：压力、温度、电参数数据(电泵井测量)，后台液量计算、泵效分析，并有异常报警及故障诊断。

(3) 螺杆泵井是利用容积法进行自动计量的。主要参数有：压力、温度、电参数数据、转数，后台液量计算、泵效分析，并有异常报警及故障诊断。

(4) 注水井主要采集压力、流量数据，利用智能流量控制器进行注水量远程调控、生产日报，并有异常报警及故障诊断。

2　油水井生产参数采集系统适用性

2.1　油水井生产参数采集系统与分离器量油的比较

(1) 正常生产井产液量数据对比

对于产液量波动较为平稳的正常生产油井，正常生产井量液计量误差较小，安装的自喷井、电泵井嘴前嘴后压力满足临界流动条件，因此计量精度能够达到计量标准。具体对比结果见表 1。

表 1　正常生产井计量数据对比表

井号	泵径/mm	冲程/m	冲次/(分)	分离器量油	自动量油
歧 634-1	44	6	2.62	18.4	18.5
庄新 9-11K	44	3	5.11	11.3	12
庄 9-13-1(电)				250	250
庄 11-13(电)				240	240

(2) 供液不足油井产液量数据对比

对于产液不足井产生的误差来自两个方面：一是分离器人工计量带来的误差，分离器量油是以一个时间段的产液量来计算全天的产量，由于出液少，因此误差较大，二是由于产量低，计算误差时基数小，相对误差大。目前，我厂定期依靠油井产液量标定车或与人工分离器计量结果进行比对，得出标定系数，再将标定系数作为自动计量的修正值输入自动计量控制终端，来修正该井的产液量。具体对比结果见表 2。

表 2　供液不足油井产液量数据对比

井号	泵径/mm	冲程/m	冲次/(分)	分离器量油	自动量油
歧南 9-3	44	3.91	3.56	10.1	6.3
歧 601-2	38	4	4.53	7.51	3.72

2.2　油水井生产参数采集系统适用性

(1) 实现单井自动计量监测

单井报表数据可作为油水井的直接生产数据，集油工艺流程由原来的采油井——计量站—联合站二级布站方式(见图 6)简化为采油井——联合站的一级布站方式(见图 7)生产，简化掉中间集输环节，采油井直接与集输干线相连，采油井产液量的计量由计量间转移到井口直接进行计量，取消了计量间和计量管线，特别是单井产液量较低的油井串联后增大了原油在集输管道中的流速，减慢了温度降低的速度，大大减轻集输管道因内结蜡等流阻，不仅节省地面管道建设投资，而且降低了集油运行费用，达到节能降耗的目的。

(2) 提高效率

使用该系统后可实现在办公室或值班室直接了解油井的实时状态，提高了劳动生产率。

(3) 数据详细

生产数据的采集密度增加，数据的分析更加详尽，诊断更加准确，报表形成及时科学。

(4) 提高单井时率

实时参数超限、故障报警等功能可减少抽油机的事故发生率、停产时间，提高单井生产时率。

(5) 科学管理

依托网络技术，生产数据可及时发布，实现数据的资源共享，缩短了资料的传递周期，使油田生产管理更科学化。

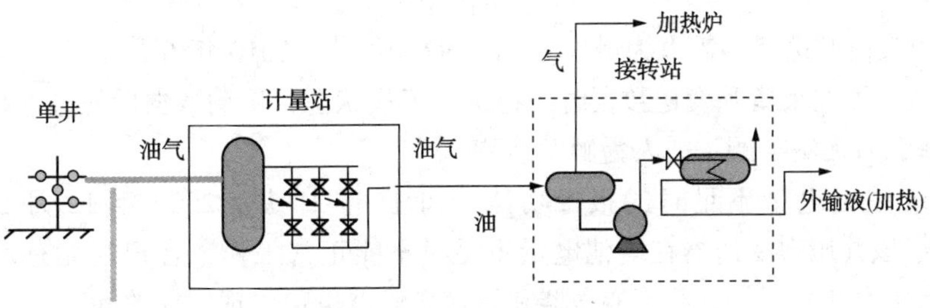

图 6　简化前的集油工艺

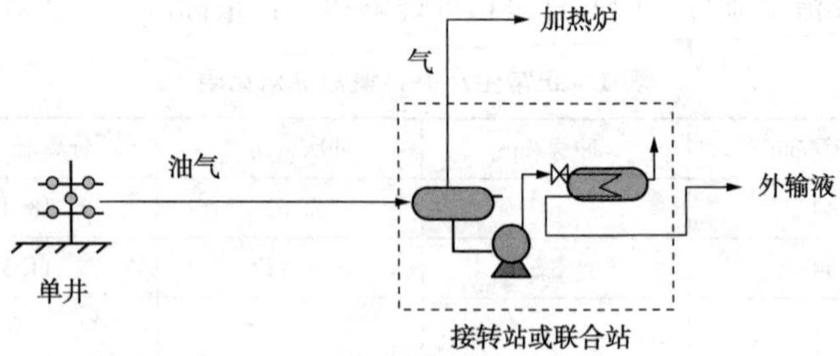

图 7　简化后的集油工艺

3　油水井生产参数测控系统的常见故障分析

大港油田第二采油厂共有油井总数 274 口，开井数 211 口；水井实际总数 126 口，开井 91 口。自 2006 年开始试验至今，我厂油井自动计量系统已得到广泛应用，截至目前，采油二厂共安装油井生产信息采集系统 221 套，共安装水井生产信息采集系统 87 套，为油田的自动化计量起到了积极作用，但该系统还存在数据传输中断和数据异常。归纳如下：

3.1　数据传输中断

(1) 设备因素

① 软件问题

a. 系统部分版本不一致。如庄 8-17、庄 5-15-5、庄 7-10-1 等井，出现了测控主机与 GPRS 模块不通信，影响了数据传输。经分析，这些井的新版主机(WZ605BA 型 0905 程序版本的主机)程序中删除了与捷麦的通信的通信协议，与捷麦的 GPRS 模块不兼容。

b. 测控主机丢失数据。如歧 15-12 井，2009 年 1 月 1 日数据停传，恢复后，只保留了最近三天的数据(见图 8)。原因是主机程序设计时规定，如主机因死机等原因无法正常发送数据时，数据将存入主机的缓存中，但只保留最近 3 天数据，埋下了计量数据缺失的隐患。

图 8　歧 15-12 井数据丢失情况图

c. 无法唤醒的载荷变送器，需人为触发。如庄 92-14 井，2010 年 6 月 2~3 日数据停传 1 天(见图 9)。由于载荷变送器在采集和发送数据时，将进入工作状态，传输数据后便进入睡眠状态来节约能耗，有时会出现睡眠后无法唤醒，需人为触发唤醒。

d. 服务器系统缺乏电量不足时的报警功能。如庄 5-21 井，2009 年 12 月 31 日无数据显示(图 10)。这是由于该井压力变送器在电池电量不足时不能正常工作，客户端无有效显示，影响了故障判断和排除。除压力变送器外，载荷变送器和转速变送器也曾出现同样的问题。

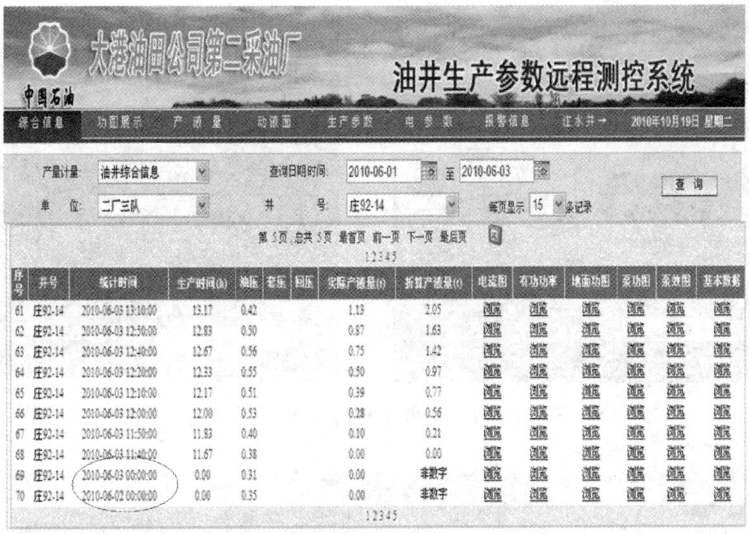

图 9　载荷睡眠数据停传图

图 10　电池电量不足时的数据停传图

e. 更换新平台后曾出现三次大面积单井 GPRS 模块正常但无法与服务器对接。此问题是油田公司信息中心数据网关出现问题，GPRS 模块与其无法连接所致。出现此问题只能等待油田公司信息中心数据网关恢复正常。

f. 现场与后台服务器设置不一致。此问题主要表现在主机时间和后台服务器时间不一致，导致了数据显示的时间点错乱，需后台服务器重新设置。

② 硬件问题

a. 测控主机出现乱码或屏显不清(见图 11)，需现场更换测控主机。乱码是电子元件的焊接点开焊所导致的，而屏显不清是该 LED 灯的使用寿命和起井时瞬间电流过大所导致的。

b. 螺杆泵井转速变送器断电和短路。如庄 7-16-3 井，2010 年 8 月 31 日在 4：08—12：39 期间转速变送器断电，丢失了八个半小时的数据(见图 12)。原因是电池晃动磨损电源连接线，致使电源线被磨断；又如庄 7-11 等井转速变送器的金属元件掉落铁屑吸附在电路板上，长时间的积累致使电路板的内部元件短路。

c. 网络滞后。更换新平台后，各采油厂的数据都经过一台服务器来运算，在服务器的运算速度不变的情况下，数据越多运算速度越慢，出现了现场设备正常运行，后台服务器显示正常，但客户端无显示，此情况只能等待服务器运算，这也给现场故障的判断和排除增加了困难。

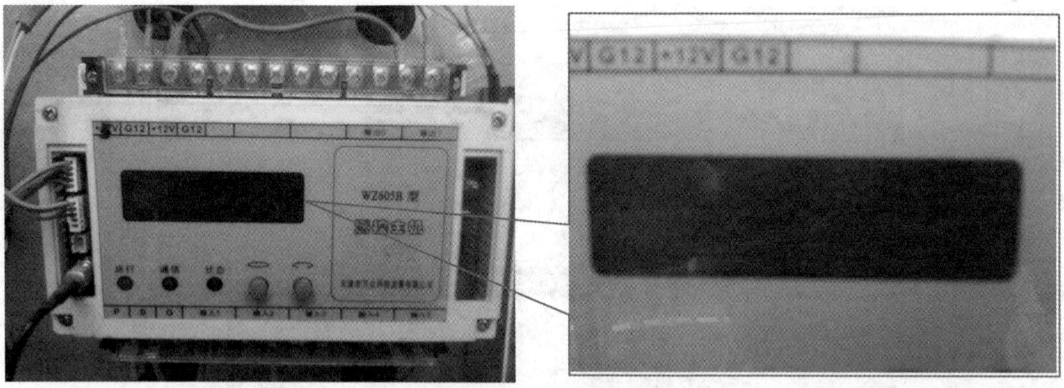

图 11　测控主机屏显不清图

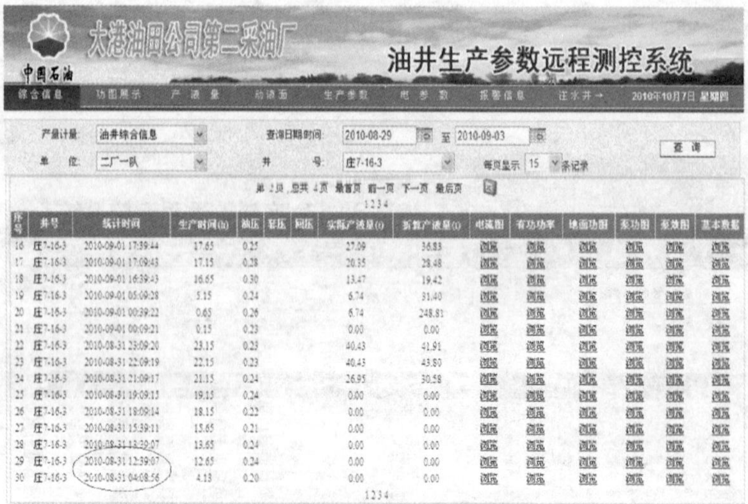

大港油田公司第二采油厂
油井生产参数远程测控系统

综合信息　功图展示　产液量　动液面　生产参数　电参数　报警信息　注水井→　2010年10月7日 星期四

产量计量：油井综合信息　查询日期时间：2010-08-29 至 2010-09-03　查 询

单　位：二厂一队　井　号：庄7-16-3　每页显示 15 条记录

第 2 页，总共 4 页　最首页　前一页　下一页　最后页

1 2 3 4

序号	井号	统计时间	生产时间(h)	油压	套压	回压	实际产液量(t)	折算产液量(t)	电流图	有功功率	地面功图	泵功图	泵效图	基本数据
16	庄7-16-3	2010-09-01 17:39:44	17.65	0.25			27.09	36.83	浏览	浏览	浏览	浏览	浏览	浏览
17	庄7-16-3	2010-09-01 17:09:43	17.15	0.28			20.35	28.48	浏览	浏览	浏览	浏览	浏览	浏览
18	庄7-16-3	2010-09-01 16:39:43	16.65	0.30			13.47	19.42	浏览	浏览	浏览	浏览	浏览	浏览
19	庄7-16-3	2010-09-01 05:09:28	5.15	0.24			6.74	31.40	浏览	浏览	浏览	浏览	浏览	浏览
20	庄7-16-3	2010-09-01 00:39:22	0.65	0.26			6.74	248.81	浏览	浏览	浏览	浏览	浏览	浏览
21	庄7-16-3	2010-09-01 00:09:21	0.15	0.23			0.00	0.00	浏览	浏览	浏览	浏览	浏览	浏览
22	庄7-16-3	2010-08-31 23:09:20	23.15	0.23			40.43	41.91	浏览	浏览	浏览	浏览	浏览	浏览
23	庄7-16-3	2010-08-31 22:09:19	22.15	0.23			40.43	43.80	浏览	浏览	浏览	浏览	浏览	浏览
24	庄7-16-3	2010-08-31 21:09:17	21.15	0.24			26.95	30.58	浏览	浏览	浏览	浏览	浏览	浏览
25	庄7-16-3	2010-08-31 19:09:15	19.15	0.24			0.00	0.00	浏览	浏览	浏览	浏览	浏览	浏览
26	庄7-16-3	2010-08-31 18:09:14	18.15	0.22			0.00	0.00	浏览	浏览	浏览	浏览	浏览	浏览
27	庄7-16-3	2010-08-31 15:39:11	15.65	0.21			0.00	0.00	浏览	浏览	浏览	浏览	浏览	浏览
28	庄7-16-3	2010-08-31 13:39:07	13.65	0.24			0.00	0.00	浏览	浏览	浏览	浏览	浏览	浏览
29	庄7-16-3	2010-08-31 12:39:07	12.65	0.24			0.00	0.00	浏览	浏览	浏览	浏览	浏览	浏览
30	庄7-16-3	2010-08-31 04:08:56	4.13	0.20			0.00	0.00	浏览	浏览	浏览	浏览	浏览	浏览

1 2 3 4

图 12　庄 7-16-3 井设备故障数据停传图

d. 注水井流量计中的放大器坏导致数据无法正常传输，需返厂修复。

（2）人为因素

① 参数设置错误

数据停传或传乱的现象时有发生。这是由于基层人员在压力变送器的安装时将地址弄错所导致的。如庄 9-10 电泵井现场的油压压力变送器安装的是庄 6-13-1K 井的套压压力变送器。见图 13。

图 13　压力变送器数据停传图

② 垃圾短信多，导致 GPRS 模块异常。由于手机卡的内存有限，加上卡的批次不同，接收到的垃圾短信也不同，有些手机卡的内存被大量的垃圾短信所占据，使得手机卡无法接收到油水井的信息，导致了 GPRS 模块的异常，需现场清除垃圾短信。

③ 霍尔传感器问题

a. 霍尔传感器的磁铁移位或丢失(见图 14)，造成数据的停传。

图 14　霍尔传感器的磁铁丢失图

b. 霍尔传感器的架子损坏。如歧 15-5 井因此原因造成数据停传(见图 15)。

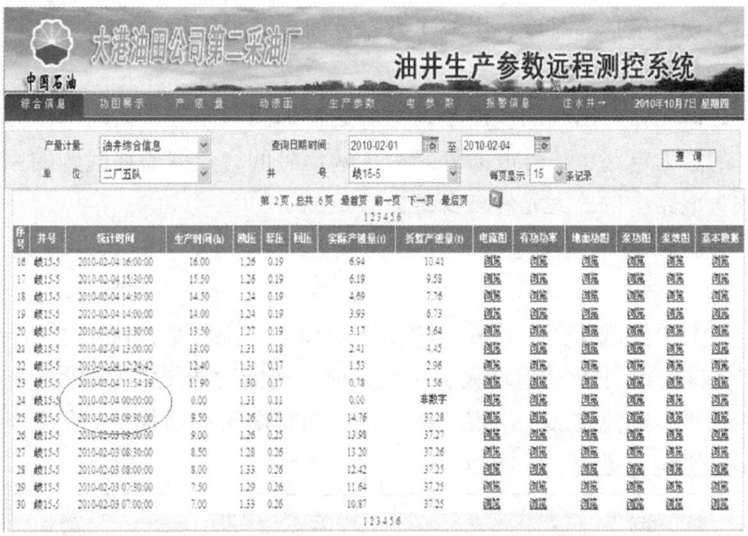

图 15　霍尔传感器架子损坏数据停传图

c. 霍尔传感器线路断。

造成以上问题的原因是：

一是采油队在调平衡时将磁铁移位或弄丢，以及在换皮带时将霍尔传感器架子损坏。

二是霍尔传感器线路主要是修井作业等人为因素。

④ 天线的摆放位置

天线的摆放位置不合理导致数据停传，其原因是：

a. 天线断。如庄 11-7 井因此问题数据停传 1 天。

b. 天线放在柜内被金属屏蔽。如庄新 6-12 井因此问题数据停传。

(3) 管理因素

① 设备保养

a. 抽油机井刹车失灵，致使无法更换载荷变送器或霍尔传感器，影响故障的及时排除，如歧636井，霍尔传感器架子坏需要停井，但因此问题，影响数据正常传输38h(见图16)。

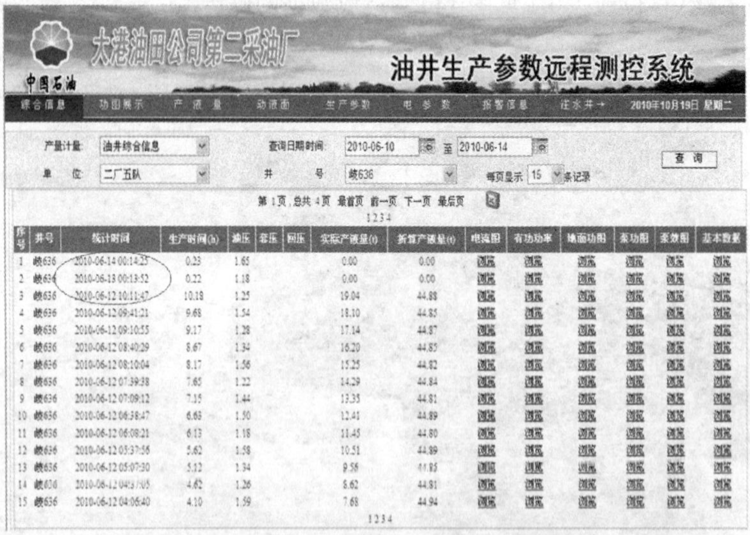

图16　刹车失灵延误上修数据停传图

b. 变压器因积雪烧，导致自动计量控制柜内电参数模块和电源模块被烧，如庄4-15-6、庄6-12-7两口井在2010年1月份，曾两次出现此类现象。

② 井场环境

井场因积水增加了现场维护的难度，影响了数据及时有效地传输。

3.2　数据异常

此问题是载荷变送器测力时出现的。由于载荷变送器的测力原理是其内部压力传感器(受力体)受到挤压通过单片机中的放大电路将信号放大处理后传输信号的，数据漂移问题的原因是：

(1) 受力体或放大电路中的放大元件自身寿命导致的。

(2) 在启井时，有时松刹车速度过快，使载荷变送器瞬间受力过大，导致测力失准无法正常使用。

但有些井数据异常时更换载荷变送器后示功图还是如此，说明是井况因素所导致的，如歧601-2井，2009年4月发现该井的上下负荷值增大，更换载荷变送器后功图依旧如此，经过分析，该井结蜡严重，导致该井负荷加重，电流增加，出现功图异常。而且电流的增加导致能耗增加，也使载荷变送器的使用寿命受到一定影响。见图17~图20。

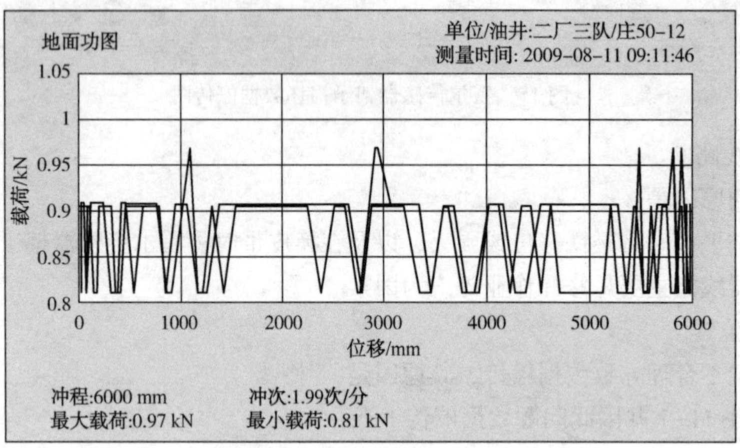

图17　庄50-12井数据漂移示功图

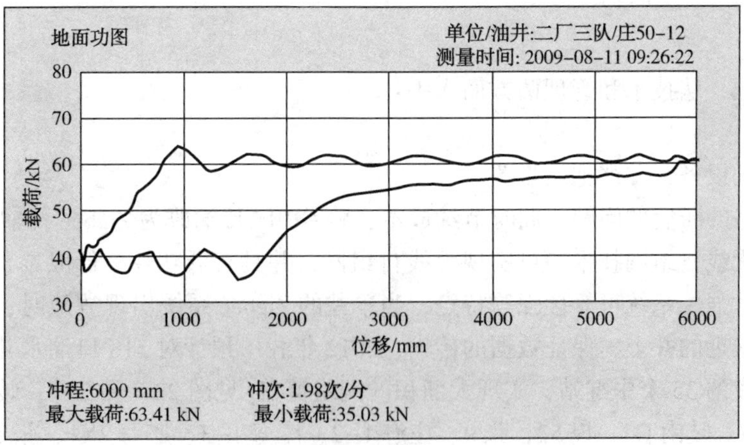

图 18　庄 50-12 井正常示功图

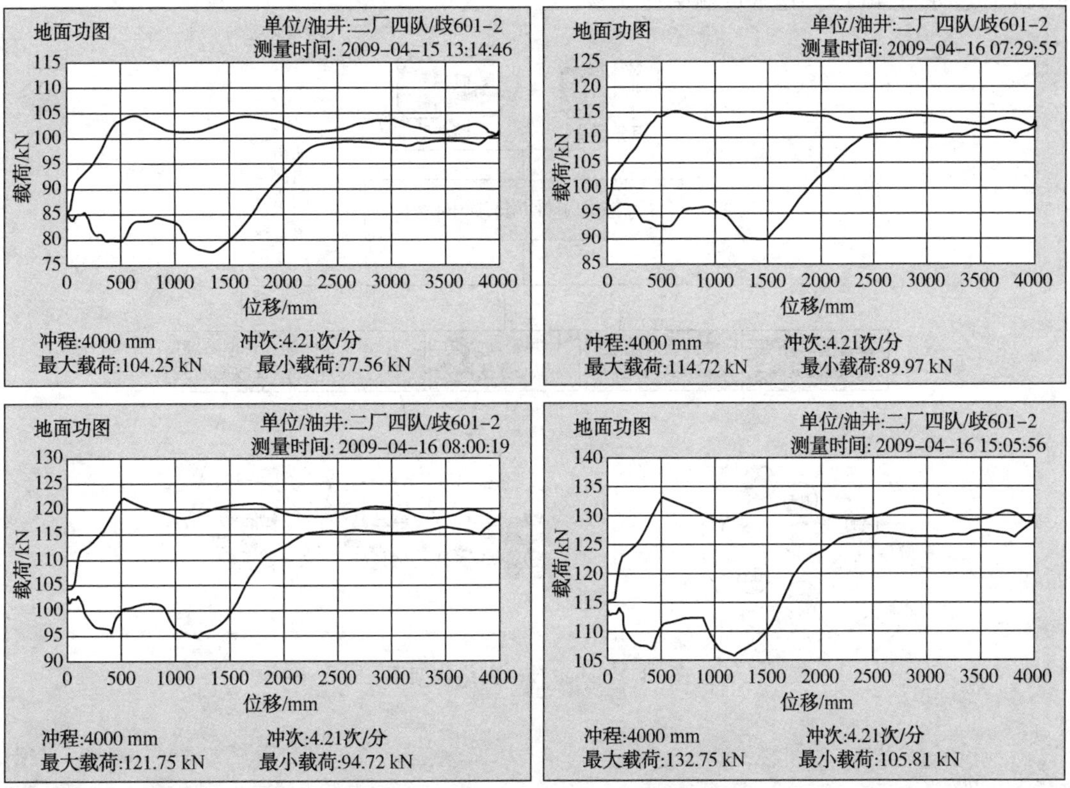

图 19　　歧 601-2 井负荷变化过程图

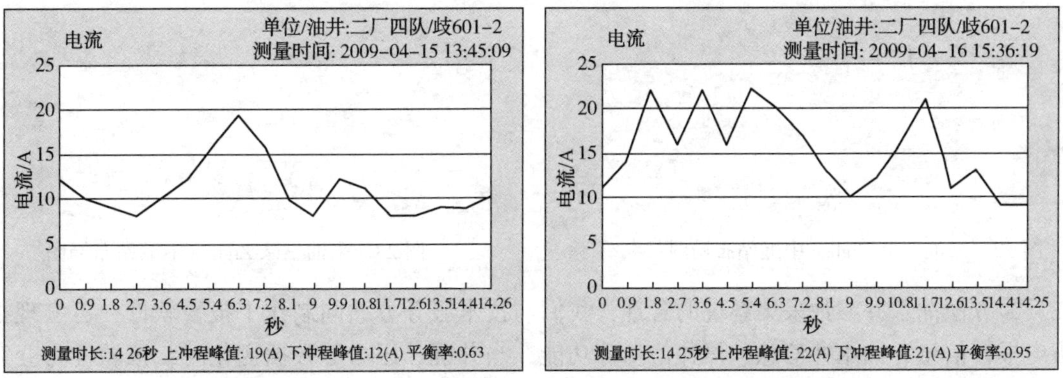

正常时的电流　　　　结蜡时的电流

图 20　歧 601-2 井电流变化图

4 改进措施

基于以上的问题，从技术和管理两方面入手：

4.1 技术方面

(1) 更换报废的设备，并严把质量关。

(2) 为解决网络的滞后的问题，同时节约成本，将 GPRS 传输改为 Zigbee 传输模式(见图 21)，该技术是一种新型的无线自组网技术，可实现无线自组网，并具有低功耗、低成本、抗干扰性强、保密性强、网络的自愈性强、系统可靠性强等特点，当单井的 Zigbee 系统出现故障时，与其链接的井会将数据传至与其距离最近的井上，保证数据的传输，2012 年我厂预计对 318 口油水井进行 Zigbee 系统的升级改造，通过架设的 35 个中继站，实现大面积的网络覆盖(见图 22、图 23)，歧 110-2、歧 134-1、歧 23-65、歧 23-67、歧南 G2、埕 52，张 9、庄海 1-2、庄海 1-3、庄海 2X1、张 18-28、张 20-30 等 12 口单井点仍沿用 GPRS 方式传输，截至 2012 年 7 月，我厂已有 163 口油水井完成 Zigbee 升级，其中油井 117 口，水井 46 口，正常传输率达 97%。

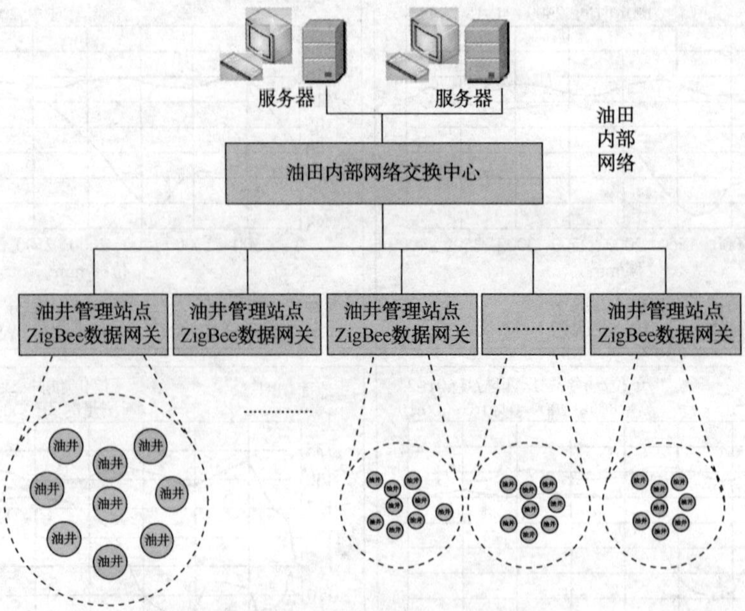

图 21 Zigbee 技术网络构架图

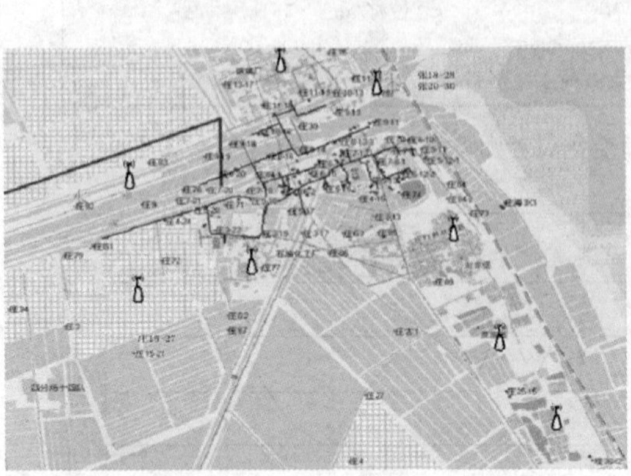

图 22 采油一队 Zigbee 中继站布局图

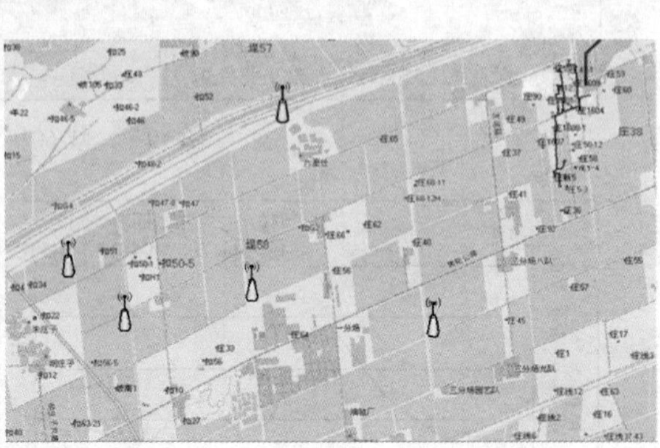

图 23 采油三队 Zigbee 中继站布局图

(3) 为方便油水井参数采集系统的管理，我们与技术服务方共同制作了报警软件，可实现报警设置、历史报警信息、油水井信息、停井信息等功能，当井况、压力等数据变化时，该软件将会发出警报并在客户端显示当前状况，从而也减少了一一人为查看故障的工作量，使故障井一目了然。随着使用，该软件在不断地升级，增加了断电报警等功能，实现了当变压器丢失、电缆遭破坏等情况造成突然断电时，立即报警。

4.2 管理方面

(1) 人员管理

① 加强基层人员思想素质的培养，使其具有较强的责任心和爱岗敬业精神，并在修井作业时为作业队指出该设备线路的埋藏位置，避免挖污油池或打地锚弄断霍尔传感器的线路。

② 加强员工自动计量系统培训，能够对该系统各设备正确操作。

③ 采取多次巡检等措施，防止人为破坏。

(2) 管理制度

① 制定《计量自动化工作管理办法》，并严格执行。

② 完善油井自动计量系统管理台账和油水井档案，包括故障原因、发生日期、更换元件名称、编号及版本号，方便油井自动计量系统的管理，也对故障的及时排除，做到未雨绸缪，降低故障概率。

5 应用效果

通过应用了 Zigbee 网络的油水井生产参数测控系统，有效传输率由原来的93%提高到97%，提升了自动化水平，今后还应不断的探索、研究，为更好更快地实现智能化油田努力奋斗。

作者简介：刘金海(1967—)，男，高级工程师，毕业于江汉石油学院工业仪表自动化专业，现在大港油田公司从事计量技术与管理工作，电话：022-25921357，邮编：300280，通信地址：天津市滨海新区大港油田三号院大港油田公司质量健康安全环保处。

计量检测机构数字化转型的创新与实践

田　生[1]　孙　玮[1]　于和平[1]　贾志英[1]　田爱民[2]

(1. 华北油田公司检验检测中心　河北任丘　062550

2. 华北油田公司质量健康安全环保部　河北任丘　062550)

摘　要　计量是企业安全生产平稳运行的根本保证，本文通过分析计量检测机构数字化转型的必要性，在智能化计量检测业务管理系统、在线检测技术和无线仪表校准系统方面进行创新实践，提升了计量管理水平和服务质量，为企业安全生产提供了更为及时准确的计量数据。

关键词　计量；数字化转型；云系统；无线传输；在线检测

随着能源企业数字化、信息化的快速发展，对安全、环保、健康、节能、贸易交接等信息的获取与管理要求越来越高，继而产生对计量信息及时准确获取的迫切需求，以及对检测质量、服务质量、管理质量的高度重视。构建高效的“数字化计量”体系，利用“互联网+”进行计量供给侧结构性改革，通过“云系统”信息技术、在线检测技术和无线传输校准技术的深度融合，形成计量检测服务新模式，为企业现代化、科学化、智慧化建设提供保障。

1　计量检测机构数字化转型的背景

2021 年，国家发改委、国家能源局联合印发《“十四五”现代能源体系规划》，对“十四五”时期加快构建现代能源体系、推动能源高质量发展作出部署，提出“加快油气产业数字化智能化升级，推动油气产业与现代信息、新材料、先进制造技术深度融合，加强新一代信息技术、人工智能、云计算、区块链等新技术的推广应用，推动油气产业数字化升级”的要求。这同时，国家市场监督总局印发了《计量发展规划(2021—2035 年)》，提出了计量事业发展的远景目标，进一步夯实计量基础，提升计量能力和水平。

随着政府、企业向数字化、智能化转型，计量在能源领域的地位和作用日益凸显。在油气勘探开发生产的总体趋势下，集团公司物联网建设持续推进，自动化、智能化仪表在生产现场应用更为广泛，过程控制智能化对计量检测机构提出更高的要求。中石油企业工程技术人员精耕细作，全力打造计量检测平台，为现场生产提供可靠的技术支持，但依然存在传统工业计量滞后于产业发展需求、关键测试技术有待突破、测量仪器仪表产业落后等问题。为了更好地服务于能源企业，保障企业本质安全和高效生产，计量检测机构数字化转型迫在眉睫。

针对华北油田来说，存在着收发流程效率低，在线检测需求大，无线传输仪表检测能力缺失的问题，急需创新检测技术提升机构数字化检测能力。面对上述问题，华北油田检验检测中心以服务保障华北油田质量安全环保管理为第一要务，坚持“主体专业突出，仪器设备精良，技术先进实用，管理服务一流”工作思路，加大技术投入，全力支持计量检测机构勇担当、解难题，全面打造以“支撑型、服务型、专业型、平台型”为主要特色的行业一流油气生产检验检测机构。

2　数字化转型工作实践

2.1　开发云系统提升计量检测业务管理

计量检测机构目前使用的收发流程仍采用传统模式，纸质表单流转，成本高、效率低、储存难，无法实现数据证书实时共享，迫切需要建立“计量管理业务云服务系统”，推行“数字化”建设覆盖华北油田。集“基础数据、标准信息、计量器具信息、规程/规范数字化信息”为一体的云服务系统的开发，具有平台信息共享、对客户送检的计量器具全过程进行“网络化”管理、对系统信息自动统计分析等功能，实现了科学规范、高效便捷、精细管理的目标，有效提升系统功能和服务质量。

2.1.1 系统开发

系统网络架构采用基于互联网结构的 B\S 结构设计(如图 1 所示)，只需将主系统安装在一台服务器上，其他计算机均可利用局域网或者互联网进行访问，避免了每台计算机重复安装客户端软件，体现了集中高效的原则。由于系统不止局限于局域网访问，员工出差、休假期间均可以通过互联网进行登录查询等相关操作，避免业务出现遗漏或者滞后等问题，实现了远程办公的目标。

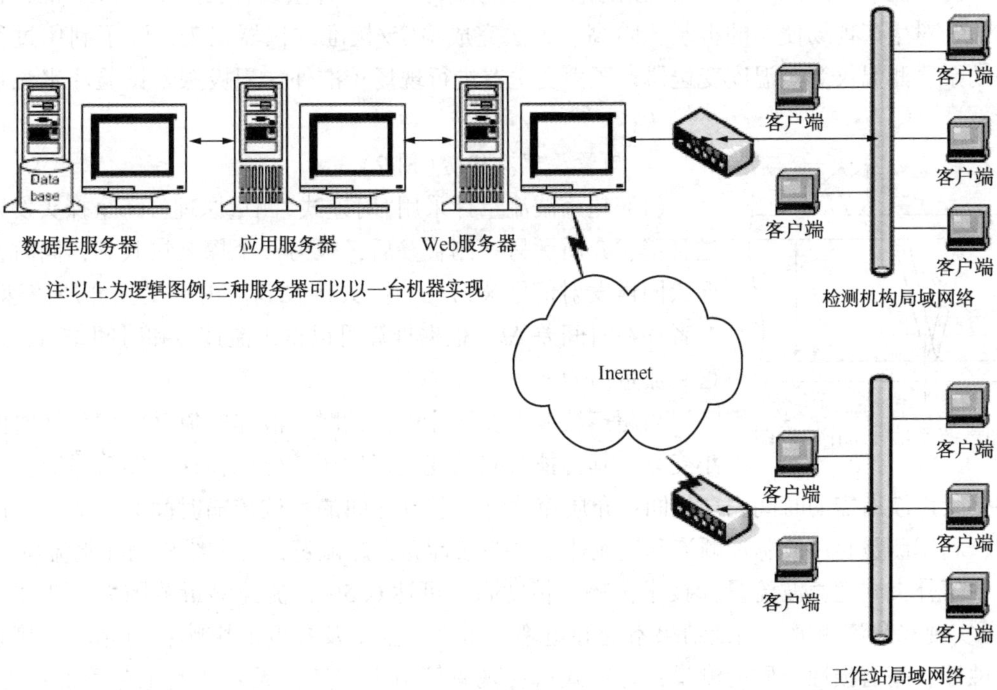

图 1 系统网络架构

2.1.2 系统应用

“计量管理业务云服务系统”在满足原有计量业务管理体系的基础上，增加了统计分析与费用管理能力，覆盖收发、检测、证书获取、收费等环节的系统功能不断完善；具备高度扩展性的系统，还可将强检计量器具数据直接上传至国家数据库，为国家监督提供便利；系统还设置了专门针对客户的访问权限，可及时获取送检计量器具流转情况，以及计量器具超期未检短信提醒等功能。系统在实际应用中的重要作用主要体现在两个方面，一是提高机构工作效率和管理水平，二是为客户开发了方便快捷的功能菜单。

(1) 系统采用 Excel 表格作为检测项目原始记录和证书的记录源，可根据不同项目设置不同的记录与证书格式，嵌入各检测项目计算公式，后续只需输入试验数据，即可实现结果的自动生成，提高工作效率的同时降低了因手动计算失误造成的数据失真。

另外，系统还支持包含原始记录与证书的多参数映射，即原始记录登记完成后自动生成检定/校准证书，如后续对原始记录与证书信息进行修改等操作，系统会自动保存修改后的文件副本，并记录相关操作的人员信息、修改时间以及计算机 IP 地址等，保证任何操作都可以实现溯源查询。

(2) 检定/校准证书经过批准，系统可以生成单个或批量电子证书，同时可实现远程下载，客户可自行下载打印电子证书留存，解决了远距离地区客户必须到现场领取证书的问题，同时减少了疫情期间人员接触的频率。

另外，客户可以通过系统查询计量器具检测进度，方便客户根据检测进度合理安排领取计量器具和证书的时间。如客户有超期未检计量器具，系统还可通过发送短信的方式进行提醒和预警。

通过“计量管理业务云服务系统”的应用，提供全链条、全方位、全过程综合服务，全面提高工作效率、降低运营成本、增强管理能力、提升服务质量。通过电子签章等技术手段，将“委托下单—检测—出具证书—财务结算—售后”整体串联起来，优化服务流程；还可为企业建立计量器具管理台账，强化公司对各生产单位计量器具的管理和监督能力，保障公司各项工作的本质安全。

2.2 研究新方法完成在线检测校准

油田注水开发，是努力控制油田含水上升速度和产量递减、夯实油田稳产基础、提高油田注水开发水平和水驱采收率的主要手段。采油生产现场，把“注好水、注够水、精细注水、有效注水”的理念贯穿始终，注水流量计的准确度是实现精细注水“注够水”的关键计量设备，定期开展校准、检验是常态化工作。针对生产现场使用的拆装风险高、无法完成检定/校准的仪器仪表，除了利用过程回路校验仪、手动泵、测温仪等对温度变送器、压力变送器进行现场校准外，积极探索试验注水流量计在线检测技术。

2.2.1 测量原理及优势(图2)

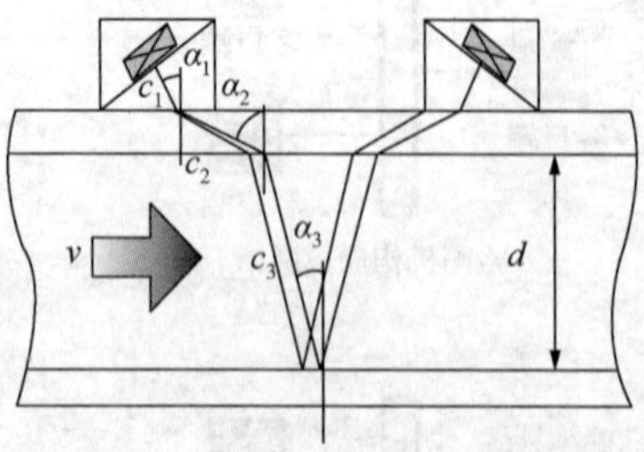

图2 超声波流量计工作原理图

(1) 超声波流量计采用“时差式”测量原理：一个探头发射信号穿过管壁、介质、另一侧管壁后，被另一个探头接收到，同时，第二个探头同样发射信号被第一个探头接收到。由于受到介质流速的影响，二者存在时间差 Δt，根据推算可以得出流速 v 和时间差 Δ，进而可以得到流量值 Q。

当超声波波束在液体中传播时，液体的流动将使传播时间产生微小变化，其传播时间的变化正比于液体的流速。零流量时，两个传感器发射和接受声波所需的时间完全相同；介质流动时，逆流方向的声波传输时间大于顺流方向的声波传输时间，利用测量超声波脉冲顺流和逆流速度之差来计算介质流量，可在线检测注水流量计。

(2) 便携外夹式超声波流量计技术优势：精度高，可达0.5%；流速测量范围大，从0.01m/s至25m/s；可实现双向流测量；测量结果不受导电率、压力、温度及黏度的影响；与介质不接触，尤其适用于腐蚀性、高磨损性介质的测量；外夹式可在现有管道上安装，无须切断工艺管道；无扰流件，无须缩径，无泄漏，无压损。

2.2.2 试验效果

利用便携式超声波流量计在某采油厂作业区注水系统进行现场检测应用，测试数据如表1、表2所示。

表1 三级计量对比表(检测前)

单井 时间	文11计/m^3	文46-1-2计/m^3	苏55-3 苏73-8/m^3	单井合计/m^3	总表/m^3	总表与单井注水量差值/m^3	输差/%
8月11日	917	407	50	1374	1581	207	13.09
8月12日	856	396	50	1302	1489	187	12.56
8月13日	809	395	50	1254	1417	163	11.50
8月14日	661	402	50	1113	1359	246	18.10
8月15日	732	393	50	1175	1351	176	13.03
8月16日	754	390	50	1194	1404	210	14.96
8月17日	697	380	50	1127	1346	219	16.27
8月18日	820	380	50	1250	1461	211	14.44
8月19日	815	402	50	1267	1452	185	12.74
8月20日	844	370	50	1264	1487	223	15.00
总计(平均)	7905	3915	500	12320	14347	2027	14.13

表 2　三级计量对比表(检测后)

单井 / 时间	文 11 计/m^3	文 46-1-2 计/m^3	苏 55-3 苏 73-8/m^3	单井合计/m^3	总表/m^3	总表与单井注水量差值/m^3	输差/%
11 月 1 日	397	370	55	822	949	127	13.38
11 月 2 日	472	366	55	893	994	101	10.16
11 月 3 日	436	353	55	844	942	98	10.40
11 月 4 日	397	365	55	817	897	80	8.92
11 月 5 日	393	366	55	814	959	145	15.12
11 月 6 日	367	262	55	684	811	127	15.66
11 月 7 日	477	336	55	868	994	126	12.68
11 月 8 日	453	360	55	868	959	91	9.49
11 月 9 日	424	418	55	897	950	53	5.58
11 月 10 日	433	375	55	863	1015	152	14.98
总计(平均)	4249	3571	550	8370	9470	1100	11.62

通过在采油厂注水系统进行现场检测应用，测量准确度可达到±0.5%，同时，外夹式超声波流量计检测，免拆装、降低仪表运输过程中的损耗等风险，安全有效地解决了注水流量计在线检测难题。现场对检测不合格的流量计，加强日常维护保养、调试，及时排除故障，保持注水三级计量误差在标准范围内的管理水平，最终达到油田开发的整体精确计量，为提高注水系统效率打下基础。提升地面注水系统管理水平，助力油田精细注水开发，使注水系统效率提升了 2.5%。

2.3　应用新技术实现仪表数据采集

随着华北油田物联网建设推进，设备数据自动化采集水平显著提高。生产现场仪器仪表种类繁多、数据格式多样、校正算法不统一，对于无线传输非电量信号仪表，传统的检定校准方法无法适用，存在严重影响能效对标的风险。

针对以上风险和需求，以华北油田生产现场自动化系统多种仪表数字化检定校准为目标，设计并开发一套对多种无线传感器和仪器仪表的集成软硬件校准系统。集成校准系统主要包括传感器无线信号采集、信号解译与管理、数据展示、数据分析和评价等流程(图 3)，可以对多种设备信号采集与分析，有效提高无线传感器的数字化校准水平和校准效率。

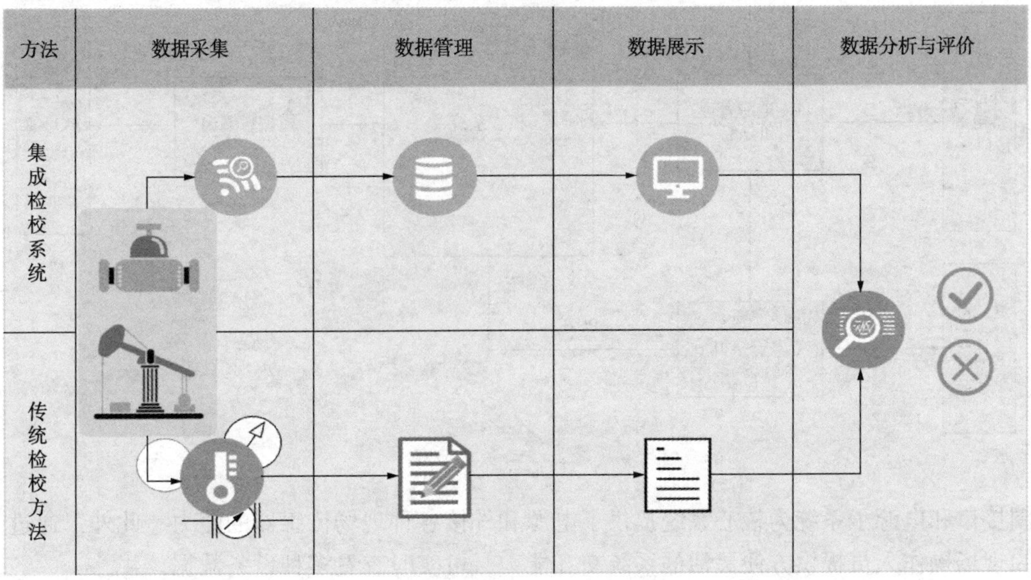

图 3　无线传感器集成检校系统

2.3.1 系统硬件平台

为了适应生产现场无线传输仪表厂家型号多，通信接口繁杂，通信协议多样的特点，提升操作人员便携度，集成检校系统的硬件平台集成了多种通信接口和强大灵活的资源配置。整个系统由核心系统(图4)，外围接口和电源子系统(图5)构成。

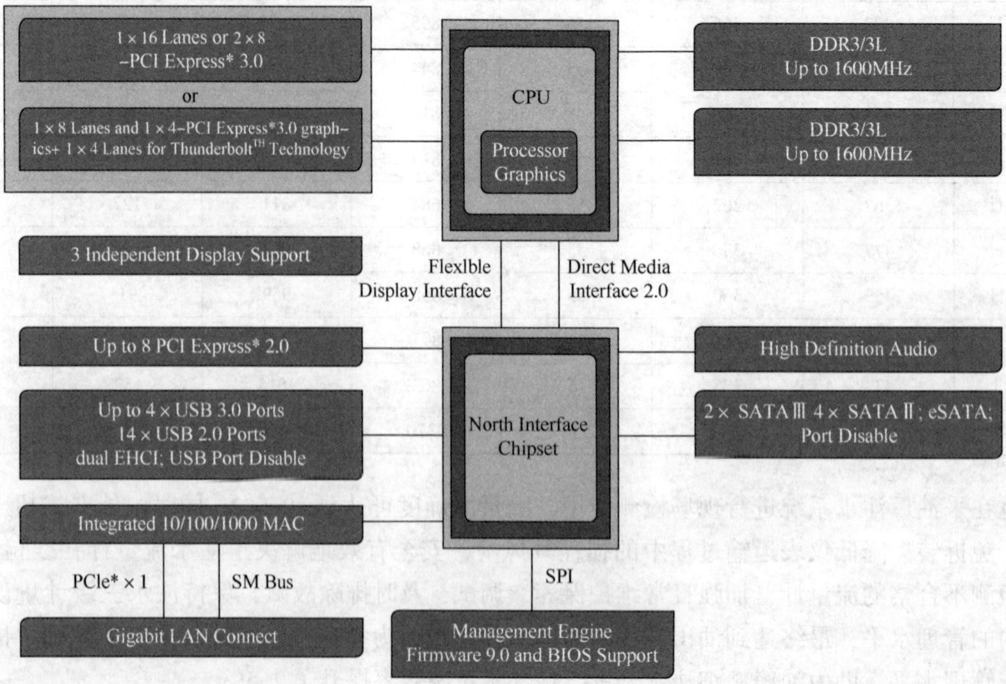

图4 核心系统架构

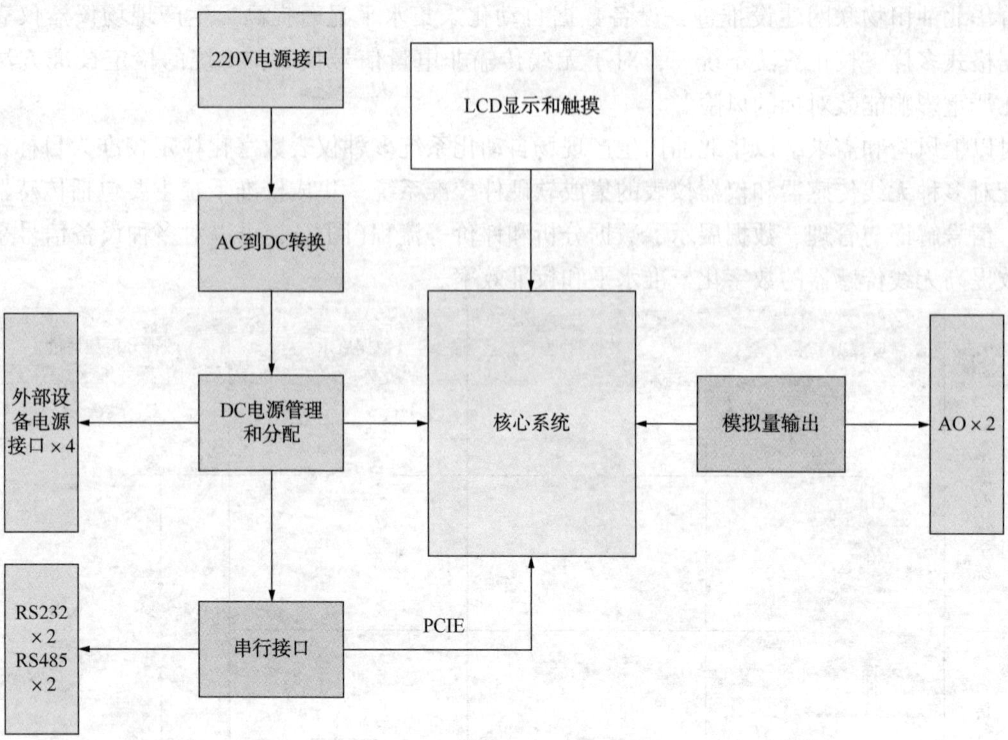

图5 核心系统架构图

外围接口和电源子系统为核心系统提供了电源和外接各种现场传感器的能力。此外，通过LCD触摸屏，为现场操作人员提供方便灵活的系统交互能力，可实时查看多种设备数据。

2.3.2 系统软件架构

集成检校系统的软件部分采用BS模式，基于开源Electron框架设计开发，提供丰富的软件接口和人机交互界面，具备领先的跨平台能力。

系统软件架构从低到高依次为硬件接口层、数据层、应用层和用户层(图6)。硬件接口部分包含信号接收解析、数据计算存储和信息显示输出等接口模块，对接底层硬件；数据层完成对原始数据、解析出的格式化数据、求解得到的精度数据管理和维护；应用层主要实现信号接收、测量记录(多次)、精度计算和显示等核心功能；用户层主要面向校准人员，呈现友好灵活的跨平台、多终端的采集、记录和显示界面，提供统一的多设备校准和评估能力。

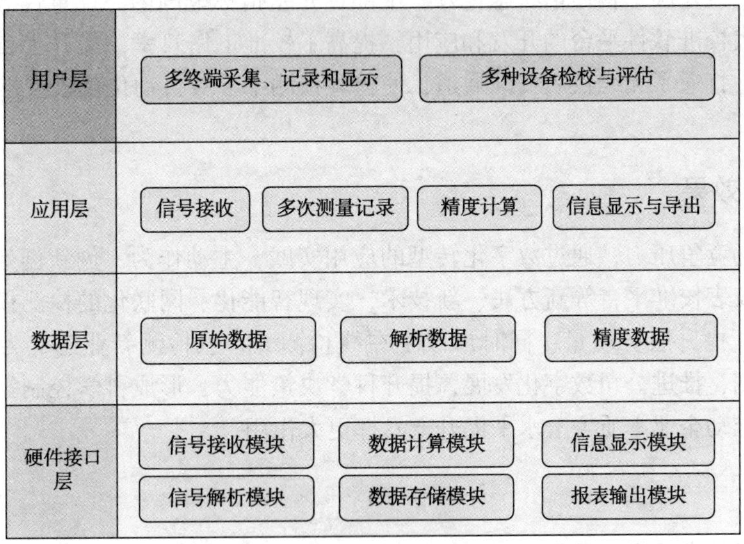

图6 软件系统架构图

2.3.3 集成检校系统作业流程

校准作业时，首先设置无线接收模块通信协议和串口接口，建立与目标仪表的连接。系统采集到目标仪表信号后，实时显示仪表数据；并可将采集到的数据转换成(4~20)mA的电流值，通过接口输出至过程回路校验仪上，填入相关数据，导出符合数据统计表和原始记录，也可以直接连接互联网，实时回传数据。

2.3.4 应用效果

目前，生产现场使用的无线传输仪表多数为温度变送器、压力变送器，选取5个厂家不同型号的产品，我们开展了测试应用。见表3。

表3 测试应用统计表

厂家	数据采集率	超时率（允差0.5‰）	重试率（允差0.5‰）
厂家1	100%	0.26‰	0.25‰
厂家2	100%	0.32‰	0.22‰
厂家3	99%	0.22‰	0.21‰
厂家4	100%	0.16‰	0.15‰
厂家5	98%	0.26‰	0.25‰

为了确保本装置检定/校准数据的准确性，利用传递比较法对数据进行验证。以无线压力变送器为例，现用上级机构河北省监督检测研究院和本装置对同一器具进行测量。表4为计量中心站和河北省院的示值误差。

表 4　传递标准示值误差

标准压力值/MPa	理论输出值/mA	河北省院测量误差/mA	本站测量误差/mA	$\|E_n\|$ 值
0	4	+0.007	+0.006	0.02
15	8	+0.010	+0.009	0.02
30	12	+0.010	+0.010	0
45	16	+0.013	+0.011	0.04
60	20	+0.013	+0.013	0

测试结果表明：该校准平台通信状态良好，全部在允差指标范围内，计量仪表数据可精准、稳定采集。通过无线仪表校准软件平台的开发和应用，提高了校准工作效率，提升了自动化水平，减少员工工作量及差错率，打通了无线仪表校准通道，使检验检测中心对自动化仪表校准率由 78%提高至目前的 98%。

3　数字化转型的效果

面对内外部市场竞争压力，通过数字化转型的应用实践，主动作为，创新创效。利用云系统、在线检测技术、无线仪表校准平台等新方法、新技术，实现智能化、网联化的检测模式，与客户单位互联互通、信息共享，提升服务质量；同时形成了在线检测、智慧检测新业态，为公司提供精准、可靠、可信的计量数据，推进公司数字化发展，提升科学决策能力，形成科学控制策略。以技术支持为主要手段，努力在推动企业本质安全水平提升上发挥更大作用。

4　结语

总之，随着科学技术的发展及数字化时代的到来，对石油计量技术的发展将是革命性的推动，并逐步走向互联网+计量时代。计量方法及业务范围也将发生蜕变，会产生新的发展动力，迎接新的挑战。计量检测机构的数字化转型仍需要进行积极探索，围绕石油企业特有形式和要求，逐步完善以石油专用计量检测、数字化油田仪器仪表检测等为代表的专业化实验室，提升检测技术的含金量。形成高质量发展模式，为数字时代贡献力量。

参 考 文 献

[1] 刘胜军 . 计量仪表 RS485 总线及数据采集结构优化[J]. 工业计量，2020(05)：53-58.
[2]刘仁，高飞青，王宏建，等 . 兰州石化计量数字化转型探索与实践[J]. 化工自动化及仪表，2021(02)：180-184.
[3]余国瑞，陆福敏 . 在线检测和校准的应用[J]. 上海计量测试，2004(05)：50-52.
[4]卓华，王锦荣 ."互联网+"智慧计量建设与研究[J]. 中国计量，2021(09)：29-31.
[5]窦守席，王浩，王明建，等 ."民生+智慧"计量检定平台的创新建设与发展[J]. 中国计量，2021(07)：45-47.

作者简介：田生(1969—)，男，华北油田公司检验检测中心主任、高级工程师，本科毕业于河北科技大学，现从事计量管理与计量技术监督工作。电话：13753688705，邮编：062550，通信地址：河北省任丘市会战南道 029 号检验检测中心。

细化计量管理降低原油进厂损耗

纪全中　韩永慧　姚　胜

（中国石油乌鲁木齐石化公司原料处　新疆乌鲁木齐市米东区　830019）

摘　要　乌石化进厂原油种类繁多，运输方式有管输、铁路、公路等，计量方式有铁路罐车、流量计、汽车过衡等多种，给原油交接带来了极大地不便。针对不同原油的不同进厂方式，乌石化公司原料处分别制定了相应的控制措施，为降低原油损耗，维护乌石化经济利益，提质增效起到了至关重要的作用。

关键词　原油；计量；损耗；控制

1　引言

石油作为一种重要的能源，对国家安全、社会稳定以及经济的发展举足轻重。乌石化公司作为中国石油下属的一类企业，年原油加工能力达到千万吨炼化基地。组织原油进厂，保障生产原料供应，是乌石化生产经营活动的关键。

乌石化公司原料处主要工作职责组织原油进厂工作。由于受到地缘等不利影响，进厂原油品种多，质量杂，运输方式不一，计量方式多种多样，给原油交接带来了极大地不便。保证原油计量准确，减少交接误差，降低原油损耗，是原料处当前工作的重点。

2　乌石化原油计量现状分析

乌石化公司地处亚欧大陆腹地，距离新疆油田公司各大油田均较远，一直处于“找米下锅”的现状。乌石化原料处克服不利因素，积极与各油田企业及运输单位衔接协调，组织的进厂原油达到13种之多，运输方式包括管输和汽、火车拉运，计量交接采用动态流量计和静态计量2种方式。其中北疆原油、东疆原油、哈萨克斯坦原油等在油田或管道公司末站通过流量计动态计量，焉暨原油、呼探1#井原油、塔里木牙哈原油采用静态衡器计重，火车拉运的中国石化西北石油局雅克拉凝析油等其他原油采用静态罐车计量。重质原油进厂后，原料处与炼油厂内部交接采用静态大罐计量交接。

针对不同原油的不同进厂方式，原料处根据现场实际条件，分别制定了相应的控制措施，为降低原油损耗，维护乌石化经济利益，起到了至关重要的作用。

3　车运原油计量交接把关

3.1　汽车原油

焉暨原油、呼探1#井原油采用到岸交接，以重、空车过衡数据之差作为原油交接量，原油路途损失由运输单位承担。因此，乌石化汽车原油途损率为0，即不存在路途损失。

3.2　火车原油

原料处派责任心强、业务水平高、具备交接计量资质的计量人员到原油装车点驻站，在第一线从事计量交接。现场科专工对驻站人员进行培训，将影响罐车的温度、密度、油高等参数与油量的对应关系(见表1)进行熟悉，指导其现场计量交接。驻站人员全程参与、监督原油脱水、装车、检尺、测温、取样、分析等各个环节，把住车运原油计量第一关，保证进厂原油质量。

原油进厂后，组织对罐车油高进行复检，同时将检尺、测温、密度、含水率分析数据使用铁路罐车计量软件计算出每批次的油量，与原油计量原始凭单发车油量进行比对，计算每批次原油的损耗，每月进行原油进厂经济活动分析，根据车运原油的途损率，制定相应的措施来保证车运原油损耗率在合理范围内。

表 1 罐车计量参数对罐车油量的影响

序号	计量参数	变化幅度	影响罐车油量/kg
1	计量温度/℃	+1	−43
2	计量密度/(kg/m³)	+1	+61
3	计量油高/cm	+1	+19

4 车运原油进厂损耗控制

4.1 原油卸车

原料处对车运原油始终坚持“刮干卸净，点滴不剩”的理念。火车卸油结束后，班组控油 30min，由班员、班组长、值班干部进行三级检查，确认罐车无挂壁原油方可报车。尤其是中国石化西北局重质原油，该原油品种密度重、黏度大、流动性差的特点，挂壁严重，因此无论冬季、夏季均采用蒸汽扫罐的方式，将罐底罐壁的残余原油卸净，每节火车能回收原油约 5kg。据不完全统计，按每年发运 600 批次车运原油计算(约 110×10^4t)，此项工作可多卸原油约 100t 左右。

4.2 原油直供

大罐中如存有两种密度相差较大的原油(如北疆原油和牙哈原油)，且短时间内无法充分混合，存在分层现象。如果仍采用上中下取混合样，其密度不足以代表大罐中的真实密度，交接油量偏差巨大。此时应每米取样，分别分析并取平均值作为交接密度，但如此工作量也将大幅增加。因此在条件允许的情况下，各原油品种应分储分炼，目前乌石化已经实现了西北局原油、车运轻油、东疆原油和北疆原油的分储。

5 管输原油计量监控

乌石化原油进厂量每年大约 500×10^4t，管输原油是占年进厂量的 75%以上。因此，把住管输原油的计量损失，是原料处降损工作的重中之重。

5.1 管输原油交接

为保证对管输原油的计量交接受控，原料处在新疆油田油气储运公司石化末站、北疆原油管输末站设置原油对比交接岗位，岗位人员在现场负责原油品质监控及原油动态交接，对计量过程全方位进行监督。

管输原油的最大含水一般出现油库切换大罐的“油头”，即外输油大罐时的大罐底部原油。原料处对如何准确地抓住“油头”积极开展技术攻关。到新疆油田油气储运公司王家沟油库和新疆油田油气储运公司北三台油库进行实地调查、了解，通过输油管线直径、长度等参数，计算出至乌石化管线容积，根据输油量准确算出“油头”到达交接流量计时间。经过计算，老王化线管容 3600m³，新王化线管容 8700m³。以此作为岗位人员抓油头的依据，从切换大罐开始流量计读取表数，运行相应方数后取样，由此准确抓到高含水的“油头”。2020 年 8 月开始采用此方法以来，切换油罐时基本都能抓到“油头”，从而扣除该部分含水，为乌石化挽回了巨大的经济损失。具体数据见表 2。

表 2 乌石化北疆原油油头切换跟踪记录

时间	油头次数(切换罐次数)	不合格油头/次	油头扣水量/t
2020 年 8~12 月	47	24	1997. 27
2021 年 1~12 月	144	61	6571. 367
2022 年 1~6 月	31	7	436. 887

原油动态计量采用系数法，因此流量计的系数检定也比较重要。乌石化要求供方的流量计必须每月进行一次期间核查，并使用当月核查的系数进行补差。由于流量计在不同流量下的系数不同(见

表3)，因此乌石化要求根据实际流量按照相应的系数补差，结算量更加合理，更加公正。

表3　交接流量计不同流量下的补差系数表

新疆油田公司交接流量计大、中、小平均系数					
东疆原油			北疆原油		
大	中	小	大	中	小
250~300	150~250	100~150	250~300	150~250	100~150
1.0003	1.0000	0.9997	1.0016	1.0005	1.0002

5.2　管输原油的计量比对

乌石化在管输原油王化线进炼油厂罐前建设了对比流量计间，对管输原油进行实时监控。东疆、北疆(王化线)原油线各配备一台容积式刮板流量计及相应的在线取样仪表，对进厂原油进行计量。同时在管线上设置了自动取样器，定时、定量不间断进行自动取样，采集的样品能够更加真实的反映实物原油的性质。在自动取样的同时，在管线上还安装了在线含水分析仪，实时监控原油的含水变化。当原油含水率超出交接协议(≤1.5%)时，进行手工加样分析，对超标原油中的水分在交接时进行扣除。

根据流量计体积量和自动取样器样品分析结果，计算每天的原油量，与同一时间段供方的动态计量凭单的结算量进行对比，得出管输原油的真实损耗。并根据对比流量计发现的异常情况，及时与供方对接。乌石化对比流量计投用以来，多次发现原油含明水情况，并根据在线含水分析仪的记录与供方协商，将含水从结算量中扣除。

6　计量仪器、人员配备

6.1　计量仪器的选择

在原油计量交接过程中，影响计量准确度的因素也较多。对于经常使用的密度计、温度计、水分接收器、取样设施、精密电子天平等计量器具选用合适的测量范围、准确度高的测量器具。用于原油交接的计量器具必须经过具备检定资质的机构定期强制检定，并出具检定证书。根据不同计量设备的检定周期，定期检定，保证计量设备在检定周期内合理合规使用。原油密度计使用时按检定证书上的修正值进行修正，降低器具本身引起的系统误差。

6.2　人员的配备

在实际工作中，分析各个环节出现主观误差的规律。

(1) 选择责任心较强、具有较高水平和经验的计量人员。

计量操作人员必须经过专业技术培训，熟悉计量法律、法规、标准，熟练地掌握操作技能，并经考试合格后持证上岗。专业的计量操作员能有效地降低操作过程中出现的人工误差和随机误差。

(2) 强化计量交接人员“公平、公正”的职业道德观。

建设一支责任心强、业务水平高的计量人员队伍，是计量工作顺利进行，措施得到有效执行的有力保障。

6.3　其他

员工违规操作或根据工作经验操作，可能会产生粗大误差。如在测定原油密度和含水的过程中，不按按操作规程规定取样、加热时间不够、加热方法不对、密封不严等习惯性错误操作都会直接导致计量误差的增大。因此，操作人员必须严格按照操作规程操作，以减少人工误差的产生。

7　结论

通过收集原油大罐原油交接数据、现场科途损报表等原始数据，进行科学的统计、分析，每月开展经济活动分析，根据分析结果制订原油降损措施。通过开展降低原油进厂技术攻关，强化原油交接过程监控，细化数据分析。通过措施实施，乌石化原料处原油总损耗率连续三年呈逐年下降的趋势(见图1)。

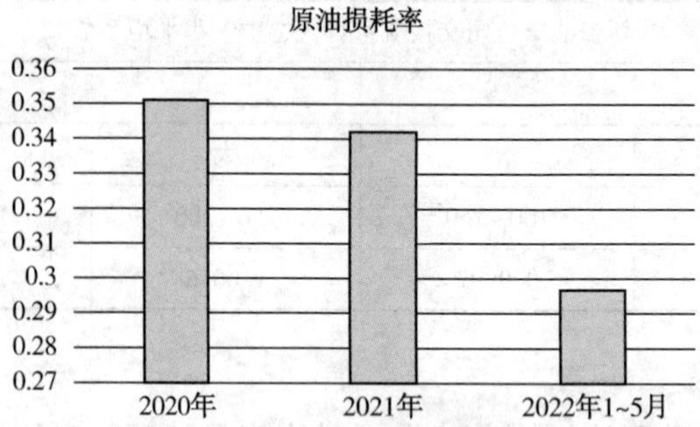

图1　原油交接损耗对比图

2021年以来，随着原油市场的不断低迷，企业利润率逐渐走低。降低原油进厂损耗，成为企业降低经营成本、提质增效主要措施之一。原料处严把计量关口，针对不同原油的计量方式，制定行之有效的降损方案；同时通过提高员工业务水平，内部挖潜增效，逐步将原油进厂损耗控制在可接受的范围内，为企业节约巨额的采购费用。

作者简介：纪全中(1971—)，男，工程师，中国人民大学，现从事厂级计量管理工作。电话：13139877526，邮编：830019，通信地址：新疆乌鲁木齐市米东区大庆路乌石化公司原料处。

研究影响科里奥利质量流量计精度的原因

吕仲尧

(中国石油云南销售仓储分公司　云南昆明　650118)

摘　要　在某销售公司发展历程中，油品出库方式从全人工计量计算到流量计体积交接，到现在的自动付油系统的运用，数质量管理的技术水平不断地提高，为公司的发展提供了重要保障。为进一步提高出库计量精度，公司在下属某油库试点运行质量流量计，试点过程中，在9#岛95#汽油质量流量计使用过程中，出现检定重复性较差，针对该问题，笔者对此进行了专项研究。

关键词　油库；质量流量计；误差；重复性

1　引言

在公司发展的进程中，油品出库方式从全人工计量计算到流量计体积交接，到现在的自动付油系统的运用，数质量管理的技术水平不断地提高，为公司的发展提供了重要保障。然而，在出库计量交接的过程中还存在一些问题，例如：当前自动付油系统还不能实现密度在线，还需要人工参与，凸显出自动化程度不彻底的问题，无法避免和规避人工计量误差的问题。如何解决这些问题是关系到计量是否满足预期要求的关键，公司通过对油库计量设备的更新试点，通过运行过程中对影响其准确度的原因进行分析，查找解决方案，逐步实现了油品自动定量装车和质量流量计出库交接，为进一步提高付油精度，选择了本课题进行研究。

2　质量流量计使用基本情况

试点运行过程中油库0#柴油、92#汽油和95#汽油三个品名，各装一台(CMF300M355NN2BZMZZZ型)科里奥利质量流量计，作为公司数质量交接工作新的研究探索试点，三台流量计分别安装在8-1、6-2、9-1三个鹤位。其中9-1鹤位位于发油岛最南侧，该岛本身设计有4个鹤位，相较其他发油岛现场工艺分布更加复杂，且在检定过程中更容易受阳光直射，对温度影响也较大。上述原因都有可能是影响流量计重复性的原因。

现场检定情况如下所述：

流量计安装完成后，流量计于2020年4月进行了首次检定，检定结果如下。

由表1可以看出9-1#岛首次检定时无论是误差还是重复性都表现较差，随后经校准后再次进行了检定，结果误差和重复性分别为0.03%和0.07%，虽然经过调校误差和重复性均达到了使用范围，但可以看出重复性相较其他流量计仍然有着一定的差距。

表1　流量计首次检定记录

序号	付油品名	鹤位号	流量计相对误差	平均误差	重复性
1	92	6-2	-0.02%	-0.02%	0.05%
			0.03%		
			-0.05%		
2	95	9-1	0.06%	0.13%	0.08%
			0.14%		
			0.19%		

续表

序号	付油品名	鹤位号	流量计相对误差	平均误差	重复性
3	0	8-1	0.04%	0.06%	0.02%
			0.02%		
			0.06%		

由于3台质量流量计属××公司首次使用，无相关使用参照经验，为进一步掌握科里奥利质量流量计的测量原理和常见误差产生原因，油库提出了监护使用的方案，在接下来的2个月内，跟踪统计了三台流量计的出库损耗，经初步验证发现92#汽油和0#柴油损耗相对稳定，而95#汽油损耗出现异常情况的频率较高，随即油库停用了该鹤位，并根据产生误差的原因制定了初步整改计划，拟在下一检定周期降低9#到95#汽油质量流量计的重复性，保证其付油精度。

3　误差产生的原因分析

3.1　温度变化对结果产生影响。

根据《标准表法科里奥利质量流量计在线校准规范》JJF—2018，检定误差 $E=Q-Q_s/Q_s$，其中 Q 表示校准时被校流量计的累计质量流量(示值流量)，Q_s 表示标准装置的质量累计量，而标准装置的质量累计量计算过程中受到流量计温度、标准器温度和密度计温度三个温度的影响，如果油品进入标准罐后受环境影响导致温度变化较大，将会影响校准结果。

3.2　质量流量计安装应力对结果产生影响。

在经过查阅科里奥利质量流量计的说明书后，发现质量流量计安装时候，进出口法兰必须同心且平行，否则产生的应力将会影响振动管的振动频率，产生过量的相位差，从而导致计量结果不准确。

3.3　弯管段较多导致偏流对结果产生影响。

由于9#岛现场工况相对复杂，相比另外两台流量计，管道在进入流量计前弯头较多，小组长根据之前参与其他公司检定的经验，提出了弯管段较多可能导致的偏流影响流量计计量精度的可能。

4　确定产生误差的主要原因

找出可能影响至流量流量计计量结果的因素后，为保证准确、规范、科学的消除误差，小组成员通过研讨、比对数据等方法，进一步查找原因。

4.1　消除温度变化因素。

为尽量消除温度变化产生的影响，小组成员选定一个环境温度和油品温度接近的日子，并在一个没有太阳直射的早晨再次对该流量计进行了自检，自检过程中流量计温、密度计温和标准器温基本一致，但是重复性仍然不理想，从而证明了该流量计首检时重复性较差不是由温度误差造成。具体自检结果如表2所示。

表2　消除温度影响后流量计检定记录

测量次序	流量计质量/kg	流量计温/℃	量器温/℃	密度计温/℃	视密度/(kg/L)	真空中质量/kg	相对误差	平均误差	重复性 E
1	1488.10	21.5	21.5	21.4	0.830	1488.16	0.00%	0.07%	0.09%
2	1489.26	21.4	21.4	21.4	0.830	1488.50	0.05%		
3	1488.61	21.4	21.4	21.4	0.830	1486.30	0.16%		

4.2　弯管段较多导致的偏流。

关于弯管段较多导致偏流对结果产生影响，小组成员认真查阅了相关资料，根据厂家的说明书对该流量计入口端的直管段没有要求，并且阐述了弯管段对质量流量计计量结果产生影响可以忽略。

4.3 检查质量流量计安装情况。

在排出温度影响导致计算结果误差的可能后，小组人员对流量计法兰进行了拆卸，发现流量计法兰安装确实存在应力，特别是出口法兰拆开后，管道与流量计法兰产生了大约 1 厘米的错位。同时发现，在拆卸后，流量计的活零点飘逸范围明显减小。但 9#岛受场地限制，难以对入口管道进行校正。

5 制定解决措施

根据上述实验和检查结果进行分析后，小组认为，该流量计重复性较差的原因主要来自安装应力，但受 9#岛场地限制，难以有效消除应力。根据付油现场实际工艺情况，小组决定将该流量计由 9-1 鹤位迁至 5-2 鹤位使用，这样不仅能通过调整管道消除应力，同时由于 5#岛只有 2 个鹤位，也能有效减少流量计入口端的弯头。

5.1 确定安装方式

科里奥利质量流量计共有三种安装方式，其中上装方式主要用于测量气体质量，不能用于液体测量，下装方式用于液体测量，但现场管道离地标高较低，没有安装位置，第三种旗式安装主要用于测量高黏度液体，经过与厂家沟通后，认为现场管道均为密闭，可以使用旗式安装。

5.2 解决现场信号线不足问题

该质量流量计通讯采用电源负极与脉冲信号共线的 5 线制通讯，但 5#岛原体积流量计仅有 3 芯通信线路，只能用于脉冲信号的传输，为解决 RS485 通讯，油库经过讨论，决定拆除该鹤位温度变送器，将变送器信号线用于质量流量计的 RS485 通讯。（温变主要用于采集温度计算实时 V20，而使用质量流量计后可以通过密度计算实时 V20 进行取代）

5.3 改造安装

在确定解决安装尺寸问题和通讯问题后，小组联系承包商制定了专项的施工方案和两书一表，在对现场进行物理隔离后，进行了改造安装，历时 3 个工作日完成了所有的改造安装和仪表接线任务，改造过程中，全程监护，特别是针对进出口法兰的焊接，小组认真进行了测量验证，以保证将安装应力减到最低程度。

6 检查效果

改造结束后，小组再次组织对该表进行了检定，检定结果大幅提升，重复性降低至 0.03%，流量计付油精度完全满足使用要求。结果如表 3。

表 3 现场改造后的流量计检定记录

测量次序	流量计质量/kg	流量计温/℃	量器温/℃	密度计温/℃	视密度/(kg/L)	真空中质量/kg	相对误差	平均误差	重复性 E
1	1488.12	21.5	21.5	21.4	0.830	1488.31	-0.01%	-0.01%	0.03%
2	1489.10	21.4	21.4	21.4	0.830	1488.91	0.01%		
3	1488.90	21.4	21.4	21.4	0.830	1489.44	-0.04%		

7 结语

通过上述验证过程，基本可以确定影响 9#岛质量流量计重复性较差的主要因素来自安装不规范产生的应力影响，科里奥利质量流量计工作原理主要是靠两根振动管产生的振动相位差进行质量流量的测量，所以造成误差的最大影响主要来自两方面，一是进出口法兰的安装应力，二是测量过程中其他振动产生的干扰。为进一步保证以后使用过程中的稳定性，小组在进出口端加了固定装置，减小热胀冷缩造成的应力，同时削弱泵运行产生的振动影响。

参 考 文 献

[1] 国家质量监督检验检疫总局．科里奥利质量流量计：JJG 1038—2008[S]．北京 中国质检出版社，2008.

[2] 史安明．质量流量计的原理及其性能特点[J]．绿色科技：电子版，2011，000(07)：11-12.

[3] 纪爱敏，李川奇，沈连官，尹协振．科里奥利质量流量计研究现状及发展趋势［J］．仪表技术与传感器．2001，7，1(2)：8.

[4] 李传经．科里奥利质量流量计性能评定［J］．世界仪表与自动化：1998，1：36-39.

[5] 刘宜仔，谢小芳，林欢欢，胡侯林．压力对科里奥利质量流量计检定误差的影响研究[J]．仪器仪表标准化与计量：2021，6：28-29.

作者简介：吕仲尧(1988—)，男，油库负责人，工程师，毕业于东北石油大学，现从事油库管理工作，电话：13888339118，邮编：650100，通信地址：云南省昆明市西山区福海街道滇池路555号中国石油昆明大厦22楼。

ARL3460 型化学直读光谱仪在对标检测中的实践

赵 莉 周欣晟 马亚楠

（长庆油田分公司物资供应处（物资管理部）质量管控中心（商检所） 陕西咸阳 712000）

摘 要 针对影响 ARL3460 型化学直读光谱仪试验结果准确性的主要因素，从试样的切取、加工、制备，试样的验收；对试验机的要求；漂移的校正及试验人员操作技术等几个主要因素进行论述分析。通过对试验过程的标准化操作，限定各种影响试验结果的因素，有效确保试验结果的准确性。还着重论述了能力验证试验的方法以及不合格物资的判定方法。

关键词 光谱仪；对标检测；能力验证；漂移校正；不合格物资的判定

1 引言

长庆油田公司物资供应处是一个以保障油田生产建设所需物资的收发、仓储、商检、配送结算等为一体的生产服务性单位，年物资吞吐量达 300×10^4t 以上。商检所作为物资供应处所属的基层单位，主要承担长庆油田生产建设所需的 02、03 大类物资以及油套管的入库检验工作。商检所拥有先进的检验检测仪器设备，具备力学、化学等多项检测能力，检验区域覆盖陕甘宁蒙四省的大部分地区。

ARL3460 型直读光谱仪是用来检测普通钢材的化学组成成分的重要设备之一。由于 ARL-3460 型直读光谱仪使用简捷方便，所以普遍应用于金属材料分析试验中。

1.1 ARL-3460 型直读光谱仪

ARL-3460 型直读光谱仪由赛默飞世尔（瑞士）公司生产。主要用于金属材料中 C、Si、Mn、P、S 等 24 种元素含量的测定，常用方法标准为 GB/T 4336—2016《碳素钢和中低合金钢多元素含量的测定火花放电原子发射光谱法（常规法）》。设备测量精确度可达到小数点后五位。见图 1。

图 1 ARL-3460 型直读光谱仪

1.2 ARL-3460 型直读光谱仪技术原理

ARL-3460 型直读光谱仪是一种同时式光电直读光谱仪。这表示当组成样品的原子受外部能源激发时，仪器同时测量样品发射出的光中的几条谱线的强度。被分析的光大约位于 150~800nm 的波长范围内。当某一个能量施加到一个原子上时，一些电子就改变其轨道。当这些电子返回到原来的轨道时，以一定波长的光形式恢复到精确的能量。这是一种原子现象，因此，它实际上不受原子化学或结晶形式的影响。

设备配套氩气系统，系统包括氩气容器、氩气压力调节器，气体流量计和能够按照分析条件自动改变氩气流量的时序控制部分。

2 影响检测结果的因素

2.1 试样的切取、制备及加工验收

2.1.1 试样的切取

分析样品从抽样产品或原始样品中制取。按照 GB/T 20066—2006《钢和铁 化学成分测定用试样的取样和制样方法》中的规定，应保证取出的分析样品均匀、无缩孔和裂纹。一般从取来的试料中用

锯切、砂轮切、剪切或冲切的方法进行切割，应选取具有代表性的部位。分析样品应足够覆盖火花架激发孔径，通常要求直径大于16mm，厚度大于2mm。

2.1.2　试样的表面制备

分析样品应保证样品表面平整、洁净。制样机包括砂轮磨样机、表面磨床、车床和铣床。

砂轮磨样机是准备铁、镍和钴样品(及少量铜样品)时是最快速的制备方法。

样品厚度必须是能用手指拿住，不发生损伤手指的危险。

2.1.3　试样的验收

试样的验收按照GB/T 4336—2016《碳素钢和中低合金钢　多元素含量的测定火花放电原子发射光谱法(常规法)》规定执行。

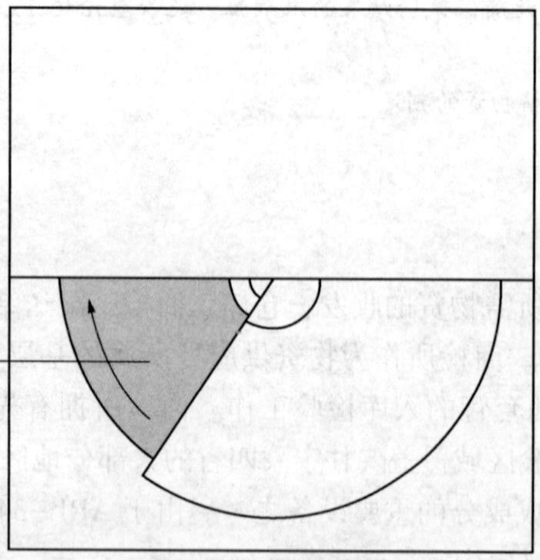

图2　磨样机砂轮

2.2　测量的仪器设备

2.2.1　设备的定期校准

在有效期的范围内，试验机的准确与否直接影响数据的准确性，因此对试验设备的检查很重要。依据JJG 768—2005《发射光谱仪》校准规程，至少每2年需对光谱仪进行一次校准。

2.2.2　磨样机

ARL-3460型直读光谱仪配套辅助设备有济阳县轻工机械厂生产的GW-5型磨样机，配套粗细两种砂轮。见图2。

2.2.3　设备外配套高纯氩气瓶

设备外配套高纯氩气瓶2个，氩气瓶通过铜管与光谱仪连接，为设备提供高纯氩气。

2.2.4　设备的维护保养

为了保证光谱仪测量数据稳定可靠，按照设备说明书，定期对仪器进行全面检修，称作检修保养。日常做试验要定期检查设备。

2.3　人员操作

2.3.1　光谱仪状态检查

每次开始试验之前，对设备状态进行检查，设备当前各项参数必须都在最小值和最大值之间。

2.3.2　试验温度的控制

ARL-3460型直读光谱仪应放置在防震、洁净的实验室中，通常室内温度保持在15~30℃，相对湿度应小于80%。在同一个标准化周期内，室内温度变化不超过5℃。

2.3.3　样品的放置(圆柱状)(图3)

靠近样品边缘部分的均质性更好，必须避免在样品中心上进行分析。

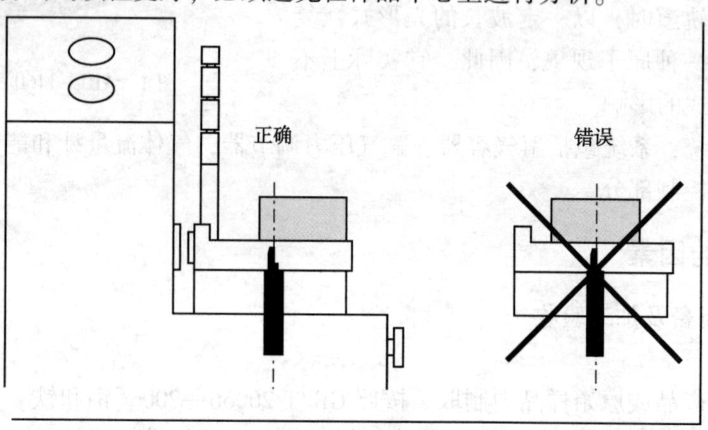

图3　样品的放置

2.3.4 分析条件的控制

按照 GB/T 4336—2016，推荐分析条件如表 1 所示：

表 1 分析条件

项 目	内 容	项 目	内 容
分析间隙	3~5mm	预燃时间	3~20s
氩气流量	冲洗：3~15L/min 测量：2.5~10L/min 静止：0~1L/min	积分时间	2~20s
		放电形式	预燃期间高能放电，积分期间低能放电

2.3.5 光谱仪的漂移校正

由于仪器状态的变化，导致测定结果的偏离，为直接利用原始校准曲线，求出准确结果，用标准化样品对仪器进行标准化，以修正由于各种原因引起的仪器测量值对校准曲线的偏离。

控制样品是与分析样品有相似冶金加工过程、相近的组织结构和化学成分，用于对分析样品测定结果进行校正，可以用于类型标准化修正。

2.3.6 试验结果的评定

对于试验结果的评定，产品标准对各个元素的检测值及小数位数做了要求，按照产品标准对实验结果进行修约。

3 消除影响因素的对标实践

针对上述影响因素，实验室在多年的检测经验积累中，采取了切实有效的方法，减少试验数据误差，提高数据准确性。

3.1 试样的切取、加工、制备和验收

3.1.1 试样的切取和加工

按照 GB/T 4336—2016 规定，从试料中取出的样品，一般在高度方向的下端 1/3 处截取样品。试样尺寸必须足够且有标识，加工好的试样工作面应平整、光滑，不应有气孔砂眼、缩孔、缩松、毛刺、裂纹和夹杂类缺陷。

3.1.2 试样表面的制备

GW-5 型磨样机配备粗砂轮片(400×5×40)用于试样表面初步磨制，再用细砂轮片(400×4×32)进行磨抛。按照 GB/T 20066—2006，金属表面应该制备到适合分析方法使用的表面，对于普通钢材必须用粗砂轮片先打磨掉表面 1~2mm 的厚度，磨制试样待测面如图 4 即可。

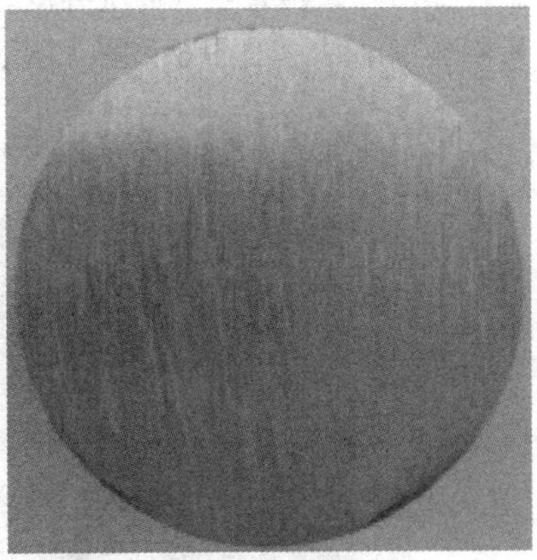

图 4 待测面表面制备

为了保证实验数据的准确性，切勿用手去触摸待测面。

3.1.3 试样的验收

实验室编制了《化学光谱分析试样验收表》。为了保证试验的可追溯性，试验员严格验收样品，每一批次都记录在验收台账里，确保试验结果的有效性。见表 2。

表 2 化学光谱分析试样验收表

<table>
<tr><th colspan="12">化学光谱分析试样验收表</th></tr>
<tr><th rowspan="2">试样编号</th><th rowspan="2">试样名称</th><th rowspan="2">规格</th><th rowspan="2">材质</th><th colspan="2">试样尺寸</th><th colspan="2">试样外观</th><th rowspan="2">验收人</th><th rowspan="2">验收结论</th><th rowspan="2">日期</th></tr>
<tr><th>最小截面宽度(或直径)>16mm</th><th>厚度≥2mm</th><th>表面是否平整洁净</th><th>有无物理缺陷</th></tr>
<tr><td></td><td></td><td></td><td></td><td>□是 □否</td><td>□是 □否</td><td>□是 □否</td><td>□有 □无</td><td></td><td>□合格 □不合格</td><td></td></tr>
</table>

图5　小试样夹具

物资尺寸达不到横截面要求的试样，小试样例如普通盘条 ϕ8mm，横截面直径 8mm，光谱仪配备了小试样专用夹具。把小试样夹在夹具的抓齿间，用限位块使试样待测面对准光谱仪电极，这样就确保了试样的激发位置正好对准电极。如图 5 所示。

3.2　光谱仪的检查

根据标准规定，检验人员需要对试验机进行定期、不定期的检查。具体分为直接检验、间接检验、和日常检验。

3.2.1　光谱仪的校准

直接检验就是依据 JJG 768—2005《发射光谱仪》校准规程，每年需对光谱仪进行校准。由具有资质的计量院专业人员使用标准物质对光谱仪数据的稳定性、重现性进行分析，并给出校准证书，不确定度，以确保试验数据的稳定性。

3.2.2　光谱仪间接检验

光谱仪间接检验有两种方式，一种就是期间核查，另一种是能力验证。

在两次校准之间，用光谱仪对标准样品进行检测，同一元素检测六次，计算该元素的标准偏差，看数值是否在规定的偏差范围以内，如果检测值偏差在范围以内，则说明数据准确可靠。

另一种是能力验证，本实验室是中国合格评定委员会(CNAS)认可的实验室，所以每年必须按频次参加 CNAS 组织认可的能力验证试验，化学每年参加 1 次。CNAS 利用实验室间比对来评定实验室的能力。能力验证试验间接检查了设备的稳定性。能力验证结果满意，则设备正常，结果不满意，就需对设备和分析过程进行核查，分析是人员操作原因还是设备原因。

3.2.3　氩气纯度和流量对分析测量值有很大的影响

氩气的纯度及流量对分析测量值有很大的影响，应保证氩气的纯度不小于 99.995%，且火花室内氩气的压力和流量应保持恒定。依据 GB/T 4336—2016，本实验室长期采用纯度 99.999% 的高纯氩气。

在试验之前，先打开氩气瓶，使接入设备的氩气分压控制在 0.25～0.30MPa 之间，用高纯氩气冲洗设备 30min 左右，即可满足测量条件，不同的设备可能会有差异。待氩气接通约 30min 后，选择任意样品激发，检查氩气冲洗纯度。氩气冲洗不纯时，围绕激发点的晕圈有毛刺，氩气吹纯后，激发点晕圈轮廓清晰。如图 6 和图 7 所示。

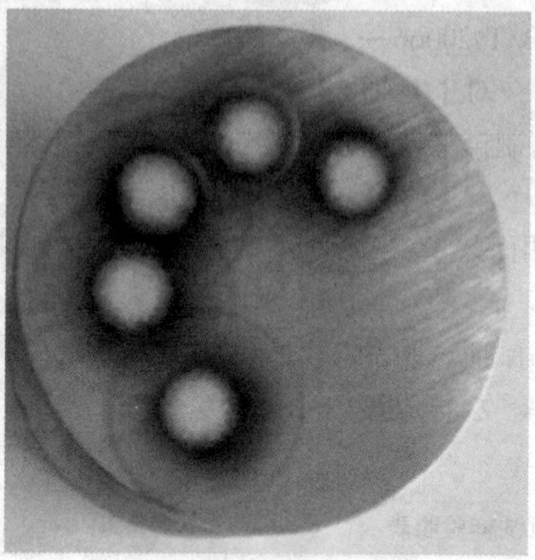

图6　符合分析条件激发点

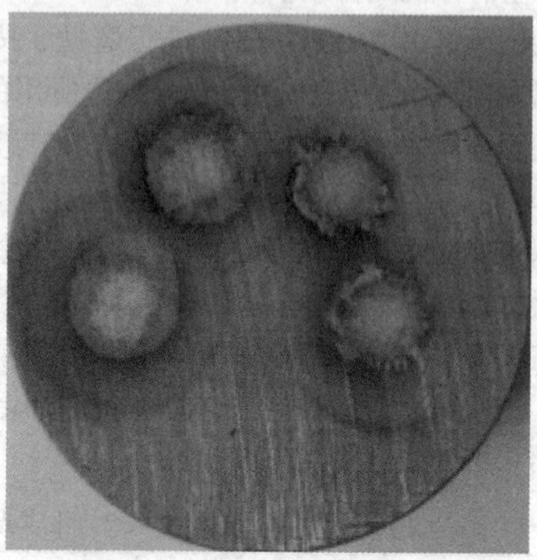

图7　氩气冲洗纯度不够时激发点

3.2.4　日常检查

每次开始试验之前，对设备状态进行检查，如果各项参数都在最小值和最大值之间，则开始试验。如果试验机状态不适合试验，仪器会有提示。各参数检查如图 8 所示：

日常检查还包括光谱仪的维修保养和日常维护保养。推荐每年一次维修保养，试验人员还要定期进行日常维护保养。维护保养内容如表 3：

表 3 维修保养及维护保养频度

维护项目	建议的频度
更换隔膜式真空泵的隔膜和阀	每年一次
轴承润滑	每年一次
更换滤尘器	每年一次
清理电极	每次分析前
清理滤尘器	每月一次
清理激发台内部	每周一次
透镜清理	每月一次
检查真空泵液面高度	每周至少一次

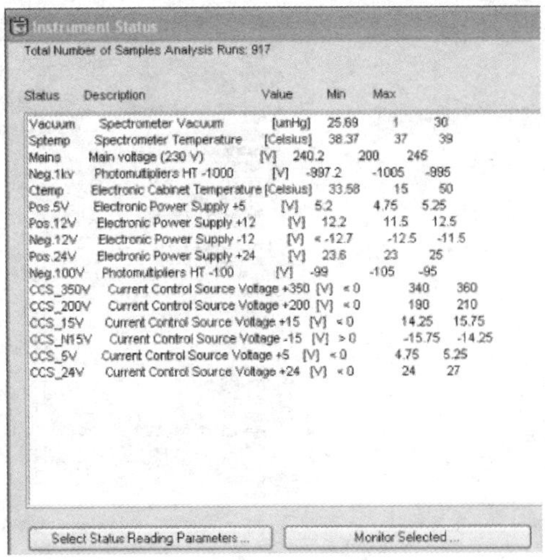

图 8 设备的参数检查

定期维护保养设备，使设备处于良好的测量状态。

3.3 人员操作

3.3.1 实验室环境控制

实验室光谱仪保持全年开机，并配备空调，保持实验室温度恒定。因故长时间停机时，光学系统开机 8h 以上才能保持稳定，才可以开始做试验。而且重新开机后，通氩气时间较长才能达到分析条件。

3.3.2 试样放置

样品应如左图这样放置，它能遮盖住孔旁约 3mm 的分析架面积。

激发待测样品时，应注意每次激发点之间的位置，保证激发点不重合，激发点周围晕圈可重合。

如果测量位置偏试样中心点，会导致测量值偏小，这是因为偏析的结果，见图 9。

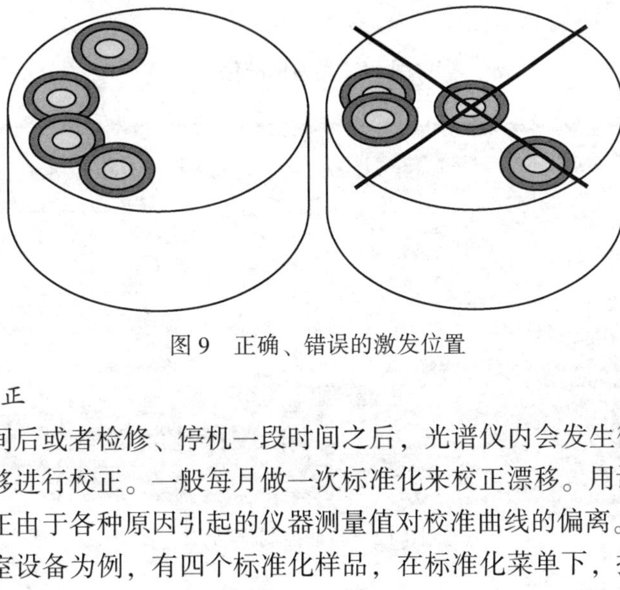

图 9 正确、错误的激发位置

3.3.3 光谱仪的漂移校正

光谱仪使用一段时间后或者检修、停机一段时间之后，光谱仪内会发生微小的物理变化，分析样品前，必须对光谱仪漂移进行校正。一般每月做一次标准化来校正漂移。用设备配套的标准化样品对仪器进行标准化，以修正由于各种原因引起的仪器测量值对校准曲线的偏离。

设备标准化，以本室设备为例，有四个标准化样品，在标准化菜单下，按照顺序依次选择漂移校正样品，激发四个试样，Fe_01_RE 12/180，Fe_02_RN 19/52，Fe_03_STRAINLESS，Fe_04_RH 18/43，每一个漂移校正样品激发三次，激发完成后，点击完成，最后点击右下方完成标准化。见图 10。

由于平时检测的样品品种多样，经常要根据不同的产品牌号来选取控制样品，做类型标准化。以 Q235B 为例(见图 11)。

做完类型标准化，在分析样品之前，用带值控制样品检验设备分析状态，检测数值与标准控制样品标准值进行比对，仪器分析状态稳定，则开始试验，否则，重新校正设备。见图 12。

平时做试验时，委托单位已经提供了产品牌号以及产品标准。所以试验标准化程序一是根据产品标准选取合适的控制样品，对仪器设备进行类型标准化操作；二是验证控制样品标准值，确定设备分析状态稳定；三是测量分析样品。

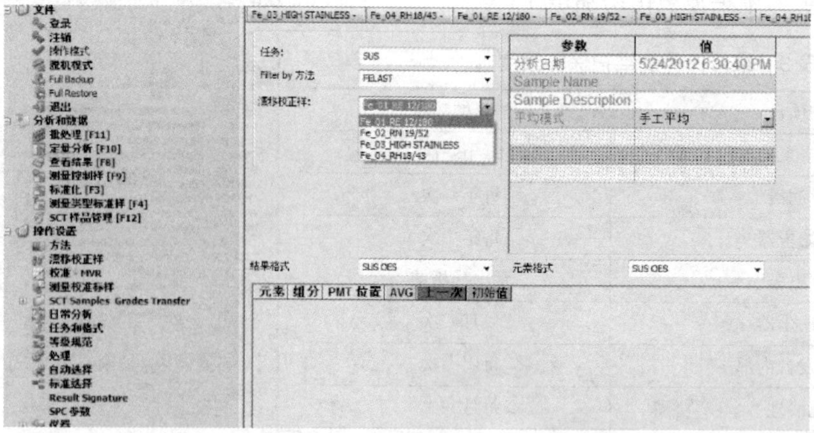

图 10　标准化

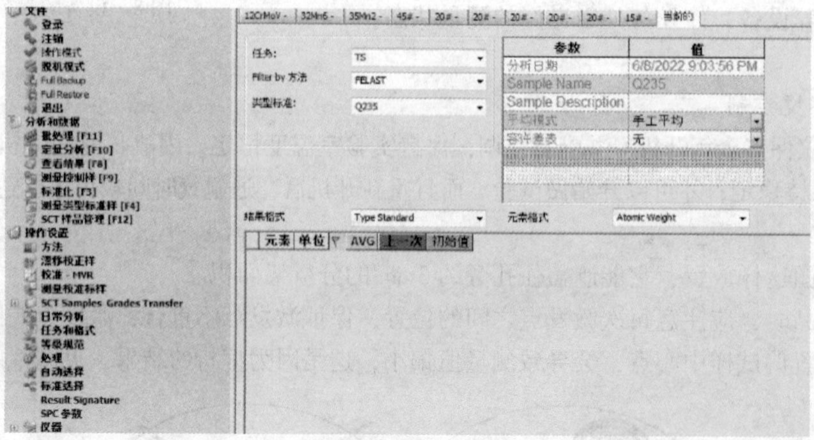

图 11　类型标准化

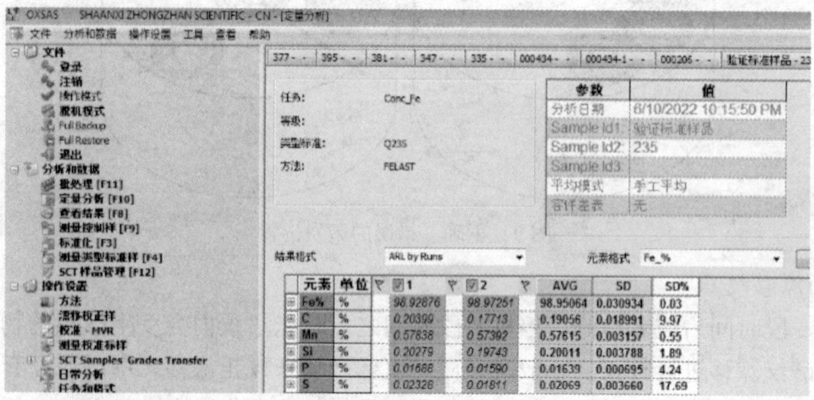

元素	单位	1	2	AVG	SD	SD%
Fe%	%	98.92876	98.97251	98.95064	0.030934	0.03
C	%	0.20399	0.17713	0.19056	0.018991	9.97
Mn	%	0.57838	0.57392	0.57615	0.003157	0.55
Si	%	0.20279	0.19743	0.20011	0.003788	1.89
P	%	0.01688	0.01590	0.01639	0.000695	4.24
S	%	0.02328	0.01811	0.02069	0.003660	17.69

图 12　验证控制样品

3.3.4　光谱仪能力验证试验

这里着重要提到能力验证试验，也就是实验室俗称的“盲样”检测。能力验证就是利用实验室间比对，按照预先制定的准则评价参加者的能力。能力验证试验组织者会寄给实验室一个“盲样”，这个“盲样”的产品牌号未知，所以不能直接分析样品，但会告知“盲样”的类别(低碳合金钢或者是不锈钢等)和待测元素的大致范围，元素范围宽度较大，根据该范围选取类型标准化样品很困难。所以在做能力验证试验时，关键点是确定控制样品，即类型标准化样品。见图 13。

做能力验证试验时，第一步做标准化；第二步在定量分析菜单下，任务栏选择低碳合金钢(以本次能力验证试样低碳合金钢为例)，不选取类型标准化类型，激发样品，初步测量，确定能力验证试样元素具体的小范围；第三步，再通过测量出的具体小范围，选择出各元素的类型标准化样品即控制样品。对于每个元素，尽量选择出标准值和实测值最接近的类型标准化样品，逐个元素进行测量。见图 14。

本次能力验证计划中,贵实验室的代码为 NILPT-1761-1-69 。

为保证能力验证计划的顺利进行,特要求参加单位认真遵循下列条款:

1.能力验证物品说明

1.1本次能力验证给每个参加者发送1个低合金钢样品,编号为101003112018020044,测试5个项目,含量范围为:

C/%	Si/%	Mn/%	P/%	S/%
0.1~0.5	0.1~0.6	0.5~2.0	0.01~0.03	0.02~0.06

*上述含量范围仅供选择标准物质时参考。

图 13 能力验证作业指导书中样品元素参考范围

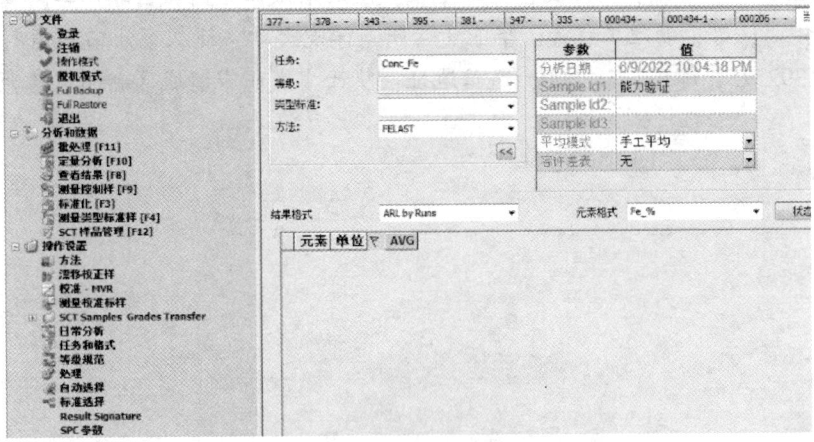

图 14 测量能力验证试样元素具体的小范围

做能力验证试验时，通过标准化操作和类型标准化操作，使设备达到最佳测量状态，对于测量元素不能像普通试验只选取控制样品进行类型标准化，而要对测量的每一个元素分别进行类型标准化，再分元素测量含量，从而达到精确测量的目的。

3.3.5 不合格物资的判定

由于光谱仪分析得到的是样品很小范围内很浅厚度内的试样成分结果，因此要充分注意分析结果的代表性。尤其是对不合格物资的判定，首支样品检验出不合格后，严格按照产品标准规定进行复检，一般复检时都要求在该批物资中除了第一支以外，再取两支，如果这两支中有一支不合格，则判定该批次不合格；如果这两支均合格，则判定该物资除了初始取样支以外均合格。按复检标准取样，多次磨制，多次测量，当不合格数据重现性较好时，方可认定该批物资不合格。

3.3.6 试验结果的修约

虽然现在的软件智能化程度很高，但仍不能实现测量数据的自动修约。试验最后一步，根据修约准则修约测量数据，得出试验结果。

4 结论

本文针对影响 ARL3460 型化学直读光谱仪试验结果准确性的主要因素，从试样的切取、加工、制备和试样的验收；对试验机的要求；漂移的校正及试验人员操作技术等几个主要因素进行论述分析。通过对试验过程的标准化操作，限定各种影响试验结果的因素，有效确保试验结果的准确性。还着重论述了 ARL3460 型化学直读光谱仪能力验证试验的方法以及不合格物资的判定方法。

参 考 文 献

[1] 中华人民共和国国家质量监督检验检疫总局.《钢和铁 化学成分测定用试样的取样和制样方法》GB/T 20066—

2006. 北京. 中国标准出版社出版发行，2006.

[2] 中华人民共和国国家质量监督检验检疫总局.《碳素钢和中低合金钢　多元素含量的测定火花放电原子发射光谱法(常规法)》GB/T 4336—2016. 北京：中国标准出版社出版发行，2016.

[3] 国家标准物质研究中心　国家质量监督检验检疫总局.《发射光谱仪》JJG 768—20052005. 北京. 中国标准出版社出版发行，2005.

[4] ARL3460 型化学直读光谱仪使用说明书. 赛默飞世尔(瑞士)公司，2012.

[5] 陶美娟，鄢国强，等. 机械工程学会理化检验分会编.《金属材料化学分析》[M]中国北京. 科学普及出版社，2014.

作者简介：赵莉(1978—)，女，工程师，毕业于西安石油大学，现从事油田用原材料及钢管检验工作。电话：18391442324，邮编：712000，通信地址：陕西咸阳渭城区朝阳二路石油转运站。

周欣晟(1989—)，男，助理工程师，毕业于西安工业大学，现从事油田用原材料及钢管检验工作。电话：15091286163，邮编：712000，通信地址：陕西省咸阳市渭城区朝阳二路商检所。

马亚楠(1985—)，男，助理工程师，毕业于兰州商学院大学，现从事油田用原材料及钢管检验工作。电话：13991392575，邮编：712000，通信地址：陕西省咸阳市渭城区朝阳二路商检所。

数字化转型计量管理模式创新与实践

柳建伟

（中国石油天然气股份有限公司石油化工研究院大庆化工研究中心　黑龙江大庆　163714）

摘　要　石油石化企业配置有完善和齐全的炼化装置，其计量业务比较复杂繁多，不仅有采购监督计量，也有贸易交接计量，除此之外也有互供计量，铁路、公路、管输等不同的运输方式，所采用的计量方式也存在差异。现代管理的精细化程度越来越高，传统计量管理模式已不能充分满足其要求，进行计量数字化转型就显得非常迫切和重要。本文从数字化转型的理论知识着手，分析了数字化转型计量管理的意义，并进一步深入分析了数字化转型计量管理模式的创新及实践，希望能为石油石化企业计量数字化转型的实施提供参考。

关键词　数字化转型；计量；管理模式；创新；实践

1　数字化转型的理论分析

1.1　定义

数字经济是经济社会发展的一个新型形态，其主要驱动力为数字化技术，而其关键要素则是数字化信息。数字经济是通过充分运用数据，让其价值得以充分发挥，以促进提升生产力，充分发挥连接价值。数字化转型具体是指企业在信息化建设的前提下，通过数字化能力从生产效率提升、需求满足、客户连接等方面对企业进行全面改革。在进行新型数字化产品打造的基础上，形成数字化服务、数字化制造、数字化营销等能力，形成一种新型的数字化商业模式。对企业来讲，数字化转型并不是在技术方面进行简单的升级，而是重大变革，全面重塑了企业的组织体系、运营体系、商业模式及企业战略。

1.2　基本目标

（1）技术升级。企业在进行数字化转型时，应将技术赋能企业运营当成起点，在进行生产管理活动时合理运营数字化技术。在数字化转型时，升级数字化技术并不是目标，而是基础。在数字化技术的运用期间，应不断建立和提升数字化能力，将数据连接打通，让信息实现交流互通，同时将数据逐渐转变成数据资产，为生产运营活动提供指导。

（2）采集和积累数据。对于一个企业来讲，离散型数据并无价值。通过全面采集企业数据，同时进行有效存储，针对生产管理的相关数据构建时间轴，同时对数据管理的相关要素进行不断丰富，将结构化数据分析当成基础，针对企业数据构建科学的分析管理机制，让数据成为非常重要的一项企业资产。

（3）分析和应用数据。按照企业生产经营的实际需求，利用数据分析的相关模型，进而来全面展示企业的各种数据。分析关键生产环节和重点领域的数据，对数据价值进行丰富和提升，并形成可视化宝宝，让企业数据向无形生产力、数据资产转化。

（4）构建数字化商业模式。在进行数字化转型时，企业应充分考虑客户的实际需求，利用数字化手段为客户构建新型的商业模式和新价值，同时通过新型的商业模式促进企业更好发展。

2　数字化转型计量管理的意义

石油石化企业过往在采集计量数据时，基本上都是采用人工采集的方式，但是该方式不仅准确性低，而且实时性也较差。企业的生产装置基本上是选择控制系统，这样操作人员在对操作以及生产状态进行查看时能更加方便，然而管理人员却不能对实时数据进行查看，进而对管理工作的有序开展造成影响。无论是抄量、录入数据、审核数据，还是计量报表、计量结账、生成计量单及运行记录等，都是通过人工操作进行，不仅效率低、强度大，而且也无法保证数据的准确性、及时性。

纸质计量单据不仅管理麻烦，而且流转不便，每天通过人车取送，存储不变、成本高，产销衔接无法进行实时的数据共享，在流转方面纸质计量单据需要较长的时间，导致企业不能及时结算，每年大约为产生 10 万张的纸质计量单据，不仅会浪费大量的纸张，而且会增加核查难度，所以让计量单实现电子化就显得非常重要。

计量衡器的信息化、自动化程度不高，维护管理的难度大。轨道衡、汽车衡等信息化、自动化程度较低，不同计量点衡器所采用的的系统软件存在差异，而且是采用不同的数据采集方法，票据、单据的格式存在不同，进而增加维护管理的难度。选择人工填写和传送轨道衡计量单据的方式，同时需要在 MES 系统中录入每一罐车的计量数据，每个月需要统计单一介质的总量，并在月末录入到 ERP 系统，该工作模式不能实时监控和查询衡器计量信息，无法共享计量数据。在自然减员的前提下，操作人员不能有效满足衡量不断增长的实际需求，所以实现汽车衡过衡计量的信息化、无人值守的管理模式就得非常重要。

计量设备不仅分布广，而且种类繁多，在管理方面还属于静态管理，信息的更新频率基本上为每年 1 次。因为缺少计量管理人员，同时大部分人员都是兼职，进而对管理质量造成影响。在使用年限内未能及时更新相关信息，也并没有实现信息共享，进而对计量业务造成较大影响。

3　数字化转型计量管理模式的创新及实践

3.1　通过新技术来自动采集计量数据

(1) 应用 OPC 技术来自动采集数据。西门子、艾默生、横河以及霍尼韦尔等公司无纸记录仪等设备以及 PLC 系统、DCS 系统，无论是数据格式、通信协议，还是通信方式均不相同，针对这一情况可以通过 OPC 接口软件，并增加设置因延展，转化各种数据格式，让其形成标准和同意的数据格式，增加生产网及上位 MES 设备，将数据进一步上传，进而来自动采集数据。每套装置均增加设置 MES 设备、交换机、生产网以及 OPC 服务器，利用 OPC 服务器对过程数据进行采集、传输，OPC 服务器网关型结构是独立的，因此能让 DCS 网络、MES 网络确保隔离，让生产系统的运行更加稳定。

(2) 通过无线技术来自动采集数据。对计量点现场进行实地考察分析发现，有些现场安装的计量仪表也比较分散，与控制室的距离较远，附近并没有企业的生产网络，各计量点操作室在引入信号时，需要铺设较长的电缆，不仅施工困难，而且施工成本也较高，不能自动采集计量数据。选择工业无线技术，利用 BUFFER 机、OPC Server、中继设备、无线适配器以及智能无线网关等接口系统或设备，进行无线网络的设置，有些计量数据并没有接入到计量点控制室，而利用无线技术则能自动采集这些计量数据。

(3) RS-485 通信技术。大部分计量仪表都存在 RS-485 通信接口，维护人员一直都习惯通过 4~20mA 信号传输模拟量，然而利用 PLC 或者 DCS 系统来计算累积量，这种计算方式得到的结果存在较大误差，尤其是选择 PLC 系统来计算累积量，误差甚至超过了 20%，不能应用到计量中，就算能自动采集数据，在对结算进行计算时也需要到现场抄表 1 次。计量仪表如果具有 RS-485 通信，在 PLC 系统或 DCS 系统上增加设置 RS-485 转换卡，进行多参数的传输，能更加准确地传输数据，让累积量误差能明显减小。

通过以上技术来自动采集计量数据，优化改善 MES 生产网及 PLC、DCS 等系统的接口，不仅能自动采集生产测量控制系统的相关数据，而且能自动采集管理系统的相关数据，让工作人员的任务量及劳动强度明显减轻，让自动化水平及工作效率明显提高，确保数据采集的及时性、准确性，让数据实现实时共享。

3.2　开发及应用计量信息管理平台

(1) 计量监控管理。包括实时数据、数据校正、历史曲线以及计量图等功能，能实时监测关键仪表数据，在数据出现异常时能报警提示，不但能对仪表存在的异常进行及时发现，而且能对仪表运行的相关信息进行查看。能实时显示物料产品的相关参数，如密度、压力、温度、累积值、瞬时值等。

（2）计量数据管理。包括 MES 接口数据、轨道衡接口数据、汽车衡接口数据、仪表清零、计量报表管理、计量单管理、物料核算管理、计量计算管理等功能，不但能集中管理计量数据，自动生成报表，而且能实现信息共享及网上查询等。

（3）计量设备管理。包括了计量人员管理、仪表器具状态流转管理、周期检定计划管理、仪表器具台账管理等功能，不但能对检定人员进行动态的信息化管理，而且能对仪表器具进行全生命周期的管理。

（4）计量衡管理。汽车衡厂商软件有汽车衡软件所取代，该软件包括了参数设置、词组预置、单据管理、称重管理、数据管理、其他业务等模块。不但能满足查询统计、统计单、栏杆机、红外线、基础配置、称重等需求，而且还具有网络查询的功能。

（5）应用计量信息管理平台的效果。首先通过计量监控模块能实时监控计量数据，包括了各种能源介质、产品、物料，涉及报警点、实时监控计量点、历史曲线、计量网络图较多。能让车间、分厂、公司实现规范和科学的三级生产调度，另外无论是计量员还是管理人员，均能使用监控模块，对管线计量数据进行实时查看。其次计量数据模块能集中管理计量数据，设计各个二级单位及其下属全部生产装置的数据录入点、自动及路由生产的统计报表，在线上采集、录入和审核数据。在线上完成操作运行记录生成、计量单生成、数据自动提取、月报及日报生成、月底结账等相关工作，让数据更加准确，让工作效率明显提高。第三通过计量设备管理模块，能对仪表器具进行全生命周期的统一管理，而且能实现线上全流程操作。包含了企业所有的计量仪表、计量器具、计量设备相关业务流程、计量设备统计报表。对业务流程进行线上管理和考核，对计量检定进行线上的全程管理。最后称重数据管理，利用视频监控、红绿灯控制、红外对射设备控制、衡器数据采集等软件，对衡器计量软件进行统一。企业每台电脑均能对相关的称重信息和过磅数据进行远程查看，通过远程视频管理，避免作弊。

3.3 开发及应用计量远程电子化交接系统

（1）系统开发。计量远程电子化交接系统的组成包括了客户端、电子签章管理系统、基础数据采集，系统利用数据接口向计量信息管理平台上传计量交接数据，而计量信息管理平台则按照计量点的具体工作生成符合要求的电子计量单，然后利用在线流转、签署以及审核的方式，让交接双方实现计量的交接，在电子计量单签署之后，向客户端用户单位上传，能让工作效率明显提高，让数据实现及时共享。

（2）功能开发。通过电子签章技术，计量远程电子化交接系统利用系统管理、文档管理、签署管理、印章管理、证书管理、用户管理、计量交接管理等实现远程电子化交接，例如在线提取计量数据、在线生成及签署计量单、网上流转计量单、计量单作废，在线归档、下载及打印计量单，分类统计和汇总计量数据、系统网络安全管理、用户功能角色权限分配等。计量远程电子化交接系统利用 Ukey 认证、加密密匙、CA 证书等，让电子签章确保安全和有效。

（3）应用效果。现阶段企业所涉及计量点均已实现了计量单的网上流转、电子签章及电子签名，实现了用户在线查询、储存、下载、打印、统计等功能，实现了计量数据在线统计和集合，无论是数据盘点、核对，还是数据统计和汇总，工作效率均得到了显著提升，企业落后现象得到了显著改善，企业形象及客户满意度均得到了显著提升。

4 结论

通过创新数字化转型计量管理模式，虽然取得了一定的成效，但是在今后的工作还应进一步创新和完善，集成 ERP 销售和计量系统，让产销两者实现有效的协同，让销售及计量数据信息实现有效共享，构建计量数据中心，集中管理计量数据，监督计量，集中远程操控衡器，视频监控，对人力资源配置进行优化，让效能及效率显著提升，为石油石化企业数字化转型的实施提供参考。

参 考 文 献

[1] 夏天，郑欣，明东岳等. 数字化计量系统移动现场检测平台设计[J]. 海军工程大学学报，2022，34(1)：75-81.
[2] 慕慧娟. 计量大数据与产业计量数字化发展关系探究[J]. 大众标准化，2022(9)：184-186.
[3] 黄万明，陆璐，程飞等. 数字化转型计量检测机构发展的新基建[J]. 计量与测试技术，2022，49(1)：101-104.
[4] 李舜，汪金荣. 基于数字化计量资产供应链管理研究[J]. 电气自动化，2022，44(3)：64-71.
[5] 潘寿虎，申东滨，邓时虎等. 计量检测行业数字化方向的探究[J]. 衡器，2021，50(7)：30-32.
[6] 全凤慧，刘银锋，毛敏等. 如何基于计量数字化转型打造一站式计量服务大厅[J]. 计量与测试技术，2021，48(11)：102-103.
[7] 陈骁，许灵洁，裘霞敏等. 数字化计量相位差基准的研究与实现[J]. 浙江电力，2020，39(2)：55-62.
[8] 王艳. 计量信息系统在石化计量数据精细化管理中的应用[J]. 石化技术，2021，28(9)：160-161.
[9] 徐顺福，倪庆旭. 成品油销售企业计量管控平台设计[J]. 工业计量，2020，30(5)：96-99.
[10] 梅刚. 胜利油田原油交接计量信息系统的设计应用[J]. 计量技术，2020(2)：37-39.

作者简介：柳建伟(1986—)，男，工程师，东北石油大学化工设备与维修技术，能源设备计量管理。邮编：163714，电话：13936828855，通信地址：黑龙江省大庆市大庆化工研究中心。

关于长输管道计量系统数字化转型探讨

郑　健　张　扬　张晓龙

（大庆油田有限责任公司天然气分公司　黑龙江大庆　163416）

摘　要　天然气分公司通过自主研发、设计、运维完成了长输管道的数字化改造，并建成数字化管理平台。通过整合规范计量仪表通讯、搭建冗余架构 DCS 及单边通信等技术手段，完成全长 289 公里长输管道及站场的各类计量信号采集；搭建隧道加密、两次认证鉴权和路由隔离等多种安全防护机制的物联网；并通过构建数据可视化平台、应用各类编程实现组分在线修改、建立专有数据库等功能，实现了计量数据的自动采集、传输、存储与分析功能，从而实现自动化生产、智能化分析、集约化运营、扁平化管理的目标。

关键词　数字化管理平台；采集；传输；应用

大庆油田有限责任公司天然气分公司长输管道全长 289km，全线共计 6 座分输站及 10 个截断阀室，场站主要采用超声波流量计、涡轮流量计和罗茨流量计对外输天然气输气量进行计量。原控制系统中各站场间分散距离较远、相互之间无网络通信，因此造成计量器具缺少统一的监管平台。为此，天然气分公司通过自主研发、自主设计、自主运维完成了对管辖范围内的长输管道的数字化改造。本文将结合计量管理相关要求，从计量数据的采集、传输和应用三个方面对长输管道数字化平台计量系统的基础研究及其应用进行探讨。

1　计量数字化平台

1.1　计量数据，应采尽采

为使计量数据采集更加全面，采用控制系统集成技术，自主攻关了工程师站、自动化站、操作员站中的中央工程组态系统、基于过程对象的编程组态等核心组件开发技术。针对长输管道运行特点自主搭建了具有三维冗余的 DCS 架构，将各类流量计、附属变送器、检测设备集成，用于采集流量计实时运行参数信息。

各类数据主要由站场 DCS 控制系统负责采集与传输，为满足分布式控制系统的可靠性及精准性，搭建具有控制器冗余、电源冗余、数据光纤同步功能的分布式三维冗余控制系统，保证单台 CPU、电源、通信设备故障时，系统及数据传输仍能平稳、可靠运行。

利用单边通信技术、开发用户授权管理程序，搭建跨地域、多系统融合互联、互为冗余备用的集散控制系统，实现调度统一授权，场站分级管理，远程相互可控。见图 1。

1.2　流量计物联网，应传尽传

采用光纤专网与站控系统数据交互，计量系统的各类参数如工况瞬时量、标况瞬时量、流量计气体组分、修正系数、超压缩系数等所有参数均可在分公司智控中心、各分输站及防爆式移动人机界面控制和显示。为满足数据传输的可靠性，采用光纤有线传输为主、5G 无线传输为辅的冗余通信方式，数据交换机对两种通讯传输速率进行综合对比，优选通讯信道进行数据传输。

为满足数据传输的安全性，在各通讯节点组态搭建隧道加密、两次认证鉴权和路由隔离等多种安全防护机制，大幅提高了网络安全可控性；为保证传输数据的精准性，通过智能侦测数据头的方法，组态各网络节点交换机，智能判断传输数据类型，区分工艺数据信号及物联网数据信号；并根据生产确定数据传输优先级，保证站场及阀室等生产数据传输带宽，智能分配视频监控等数据传输带宽，将各类数据分别上传至分公司智控中心，完成智控中心与各站场数据交互传输。见图 2。

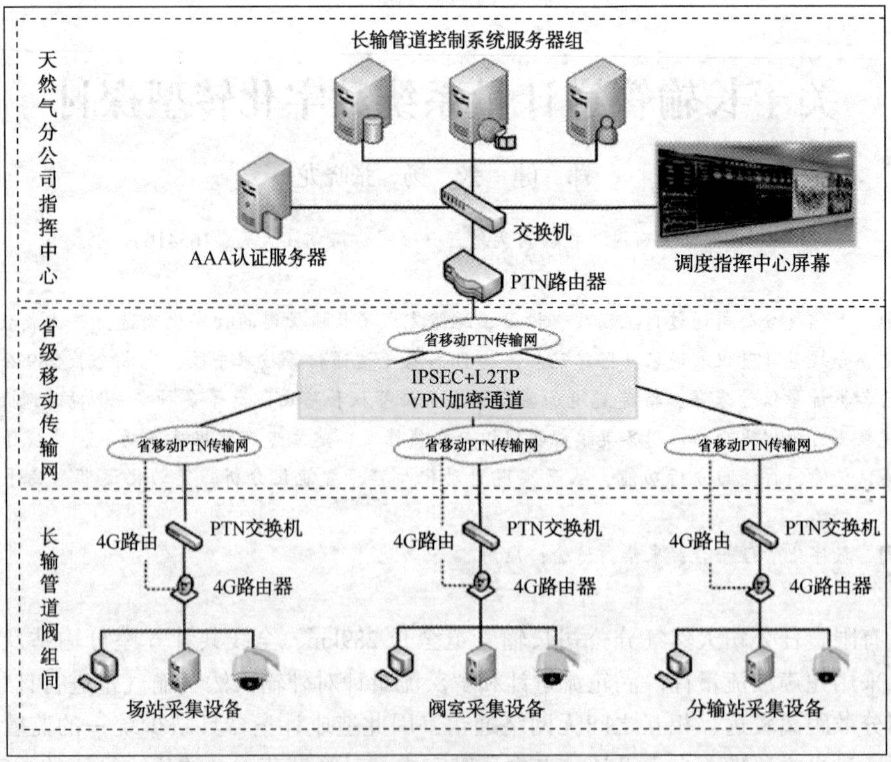

图1 设备数据采集拓扑图

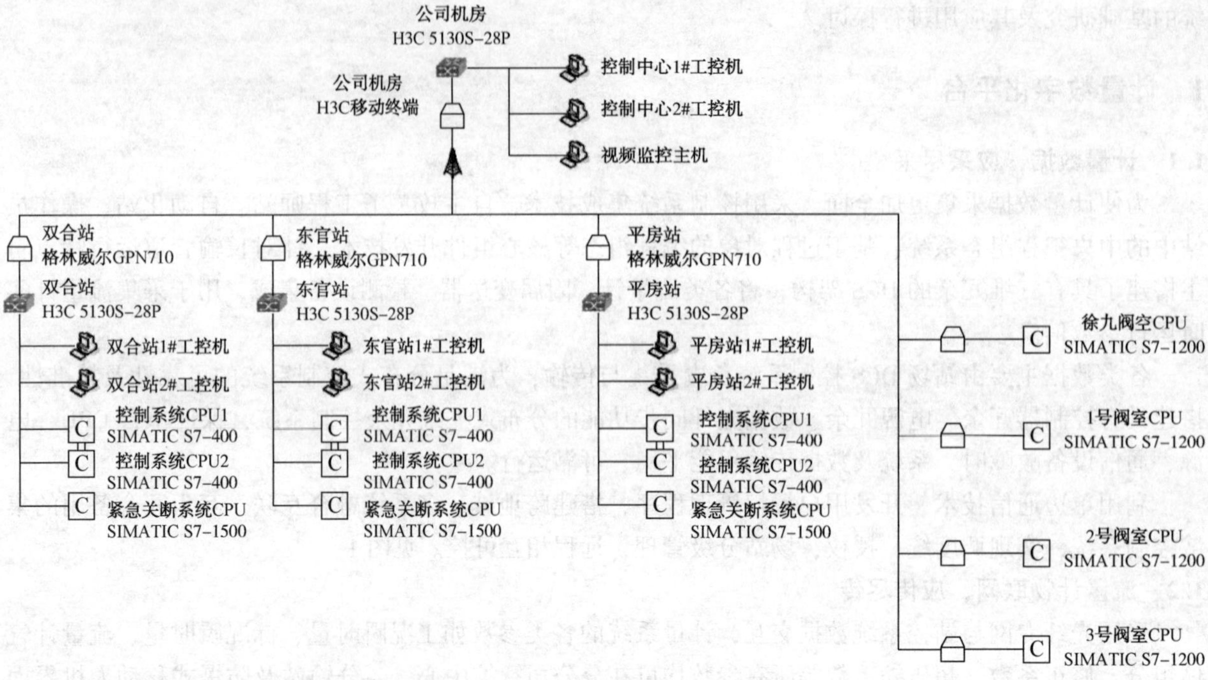

图2 庆哈线网络拓扑图

1.3 远程监控，应控尽控

1.3.1 构建计量参数数据库

由于流量计各项参数的正常与否直接决定的外输天然气计量的精准度，在发生计量争议等各类突发计量故障时，对流量计历史运行参数的分析有助于相关决策，因此构建计量参数数据则显得尤为重要。

数据库作为智能化决策的数据基础，也是数据加工链路的核心，通过建立计量参数数据库，形成数据资产，统一数据标准，利用大数据技术实现数据存储、数据筛选、数据分析，从而可以更有效地使用数据、挖掘数据价值、提高数据使用效率、缩短数据分析周期、更快地为运行提供支持，实现技术分析决策智能快速化。

建立数据库过程包含明确实现功能、规划性能指标、建立数据模型，制定数据采集方案、执行数据采集和数据清洗。主要目标数据源为流量计及附属变送器数据，系统是面向基于 Windows 操作系统的软件应用环境，并综合考虑数据处理量级，数据库选用 SQL SERVER 来构建，最大限度保证软件兼容性和系统运行可靠性。

数据库采用双冗余分布式布局结构，数据分别存储到两台服务器，建立备份机制，服务器间互为热备用，形成数据容灾能力。数据库应用结构以程序模块和数据表进行分类，程序模块分类主要包括初始化、流程作业和统计运算处理等；数据表分类主要包括，实时生产数据表、基本编码表、累计数据表、计算数据表和决策数据表等。明晰主、外键设置、对实时生产数据表建立索引，大幅提升 SQL 查询效率。数据库实现数据实时共享，利用可视化分析工具进行数据真实性筛选，数据类型转换，数据有效分类，完成数据预处理，并可将分析后的决策与数据库进行双向交互。见图 3。

1.3.2 流量计组分远程监控与修正

通过 Step 7 LAD 编程语言搭建控制系统 CPU 与流量计算机之间的数据通信，将流量计算机中气体组分传输至控制系统，利用 Wincc C 脚本编写数据修改程序，当控制系统组分数据发生变化时，自动将最新组分数据传输至流量计算机，同时控制系统会对变更数据、数据修改时间和数据修改人进行归档记录。见图 4。

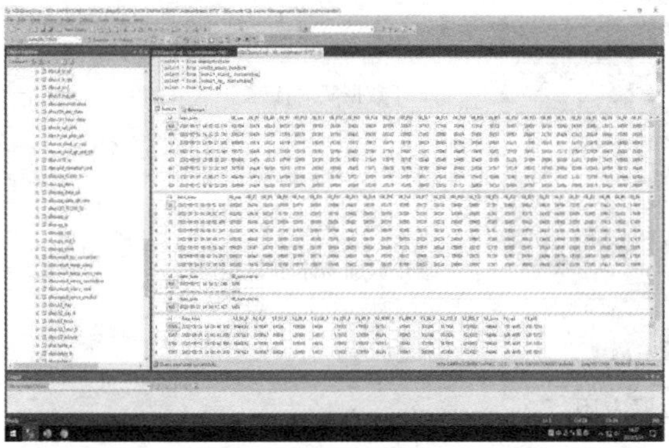

图 3　数据库平台

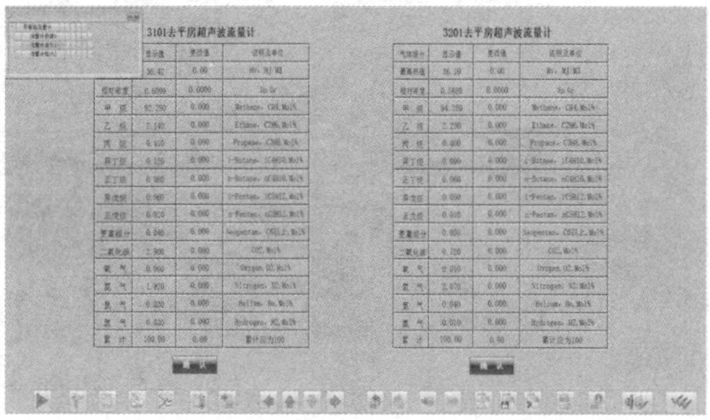

图 4　气体组分远程修改

1.3.3 开发数据可视化平台

在数据统一、系统互联互通的基础上，开发数据可视化平台，集中显示长输管道沿线各设备运行情况，数据可视化平台与数据库通过以太网采用专用接口进行数据实时通讯，利用 SQL 语言编程，建立特定功能数据集，绘制可视化图表，形成数据集成平台。借助可视化技术并运用计算机图形学和图像处理技术，将数据转换为图形或图像在屏幕上显示出来，并利用数据分析技术发现数据中未知信息的交互处理的理论、方法和技术，使其具有可视性、多维性和交互性，平台集成了长输管道的压力、温度、管存、计量交接量等生产运行数据，或根据需求有目的地从各个业务系统抽取数据，根据数据的各样属性进行整合处理，将关键指标形象化、直观化、具体化，可通过门户网站、管控大屏、移动端等多种形式呈现，实现管道风险的集中、动态、可视化管理，方便各级人员实时了解管道情况，为管理人员决策提供直观可靠的数据支撑。见图 5。

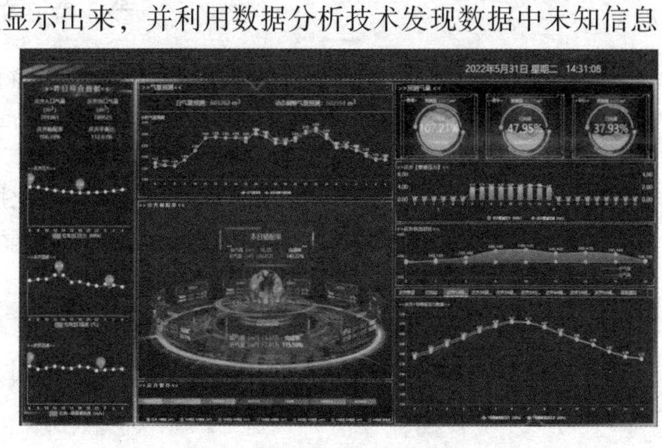

图 5　数据可视化平台

2 计量数字化平台应用效果与推广价值

2.1 计量数字化平台应用效果

通过对天然气长输管道庆哈线和庆齐线计量系统智能化改造，实现了6处场站计量数据100%采集、数据专网冗余数据传输安全可靠、计量参数数据库自动存储与分析各类数据、人机交互数据可视化分析辅助精准决策。计量系统智能化改造在提高外输天然气计量精准度的同时，计算机辅助分析系统的投用使得流量计故障发现的及时性、故障原因分析的准确性与可追溯性都得到提升，为分公司精准输送每一方天然气打下扎实基础。见图6。

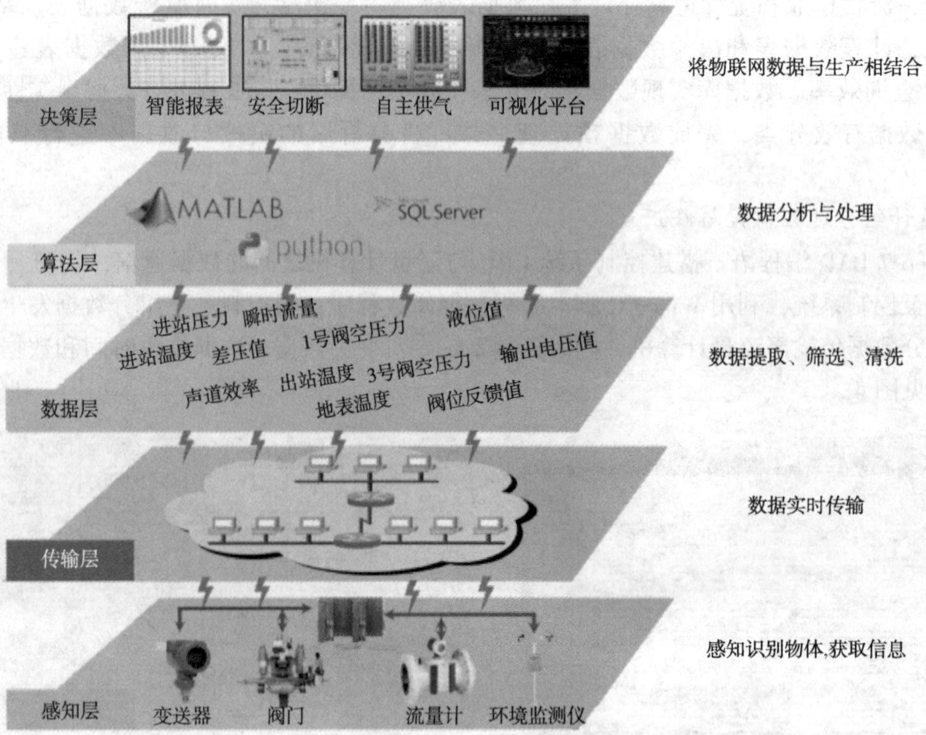

图6 数字化平台数据应用

2.2 计量数字化平台推广价值

本套计量数字化系统采用控制系统集成技术、物联网传输技术以及大数据分析技术，实现了计量数据的自动采集、传输、存储与分析功能，该技术也可应用到长输管道或生产装置的数据分析及智能化控制领域，具有参数全程追踪、管道智能运行、感知交互可视的特点，从而实现自动化生产、智能化分析、集约化运营、扁平化管理的目标。

参 考 文 献

[1] 董瑞龙. DCS系统设计及先进控制在DCS系统中的应用探讨[J]. 现代工业经济和信息化，2016，6(11)：98-99.

[2] 黄步余，范宗海，马蕾.《石油化工安全仪表系统设计规范》解读[J]. 石油化工自动化，2013，49(6)：1-9.

[3] 张修建，张鹏程，刘晓旭. 智能化计量管理信息系统设计及应用价值[J]. 国防科技，2020，41(1)：1-6.

[4] 张赴先，迟东辉，陈超等. 大庆油田天然气分公司数字化技术应用和构想[J]. 数字油田，2020，39(12)：1-7.

[5] 张海龙. 天然气级联技术研究现状及发展趋势[J]. 科学管理，2020，8：1-2.

作者简介：郑健(1990—)，男，2013年在东北林业大学轻化工程学士学位，现从事油气储运计量仪表工作。地址：大庆油田有限责任公司天然气分公司，邮编：163416，电话：13694607194，E-mail：trqzhengjian01@petrochina.com.cn。

浅析油水井数字化计量仪表的溯源

田景超　战志国　张小冉

（大庆油田龙丰实业有限公司　黑龙江大庆　163458）

摘　要　随着5G+物联网、人工智能、云计算等信息技术的高速发展，在线计量、动态计量、嵌入式计量等新的测量模式对企业和计量技术机构的工作方式产生着日益巨大而深刻的影响，量值传递和溯源方式也在逐步变革，以满足数字时代的新兴计量需求。油水井的数字化改造，是油田数字化转型的一个缩影。本文对现阶段油水井数字化计量仪表的溯源方式方法和相关问题进行了简单分析和展望。

关键词　数字化；计量；在线；溯源

1　油水井数字化仪表概述

数字化转型是提高企业运行效率、实现产业高质量发展、优化现有经济结构、构建数字经济体系的必由之路。近年来，大庆油田奋力推进“数字油田、智能油田、智慧油田”三步走战略，数字油田建设全面铺开。2022年，继续加大数字化油田建设力度，计划完成2.2万口油水井数字化建设，预计将累计覆盖油田12万多口油气水井的43%。

油水井数字化计量仪表主要包括压力、温度、电流、电压、功率、载荷、位移等参数的采集仪表。实际产品包括有线型和无线型的电参采集仪表、温度变送器、压力变送器、载荷位移传感器等。经过十余年的不断发展，多个生产厂商的产品已至少更新了三代以上，普遍具有自动化、多参数、高集成、低功耗等特点，并向着低成本、快投用、简维护的解决方案不断迈进。

油水井的数字化改造，促进了构建数据采集、传输、分析、决策的全流程体系，逐步改变了工作模式，形成少人高效的数字化生产管理流程。数据自动回传、设备远程操控，工作人员在办公室通过参数和示功图的实时变化，就能掌握现场油水井的运行情况，并能够预判什么时候该洗哪口井、观察到洗井的效果，还能够远程控制相关设备的启停，工作效率大幅提高。

在数字化生产管理模式下，数据已经成为一项关键的生产要素，采集的数据是否准确可靠，直接影响到所有管理流程。要保证采集数据的准确性，首先要保证各类数字化计量仪表的计量结果准确，通常可以通过量值溯源来实现。

在电参采集仪表、温度变送器、压力变送器、载荷位移传感器中，除了电参采集仪表可以参照电能表采用首次检定或校准、到期轮换的方式外，其他仪器需要进行周期检定或校准。

2　溯源途径的选择

根据国家质量技术监督局1999年第6号《关于企业使用的非强检计量器具由企业依法自主管理的公告》第一条和国家市场监管总局于2020年10月26日发布《关于调整实施强制管理的计量器具目录的公告》(2020年42号)第二条，油水井数字化计量仪表属于“强制检定”外的其他工作计量器具，使用者可以根据实际生产和科研的需要，自行确定检定周期和选择非强制检定或者校准的方式，保证量值准确。

检定是一种传统的量值传递方式。它是查明和确认计量器具是否符合法定要求的程序，包括检查、加标记和/或出具检定证书。检定方法的依据是按法定程序审批公布的计量检定规程。

校准是在规定条件下，为确定测量仪器或测量系统所指示的量值，或实物量具或标准物质所代表的量值，与对应的由标准所复现的量值之间关系的一组操作。校准方法的依据是国家计量校准规范或者是组织根据实际需要制定的校准规范。校准是测量仪器的用户的一种自主溯源行为。随着市场经济的发展，校准逐渐确立了其在量值溯源中的地位，逐渐成为实现单位统一和量值准确可靠的主要方式。

油水井数字化计量仪表与常规计量仪表有较大差异，目前尚未有国家计量检定规程或校准规范。通过上述检定和校准的定义和特点来看，油水井数字化计量仪表选择校准的方式进行溯源是适合的。

3 校准的常用方法

校准一般是用比被校计量器具准确度高的计量器具(称为标准器具)与被校计量器具进行比较，以确定被校计量器具的示值误差。针对目前油水井数字化计量仪表的特点，都是将直接或间接测量的压力、温度、电流、电压、功率、载荷、位移等参数的数值，转换为标准电信号进行输出。因此，不论是送检还是现场检测，都可以通过比较测量法进行校准。在标准器具的选择上，应满足其最大允许误差的绝对值或者扩展不确定度与被检表的最大允许误差的绝对值的比值尽可能小。

3.1 示值误差(图 1)

测量模型为：

$$\Delta=\bar{x}-\bar{x}_0 \tag{1}$$

式中 Δ——示值误差；

$\bar{x}$——被检表示值的算术平均值；

$\bar{x}_0$——标准表示值的算术平均值。

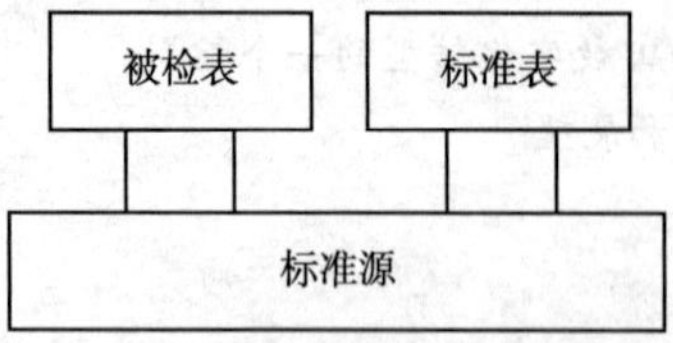

图 1　比较测量法示意图

通常情况下，根据被检表的特点选择适当的特征点进行校准，在每个特征点上重复测量三次，分别计算各特征点上的示值误差。

3.2 测量结果的不确定度评定

根据 JJF 1059.1—2012《测量不确定度评定与表示》，按照 4.3.2.5 获得合并样本标准偏差 s_p。实际测量中，以重复测量三次的算术平均值为测量结果，可得到重复测量引入的不确定度分量

$$u_1=s_p\ /\sqrt{3} \tag{2}$$

将此不确定度分量与标准表引入的不确定度u_2以及标准信号源引入的不确定度u_3进行合成，因各分量彼此独立，得到示值误差的合成标准不确定度

$$u_c=\sqrt{u_1^2+u_2^2+u_3^2} \tag{3}$$

取 $k=2$，则扩展不确定度为

$$U=ku_c=2u_c \tag{4}$$

3.3 校准结果有效性的确认

校准不同于检定，一般不给出合格与否的判定，校准证书的校准结果只给出被测量仪器的示值误差和测量不确定度。依据 JJF 1094—2002《测量仪器特性评定》的规定，要求对被测量仪器进行符合性评定，评定方法就是将被校准测量仪器的示值误差与被测量仪器的最大允许误差进行比较，确认校准结果的有效性。

标准器具的最大允许误差的绝对值或者扩展不确定度与被检表的最大允许误差的绝对值的比值满足小于或等于 1∶3 时，示值误差评定的测量不确定度对符合性评定的影响可忽略不计(也就是合格评定误判概率很小)，此时合格判据为：

$$|\Delta|\leqslant MPEV\quad 判为合格 \tag{5}$$

$$|\Delta|>MPEV\quad 判为不合格 \tag{6}$$

式中 Δ——示值误差

$MPEV$——最大允许误差的绝对值

标准器具的最大允许误差的绝对值或者扩展不确定度与被检表的最大允许误差的绝对值的比值不满足小于或等于 1∶3 时，合格判据为：

$$|\Delta|\leqslant MPEV-U\quad 判为合格 \tag{7}$$

式中 U 为示值误差的扩展不确定度，$k=2$。

不合格判据为：

$$|\Delta|\geqslant MPEV+U\quad 判为不合格 \tag{8}$$

待定区：

$$MPEV-U<|\Delta|<MPEV+U \quad 判为待定 \tag{9}$$

如果处于待定区不能做出符合性判定时，可以通过采用准确度更高的计量标准、增加测量次数和改善测量方法等措施，以降低示值误差的测量不确定度 U 后再进行合格评定。

4 存在的问题

前面从理论上分析了油水井数字化计量仪表溯源的途径和方法，但在实际开展溯源工作时，存在以下问题。

数字化计量仪表在使用方式、输出方式等方面与常规计量仪表有较大差异，在开展校准工作之前，需要技术机构完成制作测试工装、调试测试软件、建立校准流程等工作。若要开展现场检测，还需要技术机构具备方便携带和现场使用的标准信号源等检测设备。

油水井数字化计量仪表数量很多，以当前的溯源方式，无论是送检还是现场校准，都需要拆装，部分仪表的拆装还需要油井停机才能进行，在此过程中还可能造成仪表的混乱、损坏等问题，这将耗费大量的人力物力和时间，导致生产成本大大增加，背离了数字化改造的初衷。

5 结论与展望

随着5G+物联网、人工智能、云计算等信息技术的高速发展，在线计量、动态计量、嵌入式计量等新的测量模式对企业和计量技术机构的工作方式产生着日益巨大而深刻的影响，量值传递和溯源方式也在逐步变革，以满足数字时代的新兴计量需求。

现阶段，由于缺乏相应的硬件设施和技术手段，油水井数字化计量仪表实现在线溯源非常困难。可以根据实际情况，采用轮检、抽检的方式溯源，还可以准备一批备表，利用检修期进行更换，保证充裕的时间进行溯源，避免耽误生产。

建立一种数据准、效率高、成本小的溯源机制，是保证油水井数字化建设成效的一项重要措施。这些工作，需要使用方、生产厂家和计量技术机构共同努力才能实现。

使用方要逐步建立和完善油水井数字化计量仪表大数据，通过单井数据的纵向对比和井间数据的横向对比，找出差异、分析原因，形成油水井数字化计量仪表评价机制，作为确定校准周期的依据，在尽可能减少测量设备在使用中的风险的同时，维持最小的溯源费用。

生产厂家从产品设计开始，不但要能满足现场需求，也要考虑方便校准的实现。选用质量可靠、具有良好的准确性和稳定性的组件，特别是传感器、互感器、标准模块等，保证产品质量。

工欲善其事，必先利其器。数字化时代，计量技术自身也需要实现数字化发展。计量技术机构要以市场需求为导向，加强对远程和在线计量技术的研究，创新检测方法。以实际问题为抓手，加强与企业的交流协作，发挥各方专业优势，引进先进的计量校准仪器，解决测不了、测不准和检测效率低等问题。

通过各方紧密协作，共同加强产品从需求、设计、制造、检验、溯源等各环节的全寿命周期、系统性研究，促进计量标准、产品和使用现场的相互融合协调发展，促进数字化转型高质量发展。展望未来，随着数字化工作的不断发展变革，在线溯源、远程溯源将成为主要的溯源方式。

参 考 文 献

[1] 国家质量监督检验检疫总局. 测量不确定度评定与表示：JJF 1059. 1-2012[S]. 北京：中国质检出版社，2013.

[2] 王兴，刘超，张岁盟. 大数据时代下数字油田发展思索——智慧油田的现状及发展研究[J]. 化工管理，2014(35)：50-50.

[3] 王伟斌. 自动化仪表在实现数字化油田中的应用[J]. 中国石油和化工标准与质量，2021，41(3)：15-17.

[4] 马玲，辛铁强. 石油开发数字化油田建设计量技术发展趋势展望[J]. 工业，2016，2016(1)：207-207.

[5] 刘涛，孙自杰，宁远英，等. 浅谈环境监测化学测量结果的计量溯源性[J]. 中国环境监测，2021，37(4)：1-5.

作者简介：田景超(1981—)，男，工程师，哈尔滨理工大学，现从事计量检测技术管理工作。电话：13936702943，邮编：163461，通信地址：黑龙江省大庆市红岗区解放路35号。

基于 LNG 加气站损耗管控体系的研究与探索

韩建明

（中国石化销售股份有限公司江苏石油分公司　江苏南京　210003）

摘　要　LNG 存储温度低，在常压下沸点温度-163℃，成分 CH_4，作为重卡、公交车等重要交通工具的燃料，在现有能源占比中正逐步提高，但目前传统工艺 LNG 加气站普遍存在损耗排放情况，每个站损耗比存在较大差异，工艺设计、设备选型、站点进货、市场销量、日常维保等因素都是产生损耗源的原因。本文试图通过加气站日常管理、围绕设备工艺症结并结合现有加气站相关数据进行分析，拓宽思路维度创新损耗管控的方式，提出切实可行的做法，为减排创效开创新路径。

关键词　LNG；降低损耗；减少排放

1　研究背景介绍

1.1　加气站 LNG 降耗意义

1.1.1　政府碳中和碳达峰的政策要求

LNG 是一种低温、极易气化的液体，在其处于饱和状态的环境下，温度或压力升高将直接导致气化，在加气站的应用场景下，LNG 一旦发生气化将再难被液化，由此产生的闪蒸气体也将无法再利用，对于目前工艺条件而言，只能通过加气站的放散系统进行放散。LNG 的主要成分是甲烷，甲烷是仅次于二氧化碳的第二大温室气体，是一种“短期气候污染物”，其在大气中的存续时间相对较短，约为 12 年。尽管它在大气中的存续时间较短，排放量也比二氧化碳少，但其全球增温潜势（GWP，即甲烷气体捕捉大气中热量的能力）在 100 年的时间框架内却是二氧化碳的 28 倍，在 20 年的时间框架内，这一数值则上升为 84 倍。据测算，甲烷对当前人类感知的全球变暖的贡献率为 25%。大气中甲烷含量比二氧化碳低很多，但单位体积甲烷能够产生的温室效应远大于二氧化碳。国际能源署近日发布的报告指出，甲烷排放是全球变暖的第二大原因，我国的甲烷排放已经引起政府高度关注，《中华人民共和国国民经济和社会发展第十四个五年规划和 2035 年远景目标纲要》中明确，我国要力争于 2030 年前碳达峰、努力争取 2060 年前实现碳中的目标，纲要在“积极应对气候变化”部分强调，要加大甲烷等其他温室气体控制力度，并明确了时间表和路线图，因此不仅需要控制住二氧化碳这个主要因素，更要狠抓甲烷排放的管控。

1.1.2　企业降本增效和减碳环保的内在要求

当前，我司在营 LNG 加气站 40 座，多年来，我司高度关注 LNG 损耗问题，采取了一系列措施，损耗控制水平有了一定的进步，损耗率总体呈逐年下降走势，2021 年 LNG 损耗率维持在 2.6%左右，但即便是损耗率逐年下降，每年发生的损耗费用也要接近 1000 万左右，约占毛利额的 17%。特别是近年来 LNG 价格持续处于高位的市场环境下，部分销量较小的加气站点的损耗金额不断扩大，也成为部分加气站经营性亏损的主要因素。近期而言，不仅直接影响到企业经营效益的实现，危及企业进一步发展 LNG 加气走廊网络的信心，中长期看更会直接影响到企业减碳排放工作的大局，因此，加强 LNG 加气站的损耗管理，迅速降低损耗率和排放量，成为企业降本增效和减碳环保的必然选择。

1.2　LNG 加气站损耗原因分析

LNG 加气站损耗的成因主要分为两部分，即运行损耗和卸车损耗。运行损耗主要指 LNG 加气站管路内、泵池内 LNG 与外部环境换热气化所产生的损失；卸车损耗主要包括 LNG 液相和气相残留在槽车罐体中无法有效卸出的槽车余液、增压汽化器增压过程中以及长时间卸车过程中软管传热导致的冷量损失。具体来讲，主要有以下几个方面：

1.2.1 加气站工艺设计原因

部分加气站因场地面积或安全距离的原因，在 LNG 设备设施的摆布上存在先天的缺陷，在设计上存在工艺管路走线过长的问题。工艺管线过长必然客观上形成各类阀门、法兰、弯头较多。在现有的 LNG 设备工艺条件下，LNG 潜液泵撬作为整站设备运行的核心，要保证 LNG 潜液泵正常运转，必须保持泵池或者柱塞泵泵头进液充分，如果设计管弯过多管线过长，LNG 液体流动不畅或回气不畅，储罐出液口与潜液泵进液口之间的正压小，必将导致潜液泵池入口的正压头不足形成潜液泵进液不足。在这样的工况下启动潜液泵，泵体瞬间出液量大于进液量，泵池内产生气相空间，会直接导致潜液泵跳停。潜液泵跳停后，泵池内的气相空间压力增大，需要排散泵池气相，降压引流，多次非正常跳泵排气，是导致损耗上升的主要原因之一。此外，还有部分加气站在设计施工过程中，由于潜液泵撬与储罐之间工艺管线安装的坡度要求不达标，也会导致 LNG 液体在管线内的流速不正常，间接形成潜液泵空转，同样会形成上述问题，同时也容易形成工艺设备预冷时长过长，增加气损的情况。

1.2.2 设备及材料原因

（1）储罐

LNG 储罐的保温绝热效果是影响泄压排放的重要因素。目前储罐的绝热方式通常有两类，即填珠光砂和高真空多层缠绕绝热。填珠光砂储罐制造工艺相对简单，价格也相对较低。高真空多层缠绕绝热，是用锡箔纸、铝箔纸及保温纸将储罐内胆反复缠绕后再对储罐抽真空，绝热效果较前者好，也减轻了罐体重量，但价格相对较高。无论哪类储罐，随着时间推移真空度会不断衰减，绝热效果变差都将成为必然。

（2）保温材料

工艺管道保冷设计中主要采用绝热材料保冷或者是真空管道两种方法。绝热材料包覆结构形式基本可靠，但是在选择材料时应严格按照《设备及管道保冷技术通则》GB/T 11790 执行。而目前很多加气站采用的绝热材料并不是用于保冷的而是用于保温。保温材料使用的温度一般在-50℃以上，而 LNG 最低温度在-162℃，因此使用保温材料用于 LNG 工艺管道，均表现为寿命短、效果差；真空管道保冷设计，目前没有可执行的技术规范，很多厂家都是按照自己的企业标准设计生产，生产制造质量不高，导致真空度寿命较低，最长的约在 2 年，有的甚至运行数月就失效，并且现场抽真空难度大，效果差。

（3）工艺系统热量漏入

LNG 加气站的工艺系统及相关加注设备，包括低温泵池、控制阀门、加气和卸液软管、加液枪等均暴露在空气之中，在设备运行过程中不可能处于绝热状态，通过工艺系统及设备表面都可以通过空气的热量交换形成热量漏入。因此，对于运行一段时间的加气站设备设施而言，都会随着时间的推移形成越来越多的热量漏入源。特别是对于销量较小的站点，由于传统设备工艺加液间隔时间比较长，当潜液泵停止运行时，泵池及管道中残留的液体，在泵池进液阀门常开的情况下，泵池中 LNG 会随着热量交换的影响不断升温气化蒸发，压力不断升高后，这部分气体会通过泵后回流管回到储罐的气相空间，累积形成储罐压力上升，最终产生泄压排放。

1.2.3 加气站经营及管理原因

（1）运营方面

在传统泵撬工艺流程下运营的 LNG 加气站，由于运营不可能始终处于连续不间断的液体加注状态，在每次间隔加注作业的过程中，都必须启动潜液泵撬对工艺管线、加液机进行加注前的预冷作业，在预冷、升温、预冷的循环往复中，工艺管线中的 LNG 液体实际上处于一个间隙升温过程，本身就会带来升压升温的损耗增加，同时由于预冷升温带来的热能会通过下一次加液时的预冷过程回流到储罐，无疑会导致储罐压力上升形成排散。这部分由于工艺流程因素形成的排放增加，固然可以通过与客户协商尽可能集中加注的方法来有所改善，但并不能解决经营周转较慢，储罐存液周期延长后，液温不断升高所带来的排放增多，损耗不断加大的问题。

(2) 管理方面

管理方面形成的损耗，主要有两个方面的主要原因，一是卸车作业不规范。在目前的工艺条件下，只有保持 LNG 运输槽车的压力大于储罐压力时，才能将 LNG 液体卸入储罐。增压到高于储罐压力时才能进行，但储罐经过一段运行时一般压力较高，通常能达到 0.8MPa 以上，而槽车压力一般较低，约为 0.2MPa 左右甚至更低，如果直接对槽车增压、且对储罐排放将会增加大量排放。同时卸车完毕后槽车压力直接排出，或与储罐上进液进行压力平衡，使槽车泄压不到位，造成卸车损失。此外使用泵增压卸车，泵的频率设置不当，在卸车后期容易造成泵池进出液流量不平衡，潜液泵的叶轮无法或少量接触介质，发生空转后需要对泵池进行排空导致损耗增加；二是加气站对设备设施的日常保养不及时、不规范，导致设备故障、泄漏、保温失效等，也是加大气站的损耗异常的重要原因。

2 损耗管理现状

2.1 我司加气站损耗管理现状

当前我司在营 LNG 加气站 40 座，2021 年全年，LNG 零售销量 7.3×10^4t，损耗量 2015t，LNG 损耗率 2.76%，总体呈逐年下降走势。以财务核算的 4800 元/t 进货成本计算，全年共发生损耗费用 967 万，严重拖累了经营指标。

从销售结构来看，小于 2t 的站点占据 10 座，总销售占比 7%，损耗量达 493t，2~5t 的站点占据 18 座，销售占比 27%，损耗达 961t，5t 以下的站点 34%的销售量贡献了 72%的损耗量，具体情况见表 1。

表 1 不同销售结构损耗分布

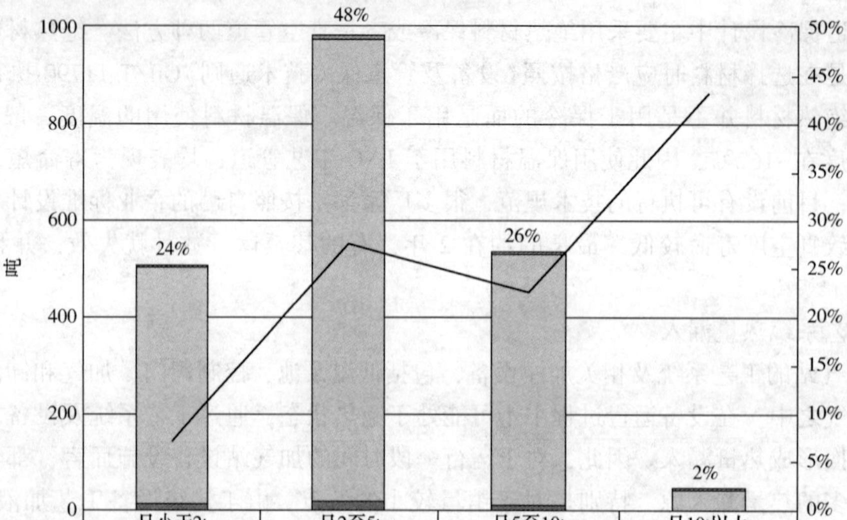

	日小于2t	日2至5t	日5至10t	日10t以上
损耗量占比	24%	48%	26%	2%
损耗量	493	961	524	37
座数	10	18	7	4
销售占比	7%	27%	23%	43%

2.2 当前我司损耗管控中主要存在的问题

2.2.1 设备工艺问题

(1) 设备缺陷

由于历史原因，加气站整体布局欠周全考虑，部分站点储罐与潜液泵间距过大、低温管道管线过长、管道上安全附件过多，LNG 在流动过程中难免增加气化现象，同时过多的管弯及安全附件容易形成气阻，从根本上成为损耗高企的重要推手，这部分的问题所占的加气站比例达到 27%左右。

(2) 设备选用

加多年前，在 LNG 起步发展阶段，由于设备选型的不成熟，也没有相应的历史数据可以参考，虽然在储罐工艺类型中大多都是真空缠绕储罐，但因选用的储罐的品牌较多，各品牌储罐真空绝热效果参差不齐，从实际运行的结果来看，有个别品牌的储罐的绝热效果较差，导致储罐升温升压明显，这类气站比例占46%左右。

2.2.2 运营与管理

(1) 销量影响

以我司2021年的数据为例，日均销量小于2t的站点10座，总销售占比7%，损耗量达493t/年，日均2~5t的站点18座，销售占比27%，损耗占比接近50%。从销量与损耗的贡献的比例来看，全部日均销售5t以下的站点，以34%的销售量贡献了72%的损耗量，这从一个侧面反映了传统工艺设施条件下的一个较大局限性，即因为销量小，加液时间间隔期过长，传统工艺管道内热交换需要重新频繁进行预冷是增加损耗的主因，同时由于加液车辆压力容器压力较高，为不影响正常加液，需不断进行回气操作，储罐内收集的蒸发气体不断推高储罐压力，当达到安全阀泄压临界值时便不得不进行手动排压。

(2) 设备维保影响

我公司LNG加气站的设施大多数已经运行10年以上，设备老化现象严重，加上日常维护保养不到位，部分发生跑冒滴漏现象未及时报修修复，部分加气站储罐抽真空度2年一次的检测，储罐绝热效果低下情况下设备一年一抽等维保工作未严格落实，管线保温衰减到达失效时间未及时更换，加液机预冷时间过长未及时做好处理。

(3) 接卸作业问题：个别加气站人员的作业技能有待提高，对站内的管线工艺流程、阀门控制要点的掌握不够熟练，接卸液过程中的操作不规范。还存在部分站点对槽车重车和空车过磅环节监控不到位的情况。

(4) 基础管理问题：部分加气站管理基础薄弱，损耗管理专业化知识缺失，对盘点损溢情况分析不深入，对出现的损耗异常情况和节点记录不及时、不完整，损耗过程管理存在盲区。

3 损耗管控的实践做法和探索

3.1 明确损耗管控的基本原则和工作方针

3.1.1 明确基本原则

加气站的损耗管控是一个系统工程，必须用系统观念进行统筹谋划，形成完整的责任目标体系。要着眼于以扩大销售规模、规范管理、工艺优化、考核激励等几个方面作为切入点，通过制定年度降本增效实施方案，根据销量等级逐站设定具体损耗管控目标，量化节能降耗工作表，层层分解目标责任，落实考核奖惩措施，努力做到全员、全过程、全方位的损耗管控运行体系。

3.1.2 确定工作方针

(1) 坚持科学化、专业化、制度化、流程化、规范化的工作方向，有序推进工艺流程再造，解决工艺设备的根本性问题，努力实现本质降耗；

(2) 确立职责明确、权责明晰的分工原则。省公司要集中发挥资源统筹、技术改造、体系运行方面的优势，地市公司要发挥地方协调、政府审批、基层管理方面的优势，上下衔接配合，共同推动损耗管理工作体系的建立和有效运行；

(3) 明确统筹规划分步实施、循序渐进的方针。根据损耗的主要成因分类处置，抓住损耗重点站集中资源快速解决，确保在技术改造实施过程中，市场不丢、管理有序；

(4) 建立健全激励和约束机制，最大限度调动损耗管控相关人员工作的主观能动性，实行损耗管理不达标一票否决制。

3.2 推进分类处置预案，改善工艺设备运行工况

3.2.1 优化工艺设计

针对管线距离的长短是推高损耗至关重要的决定因素之一的原理，着手开展对管线过长的站点专项论证，在符合规范的前提下，力求对低温管道进行合理铺设，尽最大可能缩短存储区与加液区的距离、储罐与泵撬、泵撬与加液机间的直线距离，减少管线内热交换量。根据这一原则，一是对此类有

设计缺陷，损耗不正常的站点制定技改时间表，推动二次设计优化，技改过程中充分借助伯努利方程对有关参数进行计算，降低储罐与潜液泵间的差值；二是通过改进设计，在改造过程中对进液管和回气管布管线时设定坡度，以达到减少管线压力和流体损失、提高进液和回气速度的目的。加大储罐与低温泵的位差，减少液流自然阻力，同时简化结构，尽可能减少管弯、避免过多阀门；三是通过优化工艺管线布置、优化控制工艺，降低潜液泵或者柱塞泵无法正常起泵频次，避免通过对回气管线或者泵池排放才能正常起泵的情况，通过对连云港新光路加气站、吴庄加气站的改造优化，减少了其液位低于 50%时需要经常性对泵池排放才能正常运行的情况。

3.2.2 优化过程控制工艺

国内 LNG 车用市场在 2011~2015 年高速发展，诸多厂家在设备配置近似、但是系统控制原理不尽相同、参数设定亦有差别。通过不断加强研究，根据不同情况优化控制逻辑。

(1) 柱塞泵后管道每次起泵前的引压排放工艺参数设定值要科学合理，尽可能减少排放时间；

(2) PLC 控制系统设置泵池进液阀关闭时间、潜液泵的频率设定建立远程监控系统，建立报警机制，实行动态跟踪，对作业不当的行为及时纠偏；

(3) 对全省控制系统影响损耗的功能模块进行摸排，对功能存缺陷的系统及时修复完善。

3.3 积极开展新工艺新技术的探索

3.3.1 推动新工艺试点，探索长治之策

针对传统设备工艺运行中存在的诸多弊端，我司跳出传统思维定式，另辟蹊径在某加气站进行无泵工艺试点，探索通过新工艺、新设备从本质上解决加气站损耗问题。

无泵加液技术利用过冷液体的吸收机理，使管路中气化的 BOG 在加气过程中实现自身再液化，及时将 BOG 气体液化成 LNG，其采用双罐系统，一个作为储存罐、一个作为加注罐，两罐间可自由切换，可分加气模式、换罐模式、卸车模式。加气模式中需要保持两个罐中的一个罐为高压状态，维持压力在 1.40MPa，另一个罐为低压罐。高压罐可以实现加气功能，低压罐用来回收预冷及加气过程的回气。见图 1。

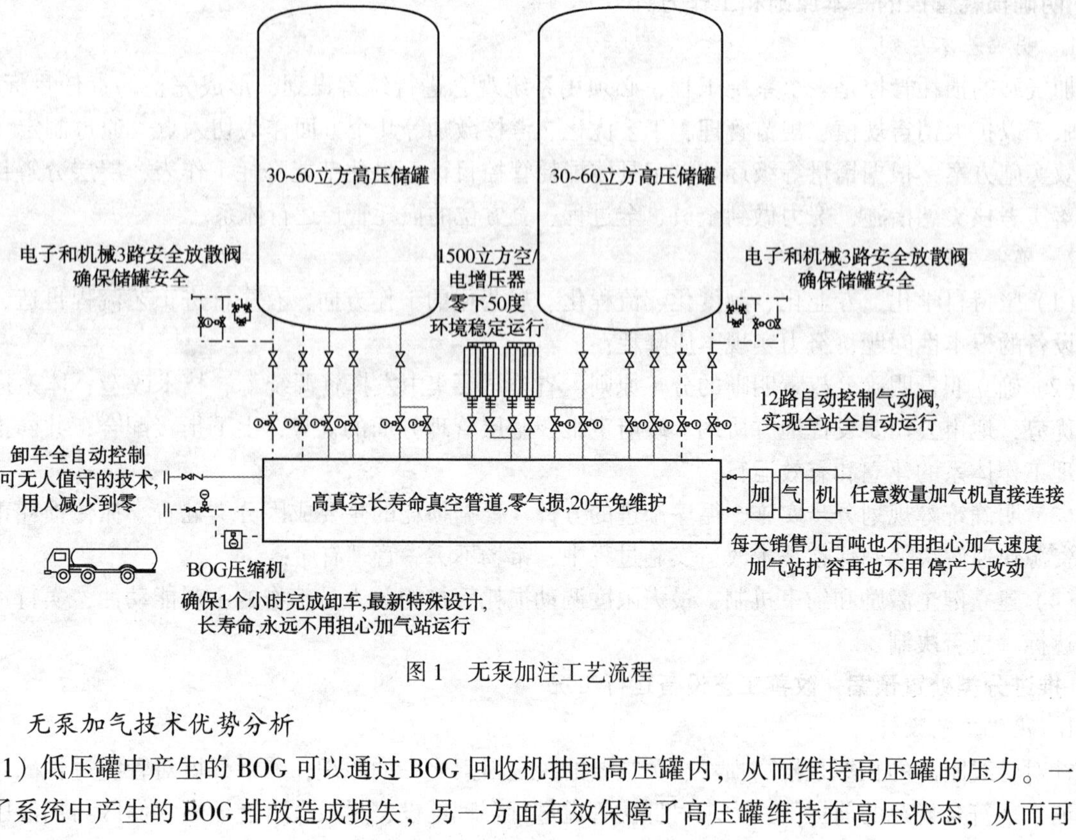

图 1 无泵加注工艺流程

3.3.2 无泵加气技术优势分析

(1) 低压罐中产生的 BOG 可以通过 BOG 回收机抽到高压罐内，从而维持高压罐的压力。一方面避免了系统中产生的 BOG 排放造成损失，另一方面有效保障了高压罐维持在高压状态，从而可以顺利加气。

(2) 利用 BOG 回收机将最大损耗源管路中蒸发的气体通过吹扫从储存罐转移到加注罐的下进液或上进气补压，热量就从储存罐转移到加注罐，通过压差将 LNG 加注到客户车辆，成功将产生的热量转移到客户车载钢瓶中，保持了储罐液体温度压力稳定，最大化减少热能发生。相比于传统工艺对管路系统产生的热能只能回到储罐推高储罐压力有了颠覆性的技术变革。

(3) 相对于传统工艺卸车时需对槽车进行增压，增压气化器产生的热量吸收及 2~3h 的卸车时间金属软管吸收的热量最终进入储罐，无泵工艺采用 BOG 回收设备抽取储罐压力，冷量损耗减少，卸车时间大大减少，液体温度相对传统工艺设备明显降低。

(4) 预冷时间缩短，传统加气技术，储罐和加气机之间配备了泵和泵池，储罐和加气机距离通常超过 50m，预冷时间长，BOG 产生严重，加气机很难完美工作，并且加气速度慢。而无泵技术可以轻松实现超过 100m 以上的距离，预冷时间只需要几十秒，可以大大提高加液效率，增强站内车辆通过率。

3.4 运用新思路解决传统工艺问题

在传统工艺条件下，目前 LNG 加气站在卸车环节通常采用泵增压和自增压卸液，或者将两者结合使用，卸一车液通常需要花费 2~3h 的时间，同时余液卸不尽的问题也非常突出。主要是由于无论是采用泵增压卸车还是自增压卸车，卸车完成时槽车内均留存较高压力的低温 BOG 气体，而槽车司机为了车辆运营安全、方便下次装车并降低车重等原因，往往在卸完车后对空排放 BOG，这不仅增加了安全隐患，同时也增加了进货成本以及无谓的排放。

为解决槽车余液卸尽以及卸车自增压过程的冷量损耗问题，我司引入新型设备 BOG 回收机，有选择地在卸车频次高的站点投入使用，通过在卸液过程中抽取储罐中的 BOG 充入槽车，建立槽车与储罐中的压差进行卸车，减少自增压过程 LNG 气化的冷能损耗，同时可将卸车时间缩短至 2h 以内。此做法的另一大优势是可将槽车余压压缩至 0.15MPa 以下，最大化做到进货少亏损甚至盈余，同时能满足槽车的装车压力要求。以连云港双店加气站为例，其全年配送约 840 车次，单槽车卸完后驶离的压力值通常在 0.3 个压，一年可带来 92t 的额外收益。见图 2。

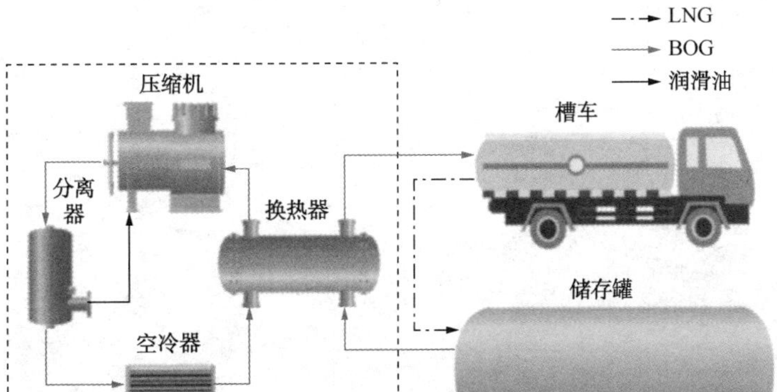

图 2 卸车工艺示意图

4 结论与建议

综上所述，LNG 加气站损耗管理是一项复杂的系统工程，限制 BOG 的产生需要贯穿加气站运行与管理的全过程，涉及设备选型、工艺设计、进货调度、销售管理、规范作业、设备维保、计量管理等诸多环节，必须突出重点，加强节点控制：一是新建站点要从源头把关，在设计环节要着手在站内平面布局、管路走线、管线距离、坡度设置上严格设计审核，在符合规范的前提下，应尽量缩短设备间距离，减少管线长度，增加储罐与泵进口的净正压头，禁止采用凹凸型布置管道，储罐与泵之间的管道要尽可能采用斜坡布置方式，距离尽可能保持在 2~2.5m 以内。在设备选型上要选择保温绝热效果优良、工艺品质稳定的储罐，管线要选择真空效果上佳真空管或性能好的保温材料；二是省地市公司相关部门要上下联动，协同配合，不断查找问题症结，在每一个环节上下足功夫，要逐站设定损耗目标，提高精细化管理水平，建立奖惩机制，将压力责任层层传递至每一个岗位，最终实现节点优化、工艺优化、成本优化；三是在传统加气工艺设备条件下，针对管线频繁预冷存在的热交换现象以及接卸环节槽车余液难以卸尽，以及卸车自增压过程的冷量损耗问题，可积极探索无泵工艺和BOG回收机试点，要勇于积极尝试并运用新工艺、新设备，推动技术升级、管理升级，开辟节能降耗新路径。

参 考 文 献

[1] [美]杰里米·里夫金. 零碳社会：生态文明的崛起和全球绿色新政.

[2] 龚凡杰. LNG/L-CNG加气站技术浅析[J]. 石化技术，2015，024(005)：214.

[3] 常川. LNG及L-CNG加气站BOG回收技术探讨[J]. 化工管理，2016，486(15)：105-106.

作者简介：韩建明(1982—)，男，工程师，东南大学，设备安全管理。电话：13805156278，邮编：210003，通信地址：江苏省南京市鼓楼区中山北路江苏石油大厦。

智能计量监督设施在原油计量交接的应用效果

陈　曦　阎立学　辛吉霞

（中国石化天津分公司　天津　300270）

摘　要　2017年8月底，天津分公司化验计量部完成质量流量计撬装系统的安装和测试，原油智能计量系统正式投入运行，该系统为我国首创的原油计量监督措施，应用于原油计量监督工作，旨在提高对原油计量数据的有效控制。本文通过阐述该设施的主要功能，结合投用后的实际应用效果，验证其对原油含水检出率的提高，减少计量交接损失有重要作用。

关键词　原油计量监督；原油含水；数据比对

1　引言

天津石化采购的海上原油管输进厂计量，是根据与管道公司的协议，采用天津输油站的共5台0.2级刮板流量计，进行原油计量交接结算。每年输油量约1400余万吨。近年来，管道公司在用的刮板流量计已多次出现故障。由于刮板流量计为机械式仪表，不能实时反映所输送的原油温度、密度、含水率、压力等参数，在双方发现计量数据不准确时，很难找出发生问题的具体时间点及原因。当双方存在计量争议问题时，仅凭刮板流量计缺乏更高效、更科学数据支持，难以做到及时有效的处理，影响正常的交接计量和生产经营业务。2017年化验计量部在进厂原油线上成功投用一套原油智能计量监督设施——质量流量计撬装原油智能计量系统。在原油准确计量监督，尤其是原油含水比对方面收到极好效果。

2　现状

原油智能计量监督设施投用以来，在原油进厂计量监督方面发挥了巨大作用，进厂原油可以从密度、含水、体积等数据方面精确量化，及时传输到计量监督岗位，利于掌握原油输送的实时情况，实时监督诊断原油交接计量的各项参数。在出现计量数据异议时，提供坚实的数据支撑。自2017年投用以来，通过实时在线监控诊断，先后避免交接含水量大、上游采样器及刮板流量计异常等情况20余次，2018年至2020年原油含水检出率由原来60%提升至80%，2021年原油含水检出率更是达到87.3%。

原油智能计量监督设施不仅能提高计量准确性，也为生产优化和安全生产提供保障，同时减少经济效益损失。

3　系统组成与主要功能

原油智能计量监督设施为撬装设备，实现对进厂原油计量过程的监控及原油含水率的动态监测。主要包括五个功能单元：原油流量计量单元、原油含水率在线分析单元、原油在线自动取样单元、原油智能计量系统智能控制单元及排凝和清洗单元。

3.1　原油流量计量单元

流量计量单元由入口汇总管、计量支路和出口汇总管三部分组成。入口汇总管采用与主管路相同的管径，每路均设有入口切断阀、质量流量计、出口切断阀、排凝等管路、质量流量计清洗管路，以及安全释放管路。

采用艾默生CMFHC3系列质量流量计，工作质量流量计标称准确度为0.1%，标准质量流量计标称准确度为0.05%。主要性能指标见表1。

表 1 CMFHC3 系列质量流量计主要性能指标

项　　目	性能指标	项　　目	性能指标
重复性	±0.05%	零点稳定性	136.4kg/h
密度精度	±0.5kg/m³	最大流量	2550000kg/h
密度重复性	±0.2kg/m³	密度测量范围	上至 5000kg/m³

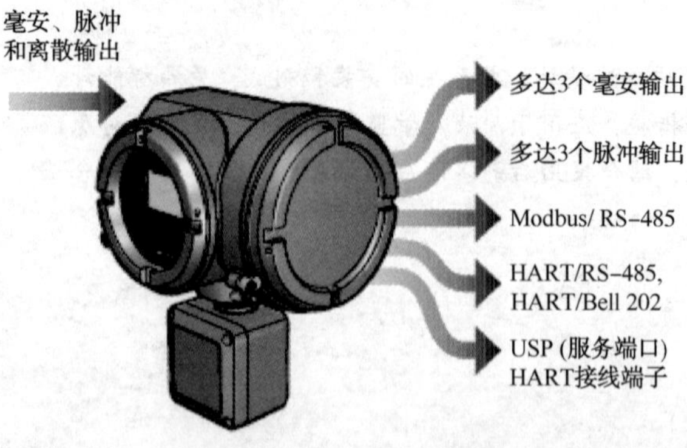

图 1 质量流量计配套 5700 变送器

质量流量计配套使用 5700 系列变送器，具有智能仪表自校验功能，实现对整个系统的高级诊断，可以实现简便故障排除和优化的历史测量记录，同时拥有多达五个可完全组态的 I/O 通道，带有多个毫安、离散和脉冲输出。见图 1。

质量流量计为 3 用 1 备运行模式，其中备用仪表采用高精度金表，与其他质量流量计并接。该表还可以与其他质量流量计串接，用于对其他质量流量计进行在线实流校准。系统中设置流量计在线压力补偿，压力信号采用 HART 协议信号现场补偿至质量流量计变送器，质量流量计进行在线的实时压力修正补偿，保证了精度的可靠性。

金表管路出入口切断阀、其他 3 台质量流量计管路出口切断阀及校准接口阀门，均采用具有高密封性能的手动 DBB 旋塞阀，保证阀门零泄漏。

每路质量流量计前后设清洗回路及排凝管路接口，与原油排凝及质量流量计清洗单元连接。质量流量计在长期运行中，由于受到原油中蜡质及胶质的影响，在测量管内壁会出现结蜡现象，影响质量流量计的计量准确性。清洗回路能够对流量计进行清洗，有效消除结蜡对管壁造成的影响，从而保证计量的准确性。

原油流量计量单元内的所有管道、阀门、质量流量计采用电伴热及保温；其中质量流量计保温采用独立强化的保温壳体结构，以降低测量管中结蜡现象的发生。

3.2 原油含水率在线分析单元

原油含水率在线分析单元由含水率分析仪表及其控制箱组成。

原油含水率在线分析仪表安装在流量计量单元，出口汇总管垂直管道上，为管道式安装。在其接口处，原油混合较为充分，原油流速相对较高，适宜对原油含水率测量。

含水率在线分析仪为 Roxar 含水率测试仪，该仪器采用的是微波共振技术。微波是指频率在 300MHz~300GHz 之间的一种高频电磁波。在微波透入介质的时候，能与介质发生一定的相互作用，造成微波能量一定程度上的衰减。通过测试微波通过介质时，微波能量的衰减值的变化，可以反映出介质的某些性质。

微波共振技术测量含水率的原理是基于水和油的介电常数不同，因此两者在微波电场中的损耗因数也不同，进而对微波的吸收能力不相同。水的介电常数比较大，在含水率测试仪微波电场中，水的损耗因数也比较大，而油的介电常数比水的小，损耗因数也比较小。可以得出，水对微波的吸收能力更强。将含水率变化引起的微波衰减量转化为电信号输出，建立电信号与原油含水率的关系，就可实现利用水和油之间介电性质明显不同的原理进行油中微量含水的测量。

Roxar 含水率测试仪优点为：(1)可在无须油水分离的情况下确定含油量和含水率；(2)可检测和跟踪低 20ppm 的含水量变化；(3)无可动部件，其全通径设计使测量不受结垢、打蜡等相关问题影响。主要性能指标见表 2。

含水率在线分析仪所需原油密度值，可由原油智能计量系统 PLC 控制单元自动输入，无须人工手动输入。

表 2　含水率测量仪主要性能指标

项　目	性能指标	项　目	性能指标
重复性	±0.05%	灵敏性	±0.005%
量程	0~1%	响应时间	0.4~0.7s

3.3　原油在线自动取样单元

本单元采用北京永兴生产的原油在线自动取样器，取样口设在计量单元出口汇总管的垂直管道中，按时间比例取样，使用强制循环回路和定容积隔离采集方法进行油样采集，免于主管线上输油压力、输油温度和油品黏度等变化对取样代表性的影响。

取样口位于原油含水率分析仪的下游，可带压插拔，自身配有蒸汽伴热保温系统和电伴热系统。该点原油混合充分，原油流速相对较高，取样口应符合《石油液体管线自动取样法》中的相关要求。

原油在线自动取样模块集成布置在保温隔热箱体内，并配有电伴热保温系统。采集油样通道与循环回路隔离，杜绝采集口常流油的现象，同时配有漏油保护系统。

原油在线自动取样模块中的原油过滤器具有反冲洗功能，大大降低了过滤器的清洗周期。

3.4　原油智能计量系统智能控制单元

原油智能计量系统智能控制单元主要具备以下功能：

（1）本单元可对密度测量结果进行智能判断，选取有效的结果来计算原油平均密度。然后将平均密度传输到原油含水率分析单元。

（2）当使用“金表”对另外 3 台流量计进行校准操作时，可自动选择多组有效时间段进行计量结果比对，并形成可直接下载的校准报告。

4　应用效果

4.1　掌握输送的实时情况

原油计量监督设施投用前，原油交接结算数据完全依赖对方数据，天津石化计量人员无法掌握输油实时数据，每一班次的进厂原油密度、含水等重要参数只能等待原油样品化验分析结束后取得，对原油进厂计量监督一直处于“被动”。原油计量监督设施投用后，计量监督岗位人员可通过系统计算的实时参数，明确正在输送的原油各项参数，并且系统可自动计算出历时 8h 的标准密度与含水平均值，这样在原油样品化验分析时，我们计量监督岗位人员面对化验结果就由“被动”转为“主动”。见图 2。

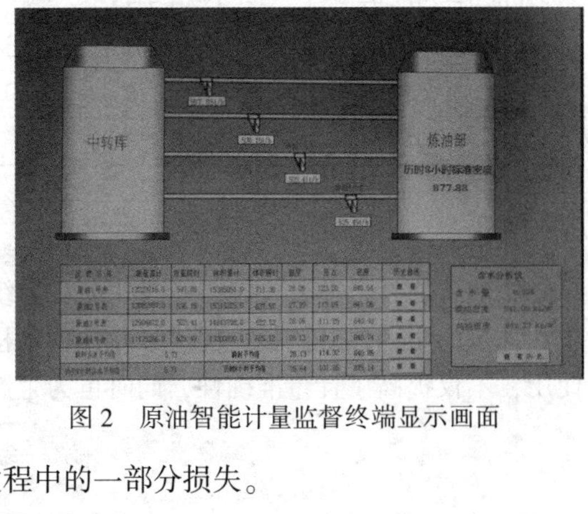

图 2　原油智能计量监督终端显示画面

自该设施投用后，计量监督岗位人员先后发现 20 余次密度或含水偏差较大的情况，经与管网公司沟通，重新对留样样品进行化验分析，结果与计量监督设施测得值接近。见表 3。

通过该设施辅助，有效避免了公司在原油计量交接过程中的一部分损失。

表 3　计量监督设施数据与原油样品两次分析比对表

统计时间	结算含水率（前次）/%	结算含水率（后次）/%	监督含水率/%	统计时间	结算密度（前次）/（kg/m³）	结算密度（后次）/（kg/m³）	监督密度/（kg/m³）
2018.05.17	0.1	0.76	0.88	2018.11.05	864.9	856.3	858.7
2019.11.03	0.15	0.84	0.92	2019.01.08	868.5	859.8	860.9
2020.03.15	0.15	0.54	0.69	2020.01.31	863.4	857.6	858.0

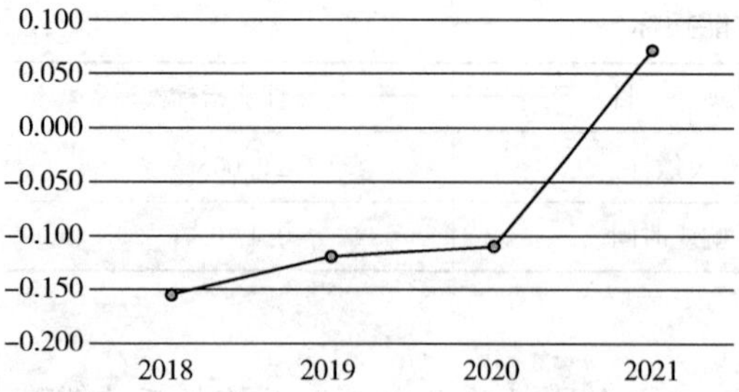

图3 原油主辅比对差率变化图

4.2 实现原油主辅比对

通过将原有的计量管理信息系统与原油智能计量监督系统对接，在计量管理信息系统中增加“原油监督比对”页面，实现远程交接计量数据的主辅比对。该页面能够对进厂原油的含水、密度、输油量、体积等相关参数，对应输油班次实现一键提取、数据比对和导出，为分析解决问题提供有力依据。2018年至2021年原油主辅比对差率变化见图3。

由图可见，2018~2021年，主辅比对差率逐渐缩小，原油计量监督设施对原油计量起到了较好的监督效果。

4.3 促进提升结算原油含水检出率

计量人员根据原油进厂计量监督设施电脑终端显示的数据，按时填写“中石化股份天津分公司化验计量部驻天津输油站原油计量交接原始记录”。每2h准时记录1次压力、温度、累积量、输油量、含水率。

计量人员人员发现含水率较大、密度与所输送原油差别较大、原油计量监督设施泄露时，要立即上报车间，说明情况。自原油智能计量监督设施投用开始，双方原油含水检出量差率逐年下降。2018年4月~2022年4月，交接双方原油含水检出量比对数据见表4。

随着双方原油含水检出量差率下降，结算原油含水检出率逐年提高，由2018年的60%提高到2021年87.3%，大大减少了公司效益流失，提高原油交接计量准确性，科学性。见图4。

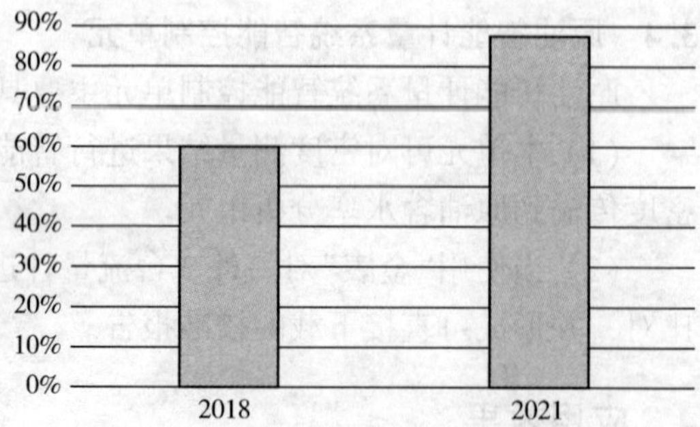

图4 结算原油含水检出率变化趋势

表4 原油含水比对表

统计时间	结算含水量/t	监督含水量/t	差异量/t	差率/%
2018.04~2019.04	19654.444	42470.900	22816.456	116.088
2019.04~2020.04	27363.682	36456.962	9093.280	33.231
2020.04~2021.04	17480.218	19880.500	2400.282	13.731
2021.04~2022.04	33299.253	34607.466	1308.213	3.929

5 结论

原油智能计量监督设施系统投用后，系统运行稳定，有效提高了进厂原油计量监督效果，实现了原油计量的主辅比对监督，促进了原油含水检出率提升，避免了公司效益流失。原油计量监督设施的使用，不仅提高了计量准确性，同时也为生产优化和安全生产提供了有效保障。

参考文献

[1] 崔广伟. 质量流量计撬装原油智能计量系统的研制与应用[J]. 中国计量，2019，02：103-105.
[2] 吴占帅. 质量流量计在贸易计量中应用[J]. 品牌与标准化，2012，Z2.
[3] 刘永远，龚中伟. 质量流量计在原油集输系统中的应用[A]. 江苏省计量测试学会2006年论文集[C]. 2006.
[4] 王宏业. 质量流量计的应用[J]. 工业计量，1997，01.
[5] 赵敏涛. 科氏质量流量计的应用研究[D]. 西安石油大学，2013.

作者简介：陈曦(1987—)，女，高级工程师，毕业于东北石油大学，现从事油品计量工作。电话：022-63804150，邮编：300270，通信地址：天津市天津石化化验计量部。

关于聚丙烯包装定量秤偏差的探讨

吴玉凯　于大光　王苏平

（中国石化青岛炼油化工有限责任公司　山东青岛　266500）

摘　要　为了减少聚丙烯包装线定量称称重过程中偏差范围波动较大、计量不精确等问题，对定量称的下料挡深浅度板、弧形门的开合度，料门的开关速度以及伺服驱动器和称重控制器的内部参数进行统一调整，使得定量称更加平稳，精准度更高，包装量同步、稳定、高速、精确，每年可减少 80t 聚丙烯成品料的损失，每年可增加效益约 72 万元，达到良好的经济效益或社会效益。

关键词　聚丙烯；FFS 包装；给料系统

1　背景

随着青岛炼化公司提出“攻坚创效”“互惠互利”的政策，聚丙烯包装作为聚丙烯生产的最后一道工序，根据公司计量中心提出的计量规则，包装定量称重偏差从±100g/降为±50g/袋，通过对定量电子秤的称重稳定性、运行平稳性并跟踪观察，通过多次抽检，称重结果均在规定范围内。运行部提出更严格的计量称重标准，对定量称误差精度调整到（-30+40g/袋）。通过对自身生产包装线的研究调查以及对客户用料情况的回访，发现：定量包装由于计量称偏差波动问题，既导致不必要的用料损失，从而损耗经济效益；又因个别不足量情况引发客户投诉，对社会效益造成影响。

2　现状

定量称部分是实现精准计量的关键所在，在物料投放、计量过程中，物料下落情况、控制器响应时间、计量称反应速度、机械结构变化等都对整个称重部分会产生误差。目前对计量称的优化方案主要针对两方面：一是对定量称的电子控制回路进行优化；二是对定量称的机械结构及控制参数进行优化。

电子控制回路是在称重过程的根本上进行精确计量，通过优化控制器、传感器、伺服机构，再对 PLC 的编程回路进行调整，将称重过程细化处理，保证每一部分的精准，从而提升称量精度。此类方法的专业性较强，操作难度较高，与实际生产相比并不适用，无法跟随生产状况进行实时调控。而调整定量称的机械结构和控制参数更为简便，可以根据生产要求和实际变化，实时调整相关变量。

针对聚丙烯包装线定量称称重过程中偏差范围波动较大，称重不稳，存在计量不够精确，造成效益流失等问题，通过技术人员与操作人员的多次研讨，最终选择对定量称组件部分进行攻关改造，以达到经济效益与社会效益双丰收的效果。

3　装置简介

青岛炼化炼油二部聚丙烯包装担负着年产 20 万吨聚丙烯粒料的包装任务。青岛炼化公司为响应国家绿色节能生产，于 2019 年 6 月份将三条标准编织袋包装线改为两条重膜包装线（FFS）成套装置。

重膜包装线（FFS）是由哈尔滨博实自动化设备股份有限公司研发，本套装置主要包括：自动称重单元、自动包装单元、物料回收系统单元、除尘系统单元、输送检测单元、高位码垛单元、套膜机单元；称重、包装、码垛机组嵌入式控制系统，套膜单元嵌入式控制系统共同组成。

自动下料称重单元主要由定量电子秤完成，称重标准为每包定量称重 25kg/袋［误差±0.1%（2σ）/袋］为目标值执行。

FFS重膜电子称为单体伺服驱动称，速度快、稳定性高、简单方便操作。于师傅与博实技术员通过每天对电子秤进行研究和观察下料的情况，对影响定量电子秤诸多因素进行排查、调整。

4 原因分析及措施

4.1 机械机构调整

4.1.1 下料挡板宽度

伺服驱动定量电子秤下料方式靠自由式下料，因此下料的速度对定量电子秤影响较大，通过调整定量电子秤下料挡板的宽度，使物料流速更加平稳，物料到料斗时重力势能降到最低，定量电子秤影响达到最小。

电子计量称挡板宽度总长为40cm，通过调整螺杆长度来限定内部挡板宽度，宽度增加，下料口变窄，物料流动性变差，精度提升但用时延长；反之，物料流动过快，下落冲击力增大，精度降低。适度调整下料挡板，将宽度限制在21.5cm，在保证下料速度与包装需求匹配的前提下，能够有效保持下料的中心性，尽量维持物料稳定下料至计量称中心部位，同时减少了物料的分散度，降低了物料对称体的下落冲击，减少了计量称的振动误差，提高计量精度。

4.1.2 料斗料门气缸

定量电子秤的料斗料门气缸关闭速度是定量电子秤误差的重要因素，通过对料斗料门气缸关闭、开启速度进行调整与阻尼，使料门关闭速度加快并且相对平稳，杜绝了由于料门的关闭过慢或关闭过快造成振动过大而影响精准度的问题。

为保证气缸动作调整到位，针对气缸的机械结构进行了检维修，检查了润滑系统，确保不会因为机械结构故障影响料门开关速度，另一方面对气源进行节流调整，通过调整气压、气流来将料门开关速度稳定，保证在包装过程中减少机械误差。

4.1.3 弧形门开合度

定量电子秤弧形门开、合度对称重精度影响较大，电子秤弧形门开合度进行调整到精准位置，弧形门开、合度影响物料到称重箱下料速度，弧形门过大时会造成物料直接冲击称重箱使称体数据偏差过大，称重不准确。弧形门过小会造成流速过慢影响称重速度。

将稳定幅度拟定为50g，通过下料稳定性来反馈下料弧形门开合状态，保证物料下料时的稳定性，提高计量精度。

4.2 电气仪表数据调整

4.2.1 伺服电机驱动器

聚丙烯定量称属于伺服驱动称，因此需要对伺服驱动器优化，对瞬间加速时间、转速与物料的流速进行匹配调整。弧形门开启至到达指定位置，物料下落并不在时间计算范围内，同样，关闭期间也存在物料下落偏差，所以瞬间加速度越大造成的影响越小。但考虑到电机功率与载荷、电机启动的振动情况以及振动对计量称称重情况的影响，将电机参数调试至合适情况，达到前后匹配，计量精准。

4.2.2 电子计量气压

对电子秤的气源气压进行调整，否则容易干扰称体的称重。根据设计要求，气源气压在0.5~0.6MPa时，可以达到一个稳定的称重条件。而装置的风源压力约为0.78MPa，略高于设计压力，而且压力受使用量影响波动较大，不利于形成稳定称重测量条件。在气源至计量称工段加装气压调节减压阀，将气源气压稳定控制，从而减少对仪器的干扰。

4.2.3 减震系统

聚丙烯伺服称采用重量控制，因此需要观察称重控制器的计量是否准确有效。重量传感器与卸料门在一体，所以系统的振动情况对重量感应存在极大影响。结合稳定器原理，通过在计量称的三个方向加装减震弹簧来限制卸料门开合过程对系统的振动影响，再调整稳定幅值来手动校准称重误差，有效提高计量精度。

4.3 参数统一调整

在调整完定量称的机械结构与电气仪表之后，需要对定量控制的参数面板进行调整，保证参数适应新定量称工作情况，从而达到计量精确、定量优化的目的。见表1。

表1 称重参数

项　目	数　值	单　位	项　目	数　值	单　位
称重定量	25000	g	补料时间	300	ms
粗流阈值	24000	g	卸料时间	350	ms
粗流时间	581	ms	零点范围	100	g
精流阈值	24755	g	置零间距	1000	袋
精流时间	200	ms	增加袋重	100	g
补料阈值	24950	g			

根据机械与仪表的基础调整，要进行定量包装机参数的调整。

4.3.1 调整下料阈值

由于下料效率的差异，粗流阈值应当尽可能接近目标值，补料阈值应当限制在目标值以内。但弧形门开、合过程中，物料同样下落，所以下料阈值需要将多余偏差量剔除，保证料包不会超重。下料阈值的设定根据不同牌号的样品的流动情况有不同的测算，需要根据其堆积密度结合实际样品流速来测算大致的物料体积，由电子模块根据下料速度计算下料时间。根据复检称的上下偏差调整各项阈值达到最佳稳定数值。根据调整完的下料测算，将粗流阈值设为24000g，精流24755g，补料24950g，这样在开始放料弧形门开过程以及到达阈值时弧形门合过程所存在的下料偏差可以将料包重量稳定在25000g左右，通过程序调整降低投料偏差，提高计量精度。

4.3.2 调整袋重

目前所使用的重覆膜厚度有所改变，从0.14mm减至0.12mm，袋重为120g，但是由于受物料外观影响，每次包装情况下的用袋量并不完全相同。根据目前生产的物料包装情况来推算，将增加袋重调整至100g。保证在复检程序时，不会因为袋重变化导致计算所得净重与实际值出入过大导致包装成品被剔除，减少重复包装。

4.3.3 调整零点

称重计量过程中，零点准确度可以有效减免称重误差。每次放料称量都会对计量称的零点测算产生一定偏移，设置零点范围可以在零点偏移较大时由人工校准，但范围过小会频繁报警，降低包装效率，根据零点偏移数据将范围限制在100g。当连续包装一定数量后，也要对零点进行重新校准，校准期间同样会降低包装效率，所以将置零间距根据生产包装效率调整至1000袋。同样，零点追踪也是计量精准的一个必要条件，通过设置零点范围和采零延时以及置零间距的数据，来综合判定零点的跑动情况，及时对零点作出纠正，保证计量时减少偏差。

4.3.4 调整卸料时间

从时间效益来说，一是需要尽可能准确卸料，减少卸料结束后的空闲等待时间；二是需要避免卸料不净。在称重结束后，需要将料卸至包装袋中，根据物料流动速度和堆积情况，调整卸料时间参数，根据测算，卸料时间调至350ms时能有效卸净物料，避免时间浪费。

5 实施效果

对定量称的下料挡深浅度板、弧形门的开合度，料门的开关速度以及伺服驱动器和称重控制器的内部参数进行统一调整，达到同步、稳定、高速、精确，并跟随生产观察，抽检每天重量平均数值进行做记录。

通过调整改造，定量称在称重过程中降低了波动偏差，使称重更加稳定，减少物料的损失，为检测运行效果进行定量称进行每天观察对重量进行抽检并做记录与未调整前进行做对比。

目前根据国家节能减排政策聚丙烯包装用的重覆膜厚度从 0.14mm 减至 0.12mm，袋重为 120g，图 1 为没有对定量电子秤进行调整的阶段抽检数据。图 2 为调整定量电子秤后抽检数据。

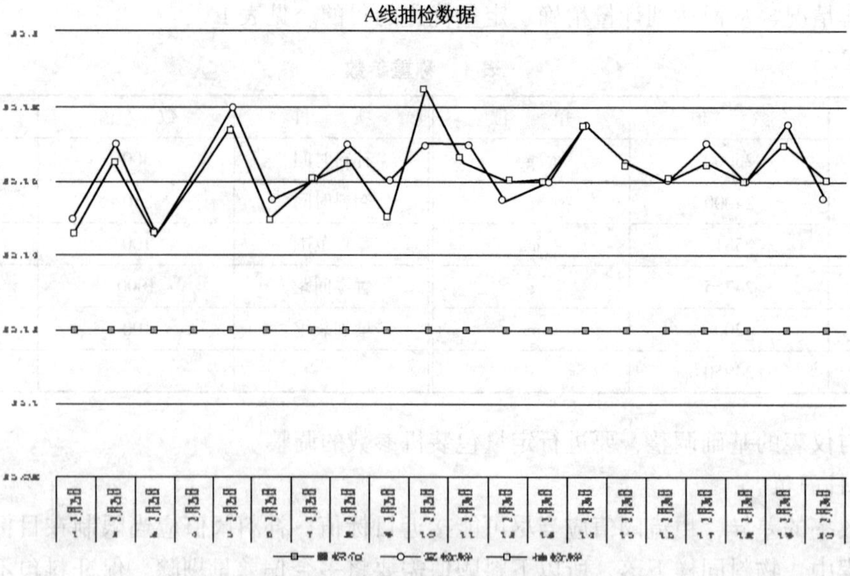

图 1　定量电子秤调整前阶段抽检数据

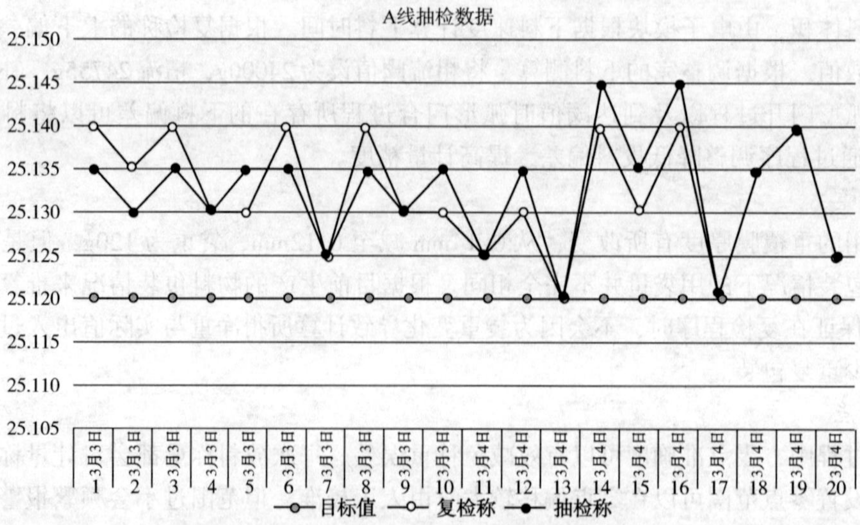

图 2　定量电子秤调整后阶段抽检数据

根据运行部的指示，博实技术人员对聚丙烯定量称浮动偏差进行机、电、仪全面调整和攻克难题，目前定量称称重的重量每包都在(-30+40/袋)以内，并且能平稳高速的运行。

聚丙烯包装目前称重每袋控制合格范围比公司计量中心规定的±50g/袋减少了 10g/袋，每吨 40 袋，每年产量为 2×10^5t，则年节约的聚丙烯量为：10×40×200000 = 80000000g = 80t，每吨按 9000 元出售，则可节约 9000×80 = 720000 元。即每年为公司减少 80t 物料的损失，创效经济效益 72 万元。

6　结论

通过在定量称调整两个月来的使用效果说明：

(1) 调整后定量称达到运行部提出的计量范围(-30+40g/袋)；

(2) 调整后时定量称更加平稳，精准度更高；

(3) 使计量偏差浮动进一步缩小，经过计算偏差每缩小 10g/袋，每年可减少 80t 聚丙烯成品料的损失；

(4) 按聚丙烯成品料价格 9000 元计算，每年可增加效益约 72 万元；

(5) 杜绝因负偏差造成的客户投诉。

参 考 文 献

[1] 李振亮，姚清华，李亚，许玮. 自动定量称重力给料机构及有关参数的选择[J]. 轻工机械，2008(01)：103-105.

[2] 姜海波. 如何正确选择以质量标注的定量包装商品净含量计量检验中的电子秤(电子天平)[J]. 黑龙江科技信息，2011(33)：51.

[3] 许文雷，张艳兵，曹圣贤. FFS重膜包装线常见故障原因分析及处理[J]. 河南化工，2020，37(11)：43-44+55. DOI:10.14173/j.cnki.hnhg.2020.11.012.

[4] 胡文文，陈杰，袁宏，许虹，张超. 乙烯粒料产品自动化重膜包装线改造优化及应用[J]. 化工自动化及仪表，2022，49(03)：368-375. DOI：10. 20030/j. cnki. 1000-3932. 202203021.

[5] 顾祥万. 基于作业成本法在聚丙烯经营中的应用[J]. 河南化工，2020，37(07)：68-70. DOI:10.14173/j.cnki.hnhg.2020.07.024.

作者简介：吴玉凯(1998—)，男，助理工程师，北京化工大学，聚丙烯装置操作工。电话：15165226775，邮箱：wuyk7. qdlh@ sinopec. com，通信地址：山东省青岛市黄岛区千山南路827号中国石化青岛炼油化工有限责任公司。

计量数据资源挖掘与分析利用技术

冯胜权

（中国石油化工股份有限公司茂名分公司仪控计量部　广东茂名　525011）

摘　要　在管输物料贸易交接中，经常是计量人员通过仪表抄数或观察流量计数据曲线来分析物料计量情况，工作效率较低。本文主要探讨运用数据挖掘技术，通过 Excel VBA 编程，开发应用计量过程分析管控模型对海量计量数据进行分类提取、整理和分析，快捷高效地获取物料计量过程中的异常情况，提高计量过程数据比对分析和管控能力。

关键词　数据挖掘；大数据；计量数据

1　引言

管输物料贸易交接主要采用流量计动态计量方式，在对流量计运行状态及计量数据监控分析上，通常采用对单台流量计某一时间段内多个参数的数采历史曲线进行取点分析，这就需要计量人员不断在曲线图上手工抄数取点，逐一分析相关计量数据的差异。这样一来，取点工作量大、耗时长、效率低，而且取点覆盖不够全面，可能带来分析盲区。特别是需要同时分析多台关联流量计时，例如付油总表和收油各分表、批控装车整条装车线各表等，以往的单表分析方法无法满足快捷高效的需求。因此，如何运用数据挖掘技术，从海量的数据资源中提取所需的数据，用于计量过程管控和数据分析，及时发现流量计故障或数据异常情况，提高工作效率，就显得尤为重要。本文以管输物料计量过程分析管控模型开发为例，对数据挖掘应用展开讨论。

2　模型设计需求分析

计量过程分析管控模型是一套自主编制的 Excel 工作数据表格，由数据源、数据模板、表格公式、运行信息库、汇总表、批量运行宏代码等六部分组成。它基于实时数据库系统平台，以现场管输物料计量点质量流量计 RS485 实时数据为支撑，依托 Excel 软件及其内置的 VBA 编程，实现对质量流量计关键参数的数据自动提取、汇总、比对、监控及分析等功能，对计量过程、流量计运行状况及测量数据准确性进行监督，为流量计预见性维护、计量纠纷处理提供有力的数据支持。

计量过程分析管控模型设计应具备以下最基本需求：

（1）可以灵活选择计量点进行单点和批量分析；

（2）可以自由选择数据提取时间点和采集频率；

（3）可以自主选择过程变量和设置分析算法；

（4）可以按照判断条件甄别或预判运行信息。

3　模型编制及代码

3.1　数据源的搭建

通过数据挖掘技术，从实时数据库系统中获取所需的数据并整合成用于计量专业分析的数据源。搭建数据源主要包括计量点流量计的参数选择、配置数采测点等内容。

3.1.1　数采测点设置

数采测点设置就是将管输物料计量点流量计各参数名称与实时数据库系统数采测点类型一一对应，按照测点命名规则编制数采测点代码，此代码是流量计参数在数据源中的唯一身份标记，用来表示数据的位号名称。以某公司炼油区成品油东罐区进出厂物料流量计 FIQ8001 为例，其数采位号名称为“L3_CDGQ_FIQ8001”，共采集34个参数(详见表1)，质量瞬时流量的数采测点代码为“L3_CDGQ_FIQ8001. M”。

表1 质量流量计RS485数采测点类型和代码

数采测点代码	测点类型	数采测点代码	测点类型
L3_CDGQ_FIQ8001. V	体积瞬时流量	L3_CDGQ_FIQ8001. VI	体积库存累计量
L3_CDGQ_FIQ8001. VQ	体积累积量	L3_CDGQ_FIQ8001. DG	驱动增益
L3_CDGQ_FIQ8001. M	质量瞬时流量	L3_CDGQ_FIQ8001. LZ	活零点
L3_CDGQ_FIQ8001. MQ	质量累积量	L3_CDGQ_FIQ8001. LV	左检测线圈电压
L3_CDGQ_FIQ8001. T	温度	L3_CDGQ_FIQ8001. RV	右检测线圈电压
L3_CDGQ_FIQ8001. D	平均密度	L3_CDGQ_FIQ8001. P4mA	输入电流4mA的压力
L3_CDGQ_FIQ8001. P	压力	L3_CDGQ_FIQ8001. P20mA	输入电流20mA的压力
L3_CDGQ_FIQ8001. FD	密度标定系数FD	L3_CDGQ_FIQ8001. FVF	流量压力修正系数
L3_CDGQ_FIQ8001. DT	密度标定系数DT	L3_CDGQ_FIQ8001. DVF	密度压力修正系数
L3_CDGQ_FIQ8001. D1	密度标定系数D1	L3_CDGQ_FIQ8001. MI	质量库存累计量
L3_CDGQ_FIQ8001. D2	密度标定系数D2	L3_CDGQ_FIQ8001. FCP	流量标定压力
L3_CDGQ_FIQ8001. K1	密度标定K1	L3_CDGQ_FIQ8001. FDC	流动密度标定密度
L3_CDGQ_FIQ8001. K2	密度标定K2	L3_CDGQ_FIQ8001. FZL	流量计调零标准偏差限值
L3_CDGQ_FIQ8001. DF	密度计量仪表系数	L3_CDGQ_FIQ8001. FPV	频率脉冲宽度/s
L3_CDGQ_FIQ8001. MF	质量流量计量仪表系数	L3_CDGQ_FIQ8001. FP0	频率/脉冲输出频率/Hz
L3_CDGQ_FIQ8001. VF	体积流量计量仪表系数	L3_CDGQ_FIQ8001. MCF	质量切除
L3_CDGQ_FIQ8001. FTF	流动温度系数	L3_CDGQ_FIQ8001. VCF	体积切除

3.1.2 常用关键参数

质量流量计常用的关键参数包括累计流量、瞬时流量、活零点、温度、密度、驱动增益等，通过对这些参数实时数据和历史趋势的监控与分析，可以及时掌握流量计运行状况及数据波动情况。

(1) 零位：流量计在运行过程中因受环境温度、工况等影响，零位会发生漂移，从而叠加到实际流量上，影响测量的准确度。因此，定期检查零位应作为日常巡检维护内容。核查流量计测量结果前，也应先检查流量计零位。

(2) 活零点：未应用流量阻尼或质量流量切除的实时双向质量流量，活零点流量值仅作为诊断使用。在确保传感器测量管满管且处于静止状态下，活零点流量可以用于流量测量误差的零点稳定性计算。

(3) 驱动增益：传感器驱动增益百分比。用来衡量介质气液比。在饱和液体中，当液体流过流量计时，液体中所含的气体含量高，会影响质量流量计的测量精度。

3.2 数据表格制作

3.2.1 数据模板

在Excel软件创建一个名为“数据模板”工作表，表格左边的“过程变量”区域主要用于记录关键参数的数采数据。在功能栏“报表管理”→“连接实时数据库”，点击“采样时间点数据”，依次输入流量计表底数、瞬时流量、活零点、温度、密度、驱动增益等关键参数的位号名称、时间点、输出单元格，偏移量建议为180s，点击“确定”，即可完成单个计量点实时数据库系统数据采集配置。见图1。

3.2.2 运行信息库

数据模板表格右边的“运行分析”区域主要对左边相关参数的数采数据进行分析计算，按照预先设置的阈值和判断条件，对流量计运行状况进行甄别和预判，并将预判结果在“运行信息”栏显示。运行分析的指标、计算公式及阈值判断条件详见表2。

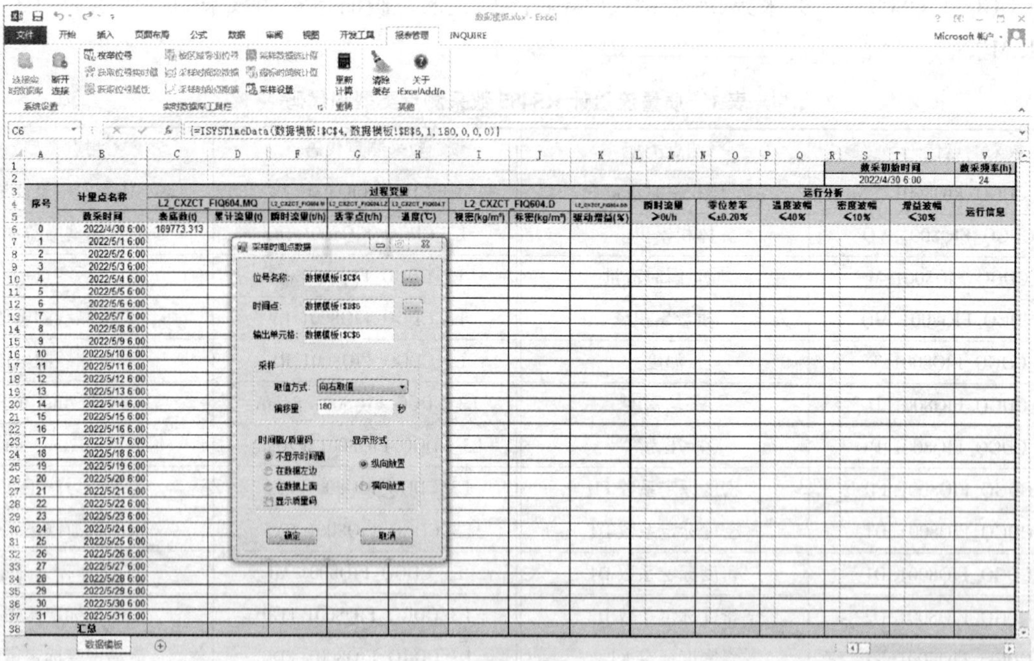

图 1　数据模板的制作

表 2　运行信息库

运行指标	计算公式	判断条件	阈值	运行信息
瞬时流量	瞬时流量平均值	大于> 等于= 小于<	0t/h	流量正常 停送 流量反向
零位差率	(瞬时流量-活零点)/活零点×100	小于或等于≤ 大于>	±0.20%	零位正常 零位异常
温度波幅	(温度最大值-温度最小值)/温度平均值＊100	小于或等于≤ 大于>	40%	温度正常 温度异常
密度波幅	(密度最大值-密度最小值)/密度平均值＊100	小于或等于≤ 大于>	10%	密度正常 密度异常
增益波幅	驱动增益最大值	小于或等于≤ 大于>	30%	驱动增益正常 驱动增益异常
温度波幅 密度波幅	(温度最大值-温度最小值)/温度平均值＊100 (密度最大值-密度最小值)/密度平均值＊100	大于> 大于>	40% 10%	通讯异常
密度波幅 增益波幅	(密度最大值-密度最小值)/密度平均值＊100 驱动增益最大值	大于> 大于>	10% 30%	工况异常
温度波幅 密度波幅 增益波幅	(温度最大值-温度最小值)/温度平均值＊100 (密度最大值-密度最小值)/密度平均值＊100 驱动增益最大值	大于> 大于> 大于>	40% 10% 30%	工况/设备异常

3.2.3　流量计运行分析报表

按上面步骤完成“数据模板”和“运行信息库”的编制后，只要录入需要分析的计量点数采位号名称、数采测点代码、数据提取时间点和采集频率，在功能栏“报表管理”→“连接实时数据库”，点击“重新计算”，即可实现对单台流量计关键参数的数据自动提取、汇总、比对、监控及分析等功能，自动对该时间段内计量过程、流量计运行状况及数据异常情况进行监控和预判，生成流量计运行分析报表，提升分析效率。如图 2 所示。

																	数采初始时间			数采频率(h)
																	2022/4/30 6:00			24
序号	计量点名称	成东军航装车FIQ604（过程变量）								成东军航装车FIQ604（运行分析）										
		L2_CXZCT_FIQ604.MQ		L2_CXZCT_FIQ604.M	L2_CXZCT_FIQ604.LZ	L2_CXZCT_FIQ604.T	L2_CXZCT_FIQ604.D		L2_CXZCT_FIQ604.DG	瞬时流量 >0t/h		零位差率 ≤±0.20%		温度波幅 ≤40%		密度波幅 ≤10%		增益波幅 ≤30%		运行信息
	数采时间	表底数(t)	累计流量(t)	瞬时流量(t/h)	活零点(t/h)	温度(℃)	视密(kg/m³)	标密(kg/m³)	驱动增益(%)											
0	2022/4/30 6:00	189773.313	——		0.000	27.3	785.3	790.7	3.6		——		——		——		——		——	——
1	2022/5/1 6:00	189773.313			-0.002	25.2	787.0	790.8	3.6	✓				✓		✓		✓		停送
2	2022/5/2 6:00	189773.344	0.031	-1.366	-1.370	18.5	611.5		34.2	✗	-2.008	✗	-0.28	✓		✗	31.4	✗	100.5	工况异常
3	2022/5/3 6:00	189773.344		-0.787	-0.788	20.7	658.0		17.1	✗	-1.396	✗	-0.21	✓		✗	11.7	✗	35.2	工况异常
4	2022/5/4 6:00	189773.344		-1.933	-1.939	22.7	594.2		84.8	✗	-1.928	✗	-0.28	✓		✗	15.1	✗	100.5	工况异常
5	2022/5/5 6:00	189876.453	103.109		-0.003	23.4	788.4	790.9	3.6	✗	-1.933			✓		✗	25.5	✗	84.8	工况异常
6	2022/5/6 6:00	189993.391	116.938		-0.007	24.3	787.6	790.9	3.6	✗	-4.501			✓		✓		✓		流量反向
7	2022/5/7 6:00	189993.391			-0.005	26.0	786.3	790.8	3.6	✓				✓		✓		✓		停送
8	2022/5/8 6:00	189993.391			0.002	24.7	787.3	790.8	3.6	✓				✗	109.0	✗	102.8	✓		通讯异常
9	2022/5/9 6:00	189993.391			-0.003	24.4	787.5	790.9	3.6	✓				✓		✓		✓		停送
10	2022/5/10 6:00	190096.516	103.125		-0.004	25.9	786.4	790.8	3.6	✗	-0.627			✓		✓		✓		流量反向
11	2022/5/11 6:00	190096.516			-0.001	27.6	785.0	790.7	3.6	✓				✓		✓		✓		停送
12	2022/5/12 6:00	190155.016	58.500		-0.001	26.5	785.9	790.8	3.6	✗	-0.540			✓		✓		✓		流量反向
13	2022/5/13 6:00	190270.578	115.563		-0.003	26.2	778.1	782.9	3.6	✓				✓		✓		✓		零位异常
14	2022/5/14 6:00	190379.453	108.875		0.000	26.8	777.6	782.8	3.6	✓				✓		✓		✓		零位异常
15	2022/5/15 6:00	190379.453			0.000	25.4	778.7	782.9	3.6	✓				✓		✓		✓		停送
16	2022/5/16 6:00	190379.453			-0.003	21.6	781.9	783.0	3.6	✓				✓		✓		✓		停送
17	2022/5/17 6:00	190379.453			-0.007	21.5	781.9	783.0	3.6	✓				✓		✓		✓		停送
18	2022/5/18 6:00	190379.453			-0.003	24.2	779.7	782.9	3.6	✓				✓		✓		✓		停送
19	2022/5/19 6:00	190379.453			-0.003	24.6	779.4	782.9	3.6	✓				✓		✓		✓		停送
20	2022/5/20 6:00	190379.453			-0.001	26.2	778.1	782.8	3.6	✓				✓		✓		✓		停送
21	2022/5/21 6:00	190379.453			0.001	31.0	774.6	783.1	3.6	✓				✓		✓		✓		停送
22	2022/5/22 6:00	190379.453			0.001	31.0	774.6	783.1	3.6	✓				✓		✓		✓		停送
23	2022/5/23 6:00	190379.453			0.001	31.0	774.6	783.1	3.6	✓				✓		✓		✓		停送
24	2022/5/24 6:00	190379.453			-0.005	27.0	777.6	782.9	3.6	✓				✓		✓		✓		停送
25	2022/5/25 6:00	190379.453			-0.001	28.2	776.6	782.9	3.6	✓				✓		✓		✓		停送
26	2022/5/26 6:00	190379.453			-0.003	28.1	776.7	782.9	3.6	✓				✓		✓		✓		停送
27	2022/5/27 6:00	190379.453			-0.002	27.4	777.3	783.0	3.6	✓				✓		✓		✓		停送
28	2022/5/28 6:00	190379.453			-0.000	28.6	776.3	782.9	3.6	✓				✓		✓		✓		停送
29	2022/5/29 6:00	190379.453			-0.001	28.4	776.5	782.9	3.6	✓				✓		✓		✓		停送
30	2022/5/30 6:00	190379.453			-0.003	27.8	776.9	783.0	3.6	✓				✓		✓		✓		停送
31	2022/5/31 6:00	190379.453			-0.002	28.4	776.5	782.9	3.6	✓				✓		✓		✓		停送
汇总		7	606.141	1.362	1.365	25.9	765.1	785.5	7.6	✗	22	✗		✓	97	✓	84	✓	87	工况异常

数据模板

图 2　流量计运行分析报表

3.3　批量分析编程

为了实现多台流量计的批量运行分析功能，只要通过 Excel VBA 在上述单台流量计运行分析相关表格上编制宏代码即可，其核心代码如下：

```
Sub pp()
Dim j, iCount As Integer
Dim sccssj, scpl As Single
Dim sheetname, jldmc1, jldmc2, bds, ssll, hld, wd, md, qdzy As String
j=4
Do While Sheets("summ").Cells(j, 1)<>""
    sheetname=Sheets("summ").Cells(j, 4)
    sccssj=Sheets("summ").Cells(2, 13)
    scpl=Sheets("summ").Cells(2, 17)
    jldmc1=Sheets("summ").Cells(j, 2)&"(过程变量)"
    jldmc2=Sheets("summ").Cells(j, 2)&"(运行分析)"
    bds=Sheets("summ").Cells(j, 3)&".MQ"
    ssll=Sheets("summ").Cells(j, 3)&".M"
    hld=Sheets("summ").Cells(j, 3)&".LZ"
    wd=Sheets("summ").Cells(j, 3)&".T"
    md=Sheets("summ").Cells(j, 3)&".D"
    qdzy=Sheets("summ").Cells(j, 3)&".DG"
    addsheet=True
    For iCount=1 To Sheets.Count
        If Sheets(iCount).Name=sheetname Then
            Sheets(sheetname).Select
            addsheet=False
            Exit For
        End If
    Next iCount
```

```
        If addsheet Then
            Sheets. Add after: =Sheets("summ"), Type: ="数据模板 . xltx"
            ActiveSheet. Name=sheetname
        End If
        ActiveSheet. Cells(2, 17)= sccssj
        ActiveSheet. Cells(2, 21)= scpl
        ActiveSheet. Cells(3, 3)= jldmc1
        ActiveSheet. Cells(3, 11)= jldmc2
        ActiveSheet. Cells(4, 3)= bds
        ActiveSheet. Cells(4, 5)= ssll
        ActiveSheet. Cells(4, 6)= hld
        ActiveSheet. Cells(4, 7)= wd
        ActiveSheet. Cells(4, 8)= md
        ActiveSheet. Cells(4, 10)= qdzy
        j=j+1
    Loop
    End Sub
```

以汽油批控装车线 20 台流量计为例，在批量运行分析报表编辑上述宏代码后，录入需要 20 台流量计的数采位号名称、数采测点代码、数据提取时间点和采集频率，在功能栏“报表管理”→“连接实时数据库”，点击表格内图形控件“运行批量分析”，即可一键批量自动完成 20 台流量计的运行分析，对应每台流量计位号均生成 1 份流量计运行分析报表，以及 1 份批量流量计运行分析汇总表，如图 3 所示。

							数采初始时间		数采频率(h)
							2022/5/31 6:00		24
序号	计量点名称	累计流量(t)	瞬时流量(t/h)	活零点(t/h)	温度(℃)	视密(kg/m³)	标密(kg/m³)	驱动增益(%)	运行信息
1	成西汽油装车FIQ201	2165.406	55.710	55.912	28.7	735.5	742.7	3.7	正常
2	成西汽油装车FIQ202	2677.969	49.242	49.296	28.9	734.6	742.0	3.3	正常
3	成西汽油装车FIQ203	2943.375	54.384	54.532	29.0	734.4	741.9	3.4	正常
4	成西汽油装车FIQ204	2988.500		0.002	28.9	734.8	742.2	3.7	停送
5	成西汽油装车FIQ205	2783.594		-0.003	28.9	734.2	741.6	4.3	停送
6	成西汽油装车FIQ206	3240.094	5.045	5.249	28.9	734.0	741.4	2.9	零位异常
7	成西汽油装车FIQ207	2510.094	0.461	0.247	29.0	734.3	741.8	3.2	零位异常
8	成西汽油装车FIQ208	2954.156	51.814	51.711	28.9	734.6	742.0	3.1	正常
9	成西汽油装车FIQ209	3394.313		-0.002	29.0	734.4	741.9	2.7	正常
10	成西汽油装车FIQ210	3393.188	-0.540	-0.345	29.1	733.9	741.4	3.4	零位异常
11	成西汽油装车FIQ211	3231.344		0.029	28.9	734.3	741.7	3.6	正常
12	成西汽油装车FIQ212	3541.656		0.042	29.2	733.9	741.6	6.2	正常
13	成西汽油装车FIQ213	3472.656	-4.886	-4.554	29.1	733.9	741.5	3.2	流量反向
14	成西汽油装车FIQ214	3282.031	-3.804	-3.769	28.9	733.9	741.4	3.1	流量反向
15	成西汽油装车FIQ215	2915.656	-2.855	-3.037	29.1	733.5	741.1	3.1	流量反向
16	成西汽油装车FIQ216	2840.070		0.000	29.1	734.1	741.6	6.6	正常
17	成西汽油装车FIQ217	3117.469		-0.003	29.3	733.9	741.6	3.4	正常
18	成西汽油装车FIQ218	2659.594		-0.001	29.1	733.9	741.5	3.1	正常
19	成西汽油装车FIQ219	2762.367		-0.014	28.6	733.9	741.1	6.7	正常
20	成西汽油装车FIQ220			0.041	28.5	736.4	743.5	4.1	停送
	汇总	56873.531	20.457	20.524	28.9	734.3	741.8	3.8	

请先连接实时数据库

运行批量分析

summ FIQ220 FIQ219 FIQ218 FIQ217 FIQ216 FIQ215 FIQ214 FIQ213 FIQ212 FIQ211 FIQ210 FIQ209 FIQ208 FIQ207 FIQ206 FIQ205 FIQ204 FIQ203 FIQ202 FIQ201

图 3　流量计批量运行分析汇总表

4　应用效果

2021 年 2 月，计量人员通过计量过程分析管控模型对进出厂计量点每月运行情况进行监控。发现碳八芳烃流量计 26 日运行信息提示“流量反向”，且反向累计流量 17. 430t。如图 4 所示。

（1）从岗位管输物料记录查到该批次物料输送时间为 25 日 14：45~21：40 时。于是，将计量过程分析管控模型数据提取初始时间设置为“2021/2/25 6：00”，采集频率为 5min/次，对流量计日运行过程进行复核。分析数据显示在物料输送前 12：50~14：45 时，流量计出现反向流量，平均反向流速 8. 733t/h；14：45 时物料开始输送至 21：40 时停输，流量计运行及数据正常，没有出现反向流量现象。如图 5 所示。

数采初始时间	数采频率(h)
2021/1/31 6:00	24

序号	计量点名称	双加收峰源碳八类FIQ302(过程变量)									双加收峰源碳八类FIQ302(运行分析)					
		L3_SJGQ_FIQ302.MQ			L3_SJGQ_FIQ302.M	L3_SJGQ_FIQ302.LZ	L3_SJGQ_FIQ302.T	L3_SJGQ_FIQ302.D		L3_SJGQ_FIQ302.DG	反向比率	零位差率	温度波幅	密度波幅	驱动增益波幅	运行信息
	数采时间	表底数(t)	正向流量(t)	反向流量(t)	反向流量(t/h)	活零点(t/h)	温度(℃)	视密(kg/m³)	标密(kg/m³)	驱动增益(%)	≥0%	≤±0.20%	≤40%	≤10%	≤30%	
0	2021/1/31 6:00	6983.064	——	——		0.005	18.4	716.8	715.4	1.0	——	——	——	——	——	——
1	2021/2/1 6:00	6983.064				0.001	19.1	716.2	715.4	1.0			✘ 45.0	✔	✔	停送
2	2021/2/2 6:00	6983.064				0.001	19.1	716.0	715.3	1.0	✔		✘ 40.6	✔	✔	停送
3	2021/2/3 6:00	6983.064				0.005	21.5	714.1	715.4	1.0	✔		✘ 43.3	✔	✔	停送
4	2021/2/4 6:00	6983.064				0.007	19.1	716.4	715.6	1.0	✔		✔	✔	✔	停送
5	2021/2/5 6:00	6983.064				0.003	19.8	716.0	715.9	1.0	✔		✘ 101.6	✘ 100.2	✔	通讯异常
6	2021/2/6 6:00	6983.064				0.003	19.8	716.0	715.9	1.0	✔		✘ 105.9	✘ 108.1	✔	通讯异常
7	2021/2/7 6:00	6983.064				0.003	19.8	716.0	715.9	1.0	✔		✔	✔	✔	停送
8	2021/2/8 6:00	6983.064				0.003	19.8	716.0	715.9	1.0	✔		✔	✔	✔	停送
9	2021/2/9 6:00	6983.064				0.003	19.8	716.0	715.9	1.0	✔		✔	✔	✔	停送
10	2021/2/10 6:00	6983.064				0.003	19.8	716.0	715.9	1.0	✔		✔	✔	✔	停送
11	2021/2/11 6:00	7121.256	138.192	-0.303	16.979	16.976	30.4	844.6	851.6	1.1	✘ -0.22	✔ 0.02	✘ 137.5	✘ 115.1	✘ 100.5	工况异常
12	2021/2/12 6:00	7221.028	99.772			-0.008	19.0	858.4	857.8	0.8	✔		✘ 49.7	✔	✔	零位异常
13	2021/2/13 6:00	7221.028				-0.008	17.8	859.4	858.0	1.0	✔		✔	✔	✔	停送
14	2021/2/14 6:00	7221.028				-0.010	18.3	858.9	857.8	0.9	✔		✘ 45.6	✔	✔	停送
15	2021/2/15 6:00	7221.028				-0.009	19.5	857.8	857.5	1.0	✔		✘ 48.4	✔	✔	停送
16	2021/2/16 6:00	7221.028				-0.008	20.9	856.6	857.2	0.9	✔		✘ 116.6	✘ 107.9	✔	通讯异常
17	2021/2/17 6:00	7221.028				-0.009	20.4	857.0	857.3	1.0	✔		✔	✔	✔	停送
18	2021/2/18 6:00	7221.028				-0.009	21.9	855.7	857.0	1.0	✔		✔	✔	✔	停送
19	2021/2/19 6:00	7221.028				-0.010	19.5	857.9	857.5	0.9	✔		✔	✔	✔	停送
20	2021/2/20 6:00	7221.028									✔		✘ 195.1	✘ 176.2	✔	通讯异常
21	2021/2/21 6:00	7346.418	125.390		8.767	8.769	29.0	844.6	850.7	0.9	✔	✔ -0.03	✘ 277.0	✘ 265.2	✔	通讯异常
22	2021/2/22 6:00	7467.333	120.915	-0.041		-0.011	20.4	846.8	847.0	1.0	✘ -0.03		✘ 51.4	✔	✔	流量反向
23	2021/2/23 6:00	7467.333				-0.011	21.3	845.9	846.8	0.9	✔		✔	✔	✔	停送
24	2021/2/24 6:00	7467.333				-0.010	22.5	844.9	846.5	1.0	✔		✔	✔	✔	停送
25	2021/2/25 6:00	7467.333				-0.011	23.4	844.0	846.3	1.0	✔		✔	✔	✔	停送
26	2021/2/26 6:00	7565.617	98.284	-17.086		-0.011	23.7	849.4	851.9	1.0	✘ -17.38		✔	✔	✔	流量反向
27	2021/2/27 6:00	7565.617				-0.012	18.9	853.8	853.1	1.0	✔		✘ 110.3	✘ 101.2	✔	通讯异常
28	2021/2/28 6:00	7565.617				-0.011	20.4	852.4	852.7	1.0	✔		✔	✔	✔	停送
29																
30																
31																
汇总		28	582.553	-17.430	0.920	0.915	20.2	773.1	802.4	0.9	✘ 40	✔ 100	! 50	✔ 75	✔ 96	通讯异常

图 4　碳八芳烃流量计运行分析月报表

数采初始时间	数采频率(h)
2021/2/25 12:30	0.083

序号	计量点名称	双加收峰源碳八芳烃FIQ302(过程变量)								双加收峰源碳八芳烃FIQ302(运行分析)					
		L3_SJGQ_FIQ302.MQ		L3_SJGQ_FIQ302.M	L3_SJGQ_FIQ302.LZ	L3_SJGQ_FIQ302.T	L3_SJGQ_FIQ302.D		L3_SJGQ_FIQ302.DG	瞬时流量	零位差率	温度波幅	密度波幅	增益波幅	运行信息
	数采时间	表底数(t)	累计流量(t)	瞬时流量(t/h)	活零点(t/h)	温度(℃)	视密(kg/m³)	标密(kg/m³)	驱动增益(%)	≥0t/h	≤±0.20%	≤40%	≤10%	≤30%	
0	2021/2/25 12:30	7467.333	——		-0.010	26.3	841.9	846.2	1.0	——	——	——	——	——	——
1	2021/2/25.12:35	7467.333			-0.012	26.3	841.9	846.2	1.0	✔		✔	✔	✔	停送
2	2021/2/25 12:40	7467.333			-0.009	26.4	841.8	846.1	0.9	✔		✔	✔	✔	停送
3	2021/2/25 12:45	7467.333			-0.012	26.3	841.8	846.2	0.9	✔		✔	✔	✔	停送
4	2021/2/25 12:50	7467.333		-9.075	-9.075	26.2	841.5	845.7	1.0	✘ -9.087	✔ -0.00	✔	✔	✔	流量反向
5	2021/2/25 12:55	7467.333		-9.063	-9.054	26.2	842.0	846.2	0.9	✘ -9.076	✔ 0.10	✔	✔	✔	流量反向
6	2021/2/25 13:00	7467.333		-9.030	-9.029	26.6	843.6	848.1	0.9	✘ -9.063	✔ 0.01	✔	✔	✔	流量反向
7	2021/2/25 13:05	7467.333		-9.016	-9.033	27.1	844.8	849.6	1.0	✘ -9.031	! -0.19	✔	✔	✔	流量反向
8	2021/2/25 13:10	7467.333		-9.006	-8.992	27.5	845.4	850.5	0.9	✘ -9.026	! 0.17	✔	✔	✔	流量反向
9	2021/2/25 13:15	7467.333		-8.944	-8.953	27.1	845.5	850.3	1.0	✘ -9.006	✔ -0.10	✔	✔	✔	流量反向
10	2021/2/25 13:20	7467.333		-8.921	-8.913	26.9	845.8	850.4	1.0	✘ -8.947	✔ 0.09	✔	✔	✔	流量反向
11	2021/2/25 13:25	7467.333		-8.874	-8.875	26.8	845.4	850.0	1.0	✘ -8.921	✔ -0.02	✔	✔	✔	流量反向
12	2021/2/25 13:30	7467.333		-8.826	-8.823	26.7	845.2	849.7	0.9	✘ -8.874	✔ 0.04	✔	✔	✔	流量反向
13	2021/2/25 13:35	7467.333		-8.798	-8.783	26.8	844.6	849.2	1.0	✘ -8.826	! 0.17	✔	✔	✔	流量反向
14	2021/2/25 13:40	7467.333		-8.777	-8.775	26.9	844.3	849.1	1.0	✘ -8.798	✔ 0.02	✔	✔	✔	流量反向
15	2021/2/25 13:45	7467.333		-8.749	-8.747	27.0	845.2	849.9	1.0	✘ -8.777	✔ 0.03	✔	✔	✔	流量反向
16	2021/2/25 13:50	7467.333		-8.726	-8.730	27.0	845.3	850.1	1.0	✘ -8.753	✔ -0.05	✔	✔	✔	流量反向
17	2021/2/25 13:55	7467.333		-8.680	-8.684	27.0	844.4	849.2	1.0	✘ -8.726	✔ -0.04	✔	✔	✔	流量反向
18	2021/2/25 14:00	7467.333		-8.633	-8.632	27.0	843.4	848.2	1.0	✘ -8.684	✔ 0.01	✔	✔	✔	流量反向
19	2021/2/25 14:05	7467.333		-8.586	-8.584	27.1	842.2	847.0	1.0	✘ -8.633	✔ 0.02	✔	✔	✔	流量反向
20	2021/2/25 14:10	7467.333		-8.525	-8.529	27.2	841.7	846.6	1.0	✘ -8.586	✔ -0.05	✔	✔	✔	流量反向
21	2021/2/25 14:15	7467.333		-8.502	-8.500	27.3	842.7	847.6	0.9	✘ -8.528	✔ 0.02	✔	✔	✔	流量反向
22	2021/2/25 14:20	7467.333		-8.475	-8.475	27.2	842.7	847.6	1.0	✘ -8.502	✔ 0.00	✔	✔	✔	流量反向
23	2021/2/25 14:25	7467.333		-8.451	-8.448	27.2	842.8	847.6	0.9	✘ -8.477	✔ 0.04	✔	✔	✔	流量反向
24	2021/2/25 14:30	7467.333		-8.436	-8.425	27.3	842.6	847.6	1.0	✘ -8.452	✔ 0.13	✔	✔	✔	流量反向
25	2021/2/25 14:35	7467.333		-8.404	-8.392	27.4	842.6	847.6	1.0	✘ -8.436	✔ 0.14	✔	✔	✔	流量反向
26	2021/2/25 14:40	7467.333		-8.372	-8.364	27.6	842.4	847.6	1.0	✘ -8.404	✔ 0.10	✔	✔	✔	流量反向
27	2021/2/25 14:45	7467.379	0.046	13.225	13.255	27.6	842.5	847.7	1.0	✘ -8.372	✘ -0.23	✔	✔	✔	流量反向
28	2021/2/25 14:50	7468.772	1.393	13.659	13.668	27.4	842.7	847.7	1.0	✘ -8.372	✔ -0.07	✔	✔	✔	流量反向
29	2021/2/25 14:55	7469.786	1.014	13.546	13.548	27.2	842.8	847.7	1.0	✔	✔ -0.02	✔	✔	✔	正常
30	2021/2/25 15:00	7470.713	0.927	12.858	12.862	27.1	842.9	847.7	1.0	✔	✔ -0.03	✔	✔	✔	正常
31	2021/2/25 15:05	7472.037	1.324	12.874	12.853	27.2	847.6	852.4	1.0	✔	! 0.16	✔	✔	✔	正常
汇总		5	4.704	13.232	13.237	27.0	843.6	848.3	1.0	✘ 11	✔ 96	✔ 100	✔ 100	✔ 100	流量反向

图 5　碳八芳烃流量计运行分析报表

(2) 流量计运行期间，零点、温度、密度和驱动增益数据稳定，没有出现异常和报警信息，判定物料管输过程中，流量计运行状态是正常的，怀疑工况原因造成管道内物料出现反向回流，导致流量计反向计量。通过流量计运行信息进行预判，快速锁定差量出现的时间及原因。

(3) 依据上述分析情况，与岗位操作记录和流量计趋势曲线(图 6)进行核对。发现输油罐区工艺岗位于 12：00 时完成输油流程切换，输油管线阀门均为打开状态。收油单位于 12：50 时将进罐阀打开，处于待收油状态。由于收油单位地势高于输油罐区，导致收油罐内物料随管线反向流动经流量计回流至输油罐区 17. 430t。

5　应用前景

(1) 本文介绍的仅是计量过程分析管控模型的部分应用基础和核心程序功能，对于能源、物料等计量比对种类较多的生产系统中，都可适用该思路进行分析数据。利用数据挖掘技术，能够得到更加精准的数据和信息，在此基础上以适应不同计量点的实际情况进行改进，极大地增加了比对的灵活性，可随时编辑比对数据源，降低了维护成本。更加符合实际生产中对计量比对的需求。

(2) 实现定点在线自动分析。目前管输物料一般都是在批次输送开始后，由计量监督人员对曲线实时监督或在输送结束后进行计量比对。这样做会存在两个缺点：一是人工分析存在效率低、遗漏点多，监督效果差；二是输送结束后进行计量比对存在滞后性，不能及时发现计量数据问题。解决以上

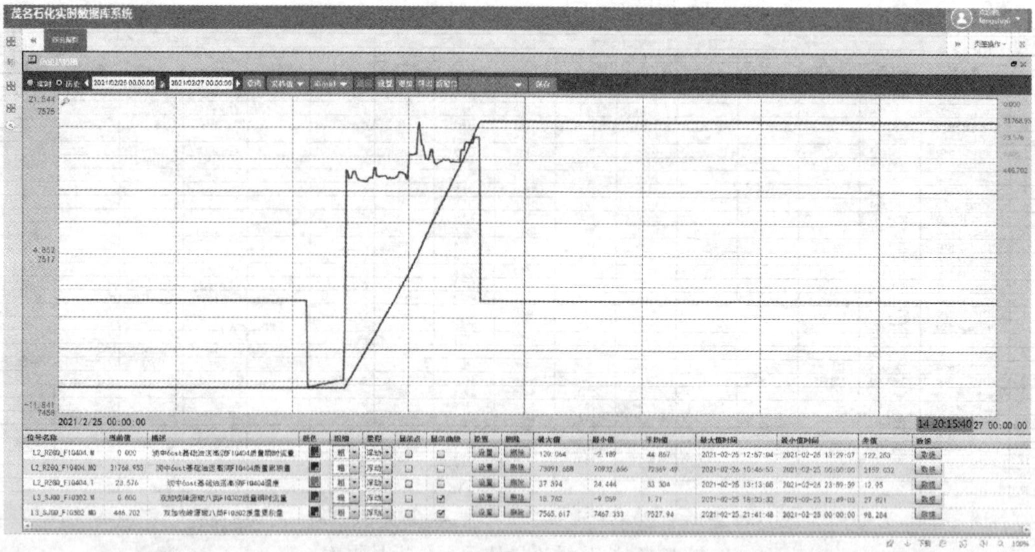

图6　碳八芳烃流量计瞬时流量趋势曲线

问题，就需要将计量过程分析管控模型上线，通过局域网应用平台，实现数据实时挖掘，实时在线自动提取扫描，及时分析出计量数据问题。

(3) 完善运行信息库。在管输物料计量过程中，正向瞬时流量、反向瞬时流量、活零点、温度、密度、驱动增益等参数之间关系密切，相互影响。例如成品油温度每改变 1℃，密度则会变化 7‰，而且易发生汽化现象，可能使质量流量发生较大波动，驱动增益增加。各参数间转换关系和计算公式复杂繁琐，不可能进行大量取点计算。因此，在分析模型设计上，可将更多的经验数据或案例补充固化在信息库中，满足复杂模型的计量比对，快速排除各种因素影响，提升比对的准确性。

6　结论

通过数据挖掘技术的运用，为计量数据管理提供了更广阔的分析方法和思维模式。合理设计计量过程分析管控模型，可快速确定计量数据异常时间的范围，为查找仪表问题，以及物料补量的估算带来了极大的便利。而且结合 Excel VBA 编程开发应用，对计量数据分析有较大的优越性，通用性强，以较小的代码修改换取高效的工作效率，有较好的应用前景。

参　考　文　献

[1] 刘宇. iFIX 系统在油品计量监督比对中的应用. 中国油气计量技术论坛论文集，2014：404-408.

[2] 赵建敏，郭庆. Visual Basic 6. 0 编程指南. 北京：航空工业出版社，1999. 8.

作者简介：冯胜权(1973. 4—)，男，技术员，华东理工大学工业自动化仪表专业，现从事计量运行管理工作。电话：13809767343，邮编：525000，通信地址：广东省茂名市茂南区厂前西路 15 号。

信息化背景下计量大数据挖潜探索与研究

薛广鹏　陈烁宇　张　敏

（胜利油田分公司技术检测中心现河技术检测站　山东东营　257000）

摘　要　河口采油管理区2019年12月完成四化建设。本文旨在阐述通过实时信息化大数据对管理区的节能降耗管理、措施进行指导。首先，本文提出一套系统的管理办法通过大数据针对异常井对其进行单井排查治理。其次，对大数据进行整体统计分析，提出电力系统改造、集输管网改造措施。最后，文章对各系统实施效果进行了总结，总结出信息化系统中改造、提升的经验与方法。

关键词　大数据；精细管理；绿色发展；节能降耗

1　引言

1.1　区块概况

河口采油管理区管辖范围地域较广，横跨32个自然村，区块分散，工区面积129.1km^2，管理区目前开发太平油田、渤南油田、英雄滩油田、大王庄油田、大王北油田(郭深7)等共5个油田，含油面积46.41km^2，地质储量4558.7×10^{4}t；已动用储量3836.4×10^{4}t。区块黏度高(3000~15000mPa·s)、结蜡(大北、渤南)原因，致使管理区大量使用井筒电加热、管道加热、单井灌等高耗能设备，并造成井筒负荷重、集输系统压力高等问题，管理区每年使用电量约2100×10^{4}kW·h、使用电费约1512万元。高耗能、高成本，严重制约管理区绿色企业创建、油藏经营发展。因此，如何在新时代结合信息化大数据做到节能降耗是管理区高质量发展的必由之路。

1.2　“大数据”下节能降耗基本内涵

随着时代日益进步，人们的生活进入网络时代。而油区的生产也发生巨大变革，从老旧的人为把控油区生产到智能化把控油区日常生产。这是时代的趋势，是油区建设发展的必由之路。

首先，结合大数据信息，推动节能降耗是国家战略两化融合的必然需求。两化融合信息化和工业化的高层次的深度结合，是指以信息化带动工业化、以工业化促进信息化，走新型工业化道路；两化融合的核心就是信息化支撑，追求可持续发展模式。两化融合总体目标就是建立现代产业体系并实现三个目标：第一个目标是企业提升自己的创新能力，不仅是开发新产品，而是通过两化融合在技术上、商业模式上、资源利用上、扩展企业影响力上建立起创新的体系；第二是提升效率，降低成本；第三是可持续、低碳化、绿色化。

其次，结合大数据信息，推动节能降耗是创新驱动，融合发展，打造智能石化的需求。从2012年开始，中石化进入集中集成、创新集成、共享服务、协同智能的两化融合发展阶段，现在是两化深度融合，向数字化、网络化、智能化的阶段发展。主要的目标是要建立数字化、自动化、智能化的生产运营新模式和集约化、一体化的经营管控新方式，推动商业模式、服务模式的改变，构建以客户为中心、以互联网为载体的石化商业新业态，全力打造世界一流的智能石化，这是中石化两化深度融合的发展蓝图。

最后，结合大数据信息，推动节能降耗更是当前油公司体制机制改革形势的需要。河口采油管理区目前开发综合含水86%，面临人员不足问题，必须进行以“四化”为支撑的机制体制改革，才能保持油田稳定可持续发展。油公司体制机制改革是大势所趋不可逆转，是打造世界一流能源公司的重要保证，是员工减负的重要手段，是实现智慧化油田的重要基石。随着四化的实施给采油管理带来新的管理模式，如何在传统管理的基础上发挥信息化的优势，降低人力耗费，提高经济效益是目前摆在管理区的重要课题。

1.3 结合大数据信息，推动节能降耗的理论依据

随着四化系统的不断提升完善，网络信息化程度不断提高，与大数据结合，进行油区生产节能降耗工作成了必由之路。

(1) 信息化数据采集实时化，全面反映油区状态。随着信息设备逐渐完善，井口安装有温压一体变、载荷仪等装置，使得信息高频次传输，使得油井信息实时反馈，更好地反映油井工作状态。

(2) 人员监控智能化，削减人力消耗。随着智能化油田打造逐渐开展，人力巡井巡护逐渐向视频智能监控与报警系统代替，节约相应人力成本。

(3) 数据汇总系统化，统计性发现问题。随着四化系统不断升级，专业技术人员可以汇总所有井信息及管道流程等，更好地针对油区隐患进行治理，同时，针对同一区块的油井，经过大数据分析，可以分析油井区块共性，合理提出措施。

1.4 结合大数据信息，推动节能降耗的创新点

(1) 从日常管理上，油区实现从以前的生产现场由逐点人工巡护向多级智能巡护转变。随着四化设备的全面上线，油区实现从以前人为巡视各个井场情况向智能视频监控转变，大大节约了人力资源成本，提高隐患排查力度，保证油区安全正常生产。

(2) 生产数据由人工录取向高频次自动采集转变。油区对各个重要数据的采集采用智能化设备如温压一体变、自动量油设备等进行采集，实现从单一人工采集转变为多频次自动采集，实现油区生产参数智能化读取，做到数据实时反馈。

(3) 生产故障由事后处理向超前预警处置转变。通过 PCS 报警系统，当出现功图、回压、温度异常变化时，系统报警，由专业技术人员查看解决问题。使得问题排查、隐患治理得到及时处理。

(4) 生产运行由局部协同向一体化运行模式转变。经过四化改革，技术室注采组等部门并入生产指挥中心，指令由生产指挥中心统一发出由运维接收进行工作，得到问题统一处理解决并反馈。

(5) 问题处理与提升改造从实践经验出发到数据分析的转变。通过四化数据统计与实施，技术人员可以从多个角度全面剖析问题，发现隐患以及生产系统的不足之处，借以助力提升管网、进行管路改造等。

2 四化数据下的节能降耗

随着四化设备提升及生产指挥系统逐渐完善，生产指挥系统逐渐实现三个把控，即“视频监控、数据把控、智能操控”。视频监控的主要目的是监控油井日常工作状态，同时监控油井井场可疑人员，保证各个油井正常工作。数据把控是指通过功图、油井四化数据对油井工作状态进行分析，进而治理问题或发现隐患。智能操控是通过大数据统计分析，确定管网、管路改造、等优化问题，提升管网集输等系统。

2.1 大数据下全面剖析井筒问题

油井液量、动液面、试功图面积(冲程、悬点载荷)、冲次是影响井下系统效率的主要因素，而它们本身也受着油层供液能力、液体黏度、井斜轨迹、泵挂深度、油管管径、泵杆杆径、杆管材质等因素影响。因此，提高井下系统效率的潜力在于：一是从油井产量入手，通过各种油层改造技术，注水配套技术等来改善油层的供液能力，提高油井产量，提高油井的系统效率；二是通过下泵深度、抽汲参数、管柱组合的优化，从而减小各种无功损耗，达到提高系统效率的目的。

随着四化设备的提升，可以实时监控油井各个数据，如图 1。通过数据分析，可以判断油井的工作状态。井筒效率可定义为提升液体有用功与光杆功率之比。影响井筒效率的因素很多，但直接反映井筒状况的泵效参数，而示功图能够合理反映抽油机运动往复的情况。

根据四化大数据-泵效油井分布图结合理论油井动态图见图 2、图 3，确定泵效异常井，对其异常原因进行排查处理。

通过调参提液、实行间开制度使得油井运行节能降耗。

2.2 大数据确定地面影响因素

机采井地面所损失的功耗主要由电机、变压器、采油树等产生损耗。如变压器、电机的负载率和功率因数及设备老旧对耗电量有着较大的影响；以及抽油机的平衡率对机采能耗影响因素较大；如井

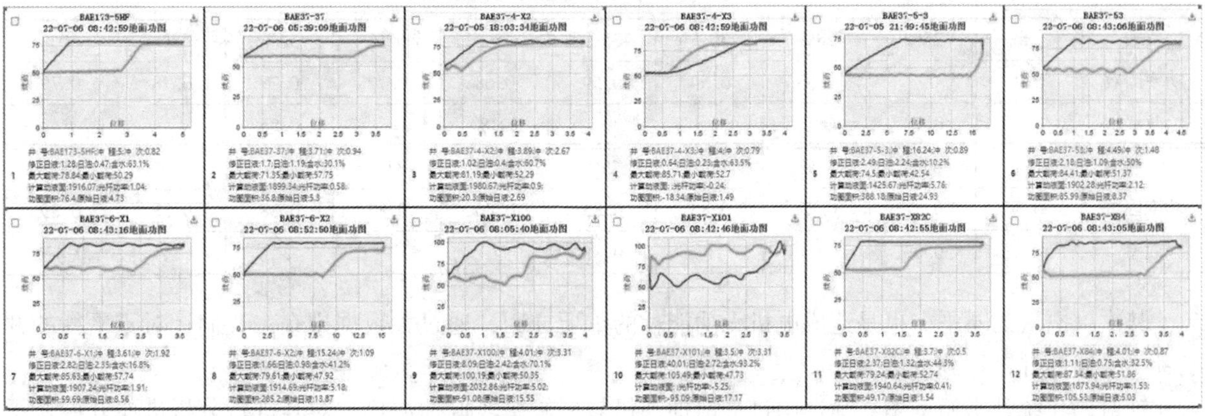

序号	井号	采油方式	采集时间	运	通	回压(MPa)	井口温度(℃)	生产时间(H.min)	日累液量(t)	日耗电(kW.h)	最大载荷(kN)	最小载荷(kN)	上行最大电流(A)	下行最大电流(A)	有功功率(kW)	电表底数(kW.h)	变频频率(Hz)
1	BA173-P1	抽油井	07-06 08:49	开	通	0.38	26.1	0.5	0	0	0	0	0	0	0	155015	0
2	TPT4-P51	普通泵	07-06 08:49	关	断	0	0	0	0	0	0	0	0	0	0	140135	0
3	TPZ5-P21	普通泵	07-06 08:49	开	通	0.87	48.5	0.5	0.1	2.6	72.21	15.69	12	13.7	0.1	30817.4	11.93
4	TPT4-P52	抽油井	07-06 08:49	开	通	0.47	41.8	0.5	0.3	1.1	27.4	22.66	2.5	5.8	2.7	47319.7	0
5	TPT4-P54	抽油井	07-06 08:49	开	通	0.52	39.3	0.5	0.7	1.5	31.5	24.33	3.8	5.1	2.3	56582.7	42.78
6	TPZ130-1	抽油井	07-06 08:49	关	通	0.37	35.2	0	0	0	0	0	0	0	0	12729	13.15
7	TPZ291-P2	抽油井	07-06 08:49	开	通	0.81	35.1	0.5	0.8	1.8	37.77	24.18	6.1	7.3	1.3	71028.7	50.03
8	TPZ291-P1	抽油井	07-06 08:49	开	通	0.77	35.2	0.5	0.3	1.8	69.01	22.27	10.8	7.2	2.8	37730.2	17.1
9	TPZ19-X2	抽油井	07-06 08:49	关	断	0	0	0	0	0	0	0	0	0	0	8193.1	0
10	TPZ291-P3	抽油井	07-06 08:49	开	通	1.01	37.6	0.5	0.1	1.7	50.92	23.26	6.5	7.8	1.5	35529.8	18.8
11	TPZ291-X2	抽油井	07-06 08:49	开	通	1.01	33.8	0.5	1.4	4.9	65.03	27.39	14.4	14.2	9.9	74868.7	0
12	TPZ130-X2	螺杆泵	07-06 08:49	开	通	1.07	32.1	0.5	0	0.3	0	0	0	0	0	25325	45
13	TPZ130-X3	螺杆泵	07-06 08:49	开	通	1.15	28.1	0.5	0	3.5	0	0	0	0	4.3	78861.6	36
14	DWD8-X17	抽油井	07-06 08:49	开	通	1.39	34.3	0.5	0.1	1.8	90.26	58.64	10.1	8.3	3.2	79730.2	12.21
15	DWD8-X20	抽油井	07-06 08:49	开	通	0.07	48.8	0.5	0.3	4.8	84.56	47.74	26.9	18.1	0	126097.1	36.64
16	BAE37-X92	抽油井	07-06 08:49	开	通	0.38	30.1	0.5	0	5.2	0	0	0	0	11.5	54997.6	25.6
17	BAE37-X98	抽油井	07-06 08:49	开	通	0.38	25.2	0.5	0.2	3	80.36	60.16	14.3	11	0	65689.9	27.6
18	BAE37-X99	抽油井	07-06 08:49	开	通	0.38	30.3	0.5	0	4	0	0	0	0	10	100311.8	25.42
19	DWD8-CX21	普通泵	07-06 08:49	开	通	0.01	39.3	0.5	0	0.7	0	0	0	0	0	9655.4	14
20	BAE37-X94	抽油井	07-06 08:49	开	通	0.48	24.7	0.5	0.4	6.1	97.83	57.71	45.8	27.4	14.8	60917.1	50
21	BAE37-X95	抽油井	07-06 08:49	开	通	0.47	24.7	0.5	0.3	2.4	96.94	54.3	0	0	57.1	213.3	30.5
22	BAE37-X100	抽油井	07-06 08:49	开	通	0.47	23	0.5	0.2	3.2	94.78	55.32	22.6	12.2	1.5	83336.4	19.68
23	BAE37-X101	抽油井	07-06 08:49	开	通	0.48	28.8	0.5	0	4.8	0	0	0	0	13.3	105974.7	0

图 1　油井示功图与油井参数图

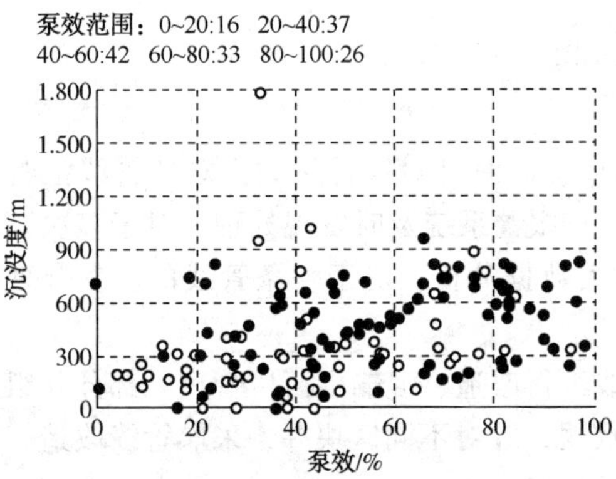

图 2　油井动态分布图

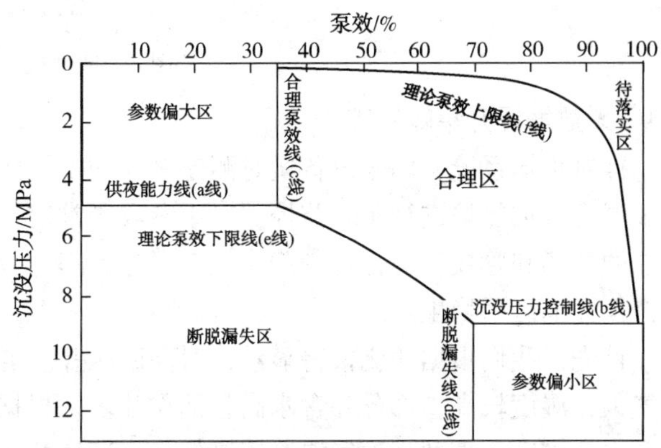

图 3　油井理论泵效图

口盘根盒的松紧度，对抽油机的光杆功率及能耗影响因素较大。结合四化数据分析，可以得到地面电机效率、平衡率不理想的油井。其中，调平衡及调换电机是重中之重。

首先，电机原因导致能耗高主要是设备本身原因造成。如电机的负载率较低，主要是在前期设备选型时，未选用适合型号的电机，导致电机空载，出现负载率低的现象；同时功率因数的高低也体现出电机负载率的情况。

按照负载率与功率因数对比关系图，功率因数低于 0.5 就是会出现空载现象，低于 0.2 就是处于空载状态，同时随着负载率的降低，功率因数也逐渐下降，系统效率也随之下降；另外，导致耗电量高与电机自身有直接原因，由于设备使用年限较长及反复维修使用，导致电机耗能增加、维修频次增加。通过四化大数据，根据其耗电率，电机效率、回压等参数，确定电机的工作状态，对其进行相应的调整。见表 1。

表 1　负载率与功率因数对比关系表

负载	空载	25%	28%	30%	35%	45%	50%	55%	58%	60%
功率因数	0.2	0.5	0.53	0.54	0.59	0.68	0.72	0.77	0.78	0.79
效率		0.78				0.8		0.85		
负载	63%	65%	68%	71%	75%	81%	83%	90%	95%	100%
功率因数	0.8	0.81	0.82	0.83	0.85	0.86	0.87	0.88	0.88	0.89
效率		0.87			0.88					0.875

其次，电机的不平衡也是造成电机无功能耗的重要原因，通过大数据排查，我们针对不平衡的井或者不平衡的井进行调平衡措施。

针对四化统计平衡率图，筛选出过平衡抽油机与平衡率较低抽油机，对其进行分析进而开展调平衡工作，见图 4。随后，针对不同油井，采用不同的调整措施。如调节平衡块，更换电机等。最后，根据四化系统实时跟踪实施效果，保证其正常工作。

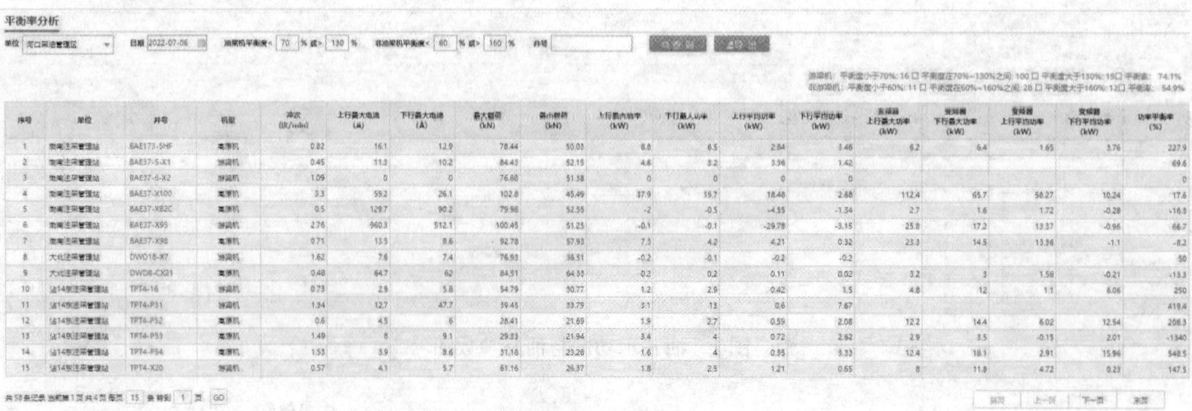

图 4　抽油机平衡率功率图

2.3　大数据提升集输系统

针对集输系统，四化设备实时测定各个井口回压与温度。同时针对各计量站，对各管线汇管压力、温度各加热炉进行实时监控。对于参数异常变化的井，有报警系统及时发现处理。对于多次频繁报警的井场和管线，进行排查隐患，改造管路工作。通过大数据分析，对于一条管线的井，合理排布，保证油区平稳生产。

首先，我们根据四化报警显示，对高回压井、老旧管线进行改造、混输。河口管理区部分井组自产气大，湿度较高，部分井含水高，油稠井多。根据四化数据，针对不同区块井，采取管线改造，让高含水井带动油稠井，油气混输等措施，保证油井冬季正常生产。

第二，针对四化数据中套压较高，套气较足的井，实行电改气措施。河口采油管理区部分油井套压较高，为了有效地利用气源，管理区对套压较高的油井并联到气管网中，距离气管网较远的，在单井安装水套炉进行单井加温。但由于套气含水严重、湿度较大，炉子无法正常使用，经常出现熄火、炉子温度低等现象，只能使用电加热炉(每月电量约 1.6 万度)对管线进行加热；管理区多方面结合，通过引进“干燥器”设备，有效的解决的该问题，该设备通过连接井口套管，自产气在该设备内通过气水分离，分离的气体通过气管线通向加热炉，分离出的水通过设备自行回流到套管内，该设备较传统的分离器不同的是，该设备设计巧妙，安装简单、操作方便，不需要人工放空，气水分离效果较好，有效的解决套气湿度大的问题。

2.4　大数据节约电力成本

利用四化大数据，对各个井场用电设备进行用电统计，并制定合理措施。

首先，针对实际情况实行合理间开制度。结合四化大数据，针对产量较低、油质较好的井但供液不足的井，实行间开制度，对高耗能设备实行春夏间开制度，保证油区正常生产。

其次，更换节能设备。针对四化数据，对异常耗电高的井场，通过换电机、变频柜等措施降低能耗。

最后，实行调换电机措施。结合大数据，对合适的两抽油机调换电机，实行两口井节能降耗的同时，提高产量。

3 四化系统实施成果

3.1 井筒方面节能降耗效果

太 4-1 井，该井由原 22kW 三项异步电机更换 18.5kW 电机后，呈现“两降一升”日耗电量由 142kW·h 降至 30kW·h，电流由 29A 降至 5.2A，系统效率由 40.5%升至 47.63%，见图 5。

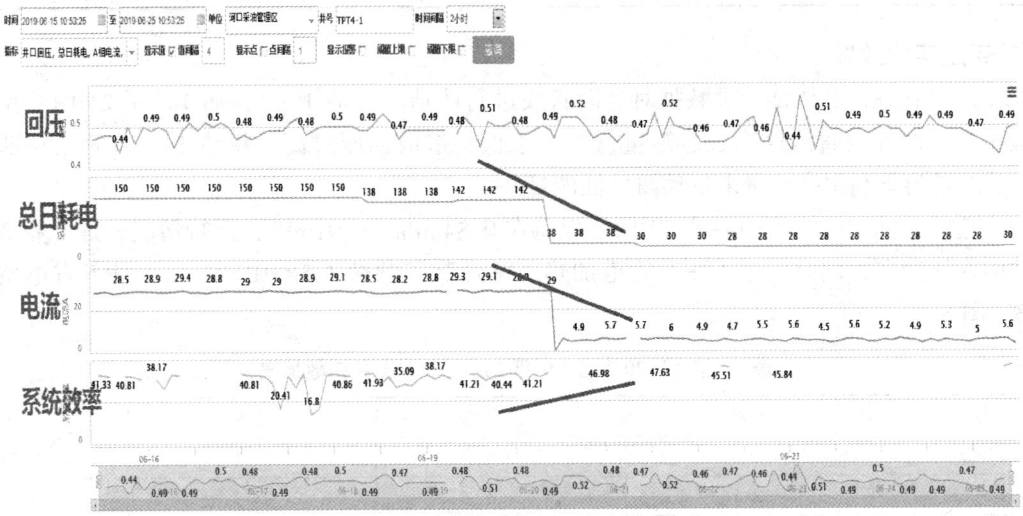

图 5 T4-1 四化数据图

与此同时，河口管理区依托四化数据，确定合理的间开制度，积极开展“半吨油”计划，打响“老区保卫战”。共计节约电 8.7×10^4kW·h。

例：义 173-平 5 位于渤南区块，因不出停井，经会议讨论决定对该井实行间开制度，周期定为一周一开。1 月 14 日产液量 1.5t，产油 0.8t，含水 46.67%，一周后 1 月 22 日开井，产油 0.8t，目前，2 月 25 日产油 0.7t。产量稳定，初见成效，该做法既节省电量，也从点滴积累，为原油上产做贡献，见图 6。

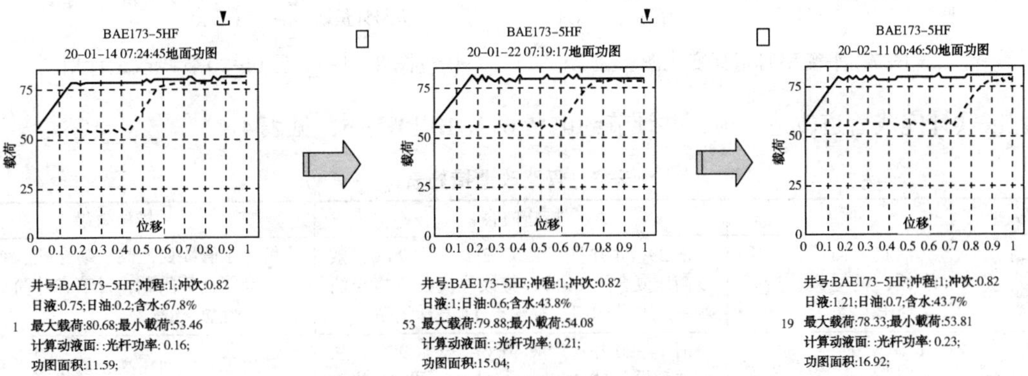

图 6 渤南 173-5HF 井实施间开制度效果图

3.2 地面实施效果

管理区从二月份开始进行调平衡工作，平衡率指标由 52.2%提高至 75.3%；工作量累计如表 2。

管理区上半年共计调平衡 84 井次，调整井数 71 口，合格井数 61 口，目前累计节省电量 5.46×10^4kW·h。目前平衡率达到 75.3%，见图 7。

表 2 调平衡工作量统计表

调平衡工作量统计			
单位	调整井次	调整井数	合格井数
沾 14 东	20	18	15
沾 14 西	30	25	21
沾 5	29	23	21
大北	3	3	2
渤南	2	2	2
合计	84	71	61

3.3 集输系统实施效果

首先，河口管理区利用四化大数据对老旧管线进行改造。如沾 19-1、沾 14-平 21 两井位于八号计量站最末端，两井因管线距离长、液量低、含水低，造成回压过高。将沾 14-20 管线碰头至 14-P21 井，目的是为了利用高液量来带动两口低液量井。

管线改造后，沾 19-1、沾 14-平 21 回压保持在 0.84mPa、0.91mPa，运行情况较好，有效地解决了两口井的回压问题，同时停用了一台管道加热，每月节省电量 2.5×10^4kW·h、月节省电费 1.7 万元见表 3、图 8。

表 3 沾 14-20、沾 14-平 21、沾 19-1 井口数据表

井号	日液	日油	含水	回压
沾 14-20	43.8	0.8	98.1	0.78
沾 14-平 21	2.5	1.3	48.1	0.85
沾 19-1	5.6	1.0	81.3	0.9

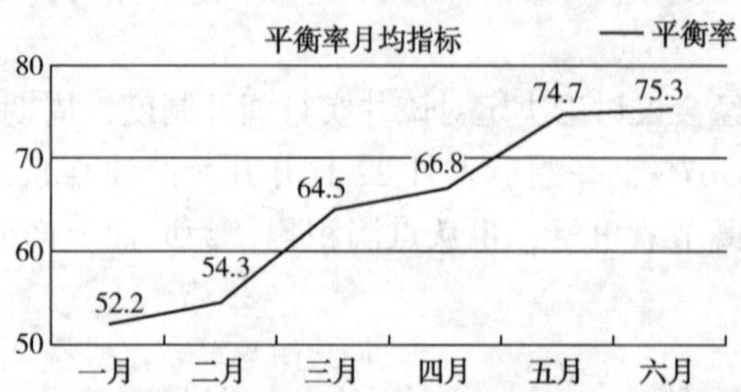

图 7 平衡率月指标变化图

图 8 19-1 至 14-20 管线改造计划图

管理区共计完成管道改造 3 项，共计节约电费 6.2×10^4kW·h，见表 4。

表 4 管路改造措施表

井号	原因	措施内容	措施效果
沾 29-平 4、沾 29-平 29	油稠、回压高、含水低、耗电高、造成系统压力高	沾 29-P4 井日产液 52.2t、含水 96%，敷设高压复合管 140m，将该井流程联接至沾 29-平 29 井阀组，混输至 11 号计量站。	解决了管线回压高、易穿孔、系统压力高、高能耗等问题，月节省井筒加热电量 1.2×10^4kW·h。
14-20、沾 19-1、沾 14-平 21	油稠、回压高、含水低、耗电高、造成系统压力高	沾 14-20 井日产液 40.6t、含水 98%，从该井敷设管线 150m，与沾 14-平 21 井碰头，使其带动沾 19-1 井与 14-平 21 井，混输至 8 号计量站；	解决了管线回压高、易穿孔、系统压力高、高能耗等问题，月节省管道加热电量 2.5×10^4kW·h。
沾 5-平 17、沾 5-平 20	油稠、回压高、含水低、耗电高、造成系统压力高	沾 5-平 17 井日展业 17.5t，含水 98%，该井该井管线向西北方向 150 碰至沾 5-平 20 新井；	解决了管线回压高、易穿孔、系统压力高、高能耗等问题，月节省管道加热电量 2.5×10^4kW·h。

其次，对管理区引进“干燥器”以来，管理区积极开展开展实验，设备使用效果较好，有效地解决了气体含水严重，湿度较大，加热炉无法点燃的问题；每月节省电加热炉电量 1.6×10^4kW·h、电费

1.05 万元，为管理区注采及节能工作指明方向，下一步将该设备在管理区内全面推行，见表 5。

表 5　电改气措施表

井号	原因	措施内容	措施效果
沾 29-62	回压高、高耗能	从气管网接头，敷设气管线 110m 至水套炉	月节电 0.86×10^{4}kW·h
沾 29-平 10	回压高、高耗能	利用沾 29-P28 井(新井)套管气，敷设气管线至水循环加热炉	月节电 1.02×10^{4}kW·h
沾 5-平 8	回压高、高耗能	从气管网接头，敷设气管线 150m 至水循环加热炉	月节电 1.1×10^{4}kW·h
沾 14-斜 53	套气湿度大、高耗能	利用自身套气，通过小型“分离器”，进行气水分离	月节电 1.05×10^{4}kW·h
沾 14-49	电加温、高耗能	从气管网接头，敷设气管线 90m 至单井水加热炉	月节电 1.4×10^{4}kW·h
沾 14-39	电加温、高耗能	利用自身套气，敷设气管线 15m 至单井水加热炉	月节电 1.3×10^{4}kW·h

4　总体实施效果

(1) 全年通过大数据分析应用，共计增产 763t，节约电费约 130 万元，累计创效 300 万元。随着管理区信息化设备上线，传统工艺技术与信息化自动技术高度融合，在管理区各个方面取得不凡的成果。针对大数据信息，管理区对井筒、地面、集输、电力等四个方面等进行改造完善，取得了增产、节能降耗的作用。为管区发展提供有力的支持。

(2) 通过大数据应用，完善管区改革体制，精简人力资源。随着管理区信息化提升的完成，生产指挥系统重视频监控、生产数据监控的应用，在深化精细管理、提高劳动生产率、提高生产运行质量和效率、推动安全清洁生产等方面，见到了明显效果。同时通过实施大数据服务为导向的提质增效管理，取得了显著的经济效益，为管理区各项工作目标的实现提供了坚实保障。

(3) 通过结合大数据信息，推动节能降耗，为公司绿企创建添砖加瓦。通过大数据系统反映信息，管区全面结合生产实际，通过充分利用套气、油气混输等措施，助力节能减排，为公司“绿企”创建添砖加瓦。

参　考　文　献

[1] 袁旭军，叶晓瑞等. 2006. 低渗透油田开发的难点和主要对策. 钻采工艺，29(4)：31-32.
[2] 徐岩光，张艳玉等. 2010. 低渗透油藏开采方法综述和展望. 内蒙古石油化工，20(4)：28-32.
[3] 曹仁义，呈松林等. 2007. 低渗油藏井网优化调整研究. 西南石油大学学报，29(4)：67-69.
[4] 李颖. 水溶性自扩散降粘体系在薄层稠油油藏的应用[J]. 内江科技，2012(3)：146.
[5] 张凤英，李建波，诸林，等. 稠油油溶性降粘剂研究进展[J]. 特种油气藏，2012，13(2)：1-4.
[6] 段强国. 稠油冷采技术现状及展望[J]. 石化技术，2018，25(4)：265.
[7] 张重生. 水包油乳化液的生成与处理[J]. 国外油田工程，1988(02)：13+24-32.
[8] 冯叔初、郭揆常等. 油气集输与矿场加工. 中国石油大学出版社. 2002. 7.

作者简介：薛广鹏(1983—)男，高级工程师，毕业于中国石油大学(华东)，现从事计量管理、检验检定、油田能耗监测等工作。电话：13589955353，邮编：257000，通信地址：山东省东营市东营区西三路 310 号。

关于压裂支撑剂视密度影响因素分析探讨

张贵玲　邵红云　牟英华

（胜利油田分公司石油工程技术研究院　山东东营　257000）

摘　要　视密度是支撑剂和石英砂的一项重要特性，按照标准要求，视密度操作过程比较复杂，影响因素较多，通过实验发现，视密度的重复性较差，为此对检测结果进行分析，发现影响检测结果的因素主要是以下三个方面：一是标准没有确定选用的密度瓶的规格；二是不同测试液对检测结果影响较大；三是检测过程中，加入的样品质量对实验数据也会有影响；为此文中从这三个方面入手，选出最合理的实验方案，以提高检测结果的平行性及准确性。

关键词　视密度；影响；检测结果

1　引言

按照行业标准 SY/T 5108—2014《水力压裂和砾石充填作业用支撑剂性能测试方法》定义，视密度是指支撑剂单位颗粒体积(不包括支撑剂粒间孔隙体积)的质量，按照标准要求，视密度操作过程比较复杂，影响因素较多。视密度检测结果的重复性和再现性较差，为此我们对其操作方法进行分析，发现影响检测结果的因素主要是以下三个方面：一是按照标准要求，可以选用经过标定的 25ml 或 50ml 的密度瓶，所以不同规格的密度瓶对检测结果影响较大。二是标准规定测试液体可以选用低密度石蜡油、煤油、柴油或与之相似的油类，规定在使用温度下的最大黏度小于 5mPa·s，这样不同实验室，选用的测试液体不同，也会影响视密度检测结果。三是测试过程中取样量按照标准要求，需加入约 10g 的支撑剂样品，标准没有对样品质量进行精确固定，所以不同操作人员操作，造成检测结果平行性差。视密度检测过程中，还需要排除测试液中的气泡，目前排气方式是沿垂直轴旋转视密度瓶，将支撑剂内的气泡排出，但此种排气方式耗时过长，极大降低了检测效率。为此本文分别从密度瓶规格、测试液种类及样品质量三个方面入手，分析三个因素对视密度检测结果的影响，针对排气难，还研制了一种新的检测仪器，可以极大提高检测效率及检测结果的准确性。

2　不同密度瓶规格对视密度的影响

按照标准操作要求：本次实验选用 50ml 和 25ml 两种不同规格的密度瓶，同一种样品做了 4 个平行样；用密度瓶分别称取 10.00g 支撑剂砂样品，本次实验选取常用的两种陶粒及一种石英砂样品，以低密度煤油为测试液。

首先按照标准操作要求，先用密度瓶校准所盛煤油的密度，再用测试液校准密度瓶的实际容积，最后测定每组样品的视密度，再通过公式计算视密度平均值及相对标准偏差。计算结果见表 1：

表 1　不同规格密度瓶所测得视密度及数据误差

密度瓶规格	支撑剂种类	视密度/(g/cm³)				$\bar{x}$/(g/cm³)	r_s/(100%)
		1	2	3	4		
50ml	石英砂	2.621	2.637	2.624	2.614	2.624	0.21
	陶粒	2.731	2.728	2.725	2.729	2.729	0.09
	陶粒	2.824	2.825	2.831	2.829	2.829	0.11
25ml	石英砂	2.619	2.628	2.609	2.578	2.578	0.88
	陶粒	2.739	2.725	2.718	2.661	2.711	1.27
	陶粒	2.828	2.814	2.789	2.769	2.800	0.94

从表中数据可以看出：50ml 规格密度瓶测出的视密度值相对标准偏差小于 25ml 密度瓶的测出值。同一种样品，用不同规格密度瓶测试，25ml 所测得相对标准偏差与 50ml 比值大约在 4~14 倍左右，所以说 50ml 密度瓶测定视密度稳定性远高于 25ml 密度瓶。可见容器规格对视密度值的影响较大。

3 测试液种类对视密度的影响

按照标准要求，应选用低密度煤油或与之相应的油品做测试液。但考虑到实验室环保要求，有些实验室也选用纯水作为测试液，为此实验选取纯水作为测试液，仍选用以上三种样品，按照视密度测定方法进行测试，通过测定与计算，视密度计算结果及误差数据见表 2。

表 2 不同规格密度瓶测得视密度及数据误差

密度瓶规格	支撑剂种类	视密度/(g/cm^3)				$\bar{x}$/(g/cm^3)	r_s/(100%)
		1	2	3	4		
50ml	石英砂	2.621	2.637	2.624	2.621	2.623	0.11
	陶粒	2.731	2.728	2.728	2.729	2.728	0.05
	陶粒	2.824	2.825	2.831	2.828	2.827	0.08
25ml	石英砂	2.619	2.628	2.611	2.598	2.614	0.49
	陶粒	2.742	2.725	2.718	2.714	2.725	0.45
	陶粒	2.821	2.814	2.801	2.799	2.809	0.37

通过对表中数据进行分析，在 50ml 容器规格下，纯水比煤油测得视密度值相对标准偏差要小得多；25ml 密度瓶规格下，纯水比煤油测得视密度值相对标准偏差也明显降低；说明纯水比煤油对测量结果的检测准确度要高，可见测试液的种类对视密度值影响较大。

为更直观的对比，现将表 1 和表 2 中的标准偏差及比值列入以下表中，见表 3。

表 3 不同密度瓶规格及测试液种类测得的视密度及数据误差

对照组	密度瓶规格	测试液种类	相对标准偏差分布范围/%	相对标准偏差之比
1	25ml	煤油	0.88~1.27	4~14
	50ml	煤油	0.11~0.21	
2	25ml	纯水	0.37~0.49	4~9
	50ml	纯水	0.05~0.11	
3	50ml	纯水	0.05~0.11	1.5~2
	50ml	煤油	0.11~0.21	
4	25ml	煤油	0.88~1.27	8~25
	50ml	纯水	0.05~0.11	

虽然标准规定测试液选用低密度石蜡油、煤油、柴油或与之相似的油类，标准主要是考虑到油品的表面张力小于水，其接触角小于水，故渗透力强于水，使得油品更易浸润渗入到支撑剂缝隙中。但通过实验研究，用测试油品检测的视密度的准确度要低于纯水做测试液。

由于常规支撑剂样品既亲油又亲水，所以建议在实验室使用纯水做测试液。且目前社会对实验室环保要求比较严格，所以建议下一步修订标准过程中，可以把纯水作为测试液。除非对于一些覆膜支撑剂，其为典型的亲油性质时，可以选择低密度油作为测试液。

4 样品质量对视密度的影响

按照标准要求，取样量在 10g 左右，为了分析不同取样量对检测结果的影响，实验为此选用 25ml 和 50ml 规格的密度瓶各 5 个分成两组，用每一组 25ml 和 50ml 规格的密度瓶称取质量范围为 6~14g、质量间隔为 2g 的各 5 个支撑剂样品；以纯水作为测试液，分别测试以上三种样品的视密度，见表 4。

表 4　不同样品质量所测得视密度

样品	密度瓶规格	样品质量/g				
		6	8	10	12	14
石英砂	25ml	2.621	2.623	2.628	2.629	2.629
	50ml	2.623	2.624	2.626	2.626	2.627
陶粒	25ml	2.721	2.722	2.723	2.723	2.723
	50ml	2.723	2.723	2.725	2.726	2.726
陶粒	25ml	2.814	2.816	2.818	2.821	2.821
	50ml	2.821	2.824	2.826	2.826	2.826

从表中数据可以看到：两种规格的密度瓶在使用时，当支撑剂质量从6g增大到14g时，视密度值也在逐渐增大，但当样品质量大于10g时，视密度值趋于稳定。所以不论选用哪一种容器规格，支撑剂样品质量应固定为10g，才能保证检测结果平行性。为此建议标准应进一步固定细化样品质量，以降低不同检测机构、不同人员的操作误差。

5　研制一种视密度仪加料装置

视密度检测过程中，除了以上三个方面对检测结果的影响，还有人为操作误差及仪器设备带来的误差，比如密度瓶体积校准不准，温度对测试液体密度的影响等，由于视密度操作过程比较复杂，视密度检测不仅存在排气时间长的问题，操作人员还需要准确称量所需的样品质量，一个检测过程涉及的称量过程就有四次，而视密度检测需测定三个平行样，所以检测时间过长，一个样品检测至少需要45min，再者同一个密度瓶使用过后，擦拭清洗困难。日常实验发现擦拭干净的瓶塞顶端会不断地有密度油渗出。

针对以上操作过程中三个方面的问题，对实验室现有的一台视密度仪器进行改进，该仪器应用阿基米德容积置换法，配合专用比重瓶和真空室，可通过真空排气，但该仪器对于测试支撑剂视密度来说，有一定的弊端。为此重新设计了一种新型的加料装置(见图1)，在不需要对仪器进行较大改动的前提下，就可以实现加料过程简单快捷的完成。

通过改进后装置的应用，提高了检测效率和检测结果的准确性和重复性。因为改进后六次实验仅需取放一次，视密度仪震动轻微，没有跌落和洒落现象。通过视密度仪的使用，检测时间由45min缩短到15min，大大地提高了检测效率。并且改进后使用不锈钢作为容器材质，消除静电吸附现象，样品转移彻底，同时流动式加料，样品与油接触充分。

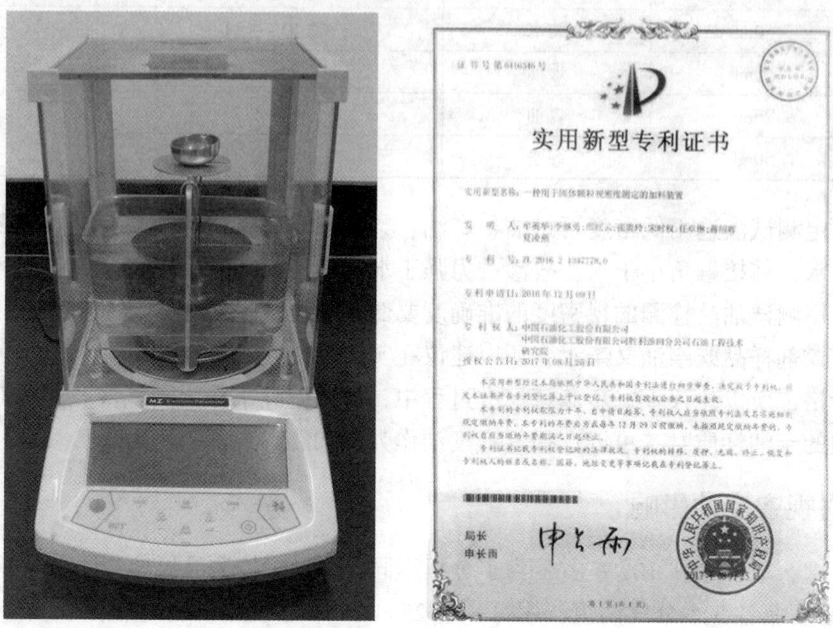

图1　视密度仪改进装置及实用新型专利证书

6 结语

（1）对实验测出的50ml和25ml规格密度瓶的视密度值的相对标准偏差和相对极差分别进行比较，发现使用50ml规格密度瓶是25ml规格密度瓶测量值稳定性的4倍以上。所以说不同容器规格对视密度值的影响较大，建议下一步修订标准，应进一步确定容器规格，以降低数据误差。

（2）通过把纯水与低密度煤油作为测试液进行对比，发现纯水比煤油对测量结果的稳定性高出2倍以上。所以测试液体的种类对检测结果的影响也比较大，考虑到陶粒及石英砂的既亲水又亲油的特性及目前实验室环保的要求，建议修改标准，把测试液体改为纯水（亲油陶粒除外）。

（3）检测结果显示：不同样品的质量会对视密度测定值有一定的影响。下一步建议修订标准，明确样品质量，以降低不同机构及不同人员的操作误差。

（4）建议下一步修订标准过程中，可以考虑把改进后的视密度仪作为视密度测试的检测仪器，该仪器可以提高检测效率，也可以提高检测结果的准确性。

参 考 文 献

[1] 国家能源局. 水力压裂和砾石充填作业用支撑剂性能测试方法[S]. 北京：石油工业出版社. 2015.

[2] 化学分析中不确定度的评估指南[M]. 中国计量出版社，魏昊主编，2002.

[3] 牟绍艳. 压裂用支撑剂相关改性技术研究[D]. 北京科技大学. 2017.

[4] 未碧贵. 石英砂滤料表面改性及其过滤除油性能研究[D]. 兰州交通大学. 2015. 17.

作者简介：张贵玲（1983—），女，高级工程师，中国石油大学（华东），现从事实验室检测研究工作。电话：13589952915，邮编：257000，通信地址：山东东营西三路306号。

乙醇与车用汽油调合组分油混合温度变化研究

曾勇昭　何奕峰　何家惠

（中国石化销售股份有限公司广西石油分公司　广西南宁　530021）

摘　要　液体的体积随着温度变化发生改变，在测量液体体积、流量时，是指的某一温度下测定的体积和流量。乙醇与车用汽油调合组分汽油混合导致温度下降，温度下降引起体积变小，导致出库装车体积计量误差。通过实验室测试分析乙醇和车用汽油调合组分油，在不同温度下等温混合后准确的温度下降值，在油库生产中测试应用，确认实验室数据可靠性，为解决乙醇汽油出库计量准确的问题提供可靠的基础数据。

关键词　分析乙醇；车用汽油调合组分汽油；温度；调合；准确

1　引言

中国汽车产业规模和汽油消费量庞大，汽车尾气排放污染已成为我国大城市大气污染主要重要因素之一。2004年以来，为降低原油对外依存度，改善汽车尾气排放，促进农业可持续发展，中国政府开始在黑龙江、吉林、辽宁，河南、安徽等地推广使用乙醇汽油。推广使用乙醇汽油对国家能源安全和环境保护有十分重要的意义，国内相关研究人员对提高乙醇汽油计量准确度和推广应用方面做了很多研究工作，但对乙醇与车用乙醇汽油调合组分油(以下简称组分油)混合温度变化鲜有研究，油库发油计量系统的温度在线补偿是确保油库质量发油准确性的关键。目前大部分成品油经营企业二次物流从油库到加油站委托第三方运输，加油站来油验收采取埋地油罐验收，油库精准发油是成品油经营企业公路二次物流运输公平交易和加油站损溢管理最重要条件之一。如不进行精准的温度补偿，油库发乙醇汽油误差超过允差，不能提供准确的源头数据，大大增加了二次物流公路运输损耗治理和超耗加油站治理难度，给客户和企业造成损失的风险增高。

我国现行乙醇汽油国家标准GB 18351—2017中规定，车用乙醇汽油中乙醇体积含量不大于10±2%。由于变性燃料乙醇与组分油混合时，在不同比例混合时温度值下降幅度不一致，导致车用乙醇汽油在线调合过程出现温度变化引起计量不准确。通过精确测量车用乙醇汽油调合温度变化，为乙醇汽油在线调合温度补偿提供依据。本文研究精确测定(5~35℃)温度范围，乙醇和组分油在相对绝热条件下测定混合温度变化，研究结果为车用乙醇汽油在线调合提供准确温度修正基础数据。

2　温度补偿方法讨论

在2008年以前，燃料乙醇和组分汽油你混合后温度下降已被一些乙醇汽油经营企业发现，近些年，有的已采取措施进行修正，主要在使用的是增加温度变送器和实验室定期测温进行补偿等两种方案，但这两种方案均不对油库每一次装车温度进行精确补偿，不能有效解决乙醇汽油出库温度计量误差问题。

2.1　增加安装温度变送器

在油库发油台装车鹤管前端，即组分油和燃料乙醇混合，增加安装一台温度变送器，以此来检测乙醇汽油油温。这种方案是不能准确测出油温，主要由于车用乙醇汽油装车组分油和乙醇数量差异很大，装车过程中，不能做到时时按比例装车，正常情况是燃料乙醇先结束发货，由于混合后时间较短，在管线内不能完全混合均匀，检测到混合后的温度与混合均匀形成的乙醇汽油温度存在误差不能满足乙醇汽油出库计量要求。

2.2 定期测量油温进行补偿

在实验室定期取样测定当时室温下组分油和乙醇混合后温度下降值，在发油系统进行补偿，一般按半个月或一个星期测定一次。由于油库储存组分油和乙醇受储存量和环境温度影响，装车时组分油和燃料乙醇温度不一致，实验室仅能测定同等温度下一个点的混合后油温，测定的是同等温度下混合温度。在没有采取保温措施的前提下，受环境温度影响较大，测定误差大，每一天发油不同时段油温均不一样，由于在不同油温下混合，温度下降值不一样，不能对发油过程中温度变化引起的误差进行精确补偿。

3 乙醇和组分油温度不一致混合温度测定方案

目前国内车用乙醇汽油经销商在油库将组分汽油和燃料乙醇分开储存，管道比例调合是将组分油计算机和调节控制设备在管线中实现比例调合。受组分油、燃料乙醇储存温度、环境温度的影响，在乙醇汽油装车过程中，燃料乙醇与组分油的温度存在差异。经调查，辽宁阜新、江苏宿迁、徐州以及广西柳州、河池、崇左等地区，在5~35℃范围内，最大差异近5℃。在实验室测定乙醇与组分油在不同温度时混合工作量巨大，很难高质量完成。本文研究测定目标温度，对乙醇和组分油不同温度通过比热容计算，转化为同一温度进行实验，按2℃间隔测定，乙醇加入量为8%、10%、12%三种比例，从而大大减少了实验任务量。

3.1 利用比热容计算平均温度

在不考虑溶解热条件下，可模拟为在理想换热器中进行热传递，已知乙醇和组分油的调合质量及初始温度，仅使用乙醇和组分油的比热容，即可计算出无溶解热过程的温度变化。

$$T'_{混合}=(t_{乙醇}\times C_{乙醇}\times m_{乙醇}+t_{油}\times C_{油}\times m_{油})/(C_{乙醇}\times m_{乙醇}+C_{油}\times m_{油}) \tag{1}$$

式中 $t_{乙醇}$——乙醇混合前温度,℃；

$C_{乙醇}$——乙醇比热容，kJ/(kg·℃)；

$m_{乙醇}$——乙醇质量，kg；

$t_{油}$——组分油混合前温度,℃；

$C_{油}$——组分油比热容 kJ/(kg·℃)；

$m_{油}$——组分油质量，kg；

$T'_{混合}$——无溶解热时的混合温度,℃。

3.2 确定乙醇与组分油比热容

比热容与物质的组成相关，组分油随组分不同，热容有差异。方文军等采用DSC法测定汽油馏分的低温比热容，检测了5种直馏汽油，其中第三种汽油的平均分子量120.2，接近常见组分油，其比热容数据见表1。乙醇和组分油的比热容随温度变化而不同，根据《化学化工物性数据手册》，乙醇的比热容见表1。

表1 汽油和乙醇比热容数据表

馏分	温度/℃	比热容/[J/(kg·℃)]	馏分	温度/℃	比热容/[J/(kg·℃)]
汽油3	5	1.94	乙醇	0	2.23
汽油3	10	1.96	乙醇	20	2.37
汽油3	15	1.99	乙醇	25	2.42
汽油3	20	2.02	乙醇	40	2.55
汽油3	25	2.04	乙醇	30	2.76

在5~35℃范围不同温度时，组分油和乙醇比热容不同，随温度的降低而减小，同时变化较小，在计算混合温度时，对结果影响小。可采用乙醇、组分油常温(25℃)比热容的进行计算，乙醇热容取2420kJ/(kg·℃)，组分油热容取2040kJ/(kg·℃)。

$$T'_{混合}=(t_{乙醇}\times 2420\times m_{乙醇}+t_{油}\times 2040\times m_{油})/(2460\times m_{乙醇}+2040\times m_{油}) \tag{2}$$

3.3 实验论证比热容计算正确性

根据能量守恒定律，无溶解热时，不同温度的乙醇与组分油混合达到温度平衡时，乙醇的放热(吸热)=组分油吸热/放热。不同温度的乙醇和组分油无溶解热混合温度，比对理论计算和实测混合温度降低值，第一次测定乙醇温度为 T_a，组分油温度为 T_c，无溶解热计算平均温度为 T_b，混合后测定温度 H_1，下降值 $X_1=T_b-H_1$；第二次：将乙醇温度、组分油温度恒温至 T_b，混合后测定温度 H_2，下降值 $X_2=T_b-H_2$；实验验证数据见表 2。

表 2 汽油和乙醇比热容数据表

乙醇温度 T_a/℃	组分油温度 T_c/℃	乙醇质量百分比/%	计算平均温度 T_b/℃	混合后测定温度 H_1/℃	混合后测定温度 H_2/℃	偏差/℃
8.003	12.532	10	12.005	9.852	9.867	0.015
23.375	20.168	8	20.468	17.782	17.77	0.012
23.306	27.541	12	26.951	23.584	23.576	0.008

通过对三个不同温度点及不同乙醇比例混合实验证明，通过比热容计算的乙醇和组分油不同在无溶解热的平均温度是准确的，在实验中可采用本节第 2 点中的公式计算不同乙醇和组分油在无溶解热时混合的平均温度。

4 乙醇和组分油混合温度测试方法

向组分油中添加乙醇，导致温度下降，由此推断，假定在绝热条件下，当组分油和乙醇充分混合，温度达到最低点时形成车用乙醇汽油。实验需测定混合均匀后的最低温度，为精确测定最低温度，应考虑环境温度、仪器设备精度、样品、操作过程等对结果的影响。

4.1 混合装置设计

(1) 混合装置达到标准。乙醇和组分油分别可高精度恒温；混合过程中对车用乙醇汽油的保温，减小环境温度的影响；乙醇转入组分油时，尽可能减少残留；尽可能快速充分混合。

(2) 混合装置结构和功能。包括安装架，安装架的上端设置有步进电机，步进电机的输出端设置有搅拌叶，搅拌叶的表面设置有 3000ml 三层玻璃反应釜用于组分油恒温和混合，三层玻璃反应釜的上端设置有双层玻璃 500ml 定量杯，双层玻璃定量杯用于乙醇恒温，下部设置旋塞阻断阀，阻断阀连接乙醇导流玻璃弯管，三层玻璃反应釜的底端设置有出液管，出液管的上部设置有油品阻断阀。通过两台高精度恒温水浴对乙醇和组分油分别进行恒温，设置高精度电子温度计对乙醇和调合组分油分别测温。

4.2 实验仪器设备及试剂、样品的选用

为了精确控制初始温度和测量乙醇汽油绝热混合过程中温度变化，使用：精密控温恒温浴、外循环恒温进料储罐、三层夹套恒温绝热反应釜(见 2.1)，并采用高精度温度传感器进行温度测量。温度测量仪两台为：高精密温度仪(以下简称温度仪)，测量范围：(0~80)℃，分辨率为 0.001℃，扩展不确定度为 $U=0.006\sim0.008$℃($k=2$)。恒温装置采用控温精度为 0.001℃恒温水浴两台，普通恒温水浴 1 台，控温精度 0.1℃。2000ml 量筒，精度 20ml，扩展不确定度为 $U=22.5$ml($k=2$)，250ml 量筒，精度 5ml，扩展不确定度为 $U=5$ml($k=2$)各一个。使用分析乙醇代替燃料乙醇，采用符合现行国家标准 GB 22030—2017 的 92 号组分油。

4.3 绝热混合实验过程

(1) 先将乙醇和组分油恒温至 20℃，精确测量乙醇、组分油在不同温度下的密度，计算待混合温度时，混入乙醇、汽油体积对应的质量。

(2) 总量 2000ml，按混合比例，量取乙醇、组分油，将乙醇注入进料罐；将组分油注入反应釜。

(3) 待恒温水浴达到实验温度时，将恒温水引入乙醇储罐外套管及反应釜夹套，将温度传感器插入乙醇、组分油，打开反应釜搅拌装置。

(4) 当乙醇、组分油达到实验温度时，切断反应釜循环水，快速排出夹套循环水，打开乙醇储罐进料阀，将乙醇注入组分油，在搅拌的条件下，实时测量混合物的温度，读取混合后的最低温度。见表3。

表3　汽油和乙醇混合温降实验原始数据举例

检测点/℃	乙醇体积比/%	组分油温度/℃	乙醇温度/℃	加权平均温度/℃	调合后乙醇汽油最低温度/℃	调合前后温降值/℃	反应釜温度与最低温度差/℃
20	10	19.964	20.017	19.969	17.379	2.590	0.121
20	10	19.996	20.037	20.000	17.330	2.670	0.120
20	10	20.003	20.025	20.005	17.418	2.587	0.118

表3中，每次实验加权平均温度根据本文3.2公式(2)计算得出，通过计算三次实验温度降低相对误差，判定实验重复性。由于环境温度对结果影响较大，在实验时，预先需将三层反应釜温度降低至目标温度附近，以此减小环境温度对油温的影响，通过将反应釜测定水浴温度与混合后测得最低温度之差大小判定环境温度对实验结果的影响。

5　结果与讨论

常压下，精确测定92号组分油和分析乙醇在5~35℃范围混合后温度下降值，实验数据见表4。通过比对不同炼厂生产92号组分油在5~10℃，10~20℃，20~30℃，30~35℃四段温度中点进行选点符合性测量，由于组分油组分存在差异，实验装置精度、环境温度、操作误差、计量误差影响，实验结果存在一定误差，实验室测定精度在0.05℃以内。

表4　乙醇和组分汽油混合温降数据

下降值 / 乙醇比例 / 混合温度	8%	10%	12%
5.0	1.679	1.791	1.879
7.0	1.780	1.897	1.988
9.0	1.885	2.008	2.102
11.0	1.994	2.124	2.221
13.0	2.107	2.244	2.344
15.0	2.223	2.368	2.472
17.0	2.344	2.497	2.605
19.0	2.469	2.630	2.743
21.0	2.598	2.767	2.885
23.0	2.730	2.909	3.032
25.0	2.867	3.055	3.184
27.0	3.008	3.206	3.341
29.0	3.153	3.361	3.503
31.0	3.302	3.521	3.669
33.0	3.454	3.685	3.841
35.0	3.611	3.853	4.017

由表4数据分析，乙醇与组分油绝热混合后温度变化随初始温度、混合比例发生变化，拟合成曲线如图1所示。乙醇汽油绝热混合温度下降随乙醇比例增加而增大，随初始温度升高而增大，为随起始温度与乙醇浓度的函数。

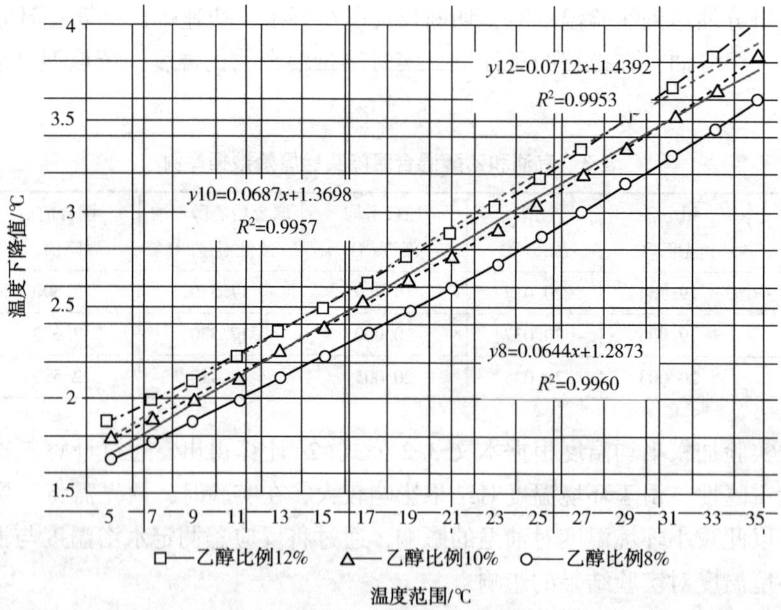

图 1　乙醇和组分汽油混合温降曲线

从图 1 中可以看出乙醇和组分油混合温度下降趋势，乙醇比例越大，降温幅度越大，混合温度越高，降温越大，根据图 1 拟合出温度下降与乙醇比例的关系如下：

$$\Delta t = f(\text{温度，乙醇浓度}) \tag{3}$$

$$\Delta t = a * t + b; \tag{4}$$

式中　$a = 0.0169\ln(C_{乙醇}) + 0.0295$;

$b = 0.3726\ln(C_{乙醇}) + 0.5065$;

$C_{乙醇}$——乙醇浓度(例：8%乙醇，$C_{乙醇} = 8$)。

6　结语

(1) 在油库乙醇汽油调合现场，乙醇与组分油一般为非等温混合，引入比热容常数可转换为等温混合，实验室仅需测定不同实验温度下，乙醇和组分油同等温度即可。

(2) 乙醇与组分油调合时为吸热反应，导致车用乙醇汽油温度降低。同时，随着乙醇添加比例增加，温度下降值增大，混合温度越高，温度下降值越大。实验室测定时，应在两种物质充分混合条件下，读取混合物的最低温度。

(3) 乙醇汽油绝热条件下等温混合温度变化与初始温度与乙醇浓度有关。

参 考 文 献

[1] 陈俊任. 新形势下乙醇汽油推广使用的思考[J]. 国际石油经济，2020，28(12)：59-62.

[2] 门秀杰，孙海平，雷强，张胜军，荆延妮，等. 我国推广乙醇汽油的进展、影响及应对建议[J]. 现代化工，2018，38(11)：8-13.

[3] 吴宇，何奕峰，范晓辉，刘金成，陶小波，黄海珍，等. 车用乙醇汽油调合等温体积变化精测实验研究[J]. 当代化工，2020，49(11)：2543-2546.

[4] 刘则. 油库发油系统温度补偿技术的探讨[J]. 石油库与加油站，2018，27(2)：27-29.

[5] 刘再励. 乙醇汽油的工艺设计[J]. 国外建材科技，2007，28(4)：78-81.

[6] 方文军，厉刚，林瑞森，等. DSC 法测定汽油馏分的低温比热容[J]. 天然气化工，1999，24(1)：55-59.

作者简介：曾勇昭(1967—)，男，首席专家，北京科技大学，现从事油品数质量管理、节能低碳管理、科技创新管理。电话：0771-6757958，邮编：530021，地址：广西南宁市青秀区桃源路 67 号石油大厦。

基于 EXCEL 在成品油计量中修正值技改应用

高卫翔

（中国石化销售股份有限公司湖南石油分公司　湖南衡阳　421001）

摘　要　本文讲述了成品油在计量中修正值的瓶颈，通过技术革新改变修正值计算方法，并实现了计量中修正值的应用，从油罐计量、密度换算等数据库方面入手，进行数学模型分析，并讨论了该技改的亮点及前瞻性。

关键词　计量；修正值；技改；应用

1　引言

由“中国石油化工集团公司”发布并于 2015 年 5 月 1 日正式实施的《成品油交接计量管理规范》（Q/SH0632—2015）中 5.3.3.3 特别指出，对于使用计量器具测得的数据，应根据计量检定证书给出的修正值对实际检测数据进行修正。笔者认为，计量对示值进行修正是计量工作中一个的重要环节，只有科学的有效处理，才能得到合理的有效测量结果，从而减少计量误差。

通过 EXCEL 数据库，针对计量中示值修正方面的“老问题”，找到了一个全新的角度来解决修正计算问题，从而解决了油库在计量方面诸多“小”问题并进行了计量技术革新，在 2010 年融入油库生产实际中，同时得到市公司数质量科、省公司数质量科技部的一致好评，此技改方案纯属个人原创。

2　技改前修正计算

以立式金属油罐计量为例，传统方式通过测量油高、水高、试验温度、视密度、油温所得的示值，然后对示值进行人工修正，查“油罐容积表”“成品油密度换算表”计算出油品的质量。这个运算过程数据量大、计算耗时长、容易出错且计算过程繁琐，已不能满足计量的需求。

3　技改后修正计算

通过 EXCEL 数据库植入“器具修正系数”“成品油密度换算表”“立式油罐容积表”等模块，利用 EXCEL 强大函数功能将以上模块建立数学模型，自动对示值进行修正，同时计算出油品的质量。

此方法有效解决了 ERP 系统在计量中示值修正的问题，是 ERP 系统中“油缸管理”—油罐管理、“新的缺省交易”—出库密度维护的补充。

4　技改的应用

下面笔者就 EXCEL 数据库在计量中示值及技改应用，通过图文简要地阐述如下，具体程序说明见附录。

4.1　进库（管输）示值修正技改及应用

4.1.1　管输前后分罐保管账

《管输前后分罐保管账》意义：它是如实反映卸油前后油罐物理参数的基本账表，（如，油水高度、温度、密度、存库量等），是一切账务的基本依据。

若将未修正的计量参数输入《管输分罐保管账》，程序自动调用相关联模块：例如调用①“器具修正系数”数据库；②“1-10#”立式油罐容积表数据库；③“成品油密度换算表”数据库等。

以湖南衡阳大浦油库 2015-5-17，批次为 15-M00-14（2）为例。将计量未修正的参数（如，油水高度、温度、密度）录入《管输前后分罐保管账》可得，实物如图 1 所示。

	罐号	油品	修正前后总高		总体积	水高	水体积	油体积	修正前后油温		修正前后试温		修正前后试密		标密	VCF	静压	浮盘重量	本日库存
前尺	1#	97#汽油																	
	2#	97#汽油																	
	3#	97#汽油																	
	4#	97#汽油																	
	5#	0#车柴	2250	2250	1,200,963	0	0	1,201,113	22.0	22.0	21.6	21.6	839.5	839.5	840.5	0.99830	150	3019	1,003,514
	6#	0#车柴																	
	7#	0#普柴																	
	8#	0#普柴																	
	9#	93#汽油																	
	10#	93#汽油																	

	罐号	油品	修正前后总高		总体积	水高	水体积	油体积	修正前后油温		修正前后试温		修正前后试密		标密	VCF	静压	浮盘重量	本日库存
后尺	1#	97#汽油																	
	2#	97#汽油																	
	3#	97#汽油																	
	4#	97#汽油																	
	5#	0#车柴	9387	9387	5,141,455	0	0	5,144,046	20.6	20.6	20.2	20.2	838.5	838.5	838.7	0.99960	2591	3019	4,304,091
	6#	0#车柴																	
	7#	0#普柴																	
	8#	0#普柴																	
	9#	93#汽油																	
	10#	93#汽油																	

图 1

4.1.2 质量流量计下载计量单

《质量流量计下载计量单》意义：它是反映管输下载油品油罐及质量流量计原始记录，也是管输下载相关数据进行有效分析及对比基本依据。

导入《管输前后分罐保管账》，可得《质量流量计下载计量单》，同时，补入质量流量计起止数及其他相关联数据，实物见如图 2 所示。

中国石化股份有限公司湖南分公司油品下载计量单（质量流量计）

油库名称： 大浦油库　　管输批次号：15-M00-14 (2)　　2015年5月17日

下载油品名称	0#车用柴油			计划下载数量（吨）	3360
通知预告时间	2015-5-15 21:50	计量员到达时间	2015-5-16 21:05		
质量流量计读数	作业前读数（kg）		作业后读数（kg）	交接数量（kg）	确认人签名
质量流量计LL1:	365858.970	质量流量计LL1:	365858.970	3304.900	
质量流量计LL2:	158879.600	质量流量计LL2:	162184.500		

本批次下载油品收油罐计量情况（下载接收油罐安排）

罐号	油罐安全空容量	作业前 油水总高	作业前 水高	作业前 油温	作业前 视温	作业前 视密度	计量员签名	作业后 油水总高	作业后 水高	作业后 油温	作业后 视温	作业后 视密度	计量员签名
5#	6096	2250	0	22.0	21.6	839.5		9387	0	20.6	20.2	838.5	

管输时间	2015-5-16 21:15 至 2015-5-17 19:33
备注	

调度复核：　　　　计量员：

图 2

4.1.3 油罐下载计量单

《质量流量计下载计量单》意义：它是直接反映此批油品油罐损耗量及损耗率，也是管输下载相关数据进行有效分析及对比依据。

导入《管输前后分罐保管账》《质量流量计下载计量单》可得《油罐下载计量单》，实物见如图 3 所示。

中国石化股份有限公司湖南分公司油品下载计量单(油罐)															
油库名称:大浦油库			管输批次号:	15-M00-14(2)		2015-5-16 21:15 至 2015-5-17 19:33									计量单位: kg
罐号		油品名称	油水总度	水高	油温	视密度	视温	标准密度	体积修正系数	油水容积	水容积	静压力容积	净油容积	净油质量	量油尺/密度计/温度计
下载前计量数	5#	0#车柴	2250	0	22.0	839.5	21.6	840.5	0.99830	1,200,963	0	150	1,201,113	1,003,514	7744、13/1304、779/632
	管线存量(吨)														
	下载前净油质量合计(吨)				1,003,514				下载前含水量合计(L)		-				
	在线主质量流量计起数(LL1)				365,858,970				在线副质量流量计起数(LL2)		158,879,600				
罐号		油品名称	油水总度	水高	油温	视密度	视温	标准密度	体积修正系数	油水容积	水容积	静压力容积	净油容积	净油质量	量油尺/密度计/温度计
下载后计量数	5#	0#车柴	9387	0	20.6	838.5	20.2	838.7	0.99960	5,141,455	0	2591	5,141,046	4,304,091	7744、13/1304、779/632
	管线存量(吨)														
	下载后净油质量合计(吨)				4,304,091				下载后含水量合计(L)		-				
	在线主质量流量计止数(LL1)				365,858,970				在线副质量流量计止数(LL2)		162,184,500				
流量计算机总下载量			3,304,900	损耗量	4,323		溢余重			量油尺编号			7744	检定时间	2015.05.06
空气浮力修正扣减量				定损量	4,957		损耗率(‰)		1.31	密度计编号			13/1304	检定时间	2015.05.07
含水量(L)			-	超耗量			溢余率(‰)			温度计编号			779/632	检定时间	2015.05.07
流量计实际下载量			3,304,900												
下载油品油罐实收量			3,300,577												
下载油品通知单编号			15-M00-14(2)												

调度复核：　　　　计量员：

图 3

4.2 出库密度示值修正技改及应用

出库发油密度作为一项基础性工作，从 2015 年 5 月 1 日起，《成品油交接计量管理规范》(Q/SH0632-2015)中特别指出温度、密度数据要求进行修正后，我库对发油密度修正的技改及应用，实物见如图 4 所示。

	修正前后计量温度		修正前后试验温度		修正前后视密度		标准密度	VCF_{20}	计重密度
700-750	20.0	19.8	20.0	20.2	750.0	750.3	750.5	1.00030	749.6
750-800	20.0	19.8	20.0	20.2	800.0	800.3	800.5	1.00020	799.6
800-850	20.0	19.8	20.0	20.2	850.0	850.3	850.5	1.00020	849.6
850-900	20.0	19.8	20.0	20.2	900.0	900.3	900.5	1.00020	899.6

图 4

4.3 存货示值技改及应用

4.3.1 分罐保管账及应用

《分罐保管账》意义：它是如实反映各油罐物理参数的基本账表，(如，油水高度、温度、密度、存库量等)，是一切账务的基本依据。

若将未修正的计量参数输入《分罐保管账》，程序自动调用相关联模块：例如调用①“器具修正系数”数据库；②“1-10#”立式油罐容积表数据库；③“成品油密度换算表”数据库等。

以我库 2015-5-17 为例。将计量未修正的参数(如，油水高度、温度、密度)及发油量录入《分罐保管账》可得，实物如图 5 所示。

◿	A	B	C	D	E	F	G	H	I	J	K	L	M	N	O	P	Q	R	S	U	V	W	X	Z
1	罐号	品名	修正前后总高		总体积	水高	水体积	油体积	修正前后油温		修正前后试温		修正前后试密		标密	VCF	计密	静压	浮盘重量	收量	发量	本日库存	溢损	帐存
2	1	97#	1800	1800	281,684	3	5262	276,438	23.0	23.0	22.6	22.6	740.6	740.6	742.8	0.99630	739.0	16	1066			203,222	0	203,222
3	2	97#	12171	12170	1,879,421	79	17033	1,863,116	24.0	24.0	23.6	23.6	739.0	738.9	742.0	0.99510	737.3	728	1066		21,600	1,342,609	113	1,372,722
4	3	97#	1927	1927	298,352	1	3598	294,773	24.0	24.0	22.4	22.3	740.5	740.5	742.5	0.99510	737.8	19	1066			216,418	0	216,418
5	4	97#	3697	3697	574,547	2	5993	568,622	24.9	24.8	25.2	25.2	737.8	737.8	742.5	0.99420	737.1	68	1066		78,000	418,065	-133	417,932
6	5	0#	9387	9387	5,141,455	0	0	5,144,046	20.6	20.6	20.2	20.2	838.5	838.5	838.7	0.99960	837.3	2591	3019	3,300,577		4,304,091	0	4,304,091
7	6	0#	6733	6733	3,714,616	0	0	3,715,954	21.6	21.7	21.2	21.2	841.6	841.6	842.5	0.99850	840.1	1338	3019		689,200	3,118,754	-1405	3,117,349
8	7	0#	3805	3805	2,099,367	8	15901	2,083,901	22.3	22.3	22.0	22.0	857.0	857.1	858.5	0.99820	855.9	435	3019		424,000	1,780,592	-869	1,779,725
9	8	0#	14264	14264	7,823,946	75	19295	7,810,782	22.2	22.2	22.0	22.0	860.9	861.0	862.4	0.99820	859.7	6131	3019			6,711,910	0	6,711,910
10	9	93#	2021	2021	1,074,120	75	15238	1,058,987	22.5	22.4	22.2	22.3	731.5	731.5	733.5	0.99690	730.1	105	3019		251,200	770,147	-291	769,856
11	10	93#	1787	1787	948,696	44	8991	939,787	21.6	21.6	21.0	21.1	733.8	733.8	734.7	0.99810	732.2	82	3019			685,093	0	685,093

图 5

4.3.2 油库日报表及应用

《日报表》意义：它是反映每日各油罐、各品种(收、支、存)情况的汇总及每日各油罐、各品种空容量的汇总情况，给决策层提供油罐基本信息的报表，同时也是提供卸油作业的重要依据。

导入 2015-5-17《分罐保管账》，可得《日报表》，实物如图 6 所示。

中国石油化工有限公司湖南石油分公司									
石油计量日报表									
填报单位: 大浦油库计量室					2015年5月17日			单位:t	
品名	罐号	安全容量	量尺高度	浮盘上线	收入量	支出量	实际存量	空容量	空容量
0#普通柴油	7	7100	3805	768	–	424.000	1,780,592	5,319	1,013
0#普通柴油	8	7100	14264	784	–	–	6,711.910	388	5,928
0#普通柴油参数汇总				1,552	–	424.000	8,492.502	5,707	6,941
0#车用柴油	5	7050	9387	781	3,300.577	–	4,604.091	2,746	3,523
0#车用柴油	6	7050	6733	781	–	689.200	3,118.754	3,931	2,338
0#车用柴油参数汇总				1,562	3,300.577	689.200	7,422.845	6,677	5,861
93#汽油	9	6050	2021	669	–	251.200	770.147	5,280	101
93#汽油	10	6050	1787	685	–	–	685.093	5,365	0
93#汽油参数汇总				1,354	–	254.200	1,455.240	10,645	101
97#汽油	1	1500	1800	208	–	–	203.222	1,297	
97#汽油	2	1500	12170	187	–	21.600	1,372.609	127	1,186
97#汽油	3	1500	1927	205	–	–	216.418	1,284	11
97#汽油	4	1500	3697	207	–	78.000	418.065	1,082	211
97#汽油参数汇总				807	–	99.600	2,210.314	3,790	1,408
填报日期:	2015年5月18日				签署:	李纯洁	计量员:	高卫翔	

图 6

4.3.3 进销存报表及应用

《进销存报表》意义：它是反映每日各品种(收、支、存)情况汇总、也是各品种每日损溢的情况的汇总，是月盘点损溢的基础。

导入《分罐保管账》及补入其他相关联数据，可得《进销存报表》，实物如图 7 所示。

湖南物流中心大浦油库进、销、存日报表									
	计量单位:t					填表日期:	2015-5-18		
项目	品名	90#	93#	97#	汽油小计	0#普柴	0#车柴	柴油小计	燃料油
上日库存			1,706.149	2,309.894	4,016.043	8,915.633	4,810.063	13,725.696	
本日库存			-	-	-	-	3,300.577	3,300.577	
=	内部移库		215.200	94.600	309.800	220.000	689.200	909.000	
	直镇批发		36.000	5.000	41.000	204.000		204.000	
	其它							-	
	小计		251.200	99.600	350.800	424.000	689.200	1,116.200	
发油体积数			343650	134,643	478,293	494,775	817,870	1312645	
平均发油密度			731.0	739.7		857.0	842.7		
	0.9:00		731.9	739.7		857.1	843.6		
	12:00		731.5	739.7		857.1	843.2		
	15:00		729.8				842.3		
	18:00		731.9				843.6		
本日损溢			-0.291	-0.020	-0.311	-0.869	-1.405	-2.274	
本日库存			1,455.240	2,210.314	3,665.554	8,492.502	7,422.845	15,915.347	
在途					-			-	
发油仪表走字数									
品名	仪表编号	今日起数	今日止数	走字数	品名	仪表编号	今日起数	今日止数	走字数
0#车柴	7	31,422,016	31,937,086	515,070	93#	1	153,143,139	153,404,017	260,878
	8	10,809,310	11,112,110	302,800		3	173,223,428	173,223,428	-
	10	125,683,866	125,683,866	-		4	9,728,044	9,810,816	82,772
	11	98,967,996	98,967,996	-					
	12	60,534,294	60,534,294	-					
97#	6	63,596,423	63,731,066	134,643	0#普柴	2	69,954,799	70,231,929	277,130
	9	19,491,447	19,491,447	-		5	90,217,998	90,435,643	217,645
	负责人:	何吏军				填报人:	高卫翔		

图 7

4.3.4 油库发油核对表及应用

《发油核对表》意义：它是反映每日各品种发油情况汇总及每日损溢的情况的汇总。

导入《分罐保管账》及补入其它相关联数据，可得《发油核对表》，实物见图 8 所示。

4.3.5 发油通知单

《发油通知单》意义：它是提供小票室、发油组进行发油转罐作业量单，是出库作业转罐重要依据，实物如图 9 所示。

大浦油库发油核对表

油库名称:大浦油库　　2015-5-17 0:00　至　2015-5-18 0:00

油品规格	流量表				发油系统			升降级调整	ERP系统提货单(吨)	计量出罐量(吨)	损(+)溢(-)(吨)			差异说明
	表号	起数	止数	走字数(升数)	开票体积	损溢量	开票质量(吨)				发油系统与ERP系统差异	ERP系统与油罐差异	损溢率(‰)	
1	2	3	4	5	6	7=5-6	8	9	10	11	12=8-9-10	13=11-9-10	14+13/10*1000	15
93#汽油	1	153,143,139	153,104,017	260,878	260,877	1	190.700		190.700					
0#普柴	2	69,954,799	70,231,929	277,130	277,132	-2	237.500		237.500					
93#汽油	3	173,223,428	173,223,428	-		-			0.000					
93#汽油	4	9,728,044	9,810,816	82,772	82,772	-	60.500		60.500					
0#普柴	5	90,217,998	90,435,643	217,645	217,609	36	186.500		186.500					
97#汽油	6	63,596,423	63,731,066	134,643	134,645	-2	99.600		99.600					
0#车柴	7	31,422,016	31,937,086	515,070	515,068	2	434.000		434.000					
0#车柴	8	10,809,310	11,112,110	302,800	302,800	-	255.200		255.200					
97#汽油	9	19,491,447	19,491,447	-		-			0.000					
0#车柴	10	125,683,866	125,683,866	-		-			0.000					
0#车柴	10	98,967,996	98,967,996	-		-			0.000					
0#车柴	12	60,534,294	60,534,294	-		-			0.000					
93#汽油小计					343,649	1	251.200		251.200	250.909	-	-0.291	-1.158	
97#汽油小计					134,645	-2	99.600		99.600	99.580	-	-0.020	-0.201	
0#普柴小计					494,741	34	424.000		424.000	423.131	-	-0.869	-2.050	
0#车柴小计					817,868	2	689.200		689.200	687.795	-	-1.405	-2.039	
合计					1,790,903	35	1,464.000		1,464.000	1,461.415	-	-2.585		

油库主任:王红卫　　发油:蒋建良　　计量:刘伟　　制表:高卫翔

图 8

发油通知单								
2015年5月18日星期一								
9	#罐	93#汽油	可发	101	T	转发	10#罐	货位:1#、3#内、4#
2	#罐	97#汽油	可发	1186	T	停发!		货位:6#外、9#内
7	#罐	0#普通柴油	可发	1013	T	停发!		货位:2#、5#
6	#罐	0#车用柴油	可发	2338	T	停发!		货位:7#、8#内、11#外
小票室:	毛小龙		计量员:	高卫翔、胡斌、陈宁远、张有成、廖睦林				

图 9

5 技改应用的亮点

该技改软件界面采用菜单设计，界面友好，操作简便，人机互动性强，不用专门培训和详细查看说明书，几分钟就可以学会操作。

5.1 针对性强

因为该软件是量身为油库定制的，所以针对性非常强，这也是该技改方案最大的亮点。该软件的开发经过一年多系统分析及开发，三年的不断实践完善，针对油库的情况，开发最适合油库使用的程序。

5.2 使用方便

使用方便是该技改软件的又一大亮点。因为该技改完全是根据油库现有的工作流程来编制的程序，所以操作者通常只需要具备基本的计算机操作知识，就可以使用该软件，不必进行复杂的指导培训。

5.3 对计量器具示值进行修正

目前，市面暂时没有一款相应计量软件——可进行器具示值修正。该技改方案有效解决了示值修正的问题，也是 ERP 系统中计量板块有力的补充。

6 技改软件的扩展性、开放性

6.1 扩展性

该软件具有一定扩展性：不仅可用立式油罐计量、出库的密度计量等，而且可扩展于汽车油罐车计量、卧式油罐计量、铁路槽车计量等。

6.2 开放性

Excel 作为一个通用 office 软件，其代码是开放的，程序员可以找到原始编写时用的语言代码，通过这些代码做自行修改软件的功能。

7 技改效益

该技改方案可有效地帮助油库提高工作效率，提升服务质量，降低成本，增加收入，增强了企业的竞争力。

8 总结

以上是对油库技改计量修正值及应用的简要步骤以及目前研发的进展情况进行说明，同时也列举了已实现的功能，也期望通过该技改方案，最大限度地解决目前绝大部分油库面临计量的实际问题，当然，要通过基层的操作人员和管理者将该技改用于实际工作，不断完善方案，不断改进作业环节和作业理念，最终真正实现油库计量现代化管理。

9 参考文献

[1] 李洋，《Excel 函数、图表与数据分析应用实例》，北京：清华大学出版社，2007 年 7 月.
[2] 肖素琴.《油品计量员读本》，北京：中国石化出版社，2001 年 4 月.
[3] 周原.《油品储运调和操作工》，北京：中国石化出版社，2011 年 1 月.
[4] 梅玫.《物资库存的计算机管理》，黑龙江科技信息，2009 年 7 月 25 日.
[5] 刘志坚.《中小制造企业库存管理系统的开发与设计》，中北大学，2009 年 4 月 25 日.
[6] 邓良松.《软件工程》，西安：西安电子科技大学出版社，2004 年.
[7] 萨师煊.《数据库系统概论》，北京：高等教育出版社，2000 年.
[8] 邝孔武.《信息系统分析与设计》，北京：清华大学出版社，1999 年.
[9] 史济民.《软件工程-原理、方法与应用》，北京：高等教育出版社，2002 年.
[10] 薛华成.《管理信息系统》，北京：清华大学出版社，1999 年.
[11] 张金城.《管理信息系统》，北京：北京大学出版社，2004 年.
[12] 宋华.《现代物流与供应链管理》，北京：经济管理出版社，2000 年.

10 附录

该技改应用软件的程序具体说明，如下：

10.1 油罐数学模型

10.1.1 油品质量公式

$$M=(V_{油水}-V_{水}+V_{静}\times\rho_{20})\times(\rho_{20}-1.1)\times VCF-G_{浮}$$

式中 M——油品的重量；

$V_{油水}$——查出油水表载的总体积(查油罐容积表)；

$V_水$——水的表载的体积(查油罐容积表);

$V_静$——油位高度下表载静压力容积增大值(查油罐容积表);

ρ_{20}——油品的标准密度;

VCF——体积修正系数;

$G_浮$——浮顶重量。

10.1.2 标密换算公式

$$\rho_{20}=\rho_基+\frac{\rho_上-\rho_下}{\rho'_上-\rho'_下}\times(\rho'_t-\rho'_基)$$

式中 ρ_{20}——标准密度;

$\rho'_上$、$\rho'_下$——介于被查视密度 ρ'_t 值的两个相邻上限和下限视密度值;

$\rho_上$、$\rho_下$——试温 t' 所在行 $\rho'_上$、$\rho'_下$ 所在列交叉点上的表载的两个相邻上限和下限视密度值;

$\rho_基$——$\rho'_上$、$\rho'_下$ 较接近的视密度值;

ρ'_t——$\rho'_上$、$\rho'_下$ 两者之中与 $\rho_基$ 对应的那个表载标准密度值。

10.1.3 VCF换算公式

$$VCF=VCF_基+\frac{VCF_上-VCF_下}{\rho_上-\rho_下}\times(\rho_{20}-\rho_基)$$

式中 VCF——标准体积;

$\rho_上$、$\rho_下$——与被查标准密度 ρ_{20} 加值相邻的上限和下限两个标准密度值;

$VCF_上$、$VCF_下$——油温所在行与 $\rho_上$、$\rho_下$ 所在列交叉点上的表载两相邻上限和下限体积修正系数值;

$\rho_基$——$\rho_上$、$\rho_下$ 中与被查标准密度 ρ_{20} 值较接近的标准密度值;

$VCF_基$——$VCF_上$、$VCF_下$ 两者之中与 $\rho_基$ 对应的那个表载体积修正系数值。

10.2 建立数据库、函数模块

10.2.1 建立相关数据库

数据库包括:修正值、容积表、标密、VCF数据库。我们以2015-5-17,1#罐为例。

① 修正值数据库——将每个罐器具的修正值录入相关容积表数据库中,如图10所示。

② 容积表数据库——将油罐高度对应的油、水、静压容积录入数据库中,改名为“*#”,如图11所示。

③ 标准密度数据库——将产品标准密度表(59B)录入数据库中,改名为“59B”,如图12所示。

④ *VCF* 数据库——将产品体积修正系数表(60B)录入数据库中,改名为“60B”如图13所示。

10.2.2 建立“标准密度”模块(图14)

前面我们提到标密(ρ_{20})的公式:

$$\rho_{20}=\rho_基+\frac{\rho_上-\rho_下}{\rho'_上-\rho'_下}\times(\rho'_t-\rho'_基)$$

根据上述公式及图13所示,对“修正值”“59B”数据库进行调用剖析:

(1) 对计温进行示值修正,如图13所示:

在B2单元格中输入“=分罐帐!J2”——说明,对1#罐的温度计进行示值的修正。

(2) 对试温进行示值修正,如图13所示:

在C2单元格中输入“=分罐帐!L2”——说明,对1#罐的温度计进行示值的修正。

(3) 对试密进行示值修正,如图13所示:

在D2单元格中输入“=分罐帐!N2”——说明,对1#罐的密度计进行示值的修正。

(4) 试温数据修正,如图13所示:

在E2单元格中输入“=ROUND(C2*4,0)/4”——说明,对试温进行数据修正,满足了调用“59B”数据库的条件。

	I	J	K	L	M	N	O	P
1		标称标值	修正值	工人计量高度	接近高度	接近高度修正系数	接近高度修正值	四舍五入后修正值
2		0.3	-0.1	1800	2000	-0.1	1799.9	1800
3		1000	-0.1					
4		2000	-0.1					
5		3000	0.1					
6		4000	0.1					
7		5000	0.1					
8		6000	0.1					
9		7000	0.1					
10		8000	0.3					
11	高度修正(377)	9000	0.3					
12		10000	0.5					
13		11000	0.8					
14		12000	0.8					
15		13000	0.8					
16		14000	0.8					
17		15000	1.1					
18		16000	1.4					
19		17000	1.4					
20		18000	1.1					
21		19000	1.4					
22		20000	1.7					
23								
24		标称标值	修正值	工人计量油温	代查数	修正后油温	小数	大数
25		0	0.00	23	23	23.0	20	30
26	油温修正(753)	10	0.02				0	-0.1
27		20	0.00					
28		30	-0.10					
29		40	-0.09					
30		40	0.00					
31								
32		标称标值	修正值	工人计量视温	代查数	修正后视温	小数	大数
33		0	0.00	22.6	23	22.6	20	30
34		10	0.08				0.06	0.02
35	油温修正(96)	20	0.06					
36		30	0.02					
37		40	-0.09					
38		50	0.00					
39								
40		标称标值	修正值	工人计量视密	代查数	修正后视密	小数	大数
41		700.0	-0.050	740.6	741	740.6	740	750
42		710.0	-0.033	0.017			-0.025	-0.05
43		720.0	-0.017	0.016				
44		730.0	0.000	0.017				
45	密度修正726(700–750) 514(750–800)	740.0	-0.025	-0.025				
46		750.0	-0.050	-0.025				
47		760.0	-0.033	0.017				
48		770.0	-0.017	0.016				
49		780.0	0.000	0.017				
50		790.0	0.000	0.000				
51		800.0	0.000	0.000				

图10

	A	B	C	D	E	F	G	H
1	高度	容积表		高度	容积	小数	大数	尾数
2	0	4866		1800	21	1800	1900	0
3	1	4994				21	24	0
4	2	5128		0	0			
5	3	5262		100	0			
6	4	5396		200	0			
7	5	5530		300	1			
8	6	5664		400	1			
9	7	5798		500	2			
10	8	5932		600	2			
11	9	6065		700	3			
12	10	6199		800	4			
13	11	6339		900	5			
14	12	6478		1000	7			
15	13	6618		1100	8			
16	14	6758		1200	10			
17	15	6900		1300	11			
18	16	7042		1400	13			
19	17	7185		1500	15			
20	18	7327		1600	17			
21	19	7469		1700	19			
22	20	7612		1800	21			
23	21	7756		1900	24			
24	22	7901		2000	26			
25	23	8046		2100	29			
26	24	8197		2200	32			
27	25	8348		2300	35			
28	26	8499		2400	38			
29	27	8650		2500	41			
30	28	8804		2600	45			
31	29	8958		2700	48			
32	30	9112		2800	52			
33	31	9266		2900	56			
34	32	9420		3000	60			
35	33	9574		3100	64			
36	34	9728		3200	68			
37	35	9882		3300	72			
38	36	10036		3400	77			
39	37	10190		3500	81			
40	38	10344		3600	86			
41	39	10498		3700	91			
42	40	10652		3800	96			
43	41	10806		3900	101			
44	42	10960		4000	106			
45	43	11114		4100	111			
46	44	11268		4200	117			
47	45	11422		4300	122			
48	46	11576		4400	128			
49	47	11729		4500	134			
50	48	11883		4600	140			
51	49	12037		4700	146			
52	50	12191		4800	153			
53	51	12345		4900	159			
54	52	12499		5000	166			
55	53	12653		5100	172			
56	54	12807		5200	179			
57	55	12961		5300	186			
58	56	13115		5400	193			
59	57	13269		5500	200			
60	58	13423		5600	208			
61	59	13577		5700	215			
62	60	13731		5800	223			
63	61	13885		5900	231			
64	62	14039		6000	238			
65	63	14193		6100	246			
66	64	14347		6200	255			
67	65	14501		6300	263			
68	66	14655		6400	271			
69	67	14809		6500	280			
70	68	14963		6600	140			
71	69	15117		6700	297			
72	70	15271		6800	306			
73	71	15424		6900	315			
74	72	15579		7000	325			
75	73	15733		7100	334			
76	74	15887		7200	343			
77	75	16041		7300	335			

图 11

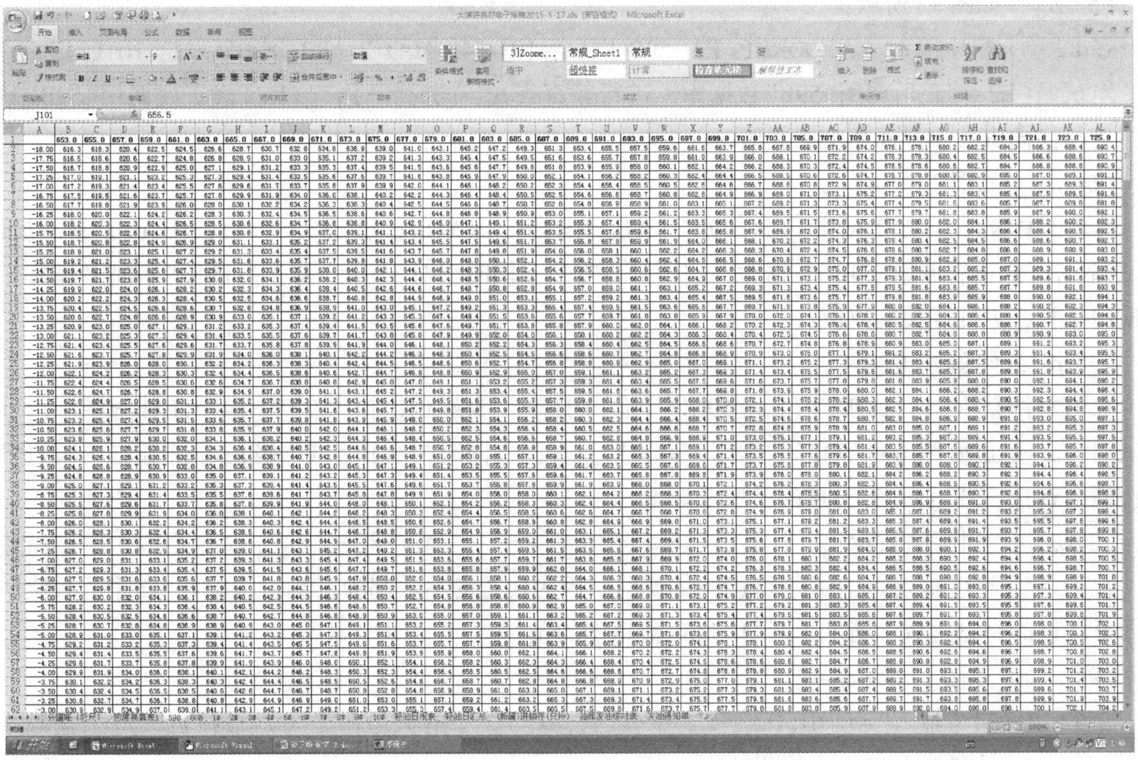

图 12

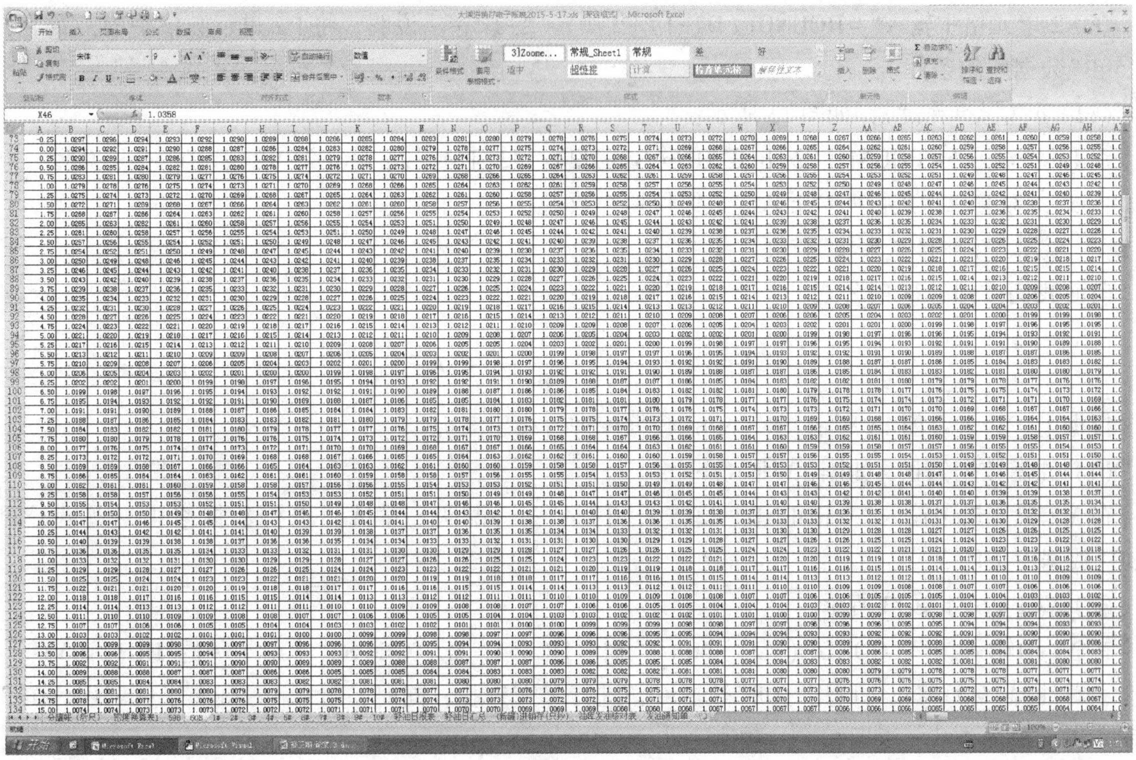

图 13

	A	B	C	D	E	F	G	H	I	J	K	L	M	N	O	P	Q	R	S	T	U
1		计温	试温	施密 (ρ't)	试温修正	$\rho_{基}$	$\rho_{上}$	$\rho_{下}$	$\rho'_{下}$	$\rho'_{下}$	$\rho'_{基}$	标准密度	温度修正	$VCF_{基}$	$VCF_{上}$	$VCF_{下}$	$\rho_{上}$	$\rho_{下}$	$\rho_{基}$	VCF_{20}	$\rho_{计}$
2	1#	23.0	22.6	740.6	22.5	743.2	743.2	741.2	741.0	739.0	741.0	742.8	23	0.9963	0.9963	0.9963	744.0	742.0	742.0	0.99630	739.0

图 14

(5) $\rho_{基}$，如图 13 所示：

在 F2 单元格中输入“=VLOOKUP(E2,'59B'! A1：HH454, MATCH(K2,'59B'! A1：HH1))”——说明，对试温(E2)修正后调用“59B”数据库，进行竖直查找，同时，对 $p'_{基}$(K2)修正后调用“59B”数据库，进行横向查找，返回相交的数值。

(6) $\rho_{上}$，如图 13 所示：

在 G2 中输入“=VLOOKUP(E2,'59B'! A1：HH454, MATCH(I2,'59B'! A1：HH1))”——说明，对试温(E2)修正后调用“59B”数据库，进行竖直查找，同时，对 $\rho'_{上}$(I2)修正后调用“59B”数据库，进行横向查找，返回相交的数值。

(7) $\rho_{下}$，如图 13 所示：

在 H2 中输入“=VLOOKUP(E2,'59B'! A1：HH454, MATCH(J2,'59B'! A1：HH1))”——说明，对试温(E2)修正后调用在“59B”数据库，进行竖直查找，同时，对 $\rho'_{下}$(J2)修正后调用“59B”数据库，进行横向查找，并返回相交的数值。

(8) $\rho'_{上}$，如图 13 所示：

在 I2 单元格中输入“=ODD(D2)”——说明，因为代查的参数都为奇数，所以对 D2 中的数值向上舍入最接近的奇型整数，满足了调用“59B”数据库的条件。

(9) $\rho'_{下}$，如图 13 所示：

在 J2 单元格中输入“=ODD(D2)-2”——说明，对 D2 中的数值向上舍入最接近的奇型整数并减去 2，满足了调用“59B”数据库的条件。

(10) $\rho'_{基}$，如图 13 所示：

在 K2 单元格中输入“=ROUND((D2-1)/2, 0)*2+1”——说明，将 D2 进行数值整理，满足了调用“59B”数据库的条件。

(11) ρ_{20}(标准密度)，如图 13 所示：

在 L2 中输入“=ROUND(F2+ROUND((G2-H2)/(I2-J2), 2)*(D2-K2), 1)”——说明，根据(ρ_{20})公式，对它二次进行四舍五入，最终保留小数点后一位小数。

10.2.3 建立“体积修正系数”模块：

前面我们讲到 *VCF* 的公式：

$$VCF=VCF_{基}+\frac{VCF_{上}-VCF_{下}}{\rho_{上}-\rho_{下}}\times(\rho_{20}-\rho_{基})$$

根据上述公式及图 13 所示，对“60B”数据库进行调用剖析：

(1) 油温数据修正，如图 13 所示：

在 M2 单元格中输入“=ROUND(B2*4, 0)/4”——说明，对试温进行数据修正，满足了调用“60B”数据库条件。

(2) $VCF_{基}$，如图 13 所示：

在 N2 中输入“=VLOOKUP(M2, ′60B′! A1：HG454, MATCH(S2,'60B'! A1：HG1, 0))”——说明，对油温(M2)修正后调用“60B”数据库，进行竖直查找，同时，对 $\rho_{基}$(S2)修正后调用“60B”数据库，进行横向查找，返回相交的数值。

(3) $VCF_{上}$，如图 13 所示：

在 O2 中输入“=VLOOKUP(M2, ′60B′! A1：HG454, MATCH(Q2,'60B'! A1：HG1, 0))”——说明，对油温(M2)修正后调用“60B”数据库，进行竖直查找，同时，对 $VCF_{上}$(Q2)修正后调用“60B”数据库，进行横向查找，返回相交的数值。

(4) $VCF_{下}$，如图 13 所示：

在 P2 中输入“=VLOOKUP(M2, ′60B′! A1：HG454, MATCH(R2,'60B'! A1：HG1, 0))”——

说明，对油温(M2)修正后调用“60B”数据库，进行竖直查找，同时，对 $\rho_{下}$(R2)修正后调用“60B”数据库，进行横向查找，返回相交的数值。

(5) $\rho_{上}$，如图 13 所示：

在 Q2 单元格中输入“=EVEN(L2)”——说明，因为代查的参数都为偶数，所以对 L2 中的数值向上舍入为最接近的偶型整数，满足了调用“60B”数据库的条件。

(6) $\rho_{下}$，如图 13 所示：

在 R2 单元格中输入“=EVEN(L2)-2”——说明，对 L2 中的数值向上舍入为最接近的偶型整数并减去 2，满足了调用“60B”数据库的条件。

(7) $\rho_{基}$，如图 13 所示：

在 S2 单元格中输入“=ROUND(ROUND((L2)/2, 0)*2, 1)”——说明，将 L2 进行数值整理，满足了调用“60B”数据库的条件。

(8) VCF，如图 13 所示：

在 T2 单元格中输入“=ROUND(N2+ROUND((O2-P2)/(Q2-R2), 6)*(L2-S2), 5)”——说明，根据(VCF)公式，对它二次进行四舍五入，最终保留小数点后五位小数。

10.2.4 建立“计重密度”模块

在 U2 单元格输入“=ROUND((L2-1.1)*T2, 1)”——说明，根据 $\rho_{计}=(\rho_{20}-1.1)\times VCF$ 的公式，对它进行四舍五入，最终保留小数点后一位小数。

10.2.5 建立“库存”模块

我们以上述公式及图 5 为例，对调用“1#”罐容积表、修正值数据库进行调用剖析：

① 修正及查找 1800mm 总体积，如图 5 所示：

在 D2 单元格输入“='1#'! P2”——说明，对 1800mm 进行示值的修正。

在 E2 单元格输入“=IF(D2="","", VLOOKUP(D2,'1#'! $A $2: $B $14211, 2, FALSE))”——说明，调用“1#”数据库，同时，将 1800mm 高度指定第二列的体积数值，由此返回 E2 数值，若 D2 为空值时，E2 返回为空值。

② 在查找 3mm 的水体积，如图 5 所示：

在 G2 单元格输入“=IF(D2="","", VLOOKUP(F2,'1#'! $A $2: $B $122, 2, FALSE))”——说明，调用“1#”数据库，同时，将 53mm 高度指定第二列的体积数值，由此返回 G2 数值，若 D2 为空值时，G2 返回为空值。

③ 在查找 1800mm 的静压，如图 5 所示：

在 R2 中输入“=IF(D2="","", ROUND((O2)/1000*'1#'! E2, 0)”——说明，调用“1#”数据库，同时，将 1800mm 高度指定第三列的体积数值，由此返回 O2 数值，同时对该数值进行四舍五入，保留整数位，若 D2 为空值时，R2 返回为空值。

④ 确定浮盘是否起浮，如图 5 所示：

在 S2 中输入“=IF(D2="","", D2>1627,"1066","0")”——说明，如果 D2 大于 1800mm 时，浮盘起浮，重量为 1066kg，若 D2 为空值时，S2 返回为空值。

⑤ 库存量，如图 5 所示：

在 W2 中输入“=IF(D2="","", ROUND(ROUND((O2-1.1)*P2/1000, 4)*(E2-G2+R2), 0)-S2)”——说明，根据立式罐质量公式，对它二次进行四舍五入，最终不保留小数，若 D2 为空值时，W2 返回为空值。

10.3 逻辑结构设计

如图 15 所示：

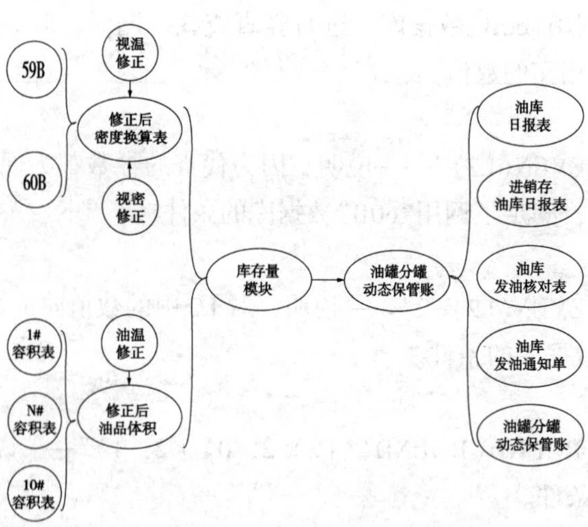
59B
60B
视温
修正
修正后
密度换算表
视密
修正
1#
容积表
N#
容积表
10#
容积表
油温
修正
修正后
油品体积
库存量
模块
油罐分罐
动态保管账
油库
日报表
进销存
油库日报表
油库
发油核对表
油库
发油通知单
油罐分罐
动态保管账

图 15

海上油井气液自动计量设施的应用分析

文章山　王　衡　史海滨

（胜利油田分公司海洋采油厂海三采油管理区）

摘　要　油井计量作为油井管理的重要组成部分，是油田动态分析不可或缺的基础资料，对保证海上油井的长期高产、稳产起着十分重要的作用，对油井管理水平的提高具有十分重要的意义。目前大部分平台使用计量分离器玻璃管量油，需要人工测量，存在人工计量误差，耗费时间较长，不符合海上油田高效开发建设要求。为此，本文指出目前的常规计量方式存在的问题，提出应用一种自动计量设备，分析新型计量设备的特点，并结合现场不同井的应用提出合理化改进建议，旨在加速自动计量设备的推广和应用。

关键词　自动；油井计量；应用

1　海洋采油厂计量方式现状

随着生产管理水平的提高，胜利海上的常规的计量方式已经无法满足海上的高效开发的需要。目前常规的计量方式主要为质量流量计计量和玻璃管分离器计量。质量流量计虽然具有不易腐蚀、不受复杂环境影响的优势，但在对含蜡量高的油井计量时，容易被堵塞而出现故障，且计量结果易流体流态的影响，对高产气井级联波动大，稳定性差。分离器玻璃管计量在整个海上油田的使用十分广泛，可靠性高，不易损坏，计量原理简单。但是也存在着自动化程度低、计量用时长、人工误差大、易冻堵漏油等缺陷，这些缺陷都影响海上油气的高效开发。

为了满足海上高质量发展需求，提高海上平台设备的信息化、自动化程度，减少人工工作量，新型的油井气液自动计量设备引进和应用十分有必要。

2　自动计量设备简介

自动计量设备是通过设置两个分离腔，利用一腔进液一腔排液来实现油、气、液的连续计量。自动计量装置如图 1 所示。

图 1　海上油井气液自动计量装置图

2.1　自动计量设备计量原理

自动计量设备包含左右腔、分离伞、三通阀及液位计等结构，计量设备流程图如图 2 所示。

当液进入测量管时，井口来液首先导入测量管 A（F1 处于左通右关、F2 处于左关右开的状态），随着测量管 A 中的液位不断上升，分离出的气体从测量管 A 的上部进入测量管 B，促使测量管 B 中的液体排出，如图 3 所示。

当测量管 A 中液体重量到达设定的位置时，井口来液则导入测量管 B（F1、F2 同时换向），随着测量管 B 中液位的不断上升，分离出的气体从测量管 B 的上部进入测量管 A，促使测量管 A 中液体排出，完成一个循环。

来液量的计算可以依据 U 型管原理进行计算，依据图 4 所示，原理如下：

$$P_1 = P_2 \tag{1}$$

$$\rho_1 g h_1 = \rho_2 g h_2 \tag{2}$$

$$\rho_1 h_1 S = \rho_2 h_2 S \tag{3}$$

$$\rho_1 h_1 S = \rho_2 V_2 \tag{4}$$

$$\rho_1 h_1 S = m_2 \tag{5}$$

其中，计量室面积(S)和隔离液密度已知，h_1 由液位传感器测得，通过以上公式可以计算得进入计量室的液体重量。

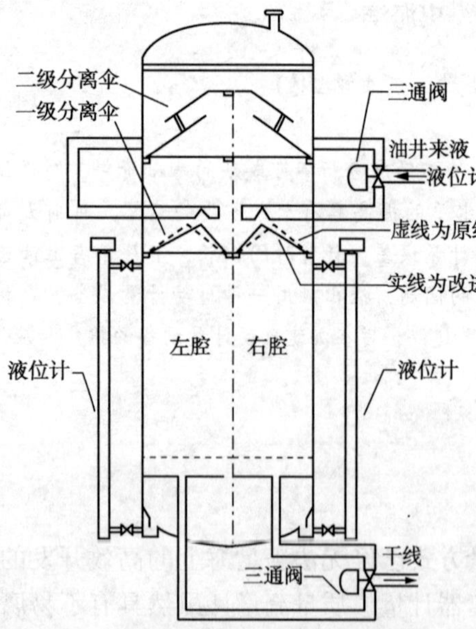

图 2　计量设备示意图

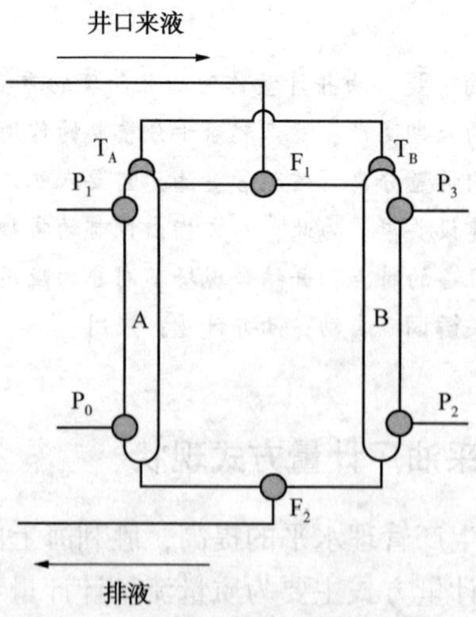

图 3　计量设备流程图

气体流量可以根据每一计量过程两个液面相互变化高度差来计量，依据图 5 所示。原理如下：

$$Q_2 = \frac{\left(\sum_{i=1}^{m_A}(S_A g H - S_B g H_{Bi}) + \sum_{i=1}^{m_B}(S_B g H - S_A g H_{Ai})\right)}{t_2} g(P+0.1)\times 10\times 86400 \tag{6}$$

式中　Q_2——日产气量，t/d；

m_A——A 腔排液次数；

m_B——B 腔排液次数；

H——量油高度，mm；

H_B——A 腔排液时间内 B 腔液面上升的高度，mm；

H_A——B 腔排液时间内 A 腔液面上升的高度，mm；

t_2——m 次测气时间总和；

P——压力，MPa；

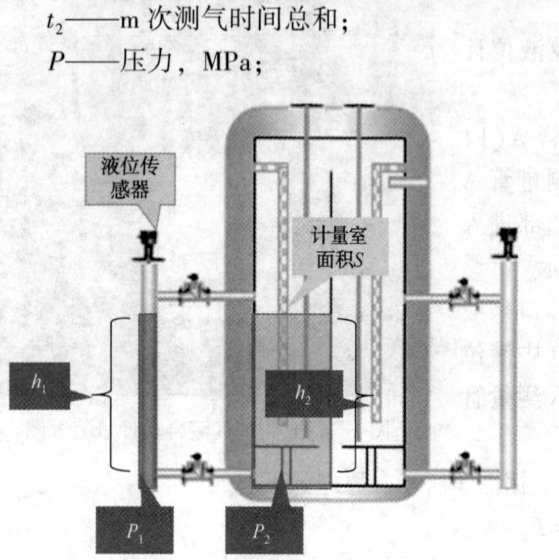

图 4　液量计算示意图

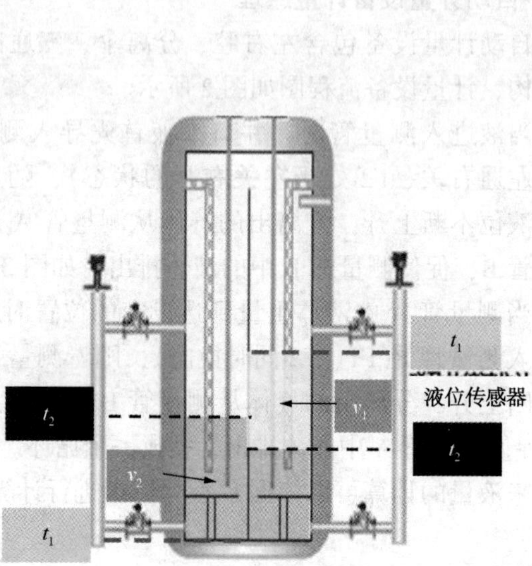

图 5　气量计算示意图

2.2 自动计量设备控制界面

自动计量设备界面根据其功能，主要分为三部分：操作按钮部分、数据计量显示部分和状态显示部分，如图6所示。开始计量时，则按下开始按钮，则自动清除计量列表里的数据，并重新开始计量。计量需要结束时，则按下结束按钮，在计量结果显示区可查看计量结果，计量操作方便简单。

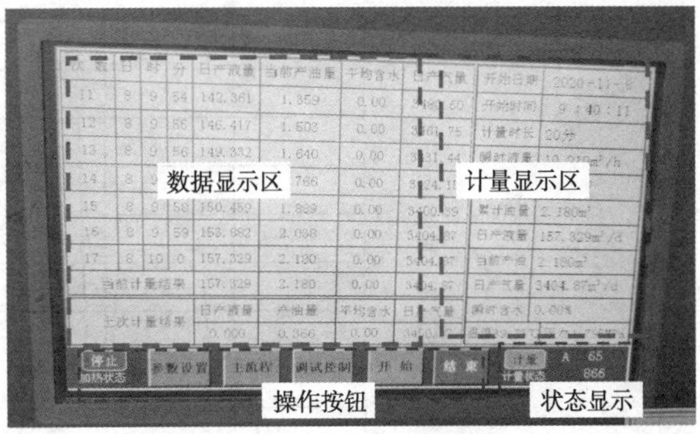

图6 计量操作界面

2.3 自动计量设备特点

(1) 自动计量设备设计精巧，占地面积小。海上平台空间狭小，设备密集程度高，对设备的占地面积有较严苛的要求。自动计量设备占地面积小，占地面积约为1.2m²，玻璃管分离器占地面积约为3.0m²，占地面积减少一半以上。如图7和图8所示。

图7 自动连续计量设备

占平台面积3.0m²

图8 玻璃管分离器占地面积

(2) 设备自动化程度高。无须人工进行计量，可以无人值守，减轻职工的劳动强度，提高工作效率。只需人工采集数据即可，操作简单，基本实现了信息自动化，同时满足海上油田高效开采和对信息化油田的要求。

(3) 可以实现连续精确测量，计量准确，误差小。自动计量设备在计量时，两分离腔交替进液，进出液阀在计量过程中一直处于开启状态，可以实现对测量油气井的连续计量。

(4) 自动计量设备在计量过程中，下部三通阀在两个腔体之间进行"开"和"关"转换，一直存在气液通路，可以避免憋压风险。这种设计为劳动者的安全也提供了保障，同时可以降低管线溢油风险，符合当代企业可持续发展的责任和要求。

3 应用分析

3.1 单井计量误差小

3.1.1 CB30A-2井误差分析

自动连续计量设备已经在CB30A工艺平台投入使用，图9显示了CB30A-2井在应用自动计量设备前后的日液量变化。新型自动计量设备与更换前相比，日产液量曲线数据离散程度变小，相应测量误差小。

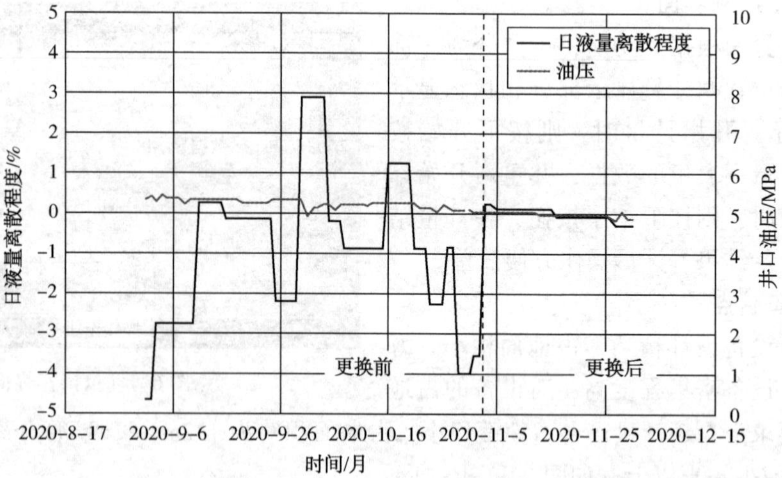

图 9　更换计量设备前后日产液量离散程度曲线

3.1.2　CB32B-4 井误差分析

通过对 CB32B-4 井利用自动计量装置某次 64min 计量过程的跟踪分析发现，受系统干压波动影响，该井瞬时流量在 3.8~11.4t/h 之间波动。该井原来玻璃管计量时，每次计量时长 2min 左右，该井的瞬时液量波动大，以 2min 左右的计量结果来折算日液量是不准确的。从表 1 中可以看出，当累计时长分别为 14min 和 25min 时，使用瞬时液量折算的结果分别为 90.7t/d 和 271t/d，而使用累计折算法折算的结果为 139.8t/d 和 165.9t/d。瞬时液量折算法计算产液量波动幅度较大，累计液量折算法计算产液量基本稳定在 160t/d 上下。自动计量装置采取的累计液量折算法，能够连续计量，结果较玻璃管计量准确、合理。

表 1　瞬时液量与累计液量折算对比表

序号	计量开始时间	累积计量时长/min	瞬时液/(t/h)	瞬时液量折算日液/(t/d)	累计液量/t	累计液量折算日液/(t/d)
1	09：40	9	8.9	213.4	1.0	161.1
2		13	5.1	122.6	1.2	135.6
3		14	3.8	90.7	1.4	139.8
4		15	8.9	213.4	1.5	144.3
5		19	9.7	233.5	2.0	154.5
6		20	10.2	245.3	2.2	157.0
7		24	11.4	272.4	2.9	172.8
8		25	11.4	272.4	2.9	165.9
9		49	4.9	116.9	5.7	167.8
10		64	7.6	182.4	7.6	171.0

3.2　高气液比井计量误差大

双腔自动连续计量设备在 CB32A 平台应用时，对于高气液比的油井计量误差较大。自动计量设备对 CB32 平台上的高气液比油井进行计量后，自动化计量设备对 CB32A-1、CB32A-4 和 CB32 高含水，低气液比油井日液计量准确，日气误差较大。对 CB32B-3、CB32B-4、CB32B-6 低含水、高气液比油井，液量、气量误差大。气液比大于 40 时，日液误差超过 50%。气液比在 40 以下时，日液误差在 10%以内。如表 2 所示。

分析原因：自动计量装置分离部分位于计量腔的上方，当高气液比来液进入分离腔分离后，大量气体积累在分离腔上方，从而造成计量腔内的液面受到较大的冲击。因此，对双腔自动连续分离腔内加了分离伞和隔板，可以完全消除气体对液面的冲击。改进后的设备如图 10、图 11 所示。

表 2　CB32 平台部分油井计量数据

井号	玻璃管计量				自动化计量			含水/%	日液误差/%	日气误差/%
	日产量			计量时间/min	日产量		计量时间/min			
	日液/t	气液比	日气/m^3		日液/t	日气/m^3				
CB32A-1	72.0	19.9	1432	4.3	71.9	2623	153	68.3	-0.1	83.2
CB32A-4	15.2	34.6	526	20.1	15.4	78	124	43.4	1.3	-85.2
CB32	78.5	6.0	470	4.1	83.1	1290	69	98.3	5.9	174.5
CB32B-3	97.5	48.9	4772	3.3	152.3	3236	87	9.61	56.2	-32.2
CB32B-4	102.2	45.4	4639	3.1	178.2	3467	61	22.74	74.4	-25.3
CB32B-6	91.1	42.5	3875	3.4	138.9	3361	559	1.39	52.5	-13.3

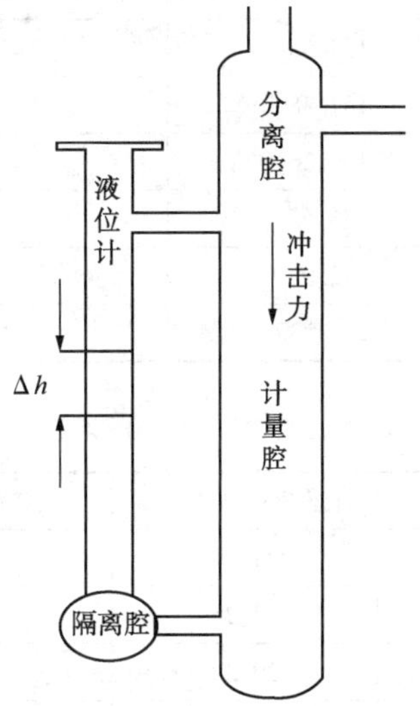

图 10　改装前示意图

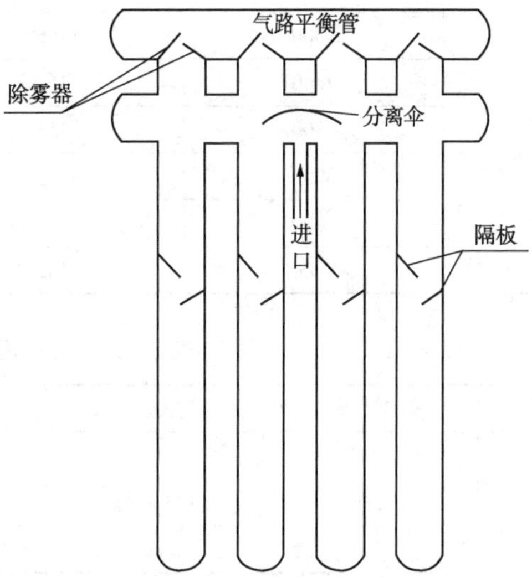

图 11　改装后示意图

为了证明改进效果，在地面对这两种实验装置进行了对比实验。实验测试了不同的气量时，分别使用改进前和改进后的设备进行地面计量实验。首先在设备的腔体内通入一定流量的液量，然后通过不断加大气量来实现不同的气液比生产井的计量过程。实验装置如图 12 和图 13 所示。储液罐直径 2m，自带液位计，空压机功率 35kW，每分钟能提供 6m^3 气体。

图 12　储液罐设备

图 13　空压机

实验对比结果如表3和表4所示。可以看出，在用改进前的设备进行测试时，会导致计量数据偏大，这是由于液位计出现假液位 Δh 造成的。因而，误差也随着注入气量的增加而增加。在对改进后的设备进行测试后，可以看出随着注入气量的增加，计量误差没有变化，且误差可以满足现场使用的要求。

表3　改进前的设备实验结果

液量	气量/(m^3/d)	标准日产液量	计量装置日产液量	相对误差/%
150m^3/d	50	151	146.62	-2.9
	100	152	155.19	2.1
	200	151	148.43	-1.7
	500	156	154.13	-1.2
	800	153	158.20	3.4
	1500	156	164.58	5.5
	2000	151	162.48	7.6
	2500	153	169.26	10.63
	3000	155	176.55	13.9
	5000	153	192.02	25.5
	8000	152	218.73	43.9

表4　改进后的设备实验结果

试验次数	变频泵频率	气表显示	标准日产液量	计量装置日产液量	误差
1	15Hz	0	24.7	24.23	-1.9%
		175m^3/h	21.86	22.25	1.8%
		350m^3/h	20.08	20.32	1.2%
	20.1Hz	0	60.9	62.30	2.3%
		175m^3/h	51.84	53.34	2.9%
		350m^3/h	44.78	44.33	-1.0%
	30Hz	0	116.8	119.25	2.1%
		175m^3/h	96.57	99.27	2.8%
		350m^3/h	78.39	80.43	2.6%

3.3　多井交替计量分析

在生产参数一定的条件下，2020年11月7日17时40分~2020年11月8日14时16分对不同井进行不间断计量，从计量结果表5可以看出，多次对低含水井CB32B-3和CB32B-6计量后，在2020年11月7日9时16分对CB32B-4的日液量计量结果为178t/d，10时40分倒入高含水井CB32进行计量一小时，在13时02分又倒入低含水井CB32B-4进行计量，计量日液量为169t/d。表明在多次低含水井计量后，计量腔出现缩径，使计量结果偏大。当多次低含水井计量后，应倒入高含水井计量，高含水井可以冲洗计量腔，消除计量腔缩径影响。

表5　不同井的连续计量结果

计量日期	计量开始时间	计量时长/min	计量结束时间	日液/(t/d)	日气/(m^3/d)	井号	备注
2020-11-6	23：16	74	00：30	166.9	1228	CB32B-3	低含水
2020-11-7	00：39	81	02：00	140.3	1253	CB32B-3	低含水
2020-11-7	03：25	63	04：28	108.6	1179	CB32B-6	低含水
2020-11-7	04：33	68	05：41	133.6	1154	CB32B-6	低含水

续表

计量日期	计量开始时间	计量时长/min	计量结束时间	日液/(t/d)	日气/(m/d)	井号	备注
2020-11-7	09：16	45	10：01	178	1365	CB32B-4	低含水
2020-11-7	10：40	69	11：49	82	497.7	CB32	高含水井
2020-11-7	13：02	58	14：00	169	1281	CB32B-4	低含水
2020-11-8	11：10	39	11：49	157	3232	CB32B-3	倒入流程后立即开始计量
2020-11-8	11：55	141	14：16	146.1	3240	CB32B-3	倒入流程后约1小时后计量

2020年11月8日11时10分，对CB32B-3倒入流程后立即开始计量，计量结果为157t/d，11时55分倒入流程后约1h的计量结果为146.1t/d。计量结果有差异，表明液量流态对计量结果有影响。本文建议在计量井倒入计量流程1h后，再开始进行计量。

4 结论及建议

（1）对于单井计量误差较小，自动计量装置采取的累计液量折算法，能够连续计量，结果较玻璃管计量准确、合理。

（2）对于气液比大的井计量，通过对自动计量装置结构改进，误差已控制在允许的范围之内。

（3）在多井交替计量时，在多次低含水井计量后，计量腔会出现缩径，导致计量结果偏大。建议在多次低含水井计量后，应倒入高含水井计量，消除计量腔缩径影响。倒入流程后不能立即开始计量，1h左右待流态稳定后开始计量。

（4）建议在计量系统中增加单井计量的瞬时流量曲线、压力曲线；在计算程序中增加通过压力计算气体压缩因子的功能，实现气体压缩因子实时更新，减少气体压缩因子对气体计量结果的影响。

参 考 文 献

[1] 卢壮杰. 胜利油田海洋平台油气计量装置的发展，石油矿场机械，2010，39(5).
[2] 王绍忠，孙陈清. 胜利海上埕岛油田油井计量技术，计量与测试技术，2004，(4).
[3] 商同林，等. 油井计量分离器校准方法的探讨，石油学报，2010，(6).

作者简介：文章山(1986—)，男，工程师，中国石油大学(华东)，现担任胜利油田分公司海洋采油厂海三采油管理区平台工艺主管，负责注采输管理工作。电话：0546-8870619，邮编：257237，通信地址：山东省东营市河口区仙河镇海洋采油厂海三采油管理区。

信息化管控平台在加油站损耗分析与监管中的应用

李 洋

（中石化天津石油分公司　天津　300110）

摘　要　对于基层管理者加油站损耗管理是一个比较费脑耗神的问题，当加油站盘点出现损耗时，往往基层管理者对于损耗的来源了解不是很清晰，对损耗原因查找无处下手，本文详细分析了加油站盘点时损耗的来源，同时提出如何运用现有的信息化管控平台对损耗进行分析和监管。

关键词　加油站；损耗；管控平台

1　引言

近年来，随着加油站地罐交接的推广和加油站液位仪深化应用系统及数质量一体化平台不断升级完善，信息化远程化监控措施不断丰富，加之电子铅封的使用，加油站整体损耗率呈逐年下降趋势。目前销售企业对加油站损耗的考核日趋常态化，运用现有的信息化监控平台全面、准确的分析损耗来源、损耗大小成为加油站堵塞管理漏洞，向管理要效益的当务之急。

2　加油站油品损耗来源

2.1　加油站油品损耗的计算

现行燃油加油机均为体积流量计，销售时以“升”为计量单位对消费者进行结算，实行“升进升出”的体积管理模式，加油站盘点时均以升为计量单位，盘点时油品损耗计算方式为：

损溢量=期初实际库存+当期调入数量(含品种调整)-当期销售量-期末实际库存，

当期销售量=期末加油机字码累计数-期初加油机字码累计数-枪出回罐数量-加油机跳变数，

当期损溢率=当期损溢量/当期销售量×100%，

其中：当期调入数量为 ERP 油库原发体积(V_t)。

2.2　加油站油品损耗的构成

加油站油品损耗的构成可根据损溢量计算公式分析而来，公式中任何一项数据出现误差都会带来损耗。期初实际库存与期末实际库存与罐容表有关系，任何与实际库存存在误差都会引入损耗；当期调入数量为 ERP 油库原发体积，任何因素造成实收量与原发量不一致都会产生损耗；当期销售量来自加油机销售，任何加油机误差也会引入损耗；公式中各项都是当时发生时的油品温度，任何与温度不统一的因素都会引入损耗。所以加油站的损耗来源于罐表误差、盘点前更换罐表、加油机误差、油库发油不足、运输运距、运输环节人为因素、加油站卸油、油品日常呼吸、温差、设备管线泄露十个方面。

2.2.1　罐表误差

在损溢量计算公式里期初实际库存来自上次盘点时罐内实际库存，期末实际库存来自本期盘点时罐内实际库存，目前加油站都安装了液位仪，实物库存数由站级管控系统根据液位仪通过强制取数而来，液位仪显示的实际库存是根据罐容表计算而来，当罐表存在误差就会产生虚假损耗。

2.2.2　更换罐表

在损溢量计算公式里期初实际库存与期末实际库存是根据油罐罐容表计算得来，如果两次盘点中间加油站更换了罐容表，则因期初实际库存和期末实际库存所用罐容表不一致导致虚假损耗的出现。

2.2.3　加油机误差

在损溢量计算公式里当期销售量来自加油机出，加油机是加油站与消费者进行贸易交接的载体，根据《燃油加油机检定规程》(JJG 443—2015)规定加油机最大允许误差为±0.30%，重复性不超过0.10%，如果加油机是正向误差，则盘点出现盘亏，反之则是溢余。

2.2.4 油库发油不足

在损溢量计算公式里当期调入数量来自油库发油的原发数量，即ERP过账原发体积(V_t)，油库流量计跟加油机一样都是作为贸易交接的一种计量器具，需定期按时进行强制检定，目前有些企业有检定资质的授权，有些需由政府部门检定，但无论何种检定方式流量计误差都控制在±0.20%以内，因此受流量计误差影响，实际发货数量跟ERP原发数量之间存在差异，产生发油损耗。其次目前油库都是自动发油系统，发油系统得到关闭控制指令，阀门从开始关闭到完全关闭会形成过冲量，造成实发数量与系统原发数量不一致，产生发油损耗。

2.2.5 运输运距

油品从油库运输到加油站进行交接，加油站以原发数量入账(V_t)，此过程实际收货数量与原发量的差异都计入加油站损耗，这部分的损耗一部分由罐车密闭性和运输距离等客观原因造成，根据《散装液态石油产品损耗标准》(GB 11085—89)国家标准，运距50km以下的运输损耗率为0.01%，每增加50km损耗率增加0.01%。目前随着设备制造技术日趋成熟罐车罐体密闭性不断提高，加之物流配送流程不断优化，运输损耗几乎可予以忽略。

2.2.6 运输环节人为

油品从油库运输到加油站另一部分的损耗来自运输环节人为因素，无论是罐车视频监控的安装还是罐车GPS移动定位抑或是电子铅封的应用，油品承运人员与加油站永远是此消彼长的关系，随着时间的推移再先进的监控技术都有逐渐破解的时候。

2.2.7 加油站卸油

卸油时油品损耗主要是卸油过程中的蒸发损耗、残留损耗，蒸发损耗主要受油品温度、大气压力、大气温度、油罐及附件密闭性影响，目前加油站基本都安装了油气回收装置，实行密闭卸油，因此这部分损耗非常小，最主要的是残留损耗，当加油站卸油地面不平或罐车罐体结构不合理时会造成罐内余油卸不净导致出现损耗。

2.2.8 油品日常呼吸损耗

日常呼吸损耗主要是加油站在日常管理中因罐内温度升高造成油品蒸发速度加快，蒸汽压也随之增高，当气体压力增加至压力阀极限时，压力阀打开，气体外溢排出。目前在油罐或管线法兰等密封严格情况下这部分损耗较小。

2.2.9 温差损耗

加油站是“升进升出”的经营模式，不同于“公斤进公斤出”，这种模式受油品温度的影响很大，当油库流量计的实际发油温度高而加油站罐内温度低时，油品进罐后随着销售温度会逐渐下降，最终油库流量计的实际发油温度会高于加油站加油枪销售时的温度，损耗随之产生，反之则产生溢余。汽、柴油的体积与温度呈线性变化，1L汽油温度每增加1℃，油品体积增加0.0012L，1L柴油温度每增加1℃，油品体积增加0.0008L。

2.2.10 设备管线渗漏损耗

设备管线泄露造成的损耗主要由加油站地埋管线和地埋罐渗漏造成，当管线遭遇腐蚀或油罐出现沙眼及罐体挤压变形时油品会慢慢地流失导致损耗的出现。

3 利用信息化管控平台对损耗进行查找

由于加油站实行“升进升出”的经营模式，油库发油温度和油品销售时的温度并不一致，损耗随之产生。在零售环节加油站损溢是随着季节变化而呈现规律性变化的，在华北地区，每年5月~9月气温较高，油库发油温度受气温影响处于较高位置，加油站卧罐为地埋式，地下土壤的温度此时要小于空气温度，此时油品进入油罐后随着销售油品温度会逐渐下降，因热胀冷缩的物理性质导致加油站出现损耗。图1为某加油站7月份油罐进油后罐内油品温度的变化趋势。每年10月至次年4月气温较高，油库发油温度受气温影响处于较低位置，此时地下土壤温度大于空气温度，油品进入油罐后油品温度会逐渐上升，因热胀冷缩的物理性质导致加油站出现溢余。图2为某加油站12月份油罐进油后随着销售罐内油品温度的变化趋势。正是由于损耗受季节性变化影响呈现出夏秋季亏损春冬季溢余的规律，所以加油站损耗考核不能设置明确的指标，在春冬季损溢率-0.05%虽是溢余但并一定正常，在夏秋季损溢率0.1%虽是亏损但并一定不正常。图3为某加油站随季节变化全年损溢率走势图。

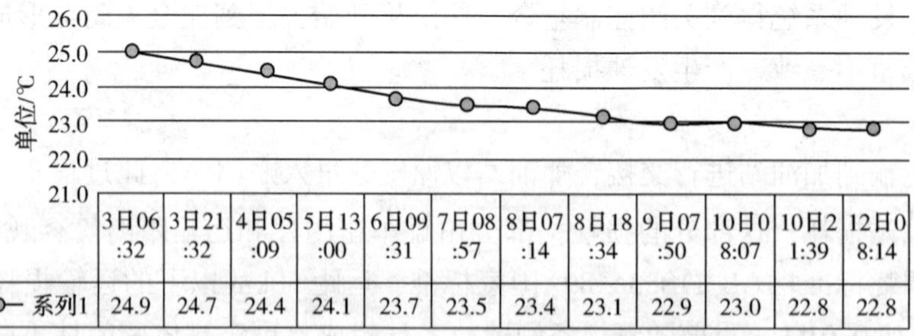

图1 某加油站6月份进油后罐内油品温度变化走势

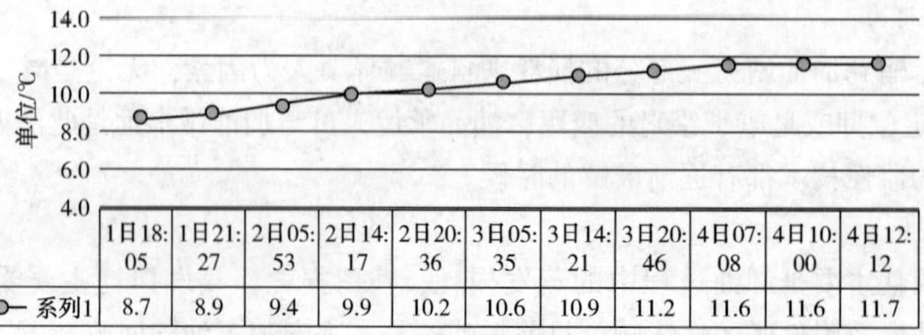

图2 某加油站12月份进油后罐内油品温度变化走势

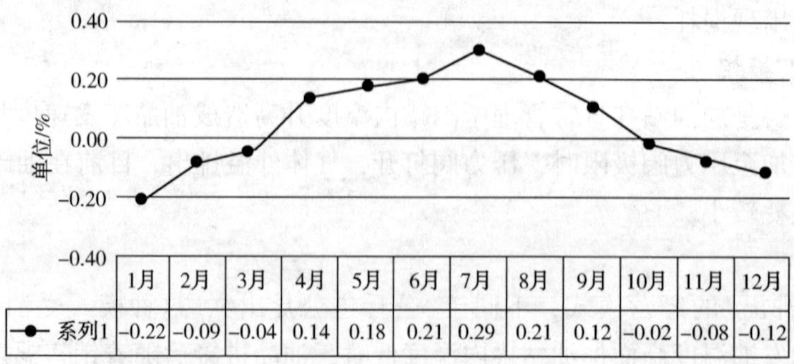

图3 某加油站月度损耗率走势图

当加油站出现损耗需对损耗原因进行分析时应先明确加油站损耗季节性变化规律，在排除季节性因素影响下对损耗进行原因查找，在损耗构成中运输运距损耗、卸油损耗、日常呼吸损耗因设备设施的更新换代及密封技术的进步，三种损耗越来越小，在查找损耗原因时基本可以忽略。加油站更换罐表和加油枪误差带来的损耗通过查验罐表和校验加油机能直接将原因锁定。比较难确认的就是罐表误差、油库发油不足、运输环节人为因素、温差、设备管线渗漏造成的损耗。

3.1 罐表误差引起损耗的查找

罐表误差对销量较大的站损耗几乎没有影响，只对销量小的站有影响，且销量越小影响越大，前后两次盘点实物库存数相差越大虚假损耗越大。要验证罐表是否准确可以通过加油站零管系统的分罐保管账和加油站液位仪系统的进货验收两个模块进行验证。在零管系统可选出油罐本次进油至下一次进油时间段内的分罐保管账，当分罐保管账出现高液位溢油低液位亏油或者高液位亏油低液位溢油时可判定罐表存在误差；在加油站液位仪平台可选出一段时间内某罐的进货验收数据，进货验收数据越多越好，查看进货验收损耗率（V20），如果损耗率（V20）不成正态分布，损耗率正向与负向之差在10‰以内包含的比例不高则可判定罐表存在误差，如图4所示。

	油品	罐号	原发重量/kg	原发温度	原发体积/L	损溢量/L	损溢率/‰
加油站	0号车用柴油(VI)	01	8000	10.6	9518	−157	−16.37
加油站	−10号车用柴油(VI)	01	9326.913	−0.4	11000	−132	−11.81
加油站	0号车用柴油(VI)	01	7000	7.8	8429	−84	−9.87
加油站	0号车用柴油(VI)	01	7437.054	30.2	9000	−84	−9.42
加油站	−10号车用柴油(VI)	01	10114.493	2.6	12000	−105	−8.63
加油站	0号车用柴油(VI)	01	8356.054	13.8	10000	−78	−7.76
加油站	0号车用柴油(VI)	01	9000	15.1	10760	−42	−3.89
加油站	0号车用柴油(VI)	01	8000	5.8	9482	−24	−2.5
加油站	0号车用柴油(VI)	01	7440.152	29.3	9000	−14	−1.57
加油站	0号车用柴油(VI)	01	16807.111	8.5	20000	8	0.4
加油站	0号车用柴油(VI)	01	9222.804	10.5	11000	6	0.54
加油站	0号车用柴油(VI)	01	11706.341	16.2	14000	9	0.64
加油站	0号车用柴油(VI)	01	10089.174	9.2	12000	13	1.07
加油站	0号车用柴油(VI)	01	8385.698	13.4	10000	28	2.79
加油站	0号车用柴油(VI)	01	14938.093	23.8	18000	52	2.9
加油站	−10号车用柴油(VI)	01	10189.369	−2.4	12000	45	3.68
加油站	0号车用柴油(VI)	01	10324.992	21.4	12500	90	7.21
加油站	0号车用柴油(VI)	01	9988.103	20.5	12000	109	9.09
加油站	0号车用柴油(VI)	01	10500	13.7	12540	126	10
加油站	0号车用柴油(VI)	01	10056.975	10.2	12000	151	12.49

图4　某加油站1#罐进货验收准确率统计

3.2　油库发油不足引起损耗的查找

油库流量计属于强检计量器具，其误差一般是稳定可控的，可利用加油站液位仪平台根据提油鹤位当日其他车次的接卸损耗率情况进行验证，如果其他车次接卸均超耗则可推断流量计误差有问题。发油系统发油过冲引起的发油量不足可根据加油站液位仪平台查看实发体积与原发体积是否有较大差量，如存在较大差量则可判定为油库发油不足，如图5所示。

加油站地罐交接进油核对单

站名:城南河西区黑牛城加油站　出库单号:4715380699　油品:0号车用柴油(VI)　交接模式:地罐交接　班次号:2019060101				
提货地点	承运车号	原发重量(Kg)	发油日期时间	到站日期时间
天津大港油库	津AL5526	7437.1	2019-06-01 03:55:00	2019-06-01 05:14:27
原发温度(℃)	原发体积(Vt)	原发体积(V20)		推送零管时间
30.2	9000	8926.56		2019-06-01 08:11:13
实发温度(℃)	实发体积(Vt)	实发体积(V20)	√	实发接收时间
30.2	8986	8912.67	√	2019-06-01 04:05:35

图5　某加油站地罐交接进油核对单显示实发体积小于原发

3.3　运输环节人为因素引起损耗的查找

随着加油站液位仪系统的应用，接卸损耗数据更加真实也更加客观公平，但是实际工作中总存在着承运人员各种借口否认人为原因导致油品损耗的情况。当加油站对承运车辆有疑问时，可根据零管系统的分罐保管帐和加油站液位仪系统的进货验收两个模块进行验证，在零管系统选出一段时间的分罐保管帐，如果分罐保管帐显示在没有进油时分罐保管帐损耗正常，有进油时分罐保管帐损耗异常，可基本判定承运车辆有问题，如图6所示；在加油站液位仪平台可选出一段时间内的进货验收数据，查找与本次进油卸前油高、卸后油高相接近的接卸单据，如果相接近的卸前油高和卸后油高，之前的接卸数据显示损耗正常而本次显示损耗异常则可判定本次接卸承运车辆有问题，如图7所示。

如果分公司对当月整体损耗变化有疑问，可利用加油站液位仪系统的进货损耗区间统计和进货验收模块进行验证，在进货损耗区间统计模块选择当月，查看接卸损耗率区间分布情况，如果当月整体接卸准确率（±5%）下降或虽没下降但接卸损耗率落在正向区间的比例比以往增加而落在负向区间的比例减少，可推断承运车量在保证准确率（±5%）不降的情况下人为造成的损耗在增加，如图8所示；在进货验收模块选择当月接卸数据，计算出当月接卸损耗（V20）累计数、实发损耗（V20）累计数，并以此数据算出平均接卸损耗率(V20)，如果此段时间的平均接卸损耗率(V20)比其他时间段大，则可推断当月承运车量人为因素造成的损耗在增加。

2022年		摘要	进货验收							本付油数	核销损耗	站内移库	调节	账面罐存数	罐存实测数				累计损耗	当日损耗
			罐车验收			油罐验收														
月	日		原发升数	罐车实收升数	发货运输损耗	前尺升数	后尺升数	实收升数	接卸损耗						油水总升数	水高/mm	净水数	净油存数		
03	20	付存								3486.58				19507.13	19256.68	0	0	19256.68	250.45	-10.54
03	21	付存								2714.78				16792.35	16545.79	0	0	16545.79	246.56	-3.89
03	22	付存								5246.73				11515.62	11286.6	0	0	11286.6	229.02	-17.54
03	23	进付存	12127	12057	70	10684	22741	12057		4026.1				19616.52	19304.04	0	0	19304.04	312.48	83.46
03	24	付存								3790.9				15825.62	15512.46	0	0	15512.46	313.16	0.68
03	25	付存								3371.74				12453.88	12143.5	0	0	12143.5	310.38	-2.78
03	26	付存								3291.35				9162.53	8866.34	0	0	8866.34	296.19	-14.19
03	27	进付存	18076	17995	81	8206	26201	17995		2510.29				24728.24	24368.24	0	0	24368.24	360	63.81
03	28	付存								2889.15				21839.09	21480.34	0	0	21480.34	358.75	-1.25
03	29	付存								5028.71				16810.38	16486.9	0	0	16486.9	323.48	-35.27
03	30	付存								4296.94				12513.44	12211	0	0	12211	305.44	-21.04
03	31	进付存	12027	11960	67	10252	22212	11960		6020.71				18519.73	18182.82	0	0	18182.82	336.91	34.47
03	31	本月合计	141520	140911	609			140911		125684.89			2684.62	18519.73				18182.82	336.91	
03	31	本年累计	141520	140911	609			140911		125684.89			2684.62	18519.73				18182.82	336.91	

图6　某加油站分罐保管帐显示进油后就亏损

损耗率/L	损耗率/‰	使用温度	手工录入	验收时间	无货单关联	异常操作	损耗量Vt/L	损耗率Vt/‰	卸前升数/L	卸后升数/L	卸前油高/mm	卸后油高/mm
-61.73	-7.69	原发温度	否	2022-05-26 14:45:21	否	是	-84.72	-10.51	15924.87	23355.01	1347.8	1860
11.82	1.19	实发温度	否	2022-05-25 18:00:09	否	是	16.06	1.61	17494.79	26412	1451.6	2102.2
40.06	5.78	实发温度	否	2022-05-24 23:42:15	否	是	52.54	7.51	17427.62	24248.37	1447.3	1927.6
83.97	8.42	实发温度	否	2022-05-24 15:51:43	否	是	41.74	4.17	13739.22	22759.7	1203.2	1815.9
-10.48	-1.12	原发温度	否	2022-05-23 19:50:04	否	是	5.21	0.55	14052.53	22858.35	1223.3	1820.5

图7　液位仪平台显示相近的卸前卸后油高损耗率相差较大

月份	小于-500	-500到-100	-100到-10	-10到-5	-5到-3	-3到-2.5	-2.5到-0	0到2.5	2.5到3	3到5	5到10	10到100	100到500	大于500	自定义损耗
2月损溢区间比例	0	0	0.24	1.63	8.22	5.57	29.89	32.16	5.28	15.47	1.29	0.25	0	0	96.59
3月损溢区间比例	0	0	0.15	1.52	6.53	3.15	20.89	33.31	9.69	22.40	2.02	0.34	0	0	95.97

图8　液位仪平台损耗区间统计显示准确率几乎相同但损耗比例增加

如果对个别承运车辆存在疑问可利用加油站液位仪系统的进货验收模块进行统计验证，在进货验收模块查询某段时间内的接卸数据，将数据导出计算此段时间所有承运车辆单车的平均接卸损耗率，并将损耗率进行排列，对损耗率排名高可疑车辆进行重点监控，同时可与以往数据进行对比，如果某车辆损耗率增长较大，则可判断此车有人为原因造成损耗的增加。

3.4　温差原因引起损耗的查找

在加油站损耗原因分析中加油枪误差、油库流量计发油不足可通过自校快速查找，运输环节人为因素导致的损耗也可通过调取承运车辆视频监控和车辆GPS运行轨迹进行初步查证，而唯独温差原因导致的损耗不易被察觉，容易被忽视。在对加油枪误差、油库发油、罐容表误差等客观因素及运输环节人为主观因素导致的损耗进行排除后如加油站损耗仍无法确定原因，此时应将目光聚焦到温差因素。目前油品入库多样化，有管输、铁路、船运、公路等方式，造成同一时间不同方式入库油品温度相差较大，尤其是炼厂与油库之间管线较短，炼厂油品出厂温度较高导致油库出库温度也较高，温度高的油品进入加油站后温度下降幅度大导致出现较大损耗。其次同一个分公司内的加油站油品并不一定同时来源于同一个油库，来源于同一个油库的也不一定同时来源于同一个油罐，因此造成加油站因油品来源温度的不同形成不同的损耗。对于温差引起的损耗可利用加油站液位仪平台进货验收模块进行查证，在进货验收模块查询某段时间内的加油站的接卸数据，将数据导出按以下公式(1)计算出此段时间内加油站接收油品的加权平均出库温度。将此段时间内的加权平均出库温度与往年加权平均出库温度进行对比，如果此段时间的油库加权平均出库温度高于往年则可判定损耗是由油品出库温度造成。如果是对分公司进行考核，也可以采用同样的方式计算出各个分公司同期来油油品的加权平均出库温度，对计算出的数据进行比对即可发现哪些分公司损耗是受温差影响。

$$T = \sum_{i=1}^{n} V_i T_i / \sum_{i=1}^{n} V_i \qquad (1)$$

式中 V_i——第 i 行油库出库实发体积；

T_i——第 i 行油库出库实发温度；

3.5 设备管线渗漏引起损耗的查找

当对加油站损耗进行以上所有查找后仍不能确定原因时可对设备管线渗漏进行排查，当管线或罐体渗漏点较小时损耗不易察觉，可将管线或油罐暂停销售进行密封打压，一段时间后查看管线或油罐压力是否下降来确定是否有漏点，油罐是否渗漏还可以运用加油站液位仪平台实现，油罐停用后观察一段时间内实点库存曲线油品体积是否有变化(在剔除温差影响下)，如图 9 所示。

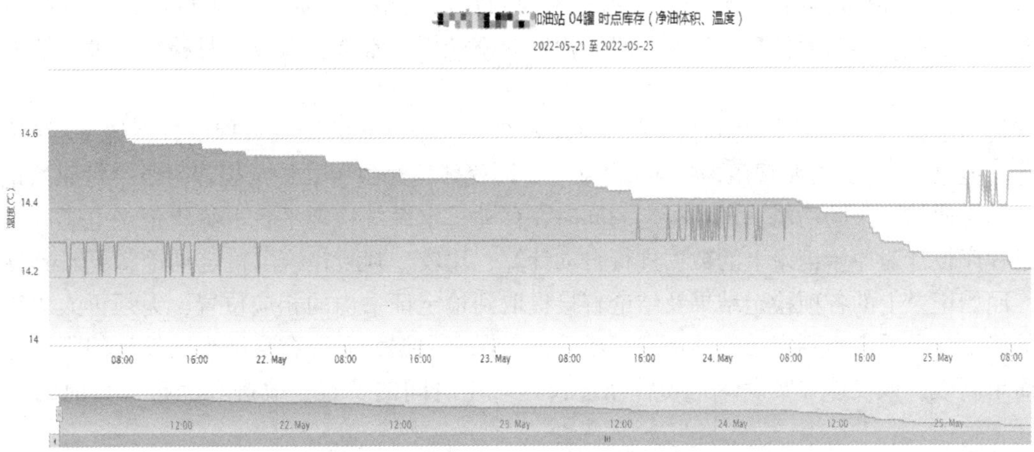

图 9 加油站液位仪平台实点库存曲线图

4 结语

加油站损溢管理及损耗原因查找是一个细致而又繁琐的过程，管理者只有全面的了解损耗的构成及来源并熟练运用现有的信息化设备、网络数据对损耗进行分析排查才能最终确定损耗发生的真实原因，才能为下一步的损溢管理指明方向，也能更客观、公正地对加油站进行考核，从而降低计量风险，达到降耗增效的管理目标。

参 考 文 献

[1] 秦立广. 加油站油品损耗原因分析与考核评价机制建立. 中国油气计量论坛，2020.

作者简介：李洋(1986—)，男，中级工程师，毕业于大庆石油学院，现从事数质量管理工作。电话：18222114169，邮编：300110，通信地址：天津市南开区南京路 338 号石油大厦。

报警器现场检定实时记录的研究与应用

郭春梅

（中石化股份天津分公司化验计量部　天津　300271）

摘　要　气体检测报警器作为探测空气中某种气体含量的计量仪器，它的检定时效和检定质量直接关系着人身、设施和环境的安全。本文尝试报警器现场检定实时出电子版记录的设计方案，经过现场检定实际应用，该方案设计完成后经过长达一年时间的实践、改进，目前的应用效果良好。为计量检定同行提高气体检测报警器的检定效率提供借鉴和参考。

关键词　气体检测报警器；检定；实时记录；研究；应用

1　引言

气体检测报警器作为探测空气中某种气体含量的计量仪器，其检定结果的及时准确是我们有效预防气体泄漏引发事故的必要条件，近几年随着石化企业的气体检测报警器的数量逐年递增，对企业的计量工作及时性提出了挑战。如何及时高效地完成报警器的检定任务成为亟待解决的一个难题。

目前报警器的现场检定使用的是手写版原始记录，数据记录、计算均采用人工方法。现场检定时只能记录关键信息和检定数据，数据计算和结论的判定需要检定完成回到单位后再进行进一步的处理，费时、不规范，出错后信息不容易核对，检定效率较低，常常会造成当月检定任务无法及时完成的现象。

本文提出了报警器现场检定实时记录的设计方案，基于现有的计量管理信息系统平台(检定证书的流程化功能已实现)，按照现用JJG 693—2011可燃气体检测报警器检定规程附录中对原始记录的要求，新增编辑原始记录的功能，现场检定的同时在移动检定系统检定平台上编辑记录电子版的原始记录。通过程序设计对原始记录上的数据进行自动计算、比较、判断并给出检定结论，更新到计量管理系统后，原始记录上的各项检定结果及结论直接提取到检定证书内的相应位置，无须再人为输入检定证书内的检定结果及人为判定结论。检定完成后只需保存数据，系统会自动根据设计的程序进行数据处理，简单高效。该设计方案设计完成后经过长达一年时间的实践、改进和完善，目前的应用效果良好。

2　方案设计及架构

2.1　检定工作模式

工作模式：委托—派发—接收—现场检定—整理—记录证书出具。

以往在接收环节中，需要打印待检仪器清单、登记计量器具信息，在现场检定过程中要原始抄写记录每一台仪器的基础信息，手写记录检定过程信息并带回单位后整理数据记录，经过核验人员和质量监督人员多次检查核验，最终出具原始记录和检定证书。

2.2　不便利原因

手工记录可能产生诸多不便利因素，又可能带来错误信息的可能性。

(1) 手写原始记录可能会出现字迹潦草、涂改、笔误等问题，需要多次核对。

(2) 产生重复的核对工作：器具数量需要二次核对(原始数据手写正确性、器具信息正确性、原始记录数量与工单数量是否一致等等)。

(3) 原始记录遗失损毁需要现场重新补记录。

(4) 检定原始记录在系统上无法关联证书，检定证书上自定义的内容需要人工录入。

2.3 实时记录系统设计思路

设计思路主要围绕报警器现场检定、数据处理两个环节，通过采用信息化设计，改善技术工作信息传递错误。以移动检定系统平台为终端，以现场笔记本电脑为载体，以电子数据为媒介，通过数字化方式做好现场检定的同时完成原始记录的工作。

将客户委托台账信息传递到计量系统，由系统更新到移动检定系统平台的笔记本电脑的检定系统上。检定人员将器具信息提取，将待检仪器的基础信息储存在现场笔记本电脑中。检定结束后，通过公司局域网将信息提交、更新到计量管理信息系统中。

核验人员可通过系统对原始数据审核，并提交审核后的数据，生成相应的证书。同时，证书和原始记录进行了关联，证书编号自动生成到原始记录中。完成后，便可直接打印证书和原始记录。

设计的流程图如图1所示。

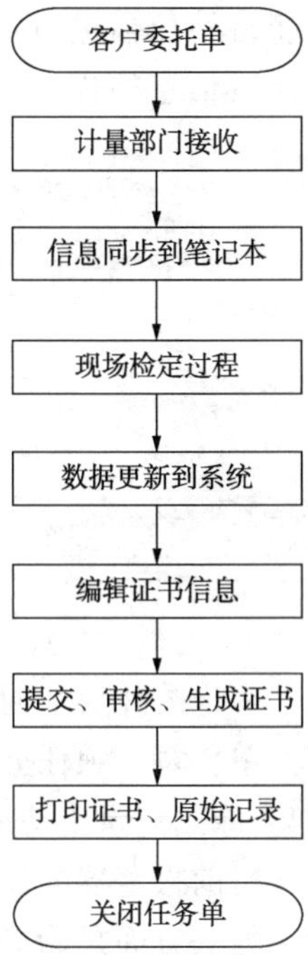

图1 流程图

3 方案设计的关键点及难点

3.1 移动检定系统平台需要哪些内容？

现场工作采用笔记本电脑，根据检定需要，搭建移动检定系统平台，包含检定UI画面、计量器具和计量标准信息、数据保存、信息同步功能等。

UI画面：基本操作流程画面，引导检定人员按照标准检定流程完成检定工作。

计量器具和计量标准器信息：提供待检计量器具信息、计量标准器或标准物质信息

数据保存：检定数据、检定人员、检定时间

数据同步：计量管理信息系统与移动平台的数据同步

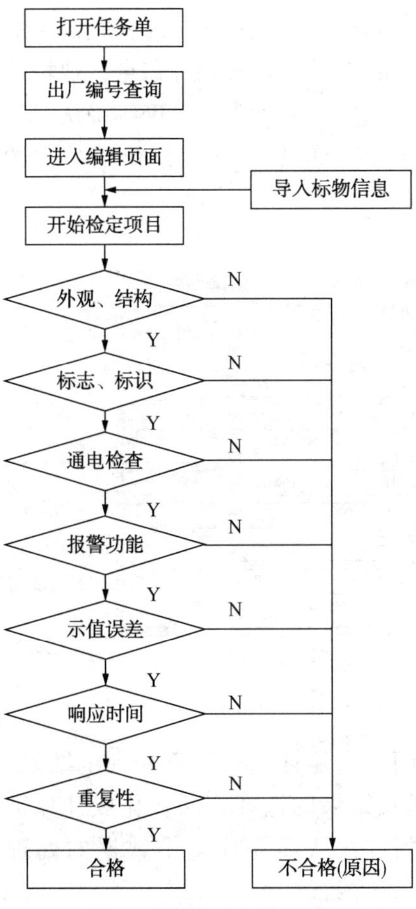

图2 现场检定过程流程图

3.2 移动检定系统平台与计量管理信息系统进行数据交互与共享？

将安装有移动检定平台的笔记本接入公司局域网，通过登录计量管理信息系统，将所要的委托单信息更新到笔记本电脑的本地数据库中。

工作流程：

（1）笔记本连接公司的局域网

（2）登录计量管理系统

（3）查找和审核任务单中的计量器具信息

（4）确认无误后发送到笔记本数据库中

（5）现场检定时携带笔记本电脑检定的同时记录原始数据

（6）检定完成后回到单位连接局域网，数据回传到计量管理信息系统

检定的流程图如图2所示。

3.3 客户的待检信息如何提取到原始记录中？

原始记录中的基础信息，像送检单位、仪器名称、型号、量程、出厂编号、生产厂家等信息是非常多的，现场检定时如果人为输入，工作量非常大，直接影响检定的效率。如何利用计量管理信息系统中的已有信息是个关键。经过反复思考尝试利用计量管理信息系统的计量器具台账功能，在天津分公司内，使用计量管理信息系统的二级单位，客户可以将本单位的计量器具根据溯源周期的不同设置提醒，到期后通过计量管理信息系

统将待检仪器进行委托，委托单中包含被检仪器的基础信息。对于系统外单位送检的仪器，提供计量器具信息模板，客户可以提前按规范的模板进行填写，之后在进行委托。见图 3。

图 3　计量器具台账

客户委托后，通过计量部门的收发室。收发员即能从系统中看到仪器信息，经过基本核实后派发任务单，每一项任务分配唯一的任务单号，一个任务单号中可以包含一台或多台被检的仪器。

3.4　原始记录上使用的计量标准器或标准物质的信息如何实现?

目前报警器的检定需要的主标准器是气体标准物质，气体标准物质来源一方面是标准气体稀释装置，另一方面是购买有证的气体标准物质。下面我们以有证标准物质为例介绍。

(1) 将标准物质台帐直接关联计量管理信息系统是最方便的方法，但由于目前标准物质台帐中包含的标准物质种类繁多，信息众多，其每种标准物质的特性参数和关键指标均不完全相同，设计统一的模板还存在困难，对标准物质台帐进行动态实时更新需要的工作量也比较大。

(2) 设计导入模板，模板中包含检定记录中的必要信息(图 4)

依据 JJG 693—2011 可燃气体检测报警器规程的要求，气体标准物质首选与被检仪器所测气体种类相同的气体标准物质。检定前需要和客户沟通询问报警器的检测种类，或基于经验将常用的可燃气体种类像甲烷、氢气、异丁烷和丙烷等按照浓度不同形成标准物质导入模板，模板中包含检定需要的基本信息。如图 4，模板中至少应包括名称、标准值、不确定度、样品编号、有效期等信息，现场检定时需要使用哪种气体标准物质，直接在导入模板中查找，并通过勾选气体的种类、浓度等确认保存后直接导入即可。如果一段时间内使用的气体标准物质不变，则此部分信息会自动继承上一次的内容。

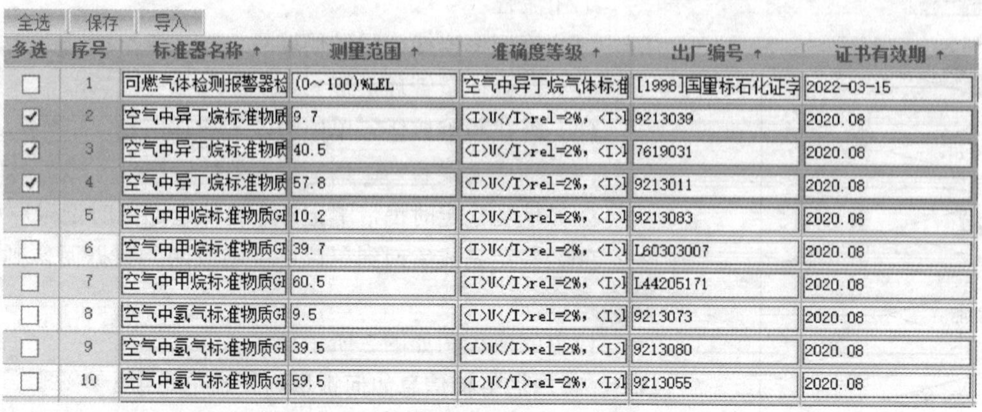

全选　保存　导入

多选	序号	标准器名称 ↑	测量范围 ↑	准确度等级 ↑	出厂编号 ↑	证书有效期 ↑
☐	1	可燃气体检测报警器检	(0～100)%LEL	空气中异丁烷气体标准	[1998]国量标石化证字	2022-03-15
☑	2	空气中异丁烷标准物质	9.7	<I>U</I>rel=2%，<I>	9213039	2020.08
☑	3	空气中异丁烷标准物质	40.5	<I>U</I>rel=2%，<I>	7619031	2020.08
☑	4	空气中异丁烷标准物质	57.8	<I>U</I>rel=2%，<I>	9213011	2020.08
☐	5	空气中甲烷标准物质GI	10.2	<I>U</I>rel=2%，<I>	9213083	2020.08
☐	6	空气中甲烷标准物质GI	39.7	<I>U</I>rel=2%，<I>	L60303007	2020.08
☐	7	空气中甲烷标准物质GI	60.5	<I>U</I>rel=2%，<I>	L44205171	2020.08
☐	8	空气中氢气标准物质GI	9.5	<I>U</I>rel=2%，<I>	9213073	2020.08
☐	9	空气中氢气标准物质GI	39.5	<I>U</I>rel=2%，<I>	9213080	2020.08
☐	10	空气中氢气标准物质GI	59.5	<I>U</I>rel=2%，<I>	9213055	2020.08

图 4　气体标准物质导入模板

3.5　数据如何进行处理?

报警器的数据处理主要是对原始记录上的示值误差、响应时间、重复性进行计算并判定结果。需要利用 JJG 693—2011 规程中的相应公式进行计算。把计算公式及结果的选择判断转化成计算机语言直接编写进软件程序中，让系统自动识别、计算、比较和判定，从而完成整个数据的处理工作。

4　现场检定实时记录的应用

通过移动检定系统平台对检定实时记录的页面如图 5 所示。

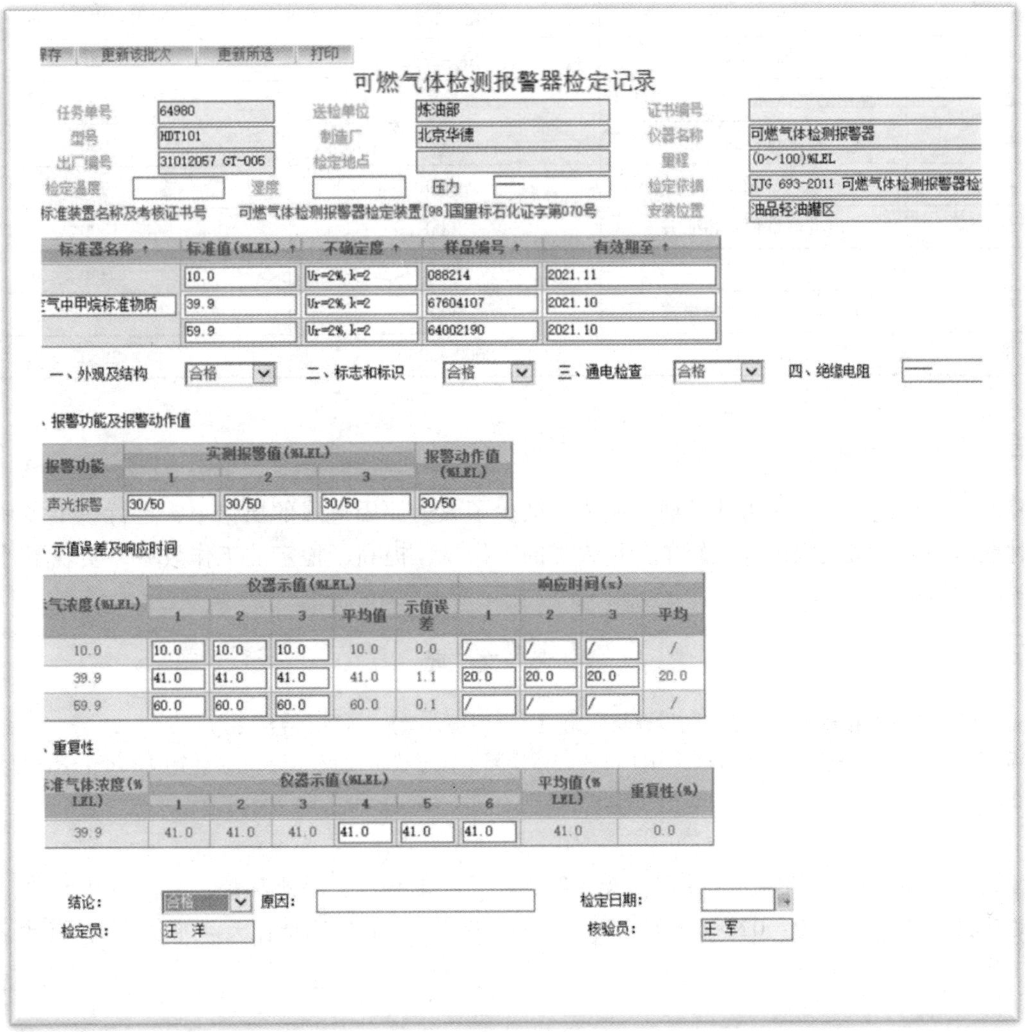

图 5　现场检定记录界面

（1）检定员在任务单接收前需要查看报警器的基础信息是否齐全，确认后再接收任务单。如果接收后发现仪器信息有误，修改比较麻烦。

（2）连接移动检定系统平台，将接收的任务单信息同步到移动检定系统平台。

（3）以一个任务单为例，检定员登录移动检定平台系统，进入报警器检定记录编辑页面，通过出厂编号进行查找，进入到待检仪器的记录编辑页面。

（4）逐项检定、实时记录检定内容，完成后保存。

（5）可以在移动检定系统平台同时打开一台或多台仪器界面同时检定编辑，检定完成后点击更新所选即可。

（6）对于同一天进行的检定任务，当第一台检定完成后，软件程序会默认继承第一台的检定结果，如果一个任务单内包含 25 台待检仪器，温湿度、检定日期、所使用的气体标准物质都不变的情况下，后面的 24 台仪器检定前的准备不需要再重复填写，只需要完成实时检定数据即可。

5　检定实时记录应用前后的用时对比

以 100 台报警器的综合检定用时经过统计如下表所示，可以看出报警器检定实时记录应用后提高检定效率约 36%，以往报警器的月检定量大于 400 台的情况下周检任务当月不能完成，检定实时记录应用后报警器每月600台的检定量在检定现场完成后1周内原始记录和证书就可以完成。实践证明应用的效果良好。见表1。

表1 用时统计表

	主要环节	应用前用时/min	应用后用时/min
1	报警器的基础信息	400~600	100
2	使用的气体标准物质的信息	300	60
3	检定过程的记录	2000	1000
4	数据处理	1000	300
5	出具检定记录和证书	3000	1000
6	监督审核	1000	300
7	出错后修改(30份出错)	300	100
8	合计用时	8000~8200	2860

6 结语

报警器现场检定实时记录方法的研究应用，减少了人为原因造成的出错率，运行一年多来，周检任务及时准确完成，最大限度地减轻了计量人员的工作量，提高了检定的工作效率。实现了计量现场检定业务的实时操作。

参 考 文 献

[1] 冼志勇. 压力表现场检校工作无纸化的设计与应用[J].《中国计量》，2020，卷号(7).

[2] 国家质量监督检验检疫总局. JJG 693—2011可燃气体检测报警器检定规程[S]. 北京. 全国环境化学计量技术委员会，2011.

作者简介：郭春梅(1978—)，性别：女，职称：高级工程师，毕业院校：天津科技大学，现从事计量检定及技术工作。电话：022-63804169，邮编：300271，通信地址：天津市滨海新区(大港)北围堤路160号。

定量装车系统与电子汽车衡计量一致性分析

潘　巍　王传新　王丽静　李　强

（胜利油田分公司石油开发中心有限公司　山东东营　257000）

摘　要　自动定量装车系统和电子汽车衡系统是油公司原油零销站点的重要计量设备设施。准确的贸易结算需要精确的计量数据作为支撑，因此需要对计量设备进行周期性的检定和校准。但测量过程较复杂，频繁检测不仅增加成本且对生产时率影响较大。本文通过对两个计量系统示值偏差的波动特点进行对比分析，总结出判定两计量系统变化趋势一致性的方法，利用统计分析软件解析其内在规律并预测汽车衡示值的区间范围，可较及时发现计量结果的错误。

关键词　定量装车系统；电子汽车衡；偏差；双样本分析

1　引言

生产单位使用定量装车系统和汽车衡系统进行零销原油，两个系统都客观存在数据偏差波动的情况，亦存在超差的小概率事件。为保证数据准确性和真实性，需要对两系统的一致性分析进一步研究，找到现场判定系统示值是否超差的方法。

2　两个系统简介和数据特点

通常电子汽车衡计量的原油重量是贸易结算依据，定量装车系统通过质量流量计及相关设备安全、高效地完成零销原油装车，其数据对电子汽车衡车系统有一定的核对验证作用。目前多数油公司的原油零销站点都以此模式搭建计量流程。

2.1　定量装车系统

定量装车系统（图 1）由定量控制仪、油泵、流量计、控制阀、防静电防溢流、其他联锁设备以及相关监控软件组成。

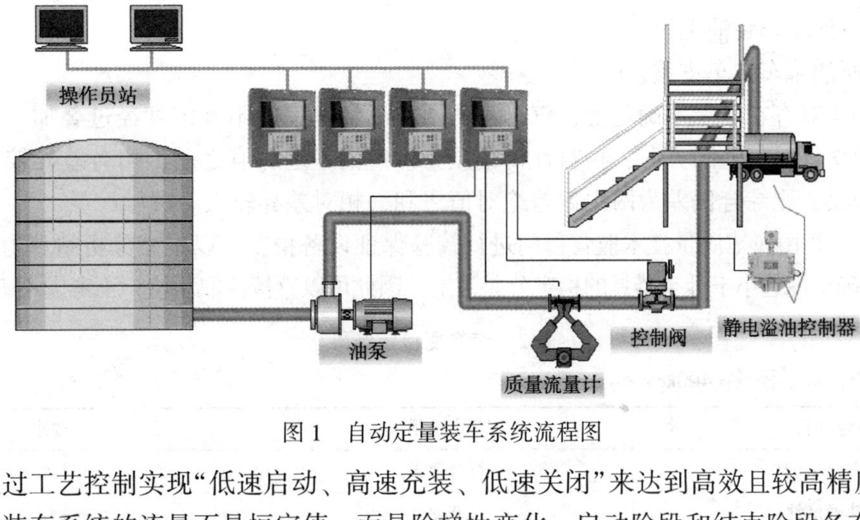

图 1　自动定量装车系统流程图

该系统通过工艺控制实现“低速启动、高速充装、低速关闭”来达到高效且较高精度装车。从图 2 可以看出定量装车系统的流量不是恒定值，而是阶梯性变化：启动阶段和结束阶段各有一段流量小于流量计最大流量 1%的流量值，质量流量计厂家定义为“小流量切除值”。

以本文分析的站点为例，因自动定量装车的准确度主要依赖质量流量计等计量设备，所以质量流量计都通过质检机构检定达到 0.2 级精度（表 1）后允许投产使用，并按企业规定周期性检定。

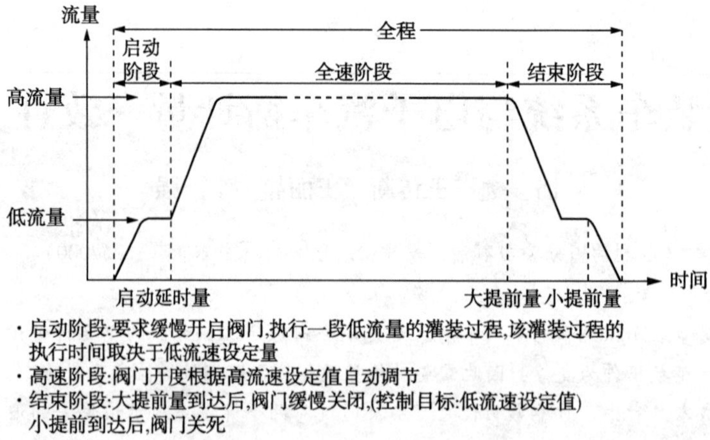

图 2　定量装车系统流量控制示意图

表 1　质量流量计检定证书内容

仪表名称	质量流量计	仪表名称	质量流量计
检定依据	JJG 1038—2008 科里奥利质量流量计	检定结论	依据检定结果，准予做 0.2 级表使用

在实际应用中，由于受工作条件限制，其测量状态不可避免受到各种因素影响，如零点漂移引起的误差，现场的剧烈震动或电磁干扰引起的误差，介质夹杂气体引起的误差，间歇运转导致“小流量切除值”引起的误差，介质与环境温度的较大幅度变化引起的误差，介质压力变化引起的误差等，都可能导致整体累积误差的增加。

2.2　电子汽车衡系统

汽车衡为静态计量，可靠性相对较高，交易双方皆认可其数据作为贸易结算依据。作为传统计量器具，在使用单位已形成较为成熟的管理机制，用“信息化”监控和“人防”“技防”等手段预防作弊，但近年来仍出现不法分子以电磁干扰等非常规手段在类似零销站点实施作弊。

该系统对油罐车装车前后分别称重，并通过载荷传感器将油罐车质量数据传输至系统平台，通过所采集的毛重、皮重计算净重公式(4)。

$$M_{磅}=M_{毛}-M_{皮} \tag{4}$$

式中　$M_{磅}$——地磅计量原油重量，t；

$M_{毛}$——原油罐车装油毛重，t；

$M_{皮}$——原油罐车空车皮重，t。

每次测量都客观存在测量不确定度，汽车衡的两次测量过程的不确定度经过叠加，在计量结果的表现为：如果两次计量偏差同方向，物料计量偏差为计量偏差绝对值之差，相对差异较小；如若两次计量偏差方向相反，则综合偏差为两次偏差绝对值之和，相对差异较大。

汽车衡每 6 个月由属地质量技术监督部门进行校验保证设备精度，以本文分析站点为例，检定结果(表 2)证明其不确定度远小于计量器具的检定公差范围，因此可以直接读取示值，不考虑不确定度的影响。

表 2　汽车衡检定结果　　　　检定结果

注：最大秤量：80t；最小秤量：400kg；e=d=20kg。

检定项目		鉴定结果	要求
通用技术要求的检查		符合要求	/
置零准确度测试		0kg	±5kg
偏载测试		2kg	±20kg
称量测试	0t~10t	2kg	±10kg
	>10t~40t	0kg	±20kg
	>40t~80t	0kg	±30kg

续表

检定项目		鉴定结果	要求
鉴别阈		有变化	1.4d
除皮准确度测试		0kg	±5kg
除皮称量测试	0t~10t	2kg	±10kg
	>10t~40t	2kg	±20kg
	>40t~70t	2kg	±30kg
重复性测试		2kg	20kg

2.3 两种计量方式一致性分析

2.3.1 制定数据收集计划

根据历史经验，单车计量均值在 30t 左右，净重标准差在 0.315。根据统计样本计算，功效值设定为 0.8，差值为 0.05，需要收集大于 314 组数据(图 3)。

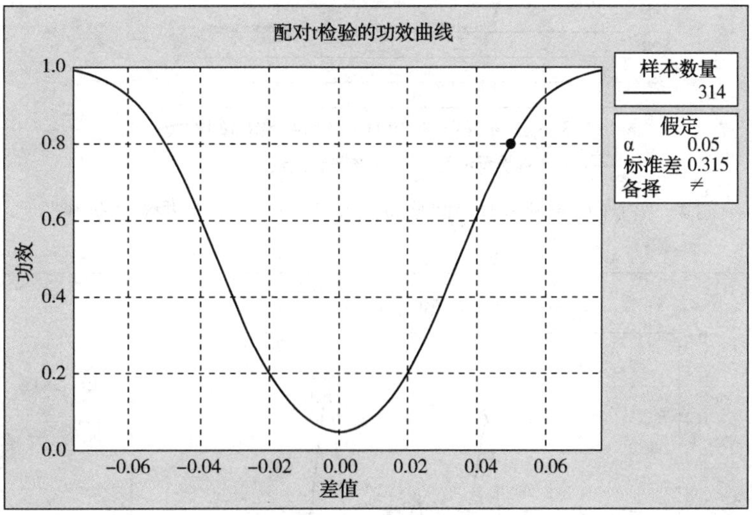

图 3 配对 T 检验的功效曲线

2.3.2 数据分析

为客观分析累积误差，在拥有相同精度等级和分度值设备的前提下，对 3 座配备汽车衡和定量装车系统的站库(简称 A 站、B 站、C 站)进行数据采样。通过统计“汽车衡质量示值”和“流量计质量示值”数据进行数据分析。

(1) 数据曲线

两条曲线波动幅度同步性较高，两条曲线较为接近但不完全重合(图 4 和图 5)。

(2) 原因分析

①环境因素产生误差的原因：如前文所述，质量流量计的精度会受到环境因素影响。通过采取相应的措施，如：采用管线与流量计柔性连接，合理设置固定基础，远离电磁干扰等，可以大大降低由此造成的影响，但不能完全消除。②系统流程设备因素产生误差的原因：自动定量装车系统存在多个节点的累积误差，包括流量计误差、控制阀误差、管输原油残留等因素导致的偏差；质量流量计在装车“启动阶段”和“结束阶段”都存在“小流量切除值”的低流量时段；接转站处理后的零销原油仍有少量溶解气析出(管输过程温度降低、压力降低导致气体析出)等因素也将影响折算准确度。以上都是汽车衡示值大于流量计示值的因素。③管理因素产生误差的原因：一是零销结束后用水冲洗管线会造成“在线含水分析仪”数据波动，下次零销前需要提前将达标原油用较长时间流过含水分析仪，才能让质量流量计示值正确；二是在集输系统波动时会导致油质变差(短期油品含水波动)，会增大质量流量计零点漂移情况的发生概率，即有可能发生无油流通过时流量计依然累计液量的情况，此时操作员通常用“零点复位”操作解决异常。管理中注意这些风险可避免大多数“两系统示数差值”过大的情况。

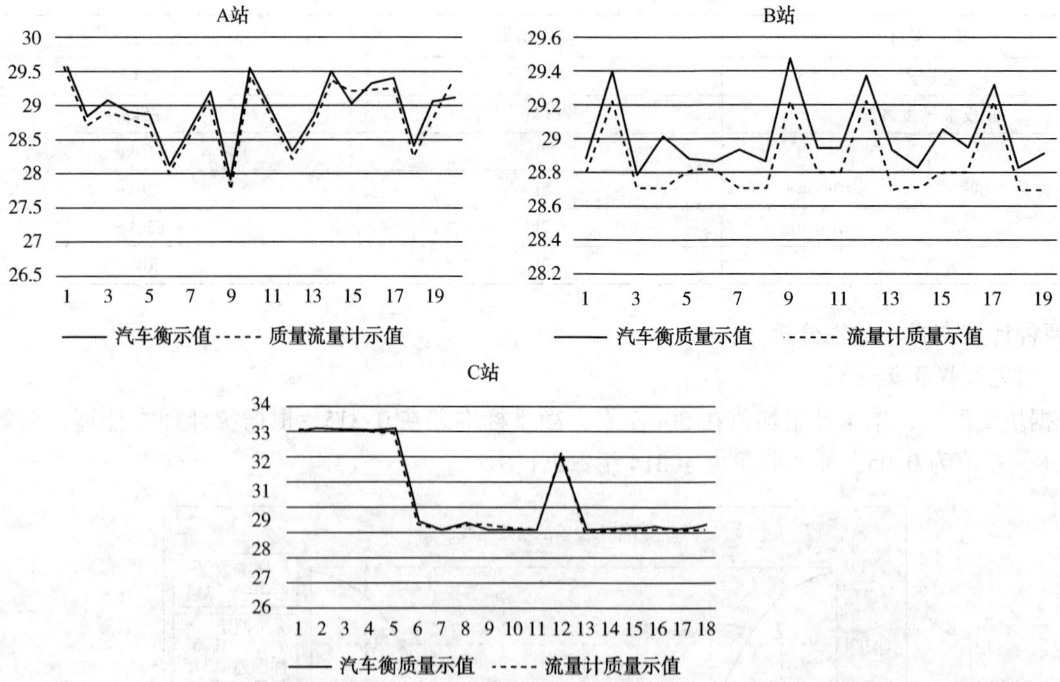

图 4 “汽车衡质量示值”和“质量流量计质量示值”数据对比折线图

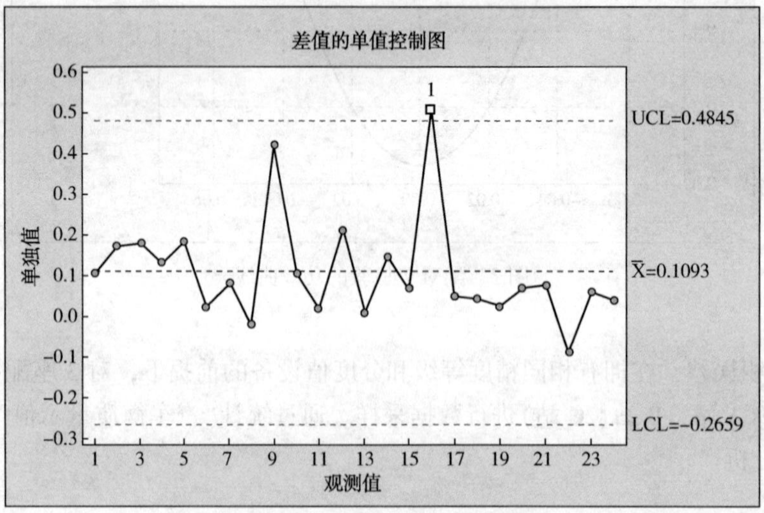

图 5 数据差值 SPC 单值控制图

通过分析可知以上两种计量方式示值的偏差，主要集中在定量装车系统上，导致其累积误差的因素复杂且难以分别计量。本文将导致累积误差的整体问题视为变量因子，汽车衡的示值近似作为真值。用多次“质量流量计示值的均值”与相应车次“汽车衡示值的均值”的差值，来量化各站“质量流量计示值”样本中的偏差程度(公式 8)，并以此推测定量装车系统整体偏差程度：

$$\overline{x}=\overline{M}_{计}-\overline{M}_{磅} \tag{8}$$

式中 $\overline{x}$——质量流量计均值的偏差，t；

$\overline{M}_{计}$——质量流量计示数的均值，t；

$\overline{M}_{磅}$——汽车衡质量示值的均值，t。

通过调取这 3 座站库两计量系统示值的历史数据，筛选相同车次(531 车次)数据进行配对 t 检验(见表 2)，分析得到如下结果：

A 站：累积平均偏差 0.12938；

B 站：累积平均偏差 0.26785；

C 站：累积平均偏差 0.15333。

表 2　各站汽车衡示值与质量流量计示值通过配对 *T* 检验计算各均值的差值

A 站：示值配对 *T* 检验				
	N	均值	标准差	均值标准误
汽车衡示值	531	29.8426	1.5519	0.0673
流量计示值	531	29.7133	1.5457	0.0671
差值	531	0.12938	0.068929	0.00296
B 站：示值配对 *T* 检验				
	N	均值	标准差	均值标准误
汽车衡示值	531	30.1606	1.806	0.045
流量计示值	531	29.8928	1.7763	0.0443
差值	531	0.26785	0.20034	0.00499
C 站：示值配对 *T* 检验				
	N	均值	标准差	均值标准误
汽车衡示值	531	28.9925	0.1880	0.0263
流量计示值	531	29.8392	0.1856	0.026
差值	531	0.15333	0.05915	0.00828

3 个站库分别属于不同区块的三个管理区，虽然配备相同的设施流程，但定量装车系统过程控制设置和零销原油物性都不相同，是造成各单位样本均值偏差区别较大的原因。要分析各生产单位两因子的关系，需要根据实际情况区别对待。下面将以偏差最大的 B 站为实验对象制定措施。

3　相关性实验

3.1　提出背景和偏差补偿原因

3.1.1　提出背景

定量装车系统受设计原理限制，其折算的质量数据相对于汽车衡系统的原油质量是变量因子。为研究定量装车系统示值的变化趋势与汽车衡示值变化趋势是否一致，本文通过配对 t 检验对 B 站 1611 车次两系统的示值进行统计分析。

3.1.2　流量计系统质量因子的补偿

通过配对 *t* 检验发现，B 站质量流量计示值平均差的 95%置信区间为：(0.25806，0.27764)；平均差=0(与≠0)的 *T* 检验：*T* 值=53.66，*P* 值=0.000。说明质量流量计示值比汽车衡示值整体偏小，两系统存在系统偏差而不是随机偏差。为消除此影响，项目对流量计系统所有历史示值均加入“补偿值”后研究其趋势。因为只研究流量计示值与汽车衡示值变化趋势的一致性，所以将两系统平均值的差值作为质量流量计系统的补偿值不会影响配对 t 检验对趋势分析结果。

汽车衡质量示值与流量计补偿后示值的配对 *T*：

	N	均值	标准差	均值标准误
汽车衡质量示值	1611	30.1606	1.8060	0.0450
流量计补偿后示值	1611	30.1528	1.7763	0.0443
差值	1611	0.00785	0.20034	0.00499

平均差的 95%置信区间：(-0.00194，0.01764)；

平均差=0(与≠0)的 *T* 检验：*T* 值=1.57，*P* 值=0.116。

由此可见，补偿后的流量计示值与汽车衡示值的偏差是随机偏差。

3.2 两系统质量因子关系和判定方法

3.2.1 质量因子数据可控性分析

零销原油交易双方在出入库前都需要对原油过磅以核查数据。因此交方每天对计量系统的可控因子进行统计，形成可用于分析的计量数据。质量流量计的原油质量示值作为变量因子，对其示值的误差率现状进行控制能力分析：

以B站为例，将近期装车数据绘制"质量流量计误差率"的*I-MR*单值变量控制图(图6)，分析得出B站实验期间质量流量计数据可控性较好，近期流程状态和原油物性相对稳定。

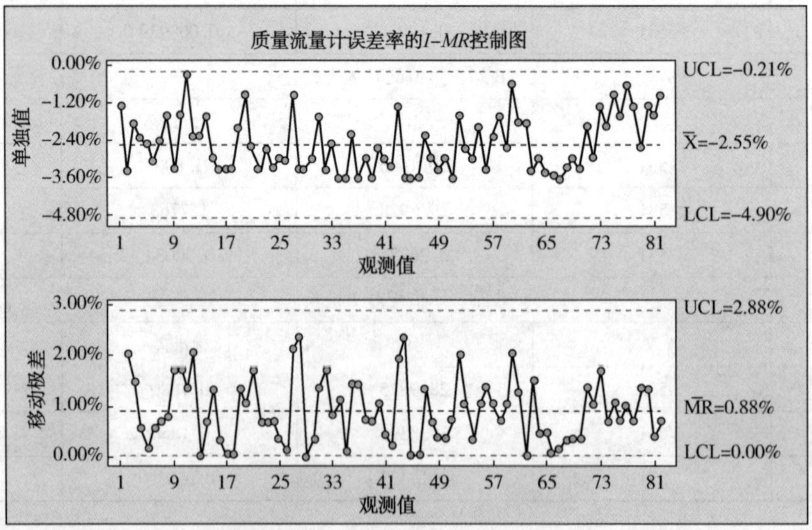

图6 质量流量计误差率的*I-MR*单值变量控制图

3.2.2 两个系统质量因子的样本数据分析

通过对汽车衡系统数据*Y*和定量装车系统数据*X*关系拟合得到回归方程："汽车衡质量示值=0.2206+1.00765×流量计质量示值"，从回归方程的总体效果度量：*R-Sq*与*R-Sq*(调整)数值相等，且*R-Sq*(调整)=99.74%的说明模型可以解释汽车衡示值*Y*中99.74%的变异，结合拟合线图(见图11)能基本确定回归方程拟合度较好。同时*S*大约是0.1t，上下大约2倍*S*即约200kg，基本符合扫线等因素造成两系统示数的差值波动范围。见图7。

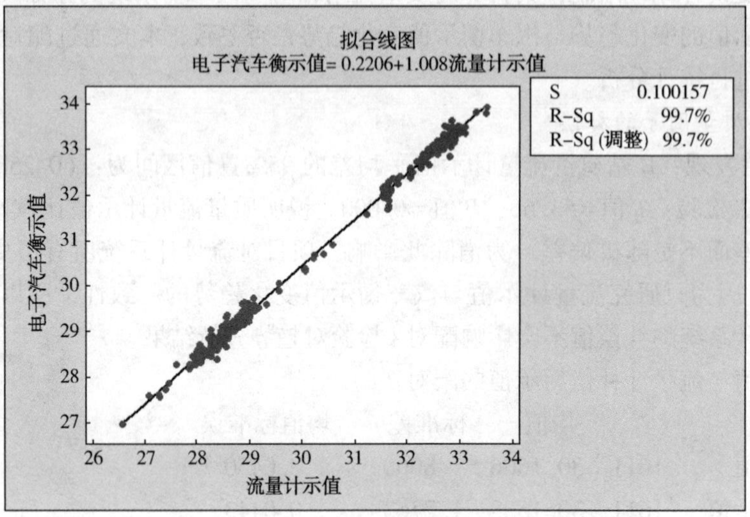

图7 "汽车衡示值"与"质量流量计示值"的拟合图

在回归方程显著时，为保证拟合方程的模型能真实反映实际情况，还需要进一步做残差诊断，才能得到更为准确的结论。残差作为实际观测值与拟合值之差，当满足以下条件时能够认为模型切实反映了数据情况：(1)具有时间独立性；(2)来自稳定受控总体；(3)对输入因子的所有水平有相等的总体方差；(4)拟合值的残差符合正态分布。

因此通过“四合一”残差图(图8)我们可以进行以下分析：(1)从“观测值顺序”图发现残差值在水平轴上下是无规律波动，彼此间相互独立；(2)从“残差与拟合值”图发现数据分组不连贯，这是受不同车型的最大载重不同导致的，各组数据无明显漏斗形或喇叭形说明拟合效果较好，残差是等方差的；(3)从“残差正态概率”图，看出残差值在正态概率线上重合度较高，可认为残差是服从正态分布的；从“残差和频率”图上可以辅助检查残差大分部位情况。有以上内容得出结论，此回归方程可以真实反映两计量系统的数量关系。

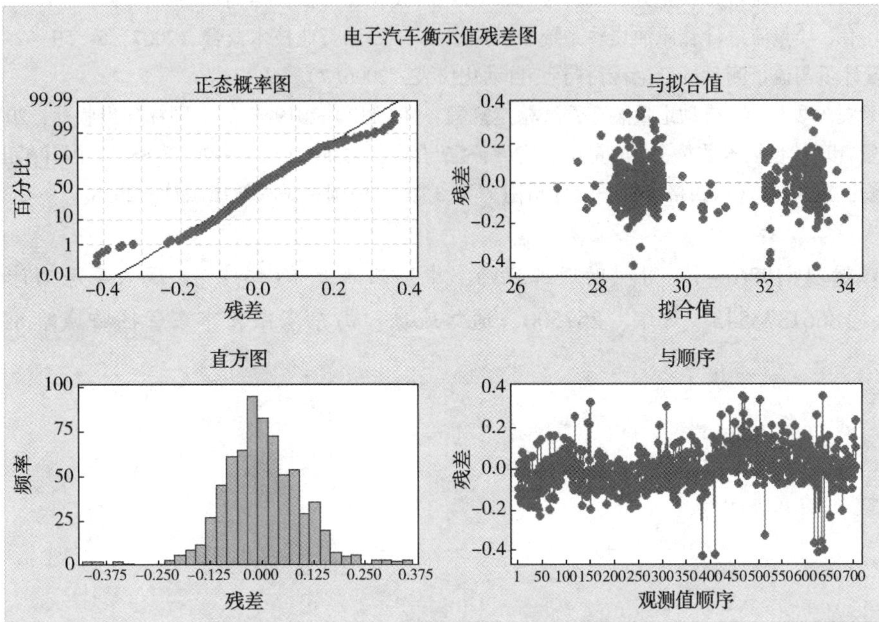

图8 “汽车衡示值”的残差图

3.2.3 通过回归方程对质量因子范围预测

生产现场运用时，可以根据回归方程将当前“流量计质量示值”计算得到“汽车衡质量示值”的拟合值，根据的预测公式(13)可以预测正常情况下“汽车衡质量示值”应该显示的范围——95%预测区间，如果超出区间则有可能是计量系统出现问题。

$$预测值上下限 = 拟合值 \pm 1.96 * S \tag{13}$$

式中 S——残差的标准差；

1.96——根据95%置信度换算的概率系数。

举例来说：B站历史数据拟合的回归方程为：“汽车衡质量示值(t)= 1.01053×流量计质量示值(t)-0.0469”。当变量“流量计质量示值(t)”为30t时，可计算出“汽车衡质量示值”的拟合值=30.2690；拟合值标准误=0.0049802；95%置信区间：(30.2592，30.2787)；95%预测区间：(29.8775，30.6605)。所以，汽车衡示值在(29.8775，30.6605)区间内时说明两系统运行正常，否则至少其中一个系统可能有异常情况。

4 结语

如果生产单位有多个定量装车位同时运行，一般可以通过互相对比数据偏差的方法发现异常情况，可在早期处置引发超差的故障；如生产单位只有一套设备，则早期较难发现汽车衡故障造成的超差。

生产单位对定量装车系统示值和汽车衡系统示值进行统计学分析，找到两系统的关系并形成现场解决方案：用两个系统示值历史数据建立回归方程，将当前流量计示值作为设定值预测汽车衡示值95%预测区间，比对当前汽车衡示值是否在该预测区间内，可对当前系统是否正常做初步判断——简称“区间法”。“区间法”是针对历史数据的概率统计，因此需要及时排除错误数据，定期更新现阶段的正常数据拟合更完善的回归方程，达到“预测区间”更符合现场情况的目的。由于此法简便易行，用简单的数据分析软件就可以为生产现场提供高频次的计量系统“自检”工作，为企业降低经营风险的同时也降低了生产运行成本。

参考文献

[1] 秦国昌，李守明. 密度对质量流量计测量原油含水率的影响[J]. 仪表技术与传感器，2009(9)：46-54.

[2] 潘卫东，高飞青. 质量流量计误差分析及对策[J]. 甘肃科技，2013，29(4)：83-93.

[3] 刘永远，龚中伟. 质量流量计在原油集输系统中的应用[J]. 石油行业技术监督，2007，5：59-62.

[4] 顾克江. 总量计量与流量测量的理论探讨[J]. 自动化仪表，2006(7)：68-71.

[5] 全国衡器计量技术委员会. 自动定量装车系统检定规程：JJG 1170-2019[S]. 中国标准出版社，2020.

[6] 全国法制计量管理计量技术委员会. 测量不确定度评定与表示：JJF 1059. 1—2012[S]. 中国计量出版社，2012.

[7] 马逢时，周峰，刘传冰.《六西格玛管理统计指南》(第3版). 中国人民大学出版社，2018.

作者简介：潘巍(1986—)，男，助理工程师，中国石油大学(华东)，现从事原油计量和油水井管理工作。电话：18661376543，邮编：257500，通信地址：山东省东营市东营区聊城路89号。

质量流量计智能诊断系统在油品贸易计量中的应用

余定平　万亚飞

（中国石化九江石化公司检验计量中心　江西九江　332004）

摘　要　科氏力质量流量计具有准确度高、稳定性好等优点，在石油化工行业的贸易结算中，发挥着举足轻重的作用。但仪表计量数据准确性受零点漂移、气液两相流等因素影响；人为仪表断电、错误修改仪表参数等行为也带来计量风险。本文主要是针对某炼厂及石油公司流量计监控系统不足，新建了质量流量计智能诊断系统，实现双方流量计数据共享及状态智能诊断，提高了计量数据准确性的同时减少计量纠纷。

关键词　科氏力质量流量计；流量计智能诊断；管线自流；仪表异常情况

1　引言

某炼厂成品油出厂主要通过管道输送至石油公司油库罐区，其中含92#汽油2条管线、95#汽油1条管线、0#车柴3条管线，合计6条出厂管线，炼厂方在每条管线均安装1台准确度等级为0.2级艾默生CMF系列质量流量计用作贸易交接计量方式，油库罐区每条相应管线上也安装有同类型质量流量计作比对用。虽都安装有高精度质量流量计，但一方面因流量计安装于不同公司内部，流量计RS485信号分别引入各自DCS系统或SCADA系统，故双方只能查看自身流量计运行状态及参数，无法查看对方流量计运行状态，影响双方对数据准确性的判定。另一方面DCS系统或SCADA系统只是通过RS485采集流量计瞬时流量、累计量、密度、温度等运行参数，无法监控到流量计流量系数等关键参数是否被人恶意修改、是否发生故障等异常情况，易引起双方计量数据纠纷。因此，双方认为有必要建设一套流量计智能诊断系统，实现双方流量计数据共享的同时，能自动进行批量数据自动比对、流量计运行过程中各类异常情况智能诊断并报警，提高双方流量计计量数据准确性。

2　主要措施

2.1　通过信息化手段，采集双方流量计信号

在炼厂部署一台诊断系统服务器，用于存储采集到的双方流量计所有信息。据流量计现有RS485通讯线缆情况增加了三台带缓存功能的MOXA UC-8100网关，该网关配备2个RS-232/422/485串口，两个10/100Mbps以太网口。1个RS485串口做主站采集现场流量计信号，另1个RS485串口做从站将采集到的流量计信号发送至原有DCS系统或SCADA系统做生产监控用，一路以太网口将流量计信号通过光纤发送至系统服务器。炼厂与油库各安装一台客户端，可通过网络实时监控双方全部流量计运行状态。见图1。

2.2　在信号采集基础上，实现流量计全面状态监控及故障智能诊断

传统的数采系统（如SCADA）只能监控一些过程参数显示以及这些参数趋势显示，例如常规的瞬时流量、累计流量、温度、密度和零点等，不具备智能诊断和分析。智能诊断系统可以高速读取质量流量计内部多达上百个重要参数并融合一些专业计量经验和质量流量计诊断运算模块，以实现流量计全面状态监控及故障智能诊断。

2.3　开发故障报警及时短信推送至管理人员功能

结合炼厂短信平台，开发了短信推送功能。当系统监控到流量计发生故障或关键参数修改后，系

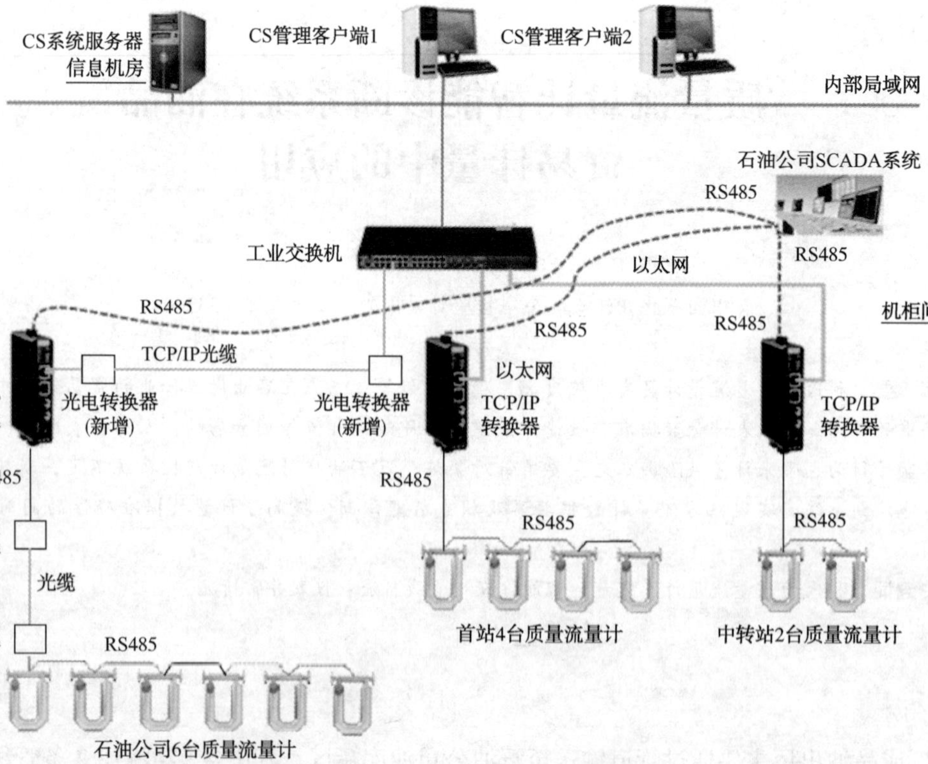

图 1　12 台流量计实现在线监控原理

统自动向预先设定的计量管理人员手机发送短信推送流量计报警或参数变化信息，便于及时安排维护人员进行检查。

2.4　开发双方流量计批次发油数据自动比对功能

为减少双方发油数据人工比对工作量，分别以炼厂、油库流量计为付油主辅表，开发了批量发油数据自动比对功能。现场开泵输送前，炼厂计量员在客户端设定好计划量后点击“开始付油”按键，系统自动记录同一条管线上主辅表累计量作为主表及辅表批次发油前读数。发油过程中，通过实时采集主表累计量减去主表前读数得到已发油量及发油进度百分比，达到计划量后系统提醒计量员通知停泵。发油结束后，计量员点击“停止付油”后，系统将此时主辅表累计量作为批次付油后读数，自动计算主辅表本次实付油量及比对差值(率)，误差超过±0.2%时，系统提醒比对超差，便于及时组织查找超差原因。

2.5　开放的数据接口功能以及具备 Web 发布功能

系统数据库采用 SQL SERVER，并具备开放的数据接口功能，计量员仅需点击提取即可将批量发油数据上传至公司计量管理系统做贸易结算用，减少计量人员手动录入发油数据工作量的同时避免了错误的计量数据发生；系统据实际使用需求将流量计常规运行参数的实时值、历史值及批量付油数据通过 Web 网页进行发布，相关计量管理人员在办公室通过电脑浏览器即可查看。

3　应用情况及成效

3.1　实现双方流量计数据采集的基础上系统还具有

3.1.1　全面实时监控

对质量流量计提供不仅限于常规运行参数的实时监视功能，系统还通过实时获取质量流量计断电复位及各类故障报警代码，并据获取到的报警信息在线提供专家处理意见，确保可以每时每刻感知流量计运行状态。见图 2 和图 3。

3.1.2　跟踪管理

可实时记录流量系数等重要检定参数变化，防止未授权修改，避免人为恶意修改数据带来的计量风险。并对报警信息产生和恢复都做了跟踪记录，为维护或维修流量计提供了详尽依据。

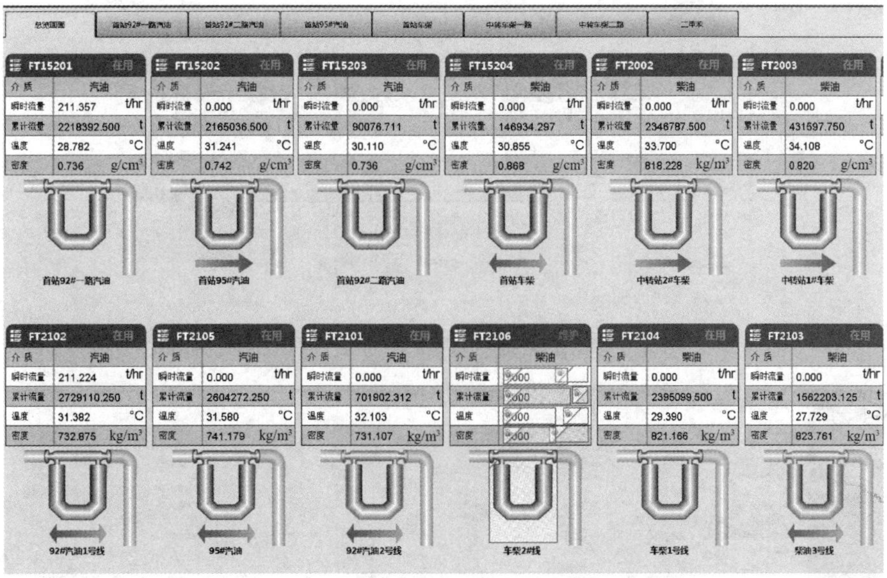

图 2　双方 12 台流量计监控主画面

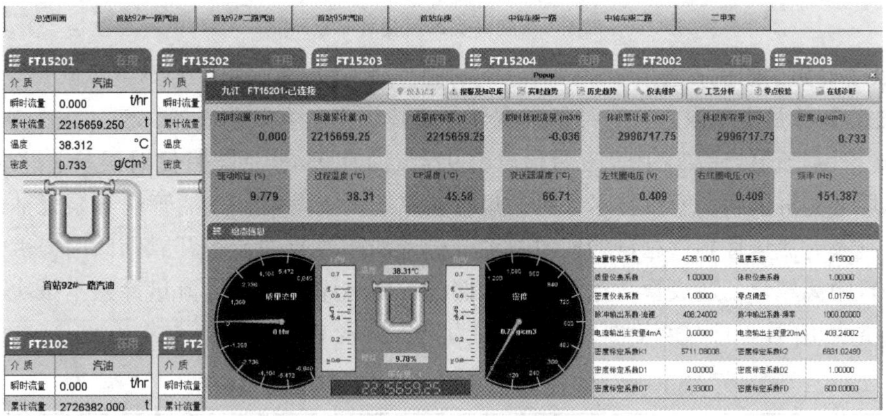

图 3　单台流量计全面状态监控

3.1.3　数据分析及运行状态预测

可以实时跟踪和记录流量计历史运行数据，并且形成重要运行参数历史记录曲线及统计分析结果。保障流量计健康和高精度运行。对直接影响质量流量计精度的三个关键因素零点、标定系数和工艺影响进行实时诊断、分析和定量评估。具有全生命周期诊断流量计健康趋势，可分析流量计系统噪声情况，进行预测性维护，检查离线检定/校准后重新安装情况；通过工艺运行批量分析曲线图和饼图数据，建立流量测量可信度和不同贸易计量应用的模型预测(如：批量、零点、工艺背压和两相流等)，并通过预测模型来优化计量性能，提供专业工艺运行分析及全生命周期健康分析报告。

3.2　具备流量计故障、参数修改等异常情况短信推送功能

具备流量计故障、参数修改等异常情况短信推送功能见图 4。

3.3　具有单批次发油双表数据自动比对功能

具有单批次发油双表数据自动比对功能见图 5。

3.4　具有 Web 发布功能，通过网页即可查看流量计常规参数

具有 Web 发布功能，通过网页即可查看流量计常规参数见图 6。

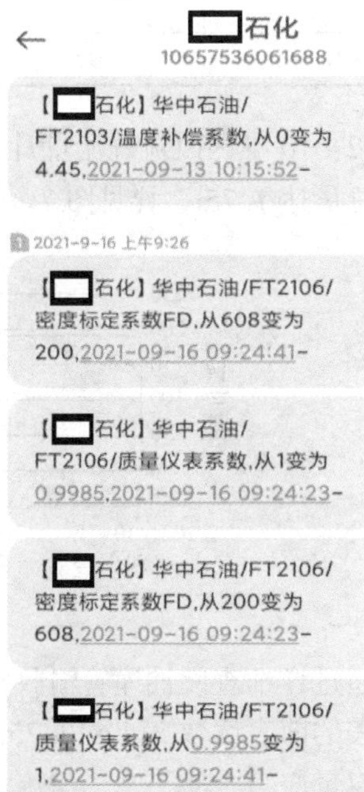

图 4　流量计参数修改短信推送

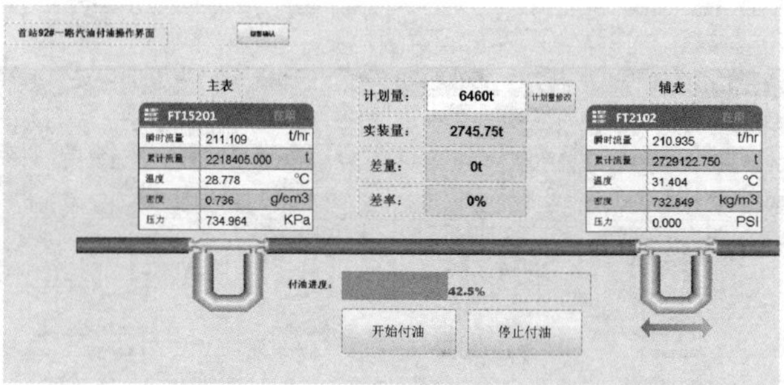

图5　单条管线主辅表批次付油数据自动比对

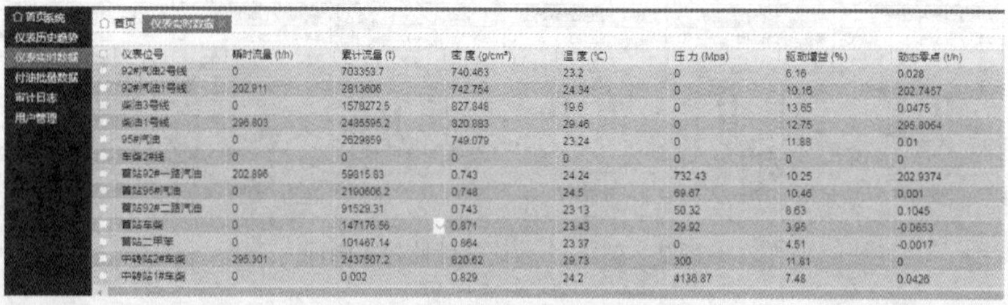

图6　网页查询流量计状态

3.5　有效降低了计量纠纷的产生

系统自2021年9月投用以来，为计量数据异常查找提供了有效的手段，例如2021年11月油库向炼厂提交管输《产品短损传递单》中，10月份管输92#汽油及95#柴油当月比对误差超过规定的±0.1%，申请补量。炼厂接到诉求后，安排技术人员通过诊断系统调查发现，汽油管输开泵发油前，存在多批次油库流量计有瞬时流量且累计总量的现象。经分析系油库改收油流程开罐前阀时，因炼厂管线地势高于油库储罐且距离较长，造成管线存油自流入储罐，而油库方未将自流量计入本批次入库表量造成比对超差。以下表10月3日92#汽油一号线收油为例。见表1。

表1　油库监控10月3日92#汽油一号线收油数据

时间	油品种类	收油罐	炼厂原发/t	入库表量	
				收量/t	损耗率/‰
10月3日	92	1006	2553.750	2550.000	1.468

22：10罐区改流程流量计开始走量，瞬时流量最高达46.708t/h，至22：24流量回零，14min内自流总量达1.75t，详见图7。

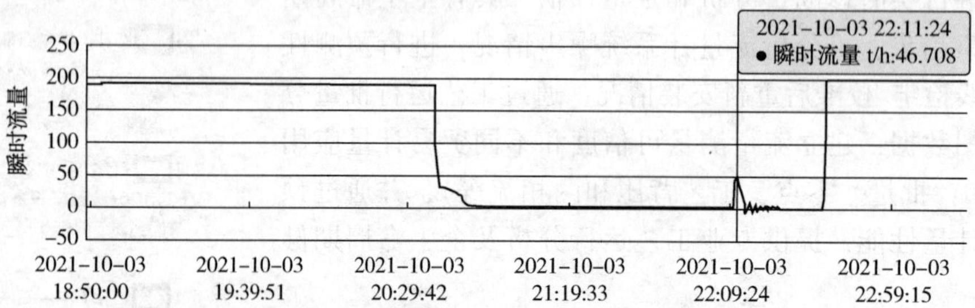

图7　油库92#汽油一号线流量计自流

通过详细查阅油库管输收油情况记录表原始记录与诊断系统相关历史数据，认为本批次油库抄取监督表的前表读数2140812.25t(22时24分读数)应为2140810.5t(22时10分读数)，故本批次92#汽油入库量应为2551.75t，与炼厂结算量2553.75t比较，损耗率应为0.078%，低于表1中的0.1468%，满足±0.1%的损耗要求。这说明油库在进行表表比对时，将自流后的累计读数作为本批次期初量，导致该自流量未能计入本批次实收油量，影响表表比对准确性。92#汽油流量计二号线、95#汽油收油过程中均存在上述自流现象，下表为10月油库方《产品短损传递单》中修正自流影响表表比对数据，均在规定的±0.1%以内。见表2。

表2　10月修正自流后双表比对误差

收油管线	表名	10月1日	10月31日	10月绝对量	差值/t	损耗率/%
92#汽油一号线	油库表累计数/t	2129961.0	2232994.2	103033.2	83.1	0.081
	首站表累计数/t	1615844.6	1718960.9	103116.3		
92#汽油二号线	油库表累计数/t	686159.6	694600.3	8440.7	4.6	0.055
	首站表累计数/t	74264.13	82709.46	8445.3		
95#汽油	油库表累计数/t	2359154.0	2399565.2	40411.2	40.6	0.100

双方经过沟通、协商，消除了对计量数据的异议，有效地避免了计量纠纷，并制定了改进措施，半年来油库方未再提出《产品短损传递单》。

4　效益及价值分析

4.1　管理效益

双方计量管理人员无须到现场，即可监控所有流量计运行状况，及时发现流量计零点偏移、含气、带水、故障等异常情况，减少了仪表维护工作量。改变以往依靠双方共同给流量计粘贴纸质计量封缄，定期检查封缄完好情况来防范单方面修改流量计参数等情况，诊断系统投用后管理人员无须频繁至现场检查流量计封条情况，在操作室即可监控查阅流量计系数修改情况，提高了工作效率，降低了劳动强度；仪表故障自动报警及短信推送，有助于管理人员及时发现流量计故障并安排处理，确保了计量数据的准确性；批量数据自动比对，超差自动报警，能及时发现批次发油数据异常，避免计量纠纷发生。

4.2　经济效益

在不增加炼厂质量流量计采购安装的基础上，实现了管输出厂双表计量，可为公司节约6台质量流量计采购及施工安装费用大概合计180万元左右(6×30万元/台)。

4.3　社会效益

系统上线运行后，批次比对误差均控制在±0.1%以内，流量计计量数据准确性得到有效保障，炼厂、油库双方形成了良好的合作关系，未再发生一起计量纠纷，践行了中国石化“质优量足，客户满意”质量承诺。

5　结语

通过质量流量计智能诊断系统的建设，将过去各自管理的质量流量计纳入了统一监控，实现了流量计运行状态与计量数据共享，提高了质量流量计的全面感知能力。智能诊断及短信报警为故障及时处理提供有力支撑，确保计量数据准确性的同时降低了计量纠纷，为提高计量智能化水平打好基础。

作者简介：余定平(1970—)，男，工程师，九江石化检验计量中心经理，1993年8月浙江大学能源系热能动力工程专业毕业，现从事检验计量管理工作。电话：0792-8494288，邮编：332004，通信地址：江西省九江市滨江东路228号。

气体检测报警仪检定示值影响因素探讨

武士振　李　璇　宋丽娟

中原油田分公司技术监测中心

（中原油田分公司技术监测中心　河南濮阳　457001）

摘　要　气体检测报警仪是用于保证安全生产的仪器，其测量结果与许多因素有关。本文对气体检测报警仪检定过程中影响因素进行分析及现场试验，发现湿度、压力及气体交叉干扰等因素会对检测结果产生一定影响，通过开展有针对性的试验来验证测试数据，对气体检测报警仪日常检定工作提出对策措施。

关键词　气体检测报警仪；示值；标准气体；影响因素

1　引言

气体检测报警仪用于检测作业场所或空气中有毒有害气体含量，并在设定值进行报警的安全防护用品，广泛应用于油气生产场所，避免人员中毒、爆炸等事故的发生。气体检测报警仪性能是否正常，直接关系着安全生产和人员生命健康。作为油气生产过程中重要的安全防护用具，在 Q/SH 0100. 1—2020《计量管理与考核规范》中，将其归为非强制检定的 A 类计量器具管理目录中进行管理。通过周期检定保证气体检测报警仪的计量性能可靠，是保证油气生产安全的重要措施。通过对影响气体检测报警仪数据的原因进行试验分析，验证不同条件下对结果数据的影响程度。便携式气体检测报警仪通常在实验室开展检定工作，但是越来越多的委托单位提出了现场检测的要求，需要采用可行的措施，规范现场检测操作，保障检测过程的可靠和安全。

2　检测依据

不同种类的气体检测报警仪检定依据均不相同，常见的硫化氢、可燃气体、氧气、一氧化碳及二氧化硫等气体报警仪分别依据 JJG 695—2019《硫化氢气体检测仪检定规程》、JJG 693—2011《可燃气体检测报警器检定规程》、JJG 365—2008《电化学氧测定仪检定规程》、JJG 915—2008《一氧化碳检测报警器检定规程》、JJG 551—2021《二氧化硫气体检测仪检定规程》开展检定工作。

通过对不同类型的气体检测报警仪的工作原理、气体采样方式及构造进行调研，汇总得出常见仪器的基本情况。见表 1。

表 1　不同类型气体检测报警仪状况

名称	检测原理	气体采样方式	组成
硫化氢气体检测仪	电化学法、光谱法	扩散式、泵吸式、正压输送式	气路单元、检测单元、信号处理单元、报警单元、显示单元
电化学氧测定仪	电化学原理：原电池法、恒电位电解池、恒电流电解池、库伦电量法、极谱法	扩散式、泵吸式、正压输送式	电化学氧传感器、气路单元、电子显示单元
二氧化硫气体检测仪	电化学法	扩散式、泵吸式	化学（或物理）原理传感器、电子部件、显示部件
可燃气体检测报警器	催化燃烧型、红外线吸收型、热导型	扩散式、吸入式	检测元件、放大电路、报警系统、显示器
一氧化碳检测报警器	电化学法	扩散式、吸入式	传感器、电子部件、显示部分

3 检测影响因素试验

3.1 试验内容

检测人员通过长期的验室和现场检测工作，发现环境压力、湿度变化，通气时间及气体交叉干扰等问题会对检测结果产生影响。因此，根据压力、湿度、气体交叉干扰等影响因素进行分析，并有针对性地提出控制方法。

3.2 影响因素试验

3.2.1 压力试验

压力变化的研究对象主要是针对电化学氧测定仪的影响。如果压力变化剧烈，测定仪传感器读数可能出现暂时性的起伏不定，可能导致气体检测报警仪发出误报警。另外，通常氧气体积百分比维持在 20.8%左右，如果压力下降幅度过大，则供呼吸用的氧气可能会造成危险。氧浓度是环境中氧分子的百分比浓度，环境压力改变后，若氧的百分比浓度恒定，氧分压则会相应改变，传感器测量值也随之改变，传感器示值就与真实值偏离。

为了解压力对气体检测仪示值的影响，分别对氧气气体检测仪进行了压力变化试验，分析示值随变化的规律。

参与实验的标准气体分别为标准值为 15.0%和 23.93%($U=1\%$, $k=3$)的气体标准物质。在密闭容器内先通过真空泵和压力泵模拟不同的环境压力，待压力稳定后，再充入标准气体，等电化学氧测定仪示值稳定后进行记录(表 2)。

表 2 压力影响试验结果

密闭容器中的绝对压力/kPa	15.0%标气浓度传感器示值/%	示值误差/%	23.93%标气浓度传感器示值/%	示值误差/%
119.7	18.1	3.1	27.1	3.2
110.3	16.4	1.4	25.6	1.7
100.3	15.3	0.3	23.6	-0.3
90.6	13.8	-1.2	22.3	-1.6
81.0	12.2	-2.8	20.8	-3.1

对数据进行分析得出：环境压力偏离常压后，传感器的绝对误差随压力偏离常压的幅度增大而扩大，压力偏离常压(100.3kPa)达到 10kPa 左右时，示值误差已达到 1.5%左右。压力变化会对使用者造成一定风险，当压力高于常压后氧分压相应增大，电极反应速度加快，当氧分压过大时，氧传感器寿命将大幅度缩短。

针对以上试验结果，在密闭空间或压力会产生变化的地点，首先建议控制测量环境的压力变化范围，由于电化学氧测定仪示值误差的允许值为±2%FS，通过试验数据可知，在压力发生变化±10kPa 以内，测定仪的示值误差未超过规定的允许值，因此应将测量环境的压力变化范围控制在±10kPa 以内，否则无法保证检测数据的准确性。其次，在有可能产生压力变化的环境中，在测量氧气浓度时，同时使用气压计对环境的大气压力值进行监控。

3.2.2 湿度变化试验

普光气田位于四川省达州市宣汉县，属于亚热带湿润季风气候区，地形比较复杂，环境气候潮湿。现场安装的固定式硫化氢气体检测报警仪数量较多，仪器在高温高湿环境下使用寿命在 2~4 年，硫化氢气体检测仪的使用周期偏短。见图 1 和图 2。

根据 JJG 695—2019《硫化氢气体检测仪》检定规程，检定条件要求环境温度范围应控制在(0~40)℃，相对湿度≤85%。通过对达州环境条件进行分析，可看出部分月份的环境平均相对湿度已经超过 85%；通过检测人员的实际检测经验发现湿度过大，将对计量检测结果造成影响，因此对环境条件研究的主要方向是环境相对湿度。

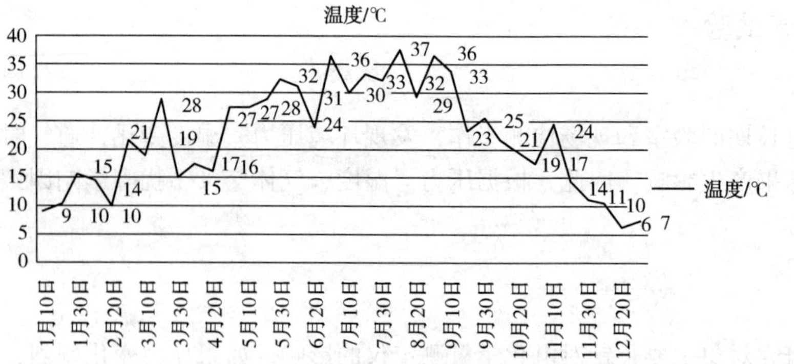

图 1　2020 年达州市温度变化趋势图

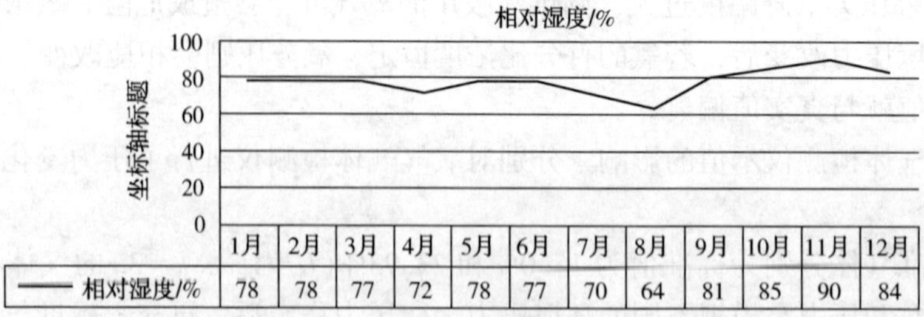

图 2　2020 年达州市平均相对湿度变化趋势图

依据 JJF 1363—2019《硫化氢气体检测仪型式评价大纲》9.2.7 恒定湿热试验的要求和所具备的试验器具，对测量范围(0~100)μmol/mol 的硫化氢气体检测仪编制了恒定湿热试验方案：

（1）硫化氢气体检测仪在正常试验条件下通电预热稳定后，用气体标准物质调试检测仪，依次通入浓度约为满量程 20%、50%和 80%的气体标准物质，待稳定后记录示值；

（2）在不通电状态，将检测仪放入试验箱内，使试验箱的温度与仪器的温度一致；

（3）以不大于 5%RH/min 的速率，将试验箱内的相对湿度增至 93%±3%，接通检测仪电源，稳定 2h；

（4）在持续时间到达后，立即观察并记录仪器的状态，然后依次通入浓度约为满量程 20%、50%和 80%的气体标准物质，记录其示值；按公式 1 计算各浓度点的示值误差(表 3)。

$$\Delta x = \bar{x} - x_s \qquad (1)$$

式中　$\bar{x}$——仪器示值的算术平均值；

x_s——气体标准物质的浓度值。

表 3　相对湿度试验数据　　单位：μmol/mol

硫化氢气体检测仪	气体标准物质标称值	环境温度：21.6℃ 相对湿度：48%		最大允许误差	环境温度：19.6℃ 相对湿度：93%		最大允许误差	2 次试验最大差值
		示值	误差		示值	误差		
试验 1	20.5	21.1	0.6	±10	18.6	−1.9	±20	2.5
	50.8	52.4	1.6	±10	43.0	−7.8	±20	9.4
	81.0	84.2	3.2	±10	69.3	−11.7	±20	14.9
试验 2	20.5	20.8	0.3	±10	17.4	−3.1	±20	3.4
	50.8	51.3	0.5	±10	42.2	−8.6	±20	9.1
	81.0	83.7	2.7	±10	68.1	−12.9	±20	15.6
试验 3	20.5	19.2	−1.3	±10	15.3	−5.2	±20	3.9
	50.8	46.5	−4.3	±10	32.7	−18.1	±20	13.8
	81.0	77.8	−3.2	±10	64.4	−16.6	±20	13.4

续表

硫化氢气体检测仪	气体标准物质标称值	环境温度：21.6℃ 相对湿度：48%		最大允许误差	环境温度：19.6℃ 相对湿度：93%		最大允许误差	2次试验最大差值
		示值	误差		示值	误差		
试验4	20.5	22.0	1.5	±10	16.9	−3.6	±20	5.1
	50.8	53.1	2.3	±10	41.2	−9.6	±20	11.9
	81.0	85.6	4.6	±10	67.3	−13.7	±20	18.3
试验5	20.5	20.2	−0.3	±10	15.8	−4.7	±20	4.4
	50.8	51.4	0.6	±10	37.8	−13.0	±20	13.6
	81.0	84.0	3.0	±10	63.6	−17.4	±20	20.4

通过试验可以看出，在所试验的所有硫化氢气体检测仪的示值误差都在规定的范围内。但是，通过合格判据可以看出，在高湿度的环境中示值误差比正常环境条件下放宽了一倍。查阅其他类型气体检测报警仪的国家标准得知，对恒定湿热试验的试验要求是相同的，除电化学氧测定仪，其他类型气体检测报警仪对示值误差要求都比实际放宽。见表4。

表4　气体检测报警仪示值误差

气体检测报警仪名称	检定规程中示值误差允许值	型式评价大纲中示值误差允许值	检测依据
硫化氢气体检测仪	±2μmol/mol或±10%	示值误差不超过±4μmol/mol或±20%	JJF 1363—2019
可燃气体检测报警器	仪器声光正常报警	报警动作值与报警设定值之差的绝对值不应大于7%FS和120×10^{-6}μmol/mol中的较大值	JJF 1368—2012
一氧化碳检测报警器	示值误差不超过±5μmol/mol或±10%，声或光报警显示正常	示值误差不超过±10μmol/mol或±20%，报警设置误差应不超过报警设定值的±25%	JJF 1421—2013
二氧化硫气体检测仪	示值误差应不超过±5%FS	示值误差应不超过±10%FS	JJF 1364—2012
电化学氧测定仪	示值误差不超过±2.0%FS	氧气报警仪在±1.4%(体积比)以内	GB 12358—2006

当硫化氢气体检测仪的工作原理为电化学法时，当环境湿度超过60%时，传感器内的电解质会因吸收水分而稀释，长时间暴露在90%以上的相对湿度下，电解质的体积会增加2~3倍，导致内部电解质泄漏，传感器性能变差，灵敏度变低，响应时间变长，直至被破坏。电化学气体传感器的理想工作条件是相对湿度控制在20%~60%，一般能够长期使用的范围是15%~85%。因此，如果现场检测环境超出85%以上时，不再开展现场检测工作，并建议使用单位增加对气体检测报警仪的使用中检查。

3.2.3　交叉干扰下气体影响试验

任何气体传感器都不是只对一种特定气体有响应，检测环境气体多样性会影响气体检测仪准确度，也就是“交叉干扰”。例如，在检测过程中，二氧化硫气体具有高附着性，用检测过高浓度二氧化硫气体检测仪的管路，再去检测其他气体检测报警仪时，将对检测结果有影响；又比如一氧化碳检测报警器，如果在使用环境中存在高浓度的氢气，那么氢气就可能在传感器上发生反应，得到高于实际一氧化碳浓度的信号。因此，各类气体检测报警仪通过使用标准气体物质连续进行检测或标定，才能得到准确的结果。另外，复合式气体检测报警仪有不同气体传感器通道，各个通道间也存在干扰值。

在GB/T 32209—2015《多组分有害气体检测报警器》和GB 15322.3—2019《可燃气体探测器　第1部分：工业及商业用途便携式可燃气体探测器》中，分别给出了通道间存在的干扰绝对值的要求和便携式可燃气体探测器(CO)的抗中毒性能。从表中可以看出，一氧化碳气体和硫化氢气体是相互干扰的。见表5。

表 5　不同气体通道间干扰影响数值表

被检通道	CH_4 20%LEL	CO 200μmol/mol	H_2S 20μmol/mol	SO_2 20μmol/mol	Cl_2 5μmol/mol	NH_3 20μmol/mol	NO_3 20μmol/mol	NO 20μmol/mol	O_2 20.9%μvol
CH_4	—	0	0	0	0	0	0	0	0
CO	0	—	1	0	0	0	1	2	0
H_2S	0	5	—	2	0	0	0	1	0
SO_2	0	5	0	—	0	0	0.2	0	0
Cl_2	0	0	0.1	0	—	0	0	0	0
NH_3	0	20	10	0	0	—	0	0	0
NO_3	0	0	2	2	0	0	—	0	0
NO	0	0	5	0	0	0	1	—	0
O_2	0	0	0	0	0	0	0	0	—

试验方法为：将四合一气体检测报警器放置在密封空间内，然后分别通入 10×10^{-6} μmol/mol 的一氧化碳气体标准物质和$(10\pm3)\times10^{-6}$ μmol/mol 的硫化氢气体标准物质，20min 后测量复合气体报警仪的一氧化碳的报警动作值以及硫化氢的示值，记录数据并进行计算。见表 6、表 7。

表 6　气体交叉干扰试验数据　　单位：μmol/mol

序号	设定值	正常条件下示值	试验条件下示值	示值误差	最大允许误差
试验 1	35	35	36	1	±1
试验 2	35	35	36	1	±1

表 7　气体交叉干扰试验数据　　单位：μmol/mol

序号	设定值	正常条件下示值	试验条件下示值	示值误差	最大允许误差
试验 1	10	9.6	8.8	0.8	±5
试验 2	10	9.6	8.6	1.0	±5

任何气体传感器都并非只对一种特定气体有响应，检测环境气体多样性会影响气体检测仪的准确度。从计算可以看出，低浓度的硫化氢和一氧化碳气体都会对一氧化碳和硫化氢的传感器灵敏度产生轻微影响，示值误差能够控制在最大允许误差范围内；由于高浓度的气体标准物质会导致传感器失效，因此，开展试验的气体标准物质浓度较低，未使用高浓度气体对其进行试验。

对于工作原理为电化学法的气体检测报警仪，消除交叉干扰的最佳方法是过滤其他气体，例如，CO 传感器表面加入过滤器，能够过滤掉 H_2S 气体的影响。对于工作原理为催化燃烧型的可燃气体报警器，空气中的日常清洁剂、硅基产品、润滑剂以及其他专用化学品中的化学物质和蒸汽，这些都可能成为不同类型传感器的有毒物质或抑制剂。这些化学物质会抑制乃至毒化催化燃烧型可燃气体报警器，并导致传感器性能部分或完全丧失灵敏度。中毒是指传感器永久性失效，而抑制可以通过仪器内部校准设置进行恢复示值。

因此，选择气体检测报警仪时，要注意查看说明书中给出的气体干扰说明，了解其是否合适干扰和应用环境。另外，使用不同的气体标准物质开展检测时，要使用不同的通道和管路，尤其是二氧化硫这种高附着性气体，必要时利用氮气对通道和管路进行吹扫。

3.2.4　通气时间影响试验

在实际检定操作中发现，部分规格的硫化氢气体检测仪在持续通入一定浓度的标准气体后，发生了示值不稳定且不断上升的现象。为验证不同类型仪器是否存在同类情况，检定员选取了不同生产厂家的便携式硫化氢气体检测仪，在工作中通入浓度为 50.3ppm 的标准气体，开展了传感器受到标准气体影响下的检测试验，读取不同时间通气状态下的仪器示值。见表 8。

表 8　硫化氢气体检测仪通气时间试验　　单位：μmol/mol

生产厂家	仪器型号	通入标气时间					备注
		30s	45s	60s	75s	90s	
英思科	TANGO TX1	50. 1	51. 5	51. 8	52. 6	52. 6	
英思科	MX4	50. 5	52. 6	52. 9	53. 7	54. 6	复合式
BW	GAXT-H-DL	51. 2	51. 6	52. 2	53. 4	53. 5	
德尔格	Pac 6500	50. 6	50. 8	51. 0	51. 2	51. 2	
汉威	BX171	50. 3	51. 6	52. 4	54. 2	55. 6	
MSA	ALTAIR 2X	51	52	53	54	54	显示整数

通过试验数据得知，不同厂家、规格型号的硫化氢气体检测仪在通入标气后，不同时间内仪器显示数值差别非常大，与其仪器内部的传感器质量、使用年限有较大关系。在日常检测工作中，为减少传感器部件质量对检定结果带来的影响，应要求传感器数值稳定后，方可读取仪器示值，以保证检定工作质量。

3. 2. 5　现场模拟实验室环境试验

为了满足委托单位对便携式气体检测报警仪的现场检定要求，同时保证现场检测人员的安全和检测结果的准确性，检测人员设计制作了便携式气体检测报警仪现场检测装置，模拟实验室环境下的气体检测仪的检定工作。该装置包括电源、检测装置、排气装置等部分，具备气密性、易操作、安全性等特点。

检测装置的设计思路流程图如下：气体标准物质气瓶与相应的流量计的进气口连接；流量计的出口与气动快接三通连接；根据其气体检测报警仪的数量，连接气动快接三通和气体检测报警仪；操作箱的出气孔与真空泵连接，打开真空泵抽取盒内气体，并通过较长的管路排向室外或远处；打开气瓶，利用手套开展标定、调试、检定等工作；关闭气体标准物质气瓶；重复该程序对不同检测点进行检测。见图 3 和图 4。

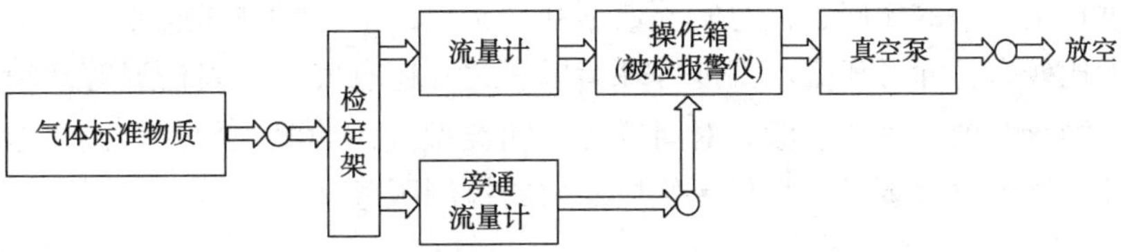

图 3　现场检测流程图

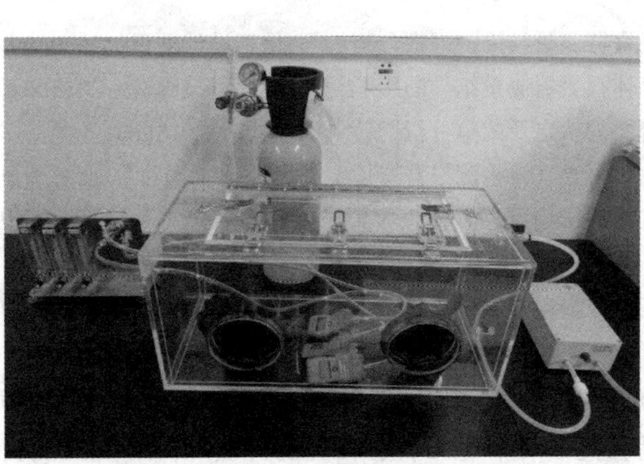

图 4　便携式气体检测报警仪现场检测装置

为了验证装置的可靠性，将实验室和现场检测数据进行比较，以硫化氢气体检测报警仪为例，在量程的 50%处检测 3 次，计算平均值，检测结果满足规程的要求，保证了检测数据的准确可靠。将实验室和现场检测数据进行比对，以硫化氢气体检测报警仪为例(表 9)：

表 9　实验室与现场检测结果比对　　单位：μmol/mol

检测点	本装置检测结果	本装置测量不确定度	实验室检测结果	实验室测量不确定度
102	106.3	3.2	106.8	3.2

根据公式：$|y_{\text{lab}}-\bar{y}| \leqslant \sqrt{\frac{n-1}{n}}\,U_{\text{lab}}$，得出：$|106.8-106.3| \leqslant \sqrt{\frac{3-1}{3}} \times 3.2$，则 0.5μmol/mol ≤ 2.6μmol/mol，满足要求。

利用便携式气体检测报警仪现场检测装置，改善了检测工作环境条件，提高了检测时效，确保检测数据准确可靠，为生产单位提供了优质高效的现场服务，保证生产安全和现场人员的安全。

4　试验结论

通过对气体检测报警仪检测影响因素进行分析和现场试验，得出以下结论：

(1) 电化学氧检测报警仪实际使用中，应将测量环境的压力变化范围控制在±10kPa 以内，否则无法保证检测数据的准确性，在压力变化的环境中，应使用压力计监控环境大气压力值。

(2) 电化学气体传感器理想工作条件是相对湿度 20%～60%范围内，红外传感器在相对湿度高于 85%的环境中长期工作，电子元器件容易短路而损坏；相对湿度对催化燃烧型传感器影响不大。如果现场检测环境超出 85%以上时，不再开展现场检测工作，建议使用单位增加使用中检查。

(3) 复合式气体检测仪应注意消除气体交叉干扰，使用不同的气体标准物质开展检测时，要使用不同的通道和管路，尤其是附着性较强的二氧化硫气体，必要时要使用零点气体对管路进行吹扫，减少气体传感器灵敏度的抑制。

(4) 检测硫化氢气体浓度时，其报警仪要满足一定时长的测试时间，在传感器数值稳定后方可记录数据，减少仪器传感器质量对检定结果的影响。

5　结语

检测人员通过在工作中的实践，汇总实验数据并分析得出一定的测试结果。影响气体检测报警仪的结论性能的因素比较多，除了压力、湿度等环境因素之外还有气流、高低温等环境条件因素等，在将来检测工作中，继续开展红外式、激光对射式等不同类型气体检测报警仪检测试验，确保工作环境中气体报警仪的计量性能符合要求，提供更优质高效的检测服务。

参 考 文 献

[1] 吕捷. 影响可燃气体探测报警器测量结果的因素分析[J]. 化工设计通讯，2020(09).

[2] 夏海雷. 气体流量对可燃气体报警器测量结果的影响[J]. 中国科技纵横，2013(6).

[3] 谢杰勇. 可燃气体检测报警器的检定及故障分析[J]. 电子测试，2018(6).

[4] 施马凯、陈炜、张昕. 扩散式可燃气体检测报警器检定校准进样装置[J]. 上海计量测试，2020. (2).

[5] 赵大力，刘天庆，徐洁. 传感器影响可燃气体报警器长期稳定性及产生误报的原因分析[J]. 传感器世界，2012. (9).

[6] 麻菊梅，杨闻. 浅谈可燃气体报警器中 LEL 传感器中毒现象[J]. 科技风，2011. (19).

作者简介：武士振(1981—)，男，工程师，毕业于中国石油大学地质工程专业，现于中原油田分公司技术监测中心从事计量检定工作。电话：13781309486，邮编：457001，通信地址：河南省濮阳市华龙区五一东路 371 号。

基于大数据诊断技术的油田注水计量仪表失真研究

吴冠玓　李高峰　田　峰

（中国石化胜利油田分公司技术检测中心　山东东营　257092）

摘　要　自2012年胜利油田启动信息化建设以来，通过对现场海量数据的采集与处理，实现了生产全方位实时监控。目前，注水流量计普遍采用了远程调控配注与控制。面对数量庞大的注水计量仪表，如何快速定位失准仪表，节约油田生产成本、提高仪表维护效率是智能化油田面对主要问题之一。本文通过对注水量流量计失准定位技术进行介绍和现场试验，提出了以样本数据为分析基础，采用大数据分析的技术对失准仪表进行精准定位，从而提高注水计量仪表的信息化管理水平。

关键词　注水井；数据；控制值

1　油田注水井计量现状

注水计量仪表是油田水井自动化计量系统的“眼睛”和“耳朵”，也是PCS系统的数据基础，保障了油田注水安全生产的稳定运行。计量仪表的失准(失准)会导致注水仪表无法输出准确结果，对地层注水控制和油气采收率造成不利影响。近几年，胜利油田注水井数量达到1万余口，投入了大量的自动化注水计量仪表，油田生产信息化指挥系统每天产生2T的数据量。信息化的普及对计量仪表的维护带来了数据处理量大、仪表运维工作量急剧增多的问题。如某采油厂2017年约110台注水计量仪表的周期校准中发现8%～10%的失准(失准)率。整个油田注水计量仪表分布如图1所示，即注水站将油井回采水经水质处理后，利用泵组向配水间输送，配水间经过分水，向注水井配水。其主要计量节点有注水站总流量计、配水间高压流量自控仪流量计，在不考虑管损的条件下，注水站总流量计累计量等于各配水间流量计累计量的总和。因此，利用人工智能技术，分析总流量计和高压流量自控仪流量计之间的数据关系，并对计量仪表历史数据训练，从而建立注水井计量仪表失准诊断模型，定位失准仪表，保障了生产数据的准确可靠，是未来智能化油田的发展方向。见图1。

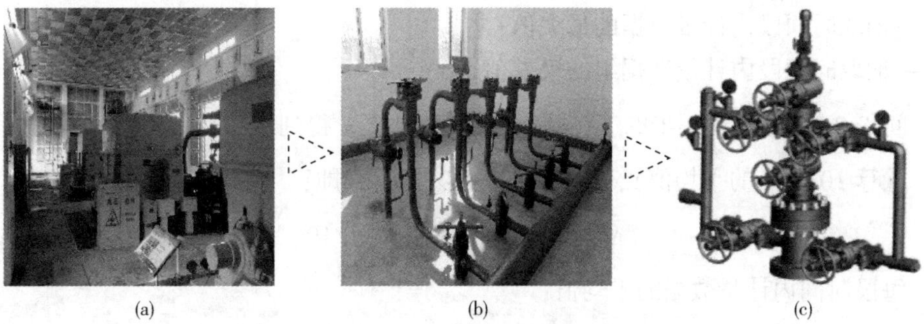

图1　油田注水计量节点

注：(a)注水站；(b)配水间；(c)注水井。

2　注水井计量仪表失准诊断

2.1　注水井计量仪表失准诊断的技术原理

注水井计量仪表失准诊断主要有三个模块，分别是流量数据获取模块、流量控制值计量模块及流量计失准诊断模块。流量数据获取模块通过数据扫描对PCS中的注水流量数据进行读取，用于获取注水井的历史流量数据、当前流量数据以及当前阀门开度。并将历史数据进行整理；流量控制值计算模块，用于根据所述历史流量数据计算流量上控制值和流量下控制值；流量计失准诊断模块，用于若所述当前流量数据是否超出上下流量控制的范围，进行判断，当超过范围达到模型要求，则诊断为流量计失准。见图2。

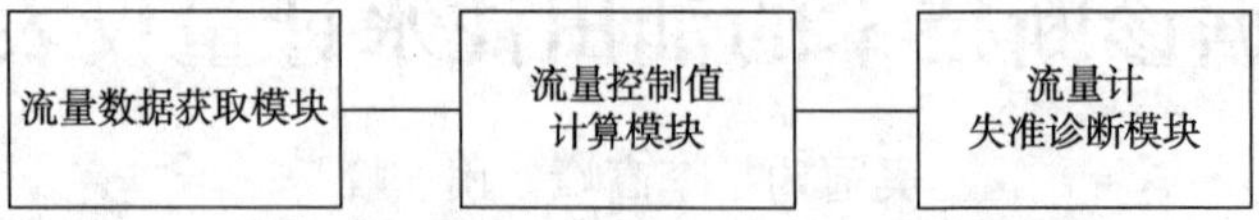

图2 注水井计量仪表失准诊断流程图

2.2 注水井计量仪表失准诊断模型的研究

通过油气生产信息化数据扫描，结合大数据及生产工艺模型，确定失准计量器具所在；同时结合现场在线校准结果进行反馈，结合大数据处理技术以及神经网络技术实现风险模型的升级，提升风险识别模型的准确性；最终给出注水井计量仪表分析模型，实现对注水流量计的各种数学模型的判定分析。

2.2.1 诊断模型框架搭建

注水计量仪表诊断模型的搭建，主要基于油田生产信息化计量系统数据量及计算能力，根据历史流量数据和所述历史注水压力数据计算注水指示线的指示系数阈值。首先，在数据库中查询注水井对应的日注水设定值 Q_d，注水井的历史流量数据，并根据历史流量数据计算流量上控制值 q_{UCL}、流量下控制值 q_{LCL} 以及流量中值 q_{CL}。之后，在数据库中查询注水井的历史注水压力数据，根据历史注水压力数据计算注水压力上控制值 P_{UCL}、注水压力下控制值 P_{LCL} 以及压力中值 P_{CL}。在最近一段时间序列(比如前日与当日)中获取当前流量数据 q 及当前注水压力数据 P。

2.2.2 控制值的求取

注水流量计流量的上控制值、下控制值以及中值的计算过程包括如下步骤：

第一步：抽取历史某正常时间段相继的10组数据，求其平均值 $\overline{X}$ 及极差 R，并保存；其中：

$$\overline{X}=(X_1+X_2+X_3+\cdots+X_n)/10 \tag{1}$$

式中 X_n——抽取时间段内计量数据；

$\overline{X}$——每段时间内计量数据的平均值。

$$R=X_{max}-X_{min} \tag{2}$$

式中 X_{min}——抽取时间段内计量数据的最小值；

X_{max}——抽取时间段内计量数据的最大值；

R——抽取时间段内计量数据组的极差值。

第二步：间隔2min重复第一步的工作一次，连续10次，得到$\overline{X_1}$、$\overline{X_2}$、$\overline{X_3}$、$\overline{X_4}$及$\overline{X_5}$；

第三步：计算10次 $\overline{X}$ 的平均值$\overline{\overline{X}}$，作为控制中心值 CL，即：

$$\overline{\overline{X}}=(\overline{X_1}+\overline{X_2}+\overline{X_3}+\cdots+\overline{X_n})/10 \tag{3}$$

式中 $\overline{X_n}$——每段时间内计量数据的平均值；

$\overline{\overline{X}}$——每段时间内计量数据平均值的平均值。

第四步：计算平均极差 $\overline{R}$，即；

$$\overline{R}=(R_1+R_2+R_3+\cdots+R_n)/10 \tag{4}$$

式中 R_n——数据组极差值；

$\overline{R}$——各数据组极差值的平均值。

第五步：计算流量 q 上控限UCL、下控限LCL，即：

$$q_{UCL}=\overline{\overline{q}}+A2\,\overline{R_q}=\overline{\overline{q}}+0.308\,\overline{R_q} \tag{5}$$

式中 $\overline{\overline{q}}$——抽取流量值的平均值，m^3/h；

$\overline{R_q}$——抽取流量值的极差值，m³/h；

q_{UC}——流量上控值，m³/h。

$$q_{LCL}=\overline{\overline{q}}-A2\,\overline{R_q}=\overline{\overline{q}}-0.308\,\overline{R_q} \quad (6)$$

式中 $\overline{\overline{q}}$——抽取流量值的平均值，m³/h；

$\overline{R_q}$——抽取流量值的极差值，m³/h；

q_{LCL}——流量下控值，m³/h。

其中，0.308 是根据样本容量为 10 查表获得的常数。计算完毕后，按油气生产监控需要轮流显示注水井号，绘制设定值相关注水井的流量上控线、流量下控线以及流量中值线，取得整体样本。

2.2.3 注水井失准定位

计量仪表数据因具有随时间变化的特性，所以选取了神经网络来寻找数据随时间变化的特征。利用深度自编码器实现数据特征提取，最终通过损失函数得分来判定计量仪表的合格和待检测。见表 1。

诊断方法及结果分以下几种情形：

（1）当损失函数不高于整体数据样本上下控制值 10%时；诊断结果为注水流量计计量正常。

（2）当损失函数不高于整体数据样本上下控制值 20%而高于 10%时；诊断结果为注水流量计计量待监测。

（3）当损失函数高于整体样本上下控制值 20%时；诊断结果为注水流量计计量不正常。

表 1 样本容量取值表

C	2	3	4	5	6	7	8	9	10
n	1.13	1.69	2.06	2.33	2.53	2.70	2.85	2.97	3.08

3 现场验证

在胜利油田某采油厂管理一区我们进行了现场验证，选择注水流量计 50 台，对其中的 10 台进行人为误差调整为超差，进行验证。10 台人为失准仪表准确发现 7 台，失准仪表诊断正确率 70%，40 台合格仪表有 2 台判断错误，合格仪表判断正确率 87.5%，平均诊断正确率 78.8%。本次测试的平均正确率达到了预期效果，但还是存在部分失准仪表未定位到的情况。通过观察图 3 合格计量仪表的诊断曲线，测试数据基本在上下控制值中分布，图 3 失准仪表的诊断曲线，测试数据高于了样本数据上下控制值的 20%，可以成功判断为失准仪表。见表 2。

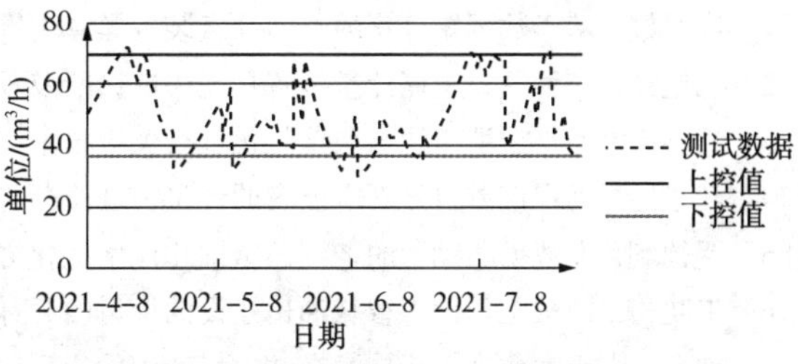

图 3 注水井 GD-X13 流量计大数据诊断分析曲线

表 2 人为调整误差诊断结果统计表

仪表名称	数量	失准	合格	失准仪表判定正确	合格仪表判定正确	平均正确率
注水流量计	50 台	10 台	40 台	7 台	35 台	78.8%

同时，我们也对分析存在错误的大数据诊断曲线进行了观察，如图 4 所示失准仪表测试曲线在分布过程中接近下控值临界线，测试数据虽然不高于整体样本，但始终处于临界值上，属于待监测的仪表；如图 5 所示合格仪表测试曲线虽然大部分都在样本数据的上下控制值范围内，但突然有数据中断的情况，造成判断结果错误。针对类似判断错误的问题，可以通过采用超声波流量计对待监测仪表进行在线比对测试，从而确定仪表是否存在数据失准的情况；部分仪表因井场作业布置，移除通讯线杆或突然断电，致使通讯中断，造成模型诊断错误，可以在数据处理后台添加人为标记功能，提高模型判断正确率。见图 6。

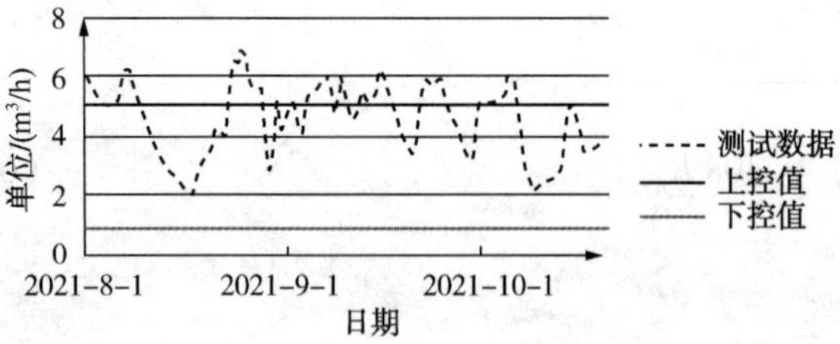

图4 注水井 GD-11-68 流量计大数据诊断分析曲线

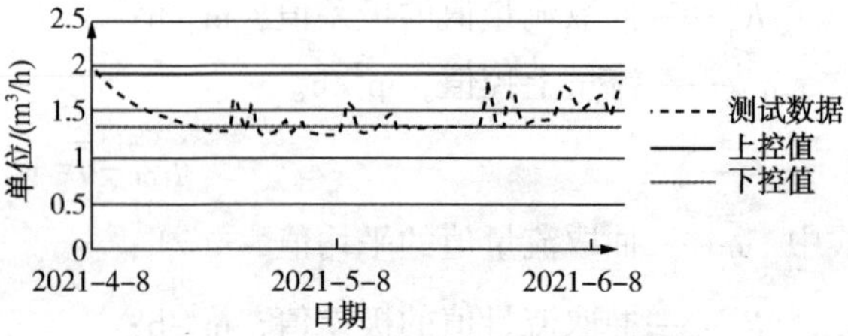

图5 注水井 GD2-0-311 流量计大数据诊断分析曲线

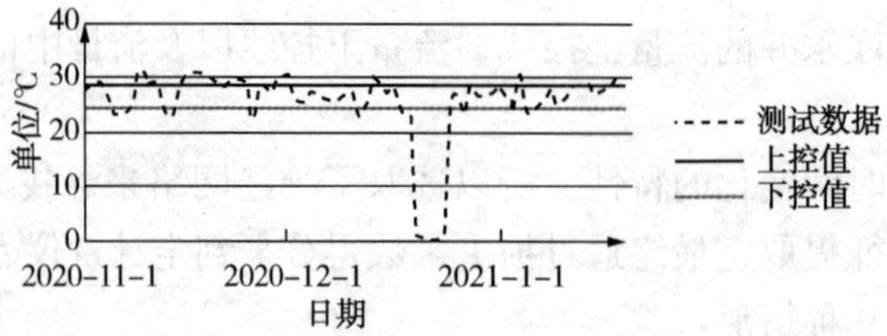

图6 注水井 GD2-28-220 流量计大数据诊断分析曲线

4 结论

随着胜利油田数字信息化基础设施的不断完善，传感器、通信和计算机等技术在“智能+”油田中得到了越来越广泛的应用，胜利油田运用油气生产信息化 PCS 系统测量、采集、监控，产生了指数级增长的数据。其中，注水水井的前端计量数据采集范围和采集成功率也逐步扩大与提高，用能信息采集数据和计量生产数据等与计量装置相关的业务数据也发展到了巨大规模的阶段，大数据特征日益明显。通过在胜利油田某采油厂管理一区的注水流量计测试情况，大数据在计量仪表失准诊断上的应用，基本可以满足现场需求，实现了油田生产数据的深度挖掘和利用，有效提高注水计量自动化仪表的运维效率，也为注水合理调配，提升区域最终采收率提供了可靠依据。

参 考 文 献

[1] 许丽娟. 基于数据矩阵化的电力计量装置黑盒失准研究[J]. 信息技术，2020(11)：29-33.
[2] 王艳芹. 一种关口电能计量装置只能失准诊断及预计技术[J]. 电力科学与技术学报，2019(3)：101-107.
[3] 高胜. 大型复杂油田注水系统优化运行关键技术与智能化展望[J]. 东北石油大学学报，2020(04)：91-98.
[4] 江小昆. 远程误差自诊断电能表的计量失准诊断与窃电识别[J]. 电子世界，2019(23)：110-113.
[5] 贾德利. 大数据驱动下的老油田精细化注水优化方法[J]. 石油勘探与开发，2020(6)：629-636.
[6] 王晓梅. 计量工作助力智慧油田建设的探讨[J]. 化工管理，2019(19)：220-221.
[7] 刘慈. 浅析大数据分析技术在油田生产中的应用[J]. 中国管理信息化，2021(02)：104-105.
[8] 王辉萍. 油田注水井生产大数据挖掘系统的研制[J]. 中国石油和化工，2015(11)：58-60.

作者简介：吴冠玓(1988—)，男，工程师，曲阜师范大学毕业，现从事计量检定工作。电话：15854602217，邮箱：wuguandi. slyt@ sinopec. com，通信地址：山东省东营市东营区济宁路64号。

数字化计量背景下成品油铁路接卸流程优化策略分析

吴丽蓉　谢华忠　林国泉

（中石化森美（福建）石油有限公司　福建福州　365300）

摘　要　近年来，计量数字化已成新常态，数字化背景下成品油计量具有数字化、自动化、集成化、过程化管理特征，从本质上提升了现有计量管理水平。但受制度、合同、或管理理念约束，数字化背景下成品油铁路槽车接卸仍以到库化验、人工计量、槽车交接为准，存在作业强度大、压车费用高、油气排放多、责任认定难等问题，需充分应用数字计量设备对现有接卸流程进行优化。本文正是从数字化计量背景下槽车接卸现状出发，分析当前槽车接卸存在的问题，提出数字计量背景下源头管控、自动计量、岸罐交接管理策略，对现有接卸流程进行优化实现提质增效。在此基础上，通过风险评估、风险防控及案例分析验证了优化策略的可行性、实效性。

关键词　数字化计量；成品油；铁路接卸；优化策略

1　铁路槽车接卸现状及问题

1.1　槽车接卸现状

当前，成品油铁路槽车接卸采取先验后卸、槽车计量及交接的管理模式进行油品交接。油品交接过程受化验方法、计量标准、工艺设备等因素影响，存在交接时间长、交接强度大的特点。另外油品交接超差需与炼厂对接处置，铁路公司不对损溢负责。

1.2　存在的问题

现有铁路槽车油品接卸流程在以下几个方面的问题：

1.2.1　接卸频繁，作业强度大

受地理环境及工艺流程限制，山区油库铁路接卸栈桥货位普遍较少，接卸效率较低。为保证油品供应，需频繁接卸，导致化验、计量强度大，易衍生作业安全事故。以福建石油翁墩油库为例，油库单批次接卸槽车数量 6 个（约 300t）、接卸时长 8h（含计量、化验）以上。在油品销售旺季，为保证油品供应，油库每日接卸频率要大于 2 个批次，作业强度极大。

1.2.2　时效性高，压车费用大

铁路公司在槽车调运过程中与油库沟通、协调少，普遍按铁路公司自有调运计划进行槽车推送，导致油库响应不及时衍生压车事件。而铁路公司对压车事件往往采取收取压车费方式进行惩罚，且费用普遍较高。见图 1。

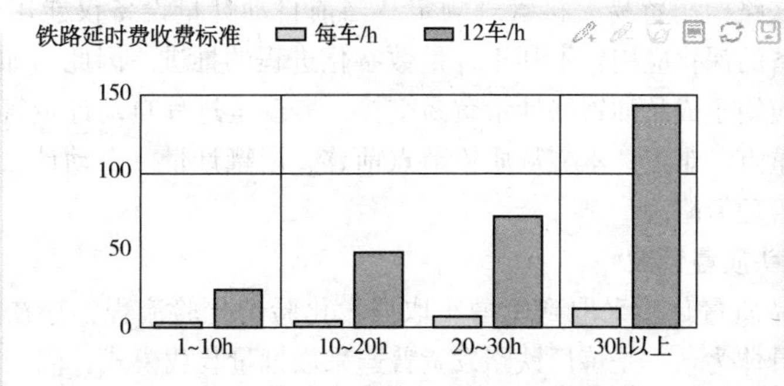

图 1　压车费用明细

1.2.3 敞口接卸，安环压力大

现有铁路接卸油库为满足取样、计量、入罐要求需敞开式接卸，无法满足《储油库大气污染排放标准》(GB 20950—2020)排放标准要求。铁路罐车在夏季高温段温度可超50℃，敞口式接卸会产生大量油气挥发到空气中污染环境并对人体产生产生身伤害，在雨雪天气会产生雨水入罐污染油品风险。

1.2.4 责任认定难，超耗索赔难

与油船、管输运输方式不同，铁路槽车贸易交接点为C点，在进货超耗情况下，按现有交接流程铁路公司不对超耗负责，成品油销售企业只能将超耗情况反馈发油炼厂，要求炼厂协助调查及改善发油情况。但是往往炼厂反馈消极，索赔落实难。

2 计量数字化实施背景及技术特点

2.1 数字化实施背景

近年来，以伺服液位仪为代表的包含油高、水高、密度、温度全参数计量功能于一体且包含油量自动核算的成品油自动计量设备日趋成熟，计量数字化、自动化水平大幅提升。在技术成熟背景下，2018年，集团公司、销售公司大力推进油库自动计量设备项目建设及管控一体化平台开发。通过计量设备及系统应用，当前油库数计量管理工作已经能够实现参数自动计量和油量自动核算。

2.2 数字化管理特征

对比人工计量，数字化计量具有数字化、自动化、集成化、过程化等管理特征。

2.2.1 计量数字化

对比加油站地罐交接管理模式，原有油库交接、库存管理仍需人工计量，存在计量强度大、台账冗余等问题。前期存在这些问题的主要原因在于技术受限，缺乏全参数自动计量功能设备及管理平台。当前，在突破技术壁垒后，已实现计量全过程数字化管理，为油库实施“地罐交接”奠定了技术基础。

2.2.2 计量自动化

伺服液位仪具备远程一键计量及油品自动核算功能，无须人工计量及核算，在存在计量数据稳定、准确等优点的同时可避免人工干预计量数据，避免数据失真。

2.2.3 数据集成化

在计量数字化、自动化基础上，结合总部统一开发数质量一体化管控平台，实现了计量数据的集成。数据的集成为进销存报表自动生成、异常自动报警等账务管理奠定了基础。

2.2.4 管理过程化

基于数据集成的数质量一体化管控平台的推广应用实现了计量过程化、透视化、动态化的管理，即省市管理人员可通过平台在线进行业务事审批、跟踪及查阅，实现进销存业务在线管控。

3 数字化计量背景下接卸优化策略实施

受限于当前成品油铁路槽车贸易交接管理规定，当前自动计量设备仅能用于成品油内部库存管理，制约了自动计量设备的深化应用，不利于计量数字化进程的推进。因此，如何改变思路、优化流程将自动计量设备深化应用于成品油铁路计量贸易交接，实现全过程自动计量管理，实现油库提质增效，是当前计量管理的重点、难点。本文从质检节点前移、岸罐计量、自动计量、岸罐交接四个维度出发提出铁路接卸优化管理策略。

3.1 质检节点前移，源头质量管控

当前，铁路入库油品质量化验采取到库槽车取样、化验的化验流程，存在重复作业、化验时间长、先卸后检等问题，具体为：一是炼厂铁路发货普遍采取批量装载模式，同一批次装载油品质量一致，但按现在管理标准到库油品均需取样化验，化验合格后方可接卸。这就使得同批次、同质量油品重复取样、化验，造成大量人力、物力资源浪费；二是铁路进油油品以配置为主，影响入库化验时间项目主要为胶质含量，从取样到化验完毕约需8h，这也是铁路接卸时间长、接卸效率低衍生压车费的

主要因素之一；三是在胶质含量检测时间长、铁路接卸油库响应时间短等综合因素影响下，油库为避免压车挨罚，可能采取边卸边验方式接卸油品，存在一定的质量风险。见图 2。

针对铁路入库质检环节存在的问题，为提高油库接卸效率，确实发挥数字计量优势，需对现有铁路槽车入库质检流程进行优化。具体措施为：一是源头质检，将质检源头前移到首站库质检室，首站库无质检室的前移到炼厂属地自有化验室质检。节点前移可避免同批次、同质量油品重复化验，避免资源浪费；二是槽车入站后，油库需严格核对槽车号、钢丝铅封，确保车号无误、铅封完整。并通过低部取样观测、标密比对等措施进行油品质量快筛，排除数质量风险；三是查阅首站库(属地库)油品检测报告，确定该批次油品质量合格且快筛油品质量相符后，油库直接接卸，不再重复检测。见图 2。

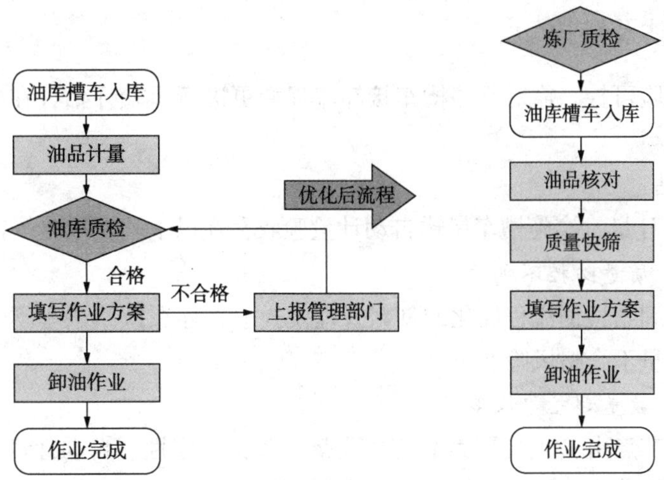

图 2　卸油流程优化方前后对比

3.2　接卸流程优化，实施岸罐计量

当前，铁路槽车接卸以人工槽车计量(C 点)数作为贸易交接点，槽车计量的主要目的在于精准计量、明晰超耗责任及开展索赔。但在实际管理中，受槽车容积表准确性、供应协议等多重因素的影响，铁路槽车进货超耗存在责任认定难、索赔难等实际困难，具体为：一是槽车容积表准确性无法保证，虚假损溢不可避免。槽车油量核算主要依赖于槽车容积表准确性，而铁路槽车容器类似卧罐，且形状更为复杂，容积检定由铁路单方负责，准确性无法保证，造成较多虚假损溢，导致炼厂对计量数据存疑；二是合同计量条款宽松，偶发性超耗索赔落实难。在成品油铁路交接过程中，铁路公司只负责油品运输，不对交接损溢负责。而炼厂与销售企业在供应协议中计量交接允差约定为±0.2%，已远高于当前铁路进货实际损溢水平及总部考核标准。在偶发性单笔进货超耗发生时，炼厂往往以流量计检定有效、炼厂发油普遍良好、槽车计量误差较大等理由拒绝赔偿，铁路槽车入库超耗索赔事实上已流于形式。

针对上述槽车接卸过程中责任认定难、索赔难的现状，结合槽车接卸过程存在的接卸频繁作业强度大、时效强押车费用高、敞口接卸安环压力大等问题，拟取消槽车计量，实施岸罐交接。具体为：一是油品接卸重心从原有损溢跟踪调整为着重油品偷盗、置换风险防控。油库在接卸过程要注重核对车号、油品、铅封完整性，在 LIMS 系统查询该批次油品首站库出库化验报告，确定合格基础上采取关键指标快速检测法复核油品质量，确认合格后立即开始接卸；二是将岸罐作为交接点，对岸罐容积表进行周期性检定，确保容积表准确性。

3.3　设备深化应用，实施自动计量

在实现铁路油品接卸岸罐交接基础上，可充分发挥自动计量优势，通过自动计量设备实现计量自动化、数据集成化、过程动态化管理。一是利用自动计量设备对进油储罐进行前后尺计量，核算进油量，替代人工计量及油量核算；二是在连续 3 个批次进货损溢超±0.2%时，恢复铁路槽车计量，比对槽车计量数与岸罐计量数差异，查明超差原因。若损溢超差原因为设备故障则调校设备，调校无误后在实施自动计量。若损溢超差原因确定为炼厂发油短少，则按制度及时反馈炼厂。

3.4 交接流程变更，实施岸罐交接

在取消铁路槽车C点计量，实施岸罐计量及自动计量基础上，需对原有验收、交接模式进行流程、制度修订，确保依法合规。一是现有ERP验收节点从C点调整为D点，验收数据差异会衍生财务损溢变化。受油品黏附、扫仓不干净等综合因素的影响，槽车接卸C点计量数与D点计量数必须存在差异，差异普遍在±0.01%，在财务上会造成损溢差异，需征得财务相关部门同意后实施；二是现有《成品油交接计量管理规范》及炼厂供应合同规定以C点计量作为贸易交接节点，不支持铁路岸罐交接。为推进铁路岸罐交接，需加强与油品供应、炼厂等部门沟通、协调，征得业务部门支持并共同推进铁路槽车岸罐交接事宜。

4 流程优化风险评估及防控

为确保业务变更风险可控，需对铁路槽车接卸流程变更进行风险评估，在确保风险可控基础上实施流程优化作业方案。

4.1 业务变更风险评估

取消铁路槽车C点计量，实施槽车岸罐自动计量验收存在以下若干风险，需进行变更风险评估。

4.1.1 质检流程简化，质量防控不到位

在质检节点前移，到站检测流程简化的创新管理模式下，存在铁路罐车不干净污染油品或者运输途中油品被置换油品质量不合格风险。

4.1.2 交接模式调整，数量超差争议多

铁路槽车贸易交接节点由C点变更为D点，受炼厂发油稳定性、自动计量设备稳定性及容积表偏差等多种因素影响，偶发性进货超差易衍生较大计量争议。

4.1.3 业务流程变更，规章制度不匹配

铁路槽车接卸流程变更在依法合规方面有两个风险，一是贸易交接节点变化，原有炼厂供应协议索赔程序已变更后流程不匹配；二是交接节点变化衍生验收数据的变更，造成财务损溢的变化。这两块的风险防控需要通过合同、制度修订来实现。

4.2 业务变更风险防控

针对铁路槽车接卸流程优化可能产生的业务变更风险，需从以下几个方面进行防控。

4.2.1 加强铅封管理，严格接卸异常处置

一是在源头质检环节，要求在铁路槽车内取样化验，杜绝车体不净污染油品风险发生；二是严格铁路槽车铅封管理，油库需对槽车号、铅封号码进行核对，铅封破封或编号不对应涉嫌被更换的第一时间报警、报保险处理。破封、铅封号码变更罐车油品需100%化验，化验结果合格后方可接卸。

4.2.2 加强沟通协调，建立超耗处置机制

铁路槽车接卸优化方案对炼厂、销售企业都是双赢的选择。炼厂方面，销售企业通过自动计量设备进行成品油计量，可避免人工计量误差及槽车容积表误差衍生虚假损溢、人为计量造假等问题，数据更为科学准确；销售企业方面，可节约大量人力、物力资源，杜绝作业风险。因此，双方需在以下几个方面做好沟通协调，确保接卸优化流程落地。一是加强沟通协调，在偶发性超耗发生时相互配合，共同查找超耗原因，并制定超耗处理机制。机制可通过超耗标准、超耗次数约定处理方式，如进货连续3个批次超差0.2%立即恢复槽车计量等；二是加强储罐计量设备检定、比对工作。首先是加强储罐容积表编表工作，确保容积表准确性；其次是加强自动计量设备比对工作，采取设备比对设备方式进行准确性比对，比对设备进行周期检定。

4.2.3 推进建章立制，确保流程依法合规

在加强铅封管理、严格接卸流程及沟通协调建立超耗处置机制基础上，最为关键的是在测试、评估基础上，获得炼厂、企业支持，推进协调(合同)、制度、流程修订，从根本上保证槽车接卸流程优化有法可依、有制可循。

5 案例分析及展望

5.1 实例分析

5.1.1 企业简介

中石化森美(福建)石油有限公司(以下简称“中森美”)，成立于2007年3月28日，同年7月24日正式投入商业运营，注册资本金18.4亿元，是一家中外合资的省级成品油销售企业，主营业务是成品油的零售、批发和直销，股东方是中国石化、埃克森美孚、沙特阿美，三家股比分别是55%、22.5%和22.5%。

截至2022年，中森美公司共有铁路接卸油库2座，油品均来源于福建炼油化工有限公司(以下简称“福炼”)。中森美所辖2座铁路接卸油库为三明翁墩及南平水北油库，其中翁墩油库接卸栈桥12个(只可单侧接卸)，单次接卸油品约300t，单次接卸时长约7h；水北油库接卸栈桥8个，单次接卸油品约400t，单次接卸时长约7h。翁墩及水北油库储罐油品均双罐运作，日均出库约300t/天，油库需每天接卸1.5批次以上才能确保油品供应。

2019年，中森美公司积极响应总部要求开展自动计量项目建设，储罐100%安装伺服液位仪实现全参数自动计量及油量自动核算。另外，为保证设备准确性，中森美油库均配备便携式密度计等检定合格设备每月对自动计量设备准确性进行比对，设备准确性满足自动计量设备准确度要求。

5.1.2 优化案例

2020年，中森美公司数质量管理部门在充分调研基础上提出取消槽车C点计量合理化建议，建议得到总部及公司领导大力支持并在中森美公司开展试点工作，经试点，铁路接卸流程变更风险可控且能实现减负增效、精细管理目标。

(1) 油品接卸效率大幅提升(图3)

通过质检节点前移、岸罐验收及自动计量，油品化验时间从原有7h缩减至0.5h，计量时间从1h缩减至0.5h，卸油时长不变，整个环节共节约时间7h，接卸效率大幅提升。

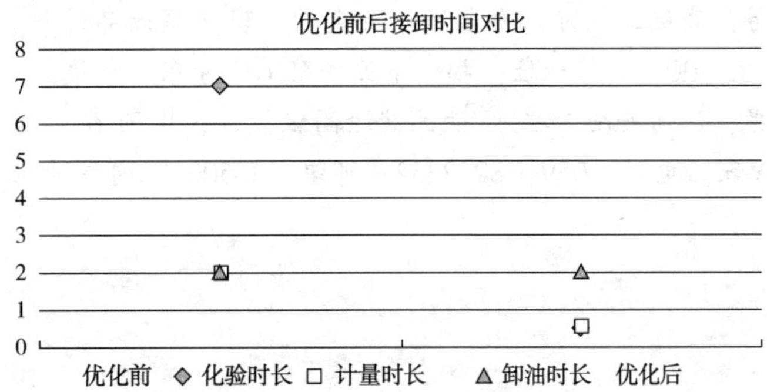

图3 优化前后接卸时间对比

(2) 员工计量强度大幅下降(图4)

流程优化后，计量员不在对槽车、储罐进行计量，重心转为核对罐车及铅封号，花费时长从2h将至0.5h，计量强度显著下降，计量效率显著提升。

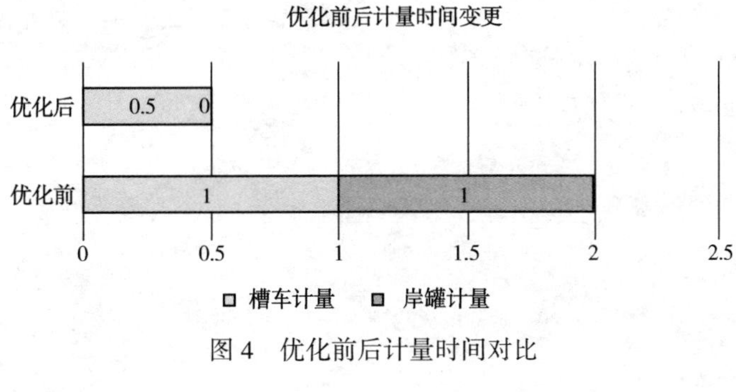

图4 优化前后计量时间对比

(3) 变更前后损溢差异小(图5)

从2021年测试数据可知，月度方面，铁路进货A-C与A-D损耗率差异较小，普遍在±0.02%以内，个别月份差异较大主要原因为铁路槽车接卸工艺原因，无法保证接卸前后管线状态一致；年度总计方面，A-C与A-D损耗率差异为0.02%，数据差异小且呈有规律分布，风险可控。

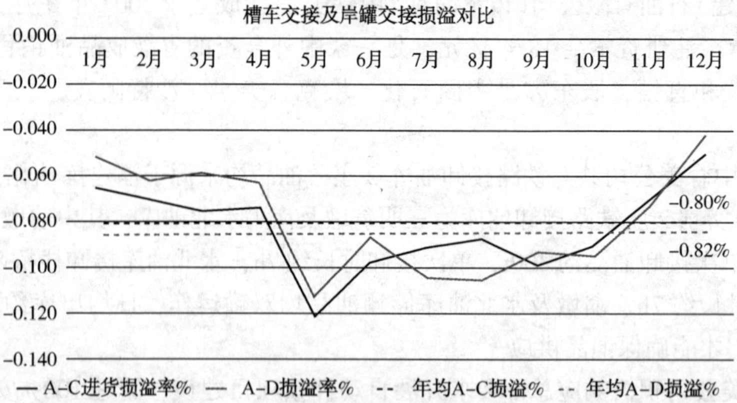

图5　优化前后损溢变化

5.2　展望

通过风险评估及实例分析可知，在自动计量数字化背景下对铁路槽车接卸流程进行优化对损溢影响小，业务变更风险可控，能实现减负提效目的，具有较大推广意义，也为后续自动计量设备深化应用提供了方向，即探讨自动计量在海运成品油贸易交接中的应用。海运成品油贸易交接具有计量场景复杂、计量难度大等特点，若能效仿铁路接卸优化流程，对计量准确性、接卸效率都有很大提升。

作者简介：吴丽蓉(1977—)，女，高级工程师，湖南大学，现从事油品数质量、科技创新管理。电话：0591-87276500，邮编：365300，通信地址：福州市五四路109号东煌大厦数质量科技部；

谢华忠(1982—)，男，高级工程师，哈尔滨商业大学，现从事油品计量、科技创新管理。电话：0591-87275750，邮编：365300，通信地址：福州市五四路109号东煌大厦数质量科技部；

林国泉(1981—)，男，注册安全工程师/油品储运高级技师，中国石油大学(华东)，现从事油库油品安全环保、数质量管理。电话：0598-8222332，邮编：365000，通信地址：福建省三明市三元区江滨路15号。

全站仪在立式金属罐容量检定中的应用探讨

梁文甫　丘世宁　杜成扬

（广东石油仓储分公司　广州黄埔　510730）

摘　要　油品储运行业中立式金属罐既是容量储存器具，又是贸易交接的重要计量器具。使用全站仪进行容量检定是行业技术发展的趋势。本文从全站仪的工作原理、发展历程，使用中的影响因素及应对措施，实验室间比对等多个方面阐述全站仪的应用，为同行更好使用全站仪提供参考。

关键词　全站仪；立式金属罐；容量检定

1　引言

立式金属罐广泛用于油品贸易交接计量，其量值的准确与否直接关系到贸易的公平、企业的利益。传统的立式金属罐检定使用围尺法、光学垂准线法、具导轨法，耗时长、人员多、劳动强度大；然而，使用新科技产品全站仪运用光电测距法测量，则人员少、效率高、劳动强度低，量值溯源符合检定规程要求，为立式金属罐容量快速、高效检定提供了解决方案。

2　全站仪工作原理

全站仪是由电子测角、光电测距、微型机及其软件组成的智能光电测量仪器。主要功能是水平角、竖直角、距离（平距、斜距）、高差等测量，借助机内固化软件实现多种测量功能，如计算并显示平距、高差以及镜站点的三维坐标，进行偏心测量、悬高测量、对边测量、面积计算等。因其一次安置仪器就可完成该测站上全部测量工作，所以称之为全站仪。

全站仪主要由数据采集设备、微型机及软件组成（见图1）。数据采集设备包括：电子测角系统（水平角测量单元、垂直角测量单元）、电子测距系统、自动补偿设备等组成。微型机主要由中央处理器，随机储存器和只读存储器等构成。测量时，微型机根据机载操作系统发出的程序、指令控制各分系统的测量工作，进行必要的逻辑和数值运算以及数字、图像存储、处理管理、传输、显示等。

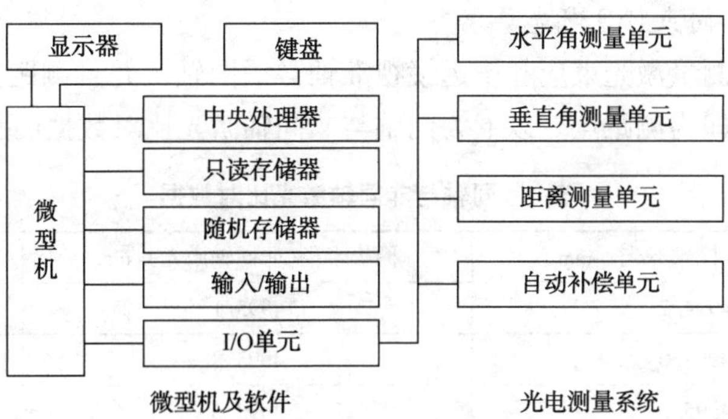

图1　全站仪组成结构图

3　全站仪发展历程

全站仪是从测距仪与测角仪逐步演化而来（见图2）。全站仪的发展历程如下：机械经纬仪—光学经纬仪（1921年）—电子经纬仪—红外测距仪（1969年）—半站仪（光学经纬仪+测距仪）—全站仪1代（工具型全站仪/特点：仪器+手簿/1971～1986）—全站仪2代（电脑型全站仪/特点：菜单操作，机载软件，可系统开发/1991～2004）。其中比较有代表性的有1921年全球第一台光学经纬仪T2；1977年的全球首款具有机载数据处理功能的全站仪 TC1。见图 2。

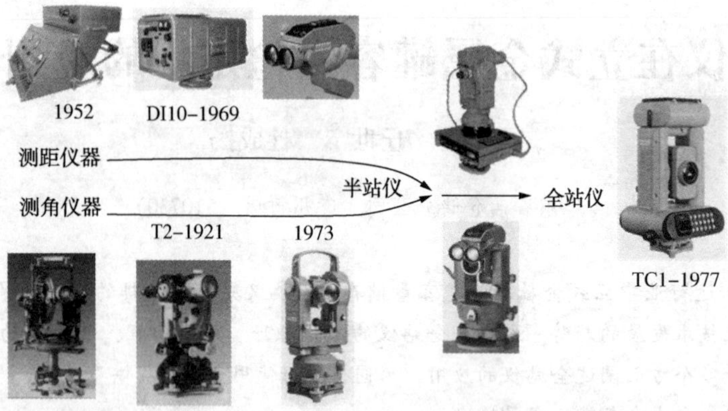

图 2　全站仪发展历程图

全站仪的操作系统大致经历了：DOS 系统—Windows CE 系统(各类 Windows 系统)—安卓系统。

全站仪现行有效的标准包括：国际标准《ISO 7507-4：2010 油及液体石油产品—立式圆筒形金属罐的标定(光电内测距法)》《ISO 7507-5：2000 油及液体石油产品—立式圆筒形金属罐的标定(光电外测距法)》；国家标准《GB/T 13235. 3—95 石油和液体石油产品—立式圆筒形金属油罐容积标定法(光电内测距法)》；国家检定规程《JJG 168—2018 立式金属罐容量》。

4　全站仪在立式金属罐容量检定中的应用

使用全站仪进行立式金属罐容量检定，主要是依靠全站仪测距和测角功能，实现圈板半径、径向偏差、罐板高度、基圆、底量等的高效测量。

4.1　全站仪在立罐检定中技术要求

4.1.1　角度要求

最小显示单位 1″；一测回水平方向和垂直角标准偏差标称值不超过 2″。

4.1.2　距离测量要求

最小显示单位不超过 1mm；对圆棱镜合作目标的测距标准偏差不超过(1mm+2ppm)；对无棱镜合作目标的测距标准偏差不超过(2mm+2ppm)(80m 测程之内实际检定结果应不大于 2mm)，对无棱镜目标的标称测程不小于 200m。

4.1.3　无棱镜测距同轴、同束可见激光要求

全站仪无棱镜测距，测量激光束应和望远镜视准轴必须同轴，并且测距激光和可见指示激光为同一光束，确保激光指示点即为测距点。以下为同轴与非同轴激光比对数据(见表 1)。

表 1　同轴与非同轴激光比对数据

圈板号	圈板半径(同轴激光)/mm	圈板半径(非同轴激光)/mm	偏差/mm
1	4994. 2	4995. 1	-0. 9
2	4994. 0	4993. 8	+0. 2
3	4995. 0	4993. 6	+1. 4
4	4994. 2	4992. 0	+2. 2
5	4995. 2	4991. 9	+3. 3
6	4994. 7	4989. 7	+5. 0
7	4994. 3	4988. 1	+6. 2
8	4996. 1	4988. 6	+7. 5
9	4994. 7	4986. 1	+8. 6
10	4996. 8	4987. 4	+9. 2

续表

圈板号	圈板半径(同轴激光)/mm	圈板半径(非同轴激光)/mm	偏差/mm
11	4995.2	4984.7	+10.5
12	4995.3	4983.9	+11.4
13	4996.1	4983.5	+12.6
14	4997.4	4983.6	+13.8

产生原因：随着使用时间推移、温度变化、碰撞冲击、颠簸震动等将引起全站仪轴向偏差。产生影响：对水平角、竖直角、补偿倾斜、ATRplus、望远镜十字丝等产生误差。

应对措施为进行自校修正，按以下步骤：①开启仪器仪器与环境温度适应，每相差1℃适应时间大约为2min，每次温度平衡时间至少15min；②使用全站仪对指定距离的棱镜进行瞄准观察(手动调整望远镜十字丝与棱镜中心对准)，全站仪正、反面均需对准观察(至少3次)；③棱镜的摆放需稳定，无震动；④避免反射光源照射。

建议以下情况需进行自校：①每3到6月定期校准；②初次使用；③高精度测量前；④颠簸路途后；⑤长时间作业或存储后；⑥作业环境温度变化较大。

4.1.4 其他要求

全站仪应具有马达驱动、数据存储和可编程序控制功能。测控软件适用性强，测量环境要求全站仪最好为防爆类型。

4.2 全站仪在基圆测量中的应用

围尺法的基圆测量，使用钢围尺沿第一圈板的3/4(或1/4)高度处对圈板圆周进行围尺测量，条件较多：围尺时的拉力应与检定时的拉力一致，平衡温度，需要用色笔标记轨迹后围尺，尺起点和终点不重合、位移需重测等等；全站仪基圆测量，使用全站仪(高精望远镜、激光测距、经纬测角组合测量功能)对第一圈板3/4(或1/4)处进行左切和右切打点测量，条件较少：平衡温度，调整水平，站点测量(一般4个站点)。

根据检定规程，围尺法被视为基圆检定的首选方法，同时也是仲裁检定使用方法。若使用全站仪进行基圆检定，效率高、人员劳动强度低。主要难点在于使用全站仪水平扫描测量的基圆半径(或直径)与围尺法相比，总会有几毫米的偏差，究其原因主要涉及油罐反射面问题，尽量避免不好的漫反射条件(如：罐壁表面挂油、挂蜡；罐壁抛光不锈钢等强反光材质；罐壁表层附着有黑色强吸光介质；环境强光直射等)，不能进行光电测距。当用全站仪进行外测时，增加观测站点，增加基圆的拟合程度，减轻对不规则基圆的偏差。根据某市计量监督检测科学研究院做的围尺法与全站仪法在立式罐基圆测定中的比对数据可得，两者偏差在其不确定度范围内是满意的。

4.3 全站仪在圈板高度测量中的应用

使用全站仪的高程功能，把激光点打至每个圈板的焊缝中间(自下而上)(见图3)，通过激光测距(斜距)、经纬仪测角(入射角)求得每两个激光点间的高度(圈板高度)。具有高效、准确、减轻人员劳动强度等的优点。限制条件，全站仪站相对油罐最高点仰角不能大于60°。

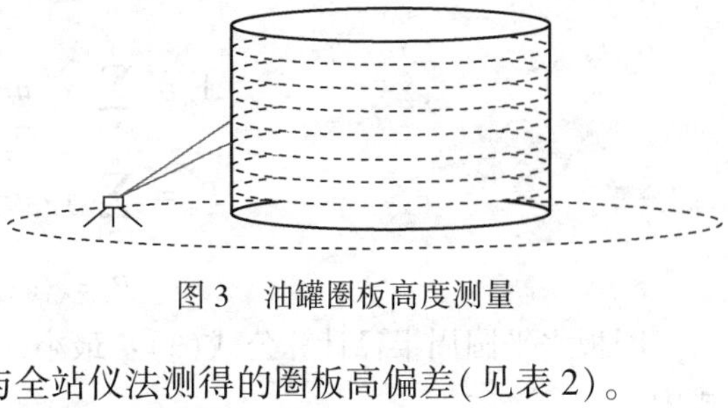

图3 油罐圈板高度测量

以下为同一油罐不同圈板使用测深钢卷尺(已修正)与全站仪法测得的圈板高偏差(见表2)。

表2 测深钢卷尺与全站仪测板高比对数据

圈板	钢卷尺/m	全站仪/m	差值/mm
1	1.486	1.485	−1
2	1.552	1.551	−1
3	1.538	1.537	−1

续表

圈板	钢卷尺/m	全站仪/m	差值/mm
4	1.540	1.541	1
5	1.545	1.545	0
6	1.546	1.544	-2
7	1.550	1.551	1
8	1.540	1.540	0
9	1.542	1.543	1
10	1.530	1.528	-2

钢卷尺与全站仪比对偏差均不超过±2mm 限值要求。

4.4 全站仪在立式金属罐容量检定(内测)原理

内测法：将全站仪置于油罐内靠近中心位置架设(见图 4)，利用水平仪调整水平，平衡温度(约 15min)，激活仪器倾斜度自动补偿功能。使用机载软件，输入指定参数后，自动实油罐内部扫描测量。

(1) 全站仪用于立式罐容量检定——水平圆周坐标测量公式(1)及原理图(图 4)：

$$x_i = s_i \cos\varphi_i \cos\theta_i$$
$$y_i = s_i \cos\varphi_i \sin\theta_i$$
$$z_i = s_i \sin\varphi_i \tag{1}$$

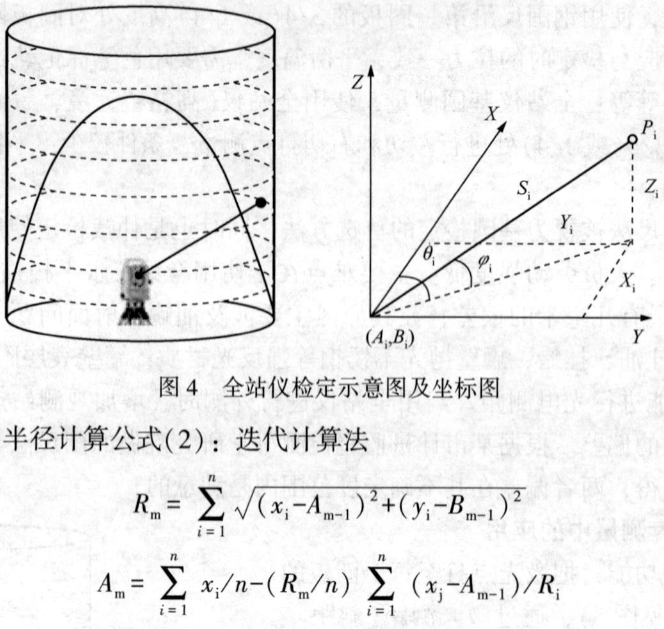

图 4 全站仪检定示意图及坐标图

(2) 圈板水平圆周半径计算公式(2)：迭代计算法

式中

$$R_m = \sum_{i=1}^{n} \sqrt{(x_i - A_{m-1})^2 + (y_i - B_{m-1})^2}$$
$$A_m = \sum_{i=1}^{n} x_i/n - (R_m/n) \sum_{i=1}^{n} (x_j - A_{m-1})/R_i$$
$$B_m = \sum_{i=1}^{n} y_i/n - (R_m/n) \sum_{i=1}^{n} (y_i - B_{m-1})/R_i$$
$$R_i = \sqrt{(x_i - A_{m-1})^2 + (y_i - B_{m-1})^2} \tag{2}$$

圈板水平圆周半径计算公式(3)：最小二乘拟合计算法

式中

$$r_i = \sqrt{(x_i - a_0)^2 + (y_i - b_0)^2} \tag{3}$$

$$v_i = \frac{(x_i - a_0)}{r_i} d_a + \frac{(y_i - b_0)}{r_i} d_b + d_r - (r_i - r_0) \qquad i = 1,\ 2,\ 3,\ \cdots n$$

r_i——圈板水平圆周半径；

x_i——全站仪所在 x 轴坐标；

y_i——全站仪所在 y 轴坐标；

a_0——水平圆心点坐标 x 的近似值(一般设为 0)，mm；

b_0——水平圆心点坐标 y 的近似值(一般设为 0)，mm；

r_0——水平圆半径的近似值，mm；

d_a——水平圆心点坐标 x 的近似值的改正数，mm；

d_b——水平圆心点坐标 y 的近似值的改正数，mm；

d_r——水平圆半径的近似值的改正数，mm。

4.5 全站仪法与光学垂线法比较

4.5.1 金属立式罐容量检定主要设备及技术参数(见表 3)

表 3 全站仪与光学垂线法比对主要设备表

设备名称	型号	测量范围	厂家	准确等级或最大允许误差
全站仪	MS60	(0-2000)m	徕卡	①
测深钢卷尺	25m	(0-25)m	鼓测牌	Ⅱ级
超声波测厚仪	TT110	(0-200)mm	时代	MPE：±(0.1+H/100)mm，H 单位，mm
钢卷尺	100m	(0-100)m	鼓测牌	Ⅱ级
径向偏差仪	CJ-1	(0-300)mm	海兴	MPE：±0.3mm
导轨式光学径向仪	CL-1	(0-180)mm	中国计量	MPE：±0.2mm
水准仪	DZS3-1	(1-2)m	BOIF	三级
①水平和垂直角 MPE：±2″；无棱镜测距 MPE：±(2+2 * 10^{-6}L)mm				

4.5.2 使用全站仪法与光学垂线法比对某油库 5000m^3 立式金属油罐(见表 4)

表 4 全站仪法与光学垂线法比对表

圈板号	内圆半径/mm		半径差/mm	相对差/%
	光学垂线法	全站仪法		
1	10499	10497	-2	-0.019
2	10496	10496	0	0.000
3	10497	10496	-1	-0.010
4	10499	10497	-2	-0.019
5	10496	10497	-1	-0.010
6	10499	10494	-5	-0.048
7	10499	10498	-1	-0.010
8	10500	10498	-2	-0.019
9	10496	10497	+1	+0.01

不同高度容量比对的相对偏差(见表 5)

表 5 全站仪与光学垂线法容积相对偏差

高度	1m	3m	5m	7m	9m	11m	13m
容量相对偏差	-0.02%	0.00%	-0.01%	-0.02%	-0.01%	-0.04%	-0.01%

由表 4、5 发现，全站仪法与光学垂线法容量比对中，出现部分相对偏差较大的情况。下面对圈板半径产生偏差的原因进行分析。

4.6 立式金属罐圈板半径测量不确定度分析

4.6.1 不确定度来源：

① 光电设备引入的半径测量不确定度分量 $u(R_{ang})$；

② 圈板不规则变形引入的测量不确定度分量 $u(R_{LS})$；

③ 现场温度测量引入的半径测量不确定度分量 $u(R_{th})$；

④ 设备漂移引入的半径测量不确定度分量 $u(R_{dr})$。

4.6.2 光电设备引入的半径测量不确定度分量 $u(R_{ang})$

根据半径计算公式：

$$R=\frac{\sum_{i=1}^{n}R_i}{n}=\frac{\sum_{i=1}^{n}\sqrt{(x_i-A_x)^2+(y_i-B_y)^2}}{n}$$

$$u(R_{ang})=\frac{1}{n}\sum_{i=1}^{n}\frac{1}{R_i}[u(x_i)\times|x_i-A_x|+u(y_i)\times|y_i-B_y|+u(A_x)\times|x_i-A_x|+u(B_y)\times|y_i-B_y|]$$

4.6.3 圈板不规则变形引入的测量不确定度分量 $u(R_{LS})$

立式金属罐容量表的计算是建立在理想圆柱假设条件基础上生成的，但实际立式金属罐使用中存在罐壁腐蚀、油品压力等因素产生的不规则变形，严格来说圆柱存在偏差。

$$u(R_{LS})=\frac{s}{\sqrt{n}}=\frac{\sqrt{\sum_{i=1}^{n}(\sqrt{(x_i-A_x)^2+(y_i-B_y)^2}-R_i)^2}}{\sqrt{n(n-3)}}$$

4.6.4 现场温度测量引入的半径测量不确定度分量 $u(R_{th})$

温度测量的不确定度，一部分是由于罐壁材料膨胀系数引入的不确定度；另外是罐壁温度测量引入的不确定度。

$$u(R_{th})=R\times\sqrt{[\alpha_{tk}\times u(T_{tk})]^2+[u(\alpha_{tk})\times(T_{tk}-T_{ref})]^2}$$

式中 a_{tk}——罐壁材料的膨胀系数；

T_{tk}——罐壁测量温度；

T_{ref}——参考温度(一般取 20℃)。

4.6.5 现场设备漂移引入的半径测量不确定度分量 $u(R_{dr})$

根据光电测量设备现场校准时的测量和计算，设差值 $e(R_{dr})$ 为均匀分布，则由于设备漂移引入的半径不确定度计算公式为：

$$u(R_{dr})=\frac{e(R_{dr})}{2\sqrt{3}}$$

4.6.6 由于上述四项测量不确定度分量互不相关，所以合成的半径测量不确定度为：

$$u(R_{Total})=\sqrt{u^2(R_{ang})+u^2(R_{LS})+u^2(R_{th})+u^2(R_{dr})}$$

4.6.7 以 5000m^3 立式金属罐圈板半径测量不确定度分析表(见表 6)

表 6 立式金属罐圈板半径不确定度分析表

不确定度来源	标准不确定度值	灵敏度系数	标准不确定度分量
光电设备引入	3.40×10^{-4}	1	3.40×10^{-4}
圈板不规则变形引入	1.5×10^{-3}	1	1.5×10^{-3}
罐体温度测量引入	4.0×10^{-4}	1	4.0×10^{-4}
仪器零漂引入	2.9×10^{-4}	1	2.9×10^{-4}
合成标准不确定度		1.6×10^{-3}	
合成扩展不确定度($k=2$)		3.2×10^{-3}	
合成相对扩展不确定度($k=2$)		0.03%	

由圈板半径的测量不确定度分析可知，引入不确定变量较大的为圈板的不规则变形所致。因此，日常应该定期做好油罐圈板壁厚、钢板腐蚀度等的检测、保养工作。

4.7 全站仪在外测中的应用

将全站仪架设在立式金属罐外(见图5)，①测量圈板高度；②观测基圆进行基圆左切和右切，求得平距；③使用全站仪的机载软件自动对一侧面进行打点扫描；④分多个侧面(一般4站)对立式金属罐侧面进行外测扫描；⑤导出测量数据到SD储存卡；⑥使用电脑应用程序导出云点数据，生成三维立式金属罐母线图(剔除障碍物)，生成容积表。

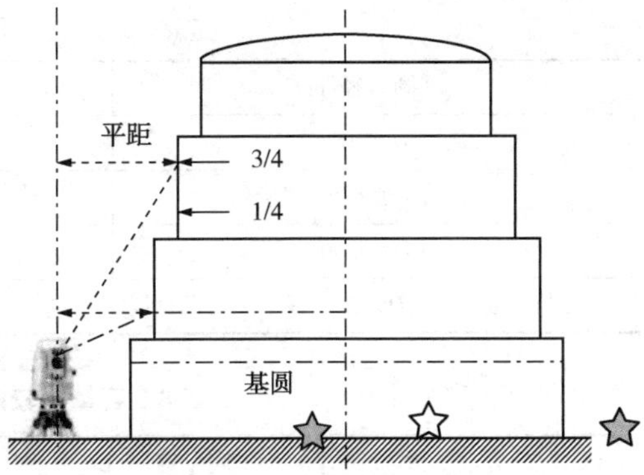

图5 全站仪外测示意图

全站仪外测的使用条件：①全站仪必须水平调整；②全站仪对油罐最高点的入射角不能大于60°；③全站仪须进行15min的温度平衡；④使用望远镜对基圆进行左切、右切时十字标记必须对准罐边缘，不能有障碍物阻挡。

全站仪外测的优点：①无须清罐测量，可根据当前油高、密度等参数导入应用程序修正生成容积表；②对立式金属罐变形圈板进行打点测量更能准确反映容积变化；③更高效的测量，平均测量一个侧面的时间是(3~5)min，完成整个立式金属罐的测量需要约30min；④测量过程中，外测比内测站点状态更平稳(三个支撑脚不受底板凹凸不平的影响)；⑤更安全可靠，无须进入立式金属罐内部，对人员的健康与操作更有利。

全站仪外观的缺点：①输入的油高、温度、密度参数对罐容表修正存在均匀程度、代表性程度不够等引入的不确定因素影响容积表的准确性；②受油罐外部障碍物的影响，会增大容积表结果的不确定度。

4.8 全站仪在底量测量中的应用

传统的立式金属罐底量测量使用容量比较法、几何测量法存在耗时长、劳动强度大、流程复杂等的缺点。

全站仪底量测量(见图6)：①将其架设在罐底中心附近(尽可能靠近中心)，调整水平，开启指示激光；②对第一圈板下边缘与底板交接处打点(不同位置3点)，确定罐底板同心圆中心点位置；③在机载软件设置测量的环数和半径数(见表7)检定规程要求设置；④激光点测量下计量基准点中心位置；⑤全站仪自带高程功能，测得标高数据后保持镜头角度不变，以固定角度顺时针或逆时针旋转全站仪，从而得到一个环上的数据；⑥全站仪对油罐底板上的盲点进行补测(被障碍物阻挡)；⑦导出底量测量数据。见表7。

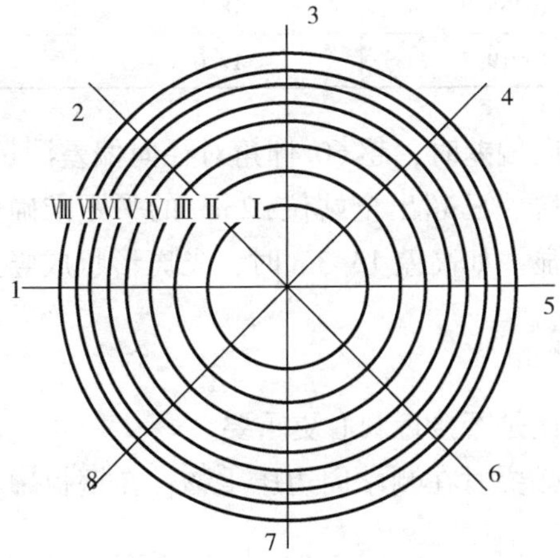

(a)罐底量测量点分布示意图

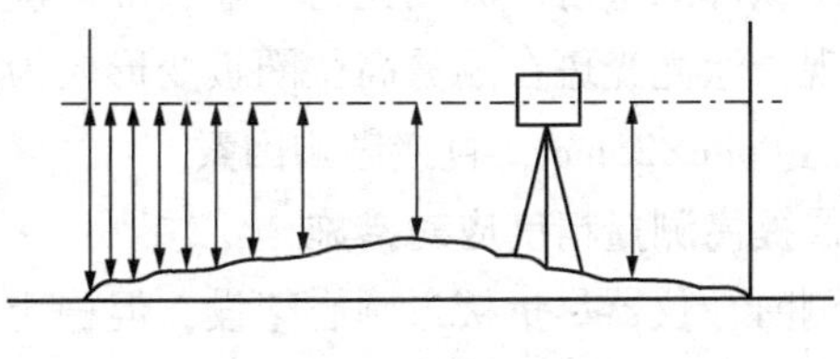

(b)罐底量标高测量示意图

图6 底量测量示意图

以下为使用容量比较法、几何法、全站仪法测量同一个1000m^3立式金属罐的底量数据比较(见表8)。

根据测量数据可判断，使用全站仪进行底量检定是符合检定规程1000m^3立罐扩展不确定度0.1%($k=2$)要求。

表7　罐底测量点数量

基圆直径/m	m	n
$D≤10$	1	8
$10<D≤30$	8	8
$30<D≤60$	8	16
$D>60$	16	16

表8　容量比较法、几何法、全站仪法底量测量比较

方法	底量容积/L	底量误差(以容量法参照)/L	底量相对误差/%
容量比较	3621	0	0
几何法	3594	-27	0.003%
全站仪法	3605	-16	0.002%

4.9　全站仪不同仰角对测量精度的影响

全站仪的测量仰角是否对其测量结果产生影响，下面分别以不同平距的测量站位，对油罐高、中、低的相邻两块圈板的平距和角度进行测量，数据如下(见表9)。

表9　全站仪测量入射角比对

高差/m	测距距离/m	圈板一平距/mm	圈板二平距/mm	径向偏差/mm	入射角/°
1.9	1.1	1119.0	1134.0	15.0	59°54′
	5.6	5575.0	5590.0	15.0	18°42′
	13.7	13663.0	13678.0	15.0	7°54′
	20.6	20557.0	20573.0	16.0	5°18′
8.9	2.1	2122.0	2140.0	18.0	76°42′
	5.6	5555.0	5570.0	15.0	57°48′
	15.6	15601.5	15616.5	15.0	29°42′
	20.6	20588.5	20601.0	16.0	23°24′
15.3	2.9	2862.0	2883.5	21.5	79°18′
	6.4	6434.0	6450.0	16.0	67°18′
	10.4	10440.0	10458.0	18.0	55°36′
	16.9	16900.5	16919.5	18.0	42°12′

根据测量数据发现，外测立式罐各位置圈板的径向偏差时，超60°仰角对径向偏差测量影响较大。尤其当测立罐顶部圈板时，波动尤为明显，准确度下降，已超出全站仪±2mm 的平距准确度要求。据现场观测发现，激光光斑在测量高位圈板变形较为明显。如高差15.3m 时，光斑形状成竖型条状，整体照射范围达8mm×25mm，直接影响因素。

4.10　全站仪提高测量精度应对措施

(1) 内测时，仪器尽量接近圆心架设，但稳定性比是否接近圆心更重要。

(2) 确保仪器的稳定性，避免外部振动的影响。必要时在测站周边压重物；在钢板罐底上架设仪器时，为了防止滑动，可以将脚架安置在磁性表座上。

(3) 仪器如无法架设罐中心，一定要做偏心修正。

(4) 开始测量前需要等待一段时间，减少仪器与环境之间的温差。

(5) 严格整平仪器，使用时注意打开垂直轴倾斜补偿器。

(6) 仪器测距加常数修正方法：①根据法定检定机构检定时提供的无棱镜测距加常数修正值进行修正；②现场使用“反射片”标定无棱镜对罐壁测距的差值进行修正值。

(7) 在母线检测前后，对基圆平距进行观测，其误差反映全站仪测量的稳定性，该误差限值不应超±2mm。

(8)仪器运输到测量现场，需要等待仪器适应周围环境温度，仪器与环境温度相差 1℃，适应时间大约为 2min，每次温度平衡时间至少 15min。

5 全站仪实验室间比对

为完善计量标准体系的管理，确保标准器测量能力的准确、稳定、可靠，可定期邀请多家法定检测机构、授权单位、设备厂家参与计量比对。

5.1 比对项目

立式金属罐容量比对

5.2 比对内容

中国石化某油库 121 号罐：①基圆周长；②油高 5000mm 处容积(外测法)。

5.3 参比单位

①法定检测机构 A；②法定检测机构 B；③本单位 C(主办方)；④授权单位 D；⑤授权单位 E；⑥法定检测机构 F；⑦设备厂家 G；⑧设备厂家 H。

5.4 统计分析

以基圆周长、油高 5000mm 处容积进行统计分析，如下：

5.4.1 基圆周长

各参比单位分别对 121 罐基圆周长按《JJG 168—2015》检定规程进行检定，数据(见图 7)。

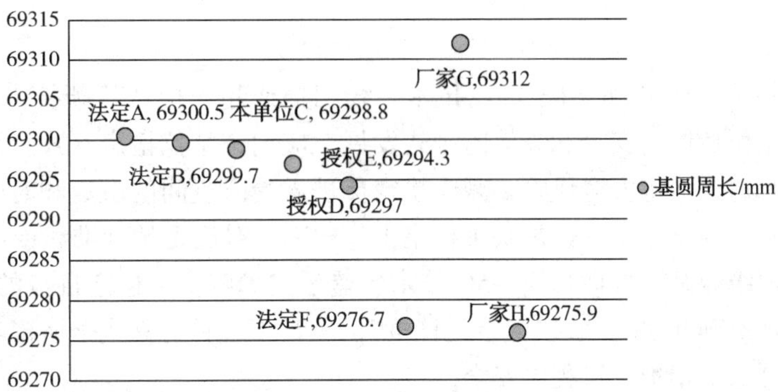

图 7 基圆检定数据

经测算，121 罐基圆周长平均值为 69294.4mm，通过贝塞尔公式：$s=\sqrt{\frac{\sum_{i=1}^{n}(x_i-\bar{x})^2}{n-1}}$ 求得多间机构的测量标准偏差为 12.287mm，根据格拉布斯公式：$\frac{|x_d-\bar{x}|}{s}\geqslant G(a,\ n)$取置信概率 $p=95\%$查表，当 $a=0.05$，$n=8$ 时，G 值为 2.032，用最大偏差值 69275.9mm 时，计算 G 值为 1.506<2.032，因此不存在异常值。使用归一法：$E_n=\frac{Y_{ji}-Y_{ri}}{k*u_i}$以平均值为参考值，各实验室与参考值进行比较，各实验室 E_n 值均小于 1，结果为满意。

5.4.2 油高 5000mm 处容积(外测法)

各参比单位分别对 121 罐油高 5000mm 处容积(外测法)按计量检定规程进行检定，数据(见图 8)。

经测算，121 罐 5000mm 处容积平均值为 1905107.6L，应用贝塞尔公式：$s=\sqrt{\frac{\sum_{i=1}^{n}(x_i-\bar{x})^2}{n-1}}$ 求多

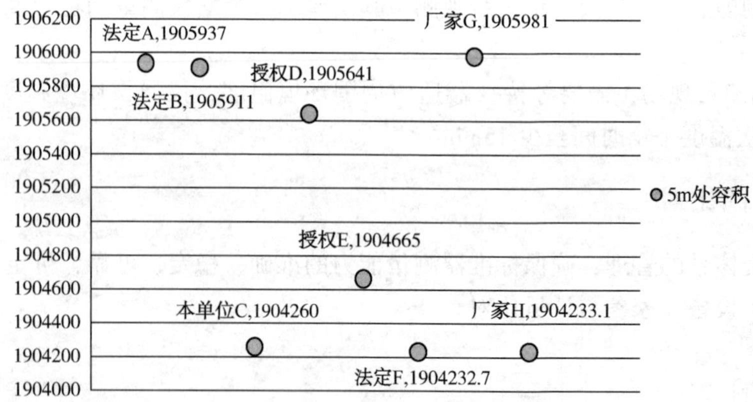

图8 油高5000mm处容积数据

间机构的测量标准偏差为 *830. 2*L，根据格拉布斯公式：$\frac{|x_d-\bar{x}|}{s}\geqslant G(a,\ n)$取置信概率$p=95\%$查表，当$a=0.05$，$n=8$时，G值为2.032，用最大偏差值1904232.7L时，计算G值为1.054<2.032，因此不存在异常值。使用归一法：$E_n=\frac{Y_{ji}-Y_{ri}}{k*u_i}$以平均值为参考值，各实现室与参考值进行比较，各实验室E_n值均小于1，结果为满意。

通过多家机构间的计量标准器比对，有效保证了计量标准量值传递的准确可靠。

6 结语

随着全站仪技术的持续创新和突破，5G技术、线扫描或超级摄像等新技术不断应用于全站仪，立式金属罐容量检定工作持续向安全和高效跨越式发展。应用全站仪检定立式金属罐容量，有效避免了检定员高处作业、临边作业等安全风险，减少检定员进入受限空间的次数和时间，降低了计量标准器具高处坠落损坏风险。新型全站仪，加快了检定工作效率。对比光学垂准线或围尺法，新型全站仪单罐检定时间实现几何级锐减。摄像扫描、5G技术、蓝牙技术解决了检定盲点的难题，立式罐底量、死量的检测和计算更加准确和快捷。在“数字化计量”的驱动下，针对立式金属罐容量检定领域，新型全站仪前景更广阔，计量更精准，过程更安全。

参考文献

[1] 全国石油产品和润滑剂标准化技术委员会. GB/T 13235. 3—1995 石油和液体石油产品立式圆筒形金属油罐容积标定法(光电内测距法). 国家市场监督管理总局，1995.

[2] 徐忠阳. 全站仪原理与应用. 解放军出版社，2003.

[3] 陈海林，郭毅力. 几种全站仪、测距仪测距误差分布的分析. 全国测绘仪器综合学术年论文集，2003.

[4] 全国容量计量技术委员会. JJG 168-2018 立式金属罐容量. 中国质检出版社，2018.

[5] 王金涛. JJG 168—2018 立式金属罐容量检定规程宣贯，2019.

作者简介：1. 梁文甫(1982—)，男，工程师，一级注册计量师，毕业于中国石油大学，现从事油品数质量管理。联系电话：13829757355，邮编：510730，通信地址：广东省广州市黄埔东路2433号。

2. 丘世宁(1981—)，男，高级工程师，毕业于广东工业大学，现从事油品数质量管理。联系电话：0755-84230318，邮编：518119，通信地址：深圳市大鹏新区葵涌街道深葵路80号。

3. 杜成扬(1974—)，男，助理工程师，毕业于中国石油大学，现从事计量管理、计量检定工作。电话13925031005，邮政编号：510730，通信地址：广东省广州市黄埔东路2433号大院。

关于超声波流量计校准油井多项流仪表应用探讨

王树栋　邵宗庆　娄海英

（中国石化胜利油田分公司技术检测中心胜采技术检测站　山东东营　257092）

摘　要　智能信息化仪表在油田各原油生产单位使用已经多年，对于这部分仪表在井场使用运行状况、性能好坏和资料录取的准确与否，需要有一个准确、客观的总体的检测分析，以利于原油生产的正常运行，从而系统的掌握和了解油井井口仪表检测数据的准确性和可靠性。油井产出的液量是油、气、水等多种物质构成的混合流液体，对其进行准确计量检测一直比较困难。目前电泵井、螺杆泵井产液量计量检测仪表和方法在实际应用中都存在较大误差，本文使用外夹式多普勒超声波流量计作为检测设备来检测油井产液量，为油田油井多相流的检测提供一个方法参考。

关键词　多相流；超声波流量计；多普勒；电泵井；螺杆泵井；产液量

1　引言

信息技术的发展日新月异，油气生产信息化建设就是通过对油气生产过程选择性的实施可视化、自动化和智能化，为井站装上“大脑”和“眼睛”，实现生产管理“零时限”，全面提升油气生产管理手段。电泵井、螺杆泵井是油田一种重要的采油装置，由于信息项目的展开，信息仪表也在电泵井上被广泛地使用。为了解决原油产液量的准确计量检测，各单位也采用了多种措施和方法对单井安装仪表、微差压在线计量系统、标产车等等各种类型的计量装置对单井的产液量进行产液量的计量检测，而这些计量仪表，计量检测装置本身的准确与否如何进行衡量判定，如何使这部分计量检测仪表能够进行量值溯源，是一项急需解决的问题。

超声波流量计是近十年来，随着集成电路技术的发展，才出现的一种非接触式液量检测仪表。适用于不易接触、观察的流体以及大管径流量。使用超声波流量计不用在流体中安装测量元件，故不会改变流体的流动状态，不产生附加阻力，仪表的安装及检修均可在不影响生产运行的情况下进行。而PTF-H 型手持式超声波流量计可，对目前已经安装使用的各类油井产液量计量的仪表和设备装置进行在线校准比对，也可直接用于单井液量计量检测。

受采油厂 QHSSE 部委托对采油厂七个采油管理区 439 口电泵井、螺杆泵井使用的流量积算仪及其整套计量检测装置使用 PTF-H 手持式超声波流量计进行了连续三年的跟踪检测与评价，取得了良好效果。

2　多普勒超声波流量计的适用范围及工作原理

2.1　适用范围

多普勒超声波流量计是利用多普勒频移物理学原理来测量流体速度的。因此，多普勒超声波流量计适合测量含固体颗粒或气泡的流体，不适合测量纯净水。使用范围包括：自然河道、人工河道、农田渠道、城市下水道、企业排污口、污水处理厂。因此，适用于杂质含量较多的脏水和浆体的测量，我们正是利用多普勒超声波流量计这一特性，开展油井产液量数字化仪表准确性的检测（而油井产液量中，一般包含油、气、水、固体颗粒物等多种物质）。

2.2　多普勒超声波流量计的组成

多普勒超声波流量计，由超声流量换能器和控制器组成。

2.3　多普勒效应（多普勒频移）原理

一个物体发出的声波被另一个物体接收并反射，如果发出声波的物体相对于接收物体是移动的接收物体接收到的声波频率将会与发出声波的发射频率有差异。如果两个物体之间的相对距离是减少的，接收的频率会比原来减小。

2.4 多普勒超声波流量计的工作原理

发射换能器 t 发射一定频率的超声波到流动液体内的气泡或固体颗粒上产生散射波，散射波被接收换能器 r 所接收，其频率变化与粒子(或气泡)的移动速度成正比(由于换能器具有一定的指向性，所以接收的散射信号基本上是从管道中心附近发射来的)。多普勒频移和流速的关系如式(1)。

在外夹式超声波多普勒流量测量方法中，超声波发射器为一固定声源，随流体一起运动的固体颗粒上起了与声源有相对的“观察者”的作用，它仅仅是把入射到固体颗粒上的超声波反射回接。发射波与接收声波之间的频率差，就是液体中固体颗粒而产生的声波多普勒频移。由于这个频率差正比于液体流速，所以测量频差可以求得流速，进而可以得到流体的流量。见图 1。

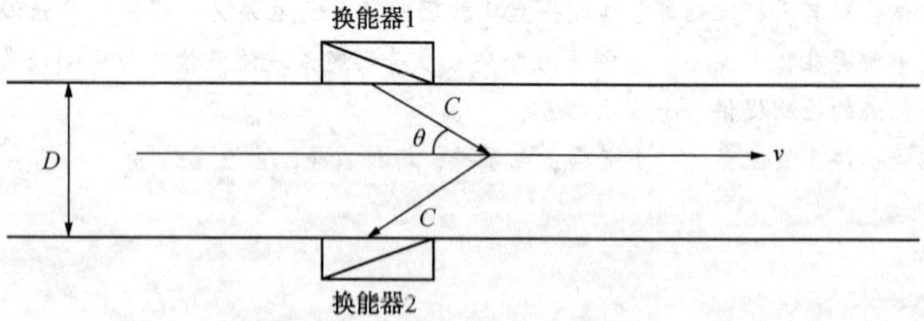

图 1　多普勒效应测量原理图

如上图所示，换能器 1 发射频率为 f_1 的超声波信号，经过管道内液体中的悬浮颗粒或气泡后，频率发生偏移，以 f_2 的频率反射到换能器 2，这就是多普勒频移，f_2 与 f_1 之差即为多普勒频差 f_d。当管道条件、换能器安装位置、发射频率、声速确定以后，c、f_1、θ 即为常数，流体流速和多普勒频移成正比，通过测量频移就可得到流体流速 v，进而求得流体流量。

频移计算公式：

$$f_d = \frac{2f}{cv\cos\theta} \tag{1}$$

式中 f_d——接收到的频率，Hz；

f——发射频率，Hz；

v——流体速度，m/s；

c——超声波速度，m/s；

θ——水流和入射波的夹，°。

流量的计算公式：

$$Q = vs = \pi D^2 v \tag{2}$$

式中 Q——瞬时流量，m^3/h；

v——流速，m/s；

s——过流截面积，m^2；

π——圆周率；

D——管线直径，m。

3 电泵井、螺杆泵井产液量计量装置(流量积算仪)构成、原理及技术指标

流量积算仪是目前胜利油田大多数电泵井、螺杆泵井计量产液量的主要数字化智能仪表，它由显示单元、检测单元两部分组成。

显示单元包括：信号获取电路、控制电路、LCD 显示器、无线通信模块、精确电源管理模块、电池组。

检测单元安装与井口流程中包括：连接体、叶轮、磁铁和线圈。见图 2。

图 2　流量积算仪

当流体通过检测装置时带动叶轮转动，从而使磁场产生变化，而在磁铁上的线圈将这一变化的磁信号转变为电信号，通过电压放大电路将这一信号放大获取，并输入到微处理器的控制电路进行整合处理，其检测值一路通过 LCD 显示器直接在表头显示；另一路通过无线通信模块（ZigBee 短距离通讯模块）将检测到的流量值通过中继传送至生产运行指挥系统。见图 3。

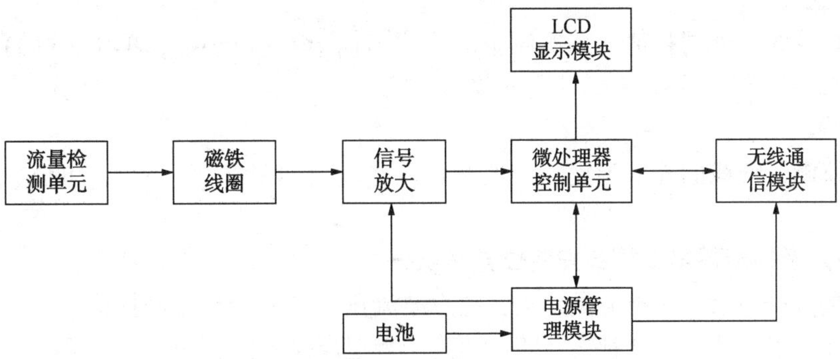

图 3　流量积算仪原理框图

4　多普勒超声波流量计的技术指标

4.1　技术指标

我们使用 PTF-H 手持式超声波流量计，测量范围：DN15～DN6000，介质流速：（0.5～12）m/s，温度：（-50～560）℃，准确度等级为 0.1 级。

4.2　能检测管道材质

能够测量包括铸铁、球墨铸铁、碳钢、不锈钢、铜、PVC、塑料、铝、石棉、玻璃钢、水泥及其他材质管道。

4.3　管道衬里选择

无衬里、环氧沥青、橡胶、灰浆、聚丙烯、聚苯乙烯、聚酯、聚乙烯、硬质橡胶木、聚四氟乙烯及其他衬里。

4.4　可检测液体

水、海水、污水、125℃高温水、煤油、柴油、汽油、燃料油、原油、丙烷（-45℃）、0℃丁烷、蓖麻油、花生油、90 号汽油、93 号汽油、酒精及其他液体。

4.5　支持换能器种类

标准小支架探头、标准中支架探头、标准 S1 型小探头、标准 M1 型中探头、标准 L1 型大探头、标准大型探头 L、夹装大探头 TL-1、夹装小探头 TS-2、夹装中探头 TM-1、外夹装大探头 L2、外夹装中探头 M2、插入 A 型探头、插入 B 型探头、插入 C 型探头、Π型探头、用户自备探头等多种选配方式。

从 PTF-H 超声波流量计的技术指标看，具有检测油井原油产液量的基本能力。

5 检测方法

5.1 直管段选取与超声波流量计设置

在电泵井或螺杆泵井采油树的输出管线上选择合适的位置(取水平或者液体在管柱内向上流动的方向)，安装超声流量计；要求安装位置至少达到前后直管段前十五倍后五倍的管线直径。管材选择碳钢，无内衬(对有内衬的管道，选择相应内衬材料)，检测介质选择原油或高温水(由于电泵井含水量一般都达到95%以上，且液量温度较高一般都在70~95℃，可以选择高温水)。

5.2 换能器安装方式选择

根据现场工况选择超声探头的“V”或是“Z”安装方式。

5.3 管线处理

打磨管线外壁一处至光滑(无凹坑凸起)，安装超声波探头。

5.4 管线壁厚测量

超声测厚仪测量打磨后管壁的壁厚，多次测量取平均值，(保留两位小数，单位：mm)，记录入数据采集表格内。

5.5 管线周长测量

用钢卷尺测量管线的外周长值，多次测量取平均值(保留一位小数，单位：mm)，记录入数据采集表格内(管线的外壁光滑，不得有其他附属物)。

5.6 管线温度测量

红外线测温仪测量管线的外壁温度，多次测量取平均值(保留一位小数，单位：mm)，记录入数据采集表格内。

5.7 检测数据录入及换能器第二探头安装位置确认

根据上述测量数据，录入超声流量计法，超声波流量计自动计算出两探头的距离，从而确定另外一超声探头的安装位置，然后打磨管线外壁，达到安装超声探头要求。

5.8 安装换能器及超声波流量计连接

安装超声流量计的探头，连线探头与超声流量计(超声波探头选择根据)。

5.9 数据采集(图4和图5)

(1) 根据现场的工况，整个校准系统至少稳定(5~10) min 后，开始现场校准工作，采集校准数据。

(2) 记录标准表和被检流量计的初始值。

图4 电泵井检测

图5 螺杆泵井检测

(3) 安装置操作要求运行 3min 后(也可增加运行时间，以求更准确的计量值)，同时读取标准表和被检流量计最终示值。

(4) 在线校准过程中读取标准表处温度与压力数值。

(5) 分别计算标准表和被检流量积算仪的累积流量值。

6 检测情况分析

为了准确的检测出电泵井、螺杆泵井产液量真实情况，核实流量积算仪的性能状况，我们前期抽取了采油厂七个采油管理区的 12 套电泵井使用的流量积算仪，拆卸后在实验室进行检测，同时调取标产车标产数据进行了比对。实验室检测只有单一介质水，检测时流量积算仪的准确性基本达到厂家出厂值。而流量积算仪安装在井上时显示的液量值与超声波流量计检测值和标产生所标的值都存在非常大的误差工。由此可看出流量积算仪在油、气、水等混合物计量检测时存在较大误差，需要定期地进行校准。

由于实验室检测与现场流量积算仪计量检测条件相差较大，检测结果和检测数据存在非常大的误差，实验室对流量积算的检测校准无法达到预期效果，因此，多相流计量仪表的检测无法在实验室单一液体介质完成。而对多项流计量仪器、仪表只能在检测介质、温度、压力环境条件相同进行在线检测，才能达到确认油井产液量的目的，从而确认产液量的计量仪表、计量装置所存在的误差量。

抽取的 12 口井检测数据见表 1。

表 1 对流量积算仪三种检测方法数据比较

检测方式			标产车检测			超声波流量计检测			实验室检测		
序号	管理区	流量计编号	液量积算仪显示值/(m^3/h)	标产液量/(m^3/h)	误差/%	液量积算仪显示值/(m^3/h)	超声波流量计显示值/(m^3/h)	误差/%	液量积算仪检测值/(m^3/h)	标准表值/(m^3/h)	误差/%
1	一区	181114	5.91	8.500	-30.47	5.91	8.3128	-28.90	5.10	5.0008	1.98
2	一区	181141	6.14	7.708	-20.34	6.14	7.4511	-17.60	6.88	7.0006	-1.72
3	二区	181148	16.19	16.874	-4.05	15.93	16.8952	-5.71	1.02	0.9999	2.01
4	二区	181111	10.85	27.412	-60.42	10.85	20.016	-45.79	19.79	20.0161	-1.13
5	三区	180613	7.50	10.83	-30.75	7.58	8.5874	-11.73	21.37	22.0006	-2.87
6	三区	180775	3.96	5.125	-22.73	3.78	4.1811	-9.59	14.52	14.9986	-3.19
7	四区	2018571	14.41	10.556	36.51	14.41	16.3554	-11.89	7.29	7.4996	-2.79
8	五区	0705015	6.25	6.333	-1.31	6.34	7.8584	-19.32	21.11	21.0004	0.52
9	六区	180	12.05	9.542	26.28	11.88	14.9355	-20.46	22.20	22.9998	-3.48
10	六区	161216008	5.66	6.458	-12.36	5.46	7.4436	-26.65	15.05	15.0001	0.33
11	七区	1216052	5.12	4.358	17.49	5.25	5.9378	-11.58	19.42	20.0004	-2.90
12	七区	1216047	6.94	9.588	-27.62	6.73	7.3478	-8.41	14.61	14.9996	-2.60

由于三种检测方法采用的介质、方法不同，与流量积算仪比较其误差较大，随后我们对 439 口电泵井、螺杆泵井采取了全面检测，并跟踪三年对其产流量进行了检测。在检测过程中也发现较多问题，如：

有的井超声波流量计检测的数据与流量积算仪显示值相差非常大，怀疑流量积算仪存在故障，拆下流量积算仪检测童单元中有的叶轮有大量结蜡现象，有的沙卡，有的叶轮严重损坏。见图 6~图 8。

从三年的检测数据看，超声波流量计检测值比较稳定，对存在问题的井也能正确反映。使用超声波流量计进行检测，可以免除电泵井、螺杆泵井使用的流量积算检测溯源时的拆卸、停井问题，并且在不影响油井的正常生产运行，检测方便。因此，在线使用超声波流量计检测电泵井、螺杆泵井及其他油井的方法，是一个行之有效长期的检测手段。

图6　叶轮上有大量蜡

图7　正常叶轮

图8　严重损坏叶轮

7　结论

超声波流量计是一种非接触式在线流量测量仪表，近年来超声波流量计的技术不断创新，发展迅速，在各个流体检测中得到了广泛应用。尤其在大口径管道流量测量、腐蚀性介质、易燃易爆介质的流量测量及非充满管道的测量等方面，与其他测量方法相比，具有明显优点。

经过对采油厂439口电泵井、螺杆泵井连续三年的跟踪检测数据分析得出：多普勒超声波流量计在多相流的油井产液量计量检测中具有较大优势，能够满足电泵井、螺杆泵井使用的流量积算仪检测校准要求，解决了电泵井、螺杆泵井使用的流量积算仪量值溯源问题。同时作为一项新技术可以使用固定式多普勒流量计在井口安装，用作单井液量的计量设备。

参　考　文　献

[1] 全国工业过程测量控制和自动化技术委员会(SAC/TC124). 智能流量仪表通用技术条件. GB/T 34049—2017[S]. 北京. 中国标准出版社，2017.

[2] 陈学俊. 多相流热物理学[M]. 西安. 西安交通大学出版社，2005.

[3] 车得福，李会雄. 多相流及其应用[M]. 西安. 西安交通大学出版社，2007.

[4] 周云龙，洪文鹏，孙斌. 多相流体力学理论及其应用[M]. 北京. 科学出版社，2008.

[5] 国丽萍，刘承婷，刘保君，韩洪升. 石油工程多相流体力学[M]. 北京. 中国石化出版社，2011.

[6] 周人，何衍庆. 流量测量和控制实用手册[M]. 北京. 化学工业出版社，2013.

[7] 王森，纪纲. 仪表常用数据手册[M]. 第二版，北京. 化学工业出版社，2012.

作者简介：王树栋(1969—)，男，主任师，工程师，中国计量院，计量管理。电话：13306478955，邮编：257064，通信地址：东营市东营区西四路280号。

蒸汽流量计在线校准提升蒸汽计量准确性

李铁华　林海安

（中国石油化工股份有限公司茂名分公司仪控计量部　广东茂名　525011）

摘　要　蒸汽是石化企业生产的重要能源介质。由于蒸汽物性的特殊性，在计量方面存在诸多困难，一直是能源计量工作中的难点问题。由于石化企业的特点，蒸汽计量仪表一般无法按照流量仪表检定要求进行离线检定。另外，离线检定只能确定一次元件的性能，对于整个蒸汽计量系统的准确度无法得到充分的验证。本文通过蒸汽流量仪表的在线校准技术发现影响蒸汽计量准确性的相关因素并予以纠正，提出蒸汽计量的相关要求，提高了蒸汽计量的准确性。

关键词　标准节流装置；在线校准；流量积算仪

1　引言

某企业热电分部向化工分部提供高、中、低压蒸汽用于生产，存在蒸汽输差，供、用汽数据不一致问题。该企业蒸汽计量大部分采用标准节流式流量计，这类仪表对一次元件只做初检。由于蒸汽的特殊性和各种因素的限制，蒸汽计量仪表一般无法按照流量仪表检定要求定期进行离线检定，而一个完整的蒸汽计量系统应包括：一次流量测量元件、变送器部分(温度、压力、流量)和流量积算部分，蒸汽的准确计量应对整个蒸汽计量系统进行量值溯源。通常企业没有以一个蒸汽计量系统的角度来看待蒸汽流量计的量值溯源，这使蒸汽计量存在计量风险。本文通过蒸汽流量计量系统的在线校准，发现并纠正了蒸汽流量计存在的计量过程失准的问题，对蒸汽流量计的参数设置、测量范围、补偿计算等诸多因素进行评估校准，使其计量准确，消除企业计量风险。

2　在线校准依据

蒸汽流量计在线校准选取的流量计均为标准节流式流量计，是因为目前石化行业的高、中压蒸汽计量大多采用标准节流式流量计，其制造技术成熟，应用广泛，而且标准节流式流量计具有国际和国家标准支持，无须实流检定。

标准节流式流量计在知道流量计几何尺寸参数的情况下，即可得到差压与流量的函数关系，其流量系数不需要实流检定，这是其他流量计都不具备的巨大优势。因此，标准节流式流量计备受国际流量界重视，国际标准化组织在ISO5167—1980版国际标准基础上，重新制定了ISO5167—2003版国际标准，我国等同采用编制了GB/T 2624—2006《用安装在圆形截面管道中的差压装置测量满管流体流量》。同时开展了对这类仪表的在线校准的研究，如ISO/TR 12767：2007《使用差压装置测量流体流量偏离ISO 5167给出的要求和工作条件的影响指南》。我国参照该标准，制订了GB/Z 33902—2017《使用差压装置测量流体流量偏离GB/T 2624给出的要求和工作条件的影响及其修正方法》。

2016年，国家质检总局发布了JJG1003—2016《流量积算仪》检定规程。规定了流量二次仪表(包括DCS等流量显示设备)流量参数和物性值的计算方法，依据相关国家标准给出了流量计算数学模型，对二次仪表的计算模型、补偿方法均作出了相关要求。

这些标准和规程的制定，为实施标准节流式流量计的在线校准提供了理论依据和技术支撑。

3　在线校准情况

2021年4月，在某企业装置检修期间，对18套用于蒸汽计量的标准节流式流量计进行了蒸汽计量系统在线校准。通过在线校准对蒸汽计量系统的计量准确度进行评估。

通过在线校准发现，18套蒸汽流量计，其中流量误差≤1.5%的流量计，共1套；1.5%<流量误差≤5%的流量计，共2套；5%<流量误差≤10%的流量计，共6套；其余9套蒸汽流量计的流量误差均>10%。也就是说50%的流量计，流量测量误差在10%以上，远远超出流量计量的合理误差范围。如表1所示。

表1　蒸汽流量计流量校准误差表

序号	介质	计量点	位号	是否做温压补偿	流量校准误差/%
1	中压蒸汽	2#加氢中压蒸汽	FQI27004	无	-6.49~-7.09
2	低压蒸汽	2#加氢低压蒸汽	FQI27012	有	4.5~5.83
3	高压蒸汽	2#高压蒸汽	FQ01421	有	-51.74~-3.22
4	低压蒸汽	2#低压蒸汽	FQ01431	无	135.78~143.26
5	中压蒸汽	2#聚丙烯中压蒸汽	FQ003	有	-1.23~-0.91
6	中压蒸汽	3#聚丙烯中压蒸汽	FQI9105	无	-8.79~-54.59
7	中压蒸汽	2#丁二烯中压蒸汽	FI2501	无	-7.36~-6.34
8	低压蒸汽	2#丁二烯低压蒸汽	FI2502	无	28.42~30.21
9	中压蒸汽	2#MTBE中压蒸汽	FI20014	有	6.06~6.79
10	低压蒸汽	2#MTBE低压蒸汽	FI20015	有	12.22~16.32
11	高压蒸汽	高密度高压蒸汽	FQI8015	有	4.12~4.5
12	低压蒸汽	高密度低压蒸汽	FQI8016	有	7.12~7.92
13	中压蒸汽	环氧乙烷中压蒸汽	FQ9208	有	2.86~5.78
14	低压蒸汽	环氧乙烷低压蒸汽	FQ9210	有	-3.15~2.83
15	超高压蒸汽	2#裂解超高压蒸汽	FQI26901	有	20.36~21.34
16	高压蒸汽	2#裂解高压蒸汽	FQI26902	有	22.02~22.60
17	中压蒸汽	2#裂解中压蒸汽	FQI26903	有	24.03~25.46
18	低压蒸汽	2#裂解低压蒸汽	FQI26904	有	-29.86~-28.86

4　问题分析

通过在线校准，我们进一步深入分析产生计量误差的原因。发现目前蒸汽流量计量中主要存在以下几方面的问题：

4.1　DCS无温压补偿

标准节流式流量计的流量计算与蒸汽密度相关。不同温度、压力条件下，蒸汽的密度是不同的。在实际生产过程中，蒸汽的温度、压力均是波动的，很难保持在设计工作状态不变。一旦实际的工作温度、工作压力偏离了设计点，在没有温度、压力补偿的情况下就会产生计量误差。例如：FQI27004，2#加氢中压蒸汽，流量校验数据如表2所示。

表2　流量校验数据记录表

差压 ΔP/Pa	压力(绝) P/MPa	温度 t/℃	积算仪显示值		标准值		误差/%
			密度 ρ/(kg/m^3)	流量/(kg/h)	密度 ρ_0/(kg/m^3)	流量 q_0/(kg/h)	
10000.00	1.600000	280.00	0.0000	24990.00	6.5750	25075.33	-0.34
20000.00	1.600000	280.00	0.0000	35347.00	6.5750	35367.40	-0.06
30000.00	1.600000	280.00	0.0000	43290.00	6.5750	43213.60	0.18
40000.00	1.900000	300.00	0.0000	49989.00	7.5480	53455.62	-6.49
30000.00	1.900000	300.00	0.0000	43290.00	7.5480	46383.13	-6.67
20000.00	1.900000	300.00	0.0000	35340.00	7.5480	37949.13	-6.88
10000.00	1.900000	300.00	0.0000	24990.00	7.5480	26897.02	-7.09

在设计温度280℃，设计压力1.6MPa(绝压)条件下，DCS的流量误差只有-0.34%~0.18%；而在实际工作温度300℃，实际工作压力1.9MPa(绝压)条件下，由于DCS没有按实际工作条件进行温

压补偿，其计算的流量与实际流量误差达到了-6.49%~-7.09%。

4.2 DCS 流量参数变更

DCS 的流量参数设置应按照设计规格书中的参数进行设置。由于 DCS 中的流量计算模型是以设计状态为基准点，所以有的时候生产工艺发生了变化，需要重新出具设计计算书对 DCS 中的相关参数进行修改。在现场校准过程中发现，有些 DCS 的参数与设计规格书不符，并且没有相应的修改依据，与国家标准公式给出的标准流量值存在很大偏差。例如：FQ01431，2#高压低压蒸汽，流量校验数据如表 3 所示：

表 3 流量校验数据记录表

差压 ΔP/Pa	压力(绝)P/MPa	温度 t/℃	积算仪显示值		标准值		误差/%
			密度 ρ/(kg/m^3)	流量/(kg/h)	密度 ρ_0/(kg/m^3)	流量 q_0/(kg/h)	
1562.50	0.375000	175.00	0.0000	5000.90	1.8606	2531.89	97.52
6250.00	0.375000	175.00	0.0000	10000.00	1.8606	5036.90	98.55
14062.50	0.375000	175.00	0.0000	15003.00	1.8606	7503.42	99.95
25000.00	0.250000	150.00	0.0000	20006.56	1.3087	8224.51	143.26
1562.50	0.250000	150.00	0.0000	5000.90	1.3087	2120.99	135.78
6250.00	0.250000	150.00	0.0000	10002.80	1.3087	4211.34	137.52
14062.50	0.250000	150.00	0.0000	15004.70	1.3087	6253.72	139.93

DCS 流量量程为 0~25000kg/h，而设计规格书流量量程为 10000kg/h。现场差压变送器校验正常，差压变送器量程为 0~25kPa(开方输出)，与设计规格书的差压量程一致。由于不知道参数调整的依据，仅从目前来看，差压量程不变的情况下，扩大了 DCS 流量量程，必然会造成 DCS 显示流量值偏大。校验结果：蒸汽温度 175℃，压力 0.375MPa(绝压)条件下，DCS 的流量误差为 97.52%~99.95%；温度 150℃，压力 0.25MPa(绝压)条件下，DCS 的流量误差为 135.78%~143.26%。

4.3 参数设置不规范

差压式流量计的流量与差压是开方的关系，所以差压变送器或是 DCS 系统其中一方要对信号进行开方处理。在现场校准过程中发现，有的流量计差压变送器和 DCS 系统均没有进行开方处理。例如：FQ01421，2#高压蒸汽，流量校验数据如表 4 所示。

表 4 流量校验数据记录表

差压 ΔP/Pa	压力(绝)P/MPa	温度 t/℃	积算仪显示值		标准值		误差/%
			密度 ρ/(kg/m^3)	流量/(kg/h)	密度 ρ_0/(kg/m^3)	流量 q_0/(kg/h)	
6250.00	3.950000	330.00	0.0000	5726.57	15.5274	12518.83	-54.26
12500.00	3.950000	330.00	0.0000	11449.80	15.5274	17681.86	-35.25
18750.00	3.950000	330.00	0.0000	17176.30	15.5274	21636.05	-20.61
25000.00	4.300000	290.00	0.0000	26705.40	19.0368	27592.57	-3.22
6250.00	4.300000	290.00	0.0000	6676.70	19.0368	13833.99	-51.74
12500.00	4.300000	290.00	0.0000	13352.00	19.0368	19541.31	-31.67
18750.00	4.300000	290.00	0.0000	20030.10	19.0368	23913.01	-16.24

现场差压变送器和 DCS 均未开方处理，造成 DCS 显示流量值偏低。校验结果：蒸汽温度 330℃，压力 3.95MPa(绝压)条件下，DCS 的流量误差为-54.26%~-20.61%；温度 290℃，压力 4.3MPa(绝压)条件下，DCS 的流量误差为-51.74%~-3.22%。

4.4 DCS 计算模型不符合国家标准

在现场校准过程中发现，流量计量中普遍存在 DCS 计算模型不符合国家标准的问题，这是造成计量偏差的重要原因，在所有问题中的占比最大。

国家标准 GB/T 2624—2006 给出的标准节流式流量计的流量计算基本公式如下：

$$q_m = 3600 \frac{C}{\sqrt{1-\beta^4}} \varepsilon \frac{\pi}{4} d_1^2 \sqrt{2\Delta P \rho_1}\ (\mathrm{kg/h}) \tag{1}$$

式中 C——流出系数；

β——孔径比；

ε——可膨胀系数；

d_1——节流件工况开孔径，m；

ΔP——节流件前后差压，Pa；

ρ_1——工作条件下被测介质的密度，$\mathrm{kg/m^3}$。

其中流出系数 C 和可膨胀系数 ε 需要根据不同的节流件类型，按照国家标准给出的公式在每一个流量点上都需要进行实时计算；节流件工况开孔径 d_1 和孔径比 β 需要根据实际工作温度和管道材质、节流件材质进行金属材料的线胀系数修正，尤其蒸汽属于高温介质，金属材料的膨胀对尺寸、面积的影响更大；工作条件下被测介质的密度 ρ_1 需要根据实际工作温度、实际工作压力按照国家标准 GB/T 34060—2017(等同 IAPWS-IF97 公式)计算蒸汽密度。蒸汽密度计算公式如下：

$$\rho''(T,\ p) = \frac{1}{\nu''(T,\ p)} \tag{2}$$

式中 $\nu''(T,\ p)$——水蒸汽的比容。

DCS 系统中的流量计算模型一般需要输入设计温度、设计压力，以设计状态为基准点，属于 PVT 气体状态方程的计算方式，与国家标准给出的计算公式存在差异。DCS 系统常用流量计算公式(带温压补偿)如下：

$$Q_{计} = Q_{设max} \sqrt{\frac{(P_{采}+0.101325)}{P_{设绝}} \times \frac{(T_{设}+273.15)}{(T_{采}+273.15)} \times \frac{\Delta P_{采}}{\Delta P_{设max}}} \tag{3}$$

式中 $Q_{计}$——显示的流量值；

$Q_{设max}$——设计的最大流量值(也为刻度流量值)；

$P_{采}$——实际的工作压力(表压，MPa)；

$P_{设绝}$——设计的工作压力(绝压，MPa)；

$T_{设}$——设计的工作温度(℃)；

$T_{采}$——实际的工作温度(℃)；

$\Delta P_{采}$——实际的差压值；

$\Delta P_{设max}$——设计的最大差压。

根据两种公式进行比较可以发现，国家标准公式中流出系数 C、可膨胀系数 ε 根据工况条件和流量的不同，是变化的，需要实时计算得到；而 DCS 公式是把流出系数 C、可膨胀系数 ε 作为固定值计算的，只是采用 PVT 方程对根号下的蒸汽密度值进行修正。

所以，当实际流量、实际工作温度、实际工作压力与设计常用流量、设计温度、设计压力偏差较小时，DCS 流量计算与标准值误差较小；但是，当实际流量、实际工作温度、实际工作压力与设计常用流量、设计温度、设计压力偏差较大时，DCS 流量计算的准确度就很难保证了。例如：FQI8016，高密度低压蒸汽，流量校验数据如表 5 所示：

表 5 流量校验数据记录表

差压 ΔP/Pa	压力(绝)P/MPa	温度 t/℃	积算仪显示值		标准值		误差/%
			密度 $\rho/(\mathrm{kg/m^3})$	流量/(kg/h)	密度 $\rho_0/(\mathrm{kg/m^3})$	流量 q_0/(kg/h)	
2500.00	0.500000	160.00	0.0000	7454.60	2.6077	6959.00	7.12
5000.00	0.500000	160.00	0.0000	10540.00	2.6077	9812.33	7.42
7500.00	0.500000	160.00	0.0000	12909.00	2.6077	11988.67	7.68
10000.00	0.500000	160.00	0.0000	14906.90	2.6077	13812.85	7.92

续表

差压 ΔP/Pa	压力(绝)P/MPa	温度 t/℃	积算仪显示值		标准值		误差/%
			密度 ρ/(kg/m^3)	流量/(kg/h)	密度 ρ_0/(kg/m^3)	流量 q_0/(kg/h)	
7500.00	0.400000	140.00	0.0000	10838.00	2.1863	10954.52	-1.06
5000.00	0.400000	140.00	0.0000	8849.00	2.1863	8970.31	-1.35
2500.00	0.400000	140.00	0.0000	6258.00	2.1863	6364.97	-1.68

校验结果：在设计温度 140℃，设计压力 0.4MPa(绝压)下，DCS 的流量误差只有-1.68%~-1.06%；而当蒸汽实际工作条件偏离了设计点，在温度 160℃，压力 0.5MPa(绝压)下，DCS 的流量误差为 7.12%~7.92%。

4.5 原始资料的缺失

某企业由于建厂时间长，很多流量计已经投入使用几年甚至十几年，尤其早期没有电子台账等存储手段，许多流量计的纸质资料均已丢失查找不到。流量计参数资料的缺失，对我们进行在线校准以及流量计量准确度的评估带来了巨大的困难。根据国家标准公式，标准节流式流量计算的最关键参数就是节流件的开孔径，如果不知道节流件的开孔径，就无法按照国家标准给出的公式进行流量计算。而现场的蒸汽流量计又很难拆卸下来进行几何尺寸的测量，所以只能根据提供的设计参数进行流量计开孔径的反算验证。例如：FQI8016，高密度低压蒸汽，由于现场提供的规格书中未提供流量计的开孔径或孔径比，无法对流量计进行流量校准，所以使用专用节流装置设计软件，根据规格书中的参数，反算得出流量计的开孔径为 176.498mm。如图 1、图 2 所示。

GENERAL 总说明	1	TagNo. 位号			FE .8016	
	2	Service 引途			界区内低压蒸汽	
	3	Line Number管线号	P&IDNo. P&ID图号		LS-8007-152-10"	MPCC-01-64A
	4	Line Size管道尺寸	Pipe Class管道等级		10 in	302
	5	Line1D.管道内径	Pipe Matenal管道材质		10.02 in	C.S.
	6					
PROCESS CONDITIONS 工艺条件	7	Fluid介感	State状态		低压蒸汽	Steam
	8	Flow Max.最大流量	FlowMin.最小流量		11665 kg/h	kg/h
	9	Flcw Operating正常流量			5379 kg/h	
	10	PresMax最大压力	Opn操作压力	Min.最小压力	0.426 MPaA	
	11	Temp. Max.最大温度	Opn.操作温度			149 ℃
	12	Density Base基准密度	Density Opn.操作密度			2.274 kg/m^3
	13	Molecular Mass分子量			18.02	
	14	Viscosity al Operating Conditions操作粘度			0.014 cP	
	15	Cp/Cv绝热指数	Vapor Press.饱和蒸汽压		1.369	
	16	Compressibitity Factor压缩系数			0.961	
	17	Base Press.基准压力	Base Temp.基准温度		MPa	
	18	Solid Mass Content固体含量				
	19	Max. Allow Press. Drop 最大运行压降				
	20					
ORIFICE PLATE 孔板	21	Type类型			Square Edge Onifice	
	22	Calc. STD计算标准			ISO-5167-1998	
	23	Material材质			316 S.S.	
	24	Thickness厚度			MFR.STD.	
	25	Bore Diameter@at 20℃孔径(20℃)				
	26	Beta Ratio β值(孔径比)				
	27	Flow Full Scale满刻度流量			13000 kg/h	
	28	Differential Press. @ Full scale满刻度差压			10 KPa	
	29					
	30					
ORIFICE FLANGES 孔板法兰	31	Size&Rating法兰尺寸和等级			8"ANSI300Lb	
	32	Facing 法兰面形式			RF	
	33	Flange Material法兰材质			C.S.	
	34	Gasket Material垫片材质			SS缠绕垫片	
	35	Taps Type取压形式			法兰取压	
	36	Taps Size取压嘴尺寸			1/2" in	
	37	Taps Onientation取压方向			MFR.STD.	
	38	Drain or Vent Hole排净或放空口				
	39	Upstr. /Downstr. Meter Run.上/下游直管段				
	40	Taps Globe Valve取压截止阀			Yes 1/2" PSW	
	41	Taps Nipple取压短管			Yes 带	
PURCHASE 采购	42	Manufacturer制造商			苍南仪表厂	
	43	Model型号	QTY数量		FFO-300LB × 10"	1
	44	Purchase Order Number订单号				
	45	Price价格	Item Number产品编号			
	46	Serial Number序列号				

图 1　设计规格书

节流件名称	法兰取压标准孔板		设计单位		
工艺条件					
最大流量	13000.0	常用流量	5379.0	最小流量	1000.0
流量单位	质量流量kg/h			差压上限ΔPmax (Pa)	10000.0
工作压力(绝压) P1(MPa)	0.426000	工况密度ρ1 (kg/m³)	2.2752	流体粘度μ1 (mPa·s)	0.01410
工作温度t(℃)	149.00	管道内径D20(mm)	254.508	等熵指数K	1.280
管道线胀系数 10^-6mm/mm℃	13.38	节流件线胀系数 10^-6mm/mm℃	17.50	相对湿度状态	
上游阻力件状况	单个90°弯头,两个90°弯头在任意平面(S>30D)			相对湿度(%)	
管道粗糙度(mm)	K<0.03mm	允许压损(Pa)		压缩系数Z1	
最大可能蒸汽压 (Pa)		最大可能蒸汽密度 (kg/m³)		工况湿度ϕ1(%)	
计算结果					
开孔径比β	0.69385	流出系数C	0.604592	可膨胀系数ε	0.998554
最大雷诺数 ReDmax	1279156	常用雷诺数 ReDcom	529275	最小雷诺数 ReDmin	98397
常用差压 ΔPcom (Pa)	1712.0	最大压损 Δw_{max} (Pa)	5014	流量不确定度 δq/q(%)	1.3194
前直管段长度 (mm)	11200	后直管段长度 (mm)	2039		
20℃时节流件开孔径d20(mm)		176.498±0.09	R1		R2

图2　节流装置设计计算软件反算开孔径

为了对反算开孔径的准确度进行验证。检修期间，在现场仪表的配合下对流量计的保温进行了拆除，查验到孔板铭牌参数，流量计实际开孔径为176.560mm，理论计算值176.498mm与之偏差-0.062mm，在国家标准允许的开孔径加工误差内。如图3所示。

图3　流量计铭牌显示开孔径为176.560mm

所以，在提供的设计规格参数准确的情况下，此种方式不仅可以实现对流量计进行流量校准，也可以帮助完善相应资料，补全台账信息。

5　校准前后计量数据比较

因2#高压装置低压蒸汽FQ01431和环氧乙烷装置低压蒸汽FQ9210为间断性使用，故选取在线校准16个计量点计量数据做比较。由于DCS计算模型在校准前都是按气体状态方程进行设置的，不符合国家相关标准要求，是引起蒸汽计量误差的主要原因，在此基础上，还存在现场差压变送器和DCS流量量程与规格书不相符、现场差压变送器和DCS均未开方处理、DCS温压补偿计算出错等问题，这些都是造成蒸汽计量失准的原因。通过校准，纠正了之前蒸汽计量存在的各种问题，使蒸汽计量更加准确。由于2021年3月至5月受装置检修期的影响，蒸汽计量不正常，故选择校准前满负荷生产稳定运行的2021年1~2月蒸汽计量做比较，1~2月蒸汽计量平均值为412665t，与校准后2021年6月~2022年4月累计11个月蒸汽计量平均值430776t相比，月度蒸汽平均用量少了18111t，差率为-4.204%。数据情况见表6。

表6　数据结果

序号	测量点名称	校准前/t			校准后/t	校准后与校准前平均差率/%	备注
		2021年1月	2021年2月	2021年1~2月平均(A)	校准后11个月累计平均(B)	(A-B)/B×100%	
1	2#加氢中压蒸汽 FQI27004	16065	13689	14877	14870	0.047%	
2	2#加氢低压蒸汽 FQI27012	3900	2995	3448	2152	60.200%	DCS计算模型不符合国家相关标准要求。
3	2#高压高压蒸汽 FQ01421	3922	3476	3699	7989	-53.699%	现场差压变送器和DCS均未开方处理，造成DCS显示流量值偏低。
4	2#聚丙烯中压蒸汽 FQ003	406	175	291	524	-44.561%	DCS流量量程与规格书不符，同时DCS计算模型不符合国家相关标准要求。
5	3#聚丙烯中压蒸汽 FQI9105	2871	2544	2708	2893	-6.412%	DCS计算模型不符合国家相关标准要求。
6	2#丁二烯中压蒸汽 FI2501	14445	13557	14001	15296	-8.466%	DCS流量量程与规格书不符，同时DCS计算模型不符合国家相关标准要求。
7	2#丁二烯低压蒸汽 FI2502	6363	6143	6253	4442	40.770%	DCS计算模型不符合国家相关标准要求。
8	2#MTBE 中压蒸汽 FI20014	7126	7363	7245	6921	4.674%	DCS计算模型不符合国家相关标准要求。
9	2#MTBE 低压蒸汽 FI20015	386	524	455	435	4.598%	现场差压变送器和DCS流量量程均与规格书不相符。
10	高密度高压蒸汽 FQI8015	893	768	831	1209	-31.307%	DCS温压补偿有问题，DCS计算模型不符合国家相关标准要求。
11	高密度低压蒸汽 FQI8016	2483	2225	2354	1990	18.291%	DCS计算模型不符合国家相关标准要求。
12	环氧乙烷中压蒸汽 FQ9208	33441	30000	31721	30337	4.560%	DCS计算模型不符合国家相关标准要求。
13	2#裂解超高压蒸汽 FQI26901	151570	142447	147009	137022	7.288%	现场差压变送器和DCS流量量程均与规格书不相符。
14	2#裂解高压蒸汽 FQI26902	65610	57332	61471	73341	-16.185%	DCS计算模型不符合国家相关标准要求。
15	2#裂解中压蒸汽 FQI26903	97289	94001	95645	112277	-14.813%	DCS计算模型不符合国家相关标准要求。

续表

<table>
<tr><th rowspan="2">序号</th><th rowspan="2">测量点名称</th><th colspan="3">校准前/t</th><th>校准后/t</th><th>校准后与校准前平均差率/%</th><th rowspan="2">备注</th></tr>
<tr><th>2021年1月</th><th>2021年2月</th><th>2021年1~2月平均(A)</th><th>校准后11个月累计平均(B)</th><th>(A-B)/B×100%</th></tr>
<tr><td>16</td><td>2#裂解低压蒸汽 FQI26904</td><td>6705</td><td>7159</td><td>6932</td><td>19078</td><td>-63.665%</td><td>现场差压变送器和 DCS 均未开方处理，造成 DCS 显示流量值偏低。</td></tr>
<tr><td colspan="2">16个计量点累计量</td><td>413475</td><td>384398</td><td>398937</td><td>430776</td><td>-7.391%</td><td></td></tr>
<tr><td colspan="2">16个计量点累计量
(2021年2月还原至30天)</td><td>413475</td><td>411855</td><td>412665</td><td>430776</td><td>-4.204%</td><td></td></tr>
</table>

热电分部向化工分部提供高、中、低压蒸汽存在输差，供、用汽数据不一致，也就是说供汽量大于用汽量。由于涉及企业检修、装置投运、计量点联锁控制等一系列问题，此次在线校准选取的18个蒸汽计量点较分散，未能形成明确的供、用汽关系，但是18个计量点均为蒸汽消耗点，通过对蒸汽流量计的在线校准，可以看出原蒸汽用量计量数据偏低，实际月度蒸汽平均用量应比原来多18111t。此结果与原蒸汽输差的现象相一致。

6 蒸汽计量技术要求

蒸汽计量系统包括一次仪表(对于差压式流量计含差压装置、差压变送器及测量管)、补偿仪表(温度、压力)及流量积算单元。此次蒸汽流量计的在线校准，发现了蒸汽计量中存在的众多问题。所以对于蒸汽计量，应提出明确的技术要求以保证计量的准确度。

6.1 配备温压补偿

对于蒸汽计量，由于介质温度、压力的波动，必须完善配套的温度、压力测量仪表，对蒸汽计量进行温压补偿，保证计量的准确度。

6.2 参数设置的核验

对于流量计和 DCS 的参数设置应核验是否正确。避免参数设置错误造成的计量误差，例如：量程设置错误、信号开方处理等。

6.3 资料的完善与建档

对于资料参数缺失的流量计，应完善相关资料。可通过上述的方法进行流量计开孔径的反算，并在条件允许的情况下拆卸后几何检测进行验证，从而完善仪表相关资料，补充台账信息便于以后的维护。对于新安装的流量计一定要第一时间建立相应的设备台账，对流量计的相关资料存档保存。

6.4 流量计算模型要求

JJG 1003—2016《流量积算仪》检定规程中明确规定了：具备积算仪功能的其他流量积算装置可参照本规程。检定规程中给出了常用流量公式及介质物性参数选取规定，所以 DCS 系统应按照检定规程给出的流量公式进行流量计算才能保证计量的准确度。

由于 DCS 系统组态编程等原因，如果无法按照国家检定规程的要求进行流量计算，建议采用专用的流量计算设备来实现流量计算。或是定期对 DCS 系统的流量进行在线校准，尤其是在蒸汽实际工作温度、实际工作压力偏离设计点时，从而尽量保证 DCS 流量计算的准确度。

7 结语

通过此次对测量蒸汽的标准节流式流量计在线校准，可以看出影响流量计量准确度的除节流件本身外，还有参数设置、测量范围、补偿计算等诸多因素，而这些因素的影响往往超过了节流件的影响，是造成蒸汽计量误差的主要原因。

标准节流式流量计在线校准解决了仪表检定困难的问题，提高了工作效率，可在不影响装置正常生产运行的情况下，对重要计量点随时监督检查。并且标准节流式流量计在线校准是把流量计量作为一个计量系统来对待，可正确评估蒸汽计量系统准确度，保证计量的准确度，为减小流量输差做出贡献。

流量计量的科学、准确，可为石化企业提供可靠的数据支持，在维护企业经济利益、提升能源管理水平等方面发挥重要作用。

参 考 文 献

[1] GB/T 2624—2006《用安装在圆形截面管道中的差压装置测量满管流体流量》.

[2] GB/T 34060—2017《蒸汽热量计算方法》.

[3] JJG1003—2016《流量积算仪》.

作者简介：李铁华(1972—)，女，工程师，毕业于广东广播电视大学，现在中国石化茂名分公司仪控计量部从事计量管理工作。联系电话：0668-2232889、13828684819，邮编：525011，通信地址：广东省茂名市茂南区厂前西路炼油分部2号楼。

LNG 加气机在线检定及溯源装置的开发与应用

朱利松　见少飞

（中国石化销售有限公司北京石油分公司　北京　100022）

摘　要　随着首都环保要求不断提升，LNG 作为清洁能源供给逐年增长，LNG 加气站的建设大幅度增加，项目开始前北京地区暂无 LNG 加气机在线检定方法，致使 LNG 加气机计量准确度无法保障，具有潜在计量风险。为解决量值的准确和溯源问题，北京石油公司研发了 LNG 加气机在线计量检定及溯源装置，本文介绍了该装置的项目背景、原理及检定方法、创新点及应用的具体成效、推广价值及体会感受。

关键词　LNG 加气机；在线检定；溯源；创新

1　引言

LNG(Liquefied Natural Gas)，即液化天然气，是将气田生产的天然气净化处理后，经超低温液化而获得常压下是液体的天然气，被公认是地球上最干净的化石能源。在生态环境污染日益严重的形势面前，为了优化能源消费结构，改善大气环境，实现可持续发展的经济发展战略，人们选择了天然气这种清洁、高效的生态型优质能源和燃料。现在，无论是工业还是民用，都对天然气产生了越来越大的依赖性。LNG 作为可持续发展清洁能源，具有明显的环境效益及社会效益，以 LNG 取代燃油后可以减少 90%的二氧化硫排放和 80%的氮氧化物排放，环境效益十分明显，是汽车的优质代用燃料。

随着首都环保要求不断提升，LNG 作为清洁能源供给逐年增长，LNG 加气站的建设大幅度增加，伴随而来的是北京市加气机检定仍处于起步阶段，究其原因是这些运营的 LNG 加气机到目前为止还没有更规范的后续检定方法，致使 LNG 加气机计量准确度无法保障，具有潜在计量风险。LNG 作为大宗贸易商品，涉及贸易结算和安全防护，必须解决量值的准确和溯源问题，这不仅直接关系到贸易双方的利益，而且按照国家《计量法》的规定，用于贸易交接的 LNG 加气机应依法纳入强制管理范围，因此必须进行型式评价、首次检定、后续检定和使用中检定。北京石油公司始终关注该领域的研发动向，积极调研开发研制 LNG 加气机在线计量检定装置的可能性，于 2015 年启动 LNG 加气机检定装置及溯源装置的研究。由于该项目在国内外业界亦属于高难度课题，具有极大的研发风险，所以将项目分为了二部分：一是 LNG 加气机检定装置的研究，用于法定计量检定机构对 LNG 加气机的在线计量检定；二是质量法低温液体流量标准装置的研究，用于在线检定装置的溯源。

2　简介

北京石油公司 2015 年起开始正式研发 LNG 加气机在线计量检定及其溯源装置，项目伊始便获得了北京市市场监督管理局与北京市计量检测科学研究院的大力支持，市局有关领导与相关领域专家多次到现场考察研发进度并进行指导，明确鼓励企业自主研发、加强自身监管，服务首都，协助地方政府做好计量监督工作，LNG 加气机在线检定及溯源装置研究项目所研制的两套计量设备，一是应用于 LNG 加气机的在线自动检定，该设备符合国家计量检定规程 JJG 1114—2015《液化天然气加气机》要求；二是应用于在线检定设备的计量溯源，该装置使用液氮作为检测介质，采用关键工艺设备整体保温技术和加气机数据专用通信技术，解决了超低温流量检测溯源的技术难题，操作便捷高效。

2021 年，LNG 加气机在线检定与溯源装置顺利完成建标并通过北京市市场监督管理局计量标准考核及授权，该项目的成功研发，将有效解决北京石油分公司加气机量值溯源问题，确保 LNG 贸易交接的公平准确，规避贸易纠纷风险。该项目为华北地区首家 LNG 加气机在线检定及溯源装置，解决了北京地区 LNG 加气机无检定机构的痛点，为完善首都 LNG 加气机计量检定体系，实现依法计量，消除贸易纠纷隐患具有重要的意义。

3 原理、检定方法及创新点

装置原始方案设计理念来自 2013 年版《JJG 检定规程—液化天然气加气机(征求稿)》。随后根据 2014 年《JJG 检定规程—液化天然气加气机(报审稿)》《JJG 检定规程—液化天然气加气机(报批稿)》的陆续出台，及 2015 年 JJG 1114—2015《液化天然气加气机》国家计量检定规程的颁布，形成目前最终的研发方案。项目属于新型计量检定设备类型，以下分为检定装置和溯源装置两部分叙述。

3.1 检定装置

(1) 检定装置设计的总体思路是在线检定。即：采用车载移动式，无须拆装 LNG 加气机，在其工作状态下进行检定，便于多地点巡回检定。

(2) 检定原理是利用流体力学连续性，将标准流量仪表和被检流量仪表串联在同一管径的管道上，使流体在相同时间间隔内连续通过标准流量仪表和被检流量仪表，由标准流量仪表给出标准流量值，与被检流量仪表输出的流量值比较，确定被检流量仪表的技术指标。

(3) 检定设备选用工程车整体改装，使检定装置与车形成一体结构专用检定车。配备液体(气体)质量流量计、精密表、低温安全阀、低温截止阀、低温紧急拉断阀、进出气枪座、低温工艺管道、车载自动控制系统、电源电缆、通讯电缆、便携式计算机。装置整体防爆，符合《GB 3836 爆炸性环境》的相关要求。

(4) 检定方法按照 JJG 1114—2015《液化天然气加气机》检定规程要求的三个流程操作。检定前，加气机和检定装置要进行预冷循环流程，完成预冷循环流程后马上进入液相流量检定流程，完成液相流量检定流程后，进入整机检定流程。检定过程自动监测过程数据及逻辑判断检定点起止，自动采集标准流量计及被检加气机数据。检定结束后，计算机自动生成检定测试表及检定报告。

3.2 溯源装置

(1) 溯源装置是用来检定 LNG 加气机检定装置，根据 JJG 1038—2008《科里奥利质量流量计》检定规程“检定流体应与流量计测量流体物理参数相接近”的原则，应用液氮为流量介质。参照荷兰计量研究所低温介质流量计检定装置方案，液态计量检定采用动态法，气相检定采用启停法。

(2) 液态检定原理是按要求将被检流量计安装到试验管路中，启动液体循环系统，当液体以稳定压力的流量同时流入被检流量计和标准工作量器时，待液体以某一稳定流速流动时开始同步记录流量计及标准器示值；当达到某一检定时间时再同步记录流量计及标准器相应示值。根据记录计算出在检定时间内流入标准工作量器的液体量值及流量计的输出量值，从而确定被检流量计的液态计量特性。气态检定原理是按要求将被检流量计安装到试验管路中，启动液体循环系统，当液体以一定的流量同时流入被检流量计和标准工作量器时，开始记录流量计示值；当液流停止进入标准工作量器时，停止流量计和计时器信号的采集。测出流入标准工作量器的液体量值及流量计的量值，从而确定被检流量计的计量特性。

(3) 溯源装置采用质量称重法。标准器为电子天平，辅助设备为液氮存储罐、液氮计量罐、液氮充装及计量加注设备、自动控制系统、电源电缆、通讯电缆、便携式计算机等。

(4) 检定方法为分别流通过液相质量流量计和气相质量流量计的液氮与加注至计量罐中液氮进行比对得到质量流量计测量准确度。

3.3 创新点

(1) LNG 贸易交接时，同石油产品类似，需要依靠流量计的测量结果。检定装置的标准器主要使用科里奥利(Coriolis)质量流量计。该质量流量计通常溯源至国家水流量实验标准装置或者空气等气体流量实验标准装置。由于工况条件和物性特征的差异会引起不可忽视的偏差，而北京公司研发的低温液体流量溯源装置采用与 LNG 特性接近的液氮作为检定介质，消除了工况条件和物性特征的差异，提高了传递的准确性。

(2) 目前国内还没有同类型进口产品应用，国外应用质量法检定。国内研制的标准表法 LNG 加气机计量检定装置，均采用相机拍照的方法，连接笔记本计算机，采集速率及同步准确度无法满足实际检定应用。

(3) LNG 加气机检定装置在国内首次创新采用专用车载整体设计方案，使检定装置与专用车形成一个整体，实现了 LNG 加气机计量检定设备的工业化专业产品。

(4) LNG 加气机检定装置创新采用数字通讯方式采集被检加气机数据，应用精确定时同步检定设备与被检设备之数据信号，提高了计量检定准确度。

(5) 质量法低温液体流量溯源装置创新设计并制造了超低温二位三通换向阀，动作时间差小于20ms，最大限度地降低了开关时间，提高了计量检定准确度。

(6) 一键通式自动化控制检定系统，只需按下“开始检定”即可完成全部检定工作。

(7) 检定装置整体防爆，用电全部由车载防爆锂电池供电，适合爆炸危险环境使用。

4 装置应用

4.1 具体成效

按照国家《计量法》的规定，用于贸易交接的 LNG 加气机应依法纳入强制管理范围，项目研发前，北京市运营的 LNG 加气站没有使用中的后续检定方法，由于计量准确度低，加气站每日加气误差达到数百公斤，物流与终端用户均称亏量。

(1) 实现关键技术突破。本项目解决了多项测量技术难题：超低温检定装置借鉴了航空航天技术，采用目前最为先进的超低温设备及工艺，泵撬等关键部件特制整体保温箱，在-146~-166℃超低温介质作用下，外部无结霜，确保计量准确；二位三通换向阀是低温溯源装置的关键设备，国家标准规定(常温水介质)每次检定液体流量的导入与导出时间小于200ms，时间差小于20ms，该换向阀采用航空航天设计理念，把阀体与执行机构一体化设计，采用双气动结构，可以快速切换液体流动的方向，确保流过被检流量计的液体准确地毫无旁流地注入计量罐中。

(2) 比肩国际先进水平。该项目通过溯源装置、检定装置标准量的传递，可将现有的 LNG 加气机计量准确度从国家标准要求的 1.5%，提高至 0.5%。国内液氮介质流量计检定装置有两套，一是重庆市计量质量检测研究院，二是中国航天科技集团公司六院 101 所，可检定 0.5%准确度超低温质量流量计。国外仅美国国家标准与技术研究院(NIST)具有该类型设备，可检定 0.5%准确度超低温质量流量计。本溯源装置可检定 0.3%准确度超低温质量流量计，属于国内领先、国际一流水平。

(3) 树立智慧计量典范。该装置使用的流量检定采集器是专门为检定装置自主研发的高精尖电子仪器，基于全数字、全智能、全功能的设计理念，是用于检定装置现场仪表实时采集的智能化流量采集、计算、处理、检定仪器。检定人员只需在检定装置上按“启动按钮”，全过程自动完成检定数据处理、存储，并形成原始记录表及检定证书，堪称公司智慧计量典范。

(4) 解决民生计量需求。LNG 加气机在线检定及溯源装置的研制成功，既解决了公司加气经营中的“测不了、测不全、测不准、测不快”的计量痛点难点，也保证了 LNG 加气机使用期计量准确和检定设备的更高级溯源。该装置通过北京市市场监督管理局计量标准考核及授权，可以出具检定证书，既达到了服务政府管理的目的，填补了北京市在 LNG 加气机检定及溯源方面的空白，也为满足民生计量需求打下了坚实的基础。

4.2 推广价值

自 LNG 在国内的诞生之日起，它的主要功能就是调峰、补充、和替代，由于 LNG 的环保性，及价格上的优越性，LNG 将有可能取代汽、柴油作为车用主要燃料的地位。

标准表法车载式 LNG 加气机在线检定及溯源装置，填补了北京市 LNG 加气机计量检定空白，在使用中将国家标准要求的计量准确度提高了 3 倍以上。目前已通过北京市市场监督管理局授权，获得法定检定资质，该项计量检定业务即将拓展至京津冀地区，目前国内已建成并投入营运的 LNG 汽车加气站，有北京，天津、河北、内蒙古、陕西、山西、山东、湖南、贵州、杭州，福建、海南等地，标准表法车载式 LNG 加气机在线检定装置可服务于石化行业所有 LNG 加气站，由于该检定装置具有准确度高、稳定性好、操作简便等特点，具有广泛应用前景与推广价值。

该项目的成功研发，提高了计量准确度，解决了 LNG 加气机在后续检定和使用中检定的问题，确保 LNG 贸易交接的公平准确，规避贸易纠纷。

4.3 体会感受

具有中国自主知识产权的设备和技术是支撑液化天然气发展的重要基础。该设备和技术不光能满足我们国家对液化天然气产业的发展，还能将国际垄断这种形式打破，2021 年 5 月 28 日，北京石油公司承担的 LNG 加气机检定及溯源装置研究项目顺利完成建标并通过北京市市场监督管理局计量标准考核及授权，期间获得一项国家发明专利、一项实用新型专利授权，知识产权 100% 自有，关键技术和器材自主可控，可以独立开展系统内 LNG 加气机在线检定工作，将有效解决北京石油公司加气机量值溯源问题。因该装置为北京地区首家在线检定 LNG 加气机装置，受北京市市场监督管理局委托，可对北京市地区其他企业 LNG 加气机进行强制检定。为标准量值传递提供方法，完善 LNG 加气机计量检定体系，对于消除贸易纠纷隐患具有重要意义，为未来的推广应用奠定了良好的基础。同时，检定及溯源装置的投入使用，为其他省市石化公司相关检定开辟了新途径，2021 年下半年，北京燃气集团、中国石油北京销售公司、圣洁明等单位现场考察了在线检定装置的实际使用情况，其中北燃集团与北京石油公司质检中心签署了加气机委托检测合同，其他企业也意愿明显，认为可作为推广项目在兄弟企业之间开展。

参 考 文 献

[1] 全国流量容量计量技术委员会．液化天然气加气机检定规程：JJG1114-2015. 北京：中国质检出版社，2015.

作者简介：朱利松(1984—)，男，工程师，2006 年毕业于河海大学，现从事成品油和天然气数质量管理工作。电话：13910933955，邮编：100022，通信地址：北京市东城区广渠家园 6 号楼。

液体渗透率测试装置校验方法的探讨

殷艳玲　孙志刚　张　勇

（中国石化胜利油田分公司勘探开发研究院　山东东营　257015）

摘　要　液体渗透率测试装置在石油行业研究储层渗流能力试验中得到广泛的应用，因为石油行业专用，目前尚没有适用于液体渗透率测试装置的检定或校准规程。从设备校验目的出发，结合液体渗透率测试装置的测试原理，提出了从计量器具可靠性、测试装置密封性以及流量稳定性三个方面来进行液体渗透率测试装置的校验，并给出了具体的校验方法，为确保液体渗透率测试装置实验数据的准确可靠及满足油气田开发需求奠定了坚实的基础。

关键词　液体渗透率测试装置；校验；计量器具可靠性；装置密封性；流量稳定性

液体渗透率测试装置是油气开发过程中研究储层渗流能力常用设备，因其操作简单、性能稳定、通用性好，在石油行业得到广泛的应用。随着油气田开发的不断发展，非常规油气资源的开发逐渐成为油气田开发的热点和重点。在不断提高液体渗透率测试装置满足油气田开发需求、不断提高测试数据的准确性和可靠性过程中，液体渗透率测试装置的校验方法逐渐成为研究人员关注的重点。因液体渗透率测试装置为石油行业专用，目前尚没有适用于液体渗透率测试装置的检定或校验方法。为提高液体渗透率测试数据的准确性及可溯源性，本文就石油行业专用的液体渗透率测试装置的校验方法进行探讨。

1　液体渗透率测试装置的测试原理

液体渗透率测试装置由驱替动力系统(如驱替泵、高压气瓶等)、容器(装有实验流体)、岩心夹持器、压力测量系统、围压系统和出口计量系统组成，驱替动力系统的作用是为岩心流动实验提供测试所需压力或流量，岩心夹持器前端的压力测量以及围压的测量通常由压力表来完成，岩心夹持器后端的出口计量是对体积流量进行测试，通常由天平、秒表实现。液体渗透率测试装置可以用来进行储层敏感性、油水相对渗透率、有效渗流能力等测试研究。液体渗透率测试装置示意图见图 1。

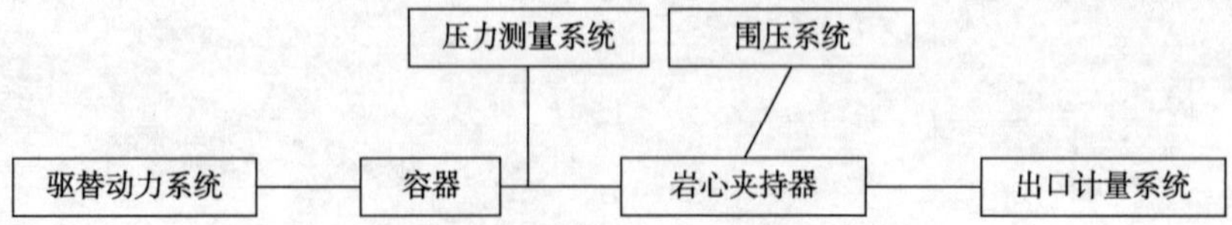

图 1　液体渗透率测试装置示意图

液体渗透率测试装置的测试原理是达西定律，如公式(1)所示，即单位横截面积渗透性介质的体积流量与势能梯度成正比，与流体的黏度成反比，该比例系数即为渗透率。岩心液体渗透率是油田有效开发所需的基础数据，也是油藏开发方案编制所需的基础数据。测准液体渗透率对认识储层特征，有效开发油气藏尤为重要。

$$K=\frac{Q\mu L}{A\Delta P}\times 100 \tag{1}$$

式中　K——渗透率，mD；

Q——流体的体积流量，mL/min；

μ——流体的黏度，mPa · s；

L——岩心的长度，cm；

A——岩心的截面积，cm^2；

ΔP——进出口压力差，MPa。

2 校验的思想和目的

对液体渗透率测试装置来说，其校验的目的在于定量评价液体渗透率测试装置提供液体渗透率数据的能力，确保通过实验获取的液体渗透率数据的准确可靠，使液体渗透率数据可被有效溯源。为保证检测结果的准确可靠，首先从测试原理出发，结合实际测试流程，明确测试过程中影响数据准确性的因素。

2.1 液体渗透率的获取方法

从图一和公式(1)可看出由液体渗透率测试装置获取液体渗透率参数并不是由某一个计量器具直接测试得到，而是通过整个测试装置建立起有效的液体流动后，通过获取流量、压力等参数，由公式(1)计算方可获取。因此，建立有效的流动是获取液体渗透率参数的前提条件，而整个测试装置密封性能则是建立有效流动的基础。因此，在测试液体渗透率的过程中，首先要测试装置的密封性能，确保测试装置密封无漏失后，才可进行液体渗透率的测试，其次通过液体流过岩心的实验，从压力表获取实验压差数据，测试通过出口一定质量(用天平计量)的液体所需的时间(用秒表计量)获得体积流量数据，再结合卡尺测量的岩心长度直径数据，最终由公式(1)计算获得液体渗透率数据。

2.2 影响液体渗透率测试准确性的因素

从液体渗透率获取方法的分析中可以看出，影响液体渗透率测试准确性的因素在于以下三个方面：

一是实验前整个测试系统的密封性能。对于液体测试装置而言，其装置是由各部分配件组装而成，并不是一个固定成型的设备，各部分配件由管线、阀门等连接而成。对于这种组装装置，由于其长期在一定温度、压力条件下使用，或是由于实验目的不同而更换组装部件，其装置连接处容易出现松动而导致渗漏问题，进而影响液体渗透率数据的准确性。因此需要在每次实验前对装置的密封性能进行评价，对于固定使用的液体渗透率测定装置则需要定期开展密封校验，以避免实际工作中由于密封不好造成数据失真问题。

二是测试过程中使用到各种计量器具如压力表、电子天平、秒表、卡尺、密度计、黏度计等，计量器具的准确与否直接影响液体渗透率数据的准确性。任何一种计量器具，在使用过程中由于温压条件的影响、器具自身的老化、磨损等，都会导致对计量器具的精度产生影响，使得测量的量值发生变化，进而影响测量准确性。计量器具的检定是量值准确一致的重要保证，也是传递量值的重要形式。为保证计量器具的计量性能，液体渗透率测试装置使用的所有计量器具必须是经过检定且检定合格的计量器具，同时还必须要满足实验执行标准中计量器具的精度要求，如压力表必须为0.4级及以上。

三是驱替动力系统提供的流量的稳定性。目前，对于石油行业室内实验来说，大多采用驱替泵以恒速或恒压方式提供驱替动力，对于液体渗透率测试而言，通常采用的是恒速法驱替。不论何种原理的驱替泵，在长期的使用过程中，由于温度、压力、实验流体(盐水、酸、碱)等的影响，使得泵的单向阀产生堵塞，或是泵的缸体密封处有一定的微泄漏，导致泵的流量不稳定，进而影响液体渗透率的数据。因此，泵的流量稳定性是影响液体渗透率测试准确性的因素之一。

从上述分析可知，液体渗透率测试装置的校验应包括三方面的内容：

(1) 液体渗透率测试装置密封性能的校验；

(2) 计量器具可靠性的校验；

(3) 驱替泵流量稳定性的校验。

3 校验项目和校验方法

3.1 计量器具可靠性

液体渗透率测试装置中使用的计量器具包括：压力表、电子天平、秒表、密度计、黏度管等，这些计量器具都是中华人民共和国依法管理的计量器具，因此，计量器具可靠性的校验就是要进行计量器具的有效性进行检查，确认使用的计量器具是否经过专业检定机构的计量检定，并且确认其是否在计量检定的有效期内，检定的结果符合实验执行标准的要求。杜绝使用未经检定的计量器具。

3.2 测试装置密封性

通常采用憋压试验的方法进行测试装置密封性的校验。校验方法：以气体作为实验介质，将液体渗透率测试装置升压到(10~15)MPa，在一定时间内(憋压的具体时间要求根据具体实验来确定)，通常憋压时间最小要满足4h。装置密封性指标要求压力损失率小于等于2.5%。压力损失率的计算见公式(2)。

$$P_{\mathrm{LOSS}}=\frac{P_n-P_{\mathrm{i}}}{P_{\mathrm{i}}}\times 100\% \tag{2}$$

式中 P_{LOSS}——压力损失率,%；

P_{i}——初始压力，MPa；

P_n——不同时间点的压力，MPa。

3.3 流量稳定性

流量的稳定是确保液体渗透率测试实验成功的必要条件。为避免天然岩心自身渗透性对流量稳定性校验的影响，在流量稳定性校验中采用不锈钢堵头样品，样品中心有一贯穿的小孔，其直径不大于0.2mm。为避免流体自身性质对流量稳定性校验的影响，在流量稳定性校验中采用蒸馏水或纯净水作为实验液体。体积流量的计量见公式(3)。

$$Q=\frac{m}{\rho\cdot t}\times 60 \tag{3}$$

式中 Q——体积流量，mL/min；

m——出口质量差，g；

ρ——液体的密度，g/cm^3；

t——出口液体质量差为m克时所用的时间，s。

流量稳定性的校验方法：(1)实验液体室温下放置24h，测试其密度，测量三次取其平均值作为室温下实验用液体的密度值。(2)连接好液体渗透率测试装置，启动测试系统，检查各项显示是否正常，环压加到2MPa，设定第一个体积流量，运行5分钟后测试出口一定时间内的质量差，测量三次取其平均值作为出口体积流量。然后再设定第二个体积流量，运行5分钟后测试出口一定时间内的质量差，测量三次取其平均值作为出口体积流量。流量稳定性校验至少需进行两个体积流量点的校验。(3)计算出口体积流量及其与设定体积流量的相对误差。流量稳定性的指标要求：出口的体积流量与设定的体积流量相对误差小于等于2%，体积流量相对误差的计算方法见公式(4)。

$$\delta=\frac{\overline{Q}-Q_{\mathrm{set}}}{Q_{\mathrm{set}}}\times 100 \tag{4}$$

式中 δ——体积流量相对误差,%；

$\overline{Q}$——出口体积流量，mL/min；

Q_{set}——设定的体积流量，mL/min；

3.4 校验结果处理

当校验结果满足液体渗透率测试实验指标要求时，在液体渗透率测试装置上粘贴绿色合格标识。当校验结果超差，应考虑各部分组件是否有故障，对整个测试装置进行较为全面的维修检查，找出故障原因，校验结果超差时，不允许使用液体渗透率测试装置开展实验工作。

3.5 校验周期

液体渗透率测试装置的校验周期可根据使用环境及使用频繁程度确定，一般不超过12个月。当外界条件改变时应及时进行校验。

4 结语

对液体渗透率测试装置的校准应从计量器具可靠性、装置密封性以及流量稳定性三个方面进行，对于装置密封性和流量稳定性的要求文中给出了定量指标，提高了液体渗透率测试装置校准方法的可操作性，为确保液体渗透率测试装置实验数据的准确可靠及满足油气田开发需求奠定了坚实的基础。对于像液体渗透率测试装置这类石油专用设备，目前国家或行业内没有适用的校验规程，我们提出的校验方法填补了设备管理的空白，有助于仪器设备的管理不断走向规范化、科学化。

参 考 文 献

[1] 贾承造，郑民，张永峰．中国非常规油气资源与勘探开发前景[J]．石油勘探与开发，2012，39(2)：129-136.

[2] 张威，陈弘．非常规油气开发的技术现状与发展[J]．石化技术，2019 (12)：227，223.

[3] 张大权，张家强，王玉芳等．中国非常规油气勘探开发进展与前景[J]．资源科学，2015，37(5)：1068-1075.

[4] 油气田开发专业标准化委员会．储层敏感性流动实验评价方法：SY/T 5358-2010[S]．北京：石油工业出版社，2010.

[5] 全国石油天然气标准化技术委员会．岩石中两相流体相对渗透率测定方法：GB/T 28912-2012[S]．北京：中国标准出版社，2013.

[6] 全国石油天然气标准化技术委员会．岩心分析方法：GB/T 29172-2012[S]．北京：中国标准出版社，2013.

[7] 刘瑞峰，孙友群，张惠敏等．“真值”在测量仪器示值误差检定中的正确识别和确定[J]．现代测量与实验室管理，2011(3)：1-20，36.

[8] 邵国强．新时期做好计量器具检定工作的重要性[J]．科技与企业，2013(15)：35.

作者简介：殷艳玲(1975—)，女，高级工程师，毕业于石油大学(华东)，现从事油气田开发试验研究和质量管理工作。电话：0546-8611865，邮编：257015，通信地址：山东省东营市聊城路2号。

影响原油计量的因素及对策

李中福

（中国石油化工股份有限公司北京燕山分公司检验计量中心　北京　102500）

摘　要　本文分析了影响原油体积量测量、密度测量、水含量测量的因素，并采取相应对策提高计量的准确性。影响体积量测量准确性的因素有：刮板流量计磨损的影响、原油黏度对漏流量的影响、流量计检定的影响、器差调整器的影响、原油含气的影响。影响密度和水含量测量的因素有：采样的代表性，测定过程的合规性。通过采取标准体积管检定、刮板流量计检定、取消器差调整器、选取平均黏度的油种进行检定、改变水含量分析和密度测量的取样位置、投用消气器等等一系列措施，降低了原油储运损失率。

关键词　原油；体积；密度；水含量

1　选题理由

原油储运损失率是总部重要考核指标，指标为0.12%。某公司从2019年11月开始，储运损失率明显异常，2020年，原油储运损失率为0.27%。原油作为炼油企业的主要原料，一方面储运损失率必须要达到总部0.12%的考核指标，另一方面储运损失率高也是巨大的经济损失，因此必须查清原因，采取有效措施。公司炼油加工损失率没有明显变化（≤0.3%），问题主要出在原油计量、分析诸环节，因此我们有必要对原油测量全过程进行分析，查找损失大的原因并采取相应对策，解决原油储运损失率高的问题。

2　影响原油计量的因素

2.1　原油计量基本情况

原油末站采用5台刮板流量计作为交接计量表。交接计量点的流量、温度、压力等测量数据每2h交接双方共同记录1次，每8h进行1次采样分析进行含水与密度测定。油量计算执行GB/T 9109.5《石油和液体石油产品油量计算动态计量》，标准密度及温度体积修正系数换算执行GB/T 1885-1998《石油计量表》。

2.2　原油量计算

$$M_{nw}=V_{ns}\times\rho_{20}\times Fa\times c_{sw}$$

（交接质量=标准体积×标准密度×空气浮力系数修正×水分系数修正）

由公式可知，交接原油量测量涉及到关键测量过程有：体积量的测量、密度测量和含水量测定。

2.3　影响原油计量的因素

2.3.1　体积量的测量

按照刮板流量计原理，影响体积量测量因素有：刮板流量计磨损的影响；原油黏度对漏流量的影响；流量计检定的影响；器差调整器的影响；原油含气的影响。

2.3.1.1　刮板流量计磨损的影响：由于原油中可能含有细小杂质，与刮板流量计的转子及壳体摩擦，长时间运行转子和壳体产生不同程度的磨损，使两者之间的间隙增大，漏流量相应增大，测量误差向“负”向变化。

2.3.1.2　原油黏度产生的误差：在黏度变化不大的范围内，仪表的系数保持着一致，但当输送油品的黏度变化比较大时，会影响仪表的泄漏量，黏度越大，泄漏量越小，MF系数越小；黏度越小，泄漏量越大，MF系数越大。所以在原油黏度变化较大时，不能采用相同的系数交接。

2.3.1.3　流量计检定的影响：由于冬天温度比较低，原油在体积管的管壁上会结蜡，使得体积管的实际容积发生变化，实际容积减小，流量计计量值 V 表减少，流量计系数将变大，从而会使送油方遭受损失。

刮板流量计结蜡，使得流量计计量腔变小流量计计量值增加，流量计系数将变小，从而会使收油方遭受损失。

2.3.1.4 器差调整器的影响：为满足计量准确度要求(0.2%)，SMITH 刮板流量计采用器差调整器来调整仪表准确度。器差调整器采用偏心轮结构，其优点是可在运行时动态调整。器差调整器通过偏心轮结构调节发讯器输出脉冲，保证发讯器输出脉冲数是修正后的。器差调整器运行不稳定，会造成修正数据失真，影响准确计量。

2.3.1.5 原油含气对计量的影响：由于原油中含有少量的轻组分，在达不到饱和蒸气压的情况下会气化，导致体积量增大，影响刮板流量计的计量。

2.3.2 密度测量

影响密度测量的因素：采样的代表性，测定过程的合规性。

2.3.2.1 采样的代表性：样品的采集，目前有两种：自动采集和手工采集。

自动采集是在管线上安装自动采样器，按照设定的频率自动采集样品；手工采样则是按照 2 小时人工采集样品。影响采样代表性的因素有：采样器安装位置、采样器的控制策略。

2.3.2.2 测定过程的合规性：在密度测定过程是否符合 GB/T 1884-2000 原油和液体石油产品密度实验室测定法(密度计法)的相关规定。

2.3.3 含水量的测定

影响密度测量的因素：采样的代表性，测定过程的合规性。

2.3.3.1 采样的代表性：与 3.2.1 密度测量相同、

2.3.3.2 测定过程的合规性：在密度测定过程是否符合 GB/T 8929-2006《原油水含量的测定—蒸馏法》的相关规定。

3 影响原油计量的分析与对策

3.1 体积量的测量

3.1.1 刮板流量计磨损的影响

为防止流量计磨损造成的流量计偏差过大，SMITH 刮板流量计出厂时，流量计系数一般在 0.96。20201 年 3 月，在采用空器差调整器后对流量计进行了检定，结果见表 1。

表 1 流量计系数变化表

流量计	流量计系数	变化率/%
1#流量计	1.03432	7.74167
2#流量计	1.03543	7.85729
3#流量计	1.04120	8.45799
4#流量计	1.03815	8.14062
5#流量计	1.03269	7.57188

由表 1 可见，刮板流量计经过 13 年的使用，都发生了一定程度的磨损，最大变化率为 8.46%。

对策：为减少磨损对准确计量的影响，除按规程对刮板流量计检定外，应增加期间核查次数，周期为一个月或三个月，具体间隔还需双方共同商定。

3.1.2 原油黏度对漏流量的影响

刮板流量计由于刮板与壳体之间存在间隙，造成一定的漏流量。刮板流量计漏流量与仪表的运行状态相关，其计量公式为：

$$\Delta q = c \times w^3 \Delta p / \eta L$$

式中 Δq——漏流量；

c——常数；

w——转子与壳体之间的间隙宽度；

Δp——流量计前后的压力差；

η——液体的动力黏度；

L——转子与壳体之间的间隙长度。

从漏流量公式可以看出，漏流量与黏度成反比关系，漏流量随黏度不同而异；同时黏度随着温度升高而降低。所以温度越高，漏流量也就越大，温度越低，漏流量就越小。

对策：要减少漏流量，做到公平，最好分油种单独检定；检定温度与实际工作温度相符；当不具备单油种检定条件时，可选取平均黏度的油种进行检定。

3.1.3 流量计检定的影响

为验证体积管是否结蜡对刮板流量计检定产生影响，对标准体积管进行了清洗、检定，检定用球尺寸没有发生变化，标准复现性为 0.007%，同时在清洗前后对流量计进行了检定。数据见表 2。

表 2 标准体积管清洗前后检定流量计系数变化情况

流量计	流量点/(m^3/h)	体积管清洗前流量计系数	体积管清洗后流量计系数	变化量/%
1#流量计	400	0.99931	0.99840	-0.091
	600	0.99965	0.99864	-0.101
	800	1.00003	0.99903	-0.100
2#流量计	400	0.99899	0.99799	-0.100
	600	0.99903	0.99816	-0.087
	800	0.99934	0.99859	-0.075
3#流量计	400	0.99894	0.99888	-0.006
	600	0.99946	0.99891	-0.055
	800	0.99958	0.99897	-0.061
4#流量计	140	0.99991	0.99979	-0.012
	200	0.99974	0.99974	0.000
	300	0.99862	0.99933	0.071
5#流量计	100	1.00142	1.00123	-0.019
	200	1.00062	1.00031	-0.031
	300	1.00036	0.99957	-0.079

从表 2 中可以看到，体积管清洗前后检定流量计系数基本上没有变化，可排除挂壁对体积管标准值的影响。

如果流量计结蜡挂壁，应造成流量计数据减少，与原油储运损失大矛盾，可排除流量计挂壁的影响。

对策：加强刮板流量计检定、期间核查的数据比对，发现异常数据及时分析原因，避免挂壁造成的计量误差。

3.1.4 器差调整器的影响

收集了 2017 年 3 月到 2020 年 10 月 5 台刮板流量计检定数据，见图 1。从图中可以看出，1#流量计累计调整 0.307%，2#流量计 6 次检定均出现超过允许误差±0.2%范围，累计调整 1.216%，3#流量计累计调整-0.068%，4#流量计累计调整 0.023%，5#流量计累计调整 0.031%。

取消器差调整器后，2021 年共进行 4 次检定，其数据见图 2。

从图 2 看，取消器差调整器后刮板流量计的流量计系数更加稳定。由此可以推断器差调整器运行的稳定性对计量准确性是有影响的。

对策：取消器差调整器，采用流量计系数法进行结算，消除器差调整器的影响带来的附加误差。

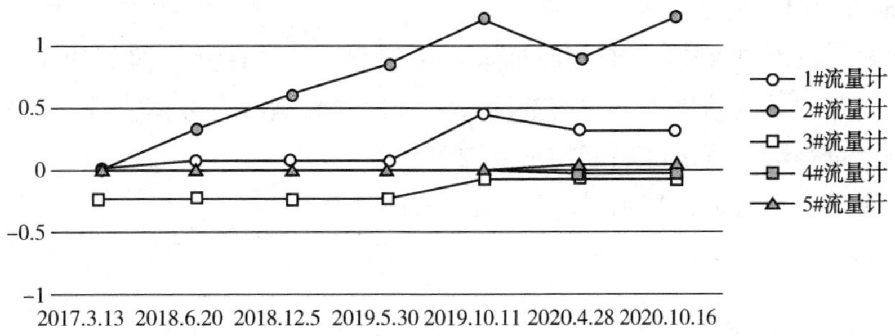

图 1　取消器差调整器前流量计检定误差变化图

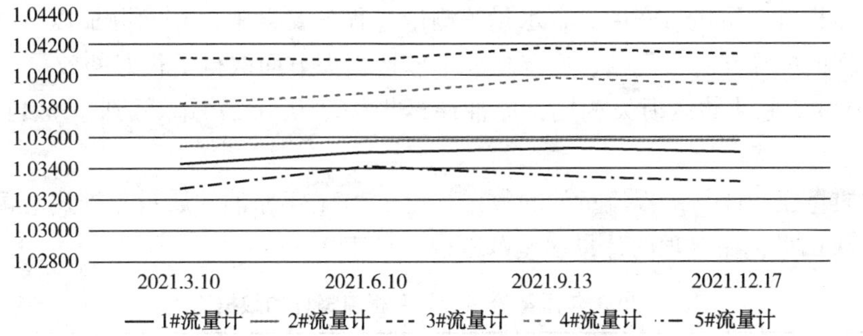

图 2　取消器差调整器后流量计检定系数变化图

3.1.5　原油含气的影响。

按照 SYT 5398—2017 石油天然气交接计量站计量器具配备规范，在流量计之前一般装有过滤器和消气器，采用安全阀进行排放控制。由排放过程中可能带有少部分液体污染环境，一般都关闭阀门。经现场测试，通过消气器排放少量气体，气体在原油中是存在的，影响体积量的准确计量，要定期排放。

对策：定期排放，每天一到二次。

3.2　影响密度测量的因素

3.2.1　采样的代表性

按照《GB/T 27867—2011 石油液体管线自动取样法》，取样探头应位于管线内的部分流动液体中，而这部分液体能代表全部液体。这主要取决于管线内液体的混合程度，而混合程度取决于流量和取样位置上游的管线布置等诸多因素。在线安装的原油自动取样器，优先安装在垂直管线上，也可以安装在刮板流量计或静态混合器后。

该自动取样器安装在水平管线上，位于流量计之前，原油经过长距离输送，由于重力作用，在管线内重组分下沉，混合程度差，取样代表性得不到保证。同时取样瓶口处于敞开状态，存在轻组分挥发的可能。

对策：改变自动采样器安装位置，安装在流量计出口汇流管后垂直管线上，在取样位置验证截面含水率，采样过程密闭，提高采样代表性。

3.2.2　测定过程的合规性

密度的测量执行《GB/T 1884—2000 原油管输和液体石油产品密度实验室测定法(密度计法)》。为保持环境温度稳定，测量过程中采用恒温浴，存在轻组分挥发的可能。同时，读数精度也是影响准确计量的因素。

3.3　影响含水测量的因素

3.3.1　采样的代表性。与密度采样相同

对策：改变自动采样器安装位置，由水平安装改在流量计出口汇流管后垂直管线上，在取样位置验证截面含水率，采样过程密闭，提高采样代表性。

3.3.2　测定过程的合规性

水含量的测量执行《GB/T 8929—2006 原油水含量的测定 蒸馏法》。溶剂使用200#溶剂油，但仲裁试验以二甲苯作溶剂的试验结果为准，溶剂油对水含量的影响没有数据支撑。另外，对水含量分析过程结束状态的判断也是影响测定准确度的重要因素。

对策：采用二甲苯作为溶剂，加强对分析过程的监督。

4　实施效果

在采取了标准体积管检定、刮板流量计检定、取消器差调整器、选取靠近加权平均黏度的油种进行检定、在垂直管线安装自动采样器、改变水含量分析和密度测量的取样位置、投用消气器等等一系列措施，将原油体积量、质量、密度、含水量等测量过程各要素中存在问题加以有效解决，全面提高了原油各测量过程的准确性和可靠性，在降低原油储运损失方面取得了很好的效果。

2021 年和 2020 年原油储运损失相比，原油储运损失率从 0.27%降低到了 0.117%，达到了总部 0.12%的考核指标。

用于比对的质量流量计与刮板流量计的数据相比，2021 年原油的质量数据比对偏差 0.05%，体积量数据比对偏差 0.01%，在合理的计量偏差范围内。见表 3。

表 3　2021 年质量流量计与刮板流量计的数据比对表

月	质量流量计		刮板流量计		质量比对		体积比对	
	质量/t	体积/m^3	质量/t	体积/m^3	差量/t	偏差/%	差量/m^3	偏差/%
1	696508	803356	697192	804578	684	0.10	1222	0.15
2	574925	668355	576193	669786	1268	0.22	1431	0.21
3	661752	769202	662083	769566	331	0.05	364	0.05
4	232363	270020	232273	269876	−90	−0.04	−144	−0.05
5	507386	595461	507373	594802	−13	0.00	−659	−0.11
6	646351	748893	646835	748526	484	0.07	−367	−0.05
7	783083	906811	783404	906320	321	0.04	−491	−0.05
8	690050	800567	689966	799954	−84	−0.01	−613	−0.08
9	705368	822425	705862	821661	494	0.07	−764	−0.09
10	760272	881537	760616	881669	344	0.05	132	0.01
11	768932	895530	769384	895782	452	0.06	252	0.03
12	754270	873982	754316	874264	46	0.01	282	0.03
合计	7781260	9036139	7785497.495	9036784	4237	0.05	645	0.01

参 考 文 献

[1] 中华人民共和国国家质量监督检验检疫总局、中国国家标准化委员会.《石油和液体石油产品油量计算动态计量 第5部分油量计算》：GB/T 9109.5—2017.

[2] 中华人民共和国国家质量监督检验检疫总局、中国国家标准化委员会.《石油液体管线自动取样法》：GB/T 27867—2011.

[3] 国家质量技术监督局.《原油和液体石油液体产品密度实验室测定法(密度计法)》：GB/T 1884—2000.

[4] 中华人民共和国国家质量监督检验检疫总局、中国国家标准化委员会.《原油水含量的测定 蒸馏法》：GB/T 8929—2006.

作者简介：李中福(1965 年—)，男，高级工程师，毕业于大连理工大学，现从事计量工作。电话：13311186357，邮编：102500，通信地址：北京市房山区燕东路 7 号。

炼化企业计量器具台账构建探索与实践

贺　晖

（中国石化长岭分公司检验计量中心　湖南岳阳　414012）

摘　要　文章针对炼化企业计量器具的特点，介绍了器具台账构建内容要求，应用计量信息系统平台，对计量器具台账构建进行了探索，通过应用实践，展示了计量器具台账的应用效果。

关键词　台账；构建；探索；实践

炼化企业计量器具台账包括能源计量、安全防护、质量分析、环境监测等器具，体现了器具配备、检定、运行、维修、报废等各个环节，但台账应用主要集中在器具周期检定管理上，没有充分发挥和应用台账信息。计量器具台账是计量管理的基础，应用好计量器具台账，也体现了企业计量管理水平。

1　台账构建

1.1　基本要求

新颁布的《中华人民共和国计量法实施细则》要求企业、事业单位要建立计量器具明细目录，GB 17167—2006《用能单位能源计量器具配备和管理通则》和 JJF 1356—2012《重点用能单位能源计量审查规范》要求用能单位应备有完整的能源计量器具一览表或台账，并建立能源计量器具档案。

1.2　基本内容

计量器具台账一般包括如下内容：计量器具的名称、型号规格、准确度等级、测量范围、生产厂家、出厂编号、用能单位管理编号、检定周期/校准间隔、检定/校准状态、安装使用地点等。各单位还可根据管理需要增加内容，如管理级别、购进日期、检定单位、校/检证书号、装置名称、介质名称、器具用途、是否完好、维修记录等。

1.3　应用平台

随着企业信息化发展进步，大型炼化企业均建立了计量管理信息系统，可以将分散的计量器具集中管理，便于数据信息共享。通过计量信息化管理平台，丰富了台账管理内容，可以根据管理需要开展计量器具综合展示、指标展示，提高计量器具管理水平。

2　探索与实践

能源计量器具台账是能源计量管理要素之一，是计量数据管理的基础，在建立台账、应用台账过程中，我公司进行了一些探索与实践，为计量器具管理提供了方案。

2.1　标准化

计量器具台账标准化要合规、完整、准确，即台账管理要符合法规、制度和规范要求，台账内容和参数要完整、准确。炼化企业计量器具台账数量成千上万，能标准化设置的台账项目，如测量对象属性、器具名称、装置名称等可设置标准选项进行选择，外观显得美观、整洁、统一，内容合规合法。相关标准规范有明确定义的按要求执行，如测量对象属性可按 JJF 1356—2012 填写为进出用能单位、主要次级用能单位、次级用能单位、主要用能设备、其他器具，器具配备类别可按 GB 17167—2006 填写为衡器、电能表、油流量表（装置）、气体流量表（装置）、水流量表（装置）、温度仪表、压力仪表，器具名称按相关计量检定规程填写为超声流量计、质量流量计、涡街流量计等；相关文件和检定证书有明确定义的按要求执行，如使用单位、装置名称、检定单位、介质名称、器具用途、管理级别、准确度等级等；没有相关标准文件的可自定义，如日期书写形式统一等（如 2022-6-1）。

2.2 个性化

2.2.1 增加“一览表”

《重点用能单位能源计量审查规范》要求用能单位按照标准格式提供七张计量器具一览表和能源计量器具配备情况汇总表，可依托计量管理信息系统已有的计量器具台账，每月能自动生成“一览表”和“汇总表”，提高了效率。各用能单位可根据实际情况自行补充台账相关项目，针对能源计量器具一览表，台账增加了测量对象属性、器具配备类别、是否配备(是/否)等内容。以进出用能单位能源计量器具一览表分表(图1)和能源计量器具配备情况统计汇总表(图2)为例说明。

年份 2022 月份 06 表B.4进出用能单位能源计量器具一览表分表

重点用能单位名称： 长 岭 分 公 司

序号	计量器具名称	型号规格	准确度等级	测量范围	生产厂家	出厂编号	用能单位管理编号	安装使用地	校/检周期(月)	状态(合格/准用/停用)
385	质量流量计	CMF300M355NQBZMZZZ/1700R12ABFMZZZ	0.2级	12-120t/h	艾默生过程控制流量技术有限公司	14170934(传)/(变)3145200	储装质FIQ00108	铁路柴油8#	12	合格
386	质量流量计	CMF300M355NQBZMZZZ/1700R12ABFMZZZ	0.2级	12-120t/h	艾默生过程控制流量技术有限公司	14173194(传)/(变)3144834	储装质FIQ00107	铁路柴油7#	12	合格
387	质量流量计	CMF300M355NQBZMZZZ/1700R12ABFMZZZ	0.2级	12-120t/h	艾默生过程控制流量技术有限公司	14171861(传)/(变)3144974	储装质FIQ00106	铁路柴油6#	12	合格

图1 进出用能单位能源计量器具一览表分表

年份 2022 月份 06 表B.8-2能源计量器具配备情况统计汇总表

重点用能单位名称： 长 岭 分 公 司

能源种类及能源名称	能源计量分级、分项											
	进出用能单位			主要次级用能单位			主要用能设备			其他项目		
	应配数量(台)	实配数量(台)	实际配备率(%)	应配数量(台)	实配数量(台)	实际配备率(%)	应配数量(台)	实配数量(台)	实际配备率(%)	应配数量(台)	实配数量(台)	实际配备率(%)
电力	92	92		155	155		178	178				
固态能源(煤焦等)	5	5		2	2							
液态能源(油)	134	134		42	38					2	2	
气态能源(燃料气氢气等)	37	37	99.76	58	54	98.28			100.00			100.00
载能工质(风氮气蒸汽等)	85	84		210	207		2	2		2	2	
载能工质(水)	62	62		173	171		4	4		16	16	
合计	415	414		638	627		184	184		20	20	

注：其他项目包括：可回收利用余能、能源计量标准、自检自查、能源能量分析等项目。

填表人签字： 审核人签字： 填表日期：

图2 能源计量器具配备情况统计汇总表

图1“一览表分表”是对已配备、已审核的进出用能单位能源计量器具台账按照标准格式汇总，数据源可直接与台账连接，保证“数出一门”。

图2“汇总表”是对台账中应配备和实配备台账数量按能源分级、分类、分项统计汇总。汇总表中“能源种类及能源名称”分为电力、固态能源(煤焦等)、液态能源(油)、气态能源(燃料气氢气等)、载能工质(风氮气蒸汽等)、载能工质(水)等，通过介质类型字典(见图3)，按照测量对象属性分级统计应配数量(“是否配备”为“是”和“否”的数量)和实配数量(“是否配备”为“是”的数量)。

介质名称 介质类型 全部

查询 导出

序号	编码	介质名称	介质类型	是否有效
58	28	低压氮气	载能工质(风氮气蒸汽等)	是
59	29	密封氮气	载能工质(风氮气蒸汽等)	是
60	30	燃料气	气态能源(燃料气氢气等)	是
61	31	天然气	气态能源(燃料气氢气等)	是

图3 介质类型字典

2.2.2 增加指标展示

建立计量器具台账，其目的是通过台账数据内容的变化反映计量器具管理状况。如通过周检率的统计，可以发现当月还有多少器具应检未检，通过完好率统计，可以了解器具还有多少处在故障状态。可以根据管理的需要设计指标，常用的指标有配备率、周检率、检定合格率、完好率、数采率、气体温压补偿配备率等。只需补充台账相关项目，增加是否配备、检定周期、检定结果、是否完好、是否联网、是否温压补偿等，通过计算并展示上述指标，以能源计量器具分级完好率计算为例说明(图4)。

年份 2022

查询

序号	能源计量器具分级完好率				
	年份	月份	进出用能单位(%)	主要次级用能单位(%)	主要用能设备(%)
1	2022	01	98.94	98.85	100
2	2022	02	98.99	98.85	100
3	2022	03	99	99.02	100
4	2022	04	99.01	98.54	100
5	2022	05	99.52	98.56	100

图4 能源计量器具分级完好率

能源计量器具完好率按下式计算：

$$R_w = N_w / N_s \times 100\% \tag{1}$$

式中　R_w——能源计量器具完好率,%，在测量对象属性中选择：进出用能单位、主要次级用能单位、次级用能单位、主要用能设备、其他项目、合计；

N_w——能源计量器具完好数量，“是否配备”为“是”并“是否完好”为“是”的数量；

N_s——能源计量器具实际数量，“是否配备”为“是”并“是否完好”为“是”和“否”的数量。

2.2.3　增加档案管理

计量器具档案管理是一项技术性很强的工作，从一个侧面反映用能单位的管理水平高低，用能单位应按照分级管理要求建立能源计量器具档案，包括了计量器具最近两个连续周期的检定(测试、校准)证书、计量器具维修记录等。如流量计检定证书的电子化管理，通过流量检定系统与计量管理信息系统的联网，只需上传检定原始记录，就能生成电子检定证书(图5)，送外检定的器具可登录计量管理信息系统上传检定证书，器具更新、配件更换、参数变更等应进行器具维修记录，在计量管理信息系统按照已设置的表格内容记录(图6)。

图5　电子证书

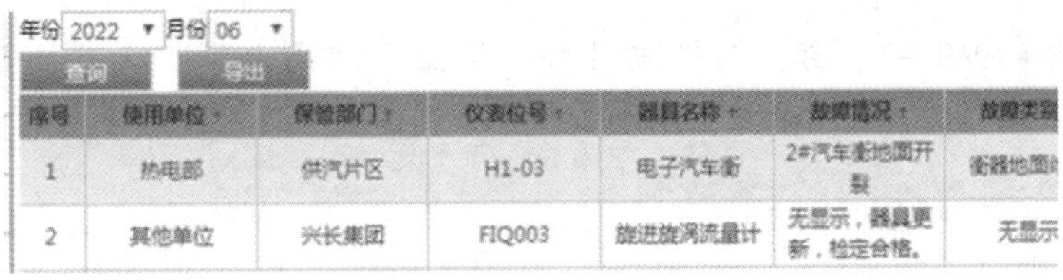

图6　计量器具维修记录

2.2.4　增加台账管理范围

能源计量器具不管是甲方的还是乙方的，只要是用能单位交接使用的器具都应纳入台账管理，按照 GB 17167-2006 要求，用能单位还应将用于能量间接测量用计量器具(如压力仪表、温度仪表等)及便携式能源检测仪表纳入台账。表1 按照《重点用能单位能源计量审查规范》编制的一览表。

表1　其他能源计量器具一览表分表

重点用能单位名称：

序号	计量器具名称	型号规格	准确度等级	测量范围	生产厂家	出厂编号	用能单位管理编号	安装使用地点、用途	校/检周期/月	状态(合格/准用/停用)
1	便携式超声流量计	FLUXUS F601	0.5 级	30~2000m³/h	德国 FLUXUS 公司	6019915	其计 FT08	计量站—自检自查	24	合格
2	便携式超声流量计	WTG-100/DN150	1.5 级	20~1000m³/h	武汉天罡科技发展有限公司	120222014	其计 FT09	计量站—自检自查	12	合格
3	便携式电子测温仪	YK-1S	0.1 级	0~180℃	上海英控机电设备工程有限公司	Y-17132	港油便 GKCWY01	05 码头—贸易结算	12	合格

3 应用效果

3.1 提高了管理效果

计量器具台账项目标准化管理，并将原分散于各运行部自行管理的台账汇总，统一由计量部门负责监管，各单位可通过计量管理信息系统查找和应用计量器具台账，提高了管理效果，器具检定、台账维护、证书档案管理等得到明显改善。计量器具台账的科学编制、随时完善、健全管理也反映了用能单位的管理水平。

3.2 做到了“账出一家、数出一门”

通过计量器具台账自动生成《重点用能单位能源计量审查规范》需要的“一览表”和“汇总表”，各次级用能单位可查找下载本单位能源计量器具一览表，不再自行编制，保证了同一台器具“账出一家、数出一门”。

3.3 提升了计量服务功能

应用计量器具台账信息，可设计多种计量器具考核指标，系统自动生成，可通过各种报表、图形展示，服务安全生产。如设置计量器具配备率指标可掌握能源分级分类器具配备情况，设置完好率指标可了解器具运行、维护情况，设置气体温压补偿配备率指标可进一步完善间接测量用计量器具，设置数采率指标可提高数据监管和应用水平。

参 考 文 献

[1] 全国节能监测管理中心 . GB 17167-2006《用能单位能源计量器具配备和管理通则》实施指南[M]，北京：中国计量出版社，2006.

[2] 国家标准化管理委员会 . 石油石化行业能源计量器具配备和管理要求：GB/T 20901-2007[S]，北京：中国标准出版社，2007.

作者简介：贺晖(1969—)，男，高级统计师，毕业于湖南大学，从事计量管理工作。电话：13786025696，邮编：414012，通信地址：湖南岳阳市云溪区长岭炼化公司计量中心。

储罐分层监测计量装置的研制及应用

陈 晨 崔营双 王 慧

（山东东营 257237）

摘 要 油水储罐是集输站库油水处理生产设备的重要组成部分，及时掌握储罐内的成分在生产指标任务的完成过程中起着关键性的作用，所以油水储罐油层、水层测量、取样是重要工作内容之一，而由于计量、取样操作过程繁琐、工具简陋，导致测量检测数据准确性不高。在进行了多次大罐检测经验及检尺工具改造的基础上，桩西联合站研制了新型分层次取样装置，该装置避免了原油储罐罐顶测量和取样过程中存在的很多弊端，提高了原油集输计量数据的精准度。

关键词 油水储罐；水层测量；分层取样

1 油水储罐及其测量设备的特点

1.1 油水储罐状态

桩西联合站管理着5000m^{3}的原油储罐6座，2000m^{3}的污水除油罐2座，1000m^{3}的污水沉降罐2座，700m^{3}的回注水罐2座，500m^{3}的注水罐2座。

原油储罐在沉降过程中，储罐内不同层位的原油含水不同，只有达到含水指标的层位的油才能外输交油，所以在日常运行中需要取样操作。

污水沉降过程中及时、准确掌握储罐内水品性质，对后端处理、加药等预处理，保证外排水指标达标。

1.2 罐内样品的取样情况

原油储罐的含水率变化较低，现场生产数据与三级取样化验数据相差较小，对比性不明显；而采出水储罐现场生产数据与三级取样化验的数据存在误差过大，以5000m^{3}采出水罐数据为例（表1）。

表1 原取样法在采出水罐内取样误差对比表

取样位置、项目		取样数据1/(mg/L)	取样数据2/(mg/L)	现场数据/(mg/L)	误差率
2m	含油	185	255	62.9	350%
	悬浮	188	156	70.75	243%
4m	含油	125	155	67.4	208%
	悬浮	169	221	67.7	288%
6m	含油	210	177	72.7	266%
	悬浮	328	221	84.05	327%
8m	含油	356	256	151.5	202%
	悬浮	388	333	231	156%

1.3 原取样装置的弊端（图1）

目前，在石油、石化行业的集输站库，为化验储罐中的液样，按照《GB/T 4756—2015 石油液体手工取样法》，最广泛使用的取样器如图1所示。现有的取样器是用铜皮制作的圆柱桶，桶口是用铜质的塞子塞住，用每隔一米打结的带铜丝的绳子拴住取样器，把桶下到所需的位置，上提绳子把塞子打开，进行取样。

取样操作时，一般需要两人配合，一人手动放置取样器至需要的液位，另一人协助，并用烧瓶或者取样瓶取样，在操作时受各种条件制约，存在以下困难：

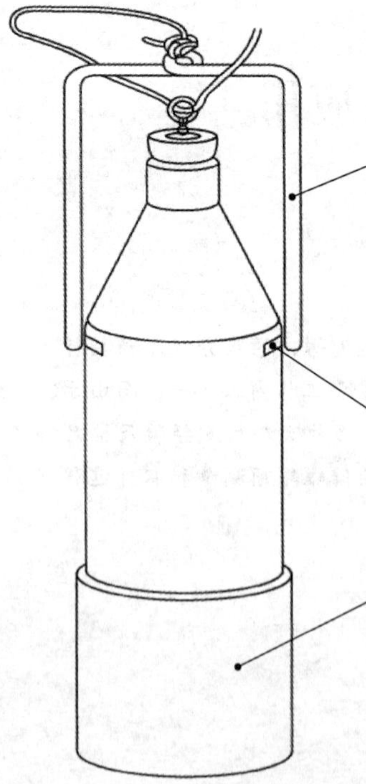

图1　配重取样器

下放取样器时，塞子打不开或者提前打开，就需要重新上提取样器重新盖塞子。

取样绳子刻度误差大，取样上提绳子的操作使取样位置不准确，又造成二次误差。

取样后，取样器口是开启状态，在上提过程中，会将其他层次的液样一起取出，污染所取层的液样，造成取样不准确。

在上提过程中取样绳连接取样器，都沾有原油，需要边上提取样器绳边擦拭取样绳，既费时费力，又容易造成环境污染。

取样时，储罐取样口一直处于开启状态，取样人员在上风口操作也容易受到原油蒸汽的危害。

冬季或者备用罐取样时，表层原油处于凝固状态，不能及时将取样器下至准确位置。

2　分层测量装置的研制

2.1　改进思路

针对桩西联合站原油储罐取样计量现状，经过现场调查，进行了分析和研究：现有取样器的缺点主要集中在取样时需要将取样器放置到合适的位置，然后打开顶盖取样，若能解决取样器在储罐内部移动的问题，则可以提高取样的准确性。

2.2　研制内容

通过先后实验了将取样器加重、更换顶盖取样绳的位置，效果并不好。针对这一现象，考虑在罐顶上安装抽水泵，泵的进口连接一个深入罐体内部的管线，管线的出口和一个钢带尺连接，通过调节钢带尺调节管线的出口到取样位置，然后通过抽水泵将三级样取出，管线的死样通过泵返回罐内，然后取样。经实验，抽水泵吸程10m(8m内最佳)，而大罐液位正常情况下最低10m，距离取样口3.5m以下，远远小于抽水泵的吸程，所以可以吸出大罐各个层次的试样。

2.2.1　*最初实验装置*

在抽水泵下方加了一个13m长的软管，在软管出口加重物和度量绳，保证取样位置准确。

进行抽水试验，效果好，水流速度快，压把轻松。为了测量每次取样时需要压动压把多少下才能将管路中的死样替换出来，进行了试验：首先将管道中充满水，管路口离开水面，压动压把，计数24次左右可以将管路中的水全部抽出。

2.2.2　*装置优化*

在实际中，如果需要提绳子来确定取样位置，每次提绳子需要擦绳子，取样口还坠有重物，来回提绳子费力，并不轻松。针对这一问题，进行了第二次改造，在抽水泵下方加装五个阀门，分别对应2m、4m、6m、8m、10m位置，以5000m^{3}的大罐为例，罐高13m，2m位置需要下11m的管子，以此类推，需要取那个位置的样，就将对应位置的阀门打开，压动压把就可以取样了。

考虑到压动多少下压把可以将管内的死样取出，做如下计算：13m的六分管需要24下左右，平均1m按照两下便可以抽出管线中死样。

2.3　安装实施

新型分层次取样装置包括取样泵和分层监测计量阀组，取样泵由支架固定在储罐取样口近旁，循环取样管与泵筒的上部连通，泵筒的底部通过连接管与分层监测计量阀组连通并通过分层监测计量阀组与不同的取样层位连通。本装置的泵筒与连接管和分层监测计量阀组连接，分层监测计量阀组的每个取样阀均通过吸样管与设定的不同取样层位连通，只要打开不同取样层位上的取样阀，就能精准、快速地取出该层位的液样。操作快捷、方便，所取液样可靠、精准。

2.3.1 安装分层次取样装置(图2)

如图2所示的一种新型储罐分层监测计量装置，其特征是，包括取样泵和分层监测计量阀组，取样泵由支架固定在储罐取样口近旁，循环取样管与泵筒的上部连通，泵筒的底部通过连接管与分层监测计量阀组连通并通过分层监测计量阀组与不同的取样层位连通。

取样泵4是压杆泵，包括泵筒、橡胶活塞、连杆和手柄，橡胶活塞与连杆连接、安装在泵筒中，手柄与连杆的上端连接，循环取样管与橡胶活塞上死点上方的泵筒连通。

循环取样管2是弯管、其管口与储罐取样口相对应。

分层监测计量阀组8至少设有两个取样阀，每个取样阀均通过连接短管与连接管连通，每个取样阀又通过吸样管与设定的取样层位连通。

连接管的管段中还连接着放空阀7，该放空阀的管口与储罐取样口相对应。

储罐取样口9是储罐原有取样口或者是在储罐透光孔法兰盘上面开设的取样口。

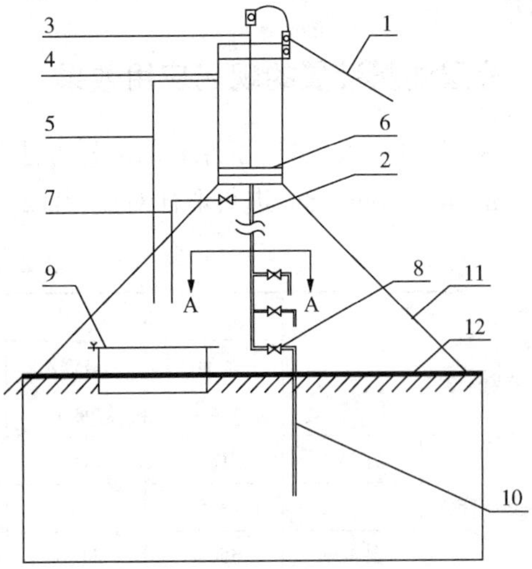

图2 分层次取样装置结构示意图

1—手柄；2—连接管；3—连杆；4—泵筒；5—循环取样管；6—橡胶活塞；7—放空阀；8—计量阀组；9—储罐取样口；10—吸样管；11—支架；12—透光孔法兰盘

2.3.2 实现精准计量

(1) 工作原理

参见图2，储罐分层监测计量装置包括取样泵和分层监测计量阀组8，取样泵由支架11固定在储罐取样口9近旁，循环取样管5与泵筒4的上部连通，泵筒4的底部通过连接管2与分层监测计量阀组8连通并通过分层监测计量阀组8与不同的取样层位连通。

取样泵是压杆泵，包括泵筒4、橡胶活塞6、连杆3和手柄1，橡胶活塞6与连杆3连接、安装在泵筒4中，手柄1与连杆3的上端连接，循环取样管5与橡胶活塞6上死点上方的泵筒4连通。

循环取样管5是弯管、其管口与储罐取样口9相对应，可使取样泵中留存和剩余的液样流入储罐取样口9中。

分层监测计量阀组8至少设有两个取样阀，每个取样阀均通过连接短管与连接管2连通，每个取样阀又通过吸样管10与设定的取样层位连通。

连接管2的管段中还连接着放空阀7，该放空阀7的管口与储罐取样口9相对应，可以防止液样留存在泵筒4内，又可以使液样回入储罐中。

储罐取样口9是储罐原有取样口或者是在储罐透光孔法兰盘12上面开设的取样口。由于储罐透光孔的孔径大，在储罐透光孔法兰盘12上面开设取样口，取样后再将其封闭，使用和操作更为方便。

使用时，只需要将与取样层位相对应的分层监测计量阀组8中的取样阀打开，压动手柄1，带动连杆3使橡胶活塞6上下往复运动，取样层位中的油、水等液样就可以沿取样阀、连接短管和连接管2进入泵筒4中，原存留的液样通过循环取样管5放入储罐取样口9内，回到储罐中。待留存的死液样放尽，即可在循环取样管5中接取液样。取样完毕，将放空阀7打开，使泵筒4内的液样回罐。

(2) 技术性能

本装置使用压杆泵作为取样泵，通过支架固定在取样口的附近，使循环取样管与取样口对应，可使取样泵中留存的液样，在取新液样前，首先操作取样泵将前次取样留存的液样放入储罐取样口中，防止浪费和污染环境。

(3) 运行保障措施

为保障安全生产，本装置使用的是橡胶活塞，可防止与金属泵筒之间产生静电或者金属打火；连杆、手柄等活动件采用铜质链接，可防止金属打火；紧固连接部分与罐体做接地保护，可防止静电积聚。

3　分层测量装置的现场应用效果

装置实施后，进行了原有的取样方法与改进措施的对比，实验数据以5000m^{3}罐进行三级取样，对应2m、4m、6m、8m进行取样对比(表2和图3)。

表2　测量数据对比效果统计表

位置＼方法		2m		4m		6m		8m	
		含油/(mg/L)	悬浮/(mg/L)	含油/(mg/L)	悬浮/(mg/L)	含油/(mg/L)	悬浮/(mg/L)	含油/(mg/L)	悬浮/(mg/L)
原有取样法	样品1	185	188	125	169	210	328	356	388
	样品2	255	156	155	221	177	221	256	333
	误差率	350%	243%	208%	288%	266%	327%	202%	156%
改进取样法	样品1	60.5	75.3	66.6	69.9	70.2	89.5	150	229
	样品2	65.3	66.2	68.2	65.5	75.2	78.6	153	233
	误差率	3.82%	6.43%	1.19%	3.25%	3.44%	6.48%	0.99%	0.87%

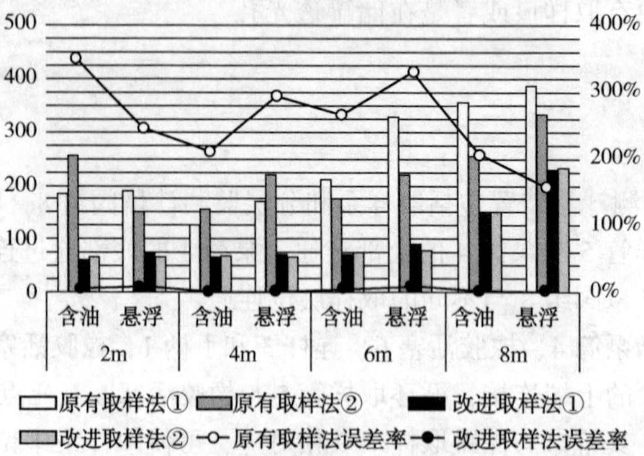

图3　计量效果对比图

通过实验数据绘制图表验证：原有取样法前后取样误差范围较大，在上提过程中取样受到污染，使得实验数据普遍偏高；而改进的取样法实验数据较平稳，数据更具有说服性。

4　评价及推广前景

4.1　应用评价

4.1.1　提高了集输系统的计量的精准率。

由于消除了取样误差，集输运行系统运行计量精准率大幅度提高，相当于在原油集输过程中间接的延长了原油外输倒罐时间，减少了破乳剂的投加量，从而降低了外输时含水波动产生的隐患和生产成本；相当于在污水处理过程中间接地控制了药剂投加量和倒滤罐反洗时间，从而提高了污水处理的效率。

4.1.2　降低职工劳动强度。

按照原有取样法，取样需要两人上罐取样，安装新型取样装置后，只需一人上罐，取样时间也由原来的2~3小时降低为半小时，大大减少了职工劳动工作量，尤其降低了职工在来液性质波动时频繁取样的劳动强度，同时避免了取样人员因提大量取样工具导致不方便扶扶梯的风险。

4.1.3　保护环境，减少污染。

不需要擦拭取样器，能极大降低取样操作对原油损耗，减少环境污染。

4.2 推广前景

油田集输行业以油水采集、处理、运输、储存为主，其中储罐是集输行业中的重要单元，新型取样装置原理简单、材料廉价、安装使用便捷，适合油田范围内各种拱顶罐的安装、应用。

参 考 文 献

[1] 彭仁田，蒋贤儒．修井与集输．北京：石油大学出版社．

[2] 中国石油天然气集团公司人事服务中心．集输工．北京：石油工业出版社．

[3] GB/T 4756—2015 石油液体手工取样法 中华人民共和国国家质量监督检验检疫总局、中国国家标准化管理委员会．

[4] 油罐自动采样器在油罐区的应用，中国石油锦西石化分公司．

作者简介：陈晨，男，1987 年 4 月出生，毕业于中国石油大学(华东)胜利学院，2021 年被桩西采油厂聘任为集输工责任技师，现任桩西采油厂油气集输管理中心运维站安全员。

基于 modbus 协议的计量数采系统优化设计与改进

刘胜军

（中石化股份天津分公司　天津　300270）

摘　要　本文针对企业现有计量数采系统运行过程中存在的问题，结合理论研究与实践经验，从总体架构、现场层、网络层、应用层等各方面详细阐述了优化设计与改进方案。满足计量专业数采“稳、快、准”的基础要求的同时，融合大数据、智能化等理念，助力企业提升计量精细化管控水平，实现降本减耗、提质增效目标。同时以期为其他同类型数采系统建设提供可借鉴的经验。

关键词　Modbus；计量；数据采集

1　引言

当前石化行业计量信息管理已经进入智能化阶段，其运用物联网、大数据、人工智能及边缘计算等先进技术和设计理念，实现计量精细化管理，提高计量专业管理水平，兼顾新技术应用和提质增效要求，强调费用控制和指标的全流程管控，将体系制度融入计量系统，满足计量管理要求。通过精准计量，及时发现“跑冒滴漏”和损耗环节，通过加强对损耗环节的管理来降低损耗，实现降本增效，促进企业利润最大化。

2　现状及问题

2.1　现状

我公司计量仪表数采系统是基于 modbus 协议应用 IFIX 组态软件于 2006 建成并投用。系统由分布在各二级单位采集室内 10 台现场采集站、2 台采集服务器、6 台客户端组成。采集监测公司管输原油、成品油、天然气、能源等贸易级与部际级重要计量仪表 376 台套，采集监测点数 2 万余点（常规参数 5000 点，诊断参数 10000 点）。该系统为公司实时数据库、MES、计量管理信息系统提供基础数据源，为计量结算、公司生产运行监控提供基础保障。该系统的网络结构如图 1。

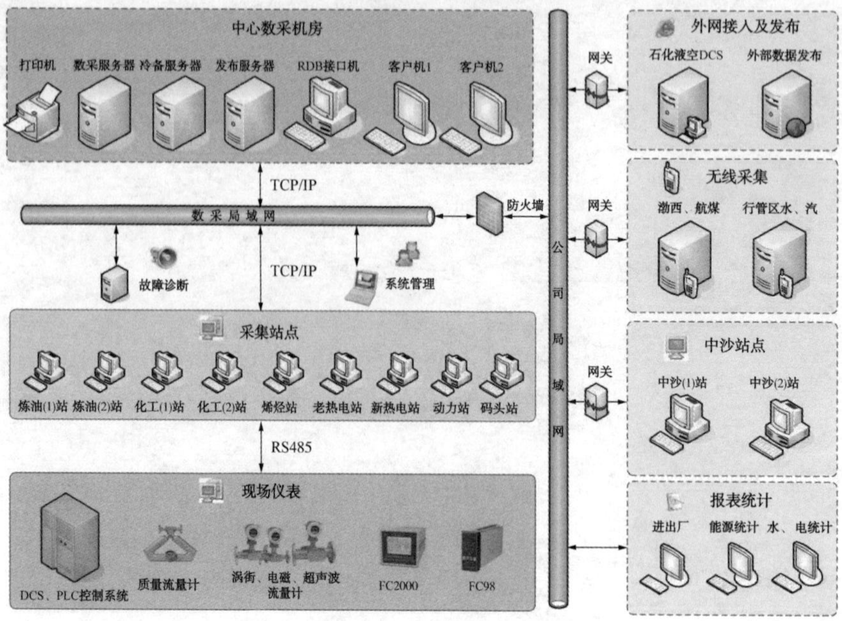

图 1　计量数采系统网络结构图

2.2 存在问题

随着企业规模的不断扩大，系统接入的采集仪表数量、种类不断增多，近几年系统故障率增高，主要问题如下：

(1) 现场仪表种类众多且分散，各类型仪表通信协议兼容性差。总线采集结构不合理，随着仪表数量的不断增多，导致仪表采集速率慢、网络整体运行不稳定。

(2) 网络设备老旧，光电转换，交换机已不满足网络监控与管理要求。

(3) RS485 总线结构缺乏整体规划。IFIX 采集站网络传输层网络不规范，不满足工控网标准化架构。

(4) 系统 2006 年建设投用，使用年限长，采集站配置低(都为 XP 系统)，硬件老化，稳定性扩展性极差，已严重影响企业正常生产经营与计量结算监督。

(5) 上位监控功能较为单一，只具备数据采集，历史趋势浏览功能，不满足计量深度智能化监测诊断要求。不能实现仪表运行状态诊断预警报警，给生产运行监控造成一定影响。

(6) 现有系统的整体安全防护能力较弱，不能满足信息安全防护等保要求。

3 优化建设目标

通过运用大数据、云计算、物联网、人工智能等先进技术和设计理念，结合最佳的实践经验，根据石化企业实际生产运营情况、业务需求和“辅助决策”为重点，以计量流程图监测管理、计量智能报警管理、计量智能诊断管理、计量能流分析等重点层面为要素，完整地设计和构建计量仪表数据采集及智慧化提升架构。

4 技术路线

4.1 总体架构设计

按照“数据+平台+应用场景”模式，做到纵向穿透、横向协调，消除信息孤岛、数据孤岛。遵循总部“云、边、端”工业互联网平台架构，满足“一切应用皆上云”的要求。在计量领域突出人工智能、“机器代人”等应用场景。实现感知层数据全面采集，制定数据采集标准，确保“库外无数据”要求。

计量数据是企业建设智能工厂的基石，也是构建领导驾驶舱和企业决策的数据基础。基于工业互联网和工业大数据的设计理念，构建计量仪表数据采集系统，为精准、及时和全面的获取计量数据奠定基础。优化的系统网络结构如图 2。

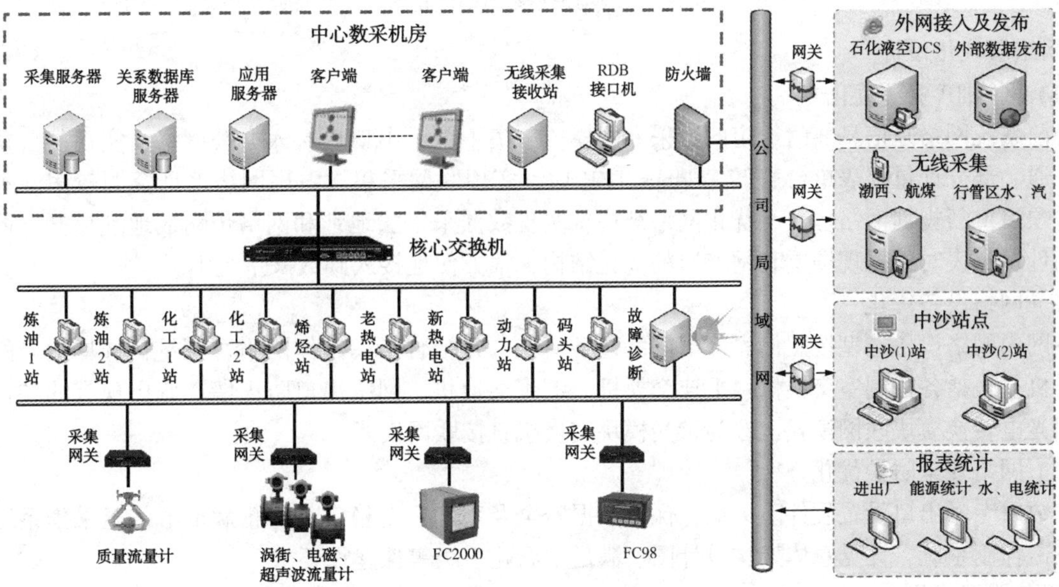

图 2　计量数采系统结构优化图

4.2 现场层优化设计

(1) 现场盘柜 RS485 总线结构优化。

按照 RS485 总线的标准布线规范，对不合理的盘柜站点总线结构进行优化，消除通讯总线上的干扰。RS485 通信线由两根双绞的线组成，它是通过两根通信线之间的电压差的方式来传递信号。干扰分为差模干扰和共模干扰。差模干扰在两根信号线之间传输，属于对称性干扰。消除差模干扰的方法是在电路中增加一个偏值电阻(球机中的匹配电阻)，并采用双绞线；共模干扰是在信号线与地之间传输，属于非对称性干扰。消除共模干扰采用屏蔽双绞线并有效接地、采用线性稳压电源或高品质的开关电源等措施。

(2) 现场采集站结构优化。

目前现场采用 MOXA 和卓蓝的多串口服务器对计量仪表进行数据采集，经常出现的断网、采集不稳定等情况，考虑到天津石化后期企业数字化和智能化建设发展趋势，本次采集站工控机配置双网卡，其中一个网卡连接下层串口服务器，另一个网卡通过核心交换机连接上层采集服务器，实现数据采集网与信息传输网分层统一管理。现场采集站优化结构如图 3。

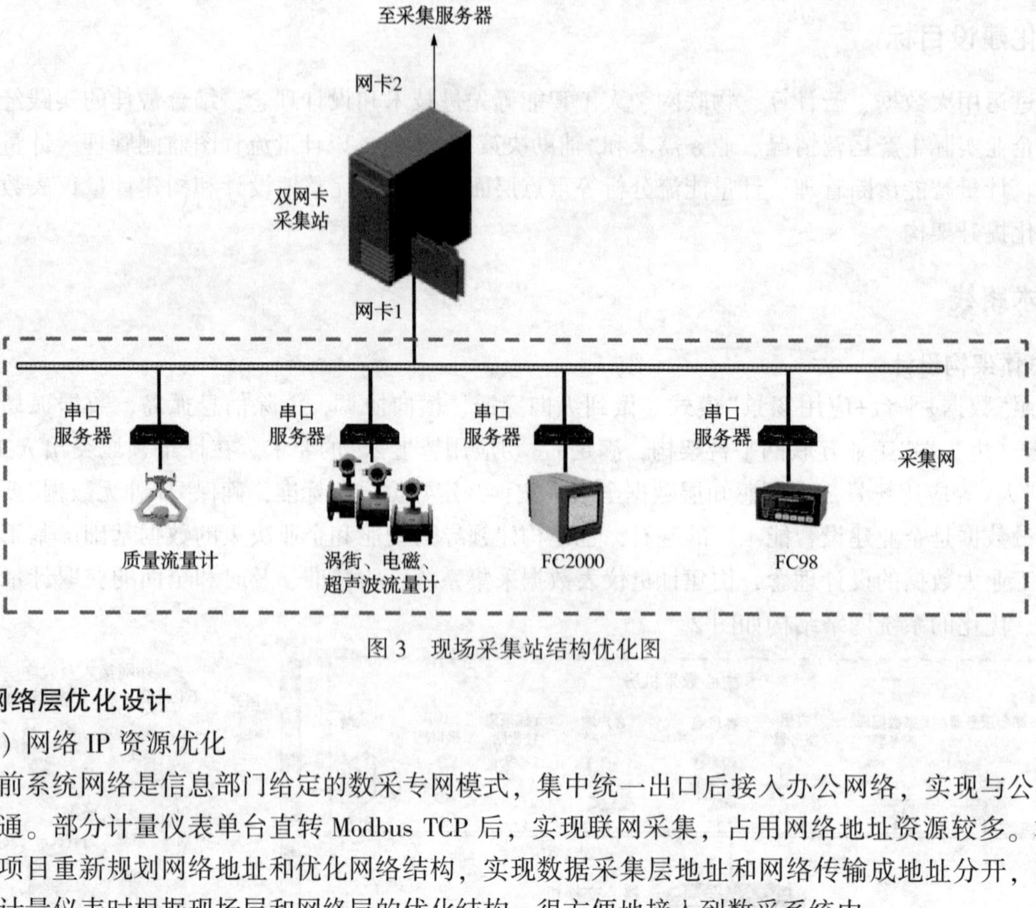

图 3　现场采集站结构优化图

4.3 网络层优化设计

(1) 网络 IP 资源优化

目前系统网络是信息部门给定的数采专网模式，集中统一出口后接入办公网络，实现与公司相关系统互通。部分计量仪表单台直转 Modbus TCP 后，实现联网采集，占用网络地址资源较多。本次升级改造项目重新规划网络地址和优化网络结构，实现数据采集层地址和网络传输成地址分开，同时后期增加计量仪表时根据现场层和网络层的优化结构，很方便地接入到数采系统中。

(2) 网络设备优化

专网内网络设备选型按照信息部门网络选型要求，并结合考虑整体网络吞吐量，选择适当的各层级交换机。包括各控制室交换机、上连交换机、汇聚交换机。网络出口防火墙。变更现有的各控制室之间用光电转换模块联网模式，改为带光模块交换机直接联网模式。

(3) 网络安全防护优化

在数采专网出口设置硬件防火墙，保障数据安全及系统安全稳定，防止病毒下传至采集系统或者黑客攻击控制系统，详见总体架构设计图。满足中石化一级等保建设要求。

4.4 服务器端优化

目前集中采集通讯的模式为，各采集站通过 DDE 实现与数采服务器通讯，数采服务器与实时数据库网关通过 OPC 接口通讯，实时数据库网关与公司实时数据库系统通讯实现对公司数据发布。

本次优化，在中心数采机房设置一台采集服务器，采集服务器为上层应用智慧化提升系统提供实时/历史数据；设置一台关系数据库，存储智慧化提升系统静态数据等。各采集站通过 OPC 实现与中心数据机房采集服务器通讯。在中心数据机房的采集服务器系统中，灵活配置 C/S 和 B/S 架构的客户端数量，实现不同角色的用户对数据的监测。同时预留现有实时数据库网关接口。升级方案中设置监测用客户端电脑采用 C/S+B/S 混合架构，实现不同人员分介质管网、工艺流程进行浏览监视，支持用户按需自由组态监测模式。服务器端优化结构如图 4。

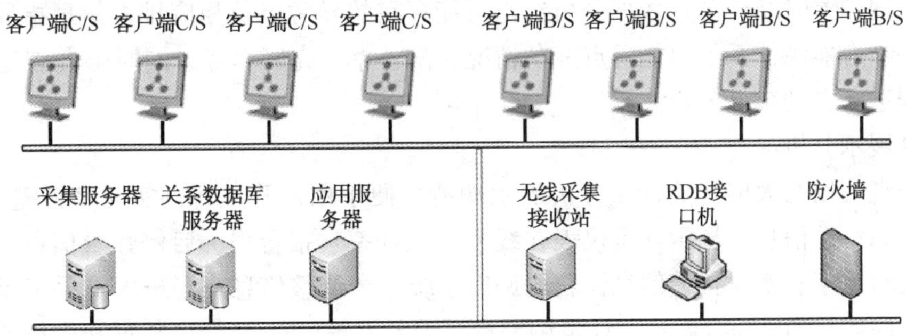

图 4　服务器端结构图

4.5　系统功能改进与提升

建立计量仪表大数据基础信息平台和的智慧计量监管应用平台，实现计量仪表网络化深度智能诊断，实时在线健康体检、融合大数据分析技术计量 KPI 指标计算，智慧预警报警、数据综合展示等。为企业生产经营提供精准计量服务，全面提升计量智能化管控水平。系统功能架构如图 5。

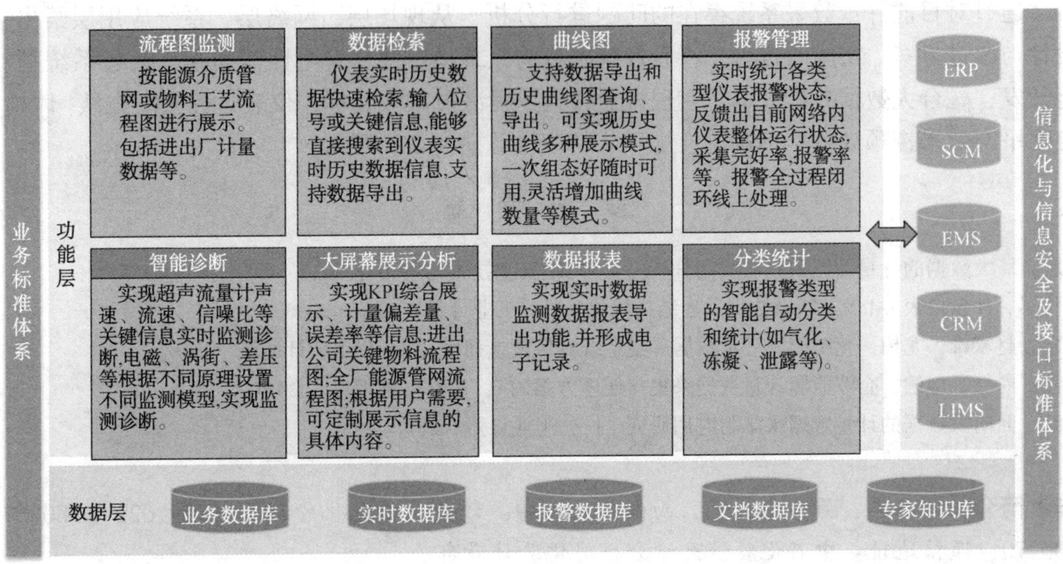

图 5　系统功能架构图

（1）流程图监测功能

按能源介质管网或物料工艺流程图进行展示。全流程贸易交接计量数据监测与诊断等，流程图中标注计量仪表和仪表类型，显示每台仪表实时运行状态和工艺参数，包括瞬时流量和累计流量等，可以灵活查看历史趋势，管网一级总量、二级分量、检测率，主辅比对差率，运行状态显示。用户可以灵活组态相关参数来实时统计不同状态表数量，可以定制化典型重点应用场景。

（2）仪表深度智能化诊断。按不同仪表类型开发建立智能化监测诊断。集成质量流量计智能诊断系统，实现集中统一监测管理。实现超声流量计声速、流速、信噪比等关键信息实时监测诊断。电磁、涡街、差压等根据不同原理设置不同监测模型，实现监测诊断。

（3）系统集成应用，系统具备标准化输出接口或数据共享接口，为上位管理系统提供数据集成服务，可以把计量仪表实时状态信息、仪表在线率、采集完好率、报警率、处理结果信息推送到上层应用系统；把系统产生的重要报警推送给上位管理系统，同时通过计量管理信息系统、MES 系统等获取基础信息，用户维护一套台账，通过接口实现信息共享调用。

（4）计量大数据分析与应用。系统自动计算每台仪表、每介质管网、主辅比对指标期间内最大值、最小值、平均值、标准偏差等，根据实时数据自动与上述值比较给出该仪表期间运行平稳性状态及报警信息。用户设置不同运行监测模型开展数据智，可对模型进行灵活调整或补充，支持用户自定义灵活组态。以作业部为单位实时统计出单位用能数量。融合大数据分析技术，给出单位能耗统计分析结果数据，出现偏差时结合单点数据分析给出可能存在的异常点及相应排查信息指导，达到真正节能降耗的目标。结合能源体系给出能源点配备情况、配备率、完好率等。同时融合碳达峰碳中和相关要求对相关数据进行自动统计分析。

（5）大屏幕展示分析

设计建设美观实用的大屏智能计量分析展示功能，便于用户管理者，实时掌握整体系统、仪表、管网实时运行状态汇总信息。显示计量仪表在线率、完好率、报警率，启停数量信息、重要介质管网检测率、主辅比对差率、实时报警信息，获取调度系统生产调整信息或当班人员手工录入生产运行动态及调整信息等内容。KPI 综合展示、计量偏差量、误差率等信息 ；全厂装置互供料流程图；全厂能源管网流程图；根据物料、能源计量网络流程图、物料计量数据、能耗计量数据模型建立全厂生产管网跑冒滴漏预测和预警分析模型库，预测预警算法库。实时计算全厂物料、能耗数据的平衡状态，对异常状况进行预测和预警提示。

5 结语

本文通过对目前计量数采系统存在的问题进行分析，从现场层、网络层、系统应用层给出了系统优化设计与改进方案。实施改进后，将有效解决目前系统稳定性、安全性等问题，通过系统智慧化诊断功能开发，融合大数据分析技术，实现机器代人监盘减员增效目标，仪表远程实时在线“体检”，提升监控水平与效果，预计每年可避免计量环节经济效益损失 200 万元。

参 考 文 献

[1] 董恩康．大数据的计量数据采集与应用分析[J]，网络安全技术与应用 ，2020.

[2] 刘胜军．计量仪表 rs485 总线及数据采集结构优化 [J]，工业计量，2020.

[3] 张念，赵家雄，龙梅．化工能源计量数据采集系统升级改造研究[J]，化工设计通讯，2019.

[4] 李佳，周慧，李健．企业能源计量数据采集与处理方案[J]，仪器仪表用户 ，2017.

[5] 周健．面向大数据的计量数据采集与应用研究 [J]，工业计量，2017.

作者简介：刘胜军，男，主任师，西南石油大学，计量及信息化管理。电话：022-63803573，邮编：300270，通信地址：中石化股份天津分公司化验计量部。

计量数据数字化采集的实现及应用

张振平　邱继霞

（中原石油化工有限责任公司　河南濮阳　457001）

摘　要　本文介绍了计量管理平台的硬件组成、网络通信、软件功能，重点介绍了数据采集的工作原理、参与研发的进出厂物料数据线上比对、外售物料线上交接等功能，实现了对现场运行的计量仪表的瞬时流量、累加流量、温度、密度等数据的实施监视分析，可及时发现和处理仪表故障等异常情况，提高流量计的计量准确度，创新了计量管理模式，提高了计量数据管理水平。

关键词　计量管理平台建设；数据实时监测；数字化管理

1　实施背景

中原石化原有计量数据的传输依靠DCS，数据存在衰减的可能，为了保证结算数据的准确，多年来公司一级计量数据的采集采用的是现场抄报的方式，未能实现自动采集，既浪费人工又不能满足计量数据的时间一致性。受数据采集方式的影响，计量结算计量单的开具仍然使用线下、人工的方式。进行计量数据比对时控制室数据和现场数据是两套不同的数据，导致数据比对无法在同一时间点，很难及时发现和处理计量过程中的异常情况，因此实现计量数据数字化采集，并把进出厂物料的现场仪表数据及时传送到实时数据库进行实时监控和比对具有重要意义。

针对公司在计量管理上的薄弱环节，在深入调研分析和统筹考虑的基础上，根据现场实际情况采用有线采集和无线采集两种方式完成现场仪表数据的收集和打包，实现了进出厂物料数据实时线上比对、外售物料线上交接等功能，克服以前人工抄表费时费力、缺少集中有效管理的弊端，提高了数据采集信息化水平和计量管理综合水平。

2　计量数据数字化采集的实现

计量数据数字化采集总体架构如图1所示。

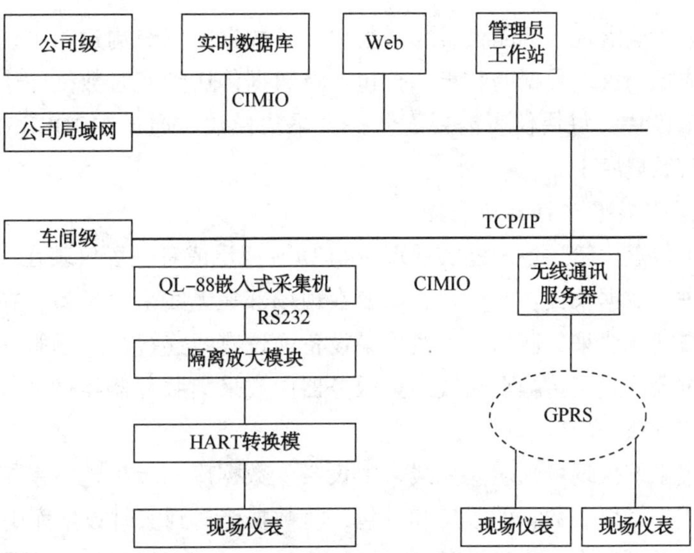

图1　计量管理平台总体架构

2.1 计量数据采集系统开发环境

以计量表所属生产单元为数据采集网络节点，根据公司计量仪表的选型和功能，部署数据采集设备，实现现场计量仪表的数字通讯实时生成数据的采集，实时数据与公司的 ISYS 实时数据库对接。计量管理信息平台以实时数据库和 Oracle 为数据支撑，软件系统以 Java 语言开发。其操作系统要求如下：

（1）数据库服务器：windows server 2012；

（2）数采服务器：windows server 2012；

（3）客户终端：win7 等；

（4）数据库：Oracle19c；

（5）应用系统：客户端要求 IE6.0 以上。

2.2 计量数据采集工作原理

平台使用 JAVA 语言开发、集成 SSH 架构，SSH 为 struts2+spring+hibernate 的一个集成框架是目前较流行的一种 Web 应用程序框架。集成 SSH 框架的系统从职责上分为四层：表示层、业务逻辑层、数据持久层和实体层。

现场计量仪表通过 RS485 接口与嵌入式采集计算机相连。无线采集终端可以通过计算机串口的方式对现场仪表通讯参数如波特率、数据位、停止位、奇偶校验等进行设置。进行数据安全隔离，可以通过采集机本身符合国家要求的安全机制，实现管理网与隔离网的隔离，同时采集机本身嵌入式技术及 LINUX 操作系统的使用保证采集机本身的安全。经过处理和协议封装后发送到公司数据中心服务器。公司数据中心服务器由实时数据库系统和关系数据库系统组成，当接收到采集机传来的数据后通过系统软件实现数据的自动采集及历史数据的存储。由实时数据库系统和关系数据库系统组成，最终进行到互联网应用层，通过基于互联网的应用进行远程办公等工作。

2.3 计量数据采集方式

根据现场仪表位置及与控制室 DCS 关系将数据自动采集设置为有线采集和无线采集两种方式。

2.3.1 利用有线方式实现计量数据自动采集

如果计量仪表已经实现了现场与控制室的通讯，即现场数据可以传输到 DCS 上，可以通过有线采集方式进行数据采集：具有 485 接口的仪表可以直接通过现场总线由 QL-88 型采集机进行采集；具有 HART 接口的仪表需要采用 QL-68 型转换模块将 HART 信号转换为 485 信号后，再通过现场总线由 QL-88 型采集机进行采集。

有线仪表数据采集系统由现场智能仪表、采集单元、数据库三级构建，系统构建如系统结构图所示，嵌入式计算机完成现场仪表数据的收集和打包，将数据传送到实时数据库中。数据采集的具体路线是从计量仪表到采集模块，每块仪表需要配备一个采集模块，通过 MODBUS 协议进入嵌入式计算机，通过网络进入实时数据库中。

2.3.2 利用无线方式实现计量数据自动采集

如果仪表离中控室位置比较远，未能实现现场与 DCS 通讯或者现场仪表在一个控制回路中，就需要采用无线采集方式进行数据采集：此类仪表需要在现场部署无线采集设备。在无线采集计量点与无线信号接收服务器间搭建无线采集网络。无线采集设备通过有线连接与现场智能仪表连接，采集设备对数据进行处理，通过公网直接传输至无线采集服务器中。采集服务器经过处理后导入所需实时服务器中，经过调用，来实现所需功能。

无线仪表数据采集系统由现场仪表、无线采集设备、数据库三级构建，系统构建如系统结构图所示，无线采集设备完成现场仪表数据的收集和打包，将数据传送到实时数据库中。

此类仪表需要在现场部署无线采集设备，无线采集设备通过有线连接与现场智能仪表连接，采集设备对数据进行处理，通过公网直接传输至无线采集服务器中。采集服务器经过处理后导入所需实时服务器中，经过调用，来实现所需功能。

2.3 计量数据采集流程设计

通过数据采集配置文件中配置通讯类型、串口号、波特率、停止位、校验位、仪表中数据对应的寄存器地址等，实现嵌入式采集机通过 MODBUS 等协议采集计量仪表中相应的数据。再通过公司网络传输到数采服务器中，然后有线采集服务器通过公司网络传输到派系统数据库中。

以下为部分通讯配置样例：

```
<source type="modbus"                    //通信协议
        mode="rtu"                       //模式
        communication_type="serial"//通讯类型
        dtu_id="20201104"                //身份识别码
        serial_index="19"
        serial_baud_rate="9600"          //仪表波特率
        serial_character_size="8"    //仪表数据位
        serial_stop_bits="1"             //仪表停止位
        serial_parity="0"                //仪表校验位
    >
<tag tag_id="1"
tag_name="M_LJC_15KS_FIQ_09"   //仪表位号
address="1"                          //通信地址
start_address="1961"                 //寄存器地址
quantity="2"                         //寄存器长度
type="float"                         //数据类型
bit_order="1234"/>
</source>
```

3 数字化计量数据的应用

计量管理系统软件是平台建设的重点内容，根据实际工作需要我们开发了如下功能：数据管理、器具管理、实时监控、报警管理等，并经过深入研究，建立了数据比对方法、线上共享计量单、实时数据比对等功能，为计量管理人员随时了解仪表运行情况及数据信息提供了便利。

3.1 数据管理

计量数据特别是计量结算数据准确是计量交接和计量管理的重要内容。在以往的工作中，受计量数据采集方式的影响，只能对计量数据大致比对，发现较大的量差，很难及时准确的开展数据比对工作。计量管理系统平台的建立，使计量数据采集方式得以改进，为建立数据比对方法、线上共享计量单和实时数据比对成为可能。

3.1.1 建立数据比对方法和线上共享计量单

在系统中将需要进行比对的计量数据建立起数学模型和比对关系，再将及时采集到的计量数据引用到这种关系中，并将引用数据的方式和比对关系的格式固化起来，实现计量数据的及时、准确、自动的比对。

建立供、收双方包括电子印章在内的信息数据库，经审核后固化在系统中用于随时调取。计量单形成后可以供具有相应权限的人员查看、下载。同时将所有生效的计量单存储于某个目录下以便于查询。电子计量单一方面我们提供能够下载打印成纸质计量单的格式，另一方面提供用于线上共享的电子计量单的格式，用于查询和结算，提高公司计量管理信息化水平。

审核流程是确保计量单准确的重要环节。计量单的形成需经过以下几个步骤：(1)计量单信息确认，由对方技术人员对品名、数据、单位名称等信息进行确认。(2)计量单客户确认，由结算方管理人员对数据信息再次进行核实，无误后提交。(3)计量单数据审核，计量数据管理人员对相关结算数据确认后，待对方结算人员对计量信息进行线上确认无误后就可以将结算信息提交到系统。(4)生成计量单。

3.2 实现实时数据比对

计量数据实现自动采集后就为数据的及时准确比对奠定了基础，而要实现数据比对的及时、准确、快捷就要设计好比对的方法和格式并固化相关功能。

建立数据比对基本信息：将需要比对的数据的相关信息建立起来，如数据名称、数据来源、数据单位、数据性质、数据比对周期、数据允许量差及量差百分数等；建立数据比对数学模型：根据数据收发货关系和数据存放地点建立起数据比对关系和数学模型并固化在系统中，数据比对应有固定时间比对和满足任意时间段比对的数据比对方式；设置数据比对报警模式：根据数据比对数据允许量差，设置比对报警值，当比对差量或量差百分数超过报警值时，系统会及时以显示不同数字颜色的方式给出提示。

数据比对可分为日比对和不固定时间的随时比对。供收日数据比对功能页面如下图所示，表格数据举例为公司外购氮气这一供收关系比对结果的数据。表格包括日期、日差量、日差率、累计差量、累计差率，供收单位的仪表读数、日量、累计量数据信息。表格数据中的“日差量”的数据来源为：“外购资源”模块或“外销资源”模块存在对应关系的两个位号的每日“修正量”的差值；某日的累计差量的数据是当天的日差量与上一天的累计差量的和，每月第一天日期累计差量从零开始统计；日差率的计算方法是当日的“日差量”与“供方日量”的比值。“累计差率”的计算方法为当日“累计差量”与当日供方“累计量”的比值。见图2。

日期	日差量	日差率	累计差量	累计差率	供方国电高压蒸汽(FQI-4504G){15098} FQI-4504G{15092} 国电供高压蒸汽			国电高压蒸汽进厂(FQI-4504){15099} FQI-4504{14863} 国电供乙烯进厂高压蒸汽		
					仪表读数	日量	累计量	仪表读数	日量	累计量
2022-03-31	204.25	16.32%	5912.21	16.84%	102794.87	1251.48	35116.06	89439.45	1047.23	29203.85
2022-04-01	73.19	5.57%	73.19	5.57%	104109.93	1315.06	1315.06	90681.32	1241.87	1241.87
2022-04-02	16.98	1.31%	90.17	3.45%	105405.09	1295.16	2610.22	91959.5	1278.18	2520.05
2022-04-03	10.44	0.77%	100.61	2.54%	106757.28	1352.19	3962.41	93301.25	1341.75	3861.8
2022-04-04	13.05	0.91%	113.66	2.11%	108184	1426.72	5389.13	94714.92	1413.67	5275.47
2022-04-05	7.33	0.51%	120.99	1.77%	109613.16	1429.16	6818.29	96136.75	1421.83	6697.3
2022-04-06	9.94	0.76%	130.93	1.61%	110914.62	1301.46	8119.75	97428.27	1291.52	7988.82
2022-04-07	17.39	1.52%	148.32	1.6%	112055.63	1141.01	9260.76	98551.89	1123.62	9112.44
2022-04-08	17.7	1.9%	166.02	1.63%	112987.87	932.24	10193	99466.43	914.54	10026.98
2022-04-09	6.98	0.76%	173	1.56%	113901.23	913.36	11106.36	100372.81	906.38	10933.36
2022-04-10	6.63	0.73%	179.63	1.5%	114803.46	902.23	12008.59	101268.41	895.6	11828.96
2022-04-11	6.38	0.71%	186.01	1.44%	115703.06	899.6	12908.19	102161.63	893.22	12722.18
2022-04-12	2.75	0.27%	188.76	1.36%	116720.57	1017.51	13925.7	103176.39	1014.76	13736.94

图2 计量数据比对报表

4 系统运行效果

4.1 实现数据实时比对，增加了发现数据超差情况的手段

计量仪表的数字信号传递到公司PI系统数据库，并且按照数据使用与管理构想实现了各项数据在线比对及自动报警功能；实施计量数据在线比对，减少物料进出厂损耗，通过定期对现场和远传计量数据进行比对，实现对计量数据全过程管控，确保计量数据可核查、可追溯。利用计量管理信息系统，建立起数据比对数学模型并固化在系统中，对贸易结算计量数据进行实时比对，及时发现超差数据。对尚不具备比对条件的贸易交接计量点的测量值设置报警限值管控。不断提高贸易交接计量数据数字化采集率，提高数据管理信息化水平。

4.2 创建线上共享电子计量单，提高计量结算信息化水平

为提高计量管理的信息化水平，一方面我们提供了能够下载打印成纸质计量单的格式，另一方面还提供了用于线上共享的电子计量单的格式。在实现机打计量单的基础上，根据结算需要，开发电子

计量单线上流转功能，满足无纸化结算要求。

对计量数据数字化采集、实时数据比对及结算计量单线上共享等功能的开发利用是充分利用信息技术提高计量管理水平的具体体现，也必将更好地服务于中原石化生产经营和精细管理。

作者简介：张振平(1970—)，男，毕业于广东石油学校仪表自动化专业，现担任中国石化中原石油化工有限责任公司检验计量中心副经理，工程师。联系电话：03934471377，地址：河南省濮阳市胜利西路，邮编：457000。

凝析气藏单井油气计量在勘探开发中的意义

高志飞　许　寻　袁广均

（中石化中原油田勘探开发研究院　河南濮阳　457001）

摘　要　随着普光陆相千佛崖组勘探获得突破，急需确定气藏类型，为后续勘探计算储量及制定开发方案提供依据。通过对多次获得的井下及地面分离器高压物性样品的室内实验与数值模拟研究，结合后期单井试采油气计量数据，确定了普光陆相凝析气藏的高压物性特征，明确普光陆相为低-中含凝析油型凝析气藏，为普光陆相勘探落实凝析油资源量提供了准确的计量数据支撑，预计天然气资源量 4.91×10^{11} m^3，凝析油资源量达到 3.23×10^8 t。

关键词　流体相态；油气计量；勘探开发；储量计算；非常规凝析气藏

1　引言

凝析气藏是一种具有特殊物理性质的气藏，能随着温度、压力的变化，产生“反凝析”“反蒸发”等现象。准确确定凝析气藏的高温高压性质，对勘探预测气藏的气储量和凝析油储量具有重要意义；由于凝析气田一般是降压开发，因此会随着地层压力的降低产生“反凝析油”液相，造成储层气体渗流通道变小，产气速度降低，严重时还能产生“液锁”现象，造成气井不具备工业产气能力，提前进入“废弃阶段”，因此准确计量凝气藏的油、气产量对于判断凝析气藏所处的开发阶段具有重要意义，准确的计量数据为开发方案的编制提供依据。

2　概况

2.1　地质概况

普光东向斜千佛崖组地层特征和普光地区一致。根据普光东向斜千佛崖组地层的岩性和电性特征，将千佛崖组自下而上划分为千一段、千二段和千三段。其中，千一段下部普遍发育一套稳定的黑色碳质泥岩夹薄层泥质粉砂岩，中上部灰色厚层块状细砂岩与灰色泥岩互层沉积，共分 6 个小层，其中 3 小层为页岩气层、5 小层为致密砂岩气层。千一段页岩储层石英含量 16.60%~38.44%，均值 29.58%，黏土含量 41.43%~68.67%，均值 55.95%，长石含量 1.74%~27.37%，均值 10.55%，碳酸盐矿物含量极低，均值 2.5%，孔隙类型以有机孔、粒间孔、微裂缝为主，孔隙度 0.90%~6.46%，均值 3.08%，平均渗透率小于 0.1mD；致密砂岩岩性为长石岩屑、岩屑长石细砂岩，碎屑成分为石英、长石和暗色岩屑等，成分成熟度低，结构成熟度中等，主要粒径(0.13~0.50)mm，次棱-次圆状中等分选，点-线接触，孔隙式胶结，有效孔隙度 2%~3.9%、平均值 2.8%，岩心分析有效渗透率(0.0345~0.984)mD、平均值 0.11mD。

普光陆相页岩储层和致密砂储层按照孔隙度和渗透率划分，整体可以归类为低孔特低渗致密型非常规储层。

2.2　试气概况

普陆页 1 井 2021 年 11 月 14 日~12 月 2 日 ϕ4mm、ϕ6mm、ϕ8mm、ϕ10mm、ϕ12mm 气嘴放喷排液，井口压力由 23.5MPa 降至最低 7.5MPa，火焰高 5~10m，呈橘黄色。期间采用 ϕ8mm、ϕ10mm、ϕ12mm 三个放喷制度进行试求产。其中 2021 年 11 月 25 日~12 月 3 日采用 12mm、10mm 气嘴试求产，日产气 6×10^4~$7.16\times10^4m^3$，2021 年 12 月 3 日~12 日下管柱。2021 年 12 月 13 日~2022 年 1 月 8 日采用油管流程 ϕ8mm、ϕ6mm、ϕ4mm 气嘴控制放喷排液，油压由 7.63 MPa 升至 23.3MPa，套压 11.16 MPa 升至 23.3MPa，火焰高 4~9m，呈橘黄色，阶段排液由 86m^3/d 降至 4.9m^3/d，有少量油产出。截至 2022 年 1

月8日累计排液6459m^3，返排率为12.45%，日产气约$5.5\times10^4\sim7.16\times10^4m^3/d$，累产气约为$350\times10^4m^3$。普陆4井2021年3月完钻，孔隙度2.5%~5.2%，平均3.4%，渗透率0.03~1.74mD，平均渗透率0.11mD。12mm油嘴求产获得瞬时日产气量$26.33\times10^4\sim27.21\times10^4m^3/d$，油压20.68MPa。

以上试气资料显示，试气作业以气产量为主，对油、水的计量仅显示为“少量”或无相关油水的计量数据。从试气资料分析，按照标准GB26981-2020《油气藏流体物性分析方法》划分为干气-湿气气藏，地层流体在井筒中处于高于饱和压力的状态，取样可采用地面分离器或井下取样方法。但如果是凝析气藏，一旦在储层中有凝析油析出，气“携带”油的能力较弱，并不能完全将凝析油携带至地面，很可能在井筒中处于低于饱和压力的状态，井下不容易取到合格的样品，因此需要地面准确计量油、气、水的日产量，为后期研究工作提供准确的基础数据。

3 取样概况及样品检查

3.1 取样概况

结合试气情况，早期分析认为普光陆相是干气或湿气气藏，由于普光陆相勘探突破意义重大，为了取得更有代表性的流体，设计了井下取样，但从多次井下取样分析的结果发现，气藏类型应该是凝析气藏，且受试气资料录取不全的影响，无法判断样品的代表性，而按照SY/T5154-2014《油气藏流体取样方法》中的推荐做法，凝析气藏不宜开展井下取样，为此后期在试采阶段补充了地面分离器取样。

3.2 样品检查

表1中普陆页1井2022年2月25日在3150米深度取得3支同一深度同一时间的样品，检查结果表明三支样品的露点压力分别是39.5MPa和2支无露点压力，3支样品的气油比分别是4233m^3/m^3、95648m^3/m^{3}和无穷大，检查结果表明，露点压力、气油比参数差异性非常大，井下样品的重复性较差，结合其他时间、位置取的样品对比分析，露点压力、气油比参数差异性更大；普陆4井2021年1月27日在3250米取的两支样品检查分析露点压力分别是35.0MPa和41.7MPa，气油比分别是10196m^3/m^{3}和3802m^3/m^3，在同样取样条件下露点压力、气油比参数重复性差，结合其他时间、其他位置的样品检查结果分析，样品的差异性仍较大，甚至出现深部位取得气样而2021年1月28日在2200m的浅部位取到了水样，进一步说明凝析气藏井下取样得到的样品的代表性较差。两口井补充分离器取样得到的化验分析结果与某些样品的分析结果有一定的近似性，但仍不能判断地层流体原始状态的特征数据与哪些样品更为接近，说明后期补充的分离器样品的代表性仅仅局限在取样的时间阶段，对早期的流体特征参数的判定有一定的失真。

表1 普光陆相样品化验分析结果对比

井号	取样日期	取样位置	取样温度/℃	取样压力/MPa	检查分析数量	检查结果	
						露点压力/MPa	气油比/(m^3/m^3)
普陆页1	2021.1.6	井下2200m	67.1	24.59	1	34.4	12630
	2022.2.25	井下3150m	80.9	28.96	3	39.5	4233
						无	95648
						无	∞
	2022.4.18	地面分离器	50	8	1	35.4	17468.9
普陆4	2021.10.8	井下8m	16.0	39.65	1	34.0	16784
	2021.10.8	井下2000m	65.0	40.50	1	38.9	4851
	2021.1.27	井下3250m	82.0	30.76	2	35.0	10196
						41.7	3802
	2021.1.28	井下2200m	67	27.65	1	水	—
	2022.4.20	地面分离器	50	8	1	38.7	8963.5

3 室内实验及数值模拟研究

3.1 室内实验

3.1.1 实验仪器

扬州华宝石油仪器有限公司的 HBPVT 100/300 型多功能流体相态分析仪，安捷伦 7890 气相色谱仪，梅特勒 DA-100M 密度仪。

3.1.2 实验方法

井下样品检查未泄露条件下全部转入高温高压中间容器中，然后将高温高压容器升温到地层温度条件，加压到 60MPa，搅拌均匀后，保压将样品转入流体相态分析仪中，按照 GB/T 26981-2020《油气藏流体物性分析方法》推荐的方法开展单次脱气、恒质膨胀、定容衰竭等相关化验分析。

地面分离器所取样品检查合格后，结合现场试采提供的生产气油比数据，按照 GB/T 26981-2020《油气藏流体物性分析方法》进行样品复配，然后开展单次脱气、恒质膨胀、定容衰竭等相关的化验分析。

单次脱气实验可得到地层流体在室内闪蒸条件下的气油比、体积系数、压缩因子、偏差因子等参数；恒质膨胀实验可得到地层流体不同压力下体积系数、压缩因子、偏差因子的大小以及低于露点压力时液相凝析油在体系中的休积百分含量；定容衰竭则可得到低于露点压力时凝析气的流体相态变化的参数。

对取得的单次脱气实验气相样品和油相样品分别开展气相色谱分析，按照 GB/T 26981-2020《油气藏流体物性分析方法》推荐的方法进行地层流体归一化，得到地层流体组分数据。

3.1.3 实验结果与分析

图 1 为不同取样条件下分析得到的地层流体组分。普陆页 1 井储层中深原始地层温度为 82.6℃，普陆 4 井储层中深原始地层温度为 84.3℃，由于两口井的地层温度及地层流体组分差异性不大，地层流体中以甲烷(C_1)为主，含量在 85%~90%，样品的相似度较高，因此将两口井的样品放在一起分析，为方便对比分析实验结果，将原报告中的一些实验参数统一到了 82.6℃、41MPa 条件，见表 2。

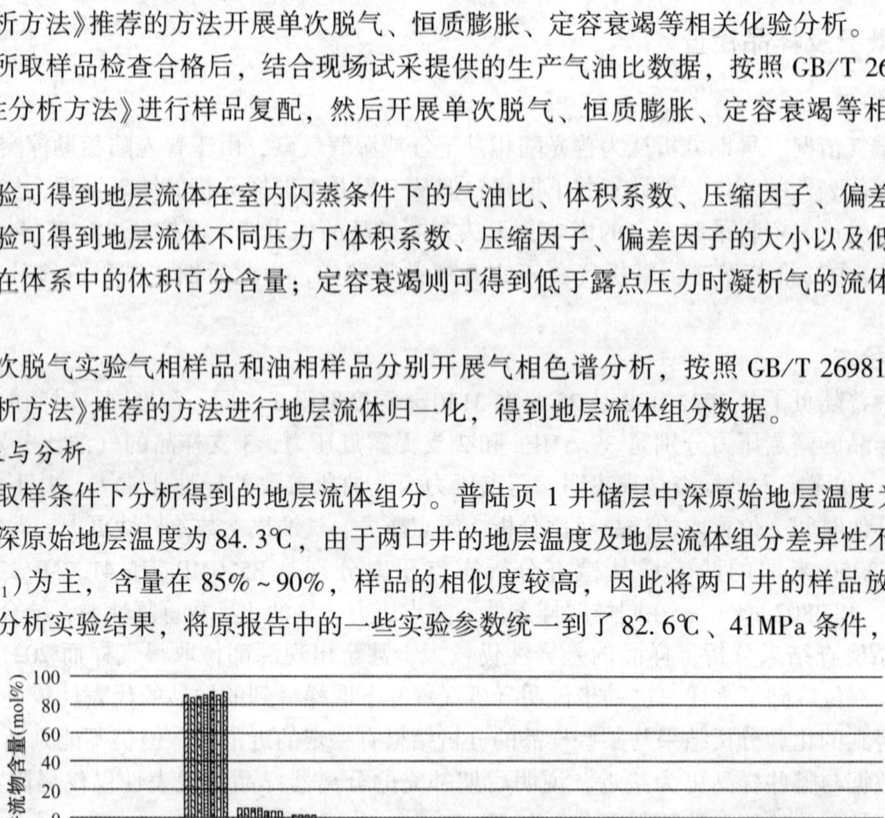

	CO_2	N_2	C_1	C_2	C_3	iC_4	nC_4	iC_5	nC_5	C_6	C_7	C_8	C_9	C_{10}	C_{11^+}
PL4-8m	0.246	1.098	86.93	7.14	1.995	0.431	0.554	0.229	0.16	0.288	0.252	0.186	0.122	0.093	0.275
PL4-2000m	0.202	0.988	84.91	7.444	2.188	0.468	0.62	0.257	0.188	0.332	0.321	0.307	0.252	0.204	1.317
PL4-3250m	0.268	0.993	86.07	7.192	2.125	0.473	0.634	0.276	0.205	0.42	0.354	0.272	0.202	0.149	0.371
PL4-分离器	0.283	1.006	86.61	7.067	1.993	0.412	0.544	0.216	0.157	0.293	0.300	0.193	0.173	0.145	0.606
PLY1-2200m	0.263	1.103	89.02	5.852	1.508	0.322	0.403	0.168	0.112	0.215	0.304	0.142	0.081	0.081	0.429
PLY1-3150m	0.262	1.061	87.6	5.666	1.457	0.327	0.405	0.183	0.124	0.248	0.227	0.322	0.225	0.211	1.68
PLY1-分离器	0.030	1.003	89.75	5.889	1.526	0.321	0.388	0.152	0.103	0.162	0.109	0.059	0.084	0.07	0.354

图 1 普光陆相样品地层流体组分

表 2 地层流体相态分析部分结果

取样日期	普陆 4				普陆页 1			振幅/%	单位
	2021.10.08	2021.10.08	2022.1.27	2022.4.20	2022.1.6	2022.2.25	2022.4.18	/	/
取样位置	8m	2000m	3250m	分离器	2200m	3250m	分离器	/	/
气油比 GOR	16784.6	4851.1	10196.1	8963.5	12629.9	4233.1	17468.9	-61~63	m^3/m^3
气油比 GOR	21685.6	6267.5	13361.4	11639.6	16468.7	5483.3	22540.3	-61~62	m^3/t

续表

取样日期	普陆4				普陆页1			振幅/%	单位
	2021.10.08	2021.10.08	2022.1.27	2022.4.20	2022.1.6	2022.2.25	2022.4.18	/	/
偏差系数Z (82.6℃, 41 MPa)	1.058	1.057	1.050	1.082	1.058	1.075	1.071	-1~2	/
地层气体积系数 Bo(82.6℃, 41 MPa)	0.003194	0.003207	0.003182	0.003299	0.0031953	0.003432	0.003229	-1~2	/
每标准 m^3 气含凝析油重	45.82	156.02	74.03	84.86	60.19	177.74	44.09	-52~94	g/m^3
地层气密度 (82.6℃, 41MPa)	0.261	0.294	0.2742	0.264	0.256	0.285	0.246	-8~9	g/cm^3
凝析油密度 (20.0℃, 0.101 MPa)	0.774	0.774	0.763	0.770	0.767	0.772	0.775	-1~1	g/cm^3
天然气相对密度 (20.0℃, 0.101 MPa)	0.6527	0.6587	0.6622	0.6503	0.6309	0.6319	0.623	-3~3	/
凝析油分子量	170	170	163.1	167.4	165.4	168.7	170.6	-3~2	/
露点压力	33.95	38.93	35.01	38.66	34.36	39.48	35.36	-7~8	MPa

从表2的每标方天然气含凝析油量数据可知，普陆页1井为低含凝析油储层，而普陆4井为中含凝析油储层；偏差系数 Z、地层气体积系数 B_o、凝析油密度、地层气密度、天然气相对密度等室内实验参数的振幅较小，说明室内实验分析精度和准确度是可靠的；但一些参数，如气油比、地层气含凝析油重、每标准方气含凝析油重的振幅达到-50%~50%，甚至更大，化验分析的重复性很差，说明凝析气藏的一些流体相态参数受样品中凝析油含量的影响非常大，取得的样品中凝析油含量具有较强的随机性。由于部分样品的检查结果明显有异常，异常样品未做分析，因此分析数量少于检查的数量。

由于仪器设备是经过定期检验的，操作人员在操作仪器时未见异常，结合样品相关的气的参数重复性良好这一事实，说明单只样品的分析结果可靠性较高，由于受样品代表性差的影响，造成分析结果中与凝析油相关的参数不稳定。因此针对每一个样品的每一个参数，室内实验的结果是准确的和精确的，之所以产生差异性，主要是受样品自身的代表性的影响。

图2是普陆页1后期试采动态气油比与室内化验分析气油比的对比图。从图中可以看出，普陆页1井34.4MPa所对应的气油比更接近目前试采阶段的生产气油比，后期分离器取样所分析的露点压力为35.4MPa，与试采时的生产气油比进行比较，可以发现距离取样时间越早的生产气油比数据比分离器样品的气油比越小，说明地层已经开始产生了反凝析污染现象，气油比受凝析气藏反凝析的影响，地面分离器样品不能代表早期原始地层流体的性质了。

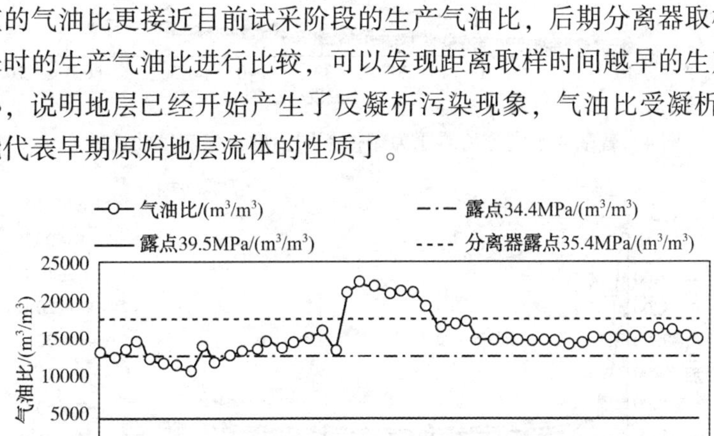

图2 普陆页1试采动态气油比与分析气油比对比

图3是普陆4后期试采动态气油比与室内化验分析气油比的对比图。从图中分析普陆4井露点压力38.9MPa对应的气油比更接近试采阶段的生产气油比，但分离器样品分析的露点压力为38.66MPa，

所对应的气油比数据更接近后期试采生产阶段的生产气油比，说明普陆 4 井也产生了反凝析污染现象，生产气油比在逐步增大。

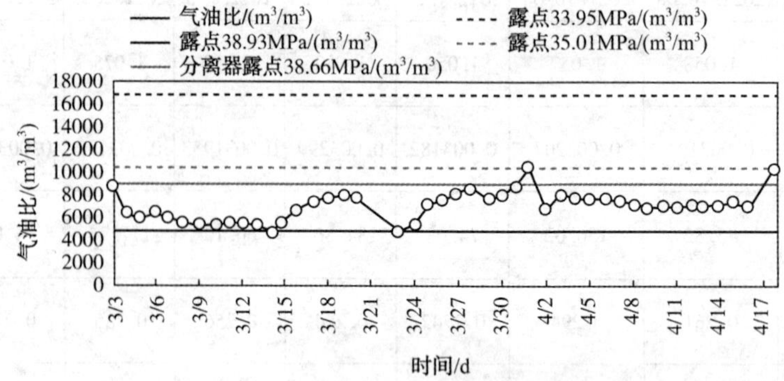

图 3　普陆 4 试采动态气油比与分析气油比对比

3.2　数值模拟研究

利用斯伦贝谢公司的 PVTz2014.1 软件可以在拟合区块流体相态数据的基础上开展分离器模拟与预测。图 4~图 6 是在拟合地层流体相态特征后的 EOS(状态方程)的基础上进行的普陆 4 井的分离器工作制度预测。

图 4 表明，分离器压力在 0.1MPa 时，温度越高气油比约大，越不利于凝析油的回收。图 5 表明不同温度条件下，分离器压力增加气油比先大幅度降低后缓缓增加，说明分离器受在恒定温度下压力与分离器分离效率是一个曲线关系，并非压力越大越好。图 6 在二维图中用不同的色域值显示了普陆 4 井分离器气油比与分离器工作的温度、压力的关系，在图中的温度、压力条件下，分离器的气油比波动范围在 3600~10760m^3/m^3。说明分离器工作压力和工作温度对现场的生产气油比影响非常大，对准确计量日产油量、日产气量等关键生产参数的影响非常大。

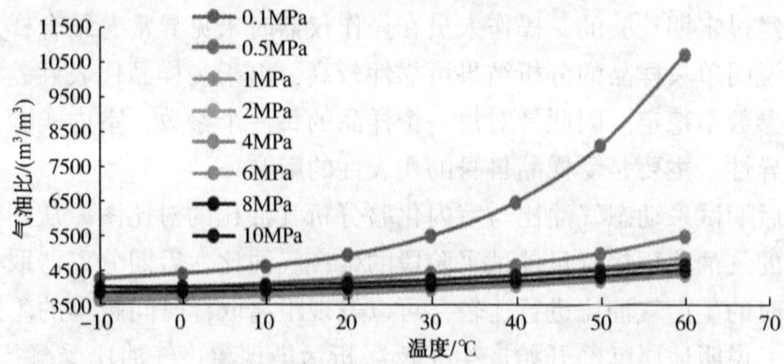

图 4　普陆 4 不同分离器压力条件不同温度下生产气油比的变化

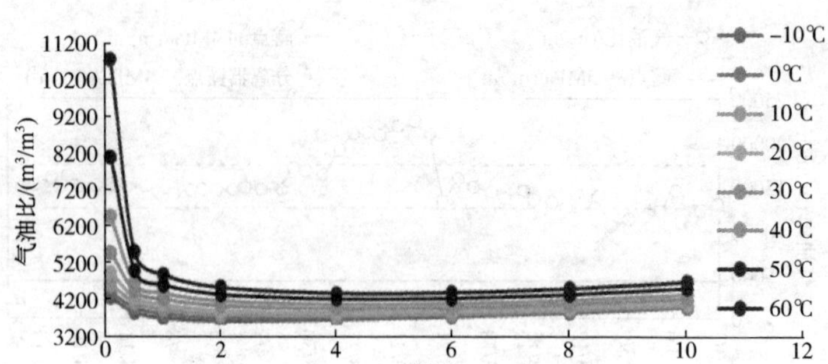

图 5　普陆 4 不同分离器温度条件不同压力下生产气油比的变化

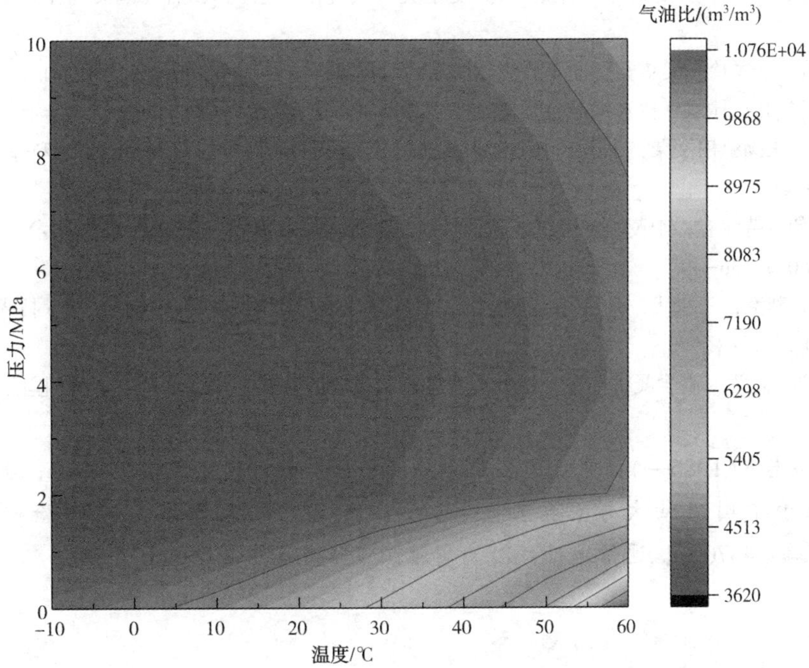

图 6　普陆 4 分离器温度、压力对生产气油比的影响

4　结论及建议

4.1　结论

（1）由于早期试气阶段未取得有代表性的样品，目前所有样品的分析结果代表原始地层流体的相态特征的准确度较差。

（2）根据试采阶段的生产气油比可以推断，普陆页 1 井分析的 34.4MPa 更接近普光陆相页岩储层的原始露点压力，普陆 4 井 38.93MPa 更接近普光陆相致密砂储层的原始露点压力。

（3）根据每标方天然气的凝析油含量划分，普光陆相千一段页岩储层为低含凝析油储层，而致密砂为中含凝析油储层。

4.2　建议

（1）进一步规范试气阶段的油气计量工作，为地层流体相态特征研究提供准去可靠的试气日产油量和日产气量。

（2）混输计量虽然对区块的整体日产油量、日产气量没有影响，但不能准确反应单井的生产变化规律，容易造成后期动态分析资料互相矛盾，不利于开发方案的编制与调整，建议凝析气藏集开发过程中应实现单井量油、量气。

参　考　文　献

[1] 陈元千．确定凝析气田地质储量、可采储量及采收率的相关经验公式[J]．石油勘探与开发，1979(01)：58-63+78.

[2] 吴頔．吉拉克带油环的底水凝析气藏动态特征研究[D]．北京：中国石油大学．

[3] 周晓林．带油环底水凝析气藏开发方式优化及均衡开采对策——以东海盆地西湖坳陷 CX 北区块为例[J]．天然气工业，2017，37(06)：55-63.

[4] 王启祥，梁宝兴，刘欢，时凤，靳军，周伟，妥宏．呼探 1 井清水河组气藏流体相态特征及气藏类型[J]．新疆石油地质，2021，42(06)：709-713.

[5] 汤勇，龙科吉，王皆明，胥洪成，汪勇，何佑伟，石磊，朱华银．凝析气藏型储气库多周期注采过程中流体相态变化特征[J]．石油勘探与开发，2021，48(02)：337-346.

[6] 李绍基，武国英．早期识别凝析气藏的注意要点[J]．天然气工业，1987(01)：54-58+6.

[7] 于伟杰，顾辉亮．开发中后期试井解释中 PVT 及相关参数确定方法[J]. 油气地质与采收率，2004(02)：43-44+8.

[8] 刘玲玲，孟庆波，刘国玲，梁培文．油气藏流体样品的取样浅析[J]. 油气井测试，2006(02)：69-70+78.

[9] 李峰．高压凝析气井流体取样技术探讨[J]. 石油天然气学报，2007(03)：293-294.

[10] 李浩，周伟，汪来潮，田文荣，牛雪．南海深水高产气井测试分析及产能评价技术[J]. 科学技术与工程，2019，19(33)：139-145.

[11] 蒋利平，高德伟，劳业春，李茂，陈玉玺，赵楠．南海西部海域复杂条件下 PVT 取样技术对策[J]. 中国海上油气，2012，24(01)：36-40.

[12] 郭平，刘宇，杜建芬，王少飞，张雅玲．苏里格气田取样代表性及凝析油污染[J]. 科学技术与工程，2018，18(26)：103-107.

[13] 高志飞，郭立新，高辉．高含凝析油集气站分离器运行参数数值分析[J]. 石油与天然气化工，2019，48(6)：4.

作者简介：高志飞(1986—)，男，中石化中原油田勘探开发研究院实验中心基础实验室主任，高级工程师，毕业于中国石油大学(华东)，现从事油气藏勘探开发基础实验研究工作。电话：15839354942，邮编：457001，通信地址：河南省濮阳市华龙区中原路 360 号。

质量流量计用于成品油管输计量的影响和对策

柯　立

（中国石化销售股份有限公司浙江石油分公司　浙江杭州　310009）

摘　要　在成品油管输交接中，通常采用质量流量计进行计量，质量流量计计量数既作为管输损耗的计量依据，也作为结算管输运费的依据，质量流量计的计量准确性直接影响交接各方的经济利益。本文从质量流量计的设备性能、安装状态、运行工况、使用环境和设备管理等方面分析质量流量计用于成品油管输交接中的影响因素。提出提高成品油管输计量准确度，减少计量争议的对策。

关键词　质量流量计；成品油；管输；交接；计量

1　引言

成品油交接计量是成品油贸易及贮运管理的基础，直接影响交接各方的经济利益。近年来，随着成品油长输管道的建设，管道长距离输送方式占成品油运输的比例日益提高。2020 年，国家石油天然气管网体制改革后，原归属中石油、中石化、中海油等三大石油公司的成品油管道资产划转国家石油天然气管网集团有限公司。成品油管输交接计量从三大石油公司内部企业的结算依据，转变为成品油经营企业和管网集团之间的结算依据。随着油气管网资源的进一步放开，管输交接涉及的主体日益增多，对计量的准确度、透明度和公正性提出更高的要求。

目前，成品油管输交接计量主要采取质量流量计交接和油罐静态计量交接方式，两者中通常以质量流量计交接方式为主，采用油罐静态计量进行比对确认。管输成品油批量大，计量交接准确率的小幅波动造成的损耗数量绝对值大，受到交接各方的日益重视。质量流量计的准确度容易受到多种因素影响，与油罐计量的差量原因分析不清，在日常交接中容易产生争议，牵涉了交接各方的很多精力，目前行业内还没有取得公认的解决方法。

2　质量流量计计量准确度的影响因素分析

2.1　质量流量计特点

在成品油管输交接计量中，目前广泛使用科里奥利质量流量计，其工作原理是利用流体在振动管内流动时产生的科里奥利力，以直接或间接的方法测量科里奥利力而得到流体质量流量。

质量流量计的优点是：能直接测量成品油质量，无须经过任何转换，不受到其他量值测量误差的影响；输出的数据即时性好，能直接在仪表上直接读取或通过系统读取，公开直观；仪表参数的调整可记录、可追溯；设备的理论准确度较高，重复性好。缺点是：安装要求高，安装难度大；受环境因素和运行工况影响大；检定和校准要求高；受测量介质的理化性能影响大；压力损失和能耗大。

2.2　质量流量计计量准确度的影响因素

质量流量计用于交接计量的准确性和稳定性，除了设备本身的计量特性外，还受到诸多因素的影响，主要包括：安装条件、运行工况、使用环境、量值溯源、数值修正等方面。

2.2.1　安装条件的影响因素

包括安装应力、同心度、水平程度等。质量流量计在离线检定合格重新安装后，以及气温变化较大的季节，普遍发生偏差增大的现象，主要原因是安装条件不满足要求，及后续环境因素造成的应力变化。特别是离线检定回装后，数据波动的情况较为普遍，引起频繁的交接争议。如果质量流量计按规程定期离线检定，交接各方需要投入大量精力进行数据比对、争议处理等，仍不能保证满足各方诉求。这些因素的影响可以通过严格规定和执行安装条件，以及进行零点调整来消除。

2.2.2　运行工况的影响因素

包括运行压力、介质温度、流量计背压、超出量程使用等。实际工作中，运行工况受到批次输油计划、现场工艺条件等影响。如果运行工况与质量流量计的检定条件差异较大，就会影响其计量准确度。

(1) 流体过程压力增大会使测量振动管绷紧，要根据质量流量计运行过程的常用工作压力进行压力补偿。

(2) 被测流体温度增加时，测量管的刚性减小，温度还会影响管子的几何尺寸和振动系统的几何尺寸，这些变化都会使“零点”发生偏移，从而造成测量误差。

(3) 成品油特别是汽油具有良好的挥发性。流量计的背压太低，会在输送过程中造成油品气化，液体中含气会显著影响测量准确度，严重的会产生气蚀。

这些因素应通过控制运行条件以及进行压力、温度的修正予以消除。

2.2.3　使用环境的影响因素

包括环境震动，电磁干扰、环境温度湿度等。某输油站的下载质量流量计计量数与油罐计量数长期差异较大，其主要原因是输油泵和流量计的距离太近，造成流量计长期受到震动影响。某输油站的流量计计量数突然出现较大偏差，经查原因是附近在进行施工打桩。这些影响的消除，一是要在设计和建设中避开振动源和电磁，二是做好日常运行监控，三是及时进行零位调整。

2.2.4　量值溯源的影响因素

用于贸易交接的质量流量计应定期检定，合格后使用。根据 JJG 1038—2008《科里奥利质量流量计》国家计量检定规程对检定周期的规定，优于 0.5 级的一般不超过 1 年，0.5 级及以下的一般不超过 2 年。目前用于成品油管输计量交接的质量流量计均优于 0.5 级，检定周期为 1 年。量值溯源对测量准确度的影响，一是检定机构的检定结果直接影响流量计的准确度，二是流量计使用水作为检定介质，成品油与水的黏度、密度存在较大差异，黏度较高的液体会更多吸收科里奥利激励系统的能量，影响实际使用的数据准确度。消除这些因素的影响，一是要选择技术能力强的检定机构，二是建立使用油品在线检定/校准的方法或规程。

2.2.5　数值修正的影响因素

(1) 空气浮力修正：由于成品油贸易交接使用其在空气中的质量，而质量流量计的直接读数是其在真空中的质量，应对流量计读数进行空气浮力修正。汽油的空气浮力修正换算系数为 0.99850，柴油的空气浮力修正换算系数为 0.99870。如不进行修正，计量数据会偏大。

(2) 流量计因子：是对流量计进行实流检定，并按检定结果对流量计质量流量示值进行修正的因子。其值为标准器质量流量值与流量计质量流量示值之比。通过修改流量计因子直接影响流量计计量读数。每次检定后，流量计因子应保持与检定状态一致。

(3) K 系数：是单位质量的流体通过流量计时，流量计发出的脉冲数。每次检定后，K 系数应保持与检定状态一致。

(4) 零位漂移：是当流量计内介质静止时，流量计的瞬间质量流量示值。通过零点调整应尽量接近于零，否则将影响流量计计量准确性。

(5) 流量切除参数：由流量计传感器输出的流量信号，可能受到机械或电气的干扰产生噪音。如果小流量切除设置太低，这些干扰会产生流量读数，使计量数偏大。如果小流量切除设置过高，则低流速下的流量不能被计量，造成计量数偏小。

3　提高质量流量计准确度的对策

3.1　选用适当型号的质量流量计

在生产工艺设计和设备选型中，应首先测算该输油站注入或下载的常用流量，所选择的流量计的标称直径、流量范围、准确度等级、最大工作压力等应尽量符合设计工况。

3.2 质量流量计安装应满足要求

(1) 流量计安装环境应避免震动，远离强电磁干扰与泵、发动机等应距离 3m 以上。避免阳光直射，流量计流向标识应与流体流动方向一致，环境温度符合设备要求。

(2) 连接法兰与传感器法兰匹配，临近管道法兰处应使用牢固、有效的支撑，支撑部位不是点焊而是 U 型卡式固定(内部可垫橡胶皮)。

(3) 流量计两侧的管线在同一水平面内且要对中，偏差不大于 0.5mm。

(4) 管道法兰与管道垂直，管道法兰与传感器法兰的螺栓孔对齐。

(5) 调节阀安装在流量计的下游，在传感器两侧安装截止阀。

(6) 由于汽油易气化，传感器后工艺管与流量计保持同口径一段距离，传感器后安装阀门以调节适当的背压，防止汽化或气穴发生。

(7) 开展流量计在线检定规程的研究制定，避免定期的检定/校准拆装影响安装条件，保证检定状态和实际工况尽量接近。

(8) 有条件对质量流量计安装可采取撬装形式。

3.3 明确对运行工况的要求

(1) 通过调整仪表的流量系数进行压力补偿。

修正后流量系数=原有流量系数×[1-对流量计影响精度×(工作压力-标定压力)]

(2) 在测量管安装铂电阻温度计增加温度补偿系统，对温度作了补偿。但还存在补偿过度和不足的问题。因此，应在工况温度状态下校准质量流量计的“活零点”。

(3) 应保证在流量计中和靠近其下游区域保持一定的背压。背压应满足以下公式：

$$P_b = 2P + 1.25P_e$$

式中 P_b——最小背压(表压)，Pa；

P——通过流量计最大流量的压力降，Pa；

P_e——流体在操作温度下的饱和蒸汽压(绝压)，Pa。

(4) 做好运行工况控制。在制定管输批次计划时，不只要考虑各个下载站场的需求，还要保证流量、工作压力和工作温度应在设备规定范围内，并保持相对稳定，避免超量程使用。

3.4 严格日常设备参数管理

(1) 对在用流量计建立物理铅封，对系数调整设置权限，对各项系数建立台帐，两次检定期间系数原则上不得调整，修正应有原因，相关各方签字确认并及时更新台帐。流量计检定后，应进行空气浮力修正。

(2) 定期进行流量计偏移和零点稳定度检查并做好记录。至少每月一次，温度变化季节至少每周一次，或每次运行前后进行检查，发现波动及时调零。现场调零应在流量计连续上电 1h 以上，通过介质 15min 以上，流量计内完全充满介质静止状态或空管零流量状态下完成。在零点调整后，当流量计内介质静止时，5min 内按均匀的时间间隔连续读取 30 次零点偏移的瞬间流量值，取每次流量绝对值的平均数作为零点稳定度。

(3) 安排好流量计的检定，沟通检定机构，重点对流量计在常用流量点的误差进行趋零调整。每次检定投用后应做好数据比对，发现异常差异及时调整。

(4) 设置好小流量切除，避免流量信号异常波动的累计影响计量准确性。流量切除设置是该传感器的最大满刻度流量的 0.5%，根据需要最高可设置为 1.0%。

(5) 保持流体的清洁度，做好油库发货质量把关和过滤网管理，避免杂质或油泥污染传感器。

(6) 定期记录各项过程变量数值，对比流量、密度、温度检查工艺过程是否稳定。

(7) 在具备条件的情况下，可建设质量流量计在线诊断系统。实时检测流量计关键参数，记录传感器测试点数据，检查传感器自身状态，开展过程报警和数据分析，实行实时管控。

3.5 加强数据比对和期间核查

目前成品油管输计量交接中的争议和矛盾，主要体现在注入/下载流量计和发货/收货油罐的计量数差异(简称：罐表差)较大或者波动大。二者都是法定计量器具。对两种计量器具的准确度、影响因素以及设备使用特性进行比较分析比较，见表1。

表1　质量流量计和立式油罐计量的准确度及优势比较

<table>
<tr><th>设备性能</th><th>质量流量计</th><th colspan="2">立式油罐静态计量</th></tr>
<tr><td rowspan="5">设备准确度</td><td rowspan="5">±0.15%(最高等级质量流量计的最大允许误差)</td><td>容量</td><td>±0.1%(相对扩展不确定度)</td></tr>
<tr><td>液位</td><td>$s_{max} \leqslant \pm 3mm$</td></tr>
<tr><td>温度</td><td>$s_{max} \leqslant \pm 0.5℃$</td></tr>
<tr><td>密度</td><td>$s_{max} \leqslant \pm 0.5kg/m^3$</td></tr>
<tr><td>相对扩展不确定度</td><td>±0.16%(k=2)(以中低液位为例)</td></tr>
<tr><td>安装和使用环境影响</td><td>在实验室条件检定，实际性能受安装条件和使用环境影响大</td><td colspan="2">使用条件与检定条件基本一致</td></tr>
<tr><td>重复测量条件</td><td>不能进行重复测量</td><td colspan="2">可进行重复测量减小随机误差</td></tr>
<tr><td>油库工艺状态影响</td><td>影响较小</td><td colspan="2">影响较大</td></tr>
<tr><td>数据的公开透明性</td><td>强</td><td colspan="2">通过系统优化、权限管理后可实现</td></tr>
<tr><td>数据的及时性</td><td>即时得到</td><td colspan="2">需要稳油并测量计算</td></tr>
</table>

从表1数据分析，质量流量计的计量准确度略与立式油罐静态计量相比相差不大。且质量流量计计量受环境影响更大，其实际计量准确度和稳定性并不优于立罐计量。因此，可通过与立式油罐静态的计量结果比对对流量计计量准确度开展期间核查。如出现较大偏差，应分析影响因素，重新开展零位调整，直至重新检定/校准或维修。

4 结语

质量流量计用于成品油管输计量交接，其准确度不仅取决于设备本身的计量特性，还受到多方面因素的影响。因此，只进行流量计的检定溯源不能保证计量交接的准确性。应把质量流量计及其安装、运行和管理作为一个完整的系统，严格规定安装条件、运行工况、参数管理、期间核查等要求，对整个系统的计量准确性进行总体评价，才能确保计量性能稳定准确，在长距离、大批量的成品油管输作业中减少争议和差异，保证交接各方的利益。

参 考 文 献

[1] 全国流量容量计量技术委员会．科里奥利质量流量计型式评价大纲：JJF 1591—2016[S]．北京：中国质检出版社，2017.

[2] 全国流量容量计量技术委员会．科里奥利质量流量计：JJG 1038—2008[S]．北京：中国计量出版社，2008.

[3] 徐顺福．成品油计量与管理[M]．北京：中国石化出版社，2016.

[4] 王春娟．CMF在某成品油管线中的应用研究[J]．机电信息，2015，15(36)：48-51.

[5] 黄芳．科里奥利质量流量计工作原理及影响因素[J]．中国化工贸易，2015，15(32)：206.

作者简介：柯立(1977—)，男，部门经理，高级工程师，毕业于浙江工业大学，现从事成品油和天然气质量计量管理工作。电话：13605718947，邮编：310009，地址：杭州市河坊街58号。

河南油田电能计量信息管理系统简介

肖 彬 贾永歧

（河南石油勘探局有限公司水电厂 河南南阳 450017）

摘 要 通过河南油田电能计量信息管理系统的建设，实现了油田9个变电站、售电公司现有12家代售单位的售电、表计的自动抄录和电能营销自动化管理。在实际使用中，能够实现电能营销管理自动化，能够及时发现和记录计量故障(含窃电)类型及时间，减少电量流失。通过进入电力市场化(由售电公司代理)采购电力，完成好电力负荷计划，可以有效降低电费成本，电量在允许偏差范围内，避免罚款；同时油田可以通过调整生产运行方式，在保证生产用电的同时，“削峰填谷”，调整尖峰平谷负荷的比例，降低电费的支出。

关键词 变电站；电能营销；自动化；研究应用

1 建设前存在的问题

1.1 人工抄表数据准确性差

河南油田电能计量基本都是人工抄表。油田电能计量管理涉及的变电(开关)站有9座，变电站已实现无人值守，但站内抄录与结算的在用表计仍实行每月定时人工现场抄录、核算。抄录不能实时抄录、抄表不同步(如某计量点不一定都能做到某月某日几点几分现场抄录，尤其是赶到节假日，用户不一定能准时到位)，形成的负荷曲线不准确、失真，得不到用户准确的负荷变化情况。三是不满足电量数据汇集上报的需要。电量原始数据核对、分析、报表、结算、汇总、上报均是原始手工操作，不仅耗时、费力，而且易出错。

手工式的电能管理已经与我油田目前和今后的电能营销规模和发展趋势不适应。首先不能满足数据结算准确度的需要。变电站计量管理上靠人工抄录电量数据(其他电参数均没有)，发现和分析问题不及时，一旦出现计量数据问题，就会产生结算纠纷，尤其是用电量大的单位出现纠纷，严重影响油田内部结算和同地方供电公司的结算。其次不满足数据结算时间点准确度的需要。

1.2 不能满足售电公司开展业务的需求

根据《河南省售电公司市场注册操作指南》《河南省售电公司参与实施细则》，售电公司应拥有售电相关软件系统，包含售电的竞价分析、电价管理、服务营销、计量管理等综合信息咨询及管理。《河南省售电公司参与实施细则》规定：第三十七条“售电公司参与市场交易必须设置专用的软硬件系统，满足其登录电力交易平台的安全性、可靠性、及时性”。

电量是用户参与电力交易的依据，而计量基础数据更是负荷、电量预测的基本因素。根据《河南省售电公司参与实施细则》有关规定，售电公司不仅要将交易电量合理分解安排到每月，还要接受偏差电量考核。随着电力市场化的深入，以后还将会考核到日、小时甚至分钟。交易时间段达到小时、分钟后，就会形成事实上的非常精细化的分时电价价格，最终发电企业与售电公司间形成的电价在不同季节、不同月份、不同小时、分钟时间段，都不一样，同时也能使发电企业、用电企业(个人)、售电公司的利益最大化。

河南电力交易平台的竞价交易时间段，目前已经可以按照1刻钟(15min)进行报电量和报价运行。

在售电偏差惩罚机制下，企业的任何偏差都会导致电价罚款，在负偏差的情况下甚至会导致巨额罚款。售电公司迫切需要实时掌握签约用户的负荷变化、电量使用等情况，以便于实时分析、做出决策和提供服务。

1.3 不能跟上国内电能计量管理形势

随着我国城市化的进程越来越快，现我国电力行业已广泛使用远程自动抄表技术，不仅能及时采集到有关客户的电力使用情况，而且也节省了很多财力、物力及人力，同时新技术的使用使得我国电力营销行业又得到了更进一步的发展，在很大程度上促进我国国民经济及社会的发展。目前，包括南阳、新野、唐河等附近县市，以及胜利、中原、辽河油田等兄弟单位均已采用光纤、GPRS/CDMA、网络表、低压载波等方式实现了电能集中抄表自动化。

2 电能计量信息管理系统建设的必要性

建立河南油田电能计量信息管理系统，利用互联网+技术建立电能营销管理自动化系统，解决人工抄表效率低、负荷和电量等不能实时掌握的问题，实现电量、负荷抄录工作的标准化、规范化、系统化。

实现在线抄录电表计量数据、用户负荷、历史对比数据等信息的系统化动态跟踪管理、信息共享，为掌握河南油田变电站、售电公司代理用户实时用电信息、电力需求侧管理和电力营销提供依据。

提高管理水平，有效避免人工抄录、计算、分析所带来的差错和计量表计失压、失流等故障引起的漏计和产生的纠纷现象等；解决不能实时掌握各用户负荷变化情况和进行用电分析问题等；有效控制窃电和缴费，降低电网损耗，提高商品率，为决策提供依据等，实现售电信息化管理势在必行。

3 电能计量信息管理系统的功能

3.1 电能计量信息管理系统主结构

电能计量信息管理系统包括客户服务、用户电量查询、业扩报装管理、日常营业管理、电能计量管理、电量自动远程抄表、电量电费管理、预付费管理、电量提醒(短信)、电费告知催缴(短信)、用电检查管理、电力市场需求管理、综合分析决策管理等内容。电力销售公司作为数据中心，设立独立的数据库和应用服务器，承担电力营销业务。远程通信信道采用系统内已经有信道，内部信道没有到达的用户点，采用公共互联网信道(移动、联通、电信)；系统主结构图如图1。

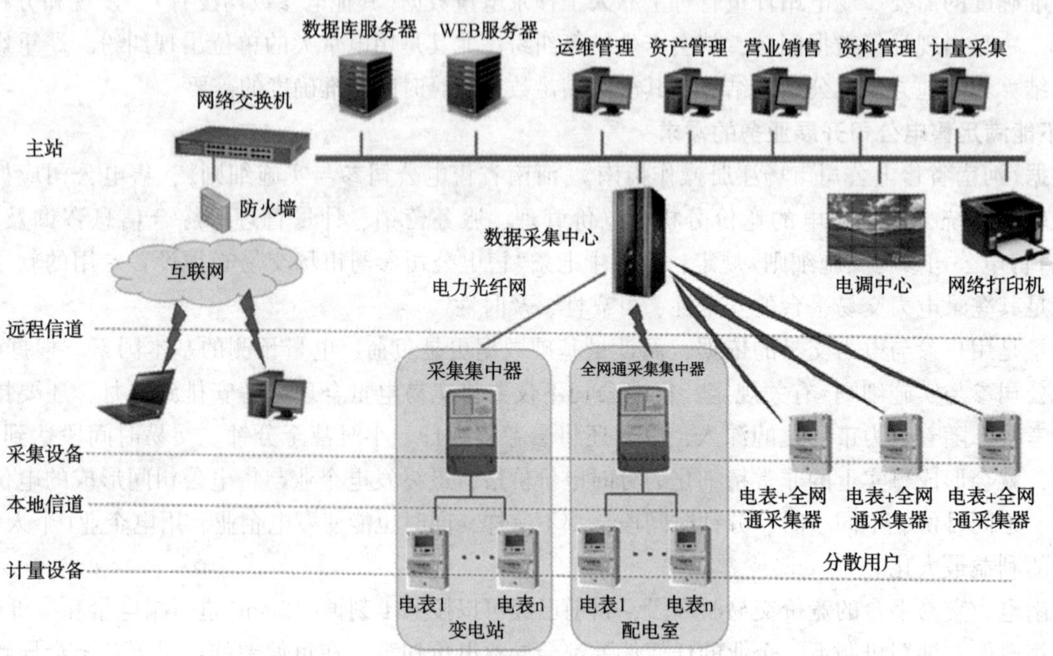

图1 系统主结构图

3.2 电能计量信息管理系统主要功能介绍

3.2.1 系统设计原则

3.2.1.1 先进性与实用性原则

在整个抄表营销管理系统规划和设计过程中将学习借鉴、充分吸取国内外相关类型产品管理建设的成功经验，采用先进的规划理念和设计思想、成熟的信息化技术和实施方法。建成的系统满足可扩展性、兼容性等特征，具备较强的生命力和自我完善能力，确保技术的先进性。系统主要解决采集、售电、缴费、分析、预测和控制相关业务，因此在规划与建设中，从整个应用业务特点出发，坚持实用的设计原则，紧紧围绕能源采售一体化管理的需求，在能够满足现阶段建设要求前提下，需要立足当前、面向长远，尽可能少投入、多收益。

3.2.1.2 统一性与标准化原则

按照"统一管理、统一规划、统一标准"原则进行系统建设。系统遵循能源管理的技术规范和相关标准，并满足国家电网公司标准。集计量、售电、缴费、管理于一体，实现能源的统一管理、分布应用。数据存储方面，采用当前主流的 ORACLE、MYSQL 等关系型数据库。通过统一管理、统一规范、统一标准，实现整个平台的标准化和统一性，能很好地满足采售一体化的后续建设，保证了标准的统一。并且，能快速接入其他设备及应用系统，能极大的节约建设时间和建设成本。

3.2.1.3 智能化与安全性原则

平台实现数据的自动采集、汇总和上报，通过网上发布、内部通报等多种方式对数据分析结果进行发布，实现了数据的自动化采集、结算、缴费和控制等。系统具备保密性和安全性，通过用户声音、邮件等方式进行告知、预警。

3.2.1.4 开放性与扩展性原则

系统设计遵循业界标准，并提供开发、灵活的信息交互及识别、身份认证、权限管理、网络隔离等手段限定用户的访问及操作。平台采用分散控制、集中管理的结构，当网络某一部分的控制器或线路受到损坏，也不会影响整个平台的运作，同时，平台会即时对故障区发出报警指示。通过短信、管理接口，实现灵活的能源管理、费用结算、远端控制及数据交互功能；提供灵活的部署方式，在客户化、管理策略、能源管理、报警方式、报表管理、信息展示、流程管理等方面可以按实际需求进行定制，并支持用户的二次开发；能源监控管理、电能应用分析、电费管理等方面具备较强的扩展性，能够在包括管理范围、管理功能、管理对象数量等方面提供灵活多样的扩展能力；可以适应在应用上的新业务、新技术的要求，适应于能源智能化的未来发展需要，并能与其他基于业界标准的软件、硬件进行集成。

3.2.1.5 稳定性与可维护性原则

系统是集计量管理、自动结算、智能缴费、智能监控管理等于一体的智能化平台。整个平台涉及了基础改造、网络、系统软件、管理、硬件设备、能源监控等各个方面。从而，整个系统的稳定性和可维护性至关重要。在整个规划和设计过程中，严格遵循稳定性和可维护性原则。硬件设备选用高标准、证书齐全的品牌设备；系统软件采用可移植、低耦合的成熟技术；应用管理实现异常记录、多手段预警模式；数据安全方面定期备份数据。

3.2.2 系统主要建设规模

主站部分：新建主站工作平台 1 套，包含硬件部分和软件部分，主站硬件配置见表 1，主站软件配置见表 2。

系统包括档案管理、数据采集、电量结算、收费、报表管理、票据管理、权限管理等功能。通过本系统，可实现所有接入用户电量定时采集与实时招测、电量统计与分析、报表查询与打印、智能提醒与预警等功能。

在监察二班、省城油田售电中心、营业二班三地设置营销工作站；在机房、监察班、双河、郑州、值班室、生产副主任、网管员、技术负责人办公室等 8 处设置后台工作站。

系统软件采用 B/S 架构，三层分布式，应用灵活、扩展性好，WEB 发布、短信提醒、自定义模式、个性化定制等多种便利手段提供给管理者与用户不同权限的查询与维护功能。

表 1 主站硬件配置表

序号	设备名称	功能	数量/台
1	采集应用服务器	数据采集、Web 发布信息管理、数据分析等	1
2	数据库服务器	保存档案数据、运行记录、售电数据及其他数据	2
3	调试工作站	设备现场维护调试	1
4	营销工作站	电量缴纳，收费打票	3
5	网络打印机	数据及票据打印	3
6	主站后台工作站	数据统计分析	8
7	机柜		1
8	网络交换机	数据交换	1
9	GPS 时钟		1
10	显示屏	65 英寸	2
11	硬件防火墙		1

表 2 主站软件配置表

序号	软件名称	规格型号	数量/套
1	操作系统	Windows server	1
		Windows Professional	1
2	工具软件	Office	1
3	防病毒软件	360 天擎	1
4	数据库	Oracle/MYSQL / Sybase / MS SQL Server	1
5	电能综合管理系统	自动采集、自动计算、档案管理、数据统计分析预测、合同管理等	1

主站服务器等主设备设置在水电厂办公楼内网络中心机房。为减小占地，服务器采用刀片式结构，完善机房空调通风。

变电站部分：将王某某、乔某某及恒某某(只换部分)等 3 座变电站的电能表更换为三相式智能电表 55 只，精度等级 0.5 级，配套更换表计接线端子，王集开关站原位置更换电表屏 1 面。江某某变电站的电度表纳入将于近期实施的该站 6kV 系统整体改造项目中。恒某某变电站只移交 6 条 10kV 配电线路，其电能表只更换不移交给地方供电公司的线路 14 块电能表。

在 9 座变电站新增数据采集器 23 套，数据下行与各智能表采用 RS485 模式通信，上行利用变电站光纤网络与主站通信。

3.2.3 系统主要功能

河南油田电能计量信息管理系统包含售电管理、电力营销管理、客户服务管理等三个子类，系统具备丰富的规约库，具备主流终端表计接入能力，必须与用户现有远控系统与系统融合。

3.2.3.1 售电管理系统基本功能

有客户管理、档案管理、交易政策规则管理、偏差管理、竞价决策管理、报价管理、模拟交易竞价、用电需求管理、用能量预测、销售管理、购售电合同管理、合同档案管理、用电监测、预测管理、结算管理、收益管理、网上营业厅、移动应用、配网营销应用等。

3.2.3.2 营销系统基本功能

有自动接收数据、自动计算、计量业务处理、自动补抄、统计分析和综合分析、具备档案管理和选址功能、图形系统功能、Web 浏览以及下载功能、报表的生成和浏览功能、网络对时、计量监测和报警、运行工况管理、历史数据自动存盘、营销管理、客户管理、参数维护、远程抄表管理、核算管理、档案维护、收费管理、报表管理、采集管理、数据计算、基础数据查询、线损管理(线路、变电站、台区、分压等)、停复电监测、系统管理、基础档案、计量业务、终端管理等。

3.2.3.3　软件特殊功能需求

(1) 采集器适应所有遵循 DL/T-645 规约的所有表计;

(2) 软件系统支持将现有 16 台远传监抄系统(国网系统)融合到新建平台中;

(3) 系统能够满足油田总部和省城、油区、用户等多地资源共享需求;

(4) 系统满足四供一业移交后与国网电业局公共管理用户的信息资源共享(即国网地方电业局安装的计量装置信息采集);

(5) 系统具备接收移动硬盘原始数据和编辑、调用、分析等功能;

(6) 系统支持现场计量设施参数改变(更换、监听、命令等),预留远程校验功能。

4　应用效果及建议

河南油田电能计量信息管理系统的建设,通过权限设置,满足各类人员和各部门对售电信息的需求,实现售电信息智能化管理,能够提升企业形象,为开拓市场提供有利条件;降低人工成本和员工劳动强度,减轻收费难度,减少员工现场工作安全风险;降低人工差错率,实现科学预测,为科学决策提供依据。通过远程自动抄表,可以大大减少抄表人员,降低人力成本,减少抄表误差,减少交易纠纷。

集售电、营销一体化的独特的河南油田生产信息用电管理系统,目前解决了四供一业移交后剩余 9 个变电站电能自动化管理、售电公司已经开拓的代售电客户的优质服务问题,下一步计划在该系统基础上实现油田四供一业移交后剩余配电线路上的计量点和移交地方线路上油田保留用户及售电公司新客户的管理与服务。

作者简介:肖彬(1971—),男,河南石油勘探局有限公司水电厂营业中心副主任,高级工程师。1993 年 7 月毕业于葛洲坝水电工程学院,主要从事电网电能营销、电能直购电业务等工作。电话:13849787486,邮编:473132,通信地址:河南省南阳市宛城区中南路

天然气用超声流量计声速核查法应用实例

李小亚

（上海石化统计中心　上海　200540）

摘　要　本文介绍了适用于天然气超声流量计的声速核查技术，通过对现场流量计进行声速核查检测和数据比对分析，确认超声流量计的计量性能。对超声流量计进行离线实流检定，检定结果与声速核查结果一致，验证了声速核查技术的有效性和实用性。本文通过实例分析证明了声速核查法是查验超声流量计计量性能准确可靠的有效措施。

关键词　超声流量计；声速核查；天然气计量

1　引言

作为天然气消费大国，我国的天然气产量和消费量不断增长，天然气被应用于多个领域，在能源结构中的比重逐年增加。所以，保证天然气贸易计量的准确性和可靠性至关重要。超声流量计因其精度高、压损小、测量范围大、耐腐蚀等特点，适合用于天然气计量现场。在目前的天然气贸易计量中，贸易结算计量表和贸易监督比对表大多采用超声流量计。依据相关标准的要求，用于贸易交接的计量器具必须依法定期进行检定。但是在无法完成在线检定的情况下，将超声流量计拆除送检不仅成本高，而且影响企业正常生产运行。由于超声波流量计送检困难，很多仪表存在超检定周期的问题。声速核查技术作为超声波流量计使用中检验的一种方法，不仅可以延长计量仪表的检定年限，同时也是在日常工作中评价超声流量计计量性能的重要手段。

2　时差法超声流量计工作原理

当前应用比较广泛的是传播时间差法超声流量计。由于超声波信号在声道中沿正向和反向传播的时间不同，通过两个时间的差值可确定管道中流体的流动速度，图 1 为时间差法超声流量计工作原理图。在管道上成对安装 A、B 两个换能器，两个换能器均可发射和接受超声波信号，其中一个换能器发出的超声波信号能够被另一个接收，从而形成声道。超声波在流体中的传播速度是由介质不流动状态下超声波的传播速度和流体流速在声波传播方向上的分量两部分组成的。

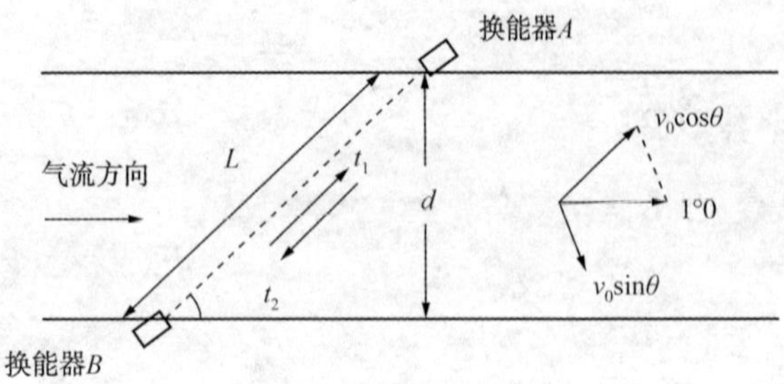

图 1　时差法超声流量计工作原理图

如图 1 所示，在换能器 A 和 B 之间形成一个声道，超声波信号在声道中正向和反方向传播的时间分别为：

$$t_1 = L/(c+v_0\cos\theta) \quad (1)$$

$$t_2 = L/(c-v_0\cos\theta) \quad (2)$$

式中　t_1——超声波在声程内正向传播的时间，s；

t_2——超声波在声程内反向传播的时间，s；

L——超声波在声道中传播的距离，m；

c——超声波在流体静止时的传播速度，m/s；

v_0——流体介质的流动速度，m/s；

θ——管道轴线与声道之间的夹角。

由式(1)和式(2)可得被测气体的轴向流速v_0和测量声速 c 的表达式分别为：

$$v_0 = L(t_2 - t_1)/2t_1t_2\cos\theta \tag{3}$$

$$c = L(t_2 + t_1)/2t_1t_2 \tag{4}$$

由公式(4)可知超声流量计的测量声速由声道长度 L 和正向、反向的传播时间 t_1、t_2确定，与其他参数无关。当声道长度值一定时，测量声速只和正向和反向传播的时间有关。

气体流量的计算公式为：

$$q_f = AKv_0 = \pi d^2 KL(t_2 - t_1)/8t_1t_2\cos\theta \tag{5}$$

式中 q_f——工况体积流量，m^3/s；

A——管道截面积，m^2；

d——管道的内径，m；

K——速度分布剖面的修正系数。

3 声速核查法原理

天然气用超声流量计的声速核查法是将理论声速和测量声速进行比较，进而查验流量计计量性能的一种在线检验技术。对超声流量计定期进行声速核查不仅可以确保其正常工作，还能达到延长仪表检定周期、节省检定费用的目的。GB/T 30500—2014 中明确了声速在线检验法的测量条件、实施方案和判定指标。

根据美国天然气协会第 8 号文件给出的计算方法，将现场检测到的天然气组分、温度、压力的数值带入计算方程，可计算出管道中天然气的压缩因子 Z。再通过美国天然气协会第 10 号文件给出的天然气声速计算方程，可计算出超声波在天然气中的理论传播速度：

$$C = \left\{\left(\frac{c_p}{c_v}\right)\left(\frac{RT}{M}\right)\left[Z + \rho\left(\frac{\partial Z}{\partial \rho}\right)_T\right]\right\}^{0.5} \tag{6}$$

式中 C——理论声速，m/s；

c_v——气体的比定容热容，kJ/(kg · K)；

c_p——气体的比定压热容，kJ/(kg · K)；

R——通用气体常数，kJ/(kg · K)；

T——气体的热力学温度，K；

M——气体的摩尔质量，kg/mol；

Z——气体的压缩因子；

ρ——气体的摩尔密度，mol/m^3。

将理论声速和测量声速进行比较，可以判断超声流量计的声速传播时间是否准确。声速偏差在允许范围内，则说明流量计时间测量的准确性满足要求，进而推出介质的测量速度也满足一定的准确度要求，即流量计能正常工作。反之，声速偏差超出允许范围，则说明流量计的时间测量不准确，其计量性能不能满足正常工作的需要。声速核查的结果应满足表 1 的要求。

表 1 GB/T 30500 声速核查结果的技术要求

参数	指标
声速偏差允许范围	±0.2%
各声道测量最大声速差允许范围	0.5m/s
测量重复性优于	0.05%

4 声速核查应用实例

作为大型的炼油化工企业，上海石化对天然气的需求量巨大。上海石化外购天然气由上海天然气管网有限公司输送。目前，在天然气计量站，上海天然气管网有限公司有 5 台涡街流量计作为贸易交接结算表，我公司有 3 台超声流量计作为贸易监督比对表。在天然气贸易交接计量中，流量仪表的计量准确性直接关系着贸易双方的切身经济利益，因此超声流量计的定期检定和使用中检验至关重要。三台超声流量计的口径为 DN200，流量测量范围是 $32\sim4000m^3/h$，准确度等级为 1.0 级。2021 年 9 月，我公司对 3 台超声流量计进行了声速核查实验，这也是第一次探索使用声速核查技术判断超声流量计运行状态。

4.1 声速核查操作方法

首先，进行以下准备工作：

第一步：对超声流量计及配套仪表(温度测量仪表、压力测量仪表、流量计算机、色谱仪)进行检查，确保各个设备处于正常的工作状态，并记录仪表信息。

第二步：确认天然气流动条件符合 GB/T30500—2014 的要求。

第三步：确认天然气组分、压力及温度符合 GB/T 30500—2014 规定的范围内。

第四步：在正常通气条件下，确认超声流量计的工作状态满足 GB/T 30500—2014 的要求，无异常、无报警。

第五步：在正常通气条件下，观测一段时间，确认压力和温度的波动在 GB/T 30500—2014 规定的范围内

然后，进行声速核查所需数据的采集，检测次数一般不少于 3 次。每次检测中，要进行一次天然气实时组分分析，同时记录至少 6 次天然气温度、压力、天然气测量速度及各声道声速，并计算它们的平均值作为本次检测的测量数据。需要注意的是，用于计算理论声速的软件程序需经国家法定计量机构或授权法定计量机构认证合格。

4.2 声速核查数据分析

表 2 是我公司对 3 台超声流量计进行声速核查所得的数据。其中，声速偏差 E 的计算表达式为：

$$E=\frac{C_f-C}{C}\times100\% \tag{7}$$

式中 C_f——流量计测的量平均声速；

C——软件计算出的理论声速。

最大声速差E_{max}是指单一声道测量的最大声速和最小声速之差。

测量重复性按下式计算：

$$E_r=\sqrt{\frac{1}{n-1}\sum_{i=1}^{n}(E_i-\overline{E})^2} \tag{8}$$

式中 E_r——测量重复性；

E_i——第 i 次测量的声速偏差；

$\overline{E}$——n 次测量的声速偏差平均值。

表 2 声速核查数据

流量计编号	检测次数	计算声速 $C/(m/s)$	测量平均声速 $C_f/(m/s)$	声速偏差 $E/\%$	最大声速差 $E_{max}/(m/s)$	测量重复性/%
1#	第 1 次	414.6776	414.1913	-0.1173	0.1522	0.0171
	第 2 次	414.7888	414.3232	-0.1122		
	第 3 次	414.8983	414.3008	-0.1440		
2#	第 1 次	415.0458	414.4392	-0.1461	0.1787	0.0121
	第 2 次	414.9527	414.4041	-0.1322		
	第 3 次	415.1223	414.4732	-0.1564		

续表

流量计编号	检测次数	计算声速 C/(m/s)	测量平均声速 C_f/(m/s)	声速偏差 E/%	最大声速差 E_{max}/(m/s)	测量重复性/%
3#	第 1 次	415.0933	414.3623	-0.1761	0.0747	0.0266
	第 2 次	414.9270	414.3525	-0.1385		
	第 3 次	414.8416	414.3243	-0.1247		

经过检测，1#、2#、3#超声流量计的声速偏差、最大声速差以及测量重复性均在 GB/T 30500 要求的范围内(声速偏差±0.2%，最大声速偏差 0.5m/s，测量重复性 0.05%)，声速核查结果正常。该实验证明 3 台超声流量计计量性能稳定，工作状态正常，计量数据准确。

5 离线实流检定

同年 12 月，我公司将 3 台超声流量计拆卸进行离线实流检定。在标准状态下分别检定 4 个流量点，检定结果见表 3。由检定结果可以发现，1#流量计最大示值误差为 0.29%，2#流量计最大示值误差为 0.49%，3#流量计最大示值误差为 0.65%。在检定流量范围内，三台被检超声流量计的示值误差和重复性均满足 1.0 级流量计要求，检定结果合格。本次离线实流检定结果也验证了文中声速核查实验的准确性和有效性。

表 3 检定数据

流量计编号	序号	检定流量 Q/(m^3/h)	检定示值误差 E_1/(100%)	重复性/%
1#	1	3091.23	0.20	0.04
	2	1276.31	0.29	0.04
	3	404.19	0.18	0.01
	4	32.89	0.15	0.12
2#	1	3076.25	0.39	0.06
	2	1252.99	0.46	0.06
	3	404.86	0.49	0.06
	4	33.24	0.39	0.09
3#	1	2511.43	0.16	0.03
	2	1056.51	0.28	0.07
	3	410.89	0.45	0.07
	4	73.39	0.65	0.15

6 结论

本文中，首先对天然气超声流量计进行声速核查，评价其计量性能，后续又对三台超声流量计进行离线实流检定。声速核查结果和检定结果均反映了超声流量计的运行状态正常，计量性能稳定，同时也验证了声速核查技术的准确性和可行性。使用声速核查法进行仪表在线检测，不仅可以延长超声流量计的检定周期，节省企业生产经营成本。同时，声速核查法也是计量工作中诊断维护的重要手段，不仅满足生产经营过程的需要，还可以提高流量计的计量准确性，提升企业的计量水平。随着声速核查技术的不断成熟与发展，超声流量计将会更加广泛地应用在天然气贸易计量中。

为确保气体超声流量计量系统的可靠性和准确性，减少贸易交接计量工作中的纠纷。可在以下几项工作中做出提升与改进：(1)加强天然气进厂贸易计量监督工作，通过“线上巡检为主，线下巡检为辅”的监控方式，对计量数据进行监控。(2)合理应用色谱分析仪，实时监控组分数据，做好比对分析工作。(3)从介质、工艺、仪表工作状态等多维度分析，对可能存在问题的仪表进行重点跟踪。(4)不断探索和优化在线检测技术的设备和方法，实现对超声流量系统的有效监控和维护。

参 考 文 献

[1] JJG 1030—2007，超声流量计检定规程[S].

[2] 辛立峰．超声波流量计的原理及应用[J]. 中国石油和化工标准与质量，2011(9)：3.

[3] AGA Report No. 8，Compressibility Factors of Natural Gas and Other Related Hydrocarbon Gases[R]. American Gas Association 1992：17-26.

[4] AGA Report No. 10，speed Of Sound in Natural Gas and Other Related Hydrocarbon Gases[R]. American Gas Association，2003：8-12.

[5] GB/T 30500-2014，气体超声流量计使用中检验 声速检验法[S].

作者简介：李小亚(1990—)，女，毕业于中国计量大学，现就职于上海石化统计中心设备科，助理师，主要从事计量技术管理工作。联系电话：021-57941941-22112，邮编：200540，通信地址：上海市金山区金一东路48号。

汽运液化气使用流量计出厂的探索与运行

孙秋娟

（中石化济南分公司检验计量中心　山东济南　250132）

摘　要　炼油厂的液化石油气主要组成部分为丙烷、丙烯、丁烷、延迟焦化液化石油气等，由于其饱和蒸汽压较高，容易导致气液两相共存，因此，炼油厂的液化石油气产品一直是通过汽运过磅的形式进行出厂计量。随着时代的发展，客户对便捷、速度的要求，流量计计量逐渐成为迫切的需求。本文针对液化气出厂从过磅计量到流量计计量的转变过程中遇到的问题进行探索和分析，为实际应用提供理论和技术方面的指导。

关键词　科氏质量流量计；温压补偿；抽空；流量波动

1　引言

科氏质量流量计作为一种可以直接测量流体质量流量的高精度仪表，具有无可动部件和密封件、测量精度受介质温度、压力及密度参数影响小的特点，同时由于流量检测中常用的流体物性参数主要有密度、黏度、压缩系数、比热比和气体绝热指数，因此科氏质量流量计不仅应用于石油行业，例如利用科氏质量流量计和低含水分析仪计量外输原油的纯油量；在转油站使用质量流量计，用于各个计量站原油的外输计量和含水分析。通过质量流量计对原油的流量、密度进行测量，然后用密度法算出含水率，进而得出纯油量；同样也广泛应用于化工生产中，比如用于测量工艺管道中流经的各种单独介质的流体、各种浆液、非牛顿流体、有足够密度的中高压气体、高黏度流体、含有微量气体的液体、悬浮液等，能够充分满足石油化工生产装置对质量流量的计量要求。因此科氏质量流量计较其他流量计具有明显的优势，它不仅是提高产品质量的保障，而且是企业提高经济效益的重要手段，逐步为客户所接受。但由于石油液化气为非均匀混合液体(例如含水液化气)，易造成流量计测量管内部介质质量分布不均，造成测量误差。因此，石油液化气利用科氏质量流量计出厂一直是一个难点。

2　项目背景：过磅出厂与装车流量计的数据比对

厂内液化气出厂一直采用汽车衡出厂的计量方式。2021 年 5 月 1 日～11 月 17 日，将流量计装车数据与过磅量进行数据比对，部分比对结果如图 1。

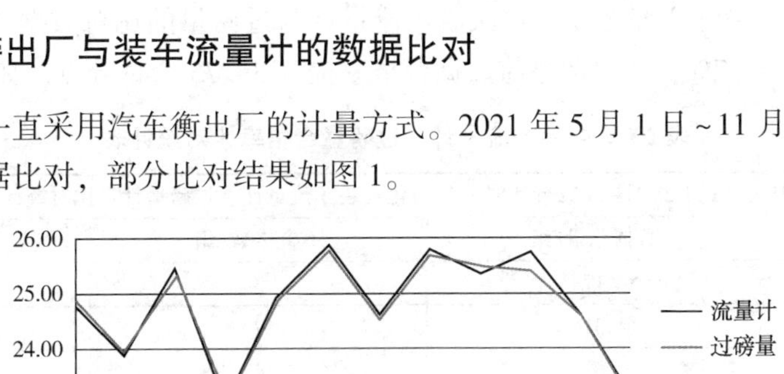

图 1　流量计与过磅量比对图

在此期间共采集液化气装车台 2～14 鹤位流量计——汽车衡计量比对数据 11663 组，结果发现其中不合格数据有 5818 组，数据合格率为 50. 12%，如表 1 所示。

表 1　流量计—过磅量合格率比对统计表

2021 年 5～11 月份液化气装车流量计、过磅量计量比对统计表			
鹤位/品种	数据总量/组	不合格数/组	合格率/%
2 鹤位丙烯	402	304	24. 38%

续表

2021年5~11月份液化气装车流量计、过磅量计量比对统计表			
3鹤位丙烯	517	414	19.92%
5鹤位丙烷	757	701	7.40%
6鹤位丙烷	955	701	26.60%
7鹤位丁烷	954	179	81.24%
8鹤位丁烷	876	657	25.00%
9鹤位丁烷	989	929	6.07%
10鹤位民用烃	989	140	85.84%
11鹤位民用烃	1125	123	89.07%
12鹤位民用烃	972	662	31.89%
13鹤位民用烃/焦化气	1944	463	76.18%
14鹤位民用烃/焦化气	1183	545	53.93%
总计	11663	5818	50.12%
注：流量计与过磅量比对偏差在±0.2%内视为合格。			

从图中的数据分析，流量计与过磅量的差距较大，流量计本身的计量还达不到贸易交接的要求。经过现场勘查发现，科氏质量流量计本身检定完毕后，直接回装，并未按照现场的实际工况进行温压补偿，与此同时，部分鹤位流量计的安装有应力的影响。结合比对数据及现场分析，接下来对每个鹤位的流量计进行了温压补偿、消除应力，同时也对流量计部分参数进行了相应的调整。调整后，流量计与过磅量的部分比对数据见图2。

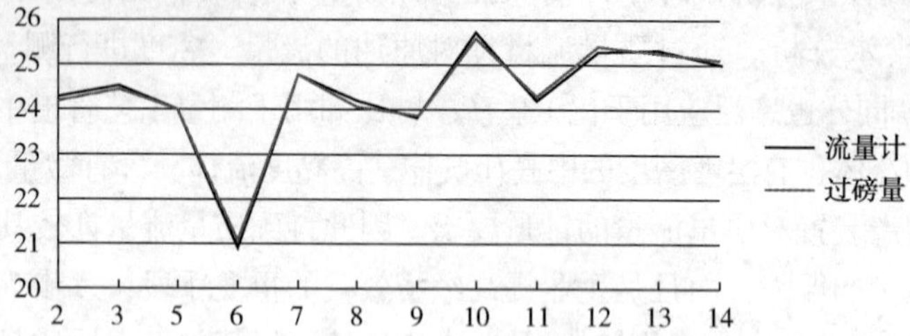

图2　调整后流量计与过磅量比对图

调整后，流量计与过磅量差量减小，再次收集流量计与过磅量的比对数据543组，其中不合格数据55组，数据合格率89.87%，相比调整前数据合格率提升39.75个百分点，如表2所示。

表2　调整后的流量计—过磅量合格率比对统计表

2021年12月28日~2022年1月9日液化气装车流量计、过磅量计量比对统计表			
鹤位/品种	数据总量/组	不合格数/组	合格率/%
2鹤位丙烯	17	3	82.35%
3鹤位丙烯	31	7	77.42%
5鹤位丙烷	63	4	93.65%
6鹤位丙烷	60	7	88.33%
7鹤位丁烷	48	1	97.92%
8鹤位丁烷	54	3	94.44%
9鹤位丁烷	51	6	88.24%
10鹤位民用烃	59	11	81.36%
11鹤位民用烃	60	3	95.00%
12鹤位民用烃	59	9	84.75%
14鹤位民用烃/焦化气	41	1	97.56%
总计	543	55	89.87%
注：流量计与过磅量比对偏差在±0.2%内视为合格。			

3 影响数据合格率的因素

从上述两次的比对统计表可以看出，虽然合格率有所提升，但还没有达到使用流量计进行贸易交接的条件。经过一个多月现场装车调研，发现影响数据比对的合格率不仅与仪表安装应力、温压补偿有关，也受现场装车操作、工艺操作、汽车衡本身精度等多方面影响。

（1）现场装车操作的影响

液化气类产品装车是一个典型的采用常压开放式鹤位装车，槽车开至所分配的鹤位，车辆停稳熄火后，由装车操作人员将鹤管放置到槽车底部，同时将防静电接地夹夹在槽车上。完成准备工作后，操作人员在鹤位批控器上输入装车密码，打开气动二段式装车球阀，开始装车。开始时装车阀打开一半开度，以低流速装车，5s 以后，装车阀全部打开。然后根据现场实际工况，随时调节流量，做好错车准备。达到预装量后，人工或者自动关闭批控器，完成装车。从上述装车流程可以看出，实际装车时，由于系统管线压力与槽车内压力相差较大，很容易引起液化气汽化，而质量流量计在气液两相时无法正常计量，易造成数据偏差，而且不同的装车人员有不同的操作习惯，这些因素都会影响流量计数据的准确性，因此，规范装车操作是面临的第一个问题。

（2）工艺操作对数据的影响

一旦使用流量计进行结算，也将对工艺操作提出新的更严格的要求，如泵的操作、装车流量稳定性、批控器正确操作、装车连续性、数据采集录入准确性等，这些因素都可能影响数据合格率。

① 泵抽空操作对数据的影响(图 3)

如图 4 所示：装车到后半段时，产生了严重的泵抽空现象；结束装车时，人工直接干预批控器，在流速为 9t/h 时按下停止键，结束装车流程。通过比对数据可以看出，流量计与汽车衡的差率为 1.07%，因此泵抽空操作会严重影响数据的合格率。

豫JB7257 2022/2/12 12:03 重碳 9 24.118 23.9 0.258 1.07%

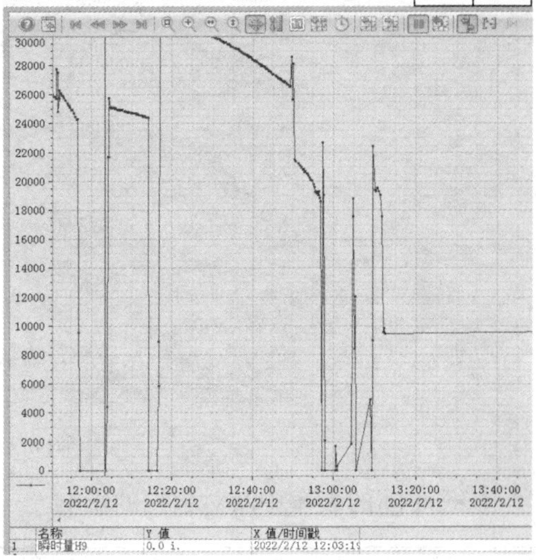

图 3 泵抽空趋势图

② 流量波动对数据的影响(图 4)

车号	时间	物料	鹤位	流量计	汽车衡	差量	差率
津 C61523	2022/2/9 12：56	丙烯	3	23.006	22.9	0.106	0.46%

如图 4 所示，装车的间隙一直有流量波动，装车结束后，紧接着又产生了波动，流量计也将此波动数据进行了累计，造成流量计计量数据偏大，流量计与汽车衡的差率为 0.46%，存在显著的超差。

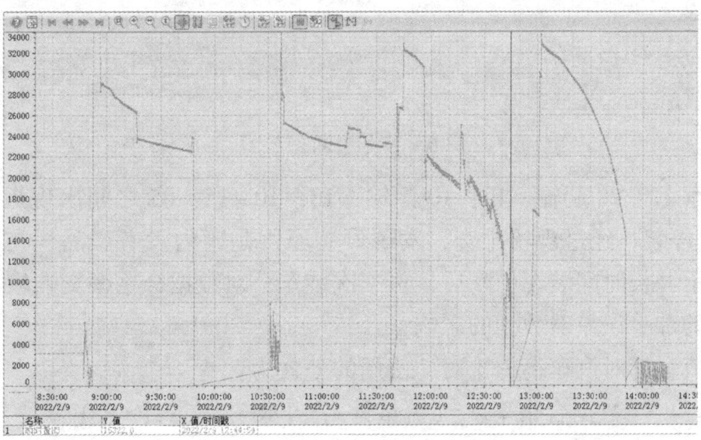

图 4 流量波动趋势图

③ 现场批控器的不当操作对前后两车的数据影响

车号	时间	物料	鹤位	流量计	汽车衡	差量	差率
豫 JB7319	2022/2/3 12：05	民用烃	11	25.188	25.12	0.068	0.27%
豫 JB7526	2022/2/3 13：14	民用烃	11	25.119	25.2	-0.081	-0.32%

从图 5 中可以看出：前车充装时间是 12：15~13：12，后车充装时间是 13：14~14：17。经现场实际排查，前一车于 13：06 就已经停止充装，后一辆车先将第一辆车未装完的部分装入自己车后，又在 13：14 分开始装自己的车，因此造成第一辆车实际装车数据小于流量计的计量数据，第二辆车的实际装车量大于流量计的计量数据，造成两辆车都比对超差。

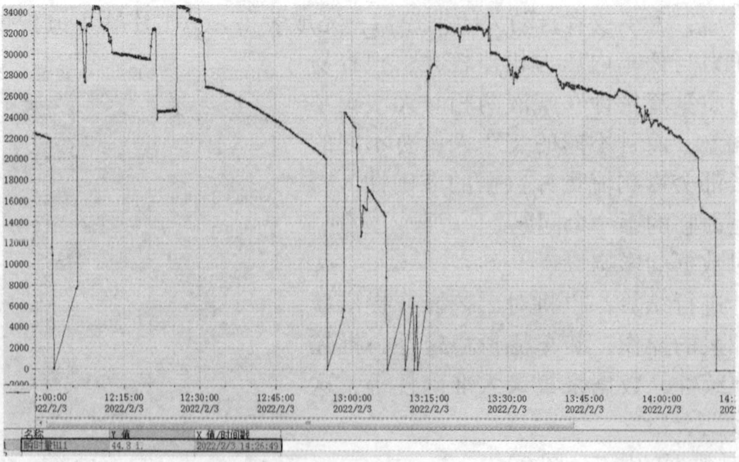

图 5　批控器二次操作趋势图

④ 长时间的装车中断对数据的影响

车号	时间	物料	鹤位	流量计	汽车衡	差量	差率
豫 JB9387	2022/2/3 12：28	重碳	7	25.038	24.94	0.098	0.39%

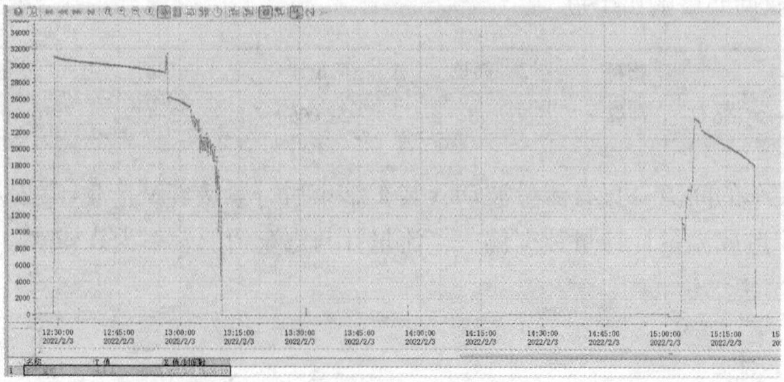

图 6　装车中断趋势图

如图 6 所示：此车 12：28 起输，13：10 停输，13：10~15：05 之间出现近两小时暂停，15：05 重新充装，到 15：23 停装，经过现场排查，发现停装原因是罐内没有产品，在等待另一个罐的产品合格。从比对数据显示，长时间装车中断后，再二次装车，对数据合格率影响较大。

(3) 汽车衡本身的加量误差对数据的影响

由于比对方式是流量计对汽车衡的比对，使用的公式为：

$$数据合格率\% = (流量计-汽车衡)/流量计\times 100$$

因此，汽车衡计量数据是否准确，将直接影响液化气产品数据合格率。此次参加比对的汽车衡位于炼油厂东门，该衡使用年限较长，设备老化，对数据的准确性也有一定的影响。

4 针对影响合格率的因素所采取的应对措施

针对上述三种情况，进行了相应的处理：

（1）现场装车进行了相应的规范化处理，制定标准化操作流程

要求操作人员必须按照流程进行操作，减少首车和尾车的不合格率。经过和运行部沟通以及实际运行过程的实验，最终拟定装车操作流程。操作流程更改为：

① 在装车之前，须检查鹤位有关阀门是否在关闭状态；停止装车时，流控阀、末端手阀应在关闭状态。

② 充装过程中，为了减少汽化，要求开始小流量装车；当槽车内的压力升高到临界压力时再大流量装车。槽车内压力升高到临界压力时的液化气的气化量可按以下公式计算：

汽化量=槽车吨位×(气相密度/液相密度)≈预装量/500

即当 PLC 按照通道设置余差，最小值 50KG。

③ 换车时，在装的车辆流量控制在 8t/h 左右，留下较为充分的时间换车。

④ 装车即将结束时，提前联系液化气岗位到泵房，距离装载量还有 20 kg 左右，联系液化气罐区停泵，并将与车相连球阀关闭 1/2，然后全部关闭。

（2）减少工艺操作对数据的影响，主要采取以下措施：

① 在工艺操作方面减少泵抽空现象，在液位低于 2m 时就不再输送，同时减少切罐、换罐的操作。在同一辆车进行灌装时，不进行新旧管线的切换 .

② 正常情况下，质量流量计在现场安装调试，确定流量系数后，重复性数据很稳定，但 3 鹤位出现明显的流量波动的现象，随后将该流量计与运行状况稳定的一个鹤位的流量计进行互换位置，观察使用状况。结果两个鹤位都没有出现明显的流量波动。说明原流量计安装存在一定缺陷，对流量计造成了影响，重新安装有流量波动的科氏质量流量计后，波动现象消失。

③ 充装未结束时，不得人工停止批控器，必须按照程序完成自动停止，停止后，内操人员检查是否有未完成的操作，如果有，通过系统完成停止后，才允许下一辆车充装，杜绝因批控器操作不当引起前后两车数据超差问题。

④ 充装过程中，杜绝中断装车(比如晃车)后再装车，若因其他原因造成装车中断，比如泵停、泄漏等，不再予以装车。

经过持续改进后，比对数据如下，表 3 为改进前、表 4 为改进后，从数据看，合格率由 92. 39%提升到 95. 26%。

表 3 改进前超差原因分析表

1. 29~2. 7 日超差数据及分析									
				超差原因分析					
	总数	不合格(>0. 2%)	0. 2%合格率	装车中断	抽空	流量波动	批控器二次操作	尾车	趋势正常
2#	16	5	68. 75%	2	2	1			
3#	17	2	88%		2				
5#	44	6	86%		3	3			
6#	39	2	94%		1	1			
7#	35	2	94%	1			1		
8#	50	3	94%		1	1			1
9#	42	3	93%	1	1			1	

续表

1.29~2.7日超差数据及分析									
10#	37	3	92%		2	1			
11#	42	2	95%				2		
12#	39	1	97.50%			1			
13#	45	5	88.80%		1	1	2	1	
14#	41	0	100%						
	447	34	92.39%	4	13	9	5	2	1

表4　改进后超差原因分析表

2.14 ~ 2.18日超差数据及分析									
			合格率统计	超差原因分析					
	总数	不合格(>0.2%)	0.2%合格率	批控器二次操作	抽空	装车时间重复	流量波动	尾车	首车
2#	10	2	80%	2					
3#	10	0	100%						
5#	20	1	95%						1
6#	21	2	90.40%	2					
7#	18	1	94.40%		1				
8#	24	1	95.80%			1			
9#	28	1	96.40%		1				
10#	16	0	100%						
11#	21	0	100%						
12#	20	1	95%				1		
13#	23	1	95.60%				1		
14#	21	1	95.20%					1	
	232	11	95.26%	4	2	1	2	1	1

同时，经过现场不断改进，2.19日以后，批控器二次操作现象完全杜绝，达到了预期的效果。

(3) 汽车衡重新检定校准

为了使比对数据更真实、减少衡器带来的误差，1月下旬，又对出厂的汽车衡进行升级，重新检定后，投入使用。

5　液化气产品流量计出厂的试运行情况

自2月24日起，液化气产品的7~14鹤位的丁烷、丙丁烷、焦化气产品试运行流量计结算，每天任意抽取三车比对。从抽检情况看，两种计量方式比对偏差0.00%，数据合格率100%，见表5。

表5　流量计—汽车衡比对表

丁烷、液化气产品以流量计计量出厂比对表						
日期	车号	鹤位	流量计/t	过磅量/t	差量/t	差率/%
2.24	A车	13	23.885	23.88	0.005	0.02%
	B车	14	25.186	25.2	-0.014	-0.06%
	C车	9	23.884	23.9	-0.016	-0.07%
2.25	D车	11	24.646	24.66	-0.014	-0.06%
	E车	8	25.085	25.12	-0.035	-0.14%
	F车	14	22.357	22.4	-0.043	-0.19%

续表

丁烷、液化气产品以流量计计量出厂比对表						
2. 27	G 车	14	24. 12	24. 1	0. 02	0. 08%
	H 车	9	24. 384	24. 4	-0. 016	-0. 07%
	I 车	14	23. 984	23. 96	0. 024	0. 10%
2. 28	J 车	9	25. 183	25. 18	0. 003	0. 01%
	K 车	14	23. 984	23. 96	0. 024	0. 10%
3. 1	L 车	12	25. 515	25. 52	-0. 005	-0. 02%
	M 车	9	23. 783	23. 8	-0. 017	-0. 07%
	N 车	14	23. 285	23. 28	0. 005	0. 02%
3. 2	O 车	14	24. 487	24. 48	0. 007	0. 03%
	P 车	7	24. 941	24. 92	0. 021	0. 08%
	Q 车	14	25. 295	25. 26	0. 035	0. 14%
3. 3	R 车	9	24. 284	24. 3	-0. 016	-0. 07%
	S 车	12	23. 841	23. 84	0. 001	0. 00%
	T 车	13	24. 185	24. 22	-0. 035	-0. 14%
3. 4	U 车	11	25. 588	25. 58	0. 008	0. 03%
	V 车	14	25. 713	25. 64	0. 073	0. 28%
	W 车	8	23. 818	23. 82	-0. 002	-0. 01%
3. 5	X 车	10	25. 46	25. 46	0	0. 00%
	Y 车	9	25. 283	25. 3	-0. 017	-0. 07%
	Z 车	14	25. 585	25. 58	0. 005	0. 02%
3. 6	A1 车	9	24. 184	24. 2	-0. 016	-0. 07%
	B1 车	14	24. 285	24. 28	0. 005	0. 02%
	C1 车	12	25. 688	25. 68	0. 008	0. 03%
3. 7	D1 车	9	24. 136	24. 16	-0. 024	-0. 10%
	E1 车	12	24. 219	24. 2	0. 019	0. 08%
	F1 车	14	25. 669	25. 66	0. 009	0. 04%
3. 8	G1 车	8	24. 186	24. 18	0. 006	0. 02%
	H1 车	7	25. 783	25. 8	-0. 017	-0. 07%
3. 9	I1 车	9	25. 385	25. 4	-0. 015	-0. 06%
	J1 车	13	25. 404	25. 4	0. 004	0. 02%
	K1 车	14	23. 742	23. 74	0. 002	0. 01%
3. 10	L1 车	9	25. 12	25. 12	0	0. 00%
	M1 车	14	25. 687	25. 68	0. 007	0. 03%
	N1 车	13	25. 684	25. 7	-0. 016	-0. 06%
	O1 车	13	23. 834	23. 8	0. 034	0. 14%
3. 11	P1 车	9	24. 485	24. 48	0. 005	0. 02%
	Q1 车	11	25. 69	25. 68	0. 01	0. 04%
	R1 车	14	25. 588	25. 58	0. 008	0. 03%
3. 12	S1 车	14	19. 212	19. 24	-0. 028	-0. 15%
	T1 车	7	24. 186	24. 22	-0. 034	-0. 14%
	U1 车	13	25. 585	25. 56	0. 025	0. 10%
3. 13	V1 车	9	24. 685	24. 68	0. 005	0. 02%
	W1 车	14	25. 505	25. 52	-0. 015	-0. 06%
	X1 车	12	25. 488	25. 48	0. 008	0. 03%
3. 14	Y1 车	9	24. 185	24. 18	0. 005	0. 02%
	Z1 车	11	23. 484	23. 48	0. 004	0. 02%
	A2 车	13	24. 087	24. 08	0. 007	0. 03%

续表

丁烷、液化气产品以流量计计量出厂比对表						
3.15	B2 车	11	25.025	25.04	-0.015	-0.06%
	C2 车	9	25.172	25.18	-0.008	-0.03%
	D2 车	14	23.46	23.46	0	0.00%
3.16	E2 车	12	25.487	25.48	0.007	0.03%
	F2 车	7	24.286	24.3	-0.014	-0.06%
	G2 车	14	24.668	24.68	-0.012	-0.05%
3.17	H2 车	9	24.384	24.36	0.024	0.10%
	I2 车	12	25.574	25.58	-0.006	-0.02%
	J2 车	14	23.986	23.98	0.006	0.03%
合计			1524.989	1525	-0.011	0.00%

总共 21 天，63 条数据，流量计与汽车衡的差率为 0；仅有一条数据因 14 鹤位流量计检定回装时管线内有未排除气体，造成差率 0.28%；在后续比对中，14 鹤位回归正常，数据较为理想。

6 结论

在液化气出厂由过磅计量向流量计计量转变时，在实际的操作过程中，需要注意减少泵抽空现象；首车起输时，注意要使用小流量装车，避免因为压力过大产生气化现象；减少或者避免装车中断现象，如果条件允许，建议车辆全部使用上装方式装车；杜绝人工干预批控器，要让系统自停，减少水击现象。同时科氏质量流量计对于零点的要求也较高，在日常维护中要密切关注零点变化，一般应每季度定期检查一次；在日常使用过程如遇工艺有大的调整（介质变化、压力变化、温度变化等），应立即检查零点变化情况，如超过生产厂家限定的指标，应重新调试。质量流量计相较于传统的用汽车衡满车过磅减去空车过磅量计算净重的交接计量方式，不但简化了装车的操作过程，不受大风、下雨等环境的影响，而且计量准确度更高，能够显著提高产品出厂的速度与总量。

参 考 文 献

[1] G. Bobovnik, J. Kutin, I. Bajsic, The effect of flow conditions on the sensitivity of the Coriolis flowmeter [J]. Flow Measurement and Instrumentation 2004 (15): 69-76.

[2] 李红明. 汽车液化气出厂计量系统改造//2011 年计量为工业现代化服务征文优秀论文集[C]. 北京：中国质检出版社，2012：515-519.

[3] 肖素琴. 油品计量员读本[M]. 北京：中国石化出版社 2011.

[4] 苏彦勋，杨有涛. 流量检测技术[M]. 北京 中国质检出版社 2012.

[5] 孙行. 浅谈石油化工生产装置中科氏力质量流量计的应用分析[J]. 中国设备工程 2021(04)：187-188.

[6] 高文清，窦贺通. 浅析科氏质量流量计特性及日常使用与维护[J]. 信息化技术与控制 2010(s1)：25-27.

[7] 刘志成，陈祥光. 科氏质量流量计在外输原油自动计量中的应用[J]. 传感器与仪器仪表 2006(10)：305-307.

[8] 李建华，薛建兴，刘梦琴. 科氏质量流量计在转油站的应用[J]. 自动化博览 2008(7)：61-63.

作者简介：孙秋娟(1985—)，女，中级工程师，聊城大学，中石化济南分公司检验计量中心计量管理；电话：15066669600，电子邮箱：15066663900@163.com，通信地址：山东省济南市历下区智远街道工业南路 26 号济南炼油厂，邮编：250101。

降低检定中秒表非正常触发的方法探讨

屈　云

（中石化股份天津分公司化验计量部　天津　300280）

摘　要　本文利用秒表检定过程中对秒表触发率的分析，制定多种方案，通过对秒表夹具的改造，有效验证了秒表在检定过程中非正常触发次数过多的原因，并解决了其造成的检定耗时降效问题，极大地提高了工作效率，并确保检定数据准确可靠。

关键词　夹具；撞击头；触发

1　秒表检定的现况及存在的问题

1.1　秒表检定原理

秒表检定的正常触发，指的是检定仪产生的时间间隔为两个正脉冲的间隔。当正脉冲加到固态继电器的输入端时，发光二极管导通，在光照下输出三极管导通，有电流流过电磁铁的线圈并产生一直流磁场，线圈内的铁芯在磁场作用下发生运动，从而推动撞击杆启动或停止秒表，也就是由秒表夹具上的机械撞击杆代替人手对秒表进行启动和停止。见图1。

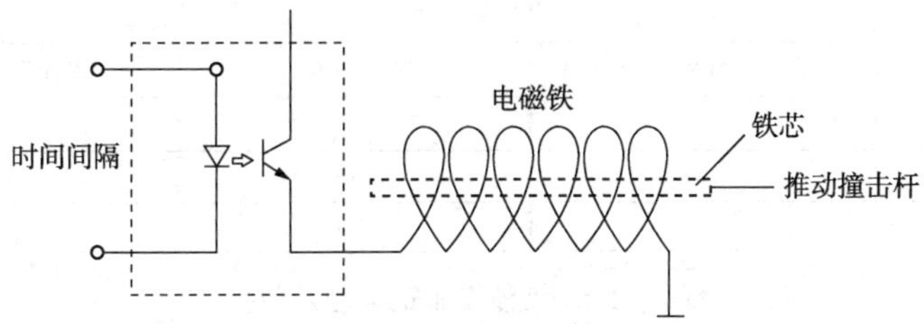

图1　秒表检定原理

电子秒表和机械秒表，作为一种特殊类型的时间间隔测量仪，其测量时间间隔的启动停止受控于其开始/停止按钮。秒表检定无论是用何种检定装置，其基本原理均雷同。作为被检定器具的秒表来说，无法直接将标准时间间隔信号(启停控制信号)接入。只能利用秒表夹具上的机械撞击杆代替人手对秒表启动和停止，撞击杆是由一个电磁铁推动，撞击杆的动作由标准时间间隔控制。

1.2　秒表检定装置的现状及存在问题

现本中心检定秒表的设备为1994年购买的秒表检定仪MJY-2，配套设备有一个秒表夹具。见图2。

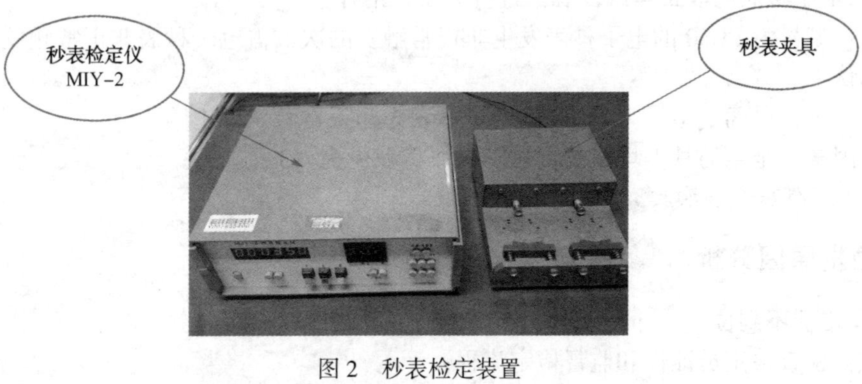

图2　秒表检定装置

依据现行秒表检定规程 JJG237-2010，开展电子秒表后续检定的测量时间间隔有 10s、10min、1h，其中 10s、10min 受检点测量 3 次，1h 受检点测量 2 次，测量 1 次需启停触发打表 2 次，平均 1 块电子秒表正常检定需启停触发 16 次、耗时 2h30min30s。

随着秒表种类的不断更新换代，其形状越来越多样化，现如今市面上的秒表已多为异形秒表，导致秒表检定时非正常触发次数日益增多，检定秒表的时长成倍增长，严重耗时降效。见图 3。

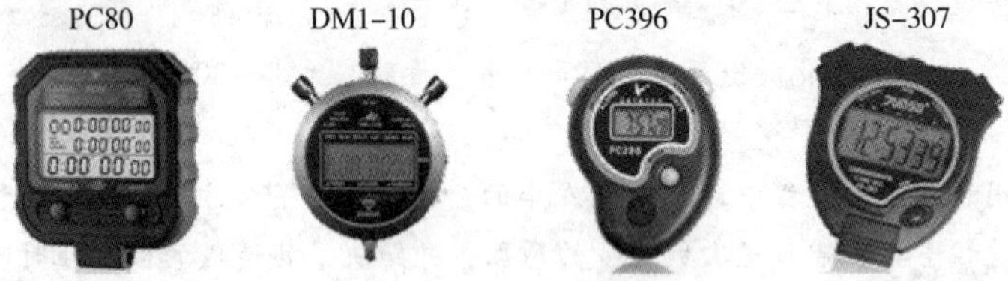

图 3　泛指异形秒表

2　秒表触发率分析

2.1　对机械秒表和电子秒表的非正常触发现象进行分析

就 2018 年为例，检定秒表时的非正常检定触发次数达到了 86 次，平均每月 7.2 次。见图 4。

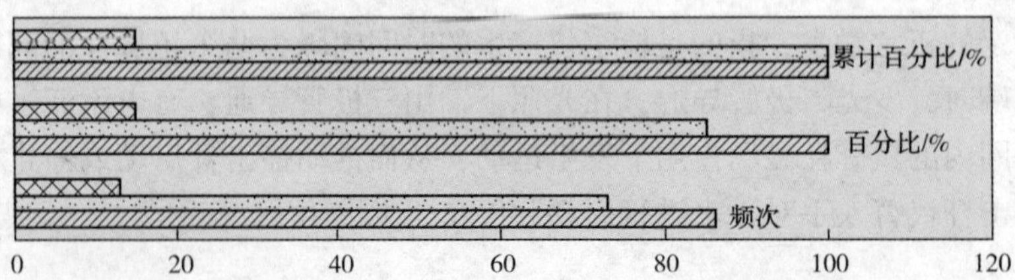

	频次	百分比/%	累计百分比/%
机械秒表	13	15	15
电子秒表	73	85	100
合计	86	100	100

图 4　2018 年秒表非正常触发数据

得出结论：电子秒表发生非正常触发的次数占非正常触发总次数的 85%。

型号	频次	百分比/%	累计百分比/%
PC80	57	78	78
DM1-10	8	11	89
PC396	5	7	96
JS307	3	4	100
合计	73	100	100

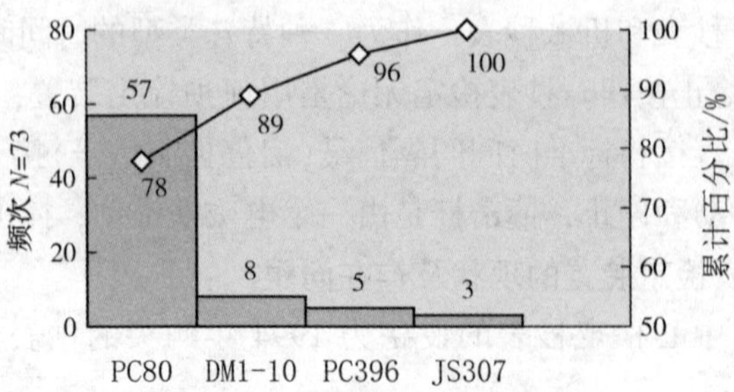

图 5　电子秒表各型号的非正常触发分布

2.2　进一步对电子秒表的非正常触发现象进行分析(图 5)

得出结论：型号为 PC80 的电子秒表发生非正常触发的次数占电子秒表非正常触发总次数的 78%。

进一步确认：

由上述分析中，可确定型号为 PC80 的电子秒表为非正常触发的主因。

若消除该因素，全年的月平均非正常触发次数将减少为≤3 次。

计算(86-57)/12=2.4 次≤3 次。

3　非正常触发原因分析

3.1　原因一：培训不到位

确认方式：检查检定员证件和监督检定流程；

确认标准：持有检定员证、现行秒表检定规程；

确认内容：现参与检定和校准的人员均已通过检定员考试，并持有有效的检定员证书。现场检定时均双人在岗，一人检定一人监督，检定方法和检定流程也完全依据现行秒表检定规程 JJG 237-2010 操作。检定时，未发生因操作不当引起的非正常触发现象；（平均每月监督 5 次秒表检定）

确认结果：非主因。

3.2 原因二：环境影响

确认方式：检查实验室环境；

确认标准：现行秒表检定规程上的环境要求；

确认内容：秒表检定规程 JJG 237-2010 中 7.1.2.4 明确规定，检定周围环境必须无影响正常检定的电磁干扰和机械振动。检查了检定恒温实验室，确认实验室内并无机械振动和电磁干扰源；

确认结果：非主因。

3.3 原因三：夹具缺少按压部件

确认方式：进行现场触发实验；

确认标准：夹具水平放置时，触发时被检秒表不会垂直活动；

确认内容：选取电子秒表 PC80 进行了 15 组触发试验，其中非正常触发现象为 9 次，占触发总数的 60%；

确认结果：主因。

3.4 原因四：夹具托板固定不牢

确认方式：如图 6 所示进行现场触发实验。

确认标准：夹具固定秒表后，触发时秒表不会水平左右晃动；

确认内容：我们现有的秒表夹具是 1994 年购买的秒表检定仪的配套设备，它的夹具托板上的凹槽只适用于普通机械秒表的形状，现在市场上的电子秒表从外形上已经不适用了。从右图可看出，秒表对准撞击柱后，托板螺栓无法固定，这就导致了其在检定过程中左右晃动，引起非正常触发是必然的。

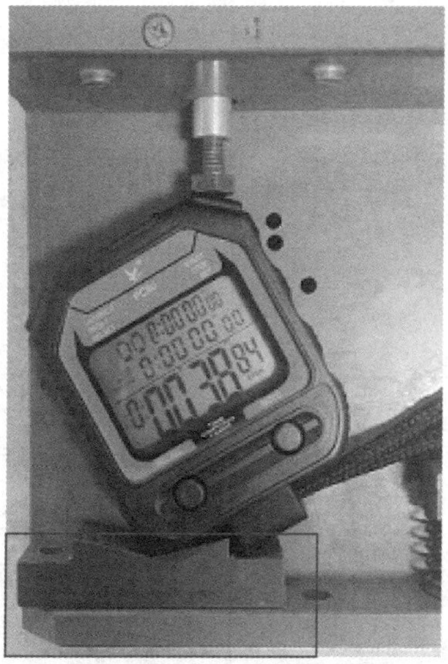

图 6 秒表托板

确认结果：主因。

3.5 原因五：撞击头与秒表启停键接触面小

确认方式：进行现场触发实验；

确认标准：秒表启停键与撞击头贴合；

确认内容：对于 PC80 这类尺寸较大（主要是较厚）的秒表，它的启停键中心点要高于秒表夹具撞击柱的中心点，这就造成触发时启停按钮受力不均匀，从而造成非正常触发 ，这其中也不排除个别秒表启停键接触不良的因素，但是这两者在试验中是无法分辨出来的。因为该表尺寸高度是不可调节的，所以在触发时发生非正常现象概率是极高的；

确认结果：主因。

3.6 原因六：撞击头与秒表间距较大

确认方式：进行现场触发实验；

确认标准：在夹具上固定秒表时，将启停键正对撞击头，且距离控制在 2mm 左右；

确认内容：检定秒表时，将标准时间间隔发生器的电脉冲信号转换为机械动作时，我们要给秒表启停键和撞击头之间留出足够的距离便于它运动，因为撞击头上的螺栓是可调节的，在检定中留出 2mm 距离是可控的，所以撞击头与秒表间距大不是非正常触发的要因；

确认结果：非主因。

3.7 原因七：秒表检定仪故障

确认方式：检查秒表检定仪溯源证书和设备运行记录

确认标准：外溯源秒表检定仪检定证书；

确认内容：检查了秒表检定仪 2016~2019 年由天津市计量科学研究院检定合格并出具的历年检定证书，均具备。设备、证书取回后都已进行了确认并进行了试运行，记录齐全，运行情况良好；

确认结果：非主因。

4 解决方案的制定(表 1)

表 1 方案制定

序号	主因	目标	解决方案
1	夹具缺少按压部件。	夹具水平放置时，触发时被检秒表不会垂直活动。	在夹具上自制安装按压板。
2	夹具托板固定不牢。	夹具固定秒表后，被检秒表不会水平左右晃动。	在夹具上安装定位柱和弹簧托板。
3	撞击头与秒表启停键接触面小。	撞击头与秒表启停键贴合，受力均匀。	更换撞击头旋转螺栓

5 方案的实施

实施方案一：自制按压板

步骤	说明	图示
(1)确定钻孔位置	根据 PC80 电子秒表实物测量，用三把螺丝刀和托板固定住秒表，确定位置后在夹具左上方红色圆圈位置钻一个 6mm 的螺纹孔	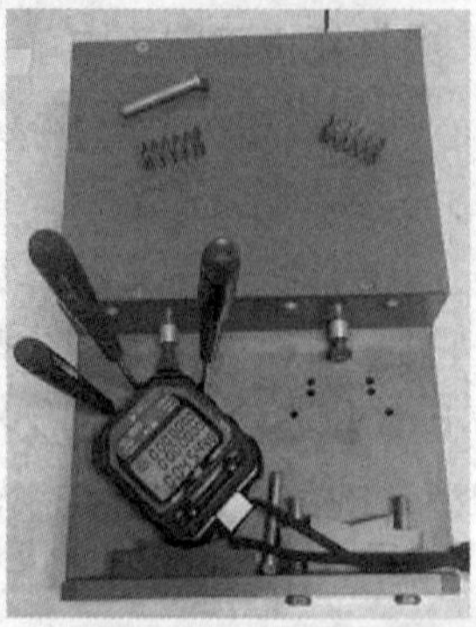
(2)组装按压板	①准备 1 个长为 40mm 的 M6 螺栓，1 个 6mm 元宝螺母； ②准备一个金属板，长 45mm，宽 20mm。并在上面钻一个 6mm 的孔； ③把准备的材料组装在一起，按压板可上下左右移动	

实施方案二：安装定位柱和弹簧托板

步骤	说明	图示
(1)确定钻孔位置	根据 PC80 电子秒表实物测量，用三把螺丝刀和托板固定住秒表，确定位置后，在夹具三角红标位置钻一个定位销孔；在左下方红色圆圈的位置钻 2 个 6mm 的螺纹孔	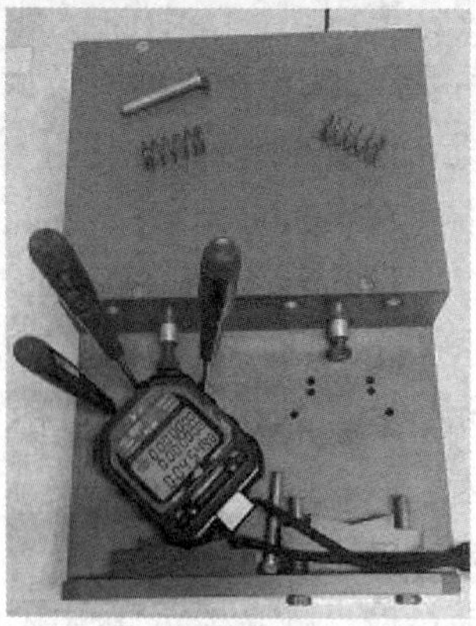

续表

步骤	说明	图示
(2)安装定位销	①定位销与秒表紧密贴合(也是用于同类型秒表参考位置的固定)	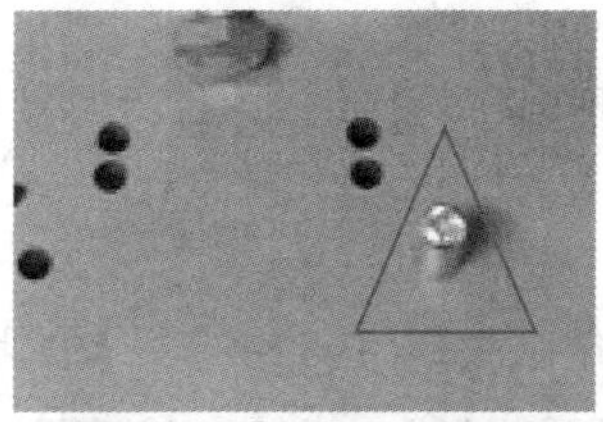
(3)安装弹簧托板	②该弹簧托板可进行调节，弹簧托板、定位销和底部托盘兼顾固定秒表和确定秒表启停按钮与撞击头的距离的作用	

实施方案三：更换撞击头旋转螺栓

步骤	说明	图示
更换螺栓	原夹具撞击头螺栓为凹状，现把其更换为接触面为弧状的 M6 螺栓，使撞击头与秒表启停键接触时更贴合、受力更均匀	

6 方法验证

方案实施完成后，秒表夹具的改装如图 7 所示，我们就 2019 年秒表检定的非正常触发进行分析：从表 2 可看出，2019 年度秒表的非正常触发次数减少为 28 次，月平均频次减少为 2.3 次。见图 7。

验证结果表明了改装后的秒表夹具已彻底解决了 PC80 异形秒表的非正常触发现象，根除了在秒表检校过程中的一些不适用性，使操作更加简单、人性化。

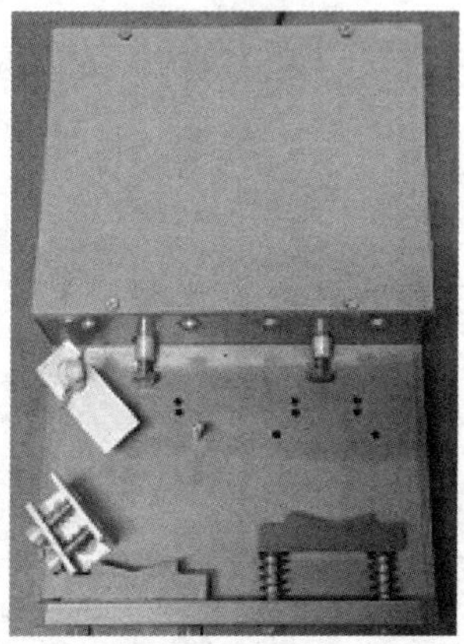

图 7 改装后秒表夹具

7 结语

通过此次对秒表夹具的改造，验证了改装后的秒表夹具针对现今新型秒表检定的实用性，解决了检定严重耗时降效的难题，极大地提高了工作效率，并确保检定数据准确可靠。我们将在此基础上、在取得效果的巩固期中，做好记录，进行统计，以期其尽快达到稳定状态。本文如有不足不妥之处，请大家批评指正。

表 2 2019 年秒表非正常触发数据

型号	频次	百分比/%	累计百分比/%
机械秒表	12	43	43
PC80	0	0	43
DM1-10	9	32	75
PC396	4	14	89
JS307	3	11	100
合 计	28	100	100

参考文献

[1] JJG 237—2010，秒表.
[2] 马凤鸣. 时间频率计量. 北京：中国计量出版社，2009.1.
[3] MJY-2型秒表检定仪使用说明书.

作者简介：屈云(1982—)，女，技术员，中国人民解放军信息工程大学，现从事电学计量专业。电话：022-63804169，邮编：300270，通信地址：中石化股份天津分公司化验计量部。

“互联网+人工智能”浮球液位计系统在林东集输总站储罐应用

李永国　颜伟涛　王建峰

（中国石化胜利油田鲁胜石油开发有限责任公司　山东烟台　265799）

摘　要　在石油企业的生产经营活动中，计量的精度和自动化程度将直接关系到对石油企业经济效益的实现。为保障各储罐的计量，各显神通采取电容式液位测量、罐体重量测量、超声波测量等，存在人为测量误差大，测量精度不高、不能连续测量采集分析。针对上述问题，加强人工智能计量技术研究，采用互联网+智能化仪器设备的远程控制计量技术，联合研制出“互联网+人工智能”浮球液位计系统，大幅度提高计量精度，减轻员工的劳动强度，深化智能油田构建。

关键词　人工智能；浮球液位计；液位测量；应用

1　引言

鲁胜公司林东集输总站于2006年7月建成投产，是一座集原油卸油、油气分离、原油脱水、污水处理、原油外输为一体的大型联合站（图1）。该站沉降罐现有5000m^{3}原油储罐2座，2000m^{3}原油储罐4座，其他储罐、压力容器22座，大型泵类设备30台，配套2000立方米消防水罐2座，设计原油处理能力50×10^{4}t，液量7500方/天，主要担负着鲁胜公司鲁源采油管理区井口采油液的处理及外输任务，年外输油21.19×10^{4}t，年外输水25.1×10^{4}t，日外输合格原油600t左右，污水7500m^{3}左右，外输含水控制在1%以下，需各种储罐存储精确计量。

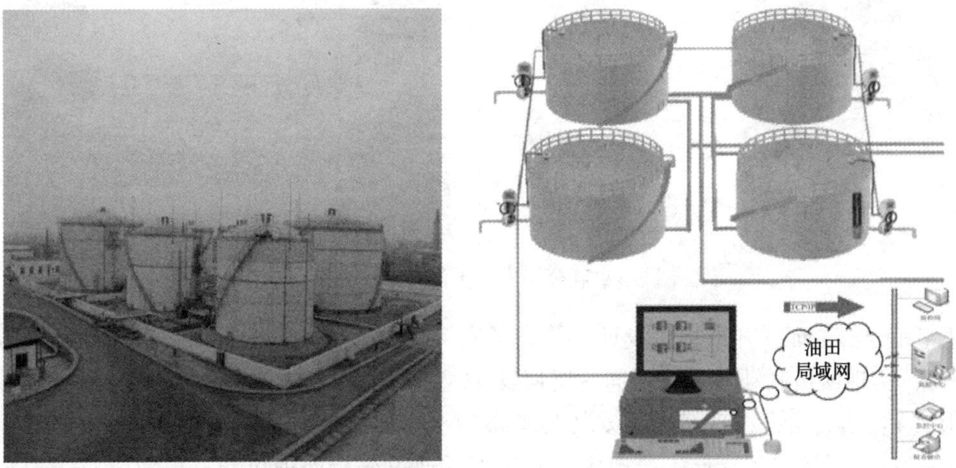

图1　鲁胜公司林东集输总站罐区监测系统布局图

2　实施背景

2.1　计量方法现状

林东集输总站检测沉降罐一般使用油检尺和万用表检测，需要爬上罐顶，人工测量液位高 度和油水分界面，劳动强度大，使用检尺检测液面，容易受液面泡沫的影响；从沉降罐量油口测量油水分界面时，按万用表的指针摆动观测界面位置，需要按经验判断，判断条件 不同则位置不同，另外，由于量油口套管的换液孔不是连续的，造成从透光孔直接测量和从量油口测量得的界面不同；同时，当出现下雨、风大、下雪时根本就不适宜上罐测量，造成而且上报数据不及时。

在各种储罐计量中，计量的精度和自动化程度将直接关系到对石油企业经济效益的实现。为保障各储罐的计量，各显神通采取电容式液位测量、罐体重量测量、超声波测量等，存在测量精度不高、不能连续测量采集分析。在应用手动方式来对石油进行计量时，对计量技术的要求比较高，而计量精度也比较容易受到人为因素的影响。特别是在对圆柱体、半圆柱体以及长方体等不同罐装容器型式内的石油进行计量时，人工计算方法会存在较大的难度 。另外，在完成测量后进行换算时，也会由于对压力以及温度等外界因素缺乏准确的监测而影响到最终的计量结果。

2.2 浮球液位计应用现状

虽然在浮球液位计中已经开始应用了自动流量计量表等自动化的计量设备，然而其应用范围仍较少，其主要的限制因素是目前在石油自动计量技术以及设备方面尚不成熟，自动计量系统的应用不仅需要较高的成本投入，而且在计量的精度方面也没有达到石油贸易的实际需要。在新型浮球液位计技术的研发应用中应根据石油贸易的特点以及实际需要不断提高自动计量系统的精度，并简化相关计量仪表的操作。同时随着自动计量系统在石油产品的库存管理以及贸易交接中的应用范围的扩大，自动计量系统的成本也将随之降低，从而进一步提高自动计量系统的实用价值。

3 “互联网+人工智能”浮球液位计系统的研制

针对上述问题，储罐液位计必须不断向自动化以及智能化方向发展，以减少人为因素所产生的误差，同时还要在液位计量中积极引入先进的网络信息技术，加强对石油储运计量过程的智能化监测和远程控制，采用互联网远程控制+智能化仪器设备的计量技术，多家联合研制出“互联网+人工智能”浮球液位计系统。

3.1 互联网+的信息化、智慧化的建设

按照“智慧化、组件化、模块化”的思路，互联网+采用 GIS、GPS、视频、组态集成技术，通过攻关融合，优化选型，建设鲁胜公司安全生产综合管理平台(图 2)——PCS 系统。

图 2 鲁胜公司安全生产管理综合平台

深入研究和分析论证，开展顶层设计，确定了该系统“481”体系架构，即：4 个层级、8 个功能模块、1 个平台，实现四级联动、上下贯通、层层穿透，在总体系统架构下，根据系统功能需求分层次系统开发(图 3)：采集层，在现场通过安装各类摄像头、传感器，通过 RTU/PLC 实现数据采集；平台层，通过 SCADA 系统采集存储生产现场实时数据并通过分析处理机制，形成满足需要统一标准规范的动态大数据库，为应用层提供统一技术支撑；应用层，公司级、管理区级的安全生产管理综合平台——PCS 系统，在线采集沉降罐的图像、数据处理→SCADA 服务器→各级生产指挥中心的直观显示到屏幕上，精准计量存储参数，通过人工智能和人的智慧相结合，诊断分析，实时规划最优沉降罐存储能力，优化方案最大限度油水分离降低含水，实现沉降罐有效利用，安全平稳，节约能源保护环境。

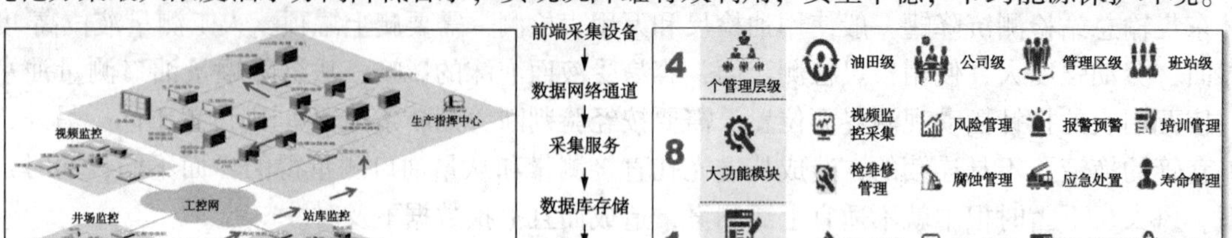

图 3 系统采集层级及功能

3.2 人工智能浮球液位计结构

人工智能浮球液位计(图4)由液位传感器用配重1组，显示仪表1台，液位传感器1套(配三通接线盒)，界位传感器1套(配两通接线盒)，浮球1个，安装法兰2片 构成，结构简单，感应灵敏，测量精度高，安装方便，经久耐用，成本低。

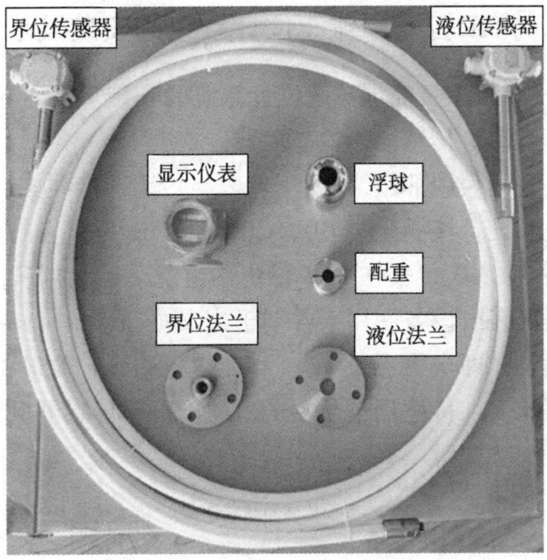

图4 人工智能浮球液位计各组件

3.3 人工智能浮球液位计系统工作原理

人工智能浮球液位计的传感器通过逐点依次测量接触传感器外壁的介质到罐壁之间的阻抗，在油水界面处由于介质导电率快速上升，阻抗变化曲线上会出现跳变，通过查找阻抗跳跃来判断油水界面的具体位置，由于在油连续相的层面内，测得的阻抗与原油含水接近线性系，从而依据测得的阻抗值可以描述出过渡带含水的变化趋势和直观的油水分离程度。在液位检测时，为解决阻抗变化不明显的缺点，加装磁敏元件构成磁栅结构，参照磁致伸缩液位计原理，通过检测磁性浮球位置来辅助计算液面高度，优点是技术成熟，性能稳定，精度高，可消除液面泡沫影响。

人工智能浮球液位计系统使用异步串行通信接口，接口电平符合RS-485标准规定，其通信方式为主从式通信方式，通信距离1km。接口采用光电隔离技术。波特率：9600bps；数据格式：8位数据位，1位起始位，1位停止位，无奇偶校验位。16位整型数据采集：液位(mm)：地址0x0032（十进制50)，界位(mm)：地址0x0033（十进制51)，罐内定点温度：地址0x0034(十进制52）1位小数。实现计量数据远程监控采集传输统计分析。

举例：上位机发送(16进制)：01 03 00 31 00 03 54 04 ，表示：采集地址01 仪表 从起始地址0x0031开始的3个数据，共6个字节。54 04是CRC校验码；仪表响应(16进制)：01 03 06 25 A9 18 DF 01 45 8D 61。表示：地址：01 命令号03 数据字节数06，液位9641mm(0x25A9)，界位6367mm(0x18DF)，温度32.5(℃)(0x0145)。8D 61是校验码。

3.4 人工智能浮球液位计系统功能

人工智能浮球液位计系统可精确测量、描述罐内液量及油水过渡带分布；经过计算给出大罐总液量、纯油量及水量。测量仪表传感器外壁使用聚四氟乙烯材料，可测量腐蚀性介质。特别适用于脱水罐、沉降罐、储油罐、污水罐的液位、油水过渡层的测量和描述。采用逐点阻抗测量技术，对罐中水位、油位、油—水过渡层逐段分析含水率，从而对油量、水量进行精确测量和定量描述，性能稳定，精度小于0.2%。

人工智能浮球液位计选用功能强大的微处理芯片，并配合设计优良的应用软件，防爆、防水，低功耗，可靠性高。全密封设计，可在露天下长期工作。传感器通过采集对接触其外壁的介质到罐壁的阻抗，计算，显示液面，界面。自适应分段参比算法和传感器聚四氟乙烯外壁的特点，使挂料对精度的影响减少到最小。信息处理中的"自我学习"系统能够自动适应不同罐内的油，气，水因温度，液体成分不同而造成对测量精度的影响。预置微机接口电路，可方便地进行数据上传，进行人机对话，实现自动化控制，节约人力资源，提高工作效率。配套的工控软件，可方便地实现数据存取、报表打印、网上数据传送等功能。

通过与专有的模糊控制、自学习系统结合可实现单一大罐以及集输罐群的进出液量、界面高度、油—水过渡带厚度实施精确控制；从而大幅度提高大罐运行效率和运行质量，大幅度提高计量精度，减轻员工的劳动强度，深化智能油田构建。

4　人工智能浮球液位计系统的安装及应用

4.1　人工智能浮球液位计系统的安装

(1)传感器接线盒接线方式

仪表内部接线(显示仪表与传感器接线),传感器接线盒接线图(图5);24V 供电接线(与其他仪表或设备接线);VDD、COM、GND 为仪表内部接线,一般由专业技术人员完成安装操作;+24、A+、B-、GND 仪表在24V 供电的情况下,根据所测液位经计算后经 RS-485 口输出相应的数字量,供其他仪表或设备使用。各端子定义如下:+24V——仪表电源正极,范围为9~25V;GND——仪表电源负极,即电源接地端;A+、B——485 接口;SH——接通信线屏蔽层;VDD——传感器供电端子;COM——传感器信号端子;GND——传感器共地;RESET——仪表通信参数设置;UP,DOWN——参数调整按键。

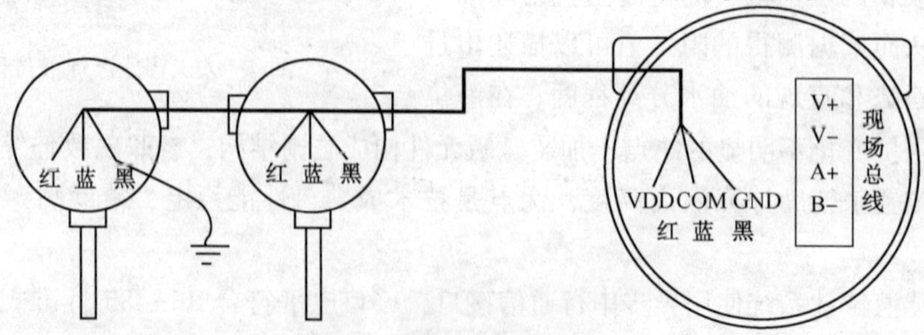

图5　传感器接线盒接线图

(2)人工智能浮球液位计的安装方式

为保证现场本质安全,仪表采用传感器和仪表显示分体安装方式(图6),现场总线在罐下接入仪表,只有本质安全的传感信号线在罐顶部连接传感器。仪表液位传感和界面传感采用两套传感装置,根据现场需求和实际工况设计合理测量起始点和盲区。液位传感器外套浮球和配重,浮球直径有两种规格尺寸,直径分别是90mm 和200mm,根据现场安装环境和工况选择。连接法兰可以用 DN50 或 DN100 口径安装。界面传感器接线盒接地线必须和大罐本体可靠连接,防止信号干扰,影响数据采集。

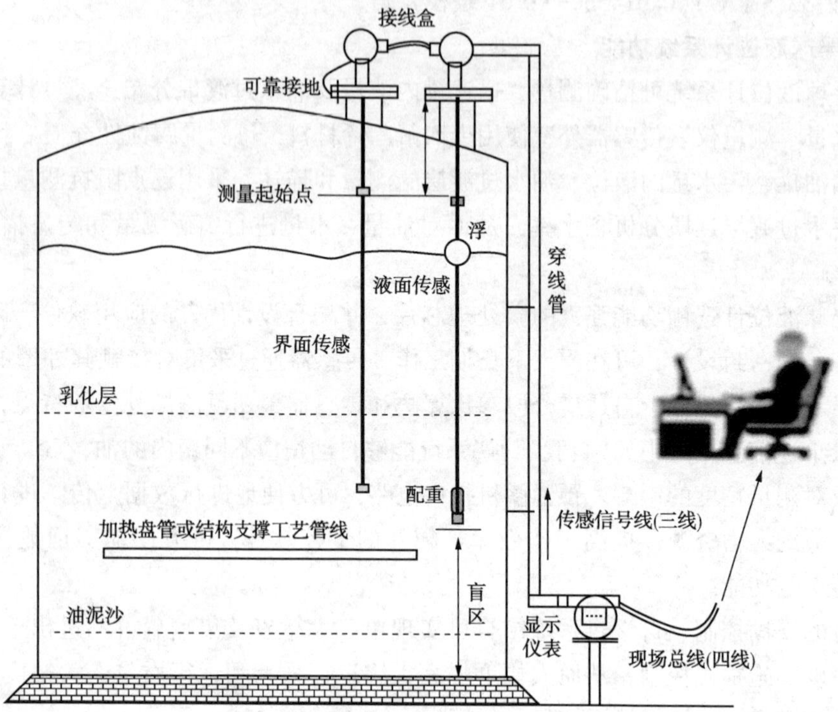

图6　仪表整体安装示意图

4.2 人工智能浮球液位计系统的应用及经济效益测算

(1) 人工智能浮球液位计系统的应用

2019 年至今，借胜利油田智能化油田建设的东风，在鲁胜公司林东集输总站的 2 座 5000m^3 原油储罐，4 座 2000m^3 原油储罐，22 座其他储罐，安装了人工智能浮球液位计系统(图 7)进行大面积应用，形成监测网阵。传感器通过采集对接触其外壁的介质到罐壁的阻抗，自适应分段参比算法和传感器聚四氟乙烯外壁的特点，使挂料对精度的影响减少到最小。精确计算，显示液面、界面，自动在线输入微机，直观地显示在线监视屏幕上。可方便地进行数据上传，配套的工控软件，实现数据存取、报表打印、网上数据传送等功能。信息处理中的"自我学习"系统，实现人工智能，能够自动适应不同罐内的油，气，水因温度，液体成分不同而造成对测量精度的影响。通过与专有的模糊控制、自学习系统结合可实现单一大罐以及集输罐群的进出液量、界面高度、油—水过渡带厚度实施精确控制。一键在手，自动化控制，进行人机对话，实时掌控整个林东集输总站所有储罐的液位、温度、界位，大幅度提高计量精度，误差小于 0.2%，准确及时报警、预警，杜绝冒罐、干罐等事故发生，从而大幅度提高大罐运行效率和运行质量，减轻员工的劳动强度，节约人力资源，提高工作效率。构建安全生产屏障，深化智能油田构建。

图 7　人工智能浮球液位计系统现场应用流程图

(2) 经济效益测算

鲁胜公司林东集输总站每年减少冒罐事故 5 起，减少灌区污染的污染费及工农关系费，据测算减少费用 86 万元，减少损失原油 20t，原油 2200t/元，获效益 4.4 万元；由于集输总站所有储罐的液位、温度、界位，大幅度提高计量精度，误差小于 0.2%，与之前用的磁翻板、超声波液位计、人工测量相比，提高精度 0.5%，年外输油 21.19×10^{4}t，每年减少原有损失 1059.5t，原油 2200t/元，获得经济效益 232.98 万元；减少 5 个员工现场量油，9.6 万元/员工/年；共平均获得经济效益 371.38 万元/年。

5 认识与结论

"互联网+人工智能"浮球液位计系统采用互联网远程控制+智能化仪器设备的计量新技术，由数据采集器获取数据并通过主从式通信方式传送至四化监控中心，实现液位、温度、界位的连续监测和全天候远程测量采集、统计分析实时数据，一键在手，自动化控制，进行人机对话，掌控整个林东集输总站所有储罐的液位、温度、界位，通过系统测量数据与现场实测数据对比分析决策，人工智能浮球液位计系统测定的液位、温度、界位数据误差小于 0.2%，测量准确率高，提高了测量精度。通过液位、温度、界位变化曲线的波动情况，能够及时发现储罐的异常情况，为后续措施提供参考依据。

杜绝人为测量误差，大幅度提高计量精度，减轻员工的劳动强度，深化智能油田构建，构建安全生产屏障。

参 考 文 献

[1] 张毅等. 自动化检测技术及仪表控制系统 [M]. 北京：化学工业出版社.

作者简介：李永国(1971—)，性别：男，职务：主办，职称：高级工程师，毕业院校：中国石油大学(华东)，现从事的工作：工程技术管理，电话：18661398729，邮编：257077，通信地址：胜利油田鲁胜石油开发有限责任公司生产管理部(东营市东营区锦霞路22号)。

原油进厂损失的分析及对策

宋 洋

（中国石油化工股份有限公司北京燕山分公司检验计量中心　北京　102599）

摘　要　在管输原油计量中，影响油品检测和计量数据的准确性含有诸多因素，主要有原油含水的变化、不同油种造成黏度上的偏差、季节温度造成密度上的偏差，计量仪表测量原理不同造成计量精度上的偏差，原油含水量、密度值、计量数据的准确与否直接关系到炼油厂进厂原油储运损失率和燕化公司整体的经济效益。

我们具体分析了造成原油进厂损失的主要原因后，首先将两台监督流量计外送检定，量值的溯源使计量精度得到了重新确认；其次将燕山原油自动取样器的取样探头进行清理维修后作为交接双方原油计量的密度取样点，所分析出的原油密度值及含水值真实且准确。

关键词　原油；密度；流量计；计量精度

1　引言

在管输原油计量中，影响油品检测和计量数据的准确性含有诸多因素，主要有原油含水的变化、不同油种造成黏度上的偏差、季节温度造成密度上的偏差，计量仪表测量原理不同造成计量精度上的偏差，原油含水量、密度值、计量数据的准确与否直接关系到炼油厂进厂原油储运损失率和燕化公司整体的经济效益。

燕山石化炼油厂年加工原油 800×10^4t 左右，进口原油由海上运输至天津大港输油站，经燕津线管输至储运厂牛口峪原油罐区，国家管网天津输油处在罐区内设有原油计量间，安装刮板流量计 5 台，所得计量数据作为原油交接的计量依据，储运厂在原油进储罐前安装三台质量流量计，所测计量数据对结算量进行监督对比，计量精度±0. 2%。

2　统计数据反映出的问题

2020 年 2 月份，储运厂协调检验计量中心计量管理人员对牛口峪进料管线三台质量流量计的零点进行了重新确认，将我方监督数据与管道公司交接量数据进行梳理，从 2019 年 10 月起原油进厂损失逐渐上升，损失率在-0. 18%～-0. 75%之间。（表 1）

表 1　燕山石化质量流量计与交接量对比表

时间	监督量/t	交接量/t	偏差值/t	偏差率/%
2019 年 9 月	783339	784760	-1421	-0. 18%
2019 年 10 月	772398	775025	-2627	-0. 34%
2019 年 11 月	751974	756031	-4057	-0. 54%
2019 年 12 月	791881	796240	-4359	-0. 55%
2020 年 1 月	793441	797854	-4413	-0. 55%
2020 年 2 月	509315	513160	-3845	-0. 75%

3　分析原油损失率增大的主要原因

3.1　对交接计量刮板流量计的分析

国家管网在罐区内设有原油计量间，五台刮板流量计的检定方式为：

小标：每个月一次，由国家管网计量管理人员对计量交接用刮板流量计进行校验，超出±0.2%不做器差调整。

大标：半年一次，国家管网委托第三方检定机构对计量用刮板流量计进行计量检定，如超出±0.2%将对刮板流量计器差进行调整，重新修正误差，并出具检定证书。

2020 年 4 月 28 日，燕山输油站牛口峪计量间 1#~5#刮板流量计大标检定完成。

将 2020 年 1 月~2020 年 7 月国家管网刮板流量计所计量原油的体积量与监督用质量流量计所计量的体积量进行了对比，差量趋势见图 1。

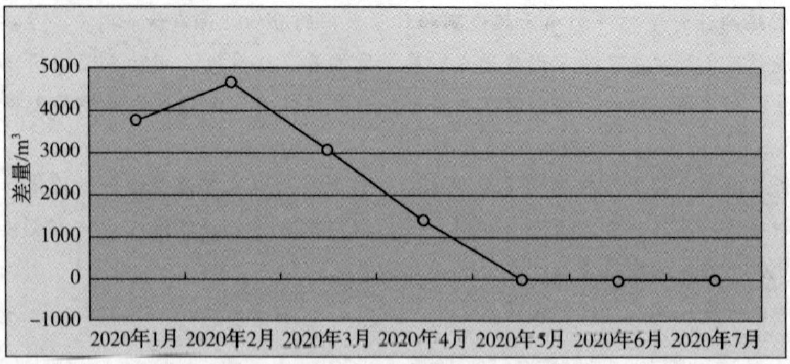

图 1　刮板流量计与质量流量计体积差量趋势图

由上图可以看出，4 月 28 日大标后刮板流量计进行了器差调整，5~7 月体积量差大幅度减小。

3.2　对监督计量质量流量计的分析

3.2.1　输出方式的分析

质量流量计在安装时就将变送器 5700 的输出方式改为 485 输出，同时在仪表机柜间新加 485 通信卡，现场变送器测得的瞬时量、累积量、温度、密度等参数通过数据传输到控制室 DCS 画面显示，并通过 OPC 数据采集上传到实时数据库系统。

在 2020 年 6 月 10 日~2020 年 6 月 20 日对监督计量表 FIQ—601、FIQ—602、FIQ—603 现场一次表累积量与 DCS 累积量进行了对比，现场一次表与室内 DCS 累计量之间无偏差。见表 2。

表 2　原油计量流量计室内外累积量对比

日期	原油计量 FIQ-601			原油计量 FIQ-602			原油计量 FIQ-603		
	现场/t	DCS/t	误差/%	现场/t	DCS/t	误差/%	现场/t	DCS/t	误差/%
6 月 10 日	7389	7389	0	6506	6506	0	6319	6319	0
6 月 11 日	7258	7258	0	6541	6541	0	6395	6395	0
6 月 12 日	7153	7153	0	6487	6487	0	6841	6841	0
6 月 13 日	7216	7216	0	6954	6954	0	6369	6369	0
6 月 14 日	7536	7536	0	6852	6852	0	6574	6574	0
6 月 15 日	7426	7426	0	6547	6547	0	6654	6654	0
6 月 16 日	7369	7369	0	6398	6398	0	6258	6258	0
6 月 17 日	7254	7254	0	6471	6471	0	6354	6354	0
6 月 18 日	7291	7291	0	6539	6539	0	6456	6456	0
6 月 19 日	7146	7146	0	6749	6749	0	6536	6536	0

3.2.2　过程压力的分析

质量流量计送检后，检定站水标定装置的工作压力在 0.25MPa 保持不变，而现场实际工况下，被测流体的过程压力是波动变化的，并且与检定压力存在差值。这就需对现场流量计进行压力补偿，去消除过程压力变化给流量计带来的计量偏差。

FIQ-601、FIQ-602、FIQ-603 型号均为 CMFHC4M846N4GZMZZZ，厂家给出每 100kPa 压力对

CMFHC4 型号质量流量计计量精度影响-0.020%。

牛口峪监督用质量流量计设计施工时已经在每台流量计入口管线上安装一台 3051 压力变送器，并将实测压力值传输到 5700 变送器内，变送器通过内部计算以实现过程压力对所测流量值的实时补偿，在线压力补偿功能的实现，消除了流体过程压力变化带来的计量偏差。(见图 2)

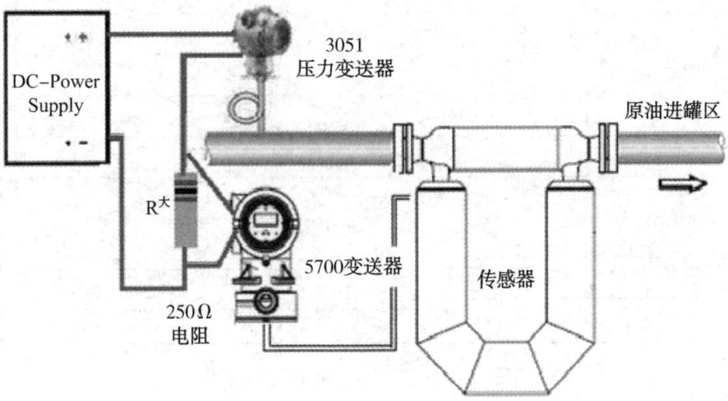

图 2　在线压力补偿工艺及接线图

3.2.3　计量精度的分析

牛口峪罐区原油监督计量点为三台质量流量计，于 2016 年 8 月设计安装，计量管理上执行 B 级管理(检修期)，安装前送“国家石油天然气大流量计量站东营分站”进行检定，投用距今已 4 年，流量计计量精度没有重新确认。现管理上已经将三台流量计定为公司级计量点，须将三台流量计送检定站重新标定。(表 3)

表 3　监督流量计检定情况表

仪表位号	仪表类型	出厂编号	检定周期	检定日期	检定证书号	精度等级
FIQ-601	质量流量计	12128276	检修期	2016.8.26	DYJTVS201608085	0.2
FIQ-602	质量流量计	12131656	检修期	2016.8.26	DYJTVS201608084	0.2
FIQ-603	质量流量计	12132668	检修期	2016.8.26	DYJTVS201608086	0.2

3.3　对被测原油内含气泡的分析

《原油动态计量一般规则》(GB/T 9109.1-2010)中第 4.1.1 条规定：“为了保证要求的计量准确度和保护流量计，流量计的上游装置应配置消气器、过滤器”。

原油在管输过程中携带少量气泡，气泡的存在给原油采样分析的密度值带来偏差，现场调查发现原油计量间入口管线上安装的消气器并没有进行过排气工作，经储运厂原油车间协调管道公司于 5 月 12 日投用消气器，5 月 22 日开始由管道公司班组和牛口峪班组共同对消气器排气，每天排放一次。

消气器投用前双方平均密度差 0.83 kg/m^3，投用后 5 月 13 日~5 月 15 日平均密度差-0.42kg/m^3，因未排气 5 月 16 日~5 月 21 日又高于我厂分析密度，平均密度差 1.32kg/m^3，5 月 22 日管道公司消气器排气见油，排气后 22 日~27 日平均密度差量 0.43kg/m^3。每天对消气器进行排气处理后，双方取样分析的平均密度值之间的偏差值减小，消除了气泡对原油密度分析带来的影响。见图 3。

3.4　对原油自动取样器安装方式的分析

《石油液体管线自动取样法》GB/T 27867 和《中国石化外购原油交接计量监督管理办法》附表 10.1 规定：“在线安装的原油自动取样器，要求将原油取样器优先安装在垂直管线上，也可以安装在刮板流量计或静态混合器后”。

管道公司原油管道自动取样器探头安装在刮板流量计前横管段上，且取样点前未设置混合器，不符合管理规范要求，所取的原油分析样本也不具有代表性。

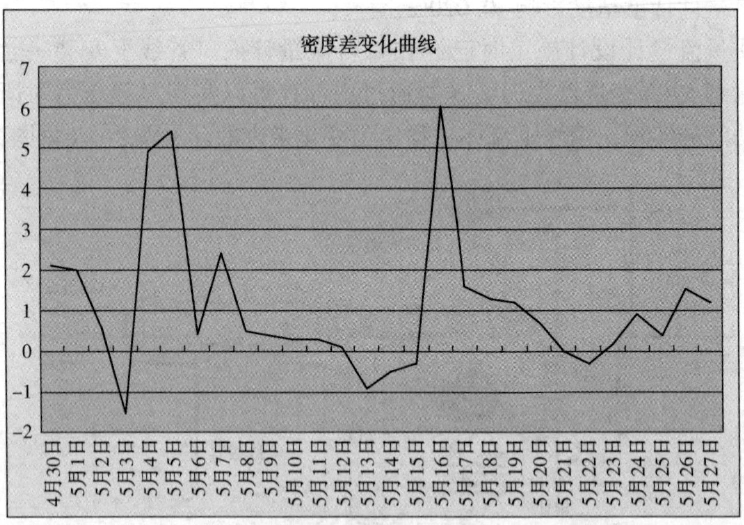

图 3　消气器投用前后原油密度差变化曲线

6 月份，管道公司交接用原油加权平均密度 862.05kg/m³，燕山石化手工取样加权分析平均密度 860.70kg/m³，差率 0.157%。见图 4。

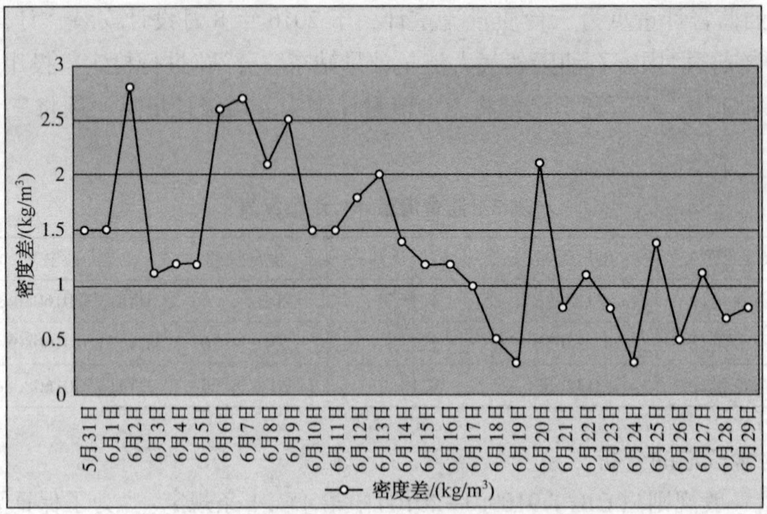

图 4　6 月份管道分析与手工采样分析密度差曲线图

由上图可见，管道公司分析密度值与燕山石化手工采样分析密度值存在差值，且差值变化很大，7 月 1 日管道公司自动取样器停用，改为手工取样，7 月份管道公司交接用原油加权平均密度 863.22kg/m³，燕山石化手工取样加权分析平均密度 863.05kg/m³，差率 0.02%。环比 6 月偏差率降低 0.137%，反映出 2020 年 7 月之前管道公司自动取样器采样不具有代表性，造成交接量不准确。

4　对问题原因的实施过程

通过对进口原油损失率增大原因的细致分析，总结出两条主要因素：一是管道公司原油管道自动取样器的取样探头的安装位置不符合规范要求，原油密度分析存在偏差；二是原油监督计量仪表长时间使用，计量精度无法保证，需下线清洗检定。

4.1　将燕山自动取样器作为原油交接的密度取样点

管道公司自动取样器的取样探头安装在原油计量间刮板流量计前的横管段上，安装位置不符合《中国石化外购原油交接计量监督管理办法》中的规定，所采集的原油样本不具有代表性，分析出来的原油密度值存在差异性，从而导致原油交接量缺乏真实性，经双方协商后管道公司自动取样器于 7 月 1 日停用。

燕化公司储运厂原油自动取样器探头安装在交接刮板流量计下游原油管线竖管位置，经中石化炼油事业部决定将此自动取样器作为燕山石化与管道公司原油交接计量的密度取样点。

8 月 14 日储运厂将安装在牛口峪罐区原油管线竖管上的自动取样器取样探头拆走进行清洗维修，8 月 22 日自动取样器探头回装后恢复运行，8 月 23 日开始按储运厂自动取样器采集样本，分析数据计算交接量。

方案实施后在 8 月 31 日~9 月 10 日每 8h 进行一次自动采样与手工采样，并将两种采样进行密度分析并对比。见图 5。

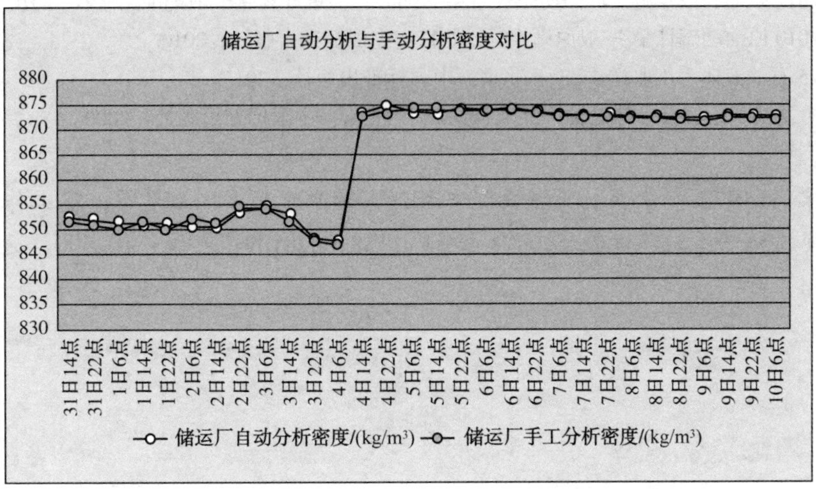

图 5　储运厂自动分析与手动分析密度对比

由上图可以看出，采用储运厂自动取样器采集原油样本，所分析密度值与手工采样分析密度值差值减小，从 8 月 31 日~9 月 10 日纯油差量仅为 24t，计量偏差为 0.012%。

4.2　将监督流量计送检定站重新标定

8 月 6 日，将牛口峪监督流量计 FIQ-602、FIQ-603 下线，并对传感器内部管壁进行清洗，清洗干净后将两台流量计外送至山东东营“国家石油天然气大流量计量站东营分站”进行检定；9 月 29 日，检定合格后回装并投入使用，所得数据作为监督交接流量计的计量数据。见表 4。

表 4　监督质量流量计检定前后误差对比

位号	出厂编号	2016 年		2020 年	
		流量系数	示值误差%	流量系数	示值误差%
FIQ-602	12131656	11738.4.26	0.104%	11761.4.26	-0.129%
FIQ-603	12132668	11926.4.26	-0.155%	11950.4.26	-0.088%

由于近四年没进行量值溯源，两台流量计的计量精度都呈现出负偏差，检定过程中，FIQ-602 流量系数由 11738 改为 11761，计量精度上调了+0.19%；FIQ-603 流量系数由 11926 改为 11950，计量精度上调了+0.20%。由计量精度的变化可以看出，检定前所测得进口原油的监督计量数据应低于交接计量数据。

5　实施的效果

我们具体分析了造成原油进厂损失的主要原因后，首先将两台监督流量计外送检定，量值的溯源使计量精度得到了重新确认，其次将燕山原油自动取样器的取样探头进行清理维修后作为交接双方原油计量的密度取样点，所分析出的原油密度值及含水值真实且准确。

制定目标前，原油进厂损失月平均偏差率-0.33%，最高达到-0.75%，通过 2020 年对问题原因的确认与实施后，原油损失率得到显著的提升，我们对 2020 年和 2021 年原油进厂月偏差数据进行了统计，2020 年月平均损失率-0.27%，2021 年月平均损失率-0.09%，原油进厂损失得到了有效控制。

2021 年燕山石化炼油厂全年加工原油 7755327 吨，中石化总部原油储运损失率的考核指标是±0.12%，2021 年月平均损失率-0.09%，相对于总部指标提升了 0.03%，按国际原油周期平均价格 3880 元/吨计算，减去投入费用 35000 元，2021 年全年经济效益如下：

年经济效益=(0.12%-0.09%)×7755327×3880-35000=9027200-35000≈899(万元)

参 考 文 献

[1] 段慧明 邵熙 . JJG 1038-2008 科里奥利质量流量计 . 北京：中国计量出版社，2008.

[2] GB/T 9109.5-2017 石油和液体石油产品动态计量第 5 部分：油量计算 . 中国标准出版社，2017.

[3] GB/T 9010.1-2010 原油动态计量 一般原则 [S]. 北京：中国标准出版社，2010.

[4] GB/T 4756-2015 石油液体手工取样法[S]. 北京：中国标准出版社，2015.

[5] SN/T 0975-2000 进出口石油及液体石油产品取样法[S]. 北京：中国标准出版社，2000.

作者简介：宋洋(1972—)，男，计量高级工程师，毕业于北京化工大学，现工作于燕山石化公司检验计量中心，负责炼油系统计量管理工作。电话：13810078109，邮编：102500，通信地址：北京市房山区燕山栗园路 1 号。

计量管理系统检定证书自动化的开发应用

赖　云

（中国石油化工股份有限公司茂名分公司仪控计量部　广东茂名　525099）

摘　要　本文针对没有及时提报送检计划无法在计量管理系统出具检定证书，流量计、电能表、热电偶等自动检定系统出具的检定证书、新购计量器具证书无法接入计量管理系统问题，开发自动检定系统检定证书接入计量管理系统，同时延伸至非自动系统中无检定计划的计量器具检定证书也能接入计量管理系统，自动关联更新计量器具台账，彻底解决新购计量器具首次录入计量器具台账繁琐的难题，为基层计量人员减负，大大推进了检定工作自动化信息化。

关键词　检定模块；自动检定系统；计量管理系统；系统接口

1　引言

某公司计量管理系统检定模块流程是2016年9月开始运行的，流程运行的前提是要在计量系统建立计量器具台账并生成检定计划的情况下利用检定项目证书模板才能出具网上电子证书。实际上各车间往往以工作忙为理由，未能及时提报计划，导致证书无法及时出具；同时对于公司新购计量器具，由于未建立计量器具台账，只能出具纸质证书，由于管理原因采购单位发放计量器具给使用单位时存在检定证书缺失现象，导致使用单位领到计量器具后需要一台台地建立计量器具台账，工作量很大；有些项目的自动检定系统，如流量计、电能表、热电偶等自动检定系统已自动生成了检定证书，如果再人工录入检定证书到计量管理系统，就相当于做重复工作，严重增加了计量人员的工作量。

本文通过开发检定项目的自动检定系统与计量管理系统的接口，实现本单位所有检定证书都能在计量管理系统提取、更新计量器具台账，实现检定证书自动化电子化。

2　计量管理系统检定管理

2.1　计量管理系统检定模块的流程

检定模块流程图见图1。

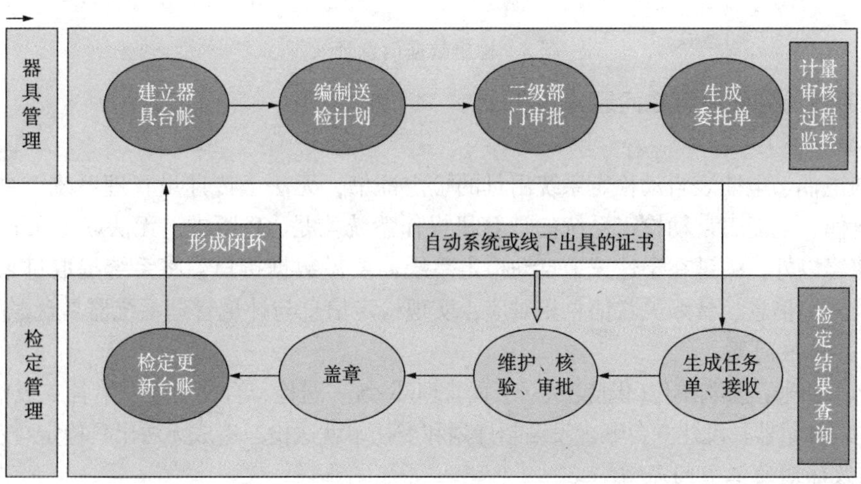

图1　计量管理系统检定模块流程图

检定模块的基本功能流程：车间器具台账管理（车间）→月度计划提报及审批（车间）→生成委托单（车间）→生成任务单（本单位）→班组检定、出具证书（本单位）→证书核验及批准、盖章（本单位）

→网上查询使用证书(车间)→更新器具台账信息(车间)。图片中黄色的3个椭圆形为本单位的工作。

2.1.1 出具纸质版检定证书

流量计、热电偶、电能表等项目的自动检定系统与计量管理系统未实现数据接口前，检定证书是由人工打印的纸质版检定证书。

2.1.2 出具电子版检定证书

计量管理系统的检定管理建立在器具管理功能的基础上，电子检定证书的出具与各单位建立的器具台账息息相关。检定员接收了检定任务，在检定维护页面选择合适的检定证书模板(见图2)进行有关数据信息录入、编辑(见图3)，其中证书上的送检单位、器具名称、出厂编号、型号规格、测量范围、准确度等级、生产厂家等信息来源于各车间的器具台账，检定员先要核对器具台账关联过来的信息准确与否，再录入检定结果信息，然后才出具电子检定证书。

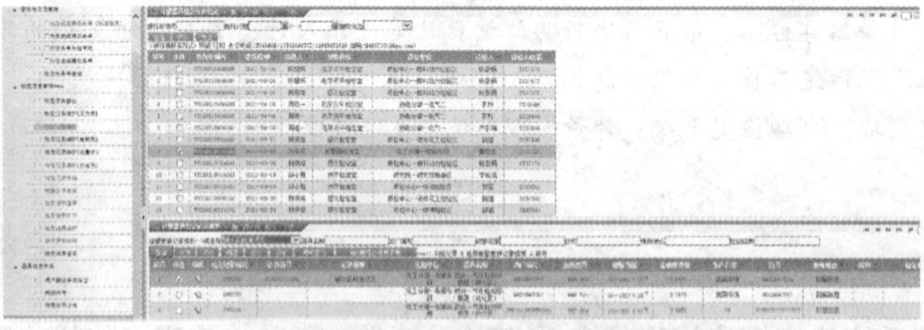

图2 检定证书模板的选择

图3 检定数据信息录入

2.2 计量管理系统检定模块存在问题

2.2.1 系统接口问题

流量计、热电偶、电能表自动检定系统出具的检定证书，无法上传计量管理系统。主要原因除了安装流量计、热电偶、电能表自动检定系统的计算机操作系统均是XP版本、无法联上公司局域网且与计量管理系统不兼容以外，关键在于这三个自动检定系统需要做数据接口，将系统提取过来的证书与计量管理系统检定委托单信息、台账关联信息相对应，实现检定信息与计量管理系统器具台账的关联。

2.2.2 新购器具证书问题

新购器具购买回来，采购单位(供应中心/工程管理部)统一送检，合格后才发给各二级单位，不合格的退货。因为新购的计量器具没建立台账，没编制计划和委托单就送检，造成无法出具检定/校准证书。

2.2.3 临急未做计划的证书问题

大部分车间装置的大修计量器具录入台账的信息不全，没有在网上编制送检计划、委托单，或是有些车间部分器具送检时说急用，事后又不及时补计划、委托单，导致无法关联器具台账信息出具检定证书。

2.2.4　证书信息来源不准确影响证书出具问题

基层计量管理人员业务水平参差不齐，而且变更频繁，录入的台账出错率大，导致检定员需要出具的证书信息随着台账信息的错误而错误，检定员要花费大量时间修改台账关联过来的信息。

3　解决措施

通过解决计算机操作系统版本老旧以及检定软件的兼容问题，实现自动检定系统与计量管理系统的数据关联。

3.1　解决计算机操作系统和检定软件的兼容问题

要解决接口问题，先要实现计算机能上公司局域网。把 XP 操作系统的计算机，更换为 win7 操作系统就可以实现上网，但仍会涉及检定软件的兼容问题。这里以电能表自动系统为例说明。

3.1.1　确认安装合适的计算机操作系统 win7

3.1.2　安装电能表检定软件

计算机安装了 win7 操作系统后，再安装电能表检定软件，经多次测试，检定工作可以完成，但检定报表无法显示。

3.1.3　沟通、协调、解决

与厂家沟通、协调，让厂家无条件提供新版本的检定软件，成功安装，设置参数，解决检定报表问题。

3.2　自动检定系统与计量管理系统接口功能的开发

3.2.1　重新设计计量管理系统流程

对于从自动检定系统提取过来的证书信息与计量管理系统检定委托单信息一一对应问题，开发公司提出无法实现一一对应。经研讨，公司计量技术人员大胆地提出绕过器具管理模块，撇开台账关联环节，采用证书出具流程从检定管理模块全新发起的方案。

3.2.2　自动检定系统接入计量管理系统的流程

新流程如下：

班组检定、出具证书(本单位)→自动上传计量管理系统→证书核验及批准、盖章(本单位)→网上查询使用证书(车间)→更新器具台账信息(车间)。

该流程具有以下优化创新点：

(1) 简化了各二级单位生成委托单，提高了基层单位计量人员的工作效率；

(2) 简化了检定人员核对委托单信息与器具信息；

(3) 检定人员出具的证书不用通过各车间的台账信息，各车间台账出错和车间不提报计划、委托单，不再影响证书的出具；

(4) 检定人员不用核对车间送检的计量器具出厂编号等信息是否与台账过来的信息对应，大大减轻了检定人员的工作量；

(5) 更新台账时增加“批量更新使用车间”，同时对原有的单位出厂编号相同的器具实行更新检定信息到台账上，对未在台账的 1 台器具或多台器具新增加 1 条信息或多条信息，以解决新购计量器具首次录入计量器具台账繁琐的难题。通过这种利用证书更新台账的操作，提高各车间台账的信息准确率和计量人员的工作效率。

3.2.2.1　检定记录维护页面

可直接提取自动检定系统的证书信息，减少计量管理系统人工录入证书的繁琐，同时可解决临急未编制计划、委托单证书问题和证书信息来源不准确问题。

以热电偶(高温)自动检定系统为例加以说明。在计量管理系统检定信息管理界面，增加检定记录维护(热电偶)菜单，通过接口从自动检定系统提取热电偶校准证书信息到计量管理系统，见图 4。

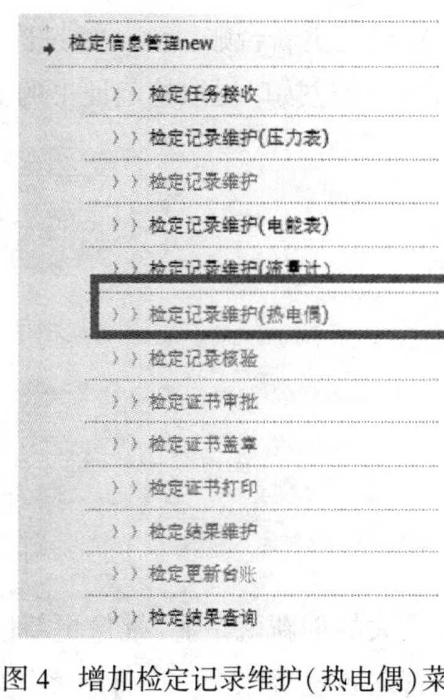

图 4　增加检定记录维护(热电偶)菜单

通过热电偶软件提供的接口，获取检定证书信息到计量管理系统，并在检定记录维护(热电偶)菜单展示，见图5。

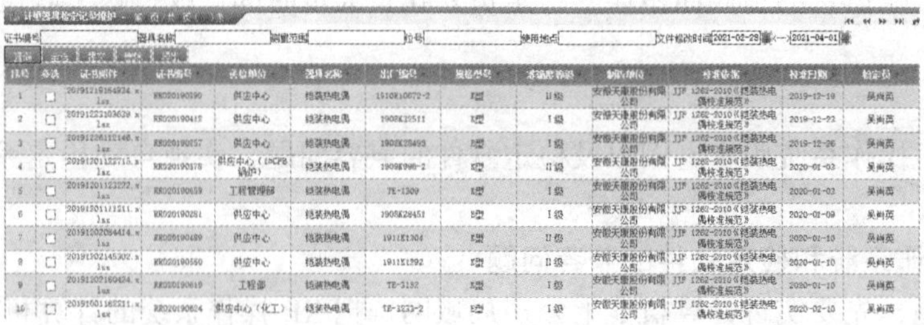

图5 增加检定记录维护(热电偶)页面

3.2.2.2 检定记录核验页面

在检定记录核验页面，增加子页面“热电偶证书核验”，见图6。

图6 增加子页面“热电偶证书核验”

3.2.2.3 检定证书审批页面

在检定证书审批页面，增加子页面“热电偶证书审批”，见图7。

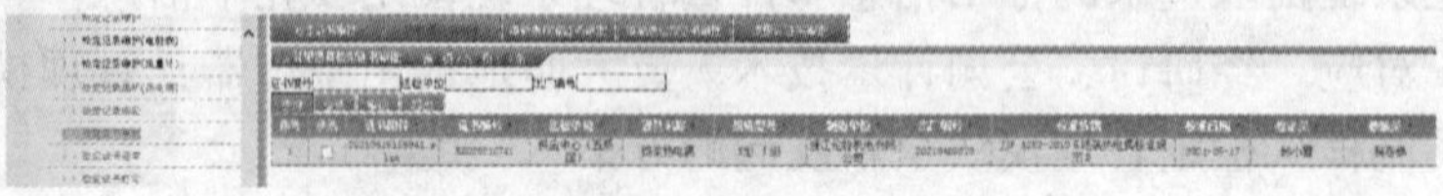

图7 增加子页面“热电偶证书审批”

3.2.2.4 检定证书盖章页面

在检定证书盖章页面，增加子页面“热电偶证书盖章”，见图8。

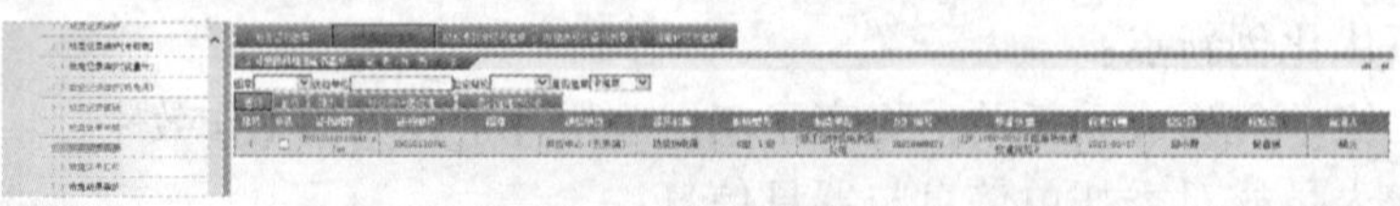

图8 增加子页面“热电偶证书盖章”

3.2.2.5 检定更新台账页面

在检定更新台账页面，通过检定计划输入检定证书的更新台账界面即“检定证书更新台账”界面，见图9。通过接口提取检定证书的更新台账界面就增加子页面“热电偶证书更新台账”，见图10。

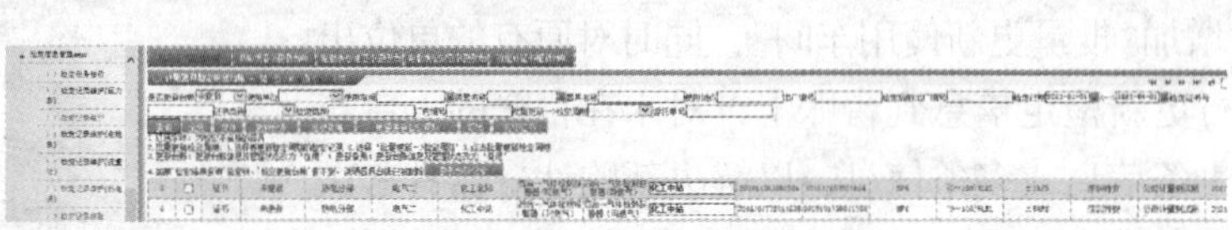

图9 “检定证书更新台账”界面

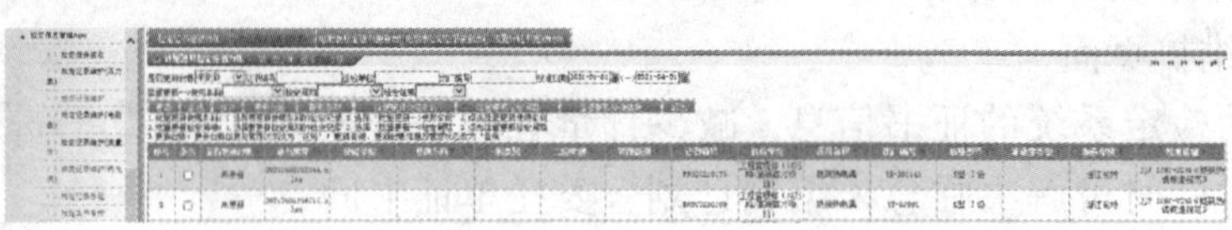

图10 增加子页面“热电偶证书更新台账”

最大的创新就是能“批量更新使用车间”到所需要的车间的台账上，并提取检定证书的相关信息到计量管理系统台账上。在计量系统实现检定证书电子化后，对新购置的计量器具，采购单位取回检定完成的计量器具移交各车间使用，车间计量人员进入计量管理系统根据该计量器具出厂编号选择检定证书，自动提取器具名称、出厂编号、型号规格、测量范围、检定日期、有效日期、证书编号等信息到计量系统车间台账中新建 1 条信息并进一步完善，此操作同时可以按台数实现批量提取，见图 11，上面 2 条信息为新增器具信息量，使用单位只需填写级别、器具类别、使用地点、器具用途，就可以完成台账信息了。通过这种方法，解决了新购计量器具首次录入计量器具台账繁琐的难题，大大减轻了车间建立台账的工作量，从而对公司一直出现的台账、实物、证书不相符的情况也得到快速解决，实实在在为基层计量人员减了负。

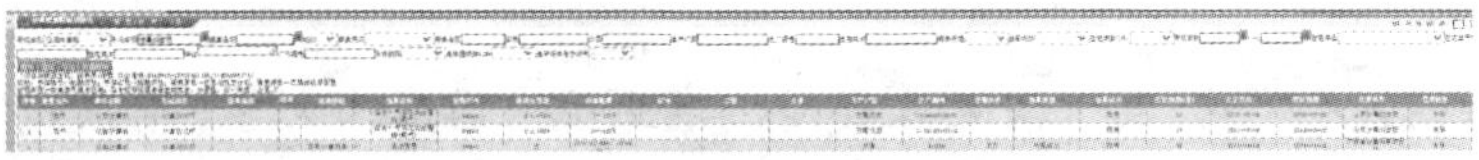

图 11　计量器具台账新增器具显示

3.3　创造效益

通过对热电偶、电能表、流量计接口的程序进行反复调整、测试，热电偶、电能表、流量计接口流程于 2020 年 4 月份正式打通，同时优化了流程，实现检定证书电子化，方便证书流转、存储和查阅，提高了台账信息维护准确率，减轻了检定人员和车间计量人员的劳动强度；自行安装 win7 系统，安装检定软件节省厂家费用约 30 万元。实现热电偶、电能表、流量计自动检定系统与计量管理系统接口衔接后，检定员工作效率至少提高了 1 倍。

3.4　实际应用

热电偶、电能表、流量计等自动检定系统与计量管理系统的接口成功实现衔接，证书出具相关信息收集发起点后移，改变之前长流程的台账关联，完全摆脱成千上万个数据的繁琐核对，证书出具后生成台账，原来因台账信息不全或不准确关联引起的相关问题迎刃而解，此做法受到检定员和车间计量人员的充分肯定和赞扬。2022 年 6 月已应用到本单位所有检定项目，四合一报警器、压力表、热电阻等新购置的自动检定系统的检定证书已自动提取到计量管理系统，同时延伸到不是自动检定系统检定，使在线下出具的双金属温度计、玻璃温度计检定证书，经过版本重新设计，也能提取到计量管理系统，全面实现检定证书自动化，解决了无送检计划，包括新购计量器具、自动检定系统出具的检定证书也都能在计量管理系统出具检定证书的问题。见图 12、图 13。

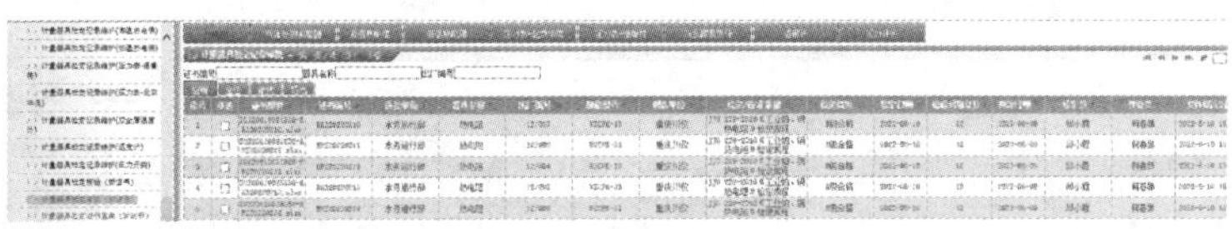

图 12　新购置自动检定系统的证书及线下证书审批页面

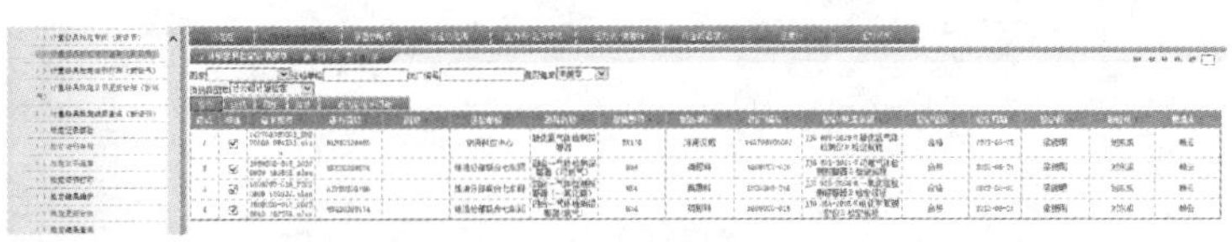

图 13　新购置自动检定系统的证书及线下证书盖章页面

4　结语

通过攻克多年未解决的流量计、热电偶、电能表等自动检定系统与计量管理系统的接口问题，解决了新购计量器具录入台账、证书关联台账核对的繁琐问题。计量检定自动化信息化水平的大幅度提升，在生产经营、节能降耗的过程发挥了积极的作用，应用到计量检定业务所有检定证书自动化，从而对台账、实物、证书不相符的问题得到快速解决，大幅提高了检定人员的工作效率和检定管理水平，切实为基层计量人员减负。

参考文献

[1] 段慧明. JJG 1038-2008 科里奥利质量流量计检定规程. 北京：中国计量出版社，2008. 8.
[2] 侯素兰，徐宏光，邢志红，等. JJF 1262-2010 铠装热电偶校准规范. 北京：中国计量出版社，2010. 10.
[3] 唐红，杨晓西，石雷兵，等. JJG 596-2012 电子式交流电能表检定规程. 北京：中国质检出版社，2013. 3.
[4] 李春瑛. JJG 365-2008 电化学氧测定仪检定规程. 北京：中国计量出版社，2008. 6.
[5] 屠立猛，胡安伦，周春龙，等. JJG 52-2013 弹性元件式一般压力表、压力真空表和真空表检定规程. 北京：中国质检出版社，2013. 10.

作者简介：赖云(1968—)，女，高级工程师，毕业于中国石油大学(华东)，现从事计量标准管理工作。电话：0668-2244439，邮编：525000，通信地址：广东省茂名市厂前西路15号。

微服务架构在仪表检验数据管理系统中的应用

路 通 刘 宇 李 雪

（中海石油技术检测有限公司 天津 300452）

摘 要 仪表检验数据管理系统是由人员资质管理模块、设备信息管理模块、检验数据管理模块以及检验报告管理模块等基本功能模块构成，根据公司要求核心功能模块以及数据必须运行和存储于海油内网资源上，为了更好地发挥系统架构性能，确保系统的并发性和可扩展性，拟将较为流行的springCloud微服务架构引入数据管理系统，本文介绍了一种以微服务为核心的系统软件架构，并引入了RDS、OSS以及Redis等大数据资源，并对外网访问功能的实现模式进行了深入的阐述。

关键词 检验数据管理系统；微服务架构；OSS；RDS

1 引言

计量仪表作为过程领域主要的现场设备，广泛应用于贸易结算、安全防护、医疗卫生及环境监测等重要的领域。根据国家计量法规的要求，企业应依据相关检定规程定期对使用中的工作用计量仪表进行检验，以确保仪表的准确度满足使用要求，我海洋石油每年都投入大量的资源进行关键仪表的检验，但是随着海上和陆地生产装置的不断增加，以及检验质量要求的不断提高，传统的检验模式自身所带有的弊端显得越来越明显，所以本公司近年来开始建设业务信息管理系统，与此同时为了解决历年数以万计的压力表检验问题，还建造了一条压力仪表智能检验生产线，主要实现以下功能：

- 自动压力控制功能：通过高精度压力控制器实现压力控制的自动化，自动完成压力表的整个检验过程；
- 指针示数识别功能：通过高精度摄像头，对表盘图像进行采集，进而通过图像分析算法，获取仪表的示值读数；
- 数据临时存取功能：通过预定的检验数据结构，对采集获取的压力数据以及仪表示值进行临时存储和显示。

除压力仪表外，本公司检验业务还包括温度计、温度变送器、温度控制器、压力变送器、压力控制器、安全阀、呼吸阀、电气仪表以及火气仪表等，每年将产生大量的检验数据，检验人员承担着繁重的报告编制和数据整理任务，包括“压力仪表自动检验室生产线”在内，都需要建立一套完善的数据管理系统实现数据的管理、检验报告的生成审批以及运行数据的统计等功能。

2 仪表检验数据管理系统架构设计

2.1 系统功能架构设计

系统的运行流程和功能设计主要可以分为以下四个环节：

（1）新建检验项目功能：完成检验订单的建立，之后的检验行为和数据处理流程将以此检验订单为基础进行，该订单信息主要包括人员信息、设备信息、客户数据以及检验对象数据等基本信息，订单中的基本信息在检验数据采集以及报告处理流程中起着主导作用；

（2）数据采集：基于新建订单的基本信息，结合实际仪表检验操作，对检验数据进行采集，在本系统中数据采集主要有两种方式：通过Excel表格进行检验数据的导入、通过移动终端记录现场检验数据；

（3）检验报告处理：基于采集数据完成检验报告的生成操作，在人员资质权限的配合下完成检验报告的编制、审核以及批准等操作，完成检验数据与资质数据的结合，为检验报告的生成奠定数据和资质基础；

（4）报告文件处理：在完成检验报告数据和文件的处理后，相应的数据都已经通过授权人员的审核和批准，基于这些数据，根据一定的报告形式，形成PDF证书文件，一旦完成固化，该文件的任何内容都不可进行更改，但是此处有一个弊端，PDF文件操作会消耗大量的系统资源，给服务器带来严重的负担，并且处理速度较慢，会给操作者带来一定的困扰。

2.2 整体系统架构

系统的整体架构如图1所示，检验数据管理系统功能模块全部运行于海洋石油内网的私有云上，采用大数据平台资源对数据进行存储，并实现部分访问数据缓存功能，出于数据便捷存储和访问的需要，在系统中设置了移动终端，移动终端将通过4G/5G网络对内网PASS资源中的功能和数据进行访问。见图2。

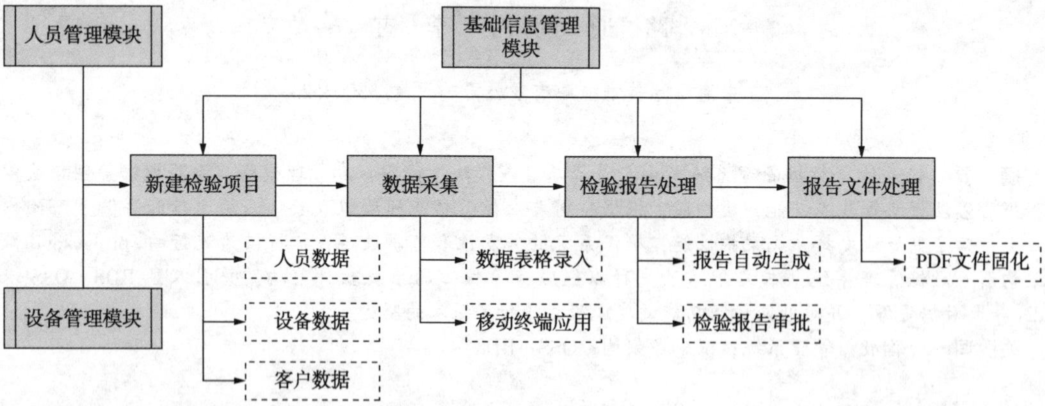

图1 系统功能框图

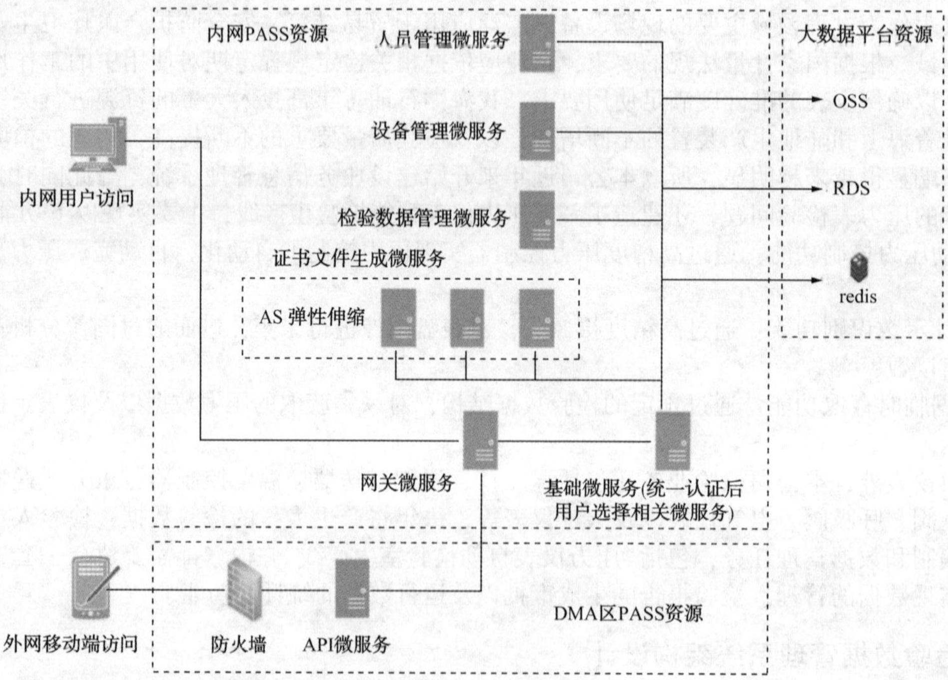

图2 系统整体微服务架构

2.3 大数据平台资源的应用

大数据平台是我公司基于阿里云的基本架构，在海油内网上架设的一套私有云架构，在本系统的建设中，我们引入RDS、OSS以及Redis三种资源。

(1) 关系型数据库引擎RDS

RDS是关系型数据库服务(Relational Database Service)的简称，是一种即开即用、稳定可靠、可弹性伸缩的在线数据库服务。具有多重安全防护措施和完善的性能监控体系，并提供专业的数据库备份、恢复及优化方案。

在本系统中RDS用于所有结构化数据的存储，主要包括人员管理信息、设备管理数据，以及在检验过程中采集的数据，在RDS管理体系中涵盖了MySql、SqlServer以及Oracle等主流数据库产品，阿里云架构为其提供了"三冗余"架构以及可伸缩的在线数据服务，不但可以确保数据的安全性，还可以根据业务运行的情况对底层数据库的容量和配置进行实时升级。

(2) 对象存储OSS

阿里云对象存储OSS(Object Storage Service)是一款海量、安全、低成本、高可靠的云存储服务，可提供近乎100%的数据持久性，99.995%的数据可用性。多种存储类型供选择，全面优化存储成本。OSS具有与平台无关的RESTful API接口，可以在任何应用、任何时间、任何地点存储和访问任意类型的数据，而且可以使用阿里云提供的API、SDK接口或者OSS迁移工具轻松地将海量数据移入或移出阿里云OSS。数据存储到阿里云OSS以后，您可以选择标准存储(Standard)作为移动应用、大型网站、图片分享或热点音视频的主要存储方式，也可以选择成本更低、存储期限更长的低频访问存储(Infrequent Access)、归档存储(Archive)、冷归档存储(Cold Archive)作为不经常访问数据的存储方式。

在仪表检验业务运行过程中，主要由以下文件涉及非结构化数据的存储：

- 标准器的证书文件：主要包括由上级检验部门为本公司检验设备出具的检定证书、校验报告以及测试报告等文件；
- 数据录入模板文件：主要用于检验数据的录入模板文件的存储；
- 证书文件：检验数据经过审核后，加盖电子签名和电子签章，经过处理会形成PDF证书文件，该文件将会被检验客户及检验人员频繁查询。

OSS文件存储系统提供分布式的存储模式以及成熟的数据备份技术，即使应用服务崩溃也不会造成数据丢失，该项服务逐渐成为文件存储服务的首选技术资源。

2.4 弹性伸缩技术在仪表检验数据管理系统中的应用

在整个运行系统中，证书文件的固化操作是消耗资源最为严重的服务环节，按照一般docker规划资源的配置，经过试验测试，生成一份PDF证书文件大概需要6秒钟，如果遇到较大规模的证书处理任务往往需要连续生成2000份文件以上，消耗时间可达4小时，途中若遇到服务崩溃，则会造成运行停止，无法正常生成文件，针对这一环节，在本系统中引入弹性伸缩技术，动态配置ESC服务器，结合负载监控功能，如果该微服务所在服务器CPU利用率超过80%，则立即启动另一台服务器共同完成文件固化任务，如果CPU利用率低于40%，则立即有一台服务器推出应用，通过这种弹性的调整机制可以在确保资源利用率的基础上，较为圆满地完成资源消耗加大的计算任务。

3 结语

仪表计量检定业务的实质就是将人员资质、设备信息与检定数据相结合，根据相关规程产生一系列标准化的综合数据提，各种资源的合理搭配是业务顺利运行的关键，将实际运行的业务映射到网络数据流转空间，即完成业务数字化和信息化的升级是当前产业发展的潮流，采用微服务开发技术，引进云计算资源，会给业务数据的存储和共享带来革命性变化，目前我公司的检验数据管理系统经过两年的运行，已经初步具备一定的数据规模，为数据分析和信息挖掘业务的扩展奠定了基础。

参 考 文 献

[1] 艾尔，等．云计算：概念、技术与架构，北京：机械工业出版社．

[2] 裴红蕾．基于综合信息融合神经网络的轴承故障诊断[J]．机电工程，2022，39(04)．

[3] 杨天一．论微服务架构的优势与劣势[J]．天津市电子学会会议论文集．

作者简介：路通(1982—)，男，资深工程师，毕业于中国石油大学(华东)。现就职中海石油技术检测有限公司，从事检测检验数字化转型、智能算法应用研究等工作，电话：15822447389，邮编：300456，通讯地址：天津市滨海新区东沽石油新村2区

刘宇(1981—)，男，资深工程师，毕业于中国计量大学。现就职中海石油技术检测有限公司，从事仪表电气检验、评估技术开发及实践等工作，电话：15922031443，邮编：300452，通信地址：天津市滨海新区东沽石油新村554信箱

李雪(1996—)，女，助理工程师，毕业于华南理工大学，现就职中海石油技术检测有限公司，从事数据治理及数字化管理等工作。电话：022-66910919，邮编：300456，通讯地址：天津市滨海新区东沽石油新村2区

仪表管理系统的大数据比对应用
一种现场校准的优化方法探讨

王宏峰　刘　潇　姚玉艳

（中海石油技术检测有限公司　天津　300452）

摘　要　仪表管理系统是为实现高效管理工厂设备资产而提供的专业解决方案，具有强大的资产信息与电子文档管理功能，满足不同用户对工厂设备资产的管理需求等优点。本文主要探讨仪表管理系统的大数据统计功能与文档管理功能的再开发。探讨数据统计功能的数据比对应用，通过历史数据和现场实时数据的比对，按照大数据算法进行计算分析，作为仪表现场校准的一种替代方式。

关键词　曲线；比对；校准；参考仪表；仪表管理系统

1　引言

仪表管理系统是为实现管理工厂设备资产而提供的专业解决方案。仪表管理系统提供了一个管理、维护现场设备的平台，它能使智能设备发挥最大的效益。仪表管理系统具有专业的仪表设备诊断与维护解决，强大的资产信息与电子文档管理功能，满足不同用户对工厂设备资产的管理需求等优点。仪表管理系统的强大管理和存储功能，保证了工厂的智能仪表安全稳定高效的运行，同时存储了海量的智能仪表的历史数据。本文主要探讨仪表管理系统的大数据统计功能与文档管理功能的大数据应用再开发。探讨仪表管理系统大数据在仪表校准领域的比对应用，通过历史数据和现场实时数据的数据曲线比对，按照大数据算法进行计算分析，作为仪表现场校准的一种替代方式。从而改进现场仪表管理流程，使之更加高效运行，从而在安全经济的条件下满足现场不间断流程生产需求。

2　数据统计曲线比对的再开发

选取工艺流程中特定仪表作为参考仪表，参考仪表进行常规校准或以更高精度等级标准表替代；流程中其他仪表与参考仪表进行比对，以替代常规仪表校准。此处仪表比对指的是通过仪表管理系统的信号数据比对，参考仪表的信号作为标准数据，通过待比对仪表与参考仪表之间的数据关系函数换算为待比对仪表的标准数据，待比较仪表的数据与此标准数据比对。仪表管理系统的数据比对可以为历史数据的比对，亦可以是实时的数据比对(延时问题需变化关系函数，下文亦有提及)。当然也不提倡实时的数据比对，此种数据比对的优势在发现仪表信号数据的长周期变化趋势，更适于仪表信号的月度周期曲线的比对。

3　理论依据

校准是“在规定条件下，为确定计量仪器或测量系统的示值，或实物量具或标准物质所代表的值，与相对应的被测量的已知值之间关系的一组操作”。仪表校准的方法主要包括直接测量法，间接测量法，比对法等。信号数据的比对即为间接比对方法，参考仪表的数据通过关系函数得到的数据/数据曲线即为测量系统的示值，待比较的仪表数据/数据曲线即为相对应的被测量的已知值，数据比对即为确定关系的一组操作。可知数据比对可以看作一种仪表校准的形式。

4　参考仪表的选取

工艺流程中分为压力、温度、流量、物位四种主要参数仪表。按照质量要求与安全要求如何选取参考仪表？工艺流程中分为容器，管道，泵，发生器等工艺设备，流程又分上中下游仪表监测位置，又应如何选取参考仪表？

参考仪表的选取原则有：

(1) 根据仪表特性，温度和物位仪表具有强阻尼性，时间延迟不宜做参考仪表(某些工艺流程温度为主参数，可单独将温度仪表做常规校准)。流量和压力仪表以选择压力仪表做参考仪表更佳。

(2) 工艺流程检测位置以主控设备和位置为选择依据。

例如换热器上主要控制参数为温度，但温度仪表一般具有延时特性，不宜作为参考仪表。热介质和需换热介质管道上的流量信号可间接反映温度(相对于温度仪表，流量仪表反映趋势更及时)。

5　比对的技术路线

仪表管理系统具有仪表信号的数据存储，统计功能，可以形成信号数据的周/月曲线。我们所说的信号数据比对主要指数据的月曲线比对。曲线比对又可以分为曲线之间比对和曲线波动率/趋势之间的比对(曲线波动比对还包括同历史曲线的比对)。

曲线之间的比对可以通过参考仪表信号曲线与待比对仪表信号曲线直接比对(一次线性关系函数)，或将参考仪表信号曲线通过关系函数变换为待比较仪表的标准信号曲线，再以待比对仪表信号曲线同标准信号曲线进行比对。

仪表管理系统的统计数据比对，应当以周曲线或月曲线进行比对。关键在于如何找出比对仪表与参考仪表数据曲线之间的函数关系。这一点实际在参考仪表的选取时已有所考量，原则是曲线之间的函数关系最好为一次线性关系，避免出现高阶函数关系。例如工艺流程中孔板流量计测量的流量信号和压力(差压)信号是 2 次开平方函数关系，两种信号不好直接比对，可通过变化函数将流量信号变为差压信号，以差压信号曲线与压力信号曲线(假定参考仪表为压力仪表)进行比较则函数关系为一阶线性，容易比较。

不能直接得到关系函数时，或可以通过历史曲线拟合以直接得到标准比对曲线。具体为在参考仪表和待比对仪表同时校准后的短时间段内，得到参考仪表和待比对仪表的月曲线，则此月曲线可作为标准曲线，其两曲线的对应关系(时间对应)可代替关系函数。

时间延迟问题，关系函数则为具有时间参数的函数，一般不能直接计算得到关系函数，可通过上一节的历史曲线拟合直接得到待比对仪表的标准信号曲线。需要注意的是参考曲线和待比较曲线在时间轴上非完全对应，应有时间错位。实际应用中，以稳定运行状态下信号曲线作比对，而忽略波动状态，例如不将升降温信号曲线进行比对。

需要说明的一点，比对替代的校准仅为流程点的比对，也即是替代流程点的校准-相当于仪表的单点校准，并不能替代全量程校准。而对于报警点仪表，比对的流程点并非报警点，仅可认为部分满足单点校准。

6　结语

通过仪表管理系统的数据比对实时替代现场仪表校准，可以有效地保证工艺流程的准确性和稳定性，节约了校准时间。同时仪表管理系统可以做到实时监控仪表信号，保证仪表控制系统的功能、质量可靠性。既保留了仪表管理系统的功能可靠性，又增强了仪表管理系统的质量可靠性，极大地改进了仪表管理系统的仪表控制管理流程。

参 考 文 献

[1] CNAS-GL002：2018 能力验证结果的统计处理和能力评价指南 .

[2] GB/T 4889-2008 数据的统计处理和解释，正态分布均值和方差的估计与检验 .

[3] GB/T 20172-2006 石油天然气工业，设备可靠性和维修数据的采集与交换 .

[4] GB/T 4882-2002 数据的统计处理和解释，正态性检验 .

[5] HOLLiAS 设备管理软件 V3.5 用户手册，和利时自动化有限公司.

作者简介：王宏峰(1977—)，男，高级工程师，天津大学，计量工程师。电话：13820204294，邮箱：wanghf3@cnooc.com.cn，邮编：300452，通信地址：天津滨海新区东沽石油新村钻井路仪表分公司。

刘潇(1982—)，女，中级工程师，山东科技大学，计量工程师。电话：18622578990，邮箱：liuxiao2@cnooc.com.cn，邮编：300452，通信地址：天津滨海新区东沽石油新村钻井路仪表分公司。

姚玉艳(1977—)，女，初级工程师，天津南开专科，计量工程师。电话：13114965505，邮编：300452，通信地址：天津滨海新区东沽石油新村钻井路仪表分公司。

计量检测机构的数字化转型与智慧计量管理模式的发展趋势

李元昊

（中海石油技术检测有限公司　天津　300452）

摘　要　本文聚焦作者所在公司现有检测机构的主营主业，提出一定具有参考价值的数字化智能化转型案例，并分析检测计量机构在企业智能化数字化发展中的存在问题及管理模式的发展趋势。为加速检测计量的智能化助力赋能。

关键词　智能检定；智能校准系统；数字化；计量智能化转型；鉴定方法

1　引言

近年来检测公司持续聚焦主责主业，锚定发展目标，坚持科学创新，强化技术攻关，不断在建强产业核心的能力上“下功夫”，在数字化，智能化能力构建方面迈出坚实步伐，实现多项能力、多个业务的新突破。

2　数字化转型参考示例

2.1　压力仪表智能检测实验室

在响应企业数字化、智能化提高生产效率节约成本的前提下，检测中心开展传统压力表智能检测项目，检测公司压力仪表智能检验系统应运而生。

压力表作为典型监测设备，广泛应用于安全防护，工艺监控等海上生产一线流程中，要求每半年进行一次检验，属于国家强检设备。以往压力表的检验依靠人员出海进行人工检测。作业效率低，人员工作负荷大，数据溯源困难。检测公司通过科研成果应用，建成压力表智能检验实验室，搭建智能信息系统，形成对压力表型号，规格，厂家，数量的全信息台账，从库存中调取可替换的压力表，将待检表送回地面进行智能检验。系统工作流程如图 1。

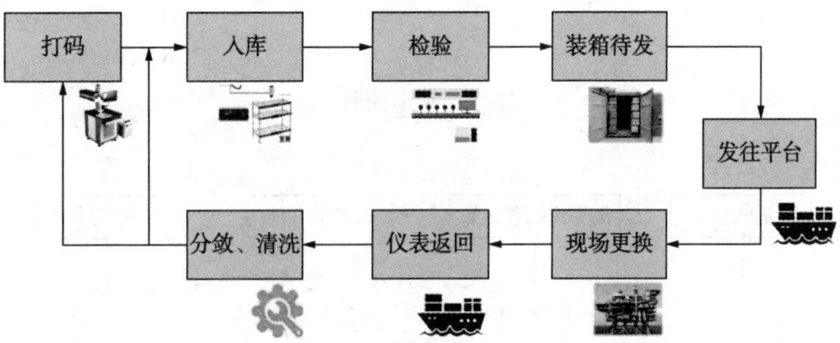

图 1　智能系统工作流程

在此种模式下，检测公司仪表检测人员无须出海作业，在节约人力成本的同时大大增加了检测的效率。智能压力仪表检测实验室是传统检测向数字化智能化检测跨越的重要成果。未来的检测工作中将继续专化工作，不断强化“检验检测一体化”服务能力为公司智能化高质量发展贡献专业价值。

2.2　现阶段存在问题

指针压力表智能校验台主要分为低压区，中压区，高压区。其中在中压区需要二级调节打压，实现压力表的智能检测。在现有的基础上，还配有库房系统。包含对每一块压力表的智能打码建立每块表专属的二维码，信息规格台账。通过扫码读取信息可实现对每块压力表的精准管理。在扫码读取信息后，按照规则流程将之前的校验记录反馈给检测中心的智能化信息平台。实现对之前及以后所有监测数据的实时收集，及计量数值溯源的工作。同时，智能库存技术的引入，为仪表附件的装箱、配置和发送提供了有效的技术支撑，实现了目标附件的快速定位、装箱区域的自动规划以及订单执行情况的自动跟踪，快速高效保障了海上生产作业的正常开展。见图2。

图2　压力表智能检验台

由于现阶段整个智能化系统还有许多功能有待完善，其中本文中主要想讨论压力表智能检验台系统的续航问题。由于目前检测中心中检测的大多数压力表位于一线的生产过程中，由于压力表属于国家强检项目因此在半年检测的项目中一般需要将一线生产中的表进行同规格替换，并将压力表运送至陆地。因此不可避免地这些待检表表面被油污或其他污染物所覆盖。在压力表操作台的检测打压过程中不可避免将这污染物及油水的混合物吸进操作台的控制器中，造成系统的功能器件损坏。进口段的滤气装置，及完成每个检表口的汽液分离。

综上考虑：本文提出目前现阶段主要的解决方法为：拟在系统的过气与放空(及与空气的接触端)添加一个可以过滤残留油污的滤网。具体方法见下文。同时由于待检表的表面常有有油污和杂物的覆盖，导致系统不能正常的识别表的参数规格，及定点检测的功能无法正常实现从而无法实现不在人工干预下的自主检测。对于问题二，应强化机器及相关检测器的智能视觉算法。或者通过人工参与首先进行表面与表板的清理。目前系统的流程先从压力表开始通过压力控制器进入待检表在百分之十的范围内对其他控制器进行控制微调。但由于仓中为气压的动态平衡并不能产生关断所以采取措施如添加滤网等材料实现后续流程。见图3和图4。

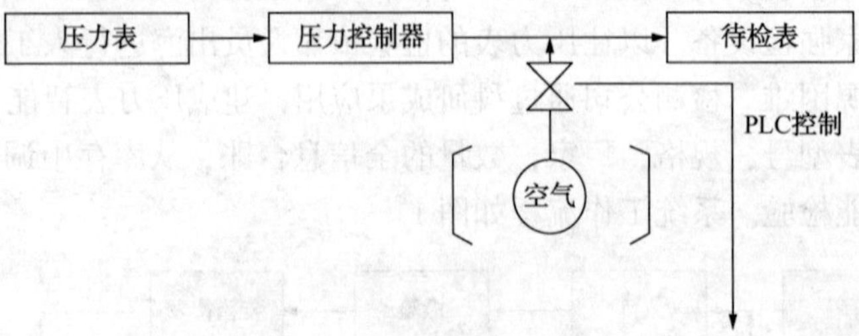

图3　基本流程

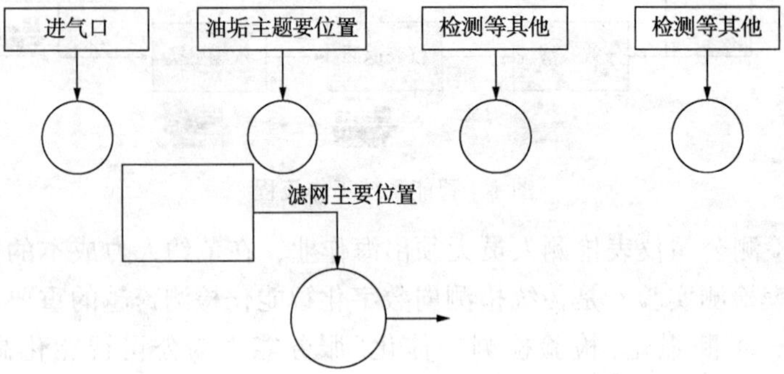

图4　系统内部四孔位置及改进方法

3 智慧计量管理模式相关技术介绍

压力表检定系统主要由电脑控制的智能台账系统和现场测量检定工作台系统所构成，其中检定的工作台系统主要包含测量支架、数字气压感应器、气压调节截止阀、物理结构的模拟撞击小锤和模拟人眼自主识别的，能感测量程与刻度的摄像头等。在测量装置方面采用，能自主完成低压，中压(气压)，高压(液压)的自动控制系统，可编程控制器。计算机视觉识别系统主要由硬件控制系统和应用软件控制系统两个方面所构成，硬件控制系统主要包含摄像头和灯光系统，应用软件控制系统包含图像辨识控制系统和核心运算法：即压力表指针自动判读控制系统，并对规定尺寸的单指针压力表进行拍照，通过智能检验台内部的照相机采集图片，模拟人眼识别过程完成对图像的收集，图像处理。并最终反馈。通过分析完成了对工业压力计指针部位的不同位置拍照。而数据管理系统软件包含客户台账，订单信息。标准信息录入，历史记录查询等功能。通过海上检验人员在终端进行相应操作完成对，自动校准压力表的信息录入，检测数据归档，和历史检验数据的溯源。操作检验台可以完成比以往人工校验更加精确的度数、校准。从而达到返回压力表重新校准，或新表检验校准的目的。针对压力表检验过程中，重复操作多，速度慢，过程细三个特点用智能校验压力台实现检验过程的自动化，少人化。为检测全面自动化奠定基础。

4 自动检测未来展望

推动数字化进程提升企业的能力，必定为未来计量企业发展的必备条件运用3D建模、大数据、数字孪生、人工智能等技术，推动计量行业的数字化转型，提升过程监管能力和服务水平。从以往依赖人员出海的现场校验，逐渐转向陆地实验室智能无人校验，通过数字孪生技术实现对每个待检测仪器的实时监控。不仅能提高检验效率，更能节约海上人员出海成本，体现充分人文关怀。在未来将有更多的计量检测工作人员从一线转向陆地和工厂，实现远程监测。推动计量数字化转型，有利于市场监管模式的转变，有利于企业运营模式的转型，更有利于计量监管能力的提高。对于计量技术机构而言，要实现计量数字化转型，必须实现计量标准的数字化改造。尽管已有一部分检验的操作实现了自动化无人化，但是在检定前期的信息录入，数据查询，后期出具检验证书等流程上还需依赖人工。需按照业务模式需求实施数字化改造。从传统单一的机械检测工作，转向实现全流程自动检定，将数据通过网络传输至数据中心，自动出具检定证书。完善检验流程与检验数据的溯源，对于企业而言，实现数字化转型首先要完成企业数字化改造，打通设计、生产、试验使用等环节的数据传递链路，建立数字化体系运营系统全面建成，数字信息在各个生产流程中传输无缝连接。

随着自动计量检测技术的发展以及智能压力表检验台功能的日趋完善，智能检测将应用于压力表测量行业，可以大幅降低测量检定中工作人员的劳动强度，并可从操作层面上降低人为读数和检定偏差所带来的不稳定因素。本文提出的压力表智能检定台和对应信息系统的构建现状和存在问题。在此基础上，分析压力表智能计量体系的初步功能及原理。不过，由于行业的持续发展以及对高压测量的实际需要结合压力表表面清洁，油污问题等。压力表智能测量检定台从设计研发到实际生产运用仍存在许多问题与挑战。

(1) 人工校验与智能校验数据标准不一致。从量值的角度，目前中国已经形成以中国计量院为基础的国家计量制度，按照国际检定标准，传统指针式精密气压表读数按照最少时刻的十分之一进行估读，这也就是人眼阅读的最大限度，而引入了基于计算机视觉精确测量技术的低压表智能检定装置，则能够提高读数的精度，使气压测量的信息更加真实、准确，这也是新技术测量整体精度的必然趋势。但此种情况势必会导致大批从前已经检验合格的表被智能校验台判定为不合格，增加了报废率。

(2) 目前不具备检测数据数据分析收集与后续的数据分析的能力。由于工业物联网、云端计算与数字传输新技术的发展，要充分发挥中国在计算机信息积累、收集信息基数大的优势，利用大规模计算信息的累积，发现影响测量的不同因素原因，利用大量的数据进行建模分析，特化出适用于企业自身的能降低实际操作过程中误差的数学模型。形成软件和对用程序，以进一步改进信息采集终端和检测台内部控制器作用。将这种技术导入压力检验台的智能测量程序中，大大提升效率，并经过对海量计量资料的进行统计归类，数据分析。可以持续追踪批量指压力表的寿命，并利用人工智能计算对其寿命做出正确预估，从而合理地给出不同情况压力表的检定期限，为今后计量规范的制定，与历史检验数据的溯源奠定了有力的实践基础。

(3) 对返回待检测表的表面及内部污垢的解决办法。随着深海、深空测量、远洋航行科学技术的进一步发展，如何确保仪器的稳定、安全地工作，也离不开精密测量技术，也就给指针式压力表等智能测量技术的应用带来了更为广泛的使用领域。鉴于被检表所处的特定环境，将在本文中提供的压力表智能测量体系技术框架基础上，进一步深入发展非接触式测量技术和虚拟测量技术，以克服压力表在线、在役测量以及校准困难。

(4) 未来对检测测数据的溯源方向：2018 年国际计量会议，将国际单位制的七个基本数据全部用物理常数进行确定，在原理上，只要符合规定要求，所有基本的实际数据都能够随时随地复现溯源出来，但取消了与标准实际数据传输的中间环节，使实际数据传输系统更加简洁。要达到最值传递的目的优化，就必须提高检验精度，这是人眼所不能满足的，这也就为压力智能测量技术奠定了丰富应用条件，有效推动包含检测环境在内的所有测量参数检测流程的数字化，是智能制造“完整精度”实现的关键保障，这也将有力促进我国标准测量系统和我国工程计量系统的高效建设。

5 总结与展望

本文主要通过介绍中海石油检测压力表智能检测实验室相关实例及系统中实现功能及原理，以及后续待处理问题。以窥见仪表智能检测对计量企业的重要性。同时对数字化，智能化管理模式及检测公司面向未来的数字化发展与转型提供参考。智能计量技术的商业应用仍处于初期阶段。尽管当前智能测量技术的应用得到实践性发展，但还是处于系统使用的初期阶段，在实际使用过程中存在着不少困难，主要方面表现为以下三点：第一，由于对当前应用的智能测量装置没有系统的标准界定，导致测量信息不能自由传输，只能由各家单位自主制定。在智能测量系统中往往出现测量仪器配备不完善、不能协同工作的现象，智能测量终端无法实现信息互联互通，测量系统智能化程度低，协同工作效果低下。其次，由于目前国家并未建立一个完整的智慧计算设备检测规范，因此无法提高智慧计算设备的检测品质和效率，也无法实现设备的自主评估和故障自我排查等功能，也不能运用大数据分析技术来对智慧计算控制系统的自动化实现检测与监控，使得智慧计算控制系统的商业应用并没有完全的实现。最后，由于当前的中国制造业相对于“工业 4.0”的基础建设来说仍处于初期智能化阶段，并且没有充分利用“互联网+”的信息技术来实现生产全过程自动化，因此，现阶段在技术方面将致力于提升智能测量技术的工作效率与准确度，以实现智能测量技术的更广泛使用。

参 考 文 献

[1] 王木，贾鑫，马子明，周超，赵双双，欧阳曾恺，夏国芳．美国德州电力市场智能计量系统概述[J]．电力需求侧管理，2022，24(02)：111-116.

[2] 门平，毕俊杰，古兆兵，田桂东，卫恒，吴玲媛．国内外指针式压力表智能计量检定技术[J]．计测技术，2021，41(05)：114-119.

[3] 许光华，张斌，夏代雄，李友才，罗周维．一种指针式压力表自动校验系统设计[J]．工业计量，2021，31(S1)：29-31+34.

[4] 黄万明．关于加快计量数字化赋能智慧计量检测的探索[J]．中国计量，2022(07)：90-91+152. DOI：10.16569/j.cnki.cn11-3720/t.2022.07.017.

[5] 刘胜军．数字化计量管控平台在炼化企业的建设与应用[J]．石油工业技术监督，2022，38(06)：24-27. DOI：10. 20029/j. issn. 1004-1346. 2022. 06. 006.

[6] 周自力，窦晨．聚焦数字化规划计量的未来发展[J]．中国市场监管研究，2022(05)：16-19.

[7] 张虹，刘燕，陈宏磐，等．压力表检定的发展概况[J]．计量技术，1999. [8]：26-28.

[8] 苏一鸣，杨水旺，张琦，等．基于 Lab VIEW 机器视觉的压力表自动化检定装置设计[J]．计测技术，2020，40(1)：57-60.

[9] 李涛，高博，周国洲．延长压力表检定周期的一种方法[J]．工业计量，2019，29(1)：83-85.

[10] 连兆杰．基于机器视觉技术的指针式压力表检定系统的研究[D]．沈阳：沈阳工业大学，2016.

[11] 推进计量数字化转型 夯实数字时代测量基础 2022 年“世界计量日”中国主题活动云端举行[J]．中国计量，2022(06)：14.

作者简介：李元昊(2000—)，男，助理工程师，毕业于天津工业大学，现就职中海石油技术检测有限公司，从事电气仪表检验检测等工作。电话：13821108886，邮编：300452，通信地址：天津市滨海新区东沽石油新村554信箱

无线仪表在海洋石油平台的应用及溯源方法的探讨

姜红姣

（海洋石油工程股份有限公司/中国海洋石油集团有限公司计量检测中心　天津　300456）

摘　要　近年，无线技术突飞猛进，已深入到社会的方方面面。把无线通信功能集成在各类仪表、阀门及旋转设备上，可普遍应用在化工、石油、冶金、电力、食品、水处理、制药等自动化行业。本文阐述无线仪表在海洋石油平台的应用，并尝试探索其计量溯源方法。

关键词　无线仪表；海洋石油平台；不确定度

1　引言

随着无线技术的突飞猛进，各类无线测量仪表，也被广泛应用于能源计量、过程控制等领域，为工业转型提供强有力技术支撑，为实现低碳环保节能减排做贡献。海洋石油开采具有高投入、高风险和高技术性，石油平台对仪表设备的安全要求极高，无线仪表设备的无线网络采用自组织网络架构，消除海上平台其他无线网络及电磁干扰，保证了无线网络数据的安全可靠性。无线仪表无须电缆及桥架，无须供电，节省了施工成本，降低平台自重，从而节省海上平台建设成本。

为保证无线测量仪表的计量特性，计量器具的溯源方法应随着技术的发展持续跟进。

2　无线仪表简介

无线仪表，基于一定的通信协议架构成的无线网络，形成以控制室计算机设备作为终端显示的系统。目前比较成熟的是 WirelessHART 协议，WirelessHART 是国际电工标准委员会(IEC)批准的国际标准，一种无线设备自行组网的技术，其无线网络中的现场设备能主动绕过现场环境中的物理障碍。其网络结构不需要布线和其他配套基础设施，是一种新的自动化替代方案，符合成本效益

由于 WirelessHART 和 HART 的相似性，无线设备可充分利用石油平台中原有线设备，这样将过程自动化结构的改变减到了最小，最终使投资的规模达到最小化。石油平台可对原来基本建设项目中使用有线方式难以接入的测点采用无线方案。无线带来的新的机会和长期效益还有助于石油平台在新项目的前期工程设计阶段在维护、安全、环境和可靠性方面进行改进。过去，在海洋石油平台的整个运营寿命周期内针对关键的过程控制和安全监测增加额外的测点时，是否将其纳入石油平台的自动化结构体系主要受到接线成本的制约。现在，WirelessHART 完全摆脱了有线连接，这将重新分配自动化项目投入成本，可以轻易确定出哪些测点可以实现自动化。

3　无线仪表应用的优劣势

无线设备或仪表，使测量到的数据通过无线技术传输到中控系统得以实时远程监测现场。具体在压力、流量、液位、温度、振动、离散、声音和储罐计量无线测量方面已有安全可靠的无线仪表。

3.1　相对传统的有线设备或仪表，无线仪表在应用过程中优势突出

(1) 经济成本。尤其以大型综合性强的石油平台为首，其功能越强大，布线数量越多，布线走向越复杂，投入的设计、施工、安装、调试、维护、后期检修的成本越多。而无线仪表无须挖沟、穿管、布线，直接安装在合理位置，节省人力物力财力。

(2) 空间成本。空间距离大的，想要通信，有线的方式需要考虑空间设计合理性，比如电缆敷设位置及高度；若在局限性较强的空间，有线方式还需要考虑后续检修人员的频繁进出。

(3) 时间成本。有线方式需要建设的基础设施种类多数量多，项目建设工期就会相应长，而无线仪表经过方案设计采用专用数据传输方式，只需要架设合理高度的天线即可，缩短了传感网络的部署

时间，安装快速而轻松，减少了工程管理时间，工期可大大缩短。

(4) 环境适应性。当遇到特殊地理环境的地区，比如深水，极寒，高温高湿等，对有线设备系统的布线及敷设约束极大，而无线系统则基本不受地理环境的限制。

(5) 扩展性。当有线系统的工程结束，想要增加分支，需要重新建设，再重新布线，施工较困难且复杂，若是想要减少分支还需拆卸设备，有破坏原有想要保留的线路的风险。而采用无线方式，只需要新增所需设备，与中控及周边设备取得无线通信就可以完成扩展，也不用顾虑现场增加的测点位置是否有备用电缆等设施。

(6) 安全性。使用无线仪表实时监测，对工况安全隐患能实时把握，提前预知或判断，减少企业损失，保证人身安全。尤其在有限空间中的无线仪表更能发挥其优势，智能设备的数字信息和预警功能，避免维护人员频繁前往危险区域。

(7) 降低平台自重，对于海上石油平台，陆地建造完成后需要拖船拉到海上去进行平台与海管之间的连接安装。平台的自重与拖船的选择和海上安装的方式直接相关，给平台的海上安装增加方式选择。

3.2 之所以还未在石油化工领域得以迅速取代有线系统，无线系统也有弱势

(1) 无线信号在传输过程中的稳定性、和抗干扰能力。因其主要靠电波信号在空气介质中传播，难免受到周边环境及频率干扰，导致信号不稳定，中控接收不到或者延迟接收甚至信号失真。

(2) 仪表材质的安全性能，如防爆能力，因其一般情况靠电池续航，更换电池操作时难免的静电反应，所以防爆能力有约束。

(3) 电池的续航能力，电池性能的稳定和寿命一直都是无线设备最大的弱点，还有其对环境的耐受度也是对无线仪表的一项考验。

4 无线仪表的应用

近年，海洋石油在老平台改造、FPSO 单点改造和新建平台的井口区已经使用无线测量仪表，取得了预期的效果，如：辽东湾某项目：对海上平台底层甲板井口注水管线上安装无线压力变送器，将注水井口压力通过无线信号传给控制室监控计算机，对注水井井口压力参数进行监视；由于现场条件的原因，注水井区域距离中央控制室比较远，现场铺设线缆难度大，施工困难等；采用无线技术和变送器，实现每个井口的本地数据无线采集；图 1 为网络架构图：

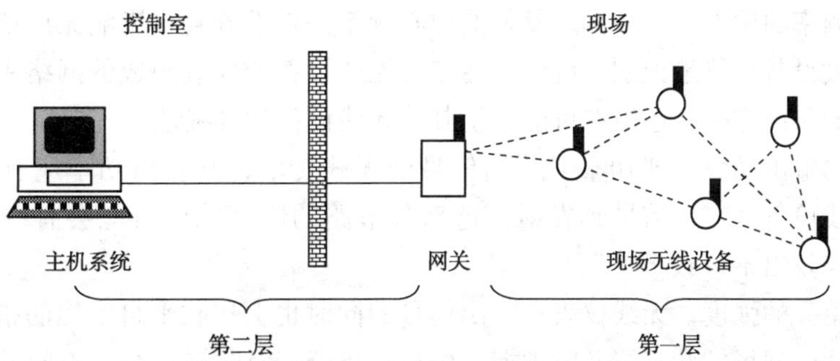

图 1　现场无线网络架构

渤海中部某平台项目：鉴于海洋石油平台建造成本高昂，本项目采用无线解决方案，对输油管线出口压力和温度的状态监测采用无线变送器，无须铺设仪表电缆，无须增加 I/O 卡件，无线设备便于安装和调试，仪表安装及调试仅用几天时间即通讯正常，获得了明显的效益，体现出无线技术的优势。

图 2　现场网关安装图

该项目无线网络使用 2 台智能无线网关，17 台无线变送哭器。网关安装在底层甲板和中层甲板上，接受注水管汇无线压力/温度信号。网关通过 RS485 给上位机传送数据，现场图片展示如图 2 和图 3，传输到中控室的现场测量数据显示如图 4。

图3　现场无线仪表安装图

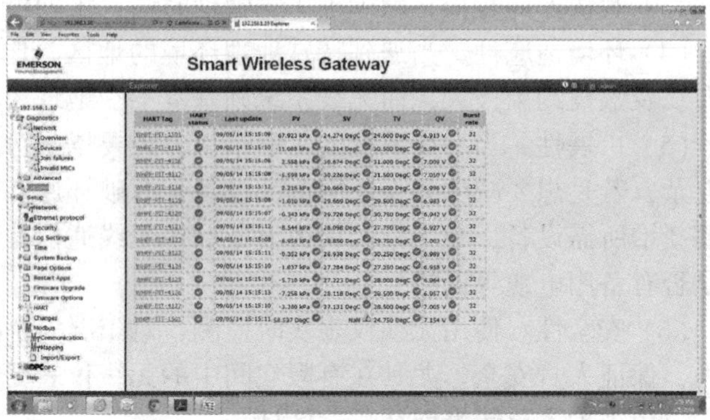

图4　中控采集到的数据

5　无线仪表的溯源

无线测量仪表，除了传统的标准测量单元和显示单元，更集成了信号发射与接收的数据传输功能，这不仅仅是模块的叠加，电路设计要更复杂。作为一个完整的测量仪表，无线数据传输部分的功能以及准确性必然影响整机的使用可靠度。而基于计量目的的仪表，必须经过有效溯源得知其完整仪表的可靠度，即测量不确定度，且应符合国家对计量器具规定的有效溯源，以及溯源周期，才能充分发挥测量的本质作用。

5.1　测量不确定度分量

目前计量器具量值溯源推行校准方式，执行国家已发布的检定规程或校准规范，在实际校准时，分析不确定度来源(B类)，来源分量参与数学模型的建立。通过贝塞尔公式计算标准偏差，即A类测量值的重复性，通过不确定度传递公式与B类各分量进行合成，最终得出测量仪表的输出不确定度。

但目前国内并没有专门针对无线测量仪表的检定规程或校准规范，对于新集成无线功能的测量仪表，其校准活动除了外观检查(增加发射与接收端的检查，比如天线)，及以往计入不确定度的分量，笔者认为还应考虑以下几个方面的影响：

(1) 信号传输频率的偏差，即频偏。发射的中心频率是否准确直接影响无线仪表所发射出去的信号是否能被其他接收设备正确地识别、解调。在多台无线设备或仪表组成的网络中，若其中一台频偏大，不只影响自身的量值准确，还极有可能干扰其他无线设备的准确性。

(2) 信号发射的输出功率，即功平。数据信号的无线传输，其发射功率应有良好的一致性、精度、线性。由于无线设备从产生信号到发射，这部分电路的频率响应可能会有些抖动或变化，不平坦，导致接收信号与发出不一致。

(3) 信号接收单元的强度。无线仪表在发出信号的同时也会接收来自中控的指令，这样才能形成交互式的反馈，以达到现场的状态能及时把握，中控的指令能及时被执行。不同的设计，信号接收单元的接收能力也不同。

无线测量仪表作为计量器具，其终端输出数据的准确可靠，才能体现其计量特性的完整性。就如我们检定或校准一台指针显示式仪表，如果显示单元有问题，影响使用者正常使用，我们根据规程或规范可直接判定不合格，更进一步讲，显示面的最小分度值的大小，直接参与校准不确定度计算了，那么，对于无线仪表来说，发射的数据信号类比于显示盘的指示，该类分量的不确定度，直接影响整机的可靠度。

5.2　溯源周期

溯源周期是计量器具在使用中为保持其计量特性可靠的人为规定的时间段，在这个时间段内被普遍认为其量值准确、一致。国家规定用于贸易结算、安全防护、医疗卫生、环境监测方面并列入《中华人民共和国强制检定的工作计量器具目录》的计量器具实行定点定期检定。除此外，企业自用的计量器具可根据实际使用频率、使用状态或器具重要性等，参考国家发布的相关规程规范自行规定溯源周期。

对于无线测量仪表，应按照其测量单元的相关规定来执行。如无线温度变送器，测量单元是温度变送，溯源周期应执行现行有效的有线温度变送器的规程规范。且如果在强制检定范畴内，该无线温度变送器只可比规定溯源周期短，不可超越。

6 结语

随着无线技术飞速开展，结合国家“十四五”规划的政策向导，工业绿色低碳是发展态势。所以无线仪表的应用会更广泛，尤其海上平台非常适合使用无线网络，其性能可靠、安全。在海上平台应用智能无线技术，无论对新平台建设和现有平台改造项目，智能无线技术都将发挥其重要的作用，为建设数字化海油、数字化平台提供强有力的技术支持这就要求仪表及计量工作者不断加强学习，提高计量检测技术水平和应用能力。

参 考 文 献

[1] 仝卫国，李国光，苏杰，等．计量测试技术[M]．北京：中国计量出版社，2006.

[2] 测量不确定度评定与表示：JJF1059.1-2012[S]．北京：中国标准出版社，2012.

[3] 计量器具检定周期确定原则和方法：JJF1139-2005[S]．北京：中国标准出版社，2005.

作者简介：姜红姣(1983—)，女，工程师，毕业于湖北工业大学，现从事计量检测工作。电话：16602662263，邮编：300456，通信地址：天津市滨海新区渤海石油路688号特种设备分公司。

关于原油动态计量国际算法与国标算法差异性的探讨

孙玉伟　刘晓光

（国家管网北方管道大庆输油气分公司，大庆油田设计院有限公司　黑龙江大庆　163711）

摘　要　本文将某些计量站库采用ISO算法的流量计算机输油报告的计算结果与采用国标算法的计算结果进行了比对。确认了两种算法计算结果的一致性，也指出了某些站库计量管理计算机的程序错误，促进了自动计量系统的推广。

关键词　原油；流量计算机；算法；计算结果，偏差；一致性

1　研究背景

随着数字化技术的不断发展，采用流量计算机作为主要控制与计算设备的自动计量技术得到越来越广泛地应用。一些起步较早的计量站库采用的流量计算机大都采用ISO国际标准算法，这与我国的国标算法并不一致。这些流量计算机的计算结果是否符合我国标准的要求，能否在交接计量中采用流量计算机的计算结果一直是悬而未决的问题。本文对这两种算法计算结果的偏差进行了比对，试图找出这两种算法计算结果的差异。

2　数学模型

2.1　国际算法

国际算法通常采用体积量结算，采用将计量期间多个流量间隔的油量累加，得到计量期间总的累计量。流量间隔通常为固定时间间隔，即计算周期。将国际算法的公式合并表达为：

$$GSV = \sum_{p=1}^{n} \frac{Counts_p}{KF} \times CTL_p \times CPL_p \times MF \tag{1}$$

式中　GSV——国际算法的毛标准体积；m^3；

p——单个计算周期；

n——计量期间最后一个计算周期的数量；

$Counts$——单个计算周期采集的流量计脉冲数；

KF——流量计K系数，$1/m^3$；

CTL——原油体积温度修正系数；

CPL——原油体积压力修正系数；

MF——流量计系数流量加权平均值。

对于使用自动取样器的自动计量系统，CTL与CPL采用计量期间采集油样进行实验室化验得到的密度计算。

将毛标准体积乘以含水修正系数C_{SW}得到净标准体积，再乘以原油在标准参比条件下（15℃或20℃）的密度并进行空气浮力修正得到净油表观质量。

2.2　国标算法

国标算法采用质量结算，对于涉外贸易或者合同约定的可以采用体积量结算。国标算法的公式为：

$$V_{gs} = V_t \times (MF \times C_{tl} \times C_{pl}) \tag{2}$$

将毛标准体积乘以含水修正系数C_{SW}得到净标准体积，再乘以原油在标准参比条件下（20℃）的密度并进行空气浮力修正得到净油表观质量。

2.3 国际算法与国标算法的区别

这两种算法的主要区别在于原油体积温度修正，国际算法采用基于15℃密度的公式计算原油体积温度修正系数 C_{TL}，将原油体积从输油温度修正到15℃或20℃；我国国标算法为使用20℃标准密度查《石油计量表》60A，确认原油体积温度修正系数 C_{TL}，将原油体积从输油温度修正到20℃。其余的计算步骤相同。

3 比对方法

本文采用国标算法对输油报告进行计算，得出在国际算法参比条件下(15℃或20℃)的毛体积、净体积与净质量，再与输油报告(国际算法)的结果进行比对，得出体积量与质量计算偏差。选择使用国际算法参比条件，保证了采用国际算法的完整性。

本文选择若干采用国际标准算法的输油报告进行验算。这些输油报告有的是批次输油报告，有的是输油日报；某些报告计算单台流量计的输油量，某些计算计量站的总输油量；某些输油报告的标准参比条件为15℃，某些是20℃。

输油报告上的指示体积(IV)等于流量计在计量期间的累计脉冲数除以 K 系数，这一点国标算法与国标算法是一致的，因此无须验证指示体积计算的正确性，直接采用其数值进行计算。

为提高计算精度，将查表确定的 $VCF20$ 小数位增加1位。为便于比对修正系数与最终结果，将计算数值修约到与输油报告相同，未按照GB/T 9109.5的要求进行数值修约。

4 比对过程

4.1 OMNI流量计算机批次输油报告比对

4.1.1 自动计量系统工作方式与原始数据

该自动计量系统采用OMNI流量计算机，采用3台涡轮流量计配1台自动取样器计量方式，采用15℃作为标准参比条件。在输油过程中流量计算机控制取样器按照流量比例持续取样，输油结束后对油样进行实验室分析化验，确定15℃密度与含水，作为3台流量计共同的密度与含水。将此密度与含水输入流量计算机，流量计算机对该输油报告进行重新计算，得出各台流量计在参比条件下新的毛体积、净体积与净质量。批次输油报告原始数据见表1，输油报告原件见附录A图1。

表1 OMNI流量计算机批次输油报告原始数据

	FT-F101	FT-F102	FT-F103
指示体积(IV)/m^3	12869.8	13007.6	15280.7
流量计系数(MF)	0.997084	0.999245	1.000338
流量加权平均温度/℃	53.60	53.70	53.70
流量加权平均压力/kPa	327.39	330.83	334.62
化验密度/(kg/m^3，15℃)	857.7		
含水/%	0.06		

4.1.2 比对计算步骤

4.1.2.1 确定原油标准密度

已知原油15℃密度为857.7kg/m³。查《石油计量表》E2可知，15℃密度857.0kg/m³对应标准密度为853.4kg/m³，15℃密度858.0kg/m³对应标准密度为854.4kg/m³，参照《石油计量表》插值计算规则，则

$$\rho_{20}=853.4+(854.4-853.4)\times(857.7-857.0)\div(858.0-857.0)=854.1\text{kg/m}^3 \quad (3)$$

4.1.2.2 确定将原油体积修正到15℃的体积温度修正系数 C_{TL}

首先确定将原油体积从输油温度修正到20℃的 $VCF20(1)$。查《石油计量表》60A，在输油温度53.6℃(流量计FT-F101)下，标准密度854.0kg/m³与856.0kg/m³对应的 $VCF20$ 见表2。

表 2 《石油计量表》60A 节选

	854.0	856.0
	VCF20	
53.50	0.9716	0.9718
53.75	0.9714	0.9716

先使用内插法计算在 53.60℃下，标准密度 854.0kg/m^{3}与 856.0kg/m^{3}对应的 $VCF20$，计算结果见表 3。

表 3 插值计算 53.6℃下的 VCF20

	854.0	856.0
	VCF20	
53.60	0.97152	0.97172

使用内插法计算标准密度 854.1kg/m^{3}对应的 $VCF20$ 为 0.97153。

再确定将原油体积从 15℃修正到 20℃的 $VCF20(2)$。查《石油计量表》60A，标准密度 854.0kg/m^{3}与 856.0kg/m^{3}在 15℃下的 $VCF20$ 均为 1.0042，因此原油在 15℃下的 $VCF20$ 为 1.0042。

计算将原油体积从输油温度修正到 15℃的体积温度修正系数 C_{TL}(C_{TL}公式推导见附录 B)。

$$C_{TL}=VCF20(1)\div VCF20(2)=0.97153\div 1.0042=0.967467 \tag{4}$$

4.1.2.3 计算原油体积压力修正系数 C_{PL}

依据 GB/T 21450-2008《原油和石油产品 密度在 638kg/m^{3}到 1074kg/m^{3}范围内的烃压缩系数》中的计算程序进行计算。

首先进行数值修约。已知输油温度为 53.60℃，15℃密度为 857.7kg/m^3，依据公式将数值修约到接近 0.25℃与 2kg/m^3，修约后的数值为 53.50℃与 858.0kg/m^3。

计算密度(g/cm^3)与密度的平方，并修约至 0.00001。计算密度值为 0.858g/cm^3，密度平方为 0.73616g^2/cm^6。

计算压缩系数 F 中的 TERM1、TERM2、TERM3 与 TERM4。计算结果为：

$$\text{TERM1}=-1.62080 \tag{5}$$

$$\text{TERM2}=\text{INT}(21.592\times 53.5+0.5)\times 0.00001=0.01155 \tag{6}$$

$$\text{TERM3}=\text{INT}(87.096\div 0.73616+0.5)\times 0.00001=1.18311 \tag{7}$$

$$\text{TERM4}=\text{INT}(420.92\times 53.5\div 0.73616+0.5)\times 0.00001=0.30590 \tag{8}$$

计算压缩系数 F

$$F=\text{EXP}(-1.62080+0.01155+1.18311+0.30590)=0.88671 \tag{9}$$

将数值修约至 0.001，再乘以 10^{-6}，数值为 8.87×10^{-7}kPa^{-1}。

计算 C_{PL}

$$C_{PL}=1\div(1-8.87\times 10^{-7}\times 327.39)=1.000290 \tag{10}$$

4.1.2.4 将输油报告上的指示体积修正到 15℃参比条件。

将指示体积乘以 MF、C_{TL}、C_{PL}，得到原油在 15℃参比条件下的毛体积。即 $V_{gs}=12869.8\times 0.997084\times 0.967467\times 1.000290=12418.40\text{m}^3$。

4.1.2.5 计算净体积。

$$V_{ns}=V_{gs}\times C_{SW}=12418.01\times(1-0.06\%)=12410.94\ \text{m}^3 \tag{11}$$

4.1.2.6 计算净质量(长吨)。将净体积乘以 15℃密度、空气浮力修正系数并修正到长吨，有：

$$m_{nm}=12410.94\times 857.7\times 0.9987\div 1000\div 1.01605=10463.1\ \text{t(长吨)} \tag{12}$$

4.1.2.7 相同地，计算流量计 FT-F101 与 FT-F103 的数据，数据汇总见表 4。

表 4 OMNI 流量计算机输油报告比对结果

	FT-F101			FT-F102			FT-F103		
	国际算法	国标算法	偏差/%	国际算法	国标算法	偏差/%	国际算法	国标算法	偏差/%
温度修正系数/(C_{TL})	0.967477	0.967467	0.0010	0.967375	0.967387	0.0012	0.967413	0.967387	-0.0027
压力修正系数/(C_{PL})	1.000291	1.00290	0.0001	1.000294	1.000294	0.0000	1.000297	1.000297	0.0000
综合修正系数/(CCF)	0.967759	0.967748	0.0011	0.967659	0.967671	0.0000	0.967700	0.967674	-0.0027
毛标准体积/(m^3，15℃)	12418.5	12418.4	-0.0008	12577.4	12577.6	0.0016	14792.1	14791.7	-0.0027
净标准体积/(m^3，15℃)	12411.0	12410.9	-0.0008	12569.8	12570.0	0.0016	14783.2	14782.8	-0.0027
表观质量/(t，长吨)	10466.8	10463.3	-0.0334	10600.6	10597.4	-0.0302	12469.6	12462.9	-0.0540

4.1.2.8 从比对数据上发现，净质量(长吨)计算偏差较大。流量计算机通常以公吨为单位计算质量，此质量计算偏差应为计量管理计算机(上位机)生成报告时添加项目所致，并非流量计算机计算法错误。采用国际标准算法的计量站库通常采用体积量交接，因此未发现此错误，也未予以纠正。

4.2 S600+流量计算机批次输油报告比对

4.2.1 自动计量系统工作方式与原始数据

该自动计量系统采用艾默生 S600+流量计算机，采用 4 台容积式流量计配 1 台自动取样器计量方式，采用流量计 K 系数进行分段修正计算，不采用流量计系数修正计算，采用 15℃作为标准参比条件。系统计算各台流量计在计量期间流量加权平均温度、流量加权平均压力，再基于单台流量计的输油量与平均温度、平均压力计算整个计量站的流量加权平均温度与流量加权平均压力。在输油过程中流量计算机控制取样器按照流量比例持续取样，输油结束后对油样进行实验室分析化验，确定 15℃密度与含水，作为计量站的密度与含水。将此密度与含水输入流量计算机，流量计算机对该输油报告进行重新计算，得出计量站在参比条件下新的毛体积、净体积与净质量。输油报告中，Live 数据为使用在线密度与含水测量数据(均使用上次输油化验数据作为默认值)的计算值，数值仅供参考；Lab 数据为使用本次输油取样实验室化验数据的计算结果。批次输油报告原始数据见表 5，输油报告原件见附录 A 图 2。

表 5 S600+流量计算机批次输油报告原始数据

	毛体积/m^3	加权平均温度/℃	加权平均压力/kPa
FT-7181A	19068.74	59.3346	563.3128
FT-7181B	19236.43	59.2188	568.4373
FT-7181C	0.04	0.0000	0.0000
FT-7181D	18800.78	59.2937	578.7903
总计	57105.99	59.2821	570.1342
化验密度/(kg/m^3)	873.6		
含水/%	0.09		

4.2.2 比对计算步骤

4.2.2.1 验算总输油毛体积、加权平均温度、加权平均压力。验算结果与表 5 完全一致，因此直接采用原始数据进行计算。

4.2.2.2 以下比对计算步骤同 3.1

该输油报告中有压缩系数，但是没有压力修正系数 C_{PL}，因此不能对 C_{PL}进行比较。比对结果见表 6。

表 6 S600+流量计算机输油报告比对结果

	国际算法	国标算法	偏差/%
温度修正系数/(C_{TL})	0.964501	0.964024	-0.0494
压缩系数/kPa^{-1}	8.695×10^{-7}	8.680×10^{-7}	0.0000

续表

	国际算法	国标算法	偏差/%
压力修正系数/(C_{PL})	—	1.00050	—
毛标准体积/(m^3，15℃)	55078.794	55079.071	0.0005
净标准体积/(m^3，15℃)	55029.228	55029.500	0.0005
表观质量/(t，公吨)	48012.998	48013.239	0.0005
表观质量/(t，长吨)	47254.707	47254.800	0.0002

4.2.2.3 在比对计算中发现，原油体积温度修正系数(C_{TL})存在较大偏差(-0.049%)，但最终计算结果却十分接近。该输油报告由上位机读取流量计算机批次输油数据生成，并非读取流量计算机的原始输油报告(原始输油报告为不带格式的纯文本文件，且不包含 Live 数据)，所以此错误由数据读取错误所致，并非流量计算机算法错误。

4.3 FMC 流量计算机输油日报比对

4.3.1 自动计量系统工作方式与原始数据

该自动计量系统采用 FMC(Smith)流量计算机，采用 3 台涡轮流量计配 1 台自动取样器计量方式。流量计算机采用 20℃作为标准参比条件，因此采用国标算法将体积量从输油温度修正到 20℃进行比较，不再修正到 15℃。在输油过程中流量计算机控制取样器按照流量比例持续取样，输油结束后对油样进行实验室分析化验，确定 20℃密度与含水，作为 3 台流量计共同的密度与含水。将此密度与含水输入流量计算机，流量计算机对该输油报告进行重新计算，得出各台流量计在参比条件下新的毛体积、净体积与净质量。输油日报原始数据见表 7，输油报告原件见附录 A 图 3。

表 7 FMC 流量计算机输油日报原始数据

	FT0501D
脉冲数	3939743
流量计 K 系数	3935.3
流量计系数(MF)	0.9999
流量加权平均温度/℃	10.71
流量加权平均压力/kPa	599
化验密度/(kg/m^3，20℃)	845.0
含水/%	0.000

4.3.2 比对计算步骤

4.3.2.1 计算指示体积

由脉冲数除以 K 系数得到，即

$$IV = 3939743 \div 3935.3 = 1001.129 m^3 \tag{13}$$

4.3.2.2 确定原油 15℃密度 $\rho 15$

查《石油计量表》E1，原油 15℃密度为 848.6kg/m^3。

4.3.2.3 以下比对计算步骤与 3.1 基本相同。比对结果见表 8。

表 8 FMC 流量计算机输油日报比对结果

	国际算法	国标算法	偏差/%
温度修正系数/(C_{TL})	1.0080	1.0080	0.0000
压力修正系数/(C_{PL})	1.0004	1.0004	0.0000
毛体积/m^3	1001.023	1001.029	0.0006
净标准体积/(m^3，20℃)	1009.432	1009.406	-0.0026
净质量/(t，公吨，未经空气浮力修正)	852.97	852.95	-0.0023

5 比对结论

经过多种流量计算机的多种输油报告比对，国际算法与国标算法的体积量计算偏差均在±0.003%

以内。流量计系数与 C_{TL}、C_{PL}等中间参数均应修约到小数点后第四位，即精确到±0.01%，因此最终结果偏差不大于±0.01%均为符合 GB/T 9109.5 的要求。输油报告上的其他错误属于上位机编程错误，并非流量计算机算法错误。综上所述，采用国际算法与国标算法的计算结果一致性得到确认。

本文仅仅确认了两种算法的一致性，并非确认了流量计算机的全部数学模型。流量计算机应定期校准，校准时应采用标准信号发生器模拟流量计、温度、压力等信号输入流量计算机，从脉冲计数开始到出具计算结果，全面核查流量计算机的数学模型。

某些计量站库上位机软件存在错误，虽然没有影响计量交接的正常开展，但计量工作应严谨细致，这些错误仍然需要改进。

参 考 文 献

[1] 美国石油学会(API).《使用容积式与涡轮流量计的液体体积电子测量系统》(Electronic Liquid Volume Measurement Using Positive Displacement and Turbine Meters) API MPMS 21.2-2000.

[2] 国际标准化组织(ISO).《石油和相关产品 温度和压力体积修正系数(石油计量表)及标准参比条件)》(Petroleum and related products—Temperature and pressure volume correction factors (petroleum measurement tables) and standard reference conditions), ISO91-2017.

[3] 国家质量技术监督局. GB/T1885《石油计量表》, 1998.

[4] 国家质量监督检验检疫总局. GB/T 21450-2008《原油和石油产品 密度在 638kg/m³ 到 1074kg/m³ 范围内的烃压缩系数》, 2008.

[5] 国家质量监督检验检疫总局. GB/T 9109.5《石油和液体石油产品动态计量 第 5 部分：油量计算》, 2017.

作者简介：孙玉伟(1982—)，男，工程师，毕业于辽宁石油化工大学油气储运工程专业，现从事运销计量等工作。电话：13936988915、04596020254，邮政编码：163452；邮箱：275547494@qq.com，通信地址：黑龙江省大庆市让胡路区胜利路 7 号，单位：大庆输油气分公司。

附录 A 流量计算机输油报告原件(由上位机生成)(图 1~图 3)

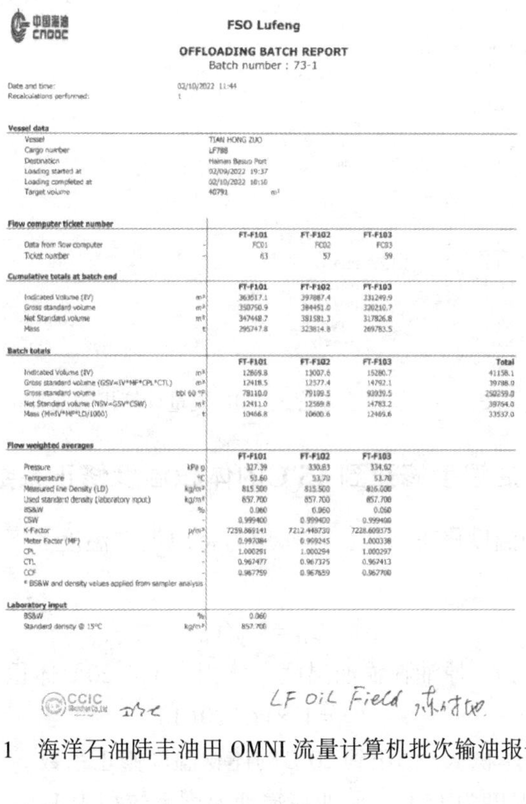

FSO Lufeng

OFFLOADING BATCH REPORT

Batch number : 73-1

Date and time: 02/10/2022 11:44

Recalculations performed: 1

Vessel data

Vessel	TIAN HONG ZUO
Cargo number	LF788
Destination	Hainan Basuo Port
Loading started at	02/09/2022 19:37
Loading completed at	02/10/2022 10:10
Target volume	40791 m³

Flow computer ticket number

		FT-F101	FT-F102	FT-F103
Data from flow computer	-	FC01	FC02	FC03
Ticket number	-	63	57	59

Cumulative totals at batch end

		FT-F101	FT-F102	FT-F103
Indicated Volume (IV)	m³	363517.1	397887.4	331249.9
Gross standard volume	m³	350750.9	384451.0	320210.7
Net Standard volume	m³	347448.7	381581.3	317826.8
Mass	t	295747.8	323814.8	269783.5

Batch totals

		FT-F101	FT-F102	FT-F103	Total
Indicated Volume (IV)	m³	12869.8	13007.6	15280.7	41158.1
Gross standard volume (GSV=IV*MF*CPL*CTL)	m³	12418.5	12577.4	14792.1	39788.0
Gross standard volume	bbl 60 °F	78110.0	79109.5	93039.5	250259.0
Net Standard volume (NSV=GSV*CSW)	m³	12411.0	12569.8	14783.2	39764.0
Mass (M=IV*MF*LD/1000)	t	10466.8	10600.6	12469.6	33537.0

Flow weighted averages

		FT-F101	FT-F102	FT-F103
Pressure	kPa g	327.39	330.83	334.62
Temperature	°C	53.60	53.70	53.70
Measured line Density (LD)	kg/m³	815.500	815.500	816.000
Used standard density (laboratory input)	kg/m³	857.700	857.700	857.700
BS&W	%	0.060	0.060	0.060
CSW	-	0.999400	0.999400	0.999400
K-Factor	p/m³	7259.869141	7212.448730	7228.609375
Meter Factor (MF)	-	0.997084	0.999245	1.000338
CPL	-	1.000291	1.000294	1.000297
CTL	-	0.967477	0.967375	0.967413
CCF	-	0.967759	0.967659	0.967700

* BS&W and density values applied from sampler analysis

Laboratory input

BS&W	%	0.060
Standard density @ 15°C	kg/m³	857.700

图 1 海洋石油陆丰油田 OMNI 流量计算机批次输油报告

China Offshore Oil Xijiang23-1 Corporation

XIJIANG23-1 Oil Field Development
Final Batch Report

Ship Name: HYSY115
Shipment No.: XJL479
Delivered To: BEI HAI ZHONG WANG

Print Date: 02:08:2020 6:38:25
Batch Start Date: 01:08:2020 18:45:26
Batch End Date:

	Gross Volume (m^3)	FWA Temp. (℃)	FWA Press. (KPaG)	FWA Std Density (kg/m^3)	Std Volume @15℃ (m^3)
Stream A (FQI-7181A):	19068.74	59.3346	563.3128	873.6	18390.89
Stream B (FQI-7181B):	19236.43	59.2188	568.4373	873.6	18554.53
Stream C (FQI-7181C):	0.04	0.0000	0.0000	873.6	.0404809
Stream D (FQI-7181D):	18800.78	59.2937	578.7903	873.6	18133.33
Station:	57105.99	59.2821	570.1342	872.3994	55078.7937
Pipeline:	0.00				
Total Delivery:	57105.99				

	Live Results	Lab Results
Actual Batch Final Density (kg/m^3@ 15℃):	872.3994	873.6
Actual Batch Final B.S.&W. (%):	0.00	0.09
Actual Batch Final API Gravity @ 15℃:	30.901	30.4
Batch VCF for 15℃:	0.964570	0.964501
Batch Compressibility Factor per kPa:	8.730484E-07	8.695252E-07
Batch Flow Weighted Average Temp. (℃):	59.2821	
Batch Flow Weighted Average Pressure (KPaG):	570.1342	

	Live Results		Lab Results	
	Std. Gross	Net	Std. Gross	Net
Volume (m^3@ 15℃ & 0 kPaG):	55082.744	55082.744	55078.794	55029.228
Volume (BBL @ 60℉ & 0 kPaG):	346598.62	346598.62	346574	346262
Weight in Air (Metric Ton):	47993.561	47993.561	48056.249	48012.998
Weight in Air (Long Ton):	47235.576	47235.576	47297.274	47254.707

图 2 海洋石油西江油田 DANIEL 流量计算机批次输油报告

Daily Report

Flow Computer ID: FQIT-54062-1　　Report No: 81887
Location: TAIYANGSHENG　　Report Date/Time: 22/02/14 00:00:00

Start Date/Time: 22/02/13 00:00:00
End Date/Time: 22/02/14 00:00:00

Meter Data

Tag	FIT 0501D
Serial No	
K Factor:	3935.3 Pulses/m^3

Fluid Data

Name	Fluid #1
Type	Crude Oil
CTL Std	11.1 2004
CPL Std	11.1 2004

Average Analog Data

Temp.	Deg.C	10.71
Press.	kpag	599
Dens.	kg/m^3	845.0
S&W	%	0.000

Average Factors

MF	0.9999
CTL	1.0080
CPL	1.0004
CCF	1.0083
CSW	1.0000

Totalizers

Pulses		3939743
Gross	m3	1001.023
GSV	m3	1009.432
SW	m3	0.000
NSV	m3	1009.432
Mass	Tones	852.970

图 3 国家管网北方管道 FMC 流量计算机输油日报

附录 B 将原油体积从输油温度修正到 15℃的体积温度修正系数推导

(1) 已知 C_{TL} 为原油体积温度修正系数，其作用为将原油在温度 t_1 下的体积 V_{t1} 修正到标准参比温度 t_2 下的体积 V_{t2}，即：

$$C_{TL}=V_{t2}/V_{t1} \tag{14}$$

(2) 假设原油输油温度为 t，原油在输油温度下体积为 V_t，20℃体积 V_{20} 等于：

$$V_{20}=V_t \times VCF20(1) \tag{15}$$

式中　$VCF20(1)$——将原油体积从 t 修正到 20℃的体积温度修正系数。

(3) 假设同一原油输油温度为 15℃，原油在输油温度下体积为 V_{15}，20℃体积 V_{20} 等于：

$$V_{20}=V_{15}\times VCF20(2) \tag{16}$$

式中　$VCF20(2)$——将原油体积从15℃修正到20℃的体积温度修正系数。

(4) 由公式(15)与(16)，有：

$$V_t\times VCF20(1)=V_{15}\times VCF20(2) \tag{17}$$

即：

$$V_{15}/V_t=VCF20(1)/VCF20(2) \tag{18}$$

根据C_{TL}定义，有：

$$C_{TL}=V_{15}/V_t=VCF20(1)/VCF20(2) \tag{19}$$

基于 ELSTER FC2000 型流量计算机的天然气能量计量改造算法研究

郭　珍　张雅琴　迪娜尔·波拉提

（国家管网西部管道有限责任公司　新疆乌鲁木齐　830000）

摘　要　目前，我国仍采用体积计量的方式开展天然气贸易交接工作，但全国天然气能量计量改革工作已全面开展。ELSTER FC2000 型流量计算机中配置了对体积流量和能量流量的不同算法，本文结合相关国际标准和国家标准对常用的计算方法进行实验和理论研究，发现不同流量方程对压缩因子和高位发热量的计算原理不同，且高位发热量计算标准未采用现行国家有效标准。最后，本文针对 ELSTER FC2000 型流量计算机提出了能量计量改造算法配置建议，以保证能量计量改造前后的计量结果准确，为我国天然气能量计量改造工作的开展提供参考。

关键词　ELSTER；能量计量；流量计算机；流量方程

1　引言

近年来，随着天然气管道的不断建设发展，天然气发电、化工、汽车、城市民用气等工业也快速发展，目前天然气已成为提高人民生活质量、改善生态环境和优化能源结构的重要物质保障。天然气计量，既是企业贸易结算和输差分析的重要依据，也是影响企业经济的关键因素和考核天然气企业生产效率的一个主要指标。天然气的准确计量，关系到贸易结算的公平性，还为改进生产工艺，降低生产成本，提高经济效益和社会效益发挥良好作用，因此，天然气计量是发展天然气工业必须要解决的重要问题。

天然气计量方式有体积计量和能量计量两种方式，现阶段北美、南美、西欧、中东和亚洲的大多数国家等天然气成熟市场虽然在计量单位上有所差异，但均采用能量计量和结算方式，而苏联、东欧一些国家和我国尚执行体积计量方式。为使天然气计量水平尽快与国际接轨，同时鉴于天然气发热量的使用价值，2019 年国家发改委发布的《油气管网设施公平开放监管办法》通知中明确规定，国家推行天然气能量计量计价，这为我国天然气的能量计量改造提供了政策依据。

流量计算机是集天然气计量系统数据的采集、处理计算以及传输为一体的计量设备，在天然气计量设备中占据重要地位，其内置算法的选择和设置直接影响到最终的计量结果。因此，在天然气能量计量改造中，了解和掌握不同类型流量计算机对体积和能量计量的计算方法，将为企业进行天然气能量计量改造提供重要依据和技术支持。

近年来，国内也有几家公司在流量计算机制造方面取得重要研究成果，但国产流量计算机支持的流量计类型有限，同时流量计算机功能还达不到国外先进水平，在大型贸易交接计量站，采用的流量计算机大多为国外进口产品。本文以西气东输干线上广泛应用的 ELSTER FC2000 型流量计算机为例，对其内置算法进行详细实验研究，为西气东输管道沿线天然气能量计量改造工作开展提供参考。

2　FC2000 型流量计算机计算原理及算法概述

FC2000 型流量计算机广泛应用于石油、石化、化工、冶金、电力、轻工、医药及城市燃气、供热等行业的贸易计量、贸易监督和多点能源数据的采集、处理和传输。流量计算机内部配置有不同的流量方程和折线修正、端面修正等多种修正方式，因其性能稳定、功能强大而广泛应用于天然气计量站。

2.1 流量计算机体积和能量计量基本原理

流量计算机将现场工况条件下采集得到的温度、压力、气体组分和体积流量作为输入值，通过计算机内部算法进行修正和计算后，输出标准参比条件下的体积流量和能量流量。其中，标准参比条件下的体积流量计算公式为：

$$V_n = V_f \cdot \frac{P_f}{P_n} \cdot \frac{T_n}{T_f} \cdot \frac{Z_n}{Z_f} \tag{1}$$

式中 V_n——标准参比条件下的体积流量，m^3/h；

V_f——工况条件下的体积流量，m^3/h；

P_f——工况条件下的压力，kPa；

P_n——标准参比条件下的压力，kPa；

T_f——工况条件下的温度，K；

T_n——标准参比条件下的温度，K；

Z_n——标准参比条件下压缩因子；

Z_f——工况条件下的压缩因子。

标准参比条件下的能量流量计算公式为：

$$E = V_n \cdot H_{snv} \tag{2}$$

式中 H_{snv}——标准参比条件下的高位发热量，MJ/m^3；

E——标准参比条件下的气体发热量，MJ。

由公式(1)、公式(2)可知，天然气体积计量是能量计量的基础。在体积流量和能量流量计量的影响因素中，现场温度、压力及工况体积流量分别由温度变送器、压力变送器和流量计采集，而压缩因子和发热量的计算则由流量计算机中输入组分和内置算法决定，因此，研究压缩因子和发热量的算法对于天然气计量至关重要。

2.2 FC2000 型流量计算机压缩因子计算方法简介

FC2000 型流量计算机内部配置有 NX19、AGA8 及 SGERG 三种主要的压缩因子计算方法。

NX19 早期由美国燃气协会(AGA)提出，其算法较简单，主要适用于以甲烷为主，加上乙烷和少量重烃的天然气介质，从适用范围和计算精确性两方面均不如 AGA8 和 SGERG 两种计算方法，目前使用较少。1992 年，美国燃气协会发表了以状态方程为基础的压缩因子计算方法 AGA No. 8 报告及 AGA8-92DC 方程。同年 6 月，国际标准化组织(ISO)在挪威召开的第四次全体会议上推荐了两个压缩因子计算方程，即 AGA8-92DC 方程和 SGERG-88 方程。1994 年，国际标准化组织形成天然气压缩因子的计算标准草案，即 ISO 12213。

1999 年，经过国内专家的不断验证研究，由四川石油管理局天然气研究院起草的 GB/T 17747-1999《天然气压缩因子的计算》被批准发布，该标准等效采用 ISO 12213-1997，规定了国内天然气压缩因子的两种计算方法 AGA8-92DC 方程和 SGERG-88 方程。2011 年，随着 ISO 12213 标准的更新，我国 GB/T 17747-1999《天然气压缩因子的计算》更新至 GB/T 17747-2011，为我国天然气计量中压缩因子的计算提供依据。

AGA8-92DC 计算方法是基于管输天然气的容量性质可由组成来表征和计算，即使用气体的摩尔组成进行计算。摩尔组成、压力和温度用作计算方法的输入数据，该方法需要对气体进行详细的摩尔组成分析。SGERG-88 计算方法所使用的方程是基于管输天然气的容量性质可由一组合适的、特征的、可测定的物性值来表征和计算，即使用物性值进行计算。这些特征的物性值与压力和温度一起作为计算方法的输入数据。该计算方法使用高位发热量、相对密度和 CO_2 含量作为输入变量，尤其适用于无法得到气体摩尔全组成的情况，它的优越之处还在于计算相对简单。

对于高压或低温或在管输质量外天然气的压缩因子计算，如天然气勘探和开发，需要准确计算时，宜使用 AGA8-92DC 或 SGERG-88 计算方法，计算的不确定度一般都能满足要求。在我国，由于天然气组分分析一般由气相色谱仪完成，故对压缩因子计算一般采用摩尔组成计算法，即 AGA8-92DC 计算方法，在部分天然气站场计量系统中，也使用 SGERG-88 计算方法。

2.3 FC2000 型流量计算机流量计算方法简介

FC2000 型流量计算机配置有流量计算方程共四种，分别为“Standard”“ISO 6976(no Z/Zb)”“ISO 6976”“C. A. T. S.”。

我国天然气计量处于体积计量阶段时，FC2000 型流量计算机选用的流量计算方程为“Standard”，该方程中对于体积流量和能量流量的计算原理完全基于 2.1 中公式(1)和公式(2)。公式中，压缩因子采用 AGA8-92DC 计算方法，而发热量在体积计量时往往不被关注，一般通过在流量计算机中置入一个固定高位发热值得到。

“ISO 6976(no Z/Zb)”和“ISO 6976”计算方程则对应于 GB/T 11062《天然气发热量、密度、相对密度和沃泊指数的计算方法》(等同采用国际标准 ISO 6976)，在此类计算方法中，根据已知摩尔组成计算天然气的高位发热量、密度、相对密度，还可利用相应的计算方程得到体积流量。

“C. A. T. S.”方程中体积流量的计算方法与“ISO 6976”相同，但能量计量结果是根据各组分的质量流量和高位发热值得到。

2.4 天然气能量计量改造计算方法配置需求分析

天然气能量计量改造工作后对于体积流量和能量的计量应实现以下两个目标：一是使流量计算机能量计量的相关配置与 GB/T 11062-2020《天然气发热量、密度、相对密度和沃泊指数的计算方法》相适应，为能量计量准确性奠定基础；二是不改变流量计算机原先的标况体积流量计算结果，从而保证能量计量改革前后体积流量计算结果的准确性。

基于 2.2 中研究分析，在能量计量改造后 FC2000 型流量计算机中压缩因子的计算方法依然应选用 AGA8-92DC。

基于 2.3 中分析可知，对于四种可选的流量计算方程，“Standard”计算方程中混合气体发热量的计算是由一个内置的固定高位发热值得到，无法满足管输天然气这种多组分混合气体能量计量过程中对于发热量计量的需求，因而不再考虑使用。“C. A. T. S.”方程中能量计量方法无法满足 GB/T 11062-2020 要求，故也不再考虑。因此，能量计量改造后 FC2000 型流量计算机的流量算法配置应主要考虑“ISO 6976”“ISO 6976(no Z/Zb)”两种方程，且配置后的算法应实现以上两个能量计量改造的目标。

3 FC2000 型流量计算机在能量计量改造中的算法实验研究

结合能量计量改造目标，本章主要围绕 FC2000 型流量计算机中“ISO 6976(no Z/Zb)”“ISO 6976”以及体积计量中使用的“Standard”三种不同流量方程及压缩因子和发热量计算应用到的 GB/T 17747、GB/T 11062 进行实验研究，比较相同输入条件下三种方程和相关计算标准得到的工况压缩因子、标况压缩因子、标况体积流量、高位发热值以及能量流量的计算结果。

3.1 实验基础参数

实验过程中设置的基础参数如表 1 所示，其中工况压力、工况温度、高位发热值均采用流量计算机 Keypad 值，工况流量数据采用模拟流量置入流量计算机，关闭 FC2000 流量计算机所有修正设置。

表 1　基础参数

参数名称	参数值
工况压力	6MPa
工况温度	310K(36.85℃)
高位发热值	38.13225MJ/Nm^3
工况流量	500m^3/h
参比压力	0.101325MPa
参比温度	293.15K(20 ℃)

表 2 为实验采用的气体组分参数，该参数为 GB/T 17747. 2-2011《天然气第 2 部分压缩因子计算》表 C. 1 的 1#气样组分参数。

表 2　气体组分参数

甲烷	乙烷	丙烷	丁烷	2-甲基丙烷	戊烷	2-甲基丁烷	己烷	氮气	二氧化碳
0. 965	0. 018	0. 0045	0. 001	0. 001	0. 0003	0. 0005	0. 0007	0. 003	0. 006

3. 2　实验内容

3. 2. 1　标准参比条件下压缩因子对比

3. 2. 1. 1　相关国标对压缩因子的计算原理

（1）GB/T 17747. 2-2011 中压缩因子的计算采用 AGA8-92DC 方程：

$$Z = 1 + B\rho_m - \rho_r \sum_{n=13}^{18} C_n^* + \sum_{n=13}^{58} C_n^* (b_n - c_n k_n \rho_r^{k_n}) \rho_r^{b_n} \exp(-c_n \rho_r^{k_n}) \tag{3}$$

式中　Z——压缩因子；

B——第二维利系数；

ρ_m——摩尔密度（单位体积的摩尔数）；

ρ_r——对比密度；

b_n，c_n，k_n——常数；

C_n^*——温度和组成函数的系数。

公式（3）中，对比密度 ρ_r 同摩尔密度 ρ_m 相关，可表示为：

$$\rho_r = K^3 \rho_m \tag{4}$$

式中　K——混合物体积参数。

公式（3）中摩尔密度为：

$$\rho_m = \frac{P}{ZRT} \tag{5}$$

式中　P——绝对压力；

R——摩尔气体常数；

T——热力学温度。

利用上述方程对压缩因子进行计算时，首先采用 GB/T 17747. 2-2011 附录 B 给出的相关式计算 B 和 C_n^* 然后通过适当的数值计算方法，求解联立方程（3）和（5）得到压缩因子 Z。

（2）GB/T 11062-2014 中标况压缩因子的计算采用以下公式：

$$Z(t_2, p_2) = 1 - \left[\sum_{j=1}^{N} x_j \cdot \sqrt{b_j}\right]^2 \tag{6}$$

式中　x_j——组分 j 的摩尔分数；

$\sqrt{b_j}$——组分 j 的求和因子；

$Z(t_2, p_2)$——标准参比条件下压缩因子。

利用上述方程计算压缩因子时，组分 j 的求和因子通过 GB/T 11062-2014 中表 1 给出，将其余各参数代入方程即可求得。

（3）GB/T 11062-2020 中标况压缩因子的计算采用以下公式：

$$Z(t_2, p_2) = 1 - \left(\frac{p_2}{p_0}\right) \times \left[\sum_{j=1}^{N} x_j \cdot s_j(t_2, p_0)\right]^2 \tag{7}$$

式中　$s_j(t_2, p_0)$——组分 j 的求和因子；

p_2——计量参比状态下的压力，kPa；

p_0——参比基准压力，kPa；

其余各参数含义同公式(6)。

利用上述方程计算压缩因子时，组分 j 的求和因子通过 GB/T 11062-2020 中表 2 给出，将其余各参数代入方程即可求得。

(4) 三种不同国标对标况压缩因子的理论计算结果

使用本文 3.1 中的基础参数，利用不同标准的计算方法，对标况压缩因子进行计算，结果如表 3 所示。

表 3 不同国标对压缩因子的理论计算结果

国家标准名称	对应国际标准	计算方式	标况压缩因子	相对误差
GB/T 17747.2-2011	ISO 12213-2006	AGA8 数值计算软件	0.99798	0
GB/T 11062-2014	ISO 6976-1995	理论计算	0.99793	-0.005%
GB/T 11062-2020	ISO 6976-2016	理论计算	0.99797	-0.001%

备注：相对误差以 GB/T 17747.2-2011(AGA8-92DC)中计算结果为基准值进行计算。

3.2.1.2 FC2000 型流量计算机配置中不同流量方程实验结果

使用 FC2000 型流量计算机中三种不同流量方程对标准参比条件下压缩因子进行计算，同时，将实验结果与国标的理论计算值对比，结果如表 4 所示。

表 4 流量计算机压缩因子实验结果与不同国标计算结果对比

流量方程	计算工具	标况压缩因子	相对误差	标况压缩因子计算采用标准
"ISO 6976(no Z/Zb)"	流量计算机	0.99798	0	GB/T 17747.2-2011
"Standard"	流量计算机	0.99798	0	GB/T 17747.2-2011
"ISO 6976"	流量计算机	0.99793	-0.005%	GB/T 11062-2014

备注：相对误差以 GB/T 17747.2-2011(AGA8-92DC)标准计算结果为基准值进行计算。

3.2.1.3 压缩因子实验研究结论

根据表 3、表 4 实验结果可知：

(1)"ISO 6976"流量方程计算标况压缩因子采用的是 GB/T 11062-2014(同 ISO 6976-1995)标准的计算方法；"ISO 6976(no Z/Zb)""Standard"流量方程采用的是 GB/T 17747.2-2011(同 AGA8-92DC)标准的计算方法；

(2)"ISO 6976"流量方程计算标准压缩因子较其他两个流量方程小 0.005%；

(3)"ISO 6976"流量方程计算标准压缩因子采用的不是现行有效版本 GB/T 11062-2020(ISO 6976-2016)，若采用现行有效版本，计算结果较替他两个流量方程小 0.001%。

因此，ELSTER FC2000 流量计算机若采用"ISO 6976"流量方程会影响天然气体积计量结果，造成标况体积流量偏小 0.005%，进一步影响能量计量结果。

3.2.2 高位发热量的对比

3.2.2.1 相关国标对高位发热量的计算

(1) GB/T 11062—2020 中压缩因子的计算

目前，我国对天然气高位发热值的计算现行有效版本为 GB/T 11062-2020，该标准等同采用 ISO 6976-2016。

GB/T 11062-2020 中混合气的真实气体总摩尔发热量计算公式为[8]

$$(H_c)_G(t_1) = (H_c)_G^0(t_1) = \sum_{j=1}^{N} x_j \cdot [(H_c)_G^0]_j(t_1) \tag{8}$$

式中 $(H_c)_G^0(t_1)$——混合气体的理想气体总摩尔发热量；

$(H_c)_G(t_1)$——混合气体的真实气体总摩尔发热量；

x_j——j 组分的总的摩尔分数；

$[(H_c)_G^0]_j(t_1)$——j 组分的总的理想摩尔发热量。

（2）GB/T 11062—2014 中压缩因子的计算

GB/T 11062-2014 中对混合气真实气体总摩尔发热量的计算与 2020 版本计算方法相同，但两个版本中各组分的总理想摩尔发热量不同，因此计算结果不同。

（3）不同标准理论计算结果对比

结合不同国标对高位发热量的计算要求，对本文 3.1 中基础参数进行理论计算，结果如表 5 所示。

表 5　不同国标对高位发热量的理论计算结果

国家标准名称	对应国际标准	计算方式	高位发热量/（MJ/Nm^3）	相对误差
GB/T 11062-2020	ISO 6976-2016	理论计算	37.88477	0
GB/T 11062-2014	ISO 6976-1995	理论计算	37.88755	0.007%

备注：相对误差以 GB/T 11062-2020（ISO 6976-2016）标准计算结果为标准值进行计算。

3.2.2.2　FC2000 型流量计算机配置中不同流量方程实验结果

表 6 为利用 FC2000 型流量计算机中不同流量方程对高位发热值实验结果与相关标准计算结果的对比。

表 6　流量计算机高位发热值实验结果与标准计算结果对比

流量方程/标准	计算工具	高位发热量/（MJ/Nm^3）	相对误差	对应计算标准
“ISO 6976（no Z/Zb）”	流量计算机	37.88755	0.007%	GB/T 11062-2014
“Standard”	流量计算机	38.13225	/	Keypad 值
“ISO 6976”	流量计算机	37.88755	0.007%	GB/T 11062-2014

备注：相对误差以 GB/T 11062-2020（ISO 6976-2016）标准计算结果为标准值进行计算。

3.2.2.3　高位发热量实验研究结论

根据表 5 和表 6 实验结果可知：

（1）FC2000 型流量计算机中“ISO 6976”“ISO 6976（no Z/Zb）”流量方程计算高位发热量均采用 GB/T 11062-2014（同 ISO 6976-1995）的计算方法，不适应于现行国家标准。

（2）“ISO 6976”“ISO 6976（no Z/Zb）”流量方程计算高位发热量，较现行有效版本计算结果大 0.007%。

因此，ELSTER FC2000 型流量计算机采用“ISO 6976”流量方程无法满足现行国家标准要求，会影响天然气能量计量结果，造成能量流量偏大 0.007%。

3.2.3　三种不同流量方程输出计量结果的对比

结合上述分析，将 FC2000 型流量计算机分别使用三种不同流量方程得到的 5 个常用关键输出参数，即工况压缩因子、标况压缩因子、标况体积流量、高位发热值以及能量流量进行对比。见表 7。

表 7　FC2000 型流量计算机实验结果

流量方程 / 输出参数	“ISO 6976（no Z/Zb）”	“Standard”	“ISO 6976”	说明
工况压缩因子	0.90867	0.90867	0.90867	与 GB/T 17747.2-2011 中附录 C 计算结果一致（均使用 AGA8-92DC 计算方法）
标况压缩因子	0.99798	0.99798	0.99793	“ISO 6976”计算值较其他两个流量方程小 0.005%
标况体积流量/（Nm^3/h）	30750.1056	30750.1056	30748.7277	因“ISO 6976”计算输出参数 Z_n 比其他两个流量方程小 0.005%，导致该标准计算的标况体积流量与其他两个流量方程相比小 0.005%
高位发热值/（MJ/Nm^3）	37.88755	38.13225	37.88755	因“Standard”流量方程采用 keypad 高位发热量，导致与其他两个流量方程结果不一致

续表

输出参数 \ 流量方程	"ISO 6976 (no Z/Zb)"	"Standard"	"ISO 6976"	说明
能量流量/(MJ/h)	1165046.16	1172570.71	1164993.96	因"Standard"流量方程采用 keypad 高位发热量，导致与其他两个流量方程结果不一致； 因"ISO 6976"和"ISO 6976(no Z/Zb)"标况体积流量不同，故能量流量结果不同

表 7 中的实验结果再次验证了三种不同流量方程对标况压缩因子和高位发热值采用的计算原理不同，因而得到的标况体积流量和能量流量结果不同，具体分析见表 7 中说明。

4　结论与建议

4.1　体积计量方面

（1）FC2000 型流量计算机在压缩因子计算方法选择 AGA8-92DC 情况下，流量方程"Standard"和"ISO 6976(no Z/Zb)"体积量计量结果一致，均能满足现有标准要求；

（2）"ISO 6976"流量方程因其标况压缩因子算法的不同，较"Standard"和"ISO 6976(no Z/Zb)"流量方程的体积流量计量结果偏小 0.005%，在体积计量时不应选用"ISO 6976"流量方程。

4.2　能量计量方面

（1）能量计量改造后，对于 FC2000 型流量计算机，若已知气体摩尔组成，则压缩因子计算方法应选择 AGA8-92DC，在无法得到气体摩尔全组成的情况下，压缩因子计算方法选用 SGERG-88 计算方程。

（2）"Standard"流量方程中高位发热量为固定输入值，无法满足现有多组分混合气体高位发热量的计算要求，因此能量计量改造后不应使用该方程。

（3）"ISO 6976"流量方程标况压缩因子计算结果偏小，导致标况体积流量与"Standard"流量方程得到的体积流量计量结果不一致，从而影响能量计量结果，因此在能量计量改造后不推荐使用该流量方程。

（4）"ISO 6976(no Z/Zb)"流量方程对压缩因子计算满足 GB/T 17747.2-2011 要求，对高位发热量的计算满足 GB/T 11062-2014 要求，而随着 GB/T 11062 更新至 2020 年，目前 FC2000 型流量计算机能量计量结果相较于最新标准偏大 0.007%。西气东输沿线 FC2000 型流量计算机服役时间较长，且经与厂家沟通该型号流量计算机近年来已更新版本发布，因此，目前服役的 FC2000 型流量计算机已无法满足最新标准的要求，在能量计量改造过程中需对"ISO 6976(no Z/Zb)"流量方程中内置算法和参数(如摩尔气体常数、各组分标准参比条件下的求和因子等)进行修改，使其适应最新国家标准要求后，在能量计量中推荐选用"ISO 6976(no Z/Zb)"流量方程。

参 考 文 献

[1] 刘涵．气体流量计算机的研究[D]．浙江大学，2012.
[2] 伍淑辉．浅谈天然气能量计量[J]．中国石油和化工标准与质量，2019，39(17)：177-178.
[3] 张福元．用于计量的天然气压缩因子计算方法比较[J]．天然气工业，2000(05)：73-76+2-1.
[4] 陈赓良．天然气压缩因子计算方法的标准化[J]．天然气与石油，1997(02)：66-70.
[5] 李丹华，姜东琪．AGA8-92DC 计算方法天然气压缩因子计算[J]．煤气与热力，2011，31(03)：43-46.
[6] GB/T 17747.2-2011 天然气压缩因子的计算　第 2 部分：用摩尔组成进行计算[S].
[7] GB/T 17747.3-2011 天然气压缩因子的计算　第 3 部分：用物性值进行计算[S].
[8] GB/T 11062-2020 天然气　发热量、密度、相对密度和沃泊指数的计算方法[S].
[9] GB/T 11062-2014 天然气　发热量、密度、相对密度和沃泊指数的计算方法[S].

作者简介：郭珍(1986—)，女，大学本科学历，现任国家石油天然气大流量计量站乌鲁木齐分站计量技术室主任，工程师，主要从事计量、质量、标准化工作。

数字孪生体在检定流量智能化方面的应用

刘译文　金钟翔　孙　楠

（国家管网集团西气东输公司南京计量研究中心　江苏南京　210034）

摘　要　为了提升智能检定系统的数字化水平，文章在分析智能检定数字孪生可行性基础上，打造了相关智能检定数字孪生系统。该系统构建天然气计量数字孪生体，运用水力模型实现检定全过程三维流体展示；联合智能控制器采用神经网络算法控制调节阀，实现精准智能控制，减少人工操作；运用三维激光扫描与BIM建筑信息模型技术对检定场站进行数字还原，实现场站资产台账可视化。数字孪生智能检定平台能有效提升工作效率，实现智能化技术与检定业务的交互融合。

关键词　数字孪生；智能检定；BIM高仿真建模

1　引言

天然气是一种环保清洁型的能源，使用越来越广泛，天然气的准确计量越来越关键。由于天然气是一种易燃易爆气体，天然气管道的数字化、信息化可以有效提升天然气站场管控的安全化水平。目前天然气站场对管道信息的大多表现为二维图形场景，无法准确地模拟天然气站场的真实运行状态，给实际的应用带来了一定的障碍和局限。

随着中国能源结构的变化，天然气作为主要能源消耗份额的逐年增加，流量计作为天然气贸易交接计量的关键仪表，并伴随流量计检定需求逐年增多，这也对流量计计量检定站的安全、质量和效率提出了更高的要求。近年来，聚焦制约天然气计量检定过程中流量精确调节及质量精密管控的实际问题，将物联网、人工智能、大数据分析引入天然气计量检定领域，实现了天然气计量检定的智能化。智能算法作为智能检定中的核心，如何更好地与底层水利仿真模型的数据联动、对算法执行和数据反馈进行展示分析，成了提升智能检定的数字化水平的关键。

数字孪生是数字化的终极形态，数据以数字孪生体对象化的形势存在，可读取、调用、分析，通过构建计量检定站数字孪生体。

2　数字孪生可行性分析

典型天然气计量检定指的是以管输的天然气实际运行工况及在接近实际运行工况的条件下对天然气流的压力、温度、气质组分和流量总量进行动态值溯源。某站检定工艺流程如图1所示。

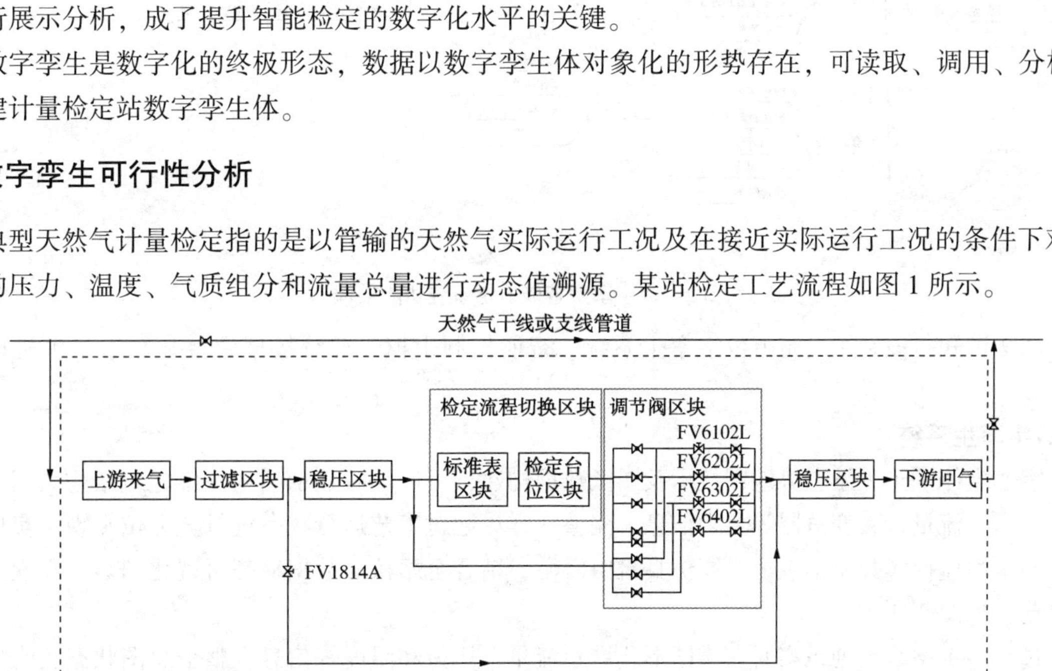

图1　天然气计量检定工艺流程

从图 1 可知，天然气计量检定站工作人员关于检定工作主要涉及工作包括：检定流程切换区块、调节阀区块。其中检定流程切换区块涉及众多流程与子系统切换，尚无统一操作系统人机交互界面，操作繁琐；调节阀区块对于操作时序性、准确性、快捷性要求很高，需要工作人员实时监屏，人工操作。随着定检工作量增大，典型检定流程已难以适应要求。

数字孪生是以数字化方式创建物理实体的虚拟模型，利用实测、航空拍摄测量、数字化三维建模等技术对数据进行收集，结合新一代数字孪生技术，将现场实景、智能检定过程、智能策略、实时系统状态等真实还原至数字化三维虚拟场景中，通过多套系统的融合，深度挖掘数据价值，实现智能检定过程的可视化运行，利用水力仿真模型、大数据分析来实时感知、诊断、预测智能化检定过程中设备的运行状态，确保设备实体在生命周期内的精准决策。

因此考虑针对天然气计量检定过程，构建数字孪生体，实时反馈检定全过程，让现实中难以实时观测的气体流动以三维着色方式在数字孪生系统中展示，准确实时甚至超前反馈现场行为；采用神经网络模型，动态跟踪检定过程，智能调节阀门状态，实现一键检定过程。

通过天然气计量检定数字孪生系统可动态反馈现实的数字化镜像，以数字模型逼真的模拟实际定检过程，实现全要素、全流程、全数据的集成和融合，达到系统“感知-判断-决策-执行”的智能模式。

3 数字孪生智能检定系统搭

某站数字孪生智能检定平台采用了尖端三维激光扫描与 BIM 建筑信息模型技术，对全站工艺管道、设备设施等进行了 1 比 1 高精度还原，平台数字化模型共建设管段 3451 段，设备 1021 个。计量检定站数字孪生智能检定系统功能架构如图 2 所示。

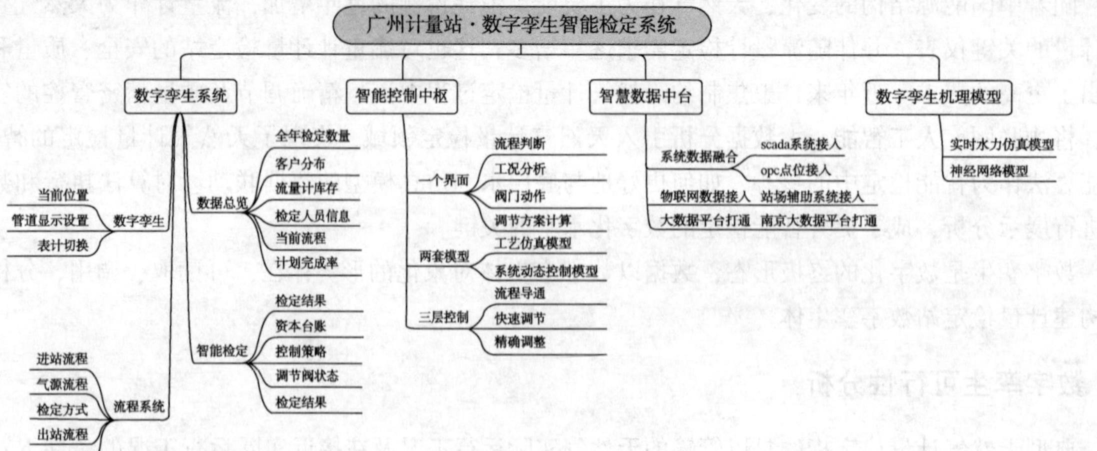

图 2　数字孪生智能检定系统功能架构

从图 2 可知，该系统主要由数字孪生系统、智能控制中枢、智慧数据中台和数字孪生机理模型构成。

3.1　数字孪生系统

数字孪生体基于三维态势地图技术及图纸数据构建，可以加载显示高精三维建筑结构数据，以及管道、阀门、流量计、变送器等要素信息，完整、详尽地对工艺运行状态进行全方位复现，实现对现场设备的全面监控。数字孪生场景高仿真自由漫游，结合全站核心数据动态可视化图表，实现全站场概况总览，如图 3 所示。

通过与 Deltav 系统通讯实时三维图形化展示流量、压力和温度等信息，整个总图状态实时处于流动状态。通过点击或触摸等方式，选中的为逻辑分组，通过 UI 控件等调整选择逻辑分组的层级。为各逻辑分组预设视角，选中逻辑分组后自动过渡到预设视角，通过缩放、平移等操作脱离预设视角。

图 3　全站场概况总览

其场景切换/管道流态示意图如图 4 所示。

图 4　数字孪生系统管道流态意图

3.2　智能控制中枢

传统调节阀的控制采用的是 PID 控制原理，即通过设置 PID 控制参数实现调节阀控制，该方法具有较好的工程稳定性。但参数设置合理性，直接关系调节阀控制准确性，需要工作人员经验判断和参数调节配合工作。一旦参数设置不合理，将导致调节阀控制不到位，对计量检定工作造成很大影响；甚至在参数调节过程，阀门开关反复动作，造成事故。

智能检定是平台中枢控制的决策中心，通过智能控制器六层神经元网络的后台精确计算，实时输出自动调节指令至数字孪生体，数字孪生体结构化模型与内置的水力计算模型实时映射，调节阀动作在数字孪生体中实时还原，全自动的检定过程与数字孪生体一致动作，调节阀的目标值与当前值变化动态呈现，实现神经元网络指令水利模型的三维映射验证以及执行过程的完整精准呈现。神经网络算法逻辑图如图 5 所示。

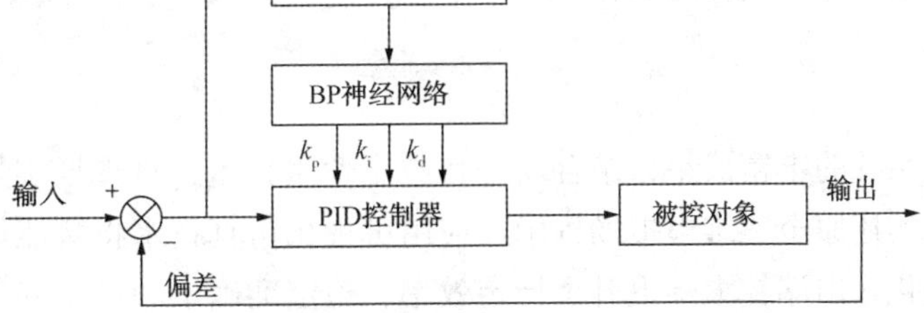

图 5　智能控制中心调节阀 PID 控制逻辑图

通过上述控制，能精准控制调节阀，避免反复动作调节阀，减少检定时间；此外智能控制中枢打破原定检过程工控和数据处理系统之间的通讯障碍，将多系统数据与指令融合互联、实时交互，实现实时控制与超前预警。

3.3　智慧数据中台

智慧数据中台与智能检定管理平台深度融合，可以实时调用其系统数据库数据，对已检流量计、库存量、检定人员动态表、客户分布、检定计划完成率等检定业务进行综合全面数据分析，辅助检定人员全面掌握检定业务运行趋势，实现可视化展示和动态查询服务等功能，其数据架构如图6所示。

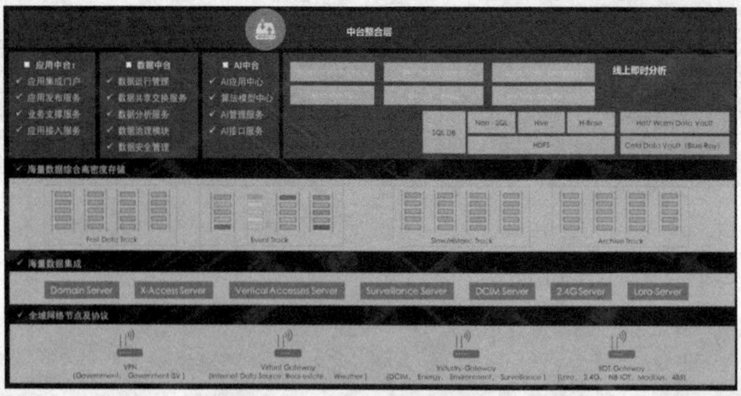

图6　数字孪生智能检定系统智慧数据中台架构

3.4　数字孪生机理模型

数字孪生机理模型主要包括：水力仿真模型与神经网络模型。其中神经网络模型主要用于智能控制中心，在此不再赘述。水力仿真模型准确程度关系检定准确性，平台用SPS水力仿真软件，通过现场瞬态数据分析与校准，构建出与检定站现场精度水平一致的仿真模型，其模型如图7所示。

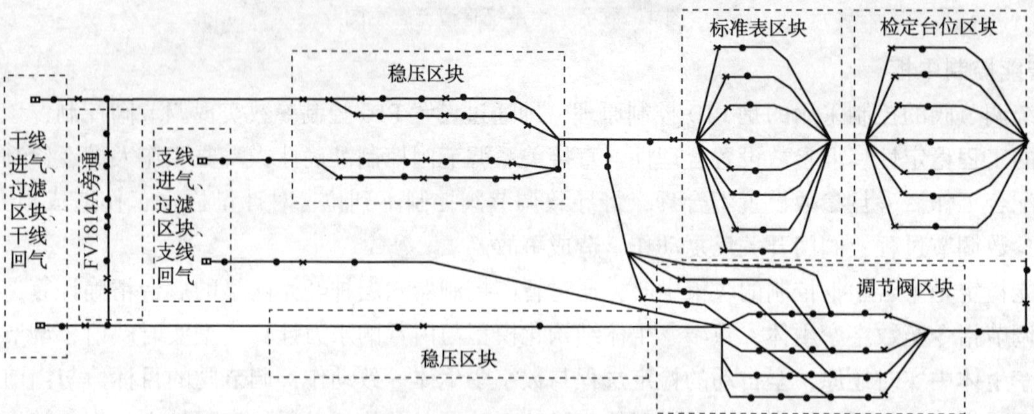

图7　数字孪生智能检定系统水力模型图

数字孪生智能检定系统通过调用上述水力模型数据，进行可视化展示，能三维立体展示整个检定过程气流情况，有效辅助工作人员检定工作。

4　成果运用

某站通过智能检定系统的丰富成果，结合新一代数字孪生技术，将现场实景、检定方案、智能策略、实时系统状态等真实还原至三维虚拟场景中，应用可视化仿真技术将智能策略完整呈现，为智能检定系统提供三维可视化输出端，大幅提升了检定效率、检定准确定和检定安全性，是检定行业划时代的信息化、智能化平台。

4.1　场站建筑可视化运用

场站建筑可视化主要运用三维激光扫描与BIM模型建模，对计量站主体结构实行全景复制，实现数字孪生体中场站三维建模，实现高精度还原。高精度的数字化模型为场站后续维护、改建、检测提供了准确的依据。数据采集后，通过标靶点进行点云数据拼接和坐标纠正以提高精度，构建场站总览三维可视模型如图8所示。

图 8　场站总览三维可视化

4.2　检定流量智能化的运用

天然气流量计智能检定系统通过多种智能算法，实现多系统间数据的采集、存储、计算、分析、控制等互联共享，对工艺流程、目标流量点、进出站压力与调节阀门开度等参数进行智能判断，完成流量计检定。为进一步确保智能检定过程中系统运行的本质安全，部署了安全联锁逻辑，时刻监控流量、压力、温度的变化，其展示图如图 9 所示。

图 9　送检资产可视化展示

以智能检定 DN200 超声流量计为例，通过被检流量计的口径、流量计的目标流量、进出站压力、工艺流程等输入参数，检定与旁通调节阀门的开度等输出参数之间的复杂智能控制器模型，决策出多路流量调节阀门开度组合，反馈策略不断使模型学习优化，并下发站控系统进行智能调节，实现了“能理解、会思考、有认知”。

5　结语

通过构建数字孪生智能检定系统，将传统人工检定工作转变为数字孪生智能检定流程，实现全过程质量监控，提高了检定可靠性，实现了智能检定“数字驱动+业务场景化”，也标志了数字孪生技术在计量检定领域得以成功应用。根据实际运行情统计，通过数字孪生智能检定平台完成流量计检定的时间由 1.5h 减小至 50min，效率提升约 50%；由传统实时监控、实时检定转变为数字孪生系统一键检定，提升了智能化水平，有效解放人力资源，具有较强的推广意义。未来，数字孪生实现智能控制的模式可推广至天然气管道分输计量控制，其应用场景广阔，将为天然气管道行业数字化、智能化、智慧化进程发挥关键作用。

参 考 文 献

[1] 郑宏伟，刘喆，吴岩．天然气计量检定智能化技术探索与展望[J]．油气储运，2021，40(03)．

[2] 李娟莉，沈宏达，谢嘉成，等．基于数字孪生的综采工作面工业虚拟服务系统[J]．计算机集成制造系统，2021，27(2)．

[3] 易扬，冯锦丹，刘金山，等．复杂产品数字孪生装配模型表达与精度预测[J]．计算机集成制造系统，2021，27(2)．

[4] 李柏松，王学力，王巨洪．数字孪生体及其在智慧管网应用的可行性[J]．油气储运，2018，37(10)．

[5] 税碧垣. 智慧管网的基本概念与总体建设思路[J]. 油气储运, 2020, 39(12).
[6] 葛世荣, 张帆, 王世博, 等. 数字孪生智采工作面技术架构研究[J]. 煤炭学报, 2020, 45(6).
[7] 杨林瑶, 陈思远, 王晓, 等. 数字孪生与平行系统: 发展现状、对比及展望[J]. 自动化学报, 2019, 45(11).
[8] 熊明, 古丽, 吴志锋, 等. 在役油气管道数字孪生体的构建及应用[J]. 油气储运, 2019, 38(5).

作者简介：刘译文(1990—) 性别：男　职务/职称：检定室副主任/工程师 毕业院校：西南交通大学 现从事工作：天然气计量。电话：021-58847770、18002283649，邮编：510940，通信地址：广东省广州市从化区鳌头镇下西村西气东输广州计量检定室。

天然气流量积算仪检定装置及系统的建立

韩　巍　姜宇文　黄冠文　郑传波　周　雷

（国家石油天然气管网集团有限公司西气东输分公司南京计量研究中心　江苏南京　210058）

摘　要　本文主要介绍了国家石油天然气管网集团有限公司西气东输分公司南京计量研究中心根据能量计量全量值溯源体系的要求，建立了一套天然气流量积算仪校准装置及系统，完善了能量计量中这一关键指标的量值溯源。经评定该装置的瞬时流量和累计流量不确定度可达到0.05%（$k=2$），具有较高的精度水平，可以有效开展保证天然气流量积算仪检定结果的准确性及可靠性。

关键词　天然气；流量积算仪检定装置；检定系统；量值溯源体系

1　引言

在能量计量全国实施的推行期间，如何实现能量计量全量值溯源体系，一直是南京计量研究中心致力解决的问题。天然气流量和发热量是实现天然气能量计量的两个重要参数，天然气能量计量值（E）等于天然气流量（Q）与天然气发热量（Hs）的乘积。流量计量方面，南京计量测试中心原级标准装置不确定度具为0.05%，处于国际领先水平。发热量计量有直接测量法和间接测量法两种方式，目前国际上主要采用色谱分析仪分析数据间接计算发热量。流量计算机主要功能是接收温度、压力、流量的电信号，对流量测量值进行温度、压力修正，实现流量的准确计量。为确保能量计量准确，应保证色谱分析仪、流量计、流量积算仪、温度变送器、压力变送器设备的准确可靠。为此，南京计量研究中心根据JJG1003《流量积算仪检定规程》建立了一套天然气流量积算仪校准装置，并开发了配套的校准系统，顺利通过CNAS考核，完善能量计量中这一关键指标的量值溯源，并实现相应的性能评价功能。

2　天然气流量积算仪检定装置及系统

2.1　校准装置

流量积算仪是通过与之配套的流量变送器、流量传感器和其他变送器（温度、压力等）输出电信号的采集，用相关的数学模型计算出瞬时流量、累积流量等，并进行显示、储存和传送。有的积算仪还具有将瞬时流量转换成电信号进行输出和进行定量控制的功能。南京计量研究中心建立的流量积算仪检定装置主要设备为3台CONST313多功能过程校验仪及配套的检定/校准系统，依据检定规程通过检定/校准系统控制标准器信号源输出流量积算仪需要的标准信号，同时根据积算仪设置的信号量程、介质类型、流量计类型等参数依据相关的国家标准计算出流量理论值，并将积算仪显示的流量值输入到检定/校准系统中计算每个检定点的误差，并形成检定/校准记录。该装置可以满足用户对流量积算仪型式检定、出厂检定、周期检定以及在线仪表进行现场检定的需要，标准器的主要技术指标见表1。

表1　标准器主要技术指标

设备名称	技术性能	
	测量范围	不确定度
多功能过程校验仪（测量）	±30mA	$U_{rel}=0.005\%$，$k=2$
	±30V	$U_{rel}=0.002\%$，$k=2$
	(1～50000) Hz	$U=0.1$Hz，$k=2$
	(0～4000) Ω	$U_{rel}=0.002\%$，$k=2$

续表

设备名称	技术性能	
多功能过程校验仪（输出）	−10mV～12V	U_{rel} = 0.002%，k = 2
	(0～22)mA	U_{rel} = 0.002%，k = 2
	(1～400)Ω	U_{rel} = 0.002%，k = 2
	(1～4000)Ω	U_{rel} = 0.002%，k = 2
	(0～50000)Hz	U = 0.1Hz，k = 2

2.2 检定系统

以 JJG 1003《流量积算仪》检定规程为依据，开发了一套能满足各种类型、功能复杂的流量二次仪表的检定需求，具有自动化功能的、多用途的流量积算仪检定系统，以提高流量二次仪表检定水平和效率。流量积算仪检定系统可按照 JJG 1003 规程中的规定进行首次检定、后续检定和使用中检验，其软件可根据用户的设置，控制信号源输出流量积算仪需要的标准信号，同时根据输出的标准信号和用户设置的信号量程、介质类型、流量计类型、节流件类型等参数依据相关的国家标准计算出流量理论值，用户将被检二次仪表显示的流量值输入到“流量积算仪检定系统软件—被检流量积算仪表测试数据”输入界面中，流量积算仪检定系统软件自动计算每个检定点的误差，并形成检定记录。在此基础上，系统提供检定记录的存储、查询、打印等多项管理功能，系统组成如图 1 所示，运用该系统，有效提高了检定校准的工作效率及准确性。

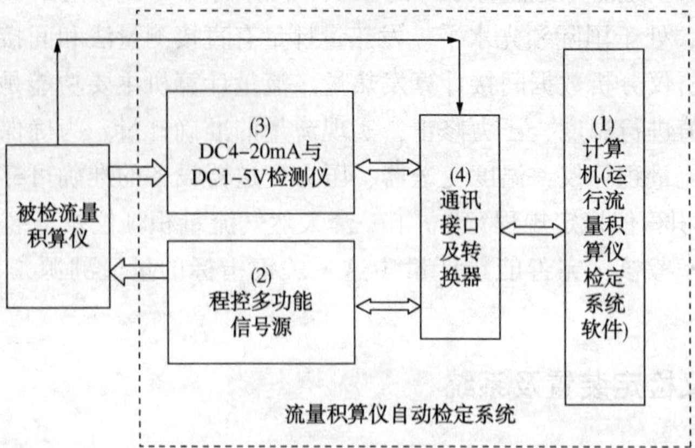

图 1　检定系统组成

3　重复性及稳定性测试

为了验证装置的准确性，选取一台流量积算仪，在温度 20℃，压力 5MPa 的条件下对瞬时流量值进行测试，半年内开展了 6 次重复性及稳定性测试，重复性及稳定性测试结果均在 0.01%以内，测试结果见表 2 和表 3。

表 2　稳定性测试结果

测试时间 / 测量结果/(Nm^3/h) / 测试次数	2021 年 1 月 25 日	2021 年 2 月 25 日	2021 年 3 月 30 日	2021 年 4 月 30 日	2021 年 5 月 30 日	2021 年 6 月 30 日
1	5441.5	5441.5	5441.2	5441.2	5441.9	5441.9
2	5441.4	5441.6	5441.5	5440.6	5441.8	5441.2
3	5441.5	5440.8	5440.9	5440.8	5441.9	5442.0

续表

测试时间 / 测量结果/(Nm^3/h) / 测试次数	2021 年 1 月 25 日	2021 年 2 月 25 日	2021 年 3 月 30 日	2021 年 4 月 30 日	2021 年 5 月 30 日	2021 年 6 月 30 日
4	5442.2	5441.5	5441.0	5442.1	5442.5	5442.1
5	5441.5	5441.6	5441.5	5441.6	5441.9	5442.1
6	5442.2	5441.6	5441.6	5441.7	5441.5	5442.2
7	5442.2	5441.1	5440.5	5443.0	5442.6	5441.5
8	5442.2	5441.5	5440.7	5442.3	5442.6	5441.6
9	5441.5	5441.6	5441.6	5441.0	5442.5	5441.7
10	5441.6	5442.2	5441.2	5442.1	5442.5	5441.8
$\bar{y}_i$	5441.8	5441.5	5441.2	5441.6	5442.2	5441.8
$\frac{\bar{y}_i-\bar{y}_{i-1}}{\bar{y}_{i-1}}$	-	0.005%	0.006%	0.009%	0.010%	0.007%
允许变化量	0.01%					
结论	符合要求					

表 3　重复性测试结果

测试时间 / 测量结果/(Nm^3/h) / 测试次数	2021 年 1 月 25 日	2021 年 2 月 25 日	2021 年 3 月 30 日	2021 年 4 月 30 日	2021 年 5 月 30 日	2021 年 6 月 30 日
1	5441.5	5441.5	5441.2	5441.2	5441.9	5441.9
2	5441.4	5441.6	5441.5	5440.6	5441.8	5441.2
3	5441.5	5440.8	5440.9	5440.8	5441.9	5442.0
4	5442.2	5441.5	5441.0	5442.1	5442.5	5442.1
5	5441.5	5441.6	5441.5	5441.6	5441.9	5442.1
6	5442.2	5441.6	5441.6	5441.7	5441.5	5442.2
7	5442.2	5441.1	5440.5	5443.0	5442.6	5441.5
8	5442.2	5441.5	5440.7	5442.3	5442.6	5441.6
9	5441.5	5441.6	5441.6	5441.0	5442.5	5441.7
10	5441.6	5442.2	5441.2	5442.1	5442.5	5441.8
$s(y_i)=\sqrt{\frac{\sum_{i=1}^{n}(y_i-\bar{y}_i)^2}{n-1}}/\bar{y}_i$	0.00%	0.00%	0.00%	0.00%	0.00%	0.00%
允许变化量	0.01%					
结论	符合要求					

4　不确定度评定

4.1　使用的数学模型

4.1.1　流量计的工况流量

$$q=\frac{f}{K}\times 3600 \tag{1}$$

式中 q——流量计工况体积流量，m^3/h；

f——单位时间内流量计发的脉冲信号个数，1/s；

K——流量计的脉冲系数，即单位体积的流体流过流量计发出的脉冲数，$1/m^3$；

4.1.2 流量计的标况流量

$$q_n = q\times\frac{PT_nZ_n}{P_nTZ}=\frac{f}{K}\times\frac{PT_nZ_n}{P_nTZ}\times 3600 \quad (2)$$

式中 q_n——流量计标况体积流量，m^3/h；

q——流量计工况体积流量，m^3/h；

P——工作状态下的绝对压力，kPa；

P_n——标准大气压力，101.325kPa；

T——标准状态下气体温度，293.15K；

T_n——工作状态下气体温度，K；

Z——工作状态下气体压缩因子，(无量纲)；

Z_n——标准状态下气体压缩因子，(无量纲)；

4.2 流量积算仪测量不确定度分析

分析流量计的数学模型(2)可以得出，影响测量误差的主要因素来自输入量f、P、T，标准不确定度汇总见表4。

表4 标准不确定度汇总

相对标准不确定度 $u(x_i)$	不确定度来源	标准不确定度/%	灵敏度系数 c_i	$\|c_i\|u(x_i)$/%
u_{rf}	流量通道	0.013	1	0.013
u_{rP}	压力通道	0.014	1	0.014
u_{rT}	温度通道	0.002	1	0.002
u_{rA}	装置重复性	0.01	1	0.01
u_s	装置稳定性	0.01	1	0.01
u_{rq}	显示分辨率	0.001	1	0.001
u_{rt}	时间	0.007	1	0.007

4.3 合成不确定度

4.3.1 瞬时流量不确定度

$$u_r=\sqrt{u_{rf}^2+u_{rP}^2+u_{rT}^2+u_{rA}^2+u_s^2+u_{rq}^2}=0.024\%$$

则相对扩展不确定度为：

$$U_r=k\cdot u_r=0.05\%,\ (k=2)。$$

4.3.2 累积流量不确定度

$$u_r=\sqrt{u_{rf}^2+u_{rP}^2+u_{rT}^2+u_{rA}^2+u_s^2+u_{rq}^2+u_{rt}^2}=0.025\%$$

则相对扩展不确定度为：

$$U_r=k\cdot u_r=0.05\%,\ (k=2)。$$

5 测量结果

选取一台 Elster Instormet 的流量计算机应用该流量积算仪检定装置开展实际校准，压力通道、温度通道、瞬时流量及累积流量测量结果如表5和表6所示，瞬时流量和累积流量的扩展不确定度为0.05%，$k=2$。

表 5　温度、压力通道测量结果

	标准值/MPa	测量值/MPa	示值误差/%
压力测量通道	0.0000	0.0000	0.00
	2.5000	2.5000	0.00
	5.0000	5.0006	0.01
	7.5000	7.5006	0.01
	10.0000	10.0006	0.01
温度测量通道	标准值/℃	测量值/℃	示值误差/%
	-10.00	-10.00	0.00
	5.00	5.00	0.00
	20.00	20.00	0.00
	35.00	35.00	0.00
	50.00	50.00	0.00

表 6　流量通道测量结果

	流量信号	压力/MPa	温度/℃	计算流量/(m^3/h，20℃，0.101MPa)	示值流量/(m^3/h，20℃，0.101MPa)	示值误差/%	
瞬时流量	Amin	10.0000	50.00	0.0000	0.0	0.00	
	0.25Amax	10.0000	50.00	90590.5117	90540.3	-0.06	
	0.50Amax	10.0000	50.00	181181.0235	181193.0	0.01	
	0.75Amax	10.0000	50.00	271771.5352	271692.9	-0.03	
	1.0Amax	10.0000	50.00	362362.0470	362139.2	-0.06	
	1.0Amax	6.0000	50.00	208638.0660	208482.4	-0.07	
	1.0Amax	8.0000	50.00	284445.3260	284371.1	-0.03	
	1.0Amax	10.0000	26.00	412701.7244	412573.1	-0.03	
	1.0Amax	10.0000	38.00	385380.7740	385201.8	-0.05	
累积流量	流量信号/Hz	压力/MPa	温度/℃	脉冲数	标准值/(m/h，20℃，0.101MPa)	初始值/(m^3/h，20℃，0.101MPa)	终止值/(m^3/h，20℃，0.101MPa)	误差/%
	1350.00	10.00	50.00	100000	7456.01	19713503.32	19720959.96	0.01

4　结语

文中建立的天然气流量积算仪检定装置及系统，经过不确定度分析，累积流量和瞬时流量的扩展不确定度可以达到0.05%(k=2)，达到了较高的精度等级，可以满足天然气站场各类流量计算机的量值传递工作；同时开发的检定系统可以实现自动检定及校准功能，能大幅度降低工作强度，提高生产效率，为推动能量计量全要素溯源的实现奠定了基础。

参 考 文 献

[1] 黄维和，段继芹，常宏岗，罗勤，周理，孙齐．中国天然气能量计量体系建设探讨[J]. 天然气工业，2021，41(08)：186-193.

[2] 国家质量监督检验检疫总局．流量积算仪[S]：JJG1003-2016．北京：中国计量出版社，2016.

[3] 朱永宏，赵海升，李健．《流量积算仪》检定规程修订的讨论与检定软件(系统)的开发[J]. 工业计量，2013，23(04)：51-52.

[4] 凌明．流量积算仪用于能源计量时需探讨的几个问题[J]．工业计量，2013，23(01)：53-54.
[5] 周国祥，王京安．流量积算仪校准软件[J]．工业计量，2006(01)：39-40.
[6] 董芳．流量积算仪测量结果的不确定度评定[J]．计量技术，2007(08)：65-66.

作者简介：韩巍(1985—)，女，高级工程师，毕业院校中国计量大学，现从事天然气流量技术研究及管理工作。联系电话：138588580880，邮编：210058，通信地址：江苏省南京市栖霞区靖安镇宣闸村西气东输南京计量研究中心。